高等数学同步训练及考研辅导用书

吉米多维奇

高等数学习题精选精解

（第2版）

主　审　刘建亚　吴　臻

主　编　张天德　蒋晓芸

副主编　孙钦福　陈永刚

GAODENGSHUXUE XITI

山东科学技术出版社

·济南·

图书在版编目（CIP）数据

吉米多维奇高等数学习题精选精解/张天德，蒋晓芸主编. --济南：山东科学技术出版社，2007.9（2022.11 重印）
（高等数学同步训练及考研辅导用书）
ISBN 978-7-5331-4779-2

Ⅰ. ①吉… Ⅱ. ①张… ②蒋… Ⅲ. ①高等数学-高等学校-教学参考资料 Ⅳ. ①O13

中国版本图书馆CIP数据核字（2007）第134932号

吉米多维奇高等数学习题精选精解

JIMIDUOWEIQI GAODENGSHUXUE XITI JINGXUAN JINGJIE

责任编辑：邱 蕾 章 斌

主管单位：山东出版传媒股份有限公司
出 版 者：山东科学技术出版社
地址：济南市市中区舜耕路517号
邮编：250003 电话：（0531）82098088
网址：www.lkj.com.cn
电子邮件：sdkj@sdcbcm.com
发 行 者：山东科学技术出版社
地址：济南市市中区舜耕路517号
邮编：250003 电话：（0531）82098067
印 刷 者：山东临沂新华印刷物流集团有限责任公司
地址：临沂市高新技术产业开发区新华路
邮编：276017 电话：（0539）2925659

规格：16开（168 mm × 240 mm）
印张：31.25
版次：2007年9月第1版 印次：2022年11月第32次印刷
定价：49.80元

出版说明

CHUBANSHUOMING

吉米多维奇是前苏联有影响的教育家和数学家。他主编的《吉米多维奇数学分析习题集》(含 4462 道习题)和《工科用数学分析中的问题和练习》(含 3193 道习题),内容丰富,覆盖面广泛,针对性强,在我国有较大的影响,书中的许多习题,都广泛地被我国多种高等数学教材所采用,有些题目甚至出现在全国考研等试题中。

但是由于该书题量较大,部分习题难度大,全部用来练习耗时较多,为了让读者在一定的时间内达到较好的学习效果,提高学习效率,我们对原书进行了精选,选出了部分难度适中、有代表性且属于高等数学范畴的习题,做出了科学、规范的解答,有些还做了点评,指出了解决此类题目的思路和方法。有的题目给出了一题多解,以培养读者的分析能力和发散思维能力。

除此之外,作者还结合自己多年对考研试题的研究和多年辅导考研数学的经验,精心选择了少量近年国内研究生入学考试的典型试题,更好的体现了本书的编写宗旨。

本书共分十二章,每章又分若干节,在章节设置上和同济大学六版高等数学教材基本一致,涉及的内容涵盖了高等数学的全部主题。在本书中每章除最后一节外每节包括两大部分内容:

知识要点:简要对每节涉及的基本概念、基本定理和公式进行了系统梳理。

基本题型:对每节常见的基本题型进行了归纳总结,便于读者理解和掌握基本知识,有利于提高读者的解题能力和数学思维水平。

每章最后一节是综合提高题型,这一节的题目综合性较强,难度较大,有相当一部分是考研真题,通过本节的学习,可以帮助读者提高应变能力、思维能力和分析解决问题的能力,把握重点,了解考研动向,开拓视野。

出版说明

CHUBANSHUOMING

本书由山东大学张天德教授、蒋晓芸教授主编。山东大学刘建亚教授、吴臻教授对全书作了仔细的校审，并对部分习题提出了更为精妙的解题思路。该书可以作为在读大学生同步学习的优秀辅导书，也可以作为广大教师的教学参考书，还可以为毕业生考研复习和众多成人学员自学提供富有成效的帮助。读者使用本书时，宜先独立求解，然后再与本书提供的思路作比较，这样一定会获益匪浅，掌握较多的有用知识。

书中不当之处，恳请指正。

编　者

2007 年 7 月

再版前言

ZAIBANQIANYAN

2007 年我们编写了高等数学同步辅导及考研复习用书—Б. П. 吉米多维奇《高等数学习题精选精解》。本书具有概念明确、重点突出、由浅入深、循序渐进的特点，启发性强，便于读者自学；编者对疑难、关键性问题做了重点点拨，有利于提高读者解决实际问题的能力。

此书出版后，得到了广大读者的喜爱，出版两年之内就重印了六次。2010 年，为满足读者需要并适应考试要求，我们在第一版的基础上对图书的内容进行了大规模修订。修订中，我们保留了第一版的体系和风格，把原有的题目进行了部分调整和更换，并注意博采众家之长，参考了多本同类书籍，吸收了国内外相关教材及各类考试中的一些优秀题目。本书的出版得到了山东大学泰山学堂的大力支持，在出版后的十年中，泰山学堂的师生对书籍进行了反复演算和校对，修正错误，提出了更新的解法，使得 20 次的重印成为 20 次修订，每一次的重印都对图书的质量有所提升，使得本书日臻完善。

随着网络教育的发展，在线学习已经成为读者提升知识水平的重要手段。本书的学习结合中国大学 MOOC(慕课)学习效果更佳。本书被中国大学 MOOC《高等数学—微积分》(山东大学)课程选作参考书目，感兴趣的读者可以到中国大学 MOOC 网站(http://www.icourse163.org/)选看。相关课程也可以扫描二维码进入直接观看。

限于编者的水平，书中存在的不足，欢迎广大专家、同行和读者批评指正。

编　者

2017 年 10 月

目 录

MULU

目 录

MULU

目 录

MULU

目 录

MULU

第一章　极限与连续

§1. 函　　数

1. 函数的概念　设有两个变量 x 与 y，如果变量 x 在其变化范围 D 内任取一个确定的数值时，变量 y 按照一定的规则 f 总有唯一确定的数值和它对应，则称变量 y 是变量 x 的函数，记为 $y=f(x)$. x 称为自变量，y 称为因变量，D 称为函数的定义域，f 表示由 x 确定 y 的对应规则.

2. 函数的主要性质

(1)有界性　设函数 $f(x)$在集合 D 上有定义，如果存在一个正常数 M，使得对于 x 在 D 上的任意取值，均有$|f(x)|<M$，则称函数 $f(x)$在 D 上有界，否则称 $f(x)$在 D 上无界.

(2)单调性　设函数 $f(x)$在某区间 D 上有定义，如果对于 D 上任意两点 x_1，x_2，且 $x_1<x_2$，均有 $f(x_1)<f(x_2)$（或 $f(x_1)>f(x_2)$），则称函数 $f(x)$在 D 上单调增加(或单调减少). 单调增加与单调减少函数统称为单调函数.

(3)奇偶性　设函数 $f(x)$在关于原点对称的区间 D 上有定义，如果对 D 上任意点 x，均有 $f(-x)=f(x)$(或 $f(-x)=-f(x)$)，则称函数 $f(x)$为偶函数(或奇函数).

(4)周期性　设函数 $f(x)$在集合 D 上有定义，如果存在正常数 T，使得对于 D 上任意 x，均有 $f(x+T)=f(x)$，则称 $f(x)$为周期函数，使上式成立的最小正数为周期函数的周期.

3. 基本初等函数与初等函数　常数函数 $y=c$(c 为常数)，幂函数 $y=x^\alpha$($\alpha\in R$)，指数函数 $y=a^x$($a\neq1,a>0$)，对数函数 $y=\log_a x$($a\neq1,a>0$)，三角函数和反三角函数称为基本初等函数. 由基本初等函数经过有限次四则运算或有限次复合，并由一个式子表示的函数称为初等函数.

基本题型

求一元函数的定义域

【1】函数 $y=\dfrac{1}{\sqrt{25-x^2}}+\arcsin\dfrac{x-1}{5}$的定义域为________.

解　要使函数有意义，变量 x 必须同时满足

$$\begin{cases}25-x^2>0\\ \left|\dfrac{x-1}{5}\right|\leqslant1\end{cases}，\quad 即\quad \begin{cases}25-x^2>0\\ -1\leqslant\dfrac{x-1}{5}\leqslant1\end{cases}.$$

解得$-4\leqslant x<5$，因此定义域为$[-4,5)$.

故应填$[-4,5)$.

【2】函数 $f(x)=\dfrac{1}{1+\dfrac{1}{1+\dfrac{1}{x}}}$的定义域为________.

(A)$x\in\mathbf{R}$,但 $x\neq 0$　　(B)$x\in\mathbf{R}$,但 $1+\frac{1}{x}\neq 0$

(C)$x\in\mathbf{R}$,但 $x\neq 0,-1,-\frac{1}{2}$　　(D)$x\in\mathbf{R}$,但 $x\neq 0,-1$

解　由 $x\neq 0,1+\frac{1}{x}\neq 0,1+\frac{1}{1+\frac{1}{x}}\neq 0$,得 $x\neq 0,-1,-\frac{1}{2}$.

故应选(C).

【3】已知 $f(x)=\sin x,f[\varphi(x)]=1-x^2$,则 $\varphi(x)$ 的定义域为______.

解　由 $\sin\varphi(x)=1-x^2$,所以 $\varphi(x)=\arcsin(1-x^2)$
从而 $-1\leqslant 1-x^2\leqslant 1$,所以 $-\sqrt{2}\leqslant x\leqslant\sqrt{2}$.

故应填 $[-\sqrt{2},\sqrt{2}]$.

【4】已知 $f(x)=e^{x^2},f[\varphi(x)]=1-x$,且 $\varphi(x)\geqslant 0$,则 $\varphi(x)=$______,定义域为______.

解　因为 $f(x)=e^{x^2}$,所以 $f[\varphi(x)]=e^{[\varphi(x)]^2}$,而 $f[\varphi(x)]=1-x$,因此 $e^{[\varphi(x)]^2}=1-x$.
对上式两端取对数,得 $\varphi(x)=\sqrt{\ln(1-x)}$.
由 $\ln(1-x)\geqslant 0$,有 $1-x\geqslant 1$,即 $x\leqslant 0$.

故应填 $\sqrt{\ln(1-x)}$,$(-\infty,0]$.

【5】已知函数 $f(\log_a x)=\sqrt{x}$,则 $f(x)=$______,其定义域为______,其中 $a\neq 1$,且 $a>0$.

解　令 $\log_a x=t$,则 $x=a^t$. 函数 $f(\log_a x)=\sqrt{x}$ 可化为 $f(t)=a^{\frac{t}{2}}$,从而 $f(x)=a^{\frac{x}{2}}$.
定义域为 $(-\infty,+\infty)$.

故应填 $a^{\frac{x}{2}}$,$(-\infty,+\infty)$.

【6】设 $f(x)=\tan x,f[g(x)]=x^2-2$,且 $|g(x)|\leqslant\frac{\pi}{4}$,则 $g(x)$ 的定义域为______.

解　$f[g(x)]=\tan g(x)=x^2-2$,所以 $g(x)=\arctan(x^2-2)$.
因为 $|g(x)|\leqslant\frac{\pi}{4}$,所以 $-1\leqslant x^2-2\leqslant 1$,因此 $-\sqrt{3}\leqslant x\leqslant -1$ 或 $1\leqslant x\leqslant\sqrt{3}$.

故应填 $[-\sqrt{3},-1]\cup[1,\sqrt{3}]$.

求初等函数的表达式

【7】已知 $f\left(x+\frac{1}{x}\right)=\frac{x^2}{x^4+1}$,求 $f(x)$.

解　因为 $f\left(x+\frac{1}{x}\right)=\frac{x^2}{x^4+1}=\frac{1}{x^2+\frac{1}{x^2}}=\frac{1}{\left(x+\frac{1}{x}\right)^2-2}$.

所以 $f(x)=\frac{1}{x^2-2}$,$x\geqslant 2$ 或 $x\leqslant -2$.

【8】设 $f\left(\frac{x+1}{x-1}\right)=3f(x)-2x$,求 $f(x)$.

解　令 $\frac{x+1}{x-1}=t$,则 $x=\frac{t+1}{t-1}$,

于是 $f(t)=3f\left(\frac{t+1}{t-1}\right)-\frac{2t+2}{t-1}=3[3f(t)-2t]-\frac{2t+2}{t-1}$,

整理得 $8f(t)=6t+2\,\frac{t+1}{t-1}$,

所以 $f(x)=\frac{3}{4}x+\frac{1}{4}\,\frac{x+1}{x-1}, x\neq 1$.

【9】设 $f(x)=\frac{x}{\sqrt{1+x^2}}$, $f_1(x)=f[f(x)]$, $f_2(x)=f[f_1(x)]$, …,

$f_{n+1}(x)=f[f_n(x)]\,(n=1,2,\cdots)$. 则 $f_n(x)=$________.

解 $f(x)=\frac{x}{\sqrt{1+x^2}}$,

$$f_1(x)=f[f(x)]=\frac{f(x)}{\sqrt{1+f^2(x)}}=\frac{x}{\sqrt{1+2x^2}},$$

$$f_2(x)=f[f_1(x)]=\frac{f_1(x)}{\sqrt{1+f_1^2(x)}}=\frac{x}{\sqrt{1+3x^2}},$$

一般地,可用数学归纳法证明

$$f_n(x)=f[f_{n-1}(x)]=\frac{x}{\sqrt{1+(n+1)x^2}}\quad (n=2,3,4,\cdots).$$

故应填 $\frac{x}{\sqrt{1+(n+1)x^2}}$.

【10】设 $a_0+a_1x+a_2x^2+\cdots+a_8x^8=(2x-1)^8$,求 $a_1+a_2+\cdots+a_7$.

解 设 $f(x)=a_0+a_1x+a_2x^2+\cdots+a_8x^8=(2x-1)^8$,则

$$f(0)=a_0=1, f(1)=a_0+a_1+\cdots+a_8=1.$$

比较两边 x^8 的系数 $a_8=2^8$.

故 $a_1+a_2+\cdots+a_7=1-a_0-a_8=-256$.

【11】设 $f(x)$满足 $f^2(\ln x)-2xf(\ln x)+x^2\ln x=0$,且 $f(0)=0$,求 $f(x)$.

解 令 $t=\ln x$,即 $x=e^t$,则有 $f^2(t)-2e^tf(t)+te^{2t}=0$,

由此可解得 $f(t)=e^t\pm\sqrt{e^{2t}-te^{2t}}=e^t(1\pm\sqrt{1-t})$.

因为 $f(0)=0$,由上式可得 $f(t)=e^t(1-\sqrt{1-t}), t\leqslant 1$.

即所求的函数为 $f(x)=e^x(1-\sqrt{1-x}), x\leqslant 1$.

求分段函数的表达式

【12】设 $f(x)=\begin{cases}e^{-x}, & x\leqslant 0\\ \cos x, & x>0\end{cases}$,则 $f(-x)=$________.

(A) $f(-x)=\begin{cases}-e^{-x}, & x\leqslant 0\\ -\cos x, & x>0\end{cases}$　　(B) $f(-x)=\begin{cases}e^{-x}, & x\leqslant 0\\ \cos x, & x>0\end{cases}$

(C) $f(-x)=\begin{cases}-\cos x, & x<0\\ e^{-x}, & x\geqslant 0\end{cases}$　　(D) $f(-x)=\begin{cases}\cos x, & x<0\\ e^{x}, & x\geqslant 0\end{cases}$

解 当 $-x\leqslant 0$ 时,$f(-x)=e^{-(-x)}=e^x$;当 $-x>0$ 时,$f(-x)=\cos(-x)=\cos x$.

所以 $f(-x)=\begin{cases}\cos x, & x<0\\ e^{x}, & x\geqslant 0\end{cases}$

故应选(D)

【13】设 $f(x)=\begin{cases}1, & |x|\leqslant 1\\ 0, & |x|>1\end{cases}$,则 $f\{f[f(x)]\}$ 等于

(A) 0　　(B) 1　　(C) $\begin{cases}1, & |x|\leqslant 1\\ 0, & |x|>1\end{cases}$　　(D) $\begin{cases}0, & |x|\leqslant 1\\ 1, & |x|>1\end{cases}$

解　由 $f[f(x)]=1$ 得 $f\{f[f(x)]\}=1$.

故应选(B).

【14】设 $g(x)=\begin{cases}2-x, & x\leqslant 0\\ x+2, & x>0\end{cases}$,$f(x)=\begin{cases}x^2, & x<0\\ -x, & x\geqslant 0\end{cases}$,则 $g[f(x)]=$________

(A) $\begin{cases}2+x^2, & x<0\\ 2-x, & x\geqslant 0\end{cases}$　　(B) $\begin{cases}2-x^2, & x<0\\ 2+x^2, & x\geqslant 0\end{cases}$

(C) $\begin{cases}2-x^2, & x<0\\ 2-x, & x\geqslant 0\end{cases}$　　(D) $\begin{cases}2+x^2, & x<0\\ 2+x, & x\geqslant 0\end{cases}$

解　$g[f(x)]=\begin{cases}2-f(x), & f(x)\leqslant 0\\ f(x)+2, & f(x)>0\end{cases}=\begin{cases}2+x, & x\geqslant 0\\ x^2+2, & x<0\end{cases}=\begin{cases}2+x^2, & x<0\\ 2+x, & x\geqslant 0\end{cases}$.

故应选(D).

判断函数的奇偶性

【15】下列函数中非奇非偶的函数是________.

(A) $f(x)=3^x-3^{-x}$　　(B) $f(x)=x(1-x)$

(C) $f(x)=\ln\dfrac{x+1}{x-1}$　　(D) $f(x)=x^2\cos x$

解　易验证(A)为奇函数,(B)为非奇非偶函数,(C)为奇函数,(D)为偶函数.

故应选(B).

【16】设 $f(x)$ 为奇函数,判断下列函数的奇偶性:

(1) $xf(x)$　　(2) $(x^2+1)f(x)$　　(3) $|f(x)|$

(4) $-f(-x)$　　(5) $f(x)\left(\dfrac{1}{2^x+1}-\dfrac{1}{2}\right)$

解　(1)设 $F(x)=xf(x)$,则 $F(-x)=(-x)f(-x)=xf(x)=F(x)$,
故 $xf(x)$ 为偶函数.

同理可得:(2) $(x^2+1)f(x)$ 为奇函数;　　(3) $|f(x)|$ 为偶函数;

(4) $-f(-x)$ 为奇函数;　　(5) $f(x)\left(\dfrac{1}{2^x+1}-\dfrac{1}{2}\right)$ 为偶函数.

【17】判定函数 $f(x)=\ln(x+\sqrt{1+x^2})$ 的奇偶性.

分析　判定一个函数的奇偶性,关键是确定 $f(-x)$ 与 $f(x)$ 的关系.这样的问题通常分两步解决.第一步是求出 $f(-x)$,第二步是确定 $f(-x)$ 与 $f(x)$ 的关系.

解　$f(-x)=\ln(-x+\sqrt{1+(-x)^2})=\ln(\sqrt{1+x^2}-x)$

$$=\ln\frac{(\sqrt{1+x^2}-x)(\sqrt{1+x^2}+x)}{\sqrt{1+x^2}+x}$$

$$=\ln\frac{1}{\sqrt{1+x^2}+x}=-\ln(\sqrt{1+x^2}+x)=-f(x).$$

所以函数 $f(x)=\ln(x+\sqrt{1+x^2})$ 是奇函数.

【18】 设 $f(x)$ 为奇函数, $g(x)$ 为偶函数,且它们可以构成复合函数

$$f[f(x)],g[f(x)],f[g(x)],g[g(x)],$$

则其中为奇函数的是________.

(A) $f[f(x)]$　　(B) $g[f(x)]$　　(C) $f[g(x)]$　　(D) $g[g(x)]$

解 由已知条件知 $f(-x)=-f(x)$, $g(-x)=g(x)$. 设 $F(x)=f[f(x)]$,则

$$F(-x)=f[f(-x)]=f[-f(x)]=-f[f(x)].$$

所以 $f[f(x)]$ 为奇函数.

故应选(A).

讨论函数的单调性

【19】 设 $f(x)$ 在 $(-\infty,+\infty)$ 上有定义,且对任意 $x,y\in(-\infty,+\infty)$ $(x\neq y)$ 有 $|f(x)-f(y)|<|x-y|$,证明 $F(x)=f(x)+x$ 在 $(-\infty,+\infty)$ 上单调增加.

证 任意 $x_1,x_2\in(-\infty,+\infty)$, $x_2>x_1$,

有　$|f(x_2)-f(x_1)|<|x_2-x_1|=x_2-x_1$,

而　$f(x_1)-f(x_2)\leqslant|f(x_2)-f(x_1)|<x_2-x_1$,

因而　$f(x_1)+x_1<f(x_2)+x_2$,

所以　$F(x_1)<F(x_2)$,

即 $F(x)$ 在 $(-\infty,+\infty)$ 上单调增加.

【20】 设 $f(x),g(x),h(x)$ 是定义在 $(-\infty,+\infty)$ 上的单调增加函数,且 $f(x)\leqslant g(x)\leqslant h(x)$,证明 $f[f(x)]\leqslant g[g(x)]\leqslant h[h(x)]$.

证 因为 $f(x),g(x),h(x)$ 在 $(-\infty,+\infty)$ 上单增,所以对任意 $x_1,x_2\in(-\infty,+\infty)$, $x_2>x_1$,有 $f(x_1)\leqslant f(x_2)$, $g(x_1)\leqslant g(x_2)$, $h(x_1)\leqslant h(x_2)$.

又对任意 $x\in(-\infty,+\infty)$,有 $f(x)\leqslant g(x)\leqslant h(x)$,所以

$$f[f(x)]\leqslant f[g(x)]\leqslant g[g(x)],$$

$$g[g(x)]\leqslant g[h(x)]\leqslant h[h(x)],$$

即 $f[f(x)]\leqslant g[g(x)]\leqslant h[h(x)]$.

一元函数周期性的讨论

【21】 设 $[x]$ 是表示不超过 x 的最大整数,则 $y=x-[x]$ 是________.

(A)无界函数　　(B)周期为 1 的周期函数　　(C)单调函数　　(D)偶函数

解 $y=x-[x]$ 的图象如图 21 所示.

故应选(B).

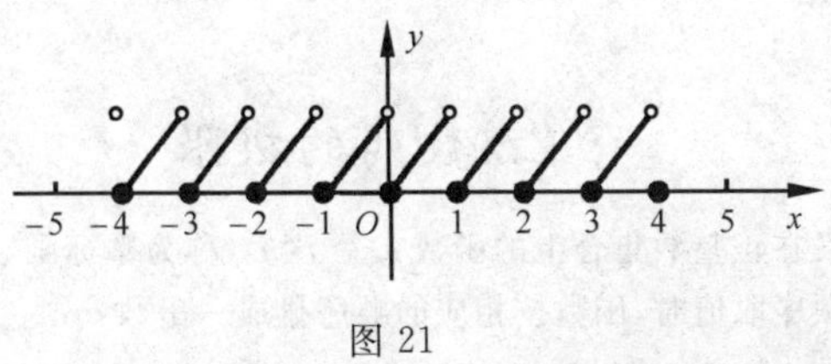

图 21

【22】 设对任何 $x\in(-\infty,+\infty)$,存在常数 $c\neq0$,使 $f(x+c)=-f(x)$. 证明 $f(x)$ 是周期函数.

证 对任意 $x\in(-\infty,+\infty)$，有 $f(x+c)=-f(x)$，所以

$$f(x+2c)=f[(x+c)+c]=-f(x+c)=f(x),$$

故 $f(x)$ 为周期函数.

求反函数

【23】 函数 $y=\dfrac{1+\sqrt{1-x}}{1-\sqrt{1-x}}$ 的反函数为________.

解 令 $t=\sqrt{1-x}$，则 $y=\dfrac{1+t}{1-t}$，所以 $t=\dfrac{y-1}{y+1}$，即 $\sqrt{1-x}=\dfrac{y-1}{y+1}$，

从而 $x=1-\left(\dfrac{y-1}{y+1}\right)^2=\dfrac{4y}{(y+1)^2}$，因此反函数为 $y=\dfrac{4x}{(x+1)^2}$.

故应填 $y=\dfrac{4x}{(x+1)^2}$，$(-\infty,-1)\cup[1,+\infty)$.

讨论一元函数的值域

【24】 函数 $y=\sin\dfrac{\pi x}{2(1+x^2)}$ 的值域是________.

(A) $[-1,1]$ (B) $\left[-\dfrac{\sqrt{2}}{2},\dfrac{\sqrt{2}}{2}\right]$ (C) $[0,1]$ (D) $\left[-\dfrac{1}{2},\dfrac{1}{2}\right]$

解 因为 $1+x^2\geqslant 2|x|$，所以 $-\dfrac{1}{2}\leqslant\dfrac{x}{1+x^2}\leqslant\dfrac{1}{2}$，

因此 $-\dfrac{\pi}{4}\leqslant\dfrac{\pi x}{2(1+x^2)}\leqslant\dfrac{\pi}{4}$，从而 $-\dfrac{\sqrt{2}}{2}\leqslant\sin\dfrac{\pi x}{2(1+x^2)}\leqslant\dfrac{\sqrt{2}}{2}$.

故应选(B).

【25】 求 $y=f(x)=\begin{cases}3-x^3, & x<-2\\ 5-x, & -2\leqslant x\leqslant 2\\ 1-(x-2)^2, & x>2\end{cases}$ 的值域，并求它的反函数.

解 当 $x<-2$ 时，$y=3-x^3$，$x=\sqrt[3]{3-y}$，且 $y>3+8=11$；

当 $-2\leqslant x\leqslant 2$ 时，$y=5-x$，$x=5-y$，且 $3\leqslant y\leqslant 7$；

当 $x>2$ 时，$y=1-(x-2)^2$，$x=2+\sqrt{1-y}$，且 $y<1$；

所以 $y=f(x)$ 的值域为 $(-\infty,1)\cup[3,7]\cup(11,+\infty)$.

$y=f(x)$ 的反函数为 $y=\begin{cases}2+\sqrt{1-x}, & x<1\\ 5-x, & 3\leqslant x\leqslant 7\\ \sqrt[3]{3-x}, & x>11\end{cases}$

§2. 数列的极限

1. 数列 一个定义在正整数集合上的函数 $a_n=f(n)$（称为整标函数），当自变量 n 按正整数 1，2，3，…依次增大的顺序取值时，函数按相应的顺序排成一串数：

$$f(1),f(2),f(3),\cdots,f(n),\cdots$$

称为一个无穷数列，简称数列. 数列中的每一个数称为数列的项，$f(n)$ 称为数列的一般项或通项.

2. 数列极限的定义

(1)设$\{a_n\}$是一数列,如果存在常数a,当n无限增大时,a_n无限接近(或趋近)于a,则称数列$\{a_n\}$收敛,a称为数列$\{a_n\}$的极限,或称数列$\{a_n\}$收敛于a,记为$\lim\limits_{n\to\infty}a_n=a$,或$n\to\infty$,$a_n\to a$.当$n\to\infty$时,若不存在这样的常数$a$,则称数列$\{a_n\}$发散或不收敛,也可以说极限$\lim\limits_{n\to\infty}a_n$不存在.

(2)设$\{a_n\}$为一个数列,a为一个常数.若对任意给定的$\varepsilon>0$,都存在一个正整数N,使得$n>N$的一切a_n都满足不等式$|a_n-a|<\varepsilon$,则称a为数列$\{a_n\}$当$n\to\infty$时的极限,记为

$$\lim_{n\to\infty}a_n=a.$$

3. 数列极限的性质

唯一性:收敛数列的极限是唯一的.

即若数列$\{a_n\}$收敛,且$\lim\limits_{n\to\infty}a_n=a$和$\lim\limits_{n\to\infty}a_n=b$,则$a=b$.

有界性:假设数列$\{a_n\}$收敛,则数列$\{a_n\}$必有界,即存在常数$M>0$,使得$|a_n|<M$(任意$n\in N$).这个性质中的M显然不是唯一的,重要的是它的存在性.

保号性:假设数列$\{a_n\}$收敛,其极限为a.

(1)若有正整数N,使得当$n>N$时$a_n>0$(或<0),则$a\geqslant0$(或$\leqslant0$).

(2)若$a>0$(或<0),则有正整数N,使得当$n>N$时,$a_n>0$(或<0).

基本题型

有关数列极限存在性的判定

【26】 设$\lim\limits_{n\to\infty}a_n=a$,且$a\neq0$,则当$n$充分大时有______.

(A)$|a_n|>\dfrac{|a|}{2}$ (B)$|a_n|<\dfrac{|a|}{2}$ (C)$a_n>a-\dfrac{1}{n}$ (D)$a_n<a+\dfrac{1}{n}$

解:因为$\lim\limits_{n\to\infty}a_n=a\neq0$,所以$\forall\varepsilon>0$,$\exists N$,当$n>N$时,有$|a_n-a|<\varepsilon$,即$a-\varepsilon<a_n<a+\varepsilon$,则$|a|-\varepsilon<|a_n|\leqslant|a|+\varepsilon$,取$\varepsilon=\dfrac{|a|}{2}$,则知$|a_n|>\dfrac{|a|}{2}$.

本题应选(A).

点评 本题也可以利用极限的保号性推论:若$\lim\limits_{n\to\infty}a_n=a\neq0$,则$\exists N$,当$n>N$时

$$|a_n|>\lambda|a|\quad(0<\lambda<1).$$

【27】"对任意给定的$\varepsilon\in(0,1)$,总存在正整数N,当$n\geqslant N$时,恒有$|x_n-a|\leqslant2\varepsilon$"是数列$\{x_n\}$收敛于$a$的________.

(A)充分条件但非必要条件 (B)必要条件但非充分条件

(C)充分必要条件 (D)既非充分条件又非必要条件

解 本题应选(C).

【28】 设$\{a_n\}$,$\{b_n\}$,$\{c_n\}$均为非负数列,且$\lim\limits_{n\to\infty}a_n=0$,$\lim\limits_{n\to\infty}b_n=1$,$\lim\limits_{n\to\infty}c_n=\infty$,则必有________.

(A)$a_n<b_n$对任意n成立 (B)$b_n<c_n$对任意n成立

(C)极限$\lim\limits_{n\to\infty}a_nc_n$不存在 (D)极限$\lim\limits_{n\to\infty}b_nc_n$不存在

解 取$a_n=\dfrac{2}{n}$,$b_n=1$,$c_n=\dfrac{n}{2}$,$(n=1,2,\cdots)$,则选项(A)、(B)、(C)均可排除.

对于选项(D),由$\lim\limits_{n\to\infty}b_n=1$,$\lim\limits_{n\to\infty}c_n=\infty$知$\lim\limits_{n\to\infty}\dfrac{1}{b_nc_n}=\lim\limits_{n\to\infty}\dfrac{1}{b_n}\cdot\lim\limits_{n\to\infty}\dfrac{1}{c_n}=0$,从而$\lim\limits_{n\to\infty}b_nc_n=\infty$.

即$\lim\limits_{n\to\infty} b_n c_n$不存在.

故应选(D).

点评 为了正确而迅速的解答选择题,首先要对题意和备选项进行整体的对比考查,弄清题目的考查目标,从题干和备选项中获得解决问题的充分信息,其次选择适当的解题方法,下面归纳几种解题方法,供读者参考.

直接法:直接从题目的已知条件出发,经过严密的推导、合理的运算从而得出结果和判断的方法,其选择过程是先计算,然后将计算的结果与备选项对照,找到正确选项,当题目中给出已知条件,备选答案列出所需求的结果时,一般首先考虑直接法.

验证法:把可供选择的各备选项带入题目中已知条件或将题干中的条件带入备选项进行验算,从而得到正确选项的方法.

图象法:通过画出直观的几何图形,帮助分析,便于作出正确选择的方法.

每种方法都不是孤立的,有时同一试题可用多种方法求解,有时需借用几种方法综合求解.

证明数列没有极限

【29】 设$a_n=(1+\frac{1}{n})\sin\frac{n\pi}{2}$,证明数列$\{a_n\}$没有极限.

分析 若数列$\{a_n\}$有极限,则由极限性质知道极限应是唯一的,要证明$\{a_n\}$没有极限,只要找到两个子列分别收敛到不同的值即可.

证 设k为正整数,若$n=4k$,则

$$a_{4k}=\left(1+\frac{1}{4k}\right)\sin\frac{4k\pi}{2}=\left(1+\frac{1}{4k}\right)\sin 2k\pi=0;$$

若$n=4k+1$,则

$$a_{4k+1}=\left(1+\frac{1}{4k+1}\right)\sin\left(\frac{4k\pi}{2}+\frac{\pi}{2}\right)=\left(1+\frac{1}{4k+1}\right)\sin\frac{\pi}{2}=1+\frac{1}{4k+1}\to 1\quad(k\to+\infty).$$

因此$\{a_n\}$没有极限.

【30】 证明:数列$x_n=(-1)^n\cdot\frac{n+1}{n}$是发散的.

证 考察子序列

$$x_{2n}=\frac{2n+1}{2n}=1+\frac{1}{2n}\to 1\ (n\to+\infty),$$

$$x_{2n+1}=-\frac{2n+2}{2n+1}=-1-\frac{1}{2n+1}\to -1\quad(n\to+\infty).$$

由子序列的收敛性,可知$\lim\limits_{n\to+\infty} x_n$不存在.

点评 在证明数列发散时,可采用下列两种方法:

①找两个极限不同的子数列. ②找一个发散的子数列.

§3. 函数的极限

1. 函数极限的定义 设函数$f(x)$在点x_0的邻域内(点x_0可除外)有定义,A为一个常数.若对任意给定的$\varepsilon>0$,都存在一个正数δ,使得满足$0<|x-x_0|<\delta$的一切x所对应的$f(x)$都满足不等式$|f(x)-A|<\varepsilon$,则称A为函数$f(x)$当$x\to x_0$时的极限,记为

$$\lim_{x\to x_0} f(x)=A$$

2. 左极限和右极限的定义 若对于满足 $0<x_0-x<\delta(0<x-x_0<\delta)$ 的一切 x 所对应的 $f(x)$ 都满足不等式 $|f(x)-A|<\varepsilon$，则称 A 为函数 $f(x)$ 当 x 自 x_0 左(右)侧趋于 x_0 时的极限，即左(右)极限，分别记为

$$\lim_{x\to x_0^-} f(x)=f(x_0-0)=A \quad (\lim_{x\to x_0^+} f(x)=f(x_0+0)=A)$$

类似地，可以给出当 $x\to\infty, x\to+\infty, x\to-\infty$ 时，$f(x)$ 的极限为 A 的定义.

3. 极限的性质

(1)唯一性 若 $\lim\limits_{x\to x_0} f(x)=A$，则 A 必唯一.

(2)有界性 若 $\lim\limits_{x\to x_0} f(x)=A$，则 $f(x)$ 在 x_0 的某一邻域(x_0 除外)内是有界的.

(3)保号性 设 $f(x)$ 在 x_0 的某邻域(x_0 除外)内均有 $f(x)\geqslant 0$(或 $f(x)\leqslant 0$)，且 $\lim\limits_{x\to x_0} f(x)=A$，则 $A\geqslant 0$(或 $A\leqslant 0$).

4. 充要条件 $\lim\limits_{x\to x_0} f(x)=A \Leftrightarrow f(x_0-0)=f(x_0+0)=A$.

基 本 题 型

讨论函数极限的存在性

【31】 设对任意的 x，总有 $\varphi(x)\leqslant f(x)\leqslant g(x)$，且 $\lim\limits_{x\to\infty}[g(x)-\varphi(x)]=0$，则 $\lim\limits_{x\to\infty} f(x)$ ________.

(A)存在且等于零 (B)存在但不一定为零 (C)一定不存在 (D)不一定存在

解 若取 $\varphi(x)=x, f(x)=x+e^{-|x|}, g(x)=x+2e^{-|x|}$. 此时 $\lim\limits_{x\to\infty}[g(x)-\varphi(x)]=0$，但 $\lim\limits_{x\to\infty} f(x)$ 不存在；

若取 $\varphi(x)=0$，$f(x)=e^{-|x|}$，$g(x)=2e^{-|x|}$，此时 $\lim\limits_{x\to\infty}[g(x)-\varphi(x)]=0$，$\lim\limits_{x\to\infty} f(x)=0$ 存在.

故应选(D).

【32】 设 $f(x)=\begin{cases} x, & |x|\leqslant 1 \\ x-2, & |x|>1 \end{cases}$. 试讨论 $\lim\limits_{x\to 1} f(x)$ 及 $\lim\limits_{x\to -1} f(x)$.

分析 本题中函数是分段表达的，因此要讨论 $x\to 1$ 时 $f(x)$ 的极限值必须从左、右极限入手.

解 (1)由题目条件知 $f(x)=\begin{cases} x-2, & x<-1 \\ x, & -1\leqslant x\leqslant 1 \\ x-2, & x>1 \end{cases}$.

因为 $\lim\limits_{x\to 1^+} f(x)=\lim\limits_{x\to 1^+}(x-2)=-1$，$\lim\limits_{x\to 1^-} f(x)=\lim\limits_{x\to 1^-} x=1$，

从而 $\lim\limits_{x\to 1^+} f(x)\neq \lim\limits_{x\to 1^-} f(x)$，

所以 $\lim\limits_{x\to 1} f(x)$ 不存在.

(2)因为 $\lim\limits_{x\to -1^+} f(x)=\lim\limits_{x\to -1^+} x=-1$，$\lim\limits_{x\to -1^-} f(x)=\lim\limits_{x\to -1^-}(x-2)=-3$.

从而 $\lim\limits_{x\to -1^+} f(x)\neq \lim\limits_{x\to -1^-} f(x)$，

所以$\lim\limits_{x\to -1} f(x)$不存在.

【33】证明 $\lim\limits_{x\to+\infty} x\sin x$ 不存在.

证 设 $f(x)=x\sin x$,取 $x_n=n\pi$ 及 $y_n=2n\pi+\frac{\pi}{2}$,显然 $n\to+\infty$ 时有 $x_n\to+\infty$,$y_n\to+\infty$,但是 $\lim\limits_{n\to+\infty} f(x_n)=\lim\limits_{n\to+\infty} n\pi\cdot\sin n\pi=0$,$\lim\limits_{n\to+\infty} f(y_n)=\lim\limits_{n\to+\infty}(2n\pi+\frac{\pi}{2})\sin(2n\pi+\frac{\pi}{2})=+\infty$.

故 $\lim\limits_{x\to+\infty} x\cdot\sin x$ 不存在.

点评 证明极限不存在常用的办法就是从证明左、右极限入手,或者说明一个极限不存在,或者说明二者存在但不相等.为了简化过程,这时通常取特殊子列进行讨论.

【34】求函数

$$f(x)=\frac{|x|}{x},g(x)=\frac{1-a^{\frac{1}{x}}}{1+a^{\frac{1}{x}}}\quad (a>1)$$

当 $x\to 0$ 时的左、右极限,并说明 $x\to 0$ 时极限是否存在.

解 $\lim\limits_{x\to 0^+} f(x)=\lim\limits_{x\to 0^+}\frac{x}{x}=1$,$\lim\limits_{x\to 0^-} f(x)=\lim\limits_{x\to 0^-}\frac{-x}{x}=-1$.

$$\lim_{x\to 0^+} g(x)=\lim_{x\to 0^+}\frac{1-a^{\frac{1}{x}}}{1+a^{\frac{1}{x}}}=\lim_{x\to 0^+}\frac{a^{-\frac{1}{x}}-1}{a^{-\frac{1}{x}}+1}=-1,\ \lim_{x\to 0^-} g(x)=\lim_{x\to 0^-}\frac{1-a^{\frac{1}{x}}}{1+a^{\frac{1}{x}}}=1.$$

所以$\lim\limits_{x\to 0} f(x)$,$\lim\limits_{x\to 0} g(x)$都不存在.

§4. 无穷小与无穷大

1. 无穷小与无穷大的定义

(1)无穷小的定义 若 $\lim\limits_{\substack{x\to x_0\\(x\to\infty)}} f(x)=0$,则称 $f(x)$ 当 $x\to x_0$ $(x\to\infty)$时为无穷小.

(2)无穷大的定义 若对任意给定的 $M>0$,都存在一个正数 $\delta(N)$,使得满足 $0<|x-x_0|<\delta$($|x|>N$)的一切 x 所对应的 $f(x)$ 都满足不等式 $|f(x)|>M$,则称 $f(x)$ 当 $x\to x_0$ $(x\to\infty)$时为无穷大,记为

$$\lim_{\substack{x\to x_0\\(x\to\infty)}} f(x)=\infty$$

2. 无穷小与无穷大的关系(以下所讨论的极限,都是在自变量同一变化过程中的极限)

若$\lim f(x)=0$ $\quad(f(x)\neq 0)$, 则$\lim\frac{1}{f(x)}=\infty$;

若$\lim f(x)=\infty$, 则$\lim\frac{1}{f(x)}=0$.

基本题型

有关无穷小与无穷大的定义

【35】当 $x\to 0$ 时,变量$\frac{1}{x^2}\sin\frac{1}{x}$是________.

(A)无穷小 (B)无穷大

(C)有界的，但不是无穷小量　　　(D)无界的，但不是无穷大

解　取 $x_k=\frac{1}{2k\pi}$，则 $f(x_k)=(2k\pi)^2\sin(2k\pi)=0$. 故 $x\to 0$ 时，$f(x)$ 不是无穷大，排除(B).

显然，$x\to 0$ 时，$\frac{1}{x^2}\sin\frac{1}{x}$ 不是无穷小，排除(A).

取 $x_k=\frac{1}{2k\pi+\frac{\pi}{2}}$，则 $f(x_k)=(2k\pi+\frac{\pi}{2})^2\sin(2k\pi+\frac{\pi}{2})=(2k\pi+\frac{\pi}{2})^2\to\infty$. 故 $\frac{1}{x^2}\sin\frac{1}{x}$ 不是有界的，排除(C).

故应选(D).

【36】 函数 $f(x)=x\sin x$ ________.

(A)当 $x\to\infty$ 时为无穷大　　　(B)在 $(-\infty,+\infty)$ 内有界

(C)在 $(-\infty,+\infty)$ 内无界　　　(D)当 $x\to\infty$ 时有有限极限

解　只要正确理解当 $x\to\infty$ 时，$f(x)$ 为无穷大与 $f(x)$ 无界两个概念之间的区别，就容易作出正确选择.

验证法　可直接验算(C)为正确选项，根据 $x\to\infty$ 时 $f(x)$ 无界的定义，无论给定 M 多么大，均存在 x_0 使得 $f(x_0)>M$. 现取正整数 k，使 $(2k+\frac{1}{2})\pi>M$，并令 $x_0=(2k+\frac{1}{2})\pi$，则

$$f(x_0)=(2k+\frac{1}{2})\pi\sin\left[(2k+\frac{1}{2})\pi\right]=(2k+\frac{1}{2})\pi>M.$$

排除法　若取 $x_k=2k\pi$，则 $f(x_k)=2k\pi\sin 2k\pi=0$，故 $x\to\infty$ 时，$f(x)$ 不是无穷大量，从而排除(A).

分别取 $x_k^{(1)}=2k\pi$，$x_k^{(2)}=(2k+\frac{1}{2})\pi$，则当 $k\to\infty$ 时 $f(x_k^{(1)})=0$，而 $f(x_k^{(2)})\to\infty$，因此，$x\to\infty$ 时 $f(x)$ 不存在有限极限，且在 $(-\infty,+\infty)$ 内 $f(x)$ 也不是有界的，于是(B)、(D)不成立.

故应选(C).

【37】 设数列 x_n 与 y_n 满足 $\lim\limits_{n\to\infty}x_ny_n=0$，则下列断言正确的是________.

(A)若 x_n 发散，则 y_n 必发散　　　(B)若 x_n 无界，则 y_n 必有界

(C)若 x_n 有界，则 y_n 必为无穷小　　　(D)若 $\frac{1}{x_n}$ 为无穷小，则 y_n 必为无穷小

解　(A)，(B)显然不对. 若 x_n 有界，且 y_n 为无穷小，则 $\lim\limits_{n\to\infty}x_ny_n=0$. 但反之不一定，故(C)也不对. (D)正确. 因为，若 $\frac{1}{x_n}$ 为无穷小，则 $\lim\limits_{n\to\infty}\frac{1}{x_n}=0$. 而 $\lim\limits_{n\to\infty}x_ny_n=\lim\limits_{n\to\infty}\frac{y_n}{\frac{1}{x_n}}=0$，所以必有 $\lim\limits_{n\to\infty}y_n=0$.

故应选(D).

§5. 极限运算法则

1. 运算法则　设 $\lim f(x)$ 与 $\lim g(x)$ 均存在，则

$$\lim[f(x)\pm g(x)]=\lim f(x)\pm\lim g(x)$$

$$\lim[f(x)\cdot g(x)]=\lim f(x)\cdot\lim g(x)$$

$$\lim\frac{f(x)}{g(x)}=\frac{\lim f(x)}{\lim g(x)}\ (\lim g(x)\neq 0)$$

2. 无穷小运算法则

(1)有限多个无穷小之和仍是无穷小；

(2)有限多个无穷小之积仍是无穷小；

(3)有界变量与无穷小之积仍为无穷小.

所谓变量 u 有界是指：存在常数 $M>0$，u 在其变化过程中总有 $|u|<M$.

3. 无穷小与函数极限之间的关系 在一个极限过程中，函数 $f(x)$ 的极限为 A 的充分必要条件是 $f(x)=A+\alpha$，其中 α 为这个极限过程中的无穷小量(即 $\lim\alpha=0$).

利用极限存在的充要条件求极限

【38】 当 $x\to1$ 时，函数 $\dfrac{x^2-1}{x-1}e^{\frac{1}{x-1}}$ 的极限________.

(A)等于 2　　(B)等于 0　　(C)为∞　　(D)不存在但不为∞

解 函数在某一点的极限存在的充分必要条件是函数在该点的左、右极限都存在并且相等.

因为若函数 $\dfrac{x^2-1}{x-1}e^{\frac{1}{x-1}}$ 的极限存在，则 $\lim\limits_{x\to1^+}\dfrac{x^2-1}{x-1}e^{\frac{1}{x-1}}=\lim\limits_{x\to1^-}\dfrac{x^2-1}{x-1}e^{\frac{1}{x-1}}$.

然而，$\lim\limits_{x\to1^+}\dfrac{x^2-1}{x-1}e^{\frac{1}{x-1}}=\lim\limits_{x\to1^+}2e^{\frac{1}{x-1}}=+\infty$，$\lim\limits_{x\to1^-}\dfrac{x^2-1}{x-1}e^{\frac{1}{x-1}}=\lim\limits_{x\to1^-}2e^{\frac{1}{x-1}}=0$.

故应选(D).

【39】 设 $f(x)=\begin{cases}e^{\frac{1}{x}}+1, & x<0\\ 1, & x=0\\ 1+x\sin\dfrac{1}{x}, & x>0\end{cases}$，求 $\lim\limits_{x\to0}f(x)$.

解 $\lim\limits_{x\to0^-}f(x)=\lim\limits_{x\to0^-}(e^{\frac{1}{x}}+1)=1$，$\lim\limits_{x\to0^+}f(x)=\lim\limits_{x\to0^+}(1+x\sin\dfrac{1}{x})=1$.

于是 $\lim\limits_{x\to0}f(x)=1$.

【40】 求 $\lim\limits_{x\to0}\left(\dfrac{2+e^{\frac{1}{x}}}{1+e^{\frac{4}{x}}}+\dfrac{\sin x}{|x|}\right)$.

解 因 $\lim\limits_{x\to0^+}\left(\dfrac{2+e^{\frac{1}{x}}}{1+e^{\frac{4}{x}}}+\dfrac{\sin x}{|x|}\right)=\lim\limits_{x\to0^+}\left(\dfrac{2e^{-\frac{4}{x}}+e^{-\frac{3}{x}}}{e^{-\frac{4}{x}}+1}+\dfrac{\sin x}{x}\right)=1$，

$$\lim_{x\to0^-}\left(\frac{2+e^{\frac{1}{x}}}{1+e^{\frac{4}{x}}}+\frac{\sin x}{|x|}\right)=\lim_{x\to0^-}\left(\frac{2+e^{\frac{1}{x}}}{1+e^{\frac{4}{x}}}-\frac{\sin x}{x}\right)=2-1=1.$$

故极限 $\lim\limits_{x\to0}\left(\dfrac{2+e^{\frac{1}{x}}}{1+e^{\frac{4}{x}}}+\dfrac{\sin x}{|x|}\right)=1$.

利用分子或分母有理化求极限

【41】 $\lim\limits_{n\to\infty}\left[\sqrt{1+2+\cdots+n}-\sqrt{1+2+\cdots+(n-1)}\right]=$________.

解
$$\text{原式}=\lim_{n\to\infty}\frac{n}{\sqrt{1+2+\cdots+n}+\sqrt{1+2+\cdots+(n-1)}}$$

$$=\lim_{n\to\infty}\frac{n}{\sqrt{\dfrac{n(n+1)}{2}}+\sqrt{\dfrac{n(n-1)}{2}}}$$

$$=\lim_{n\to\infty}\frac{\sqrt{2}}{\sqrt{1+\frac{1}{n}}+\sqrt{1-\frac{1}{n}}}=\frac{\sqrt{2}}{2}.$$

故应填 $\frac{\sqrt{2}}{2}$.

【42】 极限 $\lim\limits_{n\to\infty}(\sqrt{n+3\sqrt{n}}-\sqrt{n-\sqrt{n}})=$________.

分析 本题是求形如 $\lim\limits_{n\to\infty}(\sqrt{a_n}-\sqrt{b_n})$ 的极限，一种常用的方法是将 $\sqrt{a_n}-\sqrt{b_n}$ 有理化，将所给极限化为 $\lim\limits_{n\to\infty}\frac{a_n-b_n}{\sqrt{a_n}+\sqrt{b_n}}$，从而求得所给极限.

解 原式 $=\lim\limits_{n\to\infty}\frac{4n^{\frac{1}{2}}}{\sqrt{n+3\sqrt{n}}+\sqrt{n-\sqrt{n}}}=\lim\limits_{n\to\infty}\frac{4}{\sqrt{1+\frac{3}{\sqrt{n}}}+\sqrt{1-\frac{1}{\sqrt{n}}}}=2.$

故应填 2.

【43】 $\lim\limits_{x\to-\infty}x(\sqrt{x^2+100}+x)$.

解 原式 $=\lim\limits_{x\to-\infty}\frac{100x}{\sqrt{x^2+100}-x}=\lim\limits_{x\to-\infty}\frac{100}{-\sqrt{1+\frac{100}{x^2}}-1}=-50.$

【44】 $\lim\limits_{x\to1}\frac{\sqrt{3-x}-\sqrt{1+x}}{x^2+x-2}=$________.

解 原式 $=\lim\limits_{x\to1}\frac{\sqrt{3-x}-\sqrt{1+x}}{(x+2)(x-1)}=\lim\limits_{x\to1}\frac{2(1-x)}{(x+2)(x-1)}\cdot\lim\limits_{x\to1}\frac{1}{\sqrt{3-x}+\sqrt{1+x}}$

$$=\lim_{x\to1}\frac{-2}{x+2}\cdot\lim_{x\to1}\frac{1}{\sqrt{3-x}+\sqrt{1+x}}=-\frac{\sqrt{2}}{6}.$$

故应填 $-\frac{\sqrt{2}}{6}$.

【45】 $\lim\limits_{x\to-\infty}\frac{\sqrt{4x^2+x-1}+x+1}{\sqrt{x^2+\sin x}}$.

解 原式 $=\lim\limits_{x\to-\infty}\frac{3x^2-x-2}{\sqrt{x^2+\sin x}(\sqrt{4x^2+x-1}-x-1)}$

$$=\lim_{x\to-\infty}\frac{3-\frac{1}{x}-\frac{2}{x^2}}{\sqrt{1+\frac{\sin x}{x^2}}(\sqrt{4+\frac{1}{x}-\frac{1}{x^2}}+1+\frac{1}{x})}=1.$$

先求和，再求极限

【46】 设 $x_n=\frac{1}{3}+\frac{1}{15}+\cdots+\frac{1}{4n^2-1}$，求 $\lim\limits_{n\to\infty}x_n$.

解 $\frac{1}{4n^2-1}=\frac{1}{2}(\frac{1}{2n-1}-\frac{1}{2n+1})$,

$$x_n=\frac{1}{2}\left[(1-\frac{1}{3})+(\frac{1}{3}-\frac{1}{5})+\cdots+(\frac{1}{2n-1}-\frac{1}{2n+1})\right]=\frac{1}{2}(1-\frac{1}{2n+1}).$$

故$\lim\limits_{n\to\infty}x_n=\frac{1}{2}$.

【47】$\lim\limits_{n\to\infty}(\frac{1}{4}+\frac{1}{28}+\cdots+\frac{1}{9n^2-3n-2})=$______.

解　原式$=\lim\limits_{n\to\infty}\left[\frac{1}{1\cdot 4}+\frac{1}{4\cdot 7}+\frac{1}{7\cdot 10}+\cdots+\frac{1}{(3n-2)(3n+1)}\right]$

$$=\frac{1}{3}\lim_{n\to\infty}\left[(1-\frac{1}{4})+(\frac{1}{4}-\frac{1}{7})+\cdots+(\frac{1}{3n-2}-\frac{1}{3n+1})\right]$$

$$=\frac{1}{3}\lim_{n\to\infty}(1-\frac{1}{3n+1})=\frac{1}{3}.$$

故应填$\frac{1}{3}$.

【48】设函数 $f(x)=a^x(a>0,a\neq 1)$，则$\lim\limits_{n\to\infty}\frac{1}{n^2}\ln[f(1)f(2)\cdots f(n)]=$______.

解　原式$=\lim\limits_{n\to\infty}\frac{1}{n^2}\cdot\ln[a^1\cdot a^2\cdot\cdots\cdot a^n]=\lim\limits_{n\to\infty}\frac{1}{n^2}\ln a^{\frac{n(n+1)}{2}}=\lim\limits_{n\to\infty}\frac{\frac{n(n+1)}{2}}{n^2}\ln a=\frac{1}{2}\ln a$.

故应填 $\frac{1}{2}\ln a$.

利用极限与无穷小的关系求极限

【49】* 若$\lim\limits_{x\to 0}\frac{\sin 6x+xf(x)}{x^3}=0$，则$\lim\limits_{x\to 0}\frac{6+f(x)}{x^2}$为______.

(A)0　(B)6　(C)36　(D)∞

解　由$\lim\limits_{x\to 0}\frac{\sin 6x+xf(x)}{x^3}=0$，根据极限与无穷小的关系知 $\frac{\sin 6x+xf(x)}{x^3}=\alpha(x)$，其中 $\alpha(x)$为 $x\to 0$ 时的无穷小量. 故 $f(x)=x^2\alpha(x)-\frac{\sin 6x}{x}$，

$$\lim_{x\to 0}\frac{6+f(x)}{x^2}=\lim_{x\to 0}\frac{6+x^2\alpha(x)-\frac{\sin 6x}{x}}{x^2}=\lim_{x\to 0}\alpha(x)+\lim_{x\to 0}\frac{6x-\sin 6x}{x^3}$$

$$=0+\lim_{x\to 0}\frac{6-6\cos 6x}{3x^2}=2\lim_{x\to 0}\frac{1-\cos 6x}{x^2}=2\cdot\lim_{x\to 0}\frac{6\sin 6x}{2x}=36.$$

故应选(C).

【50】设$\lim\limits_{x\to 0}\frac{\ln\left(1+\frac{f(x)}{\sin x}\right)}{a^x-1}=A\ (a>0,a\neq 1)$，求$\lim\limits_{x\to 0}\frac{f(x)}{x^2}$.

解　因为$\lim\limits_{x\to 0}\frac{\ln\left(1+\frac{f(x)}{\sin x}\right)}{a^x-1}=A$，所以$\frac{\ln\left(1+\frac{f(x)}{\sin x}\right)}{a^x-1}=A+\alpha$，其中$\lim\limits_{x\to 0}\alpha=0$.

又因为 $a^x-1=e^{x\ln a}-1\sim x\ln a$ (当 $x\to 0$)，所以 $\ln\left(1+\frac{f(x)}{\sin x}\right)\sim Ax\ln a+\alpha x\ln a$，

因此　$1+\frac{f(x)}{\sin x}\sim a^{(A+\alpha)x}$，$f(x)\sim(a^{(A+\alpha)x}-1)\sin x\sim(A+\alpha)x\ln a\cdot\sin x$，

---

* 此题用到的洛必达法则将在本书 P78 给出详细表述.

所以 $\lim\limits_{x\to 0}\dfrac{f(x)}{x^2}=\lim\limits_{x\to 0}\dfrac{(A+\alpha)\ln a\cdot x\sin x}{x^2}=A\ln a.$

【点评】 这类由已知的极限表示来求解新的极限的命题，切忌用洛必达法则．一般来讲，这类题是利用“逐步分析法”，使用函数的极限与无穷小的关系定理，等价无穷小代换定理等方法来解决．

先求积，再求极限

【51】求 $\lim\limits_{n\to\infty}(1+x)(1+x^2)(1+x^4)\cdots(1+x^{2^n})$，$(|x|<1)$．

解 原式 $=\lim\limits_{n\to\infty}\dfrac{(1-x)(1+x)(1+x^2)(1+x^4)\cdots(1+x^{2^n})}{1-x}$

$$=\lim_{n\to\infty}\frac{(1-x^2)(1+x^2)(1+x^4)\cdots(1+x^{2^n})}{1-x}=\lim_{n\to\infty}\frac{(1-x^4)(1+x^4)\cdots(1+x^{2^n})}{1-x}$$

$$=\cdots$$

$$=\lim_{n\to\infty}\frac{1-(x^{2^n})^2}{1-x}=\frac{1}{1-x}.\quad(|x|<1)$$

§6. 极限存在准则 两个重要极限

1. 两个准则

准则Ⅰ(夹逼准则) 如果数列 $\{x_n\}$，$\{y_n\}$ 及 $\{z_n\}$ 满足下列条件

(1) $y_n\leqslant x_n\leqslant z_n$，$n=1,2,\cdots$ (2) $\lim\limits_{n\to\infty}y_n=\lim\limits_{n\to\infty}z_n=a$，

则数列 $\{x_n\}$ 的极限存在，且 $\lim\limits_{n\to\infty}x_n=a$．

准则Ⅰ′ 设函数 $f(x)$、$g(x)$、$h(x)$ 有定义，且满足下列条件：

(1) 当 $x\in\{x\mid 0<|x-x_0|<h\}$（或 $|x|>M$）时，有 $g(x)\leqslant f(x)\leqslant h(x)$ 成立；

(2) $\lim\limits_{\substack{x\to x_0\\(x\to\infty)}}g(x)=\lim\limits_{\substack{x\to x_0\\(x\to\infty)}}h(x)=a$，

则 $\lim\limits_{\substack{x\to x_0\\(x\to\infty)}}f(x)$ 存在，且 $\lim\limits_{\substack{x\to x_0\\(x\to\infty)}}f(x)=a$．

准则Ⅱ 单调有界数列必有极限．

2. 两个重要极限

(1) $\lim\limits_{x\to 0}\dfrac{\sin x}{x}=1$；

(2) $\lim\limits_{x\to 0}(1+x)^{\frac{1}{x}}=\mathrm{e}$ 或 $\lim\limits_{x\to\infty}\left(1+\dfrac{1}{x}\right)^x=\mathrm{e}$．

基本题型

利用夹逼准则求极限

【52】利用极限存在准则证明：$\lim\limits_{n\to\infty}\left(\dfrac{n}{n^2+\pi}+\dfrac{n}{n^2+2\pi}+\cdots+\dfrac{n}{n^2+n\pi}\right)=1$．

问：本题能否用求极限的四则运算法则求解？

解 $\frac{n^2}{n^2+n\pi}\leqslant\frac{n}{n^2+\pi}+\frac{n}{n^2+2\pi}+\cdots+\frac{n}{n^2+n\pi}\leqslant\frac{n^2}{n^2+\pi}$，而$\lim\limits_{n\to\infty}\frac{n^2}{n^2+n\pi}=1$，$\lim\limits_{n\to\infty}\frac{n^2}{n^2+\pi}=1$，所以由夹逼准则得$\lim\limits_{n\to\infty}(\frac{n}{n^2+\pi}+\frac{n}{n^2+2\pi}+\cdots+\frac{n}{n^2+n\pi})=1$.

本题不能使用求极限的四则运算法则求解，因为当$n\to\infty$时，本题实际为无穷项相加求和，而求极限的四则运算法则中指的是有限项相加求极限可以分别求极限相加.

【53】求$\lim\limits_{n\to\infty}(\frac{1}{n^2+n+1}+\frac{2}{n^2+n+2}+\cdots+\frac{n}{n^2+n+n})$.

解 $\frac{1+2+\cdots+n}{n^2+n+n}\leqslant\frac{1}{n^2+n+1}+\frac{2}{n^2+n+2}+\cdots+\frac{n}{n^2+n+n}\leqslant\frac{1+2+\cdots+n}{n^2+n+1}$，

而 $\lim\limits_{n\to\infty}\frac{1+2+\cdots+n}{n^2+n+n}=\lim\limits_{n\to\infty}\frac{\frac{n(n+1)}{2}}{n^2+n+n}=\frac{1}{2}$，$\lim\limits_{n\to\infty}\frac{1+2+\cdots+n}{n^2+n+1}=\lim\limits_{n\to\infty}\frac{\frac{n(n+1)}{2}}{n^2+n+1}=\frac{1}{2}$，

所以由夹逼准则得：原式$=\frac{1}{2}$.

利用单调有界数列必有极限求极限

【54】设$x_{n+1}=\frac{1}{2}\left(x_n+\frac{a}{x_n}\right)$，其中$a>0,x_0>0$，求$\lim\limits_{n\to\infty}x_n$.

解 因为$x_{n+1}=\frac{1}{2}\left(x_n+\frac{a}{x_n}\right)\geqslant\sqrt{x_n\cdot\frac{a}{x_n}}=\sqrt{a}$，所以$\{x_n\}$下方有界，

又因为 $\frac{x_{n+1}}{x_n}=\frac{1}{2}\left(1+\frac{a}{x_n^2}\right)\leqslant\frac{1}{2}\left(1+\frac{a}{(\sqrt{a})^2}\right)=1$，所以$\{x_n\}$单调减少. 根据单调有界数列必有极限知$\lim\limits_{n\to\infty}x_n$存在.

令$\lim\limits_{n\to\infty}x_n=l$，则$\lim\limits_{n\to\infty}x_{n+1}=\lim\limits_{n\to\infty}\frac{1}{2}\left(x_n+\frac{a}{x_n}\right)$，即$l=\frac{1}{2}\left(l+\frac{a}{l}\right)$，所以$l=\sqrt{a}$，也即$\lim\limits_{n\to\infty}x_n=\sqrt{a}$.

【55】证明数列$\sqrt{2},\sqrt{2+\sqrt{2}},\sqrt{2+\sqrt{2+\sqrt{2}}},\cdots$的极限存在，并求该极限.

解 $x_1=\sqrt{2},x_2=\sqrt{2+x_1},\cdots,x_n=\sqrt{2+x_{n-1}}$.

首先，$0<x_n<\sqrt{2+2}=2$，即数列$\{x_n\}$是有界的；

其次，由于$x_1>0$，所以$x_2=\sqrt{2+x_1}>\sqrt{2}=x_1$；

假设$x_k>x_{k-1}$，则有$x_{k+1}=\sqrt{2+x_k}>\sqrt{2+x_{k-1}}=x_k$.

故由归纳法知$\{x_n\}$是单调递增数列. 根据单调有界数列必有极限知数列$\{x_n\}$极限存在.

设$\lim\limits_{n\to\infty}x_n=a$，对$x_n=\sqrt{2+x_{n-1}}$等式两端同时取极限得$a=\sqrt{2+a}$，解得$a=2$或$a=-1$(舍去). 故$\lim\limits_{n\to\infty}x_n=2$.

【56】设$a_0=0,a_{n+1}=1+\sin(a_n-1)\ (n\geqslant0)$. 求$\lim\limits_{n\to\infty}a_n$.

解 由题可知，$a_1=1-\sin1$，$a_2=1-\sin(\sin1),\cdots,$ $a_n=1-\underbrace{\sin(\sin\cdots(\sin1))}_{n个},\cdots$

于是有$0\leqslant a_n\leqslant2$，即数列$\{a_n\}$有界. 当$0<x<\frac{\pi}{2}$时$\sin x<x$，故可得

$$\underbrace{\sin(\sin\cdots(\sin1))}_{(n+1)个}<\underbrace{\sin(\sin\cdots(\sin1))}_{n个}.$$

$$\therefore \quad a_{n+1}-a_n=\underbrace{\sin(\sin\cdots(\sin 1))}_{n个}-\underbrace{\sin(\sin\cdots(\sin 1))}_{(n+1)个}$$

$$\geqslant\underbrace{\sin(\sin\cdots(\sin 1))}_{n个}-\underbrace{\sin(\sin\cdots(\sin 1))}_{n个}=0.$$

因此数列$\{a_n\}$单调增加，根据单调有界数列必有极限可知$\lim\limits_{n\to\infty}a_n$存在.

设$\lim\limits_{n\to\infty}a_n=A$，对$a_{n+1}=1+\sin(a_n-1)$等式两端同时取极限得

$$A=1+\sin(A-1) \quad 即 \quad \sin(A-1)=A-1.$$

解得$A-1=0$，故$A=1$.

亦即$\lim\limits_{n\to\infty}a_n=1$.

利用第一个重要极限求极限

【57】$\lim\limits_{x\to\infty}\dfrac{3x^2+5}{5x+3}\sin\dfrac{2}{x}=$________.

解 原式$=\lim\limits_{x\to\infty}\dfrac{(3x^2+5)2}{(5x+3)x}\cdot\dfrac{\sin\frac{2}{x}}{\frac{2}{x}}=\dfrac{6}{5}$.

故应填$\dfrac{6}{5}$.

【58】$\lim\limits_{x\to 0}\dfrac{3\sin x+x^2\cos\frac{1}{x}}{(1+\cos x)\ln(1+x)}=$________.

解 原式$=\lim\limits_{x\to 0}\dfrac{1}{1+\cos x}\cdot\lim\limits_{x\to 0}\dfrac{3\sin x+x^2\cos\frac{1}{x}}{\ln(1+x)}=\dfrac{1}{2}\cdot\lim\limits_{x\to 0}\dfrac{3\sin x+x^2\cos\frac{1}{x}}{x}$

$$=\frac{1}{2}\left[\lim_{x\to 0}\frac{3\sin x}{x}+\lim_{x\to 0}x\cos\frac{1}{x}\right]=\frac{3}{2}.$$

故应填$\dfrac{3}{2}$.

利用第二个重要极限求极限

【59】$\lim\limits_{x\to 0}(1+x)^{\frac{2}{x}}=$________.

解 原式$=\lim\limits_{x\to 0}[(1+x)^{\frac{1}{x}}]^2=[\lim\limits_{x\to 0}(1+x)^{\frac{1}{x}}]^2=e^2$.

故应填e^2.

【60】设$\lim\limits_{x\to\infty}(\dfrac{x+2a}{x-a})^x=8$，则$a=$________

解 左边$=\lim\limits_{x\to\infty}\left(1+\dfrac{3a}{x-a}\right)^{\frac{x-a}{3a}\cdot 3a+a}$

$$=\left[\lim_{x\to\infty}\left(1+\frac{3a}{x-a}\right)^{\frac{x-a}{3a}}\right]^{3a}\cdot\lim_{x\to\infty}(1+\frac{3a}{x-a})^a=e^{3a}.$$

由$e^{3a}=8$，得$a=\ln 2$.

故应填$\ln 2$.

【61】设常数$a\neq\dfrac{1}{2}$，则$\lim\limits_{n\to\infty}\ln\left[\dfrac{n-2na+1}{n(1-2a)}\right]^n=$________.

解　原式$=\lim\limits_{n\to\infty}n\ln\dfrac{1-2a+\dfrac{1}{n}}{1-2a}=\lim\limits_{n\to\infty}n\ln\left(1+\dfrac{1}{1-2a}\cdot\dfrac{1}{n}\right)$

$=\ln\lim\limits_{n\to\infty}\left(1+\dfrac{1}{1-2a}\cdot\dfrac{1}{n}\right)^n=\ln e^{\frac{1}{1-2a}}=\dfrac{1}{1-2a}.$

故应填$\dfrac{1}{1-2a}$.

极限中参数的确定

【62】n为正整数，a为某实数，$a\neq0$，且$\lim\limits_{x\to+\infty}\dfrac{x^{1999}}{x^n-(x-1)^n}=\dfrac{1}{a}$，则$n=$____，并且$a=$____.

解　由　$\lim\limits_{x\to+\infty}\dfrac{x^{1999}}{x^n-(x-1)^n}=\lim\limits_{x\to+\infty}\dfrac{x^{1999}}{nx^{n-1}-\dfrac{n(n-1)}{2}x^{n-2}+\cdots+(-1)^{n+1}}$

存在知x^{n-1}与x^{1999}同阶，从而$n=2000$. 并由此时极限值$=\dfrac{1}{n}=\dfrac{1}{a}$得：$a=2000$.

故应填2000，2000.

【63】已知$\lim\limits_{x\to\infty}\left(\dfrac{x^2}{x+1}-ax-b\right)=0$，其中$a,b$是常数，则

(A)$a=1,b=1$　(B)$a=-1,b=1$　(C)$a=1,b=-1$　(D)$a=-1,b=-1$

解　$\lim\limits_{x\to\infty}\left(\dfrac{x^2}{x+1}-ax-b\right)=\lim\limits_{x\to\infty}\left[\dfrac{1+(x^2-1)}{x+1}-ax-b\right]$

$=\lim\limits_{x\to\infty}\dfrac{1}{x+1}+\lim\limits_{x\to\infty}(x-ax-1-b)=\lim\limits_{x\to\infty}(1-a)x-(1+b)=0.$

知$\lim\limits_{x\to\infty}(1-a)x=(1+b)$，由于$a,b$是常数，故当且仅当$\begin{cases}1-a=0\\1+b=0\end{cases}$时上式成立，因此$a=1$，$b=-1$.

故应选(C).

【64】若$\lim\limits_{x\to0}\dfrac{\sin x}{e^x-a}(\cos x-b)=5$，则$a=$________，$b=$________.

解　由$\lim\limits_{x\to0}\sin x(\cos x-b)=0$知$\lim\limits_{x\to0}(e^x-a)=0$，从而$a=1$.

而　$\lim\limits_{x\to0}\dfrac{\sin x}{e^x-a}(\cos x-b)=\lim\limits_{x\to0}\dfrac{\sin x}{e^x-1}(\cos x-b)=1-b=5$，得$b=-4$.

故应填1，-4.

点评　讨论极限的问题，首先要确定极限的类型，本题为“$\dfrac{0}{0}$”型，由此可确定参数的值.

【65】试确定常数a和b使下式成立

$$\lim_{x\to\infty}(\sqrt[3]{1-x^6}-ax^2-b)=0.$$

解　因为$\sqrt[3]{1-x^6}-ax^2-b=x^2(\sqrt[3]{x^{-6}-1}-a-bx^{-2})$，而$\lim\limits_{x\to\infty}(\sqrt[3]{1-x^6}-ax^2-b)=0$，$\lim\limits_{x\to\infty}x^2=\infty$. 所以$\lim\limits_{x\to\infty}(\sqrt[3]{x^{-6}-1}-a-bx^{-2})=0$，故$a=-1$.

从而$b=\lim\limits_{x\to\infty}(\sqrt[3]{1-x^6}+x^2)=\lim\limits_{x\to\infty}\dfrac{1}{\sqrt[3]{(1-x^6)^2}-x^2\sqrt[3]{1-x^6}+x^4}=0.$

故$a=-1,b=0$.

§7. 无穷小的比较

1. 无穷小的阶 设 α、β 都是无穷小. 若 $\lim\frac{\beta}{\alpha}=0$,则称 β 是比 α 高阶的无穷小,记作 $\beta=o(\alpha)$;若 $\lim\frac{\beta}{\alpha}=\infty$,则称 β 是比 α 低阶的无穷小;若 $\lim\frac{\beta}{\alpha}=c\neq0$,则称 β 与 α 是同阶无穷小,记作 $\beta=O(\alpha)$;特别地,当 $c=1$ 时,则称 β 与 α 是等价无穷小,记作 $\alpha\sim\beta$.

给定无穷小 β,若存在无穷小 α,使它们的差 $\beta-\alpha$ 是比 α 较高阶的无穷小,即

$$\beta-\alpha=o(\alpha)\quad\text{或}\quad\beta=\alpha+o(\alpha)$$

则称 α 是无穷小 β 的主部;

若 β 和 $\alpha^k(k>0)$ 是同阶无穷小,则称 β 是 α 的 k 阶无穷小.

2. 等价无穷小代换定理 若 $\alpha\sim\alpha'$,$\beta\sim\beta'$,且 $\lim\frac{\alpha'}{\beta'}=A$,则

$$\lim\frac{\alpha}{\beta}=\lim\frac{\alpha'}{\beta'}=A.$$

3. 常见的等价无穷小 设 $\alpha(x)\to0$,则

$\sin\alpha(x)\sim\tan\alpha(x)\sim\arctan\alpha(x)\sim\arcsin\alpha(x)\sim[e^{\alpha(x)}-1]\sim\ln[1+\alpha(x)]\sim\alpha(x)$,

$[1-\cos\alpha(x)]\sim\frac{1}{2}[\alpha(x)]^2$, $[1+\alpha(x)]^k-1\sim k\alpha(x)\ (k\neq0)$.

基本题型

无穷小的比较

【66】 当 $x\to0$ 时,下列 4 个无穷小量中比其他 3 个更高阶的无穷小量是________.

(A)$\ln(1+x)$　　(B)e^x-1　　(C)$\tan x-\sin x$　　(D)$1-\cos x$

解 因为 $x\to0$ 时,$\ln(1+x)\sim x$,$e^x-1\sim x$,$1-\cos x\sim\frac{1}{2}x^2$,$\tan x-\sin x\sim\frac{1}{2}x^3$.

故应选(C).

【67】 若 $x\to0$ 时,$(1-ax^2)^{\frac{1}{4}}-1$ 与 $x\sin x$ 是等价无穷小,则 $a=$________.

解 当 $x\to0$ 时,$(1-ax^2)^{\frac{1}{4}}-1\sim-\frac{1}{4}ax^2$,$x\sin x\sim x^2$. 于是,根据题设有

$$\lim_{x\to0}\frac{(1-ax^2)^{\frac{1}{4}}-1}{x\sin x}=\lim_{x\to0}\frac{-\frac{1}{4}ax^2}{x^2}=-\frac{1}{4}a=1,$$

所以 $a=-4$.

故应填 -4.

【68】 设 $x\to0$ 时,$e^{x\cos x^2}-e^x$ 与 x^n 是同阶无穷小,则 n 为________.

(A)5　　(B)4　　(C)$\frac{5}{2}$　　(D)2

解 因为 $e^{x\cos x^2}-e^x=e^x[e^{x(\cos x^2-1)}-1]$,当 $x\to0$ 时,

$$e^{x(\cos x^2-1)}-1\sim x(\cos x^2-1)\sim x(-\frac{x^4}{2}),$$

所以 $n=5$.

故应选(A).

【69】设当 $x\to0$ 时，$(1-\cos x)\ln(1+x^2)$ 是比 $x\sin x^n$ 高阶的无穷小，而 $x\sin x^n$ 是比 $(e^{x^2}-1)$ 高阶的无穷小，则正整数 $n=$______.

(A)1　　(B)2　　(C)3　　(D)4

解 $\lim\limits_{x\to0}\dfrac{(1-\cos x)\ln(1+x^2)}{x\sin x^n}=\lim\limits_{x\to0}\dfrac{\frac{1}{2}x^2\cdot x^2}{x^{n+1}}=\dfrac{1}{2}\lim\limits_{x\to0}\dfrac{x^4}{x^{n+1}}=\dfrac{1}{2}\lim\limits_{x\to0}\dfrac{1}{x^{n-3}}=0$，故 $n<3$.

而 $\lim\limits_{x\to0}\dfrac{x\sin x^n}{e^{x^2}-1}=\lim\limits_{x\to0}\dfrac{x^{n+1}}{x^2}=\lim\limits_{x\to0}x^{n-1}=0$，故 $n>1$. 综上，$n=2$.

故应选(B).

利用等价无穷小代换求极限

【70】极限 $\lim\limits_{x\to\infty}x\sin\dfrac{2x}{x^2+1}=$______.

解 $\lim\limits_{x\to\infty}x\sin\dfrac{2x}{x^2+1}=\lim\limits_{x\to\infty}x\dfrac{2x}{x^2+1}=2.$

故应填 2.

【71】$\lim\limits_{x\to0}\dfrac{x\ln(1+x)}{1-\cos x}=$______.

解 $\lim\limits_{x\to0}\dfrac{x\cdot\ln(1+x)}{1-\cos x}=\lim\limits_{x\to0}\dfrac{x^2}{\frac{1}{2}x^2}=2.$

故应填 2.

【72】$\lim\limits_{x\to0}(1+3x)^{\frac{2}{\sin x}}=$______.

解 原式 $=e^{\lim\limits_{x\to0}\frac{2}{\sin x}\ln(1+3x)}=e^{2\lim\limits_{x\to0}\frac{3x}{x}}=e^6$.

故应填 e^6.

【73】求 $\lim\limits_{x\to0^+}\dfrac{1-\sqrt{\cos x}}{x(1-\cos\sqrt{x})}$.

解 原式 $=\lim\limits_{x\to0^+}\dfrac{1-\cos x}{x(1-\cos\sqrt{x})(1+\sqrt{\cos x})}=\lim\limits_{x\to0^+}\dfrac{\frac{1}{2}x^2}{x\cdot\frac{1}{2}x\cdot(1+\sqrt{\cos x})}=\dfrac{1}{2}.$

【74】求 $\lim\limits_{x\to+\infty}\ln(1+2^x)\ln(1+\dfrac{3}{x})$.

解 $\lim\limits_{x\to+\infty}\ln(1+2^x)\ln(1+\dfrac{3}{x})=\lim\limits_{x\to+\infty}[\ln2^x(2^{-x}+1)]\cdot\dfrac{3}{x}$

$=\lim\limits_{x\to+\infty}[x\ln2+\ln(1+2^{-x})]\cdot\dfrac{3}{x}=3\ln2+\lim\limits_{x\to+\infty}2^{-x}\cdot\dfrac{3}{x}=3\ln2.$

幂指函数求极限

【75】$\lim\limits_{n\to\infty}\left(\frac{n+1}{n}\right)^{(-1)^n}=$______.

解 原式$=e^{\lim\limits_{n\to\infty}(-1)^n\ln(1+\frac{1}{n})}=e^{\lim\limits_{n\to\infty}(-1)^n\frac{1}{n}}=e^0=1$.

故应填 1.

【76】极限$\lim\limits_{x\to0}[1+\ln(1+x)]^{\frac{2}{x}}=$______.

解 设 $y=[1+\ln(1+x)]^{\frac{2}{x}}$,则

$$\lim_{x\to0}\ln y=\lim_{x\to0}\frac{2\ln[1+\ln(1+x)]}{x}=2\lim_{x\to0}\frac{\ln(1+x)}{x}=2,$$

所以 原式$=\lim\limits_{x\to0}y=\lim\limits_{x\to0}\exp(\ln y)=\exp(\lim\limits_{x\to0}\ln y)=e^2$,

故应填 e^2.

点评 幂指函数求极限常用对数法,即$\lim\limits_{x\to0}f(x)^{g(x)}=\exp(\lim\limits_{x\to0}g(x)\ln f(x))$.

【77】求极限$\lim\limits_{x\to0}x^{-3}\left[(\frac{2+\cos x}{3})^x-1\right]$.

解 原式$=\lim\limits_{x\to0}\dfrac{\exp(x\ln\frac{2+\cos x}{3})-1}{x^3}=\lim\limits_{x\to0}\dfrac{\ln(\frac{2+\cos x}{3})}{x^2}=\lim\limits_{x\to0}\dfrac{\ln(1+\frac{\cos x-1}{3})}{x^2}$

$=\lim\limits_{x\to0}\dfrac{\cos x-1}{3x^2}=-\dfrac{1}{6}$.

§8. 连续函数的运算与初等函数的连续性

1. 函数连续的概念 若$\lim\limits_{x\to x_0}f(x)=f(x_0)$,则称函数 $f(x)$在点 x_0 连续.若函数在区间 I 内每一点都连续,则称函数 $f(x)$在区间 I 内连续.

若$\lim\limits_{x\to x_0^-}f(x)=f(x_0)$,则称函数$f(x)$在点 x_0 左连续;若$\lim\limits_{x\to x_0^+}f(x)=f(x_0)$,则称函数 $f(x)$在点 x_0 右连续.

充要条件 $f(x)$在 $x=x_0$ 处连续$\Leftrightarrow f(x)$在 $x=x_0$ 处既左连续又右连续.

2. 间断点的概念 若函数 $f(x)$在点 x_0 不满足下列三个条件之一:

$f(x)$在点 x_0 有定义;$\lim\limits_{x\to x_0}f(x)$存在;$\lim\limits_{x\to x_0}f(x)=f(x_0)$,则称点 x_0 是函数 $f(x)$的间断点.

间断点分为:

第一类间断点 左、右极限都存在的间断点;左、右极限不仅存在而且相等的间断点,又称为可去间断点;

第二类间断点 左、右极限至少有一个不存在的间断点.

3. 连续函数的四则运算性质及初等函数的连续性

(1)连续函数的四则运算性质 若函数 $f(x)$、$g(x)$在点 x_0 连续,则

$$f(x)\pm g(x)、f(x)g(x)、\frac{f(x)}{g(x)}\quad(g(x_0)\neq0)$$

在点 x_0 也连续;

(2)复合函数的连续性　若函数 $u=\varphi(x)$ 在点 x_0 连续，函数 $y=f(u)$ 在点 $u_0=\varphi(x_0)$ 连续，则函数 $y=f[\varphi(x)]$ 在点 x_0 连续；

(3)初等函数的连续性　初等函数在其定义区间内均连续.

(4)反函数的连续性　设函数 $y=f(x)$ 在区间 (a,b) 内为单调增(减)的连续函数，其值域为 (A,B)，则必存在反函数 $x=f^{-1}(y)$，且 $x=f^{-1}(y)$ 在 (A,B) 内为单调增(减)的连续函数.

基本题型

有关连续的定义

【78】 设 $f(x)$ 在 $x=2$ 连续，且 $\lim\limits_{x\to 2}\dfrac{f(x)-3}{x-2}$ 存在，则 $f(2)=$ ________.

解　由 $\lim\limits_{x\to 2}\dfrac{f(x)-3}{x-2}$ 存在知 $\lim\limits_{x\to 2}[f(x)-3]=0$，从而 $\lim\limits_{x\to 2}f(x)=3$. 另一方面，由 $f(x)$ 在 $x=2$ 连续，根据连续的定义得 $f(2)=\lim\limits_{x\to 2}f(x)$. 所以 $f(2)=3$.

故应填 3.

【79】 设 $f(x)=\ln(9-x^2)$，则 $f(x)$ 的连续区间为________.

解　因为 $9-x^2>0$，所以 $-3<x<3$.

故应填 $(-3,3)$.

有关分段函数的连续性

【80】 讨论 $f(x)=\begin{cases}\dfrac{x}{1+e^{\frac{1}{x}}}, & x\neq 0\\ 0, & x=0\end{cases}$ 的连续性.

解　当 $x\neq 0$ 时，显然 $f(x)$ 连续. 因此只须考虑 $x=0$ 处的连续性. 因为

$$\lim_{x\to 0}f(x)=\lim_{x\to 0}\frac{x}{1+e^{\frac{1}{x}}}=0,$$

而 $f(0)=0$. 所以 $\lim\limits_{x\to 0}f(x)=f(0)$，即 $f(x)$ 在 $x=0$ 点连续，因此，$f(x)$ 在 $(-\infty,+\infty)$ 内连续.

【81】 若 $f(x)=\begin{cases}e^{\frac{1}{x}}, & x<0\\ 3x, & 0\leqslant x<1\\ e^{2ax}-e^{ax}+1, & x\geqslant 1\end{cases}$ 在 $x=1$ 处连续，求 a 的值.

解　$\lim\limits_{x\to 1^-}f(x)=\lim\limits_{x\to 1^-}3x=3$,

$\lim\limits_{x\to 1^+}f(x)=\lim\limits_{x\to 1^+}(e^{2ax}-e^{ax}+1)=e^{2a}-e^{a}+1$,

要使 $f(x)$ 在 $x=1$ 处连续，则 $e^{2a}-e^{a}+1=3$. 故 $a=\ln 2$.

【82】 设函数 $f(x)=\begin{cases}\dfrac{1-e^{\tan x}}{\arcsin\dfrac{x}{2}}, & x>0\\ ae^{2x}, & x\leqslant 0\end{cases}$ 在 $x=0$ 处连续，则 $a=$ ________.

解　$\lim\limits_{x\to 0^+}f(x)=\lim\limits_{x\to 0^+}\dfrac{1-e^{\tan x}}{\arcsin\dfrac{x}{2}}=-\lim\limits_{x\to 0^+}\dfrac{\tan x}{\dfrac{x}{2}}=-2$,

$\lim\limits_{x\to 0^-}f(x)=\lim\limits_{x\to 0^-}ae^{2x}=a$.

由连续定义知：$a=-2$.

故应填-2.

【83】设函数

$$f(x)=\begin{cases}\dfrac{x^2\sin\dfrac{1}{x}}{e^x-1}, & x<0\\ b, & x=0\\ \dfrac{\ln(1+2x)}{x}+a, & x>0\end{cases}$$

当 $a=$________，$b=$________时，$f(x)$在$(-\infty,+\infty)$内连续.

解 当$x<0$时，$\dfrac{x^2\sin\dfrac{1}{x}}{e^x-1}$有定义，函数$f(x)$连续；$x>0$时，$\dfrac{\ln(1+2x)}{x}+a$有定义，函数$f(x)$也连续；而在$x=0$处，因为

$$\lim_{x\to0^-}f(x)=\lim_{x\to0^-}\frac{x^2\sin\frac{1}{x}}{e^x-1}=\lim_{x\to0^-}\frac{x}{e^x-1}\cdot\lim_{x\to0^-}x\sin\frac{1}{x}=0,$$

$$\lim_{x\to0^+}f(x)=\lim_{x\to0^+}\left[\frac{\ln(1+2x)}{x}+a\right]=\lim_{x\to0^+}\frac{2x}{x}+a=2+a,$$

因此，当$a=-2,b=0$时，$f(x)$在$x=0$处连续.

故应填$-2,0$.

证明函数为连续函数

【84】若$f(x)$在$x=0$点连续，且$f(x+y)=f(x)+f(y)$对任意的x、$y\in(-\infty,+\infty)$都成立，试证$f(x)$为$(-\infty,+\infty)$上的连续函数.

证 由已知条件知，对任意的$x\in(-\infty,+\infty)$有$f(x)=f(x+0)=f(x)+f(0)$，所以$f(0)=0$，又因为$f(x)$在$x=0$点连续，即有

$$\lim_{x\to0}f(x)=f(0)=0,$$

从而，对任意$x\in(-\infty,+\infty)$，有

$$\lim_{\Delta x\to0}[f(x+\Delta x)]=\lim_{\Delta x\to0}[f(x)+f(\Delta x)]=f(x).$$

可见$f(x)$在$(-\infty,+\infty)$上连续.

求函数的表达式并确定其连续性

【85】讨论函数$f(x)=\lim\limits_{n\to\infty}\dfrac{1-x^{2n}}{1+x^{2n}}\cdot x$的连续性.若有间断点，判别其类型.

解 由题意知

$$f(x)=\lim_{n\to\infty}\frac{1-x^{2n}}{1+x^{2n}}\cdot x=\begin{cases}x, & |x|<1\\ 0, & |x|=1\\ -x, & |x|>1\end{cases}$$，在$x\neq-1,1$处，$f(x)$连续.

在$x=1$处，$\lim\limits_{x\to1^-}f(x)=1$，$\lim\limits_{x\to1^+}f(x)=-1$，因此$x=1$为第一类间断点.

在$x=-1$处，$\lim\limits_{x\to-1^-}f(x)=1$，$\lim\limits_{x\to-1^+}f(x)=-1$，因此$x=-1$为第一类间断点.

【86】设$f(x)=\lim\limits_{n\to\infty}\dfrac{e^{nx}-1}{e^{nx}+1}$，讨论$f(x)$的连续性.

解 先求出 $f(x)$ 的解析表达式.

当 $x>0$ 时，$e^{nx}\to+\infty(n\to\infty)$，则 $f(x)=1$；

当 $x<0$ 时，$e^{nx}\to 0(n\to\infty)$，则 $f(x)=-1$.

又 $x=0$ 时，$f(0)=0$.

于是
$$f(x)=\begin{cases}-1, & x<0\\ 0, & x=0\\ 1, & x>0\end{cases}$$

显然，当 $x\neq 0$ 时，$f(x)$ 连续；而当 $x=0$ 时，函数的左、右极限不相等，从而 $f(x)$ 间断.

【87】 已知 $f(x)=\lim\limits_{n\to\infty}\dfrac{\ln(e^n+x^n)}{n}$，$(x>0)$.

(1)求 $f(x)$； (2)函数 $f(x)$ 在定义域内是否连续.

解 (1)当 $x<e$ 时，$f(x)=\lim\limits_{n\to\infty}\dfrac{\ln e^n+\ln\left[1+\left(\dfrac{x}{e}\right)^n\right]}{n}=1+\lim\limits_{n\to\infty}\dfrac{\left(\dfrac{x}{e}\right)^n}{n}=1$；

当 $x>e$ 时，$f(x)=\lim\limits_{n\to\infty}\dfrac{\ln x^n+\ln\left[1+\left(\dfrac{e}{x}\right)^n\right]}{n}=\ln x+\lim\limits_{n\to\infty}\dfrac{\left(\dfrac{e}{x}\right)^n}{n}=\ln x$；

当 $x=e$ 时，$f(e)=\lim\limits_{n\to\infty}\dfrac{\ln 2+n}{n}=1$，

所以 $f(x)=\begin{cases}1, & 0<x\leqslant e\\ \ln x, & x>e\end{cases}$

(2)由 $\lim\limits_{x\to e^-}f(x)=\lim\limits_{x\to e^+}f(x)=f(e)$，知 $f(x)$ 在 $x=e$ 连续；

又当 $0<x<e$ 时，$f(x)=1$ 连续；当 $x>e$ 时，$f(x)=\ln x$ 连续.

故 $f(x)$ 在 $(0,+\infty)$ 内连续.

求函数的间断点并判断类型

【88】 设函数 $f(x)=\dfrac{1}{e^{\frac{x}{x-1}}-1}$，则________.

(A)$x=0$，$x=1$ 都是 $f(x)$ 的第一类间断点

(B)$x=0$，$x=1$ 都是 $f(x)$ 的第二类间断点

(C)$x=0$ 是 $f(x)$ 的第一类间断点，$x=1$ 是 $f(x)$ 的第二类间断点

(D)$x=0$ 是 $f(x)$ 的第二类间断点，$x=1$ 是 $f(x)$ 的第一类间断点

解 由于函数 $f(x)$ 在 $x=0$，$x=1$ 处无定义，因此是间断点. 又因 $\lim\limits_{x\to0}f(x)=\infty$，所以 $x=0$ 为第二类间断点；而 $\lim\limits_{x\to1^+}f(x)=0$，$\lim\limits_{x\to1^-}f(x)=-1$，所以 $x=1$ 为第一类间断点.

故应选(D).

点评 求函数的间断点并判定其类型的做题步骤为

(1)找出间断点 $x_1,x_2,\cdots,x_k$；

(2)对每一个间断点 x_i，求极限 $\lim\limits_{x\to x_i^-}f(x)$ 及 $\lim\limits_{x\to x_i^+}f(x)$；

(3)判断类型：

极限为常数时，属于第一类间断点，且为可去间断点；

左、右极限存在但不相等时，属于第一类间断点，且为跳跃间断点；

左、右极限至少有一个不存在时，属于第二类间断点；

极限为∞时，属于第二类间断点，且为无穷间断点.

【89】设 $f(x)=\lim\limits_{n\to\infty}\dfrac{(n-1)x}{nx^2+1}$，则 $f(x)$的间断点为 $x=$________.

解 $f(x)=\lim\limits_{n\to\infty}\dfrac{(n-1)x}{nx^2+1}=\lim\limits_{n\to\infty}\dfrac{(1-\frac{1}{n})x}{x^2+\frac{1}{n}}=\dfrac{1}{x}$，所以 $f(x)$的间断点为 $x=0$.

故应填0.

【90】指出下列函数在指定点处间断点的类型，如果是可去间断点，则补充或改变函数的定义使之连续.

(1) $y=\dfrac{x^2-1}{x^2-3x+2}$，$x=1$，$x=2$；

(2) $y=\dfrac{x}{\tan x}$，$x=k\pi$，$x=k\pi+\dfrac{\pi}{2}$，$(k=0,\pm1,\pm2,\cdots)$；

(3) $y=\cos^2\dfrac{1}{x}$，$x=0$；

(4) $y=\begin{cases}e^{\frac{1}{x-1}}, & x>0\\ \ln(1+x), & -1<x\leqslant 0\end{cases}$ $x=0$，$x=1$.

解 (1)由于$\lim\limits_{x\to1}\dfrac{x^2-1}{x^2-3x+2}=\lim\limits_{x\to1}\dfrac{x+1}{x-2}=-2$，所以 $x=1$ 为第一类间断点中的可去间断点. 可补充定义 $y(1)=-2$，使之连续；

由于$\lim\limits_{x\to2}\dfrac{x^2-1}{x^2-3x+2}=\infty$，所以 $x=2$ 为第二类间断点(无穷)；

(2)由于$\lim\limits_{x\to0}\dfrac{x}{\tan x}=1$，所以 $x=0$ 为第一类间断点中的可去间断点. 可补充定义 $y(0)=1$ 使之连续；

当 $k\neq0$ 时，由于$\lim\limits_{x\to k\pi}\dfrac{x}{\tan x}=\infty$，所以 $x=k\pi(k=\pm1,\pm2,\cdots)$为第二类间断点(无穷)；

由于 $\lim\limits_{x\to k\pi+\frac{\pi}{2}}\dfrac{x}{\tan x}=0$，所以 $x=k\pi+\dfrac{\pi}{2}$ $(k=0,\pm1,\pm2,\cdots)$为第一类间断点中的可去间断点. 可补充定义 $y(k\pi+\dfrac{\pi}{2})=0$ 使之连续；

(3)由于$\lim\limits_{x\to0}\cos^2\dfrac{1}{x}$不存在，所以 $x=0$ 为第二类间断点(振荡)；

(4)由于 $\lim\limits_{x\to0^-}y=\lim\limits_{x\to0^-}\ln(1+x)=0$，$\lim\limits_{x\to0^+}y=\lim\limits_{x\to0^+}e^{\frac{1}{x-1}}=e^{-1}$，所以 $x=0$ 为第一类间断点(跳跃)；

由于 $x=1$ 时，$\lim\limits_{x\to1^-}y=\lim\limits_{x\to1^-}e^{\frac{1}{x-1}}=0$，$\lim\limits_{x\to1^+}y=\lim\limits_{x\to1^+}e^{\frac{1}{x-1}}=+\infty$，所以 $x=1$ 为第二类间断点.

【91】设函数 $f(x)=\begin{cases}1-2x^2, & x<-1\\ x^3, & -1\leqslant x\leqslant 2\\ 12x-16, & x>2\end{cases}$

(1)求反函数 $f^{-1}(x)$;

(2)问函数 $f^{-1}(x)$是否有间断点,并指出其在何处.

解 (1) $f^{-1}(x)=\begin{cases}-\sqrt{\dfrac{1-x}{2}}, & x<-1\\ \sqrt[3]{x}, & -1\leqslant x\leqslant 8\\ \dfrac{x+16}{12}, & x>8\end{cases}$

(2)讨论 $x=-1$ 及 $x=8$ 点处的左、右极限得 $f^{-1}(x)$在 $x=-1$ 及 $x=8$ 均连续,故函数 $f^{-1}(x)$无间断点.

【92】 设函数 $f(x)=\lim\limits_{n\to\infty}\dfrac{1+x}{1+x^{2n}}$,讨论函数 $f(x)$的间断点,其结论为________.

(A)不存在间断点　　(B)存在间断点 $x=1$

(C)存在间断点 $x=0$　　(D)存在间断点 $x=-1$

解 当 $|x|<1$ 时,$\lim\limits_{n\to\infty}\dfrac{1+x}{1+x^{2n}}=1+x$;当 $|x|>1$ 时,$\lim\limits_{n\to\infty}\dfrac{1+x}{1+x^{2n}}=0$.

故 $f(x)=\begin{cases}0, & x\leqslant -1\\ 1+x, & -1<x<1\\ 1, & x=1\\ 0, & x>1\end{cases}$

由于 $\lim\limits_{x\to -1^-}f(x)=\lim\limits_{x\to -1^+}f(x)=f(-1)=0$,所以 $x=-1$ 为连续点. 而 $\lim\limits_{x\to 1^-}f(x)=2$, $\lim\limits_{x\to 1^+}f(x)=0$,所以 $x=1$ 为间断点.

故应选(B).

§9. 闭区间上连续函数的性质

闭区间上连续函数的性质

(1)最大值和最小值定理　闭区间上的连续函数必取得最大值和最小值.

(2)有界性定理　闭区间上的连续函数在该区间上有界.

(3)介值定理　闭区间上的连续函数必取得介于它的最大值和最小值之间的一切值.

零点定理　设函数 $f(x)$在区间$[a,b]$上连续,且 $f(a)\cdot f(b)<0$,则在开区间(a,b)内至少存在一点 ξ,使 $f(\xi)=0$.

基本题型

讨论函数的有界性

【93】 函数 $f(x)=\dfrac{|x|\sin(x-2)}{x(x-1)(x-2)^2}$在下列哪个区间内有界________.

(A)$(-1,0)$　　(B)$(0,1)$　　(C)$(1,2)$　　(D)$(2,3)$

解 当 $x\neq 0,1,2$ 时,$f(x)$连续,而

$$\lim_{x\to 0^-}f(x)=-\frac{\sin 2}{4},\quad \lim_{x\to 0^+}f(x)=\frac{\sin 2}{4},\quad \lim_{x\to 1}f(x)=\infty,\quad \lim_{x\to 2}f(x)=\infty,$$

所以函数 $f(x)$ 在 $(-1,0)$ 内有界.

故应选(A).

点评 一般地,若函数 $f(x)$ 在闭区间 $[a,b]$ 上连续,则 $f(x)$ 在 $[a,b]$ 上有界;若函数 $f(x)$ 在开区间 (a,b) 内连续,且 $\lim\limits_{x\to a^+}f(x)$ 与 $\lim\limits_{x\to b^-}f(x)$ 存在,则函数 $f(x)$ 在 (a,b) 内有界.

【94】 设函数 $f(x)$ 在 $(a,b]$ 上连续,且 $x\to a^+$ 时函数 $f(x)$ 的极限存在,则函数 $f(x)$ 在 $(a,b]$ 上有界.

证 设 $\lim\limits_{x\to a^+}f(x)=A$,由极限的定义知:对于 $\varepsilon=1$,存在正数 δ,使当 $0<x-a<\delta$ 时,有

$$|f(x)-A|<\varepsilon$$

也就是 $A-1<f(x)<A+1$.

对于闭区间 $[a+\delta,b]$,由函数 $f(x)$ 的连续性,必存在常数 K,使对任一 $x\in[a+\delta,b]$ 有

$$|f(x)|\leqslant K$$

取 $M=\max\{K,|A+1|,|A-1|\}$,则对任何 $x\in(a,b]$ 有

$$|f(x)|\leqslant M$$

这表明函数 $f(x)$ 在 $(a,b]$ 上有界.

【95】 设 $f(x)$ 在 $[a,+\infty)$ 上连续,且 $\lim\limits_{x\to+\infty}f(x)$ 存在,证明:$f(x)$ 在 $[a,+\infty)$ 上有界.

证 因为 $\lim\limits_{x\to+\infty}f(x)=A$,所以对任意的 $\varepsilon>0$,存在 $X>0$,当 $x>X$ 时,$|f(x)-A|<\varepsilon$.

取 $\varepsilon=1$,则存在 X_1,使 $x>X_1$ 时,$|f(x)-A|<1$,即 $A-1<f(x)<A+1$.

因为 $f(x)$ 在 $[a,+\infty)$ 上连续,所以 $f(x)$ 在 $[-X_1,X_1]$ 上有最大、小值,即存在 a,b,使 $a\leqslant f(x)\leqslant b$.

取 $m=\min\{A-1,a\}$,$M=\max\{A+1,b\}$,则 $x\in[a,+\infty)$ 时,$m<f(x)<M$,即 $f(x)$ 有界.

证明根的存在性

【96】 证明方程 $x^3-9x-1=0$ 恰有 3 个实根.

证 令 $f(x)=x^3-9x-1$. 因为

$$f(-3)=-1<0,f(-2)=9>0,f(0)=-1<0,f(4)=27>0,$$

又 $f(x)$ 在 $[-3,4]$ 上连续,所以 $f(x)$ 在 $(-3,-2)$,$(-2,0)$,$(0,4)$ 各区间内至少有一零点,又因为它是一元三次方程,即 $x^3-9x-1=0$ 至多有 3 个实根. 所以方程恰有 3 个实根.

【97】 若 $f(x)$ 在 $[a,b]$ 上连续,且 $f(a)<a$,$f(b)>b$,证明:在 (a,b) 内至少存在一点 ξ,使得 $f(\xi)=\xi$.

分析 欲证 $f(\xi)=\xi$,即证 $f(x)-x$ 以 ξ 为零点.

证 设 $F(x)=f(x)-x$,显然 $F(x)$ 在 $[a,b]$ 上连续,又 $F(a)=f(a)-a<0$,而 $F(b)=f(b)-b>0$,根据零点定理,至少存在一个 $\xi\in(a,b)$,使得 $F(\xi)=0$,即 $f(\xi)=\xi$.

【98】 证明:奇次多项式

$$p(x)=a_0x^{2n+1}+a_1x^{2n}+\cdots+a_{2n+1}\quad(a_0\neq0)$$

至少存在一个零点.

证 不妨设 $a_0>0$,因为

$$\lim_{x\to+\infty}p(x)=\lim_{x\to+\infty}x^{2n+1}\left(a_0+\frac{a_1}{x}+\cdots+\frac{a_{2n+1}}{x^{2n+1}}\right)=+\infty,$$

$$\lim_{x\to-\infty}p(x)=\lim_{x\to-\infty}x^{2n+1}\left(a_0+\frac{a_1}{x}+\cdots+\frac{a_{2n+1}}{x^{2n+1}}\right)=-\infty.$$

所以存在 $X>0$,使 $p(X)>0$,$p(-X)<0$,又因为 $p(x)$在$[-X,X]$上连续,由连续函数的零点定理知,在$(-X,X)$内至少存在一点 ξ,使 $p(\xi)=0$,即奇次多项式 $p(x)$至少有一个零点.

利用介值定理证明

【99】 设 $f(x)$在$[a,b]$上连续,$a<x_1<x_2<\cdots<x_n<b$,证明:在$[a,b]$内至少存在一个 ξ,使

$$f(\xi)=\frac{f(x_1)+f(x_2)+\cdots+f(x_n)}{n}.$$

解 因为函数 $f(x)$在闭区间$[a,b]$上连续,则一定存在 M 与 m,使得对于$[a,b]$上任一 x,都有 $m\leqslant f(x)\leqslant M$,因为

$$a<x_1<x_2<\cdots<x_n<b,$$

则 $$m\leqslant f(x_1)\leqslant M,m\leqslant f(x_2)\leqslant M,\cdots,m\leqslant f(x_n)\leqslant M,$$

则 $$nm\leqslant f(x_1)+f(x_2)+\cdots+f(x_n)\leqslant nM,$$

即 $$m\leqslant\frac{f(x_1)+f(x_2)+\cdots+f(x_n)}{n}\leqslant M.$$

由介值定理可知必存在一 ξ,使得

$$f(\xi)=\frac{f(x_1)+f(x_2)+\cdots+f(x_n)}{n}.$$

§10. 综合提高题型

利用函数的奇偶性求解

【100】 求 c 的一个值,使$(b+c)\sin(b+c)-(a+c)\sin(a+c)=0$,这里 $b>a$,均为常数.

解 令 $f(x)=x\sin x$,则 $f(x)$为偶函数.

由已知 $f(b+c)=f(a+c)$,则有 $a+c=-(b+c)$.

所以 $c=-\frac{1}{2}(a+b)$.

【101】 设 $b>a$ 均为常数,求方程

$$\sin(x+b)\ln[(x+b)+\sqrt{(x+b)^2+1}]=\sin(x+a)\ln[(x+a)+\sqrt{(x+a)^2+1}]$$

的一个解.

解 因为 $\sin t$ 和 $\ln(t+\sqrt{t^2+1})$均为奇函数,所以 $f(t)=\sin t\ln(t+\sqrt{t^2+1})$是偶函数.如果 $x+b=-(x+a)$,则 $f(x+b)=f(x+a)$方程成立.因此 $x=-\frac{1}{2}(a+b)$是方程的一个解.

求函数表达式

【102】 设 $f(x)$在 $x=0$ 附近有界,且满足方程 $f(x)-\frac{1}{2}f(\frac{x}{2})=x^2$,求 $f(x)$.

解 $$f(x)-\frac{1}{2}f\left(\frac{x}{2}\right)=x^2,$$

$$\frac{1}{2}f\left(\frac{x}{2}\right)-\frac{1}{2^2}f\left(\frac{x}{2^2}\right)=\frac{x^2}{2^3},$$

$$\frac{1}{2^2}f\left(\frac{x}{2^2}\right)-\frac{1}{2^3}f\left(\frac{x}{2^3}\right)=\frac{x^2}{2^6},\quad\cdots$$

$$\frac{1}{2^{n-1}}f\left(\frac{x}{2^{n-1}}\right)-\frac{1}{2^n}f\left(\frac{x}{2^n}\right)=\frac{1}{2^{n-1}}\cdot\left(\frac{x}{2^{n-1}}\right)^2.$$

以上诸式相加得 $f(x)-\frac{1}{2^n}f\left(\frac{x}{2^n}\right)=x^2+\frac{x^2}{2^3}+\frac{x^2}{2^6}+\cdots+\frac{1}{2^{n-1}}\cdot\left(\frac{x}{2^{n-1}}\right)^2$，即

$$f(x)=\frac{1}{2^n}f\left(\frac{x}{2^n}\right)+x^2\cdot\frac{1}{1-\frac{1}{2^3}}\left[1-\left(\frac{1}{2^3}\right)^n\right],$$

当 $n\to\infty$ 时，$\frac{x}{2^n}\to 0$，而 $f(x)$ 在 $x=0$ 附近有界，所以 $f(x)=x^2\cdot\frac{1}{1-\frac{1}{2^3}}=\frac{8}{7}x^2$.

【103】 设 $f(x)$ 满足 $\sin f(x)-\frac{1}{3}\sin f(\frac{1}{3}x)=x$，求 $f(x)$.

解 令 $g(x)=\sin f(x)$，则

$$g(x)-\frac{1}{3}g(\frac{1}{3}x)=x,$$

$$\frac{1}{3}g(\frac{1}{3}x)-\frac{1}{3^2}g(\frac{1}{3^2}x)=\frac{1}{3^2}x,$$

$$\frac{1}{3^2}g(\frac{1}{3^2}x)-\frac{1}{3^3}g(\frac{1}{3^3}x)=\frac{1}{3^4}x,$$

……

$$\frac{1}{3^{n-1}}g(\frac{1}{3^{n-1}}x)-\frac{1}{3^n}g(\frac{1}{3^n}x)=\frac{1}{3^{2(n-1)}}x.$$

以上各式相加，得

$$g(x)-\frac{1}{3^n}g(\frac{1}{3^n}x)=x(1+\frac{1}{9}+\frac{1}{9^2}+\cdots+\frac{1}{9^{n-1}}).$$

因为 $|g(x)|\leqslant 1$，所以 $\lim\limits_{n\to\infty}\frac{1}{3^n}g(\frac{1}{3^n}x)=0$，而 $\lim\limits_{n\to\infty}(1+\frac{1}{9}+\frac{1}{9^2}+\cdots+\frac{1}{9^{n-1}})=\frac{1}{1-\frac{1}{9}}=\frac{9}{8}$，因此 $g(x)=\frac{9}{8}x$，于是

$$f(x)=2k\pi+\arcsin\frac{9}{8}x \quad 或 \quad f(x)=(2k-1)\pi-\arcsin\frac{9}{8}x\ (k\in\mathbf{Z}).$$

先化简，再求极限

【104】 设 $\sum\limits_{k=1}^{n}a_k=0$，求 $\lim\limits_{x\to+\infty}\sum\limits_{k=1}^{n}a_k\sqrt{k+x}$.

解 当 $x>0$ 时，由于 $\sum\limits_{k=1}^{n}a_k\sqrt{x}=0$. 所以

$$\lim_{x\to+\infty}\sum_{k=1}^{n}a_k\sqrt{k+x}=\lim_{x\to+\infty}\sum_{k=1}^{n}(a_k\sqrt{k+x}-a_k\sqrt{x})=\lim_{x\to+\infty}\sum_{k=1}^{n}\frac{a_k k}{\sqrt{k+x}+\sqrt{x}}=0.$$

【105】 $\lim\limits_{x\to0}\frac{\cos x+\cos^2x+\cdots+\cos^n x-n}{\cos x-1}=$ ______.

解 原式 $=\lim\limits_{x\to0}\frac{(\cos x-1)+(\cos^2x-1)+\cdots+(\cos^n x-1)}{\cos x-1}$

$=\lim\limits_{x\to0}[1+(\cos x+1)+\cdots+(\cos^{n-1}x+\cos^{n-2}x+\cdots+1)]$

$$=1+2+\cdots+n=\frac{n(n+1)}{2}.$$

故应填$\frac{n(n+1)}{2}$.

【106】求极限$\lim\limits_{n\to\infty}[\arctan(n!)\times(\sqrt{n+1}-\sqrt{n})^2-(\frac{1}{2}+\frac{1}{2\times3}+\cdots+\frac{1}{(n-1)n})\frac{3n^2+1}{n^2-1}]$.

解 $|\arctan(n!)|\leqslant\frac{\pi}{2},\lim\limits_{n\to\infty}(\sqrt{n+1}-\sqrt{n})^2=\lim\limits_{n\to\infty}\frac{1}{(\sqrt{n+1}+\sqrt{n})^2}=0$,

所以 $\lim\limits_{n\to\infty}\arctan(n!)\cdot(\sqrt{n+1}-\sqrt{n})^2=0$;

又 $\lim\limits_{n\to\infty}\left[\frac{1}{2}+\frac{1}{2\times3}+\cdots+\frac{1}{(n-1)n}\right]=\lim\limits_{n\to\infty}(1-\frac{1}{n})=1,\lim\limits_{n\to\infty}\frac{3n^2+1}{n^2-1}=3.$

故原式$=-3$.

利用等价无穷小代换定理求极限

【107】求$\lim\limits_{x\to0}\frac{e^x-e^{\sin x}}{(x+x^2)\ln(1+x)\arcsin x}$.

解 利用等价无穷小代换定理,并提出因子 $e^{\sin x}$,再应用洛必达法则得

$$\lim_{x\to0}\frac{e^x-e^{\sin x}}{(x+x^2)\ln(1+x)\arcsin x}=\lim_{x\to0}\frac{e^{\sin x}(e^{x-\sin x}-1)}{x^3+x^4}$$

$$=\lim_{x\to0}e^{\sin x}\cdot\lim_{x\to0}\frac{x-\sin x}{x^3+x^4}=\lim_{x\to0}\frac{1-\cos x}{3x^2+4x^3}=\frac{1}{6}.$$

点评 若$\lim\limits_{x\to x_0}\alpha(x)=a,\lim\limits_{x\to x_0}\beta(x)=a$,则对下列形式的极限,宜提取公因子,然后利用极限的运算法则与等价无穷小代换定理计算,有

$$\lim_{x\to x_0}\frac{e^{\alpha(x)}-e^{\beta(x)}}{\alpha(x)-\beta(x)}=\lim_{x\to x_0}e^{\beta(x)}\lim_{x\to x_0}\frac{e^{\alpha(x)-\beta(x)}-1}{\alpha(x)-\beta(x)}=e^a.$$

【108】求$\lim\limits_{x\to0}\frac{e^{x^2}-\cos x}{\ln\cos x}$.

解 原式$=\lim\limits_{x\to0}\left[\frac{e^{x^2}-1}{\ln[1+(\cos x-1)]}+\frac{1-\cos x}{\ln[1+(\cos x-1)]}\right]$

$$=\lim_{x\to0}\frac{e^{x^2}-1}{\ln[1+(\cos x-1)]}+\lim_{x\to0}\frac{1-\cos x}{\ln[1+(\cos x-1)]}$$

$$=\lim_{x\to0}\frac{x^2}{\cos x-1}+\lim_{x\to0}\frac{1-\cos x}{\cos x-1}=-3.$$

【109】求$\lim\limits_{x\to0}\frac{\ln(\sin^2x+e^x)-x}{\ln(x^2+e^{2x})-2x}$.

解 本题应先恒等变形,然后再利用等价无穷小代换定理

$$\lim_{x\to0}\frac{\ln(\sin^2x+e^x)-x}{\ln(x^2+e^{2x})-2x}=\lim_{x\to0}\frac{\ln[e^x(1+e^{-x}\sin^2x)]-x}{\ln[e^{2x}(1+e^{-2x}x^2)]-2x}$$

$$=\lim_{x\to0}\frac{\ln(1+e^{-x}\sin^2x)}{\ln(1+e^{-2x}x^2)}=\lim_{x\to0}\frac{e^{-x}\sin^2x}{e^{-2x}x^2}=1.$$

故应填 1.

点评 在应用等价无穷小代换定理求极限时要特别小心,一般情况下强调对分子或分母的乘积因子可以应用等价无穷小代换,从而简化极限运算,否则会导致错误的结果.

【110】$\lim\limits_{x\to0}\cot x\left(\frac{1}{\sin x}-\frac{1}{x}\right)=$ ________.

解 $\lim\limits_{x\to0}\cot x\left(\frac{1}{\sin x}-\frac{1}{x}\right)=\lim\limits_{x\to0}\frac{\cos x}{\sin x}\cdot\frac{x-\sin x}{x\sin x}=\lim\limits_{x\to0}\frac{x-\sin x}{x^3}=\lim\limits_{x\to0}\frac{1-\cos x}{3x^2}=\lim\limits_{x\to0}\frac{\frac{1}{2}x^2}{3x^2}=\frac{1}{6}$.

故应填$\frac{1}{6}$.

【111】$\lim\limits_{x\to\infty}x\left[\sin\ln\left(1+\frac{3}{x}\right)-\sin\ln\left(1+\frac{1}{x}\right)\right]$.

解 原式$=2\lim\limits_{x\to\infty}x\cdot\cos\frac{\ln\left(1+\frac{3}{x}\right)+\ln\left(1+\frac{1}{x}\right)}{2}\cdot\sin\frac{\ln\left(1+\frac{3}{x}\right)-\ln\left(1+\frac{1}{x}\right)}{2}$

$$=2\lim_{x\to\infty}x\cdot\sin\frac{\ln\frac{3+x}{1+x}}{2}=\frac{2}{2}\lim_{x\to\infty}x\ln\left(1+\frac{2}{1+x}\right)=\lim_{x\to\infty}x\cdot\frac{2}{1+x}=2.$$

【112】求$\lim\limits_{x\to0}\frac{1-\cos x\sqrt{\cos2x}\sqrt[3]{\cos3x}}{x^2}$.

解 原式$=\lim\limits_{x\to0}\left[\frac{1-\cos x}{x^2}+\frac{\cos x(1-\sqrt{\cos2x}\sqrt[3]{\cos3x})}{x^2}\right]$

$$=\frac{1}{2}+\lim_{x\to0}\frac{1-\sqrt{\cos2x}\cdot\sqrt[3]{\cos3x}}{x^2}$$

$$=\frac{1}{2}+\lim_{x\to0}\left[\frac{1-\sqrt{\cos2x}}{x^2}+\frac{\sqrt{\cos2x}(1-\sqrt[3]{\cos3x})}{x^2}\right]$$

$$=\frac{1}{2}+\lim_{x\to0}\frac{1-\sqrt{(\cos2x-1)+1}}{x^2}+\lim_{x\to0}\frac{1-\sqrt[3]{(\cos3x-1)+1}}{x^2}$$

$$=\frac{1}{2}+\lim_{x\to0}\frac{1-\cos2x}{2x^2}+\lim_{x\to0}\frac{1-\cos3x}{3x^2}$$

$$=\frac{1}{2}+1+\frac{3}{2}=3.$$

利用单调有界数列必有极限证明极限存在

【113】设$0<x_1<3$，$x_{n+1}=\sqrt{x_n(3-x_n)}$ $(n=1,2,\cdots)$，证明数列$\{x_n\}$的极限存在，并求此极限.

解 由$0<x_1<3$，知x_1，$3-x_1$均为正数，故

$$0<x_2=\sqrt{x_1(3-x_1)}\leqslant\frac{1}{2}(x_1+3-x_1)=\frac{3}{2},$$

设 $0<x_k\leqslant\frac{3}{2}(k>1)$，则

$$0<x_{k+1}=\sqrt{x_k(3-x_k)}\leqslant\frac{1}{2}(x_k+3-x_k)=\frac{3}{2},$$

由数学归纳法知，对任意正整数$n>1$均有$0<x_n\leqslant\frac{3}{2}$，因而数列$\{x_n\}$有界.

又当$n>1$时，$x_{n+1}-x_n=\sqrt{x_n(3-x_n)}-x_n$

$$=\sqrt{x_n}(\sqrt{3-x_n}-\sqrt{x_n})=\frac{\sqrt{x_n}(3-2x_n)}{\sqrt{3-x_n}+\sqrt{x_n}}\geqslant0,$$

因而有 $x_{n+1}\geqslant x_n(n>1)$，即数列 $\{x_n\}$ 单调增加. 由单调有界数列必有极限知 $\lim\limits_{n\to\infty}x_n$ 存在.

设 $\lim\limits_{n\to\infty}x_n=a$，在 $x_{n+1}=\sqrt{x_n(3-x_n)}$ 两边取极限，得 $a=\sqrt{a(3-a)}$，解之得 $a=\dfrac{3}{2}$，$a=0$（舍去）. 故 $\lim\limits_{n\to\infty}x_n=\dfrac{3}{2}$.

【114】 设 $x_n=\sum\limits_{k=1}^{n}\dfrac{1}{n+k}$，证明 $\{x_n\}$ 收敛.

证 $x_{n+1}-x_n=\dfrac{1}{2(2n+1)(n+1)}>0$，所以 $\{x_n\}$ 单增. 又 $x_n=\sum\limits_{k=1}^{n}\dfrac{1}{n+k}\leqslant\sum\limits_{k=1}^{n}\dfrac{1}{n}=1$，所以 $\{x_n\}$ 有上界. 故 $\{x_n\}$ 收敛.

【115】 设 $x_0=\sqrt{2}$，$x_n=\sqrt{2}+\dfrac{x_{n-1}-1}{\sqrt{2}+x_{n-1}}$ $(n=1,2,\cdots)$，证明 $\{x_n\}$ 收敛，并求极限.

证 $x_0=\sqrt{2}$，$x_1>\sqrt{2}$，故 $x_n>\sqrt{2}$，则

$$x_{n+1}=\sqrt{2}+\frac{x_n-1}{x_n+\sqrt{2}}=\sqrt{2}+\frac{x_n+\sqrt{2}-\sqrt{2}-1}{x_n+\sqrt{2}}=\sqrt{2}+1-\frac{\sqrt{2}+1}{x_n+\sqrt{2}}<\sqrt{2}+1,$$

故 $\{x_n\}$ 有上界，而 $x_{n+1}-x_n=\dfrac{(\sqrt{2}+1)(x_n-x_{n-1})}{(\sqrt{2}+x_n)(\sqrt{2}+x_{n-1})}>0$（用数学归纳法），由 $\{x_n\}$ 单调递增且有上界 $\sqrt{2}+1$ 可知其极限存在，设为 A，可得 $A=\sqrt{2}+\dfrac{A-1}{\sqrt{2}+A}$，可得 $A=\dfrac{1+\sqrt{5}}{2}$.

利用夹逼准则求极限

【116】 极限 $\lim\limits_{n\to\infty}\sin(\pi\sqrt{n^2+1})=$________.

解 本题似乎无法下手，我们先将原式恒等变形后再利用无穷小量的性质来求.

$$\sin(\pi\sqrt{n^2+1})=\sin[n\pi+\pi(\sqrt{n^2+1}-n)]=(-1)^n\sin(\pi\sqrt{n^2+1}-\pi n),$$

$\{(-1)^n\}$ 是个有界量，而 $0<\pi(\sqrt{n^2+1}-n)=\dfrac{\pi}{\sqrt{n^2+1}+n}<\dfrac{2}{n}$.

因 $0<\sin(\pi\sqrt{n^2+1}-\pi n)<\sin\dfrac{2}{n}<\dfrac{2}{n}$，且 $\lim\limits_{n\to\infty}\dfrac{2}{n}=0$，由夹逼准则知

$$\lim_{n\to\infty}\sin(\pi\sqrt{n^2+1}-\pi n)=0,\quad \text{所以}\quad \lim_{n\to\infty}\sin(\pi\sqrt{n^2+1})=0.$$

故应填 0.

【117】 极限 $\lim\limits_{x\to+\infty}(\cos\sqrt{x+1}-\cos\sqrt{x})=$________.

解 利用三角函数的和、差化积公式

$$\cos\sqrt{x+1}-\cos\sqrt{x}=-2\sin\frac{\sqrt{x+1}+\sqrt{x}}{2}\cdot\sin\frac{\sqrt{x+1}-\sqrt{x}}{2},$$

当 $x\to+\infty$ 时，$\left|\sin\dfrac{\sqrt{x+1}+\sqrt{x}}{2}\right|\leqslant1$,

$$0\leqslant\left|\sin\frac{\sqrt{x+1}-\sqrt{x}}{2}\right|=\left|\sin\frac{1}{2(\sqrt{x+1}+\sqrt{x})}\right|\leqslant\frac{1}{2(\sqrt{x+1}+\sqrt{x})}\to0.$$

根据有界函数与无穷小的乘积仍是无穷小，所以 $\lim\limits_{x\to+\infty}(\cos\sqrt{x+1}-\cos\sqrt{x})=0$.

故应填 0.

【118】求$\lim\limits_{x\to0}x\left[\dfrac{2}{x}\right]$ （$[x]$表示 x 的取整函数）.

解 $\dfrac{2}{x}-1<\left[\dfrac{2}{x}\right]\leqslant\dfrac{2}{x}$,所以当 $x>0$ 时,$2-x<x\left[\dfrac{2}{x}\right]\leqslant2$;

当 $x<0$ 时,$2-x>x\left[\dfrac{2}{x}\right]\geqslant2$;但$\lim\limits_{x\to0}(2-x)=2$,所以 $\lim\limits_{x\to0}x\left[\dfrac{2}{x}\right]=2$.

【119】设 $a_i\geqslant0,i=1,2,\cdots,k,a=\max\{a_1,a_2,\cdots,a_k\}$,证明:

$$\lim_{n\to\infty}\sqrt[n]{a_1^n+a_2^n+\cdots+a_k^n}=a.$$

证 由于 $a=\max\{a_1,a_2,\cdots,a_k\}$,所以 $a^n\leqslant a_1^n+a_2^n+\cdots+a_k^n\leqslant ka^n$,有 $a\leqslant\sqrt[n]{a_1^n+a_2^n+\cdots+a_k^n}\leqslant a\sqrt[n]{k}$,又$\lim\limits_{n\to\infty}\sqrt[n]{k}=1$,所以由夹逼准则得

$$\lim_{n\to\infty}\sqrt[n]{a_1^n+a_2^n+\cdots+a_k^n}=a.$$

【120】求$\lim\limits_{n\to\infty}(1+\dfrac{1}{n^2})\cdot(1+\dfrac{2}{n^2})\cdots(1+\dfrac{n}{n^2})$.

解 $\lim\limits_{n\to\infty}\ln x_n=\lim\limits_{n\to\infty}\left[\ln(1+\dfrac{1}{n^2})+\ln(1+\dfrac{2}{n^2})+\cdots+\ln(1+\dfrac{n}{n^2})\right]$,

当 $x>0$ 时,$x-\dfrac{x^2}{2}<\ln(1+x)<x$,

$$\ln x_n<\frac{1}{n^2}+\frac{2}{n^2}+\cdots+\frac{n}{n^2}=\frac{\frac{n(n+1)}{2}}{n^2}\to\frac{1}{2},\quad(n\to\infty)$$

$$\ln x_n>\frac{1}{n^2}-\frac{1}{2}\cdot\frac{1}{n^4}+\frac{2}{n^2}-\frac{1}{2}\cdot\frac{4}{n^4}+\cdots+\frac{n}{n^2}-\frac{1}{2}\cdot\frac{n^2}{n^4}$$

$$=\frac{\frac{n(n+1)}{2}}{n^2}-\frac{1}{2}\cdot\frac{\frac{n(n+1)(2n+1)}{6}}{n^4}\to\frac{1}{2}.\quad(n\to\infty)$$

所以由夹逼准则知 $\lim\limits_{n\to\infty}\ln x_n=\dfrac{1}{2}$,即 $\lim\limits_{n\to\infty}x_n=e^{\frac{1}{2}}$.

确定极限式子中的常数

【121】设 $\lim\limits_{x\to+\infty}[(x^5+7x^4+2)^a-x]=b,b\neq0$,试求常数 a,b.

解 令 $t=x^{-1}$,则

$$\lim_{x\to+\infty}[(x^5+7x^4+2)^a-x]=\lim_{t\to0^+}\frac{t^{1-5a}(1+7t+2t^5)^a-1}{t}.$$

由于分母是无穷小量,根据极限存在的条件,必有

$$\lim_{t\to0^+}[t^{1-5a}(1+7t+2t^5)^a-1]=0.$$

要使该极限存在,必须取 $5a=1$. 把 $5a=1$ 代入原极限,并利用等价无穷小代换定理得

$$\lim_{x\to+\infty}[(x^5+7x^4+2)^a-x]=\lim_{t\to0^+}\frac{[1+(7t+2t^5)]^a-1}{t}=\lim_{t\to0^+}\frac{a(7t+2t^5)}{t}=7a.$$

根据原极限等于 b 的条件得 $7a=b$. 所以 $a=\dfrac{1}{5},b=\dfrac{7}{5}$.

【122】设 $f(x)=\lim\limits_{n\to\infty}\dfrac{x^{2n-1}+ax^2+bx}{x^{2n}+1}$为连续函数,试确定 a 和 b 的值.

解 当$|x|<1$ 时,$f(x)=ax^2+bx$;当$|x|>1$ 时,$f(x)=\dfrac{1}{x}$;

当 $x=1$ 时，$f(1)=\dfrac{a+b+1}{2}$；当 $x=-1$ 时，$f(-1)=\dfrac{a-b-1}{2}$.

故

$$f(x)=\begin{cases}\dfrac{1}{x}, & x<-1\\ \dfrac{a-b-1}{2}, & x=-1\\ ax^2+bx, & -1<x<1\\ \dfrac{a+b+1}{2}, & x=1\\ \dfrac{1}{x}, & x>1\end{cases}$$

由连续的定义知 $\begin{cases}f(-1)=\lim\limits_{x\to-1^-}f(x)\\ f(1)=\lim\limits_{x\to1^+}f(x)\end{cases}$，即 $\begin{cases}\dfrac{a-b-1}{2}=-1\\ \dfrac{a+b+1}{2}=1\end{cases}$.

所以 $a=0,b=1$.

【123】 设 $f(x)=\begin{cases}x, & x<1\\ a, & x\geqslant1\end{cases}$，$\psi(x)=\begin{cases}b, & x\leqslant0\\ x+1, & x>0\end{cases}$，求 a,b 使 $f(x)+\psi(x)$ 在 $(-\infty,+\infty)$ 上连续.

解 $f(x)+\psi(x)=\begin{cases}x+b, & x\leqslant0\\ 2x+1, & 0<x<1\\ x+a+1, & x\geqslant1\end{cases}$，

所以当 $a=b=1$ 时，$f(x)+\psi(x)$ 在 $(-\infty,+\infty)$ 上连续.

【124】 设函数 $f(x)=\dfrac{x}{a+e^{bx}}$ 在 $(-\infty,+\infty)$ 内连续，且 $\lim\limits_{x\to-\infty}f(x)=0$，则常数 a,b 满足________.

(A) $a<0,b<0$　　(B) $a>0,b>0$　　(C) $a\leqslant0,b>0$　　(D) $a\geqslant0,b<0$

解 由 $\lim\limits_{x\to-\infty}\dfrac{x}{a+e^{bx}}=0$ 知：$a+e^{bx}$ 应为 ∞，故 $x\to-\infty$ 时，$b<0$.

若 $a<0$，则 $f(x)$ 应有间断点 $x=\dfrac{\ln(-a)}{b}$，与 $f(x)$ 在 $(-\infty,+\infty)$ 连续矛盾，所以 $a\geqslant0$.

故应选(D).

判断函数的连续性

【125】 设函数 $f(x)=\begin{cases}\dfrac{\ln\cos(x-1)}{1-\sin\dfrac{\pi}{2}x}, & x\neq1\\ 1, & x=1\end{cases}$，问函数 $f(x)$ 在 $x=1$ 处是否连续？若不连续，修改函数在 $x=1$ 处的定义，使之连续.

解 因为

$$\lim_{x\to1}f(x)=\lim_{x\to1}\frac{\ln\cos(x-1)}{1-\sin\frac{\pi}{2}x}=\lim_{x\to1}\frac{\frac{-\sin(x-1)}{\cos(x-1)}}{-\frac{\pi}{2}\cos\frac{\pi}{2}x}=\frac{2}{\pi}\lim_{x\to1}\frac{\tan(x-1)}{\cos\frac{\pi}{2}x}$$

$$=\frac{2}{\pi}\lim_{x\to1}\frac{\sec^2(x-1)}{-\frac{\pi}{2}\sin\frac{\pi}{2}x}=-\frac{4}{\pi^2},$$

所以函数 $f(x)$ 在 $x=1$ 处不连续，$x=1$ 是 $f(x)$ 的可去间断点.

将函数 $f(x)$ 在 $x=1$ 处的函数值改为 $-\frac{4}{\pi^2}$，则该函数即为连续函数.

讨论间断点

【126】 求函数 $f(x)=(1+x)^{\frac{x}{\tan(x-\frac{\pi}{4})}}$ 在区间 $(0,2\pi)$ 内的间断点，并判断其类型.

解 $f(x)$ 在 $(0,2\pi)$ 内的间断点为 $x=\frac{\pi}{4},\frac{3\pi}{4},\frac{5\pi}{4},\frac{7\pi}{4}$.

在 $x=\frac{\pi}{4}$ 处，$f(\frac{\pi}{4}+0)=+\infty$，在 $x=\frac{5\pi}{4}$ 处，$f(\frac{5\pi}{4}+0)=+\infty$，故 $x=\frac{\pi}{4},\frac{5}{4}\pi$ 为第二类（或无穷）间断点；

在 $x=\frac{3\pi}{4}$ 处，$\lim\limits_{x\to\frac{3}{4}\pi}f(x)=1$，在 $x=\frac{7\pi}{4}$ 处，$\lim\limits_{x\to\frac{7}{4}\pi}f(x)=1$，故 $x=\frac{3\pi}{4},\frac{7}{4}\pi$ 为第一类（或可去）间断点.

【127】 设 $f(x)$ 和 $\varphi(x)$ 在 $(-\infty,+\infty)$ 内有定义，$f(x)$ 为连续函数，且 $f(x)\neq0$，$\varphi(x)$ 有间断点，则

(A) $\varphi[f(x)]$ 必有间断点　　(B) $[\varphi(x)]^2$ 必有间断点

(C) $f[\varphi(x)]$ 必有间断点　　(D) $\frac{\varphi(x)}{f(x)}$ 必有间断点

解 采用排除法.

若取 $\varphi(x)=\begin{cases}1, & x\geqslant0\\-1, & x<0\end{cases}$，$\varphi(x)$ 有间断点 $x=0$. 但 $[\varphi(x)]^2=1$ 没有间断点，所以(B)不正确；

取 $\varphi(x)=\begin{cases}1, & x\geqslant0\\-1, & x<0\end{cases}$，$f(x)=x^2$，则 $\varphi[f(x)]=1$ 没有间断点，(A)不正确；

取 $f(x)=x^2$，$\varphi(x)=\begin{cases}1, & x\geqslant0\\-1, & x<0\end{cases}$，则 $f[\varphi(x)]=1$ 没有间断点，所以(C)不正确.

故应选(D).

【128】 设 $f(x)$ 在 $(-\infty,+\infty)$ 内有定义，且 $\lim\limits_{x\to\infty}f(x)=a$，$g(x)=\begin{cases}f(\frac{1}{x}), & x\neq0\\0, & x=0\end{cases}$

则________.

(A) $x=0$ 必是 $g(x)$ 的第一类间断点　　(B) $x=0$ 必是 $g(x)$ 的第二类间断点

(C) $x=0$ 必是 $g(x)$ 的连续点　　(D) $g(x)$ 在点 $x=0$ 处的连续性与 a 的取值有关

解 若 $a=0$，则 $\lim\limits_{x\to0}g(x)=\lim\limits_{x\to0}f(\frac{1}{x})=0=g(0)$，从而 $g(x)$ 在 $x=0$ 处连续；

若 $a\neq0$，则 $\lim\limits_{x\to0}g(x)=\lim\limits_{x\to0}f(\frac{1}{x})=a\neq g(0)$，从而 $g(x)$ 在 $x=0$ 处不连续.

故应选(D).

点评 本题主要考察的是分段函数在分界点处的连续性，函数 $f(x)$ 在点 x_0 处的连续性应满足三个条件：

(1)在 $x=x_0$ 有定义； (2) $\lim\limits_{x\to x_0}f(x)$ 存在； (3) $\lim\limits_{x\to x_0}f(x)=f(x_0)$.

不满足上述任一条件，则导致函数 $f(x)$ 在 $x=x_0$ 点处间断.

使用介值定理证明相关结论

【129】 设 $f(x)$ 在 $[0,1]$ 上连续，且 $f(0)=f(1)$，求证：

(1)存在 $x\in[0,1]$，使 $f(x)=f(x+\frac{1}{2})$；

(2)对任何正整数 n，存在 $x\in[0,1]$，使 $f(x)=f(x+\frac{1}{n})$.

解 (1)设 $g(x)=f(x)-f(x+\frac{1}{2})$，则

$$g(0)=f(0)-f(\frac{1}{2}),g(\frac{1}{2})=f(\frac{1}{2})-f(1),$$

故
$$g(0)+g(\frac{1}{2})=f(0)-f(1)=0.$$

而另一方面，$m\leqslant\dfrac{g(0)+g(\frac{1}{2})}{2}\leqslant M$. 由介值定理知，存在 $x\in[0,1]$，使

$$g(x)=\frac{g(0)+g(\frac{1}{2})}{2}=0.$$

(2)设 $h(x)=f(x)-f(x+\frac{1}{n})$，则

$$h(0)=f(0)-f(\frac{1}{n}),\quad h(\frac{1}{n})=f(\frac{1}{n})-f(\frac{2}{n}),$$

$$h(\frac{2}{n})=f(\frac{2}{n})-f(\frac{3}{n}),\ \cdots,\quad h(\frac{n-1}{n})=f(\frac{n-1}{n})-f(1).$$

以上诸式相加得 $\sum\limits_{i=0}^{n-1}h(\frac{i}{n})=f(0)-f(1)=0.$

而另一方面 $nm\leqslant\sum\limits_{i=0}^{n-1}h(\frac{i}{n})\leqslant nM$，即 $m\leqslant\frac{1}{n}\sum\limits_{i=0}^{n-1}h(\frac{i}{n})\leqslant M$.

由闭区间上连续函数的介值定理知存在 $x\in[0,1]$，使 $h(x)=\frac{1}{n}\sum\limits_{i=0}^{n-1}h(\frac{i}{n})=0$.

【130】 设 $f(x)$ 在 $[a,b]$ 连续，且 $a<c<d<b$，证明：在 (a,b) 内至少存在一点 ξ，使得

$$pf(c)+qf(d)=(p+q)f(\xi),$$

其中 p,q 为任意正常数.

证法一 令 $F(x)=(p+q)f(x)-pf(c)-qf(d)$，可知 $F(x)$ 在 $[c,d]$ 上连续，注意到

$F(c)=(p+q)f(c)-pf(c)-qf(d)=q[f(c)-f(d)]$,

$F(d)=(p+q)f(d)-pf(c)-qf(d)=p[f(d)-f(c)]$,

故当 $f(c)-f(d)=0$ 时，可知 c,d 均可取作 ξ；

而当 $f(c)-f(d)\neq0$ 时，又 $p>0,q>0$，于是有

$$F(c)F(d)=-pq[f(c)-f(d)]^2<0$$

由零点定理可知，至少存在一点 $\xi\in(c,d)\subset(a,b)$，使得 $F(\xi)=0$，即

$$pf(c)+qf(d)=(p+q)f(\xi).$$

证法二 因为 $f(x)$ 在 $[a,b]$ 上连续，故 $f(x)$ 在 $[a,b]$ 上有最大值 M 与最小值 m，且有

$$m\leqslant f(x)\leqslant M$$

由于 $c,d\in[a,b]$，也有

$$pm\leqslant pf(c)\leqslant pM,\quad qm\leqslant qf(d)\leqslant qM,$$

两式相加得

$$(p+q)m\leqslant pf(c)+qf(d)\leqslant(p+q)M$$

即

$$m\leqslant\frac{pf(c)+qf(d)}{p+q}\leqslant M.$$

由介值定理知，在 (a,b) 内至少存在一点 ξ，使得

$$\frac{pf(c)+qf(d)}{p+q}=f(\xi),$$

即 $pf(c)+qf(d)=(p+q)f(\xi)$.

【131】 设 $f(x)$ 在 $[0,n]$（n 为自然数，$n\geqslant2$）上连续，$f(0)=f(n)$，

证明：存在 $\xi,\xi+1\in[0,n]$，使 $f(\xi)=f(\xi+1)$.

证 设 $g(x)=f(x+1)-f(x)$，$x\in[0,n-1]$，则

$$g(0)=f(1)-f(0),g(1)=f(2)-f(1),$$
$$g(2)=f(3)-f(2),\cdots,$$
$$g(n-1)=f(n)-f(n-1).$$

以上诸式相加得 $\sum\limits_{i=0}^{n-1}g(i)=f(n)-f(0)=0$.

而另一方面 $nm\leqslant\sum\limits_{i=0}^{n-1}g(i)\leqslant nM$，即 $m\leqslant\dfrac{1}{n}\sum\limits_{i=0}^{n-1}g(i)\leqslant M$，

由闭区间上连续函数的介值定理知存在 $\xi\in(0,n-1)$，使 $g(\xi)=\dfrac{1}{n}\sum\limits_{i=0}^{n-1}g(i)=0$，

即 $g(\xi)=f(\xi+1)-f(\xi)=0$.

【132】 设 $f(x)$ 在 $[a,b]$ 上连续，$x_i\in[a,b]$，$t_i>0$ $(i=1,2,\cdots,n)$，且 $\sum\limits_{i=1}^{n}t_i=1$，试证至少存在一点 $\xi\in[a,b]$，使

$$f(\xi)=t_1f(x_1)+t_2f(x_2)+\cdots+t_nf(x_n).$$

证 因为 $f(x)$ 在 $[a,b]$ 上连续，所以 $m\leqslant f(x)\leqslant M$，其中 m,M 分别为最小值与最大值.

又 $x_i\in[a,b]$，$t_i>0$ $(i=1,2,\cdots,n)$，所以

$$m=\sum_{i=1}^{n}mt_i\leqslant\sum_{i=1}^{n}t_if(x_i)\leqslant\sum_{i=1}^{n}Mt_i=M.$$

从而至少存在一点 $\xi\in[a,b]$，使 $f(\xi)=t_1f(x_1)+t_2f(x_2)+\cdots+t_nf(x_n)$.

第二章　导数与微分

§1. 导数的概念

1. 导数定义　设函数 $y=f(x)$ 在 x_0 点的某邻域内有定义，当自变量 x 在 x_0 点处取得增量 $\Delta x(\Delta x\neq 0)$ 时，相应地，函数 y 取得增量 $\Delta y=f(x_0+\Delta x)-f(x_0)$，如果极限

$$\lim_{\Delta x\to 0}\frac{\Delta y}{\Delta x}=\lim_{\Delta x\to 0}\frac{f(x_0+\Delta x)-f(x_0)}{\Delta x}$$

存在，则称函数 $y=f(x)$ 在 x_0 点可导，并称这个极限值为函数 $y=f(x)$ 在 x_0 点处的导数，记为 $f'(x_0)$，$y'(x_0)$，$\left.\dfrac{\mathrm{d}y}{\mathrm{d}x}\right|_{x=x_0}$.

如果记 $x=x_0+\Delta x$，则导数又可表示为

$$f'(x_0)=\lim_{x\to x_0}\frac{f(x)-f(x_0)}{x-x_0}.$$

若极限 $\lim\limits_{\Delta x\to 0^-}\dfrac{\Delta y}{\Delta x}=\lim\limits_{\Delta x\to 0^-}\dfrac{f(x_0+\Delta x)-f(x_0)}{\Delta x}$ 存在，则该极限值称为 $f(x)$ 在 x_0 点的左导数，记作

$$f'_-(x_0),\quad 或\quad f'_-(x_0)=\lim_{x\to x_0^-}\frac{f(x)-f(x_0)}{x-x_0}.$$

若极限 $\lim\limits_{\Delta x\to 0^+}\dfrac{\Delta y}{\Delta x}=\lim\limits_{\Delta x\to 0^+}\dfrac{f(x_0+\Delta x)-f(x_0)}{\Delta x}$ 存在，则该极限值称为 $f(x)$ 在 x_0 点的右导数，记作

$$f'_+(x_0)\quad 或\quad f'_+(x_0)=\lim_{x\to x_0^+}\frac{f(x)-f(x_0)}{x-x_0}$$

函数 $f(x)$ 在 x_0 点可导，且导数为 A 的充要条件是

$$f'(x_0)=f'_-(x_0)=f'_+(x_0)=A.$$

2. 导数的几何意义　导数 $f'(x_0)$ 在几何上表示曲线 $y=f(x)$ 在 $M(x_0,f(x_0))$ 点处的切线斜率.

曲线 $y=f(x)$ 在点 M 的切线方程是

$$y=f'(x_0)(x-x_0)+f(x_0),$$

曲线 $y=f(x)$ 在点 M 的法线方程是

$$y=-\frac{1}{f'(x_0)}(x-x_0)+f(x_0)\quad （当\ f'(x_0)\neq 0\ 时）.$$

3. 函数的可导性与连续性　若函数 $y=f(x)$ 在 x_0 点可导，则 $y=f(x)$ 在 x_0 点必连续. 但连续不一定可导.

基本题型

利用导数定义求初等函数的导数

【133】设 $f(x)=x(x+1)(x+2)\cdots(x+n)$，则 $f'(0)=$________.

解 根据 $f(x)$ 在点 $x=0$ 导数的定义

$$f'(0)=\lim_{h\to 0}\frac{f(h)-f(0)}{h}=\lim_{h\to 0}(h+1)(h+2)\cdots(h+n)=n!.$$

故应填 $n!$.

【134】设 $f(x)=(x-a)\varphi(x)$，其中 $\varphi(x)$ 在 $x=a$ 连续，求 $f'(a)$.

解 使用导数的定义

$$f'(a)=\lim_{x\to a}\frac{f(x)-f(a)}{x-a}=\lim_{x\to a}\frac{(x-a)\varphi(x)-0}{x-a}=\lim_{x\to a}\varphi(x),$$

而根据函数连续的定义有 $\lim\limits_{x\to a}\varphi(x)=\varphi(a)$.

故 $f'(a)=\varphi(a)$.

【135】设函数 $f(x)$ 在 $(-\infty,+\infty)$ 上有定义，在区间 $[0,2]$ 上，$f(x)=x(x^2-4)$，若对任意的 x 都满足 $f(x)=kf(x+2)$，其中 k 为常数.

(1)写出 $f(x)$ 在 $[-2,0)$ 上的表达式；

(2)问 k 为何值时，$f(x)$ 在 $x=0$ 处可导.

解 (1)当 $-2\leqslant x<0$，即 $0\leqslant x+2<2$ 时，

$$f(x)=kf(x+2)=k(x+2)[(x+2)^2-4]=kx(x+2)(x+4).$$

(2)由题设知 $f(0)=0$.

$$f'_+(0)=\lim_{x\to 0^+}\frac{f(x)-f(0)}{x-0}=\lim_{x\to 0^+}\frac{x(x^2-4)}{x}=-4;$$

$$f'_-(0)=\lim_{x\to 0^-}\frac{f(x)-f(0)}{x-0}=\lim_{x\to 0^-}\frac{kx(x+2)(x+4)}{x}=8k.$$

令 $f'_-(0)=f'_+(0)$，得 $k=-\dfrac{1}{2}$. 即当 $k=-\dfrac{1}{2}$ 时，$f(x)$ 在 $x=0$ 处可导.

分段函数讨论分段点处的可导性

【136】设 $f(x)=\begin{cases}\dfrac{2}{3}x^3, & x\leqslant 1\\ x^2, & x>1\end{cases}$，则 $f(x)$ 在 $x=1$ 处的________.

(A)左、右导数都存在　　(B)左导数存在，但右导数不存在

(C)左导数不存在，但右导数存在　　(D)左、右导数都不存在

解 $f'_+(1)=\lim\limits_{x\to 1^+}\dfrac{x^2-\dfrac{2}{3}}{x-1}=\infty$，　$f'_-(1)=\lim\limits_{x\to 1^-}\dfrac{\dfrac{2}{3}x^3-\dfrac{2}{3}}{x-1}=2$.

故应选(B).

【137】设函数 $f(x)=\begin{cases}\dfrac{x}{1+e^{\frac{1}{x}}}, & x<0\\ 0, & x=0\\ \dfrac{2x}{1+e^x}, & x>0\end{cases}$，则函数在点 $x=0$ 处的导数为________.

解 $f(x)$是分段函数，按定义分别求 $f(x)$在点 $x=0$ 处的左、右导数.

$$f'_{-}(0)=\lim_{x\to 0^{-}}\frac{\dfrac{x}{1+e^{\frac{1}{x}}}-0}{x}=\lim_{x\to 0^{-}}\frac{1}{1+e^{\frac{1}{x}}}=1,$$

$$f'_{+}(0)=\lim_{x\to 0^{+}}\frac{\dfrac{2x}{1+e^{x}}-0}{x}=\lim_{x\to 0^{+}}\frac{2}{1+e^{x}}=1,$$

因以上左、右导数存在且相等，所以导数存在，$f'(0)=1$.

故应填 1.

【138】 函数 $f(x)=(x^2-x-2)|x^3-x|$不可导点的个数是______.

(A)3　　　(B)2　　　(C)1　　　(D)0

解法一

$$f(x)=\begin{cases}-(x-2)x(x-1)(x+1)^2, & x\leqslant -1\\(x-2)x(x-1)(x+1)^2, & -1<x\leqslant 0\\-(x-2)x(x-1)(x+1)^2, & 0<x\leqslant 1\\(x-2)x(x-1)(x+1)^2, & x>1\end{cases}$$

$f(x)$的不可导的可能点为 $x=-1,x=0,x=1$.

$$f'_{-}(-1)=\lim_{x\to -1^{-}}\frac{-(x-2)x(x-1)(x+1)^2}{x+1}=0$$

$$f'_{+}(-1)=\lim_{x\to -1^{+}}\frac{(x-2)x(x-1)(x+1)^2}{x+1}=0$$

所以由 $f'_{-}(-1)=f'_{+}(-1)$得：$x=-1$ 为 $f(x)$的可导点.

由
$$f'_{-}(0)=\lim_{x\to 0^{-}}\frac{(x-2)x(x-1)(x+1)^2}{x}=2$$

$$f'_{+}(0)=\lim_{x\to 0^{+}}\frac{-(x-2)x(x-1)(x+1)^2}{x}=-2$$

$$f'_{-}(1)=\lim_{x\to 1^{-}}\frac{-(x-2)x(x-1)(x+1)^2}{x-1}=4$$

$$f'_{+}(1)=\lim_{x\to 1^{+}}\frac{(x-2)x(x-1)(x+1)^2}{x-1}=-4$$

因此 $f(x)$的不可导点有两个：$x=0,x=1$.

故应选(B).

解法二 因为 $f(x)=(x-2)(x+1)\cdot|x|\cdot|x+1|\cdot|x-1|$，由于含因子$(x+1)\cdot|x+1|$，故$f(x)$在 $x=-1$ 点可导.

于是 $f(x)$有两个不可导点 $x=0,x=1$.

故应选(B).

点评 本题解法二使用下述结论讨论.

若 $\varphi(x)$在点 $x=x_0$ 处连续，则 $f(x)=|x-x_0|\varphi(x)$在 $x=x_0$ 处可导的充要条件是$\varphi(x_0)=0$. 特别地，$|x-x_0|$在 $x=x_0$ 处不可导，而$(x-x_0)|x-x_0|$在 $x=x_0$ 处可导.

【139】 设 $f(x)$可导，$F(x)=f(x)(1+|\sin x|)$，则 $f(0)=0$ 是 $F(x)$在 $x=0$ 处可导的______.

(A)充分必要条件　　　(B)充分条件但非必要条件

(C)必要但非充分条件　　(D)既非充分条件又非必要条件

解　$F(x)=\begin{cases} f(x)(1-\sin x), & x<0 \\ f(0), & x=0 \\ f(x)(1+\sin x), & x>0 \end{cases}$

$$F'_-(0)=\lim_{x\to0^-}\frac{f(x)(1-\sin x)-f(0)}{x}=\lim_{x\to0^-}\frac{f(x)-f(0)}{x}-\lim_{x\to0^-}f(x)\cdot\frac{\sin x}{x}$$
$$=f'(0)-f(0)$$
$$F'_+(0)=\lim_{x\to0^+}\frac{f(x)(1+\sin x)-f(0)}{x}=\lim_{x\to0^+}\frac{f(x)-f(0)}{x}+\lim_{x\to0^+}f(x)\cdot\frac{\sin x}{x}$$
$$=f'(0)+f(0)$$

若使 $F(x)$ 在 $x=0$ 处可导，则必须 $F'_-(0)=F'_+(0)$. 则 $f(0)=0$.

故应选(A).

【140】 设函数 $f(x)=|x^3-1|\ \varphi(x)$，其中 $\varphi(x)$ 在 $x=1$ 处连续，则 $\varphi(1)=0$ 是 $f(x)$ 在 $x=1$ 处可导的________.

(A)充分必要条件　　(B)必要但非充分条件

(C)充分但非必要条件　　(D)既非充分也非必要条件

解　因为 $\lim\limits_{x\to1^+}\dfrac{f(x)-f(1)}{x-1}=\lim\limits_{x\to1^+}\dfrac{x^3-1}{x-1}\cdot\varphi(x)=3\varphi(1)$，

$$\lim_{x\to1^-}\frac{f(x)-f(1)}{x-1}=-\lim_{x\to1^-}\frac{x^3-1}{x-1}\cdot\varphi(x)=-3\varphi(1),$$

可见，$f(x)$ 在 $x=1$ 处可导的充分必要条件是 $3\varphi(1)=-3\varphi(1)$，即 $\varphi(1)=0$.

故应选(A).

根据导数定义，利用所给极限式子求导数

【141】 设函数 $f(x)$ 在 $x=a$ 点可导，且

$$\lim_{h\to0}\frac{h}{f(a-2h)-f(a)}=\frac{1}{4},$$

求 $f'(a)$.

解　设 $\Delta x=-2h$，则 $h\to0$，即 $\Delta x\to0$，所以根据导数的定义

$$f'(a)=\lim_{\Delta x\to0}\frac{f(a+\Delta x)-f(a)}{\Delta x}=\lim_{h\to0}\frac{f(a-2h)-f(a)}{-2h}$$
$$=-\frac{1}{2}\lim_{h\to0}\frac{f(a-2h)-f(a)}{h}=-\frac{1}{2}\times4=-2.$$

【142】 设函数 $f(x)$ 在 $x=0$ 处连续，且 $\lim\limits_{h\to0}\dfrac{f(h^2)}{h^2}=1$，则________.

(A) $f(0)=0$ 且 $f'_-(0)$ 存在　　(B) $f(0)=1$ 且 $f'_-(0)$ 存在

(C) $f(0)=0$ 且 $f'_+(0)$ 存在　　(D) $f(0)=1$ 且 $f'_+(0)$ 存在

解　由 $f(x)$ 在 $x=0$ 点连续且 $\lim\limits_{h\to0}\dfrac{f(h^2)}{h^2}=1$ 知 $\lim\limits_{h\to0}f(h^2)=0=f(0)$，令 $h^2=\Delta x$，则当 $h\to0$ 时，$\Delta x\to0^+$，

$$1=\lim_{h\to0}\frac{f(h^2)}{h^2}=\lim_{h\to0}\frac{f(h^2)-f(0)}{h^2}=\lim_{\Delta x\to0^+}\frac{f(\Delta x)-f(0)}{\Delta x}=f_+'(0).$$

故应选(C).

【143】若 $f(x)$ 在 $x=0$ 点连续,且 $\lim\limits_{x\to 0}\dfrac{f(x)}{x}$ 存在,证明 $f(x)$ 在 $x=0$ 点可导.

证 设 $\lim\limits_{x\to 0}\dfrac{f(x)}{x}=A$,所以 $\lim\limits_{x\to 0}f(x)=\lim\limits_{x\to 0}x\cdot\dfrac{f(x)}{x}=0\cdot A=0$.

因为 $f(x)$ 在 $x=0$ 连续,所以 $\lim\limits_{x\to 0}f(x)=f(0)=0$,从而导数定义有

$$f'(0)=\lim_{x\to 0}\frac{f(x)-f(0)}{x-0}=\lim_{x\to 0}\frac{f(x)}{x}=A.$$

【144】当 $h\to 0$ 时,$f(x_0-3h)-f(x_0)+2h$ 是 h 的高阶无穷小量,则 $f'(x_0)=$________.

解 将已知条件写成等式有

$$f(x_0-3h)-f(x_0)+2h=o(h)\quad(\text{当 } h\to 0 \text{ 时},o(h)\text{ 为 } h \text{ 的高阶无穷小})$$

即
$$\frac{f(x_0-3h)-f(x_0)}{h}=-2+\frac{o(h)}{h},$$

等式两边取极限并利用导数定义得 $-3f'(x_0)=-2$,即 $f'(x_0)=\dfrac{2}{3}$.

故应填 $\dfrac{2}{3}$.

【145】设函数 $f(x)$ 在 $x=0$ 处可导(即 $f'(0)$ 存在),且 $f(x)=f(0)+2x+a(x)$,又 $\lim\limits_{x\to 0}\dfrac{a(x)}{x}=0$,求 $f'(0)$.

解 由已知条件知当 $x\neq 0$ 时,

$$\frac{f(x)-f(0)}{x}=2+\frac{a(x)}{x},$$

当 $x\to 0$ 时取极限,则有 $\lim\limits_{x\to 0}\dfrac{f(x)-f(0)}{x-0}=2+\lim\limits_{x\to 0}\dfrac{a(x)}{x}=2$. 由导数定义得 $f'(0)=2$.

利用导数定义求极限

【146】下列各题中均假定 $f'(x_0)$ 存在,按照导数定义,求出下列各题中的 A 值.

(1) $A=\lim\limits_{\Delta x\to 0}\dfrac{f(x_0-\Delta x)-f(x_0)}{\Delta x}$;

(2) $A=\lim\limits_{x\to 0}\dfrac{f(x)}{x}$,设 $f(0)=0$,且 $f'(0)$ 存在;

(3) $A=\lim\limits_{h\to 0}\dfrac{f(x_0+3h)-f(x_0)}{h}$.

解 (1) $A=\lim\limits_{\Delta x\to 0}\dfrac{f(x_0-\Delta x)-f(x_0)}{-\Delta x}\cdot(-1)=-f'(x_0)$;

(2) $A=\lim\limits_{x\to 0}\dfrac{f(x)-f(0)}{x-0}=f'(0)$;

(3) $A=\lim\limits_{h\to 0}\dfrac{f(x_0+3h)-f(x_0)}{3h}\cdot 3=3f'(x_0)$.

【147】设函数 $f(x)$ 在点 x_0 处的导数 $f'(x_0)$ 存在,α,β 是常数,求极限

$$\lim_{h\to 0}\frac{f(x_0+\alpha h)-f(x_0-\beta h)}{h}.$$

解 因导数 $f'(x_0)$ 存在,则由导数定义与极限的运算法则得

$$\lim_{h\to 0}\frac{f(x_0+\alpha h)-f(x_0-\beta h)}{h}=\lim_{h\to 0}\frac{[f(x_0+\alpha h)-f(x_0)]-[f(x_0-\beta h)-f(x_0)]}{h}$$

$$=\alpha\lim_{h\to0}\frac{f(x_0+\alpha h)-f(x_0)}{\alpha h}+\beta\lim_{h\to0}\frac{f(x_0-\beta h)-f(x_0)}{-\beta h}$$
$$=\alpha f'(x_0)+\beta f'(x_0).$$

特别地，当 α,β 至少有一个为零时，上述结果显然成立.

点评 特别地，当 $\alpha=\beta=1$ 时，有

$$\lim_{h\to0}\frac{f(x_0+h)-f(x_0-h)}{2h}=f'(x_0). \quad ①$$

但是式①不能作为函数 $y=f(x)$ 在点 x_0 的导数定义，因为它与导数定义式

$$\lim_{h\to0}\frac{f(x_0+h)-f(x_0)}{h}=f'(x_0) \quad ②$$

是不等价的. 事实上，若式②成立，则式①左边的极限存在，且等于 $f'(x_0)$. 但是，反之不成立，即若式①左边的极限存在，并不能保证式②左边的极限存在. 换言之，式①只是式②的必要条件，并不是充分条件.

这是因为式①中以 x_0 为中心的对称点 x_0+h，x_0-h 处的函数值之差 $f(x_0+h)-f(x_0-h)$ 对点 x_0 处的函数值没有任何要求. 也就是说，极限 $\lim\limits_{h\to0}\frac{f(x_0+h)-f(x_0-h)}{2h}$ 存在与否跟点 x_0 处的函数值 $f(x_0)$ 无关. 这不符合导数定义的要求. 例如，对于任何偶函数 $f(x)$，它的极限

$$\lim_{h\to0}\frac{f(0+h)-f(0-h)}{2h}$$

总是存在的，且为零，但是极限 $\lim\limits_{h\to0}\frac{f(0+h)-f(0)}{h}$ 却不一定存在.

【148】 已知 $f'(x_0)=-1$，则 $\lim\limits_{x\to0}\frac{x}{f(x_0-2x)-f(x_0-x)}=$________.

解 $\lim\limits_{x\to0}\frac{f(x_0-2x)-f(x_0-x)}{x}=\lim\limits_{x\to0}\frac{[f(x_0-2x)-f(x_0)]-[f(x_0-x)-f(x_0)]}{x}$

$=-2f'(x_0)+f'(x_0)=1.$

故应填 1.

【149】 设 $f'(0)=2$，则 $\lim\limits_{x\to0}\frac{f(3\sin x)-f(2\arctan x)}{x}=$________.

(A) $\frac{1}{2}$　　(B) 2　　(C) $\frac{1}{4}$　　(D) 4

解 原式 $=\lim\limits_{x\to0}\frac{f(3\sin x)-f(0)}{3\sin x}\cdot\frac{3\sin x}{x}-\lim\limits_{x\to0}\frac{f(2\arctan x)-f(0)}{2\arctan x}\cdot\frac{2\arctan x}{x}$

$=3f'(0)-2f'(0)=f'(0)=2.$

故应选(B).

【150】 设 $f(x)$ 在 $x=0$ 处可导，且 $f(0)=0$，则 $\lim\limits_{x\to0}\frac{f(tx)-f(x)}{x}=$________.

解 由题设有 $f'(0)=\lim\limits_{x\to0}\frac{f(x)}{x}$，于是，

当 $t=0$ 时，$\lim\limits_{x\to0}\frac{f(tx)-f(x)}{x}=\lim\limits_{x\to0}[-\frac{f(x)}{x}]=-f'(0)$；

当 $t\neq0$ 时，$\lim\limits_{x\to0}\frac{f(tx)-f(x)}{x}=\lim\limits_{x\to0}\frac{tf(tx)}{tx}-\lim\limits_{x\to0}\frac{f(x)}{x}=(t-1)f'(0).$

故应填 $(t-1)f'(0)$.

利用导数定义求函数的表达式或导函数

【151】若 $f(x)$ 满足条件 $f(1+x)=af(x)$，且 $f'(0)=b$（常数 $a,b\neq0$），求 $f'(1)$.

解 由题意得：$f(1)=af(0)$，

$$f'(1)=\lim_{x\to0}\frac{f(x+1)-f(1)}{x}=\lim_{x\to0}\frac{af(x)-af(0)}{x}=a\lim_{x\to0}\frac{f(x)-f(0)}{x}=af'(0)=ab.$$

即 $f'(1)=ab$.

【152】设 $f(x)$ 在 $(-\infty,+\infty)$ 上有定义，对任意 $x,y\in(-\infty,+\infty)$ 有 $f(x+y)=f(x)+f(y)+2xy$，且 $f'(0)$ 存在，求 $f(x)$.

解 对 $f(x+y)=f(x)+f(y)+2xy$，令 $y=0$ 得 $f(x)=f(x)+f(0)$，即 $f(0)=0$.

$$f'(x)=\lim_{\Delta x\to0}\frac{f(x+\Delta x)-f(x)}{\Delta x}=\lim_{\Delta x\to0}\frac{f(\Delta x)+2x\cdot\Delta x}{\Delta x}$$

$$=\lim_{\Delta x\to0}\frac{f(\Delta x)-f(0)}{\Delta x}+2x=f'(0)+2x,$$

所以 $f(x)=f'(0)x+x^2+c$. 再由 $f(0)=0$ 得 $c=0$.

故 $f(x)=f'(0)x+x^2$.

【153】设 $f(x)$ 是 $(-\infty,+\infty)$ 上的非零函数，对任意 $x,y\in(-\infty,+\infty)$ 有 $f(x+y)=f(x)f(y)$，且 $f'(0)=1$，证明：$f'(x)=f(x)$.

证 因为 $f(x+y)=f(x)f(y)$，且 $f(x)$ 非零，令 $y=0$，便得 $f(x)=f(x)f(0)$，于是 $f(0)=1$.

对任意 $x\in(-\infty,+\infty)$，$f(x+\Delta x)=f(x)\cdot f(\Delta x)$. 根据导数的定义，

$$f'(x)=\lim_{\Delta x\to0}\frac{f(x+\Delta x)-f(x)}{\Delta x}=\lim_{\Delta x\to0}\frac{f(x)[f(\Delta x)-1]}{\Delta x}$$

$$=\lim_{\Delta x\to0}f(x)\cdot\frac{f(\Delta x)-f(0)}{\Delta x}=f(x)f'(0)=f(x).$$

【154】设 $f(x)$ 对任意非零数 x,y 有 $f(x\cdot y)=f(x)+f(y)$，且 $f'(1)=1$，求 $f(x)$.

解 当 $x\neq0$ 时，

$$f'(x)=\lim_{\Delta x\to0}\frac{f(x+\Delta x)-f(x)}{\Delta x}=\lim_{\Delta x\to0}\frac{f[x\cdot(1+\frac{\Delta x}{x})]-f(x\cdot1)}{\Delta x}$$

$$=\lim_{\Delta x\to0}\frac{f(x)+f(1+\frac{\Delta x}{x})-f(x)-f(1)}{\Delta x}$$

$$=\lim_{\Delta x\to0}\frac{f(1+\frac{\Delta x}{x})-f(1)}{x\cdot\frac{\Delta x}{x}}=\frac{1}{x}f'(1)=\frac{1}{x},$$

所以 $f(x)=\ln|x|+C$. 由于 $f(1)=f(1)+f(1)$，

所以 $f(1)=0$ 即 $C=0$.

故 $f(x)=\ln|x|$.

可导与连续之间的关系

【155】设 $f(x)=\begin{cases}\dfrac{1-\cos x}{\sqrt{x}}, & x>0\\ x^2g(x), & x\leqslant0\end{cases}$，其中 $g(x)$ 是有界函数，则 $f(x)$ 在 $x=0$ 处________.

(A)极限不存在 (B)极限存在,但不连续 (C)连续,但不可导 (D)可导

解 $\lim\limits_{x\to 0^+} f(x)=\lim\limits_{x\to 0^+}\dfrac{1-\cos x}{\sqrt{x}}=\lim\limits_{x\to 0^+}\dfrac{\frac{1}{2}x^2}{\sqrt{x}}=0=f(0)$,

$\lim\limits_{x\to 0^-} f(x)=\lim\limits_{x\to 0^-} x^2 g(x)=0=f(0)$,

故 $f(x)$在 $x=0$ 处极限存在,且连续,(A)、(B)不正确.

$$f'_-(0)=\lim_{x\to 0^-}\frac{x^2 g(x)-0}{x}=\lim_{x\to 0^-} xg(x)=0,$$

$$f'_+(0)=\lim_{x\to 0^+}\frac{\frac{1-\cos x}{\sqrt{x}}-0}{x}=\lim_{x\to 0^+}\frac{\frac{1}{2}x^2}{x^{\frac{3}{2}}}=0$$

故 $f(x)$在 $x=0$ 处可导.

故应选(D).

点评 分段函数在分界点的极限、连续和可导问题一般应采用定义通过左、右两端进行讨论.极限、连续和可导三者之间的关系是:可导⇒连续⇒极限存在,但反过来不成立.本题若$f(x)$在 $x=0$ 处可导,则选项(A)、(B)、(C)可立即排除,因此也可直接从判断 $f(x)$在 $x=0$ 处是否可导入手讨论.

【156】 设 $f(x)=\begin{cases} ax^2+b, & x\geqslant 1 \\ x\cos\dfrac{\pi}{2}x, & x<1 \end{cases}$, $f(x)$在 $x=1$ 可导,则 $a=$________, $b=$________.

解 要使 $f(x)$在 $x=1$ 可导,则 $f(x)$必须在 $x=1$ 连续,

即 $\lim\limits_{x\to 1^-} f(x)=\lim\limits_{x\to 1^+} f(x)=f(1)$,

也即 $a+b=0$,从而 $b=-a$.

$f(x)$在 $x=1$ 可导,则必有 $f'_-(1)=f'_+(1)$,

$$f'_-(1)=\lim_{x\to 1^-}\frac{x\cos\frac{\pi}{2}x-(a+b)}{x-1}=-\lim_{x\to 1^-}\frac{x\sin\left[\frac{\pi}{2}(x-1)\right]}{x-1}=-\frac{\pi}{2},$$

$$f'_+(1)=\lim_{x\to 1^+}\frac{ax^2+b-(a+b)}{x-1}=\lim_{x\to 1^+}\frac{a(x^2-1)}{x-1}=2a,$$

故 $2a=-\dfrac{\pi}{2}$,则 $a=-\dfrac{\pi}{4}$.

故应填 $a=-\dfrac{\pi}{4}$, $b=\dfrac{\pi}{4}$.

利用导数定义讨论有关函数的连续性、间断点

【157】 设函数 $f(x)$有连续的导函数,$f(0)=0$ 且 $f'(0)=b$,若函数

$$F(x)=\begin{cases} \dfrac{f(x)+a\sin x}{x}, & x\neq 0 \\ A, & x=0 \end{cases}$$

在 $x=0$ 处连续,则常数 $A=$________.

解 因为

$$\lim_{x\to 0}F(x)=\lim_{x\to 0}\frac{f(x)+a\sin x}{x}=\lim_{x\to 0}\left[\frac{f(x)-f(0)}{x}+\frac{a\sin x}{x}\right]=f'(0)+a=b+a.$$

由$\lim\limits_{x\to 0}F(x)=F(0)=A$,得 $A=a+b$.

故应填 $A=a+b$.

【158】设 $F(x)=\begin{cases}\dfrac{f(x)}{x}, & x\neq 0\\ f(0), & x=0\end{cases}$,其中 $f(x)$在 $x=0$ 处可导,$f'(0)\neq 0$,$f(0)=0$,则$x=0$ 是 $F(x)$的________.

(A)连续点　　(B)第一类间断点

(C)第二类间断点　　(D)连续点或间断点不能由此确定

解　由于 $f(x)$在 $x=0$ 处可导,由导数定义知:

$$\lim_{x\to 0}\frac{f(x)-f(0)}{x}=f'(0).$$

因为 $f(0)=0$,$f'(0)\neq 0$,所以

$$\lim_{x\to 0}F(x)=\lim_{x\to 0}\frac{f(x)}{x}=f'(0)\neq F(0),$$

因此 $x=0$ 是 $F(x)$的第一类间断点.

故应选(B).

利用导数定义计算切线斜率

【159】设 $f(x)$为可导函数,且满足条件$\lim\limits_{x\to 0}\dfrac{f(1)-f(1-x)}{2x}=-1$,则曲线 $y=f(x)$在点$(1,f(1))$处的切线斜率为________.

(A)2　(B)-1　(C)$\dfrac{1}{2}$　(D)　-2

解　$\lim\limits_{x\to 0}\dfrac{f(1)-f(1-x)}{2x}=\dfrac{1}{2}\lim\limits_{x\to 0}\dfrac{f(1-x)-f(1)}{-x}=\dfrac{1}{2}f'(1)=-1$,

则 $f'(1)=-2$,而曲线 $y=f(x)$在点$(1,f(1))$处的切线斜率为 $f'(1)=-2$.

故应选(D).

【160】设周期函数 $f(x)$在$(-\infty,+\infty)$内可导,周期为 4,又$\lim\limits_{x\to 0}\dfrac{f(1)-f(1-x)}{2x}=-1$,则曲线 $y=f(x)$在点$(5,f(5))$处的切线斜率为________.

(A)$\dfrac{1}{2}$　(B)0　(C)-1　(D)-2

解　$\lim\limits_{x\to 0}\dfrac{f(1)-f(1-x)}{2x}=\dfrac{1}{2}f'(1)=-1$.

知 $f'(1)=-2$,而由题设 $f(x)$以 4 为周期得

$$f'(5)=f'(4+1)=f'(1)=-2.$$

故应选(D).

点评　本题主要考察导数的定义、几何意义及周期函数的性质.一般地,若 $f(x)$是以 T 为周期的可导函数,则 $f'(x)$也为以 T 为周期的函数.

有关物理意义方面的题目

【161】一质点的运动方程为 $s=t^3+10$,试求这质点在 $t=3$ 时的瞬时速度.

解　当 $t=3$ 时

$$V_{瞬时}=\lim_{\Delta t\to 0}\frac{\Delta s}{\Delta t}=\lim_{\Delta t\to 0}\frac{(3+\Delta t)^3+10-(3^3+10)}{\Delta t}=\lim_{\Delta t\to 0}[27+9\Delta t+(\Delta t)^2]=27.$$

【162】车轮运动，其转动角 φ 决定于函数 $\varphi=a+bt-ct^2$，其中 a、b、c 为常量，t 为时间，试求其瞬时的角速度，并求车轮在何时停止转动.

解 (1)设瞬时角速度为 $\omega(t)$，则

$$\omega(t)=\lim_{\Delta t\to 0}\frac{\Delta\varphi}{\Delta t}=\lim_{\Delta t\to 0}\frac{a+b(t+\Delta t)-c(t+\Delta t)^2-(a+bt-ct^2)}{\Delta t}=b-2ct$$

(2)车轮停止转动时 $\omega=0$，即 $b-2ct=0$，所以 $t=\frac{b}{2c}$ 时，车轮停止转动.

【163】有一非均匀的细轴 AB，其长 L 为 20cm，AM 段的质量与从点 A 到 M 的距离平方成正比例增加，并且已知一段 $AM=2$ 时的质量等于 $8g$，试求：

(1)$AM=2$cm 的一段轴上平均线密度；

(2)全轴的平均线密度；

(3)在 M 点处的密度 ρ_m.

解 如图 163，设 A 点到 M 点的距离为 x，并设 AM 段的质量为 m，则 $m=kx^2$. 当 $x=2$ 时，$m=8$，所以 $k=2$，即 m 与 x 的函数关系为 $m=2x^2$. 因为 $AM=2$，所以

$$\bar{\rho}=\frac{2(2^2)}{2}=4(g/cm),$$

图 163

$$\bar{\rho}_{全轴}=\frac{2(20)^2}{20}=40(g/cm),$$

$$\rho_m=\lim_{\Delta x\to 0}\frac{\Delta m}{\Delta x}=\lim_{\Delta x\to 0}\frac{2(x+\Delta x)^2-2x^2}{\Delta x}=\lim_{\Delta x\to 0}(4x+2\Delta x)=4x(g/cm).$$

§2. 导数的基本公式与运算法则

1. 基本初等函数的导数公式

(1)$(c)'=0$；

(2)$(x^\mu)'=\mu x^{\mu-1}$ （μ 为实数）；

(3)$(\sin x)'=\cos x$；

(4)$(\cos x)'=-\sin x$；

(5)$(\tan x)'=\sec^2 x$；

(6)$(\cot x)'=-\csc^2 x$；

(7)$(\sec x)'=\sec x\cdot\tan x$；

(8)$(\csc x)'=-\csc x\cdot\cot x$；

(9)$(a^x)'=a^x\ln a$ （$a>0,a\neq 1$）；

(10)$(e^x)'=e^x$；

(11)$(\log_a x)'=\frac{1}{x\ln a}$ （$a>0,a\neq 1$）；

(12)$(\ln x)'=\frac{1}{x}$；

(13)$(\arcsin x)'=\frac{1}{\sqrt{1-x^2}}$；

(14)$(\arccos x)'=-\frac{1}{\sqrt{1-x^2}}$；

(15)$(\arctan x)'=\frac{1}{1+x^2}$；

(16)$(\mathrm{arccot}\, x)'=-\frac{1}{1+x^2}$.

2. 导数的四则运算法则 设函数 $u(x)$，$v(x)$ 在 x 点可导，则

(1)$[u(x)\pm v(x)]'=u'(x)\pm v'(x)$；

(2)$[u(x)\cdot v(x)]'=u'(x)v(x)+u(x)v'(x)$；

(3)$[\frac{u(x)}{v(x)}]'=\frac{u'(x)v(x)-u(x)v'(x)}{[v(x)]^2}$， （$v(x)\neq 0$）.

3. 复合函数的求导法则 若 $u=\varphi(x)$ 在 x 点可导，而 $y=f(u)$ 在对应点 $u(u=\varphi(x))$ 可导，则复合函数 $y=f[\varphi(x)]$ 在 x 点可导，且

$$y'=f'(u)\cdot\varphi'(x).$$

4. 反函数求导法则 若单调连续函数 $x=\varphi(y)$ 在 y 点可导，且其导数 $\varphi'(y)\neq 0$，则它的反函数 $y=f(x)$ 在对应点 x 可导，且

$$f'(x)=\frac{1}{\varphi'(y)},\quad \text{或}\quad \frac{dy}{dx}=\frac{1}{\frac{dx}{dy}}.$$

基本题型

利用求导公式及求导法则求具体函数的导数

【164】 设 $y=(x+e^{-\frac{x}{2}})^{\frac{2}{3}}$，则 $y'|_{x=0}=$________.

解 $y'=\frac{2}{3}(x+e^{-\frac{x}{2}})^{-\frac{1}{3}}\cdot(1-\frac{1}{2}e^{-\frac{x}{2}})$，　$y'|_{x=0}=\frac{2}{3}\cdot 1\cdot\frac{1}{2}=\frac{1}{3}$.

故应填 $\frac{1}{3}$.

【165】 设 $y=\arctan e^x-\ln\sqrt{\frac{e^{2x}}{e^{2x}+1}}$，则 $\left.\frac{dy}{dx}\right|_{x=1}=$________.

解 $y=\arctan e^x-\frac{1}{2}\ln e^{2x}+\frac{1}{2}\ln(e^{2x}+1)=\arctan e^x-x+\frac{1}{2}\ln(e^{2x}+1)$，

故 $\frac{dy}{dx}=\frac{e^x}{1+e^{2x}}-1+\frac{e^{2x}}{e^{2x}+1}=\frac{e^x-1}{1+e^{2x}}$，从而 $\left.\frac{dy}{dx}\right|_{x=1}=\frac{e-1}{e^2+1}$.

故应填 $\frac{e-1}{e^2+1}$.

点评 一般初等函数在求导之前应先化简，将函数化成最简形式后再求导，可使求导过程大大简化，避免出错.

【166】 设 $y=e^{\tan\frac{1}{x}}\cdot\sin\frac{1}{x}$，则 $y'=$________.

解 $y'=e^{\tan\frac{1}{x}}\cdot\cos\frac{1}{x}\cdot(-\frac{1}{x^2})+\sin\frac{1}{x}\cdot e^{\tan\frac{1}{x}}\cdot\sec^2\frac{1}{x}\cdot(-\frac{1}{x^2})$

$$=-\frac{1}{x^2}e^{\tan\frac{1}{x}}(\cos\frac{1}{x}+\tan\frac{1}{x}\cdot\sec\frac{1}{x}).$$

故应填 $-\frac{1}{x^2}e^{\tan\frac{1}{x}}(\cos\frac{1}{x}+\tan\frac{1}{x}\cdot\sec\frac{1}{x})$.

点评 这是一道有多重复合关系的函数的求导问题，要求读者熟悉基本初等函数的导数公式和复合函数求导法则.

【167】 若 $f(t)=\lim\limits_{x\to\infty}t\left(1+\frac{1}{x}\right)^{2tx}$，则 $f'(t)=$________.

解 先利用重要极限 $\lim\limits_{x\to\infty}\left(1+\frac{1}{x}\right)^x=e$ 求出 $f(t)$ 的表达式，然后求 $f'(t)$.

$$f(t)=\lim_{x\to\infty}t\left(1+\frac{1}{x}\right)^{2tx}=t\left[\lim_{x\to\infty}\left(1+\frac{1}{x}\right)^x\right]^{2t}=te^{2t},$$

$$f'(t)=e^{2t}+2te^{2t}=(2t+1)e^{2t}.$$

故应填$(2t+1)e^{2t}$.

利用求导公式和求导法则求抽象复合函数的导数

【168】 已知 $y=f(\frac{3x-2}{3x+2})$，$f'(x)=\arctan x^2$，则$\left.\frac{dy}{dx}\right|_{x=0}=$________.

解 令 $u=\frac{3x-2}{3x+2}$，则 $y=f[u(x)]$，由链式法则，

$$\frac{dy}{dx}=\frac{dy}{du}\cdot\frac{du}{dx}=\arctan u^2\cdot\frac{12}{(3x+2)^2},\quad \left.\frac{dy}{dx}\right|_{x=0}=\frac{12}{(0+2)^2}\cdot\arctan 1=\frac{3\pi}{4}.$$

故应填$\frac{3\pi}{4}$.

【169】 设函数 $g(x)$可微，$h(x)=e^{1+g(x)}$，$h'(1)=1$，$g'(1)=2$，则 $g(1)=$________.

(A)$\ln 3-1$ (B)$-\ln 3-1$ (C)$-\ln 2-1$ (D)$\ln 2-1$

解 在 $h(x)=e^{1+g(x)}$ 两端关于 x 求导数得 $h'(x)=e^{1+g(x)}\cdot g'(x)$.
将 $x=1$ 代入上式得

$$h'(1)=e^{1+g(1)}\cdot g'(1),\quad e^{1+g(1)}=\frac{1}{2},\quad g(1)=-\ln 2-1.$$

故应选(C).

【170】 设 $F(x)=\lim\limits_{t\to\infty}t^2[f(x+\frac{\pi}{t})-f(x)]\sin\frac{x}{t}$，其中 $f(x)$二阶可导，求 $F'(x)$.

解
$$F(x)=\lim_{t\to\infty}t^2[f(x+\frac{\pi}{t})-f(x)]\sin\frac{x}{t}=\lim_{t\to\infty}\frac{f(x+\frac{\pi}{t})-f(x)}{\frac{1}{t}}\cdot\frac{\sin\frac{x}{t}}{\frac{1}{t}}$$

$$=\pi\cdot\lim_{\frac{\pi}{t}\to 0}\frac{f(x+\frac{\pi}{t})-f(x)}{\frac{\pi}{t}}\cdot x\cdot\lim_{\frac{x}{t}\to 0}\frac{\sin\frac{x}{t}}{\frac{x}{t}}$$

$$=\pi x f'(x).$$

故 $F'(x)=\pi[f'(x)+xf''(x)]$.

【171】 设可导函数 $f(x)$满足 $af(x)+bf(\frac{1}{x})=\frac{c}{x}$，式中 a,b,c 为常数，且$|a|\neq|b|$，求 $f'(x)$.

解 由已知得 $af(\frac{1}{x})+bf(x)=cx$. 解方程组

$$\begin{cases}af(x)+bf(\frac{1}{x})=\frac{c}{x}\\ bf(x)+af(\frac{1}{x})=cx\end{cases}\quad 得\quad f(x)=\frac{\frac{ac}{x}-bcx}{a^2-b^2}.$$

则 $f'(x)=\frac{1}{a^2-b^2}(-\frac{ac}{x^2}-bc)=-\frac{bcx^2+ac}{x^2(a^2-b^2)}$.

【172】 设函数 $f(x)$在$(-\infty,+\infty)$上满足 $2f(1+x)+f(1-x)=e^x$， 试求 $f'(x)$.

解 先求 $f(x)$的表达式，在等式

$$2f(1+x)+f(1-x)=e^x \qquad ①$$

中令自变量为$-x$，则有

$$2f(1-x)+f(1+x)=\mathrm{e}^{-x} \qquad ②$$

由①和②两式可解得 $3f(x+1)=2\mathrm{e}^x-\mathrm{e}^{-x}$，令 $t=x+1$，可得

$$f(t)=\frac{2\mathrm{e}^{t-1}-\mathrm{e}^{1-t}}{3}, \quad 即 \quad f(x)=\frac{2\mathrm{e}^{x-1}-\mathrm{e}^{1-x}}{3}.$$

从而 $f'(x)=\dfrac{2\mathrm{e}^{x-1}+\mathrm{e}^{1-x}}{3}$.

分段函数求导数

【173】 讨论函数 $f(x)=\begin{cases}\dfrac{1}{\sin x}-\dfrac{\cos x}{x}, & x\neq 0\\ 0, & x=0\end{cases}$

(1)在 $x=0$ 处的连续性和可导性；

(2)求出导函数 $f'(x)$.

解 (1)

$$\lim_{x\to 0}f(x)=\lim_{x\to 0}\frac{x-\frac{1}{2}\sin 2x}{x\sin x}=\lim_{x\to 0}\frac{x-\frac{1}{2}\sin 2x}{x^2}$$

$$\xlongequal{\frac{0}{0}}\lim_{x\to 0}\frac{1-\cos 2x}{2x}=\lim_{x\to 0}\frac{\frac{1}{2}(2x)^2}{2x}=0=f(0),$$

故 $f(x)$ 在 $x=0$ 连续.

$$f'(0)=\lim_{x\to 0}\frac{x-\frac{1}{2}\sin 2x}{x^2\sin x}=\lim_{x\to 0}\frac{x-\frac{1}{2}\sin 2x}{x^3}\xlongequal{\frac{0}{0}}\lim_{x\to 0}\frac{1-\cos 2x}{3x^2}$$

$$\xlongequal{\frac{0}{0}}\lim_{x\to 0}\frac{2\sin 2x}{6x}=\frac{2}{3},$$

故 $f(x)$ 在 $x=0$ 处可导.

(2)因为 $x\neq 0$ 时，$f'(x)=-\dfrac{\cos x}{\sin^2 x}+\dfrac{x\sin x+\cos x}{x^2}$，故

$$f'(x)=\begin{cases}-\dfrac{\cos x}{\sin^2 x}+\dfrac{x\sin x+\cos x}{x^2}, & x\neq 0\\ \dfrac{2}{3}, & x=0\end{cases}.$$

【174】 试确定常数 a,b 的值，使函数

$$f(x)=\begin{cases}1+\ln(1-2x), & x\leqslant 0\\ a+b\mathrm{e}^x, & x>0\end{cases}$$

在 $x=0$ 处可导，并求出此时的 $f'(x)$.

解 因要使函数 $f(x)$ 在 $x=0$ 处可导，故 $f(x)$ 在 $x=0$ 处连续，即

$$\lim_{x\to 0^-}f(x)=\lim_{x\to 0^+}f(x)=f(0)=1,$$

得 $a+b=1$，即当 $a+b=1$ 时，函数 $f(x)$ 在 $x=0$ 处连续.

由导数定义及 $a+b=1$，有

$$f'_-(0)=\lim_{x\to 0^-}\frac{f(x)-f(0)}{x-0}=\lim_{x\to 0^-}\frac{[1+\ln(1-2x)]-1}{x}=-2,$$

$$f'_+(0)=\lim_{x\to 0^+}\frac{f(x)-f(0)}{x-0}=\lim_{x\to 0^+}\frac{(a+b\mathrm{e}^x)-1}{x}=\lim_{x\to 0^+}\frac{b(\mathrm{e}^x-1)}{x}=b.$$

要使 $f(x)$在 $x=0$ 处可导,应有 $b=f'_+(0)=f'_-(0)=-2$,故 $a=3$.
即当 $a=3,b=-2$ 时,函数 $f(x)$在 $x=0$ 处可导,且 $f'(0)=-2$. 于是

$$f'(x)=\begin{cases}-\dfrac{2}{1-2x}, & x\leqslant 0\\ -2e^x, & x>0\end{cases}.$$

点评 确定参数的值使分段函数可导的问题,通常一要利用函数在一点处可导的充要条件是在该点的左导数与右导数均存在且相等;二要利用函数可导必连续,而函数在一点处连续的充要条件是其在该点的左极限与右极限均存在且相等,又等于其函数值.

【175】 设 $f(x)=\begin{cases}x^\lambda\cos\dfrac{1}{x}, & 若\ x\neq 0\\ 0, & 若\ x=0\end{cases}$,其导函数在 $x=0$ 处连续,则 λ 的取值范围是________.

解 当 $\lambda>1$ 时,有

$$f'(x)=\begin{cases}\lambda x^{\lambda-1}\cos\dfrac{1}{x}+x^{\lambda-2}\sin\dfrac{1}{x}, & 若\ x\neq 0\\ 0, & 若\ x=0\end{cases}$$

显然当 $\lambda>2$ 时,有$\lim\limits_{x\to 0}f'(x)=0=f'(0)$,即其导函数在 $x=0$ 处连续.

故应填 $\lambda>2$.

【176】 设 $f(x)=\begin{cases}x\arctan\dfrac{1}{x^2}, & x\neq 0\\ 0, & x=0\end{cases}$,试讨论 $f'(x)$在 $x=0$ 处的连续性.

解 因为 $f'(0)=\lim\limits_{x\to 0}\dfrac{x\arctan\dfrac{1}{x^2}-0}{x}=\dfrac{\pi}{2}$,

$$\lim_{x\to 0}f'(x)=\lim_{x\to 0}\left(\arctan\frac{1}{x^2}-\frac{2x^2}{1+x^4}\right)=\frac{\pi}{2}=f'(0).$$

所以 $f'(x)$在 $x=0$ 处是连续的.

点评 本题主要考查了导数的定义、初等函数的求导法则及导函数在某点处连续的定义. 一般地,分段函数在分界点的导数应按导数定义计算,分段函数在区间上的导数可用求导法则计算.

【177】 设 $f(x)=\begin{cases}\dfrac{g(x)-e^{-x}}{x}, & x\neq 0\\ 0, & x=0\end{cases}$

其中 $g(x)$有二阶连续导数,且 $g(0)=1,g'(0)=-1$.

(1)求 $f'(x)$; (2)讨论 $f'(x)$在$(-\infty,+\infty)$上的连续性.

解 (1)当 $x\neq 0$ 时,有

$$f'(x)=\frac{x[g'(x)+e^{-x}]-g(x)+e^{-x}}{x^2}=\frac{xg'(x)-g(x)+(x+1)e^{-x}}{x^2},$$

当 $x=0$ 时,由导数定义有

$$f'(0)=\lim_{x\to 0}\frac{g(x)-e^{-x}}{x^2}=\lim_{x\to 0}\frac{g'(x)+e^{-x}}{2x}=\lim_{x\to 0}\frac{g''(x)-e^{-x}}{2}=\frac{g''(0)-1}{2},$$

所以

$$f'(x)=\begin{cases}\dfrac{xg'(x)-g(x)+(x+1)\mathrm{e}^{-x}}{x^2}, & x\neq 0\\ \dfrac{g''(0)-1}{2}, & x=0\end{cases}.$$

(2)因为在 $x=0$ 处,有

$$\lim_{x\to 0}f'(x)=\lim_{x\to 0}\frac{g'(x)+xg''(x)-g'(x)+\mathrm{e}^{-x}-(x+1)\mathrm{e}^{-x}}{2x}$$

$$=\lim_{x\to 0}\frac{g''(x)-\mathrm{e}^{-x}}{2}=\frac{g''(0)-1}{2}=f'(0),$$

而 $f'(x)$在 $x\neq 0$ 处是连续函数,所以 $f'(x)$在$(-\infty,+\infty)$上为连续函数.

§3. 高阶导数　隐函数及参数方程求导

1. 高阶导数　函数 $y=f(x)$的导数的导数,即$(y')'$,称为 $f(x)$的二阶导数,记为 $y''=f''(x)$;一般 $y=f(x)$的$(n-1)$阶导数的导数称为 $f(x)$的 n 阶导数,记为 $y^{(n)}=f^{(n)}(x)$.二阶及二阶以上的导数称为高阶导数.

设函数 $u=u(x)$,$v=v(x)$具有 n 阶导数,则

$$[u\pm v]^{(n)}=u^{(n)}\pm v^{(n)}$$

$$[ku]^{(n)}=ku^{(n)}$$

$$[uv]^{(n)}=\sum_{k=0}^{n}C_n^k u^{(n-k)}v^{(k)}$$

$$=u^{(n)}v+nu^{(n-1)}v'+\frac{n(n-1)}{2!}u^{(n-2)}v''+\cdots+nu'v^{(n-1)}+uv^{(n)}$$

称为莱布尼兹 n 阶导数公式.

2. 隐函数的导数　求由方程 $F(x,y)=0$ 所确定的隐函数 $y=y(x)$的导数 $y'(x)$,可将方程 $F(x,y)=0$ 两端对 x 求导,并注意 y 是 x 的函数,最后解出 $y'(x)$.

3. 参数方程确定的函数的导数　设 $\begin{cases}x=\varphi(t)\\ y=\psi(t)\end{cases}$ 确定了 y 是 x 的函数,t 为参数,

则 $\dfrac{\mathrm{d}y}{\mathrm{d}x}=\dfrac{\mathrm{d}y/\mathrm{d}t}{\mathrm{d}x/\mathrm{d}t}=\dfrac{\psi'(t)}{\varphi'(t)}$.

基 本 题 型

计算初等函数的二阶、三阶导数

【178】 设 $y=\ln\sqrt{\dfrac{1-x}{1+x^2}}$,则 $y''|_{x=0}=$________.

解　$y=\dfrac{1}{2}[\ln(1-x)-\ln(1+x^2)]$,　$y'=\dfrac{1}{2}\left(\dfrac{-1}{1-x}-\dfrac{2x}{1+x^2}\right)$,

$y''=\dfrac{1}{2}\left[-\dfrac{1}{(1-x)^2}-\dfrac{2(1-x^2)}{(1+x^2)^2}\right]$,　$y''|_{x=0}=-\dfrac{3}{2}$.

故应填$-\dfrac{3}{2}$.

点评 求导前先利用对数的性质把函数化简，可使求导运算简便.

【179】 设 $y=\sin[f(x^2)]$，其中 f 具有二阶导数，求 $\frac{d^2y}{dx^2}$.

解 $\frac{dy}{dx}=2xf'(x^2)\cos[f(x^2)]$，

$$\frac{d^2y}{dx^2}=2f'(x^2)\cos[f(x^2)]+4x^2f''(x^2)\cos[f(x^2)]-4x^2[f'(x^2)]^2\sin[f(x^2)]$$

$$=2f'(x^2)\cos[f(x^2)]+4x^2\{f''(x^2)\cos[f(x^2)]-[f'(x^2)]^2\sin[f(x^2)]\}.$$

【180】 设 $y=\ln(x+\sqrt{1+x^2})$，则 $y'''\Big|_{x=\sqrt{3}}=$________.

解 $y'=\dfrac{1+\dfrac{2x}{2\sqrt{1+x^2}}}{x+\sqrt{1+x^2}}=\dfrac{1}{\sqrt{1+x^2}}=(1+x^2)^{-\frac{1}{2}}$

$$y''=-\frac{1}{2}(1+x^2)^{-\frac{3}{2}}\cdot 2x=-x(1+x^2)^{-\frac{3}{2}}$$

$$y'''=-(1+x^2)^{-\frac{3}{2}}-x\left(-\frac{3}{2}\right)(1+x^2)^{-\frac{5}{2}}\cdot 2x=-\frac{1}{\sqrt{(1+x^2)^3}}+3\cdot\frac{x^2}{\sqrt{(1+x^2)^5}}$$

$$y'''|_{x=\sqrt{3}}=\frac{5}{32}.$$

故应填 $\frac{5}{32}$.

【181】 设函数 $f(x)$ 在 $x=2$ 的某邻域内可导，且 $f'(x)=e^{f(x)}$，$f(2)=1$，则 $f'''(2)=$________.

解 由 $f'(x)=e^{f(x)}$，得

$$f''(x)=e^{f(x)}f'(x)=[e^{f(x)}]^2,$$

$$f'''(x)=e^{f(x)}[f'(x)]^2+e^{f(x)}f''(x)=e^{f(x)}[e^{f(x)}]^2+e^{f(x)}[e^{f(x)}]^2=2[e^{f(x)}]^3,$$

所以 $f'''(2)=2[e^{f(2)}]^3=2e^3$.

故应填 $2e^3$.

【182】 设函数 $x=f(y)$ 的反函数 $y=f^{-1}(x)$ 及 $f'[f^{-1}(x)]$，$f''[f^{-1}(x)]$ 均存在，且 $f'[f^{-1}(x)]\neq 0$，则 $\frac{d^2f^{-1}(x)}{dx^2}$ 为________.

(A) $-\dfrac{f''[f^{-1}(x)]}{\{f'[f^{-1}(x)]\}^2}$　　(B) $\dfrac{f''[f^{-1}(x)]}{\{f'[f^{-1}(x)]\}^2}$

(C) $-\dfrac{f''[f^{-1}(x)]}{\{f'[f^{-1}(x)]\}^3}$　　(D) $\dfrac{f''[f^{-1}(x)]}{\{f'[f^{-1}(x)]\}^3}$

解 因为 $f'[f^{-1}(x)]\neq 0$，所以由反函数的导数公式有

$$\frac{df^{-1}(x)}{dx}=\frac{dy}{dx}=\frac{1}{\frac{dx}{dy}}=\frac{1}{f'(y)}=\frac{1}{f'[f^{-1}(x)]}$$

$$\frac{d^2f^{-1}(x)}{dx^2}=\frac{d}{dx}\left(\frac{1}{f'[f^{-1}(x)]}\right)=\frac{-\{f'[f^{-1}(x)]\}'}{\{f'[f^{-1}(x)]\}^2}$$

$$=\frac{-f''[f^{-1}(x)][f^{-1}(x)]'}{\{f'[f^{-1}(x)]\}^2}=\frac{-f''[f^{-1}(x)]}{\{f'[f^{-1}(x)]\}^2}\cdot\frac{1}{f'[f^{-1}(x)]}$$

$$=\frac{-f''[f^{-1}(x)]}{\{f'[f^{-1}(x)]\}^3}.$$

故应选(C).

求 n 阶导数的通项

【183】 设 $f(x)=\frac{1-x}{1+x}$,则 $f^{(n)}(x)=$________.

解 $f(x)=-1+2(1+x)^{-1}, f'(x)=2\cdot(-1)\cdot(1+x)^{-2}$,

$f''(x)=2\cdot(-1)(-2)\cdot(1+x)^{-3}, f'''(x)=2\cdot(-1)(-2)(-3)\cdot(1+x)^{-4}\cdots$,

$$f^{(n)}(x)=2\cdot(-1)(-2)\cdot\ \cdots\ \cdot(-n)\cdot(1+x)^{-n-1}=\frac{(-1)^n\cdot 2\cdot n!}{(1+x)^{n+1}}$$

故应填 $\frac{(-1)^n\cdot 2\cdot n!}{(1+x)^{n+1}}$.

点评 (1)求 $f(x)$ 的 n 阶导数时,一般先求出前几阶导数,从中找出规律,得出 $f(x)$ 的 n 阶导数表达式.

(2)某些复杂函数求高阶导数,需先化简、变形,化为常见函数类,再求其 n 阶导数.

【184】 设 $y=\sin^4 x-\cos^4 x$,则 $y^{(n)}=$________.

解 $y=\sin^4 x-\cos^4 x=(\sin^2 x-\cos^2 x)(\sin^2 x+\cos^2 x)=\sin^2 x-\cos^2 x=-\cos 2x$,

$y'=2\sin 2x$,

……,

$$y^{(n)}=2\cdot 2^{n-1}\sin(2x+\frac{n-1}{2}\pi)=2^n\sin(2x+\frac{n-1}{2}\pi).$$

故应填 $2^n\sin(2x+\frac{n-1}{2}\pi)$.

【185】 设 $y=\sin^3 x+\sin x\cos x$,求 $y^{(n)}$.

分析 利用三倍角公式 $\sin 3x=3\sin x-4\sin^3 x$,二倍角公式 $\sin 2x=2\sin x\cos x$.

解 因为 $y=\sin^3 x+\sin x\cos x=\frac{3}{4}\sin x-\frac{1}{4}\sin 3x+\frac{1}{2}\sin 2x$,

所以 $y^{(n)}=\frac{3}{4}\sin(x+\frac{n}{2}\pi)-\frac{3^n}{4}\sin(3x+\frac{n}{2}\pi)+2^{n-1}\sin(2x+\frac{n}{2}\pi)$.

【186】 已知 $f(x)$ 具有任意阶导数,且 $f'(x)=[f(x)]^2$,求 $f^{(n)}(x)$(其中 $n\geqslant 1$ 的整数).

解 记 $y=f(x)$,由 $y'=y^2$,逐次求导得

$$y''=2yy'=2y^3,\quad y'''=3!y^2\cdot y'=3!y^4,\quad \cdots\cdots,$$

不完全归纳得

$$y^{(n)}=f^{(n)}(x)=n!y^{n+1}=n![f(x)]^{n+1}.$$

【187】 设 $f(x)=(x-a)^n\varphi(x)$,其中 $\varphi(x)$ 在 a 点的一个邻域内有 $(n-1)$ 阶连续导数,则 $f^{(n)}(a)=$________.

解 根据题设条件,由莱布尼兹公式有

$$\begin{aligned}f^{(n-1)}(x)&=[(x-a)^n\varphi(x)]^{(n-1)}\\&=(x-a)^n\varphi^{(n-1)}(x)+C_{n-1}^1 n(x-a)^{n-1}\varphi^{(n-2)}(x)+\cdots\\&\quad+C_{n-1}^{n-2}n(n-1)\cdots 3(x-a)^2\varphi'(x)+n!(x-a)\varphi(x)\end{aligned}$$

由此可知,$f^{(n-1)}(a)=0$,再由导数定义得

$$f^{(n)}(a)=\lim_{x\to a}\frac{f^{(n-1)}(x)-f^{(n-1)}(a)}{x-a}$$

$$=\lim_{x\to a}[(x-a)^{n-1}\varphi^{(n-1)}(x)+C_{n-1}^{1}n(x-a)^{n-2}\varphi^{(n-2)}(x)+\cdots$$
$$+C_{n-1}^{n-2}n(n-1)\cdots 3(x-a)\varphi'(x)+n!\varphi(x)]$$
$$=n!\varphi(a).$$

故应填 $n!\varphi(a)$.

【188】 求函数 $f(x)=x^2\ln(1+x)$ 在 $x=0$ 处的 n 阶导数 $f^{(n)}(0)(n\geqslant 3)$.

解法一 由莱布尼兹公式

$$(uv)^{(n)}=u^{(n)}v^{(0)}+C_n^1u^{(n-1)}v'+C_n^2u^{(n-2)}v''+\cdots+u^{(0)}v^{(n)}$$

及 $$[\ln(1+x)]^{(k)}=\frac{(-1)^{k-1}(k-1)!}{(1+x)^k}\quad(k\text{ 为正整数})$$

得 $$f^{(n)}(x)=x^2\frac{(-1)^{n-1}(n-1)!}{(1+x)^n}+2nx\frac{(-1)^{n-2}(n-2)!}{(1+x)^{n-1}}+n(n-1)\cdot\frac{(-1)^{n-3}(n-3)!}{(1+x)^{n-2}}$$

所以 $$f^{(n)}(0)=(-1)^{n-3}n(n-1)(n-3)!=\frac{(-1)^{n-1}n!}{n-2}$$

解法二 由麦克劳林公式

$$f(x)=f(0)+\frac{f'(0)}{1!}x+\cdots+\frac{f^{(n)}(0)}{n!}x^n+o(x^n)$$

及 $$x^2\ln(1+x)=x^2[x-\frac{x^2}{2}+\frac{x^3}{3}+\cdots+(-1)^{n-1}\frac{x^{n-2}}{n-2}+o(x^{n-2})]$$

$$=x^3-\frac{x^4}{2}+\frac{x^5}{3}+\cdots+(-1)^{n-1}\cdot\frac{x^n}{n-2}+o(x^n)$$

比较 x^n 的系数得 $\dfrac{f^{(n)}(0)}{n!}=\dfrac{(-1)^{n-1}}{n-2}$

所以 $f^{(n)}(0)=\dfrac{(-1)^{n-1}n!}{n-2}$

求隐函数的导数

【189】 设函数 $y=y(x)$ 由方程 $\ln(x^2+y)=x^3y+\sin x$ 确定，则 $\left.\dfrac{dy}{dx}\right|_{x=0}=$ ________.

解 把 $x=0$ 代入方程 $\ln(x^2+y)=x^3y+\sin x$ 得 $\ln y=0$，则 $y=1$.

方程两边关于 x 求导得：$\dfrac{1}{x^2+y}(2x+\dfrac{dy}{dx})=3x^2y+x^3\dfrac{dy}{dx}+\cos x$.

把 $x=0,y=1$ 代入上式，得：$\left.\dfrac{dy}{dx}\right|_{x=0}=1$

故应填 1.

【190】 设方程 $e^{xy}+y^2=\cos x$ 确定 y 为 x 的函数，则 $\dfrac{dy}{dx}=$ ________.

解 方程两端关于 x 求导，得 $e^{xy}(y+x\dfrac{dy}{dx})+2y\dfrac{dy}{dx}=-\sin x$，整理得 $\dfrac{dy}{dx}=-\dfrac{ye^{xy}+\sin x}{xe^{xy}+2y}$.

故应填 $-\dfrac{ye^{xy}+\sin x}{xe^{xy}+2y}$

【191】 函数 $y=y(x)$ 由方程 $\sin(x^2+y^2)+e^x-xy^2=0$ 所确定，则 $\dfrac{dy}{dx}=$ ________.

解 对方程两端关于 x 求导,得

$$\cos(x^2+y^2)\cdot\left(2x+2y\cdot\frac{\mathrm{d}y}{\mathrm{d}x}\right)+\mathrm{e}^x-y^2-x\cdot 2y\cdot\frac{\mathrm{d}y}{\mathrm{d}x}=0.$$

整理得 $\dfrac{\mathrm{d}y}{\mathrm{d}x}=\dfrac{y^2-\mathrm{e}^x-2x\cos(x^2+y^2)}{2y\cos(x^2+y^2)-2xy}$.

故应填 $\dfrac{y^2-\mathrm{e}^x-2x\cos(x^2+y^2)}{2y\cos(x^2+y^2)-2xy}$.

求隐函数的二阶导数

【192】 已知函数 $y=y(x)$ 由方程 $\mathrm{e}^y+6xy+x^2-1=0$ 确定,则 $y''(0)=$________.

解 方程两边关于 x 求导,得

$$\mathrm{e}^y\cdot y'+6y+6xy'+2x=0$$

$$y'=-\frac{6y+2x}{\mathrm{e}^y+6x}\qquad 且\ y'(0)=y'\Big|_{\substack{x=0\\y=0}}=0$$

对上式关于 x 求导得,

$$y''=-\frac{(6y'+2)(\mathrm{e}^y+6x)-(6y+2x)\cdot(\mathrm{e}^y\cdot y'+6)}{(\mathrm{e}^y+6x)^2}$$

把 $x=0,y=0,y'(0)=0$ 代入得 $y''(0)=-2$.

故应填 -2.

点评 (1)欲求由方程 $F(x,y)=0$ 所确定的隐函数 $y=f(x)$ 的一阶导数,要把方程中的 x 看作自变量,而将 y 视为 x 的函数,方程中关于 y 的函数便是 x 的复合函数,用复合函数的求导法则,便可得到关于 y' 的一次方程,从中解得 y' 即为所求.

(2)若求 $y'\Big|_{x=x_0}$,由于(1)中所得 y' 的表达式通常是用隐函数 y 及自变量 x 表示的,所以,在计算 $x=x_0$ 时的导数时,通常由原方程解出相应的 y_0,然后将 (x_0,y_0) 一起代入 y' 的表达式中,便可求得 $y'\Big|_{x=x_0}$.

【193】 方程 $\sqrt[x]{y}=\sqrt[y]{x}\ (x>0,y>0)$ 确定函数 $y=f(x)$,求 $\dfrac{\mathrm{d}^2y}{\mathrm{d}x^2}$.

解 $y^{\frac{1}{x}}=x^{\frac{1}{y}}$,$\dfrac{1}{x}\ln y=\dfrac{1}{y}\ln x$,$y\ln y=x\ln x$,

等式两边对 x 求导,得 $(\ln y+1)\dfrac{\mathrm{d}y}{\mathrm{d}x}=\ln x+1$,即 $\dfrac{\mathrm{d}y}{\mathrm{d}x}=\dfrac{\ln x+1}{\ln y+1}$. 所以

$$\frac{\mathrm{d}^2y}{\mathrm{d}x^2}=\frac{\frac{1}{x}(\ln y+1)-(\ln x+1)\cdot\frac{1}{y}\cdot\frac{\mathrm{d}y}{\mathrm{d}x}}{(\ln y+1)^2}=\frac{y(\ln y+1)^2-x(\ln x+1)^2}{xy(\ln y+1)^3}.$$

点评 求隐函数二阶导数的关键是一阶导数能得出较简洁的结果. 注意此题是怎样得出的,不然求二阶导数非常繁琐.

含有抽象函数的隐函数求二阶导数

【194】 设 $y=f(x+y)$,其中 f 具有二阶导数,且其一阶导数不等于 1,求 $\dfrac{\mathrm{d}^2y}{\mathrm{d}x^2}$.

解 $y'=(1+y')f'$,$y'=\dfrac{f'}{1-f'}$,

$$y''=(1+y')^2f''+y''f',\ y''=\frac{(1+y')^2f''}{1-f'}=\frac{f''}{(1-f')^3}.$$

【195】设函数 $y=y(x)$ 由方程 $xe^{f(y)}=e^y$ 确定，其中 f 具有二阶导数，且 $f'\neq1$，求$\dfrac{d^2y}{dx^2}$.

解 方程两边取对数，得 $\ln x+f(y)=y$. 关于 x 求导，得$\dfrac{1}{x}+f'(y)\dfrac{dy}{dx}=\dfrac{dy}{dx}$，从而

$$\frac{dy}{dx}=\frac{1}{x[1-f'(y)]},$$

$$\frac{d^2y}{dx^2}=-\frac{1-f'(y)-xf''(y)\cdot\dfrac{dy}{dx}}{x^2[1-f'(y)]^2}=-\frac{[1-f'(y)]^2-f''(y)}{x^2[1-f'(y)]^3}.$$

点评 求隐函数的二阶导数，一般有两种解法：

(1)先求出 y'(注意，结果中一般含有 y)，再继续求二阶导数；

(2)对方程两边同时求导两次，然后再解出 y''.

无论是哪一种解法，在求导时，都应该记住 y 是 x 的函数. 在 y'' 的结果中，如果含有 y'，应用一阶导数的结果代入. 总之最后结果中只能含有 x、y. 如果要求点 x_0 的二阶导数，应先求出对应的 y_0 及 $y'\Big|_{(x_0,y_0)}$，然后代入求出的 y''中.

使用对数求导法求导

【196】设 $y=\sqrt{e^{\frac{1}{x}}\sqrt{x\sqrt{\sin x}}}$，求 y'.

解 等式两边取对数 $\ln y=\dfrac{1}{2x}+\dfrac{1}{4}\ln x+\dfrac{1}{8}\ln\sin x$，求导得$\dfrac{y'}{y}=-\dfrac{1}{2x^2}+\dfrac{1}{4x}+\dfrac{\cos x}{8\sin x}$，所以

$$y'=\frac{1}{8}\left(\frac{2}{x}-\frac{4}{x^2}+\cot x\right)\sqrt{e^{\frac{1}{x}}\sqrt{x\sqrt{\sin x}}}.$$

【197】设 $y=x^{x^x}$，求 y'.

解 两边取两次对数 $\ln\ln y=\ln[x^x\ln x]=x\ln x+\ln\ln x$，两边求导

$$\frac{y'}{y\ln y}=\ln x+1+\frac{1}{x\ln x}$$

$$y'=y\ln y\cdot\left(1+\ln x+\frac{1}{x\ln x}\right)=x^{x^x+x-1}(x\ln^2x+x\ln x+1).$$

参数方程确定函数的求导

【198】曲线$\begin{cases}x=e^t\sin2t,\\ y=e^t\cos t\end{cases}$在点(0,1)处的法线方程为________.

解 $$\frac{dy}{dx}=\frac{dy/dt}{dx/dt}=\frac{e^t\cos t-e^t\sin t}{e^t\sin2t+2e^t\cos2t}=\frac{\cos t-\sin t}{\sin2t+2\cos2t}$$

$x=0$ 时，$t=0$，从而 $\dfrac{dy}{dx}\Big|_{t=0}=\dfrac{1}{2}$，所以法线斜率 $k=-2$，
则曲线在(0,1)处法线方程为 $y-1=-2x$，即 $2x+y-1=0$.

故应填 $2x+y-1=0$.

【199】设$\begin{cases}x=f(t)-\pi\\ y=f(e^{3t}-1)\end{cases}$，其中 f 可导，且 $f'(0)\neq0$，则$\dfrac{dy}{dx}\Big|_{t=0}=$________.

解 这是一道参数方程所确定的函数的求导问题，其中 y 又是关于 t 的复合函数. 令 $u=e^{3t}-1$，则

$$\frac{\mathrm{d}y}{\mathrm{d}x}=\frac{\frac{\mathrm{d}y}{\mathrm{d}t}}{\frac{\mathrm{d}x}{\mathrm{d}t}}=\frac{\frac{\mathrm{d}y}{\mathrm{d}u}\cdot\frac{\mathrm{d}u}{\mathrm{d}t}}{\frac{\mathrm{d}x}{\mathrm{d}t}}=\frac{[f'_u(u)]3\mathrm{e}^{3t}}{f_t'(t)},$$

当 $t=0$ 时，$u=0$，因此 $\left.\frac{\mathrm{d}y}{\mathrm{d}x}\right|_{t=0}=\frac{f'(0)\cdot 3}{f'(0)}=3.$

故应填 3.

参数方程确定函数的二阶导数

【200】 设函数 $y=y(x)$ 由参数方程 $\begin{cases}x=t-\ln(1+t)\\ y=t^3+t^2\end{cases}$ 所确定，则 $\frac{\mathrm{d}^2y}{\mathrm{d}x^2}=$ ________.

解 $\frac{\mathrm{d}y}{\mathrm{d}x}=\frac{\mathrm{d}y/\mathrm{d}t}{\mathrm{d}x/\mathrm{d}t}=\frac{3t^2+2t}{1-\frac{1}{1+t}}=(t+1)(3t+2),$

$$\frac{\mathrm{d}^2y}{\mathrm{d}x^2}=\frac{\frac{\mathrm{d}}{\mathrm{d}t}\left(\frac{\mathrm{d}y}{\mathrm{d}x}\right)}{\frac{\mathrm{d}x}{\mathrm{d}t}}=\frac{6t+5}{1-\frac{1}{1+t}}=\frac{(6t+5)(t+1)}{t}.$$

故应填 $\frac{(6t+5)(t+1)}{t}$.

§4. 微　　分

1. 微分定义 若函数 $f(x)$ 在 x 点的增量 $\Delta y=f(x+\Delta x)-f(x)$，可表示为 $\Delta y=A\Delta x+o(\Delta x)$，其中：$A$ 是与 Δx 无关的量；当 $\Delta x\to 0$ 时，$o(\Delta x)$ 是比 Δx 高阶的无穷小. 则称 $y=f(x)$ 在 x 点可微，而线性主部 $A\Delta x$ 称为 $y=f(x)$ 在 x 点的微分，记为 $\mathrm{d}y$ 或 $\mathrm{d}f(x)$，即 $\mathrm{d}y=\mathrm{d}f(x)=A\cdot\Delta x$.

当函数 $f(x)$ 可微时，微分中 Δx 的系数 $A=f'(x)$，记 $\mathrm{d}x=\Delta x$，称之为自变量的微分，微分表达式通常写为对称形式

$$\mathrm{d}y=f'(x)\mathrm{d}x$$

而导数就是函数微分与自变量微分之商（微商）

$$f'(x)=\frac{\mathrm{d}y}{\mathrm{d}x}.$$

2. 基本初等函数的微分公式

(1) $\mathrm{d}(c)=0$；

(2) $\mathrm{d}(x^\mu)=\mu x^{\mu-1}\mathrm{d}x$ （μ 为实数）；

(3) $\mathrm{d}(\sin x)=\cos x\mathrm{d}x$；

(4) $\mathrm{d}(\cos x)=-\sin x\mathrm{d}x$；

(5) $\mathrm{d}(\tan x)=\sec^2 x\mathrm{d}x$；

(6) $\mathrm{d}(\cot x)=-\csc^2 x\mathrm{d}x$；

(7) $\mathrm{d}(\sec x)=\sec x\cdot\tan x\mathrm{d}x$；

(8) $\mathrm{d}(\csc x)=-\csc x\cdot\cot x\mathrm{d}x$；

(9) $\mathrm{d}(a^x)=a^x\ln a\mathrm{d}x$ （$a>0,a\neq 1$）；

(10) $\mathrm{d}(\mathrm{e}^x)=\mathrm{e}^x\mathrm{d}x$；

(11) $\mathrm{d}(\log_a x)=\frac{1}{x\ln a}\mathrm{d}x$ （$a>0,a\neq 1$）；

(12) $\mathrm{d}(\ln x)=\frac{1}{x}\mathrm{d}x$；

(13) $\mathrm{d}(\arcsin x)=\frac{1}{\sqrt{1-x^2}}\mathrm{d}x$；

(14) $\mathrm{d}(\arccos x)=-\frac{1}{\sqrt{1-x^2}}\mathrm{d}x$；

(15) $d(\arctan x)=\frac{1}{1+x^2}dx$；　　(16) $d(\text{arccot}x)=-\frac{1}{1+x^2}dx$.

3. 微分四则运算法则 设函数 $u(x),v(x)$ 可微，则有

(1) $d[u(x)\pm v(x)]=du(x)\pm dv(x)$；

(2) $d[u(x)\cdot v(x)]=v(x)du(x)+u(x)dv(x)$；

(3) $d[\frac{u(x)}{v(x)}]=\frac{v(x)du(x)-u(x)dv(x)}{[v(x)]^2}$，　$(v(x)\neq 0)$.

4. 微分的形式不变性 设函数 $u=\varphi(x)$ 在 x 点可微，函数 $y=f(u)$ 在相应的点 $u=\varphi(x)$ 处可微，则复合函数 $y=f[\varphi(x)]$ 在 x 点可微，且微分式

$$dy=f'[\varphi(x)]\cdot\varphi'(x)dx=f'(u)du.$$

这表明，不论 u 是自变量或中间变量，函数 $y=f(u)$ 的微分形式都是一样的，这个性质称为一阶微分形式的不变性.

5. 可微的充要条件 函数 $f(x)$ 在 x_0 点可微的充分必要条件是 $f(x)$ 在 x_0 点可导，且 $dy=f'(x_0)dx$.

6. 可微的必要条件 函数 $f(x)$ 在 x_0 点可微的必要条件是 $f(x)$ 在 x_0 点连续.

基本题型

求函数的微分

【201】 设函数 $f(u)$ 可导，$y=f(x^2)$ 当自变量 x 在 $x=-1$ 处取得增量 $\Delta x=-0.1$ 时，相应的函数增量 Δy 的线性主部为 0.1，则 $f'(1)=$________.

(A) -1　(B) 0.1　(C) 1　(D) 0.5

解 $dy=f'(x^2)\cdot 2xdx$，即 $0.1=f'(1)\cdot(-2)\cdot(-0.1)$，解得 $f'(1)=0.5$.

故应选(D).

点评 函数微分是函数增量的线性主部，即已知条件为 $dy=0.1$，使用的公式为 $dy=y'\Delta x$，但应注意的是 $y'(x_0)=f'(x_0^2)\cdot 2x_0$.

【202】 设 $y=f(\ln x)e^{f(x)}$，其中 f 可微，则 $dy=$________.

解 $y'=[f(\ln x)]'e^{f(x)}+f(\ln x)[e^{f(x)}]'=f'(\ln x)\cdot\frac{1}{x}\cdot e^{f(x)}+f(\ln x)e^{f(x)}\cdot f'(x)$

$$dy=y'dx=e^{f(x)}[\frac{1}{x}f'(\ln x)+f'(x)f(\ln x)]dx.$$

故应填 $e^{f(x)}[\frac{1}{x}f'(\ln x)+f'(x)f(\ln x)]dx$.

【203】 设函数 $y=y(x)$ 由方程 $2^{xy}=x+y$ 所确定，则 $dy\Big|_{x=0}=$________.

解 把 $x=0$ 代入 $2^{xy}=x+y$ 得 $y=1$.

对方程两端关于 x 求导得 $2^{xy}\cdot\ln 2\cdot(y+xy')=1+y'$.

令 $x=0,y=1$，得 $y'\Big|_{\substack{x=0\\y=1}}=\ln 2-1$，所以 $dy\Big|_{\substack{x=0\\y=1}}=y'dx\Big|_{\substack{x=0\\y=1}}=(\ln 2-1)dx$.

故应填 $(\ln 2-1)dx$.

【204】 设方程 $x=y^y$ 确定 y 是 x 的函数，则 $dy=$________.

解 方程两边关于 x 求导，得 $1=e^{y\ln y}[y'\ln y+y\frac{1}{y}y']$，则

$$y'=\frac{1}{y^y(1+\ln y)}=\frac{1}{x(1+\ln y)},\quad dy=y'dx=\frac{1}{x(1+\ln y)}dx.$$

故应填$\frac{1}{x(1+\ln y)}dx$.

§5. 综合提高题型

利用导数定义求极限

【205】 已知 $f'(x_0)=-1$,则$\lim\limits_{x\to0}\frac{x}{f(x_0-ax)-f(x_0-bx)}=$________.

解 原式$=\lim\limits_{x\to0}\frac{1}{-a\cdot\frac{f(x_0-ax)-f(x_0)}{-ax}+b\frac{f(x_0-bx)-f(x_0)}{-bx}}=\frac{1}{-af'(x_0)+bf'(x_0)}$

$$=\frac{1}{b-a}\cdot\frac{1}{f'(x_0)}=\frac{1}{a-b}.$$

故应填$\frac{1}{a-b}$ 且 $a\neq b$.

【206】 求下列极限:(1)$\lim\limits_{x\to a}\frac{x^x-a^a}{x-a}$; (2)$\lim\limits_{x\to a}\frac{a^x-x^a}{x-a}$; (3)$\lim\limits_{x\to a}\frac{\tan x-\tan a}{x^a-a^a}$.

解 由导数定义得

(1)$\lim\limits_{x\to a}\frac{x^x-a^a}{x-a}=(x^x)'\Big|_{x=a}=x^x(1+\ln x)\Big|_{x=a}=a^a(1+\ln a)$;

(2)$\lim\limits_{x\to a}\frac{a^x-x^a}{x-a}=\lim\limits_{x\to a}\frac{a^x-a^a}{x-a}-\lim\limits_{x\to a}\frac{x^a-a^a}{x-a}=(a^x)'\Big|_{x=a}-(x^a)'\Big|_{x=a}=a^a(\ln a-1)$;

(3)$\lim\limits_{x\to a}\frac{\tan x-\tan a}{x^a-a^a}=\lim\limits_{x\to a}\frac{\tan x-\tan a}{x-a}\cdot\frac{x-a}{x^a-a^a}$

$$=\lim_{x\to a}\frac{\tan x-\tan a}{x-a}\left(\lim_{x\to a}\frac{x^a-a^a}{x-a}\right)^{-1}=\frac{(\tan x)'}{(x^a)'}\Big|_{x=a}=\frac{\sec^2x}{ax^{a-1}}\Big|_{x=a}=\frac{1}{a^a\cos^2a}.$$

点评 这类极限一般可表达为:设函数 $f(x),g(x)$在点 $x=a$ 处可导,且 $g(x)\neq0,g'(a)\neq0$,则

$$\lim_{x\to a}\frac{f(x)-f(a)}{g(x)-g(a)}=\lim_{x\to a}\frac{f(x)-f(a)}{x-a}\left(\lim_{x\to a}\frac{g(x)-g(a)}{x-a}\right)^{-1}=\frac{f'(a)}{g'(a)}.$$

【207】 已知函数 $f(x)$在$(0,+\infty)$内可导,$f(x)>0$, $\lim\limits_{x\to+\infty}f(x)=1$,且满足

$$\lim_{h\to0}\left[\frac{f(x+hx)}{f(x)}\right]^{\frac{1}{h}}=e^{\frac{1}{x}},$$

求 $f(x)$.

解 设 $y=\left[\frac{f(x+hx)}{f(x)}\right]^{\frac{1}{h}}$,则 $\ln y=\frac{1}{h}\ln\frac{f(x+hx)}{f(x)}$.

因为 $\lim\limits_{h\to0}\ln y=\lim\limits_{h\to0}\frac{1}{h}\ln\frac{f(x+hx)}{f(x)}=\lim\limits_{h\to0}\frac{x[\ln f(x+hx)-\ln f(x)]}{hx}=x[\ln f(x)]'$,

故 $\lim\limits_{h\to0}\left[\frac{f(x+hx)}{f(x)}\right]^{\frac{1}{h}}=e^{x[\ln f(x)]'}$.

由已知条件得 $e^{x[\ln f(x)]'}=e^{\frac{1}{x}}$ ，因此 $x[\ln f(x)]'=\dfrac{1}{x}$，即$[\ln f(x)]'=\dfrac{1}{x^2}$.

解之得 $f(x)=Ce^{-\frac{1}{x}}$. 由 $\lim\limits_{x\to+\infty}f(x)=1$，得 $C=1$，

故 $f(x)=e^{-\frac{1}{x}}$.

有关导数定义的综合题

【208】 设 $f(x)$可导，$F(x)=f(x)(1+|\sin x|)$. 若使 $F(x)$在 $x=0$ 处可导，则必有______.

(A)$F(0)=0$　　(B)$F'(0)=0$　　(C)$F(0)+F'(0)=0$　　(D)$F(0)-F'(0)=0$

解 $F(x)=\begin{cases} f(x)(1-\sin x), & -\dfrac{\pi}{2}<x<0 \\ f(0), & x=0 \\ f(x)(1+\sin x), & 0<x<\dfrac{\pi}{2} \end{cases}$

$$F'_-(0)=\lim_{x\to0^-}\frac{f(x)(1-\sin x)-f(0)}{x}=\lim_{x\to0^-}\frac{f(x)-f(0)}{x}-\lim_{x\to0^-}f(x)\cdot\frac{\sin x}{x}=f'(0)-f(0),$$

$$F'_+(0)=\lim_{x\to0^+}\frac{f(x)(1+\sin x)-f(0)}{x}=\lim_{x\to0^+}\frac{f(x)-f(0)}{x}+\lim_{x\to0^+}f(x)\cdot\frac{\sin x}{x}=f'(0)+f(0).$$

若使 $F(x)$在 $x=0$ 处可导，则必须 $F'_-(0)=F'_+(0)$. 则 $f(0)=0,F(0)=0$.

故应选(A).

点评 含有绝对值的函数应作为分段函数对待，因此函数在分界点的导数应按导数定义，通过左、右导数进行分析.

$f(x)$在 $x=x_0$ 处可导的充要条件是左、右导数存在且相等.

【209】 设 $f(x)$为不恒等于零的奇函数，且 $f'(0)$存在，则函数 $g(x)=\dfrac{f(x)}{x}$______.

(A)在 $x=0$ 处左极限不存在　　(B)有跳跃间断点 $x=0$

(C)在 $x=0$ 处右极限不存在　　(D)有可去间断点 $x=0$

解 由题意可知 $f(0)=0$，$x=0$ 是 $g(x)$的间断点，则

$$\lim_{x\to0}g(x)=\lim_{x\to0}\frac{f(x)}{x}=\lim_{x\to0}\frac{f(x)-f(0)}{x-0}=f'(0)$$

存在，所以 $x=0$ 为可去间断点.

故应选(D).

【210】 设 $f(0)=0$，则 $f(x)$在点 $x=0$ 可导的充要条件为______.

(A)$\lim\limits_{h\to0}\dfrac{1}{h^2}f(1-\cos h)$存在　　(B)$\lim\limits_{h\to0}\dfrac{1}{h}f(1-e^h)$存在

(C)$\lim\limits_{h\to0}\dfrac{1}{h^2}f(h-\sin h)$存在　　(D)$\lim\limits_{h\to0}[f(2h)-f(h)]$存在

解 选项(B)：

$$\lim_{h\to0}\frac{1}{h}f(1-e^h)=\lim_{h\to0}\frac{f(1-e^h)-f(0)}{1-e^h}\cdot\lim_{h\to0}\frac{1-e^h}{h}=-\lim_{\Delta x\to0}\frac{f(0+\Delta x)-f(0)}{\Delta x}=-f'(0).$$

选项(A)：

$$\lim_{h\to 0}\frac{1}{h^2}f(1-\cos h)=\lim_{h\to 0}\frac{f(1-\cos h)-f(0)}{1-\cos h}\cdot\lim_{h\to 0}\frac{1-\cos h}{h^2}$$

$$=\frac{1}{2}\lim_{\Delta x\to 0^+}\frac{f(\Delta x)-f(0)}{\Delta x}=\frac{1}{2}f'_+(0).$$

同理选项(C)也只能保证 $f(x)$在 $x=0$ 的右导数存在，不能保证 $f(x)$在 $x=0$ 可导.

选项(D)：$\lim\limits_{h\to 0}[f(2h)-f(h)]$存在，不能保证 $\lim\limits_{h\to 0}\frac{f(h)-f(0)}{h}$存在，所以也不能保证 $f(x)$在 $x=0$可导.

故应选(B).

点评 本题主要考查导数的定义，同时也考查了某些无穷小的阶以及它们的正负号. 由 $f(0)=0$ 知 $f(x)$在点 $x=0$ 处可导的充要条件是$\lim\limits_{x\to 0}\frac{f(x)}{x}$存在，关键是所给选项中哪一个与上述极限存在等价.

事实上，由 $1-\cos h\geqslant 0$ 知选项(A)不对；由 $h-\sin h=o(h^2)$知选项(C)不对；由 $f(2h)-f(h)=f(2h)-f(0)-[f(h)-f(0)]$知选项(D)不对；由 $1-e^h\sim(-h)$知选项(B)正确.

【211】 设函数 $f(x)$在区间$(-\delta,\delta)$内有定义，若当 $x\in(-\delta,\delta)$时，恒有$|f(x)|\leqslant x^2$，则$x=0$必是 $f(x)$的________.

(A)间断点 (B)连续而不可导的点

(C)可导的点，且 $f'(0)=0$ (D)可导的点，且 $f'(0)\neq 0$

解 令 $x=0$，由$|f(0)|\leqslant 0$ 知 $f(0)=0$. 而 $0\leqslant|f(x)-f(0)|=|f(x)|\leqslant x^2$，$\lim\limits_{x\to 0}x^2=0$. 由夹逼准则可知$\lim\limits_{x\to 0}[f(x)-f(0)]=0$. 即$\lim\limits_{x\to 0}f(x)=f(0)$，所以 $f(x)$在 $x=0$ 处连续.

再讨论 $f(x)$在 $x=0$ 处的左、右导数. $f'(0)=\lim\limits_{x\to 0}\frac{f(x)-f(0)}{x}=\lim\limits_{x\to 0}\frac{f(x)}{x}$.

由$|f(x)|\leqslant x^2$ 得 $-x^2\leqslant f(x)\leqslant x^2$. 当 $x>0$ 时，$-x\leqslant\frac{f(x)}{x}\leqslant x$.

根据 $\lim\limits_{x\to 0^+}(-x)=\lim\limits_{x\to 0^+}x=0$ 及夹逼准则可知 $f'_+(0)=\lim\limits_{x\to 0^+}\frac{f(x)}{x}=0$.

同理，当 $x<0$ 时，$x\leqslant\frac{f(x)}{x}\leqslant -x$，则 $f'_-(0)=\lim\limits_{x\to 0^-}\frac{f(x)}{x}=0$，所以 $f'(0)=0$.

故应选(C).

【212】 设函数 $f(x)$在点 $x=a$ 处可导，则函数$|f(x)|$在点 $x=a$ 处不可导的充分条件是________.

(A) $f(a)=0$ 且 $f'(a)=0$ (B) $f(a)=0$ 且 $f'(a)>0$

(C) $f(a)>0$ 且 $f'(a)>0$ (D) $f(a)<0$ 且 $f'(a)<0$

解 (A)不正确. 例如，若取 $f(x)=x^2$，$a=0$，则条件(A)成立，但$|f(x)|=x^2$ 可导.

(C)不正确. 例如，若取 $f(x)=x$，$a=1$，则条件(C)成立，但$|f(x)|=|x|$在 $x=1$ 可导.

(D)不正确. 例如，若取 $f(x)=-x$，$a=1$，则条件(D)成立，但$|f(x)|=|x|$在 $x=1$ 可导.

选项(B)中，由$\lim\limits_{x\to a}\frac{f(x)}{x-a}=f'(a)>0$ 知在 $x=a$ 点左侧，$f(x)<0$；在 $x=a$ 点右侧，$f(x)>0$.

设 $g(x)=|f(x)|$，$g'_-(a)=\lim\limits_{x\to a^-}\frac{|f(x)|}{x-a}=-f'(a)$，$g'_+(a)=\lim\limits_{x\to a^+}\frac{|f(x)|}{x-a}=f'(a)$，

故$g'_{+}(a)\neq g'_{-}(a)$，即 $g(x)=|f(x)|$在 $x=a$ 处不可导.

故应选(B).

【213】设 $f'(x)$在$[a,b]$上连续，且 $f'(a)>0$，$f'(b)<0$，则下列结论中错误的是________.

(A)至少存在一点 $x_0\in(a,b)$，使得 $f(x_0)>f(a)$

(B)至少存在一点 $x_0\in(a,b)$，使得 $f(x_0)>f(b)$

(C)至少存在一点 $x_0\in(a,b)$，使得 $f'(x_0)=0$

(D)至少存在一点 $x_0\in(a,b)$，使得 $f(x_0)=0$

解 首先，由已知 $f'(x)$在$[a,b]$上连续，且 $f'(a)>0$，$f'(b)<0$，则由介值定理，至少存在一点 $x_0\in(a,b)$，使得 $f'(x_0)=0$；

另外，$f'(a)=\lim\limits_{x\to a^+}\dfrac{f(x)-f(a)}{x-a}>0$，由极限的保号性，至少存在一点 $x_0\in(a,b)$，使得 $\dfrac{f(x_0)-f(a)}{x_0-a}>0$，即 $f(x_0)>f(a)$. 同理，至少存在一点 $x_0\in(a,b)$使得 $f(x_0)>f(b)$. 所以，选项(A)、(B)、(C)都正确.

故应选 (D).

【214】设函数 $f(x)=\lim\limits_{n\to\infty}\sqrt[n]{1+|x|^{3n}}$，则 $f(x)$在$(-\infty,+\infty)$内不可导点的个数为______.

解 先求 $f(x)$的表达式.

当$|x|<1$ 时，$\lim\limits_{n\to\infty}\sqrt[n]{1+|x|^{3n}}=\lim\limits_{n\to\infty}(1+|x|^{3n})^{\frac{1}{n}}=1$；

当$|x|=1$ 时，$\lim\limits_{n\to\infty}\sqrt[n]{1+|x|^{3n}}=\lim\limits_{n\to\infty}(1+1)^{\frac{1}{n}}=1$；

当$|x|>1$ 时，$\lim\limits_{n\to\infty}\sqrt[n]{1+|x|^{3n}}=|x|^3\lim\limits_{n\to\infty}(1+\dfrac{1}{|x|^{3n}})^{\frac{1}{n}}=|x|^3$，

因此 $f(x)=\begin{cases}1, & |x|\leqslant 1\\ |x|^3, & |x|>1\end{cases}$

由 $y=f(x)$的表达式，易知 $f(x)$在 $x=\pm 1$ 处不可导.

故应填 2.

【215】设函数 $f(x)$具有一阶连续导数，且 $f''(0)$存在，$f(0)=0$，试证明函数

$$F(x)=\begin{cases}f'(0), & x=0,\\ \dfrac{f(x)}{x}, & x\neq 0\end{cases}$$

是连续的，且具有一阶连续导数.

证 函数 $F(x)$在 $x\neq 0$ 时显然连续. 由导数定义，有

$$\lim_{x\to 0}F(x)=\lim_{x\to 0}\frac{f(x)}{x}=\lim_{x\to 0}\frac{f(x)-f(0)}{x-0}=f'(0)=F(0),$$

故 $F(x)$在 $x=0$ 处连续.

当 $x\neq 0$ 时，$F'(x)=\dfrac{xf'(x)-f(x)}{x^2}$显然是连续的. 现证 $F(x)$在 $x=0$ 处是可导的. 这是因为由导数定义及洛必达法则有

$$F'(0)=\lim_{x\to 0}\frac{F(x)-F(0)}{x-0}=\lim_{x\to 0}\frac{f(x)-xf'(0)}{x^2}=\lim_{x\to 0}\frac{f'(x)-f'(0)}{2x}=\frac{1}{2}f''(0).$$

再证明 $F'(x)$在 $x=0$ 处是连续的. 事实上，由连续的定义有

$$\lim_{x\to0}F'(x)=\lim_{x\to0}\frac{xf'(x)-f(x)}{x^2}=\lim_{x\to0}\left\{\frac{x[f'(x)-f'(0)]}{x^2}-\frac{f(x)-xf'(0)}{x^2}\right\}$$

$$=\lim_{x\to0}\frac{f'(x)-f'(0)}{x}-\lim_{x\to0}\frac{f'(x)-f'(0)}{2x}=f''(0)-\frac{1}{2}f''(0)=F'(0).$$

【216】 设 $f(x)=\begin{cases}x^a\sin\dfrac{1}{x^b}, & x\neq0\\ 0, & x=0\end{cases}$ (a,b 为常数且 $b>0$),

问 a,b 满足什么条件,才能使

(1) $f(x)$ 在 $[0,1]$ 上连续; (2) $f'(0)$ 存在; (3) $f'(x)$ 在 $[0,1]$ 上有界.

解 (1) 由 $\lim\limits_{x\to0}f(x)=\lim\limits_{x\to0}x^a\sin\dfrac{1}{x^b}=f(0)=0$ 得 $a>0$;

(2) 由 $f'(0)=\lim\limits_{x\to0}\dfrac{f(x)-f(0)}{x}=\lim\limits_{x\to0}x^{a-1}\sin\dfrac{1}{x^b}$ 得 $a>1$;

(3) $f'(x)=\begin{cases}ax^{a-1}\sin\dfrac{1}{x^b}+(-b)x^{a-b-1}\cos\dfrac{1}{x^b}, & x\neq0\\ 0, & x=0\end{cases}$

要使 $f'(x)$ 在 $[0,1]$ 上有界,则必须 $\begin{cases}a-1\geqslant0\\ a-b-1\geqslant0\end{cases}$,从而 $a\geqslant b+1$.

有关高阶导数的综合题

【217】 设函数 $f(x)=\ln(1+ax^2)-b\displaystyle\int\frac{\mathrm{d}x}{1+ax^2}$,试问 a,b 为何值时,$f''(0)=4$.

解 因为 $f'(x)=\dfrac{2ax-b}{1+ax^2}$,所以有 $f''(x)=\dfrac{2a(1+ax^2)-2ax(2ax-b)}{(1+ax^2)^2}$.

由 $4=f''(0)=2a$,可知 $a=2$,而 b 可为任一实数.

【218】 设 $\begin{cases}x=\displaystyle\int_0^t f(u^2)\,\mathrm{d}u\\ y=[f(t^2)]^2\end{cases}$,其中 $f(u)$ 具有二阶导数,且 $f(u)\neq0$,求 $\dfrac{\mathrm{d}^2y}{\mathrm{d}x^2}$.

解 $\dfrac{\mathrm{d}y}{\mathrm{d}x}=\dfrac{\mathrm{d}y/\mathrm{d}t}{\mathrm{d}x/\mathrm{d}t}=\dfrac{4tf(t^2)\cdot f'(t^2)}{f(t^2)}=4tf'(t^2)$,

$$\frac{\mathrm{d}^2y}{\mathrm{d}x^2}=\frac{\dfrac{\mathrm{d}}{\mathrm{d}t}\left(\dfrac{\mathrm{d}y}{\mathrm{d}x}\right)}{\dfrac{\mathrm{d}x}{\mathrm{d}t}}=\frac{4[f'(t^2)+2t^2f''(t^2)]}{f(t^2)}.$$

【219】 设 $y=y(x)$ 由 $\begin{cases}x=\arctan t\\ 2y-ty^2+\mathrm{e}^t=5\end{cases}$ 所确定,求 $\dfrac{\mathrm{d}y}{\mathrm{d}x}$.

解 $\dfrac{\mathrm{d}x}{\mathrm{d}t}=\dfrac{1}{1+t^2}$,

由 $2\dfrac{\mathrm{d}y}{\mathrm{d}t}-y^2-2ty\dfrac{\mathrm{d}y}{\mathrm{d}t}+\mathrm{e}^t=0$ 得 $\dfrac{\mathrm{d}y}{\mathrm{d}t}=\dfrac{y^2-\mathrm{e}^t}{2(1-ty)}$,

因而 $\dfrac{\mathrm{d}y}{\mathrm{d}x}=\dfrac{\mathrm{d}y/\mathrm{d}t}{\mathrm{d}x/\mathrm{d}t}=\dfrac{(y^2-\mathrm{e}^t)(1+t^2)}{2(1-ty)}$.

点评 本题为参数方程求导和隐函数求导的综合题,所以答案中应既含有参数 t,又含有因变量 y.

【220】 设函数 $y=y(x)$ 由方程组 $\begin{cases}x=3t^2+2t+3\\ e^y\sin t-y+1=0\end{cases}$ 所确定，试求 $\left.\dfrac{d^2y}{dx^2}\right|_{t=0}$.

解 对方程组两边分别取微分，得

$$\begin{cases}dx=(6t+2)dt\\ e^y\sin t dy+e^y\cos t dt-dy=0\end{cases}$$

则 $\dfrac{dx}{dt}=6t+2,\dfrac{dy}{dt}=\dfrac{e^y\cos t}{1-e^y\sin t}$，且 $y=e^y\sin t+1$

$$\frac{dy}{dx}=\frac{dy}{dt}\cdot\frac{dt}{dx}=\frac{e^y\cos t}{(1-e^y\sin t)(6t+2)}=\frac{e^y\cos t}{(2-y)(6t+2)}$$

$$\frac{d^2y}{dx^2}=\frac{d}{dx}\left(\frac{dy}{dx}\right)=\frac{d}{dt}\left[\frac{e^y\cos t}{(2-y)(6t+2)}\right]\frac{dt}{dx}$$

$$=\frac{(2-y)(6t+2)\left(e^y\cos t\dfrac{dy}{dt}-e^y\sin t\right)}{(2-y)^2(6t+2)^3}-\frac{e^y\cos t\left[(2-y)6-\dfrac{dy}{dt}(6t+2)\right]}{(2-y)^2(6t+2)^3}$$

由于 $\left.\dfrac{dy}{dt}\right|_{t=0}=e$， $y|_{t=0}=1$，代入上式得 $\left.\dfrac{d^2y}{dx^2}\right|_{t=0}=\dfrac{e(2e-3)}{4}$.

导数几何意义的讨论

【221】 设 (x_0,y_0) 是抛物线 $y=ax^2+bx+c$ 上的一点，若在该点的切线过原点，则系数应满足的关系是________.

解 $y'=2ax+b$, $y'|_{x=x_0}=2ax_0+b$，则曲线在 (x_0,y_0) 点的切线方程为

$$y-(ax_0{}^2+bx_0+c)=(2ax_0+b)(x-x_0),$$

把 $(0,0)$ 代入方程得 $ax_0{}^2-c=0$.

故应填 $ax_0{}^2=c$，b 任意.

【222】 已知曲线 $y=x^3-3a^2x+b$ 与 x 轴相切，则 b^2 可以通过 a 表示为 $b^2=$________.

解 由题设，在切点处有 $y'=3x^2-3a^2=0$，即 $x_0^2=a^2$.
又在此点 y 坐标为 0，于是有 $x_0^3-3a^2x_0+b=0$，所以

$$b^2=x_0^2(3a^2-x_0^2)^2=a^2\cdot 4a^4=4a^6.$$

故应填 $4a^6$.

点评 本题考查切线问题，实际上是讨论导数的几何意义. 题设曲线的切线斜率为零，即 $y'=0$，由此可确定切点的坐标应满足的条件，再根据切点纵坐标等于零，即可得出结果.

【223】 设函数 $y=f(x)$ 由方程 $e^{2x+y}-\cos(xy)=e-1$ 所确定，则曲线 $y=f(x)$ 在点 $(0,1)$ 处的法线方程为________.

解 方程两边关于 x 求导得 $e^{2x+y}\cdot(2+y')+\sin(xy)\cdot(y+xy')=0$.

把 $\begin{cases}x=0\\ y=1\end{cases}$ 代入得 $\left.y'\right|_{\substack{x=0\\ y=1}}=-2$,

故 $y=f(x)$ 在 $(0,1)$ 处法线方程为 $y-1=\dfrac{1}{2}(x-0)$，即 $x-2y+2=0$.

故应填 $x-2y+2=0$.

【224】 曲线 $\begin{cases}x=1+t^2\\ y=t^3\end{cases}$ 在 $t=2$ 处的切线方程为________.

解 $\dfrac{dy}{dx}=\dfrac{dy/dt}{dx/dt}=\dfrac{3t^2}{2t}=\dfrac{3}{2}t$， $\left.\dfrac{dy}{dx}\right|_{t=2}=3$，且 $t=2$ 时，$x=5$，$y=8$，

则曲线在 $t=2$ 处切线方程为 $y-8=3(x-5)$，即 $3x-y-7=0$.

故应填 $3x-y-7=0$.

【225】设函数 $y=y(x)$ 由参数方程 $\begin{cases}x=t^2+2t\\ y=\ln(1+t)\end{cases}$ 确定，则曲线 $y=y(x)$ 在 $x=3$ 处的法线与 x 轴交点的横坐标是________.

(A) $\frac{1}{8}\ln2+3$　(B) $-\frac{1}{8}\ln2+3$　(C) $-8\ln2+3$　(D) $8\ln2+3$

解　当 $x=3$ 时，有 $t^2+2t=3$，得 $t=1$，$t==-3$(舍去，此时 y 无意义). 于是

$$\left.\frac{\mathrm{d}y}{\mathrm{d}x}\right|_{t=1}=\left.\frac{\frac{1}{1+t}}{2t+2}\right|_{t=1}=\frac{1}{8},$$

可见过点 $x=3$(此时 $y=\ln2$)的法线方程为 $y-\ln2=-8(x-3)$，

令 $y=0$，得其与 x 轴交点的横坐标为 $x=\frac{1}{8}\ln2+3$.

故应选(A).

【226】对数螺线 $\rho=\mathrm{e}^{\theta}$ 在点 $(\rho,\theta)=(\mathrm{e}^{\frac{\pi}{2}},\frac{\pi}{2})$ 处的切线的直角坐标方程为________.

解　对数螺线的参数方程为 $\begin{cases}x=\mathrm{e}^{\theta}\cos\theta\\ y=\mathrm{e}^{\theta}\sin\theta\end{cases}$，$\theta=\frac{\pi}{2}$ 处对应点为 $(0,\mathrm{e}^{\frac{\pi}{2}})$.

而 $\frac{\mathrm{d}y}{\mathrm{d}x}=\frac{\mathrm{d}y/\mathrm{d}\theta}{\mathrm{d}x/\mathrm{d}\theta}=\frac{\sin\theta+\cos\theta}{\cos\theta-\sin\theta}$，所以 $\left.\frac{\mathrm{d}y}{\mathrm{d}x}\right|_{\theta=\frac{\pi}{2}}=-1$.

则对数螺线在 $(0,\mathrm{e}^{\frac{\pi}{2}})$ 的切线方程为 $y-\mathrm{e}^{\frac{\pi}{2}}=-x$.

故应填 $x+y-\mathrm{e}^{\frac{\pi}{2}}=0$.

【227】已知曲线的极坐标方程是 $r=1-\cos\theta$，求该曲线上对应于 $\theta=\frac{\pi}{6}$ 处的切线与法线的直角坐标方程.

解　此曲线的参数方程为

$$\begin{cases}x=(1-\cos\theta)\cos\theta,\\ y=(1-\cos\theta)\sin\theta,\end{cases}\quad 即\quad \begin{cases}x=\cos\theta-\cos^2\theta,\\ y=\sin\theta-\sin\theta\cos\theta.\end{cases}$$

由 $\theta=\frac{\pi}{6}$ 得切点的坐标为 $(\frac{\sqrt3}{2}-\frac{3}{4},\frac{1}{2}-\frac{\sqrt3}{4})$.

$$\left.\frac{\mathrm{d}y}{\mathrm{d}x}\right|_{\theta=\frac{\pi}{6}}=\left.\frac{\frac{\mathrm{d}y}{\mathrm{d}\theta}}{\frac{\mathrm{d}x}{\mathrm{d}\theta}}\right|_{\theta=\frac{\pi}{6}}=\left.\frac{\cos\theta-\cos^2\theta+\sin^2\theta}{-\sin\theta+2\cos\theta\sin\theta}\right|_{\theta=\frac{\pi}{6}}=1.$$

于是所求切线方程为 $y-\frac{1}{2}+\frac{\sqrt3}{4}=x-\frac{\sqrt3}{2}+\frac{3}{4}$，即 $x-y-\frac{3}{4}\sqrt3+\frac{5}{4}=0$.

法线方程为 $y-\frac{1}{2}+\frac{\sqrt3}{4}=-(x-\frac{\sqrt3}{2}+\frac{3}{4})$，即 $x+y-\frac{\sqrt3}{4}+\frac{1}{4}=0$.

点评　为求出曲线的切线与法线的直角坐标方程，可把 θ 视为参数，写出曲线的参数方程，再利用参数方程求导公式即可得到切线斜率.

一般地，极坐标方程 $r=r(\theta)$ 均可化为参数方程 $\begin{cases}x=r(\theta)\cos\theta\\ y=r(\theta)\sin\theta\end{cases}$.

【228】 已知 $f(x)$ 是周期为 5 的连续函数，它在 $x=0$ 的某个邻域内满足关系式

$$f(1+\sin x)-3f(1-\sin x)=8x+\alpha(x),$$

其中 $\alpha(x)$ 是当 $x\to0$ 时比 x 高阶的无穷小，且 $f(x)$ 在 $x=1$ 处可导，求曲线 $y=f(x)$ 在点 $(6,f(6))$ 处的切线方程.

解 由

$$\lim_{x\to0}[f(1+\sin x)-3f(1-\sin x)]=\lim_{x\to0}[8x+\alpha(x)],$$

得 $f(1)-3f(1)=0$，故 $f(1)=0$.

又 $\lim\limits_{x\to0}\dfrac{f(1+\sin x)-3f(1-\sin x)}{\sin x}=\lim\limits_{x\to0}\left[\dfrac{8x}{\sin x}+\dfrac{\alpha(x)}{\sin x}\right]=8$，设 $\sin x=t$，则有

$$\lim_{x\to0}\frac{f(1+\sin x)-3f(1-\sin x)}{\sin x}=\lim_{t\to0}\frac{f(1+t)-f(1)}{t}+3\lim_{t\to0}\frac{f(1-t)-f(1)}{-t}=4f'(1)$$

所以 $f'(1)=2$. 由于 $f(x+5)=f(x)$，所以 $f(6)=f(1)=0$，$f'(6)=f'(1)=2$.
故所求的切线方程为 $y=2(x-6)$. 即 $2x-y-12=0$.

【229】 如图 229，设曲线 L 的方程为 $y=f(x)$，且 $y''>0$. 又 MT、MP 分别为该曲线在点 $M(x_0,y_0)$ 处的切线和法线. 已知线段 MP 的长度为

$$\frac{(1+y_0'^2)^{\frac{3}{2}}}{y_0''}\quad(\text{其中 } y'_0=y'(x_0),\ y_0''=y''(x_0)),$$

试推导出点 $P(\xi,\eta)$ 的坐标表达式.

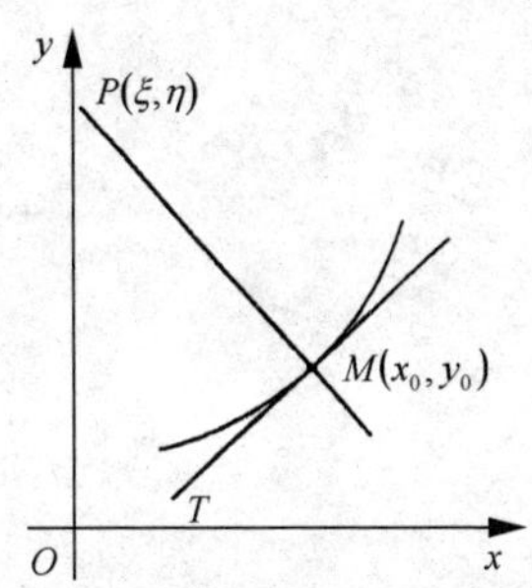

图 229

解 由题设得

$$(x_0-\xi)^2+(y_0-\eta)^2=\frac{(1+y_0'^2)^3}{y_0''^2}\qquad①$$

又 $PM\perp MT$，所以

$$y_0'=-\frac{x_0-\xi}{y_0-\eta}\qquad②$$

由①，②解得

$$(y_0-\eta)^2=\frac{(1+y_0'^2)^2}{y_0''^2}$$

由于 $y''>0$，曲线 L 是凹的，故 $y_0-\eta<0$，从而 $y_0-\eta=-\dfrac{1+y_0'^2}{y_0''}$.

又 $x_0-\xi=-y_0'(y_0-\eta)=\dfrac{y_0'(1+y_0'^2)}{y_0''}$,

于是得 $\begin{cases}\xi=x_0-\dfrac{y_0'(1+y_0'^2)}{y_0''}\\ \eta=y_0+\dfrac{(1+y_0'^2)}{y_0''}\end{cases}$

【230】 曲线 $y=\dfrac{1}{\sqrt{x}}$ 的切线与 x 轴和 y 轴围成一个图形，记切点的横坐标为 α，试求切线方程和这个图形的面积. 当切点沿曲线趋于无穷远时，该面积的变化趋势如何？

解 如图 230 所示. 由 $y=\dfrac{1}{\sqrt{x}}$，得 $y'=-\dfrac{1}{2}x^{-\frac{3}{2}}$，

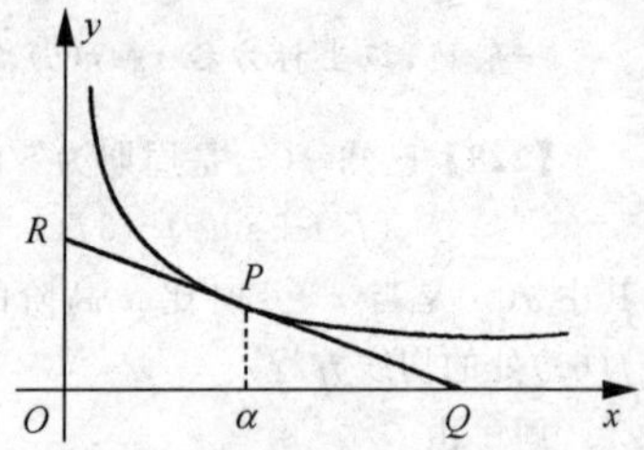

图 230

则切点$P(\alpha,\frac{1}{\sqrt{\alpha}})$处的切线方程为

$$y-\frac{1}{\sqrt{\alpha}}=-\frac{1}{2\sqrt{\alpha^3}}(x-\alpha),$$

切线与 x 轴和 y 轴的交点分别为

$$Q(3\alpha,0)\text{和}R(0,\frac{3}{2\sqrt{\alpha}}).$$

于是，$\triangle ORQ$ 的面积 $S=\frac{1}{2}\cdot 3\alpha\cdot\frac{3}{2\sqrt{\alpha}}=\frac{9}{4}\sqrt{\alpha}$，

当切点沿 x 轴正方向趋于无穷远时，有 $\lim\limits_{\alpha\to+\infty}S=+\infty$，当切点沿 y 轴正方向趋于无穷远时，有 $\lim\limits_{\alpha\to 0^+}S=0$.

点评 求出切线在坐标轴上的截距，就可得到所求的面积. 本题应注意的是切点沿曲线趋于无穷远有两种情形：一种是沿 x 轴正方向趋于无穷远（$\alpha\to+\infty$），另一种是沿 y 轴正方向趋于无穷远（$\alpha\to 0^+$）.

第三章　微分中值定理与导数的应用

§1. 微分中值定理

1. 罗尔定理　设函数 $f(x)$在$[a,b]$上连续，在(a,b)内可导，且 $f(a)=f(b)$，则至少存在一点 $\xi\in(a,b)$，使得$f'(\xi)=0$.

2. 拉格朗日定理　设函数 $f(x)$在$[a,b]$上连续，在(a,b)内可导，则至少存在一点 $\xi\in(a,b)$，使得

$$f(b)-f(a)=f'(\xi)(b-a)$$

3. 柯西定理　设函数 $f(x)$、$g(x)$在$[a,b]$上连续，在(a,b)内可导，$g'(x)$在(a,b)内每一点处均不为零，则至少有一点 $\xi\in(a,b)$，使得

$$\frac{f(b)-f(a)}{g(b)-g(a)}=\frac{f'(\xi)}{g'(\xi)}$$

基本题型

验证中值定理及其有关中值的计算

【231】 罗尔定理对 $y=\ln\sin x$ 在$[\frac{\pi}{6},\frac{5}{6}\pi]$上的正确性.

证　$y=\ln\sin x$ 的定义域为

$$\{x\,|\,2n\pi<x<(2n+1)\pi,\quad n=0,\pm1,\pm2,\cdots\}$$

因为初等函数在定义区间内连续，所以该函数在$[\frac{\pi}{6},\frac{5}{6}\pi]$上连续；

又 $y'=\cot x$ 在$(\frac{\pi}{6},\frac{5}{6}\pi)$内处处存在，并且 $f(\frac{\pi}{6})=f(\frac{5}{6}\pi)=-\ln2$，可知函数在$[\frac{\pi}{6},\frac{5}{6}\pi]$上满足罗尔定理条件.

由 $y'=\cot x=0$ 在$(\frac{\pi}{6},\frac{5}{6}\pi)$内显然有解 $x=\frac{\pi}{2}$，取 $\xi=\frac{\pi}{2}$，则 $f'(\xi)=0$.

【232】 验证函数　$f(x)=\begin{cases}1-x^2 & -1\leqslant x<0\\ 1+x^2 & 0\leqslant x\leqslant1\end{cases}$　在$-1\leqslant x\leqslant1$ 上是否满足拉格朗日定理，如满足，求出满足定理的中值 ξ.

证　函数 $f(x)$在$[0,1]$和$[-1,0]$上连续且可导，从而只需验证 $f(x)$在 $x=0$ 处的连续性与可导性.

由于 $f(0+0)=\lim\limits_{x\to0^+}(1+x^2)=1$，$f(0-0)=\lim\limits_{x\to0^-}(1-x^2)=1$，$f(0)=1$，所以，$f(x)$在 $x=0$ 处连续.

又　$f'_+(0)=\lim\limits_{x\to0^+}\frac{f(x)-f(0)}{x}=\lim\limits_{x\to0^+}\frac{1+x^2-1}{x}=0$，

$f'_-(0)=\lim\limits_{x\to0^-}\frac{f(x)-f(0)}{x}=\lim\limits_{x\to0^-}\frac{1-x^2-1}{x}=0$，

从而 $f(x)$ 在 $x=0$ 处可导.

因而 $f(x)$ 在 $[-1,1]$ 上连续，在 $(-1,1)$ 内可导，满足拉格朗日定理所需条件，此时存在 $\xi\in(-1,1)$ 使得

$$\frac{f(1)-f(-1)}{1-(-1)}=f'(\xi),$$

而
$$\frac{f(1)-f(-1)}{1-(-1)}=\frac{2-0}{2}=1.$$

$$f'(x)=\begin{cases}2x, & 0\leqslant x\leqslant 1\\ -2x, & -1\leqslant x<0\end{cases}$$

故由 $2x=1$，解得 $\xi_1=\frac{1}{2}$；由 $-2x=1$，解得 $\xi_2=-\frac{1}{2}$.

满足定理的中值共有两个：$\xi_1=\frac{1}{2}$ 和 $\xi_2=-\frac{1}{2}$.（如图 232）

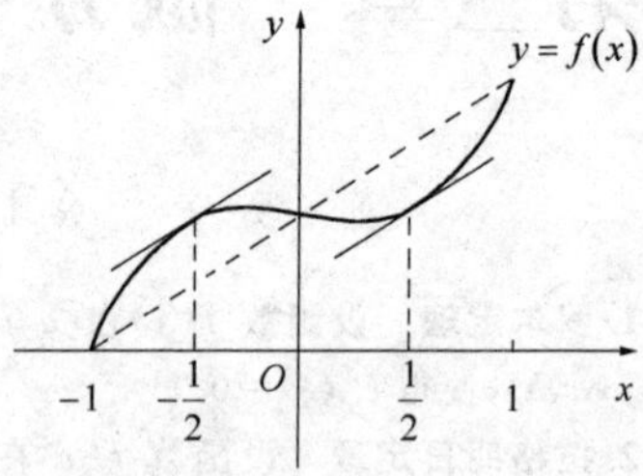

图 232

构造辅助函数利用罗尔定理证明等式的题目

【233】 设 $f(x)$ 在 $[0,1]$ 上连续，在 $(0,1)$ 内可导，且 $f(1)=0$，试证：至少存在一点 $\xi\in(0,1)$，使 $f'(\xi)=-\frac{2f(\xi)}{\xi}$.

分析 显然 $f(x)$ 在 $[0,1]$ 上满足拉格朗日中值定理，但是问题的形式并不是拉格朗日定理形式，因此需另辟蹊径. 为此，可先将问题变形为

$$\xi f'(\xi)+2f(\xi)=0 \qquad ①$$

如果令 $F'(\xi)=\xi f'(\xi)+2f(\xi)$，此时若能求出 $F(x)$，且 $F(x)$ 在 $[0,1]$ 上满足罗尔定理的条件，则问题易证，然而 $F(x)$ 难以判定，但注意到 $\xi\neq 0$，由①式有

$$\xi^2 f'(\xi)+2\xi f(\xi)=0 \qquad ②$$

且①式与②式等价. 若记 $\Phi'(\xi)=\xi^2 f'(\xi)+2\xi f(\xi)$，则易知 $\Phi(x)=x^2 f(x)$，且 $\Phi(x)$ 在 $[0,1]$ 上满足罗尔定理条件. 于是问题得证.

证 作辅助函数

$$\Phi(x)=x^2 f(x)$$

由已知条件可知，$\Phi(x)$ 在 $[0,1]$ 上满足罗尔定理条件. 因此，至少存在一点 $\xi\in(0,1)$，使

$$\Phi'(\xi)=\xi^2 f'(\xi)+2\xi f(\xi)=0$$

由于 $\xi\neq 0$，可知必有

$$\xi f'(\xi)+2f(\xi)=0 \quad 即 \quad f'(\xi)=-\frac{2f(\xi)}{\xi}.$$

点评 (1)当欲证结论为"至少存在一点 $\xi\in(a,b)$ 使得 $f'(\xi)=h(\xi)$ 及类似命题"，其证题程序一般为："第一步构造辅助函数 $F(x)$；第二步验证 $F(x)$ 满足罗尔定理条件".

(2)辅助函数的构造常用常数变易法，其步骤为：

第一步　把结论中的 ξ 换成 x；

第二步　通过恒等变形化为易于消除导数符号的形式；

第三步　利用观察法或积分求出全部原函数；

第四步　移项使等式一边为积分常数，把此常数变成函数，即为所构造的辅助函数.

【234】 设函数 $f(x)$ 在 $[0,1]$ 上有三阶导数，且 $f(0)=f(1)=0$. 设 $F(x)=x^3 f(x)$，试证：在

$(0,1)$内存在一个ξ,使$F'''(\xi)=0$.

证 由$F(0)=F(1)=0$知存在$\xi_1\in(0,1)$,使$F'(\xi_1)=0$.又由$F'(x)=3x^2f(x)+x^3f'(x)$知$F'(0)=0$.

对$F'(x)$在$[0,\xi_1]$上应用罗尔定理,有$\xi_2\in(0,\xi_1)$,使$F''(\xi_2)=0$.

又$F''(x)=6xf(x)+6x^2f'(x)+x^3f''(x)$,$F''(0)=0$.

对$F''(x)$在$[0,\xi_2]$上应用罗尔定理,知存在$\xi\in(0,\xi_2)\subset(0,1)$,使$F'''(\xi)=0$.

【235】 若函数$f(x)$在(a,b)内具有二阶导数,且$f(x_1)=f(x_2)=f(x_3)$,其中$a<x_1<x_2<x_3<b$,证明:在(x_1,x_3)内至少有一点ξ,使$f''(\xi)=0$.

证 由于$f(x)$在(a,b)内具有二阶导数,所以$f(x)$在$[x_1,x_2]$上连续,在(x_1,x_2)内可导,再根据题意$f(x_1)=f(x_2)$,由罗尔定理知至少存在一点$\xi_1\in(x_1,x_2)$,使$f'(\xi_1)=0$;

同理,在$[x_2,x_3]$上对函数$f(x)$使用罗尔定理得至少存在一点$\xi_2\in(x_2,x_3)$,使$f'(\xi_2)=0$;

对函数$f'(x)$,由已知条件知$f'(x)$在$[\xi_1,\xi_2]$上连续,在(ξ_1,ξ_2)内可导,且$f'(\xi_1)=f'(\xi_2)=0$,由罗尔定理知至少存在一点$\xi\in(\xi_1,\xi_2)$,使$f''(\xi)=0$,而$(\xi_1,\xi_2)\subset(x_1,x_3)$,故结论得证.

【236】 设函数$f(x)$在区间$[0,1]$上连续,在$(0,1)$内可导,且$f(0)=f(1)=0$,$f(\frac{1}{2})=1$.试证:

(1)存在$\eta\in(\frac{1}{2},1)$,使$f(\eta)=\eta$;

(2)对任意实数λ,必存在$\xi\in(0,\eta)$,使得$f'(\xi)-\lambda[f(\xi)-\xi]=1$.

证 (1)令$\Phi(x)=f(x)-x$,则$\Phi(x)$在$[0,1]$上连续.又

$$\Phi(1)=-1<0,\quad \Phi(\frac{1}{2})=\frac{1}{2}>0,$$

故由闭区间上连续函数的介值定理知,存在$\eta\in(\frac{1}{2},1)$,使得

$$\Phi(\eta)=f(\eta)-\eta=0,\quad 即\quad f(\eta)=\eta.$$

(2)设$F(x)=e^{-\lambda x}\Phi(x)=e^{-\lambda x}[f(x)-x]$,则$F(x)$在$[0,\eta]$上连续,在$(0,\eta)$内可导,且

$$F(0)=0,\quad F(\eta)=e^{-\lambda\eta}\Phi(\eta)=0,$$

即$F(x)$在$[0,\eta]$上满足罗尔定理的条件,故存在$\xi\in(0,\eta)$,使得

$$F'(\xi)=0,即\ e^{-\lambda\xi}\{f'(\xi)-\lambda[f(\xi)-\xi]-1\}=0,$$

从而$f'(\xi)-\lambda[f(\xi)-\xi]=1$.

点评 要证结论中不含未知函数的导数,可考虑用介值定理.例如本题(1)中设辅助函数$\Phi(x)=f(x)-x$,然后利用介值定理.

要证结论中含有未知函数的导数值,则可考虑用罗尔中值定理或其他中值定理,通过构造辅助函数证得结论.

【237】 设抛物线$y=-x^2+Bx+C$与x轴有两个交点$x=a$,$x=b$ $(a<b)$.又$f(x)$在$[a,b]$上有二阶导数,且$f(a)=f(b)=0$.若曲线$y=f(x)$与$y=-x^2+Bx+C$在(a,b)内有一个交点,求证:在(a,b)内存在一点ξ,使$f''(\xi)+2=0$.

证 如图237,设$y=f(x)$与$y=-x^2+Bx+C$在(a,b)内的交点为$(c,f(c))$ $(a<c<b)$.作辅助函数$\varphi(x)=f(x)-(-x^2+Bx+C)$,

由题设条件知$\varphi(x)$在$[a,b]$上也有二阶导数,且$\varphi(a)=\varphi(c)=\varphi(b)=0$.

由罗尔定理知存在$\xi_1\in(a,c)$,$\xi_2\in(c,b)$,使

$\varphi'(\xi_1)=f'(\xi_1)+2\xi_1-B=0$

和 $\varphi'(\xi_2)=f'(\xi_2)+2\xi_2-B=0$.

将函数 $\varphi'(x)$ 在 $[\xi_1,\xi_2]$ 上应用罗尔定理，知存在 $\xi\in(\xi_1,\xi_2)$，使

$$\varphi''(\xi)=f''(\xi)+2=0, a<\xi_1<\xi<\xi_2<b,$$

即 $f''(\xi)+2=0$.

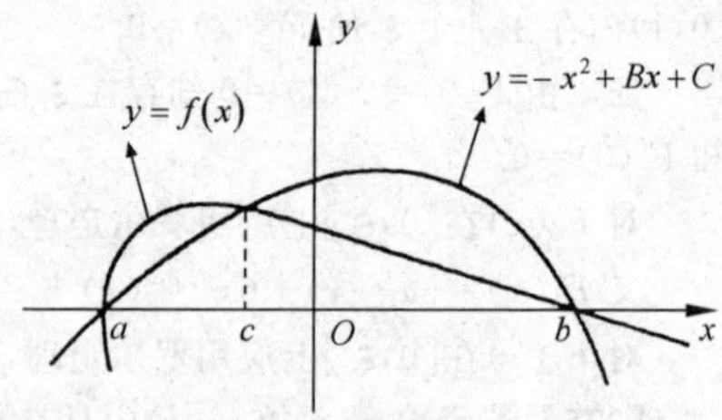

图 237

利用罗尔定理证明根的存在性

【238】不用求出函数

$$f(x)=(x-1)(x-2)(x-3)(x-4)$$

的导数，说明方程 $f'(x)=0$ 有几个实根，并指出它们所在的区间.

解 由于 $f(x)$ 为多项式函数，所以 $f(x)$ 在定义域内是连续的、可导的，且 $f(1)=f(2)=f(3)=f(4)=0$，从而 $f(x)$ 在 $[1,2]$，$[2,3]$，$[3,4]$ 上均满足罗尔定理条件.

因此在 $(1,2)$ 内至少存在一点 ξ_1，使 $f'(\xi_1)=0$，ξ_1 是 $f'(x)=0$ 的一个实根；在 $(2,3)$ 内至少存在一点 ξ_2，使 $f'(\xi_2)=0$，ξ_2 也是 $f'(x)=0$ 的一个实根；在 $(3,4)$ 内至少存在一点 ξ_3，使 $f'(\xi_3)=0$，ξ_3 也是 $f'(x)=0$ 的一个实根.

而 $f'(x)$ 为三次多项式，最多只能有三个实根，故 ξ_1,ξ_2,ξ_3 为 $f'(x)=0$ 的三个实根，它们分别在区间 $(1,2)$、$(2,3)$ 及 $(3,4)$ 内.

【239】设 $a_0,a_1,\cdots,a_n$ 是满足 $a_0+\frac{a_1}{2}+\frac{a_2}{3}+\cdots+\frac{a_n}{n+1}=0$ 的实数，证明多项式

$$f(x)=a_0+a_1x+a_2x^2+\cdots+a_nx^n$$

在 $(0,1)$ 内至少有一个零点.

证 令 $F(x)=a_0x+\frac{a_1}{2}x^2+\cdots+\frac{a_n}{n+1}x^{n+1}$，显然 $F(x)$ 在 $[0,1]$ 上连续，在 $(0,1)$ 内可导，且 $F(0)=0,F(1)=a_0+\frac{a_1}{2}+\cdots+\frac{a_n}{n+1}=0$，由罗尔定理得在 $(0,1)$ 内至少存在一点 ξ，使 $F'(\xi)=0$，即 $a_0+a_1\xi+\cdots+a_n\xi^n=0$. 从而，$f(x)=a_0+a_1x+\cdots+a_nx^n$ 在 $(0,1)$ 内至少有一个零点.

【240】若方程 $a_0x^n+a_1x^{n-1}+\cdots+a_{n-1}x=0$ 有一个正根 x_0，证明方程

$$a_0nx^{n-1}+a_1(n-1)x^{n-2}+\cdots+a_{n-1}=0$$

必有一个小于 x_0 的正根.

证 令 $F(x)=a_0x^n+a_1x^{n-1}+\cdots+a_{n-1}x$，显然 $F(x)$ 在 $[0,x_0]$ 上连续，在 $(0,x_0)$ 内可导，且 $F(0)=0,F(x_0)=a_0x_0^n+a_1x_0^{n-1}+\cdots+a_{n-1}x_0=0$. 由罗尔定理知在 $(0,x_0)$ 内至少存在一点 ξ，使 $F'(\xi)=0$，即

$$a_0n\xi^{n-1}+a_1(n-1)\xi^{n-2}+\cdots+a_{n-1}=0.$$

从而得证.

【241】设 $a_1,a_2,\cdots,a_n$ 满足 $a_1-\frac{a_2}{3}+\frac{a_3}{5}+\cdots+(-1)^{n-1}\frac{a_n}{2n-1}=0$，$a_i\in R,i=1,2,\cdots,n$. 证明：方程 $a_1\cos x+a_2\cos 3x+\cdots+a_n\cos(2n-1)x=0$ 在 $(0,\frac{\pi}{2})$ 内至少有一个实根.

证 设 $F(x)=a_1\sin x+\frac{a_2}{3}\sin 3x+\cdots+\frac{a_n}{2n-1}\sin(2n-1)x$，则

$$F'(x)=a_1\cos x+a_2\cos 3x+\cdots+a_n\cos(2n-1)x,$$

$$F(0)=0,\quad F(\frac{\pi}{2})=a_1-\frac{a_2}{3}+\frac{a_3}{5}+\cdots+(-1)^{n-1}\cdot\frac{a_n}{2n-1}=0.$$

由罗尔定理知至少存在一点 $\xi\in(0,\frac{\pi}{2})$，使 $F'(\xi)=0$，即方程

$$a_1\cos x+a_2\cos 3x+\cdots+a_n\cos(2n-1)x=0$$

在 $(0,\frac{\pi}{2})$ 内至少有一个实根.

点评　利用中值定理验证方程根的思路主要有两种：

(1)把所证问题化为 $f^{(n)}(\xi)=0$ 形式.

当 $n=0$ 时，直接用连续函数的零点定理证明；

当 $n=1$ 时，应用罗尔定理证明；

当 $n=2$ 时，对导函数 $f'(x)$ 应用罗尔定理证明，$n>2$ 时，反复对高阶导数应用罗尔定理.

(2)把所证命题化为 $f'(\xi)=\frac{f(b)-f(a)}{b-a}$，$[a,b]$ 为闭区间，然后用拉格朗日定理证明.

以上思路的关键是要构造出适当的函数 $f(x)$ 及相应的区间 $[a,b]$，积分法是构造函数的重要方法.

【242】 设函数 $y=f(x)$ 具有二阶导数，且 $f'(x)>0$，$f''(x)>0$，Δx 为自变量 x 在点 x_0 处的增量，Δy 与 $\mathrm{d}y$ 分别为 $f(x)$ 在点 x_0 处相应的增量与微分，若 $\Delta x>0$，则________.

(A) $0<\mathrm{d}y<\Delta y$　(B) $0<\Delta y<\mathrm{d}y$　(C) $\Delta y<\mathrm{d}y<0$　(D) $\mathrm{d}y<\Delta y<0$

解　当 $\Delta x>0$ 时，$\Delta y=f(x_0+\Delta x)-f(x_0)=f'(\xi)\Delta x$，其中 $x_0<\xi<x_0+\Delta x$，由 $f'(x)>0$，$f''(x)>0$，得 $0<f'(x_0)<f'(\xi)$，所以 $0<\mathrm{d}y=f'(x_0)\Delta x<f'(\xi)\Delta x=\Delta y$.

故应选(A).

【243】 设函数 $y=f(x)$ 在 $(0,+\infty)$ 内有界且可导，则________.

(A) 当 $\lim\limits_{x\to+\infty}f(x)=0$ 时，必有 $\lim\limits_{x\to+\infty}f'(x)=0$

(B) 当 $\lim\limits_{x\to+\infty}f'(x)$ 存在时，必有 $\lim\limits_{x\to+\infty}f'(x)=0$

(C) 当 $\lim\limits_{x\to0^+}f(x)=0$ 时，必有 $\lim\limits_{x\to0^+}f'(x)=0$

(D) 当 $\lim\limits_{x\to0^+}f'(x)$ 存在时，必有 $\lim\limits_{x\to0^+}f'(x)=0$

解　对 $y=f(x)$ 在区间 $[a,x]$ 上使用拉格朗日中值定理，得

$$f'(\xi)=\frac{f(x)-f(a)}{x-a},$$

其中 ξ 介于 a 与 x 之间.

因为 $f(x)$ 在 $[a,x]\subset(0,+\infty)$ 上有界，所以 $f(x)-f(a)$ 有界，

$$\lim_{x\to+\infty}f'(x)=\lim_{\xi\to+\infty}f'(\xi)=\lim_{x\to+\infty}\frac{1}{x-a}\cdot[f(x)-f(a)]=0.$$

故应选(B).

【244】 设 $f(x)$ 处处可导，则________.

(A)当 $\lim\limits_{x\to-\infty}f(x)=-\infty$，必有 $\lim\limits_{x\to-\infty}f'(x)=-\infty$

(B)当 $\lim\limits_{x\to-\infty}f'(x)=-\infty$，必有 $\lim\limits_{x\to-\infty}f(x)=-\infty$

(C)当 $\lim\limits_{x\to+\infty}f(x)=+\infty$，必有 $\lim\limits_{x\to+\infty}f'(x)=+\infty$

(D)当 $\lim\limits_{x\to+\infty}f'(x)=+\infty$，必有 $\lim\limits_{x\to+\infty}f(x)=+\infty$

解 由 $\lim\limits_{x\to+\infty} f'(x)=+\infty$ 知，存在 $X>0$，当 $x>X$ 时，$f'(x)>M$（M 为任意大正数）. 在$[X,x]$上使用拉格朗日中值定理有 $f(x)-f(X)=f'(\xi)(x-X)$，其中 $\xi\in(X,x)$，则

$$f(x)-f(X)=f'(\xi)(x-X)>M(x-X)\to+\infty,$$

故 $f(x)-f(X)\to+\infty$，而 $f(X)$为确定值，从而 $f(x)\to+\infty(x\to+\infty)$.

故应选(D).

【245】 以下四个命题中，正确的是________.

(A)若 $f'(x)$在$(0,1)$内连续，则 $f(x)$在$(0,1)$内有界

(B)若 $f(x)$在$(0,1)$内连续，则 $f(x)$在$(0,1)$内有界

(C)若 $f'(x)$在$(0,1)$内有界，则 $f(x)$在$(0,1)$内有界

(D)若 $f(x)$在$(0,1)$内有界，则 $f'(x)$在$(0,1)$内有界

解 通过举反例用排除法找到正确答案即可.

设 $f(x)=\dfrac{1}{x}$，则 $f(x)$及 $f'(x)=-\dfrac{1}{x^2}$均在$(0,1)$内连续，但 $f(x)$在$(0,1)$内无界，排除(A)、(B)；又 $f(x)=\sqrt{x}$在$(0,1)$内有界，但 $f'(x)=\dfrac{1}{2\sqrt{x}}$在$(0,1)$内无界，排除(D).

故应选(C).

点评 用拉格朗日中值定理可直接证明选项(C)正确. 事实上，由 $f'(x)$在$(0,1)$内有界，可知存在正数 M，使得当 $x\in(0,1)$时，$|f'(x)|\leqslant M$ 成立. 由题设知对任何 $x\in(0,1)$有位于 x 与 $\dfrac{1}{2}$之间的 ξ，使得

$$f(x)-f(\frac{1}{2})=f'(\xi)(x-\frac{1}{2}),\quad 即\quad f(x)=f(\frac{1}{2})+f'(\xi)(x-\frac{1}{2}),$$

故
$$|f(x)|\leqslant|f(\frac{1}{2})|+|f'(\xi)|\cdot|x-\frac{1}{2}|\leqslant|f(\frac{1}{2})|+\frac{1}{2}M,\ x\in(0,1).$$

这表明函数 $f(x)$在$(0,1)$内有界.

【246】 设函数 $f(x)$在闭区间$[a,b]$上有定义，在开区间(a,b)内可导，则________.

(A) 当 $f(a)f(b)<0$ 时，存在 $\xi\in(a,b)$，使 $f(\xi)=0$

(B) 对任何 $\xi\in(a,b)$，有$\lim\limits_{x\to\xi}[f(x)-f(\xi)]=0$

(C) 当 $f(a)=f(b)$时，存在 $\xi\in(a,b)$，使 $f'(\xi)=0$

(D) 存在 $\xi\in(a,b)$，使 $f(b)-f(a)=f'(\xi)(b-a)$

解 选项(A)，(C)，(D)均不确定，因已知条件中 $f(x)$仅在$[a,b]$上有定义，不能保证$f(x)$在$[a,b]$上的连续性.

对于选项(B)：不妨设 $\xi<x$，则 $f(x)$在$[\xi,x]\subset(a,b)$上连续，在(ξ,x)内可导，由拉格朗日中值定理知至少存在一点 $t\in(\xi,x)$，使 $f(x)-f(\xi)=f'(t)(x-\xi)$，从而

$$\lim_{x\to\xi}[f(x)-f(\xi)]=\lim_{x\to\xi}f'(t)(x-\xi)=0.$$

故应选(B).

【247】 设在$[0,1]$上，$f''(x)>0$，则 $f'(0)$，$f'(1)$，$f(1)-f(0)$或$f(0)-f(1)$的大小顺序是________.

(A) $f'(1)>f'(0)>f(1)-f(0)$

(B) $f'(1)>f(1)-f(0)>f'(0)$

(C) $f(1)-f(0)>f'(1)>f'(0)$

(D) $f'(1)>f(0)-f(1)>f'(0)$

解 因为 $f''(x)>0$，所以 $f'(x)$在$[0,1]$上单调递增. 故 $f'(1)>f'(0)$. 而由拉格朗日中值

定理知 $f(1)-f(0)=f'(\xi)(1-0)$，其中 ξ 介于 0 与 1 之间. 则 $f'(0)<f'(\xi)<f'(1)$.

故应选(B).

点评 根据 $f''(x)>0$ 可知 $f'(x)$ 单调增加. 而 $f(1)-f(0)$ 涉及到两点的函数值之差，则自然会想到使用拉格朗日中值定理，但应注意 $f(1)-f(0)$ 也可写成 $\int_0^1 f'(x)\mathrm{d}x$，从而

$$f'(0)=\int_0^1 f'(0)\mathrm{d}x<\int_0^1 f'(x)\mathrm{d}x<\int_0^1 f'(1)\mathrm{d}x=f'(1).$$

一般情况下，

$$f(b)-f(a)=f'(\xi)(b-a)\text{或者 }f(b)-f(a)=\int_a^b f'(x)\mathrm{d}x$$

对于这种处理方式应特别注意.

利用拉格朗日中值定理构造辅助函数证明

【248】 设 $f(x)$ 在区间 $[a,b]$ 上连续，在 (a,b) 内可导. 证明：在 (a,b) 内至少存在一点 ξ，使

$$\frac{bf(b)-af(a)}{b-a}=f(\xi)+\xi f'(\xi).$$

证 作辅助函数 $F(x)=xf(x)$，则 $F(x)$ 在 $[a,b]$ 上满足拉格朗日中值定理的条件，从而在 (a,b) 内至少存在一点 ξ，使 $\frac{F(b)-F(a)}{b-a}=F'(\xi)$. 可见，

$$\frac{bf(b)-af(a)}{b-a}=f(\xi)+\xi f'(\xi).$$

【249】 设函数 $f(x)$ 在 $[a,b]$ 上满足罗尔定理的条件，且 $f(x)$ 不恒等于常数. 证明：在 (a,b) 内至少存在一点 ξ，使 $f'(\xi)>0$.

证 因为 $f(x)$ 在 $[a,b]$ 上满足罗尔定理的条件，且不恒等于常数，所以至少存在一点 $x_0\in(a,b)$，使 $f(x_0)\neq f(a)=f(b)$.

(1)若 $f(x_0)>f(a)$，则将 $f(x)$ 在 $[a,x_0]$ 应用拉格朗日中值定理，至少存在一点 $\xi_1\in(a,x_0)$ 使 $f'(\xi_1)=\frac{f(x_0)-f(a)}{x_0-a}>0$

(2)若 $f(x_0)<f(b)$，则将 $f(x)$ 在 $[x_0,b]$ 上应用拉格朗日中值定理，至少存在一点 $\xi_2\in(x_0,b)$ 使 $f'(\xi_2)=\frac{f(b)-f(x_0)}{b-x_0}>0$.

综合(1)(2)得在 (a,b) 内至少存在一点 ξ，使 $f'(\xi)>0$.

【250】 假设函数 $f(x)$ 在 $[0,1]$ 上连续，在 $(0,1)$ 内二阶可导，过点 $A(0,f(0))$ 与 $B(1,f(1))$ 的直线与曲线 $y=f(x)$ 相交于点 $C(c,f(c))$，其中 $0<c<1$. 证明：在 $(0,1)$ 内至少存在一点 ξ，使 $f''(\xi)=0$.

证法一 因为 $f(x)$ 在 $[0,c]$ 上满足拉格朗日中值定理的条件，故存在 $\xi_1\in(0,c)$，使 $f'(\xi_1)=\frac{f(c)-f(0)}{c-0}$，由于点 C 在弦 AB 上，故有

$$\frac{f(c)-f(0)}{c-0}=\frac{f(1)-f(0)}{1-0}=f(1)-f(0)$$

从而 $f'(\xi_1)=f(1)-f(0)$

同理可证，存在 $\xi_2\in(c,1)$，使 $f'(\xi_2)=f(1)-f(0)$.

由 $f'(\xi_1)=f'(\xi_2)$ 知在 $[\xi_1,\xi_2]$ 上，$f'(x)$ 满足罗尔定理的条件，所以存在 $\xi\in(\xi_1,\xi_2)\subset$

$(0,1)$，使 $f''(\xi)=0$.

证法二 点 A 与点 B 连线的方程为 $y=[f(1)-f(0)]x+f(0)$

令 $F(x)=f(x)-[f(1)-f(0)]x-f(0)$，则 $F(x)$ 在 $[0,c]$ 与 $[c,1]$ 上满足罗尔定理条件，于是至少存在两点 $\xi_1\in(0,c)$ 和 $\xi_2\in(c,1)$，使 $F'(\xi_1)=0, F'(\xi_2)=0$.

于是，$F'(x)$ 在 $[\xi_1,\xi_2]$ 上满足罗尔定理的条件，故至少存在一点 $\xi\in(\xi_1,\xi_2)\subset(0,1)$，使

$$F''(\xi)=f''(\xi)=0.$$

利用拉格朗日中值定理证明等式

【251】 证明恒等式 $\arcsin x+\arccos x=\dfrac{\pi}{2}\ (-1\leqslant x\leqslant 1)$.

证 设 $f(x)=\arcsin x+\arccos x$，则 $f'(x)=\dfrac{1}{\sqrt{1-x^2}}-\dfrac{1}{\sqrt{1-x^2}}=0$，根据拉格朗日中值定理的推论"若 $f'(x)=0$，则 $f(x)=C$"得 $f(x)=C$. 令 $x=0$，得 $f(0)=\dfrac{\pi}{2}$.

故 $\arcsin x+\arccos x=\dfrac{\pi}{2}$.

【252】 证明恒等式 $\arctan x=\arcsin\dfrac{x}{\sqrt{1+x^2}}\ (-\infty<x<+\infty)$.

证 设 $g(x)=\arctan x-\arcsin\dfrac{x}{\sqrt{1+x^2}}$，则

$$g'(x)=\frac{1}{1+x^2}-\frac{\dfrac{\sqrt{1+x^2}-\dfrac{x^2}{\sqrt{1+x^2}}}{1+x^2}}{\sqrt{1-\left(\dfrac{x}{\sqrt{1+x^2}}\right)^2}}=0,$$

故 $g(x)=C$. 令 $x=0$ 得 $g(0)=0$，所以 $g(x)=0$. 结论得证.

利用拉格朗日中值定理证明不等式

【253】 证明不等式：$\dfrac{a-b}{a}<\ln\dfrac{a}{b}<\dfrac{a-b}{b},\ a>b>0$.

证 设 $f(x)=\ln x$，在区间 $[b,a]$ 上使用拉格朗日中值定理得

$$\ln a-\ln b=\frac{1}{\xi}(a-b)，其中\ \xi\in(b,a).$$

由 $b<\xi<a$ 得 $\dfrac{1}{a}<\dfrac{1}{\xi}<\dfrac{1}{b}$. 故 $\dfrac{a-b}{a}<\ln\dfrac{a}{b}<\dfrac{a-b}{b}$.

利用拉格朗日中值定理求极限

【254】 已知 $f(x)$ 在 $(-\infty,+\infty)$ 内可导，且

$$\lim_{x\to\infty}f'(x)=\mathrm{e},\quad \lim_{x\to\infty}\left(\frac{x+c}{x-c}\right)^x=\lim_{x\to\infty}[f(x)-f(x-1)],$$

求 c 的值.

解 由条件易见 $c\neq 0$，$\lim\limits_{x\to\infty}\left(\dfrac{x+c}{x-c}\right)^x=\lim\limits_{x\to\infty}\left[\left(1+\dfrac{2c}{x-c}\right)^{\frac{x-c}{2c}}\right]^{\frac{2cx}{x-c}}=\mathrm{e}^{2c}$.

由拉格朗日定理，有 $f(x)-f(x-1)=f'(\xi)\cdot 1$，其中 ξ 介于 $x-1$ 与 x 之间，那么

$$\lim_{x\to\infty}[f(x)-f(x-1)]=\lim_{\xi\to\infty}f'(\xi)=\mathrm{e}.$$

于是 $\mathrm{e}^{2c}=\mathrm{e}$,故 $c=\dfrac{1}{2}$.

利用柯西中值定理证明

【255】 设 $x_1x_2>0$,证明:$x_1\mathrm{e}^{x_2}-x_2\mathrm{e}^{x_1}=(1-\xi)\mathrm{e}^{\xi}(x_1-x_2)$,其中 ξ 在 x_1 与 x_2 之间.

分析 要证关系式可改写为

$$\frac{\dfrac{\mathrm{e}^{x_2}}{x_2}-\dfrac{\mathrm{e}^{x_1}}{x_1}}{\dfrac{1}{x_2}-\dfrac{1}{x_1}}=(1-\xi)\mathrm{e}^{\xi}$$

因此对 $f(x)=\dfrac{\mathrm{e}^x}{x}$,$g(x)=\dfrac{1}{x}$ 在 $[x_1,x_2]$ 上应用柯西定理即可.

证 令 $f(x)=\dfrac{\mathrm{e}^x}{x}$,$g(x)=\dfrac{1}{x}$,则 $f(x)$,$g(x)$ 在 $[x_1,x_2]$ 上连续,在 (x_1,x_2) 内可导,且 $g'(x)\neq 0$. 由柯西中值定理知存在 $\xi\in(x_1,x_2)$,使

$$\frac{f(x_2)-f(x_1)}{g(x_2)-g(x_1)}=\frac{f'(\xi)}{g'(\xi)}\quad 即\quad \frac{\dfrac{\mathrm{e}^{x_2}}{x_2}-\dfrac{\mathrm{e}^{x_1}}{x_1}}{\dfrac{1}{x_2}-\dfrac{1}{x_1}}=(1-\xi)\mathrm{e}^{\xi},$$

也即 $x_1\mathrm{e}^{x_2}-x_2\mathrm{e}^{x_1}=(1-\xi)\mathrm{e}^{\xi}(x_1-x_2)$.

【256】 设 $f(x)$ 在 $[a,b]$ 上连续,(a,b) 内可导,$0<a<b$,试证:存在 $\xi\in(a,b)$,使

$$\frac{f(b)-f(a)}{b-a}=(a^2+ab+b^2)\frac{f'(\xi)}{3\xi^2}.$$

分析 要证关系式可改写为

$$\frac{f(b)-f(a)}{(b-a)(a^2+ab+b^2)}=\frac{f'(\xi)}{3\xi^2},\quad 即\quad \frac{f(b)-f(a)}{b^3-a^3}=\frac{f'(\xi)}{3\xi^2},$$

因此对 $f(x)$,$g(x)=x^3$ 在 $[a,b]$ 上应用柯西定理即可.

证 令 $g(x)=x^3$,则 $f(x)$,$g(x)$ 在 $[a,b]$ 上连续,在 (a,b) 内可导,且 $g'(x)\neq 0$,$x>0$. 由柯西中值定理知存在 $\xi\in(a,b)$,使

$$\frac{f(b)-f(a)}{g(b)-g(a)}=\frac{f'(\xi)}{g'(\xi)},\quad 即\quad \frac{f(b)-f(a)}{b^3-a^3}=\frac{f'(\xi)}{3\xi^2},$$

也即 $\dfrac{f(b)-f(a)}{b-a}=(a^2+ab+b^2)\dfrac{f'(\xi)}{3\xi^2}$.

【257】 设函数 $f(x)$ 在 $[a,b]$ 上连续,在 (a,b) 内可导,且 $f'(x)\neq 0$. 试证:存在 $\xi,\eta\in(a,b)$,使得 $\dfrac{f'(\xi)}{f'(\eta)}=\dfrac{\mathrm{e}^b-\mathrm{e}^a}{b-a}\cdot\mathrm{e}^{-\eta}$.

证 令 $g(x)=\mathrm{e}^x$,则 $g(x)$ 与 $f(x)$ 在 $[a,b]$ 上满足柯西中值定理条件,故由柯西中值定理,存在 $\eta\in(a,b)$,使得

$$\frac{f(b)-f(a)}{\mathrm{e}^b-\mathrm{e}^a}=\frac{f'(\eta)}{\mathrm{e}^{\eta}},\quad 即\quad \frac{f(b)-f(a)}{b-a}=\frac{(\mathrm{e}^b-\mathrm{e}^a)\mathrm{e}^{-\eta}}{b-a}\cdot f'(\eta).$$

又 $f(x)$ 在 $[a,b]$ 上满足拉格朗日中值定理条件,故存在 $\xi\in(a,b)$,使

$$\frac{f(b)-f(a)}{b-a}=f'(\xi).$$

由题设 $f'(x)\neq 0$ 知，$f'(\eta)\neq 0$，从而 $\dfrac{f'(\xi)}{f'(\eta)}=\dfrac{e^b-e^a}{b-a}\cdot e^{-\eta}$.

【258】 试证：$\sin 1=\cos\ln\xi,\ 1<\xi<e$.

证 设 $F(x)=\sin\ln x, G(x)=\ln x$，则 $F(x), G(x)$ 在 $[1,e]$ 上满足柯西中值定理条件. 由于

$$F(1)=\sin\ln 1=0,\qquad F(e)=\sin\ln e=\sin 1,$$
$$G(1)=\ln 1=0,\qquad G(e)=\ln e=1,$$
$$F'(x)=\cos\ln x\cdot\frac{1}{x},\qquad G'(x)=\frac{1}{x},$$

故由柯西中值定理存在 $\xi\in(1,e)$，使得

$$\frac{F(e)-F(1)}{G(e)-G(1)}=\frac{F'(\xi)}{G'(\xi)},\quad 即\quad \sin 1=\frac{\cos\ln\xi\cdot\frac{1}{\xi}}{\frac{1}{\xi}}=\cos\ln\xi.$$

§2. 洛必达法则

1. 洛必达法则Ⅰ 设函数 $f(x)$ 与 $g(x)$ 满足：

(1)在点 x_0 的某一邻域内(点 x_0 可除外)有定义，且 $\lim\limits_{x\to x_0}f(x)=0$，$\lim\limits_{x\to x_0}g(x)=0$；

(2)在该邻域内可导，且 $g'(x)\neq 0$；

(3) $\lim\limits_{x\to x_0}\dfrac{f'(x)}{g'(x)}$ 存在(或为∞). 则 $\lim\limits_{x\to x_0}\dfrac{f(x)}{g(x)}=\lim\limits_{x\to x_0}\dfrac{f'(x)}{g'(x)}$(或为∞).

2. 洛必达法则Ⅱ 设函数 $f(x)$ 与 $g(x)$ 满足：

(1)在 x_0 的某一邻域内(点 x_0 可除外)有定义，且 $\lim\limits_{x\to x_0}f(x)=\infty$，$\lim\limits_{x\to x_0}g(x)=\infty$；

(2)在该邻域内可导，且 $g'(x)\neq 0$；

(3) $\lim\limits_{x\to x_0}\dfrac{f'(x)}{g'(x)}$ 存在(或为∞). 则 $\lim\limits_{x\to x_0}\dfrac{f(x)}{g(x)}=\lim\limits_{x\to x_0}\dfrac{f'(x)}{g'(x)}$ (或为∞).

以上两法则对于 $x\to\infty$ 时的未定式“$\dfrac{0}{0}$”，“$\dfrac{\infty}{\infty}$”同样适用.

基本题型

利用洛必达法则求“$\dfrac{0}{0}$”型极限

【259】 计算：$\lim\limits_{x\to 0}\dfrac{x-\sin x}{x^3}$.

解 原式 $\overset{\frac{0}{0}}{=\!=}\lim\limits_{x\to 0}\dfrac{1-\cos x}{3x^2}=\lim\limits_{x\to 0}\dfrac{\frac{1}{2}x^2}{3x^2}=\dfrac{1}{6}$.

【260】 计算：$\lim\limits_{x\to\frac{\pi}{2}}\dfrac{\ln\sin x}{(\pi-2x)^2}$.

解 原式 $\overset{\frac{0}{0}}{=\!=}\lim\limits_{x\to\frac{\pi}{2}}\dfrac{\frac{\cos x}{\sin x}}{2(\pi-2x)\cdot(-2)}=-\dfrac{1}{4}\lim\limits_{x\to\frac{\pi}{2}}\dfrac{1}{\sin x}\cdot\lim\limits_{x\to\frac{\pi}{2}}\dfrac{\cos x}{\pi-2x}=-\dfrac{1}{4}\lim\limits_{x\to\frac{\pi}{2}}\dfrac{\cos x}{\pi-2x}$

$$\overset{\frac{0}{0}}{=\!=}-\frac{1}{4}\lim_{x\to\frac{\pi}{2}}\frac{-\sin x}{-2}=-\frac{1}{8}.$$

【261】 计算: $\lim\limits_{x\to 0}\dfrac{\ln(1+x^2)}{\sec x-\cos x}$.

解 原式 $=\lim\limits_{x\to 0}\dfrac{x^2}{1-\cos^2 x}\cdot\cos x=\lim\limits_{x\to 0}\dfrac{x^2}{1-\cos^2 x}\overset{\frac{0}{0}}{=\!=}\lim\limits_{x\to 0}\dfrac{2x}{-2\cos x\cdot(-\sin x)}=1.$

【262】 $\lim\limits_{x\to 0}\dfrac{\sqrt{1+x}+\sqrt{1-x}-2}{x^2}=$ ________.

解 原式 $\overset{\frac{0}{0}}{=\!=}\lim\limits_{x\to 0}\dfrac{\dfrac{1}{2\sqrt{1+x}}-\dfrac{1}{2\sqrt{1-x}}}{2x}=\dfrac{1}{4}\lim\limits_{x\to 0}\dfrac{\sqrt{1-x}-\sqrt{1+x}}{x}$

$$\overset{\frac{0}{0}}{=\!=}\frac{1}{4}\lim_{x\to 0}\left(-\frac{1}{2\sqrt{1-x}}-\frac{1}{2\sqrt{1+x}}\right)=-\frac{1}{4}.$$

故应填 $-\dfrac{1}{4}$.

【263】 计算: $\lim\limits_{x\to 0}\dfrac{\arctan x-x}{\ln(1+2x^3)}$.

解 原式 $=\lim\limits_{x\to 0}\dfrac{\arctan x-x}{2x^3}=\lim\limits_{x\to 0}\dfrac{\dfrac{1}{1+x^2}-1}{6x^2}=\dfrac{1}{6}\lim\limits_{x\to 0}\dfrac{-x^2}{x^2(1+x^2)}=-\dfrac{1}{6}.$

【264】 求 $\lim\limits_{x\to 0}\dfrac{\sin^2 x-x^2\cos^2 x}{x(e^{2x}-1)\ln(1+\tan^2 x)}$

解 原式 $=\lim\limits_{x\to 0}\dfrac{\sin^2 x-x^2\cos^2 x}{x\cdot 2x\cdot\tan^2 x}$

$$=\frac{1}{2}\lim_{x\to 0}\frac{(\sin x-x\cos x)(\sin x+x\cos x)}{x^4}=\frac{1}{2}\lim_{x\to 0}\frac{\sin x-x\cos x}{x^3}\cdot\lim_{x\to 0}\frac{\sin x+x\cos x}{x}$$

$$=\frac{1}{2}\lim_{x\to 0}\frac{\sin x-x\cos x}{x^3}\cdot 2\overset{\frac{0}{0}}{=\!=}\lim_{x\to 0}\frac{\cos x-\cos x+x\sin x}{3x^2}=\lim_{x\to 0}\frac{x\sin x}{3x^2}=\lim_{x\to 0}\frac{x^2}{3x^2}=\frac{1}{3}.$$

【265】 设 $\lim\limits_{x\to 0}\dfrac{a\tan x+b(1-\cos x)}{c\ln(1-2x)+d(1-e^{-x^2})}=2$,其中 $a^2+c^2\neq 0$,则必有 ________.

(A) $b=4d$ (B) $b=-4d$ (C) $a=4c$ (D) $a=-4c$

解 左边 $\overset{\frac{0}{0}}{=\!=}\lim\limits_{x\to 0}\dfrac{a\sec^2 x+b\sin x}{c\cdot\dfrac{-2}{1-2x}+d\cdot 2xe^{-x^2}}=\lim\limits_{x\to 0}\dfrac{a+b\sin x\cos^2 x}{-2c+2dxe^{-x^2}(1-2x)}\cdot\dfrac{1-2x}{\cos^2 x}$

$$=\lim_{x\to 0}\frac{a+b\sin x\cos^2 x}{-2c+2dxe^{-x^2}(1-2x)}=-\frac{a}{2c}.$$

由 $-\dfrac{a}{2c}=2$, 得 $a=-4c$.

故应选(D).

点评 本题也可考虑使用等价无穷小代换计算.

$$原式=\lim_{x\to0}\frac{a\cdot\frac{\tan x}{x}+b\cdot\frac{1-\cos x}{x}}{c\cdot\frac{\ln(1-2x)}{x}+d\cdot\frac{1-e^{-x^2}}{x}}=\frac{a\cdot\lim\limits_{x\to0}\frac{\tan x}{x}+b\cdot\lim\limits_{x\to0}\frac{1-\cos x}{x}}{c\cdot\lim\limits_{x\to0}\frac{\ln(1-2x)}{x}+d\cdot\lim\limits_{x\to0}\frac{1-e^{-x^2}}{x}}$$

$$=\frac{a\cdot\lim\limits_{x\to0}\frac{x}{x}+b\cdot\lim\limits_{x\to0}\frac{\frac{1}{2}x^2}{x}}{c\cdot\lim\limits_{x\to0}\frac{-2x}{x}+d\cdot\lim\limits_{x\to0}\frac{x^2}{x}}=-\frac{a}{2c}.$$

所以有 $a=-4c$.

【266】 求极限 $\lim\limits_{x\to0}\frac{(1-\cos x)[x-\ln(1+\tan x)]}{\sin^4 x}$.

解 $\lim\limits_{x\to0}\frac{(1-\cos x)[x-\ln(1+\tan x)]}{\sin^4 x}=\lim\limits_{x\to0}\frac{x-\ln(1+\tan x)}{2x^2}$

$$=\lim_{x\to0}\frac{1-\frac{\sec^2 x}{1+\tan x}}{4x}=\lim_{x\to0}\frac{1+\tan x-\sec^2 x}{4x}=\lim_{x\to0}\frac{\sec^2 x-2\sec^2 x\tan x}{4}=\frac{1}{4}.$$

【267】 求 $\lim\limits_{x\to+\infty}\frac{\ln(1+\frac{1}{x})}{\operatorname{arccot}x}$.

解 $原式=\lim\limits_{x\to+\infty}\frac{\ln(x+1)-\ln x}{\operatorname{arccot}x}\overset{\frac{0}{0}}{=\!=}\lim\limits_{x\to+\infty}\frac{\frac{1}{1+x}-\frac{1}{x}}{-\frac{1}{1+x^2}}=\lim\limits_{x\to+\infty}\frac{1+x^2}{x(1+x)}=1.$

利用洛必达法则求“$\frac{\infty}{\infty}$”型极限

【268】 求 $\lim\limits_{x\to\frac{\pi}{2}^-}\frac{\ln\cot x}{\tan x}$.

解 $原式=\lim\limits_{x\to\frac{\pi}{2}^-}\frac{-\ln\tan x}{\tan x}\overset{\frac{\infty}{\infty}}{=\!=}-\lim\limits_{x\to\frac{\pi}{2}^-}\frac{\frac{\sec^2 x}{\tan x}}{\sec^2 x}=-\lim\limits_{x\to\frac{\pi}{2}^-}\frac{1}{\tan x}=0.$

【269】 求 $\lim\limits_{x\to+\infty}\frac{\ln(x\ln x)}{x^a}$ $(a>0)$.

解 $原式=\lim\limits_{x\to+\infty}\frac{\ln x+\ln\ln x}{x^a}\overset{\frac{\infty}{\infty}}{=\!=}\lim\limits_{x\to+\infty}\frac{\frac{1}{x}+\frac{1}{x\ln x}}{ax^{a-1}}=\frac{1}{a}\lim\limits_{x\to+\infty}\frac{\ln x+1}{x^a\ln x}=0.$

利用洛必达法则求“$0\cdot\infty$”型极限

【270】 $\lim\limits_{x\to0^+}x\ln x=$______.

解 $原式=\lim\limits_{x\to0^+}\frac{\ln x}{\frac{1}{x}}\overset{\frac{\infty}{\infty}}{=\!=}\lim\limits_{x\to0^+}\frac{\frac{1}{x}}{-\frac{1}{x^2}}=0.$

故应填 0.

【271】 $\lim\limits_{x\to0}\frac{1}{x}(\frac{1}{\sin x}-\frac{1}{\tan x})$.

解 原式$=\lim\limits_{x\to 0}\frac{1}{x}(\frac{1}{\sin x}-\frac{\cos x}{\sin x})=\lim\limits_{x\to 0}\frac{1-\cos x}{x\sin x}=\lim\limits_{x\to 0}\frac{1-\cos x}{x^2}\overset{\frac{0}{0}}{=\!=}\lim\limits_{x\to 0}\frac{\sin x}{2x}=\frac{1}{2}$.

【272】 $\lim\limits_{n\to\infty}n^3(a^{\frac{1}{n}}-a^{\sin\frac{1}{n}})\ (a>0)$.

分析 数列求极限若需使用洛必达法则应先连续化，即求极限 $\lim\limits_{x\to+\infty}x^3(a^{\frac{1}{x}}-a^{\sin\frac{1}{x}})$.

解 令 $x=\frac{1}{t}$，则

$$\lim_{x\to+\infty}x^3(a^{\frac{1}{x}}-a^{\sin\frac{1}{x}})=\lim_{t\to 0^+}\frac{a^t-a^{\sin t}}{t^3}=\lim_{t\to 0^+}\frac{a^t(1-a^{\sin t-t})}{t^3}=\lim_{t\to 0^+}\frac{t-\sin t}{t^3}\cdot\ln a$$

$$\overset{\frac{0}{0}}{=\!=}\ln a\lim_{t\to 0^+}\frac{1-\cos t}{3t^2}\overset{\frac{0}{0}}{=\!=}\ln a\lim_{t\to 0^+}\frac{\sin t}{6t}=\frac{1}{6}\ln a.$$

故原式$=\frac{1}{6}\ln a$.

利用洛必达法则求“$\infty-\infty$”型极限

【273】 求 $\lim\limits_{x\to\frac{\pi}{2}}(\sec x-\tan x)$.

解 原式$=\lim\limits_{x\to\frac{\pi}{2}}\frac{1-\sin x}{\cos x}\overset{\frac{0}{0}}{=\!=}\lim\limits_{x\to\frac{\pi}{2}}\frac{-\cos x}{-\sin x}=0$.

【274】 计算 $\lim\limits_{x\to 1}(\frac{x}{x-1}-\frac{1}{\ln x})$.

解 原式$=\lim\limits_{x\to 1}\frac{x\ln x-x+1}{(x-1)\ln x}=\lim\limits_{x\to 1}\frac{x\ln x-x+1}{(x-1)\ln[1+(x-1)]}=\lim\limits_{x\to 1}\frac{x\ln x-x+1}{(x-1)^2}$

$$\overset{\frac{0}{0}}{=\!=}\lim_{x\to 1}\frac{\ln x}{2(x-1)}\overset{\frac{0}{0}}{=\!=}\lim_{x\to 1}\frac{\frac{1}{x}}{2}=\frac{1}{2}.$$

【275】 $\lim\limits_{x\to 0}(\frac{1}{x^2}-\frac{1}{x\tan x})=$________.

解 原式$=\lim\limits_{x\to 0}\frac{\tan x-x}{x^2\tan x}=\lim\limits_{x\to 0}\frac{\tan x-x}{x^3}=\lim\limits_{x\to 0}\frac{\sec^2x-1}{3x^2}$

$$=\lim_{x\to 0}\frac{\tan^2x}{3x^2}=\frac{1}{3}.$$

【276】 求 $\lim\limits_{x\to 0}(\frac{1+x}{1-e^{-x}}-\frac{1}{x})$.

解 原式$=\lim\limits_{x\to 0}\frac{x+x^2-1+e^{-x}}{x(1-e^{-x})}=\lim\limits_{x\to 0}\frac{x+x^2-1+e^{-x}}{x^2}\overset{\frac{0}{0}}{=\!=}\lim\limits_{x\to 0}\frac{1+2x-e^{-x}}{2x}$

$$\overset{\frac{0}{0}}{=\!=}\lim_{x\to 0}\frac{2+e^{-x}}{2}=\frac{3}{2}.$$

【277】 求 $\lim\limits_{x\to 0}[\frac{a}{x}-(\frac{1}{x^2}-a^2)\ln(1+ax)]\quad(a\neq 0)$.

解 原式$=\lim\limits_{x\to 0}\frac{ax-(1-a^2x^2)\ln(1+ax)}{x^2}\overset{\frac{0}{0}}{=\!=}\lim\limits_{x\to 0}\frac{a+2a^2x\ln(1+ax)-a(1-ax)}{2x}$

$$\overset{\frac{0}{0}}{=\!=}\lim_{x\to 0}\frac{2a^2\ln(1+ax)+\dfrac{2a^3x}{1+ax}+a^2}{2}=\frac{a^2}{2}.$$

【278】 求 $\lim\limits_{x\to+\infty}\left(\cos\dfrac{a}{x}+k\sin\dfrac{a}{x}\right)^x$ $(a,k\neq 0)$.

解 $\lim\limits_{x\to+\infty}\ln y=\lim\limits_{x\to+\infty}x\ln\left(\cos\dfrac{a}{x}+k\sin\dfrac{a}{x}\right)$

$$\overset{\frac{1}{x}=t}{=\!=\!=}\lim_{t\to 0^+}\frac{\ln(\cos at+k\sin at)}{t}\overset{\frac{0}{0}}{=\!=}\lim_{t\to 0^+}\frac{-a\sin at+ak\cos at}{\cos at+k\sin at}=ka.$$

所以，原式$=e^{ka}$.

【279】 $\lim\limits_{x\to 0}(\cos x)^{\frac{1}{\ln(1+x^2)}}=$________.

解 $\lim\limits_{x\to 0}(\cos x)^{\frac{1}{\ln(1+x^2)}}=\exp\left[\lim\limits_{x\to 0}\dfrac{1}{\ln(1+x^2)}\ln\cos x\right]$,

而 $\lim\limits_{x\to 0}\dfrac{\ln\cos x}{\ln(1+x^2)}=\lim\limits_{x\to 0}\dfrac{\ln\cos x}{x^2}\overset{\frac{0}{0}}{=\!=}\lim\limits_{x\to 0}\dfrac{\frac{-\sin x}{\cos x}}{2x}=-\dfrac{1}{2}$,

所以，原式$=e^{-\frac{1}{2}}=\dfrac{1}{\sqrt{e}}$.

故应填 $\dfrac{1}{\sqrt{e}}$.

【280】 若 $a>0,b>0$ 均为常数，则$\lim\limits_{x\to 0}\left(\dfrac{a^x+b^x}{2}\right)^{\frac{3}{x}}=$________.

解 设 $y=\left(\dfrac{a^x+b^x}{2}\right)^{\frac{3}{x}}$，则

$$\lim_{x\to 0}\ln y=3\lim_{x\to 0}\frac{\ln(a^x+b^x)-\ln 2}{x}=3\lim_{x\to 0}\frac{\dfrac{a^x\ln a+b^x\ln b}{a^x+b^x}-0}{1}=\frac{3}{2}\ln(ab)=\ln(ab)^{\frac{3}{2}}.$$

所以 $\lim\limits_{x\to 0}y=e^{\ln(ab)^{\frac{3}{2}}}=(ab)^{\frac{3}{2}}$.

【281】 求$\lim\limits_{x\to\infty}\left[\dfrac{a_1^{\frac{1}{x}}+a_2^{\frac{1}{x}}+\cdots+a_n^{\frac{1}{x}}}{n}\right]^{nx}$（其中 $a_1,a_2,\cdots,a_n>0$）.

解 设 $y=\left[\dfrac{a_1^{\frac{1}{x}}+a_2^{\frac{1}{x}}+\cdots+a_n^{\frac{1}{x}}}{n}\right]^{nx}$,

则 $\ln y=nx\left[\ln(a_1^{\frac{1}{x}}+a_2^{\frac{1}{x}}+\cdots+a_n^{\frac{1}{x}})-\ln n\right]$.

$$\lim_{x\to\infty}\ln y=\lim_{x\to\infty}\left\{nx[\ln(a_1^{\frac{1}{x}}+a_2^{\frac{1}{x}}+\cdots+a_n^{\frac{1}{x}})-\ln n]\right\}=n\lim_{x\to\infty}\frac{\ln(a_1^{\frac{1}{x}}+a_2^{\frac{1}{x}}+\cdots+a_n^{\frac{1}{x}})-\ln n}{\frac{1}{x}}$$

$$=n\lim_{x\to\infty}\frac{\dfrac{1}{a_1^{\frac{1}{x}}+a_2^{\frac{1}{x}}+\cdots+a_n^{\frac{1}{x}}}}{-\dfrac{1}{x^2}}\cdot\left[a_1^{\frac{1}{x}}\ln a_1\left(\frac{-1}{x^2}\right)+\cdots+a_n^{\frac{1}{x}}\ln a_n\left(\frac{-1}{x^2}\right)\right]$$

$$=n\lim_{x\to\infty}\frac{a_1^{\frac{1}{x}}\ln a_1+\cdots+a_n^{\frac{1}{x}}\ln a_n}{a_1^{\frac{1}{x}}+a_2^{\frac{1}{x}}+\cdots+a_n^{\frac{1}{x}}}=n\,\frac{\ln a_1+\cdots+\ln a_n}{n}=\ln(a_1\cdot a_2\cdot\cdots\cdot a_n).$$

所以$\lim\limits_{x\to\infty}y=e^{\ln(a_1\cdot a_2\cdot\cdots\cdot a_n)}=a_1\cdot a_2\cdot\cdots\cdot a_n$.

【282】 求$\lim\limits_{n\to\infty}(n\tan\frac{1}{n})^{n^2}$($n$为自然数).

解 因为$\lim\limits_{x\to0^+}\left(\frac{\tan x}{x}\right)^{\frac{1}{x^2}}=\lim\limits_{x\to0^+}\left[\left(1+\frac{\tan x-x}{x}\right)^{\frac{x}{\tan x-x}}\right]^{\frac{\tan x-x}{x^3}}$,其中

$$\lim_{x\to0^+}\frac{\tan x-x}{x^3}\overset{\frac{0}{0}}{=\!=}\lim_{x\to0^+}\frac{\sec^2x-1}{3x^2}=\frac{1}{3}.$$

取 $x=\frac{1}{n}$,则原式$=e^{\frac{1}{3}}$.

利用洛必达法则讨论无穷小的比较

【283】 设$x\to0$时,$e^{\tan x}-e^x$与x^n是同阶无穷小,则n为________.

(A)1 (B)2 (C)3 (D)4

解 $\lim\limits_{x\to0}\frac{e^{\tan x}-e^x}{x^n}=\lim\limits_{x\to0}\frac{e^x(e^{\tan x-x}-1)}{x^n}=\lim\limits_{x\to0}\frac{\tan x-x}{x^n}$

$$\overset{\frac{0}{0}}{=\!=}\lim_{x\to0}\frac{\sec^2x-1}{nx^{n-1}}=\lim_{x\to0}\frac{1-\cos^2x}{nx^{n-1}}=\frac{1}{n}\lim_{x\to0}\frac{\sin^2x}{x^{n-1}}=\frac{1}{n}\lim_{x\to0}\frac{x^2}{x^{n-1}}.$$

所以 $n-1=2$. 即 $n=3$.

故应选(C).

【284】 当$x\to0$时,$\alpha(x)=kx^2$与$\beta(x)=\sqrt{1+x\arcsin x}-\sqrt{\cos x}$是等价无穷小,则$k=$________.

解 由题设,

$$\lim_{x\to0}\frac{\beta(x)}{\alpha(x)}=\lim_{x\to0}\frac{\sqrt{1+x\arcsin x}-\sqrt{\cos x}}{kx^2}=\lim_{x\to0}\frac{x\arcsin x+1-\cos x}{kx^2(\sqrt{1+x\arcsin x}+\sqrt{\cos x})}$$

$$=\frac{1}{2k}\lim_{x\to0}\frac{x\arcsin x+1-\cos x}{x^2}=\frac{3}{4k}=1.$$

得 $k=\frac{3}{4}$.

故应填$\frac{3}{4}$.

【285】 试确定常数A、B、C的值,使得$e^x(1+Bx+Cx^2)=1+Ax+o(x^3)$,其中$o(x^3)$是当$x\to0$时比$x^3$高阶的无穷小.

解 根据题设和洛必达法则,由于

$$0=\lim_{x\to0}\frac{e^x(1+Bx+Cx^2)-1-Ax}{x^3}=\lim_{x\to0}\frac{e^x(1+B+Bx+2Cx+Cx^2)-A}{3x^2}$$

$$=\lim_{x\to0}\frac{e^x[2C+1+2B+(B+4C)x+Cx^2]}{6x}=\lim_{x\to0}\frac{B+4C+2Cx}{6}.$$

得 $\begin{cases}1+B-A=0,\\2B+2C+1=0,\\B+4C=0.\end{cases}$

解得 $A=\frac{1}{3},B=-\frac{2}{3},C=\frac{1}{6}$.

【286】设函数 $f(x)$ 在 $x=0$ 的某邻域内具有一阶连续导数,且 $f(0)\neq 0,f'(0)\neq 0$,若 $af(h)+bf(2h)-f(0)$ 在 $h\to 0$ 时是比 h 高阶的无穷小,试确定 a,b 的值.

解 由题设条件知

$$\lim_{h\to 0}[af(h)+bf(2h)-f(0)]=(a+b-1)f(0)=0.$$

由于 $f(0)\neq 0$,故必有 $a+b-1=0$.

又由洛必达法则,有

$$0=\lim_{h\to 0}\frac{af(h)+bf(2h)-f(0)}{h}=\lim_{h\to 0}\frac{af'(h)+2bf'(2h)}{1}=(a+2b)f'(0).$$

因 $f'(0)\neq 0$,故 $a+2b=0$. 于是得 $a=2,b=-1$.

利用洛必达法则讨论函数的连续性

【287】若 $f(x)=\begin{cases}\dfrac{\sin 2x+e^{2ax}-1}{x}, & x\neq 0\\ a, & x=0\end{cases}$ 在 $(-\infty,+\infty)$ 上连续,则 $a=$______.

解 若 $f(x)$ 在 $(-\infty,+\infty)$ 上连续,则 $f(x)$ 必在 $x=0$ 处连续. 即 $\lim\limits_{x\to 0}f(x)=f(0)=a$. 而

$$\lim_{x\to 0}f(x)=\lim_{x\to 0}\frac{\sin 2x+e^{2ax}-1}{x}\overset{\frac{0}{0}}{=\!=}\lim_{x\to 0}\frac{2\cos 2x+2ae^{2ax}}{1}=2+2a.$$

所以 $2+2a=a$,则 $a=-2$.

故应填 -2.

【288】已知 $f(x)=\begin{cases}(\cos x)^{x^{-2}}, & x\neq 0\\ a, & x=0\end{cases}$ 在 $x=0$ 处连续,则 $a=$______.

解 由题意 $\lim\limits_{x\to 0}f(x)=a$,而 $\lim\limits_{x\to 0}f(x)=\lim\limits_{x\to 0}(\cos x)^{x^{-2}}=e^{\lim\limits_{x\to 0}\frac{\ln\cos x}{x^2}}=e^{\lim\limits_{x\to 0}\frac{-\sin x}{2x\cos x}}=e^{-1/2}$,

则 $a=e^{-1/2}$.

故应填 $e^{-1/2}$.

【289】设 $f(x)=\frac{1}{\pi x}+\frac{1}{\sin\pi x}-\frac{1}{\pi(1-x)}$, $x\in[\frac{1}{2},1)$. 试补充定义 $f(1)$ 使得 $f(x)$ 在 $[\frac{1}{2},1]$ 上连续.

解 令 $y=1-x$,有

$$\begin{aligned}\lim_{x\to 1^-}f(x)&=\frac{1}{\pi}+\lim_{x\to 1^-}\frac{\pi(1-x)-\sin\pi x}{\pi(1-x)\sin\pi x}=\frac{1}{\pi}+\lim_{y\to 0^+}\frac{\pi y-\sin\pi y}{\pi y\sin\pi y}\\&=\frac{1}{\pi}+\lim_{y\to 0^+}\frac{\pi y-\sin\pi y}{\pi^2y^2}=\frac{1}{\pi}+\lim_{y\to 0^+}\frac{\pi-\pi\cos\pi y}{2\pi^2 y}\\&=\frac{1}{\pi}+\lim_{y\to 0^+}\frac{\pi^2\sin\pi y}{2\pi^2}=\frac{1}{\pi}.\end{aligned}$$

由于 $f(x)$ 在 $[\frac{1}{2},1]$ 上连续,因此定义 $f(1)=\frac{1}{\pi}$,就可使 $f(x)$ 在 $[\frac{1}{2},1]$ 上连续.

点评 易观察出 $x=1$ 时 $f(x)$ 无意义. 补充定义使 $f(x)$ 在 $[\frac{1}{2},1]$ 上连续,也就是求 $f(x)$ 左连续问题,即求 $\lim\limits_{x\to 1^-}f(x)$. 在运算过程中,使用了洛必达法则及等价无穷小代换.

【290】求极限$\lim\limits_{t\to x}\left(\frac{\sin t}{\sin x}\right)^{\frac{x}{\sin t-\sin x}}$，记此极限为 $f(x)$，求函数 $f(x)$的间断点并指出其类型.

解 因为 $f(x)=e^{\lim\limits_{t\to x}\frac{x}{\sin t-\sin x}\ln\frac{\sin t}{\sin x}}$，而 $\lim\limits_{t\to x}\frac{x}{\sin t-\sin x}\ln\frac{\sin t}{\sin x}=\lim\limits_{t\to x}x\frac{\frac{\cos t}{\sin t}}{\cos t}=\frac{x}{\sin x}$，

故 $f(x)=e^{\frac{x}{\sin x}}$.

由于 $\lim\limits_{x\to 0}f(x)=\lim\limits_{x\to 0}e^{\frac{x}{\sin x}}=e$，所以 $x=0$ 是函数 $f(x)$的第一类（或可去）间断点；$x=k\pi$ $(k=\pm 1,\pm 2,\cdots)$是 $f(x)$的第二类（或无穷）间断点.

§3. 泰勒公式

1. 泰勒定理 若 $f(x)$在含有 x_0 的某个邻域内具有直到 $n+1$ 阶的导数，则对于该邻域内任意点 x，有泰勒公式

$$f(x)=\sum_{k=0}^{n}\frac{f^{(k)}(x_0)}{k!}(x-x_0)^k+\frac{f^{(n+1)}(\xi)}{(n+1)!}(x-x_0)^{n+1},$$

其中 ξ 介于 x_0 与 x 之间，$f^{(0)}(x_0)=f(x_0)$.

2. 麦克劳林公式 在 $x_0=0$ 展开的泰勒公式，也称为麦克劳林公式，即

$$f(x)=\sum_{k=0}^{n}\frac{f^{(k)}(0)}{k!}x^k+\frac{f^{(n+1)}(\xi)}{(n+1)!}x^{n+1},$$

其中 ξ 介于 0 与 x 之间.

3. 常用的六个泰勒展开式

$$e^x=1+x+\frac{x^2}{2!}+\cdots+\frac{x^n}{n!}+o(x^n),$$

$$\sin x=x-\frac{x^3}{3!}+\frac{x^5}{5!}-\cdots+(-1)^n\frac{x^{2n+1}}{(2n+1)!}+o(x^{2n+1}),$$

$$\cos x=1-\frac{x^2}{2!}+\frac{x^4}{4!}-\frac{x^6}{6!}+\cdots+(-1)^n\frac{x^{2n}}{(2n)!}+o(x^{2n}),$$

$$\ln(1+x)=x-\frac{x^2}{2}+\frac{x^3}{3}-\cdots+(-1)^n\frac{x^{n+1}}{n+1}+o(x^{n+1}),$$

$$\frac{1}{1-x}=1+x+x^2+\cdots+x^n+o(x^n),$$

$$(1+x)^m=1+mx+\frac{m(m-1)}{2!}x^2+\cdots+\frac{m(m-1)\cdot\cdots\cdot(m-n+1)}{n!}x^n+o(x^n).$$

基本题型

求麦克劳林公式中的系数

【291】$y=2^x$ 的麦克劳林公式公式中 x^n 项的系数是________.

解 因为 $y'=2^x\ln 2,y''=2^x(\ln 2)^2,\cdots,y^{(n)}=2^x(\ln 2)^n$，于是有 $y^{(n)}(0)=(\ln 2)^n$，所以麦克劳林公式中 x^n 项的系数是 $\frac{y^{(n)}(0)}{n!}=\frac{(\ln 2)^n}{n!}$.

故应填$\frac{(\ln 2)^n}{n!}$.

写出泰勒展开式

【292】求函数 $f(x)=\dfrac{1-x}{1+x}$ 在 $x=0$ 点处带拉格朗日型余项的 n 阶泰勒展开式.

解　$f(x)=\dfrac{2}{1+x}-1$，　$f^{(k)}(x)=\dfrac{(-1)^k 2\cdot k!}{(1+x)^{k+1}}$　$(k=1,2,\cdots,n+1)$.

所以 $f(x)=1-2x+2x^2-\cdots+(-1)^n 2x^n+(-1)^{n+1}\dfrac{2x^{n+1}}{(1+\theta x)^{n+2}}$，$(0<\theta<1)$.

利用泰勒公式求极限

【293】设 $\lim\limits_{x\to 0}\dfrac{\ln(1+x)-(ax+bx^2)}{x^2}=2$，则________.

(A) $a=1,b=-\dfrac{5}{2}$　　(B) $a=0,b=-2$　　(C) $a=0,b=-\dfrac{5}{2}$　　(D) $a=1,b=-2$

解　左边 $=\lim\limits_{x\to 0}\dfrac{x-\dfrac{x^2}{2}+o(x^2)-ax-bx^2}{x^2}$

$$=\lim_{x\to 0}\frac{(1-a)x+(-b-\frac{1}{2})x^2+o(x^2)}{x^2}=2=\text{右边}.$$

所以 $1-a=0,-b-\dfrac{1}{2}=2$. 即 $a=1,b=-\dfrac{5}{2}$.

故应选(A).

【294】求下列函数的极限：$\lim\limits_{x\to 0}\dfrac{\cos x-\mathrm{e}^{-\frac{x^2}{2}}}{x^4}$.

解　因为 $\cos x=1-\dfrac{x^2}{2!}+\dfrac{x^4}{4!}+o(x^4)$，　$\mathrm{e}^{-\frac{x^2}{2}}=1-\dfrac{x^2}{2}+\dfrac{1}{2!}(-\dfrac{x^2}{2})^2+o(x^4)$

所以　原式 $=\lim\limits_{x\to 0}\dfrac{[1-\frac{x^2}{2}+\frac{x^4}{24}+o(x^4)]-[1-\frac{x^2}{2}+\frac{x^4}{8}+o(x^4)]}{x^4}=\lim\limits_{x\to 0}\dfrac{(\frac{1}{24}-\frac{1}{8})x^4+o(x^4)}{x^4}$

$=-\dfrac{1}{12}$.

【295】$\lim\limits_{x\to 0}\dfrac{x\ln(1+x)}{\mathrm{e}^x-x-1}$.

解　因为 $\mathrm{e}^x=1+x+\dfrac{x^2}{2!}+o(x^2)$，且 $x\to 0$ 时，$\ln(1+x)\sim x$，所以

$$\text{原式}=\lim_{x\to 0}\frac{x^2}{\mathrm{e}^x-x-1}=\lim_{x\to 0}\frac{x^2}{\frac{x^2}{2!}+o(x^2)}=2.$$

【296】求极限 $\lim\limits_{x\to+\infty}\left\{\dfrac{\mathrm{e}}{2}x+x^2[(1+\dfrac{1}{x})^x-\mathrm{e}]\right\}$.

解　由泰勒公式

$$(1+\frac{1}{x})^x=\mathrm{e}^{x\ln(1+\frac{1}{x})}=\mathrm{e}^{x\left[\frac{1}{x}-\frac{1}{2x^2}+\frac{1}{3x^3}+o(\frac{1}{x^3})\right]}=\mathrm{e}^{1-\frac{1}{2x}+\frac{1}{3x^2}+o(\frac{1}{x^2})}$$

$$=\mathrm{e}\left\{1-\frac{1}{2x}+\frac{1}{3x^2}+o(\frac{1}{x^2})+\frac{1}{2!}\left[-\frac{1}{2x}+\frac{1}{3x^2}+o(\frac{1}{x^2})\right]^2+o(\frac{1}{x^2})\right\}$$

$$=\mathrm{e}-\frac{\mathrm{e}}{2}\cdot\frac{1}{x}+\frac{11}{24}\mathrm{e}\cdot\frac{1}{x^2}+o\left(\frac{1}{x^2}\right),$$

从而有，$x^2\left[\left(1+\frac{1}{x}\right)^x-\mathrm{e}\right]=-\frac{\mathrm{e}}{2}x+\frac{11}{24}\mathrm{e}+x^2\cdot o\left(\frac{1}{x^2}\right)$，所以

$$\lim_{x\to+\infty}\left\{\frac{\mathrm{e}}{2}x+x^2\left[\left(1+\frac{1}{x}\right)^x-\mathrm{e}\right]\right\}=\lim_{x\to+\infty}\left[\frac{\mathrm{e}}{2}x-\frac{\mathrm{e}}{2}x+\frac{11}{24}\mathrm{e}+x^2\cdot o\left(\frac{1}{x^2}\right)\right]=\frac{11}{24}\mathrm{e}.$$

利用泰勒公式讨论无穷小的比较

【297】设当 $x\to0$ 时，$\mathrm{e}^x-(ax^2+bx+1)$ 是比 x^2 高阶的无穷小，则________.

(A) $a=\frac{1}{2},b=1$　　(B) $a=1,b=1$　　(C) $a=-\frac{1}{2},b=1$　　(D) $a=-1,b=1$

解 由 $\mathrm{e}^x=1+x+\frac{x^2}{2!}+o(x^2)$ 知 $\mathrm{e}^x-(ax^2+bx+1)=(1-b)x+\left(\frac{1}{2}-a\right)x^2+o(x^2)$.

所以必有 $a=\frac{1}{2},b=1$.

故应选(A).

利用泰勒定理证明等式、不等式

【298】试证明：若 $f(x)$ 在 $[a,b]$ 上存在二阶导数，且 $f'(a)=f'(b)=0$，则存在 $\xi\in(a,b)$，使 $|f''(\xi)|\geqslant\frac{4}{(b-a)^2}|f(b)-f(a)|$.

证 将 $f\left(\frac{a+b}{2}\right)$ 分别在点 a 和点 b 泰勒展开，得

$$f\left(\frac{a+b}{2}\right)=f(a)+\frac{f''(\xi_1)}{2}\left(\frac{b-a}{2}\right)^2,\quad \xi_1\in\left(a,\frac{a+b}{2}\right),$$

$$f\left(\frac{a+b}{2}\right)=f(b)+\frac{f''(\xi_2)}{2}\left(\frac{b-a}{2}\right)^2,\quad \xi_2\in\left(\frac{a+b}{2},b\right).$$

令 $|f''(\xi)|=\max\{|f''(\xi_1)|,|f''(\xi_2)|\}$，则

$$|f(b)-f(a)|=\left|\frac{f''(\xi_1)}{2}-\frac{f''(\xi_2)}{2}\right|\cdot\frac{(b-a)^2}{4}\leqslant|f''(\xi)|\frac{(b-a)^2}{4},$$

即存在 $\xi\in(a,b)$，使 $|f''(\xi)|\geqslant\frac{4}{(b-a)^2}|f(b)-f(a)|$.

【299】设 $f(x)$ 在 $[0,1]$ 上二阶可导，且 $f(0)=f(1)=0$. $f(x)$ 在 $[0,1]$ 上的最小值等于 -1，试证至少存在一点 $\xi\in(0,1)$，使 $f''(\xi)\geqslant8$.

证 由题设存在 $a\in(0,1)$，使 $f(a)=-1$，$f'(a)=0$. 利用泰勒公式：

$$f(x)=f(a)+f'(a)(x-a)+\frac{f''(\xi)}{2!}(x-a)^2=-1+\frac{f''(\xi)}{2}(x-a)^2,$$

令 $x=0,x=1$ 得

$$0=-1+\frac{f''(\xi_1)}{2}a^2,\quad 0<\xi_1<a \qquad ①$$

$$0=-1+\frac{f''(\xi_2)}{2}(1-a)^2,\quad a<\xi_2<1 \qquad ②$$

若 $0<a<\frac{1}{2}$，由①式得 $f''(\xi_1)>8$；若 $\frac{1}{2}\leqslant a<1$，由②式得 $f''(\xi_2)\geqslant8$，故结论成立.

点评 用泰勒公式时，x_0 的选取是关键. 若证明结果中不含一阶导数时，x_0 可考虑选取为

题设条件已知一阶导数的点或隐含为一阶导数已知的点. 若是积分不等式,还可考虑选取 $x_0=\frac{a+b}{2}$,因为 $\int_a^b f'(x_0)\left(x-\frac{a+b}{2}\right)\mathrm{d}x=0$,积分后可把含有 $f'(x_0)$ 的项消去.

【300】 设 $f(x)$ 三阶可导,且 $f'''(a)\neq 0$,

$$f(x)=f(a)+f'(a)(x-a)+\frac{f''[a+\theta(x-a)](x-a)^2}{2}\quad(0<\theta<1),\qquad ①$$

证明:$\lim\limits_{x\to a}\theta=\frac{1}{3}$.

证 把 $f(x)$ 在 $x=a$ 处展为泰勒公式:

$$f(x)=f(a)+f'(a)(x-a)+\frac{f''(a)}{2!}(x-a)^2+\frac{f'''(a)}{3!}(x-a)^3+o((x-a)^3),\qquad ②$$

$$f''(x)=f''(a)+f'''(a)(x-a)+o(x-a).$$

把 $x=a+\theta(x-a)$ 代入上式得:

$$f''[a+\theta(x-a)]=f''(a)+f'''(a)\theta(x-a)+o(x-a).\qquad ③$$

另一方面,由①-②得:$f''[a+\theta(x-a)]=f''(a)+\frac{f'''(a)}{3}(x-a)+o(x-a)$. ④

③、④联立得:$\frac{1}{3}f'''(a)(x-a)+o(x-a)=f'''(a)\theta(x-a)+o(x-a)$.

所以 $\lim\limits_{x\to a}\theta=\frac{1}{3}$.

§4. 函数的单调性与曲线的凹凸性

1. 函数的单调性

设函数 $y=f(x)$ 在 $[a,b]$ 上连续,在 (a,b) 内可导.

(1)若在 (a,b) 内 $f'(x)>0$,则 $f(x)$ 在 $[a,b]$ 上单调增加;

(2)若在 (a,b) 内 $f'(x)<0$,则 $f(x)$ 在 $[a,b]$ 上单调减少.

求 $y=f(x)$ 的单调区间步骤是:(1)明确定义域并找出无定义端点;(2)找出使 $f'(x)=0$ 的点(驻点)及导数不存在但函数有意义的点(称这些点为极值疑点);(3)把全部上面列出的点按大小列在表上,它们把定义域分割成若干区间,分别根据每个区间上导数的符号判断其单调性.

2. 曲线的凹凸性与拐点

凹凸性定义 若曲线弧上每一点的切线都位于曲线的下方,则称这段弧是凹的,若曲线弧上每一点的切线都位于曲线的上方,则称这段弧是凸的.

曲线的凹凸性判别法 设函数 $f(x)$ 在区间 $[a,b]$ 上连续,在区间 (a,b) 内具有二阶导数. 如果 $f''(x)\leqslant 0$,但 $f''(x)$ 在任何子区间中不恒为零,则曲线弧 $y=f(x)$ 是凸的;如果 $f''(x)\geqslant 0$,但 $f''(x)$ 在任何子区间不恒为零,则曲线弧 $y=f(x)$ 是凹的.

拐点定义 连续曲线凹与凸部分的分界点称为曲线的拐点.

因为拐点是曲线凹凸弧的分界点,所以在拐点横坐标左右两侧邻近处 $f''(x)$ 必然异号,而在拐点横坐标处 $f''(x)$ 等于零或不存在.

拐点存在的必要条件 设函数 $f(x)$ 在 x_0 点具有二阶导数,则点 $(x_0,f(x_0))$ 是曲线 $y=f(x)$ 的拐点的必要条件是 $f''(x_0)=0$.

判定曲线凹凸性或求函数的凹、凸区间、拐点的步骤是:(1)求出函数的定义域或指定区域,及二阶导数;(2)在区域内求出全部拐点疑点(二阶导数为0的点、二阶导数不存在但函数有意义的点),函数边界点及使函数无意义的端点,把这些点列在表上,根据二阶导数在各区间上的正负进行判断.

基本题型

利用单调性判断选项

【301】 设 $f(x)$ 在 $(-\infty,+\infty)$ 内可导,且对任意 x_1,x_2,当 $x_1>x_2$ 时,都有 $f(x_1)>f(x_2)$,则________.

(A)对任意 x,$f'(x)>0$　　(B)对任意 x,$f'(-x)\leqslant 0$

(C)函数 $f(-x)$ 单调增加　　(D)函数 $-f(-x)$ 单调增加

解 当 $x_1>x_2$ 时,$-x_1<-x_2$,则 $f(-x_1)<f(-x_2)$,从而 $-f(-x_1)>-f(-x_2)$. 即 $-f(-x)$ 单调增加.

故应选(D).

【302】 设 $f(x)$、$g(x)$ 是恒大于零的可导函数,且 $f'(x)g(x)-f(x)g'(x)<0$,则当 $a<x<b$ 时,有________.

(A) $f(x)g(b)>f(b)g(x)$　　(B) $f(x)g(a)>f(a)g(x)$

(C) $f(x)g(x)>f(b)g(b)$　　(D) $f(x)g(x)>f(a)g(a)$

解 由 $\left[\dfrac{f(x)}{g(x)}\right]'=\dfrac{f'(x)g(x)-f(x)g'(x)}{[g(x)]^2}<0$ 得:$\dfrac{f(x)}{g(x)}$ 当 $a<x<b$ 时为单调减函数.

从而 $x<b$ 时,$\dfrac{f(x)}{g(x)}>\dfrac{f(b)}{g(b)}$. 即 $f(x)g(b)-f(b)g(x)>0$.

故应选(A).

【303】 设在 $[0,1]$ 上,$f''(x)\leqslant 0$,则 $f'(0)$,$f'(1)$,$f(1)-f(0)$ 或 $f(0)-f(1)$ 的大小顺序是________.

(A) $f'(1)\leqslant f'(0)\leqslant f(1)-f(0)$　　(B) $f'(1)\leqslant f(1)-f(0)\leqslant f'(0)$

(C) $f(1)-f(0)\leqslant f'(1)\leqslant f'(0)$　　(D) $f'(1)\leqslant f(0)-f(1)\leqslant f'(0)$

解 因为 $f''(x)\leqslant 0$,所以 $f'(x)$ 在 $[0,1]$ 上单调不增. 故 $f'(1)\leqslant f'(0)$. 而由拉格朗日中值定理,$f(1)-f(0)=f'(\xi)(1-0)$,其中 ξ 介于 0,1 之间. 则 $f'(1)\leqslant f'(\xi)\leqslant f'(0)$.

故应选(B).

【304】 已知函数 $f(x)$ 在区间 $(1-\delta,1+\delta)$ 内具有二阶导数,$f'(x)$ 严格单调减少,且 $f(1)=f'(1)=1$,则________.

(A) 在 $(1-\delta,1)$ 和 $(1,1+\delta)$ 内均有 $f(x)<x$

(B) 在 $(1-\delta,1)$ 和 $(1,1+\delta)$ 内均有 $f(x)>x$

(C) 在 $(1-\delta,1)$ 内,$f(x)<x$,在 $(1,1+\delta)$ 内,$f(x)>x$

(D) 在 $(1-\delta,1)$ 内,$f(x)>x$,在 $(1,1+\delta)$ 内,$f(x)<x$

解 设 $F(x)=f(x)-x$,则 $F(1)=f(1)-1=0$.

$$F'(x)=f'(x)-1,\qquad F'(1)=f'(1)-1=0.$$

$F''(x)=f''(x)$,由 $f'(x)$ 在 $(1-\delta,1+\delta)$ 内严格单调减少知 $F''(x)<0$. 从而 $F'(x)$ 在 $(1-\delta,1+\delta)$ 内单调减少,即 $x\in(1-\delta,1)$ 时,$F'(x)>F'(1)=0$;$x\in(1,1+\delta)$ 时,$F'(x)<F'(1)=0$.

当 $x\in(1-\delta,1)$ 时,由 $F'(x)>0$ 知 $F(x)$ 单增,即 $F(x)<F(1)=0$,也即 $f(x)<x$;

当 $x\in(1,1+\delta)$时，由 $F'(x)<0$ 知 $F(x)$单减，即 $F(x)<F(1)=0$，也即 $f(x)<x$.

故应选(A).

【305】若 $f(-x)=f(x)\ (-\infty<x<+\infty)$. 在$(-\infty,0)$内 $f'(x)>0$ 且 $f''(x)<0$，则在$(0,+\infty)$内有________.

(A) $f'(x)>0, f''(x)<0$　　(B) $f'(x)>0, f''(x)>0$

(C) $f'(x)<0, f''(x)<0$　　(D) $f'(x)<0, f''(x)>0$

解　由 $f(-x)=f(x)$知，$f(x)$在$(-\infty,+\infty)$内为偶函数，$f(x)$的图象关于 y 轴对称，在$(-\infty,0)$内，$f'(x)>0$ 说明 $f(x)$为单调单增，$f''(x)<0$ 说明 $f(x)$为凸的. 故 $f(x)$在$(0,+\infty)$内为单调递减凸函数，从而 $x\in(0,+\infty)$时，$f'(x)<0, f''(x)<0$.

故应选(C).

点评　本题也可根据函数的奇偶性、使用复合函数求导法则得出结论.

由 $f(-x)=f(x)\ (-\infty<x<+\infty)$可知 $f(x)$为偶函数，即关于 y 轴对称.
对 $f(-x)=f(x)$等式两端求导得 $-f'(-x)=f'(x)$，即 $f'(x)$为奇函数.
再对 $f'(-x)=-f'(x)$两端求导得 $f''(-x)=f''(x)$，即 $f''(x)$为偶函数.
从而根据已知条件 $x\in(0,+\infty)$时，$-x\in(-\infty,0)$，有

$$f'(x)=-f'(-x)<0,\quad f''(x)=f''(-x)<0.$$

利用单调性的证明题

【306】证明函数 $f(x)=\left(1+\frac{1}{x}\right)^x$ 在区间$(0,+\infty)$上单调增加.

证　只需要证明 $f'(x)>0\ (x>0)$，由

$$f(x)=e^{x\ln(1+\frac{1}{x})},\quad f'(x)=\left(1+\frac{1}{x}\right)^x\left[\ln(1+\frac{1}{x})-\frac{1}{1+x}\right],$$

由于 $\ln\left(1+\frac{1}{x}\right)=\ln(1+x)-\ln x$，考虑 $y=\ln x$ 在$[x,1+x]$上满足拉格朗日定理，即存在 $x<\xi<x+1$，使得

$$\ln\left(1+\frac{1}{x}\right)=\ln(1+x)-\ln x=(\ln x)'\bigg|_{x=\xi}=\frac{1}{\xi}>\frac{1}{1+x}.$$

由 $\left(1+\frac{1}{x}\right)^x>0$，所以 $f(x)$在$(0,+\infty)$上单增.

【307】设 $f(x)$在$[a,+\infty)$上连续，$f''(x)$在$(a,+\infty)$上存在且大于零，记

$$F(x)=\frac{f(x)-f(a)}{x-a}\quad(x>a).$$

证明：$F(x)$在$(a,+\infty)$内单调增加.

证　只需证明 $F'(x)>0\ (a<x<+\infty)$，

$$F'(x)=\frac{f'(x)(x-a)-[f(x)-f(a)]}{(x-a)^2}=\frac{1}{x-a}\left[f'(x)-\frac{f(x)-f(a)}{x-a}\right].$$

由拉格朗日中值定理知，存在 $\xi(a<\xi<x)$，使$\frac{f(x)-f(a)}{x-a}=f'(\xi)$，于是有

$$F'(x)=\frac{1}{x-a}[f'(x)-f'(\xi)].$$

由于 $f''(x)>0$，可见 $f'(x)$在$(a,+\infty)$内单调增加. 因此，对于任意 x 和 $\xi(a<\xi<x)$，有 $f'(x)>f'(\xi)$. 从而 $F'(x)>0$，于是 $F(x)$是单调增加的.

利用单调性证明不等式

【308】 试证：当 $x>0$ 时，$(x^2-1)\ln x\geqslant(x-1)^2$.

证 令 $\varphi(x)=(x^2-1)\ln x-(x-1)^2$，易知 $\varphi(1)=0$. 由于

$$\varphi'(x)=2x\ln x-x+2-\frac{1}{x},\quad \varphi'(1)=0;$$

$$\varphi''(x)=2\ln x+1+\frac{1}{x^2},\quad \varphi''(1)=2>0;$$

$$\varphi'''(x)=\frac{2(x^2-1)}{x^3}.$$

所以当 $0<x<1$ 时，$\varphi'''(x)<0$；当 $1<x<+\infty$ 时，$\varphi'''(x)>0$，从而推知当 $x\in(0,+\infty)$ 时，$\varphi''(x)>0$.

由 $\varphi'(1)=0$ 推知，当 $0<x<1$ 时，$\varphi'(x)<0$；当 $1<x<+\infty$ 时，$\varphi'(x)>0$.

再由 $\varphi(1)=0$ 推知，当 $x>0$ 时，$(x^2-1)\ln x\geqslant(x-1)^2$.

【309】 设 $x\in(0,1)$，证明

(1) $(1+x)\ln^2(1+x)<x^2$；　(2) $\frac{1}{\ln 2}-1<\frac{1}{\ln(1+x)}-\frac{1}{x}<\frac{1}{2}$.

证 (1)令 $\varphi(x)=(1+x)\ln^2(1+x)-x^2$，则有

$$\varphi(0)=0,\quad \varphi'(x)=\ln^2(1+x)+2\ln(1+x)-2x,\quad \varphi'(0)=0.$$

因为当 $x\in(0,1)$ 时，$\varphi''(x)=\frac{2}{1+x}[\ln(1+x)-x]<0$，所以 $\varphi'(x)<\varphi'(0)=0$，从而 $\varphi(x)<0$，即 $(1+x)\ln^2(1+x)<x^2$.

(2)令 $f(x)=\frac{1}{\ln(1+x)}-\frac{1}{x}$，$x\in(0,1]$，则有

$$f'(x)=\frac{(1+x)\ln^2(1+x)-x^2}{x^2(1+x)\ln^2(1+x)}.$$

由(1)知，$f'(x)<0$（当 $x\in(0,1)$），于是推知在 $(0,1)$ 内 $f(x)$ 单调减少，又 $f(x)$ 在区间 $(0,1]$ 上连续，且 $f(1)=\frac{1}{\ln 2}-1$，故当 $x\in(0,1)$ 时，$f(x)=\frac{1}{\ln(1+x)}-\frac{1}{x}>\frac{1}{\ln 2}-1$，不等式左边证毕.

又 $$\lim_{x\to0^+}f(x)=\lim_{x\to0^+}\frac{x-\ln(1+x)}{x\ln(1+x)}=\lim_{x\to0^+}\frac{x-\ln(1+x)}{x^2}=\lim_{x\to0^+}\frac{x}{2x(1+x)}=\frac{1}{2},$$

故当 $x\in(0,1)$ 时，$f(x)=\frac{1}{\ln(1+x)}-\frac{1}{x}<\frac{1}{2}$. 不等式右边证毕.

点评 利用函数的单调性证明不等式一般步骤为：

(1)移项（有时需要再作其他简单变形），使不等式一端为 0，另一端为 $f(x)$；

(2)求 $f'(x)$ 并验证 $f(x)$ 在指定区间的增减性；

(3)求出区间端点的函数值（或极限值），作出比较即得所证.

【310】 设 $0<x_1<x_2<2$，问 $\frac{e^{x_1}}{x_1^2}$ 和 $\frac{e^{x_2}}{x_2^2}$ 何者更大？为什么？

解 设

$$y=\frac{e^x}{x^2},x\in(0,2),\quad y'=\frac{x^2e^x-2xe^x}{x^4}=\frac{e^x(x-2)}{x^3}<0,$$

故 y 为 $(0,2)$ 内单调递减函数.

所以当 $0<x_1<x_2<2$ 时，$\dfrac{e^{x_1}}{x_1^2}>\dfrac{e^{x_2}}{x_2^2}$.

【311】设 $x>0$，常数 $a>e$，证明：$(a+x)^a<a^{a+x}$.

证　因为 $y=\ln x$ 是单调增加函数，所以欲证明 $(a+x)^a<a^{a+x}$，只须证

$$a\ln(a+x)<(a+x)\ln a.$$

设 $f(x)=(a+x)\ln a-a\ln(a+x)$，则 $f(x)$ 在 $[0,+\infty)$ 内连续且可导，又有

$$f'(x)=\ln a-\frac{a}{a+x},$$

因为 $\ln a>1$，$\dfrac{a}{a+x}<1$，故 $f'(x)>0$，所以函数 $f(x)$ 在 $[0,+\infty)$ 内单调增加. 而 $f(0)=0$，所以 $f(x)>0$ $(0<x<+\infty)$，即 $a\ln(a+x)<(a+x)\ln a$，也即 $(a+x)^a<a^{a+x}$.

【312】设 $b>a>e$，证明：$a^b>b^a$.

证　要证 $a^b>b^a$，只须证 $b\ln a>a\ln b$. 令 $f(x)=x\ln a-a\ln x$ $(x\geqslant a)$，因为

$$f'(x)=\ln a-\frac{a}{x}>1-\frac{a}{x}\geqslant 0\quad(x\geqslant a),$$

所以 $f(x)$ 在 $x\geqslant a$ 时单调增加. 于是，当 $b>a$ 时，有 $f(b)>f(a)=0$. 即有 $b\ln a>a\ln b$.

【313】设 $f''(x)<0$，$f(0)=0$，证明对任何 $x_1>0$，$x_2>0$，有 $f(x_1+x_2)<f(x_1)+f(x_2)$.

证　令 $F(x)=f(x+x_2)-f(x)$，则

$$F'(x)=f'(x+x_2)-f'(x)=x_2f''(x+\theta x_2)<0,\quad(0<\theta<1)$$

所以 $F(x)$ 单调减少. 又 $x_1>0$，故 $F(x_1)<F(0)$，即 $f(x_1+x_2)-f(x_1)<f(x_2)-f(0)$.

由 $f(0)=0$，即得 $f(x_1+x_2)<f(x_1)+f(x_2)$.

利用单调性讨论根的个数

【314】当 a 取下列哪个值时，函数 $f(x)=2x^3-9x^2+12x-a$ 恰有两个不同的零点_____.

(A)2　　(B)4　　(C)6　　(D)8

解　$f'(x)=6x^2-18x+12=6(x-1)(x-2)$，从而 $f(x)$ 可能的极值点为 $x=1$，$x=2$. 且 $f(1)=5-a$，$f(2)=4-a$. 可见当 $a=4$ 时，函数 $f(x)$ 恰好有两个零点.

故应选(B).

【315】设常数 $k>0$，函数 $f(x)=\ln x-\dfrac{x}{e}+k$ 在 $(0,+\infty)$ 内零点个数为_____.

(A)3　　(B)2　　(C)1　　(D)0

解　因 $\lim\limits_{x\to0^+}f(x)=-\infty$，$\lim\limits_{x\to+\infty}f(x)=-\infty$，而 $f'(x)=\dfrac{1}{x}-\dfrac{1}{e}=0$.

当 $0<x<e$ 时，$f'(x)>0$，$f(x)$ 单调增加；

当 $x>e$ 时，$f'(x)<0$，$f(x)$ 单调减少.

而 $f(e)=k>0$. 所以 $f(x)$ 在 $(0,e)$ 内有一个零点，在 $(e,+\infty)$ 内有一个零点.

故应选(B).

【316】在区间 $(-\infty,+\infty)$ 内，方程 $|x|^{\frac14}+|x|^{\frac12}-\cos x=0$ _____.

(A)无实根　　(B)有且仅有一个实根

(C)有且仅有二个实根　　(D)有无穷多个实根

解　当 $x\in[0,+\infty)$ 时，令 $f(x)=x^{\frac14}+x^{\frac12}-\cos x$. 显然，$f(0)=-1<0$. $f(1)=2-\cos1>$

0. 由零点定理知在(0,1)内至少有一个 $f(x)=0$ 的根. 易知 $f'(x)=\frac{1}{4}x^{-\frac{3}{4}}+\frac{1}{2}x^{-\frac{1}{2}}+\sin x$, $\lim\limits_{x\to 0^+}f'(x)=+\infty$, $f(x)$ 在[0,1]为单调增加函数. 故 $f(x)=0$ 在 $(0,+\infty)$ 内仅有一个实根. $f(x)=|x|^{\frac{1}{4}}+|x|^{\frac{1}{2}}-\cos x$ 为偶函数,根据偶函数的图像的对称性可知, $f(x)=0$ 在 $(-\infty,0)$ 内仅有一个实根.

故应选(C).

【317】讨论函数 $y=\frac{1}{x-a_1}+\frac{1}{x-a_2}+\frac{1}{x-a_3}$ 的零点,其中 $a_1<a_2<a_3$.

解　易知,当 $x<a_1$ 时, $y(x)<0$;当 $x>a_3$ 时, $y(x)>0$. 因此,函数 $y(x)$ 在 $(-\infty,a_1)$ 及 $(a_3,+\infty)$ 内无零点,其零点只可能在 (a_1,a_2) 和 (a_2,a_3) 中.

因为 $y'=\frac{-1}{(x-a_1)^2}+\frac{-1}{(x-a_2)^2}+\frac{-1}{(x-a_3)^2}$,可知 $y'(x)<0, x\in(a_1,a_2)$ 或 $x\in(a_2,a_3)$. 故 $y(x)$ 在 (a_1,a_2) 内严格单调下降,在 (a_2,a_3) 内也严格单调下降.

又由 $\lim\limits_{x\to a_1^+}y(x)=+\infty$, $\lim\limits_{x\to a_2^-}y(x)=-\infty$, 可知连续函数 $y(x)$ 在 (a_1,a_2) 内有且仅有一个零点. 同理可知, $y(x)$ 在 (a_2,a_3) 内有且仅有一个零点.

总之,函数 $y(x)$ 共有两个零点,它们分别在 (a_1,a_2) 与 (a_2,a_3) 内.

求曲线的拐点

【318】函数 $y=x^5-4x+2$ 的拐点是________.

解　$y'=5x^4-4$, $y''=20x^3$,令 $y''=0$,则 $20x^3=0$,解得 $x=0$. 且在 $x=0$ 左右两侧 y'' 改变符号,即在此处存在拐点. 所以拐点为(0,2).

故应填(0,2).

【319】曲线 $y=x^3-x^2$ ________.

(A)没有拐点　　(B)有两个拐点　　(C)有一个拐点　　(D)有三个拐点

解　$y'=3x^2-2x$, $y''=6x-2=0$,解得 $x=\frac{1}{3}$,且 y'' 在 $x=\frac{1}{3}$ 的左、右两侧改变符号,所以 $x=\frac{1}{3}$ 为曲线 $y=x^3-x^2$ 的拐点.

故应选(C).

【320】曲线 $y=(x-1)^2(x-3)^2$ 的拐点个数为________.

(A) 0　　(B) 1　　(C) 2　　(D) 3

解　$y'=2(x-1)(x-3)^2+2(x-1)^2(x-3)$, $y''=4(3x^2-12x+11)=0$. 解得 $y''=0$ 有两个根,且根两侧二阶导数符号变号.

故应选(C).

点评　本题使用拐点的必要条件,求二阶导数为零的点,再考查二阶导数在该点左右两侧的符号. 但要注意的是,一般函数的拐点应是二阶导数为零的点或二阶导数不存在的点. 对本题来讲,因其二阶导数均存在,故只需求二阶导数为零的点.

【321】点(0,1)是曲线 $y=ax^3+bx^2+c$ 的拐点,则 a,b,c 应满足________.

解　拐点(0,1)应在曲线上,则 $y\Big|_{x=0}=1$,从而得 $c=1$.

又因为 $y''\Big|_{x=0}=0$,而 $y''=6ax+2b$,故 $2b=0$,即 $b=0$.

为保证 y'' 在 $x=0$ 的左、右两侧符号变化，应要求 $a\neq 0$.

故应填 $a\neq 0,b=0,c=1$.

【322】 设 $f(x)=|x(1-x)|$，则________.

(A)$x=0$ 是 $f(x)$的极值点，但$(0,0)$不是曲线 $y=f(x)$的拐点

(B)$x=0$ 不是 $f(x)$的极值点，但$(0,0)$是曲线 $y=f(x)$的拐点

(C)$x=0$ 是 $f(x)$的极值点，且$(0,0)$是曲线 $y=f(x)$的拐点

(D)$x=0$ 不是 $f(x)$的极值点，且$(0,0)$也不是曲线 $y=f(x)$的拐点

解　$f(x)$在 $x=0$ 附近的表达式为

$$f(x)=\begin{cases}x(x-1), & x<0\\ x(1-x), & 0\leqslant x<1\end{cases}，\quad 从而\ f'(x)=\begin{cases}2x-1, & x<0\\ 不存在, & x=0\\ 1-2x, & x>0\end{cases}.$$

由于 $f'(0)$不存在，且 $f'(x)$在 $x=0$ 左右两边符号改变，故 $x=0$ 是 $f(x)$的极值点. 又

$$f''(0)=\begin{cases}2, & x<0\\ 不存在, & x=0\\ -2, & x>0\end{cases}$$

由于 $f''(0)$不存在，且 $f''(x)$在 $x=0$ 左右两边符号改变，所以 $x=0$ 是 $y=f(x)$的拐点.

故应选(C).

点评　本题的可能极值点应在 $f'(x)$不存在处求得，但需判断该点左、右两侧符号是否改变；同样的，$f(x)$的拐点也应从 $f''(x)$不存在处寻找，找到该点后应判断 $f''(x)$在该点左、右两侧的符号是否改变.

【323】 设 $f'(x_0)=f''(x_0)=0,f'''(x_0)>0$，则下列选项正确的是________.

(A)$f'(x_0)$是 $f'(x)$的极大值　　(B)$f(x_0)$是 $f(x)$的极大值

(C)$f(x_0)$是 $f(x)$的极小值　　(D)$(x_0,f(x_0))$是曲线 $y=f(x)$的拐点

解　$f'''(x_0)=\lim\limits_{x\to x_0}\dfrac{f''(x)-f''(x_0)}{x-x_0}=\lim\limits_{x\to x_0}\dfrac{f''(x)}{x-x_0}>0.$

由极限的保号性知，当 $x<x_0$ 时，$f''(x)<0$；当 $x>x_0$ 时，$f''(x)>0$. 所以$(x_0,f(x_0))$是曲线$y=f(x)$的拐点.

故应选(D).

【324】 设函数 $f(x)$满足关系式 $f''(x)+[f'(x)]^2=x$，且 $f'(0)=0$，则________.

(A) $f(0)$是 $f(x)$的极大值

(B) $f(0)$是 $f(x)$的极小值

(C) 点$(0,f(0))$是曲线 $y=f(x)$的拐点

(D) $f(0)$不是 $f(x)$的极值，点$(0,f(0))$也不是曲线 $y=f(x)$的拐点

解　在关系式中令 $x=0$ 得 $f''(0)=0$，对 $f''(x)=x-[f'(x)]^2$ 两边关于 x 求导得

$$f'''(x)=1-2f'(x)f''(x).$$

令 $x=0$，$f'''(0)=1>0$，所以$(0,f(0))$是曲线 $y=f(x)$拐点.

故应选(C).

求曲线的凹凸区间

【325】 曲线的 $y=-6x^2+4x^4$ 的凸区间是________.

解　$y'=-12x+16x^3$，$y''=-12+48x^2=12(4x^2-1)<0$，解得$-\dfrac{1}{2}<x<\dfrac{1}{2}$.

故应填 $(-\frac{1}{2},\frac{1}{2})$.

【326】 求曲线 $y=\ln(x^2+1)$ 的凹凸区间和拐点.

解 $y'=\frac{2x}{x^2+1}$, $y''=\frac{(x^2+1)\cdot 2-2x\cdot 2x}{(x^2+1)^2}=\frac{2(1-x^2)}{(x^2+1)^2}$.

令 $y''=0$,得 $1-x^2=0$,解得 $x=\pm 1$. 函数无二阶导数不存在的点.

点 $x=1$ 和 $x=-1$ 把$(-\infty,+\infty)$分成三部分,在$(-\infty,-1)$和$(1,+\infty)$上 $y''<0$,曲线是凸的;在$(-1,1)$上 $y''>0$,曲线是凹的. 当 $x=\pm 1$ 时,$y=\ln 2$.

故$(-1,\ln 2)$和$(1,\ln 2)$是曲线的拐点.

【327】 函数 $y=|1+\sin x|$ 在区间$(\pi,2\pi)$内的图形是________.

(A)凹的　　(B)凸的　　(C)既是凹的又是凸的　　(D)为直线

解 当 $x\in(\pi,2\pi)$时,$-1\leqslant\sin x\leqslant 0$,从而 $0\leqslant 1+\sin x\leqslant 1$,所以

$$y=|1+\sin x|=1+\sin x,\quad y'=\cos x,\quad y''=-\sin x>0,$$

从而函数 $y=|1+\sin x|$ 在$(\pi,2\pi)$内为凹的.

故应选(A).

【328】 设函数 $y(x)$ 由参数方程 $\begin{cases}x=t^3+3t+1\\y=t^3-3t+1\end{cases}$ 确定,则曲线 $y=y(x)$ 凸的 x 取值范围是________.

解 $\frac{dy}{dx}=\frac{\frac{dy}{dt}}{\frac{dx}{dt}}=\frac{3t^2-3}{3t^2+3}=\frac{t^2-1}{t^2+1}$, $\frac{d^2y}{dx^2}=\frac{d}{dx}(\frac{dy}{dx})=\frac{\frac{d}{dt}(\frac{t^2-1}{t^2+1})}{\frac{dx}{dt}}=\frac{\frac{4t}{(t^2+1)^2}}{3(t^2+1)}=\frac{4t}{3(t^2+1)^3}$.

令$\frac{d^2y}{dx^2}=0$,得 $t=0$,从而 $x=1$. 且 $x<1$ 时,$y''<0$.

故 $y=y(x)$ 凸的 x 取值范围为$(-\infty,1)$ (或$(-\infty,1]$).

利用曲线的凹凸性证明

【329】 证明:当 $0<x<\pi$ 时,有 $\sin\frac{x}{2}>\frac{x}{\pi}$.

证 设 $f(x)=\sin\frac{x}{2}-\frac{x}{\pi}$,有

$$f'(x)=\frac{1}{2}\cos\frac{x}{2}-\frac{1}{\pi},\quad f''(x)=-\frac{1}{4}\sin\frac{x}{2}<0\quad(0<x<\pi).$$

则函数 $f(x)$ 对应的曲线在$(0,\pi)$内为凸的.

由于 $f(0)=f(\pi)=0$,可见,当 $0<x<\pi$ 时,$f(x)>0$,即 $\sin\frac{x}{2}>\frac{x}{\pi}$.

【330】 证明:当 $x\neq y$ 时,$\frac{e^x+e^y}{2}>e^{\frac{x+y}{2}}$.

证 令 $f(t)=e^t$,则 $f'(t)=e^t$,$f''(t)=e^t>0$,因此 $f(t)=e^t$ 在(x,y)或(y,x)上的曲线弧是凹的,于是

$$\frac{1}{2}[f(x)+f(y)]>f(\frac{x+y}{2}),\quad 即\quad \frac{1}{2}(e^x+e^y)>e^{\frac{x+y}{2}},$$

亦即 $\frac{e^x+e^y}{2}>e^{\frac{x+y}{2}}$.

§5. 函数的极值与最大值、最小值

1. 函数的极值

极值的定义　设函数 $f(x)$ 在 x_0 点的某个邻域内有定义，对于该邻域内异于 x_0 的点 x，如果恒有 $f(x)<f(x_0)$，则称 $f(x_0)$ 为 $f(x)$ 的极大值，而称 x_0 为 $f(x)$ 的极大值点；如果恒有 $f(x)>f(x_0)$，则称 $f(x_0)$ 为 $f(x)$ 的极小值，而称 x_0 为 $f(x)$ 的极小值点.

极大值与极小值统称为极值，极大值点与极小值点统称为极值点.

极值的必要条件　设函数 $f(x)$ 在 x_0 点可导，且在 x_0 点取得极值，则必有 $f'(x_0)=0$.

极值第一判别法　设函数 $f(x)$ 在 x_0 点的某个邻域内可导，且 $f'(x_0)=0$，那么

(1)若当 $x<x_0$ 时，$f'(x)>0$；当 $x>x_0$ 时 $f'(x)<0$，则 $f(x_0)$ 是 $f(x)$ 的极大值.

(2)若当 $x<x_0$ 时，$f'(x)<0$；当 $x>x_0$ 时 $f'(x)>0$，则 $f(x_0)$ 是 $f(x)$ 的极小值.

(3)若在 x_0 的两侧，$f'(x)$ 的符号相同，则 $f(x_0)$ 不是极值.

极值第二判别法　设函数 $f(x)$ 在 x_0 点处有二阶导数，且 $f'(x_0)=0$，$f''(x_0)\neq 0$，则

(1)当 $f''(x_0)<0$ 时，函数 $f(x)$ 在点 x_0 取得极大值；

(2)当 $f''(x_0)>0$ 时，函数 $f(x)$ 在点 x_0 取得极小值.

2. 求极值的步骤

(1)求出函数 $f(x)$ 的全部极值疑点——驻点($f'(x)=0$ 的点)及导数不存在但函数有意义的内点；

(2)逐个地进行判断.判断的方法一般有两个

方法一：用第一种充分条件，求出导函数 $f'(x)$ 并把它因式分解，根据极值疑点邻近 $f'(x)$ 的符号判断.如果极值疑点较多时，亦可先列表求出单调区间，然后根据各单调区间进行判断.

方法二：用第二种充分条件，即如果是驻点，用二阶导数在该点处的正负判断.

注意方法二的条件是极值疑点必为驻点；该点处存在二阶导数且不为 0，否则应改用方法一判断.当 $f''(x)$ 存在但较复杂时，一般也用方法一判断.

3. 函数的最大值与最小值

设函数 $f(x)$ 在 $[a,b]$ 上连续，在 (a,b) 内仅有一个极值点，则若 x_0 是 $f(x)$ 的极大值点，那么 x_0 必为 $f(x)$ 在 $[a,b]$ 上的最大值点；若 x_0 是 $f(x)$ 的极小值点，那么 x_0 必为 $f(x)$ 在 $[a,b]$ 上的最小值点.

4. 求函数最值的步骤

(1)找出此区间上的全部极值疑点(即驻点、导数不存在但函数有意义的内点)及使函数有定义的边界点；

(2)分别求出函数在这些点上的函数值并比较其大小，其中最大的函数值就是最大值，最小的函数值就是最小值.注意，若函数在指定区间单调且在边界点处连续，则其边界点必为最值点.

基 本 题 型

一元函数极值的判定

【331】 设 $f(x)=x\sin x+\cos x$，下列命题中正确的是________.

(A) $f(0)$ 是极大值，$f(\frac{\pi}{2})$ 是极小值　　(B) $f(0)$ 是极小值，$f(\frac{\pi}{2})$ 是极大值

(C) $f(0)$是极大值，$f(\frac{\pi}{2})$也是极大值　　(D) $f(0)$是极小值，$f(\frac{\pi}{2})$也是极小值

解 $f'(x)=\sin x+x\cos x-\sin x=x\cos x$，显然 $f'(0)=0$，$f'(\frac{\pi}{2})=0$，又 $f''(x)=\cos x-x\sin x$，且 $f''(0)=1>0$，$f''(\frac{\pi}{2})=-\frac{\pi}{2}<0$，所以 $f(0)$是极小值，$f(\frac{\pi}{2})$是极大值.

故应选(B).

【332】 设函数 $f(x)$在$(-\infty,+\infty)$内连续，其导函数的图形如图 332 所示，则 $f(x)$有________.

(A)一个极小值点和两个极大值点

(B)两个极小值点和一个极大值点

(C)两个极小值点和两个极大值点

(D)三个极小值点和一个极大值点

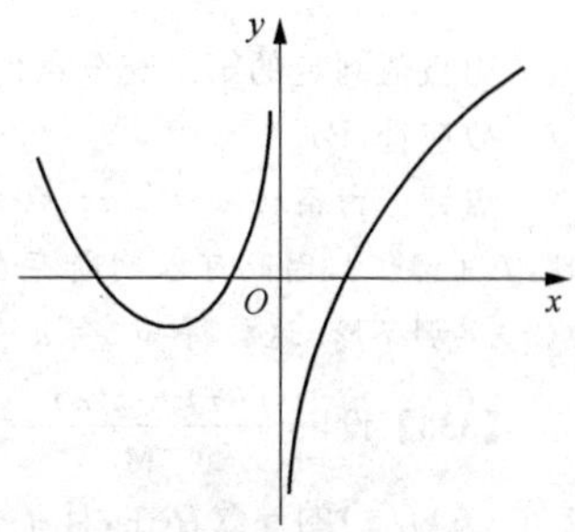

图 332

解 根据导函数的图形可知，一阶导数为零的点有 3 个，而 $x=0$ 则是导数不存在的点. 三个一阶导数为零的点左右两侧导数符号不一致，必为极值点，且为两个极小值点、一个极大值点；在 $x=0$ 左侧一阶导数为正，右侧一阶导数为负，可见 $x=0$ 为极大值点，所以 $f(x)$共有两个极小值点和两个极大值点.

故应选(C).

【333】 设 $y=f(x)$是满足方程 $y''+y'-e^{\sin x}=0$ 的解. 且 $f'(x_0)=0$，则 $f(x)$在________.

(A) x_0 的某邻域内单调增加　　(B) x_0 的某邻域内单调减少

(C) x_0 处取得极小值　　(D) x_0 处取得极大值

解 由 $f'(x_0)=0$ 知 x_0 为驻点. 又 $y''\Big|_{x=x_0}=(-y'+e^{\sin x})\Big|_{x=x_0}=e^{\sin x_0}>0$. 因此 $f(x)$在 x_0 处取得极小值.

故应选(C).

【334】 已知函数 $y=f(x)$对一切 x 满足 $xf''(x)+3x[f'(x)]^2=1-e^{-x}$，若 $f'(x_0)=0$ $(x_0\neq 0)$，则________.

(A) $f(x_0)$是 $f(x)$的极大值

(B) $f(x_0)$是 $f(x)$的极小值

(C) $(x_0,f(x_0))$是曲线 $y=f(x)$的拐点

(D) $f(x_0)$不是 $f(x)$的极值，$(x_0,f(x_0))$也不是曲线 $y=f(x)$的拐点

解 由方程 $xf''(x)+3x[f'(x)]^2=1-e^{-x}$ 得 $f''(x)=\frac{1-e^{-x}}{x}-3[f'(x)]^2$，则

$$f''(x_0)=\frac{1-e^{-x_0}}{x_0}-3[f'(x_0)]^2=\frac{1-e^{-x_0}}{x_0}>0,$$

所以 $f(x)$在 x_0 取得极小值.

故应选(B).

点评 本题考查极值的判别. 把 x_0 代入已知微分方程可求得 $f''(x_0)$，再用极值第二充分条件判定.

【335】 设 $f(x)$的导数在 $x=a$ 处连续，又 $\lim\limits_{x\to a}\frac{f'(x)}{x-a}=-1$，则________.

(A) $x=a$ 是 $f(x)$ 的极小值点

(B) $x=a$ 是 $f(x)$ 的极大值点

(C) $(a,f(a))$ 是曲线 $y=f(x)$ 的拐点

(D) $x=a$ 不是 $f(x)$ 的极值点，$(a,f(a))$ 也不是曲线 $y=f(x)$ 的拐点

解 因为 $f'(x)$ 在 $x=a$ 处连续，所以 $f'(a)=\lim\limits_{x\to a}f'(x)=0$，故 $x=a$ 为 $f(x)$ 的驻点. 又

$$f''(a)=\lim_{x\to a}\frac{f'(x)-f'(a)}{x-a}=\lim_{x\to a}\frac{f'(x)}{x-a}=-1<0.$$

由极值判定的第二充分条件知 $x=a$ 处 $f(x)$ 取得极大值.

故应选(B).

点评 由条件知 $f'(a)=0$，且当 $x<a$ 并在 a 点附近时，$f'(x)>0$；当 $x>a$ 并在 a 点附近时，$f'(x)<0$，因此可以判断存在 $\delta>0$，当 $a-\delta<x<a$ 时，$f(x)$ 单调上升，而当 $a<x<a+\delta$ 时，$f(x)$ 单调下降. 这就得知 $x=a$ 是 $f(x)$ 的极大值点.

【336】 设 $\lim\limits_{x\to a}\dfrac{f(x)-f(a)}{(x-a)^2}=-1$，则在点 $x=a$ 处________.

(A) $f(x)$ 的导数存在，且 $f'(a)\neq0$　　(B) $f(x)$ 取得极大值

(C) $f(x)$ 取得极小值　　(D) $f(x)$ 的导数不存在

解 因为 $\lim\limits_{x\to a}\dfrac{f(x)-f(a)}{(x-a)^2}=-1$，所以 $\lim\limits_{x\to a}\dfrac{f(x)-f(a)}{x-a}=0$，即 $f'(a)=0$. 又在 a 的某一去心邻域内有 $\dfrac{f(x)-f(a)}{(x-a)^2}<0$，即 $f(x)-f(a)<0$，所以 $f(x)$ 在 $x=a$ 处取极大值.

故应选(B).

【337】 设 $y=f(x)$ 是方程 $y''-2y'+4y=0$ 的一个解，若 $f(x_0)>0$，且 $f'(x_0)=0$，试判定 x_0 是否是 $f(x)$ 的极值点？如果 x_0 为 $f(x)$ 的极值点，是极大值点，还是极小值点？

分析 虽然问题以方程形式出现，但由于 $f'(x_0)=0$，因此，可知 x_0 为 $f(x)$ 的驻点. 为了判定 x_0 是否为极值点，由已知条件可以想到，只须判定 $f''(x_0)$ 的符号.

证 由于 $y=f(x)$ 为 $y''-2y'+4y=0$ 的解，从而 $f''(x)-2f'(x)+4f(x)=0$. 特别，当 $f(x_0)>0$，$f'(x_0)=0$ 时，上述方程可以化为

$$f''(x_0)+4f(x_0)=0,\quad 即\quad f''(x_0)=-4f(x_0)<0,$$

由极值的第二充分条件可以得知，x_0 为 $f(x)$ 的极值点，且为极大值点. 即 $f(x)$ 在 x_0 点取得极大值.

【338】 设函数 $y=y(x)$ 由方程 $2y^3-2y^2+2xy-x^2=1$ 所确定. 试求 $y=y(x)$ 的驻点，并判定它是否为极值点.

解 对原方程两边关于 x 求导可得

$$3y^2y'-2yy'+xy'+y-x=0, \tag{①}$$

令 $y'=0$，得 $y=x$. 将此代入原方程，有 $2x^3-x^2-1=0$，从而得驻点 $x=1$.

①式两边求导得

$$(3y^2-2y+x)y''+2(3y-1)(y')^2+2y'-1=0,$$

因此，$y''\Big|_{(1,1)}=\dfrac{1}{2}>0$. 故驻点 $(1,1)$ 是 $y=y(x)$ 的极小值点.

【339】 已知二次方程 $x^2-2ax+10x+2a^2-4a-2=0$ 有实根，试问 a 为何值时，它是方程两根之积的极值点，并求极值.

解 因为二次方程有实根,可知其判别式

$$\Delta=(10-2a)^2-4(2a^2-4a-2)=4[-a^2-6a+27]\geqslant 0,$$

此不等式的解为 $-9\leqslant a\leqslant 3$

又因方程的两根之积为 $y=2a^2-4a-2\ (a\in[-9,3])$,由 $y'=4a-4$,$y''=4>0$,可知 y 有唯一的驻点 $a=1$,且为极小值点.极值为 $y(1)=-4$.

总之当 $a=1$ 时,它是方程两根之积的极小值点,其极小值为-4.

【340】 求 a 的范围,使函数 $f(x)=x^3+3ax^2-ax-1$ 既无极大值同时又无极小值.

解 因为 $f'(x)=3x^2+6ax-a$.

当 $\Delta=4(9a^2+3a)<0$ 时,可知 $f(x)$ 无驻点,即 $f(x)$ 无极值点.

当 $\Delta=4(9a^2+3a)=0$ 时,$a=-\dfrac{1}{3}$ 或 0,这时 $f'(x)=3(x-\dfrac{1}{3})^2$ 或 $f'(x)=3x^2$,可知这时函数 $f(x)=(x+\dfrac{1}{3})^3+C_1$ 或 $f(x)=x^3+C_2$,从而无极值点.

当 $\Delta=4(9a^2+3a)>0$ 时,易知有两个驻点且为极值点.

由此可知,当 $-\dfrac{1}{3}\leqslant a\leqslant 0$ 时,函数 $f(x)$ 既无极大值又无极小值.

求函数的最大(小)值

【341】 设 $a>1$,$f(t)=a^t-at$ 在 $(-\infty,+\infty)$ 内的驻点为 $t(a)$.问 a 为何值时,$t(a)$ 最小?并求出最小值.

解 由 $f'(t)=a^t\ln a-a=0$,得唯一驻点 $t(a)=1-\dfrac{\ln\ln a}{\ln a}$.

考查函数 $t(a)=1-\dfrac{\ln\ln a}{\ln a}$ 在 $a>1$ 时的最小值.

令 $t'(a)=-\dfrac{\dfrac{1}{a}-\dfrac{1}{a}\ln\ln a}{(\ln a)^2}=-\dfrac{1-\ln\ln a}{a(\ln a)^2}=0$,得唯一驻点 $a=\mathrm{e}^{\mathrm{e}}$.

当 $a>\mathrm{e}^{\mathrm{e}}$ 时,$t'(a)>0$;当 $a<\mathrm{e}^{\mathrm{e}}$ 时,$t'(a)<0$,因此 $t(\mathrm{e}^{\mathrm{e}})=1-\dfrac{1}{\mathrm{e}}$ 为极小值,从而是最小值.

点评 根据函数 $f(t)$ 在 $(-\infty,+\infty)$ 内有驻点 $t(a)$,可知 $f'(a)=0$,由此求出 $t(a)$ 的表达式,这是解答本题的关键.在求出驻点 $a=\mathrm{e}^{\mathrm{e}}$ 后,应进行判断,验证其确实取得最小值.

【342】 作半径为 r 的球的外切正圆锥,问此圆锥的高 h 为何值时,其体积 V 最小,并求出该最小值.

解 设圆锥底面圆半径为 R,如图 342 所示,

$$SC=h,\quad OC=OD=r,\quad BC=R.$$

因 $\dfrac{BC}{SC}=\dfrac{OD}{SD}$,故 $\dfrac{R}{h}=\dfrac{r}{\sqrt{(h-r)^2-r^2}}$,从而 $R=\dfrac{rh}{\sqrt{h^2-2hr}}$.

于是圆锥体积为

$$V(h)=\frac{\pi}{3}R^2h=\frac{\pi r^2}{3}\cdot\frac{h^2}{h-2r}\quad(2r<h<+\infty).$$

因 $V'(h)=\dfrac{\pi r^2}{3}\cdot\dfrac{h^2-4rh}{(h-2r)^2}$,故解 $V'(h)=0$ 得 $h=4r$,$h=0$(舍去).

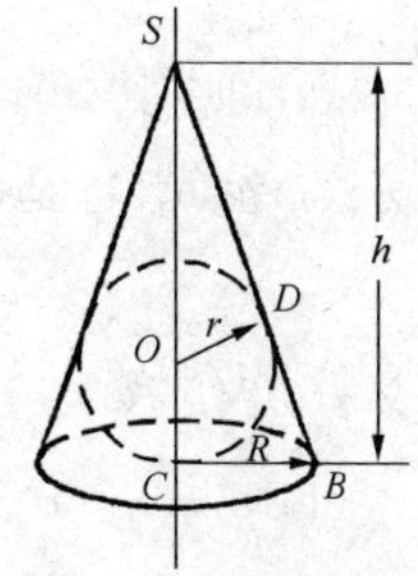

图 342

由于圆锥体的最小体积一定存在，且 $h=4r$ 是 $V(h)$ 在 $(2r,+\infty)$ 内的唯一驻点，所以当 $h=4r$ 时 V 取最小值

$$V(4r)=\frac{\pi r^2}{3}\ \frac{(4r)^2}{4r-2r}=\frac{8\pi r^3}{3}.$$

【343】宽度为 a 米的河流修筑一条宽为 b 米的运河，二者成直角相交，问能驶进该运河的船，其最大长度为多少？

分析 如图 343，要求船长度尽可能长，即船长为过 B 点与两河岸相交的线段 ABC 的长度，又船可以驶进运河，即船长度为线段 ABC 的最小值(不考虑船的宽度).

解 设线段长度为 l，与运河岸边的夹角为 θ，则

$$l(\theta)=\overline{AB}+\overline{BC}=\frac{a}{\cos\theta}+\frac{b}{\sin\theta}\quad\left(0<\theta<\frac{\pi}{2}\right)$$

$$l'(\theta)=\frac{b\sin\theta}{\cos^2\theta}\left(\frac{a}{b}-\cot^3\theta\right)\overset{令}{=}0,得\ \cot\theta=\sqrt[3]{\frac{a}{b}},$$

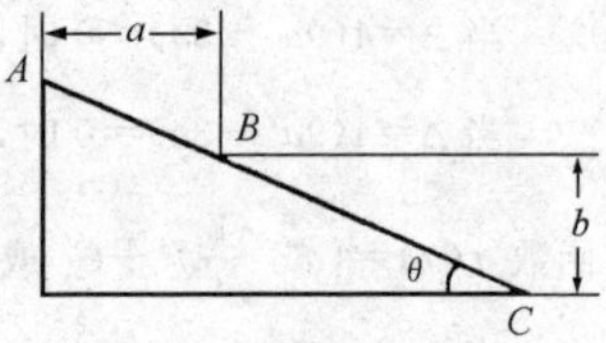

图 343

即 $\theta_0=\operatorname{arccot}\sqrt[3]{\dfrac{a}{b}}$，且它为唯一驻点.

因为 $y=\cot\theta$ 在 $0<\theta<\frac{\pi}{2}$ 时单调减少，当 $0<\theta<\theta_0$ 时，$l'<0$；而当 $\theta_0<\theta<\frac{\pi}{2}$ 时，$l'>0$，即当 $\theta=\theta_0$ 时有极小值，亦为最小值.

此时 $$l(\theta_0)=\frac{b}{\sin\theta_0}+\frac{a}{\cos\theta_0}=b\sqrt{1+\left(\sqrt[3]{\frac{a}{b}}\right)^2}+a\cdot\frac{\sqrt{1+\left(\sqrt[3]{\frac{a}{b}}\right)^2}}{\sqrt[3]{\frac{a}{b}}}=\left(a^{\frac{2}{3}}+b^{\frac{2}{3}}\right)^{\frac{3}{2}},$$

即过 B 点与两岸相交的线段 ABC 最小长度为 $\left(a^{\frac{2}{3}}+b^{\frac{2}{3}}\right)^{\frac{3}{2}}$.

故能驶进运河的船的最大长度为 $\left(a^{\frac{2}{3}}+b^{\frac{2}{3}}\right)^{\frac{3}{2}}$.

利用极值、最大(小)值证明

【344】证明：若 $p>1$，则对于 $[0,1]$ 内任意 x，有 $\frac{1}{2^{p-1}}\leqslant x^p+(1-x)^p\leqslant 1$.

证 构造辅助函数 $f(x)=x^p+(1-x)^p$，则

$$f'(x)=px^{p-1}-p(1-x)^{p-1},\quad f''(x)=p(p-1)x^{p-2}+p(p-1)(1-x)^{p-2},$$

令 $f'(x)=0$，得 $x^{p-1}=(1-x)^{p-1}$，从中求得在 $[0,1]$ 上只有一个驻点 $x=\frac{1}{2}$，又因为 $p>1$，且当 $x\in[0,1]$ 时，$f''(x)>0$，即在 $[0,1]$ 上，曲线 $y=f(x)$ 是凹的，且 $f(x)$ 在 $x=\frac{1}{2}$ 处取得极小值，且为 $f(x)$ 在 $[0,1]$ 上的最小值.

$$f\left(\frac{1}{2}\right)=\left(\frac{1}{2}\right)^p+\left(1-\frac{1}{2}\right)^p=\frac{1}{2^{p-1}}.$$

又 $f(0)=1,f(1)=1$，从而 $y=f(x)$ 的最大值为 1.

因此，$\frac{1}{2^{p-1}}\leqslant x^p+(1-x)^p\leqslant 1$.

【345】设 p,q 是大于 1 的常数，且 $\frac{1}{p}+\frac{1}{q}=1$. 证明：对于任意 $x>0$，有 $\frac{1}{p}x^p+\frac{1}{q}\geqslant x$.

证 令 $f(x)=\frac{1}{p}x^p+\frac{1}{q}-x$，则 $f'(x)=x^{p-1}-1$. 令 $f'(x)=0$，得 $x=1$.

因为 $f''(x)=(p-1)x^{p-2}$，则 $f''(1)=p-1>0$. 所以当 $x=1$ 时，$f(x)$取极小值，即最小值. 从而当 $x>0$ 时，有 $f(x)\geqslant f(1)=0$，即$\frac{1}{p}x^p+\frac{1}{q}\geqslant x$.

【346】 设$\lim\limits_{x\to 0}\frac{f(x)}{x}=1$，且 $f''(x)>0$. 证明：$f(x)\geqslant x$.

证 因为 $f(x)$连续且具有一阶导数，所以由$\lim\limits_{x\to 0}\frac{f(x)}{x}=1$ 知 $f(0)=0$. 又

$$f'(0)=\lim_{x\to 0}\frac{f(x)-f(0)}{x-0}=\lim_{x\to 0}\frac{f(x)}{x}=1.$$

令 $F(x)=f(x)-x$，则 $F(0)=0$. 由于 $F'(x)=f'(x)-1$，所以 $F'(0)=0$. 又由 $F''(x)=f''(x)>0$ 知，$F(0)$是 $F(x)$的极小值和 $F'(x)$单调. 故 $F(x)$只有一个驻点，从而 $F(0)$是 $F(x)$的最小值. 因此 $F(x)\geqslant F(0)=0$. 即 $f(x)\geqslant x$.

§6. 函数图形的描绘

1. 曲线的渐近线

若 $\lim\limits_{x\to+\infty}f(x)=A$，则称直线 $y=A$ 为曲线 $y=f(x)$的水平渐近线（将 $x\to+\infty$改为 $x\to-\infty$ 仍有此定义）.

若 $\lim\limits_{x\to x_0^+}f(x)=\infty$，则称直线 $x=x_0$ 为曲线 $y=f(x)$的铅直渐近线（将 $x\to x_0^+$ 改为$x\to x_0^-$ 仍有此定义）.

若 $\lim\limits_{x\to+\infty}\frac{f(x)}{x}=a(a\neq 0)$，且 $\lim\limits_{x\to+\infty}[f(x)-ax]=b$，则称直线 $y=ax+b$ 为曲线 $y=f(x)$的斜渐近线（将 $x\to+\infty$改为 $x\to-\infty$仍有此定义）.

2. 作图步骤

(1)写出函数 $f(x)$，标出定义域或指定的作图区域；

(2)判断 $f(x)$的奇偶性、周期性，(如果有这样的特性，可以缩小作图范围)；

(3)求水平渐近线、铅直渐近线与斜渐近线；

(4)求出 $f'(x)$，$f''(x)$，从而求出作图的关键点：极值疑点，拐点疑点，函数 $f(x)$的边界点及无意义端点；

(5)列表；

(6)作图，如果作图的关键点(无意义点除外)不够，还可多描一些点，例如 $f(x)$与坐标轴的交点等.

基本题型

求曲线的渐近线方程

【347】 曲线 $y=\frac{x+4\sin x}{5x-2\cos x}$的水平渐近线方程为________.

解 因为 $\lim\limits_{x\to+\infty}\frac{x+4\sin x}{5x-2\cos x}=\frac{1}{5}$，所以曲线的水平渐近线为 $y=\frac{1}{5}$.

故应填 $y=\frac{1}{5}$.

【348】当 $x>0$ 时,曲线 $y=x\sin\frac{1}{x}$ ________.

(A)有且仅有水平渐近线　　(B)有且仅有铅直渐近线

(C)既有水平渐近线,也有铅直渐近线　　(D)既无水平渐近线,也无铅直渐近线

解　因为 $\lim\limits_{x\to+\infty}x\sin\frac{1}{x}=\lim\limits_{t\to0^+}\frac{\sin t}{t}=1$,　$\lim\limits_{x\to0^+}x\sin\frac{1}{x}=\lim\limits_{t\to+\infty}\frac{\sin t}{t}=0$

所以,$y=x\sin\frac{1}{x}$ 有水平渐近线,但没有铅直渐近线.

故应选(A).

【349】曲线 $y=\frac{1}{x}+\ln(1+e^x)$ 渐近线的条数为______.

(A)0　　(B)1　　(C)2　　(D)3

解　只有间断点 $x=0$. 由于 $\lim\limits_{x\to0}y=\lim\limits_{x\to0}\left[\frac{1}{x}+\ln(1+e^x)\right]=\infty$,故 $x=0$ 为垂直渐近线.

又　$\lim\limits_{x\to-\infty}y=\lim\limits_{x\to-\infty}\left[\frac{1}{x}+\ln(1+e^x)\right]=0+\ln1=0$,故 $x\to-\infty$ 时有水平渐近线 $y=0$.

又　$\lim\limits_{x\to+\infty}\frac{y}{x}=\lim\limits_{x\to+\infty}\left[\frac{1}{x^2}+\frac{\ln(1+e^x)}{x}\right]=0+\lim\limits_{x\to+\infty}\frac{e^x}{1+e^x}=1$,

$$\lim_{x\to+\infty}(y-x)=\lim_{x\to+\infty}\left[\frac{1}{x}+\ln(1+e^x)-\ln e^x\right]=0+\lim_{x\to+\infty}\ln\frac{1+e^x}{e^x}=0,$$

故 $x\to+\infty$ 时有斜渐近线 $y=x$.

故应选(D).

点评　$\lim\limits_{x\to-\infty}\left[\frac{1}{x}+\ln(1+e^x)\right]=0$ 说明 $x\to-\infty$ 时,$y=0$ 是曲线 $y=\frac{1}{x}+\ln(1+e^x)$ 的一条水平渐近线,不排除 $x\to+\infty$ 时,曲线 $y=\frac{1}{x}+\ln(1+e^x)$ 有斜渐近线 $y=x$.

【350】曲线 $y=xe^{\frac{1}{x^2}}$ ________.

(A)仅有水平渐近线　　(B)仅有铅直渐近线

(C)既有铅直又有水平渐近线　　(D)既有铅直又有斜渐近线

解　当 $x\to\pm\infty$ 时,极限 $\lim\limits_{x\to\pm\infty}y$ 均不存在,故不存在水平渐近线;又因为

$$\lim_{x\to\infty}\frac{y}{x}=\lim_{x\to\infty}e^{\frac{1}{x^2}}=1,\quad \lim_{x\to\infty}(xe^{\frac{1}{x^2}}-x)=0,$$

所以有斜渐近线 $y=x$.

另外,在 $x=0$ 处 $y=xe^{\frac{1}{x^2}}$ 无定义,且 $\lim\limits_{x\to0}xe^{\frac{1}{x^2}}=\infty$,可见 $x=0$ 为铅直渐近线. 所以曲线 $y=xe^{\frac{1}{x^2}}$ 既有铅直渐近线又有斜渐近线.

故应选(D)

点评　铅直渐近线应在函数的无穷间断点处取得.

【351】曲线 $y=x\ln(e+\frac{1}{x})(x>0)$ 的渐近线方程为________.

解　设 $y=ax+b$ 为曲线的渐近线. 则

$$a=\lim_{x\to\infty}\frac{f(x)}{x}=\lim_{x\to\infty}\ln\left(e+\frac{1}{x}\right)=1,$$

$$b=\lim_{x\to\infty}[f(x)-ax]=\lim_{x\to\infty}\left[x\ln\left(e+\frac{1}{x}\right)-x\right]=\lim_{t\to0}\frac{\ln(e+t)-1}{t}=\frac{1}{e}.$$

所以渐近线方程为 $y=x+\frac{1}{e}$.

故应填 $y=x+\frac{1}{e}$.

点评　*求渐近线应按水平渐近线、铅直渐近线、斜渐近线的顺序逐一考虑.*

本题中 $f(+\infty)=\lim\limits_{x\to+\infty}x\ln\left(e+\frac{1}{x}\right)=+\infty$，*所以无水平渐近线.* $f(0+0)=\lim\limits_{x\to0^+}x\ln\left(e+\frac{1}{x}\right)=0$，*所以无铅直渐近线.*

【352】 曲线 $y=(2x-1)e^{\frac{1}{x}}$ 的斜渐近线方程为________.

解　由于 $\lim\limits_{x\to\infty}\frac{f(x)}{x}=\lim\limits_{x\to\infty}\frac{(2x-1)e^{\frac{1}{x}}}{x}=2$，

$$\lim_{x\to\infty}[f(x)-ax]=\lim_{x\to\infty}[(2x-1)\cdot e^{\frac{1}{x}}-2x]=\lim_{t\to0}\frac{(2-t)e^t-2}{t}$$

$$\overset{\frac{0}{0}}{=\!=}\lim_{t\to0}\frac{-e^t+(2-t)e^t}{1}=\lim_{t\to0}(1-t)e^t=1.$$

所以曲线的斜渐近线方程为 $y=2x+1$.

故应填 $y=2x+1$.

【353】 已知曲线满足 $x^3+y^3-3axy=0$，求该曲线的斜渐近线.

解　$k=\lim\limits_{x\to\infty}\frac{y}{x}$，$b=\lim\limits_{x\to\infty}(y-kx)$. 令 $y=xt$，代入方程得

$$x^3+x^3t^3=3ax^2t,\quad 即\quad x(1+t^3)=3at,\quad 亦即\quad \begin{cases}x=\dfrac{3at}{1+t^3}\\ y=\dfrac{3at^2}{1+t^3}\end{cases},$$

$$k=\lim_{x\to\infty}\frac{y}{x}=\lim_{t\to-1}t=-1,$$

$$b=\lim_{x\to\infty}(y-kx)=\lim_{t\to-1}\left(\frac{3at^2}{1+t^3}+\frac{3at}{1+t^3}\right)=\lim_{t\to-1}\frac{3at(t+1)}{(1+t)(t^2-t+1)}=-a.$$

所以斜渐近线为 $y=-x-a$.

【354】 求函数 $y=f(x)=(x-1)e^{\frac{\pi}{2}+\arctan x}$ 的单调区间和极值，并求该函数图形的渐近线.

解　$y'=\frac{x^2+x}{1+x^2}e^{\frac{\pi}{2}+\arctan x}$. 令 $y'=0$，得驻点 $x_1=0$，$x_2=-1$. 列表

x	$(-\infty,-1)$	-1	$(-1,0)$	0	$(0,+\infty)$
y'	+	0	−	0	+
y	↗	$-2e^{\frac{\pi}{4}}$	↘	$-e^{\frac{\pi}{2}}$	↗

由此可见，递增区间为$(-\infty,-1)$，$(0,+\infty)$；递减区间为$(-1,0)$. 极小值为$f(0)=-\mathrm{e}^{\frac{\pi}{2}}$；极大值为$f(-1)=-2\mathrm{e}^{\frac{\pi}{4}}$.

由于 $a_1=\lim\limits_{x\to+\infty}\dfrac{f(x)}{x}=\mathrm{e}^{\pi}$，$b_1=\lim\limits_{x\to+\infty}[f(x)-a_1x]=-2\mathrm{e}^{\pi}$，

$$a_2=\lim_{x\to-\infty}\frac{f(x)}{x}=1,\quad b_2=\lim_{x\to-\infty}[f(x)-a_2x]=-2.$$

可见渐近线为 $y_1=a_1x+b_1=\mathrm{e}^{\pi}(x-2)$，$y_2=a_2x+b_2=x-2$.

【355】已知函数 $y=\dfrac{x^3}{(x-1)^2}$，求

(1)函数的增减区间及极值；

(2)函数图形的凹凸区间及拐点；

(3)函数图形的渐近线.

解 所给函数的定义域为$(-\infty,1)\cup(1,+\infty)$.

$y'=\dfrac{x^2(x-3)}{(x-1)^3}$，令$y'=0$，得驻点$x=0$及$x=3$. $y''=\dfrac{6x}{(x-1)^4}$，令$y''=0$，得$x=0$.

列表讨论如下：

x	$(-\infty,0)$	0	$(0,1)$	$(1,3)$	3	$(3,+\infty)$
y'	+	0	+	−	0	+
y''	−	0	+	+	+	+
y	↗	拐点	↗	↘	极小值	↗

由此可知：(1)函数的单调增加区间为$(-\infty,1)$和$(3,+\infty)$，单调减少区间为$(1,3)$；极小值为$y\Big|_{x=3}=\dfrac{27}{4}$.

(2)函数图形在区间$(-\infty,0)$内是凸的，在区间$(0,1)$，$(1,+\infty)$内是凹的，拐点为点$(0,0)$.

(3)由$\lim\limits_{x\to1}\dfrac{x^3}{(x-1)^2}=+\infty$知，$x=1$是函数图形的铅直渐近线；又

$$\lim_{x\to\infty}\frac{y}{x}=\lim_{x\to\infty}\frac{x^2}{(x-1)^2}=1,\quad \lim_{x\to\infty}(y-x)=\lim_{x\to\infty}\left[\frac{x^3}{(x-1)^2}-x\right]=2.$$

故$y=x+2$是函数图形的斜渐近线.

【356】设函数$f(x)$在定义域内可导，$y=f(x)$的图形如图356(1)所示，则导函数$y=f'(x)$的图形如图356(2)中的______.

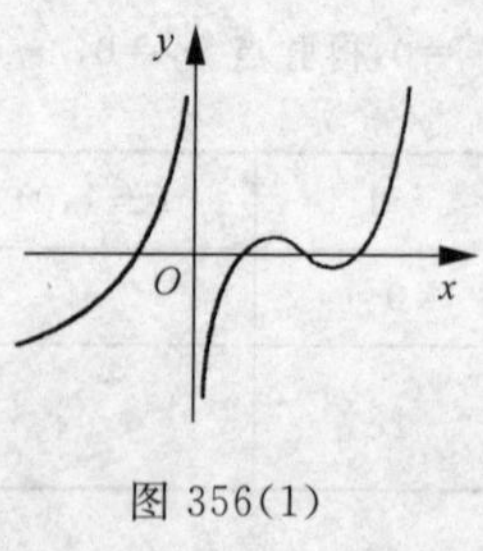

图 356(1)

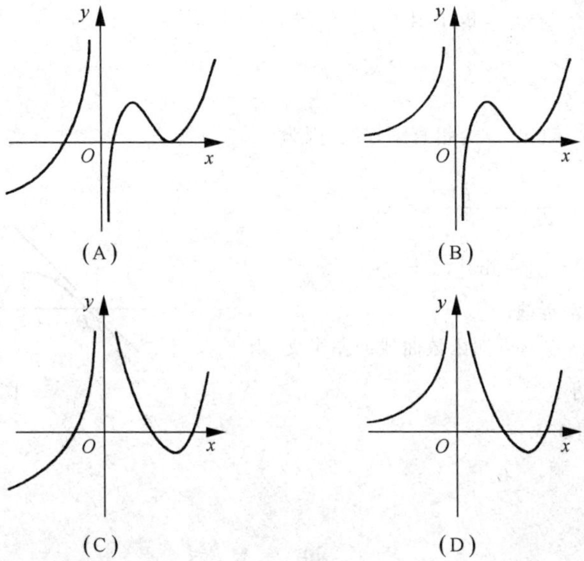

图 356(2)

解　根据 $y=f(x)$图形知：当 $x<0$ 时，$f(x)$单调递增，故 $f'(x)>0$，排除(A)，(C). 当 $x>0$ 时，$f(x)$图形由凸→凹，则 $f''(x)$由$-$→$+$，即 $f'(x)$由单减→单增，排除(B).

故应选(D).

点评　本题应注意到曲线 $y=f(x)$的图形中曲线上升($f'(x)\geqslant 0$)、下降($f'(x)\leqslant 0$)的区间、驻点个数等几个特性，一般就可以确定 $y=f'(x)$的形状.

【357】 运用导数的知识作函数 $y=(x+6)e^{\frac{1}{x}}$ 的图形.

解　(1)定义域为$(-\infty,0)\cup(0,+\infty)$

(2)讨论单调性、极值、凹凸、拐点

$$y'=\frac{x^2-x-6}{x^2}e^{\frac{1}{x}}，令 y'=0，得 x_1=-2，x_2=3$$

$$y''=\frac{13x+6}{x^4}e^{\frac{1}{x}}，令 y''=0，得 x_3=-\frac{6}{13}$$

列表如下：

x	$(-\infty,-2)$	-2	$(-2,-\frac{6}{13})$	$-\frac{6}{13}$	$(-\frac{6}{13},0)$	0	$(0,3)$	3	$(3,+\infty)$
y'	$+$	0	$-$		$-$		$-$	0	$+$
y''	$-$	$-$	$-$	0	$+$		$+$	$+$	$+$
y	↗	极大值	↘	拐点	↘	不存在	↘	极小值	↗

极大值为 $y\Big|_{x=-2}=\dfrac{4}{\sqrt{e}}$；极小值为 $y\Big|_{x=3}=9\sqrt[3]{e}$；拐点为 $\left(-\dfrac{6}{13},\dfrac{72}{13}e^{-13/6}\right)$.

由 $\lim\limits_{x\to 0^+}y=+\infty$，知 $x=0$ 为铅直渐近线. 因为

$$a=\lim_{x\to\infty}\frac{f(x)}{x}=\lim_{x\to\infty}\frac{(x+6)e^{\frac{1}{x}}}{x}=1,$$

$$b=\lim_{x\to\infty}[f(x)-x]=\lim_{x\to\infty}[(x+6)e^{\frac{1}{x}}-x]=7,$$

所以 $y=x+7$ 为斜渐近线.

此外，由于 $\lim\limits_{x\to 0^-}y=0$，可知函数曲线的左半支，当 $x\to 0^-$ 时趋向于原点.

综上所述，见图 357.

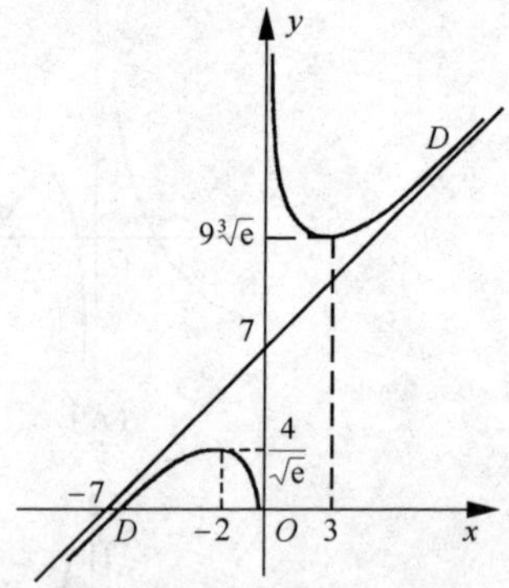

图 357

§7. 曲　　率

1. 曲率的定义

在曲线 L 上，有点 N 沿曲线 L 趋于点 M 时，如果极限 $\lim\limits_{\Delta s\to 0}\bar{K}=\lim\limits_{\Delta s\to 0}\left|\dfrac{\Delta\alpha}{\Delta s}\right|$ 存在，则称此极限值为曲线 L 在点 M 处的曲率，记作 $K=\lim\limits_{\Delta s\to 0}\left|\dfrac{\Delta\alpha}{\Delta s}\right|$. 在 $\lim\limits_{\Delta s\to 0}\dfrac{\Delta\alpha}{\Delta s}=\dfrac{d\alpha}{ds}$ 存在的条件下，K 也可以表示为 $K=\left|\dfrac{d\alpha}{ds}\right|$.

2. 计算曲率的公式

设曲线的直角坐标方程是 $y=f(x)$，且 $f(x)$ 具有二阶导数，则得曲率公式

$$K=\frac{|y''|}{(1+y'^2)^{3/2}}.$$

若曲线由参数方程 $\begin{cases}x=\varphi(t),\\ y=\psi(t).\end{cases}$ $(\alpha\leqslant t\leqslant\beta)$ 给出，则可利用由参数方程确定的函数的求导法，求出 y'_x 及 y''_x，代入曲率公式即可.

基本题型

求曲线的曲率、曲率半径

【358】 设摆线 $\begin{cases}x=a(t-\sin t)\\ y=a(1-\cos t)\end{cases}$ $(a>0)$，$t\in(0,2\pi)$. 问 t 为何值时曲率最小，并求出最小曲率和该点处的曲率半径.

解　如记不住曲率的参数方程公式，可先求出 $\dfrac{dy}{dx}$ 和 $\dfrac{d^2y}{dx^2}$.

$$\frac{dy}{dx}=\frac{a\sin t}{a(1-\cos t)}=\frac{\sin t}{1-\cos t},$$

$$1+y'^2=1+\left(\frac{\sin t}{1-\cos t}\right)^2=\frac{2}{1-\cos t},$$

$$\frac{d^2y}{dx^2}=\frac{\cos t-1}{(1-\cos t)^2}\cdot\frac{1}{a(1-\cos t)}=-\frac{1}{a(1-\cos t)^2},$$

$$K=\left|\frac{y''}{(1+y'^2)^{\frac{3}{2}}}\right|=\left|\frac{-1}{a(1-\cos t)^2}\cdot\frac{(1-\cos t)^{\frac{3}{2}}}{2\sqrt{2}}\right|=\frac{1}{4a\left|\sin\frac{t}{2}\right|}.$$

不必用导数求极值就可知，当 $\sin\frac{t}{2}=1$，即当 $t=\pi$ 时，也就是 $x=a\pi$，$y=2a$ 处曲率最小，最小曲率为 $\frac{1}{4a}$，曲率半径为 $4a$.

【359】 如图 359 所示，设曲线上的方程 $y=f(x)$，且 $y''>0$，又 MT、MP 分别为该曲线在点 $M(x_0,y_0)$ 处的切线和法线，已知线段 MP 长度为 $\frac{(1+y_0'^2)^{\frac{3}{2}}}{y_0''}$（其中 $y_0'=y'(x_0)$，$y_0''=y''(x_0)$），求点 $P(\xi,\eta)$ 的坐标表达式.

分析 由已知条件，根据 MP 长度和切线、法线的概念，得到含有 ξ,η 的方程式，由此可求出 ξ,η 的表达式.

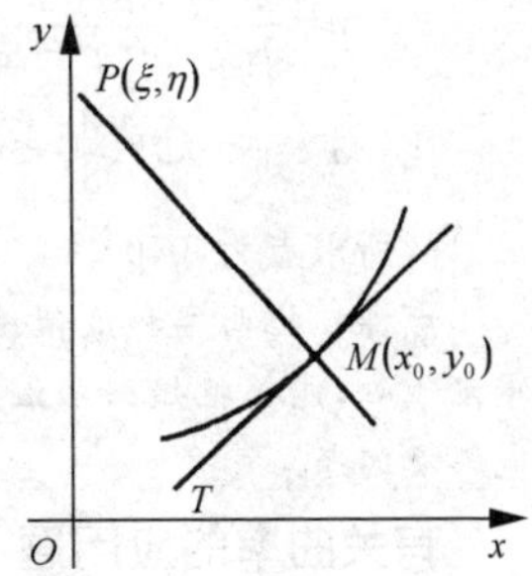

图 359

解 由题设(ξ,η)满足

$$(x_0-\xi)^2+(y_0-\eta)^2=\frac{(1+y_0'^2)^3}{y_0''^2}, \qquad ①$$

又由于 $PM\perp MT$，所以

$$y_0'=-\frac{x_0-\xi}{y_0-\eta}, \qquad ②$$

将②代入①式求得

$$(y_0-\eta)^2=\frac{(1+y_0'^2)^2}{y_0''^2}.$$

由于 $y''>0$，曲线是凹的，故 $y_0-\eta<0$，从而 $y_0-\eta=-\frac{1+y_0'^2}{y_0''}$，又由

$$x_0-\xi=-(y_0-\eta)y_0'=\frac{y_0'(1+y_0'^2)}{y_0''},\quad 推得\begin{cases}\xi=x_0-\dfrac{y_0'(1+y_0'^2)}{y_0''}\\ \eta=y_0+\dfrac{1+y_0'^2}{y_0''}\end{cases}.$$

【360】 设 $\rho=\rho(x)$ 是抛物线 $y=\sqrt{x}$ 上任一点 $M(x,y)(x\geqslant1)$ 处的曲率半径，$s=s(x)$ 是该抛物线上介于点 $A(1,1)$ 与 M 之间的弧长，计算 $3\rho\frac{d^2\rho}{ds^2}-\left(\frac{d\rho}{ds}\right)^2$ 的值.（在直角坐标系下曲率公式为 $K=\frac{|y''|}{(1+y'^2)^{\frac{3}{2}}}$）.

解 $y'=\frac{1}{2\sqrt{x}}$，$y''=-\frac{1}{4\sqrt{x^3}}$，抛物线在点 $M(x,y)$处的曲率半径

$$\rho=\rho(x)=\frac{1}{K}=\frac{(1+y'^2)^{\frac{3}{2}}}{|y''|}=\frac{1}{2}(4x+1)^{\frac{3}{2}},$$

抛物线上 $\overset{\frown}{AM}$ 的弧长

$$s=s(x)=\int_1^x\sqrt{1+y'^2}\,\mathrm{d}x=\int_1^x\sqrt{1+\frac{1}{4x}}\,\mathrm{d}x,$$

故 $$\frac{\mathrm{d}\rho}{\mathrm{d}s}=\frac{\frac{\mathrm{d}\rho}{\mathrm{d}x}}{\frac{\mathrm{d}s}{\mathrm{d}x}}=\frac{\frac{1}{2}\cdot\frac{3}{2}(4x+1)^{\frac{1}{2}}\cdot 4}{\sqrt{1+\frac{1}{4x}}}=6\sqrt{x},$$

$$\frac{\mathrm{d}^2\rho}{\mathrm{d}s^2}=\frac{\mathrm{d}}{\mathrm{d}x}\left(\frac{\mathrm{d}\rho}{\mathrm{d}s}\right)\cdot\frac{1}{\frac{\mathrm{d}s}{\mathrm{d}x}}=\frac{6}{2\sqrt{x}}\cdot\frac{1}{\sqrt{1+\frac{1}{4x}}}=\frac{6}{\sqrt{4x+1}},$$

因此 $3\rho\dfrac{\mathrm{d}^2\rho}{\mathrm{d}s^2}-\left(\dfrac{\mathrm{d}\rho}{\mathrm{d}s}\right)^2=3\cdot\dfrac{1}{2}(4x+1)^{\frac{3}{2}}\cdot\dfrac{6}{\sqrt{4x+1}}-36x=9.$

【361】 求曲线 $y=a\ln\left(1-\dfrac{x^2}{a^2}\right)\ (a>0)$ 上曲率半径为最小的点的坐标.

解 $y'=-\dfrac{2ax}{a^2-x^2}$，$y''=-\dfrac{2a(a^2+x^2)}{(a^2-x^2)^2}\ (|x|<a)$，$K=\dfrac{|y''|}{(1+y'^2)^{3/2}}=\dfrac{2a(a^2-x^2)}{(a^2+x^2)^2}$，

$$\rho=\frac{1}{K}=\frac{(a^2+x^2)^2}{2a(a^2-x^2)},|x|<a,\quad \frac{\mathrm{d}\rho}{\mathrm{d}x}=\frac{x(a^2+x^2)(3a^2-x^2)}{a(a^2-x^2)^2}.$$

当 $-a<x<0$ 时，$\dfrac{\mathrm{d}\rho}{\mathrm{d}x}<0$，当 $0<x<a$ 时，$\dfrac{\mathrm{d}\rho}{\mathrm{d}x}>0$，故当 $x=0,y=0$ 时，ρ 最小.

故所求点为(0,0).

点评 把曲率和最值结合起来，是本节一类综合题目. 这就要求对求最值的方法和步骤要牢记于心，能够把知识融汇贯通，灵活运用，只要公式记忆准确，计算仔细认真，一般就能够顺利地解决问题.

有关曲率的应用题

【362】 汽车连同载重共 5t，在抛物线拱桥上行驶，速度为 21.6km/h，桥的跨度为 10m，拱的矢高为 0.25m(如图 362)，求汽车越过桥顶时对桥的压力.

解 如图取直角坐标系，设抛物线拱桥方程为 $y=ax^2$，由于抛物线过点(5,0.25)，代入方程得 $a=\dfrac{0.25}{25}=0.01$.

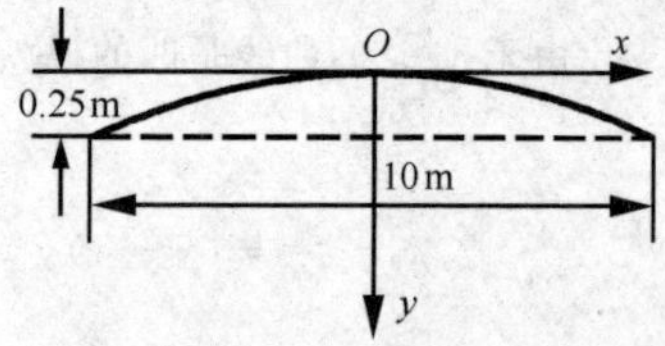

图 362

又 $y'\Big|_{x=0}=2ax\Big|_{x=0}=0,\quad y''\Big|_{x=0}=2a=0.02,$

故 $\rho\Big|_{x=0}=\dfrac{(1+y'^2)^{3/2}}{|y''|}\Big|_{x=0}=\dfrac{(1+0^2)^{3/2}}{0.02}=50$，因而向心力

$$F=\frac{mv^2}{\rho}=\frac{5\times10^3\left(\frac{21.6\times10^3}{3600}\right)^2}{50}=3600\mathrm{N}.$$

由于汽车重为 5t，所以汽车越过桥顶时对桥的压力为
$5\times10^3\times9.8-3600=45400\mathrm{N}$.

点评 数学知识在各个领域中有重要的应用，曲率也不例外. 在解实际问题时，要学会如何合理地应用数学知识，另外熟悉基本的物理学和经济学公式也是必要的.

§8. 综合提高题型

利用微分中值定理证明含有中值 ξ 的命题

【363】 设函数 $f(x)$ 在 $[0,3]$ 上连续，在 $(0,3)$ 内可导，且 $f(0)+f(1)+f(2)=3$，$f(3)=1$. 试证必存在 $\xi\in(0,3)$，使 $f'(\xi)=0$.

证 因为 $f(x)$ 在 $[0,3]$ 上连续，所以 $f(x)$ 在 $[0,2]$ 上连续，且在 $[0,2]$ 上必有最大值 M 和最小值 m，于是

$$m\leqslant f(0)\leqslant M,\quad m\leqslant f(1)\leqslant M,\quad m\leqslant f(2)\leqslant M,$$

故 $m\leqslant\dfrac{f(0)+f(1)+f(2)}{3}\leqslant M$. 由介值定理知，至少存在一点 $c\in[0,2]$，使

$$f(c)=\frac{f(0)+f(1)+f(2)}{3}=1.$$

因为 $f(c)=1=f(3)$，且 $f(x)$ 在 $[c,3]$ 上连续，在 $(c,3)$ 内可导，所以由罗尔定理知，必存在 $\xi\in(c,3)\subset(0,3)$，使 $f'(\xi)=0$.

【364】 假设函数 $f(x)$ 和 $g(x)$ 在 $[a,b]$ 上存在二阶导数，并且 $g''(x)\neq0$，$f(a)=f(b)=g(a)=g(b)=0$，试证：

(1) 在开区间 (a,b) 内 $g(x)\neq0$；

(2) 在开区间 (a,b) 内至少存在一点 ξ，使 $\dfrac{f(\xi)}{g(\xi)}=\dfrac{f''(\xi)}{g''(\xi)}$.

证 (1) 用反证法. 若存在点 $c\in(a,b)$，使 $g(c)=0$，则对 $g(x)$ 在 $[a,c]$ 和 $[c,b]$ 上分别用罗尔定理，知存在 $\xi_1\in(a,c)$，$\xi_2\in(c,b)$，使 $g'(\xi_1)=g'(\xi_2)=0$.

再对 $g'(x)$ 在 $[\xi_1,\xi_2]$ 上应用罗尔定理，知存在 $\xi_3\in(\xi_1,\xi_2)$，使 $g''(\xi_3)=0$. 这与题设 $g''(x)\neq0$ 矛盾. 故在 (a,b) 内 $g(x)\neq0$.

(2) 令 $\varphi(x)=f(x)g'(x)-f'(x)g(x)$，易知 $\varphi(a)=\varphi(b)=0$. 对 $\varphi(x)$ 在 $[a,b]$ 上应用罗尔定理知存在 $\xi\in(a,b)$，使 $\varphi'(\xi)=0$，即 $f(\xi)g''(\xi)-f''(\xi)g(\xi)=0$. 因 $g(\xi)\neq0$，$g''(\xi)\neq0$，故得 $\dfrac{f(\xi)}{g(\xi)}=\dfrac{f''(\xi)}{g''(\xi)}$.

【365】 设 $f(x)$ 在 $[a,b]$ 上连续，在 (a,b) 内可导，且 $f(a)\cdot f(b)>0$，$f(a)\cdot f(\frac{a+b}{2})<0$，试证至少有一点 $\xi\in(a,b)$ 使 $f'(\xi)=f(\xi)$.

证 设 $F(x)=f(a)\mathrm{e}^{-x}f(x)$，则

$$F(a)=f^2(a)\mathrm{e}^{-a}>0,\quad F(\frac{a+b}{2})=f(a)f(\frac{a+b}{2})\mathrm{e}^{-\frac{a+b}{2}}<0,\quad F(b)=f(a)f(b)\mathrm{e}^{-b}>0.$$

所以由零点定理知存在 $\xi_1\in(a,\frac{a+b}{2})$，$\xi_2\in(\frac{a+b}{2},b)$，使 $F(\xi_1)=0$，$F(\xi_2)=0$. 再在区间 $[\xi_1,\xi_2]$ 上使用罗尔定理即得结果.

【366】 设 $f'(x)$ 在 $[0,a]$ 上连续，且 $f(0)=0$，证明：

$$\left|\int_0^a f(x)\mathrm{d}x\right|\leqslant\frac{Ma^2}{2},\quad 其中\ M=\max_{0\leqslant x\leqslant a}|f'(x)|.$$

证 任取 $x\in[0,a]$，由微分中值定理有 $f(x)-f(0)=f'(\xi)x$，$\xi\in(0,x)$.

因为 $f(0)=0$，故 $f(x)=f'(\xi)x,\ x\in[0,a]$，所以

$$\left|\int_0^a f(x)\mathrm{d}x\right|=\left|\int_0^a f'(\xi)x\mathrm{d}x\right|\leqslant\int_0^a |f'(\xi)|x\mathrm{d}x\leqslant M\int_0^a x\mathrm{d}x=\frac{M}{2}a^2.$$

【367】 设函数 $f(x),g(x)$ 在 $[a,b]$ 上连续，在 (a,b) 内具有二阶导数且存在相等的最大值，$f(a)=g(a),f(b)=g(b)$，证明：存在 $\xi\in(a,b)$，使得 $f''(\xi)=g''(\xi)$.

证 令 $h(x)=f(x)-g(x)$，则 $h(a)=h(b)=0$.

设 $f(x),g(x)$ 在 (a,b) 内的最大值 M 分别在 $\alpha\in(a,b),\beta\in(a,b)$ 取得.

当 $\alpha=\beta$ 时，取 $\eta=\alpha$，则 $h(\eta)=0$.

当 $\alpha\neq\beta$ 时，

$$h(\alpha)=f(\alpha)-g(\alpha)=M-g(\alpha)>0,\quad h(\beta)=f(\beta)-g(\beta)=f(\beta)-M<0,$$

由介值定理，存在介于 α 与 β 之间的点 η，使得 $h(\eta)=0$.

综上，存在 $\eta\in(a,b)$，使得 $h(\eta)=0$. 因此由罗尔定理可知，存在 $\xi_1\in(a,\eta),\xi_2\in(\eta,b)$，使得

$$h'(\xi_1)=h'(\xi_2)=0,$$

再由罗尔定理可知，存在 $\xi\in(\xi_1,\xi_2)\subset(a,b)$，使得 $h''(\xi)=0$，即

$$f''(\xi)=g''(\xi).$$

【368】 若 $f(x)$ 在 $[a,b]$ 上连续，在 (a,b) 内二阶可导，$f(a)=f(b)=0$，且有 $c(a<c<b)$，使 $f(c)>0$. 则至少存在一点 $\xi\in(a,b)$，使 $f''(\xi)<0$.

证 因为 $f(x)$ 在 $[a,b]$ 上连续，在 (a,b) 内二阶可导，所以 $f(x)$ 满足拉格朗日中值定理的条件，将函数 $f(x)$ 分别在 $[a,c]$，$[c,b]$ 上应用拉格朗日中值定理，得

$$f'(\xi_1)=\frac{f(c)-f(a)}{c-a}\quad \xi_1\in(a,c)$$

$$f'(\xi_2)=\frac{f(b)-f(c)}{b-c}\quad \xi_2\in(c,b)$$

根据已知条件 $f'(\xi_1)>0$，$f'(\xi_2)<0$. 将 $f'(x)$ 在 $[\xi_1,\xi_2]$ 上再次应用拉格朗日中值定理，至少存在一点 $\xi\in(a,b)$，使 $f''(\xi)=\dfrac{f'(\xi_2)-f'(\xi_1)}{\xi_2-\xi_1}<0$.

证明有两个中值 $\xi,\eta(\xi\neq\eta)$ 满足的某种关系式的命题

【369】 设 $0\leqslant a<b$，$f(x)$ 在 $[a,b]$ 上连续，在 (a,b) 内可导，证明：在 (a,b) 内必有 ξ 与 η 使 $f'(\xi)=\dfrac{a+b}{2\eta}\cdot f'(\eta)$.

证 首先，由拉格朗日中值定理，必有 $\xi\in(a,b)$ 使 $f'(\xi)=\dfrac{f(b)-f(a)}{b-a}$. 因此，问题转化为须证：存在 $\eta\in(a,b)$ 使

$$\frac{f(b)-f(a)}{b-a}=\frac{a+b}{2\eta}f'(\eta),\quad 或\quad \frac{f(b)-f(a)}{b-a}\eta-\frac{a+b}{2}f'(\eta)=0,$$

为此，令

$$F(x)=\frac{f(b)-f(a)}{b-a}\cdot\frac{x^2}{2}-\frac{a+b}{2}f(x),$$

则 $F(x)$ 在 $[a,b]$ 上连续，在 (a,b) 内可导且

$$F(a)=\frac{f(b)-f(a)}{b-a}\cdot\frac{a^2}{2}-\frac{a+b}{2}f(a)=\frac{a^2f(b)-b^2f(a)}{2(b-a)}=F(b),$$

即 $F(x)$ 满足罗尔定理的条件，则存在 $\eta\in(a,b)$ 使 $F'(\eta)=0$.

【370】 设 $f(x)$ 在 $[a,b]$ 上连续，在 (a,b) 内可导，且 $f(a)=f(b)=1$. 试证：存在 $\xi,\eta\in(a,b)$，使 $e^{\eta-\xi}[f(\eta)+f'(\eta)]=1$.

证 令 $F(x)=e^x f(x)$，则 $F(x)$ 在 $[a,b]$ 上满足拉格朗日中值定理条件，故存在 $\eta\in(a,b)$，使得

$$\frac{e^b f(b)-e^a f(a)}{b-a}=e^\eta[f(\eta)+f'(\eta)]$$

由条件 $f(a)=f(b)=1$ 得

$$\frac{e^b-e^a}{b-a}=e^\eta[f(\eta)+f'(\eta)] \quad ①$$

再令 $\varphi(x)=e^x$，则 $\varphi(x)$ 在 $[a,b]$ 上满足拉格朗日中值定理条件. 故存在 $\xi\in(a,b)$，使

$$\frac{e^b-e^a}{b-a}=e^\xi \quad ②$$

综合①，②两式，有 $e^{\eta-\xi}[f(\eta)+f'(\eta)]=1$.

【371】 已知函数 $f(x)$ 在 $[0,1]$ 上连续，在 $(0,1)$ 内可导，且 $f(0)=0$，$f(1)=1$. 证明：

(1)存在 $\xi\in(0,1)$，使得 $f(\xi)=1-\xi$；

(2)存在两个不同的点 $\eta,\zeta\in(0,1)$，使得 $f'(\eta)f'(\zeta)=1$.

证 (1)令 $g(x)=f(x)+x-1$，则 $g(x)$ 在 $[0,1]$ 上连续，且 $g(0)=-1<0$，$g(1)=1>0$，所以存在 $\xi\in(0,1)$，使得 $g(\xi)=f(\xi)+\xi-1=0$，即 $f(\xi)=1-\xi$.

(2)根据拉格朗日中值定理，存在 $\eta\in(0,\xi)$，$\zeta\in(\xi,1)$，使得

$$f'(\eta)=\frac{f(\xi)-f(0)}{\xi}=\frac{1-\xi}{\xi},\quad f'(\zeta)=\frac{f(1)-f(\xi)}{1-\xi}=\frac{1-(1-\xi)}{1-\xi}=\frac{\xi}{1-\xi},$$

从而 $f'(\eta)f'(\zeta)=\frac{1-\xi}{\xi}\cdot\frac{\xi}{1-\xi}=1$.

点评 当欲证结论为："在 (a,b) 至少存在两点 ξ,η 满足某种关系式". 一般而言，此类问题的证明不必构造辅助函数，而是依据结论中各部分的特点分别利用微分中值定理.

使用泰勒定理证明

【372】 设 $f(x)$ 在 $[0,1]$ 上具有二阶导数，且满足条件 $|f(x)|\leqslant a$，$|f''(x)|\leqslant b$，其中 a,b 都是非负常数，c 是 $(0,1)$ 内任意一点.

(1)写出点 c 处带拉格朗日型余项的一阶泰勒公式；

(2)证明 $|f'(c)|\leqslant 2a+\frac{b}{2}$.

(1)**解** $f(x)=f(c)+f'(c)(x-c)+\frac{f''(\xi)}{2!}(x-c)^2$，其中 $\xi=c+\theta(x-c)$ $(0<\theta<1)$.

(2)**证**

$$f(x)=f(c)+f'(c)(x-c)+\frac{f''(\xi)(x-c)^2}{2!} \quad ①$$

其中 $\xi=c+\theta(x-c)$，$0<\theta<1$.

在①式中，令 $x=0$，则有

$$f(0)=f(c)+f'(c)(0-c)+\frac{f''(\xi_1)(0-c)^2}{2!},\quad 0<\xi_1<c<1$$

在①式中，令 $x=1$，则有

$$f(1)=f(c)+f'(c)(1-c)+\frac{f''(\xi_2)(1-c)^2}{2!},\quad 0<c<\xi_2<1$$

上述两式相减得 $f(1)-f(0)=f'(c)+\frac{1}{2!}[f''(\xi_2)(1-c)^2-f''(\xi_1)c^2]$，于是

$$\begin{aligned}|f'(c)|&=|f(1)-f(0)-\frac{1}{2!}[f''(\xi_2)(1-c)^2-f''(\xi_1)c^2]|\\&\leqslant|f(1)|+|f(0)|+\frac{1}{2}|f''(\xi_2)|(1-c)^2+\frac{1}{2}|f''(\xi_1)|c^2\\&\leqslant a+a+\frac{b}{2}[(1-c)^2+c^2].\end{aligned}$$

又因 $c\in(0,1)$，$(1-c)^2+c^2\leqslant1$. 故 $|f'(c)|\leqslant 2a+\frac{b}{2}$.

【373】 设函数 $f(x)$ 在闭区间 $[-1,1]$ 上具有三阶连续导数，且 $f(-1)=0$，$f(1)=1$，$f'(0)=0$，证明：在开区间 $(-1,1)$ 内至少存在一点 ξ，使 $f'''(\xi)=3$.

证 由麦克劳林公式得

$$f(x)=f(0)+f'(0)x+\frac{1}{2!}f''(0)x^2+\frac{1}{3!}f'''(\eta)x^3,$$

其中 η 介于 0 与 x 之间，$x\in[-1,1]$.

分别令 $x=-1$ 和 $x=1$，并结合已知条件，得

$$0=f(-1)=f(0)+\frac{1}{2}f''(0)-\frac{1}{6}f'''(\eta_1),\quad -1<\eta_1<0,$$

$$1=f(1)=f(0)+\frac{1}{2}f''(0)+\frac{1}{6}f'''(\eta_2),\quad 0<\eta_2<1.$$

两式相减，可得 $f'''(\eta_1)+f'''(\eta_2)=6$，

由 $f'''(x)$ 的连续性，$f'''(x)$ 在闭区间 $[\eta_1,\eta_2]$ 上有最大值和最小值，设它们分别为 M 和 m，则有

$$m\leqslant\frac{1}{2}[f'''(\eta_1)+f'''(\eta_2)]\leqslant M,$$

再由连续函数的介值定理知，至少存在一点 $\xi\in[\eta_1,\eta_2]\subset(-1,1)$，使

$$f'''(\xi)=\frac{1}{2}[f'''(\eta_1)+f'''(\eta_2)]=3.$$

点评 当题目中含有高阶导数(二阶和二阶以上)的某些函数值或讨论函数的高阶导数时，一般利用泰勒展开式解题.

【374】 设函数 $f(x)$ 的二阶导数 $f''(x)$ 在 $[2,4]$ 上连续，且 $f(3)=0$. 试证：在 $(2,4)$ 上至少存在一点 ξ，使得 $f''(\xi)=3\int_2^4 f(t)\mathrm{d}t$.

证 设 $F(x)=\int_3^x f(t)\mathrm{d}t$，$F(3)=0$，$F'(3)=f(3)=0$，

把 $F(x)$ 在 $x=3$ 展为麦克劳林公式得：

$$F(x)=F(3)+F'(3)(x-3)+\frac{F''(3)}{2!}(x-3)^2+\frac{F'''(\xi)}{3!}(x-3)^3,$$

其中 ξ 介于 x 与 3 之间.

令 $x=2$，得：$F(2)=\frac{f'(3)}{2}(2-3)^2+\frac{f''(\xi_1)}{3!}(2-3)^3$，$\xi_1\in(2,3)$ ①

令 $x=4$，得：$F(4)=\frac{f'(3)}{2}(4-3)^2+\frac{f''(\xi_2)}{3!}(4-3)^3$，$\xi_2\in(3,4)$ ②

②－①得：$\int_2^4 f(t)\mathrm{d}t=F(4)-F(2)=\frac{1}{6}[f''(\xi_1)+f''(\xi_2)]$.

由 $f''(x)$的连续性，$f''(x)$在闭区间$[\xi_1,\xi_2]$上存在最大、小值 M、m，使 $m\leqslant\frac{f''(\xi_1)+f''(\xi_2)}{2}\leqslant M$. 再由介值定理：存在 $\xi\in[\xi_1,\xi_2]\subset(2,4)$，使

$$f''(\xi)=\frac{f''(\xi_1)+f''(\xi_2)}{2},\quad 即\quad \int_2^4 f(t)\mathrm{d}t=\frac{1}{3}f''(\xi).$$

【375】设 $f(x)$在点 $x=0$ 的某个邻域内二阶可导，且$\lim\limits_{x\to 0}\frac{\sin x+xf(x)}{x^3}=\frac{1}{2}$，试求：$f(0)$，$f'(0)$及 $f''(0)$的值.

解 因为

$$\sin x=x-\frac{x^3}{3!}+o(x^3),\quad f(x)=f(0)+f'(0)x+\frac{1}{2!}f''(0)x^2+o(x^2),$$

所以，由 $\lim\limits_{x\to 0}\frac{\sin x+xf(x)}{x^3}=\frac{1}{2}$ 可知

$$\lim_{x\to 0}\frac{1}{x^3}[x-\frac{x^3}{3\,!}+o(x^3)+f(0)x+f'(0)x^2+\frac{f''(0)}{2}x^3+xo(x^2)]$$
$$=\lim_{x\to 0}\frac{1}{x^3}\left[(1+f(0))x+f'(0)x^2+(\frac{f''(0)}{2}-\frac{1}{6})x^3+o(x^3)\right]=\frac{1}{2},$$

所以 $1+f(0)=0$，$f'(0)=0$，$\frac{f''(0)}{2}-\frac{1}{6}=\frac{1}{2}$.

故 $f(0)=-1, f'(0)=0, f''(0)=\frac{4}{3}$.

点评 此题不能直接通过洛必达法则来求解

利用单调性或微分中值定理证明不等式

【376】设 $0<a<b$，证明不等式 $\frac{2a}{a^2+b^2}<\frac{\ln b-\ln a}{b-a}<\frac{1}{\sqrt{ab}}$.

证 先证右边不等式.

设 $\varphi(x)=\ln x-\ln a-\frac{x-a}{\sqrt{ax}}\quad(x>a>0)$，因为

$$\varphi'(x)=\frac{1}{x}-\frac{1}{\sqrt{a}}(\frac{1}{2\sqrt{x}}+\frac{a}{2x\sqrt{x}})=-\frac{(\sqrt{x}-\sqrt{a})^2}{2x\sqrt{ax}}<0,$$

故当 $x>a$ 时，$\varphi(x)$单调减少，又 $\varphi(a)=0$，所以，当 $x>a$ 时，$\varphi(x)<\varphi(a)=0$，即

$$\ln x-\ln a<\frac{x-a}{\sqrt{ax}},$$

从而当 $b>a>0$ 时，$\ln b-\ln a<\frac{b-a}{\sqrt{ab}}$，即 $\frac{\ln b-\ln a}{b-a}<\frac{1}{\sqrt{ab}}$.

再证左边不等式.

证 设函数 $f(x)=\ln x\ (x>a>0)$，由拉格朗日中值定理知，至少存在一点 $\xi\in(a,b)$，使

$$\frac{\ln b-\ln a}{b-a}=(\ln x)'\Big|_{x=\xi}=\frac{1}{\xi},$$

由于 $0<a<\xi<b$，故$\frac{1}{\xi}>\frac{1}{b}>\frac{2a}{a^2+b^2}$，从而 $\frac{\ln b-\ln a}{b-a}>\frac{2a}{a^2+b^2}$.

点评 利用拉格朗日中值定理可证明联合不等式，步骤为：

(1)从中间表达式确定出 $f(x)$ 及区间 $[a,b]$；

(2)验证 $f(x)$ 在 $[a,b]$ 满足拉格朗日中值定理条件，得 $f(b)-f(a)=f'(\xi)(b-a)$，$\xi\in(a,b)$；

(3)分别令 $\xi=a$，$\xi=b$ 破坏这个等式得不等式.

【377】 设 $e<a<b<e^2$，证明 $\ln^2 b-\ln^2 a>\frac{4}{e^2}(b-a)$.

证 对函数 $\ln^2 x$ 在 $[a,b]$ 上应用拉格朗日中值定理，得

$$\ln^2 b-\ln^2 a=\frac{2\ln\xi}{\xi}(b-a),\ a<\xi<b.$$

设 $\varphi(t)=\frac{\ln t}{t}$，则 $\varphi'(t)=\frac{1-\ln t}{t^2}$，当 $t>e$ 时，$\varphi'(t)<0$，所以 $\varphi(t)$ 单调减少，从而

$$\varphi(\xi)>\varphi(e^2),\quad 即\quad \frac{\ln\xi}{\xi}>\frac{\ln e^2}{e^2}=\frac{2}{e^2},$$

故 $\ln^2 b-\ln^2 a>\frac{4}{e^2}(b-a)$.

点评 当 $f'(x)$ 在区间 $[a,b]$ 上的符号不易判定时，如有条件 $f'(a)=0$，则可用 $f''(x)$ 来判定 $f'(x)$ 的符号，这种多次使用单调性证题的方法可归纳为：若函数 $f(x)$ 存在 n 阶导数且 $f(a)=f'(a)=\cdots=f^{(n-1)}(a)=0$，如果当 $x>a$ 时有 $f^{(n)}(x)>0$(或 <0)，则当 $x>a$ 时，$f(x)>0$(或 <0).

【378】 证明：当 $0<a<b<\pi$ 时，$b\sin b+2\cos b+\pi b>a\sin a+2\cos a+\pi a$.

证 设 $f(x)=x\sin x+2\cos x+\pi x$，$x\in[0,\pi]$，则

$$f'(x)=\sin x+x\cos x-2\sin x+\pi=x\cos x-\sin x+\pi,$$

$$f''(x)=\cos x-x\sin x-\cos x=-x\sin x<0,x\in(0,\pi),$$

故 $f'(x)$ 在 $[0,\pi]$ 上单调减少，从而 $f'(x)>f'(\pi)=0$，$x\in(0,\pi)$.

因此 $f(x)$ 在 $[0,\pi]$ 上单调增加，当 $0<a<b<\pi$ 时，

$$f(b)>f(a),\quad 即\quad b\sin b+2\cos b+\pi b>a\sin a+2\cos a+\pi a.$$

讨论函数的零点或方程的根

【379】 讨论函数 $f(x)=\ln x-ax(a>0)$ 有几个零点?

分析 讨论函数的零点问题，也就是讨论函数曲线与 x 轴的交点问题，此类问题通常可由函数的单调性、极值及连续函数的介值定理等来判定.

解 令 $f'(x)=\frac{1}{x}-a=0$，得驻点 $x=\frac{1}{a}$.

当 $0<x<\frac{1}{a}$ 时，$f'(x)>0$，即 $f(x)$ 单调增加；当 $x>\frac{1}{a}$ 时，$f'(x)<0$，即 $f(x)$ 单调减少，因此 $f(\frac{1}{a})=\ln\frac{1}{a}-1$ 为 $f(x)$ 极大值，亦为最大值.

又可判断当 $x\to0^+$ 或 $x\to+\infty$ 时，$f(x)\to-\infty$，从而依据连续函数的介值定理得

(1)当 $f(\frac{1}{a})>0$，即 $a<\frac{1}{e}$ 时，曲线 $f(x)$ 与 x 轴在区间 $(0,\frac{1}{a})$ 与 $(\frac{1}{a},+\infty)$ 上各有一个交点，即 $f(x)$ 有二个零点；

(2)当 $f(\frac{1}{a})=0$，即 $a=\frac{1}{e}$ 时，曲线 $f(x)$ 与 x 轴仅有一个交点，即 $f(x)$ 仅有一个零点；

(3)当 $f(\frac{1}{a})<0$,即 $a>\frac{1}{e}$时,曲线 $f(x)$与 x 轴无交点,即 $f(x)$没有零点.

【380】 设有方程 $x^4+ax+b=0$.

(1)当 a,b 满足何种关系时,方程有唯一实根;

(2)当 a,b 满足何种关系时,方程无实根.

解 考虑函数 $f(x)=x^4+ax+b,\ x\in(-\infty,+\infty)$.

由 $\lim\limits_{x\to-\infty}f(x)=+\infty,\ \lim\limits_{x\to+\infty}f(x)=+\infty$,可知 $f(x)$在$(-\infty,+\infty)$上无最大值,只有最小值.

又由 $f'(x)=4x^3+a$,可知 $f(x)$有唯一驻点 $x=\sqrt[3]{\frac{-a}{4}}$,再由 $f''(x)=12x^2\geqslant0$,可知 $x=\sqrt[3]{\frac{-a}{4}}$是 $f(x)$的唯一极小值点,即为最小值点.由此可得:

(1)当 $f\left(\sqrt[3]{\frac{-a}{4}}\right)=-\frac{3a}{4}\sqrt[3]{\frac{a}{4}}+b=0$,即$\frac{3a}{4}\sqrt[3]{\frac{a}{4}}=b$ 时,方程 $f(x)=0$ 有唯一实根 $x=\sqrt[3]{\frac{-a}{4}}$.

(2)当 $f\left(\sqrt[3]{\frac{-a}{4}}\right)=-\frac{3a}{4}\sqrt[3]{\frac{a}{4}}+b>0$,即 $\frac{3a}{4}\sqrt[3]{\frac{a}{4}}<b$ 时,方程 $f(x)=0$ 无实根.

【381】 讨论曲线 $y=4\ln x+k$ 与 $y=4x+\ln^4x$ 的交点个数.

解 问题等价于讨论方程 $\ln^4x-4\ln x+4x-k=0$ 有几个不同的实根.

设 $\varphi(x)=\ln^4x-4\ln x+4x-k$,则有 $\varphi'(x)=\frac{4(\ln^3x-1+x)}{x}$.不难看出,$x=1$ 是 $\varphi(x)$的驻点.当 $0<x<1$ 时,$\varphi'(x)<0$,即 $\varphi(x)$单调减少;当 $x>1$ 时,$\varphi'(x)>0$,即 $\varphi(x)$单调增加,故$\varphi(1)=4-k$ 为函数$\varphi(x)$的最小值.

当 $k<4$,即 $4-k>0$ 时,$\varphi(x)=0$ 无实根,即两条曲线无交点.

当 $k=4$,即 $4-k=0$ 时,$\varphi(x)=0$ 有唯一实根,即两条曲线只有一个交点.

当 $k>4$,即 $4-k<0$ 时,由于

$$\lim_{x\to0^+}\varphi(x)=\lim_{x\to0^+}[\ln x(\ln^3x-4)+4x-k]=+\infty;$$

$$\lim_{x\to+\infty}\varphi(x)=\lim_{x\to+\infty}[\ln x(\ln^3x-4)+4x-k]=+\infty.$$

故 $\varphi(x)=0$ 有两个实根,分别位于$(0,1)$与$(1,+\infty)$内,即两条曲线有两个交点.

点评 本题必须先构造一个辅助函数,将问题转化为求辅助函数零点的个数,最后通过导数对其单调性、极值进行讨论.

【382】 就 k 的不同取值情况,确定方程 $x-\frac{\pi}{2}\sin x=k$ 在开区间$(0,\frac{\pi}{2})$内根的个数,并证明你的结论.

解 设 $f(x)=x-\frac{\pi}{2}\sin x$,则 $f(x)$在$[0,\frac{\pi}{2}]$上连续.

由 $f'(x)=1-\frac{\pi}{2}\cos x=0$ 解得 $f(x)$在$(0,\frac{\pi}{2})$内的唯一驻点 $x_0=\arccos\frac{2}{\pi}$.

由于当 $x\in(0,x_0)$时,$f'(x)<0$;当 $x\in(x_0,\frac{\pi}{2})$时,$f'(x)>0$.所以 $f(x)$在$[0,x_0]$上单调减少,在$[x_0,\frac{\pi}{2}]$上单调增加.因此,x_0 是 $f(x)$在$(0,\frac{\pi}{2})$内的唯一最小值点,最小值为 $y_0=$

$f(x_0)=x_0-\frac{\pi}{2}\sin x_0$. 又因 $f(0)=f(\frac{\pi}{2})=0$，故在 $(0,\frac{\pi}{2})$ 内 $f(x)$ 的取值范围为 $(y_0,0)$.

因此，当 $k\notin[y_0,0)$，即 $k<y_0$ 或 $k\geqslant 0$ 时，原方程在 $(0,\frac{\pi}{2})$ 内没有根；

当 $k=y_0$ 时，原方程在 $(0,\frac{\pi}{2})$ 内有唯一根 x_0；

当 $k\in(y_0,0)$ 时，原方程在 $(0,x_0)$ 和 $(x_0,\frac{\pi}{2})$ 内各恰有一根，即原方程在 $(0,\frac{\pi}{2})$ 内恰有两个不同的根.

点评 本题主要考查利用导数分析函数图形的属性. 令 $f(x)=x-\frac{\pi}{2}\sin x$，讨论方程 $f(x)=k$ 在开区间 $(0,\frac{\pi}{2})$ 内根的个数，实际上只需研究函数 $f(x)$ 在 $(0,\frac{\pi}{2})$ 上图形的特点，$f(x)=k$ 在开区间 $(0,\frac{\pi}{2})$ 内根的个数即为直线 $y=k$ 与曲线 $y=f(x)$ 在 $(0,\frac{\pi}{2})$ 区间内交点的个数.

利用泰勒公式讨论函数的极值

【383】 设 $f(x)$ 有二阶连续导数，且 $f'(0)=0$，$\lim\limits_{x\to0}\frac{f''(x)}{|x|}=1$，则________.

(A) $f(0)$ 是 $f(x)$ 的极大值

(B) $f(0)$ 是 $f(x)$ 的极小值

(C) $(0,f(0))$ 是曲线 $y=f(x)$ 的拐点

(D) $f(0)$ 不是 $f(x)$ 的极值，$(0,f(0))$ 也不是曲线 $y=f(x)$ 的拐点

解 由 $\lim\limits_{x\to0}\frac{f''(x)}{|x|}=1>0$ 及保号性知在 $x=0$ 的某邻域内 $f''(x)>0$，故 $(0,f(0))$ 不是曲线 $y=f(x)$ 的拐点.

而由麦克劳林公式知 $f(x)=f(0)+f'(0)x+\frac{f''(\xi)}{2!}x^2$，$\xi$ 介于 0 与 x 之间，则 $f(x)-f(0)=\frac{f''(\xi)}{2!}x^2>0$，即 $f(x)>f(0)$，$f(0)$ 是 $f(x)$ 的极小值.

故应选(B).

【384】 设 $y=f(x)$ 在点 x_0 的某邻域内具有连续的 4 阶导数，若 $f'(x_0)=f''(x_0)=f'''(x_0)=0$，且 $f^{(4)}(x_0)<0$，则________.

(A) $f(x)$ 在点 x_0 取极小值　　(B) $f(x)$ 在点 x_0 取极大值

(C) 点 $(x_0,f(x_0))$ 为曲线 $y=f(x)$ 的拐点　　(D) $f(x)$ 在点 x_0 的某邻域内单调减少

解 因为 $y=f(x)$ 在点 x_0 的某邻域内具有连续的 4 阶导数，且 $f^{(4)}(x_0)<0$，故存在 x_0 的一个 δ 邻域 $(x_0-\delta,x_0+\delta)$，当 $x\in(x_0-\delta,x_0+\delta)$ 时 $f^{(4)}(x)<0$，并由泰勒公式

$$\begin{aligned}f(x)&=f(x_0)+f'(x_0)(x-x_0)+\frac{1}{2!}f''(x_0)(x-x_0)^2+\frac{1}{3!}f'''(x_0)(x-x_0)^3\\&\quad+\frac{1}{4!}f^{(4)}(\xi)(x-x_0)^4\\&=f(x_0)+\frac{1}{4!}f^{(4)}(\xi)(x-x_0)^4\quad(\xi\text{ 在 }x_0\text{ 与 }x\text{ 之间})\end{aligned}$$

由此得知，当 $x\in(x_0-\delta,x_0+\delta)$ 时，$f(x)\leqslant f(x_0)$.

故应选(B).

【385】 设 $f(x)$ 在 x_0 的某一邻域内存在连续的三阶导数，且 $f'(x_0)=f''(x_0)=0$ 而 $f'''(x_0)\neq 0$，试证 $(x_0,f(x_0))$ 是曲线的拐点，而 x_0 不是 $f(x)$ 的极值点.

证 不妨设

$$f'''(x_0)>0,f'''(x_0)=\lim_{x\to x_0}\frac{f''(x)-f''(x_0)}{x-x_0}=\lim_{x\to x_0}\frac{f''(x)}{x-x_0}>0.$$

所以根据保号性存在 x_0 的某邻域，使 $\frac{f''(x)}{x-x_0}>0$，即 $x>x_0$ 时，$f''(x)>0$；$x<x_0$ 时，$f''(x)<0$. 从而 $(x_0,f(x_0))$ 是曲线的拐点. 而

$$f(x)=f(x_0)+f'(x_0)(x-x_0)+\frac{f''(x_0)}{2!}(x-x_0)^2+\frac{f'''(\xi)}{3!}(x-x_0)^3,$$

故 $f(x)-f(x_0)=\frac{f'''(\xi)}{3!}(x-x_0)^3$. 即 $x>x_0$ 时，$f(x)>f(x_0)$；$x<x_0$ 时，$f(x)<f(x_0)$. 故 x_0 不是 $f(x)$ 的极值点.

【386】 设函数 $f(x)$ 在 x_0 的某一邻域内具有直到 n 阶的连续导数，且 $f'(x_0)=f''(x_0)=\cdots=f^{(n-1)}(x_0)=0$，而 $f^{(n)}(x_0)\neq 0$，试证：

(1) 当 n 为偶数，且 $f^{(n)}(x_0)>0$ 时，则 $f(x_0)$ 为极小值；当 n 为偶数，且 $f^{(n)}(x_0)<0$ 时，则 $f(x_0)$ 为极大值；

(2) 当 n 为奇数时，$f(x_0)$ 不是极值.

证 因为 $f'(x_0)=f''(x_0)=\cdots=f^{(n-1)}(x_0)=0$，由泰勒公式有

$$f(x)=f(x_0)+\frac{f^{(n)}(\xi)}{n!}(x-x_0)^n,$$

其中 ξ 介于 x 与 x_0 之间，即

$$f(x)-f(x_0)=\frac{f^{(n)}(\xi)}{n!}(x-x_0)^n.$$

因为 $f^{(n)}(x)$ 在 x_0 连续，且 $f^{(n)}(x_0)\neq 0$，所以必存在 x_0 的某一邻域 $(x_0-\delta,x_0+\delta)$，使对于该邻域内任意 x，$f^{(n)}(x)$ 与 $f^{(n)}(x_0)$ 同号，进而 $f^{(n)}(\xi)$ 与 $f^{(n)}(x_0)$ 同号，于是，在 $f^{(n)}(x_0)$ 的符号确定后，$f(x)-f(x_0)$ 的符号完全取决于 $(x-x_0)^n$ 的符号.

(1) 当 n 为偶数时，$(x-x_0)^n\geqslant 0$. 所以，

当 $f^{(n)}(x_0)<0$ 时，$f(x)-f(x_0)\leqslant 0$，即 $f(x)\leqslant f(x_0)$，从而 $f(x_0)$ 为极大值；

当 $f^{(n)}(x_0)>0$ 时，$f(x)-f(x_0)\geqslant 0$，即 $f(x)\geqslant f(x_0)$，从而 $f(x_0)$ 为极小值.

(2) 当 n 为奇数时，若 $x<x_0$，则 $(x-x_0)^n<0$；若 $x>x_0$，则 $(x-x_0)^n>0$. 所以不论 $f^{(n)}(x_0)$ 的符号如何，当 $(x-x_0)$ 由负变正时，则 $f(x)-f(x_0)$ 的符号也随之改变，因此 $f(x)$ 在 x_0 处不取得极值.

第四章 不定积分

§1. 不定积分的概念与性质

1. 原函数与不定积分的定义 设函数 $F(x)$ 与 $f(x)$ 在区间 (a,b) 内有定义，若对于任意 $x\in(a,b)$ 有

$$F'(x)=f(x) \quad 或 \quad dF(x)=f(x)dx$$

则称 $F(x)$ 是 $f(x)$ 在 (a,b) 上的一个原函数.

函数 $f(x)$ 的全体原函数称为 $f(x)$ 的不定积分，记为 $\int f(x)dx$. 设 $F(x)$ 是 $f(x)$ 的一个原函数，则 $\int f(x)dx=F(x)+C$，C 为任意常数.

2. 不定积分的基本性质

(1) $\int f'(x)dx=f(x)+C$； (2) $\frac{d}{dx}\left[\int f(x)dx\right]=f(x)$；

(3) $\int[k_1f(x)\pm k_2g(x)]dx=k_1\int f(x)dx\pm k_2\int g(x)dx$ （k_1,k_2 不同时为零）.

3. 基本公式

(1) $\int x^a dx=\frac{1}{a+1}x^{a+1}+C\ (a\neq-1)$； (2) $\int\frac{1}{x}dx=\ln|x|+C$；

(3) $\int a^x dx=\frac{1}{\ln a}a^x+C$； (4) $\int e^x dx=e^x+C$；

(5) $\int\sin xdx=-\cos x+C$； (6) $\int\cos xdx=\sin x+C$；

(7) $\int\sec^2 xdx=\tan x+C$； (8) $\int\csc^2 xdx=-\cot x+C$；

(9) $\int\tan xdx=-\ln|\cos x|+C$； (10) $\int\cot xdx=\ln|\sin x|+C$；

(11) $\int\sec xdx=\ln|\sec x+\tan x|+C$； (12) $\int\csc xdx=\ln|\csc x-\cot x|+C$；

(13) $\int\frac{dx}{\sqrt{a^2-x^2}}=\arcsin\frac{x}{a}+C$； (14) $\int\frac{dx}{a^2+x^2}=\frac{1}{a}\arctan\frac{x}{a}+C$；

(15) $\int\frac{dx}{a^2-x^2}=\frac{1}{2a}\ln\left|\frac{a+x}{a-x}\right|+C$； (16) $\int\frac{dx}{\sqrt{x^2\pm a^2}}=\ln|x+\sqrt{x^2\pm a^2}|+C$；

(17) $\int\sqrt{a^2-x^2}\,dx=\frac{x}{2}\sqrt{a^2-x^2}+\frac{a^2}{2}\arcsin\frac{x}{a}+C$；

(18) $\int\sqrt{x^2-a^2}\,dx=\frac{x}{2}\sqrt{x^2-a^2}-\frac{a^2}{2}\ln|x+\sqrt{x^2-a^2}|+C$；

(19) $\int\sqrt{x^2+a^2}\,dx=\frac{x}{2}\sqrt{x^2+a^2}+\frac{a^2}{2}\ln|x+\sqrt{x^2+a^2}|+C$；

(20) $\int\text{sh}xdx=\text{ch}x+C$； (21) $\int\text{ch}xdx=\text{sh}x+C$.

基本题型

利用原函数与不定积分的定义求解问题

【387】下列函数中,不是 $e^{2x}-e^{-2x}$ 的原函数的是________.

(A)$\frac{1}{2}(e^{2x}+e^{-2x})$　(B)$\frac{1}{2}(e^{x}+e^{-x})^2$　(C)$\frac{1}{2}(e^{x}-e^{-x})^2$　(D)$\frac{1}{2}(e^{2x}-e^{-2x})$

解　$[\frac{1}{2}(e^{2x}-e^{-2x})]'=e^{2x}+e^{-2x}\neq e^{2x}-e^{-2x}$.

故应选(D)

【388】若 $f(x)$的导函数为 $\sin x$,则 $f(x)$的一个原函数是________.

(A)$1+\sin x$　(B)$1-\sin x$　(C)$1+\cos x$　(D)$1-\cos x$

分析　由定义,$f(x)$的导函数是 $\sin x$,则 $f(x)$是 $\sin x$ 的原函数,因此可先对 $\sin x$ 求不定积分得到 $f(x)$,再对 $f(x)$求不定积分找到它的原函数,然后比较所给选项得到正确答案.

解　因为 $f'(x)=\sin x$,所以 $f(x)=\int\sin x\mathrm{d}x=-\cos x+C_1$,而

$$\int f(x)\mathrm{d}x=\int(-\cos x+C_1)\mathrm{d}x=-\sin x+C_1x+C_2,$$

取 $C_1=0$, $C_2=1$ 得 $f(x)$的一个原函数为 $1-\sin x$.

故应选(B).

点评　利用原函数的定义求两次不定积分,并根据题目选取恰当的常数 C_1 和 C_2,从而找到所要求的一个原函数是本题的主要方法,只要熟悉原函数的定义及基本积分表,题目便迎刃而解了.

【389】设 $\int F'(x)\mathrm{d}x=\int G'(x)\mathrm{d}x$,则下列结论中错误的是________.

(A)$F(x)=G(x)$　(B)$F(x)=G(x)+C$

(C)$F'(x)=G'(x)$　(D)$\mathrm{d}\int F'(x)\mathrm{d}x=\mathrm{d}\int G'(x)\mathrm{d}x$

解　由不定积分的定义,$\int F'(x)\mathrm{d}x=F(x)+C_1$,$\int G'(x)\mathrm{d}x=G(x)+C_2$,其中 C_1,C_2 都是任意常数,所以有 $F(x)+C_1=G(x)+C_2$,即 $F(x)=G(x)+C$,此即选项(B);而结论(B),(C),(D)是互相等价的,所以错误的是(A).

故应选(A).

【390】若 $F'(x)=\frac{1}{\sqrt{1-x^2}}$, $F(1)=\frac{3}{2}\pi$,则 $F(x)$为________.

(A)$\arcsin x$　(B)$\arcsin x+C$　(C)$\arccos x+\pi$　(D)$\arcsin x+\pi$

分析　由 $F'(x)=\frac{1}{\sqrt{1-x^2}}$,对其求不定积分即可求得 $F(x)$,此 $F(x)$中带有常数 C. 又知 $F(1)=\frac{3}{2}\pi$,由此条件,常数 C 便可确定下来.

解　由题意 $F(x)=\int\frac{\mathrm{d}x}{\sqrt{1-x^2}}=\arcsin x+C$. 又 $F(1)=\frac{3}{2}\pi$, 则 $\arcsin 1+C=\frac{3}{2}\pi$, 所以 $C=\pi$.

故应选(D).

【391】设 $F_1(x),F_2(x)$ 是区间 I 内连续函数 $f(x)$ 的两个不同的原函数，且 $f(x)\neq 0$，则在区间 I 内必有________.

(A) $F_1(x)+F_2(x)=C$　　(B) $F_1(x)\cdot F_2(x)=C$

(C) $F_1(x)=CF_2(x)$　　(D) $F_1(x)-F_2(x)=C$ (C 为常数)

分析　由原函数定义，$F'_1(x)=F'_2(x)=f(x)$，由 $(F_1(x)-F_2(x))'=F'_1(x)-F'_2(x)$，则 $F_1(x)-F_2(x)=C$，得 $F_1(x)$ 与 $F_2(x)$ 的关系.

解　设 $G(x)=F_1(x)-F_2(x)$，则

$$G'(x)=(F_1(x)-F_2(x))'=F'_1(x)-F'_2(x)=f(x)-f(x)=0,$$

从而 $G(x)=C$，即 $F_1(x)-F_2(x)=C$.

故应选(D).

点评　一个函数的任意两个原函数之间只相差一个常数，这是原函数的一个重要性质，由原函数的定义即可证明. 此性质需熟记.

【392】下列等式中正确的是________.

(A) $\int f'(x)\mathrm{d}x=f(x)$　　(B) $\int \mathrm{d}f(x)=f(x)$

(C) $\frac{\mathrm{d}}{\mathrm{d}x}\int f(x)\mathrm{d}x=f(x)$　　(D) $\mathrm{d}\int f(x)\mathrm{d}x=f(x)$

解　此题目讨论的是原函数、不定积分、导数、微分的关系. 不定积分允许相差任意常数，而(A)、(B)漏掉了. (D)的微分式中漏了 $\mathrm{d}x$，也不对.

故应选(C).

利用不定积分的性质讨论

【393】若 $\int f(x)\mathrm{d}x=x\mathrm{e}^x+C$，则 $f(x)=$________.

解　两边取导数，得 $f(x)=\mathrm{e}^x+x\mathrm{e}^x=(1+x)\mathrm{e}^x$.

故应填 $(1+x)\mathrm{e}^x$.

【394】如果等式 $\int f(x)\mathrm{e}^{-\frac{1}{x}}\mathrm{d}x=-\mathrm{e}^{-\frac{1}{x}}+C$，则函数 $f(x)=$________.

(A) $-\frac{1}{x}$　　(B) $-\frac{1}{x^2}$　　(C) $\frac{1}{x}$　　(D) $\frac{1}{x^2}$

解　这是关于原函数与被积函数关系的概念题. 因为 $\int f(x)\mathrm{d}x=F(x)+C$，则有 $F'(x)=f(x)$，因此 $f(x)\mathrm{e}^{-\frac{1}{x}}=(-\mathrm{e}^{-\frac{1}{x}})'=-\frac{1}{x^2}\mathrm{e}^{-\frac{1}{x}}$，比较等式两边可知 $f(x)=-\frac{1}{x^2}$.

故应选(B).

【395】求 $\int \mathrm{d}\int \mathrm{d}f(x)$.

解　由不定积分的性质知 $\int \mathrm{d}f(x)=f(x)+C$，故 $\mathrm{d}\int \mathrm{d}f(x)=\mathrm{d}f(x)$. 从而

$$\int \mathrm{d}\int \mathrm{d}f(x)=\int \mathrm{d}f(x)=f(x)+C.$$

作代换求函数表达式

【396】设 $f'(\cos^2 x)=\sin^2 x$，且 $f(0)=0$，则 $f(x)=$________.

(A) $\cos x+\frac{1}{2}\cos^2 x$ (B) $\cos^2 x-\frac{1}{2}\cos^4 x$ (C) $x+\frac{1}{2}x^2$ (D) $x-\frac{1}{2}x^2$

分析 这是导数的概念与不定积分的概念的综合题.

解 因为 $f'(\cos^2 x)=\sin^2 x$ 是表示 $\frac{\mathrm{d}f(\cos^2 x)}{\mathrm{d}\cos^2 x}=\sin^2 x=1-\cos^2 x$,用 x 换式中的 $\cos^2 x$,则有 $\frac{\mathrm{d}f(x)}{\mathrm{d}x}=1-x$,积分得 $f(x)=x-\frac{x^2}{2}+C$.

当 $x=0$ 时,$f(0)=0$ 代入上式得 $C=0$.

故应选(D).

利用不定积分的性质求分段函数的表达式

【397】 设 $f(x)=|x|+2$,则 $\int f(x)\mathrm{d}x=$________.

解 $f(x)=\begin{cases}x+2, & x>0\\ -x+2, & x\leqslant 0\end{cases}$

当 $x>0$ 时,$\int f(x)\mathrm{d}x=\int(x+2)\mathrm{d}x=\frac{1}{2}x^2+2x+C_1$.

当 $x\leqslant 0$ 时,$\int f(x)\mathrm{d}x=\int(-x+2)\mathrm{d}x=-\frac{1}{2}x^2+2x+C_2$.

因为 $F(x)$ 在 $x=0$ 点连续,故 $\frac{1}{2}\cdot 0+2\cdot 0+C_1=-\frac{1}{2}\cdot 0+2\cdot 0+C_2$,所以 $C_1=C_2$.

故

$$\int f(x)\mathrm{d}x=\begin{cases}\frac{1}{2}x^2+2x+C, & x>0\\ -\frac{1}{2}x^2+2x+C, & x\leqslant 0\end{cases}.$$

【398】 求下列不定积分

(1) $\int x^2\sqrt[3]{x}\,\mathrm{d}x$; (2) $\int(x-2)^2\mathrm{d}x$; (3) $\int\frac{(1-x)^2}{\sqrt{x}}\mathrm{d}x$;

(4) $\int\frac{3x^4+3x^2+1}{x^2+1}\mathrm{d}x$; (5) $\int 3^x\mathrm{e}^x\mathrm{d}x$.

分析 利用不定积分的性质及基本积分公式求不定积分的方法称为直接积分法,这是积分常用的方法之一.被积函数如果不是积分表中的类型,可先把被积函数进行恒等变形,然后再积分.

解 (1) $\int x^2\sqrt[3]{x}\,\mathrm{d}x=\int x^{\frac{7}{3}}\mathrm{d}x=\frac{1}{\frac{7}{3}+1}x^{\frac{7}{3}+1}+C=\frac{3}{10}x^{\frac{10}{3}}+C$;

(2) $\int(x-2)^2\mathrm{d}x=\int(x^2-4x+4)\mathrm{d}x=\int x^2\mathrm{d}x-4\int x\mathrm{d}x+4\int\mathrm{d}x=\frac{1}{3}x^3-2x^2+4x+C$;

(3) $\int\frac{(1-x)^2}{\sqrt{x}}\mathrm{d}x=\int x^{\frac{3}{2}}\mathrm{d}x-2\int x^{\frac{1}{2}}\mathrm{d}x+\int x^{-\frac{1}{2}}\mathrm{d}x=\frac{2}{5}x^{\frac{5}{2}}-\frac{4}{3}x^{\frac{3}{2}}+2x^{\frac{1}{2}}+C$;

(4) $\int\frac{3x^4+3x^2+1}{x^2+1}\mathrm{d}x=\int\frac{3x^2(x^2+1)+1}{x^2+1}\mathrm{d}x=\int(3x^2+\frac{1}{1+x^2})\mathrm{d}x$

$=\int 3x^2\mathrm{d}x+\int\frac{1}{1+x^2}\mathrm{d}x=x^3+\arctan x+C$;

(5) $\int 3^x e^x dx=\int (3e)^x dx=\frac{1}{\ln(3e)}(3e)^x+C.$

点评 直接积分法要求熟练掌握基本积分公式，对被积函数可通过恒等变形后利用积分性质化为若干个基本积分公式的形式，从而求得积分.

使用基本积分公式计算不定积分

【399】 求$\int \frac{1+x+x^2}{x(1+x^2)}dx$

分析 基本积分表中没有这种类型的积分，我们可以先把被积函数变形，化为表中所列类型之后，再逐项积分.

解 $\int \frac{1+x+x^2}{x(1+x^2)}dx=\int \frac{x+(1+x^2)}{x(1+x^2)}dx=\int (\frac{1}{1+x^2}+\frac{1}{x})dx=\int \frac{1}{1+x^2}dx+\int \frac{1}{x}dx$

$=\arctan x+\ln|x|+C.$

【400】 求$\int \frac{1+\sin^2 x}{1-\cos 2x}dx$

解 $\int \frac{1+\sin^2 x}{1-\cos 2x}dx=\int \frac{1+\sin^2 x}{1-1+2\sin^2 x}dx=\frac{1}{2}\int (\csc^2 x+1)dx=-\frac{1}{2}\cot x+\frac{1}{2}x+C.$

求积分曲线

【401】 一曲线通过点$(e^2,3)$，且在任一点处的切线斜率等于该点横坐标的倒数，求该积分曲线.

分析 函数的原函数图形即为此函数的积分曲线. 由题意，本题是求函数$\frac{1}{x}$的通过点$(e^2,3)$的那条积分曲线.

解 设该曲线的方程为$y=f(x)$. 由题意知$y'=f'(x)=\frac{1}{x}$，从而

$$y=\int \frac{1}{x}dx=\ln|x|+C,$$

又曲线过点$(e^2,3)$，所以$3=\ln e^2+C=2+C$，即得$C=1$.
因此该曲线方程为$y=\ln|x|+1$.

§2. 换元积分法

1. 第一换元法(凑微分法) 设$\int f(u)du=F(u)+C$，且$u=\varphi(x)$可微，则

$$\int f[\varphi(x)]\varphi'(x)dx=\int f[\varphi(x)]d\varphi(x)=F[\varphi(x)]+C.$$

2. 第二换元法 设$x=\varphi(t)$严格单调并可微，且$\varphi'(t)\neq 0$，若$\int f[\varphi(t)]\varphi'(t)dt=\Phi(t)+C$，则

$$\int f(x)dx=\Phi[\varphi^{-1}(x)]+C.$$

基本题型

使用第一换元法求不定积分

【402】设 $F(x)$ 是 $f(x)$ 的一个原函数，则 $\int e^{-x}f(e^{-x})dx=$________.

(A) $F(e^{-x})+C$　　(B) $-F(e^{-x})+C$　　(C) $F(e^{x})+C$　　(D) $-F(e^{x})+C$

解　这是考察原函数定义和不定积分换元积分法的基本概念题. 因为

$$\int f(x)dx=F(x)+C\ (原函数的概念),$$

又

$$\int e^{-x}f(e^{-x})dx=-\int f(e^{-x})de^{-x}=-F(e^{-x})+C.$$

故应选(B).

【403】设 $\int xf(x)dx=\arcsin x+C$，求 $\int \frac{1}{f(x)}dx$.

解　对等式求导得 $xf(x)=\frac{1}{\sqrt{1-x^2}}$，从而 $\frac{1}{f(x)}=x\sqrt{1-x^2}$. 所以

$$\int \frac{1}{f(x)}dx=\int x\sqrt{1-x^2}\,dx=-\frac{1}{3}(1-x^2)^{\frac{3}{2}}+C.$$

【404】如果 $f(x)=e^{-x}$，则 $\int \frac{f'(\ln x)}{x}dx=$________.

(A) $-\frac{1}{x}+C$　　(B) $\frac{1}{x}+C$　　(C) $-\ln x+C$　　(D) $\ln x+C$

解　$\int \frac{f'(\ln x)}{x}dx=\int f'(\ln x)d\ln x=\int df(\ln x)=f(\ln x)+C=e^{-\ln x}+C=\frac{1}{x}+C.$

故应选(B).

【405】求下列不定积分：

(1) $\int xf(x^2)f'(x^2)dx$；　　(2) $\int \frac{f'(\ln x)}{x}dx$.

解　(1)设 $u=x^2$，则

$$xf'(x^2)dx=\frac{1}{2}f'(x^2)dx^2=\frac{1}{2}f'(u)du=\frac{1}{2}df(u),$$

所以

$$\int xf(x^2)f'(x^2)dx=\frac{1}{2}\int f(u)df(u)=\frac{1}{4}[f(u)]^2+C=\frac{1}{4}[f(x^2)]^2+C.$$

(2)设 $v=\ln x$，则

$$\frac{f'(\ln x)}{x}dx=f'(\ln x)d\ln x=f'(v)dv,$$

所以

$$\int \frac{f'(\ln x)}{x}dx=\int f'(v)dv=f(v)+C=f(\ln x)+C.$$

【406】已知 $f'(e^x)=xe^{-x}$，且 $f(1)=0$，则 $f(x)=$________.

解　由 $f'(e^x)=xe^{-x}$ 得 $f'(t)=\frac{\ln t}{t}$，故

$$f(x)=\int \frac{\ln x}{x}dx=\frac{1}{2}(\ln x)^2+C.$$

再把 $f(1)=0$ 代入上式得 $C=0$，从而 $f(x)=\frac{1}{2}(\ln x)^2$.

故应填$\frac{1}{2}(\ln x)^2$.

点评 本题属于基本题型，采用换元法令 $e^x=t$，从而得出 $f(x)$ 的表达式. 然后使用"凑"微分计算. 最后应记住把任意常数确定下来.

【407】 求下列函数的不定积分：

(1) $\int\frac{dx}{4-9x^2}$；(2) $\int\frac{1}{\sqrt{4-9x^2}}dx$；(3) $\int\frac{dx}{\sqrt{5-2x-x^2}}$；

(4) $\int\frac{dx}{\sqrt{x(4-x)}}$；(5) $\int\frac{dx}{x\sqrt{1-\ln^2x}}$.

解 (1) $\int\frac{dx}{4-9x^2}=\frac{1}{4}\int\frac{dx}{1-(\frac{3}{2}x)^2}=\frac{1}{8}\int\left[\frac{1}{1-\frac{3}{2}x}+\frac{1}{1+\frac{3}{2}x}\right]dx$

$$=\frac{1}{8}\left[-\frac{2}{3}\int\frac{d(1-\frac{3}{2}x)}{1-\frac{3}{2}x}+\frac{2}{3}\int\frac{d(1+\frac{3}{2}x)}{1+\frac{3}{2}x}\right]$$

$$=\frac{1}{12}\left[\ln\left|1+\frac{3}{2}x\right|-\ln\left|1-\frac{3}{2}x\right|\right]+C=\frac{1}{12}\ln\left|\frac{2+3x}{2-3x}\right|+C;$$

(2) $\int\frac{dx}{\sqrt{4-9x^2}}=\frac{1}{2}\int\frac{dx}{\sqrt{1-\left(\frac{3}{2}x\right)^2}}=\frac{1}{2}\cdot\frac{2}{3}\int\frac{d\left(\frac{3}{2}x\right)}{\sqrt{1-\left(\frac{3}{2}x\right)^2}}=\frac{1}{3}\arcsin(\frac{3}{2}x)+C$；

(3) $\int\frac{dx}{\sqrt{5-2x-x^2}}=\int\frac{dx}{\sqrt{6-(x+1)^2}}=\arcsin\frac{x+1}{\sqrt{6}}+C$；

(4) $\int\frac{dx}{\sqrt{x(4-x)}}=\int\frac{1}{\sqrt{4-(2-x)^2}}dx=\arcsin\frac{x-2}{2}+C$；

(5) $\int\frac{dx}{x\sqrt{1-\ln^2x}}=\int\frac{d\ln x}{\sqrt{1-\ln^2x}}=\arcsin\ln x+C$.

【408】 求下列三角函数的不定积分：

(1) $\int\sin x\sin3x dx$；(2) $\int\sin^2 3x dx$；(3) $\int\sin^3x\cos^2x dx$；

(4) $\int\sin^3x dx$；(5) $\int\cos^5x dx$；(6) $\int\tan^3x dx$.

解 (1)利用三角函数积化和差公式 $2\sin\alpha\sin\beta=\cos(\alpha-\beta)-\cos(\alpha+\beta)$，可得

$$\int\sin x\sin3x dx=\frac{1}{2}\int(\cos2x-\cos4x)dx=\frac{1}{2}[\frac{1}{2}\int\cos2x d(2x)-\frac{1}{4}\int\cos4x d(4x)]$$

$$=\frac{1}{8}(2\sin2x-\sin4x)+C;$$

(2) $\int\sin^2 3x dx=\int\frac{1-\cos6x}{2}dx=\int\frac{1}{2}dx-\frac{1}{12}\int\cos6x d(6x)=\frac{1}{2}x-\frac{1}{12}\sin6x+C$；

(3) $\int\sin^3x\cos^2x dx=\int\sin^2x\cos^2x\sin x dx=\int(1-\cos^2x)\cos^2x(-d\cos x)$

$$=-\int(\cos^2x-\cos^4x)\mathrm{d}\cos x=\frac{1}{5}\cos^5x-\frac{1}{3}\cos^3x+C;$$

(4) $\int\sin^3x\mathrm{d}x=\int\sin^2x\sin x\mathrm{d}x=-\int(1-\cos^2x)\mathrm{d}(\cos x)$

$$=-\int\mathrm{d}(\cos x)+\int\cos^2x\mathrm{d}(\cos x)=-\cos x+\frac{1}{3}\cos^3x+C;$$

(5) $\int\cos^5x\mathrm{d}x=\int(\cos^2x)^2\cos x\mathrm{d}x=\int(1-\sin^2x)^2\mathrm{d}(\sin x)$

$$=\int(1-2\sin^2x+\sin^4x)\mathrm{d}(\sin x)=\sin x-\frac{2}{3}\sin^3x+\frac{1}{5}\sin^5x+C;$$

(6) $\int\tan^3x\mathrm{d}x=\int\tan^2x\tan x\mathrm{d}x=\int(\sec^2x-1)\tan x\mathrm{d}x=\int\sec^2x\tan x\mathrm{d}x-\int\tan x\mathrm{d}x$

$$=\int\tan x\mathrm{d}(\tan x)-\int\frac{\sin x}{\cos x}\mathrm{d}x=\frac{1}{2}\tan^2x+\ln|\cos x|+C.$$

【409】 求下列不定积分：

(1) $\int e^{\sin x}\cos x\mathrm{d}x$； (2) $\int\frac{1-\sin x}{x+\cos x}\mathrm{d}x$； (3) $\int\frac{\mathrm{d}x}{1+\sin x}$； (4) $\int\frac{\mathrm{d}x}{\sin^2x+5\cos^2x}$.

解 (1) $\int e^{\sin x}\cos x\mathrm{d}x=\int e^{\sin x}\mathrm{d}(\sin x)=e^{\sin x}+C$；

(2) $\int\frac{1-\sin x}{x+\cos x}\mathrm{d}x=\int\frac{1}{x+\cos x}\mathrm{d}(x+\cos x)=\ln|x+\cos x|+C$；

(3) **解法一** 原式 $=\int\frac{1-\sin x}{\cos^2x}\mathrm{d}x=\tan x-\frac{1}{\cos x}+C$；

解法二 原式 $=\int\frac{\mathrm{d}x}{\left(\cos\frac{x}{2}+\sin\frac{x}{2}\right)^2}=\int\frac{\sec^2\frac{x}{2}}{\left(1+\tan\frac{x}{2}\right)^2}\mathrm{d}x=2\int\frac{\mathrm{d}\left(1+\tan\frac{x}{2}\right)}{\left(1+\tan\frac{x}{2}\right)^2}$

$$=-\frac{2}{1+\tan\frac{x}{2}}+C;$$

(4) $\int\frac{\mathrm{d}x}{\sin^2x+5\cos^2x}=\int\frac{\mathrm{d}x}{\cos^2x(5+\tan^2x)}=\int\frac{\sec^2x\mathrm{d}x}{5+\tan^2x}=\int\frac{\mathrm{d}\tan x}{(\sqrt{5})^2+\tan^2x}$

$$=\frac{1}{\sqrt{5}}\arctan\frac{\tan x}{\sqrt{5}}+C.$$

点评 能否熟练地凑微分，是求不定积分的重要技巧之一，常见的一些凑微分形式如下：

(1) $x^{n-1}f(kx^n+p)\mathrm{d}x=\frac{1}{kn}f(kx^n+p)\mathrm{d}(kx^n+p)$；

(2) $e^xf(ke^x+p)\mathrm{d}x=\frac{1}{k}f(ke^x+p)\mathrm{d}(ke^x+p)$，

$a^xf(ka^x+p)\mathrm{d}x=\frac{1}{k\ln a}f(ka^x+p)\mathrm{d}(ka^x+p)$；

(3) $\cos xf(k\sin x+p)\mathrm{d}x=\frac{1}{k}f(k\sin x+p)\mathrm{d}(k\sin x+p)$，

$\sin xf(k\cos x+p)\mathrm{d}x=-\frac{1}{k}f(k\cos x+p)\mathrm{d}(k\cos x+p)$，

$\frac{1}{\cos^2x}f(k\tan x+p)\mathrm{d}x=\frac{1}{k}f(k\tan x+p)\mathrm{d}(k\tan x+p)$；

(4) $\frac{1}{x}f(k\ln x+p)\mathrm{d}x=\frac{1}{k}f(k\ln x+p)\mathrm{d}(k\ln x+p)$,

$\frac{1}{x}f(k\log_a x+p)\mathrm{d}x=\frac{\ln a}{k}f(k\log_a x+p)\mathrm{d}(k\log_a x+p)$;

(5) $f(\arcsin x)\cdot\frac{\mathrm{d}x}{\sqrt{1-x^2}}=f(\arcsin x)\mathrm{d}(\arcsin x)$,

$f(\arctan\frac{x}{a})\cdot\frac{\mathrm{d}x}{a^2+x^2}=\frac{1}{a}f(\arctan\frac{x}{a})\mathrm{d}(\arctan\frac{x}{a})$;

(6) $\frac{x\mathrm{d}x}{1+x^2}=\frac{1}{2}\mathrm{d}\ln(1+x^2)$.

使用第二换元法计算不定积分

【410】 求 $\int\frac{\mathrm{d}x}{\sqrt{x}(1+\sqrt[3]{x})}$.

解 为了除去根号,设 $x=t^6(t>0)$,则 $t=\sqrt[6]{x}$,这时

$$\int\frac{\mathrm{d}x}{\sqrt{x}(1+\sqrt[3]{x})}=\int\frac{\mathrm{d}t^6}{t^3(1+t^2)}=\int\frac{6t^5\mathrm{d}t}{t^3(1+t^2)}=6\int\frac{t^2}{1+t^2}\mathrm{d}t=6\int\frac{t^2+1-1}{1+t^2}\mathrm{d}t$$

$$=6\int(1-\frac{1}{1+t^2})\mathrm{d}t=6(t-\arctan t)+C=6(\sqrt[6]{x}-\arctan\sqrt[6]{x})+C.$$

【411】 $\int\frac{\mathrm{d}x}{(2-x)\sqrt{1-x}}=$ ________.

解 原式 $\xlongequal{\sqrt{1-x}=t}\int\frac{-2t}{(1+t^2)t}\mathrm{d}t=-2\int\frac{1}{1+t^2}\mathrm{d}t=-2\arctan t+C$

$$=-2\arctan\sqrt{1-x}+C.$$

故应填 $-2\arctan\sqrt{1-x}+C$.

【412】 求 $\int x^3\sqrt{4-x^2}\mathrm{d}x$.

解 令 $x=2\sin u$, $\mathrm{d}x=2\cos u\mathrm{d}u$,

$$\int x^3\sqrt{4-x^2}\mathrm{d}x=\int 8\sin^3 u\cdot 2\cos u\cdot 2\cos u\mathrm{d}u=32\int\cos^2 u\sin^3 u\mathrm{d}u$$

$$=32\int\cos^2 u(\cos^2 u-1)\mathrm{d}\cos u=32\int(\cos^4 u-\cos^2 u)\mathrm{d}\cos u$$

$$=\frac{32}{5}\cos^5 u-\frac{32}{3}\cos^3 u+C=\frac{1}{5}(4-x^2)^{\frac{5}{2}}-\frac{4}{3}(4-x^2)^{\frac{3}{2}}+C.$$

【413】 求 $\int\frac{\mathrm{d}x}{(2x^2+1)\sqrt{x^2+1}}$.

解 设 $x=\tan u$,则 $\mathrm{d}x=\sec^2 u\mathrm{d}u$,

$$\int\frac{\mathrm{d}x}{(2x^2+1)\sqrt{x^2+1}}=\int\frac{\mathrm{d}u}{\cos u\cdot(2\tan^2 u+1)}=\int\frac{\cos u\mathrm{d}u}{2\sin^2 u+\cos^2 u}$$

$$=\int\frac{\mathrm{d}\sin u}{1+\sin^2 u}=\arctan(\sin u)+C=\arctan\left(\frac{x}{\sqrt{1+x^2}}\right)+C.$$

【414】 求 $\int\frac{x^2\mathrm{d}x}{(x^2-a^2)^{\frac{3}{2}}}$.

解　作正割代换,令 $x=a\sec t\ (0<t<\frac{\pi}{2})$,把 $(x^2-a^2)^{\frac{3}{2}}=a^3(\sec^2 t-1)^{\frac{3}{2}}=a^3\tan^3 t$, $\mathrm{d}x=a\cdot\sec t\cdot\tan t\mathrm{d}t$ 代入积分中得

$$\int\frac{x^2\mathrm{d}x}{(x^2-a^2)^{\frac{3}{2}}}=\int\frac{a^2\sec^2 t}{a^3\tan^3 t}a\cdot\sec t\cdot\tan t\mathrm{d}t=\int\frac{\mathrm{d}t}{\sin^2 t\cos t}$$

$$=\int\frac{\sin^2 t+\cos^2 t}{\sin^2 t\cos t}\mathrm{d}t=\int\frac{\cos t}{\sin^2 t}\mathrm{d}t+\int\frac{\mathrm{d}t}{\cos t}$$

$$=-\frac{1}{\sin t}+\ln|\sec t+\tan t|+C_1.$$

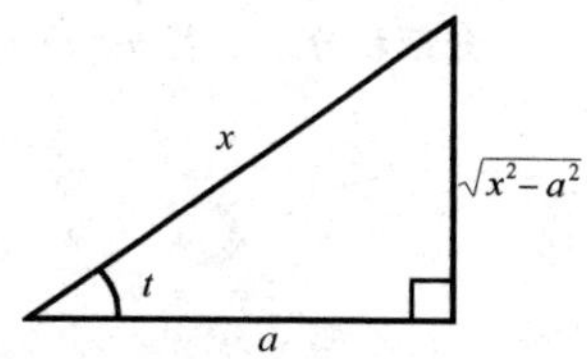

图 414

画一个直角三角形,使它的一个锐角为 t,斜边为 x(如图 414),这时,$\sin t=\frac{\sqrt{x^2-a^2}}{x}$,$\tan t=\frac{\sqrt{x^2-a^2}}{a}$,于是所求积分为

$$\int\frac{x^2}{(x^2-a^2)^{\frac{3}{2}}}\mathrm{d}x=-\frac{x}{\sqrt{x^2-a^2}}+\ln|x+\sqrt{x^2-a^2}|+C.$$

其中 $C=C_1-\ln a$.

【415】 求不定积分 $\int\frac{\mathrm{d}x}{x\sqrt{x^2+1}}$.

解　令 $\frac{1}{x}=t$,则

$$\text{原式}=\int\frac{-\frac{1}{t^2}}{\frac{1}{t}\sqrt{\frac{1}{t^2}+1}}\mathrm{d}t=-\int\frac{1}{\sqrt{1+t^2}}\mathrm{d}t=-\ln(t+\sqrt{1+t^2})+C$$

$$=-\ln\left(\frac{1}{x}+\sqrt{1+\frac{1}{x^2}}\right)+C=-\ln\frac{1+\sqrt{1+x^2}}{x}+C.$$

【416】 求 $\int\frac{\sqrt{a^2-x^2}}{x^4}\mathrm{d}x$.

解　设 $x=\frac{1}{t}$,那么 $\mathrm{d}x=-\frac{\mathrm{d}t}{t^2}$,于是

$$\int\frac{\sqrt{a^2-x^2}}{x^4}\mathrm{d}x=\int\frac{\sqrt{a^2-\frac{1}{t^2}}\cdot\left(-\frac{\mathrm{d}t}{t^2}\right)}{\frac{1}{t^4}}=-\int(a^2t^2-1)^{\frac{1}{2}}|t|\mathrm{d}t,$$

当 $x>0$ 时,有

$$\int\frac{\sqrt{a^2-x^2}}{x^4}\mathrm{d}x=-\frac{1}{2a^2}\int(a^2t^2-1)^{\frac{1}{2}}\mathrm{d}(a^2t^2-1)=-\frac{(a^2t^2-1)^{\frac{3}{2}}}{3a^2}+C$$

$$=-\frac{(a^2-x^2)^{\frac{3}{2}}}{3a^2x^3}+C,$$

当 $x<0$ 时,有相同的结果.故无论何种情形,总有

$$\int\frac{\sqrt{a^2-x^2}}{x^4}\mathrm{d}x=-\frac{(a^2-x^2)^{\frac{3}{2}}}{3a^2x^3}+C.$$

§3. 分部积分法

分部积分法 若 $u=u(x)$ 与 $v=v(x)$ 可微，且 $u'(x)\cdot v(x)$ 具有原函数，则有

$$\int u(x)v'(x)\mathrm{d}x=u(x)v(x)-\int v(x)u'(x)\mathrm{d}x$$

或

$$\int u\mathrm{d}v=uv-\int v\mathrm{d}u$$

若被积函数是三角函数、反三角函数、指数函数、对数函数与多项式之间的乘积时，通常用分部积分法.

基本题型

使用分部积分公式求不定积分

【417】 求 $\int\ln(x+\sqrt{x^2+1})\mathrm{d}x$.

解 $\int\ln(x+\sqrt{x^2+1})\mathrm{d}x=x\cdot\ln(x+\sqrt{x^2+1})-\int x\cdot\frac{1}{x+\sqrt{x^2+1}}\left(1+\frac{x}{\sqrt{x^2+1}}\right)\mathrm{d}x$

$$=x\ln(x+\sqrt{x^2+1})-\int\frac{x}{\sqrt{x^2+1}}\mathrm{d}x=x\ln(x+\sqrt{x^2+1})-\sqrt{x^2+1}+C.$$

【418】 计算 $\int\frac{x+\ln^3x}{(x\ln x)^2}\mathrm{d}x$.

解 由于分母为一项，分子为两项，应先考虑分成两项，再用凑微分及分部积分法积分.

$$\int\frac{x+\ln^3x}{(x\ln x)^2}\mathrm{d}x=\int\frac{1}{x\ln^2x}\mathrm{d}x+\int\frac{\ln x}{x^2}\mathrm{d}x=\int\frac{1}{\ln^2x}\mathrm{d}\ln x+\int\ln x\mathrm{d}\left(-\frac{1}{x}\right)$$

$$=-\frac{1}{\ln x}-\frac{1}{x}\ln x+\int\frac{1}{x^2}\mathrm{d}x=-\frac{1}{\ln x}-\frac{1}{x}\ln x-\frac{1}{x}+C.$$

【419】 $\int\frac{\ln x-1}{x^2}\mathrm{d}x=$________.

解 原式 $=\int\ln x\mathrm{d}(-\frac{1}{x})-\int\frac{1}{x^2}\mathrm{d}x=-\frac{1}{x}\ln x+\int\frac{1}{x^2}\mathrm{d}x-\int\frac{1}{x^2}\mathrm{d}x=-\frac{1}{x}\ln x+C.$

故应填 $-\frac{1}{x}\ln x+C$.

【420】 $\int\arctan\sqrt{x}\,\mathrm{d}x=$________.

解 利用分部积分法，注意到 $\mathrm{d}(\arctan\sqrt{x})=\frac{1}{1+x}\mathrm{d}\sqrt{x}$，

$$\int\arctan\sqrt{x}\,\mathrm{d}x=x\cdot\arctan\sqrt{x}-\int x\mathrm{d}(\arctan\sqrt{x})=x\cdot\arctan\sqrt{x}-\int\frac{x}{1+x}\mathrm{d}(\sqrt{x})$$

$$=x\cdot\arctan\sqrt{x}-\sqrt{x}+\arctan\sqrt{x}+C=(x+1)\cdot\arctan\sqrt{x}-\sqrt{x}+C.$$

故应填 $(x+1)\cdot\arctan\sqrt{x}-\sqrt{x}+C$.

【421】 求 $\int(\arcsin x)^2\mathrm{d}x$.

解 $\int(\arcsin x)^2\mathrm{d}x=x(\arcsin x)^2-\int\frac{2x\arcsin x}{\sqrt{1-x^2}}\mathrm{d}x$

$$=x(\arcsin x)^2+\int\frac{\arcsin x}{\sqrt{1-x^2}}\mathrm{d}(1-x^2)$$

$$=x(\arcsin x)^2+2\sqrt{1-x^2}\arcsin x-\int 2\mathrm{d}x$$

$$=x(\arcsin x)^2+2\sqrt{1-x^2}\arcsin x-2x+C.$$

【422】 求 $\int\frac{\arctan e^x}{e^{2x}}\mathrm{d}x$

解 $\int\frac{\arctan e^x}{e^{2x}}\mathrm{d}x=-\frac{1}{2}\int\arctan e^x\mathrm{d}(e^{-2x})=-\frac{1}{2}\left[e^{-2x}\arctan e^x-\int\frac{\mathrm{d}e^x}{e^{2x}(1+e^{2x})}\right]$

$$=-\frac{1}{2}(e^{-2x}\arctan e^x+e^{-x}+\arctan e^x)+C.$$

点评 本题也可设 $e^x=t$,利用换元法求解.

【423】 求 $\int e^{2x}(\tan x+1)^2\mathrm{d}x$.

解 原式$=\int e^{2x}\sec^2x\mathrm{d}x+2\int e^{2x}\tan x\mathrm{d}x=\int e^{2x}\mathrm{d}\tan x+2\int e^{2x}\tan x\mathrm{d}x$

$$=e^{2x}\tan x-2\int e^{2x}\tan x\mathrm{d}x+2\int e^{2x}\tan x\mathrm{d}x=e^{2x}\tan x+C.$$

【424】 求 $\int\frac{\ln\sin x}{\sin^2x}\mathrm{d}x=$________.

解 原式$=-\int\ln\sin x\mathrm{d}\cot x=-\cot x\cdot\ln\sin x+\int\cot x\cdot\frac{\cos x}{\sin x}\mathrm{d}x$

$$=-\cot x\cdot\ln\sin x+\int(\csc^2x-1)\mathrm{d}x=-\cot x\cdot\ln\sin x-\cot x-x+C.$$

故应填$-\cot x\cdot\ln\sin x-\cot x-x+C$.

点评 因为$\frac{1}{\sin^2x}\mathrm{d}x=-\mathrm{d}\cot x$,故采用分部积分公式计算.

一般地,对形如$\int\frac{f(x)}{\varphi(x)}\mathrm{d}x$的积分可考虑转化为$\int f(x)\mathrm{d}g(x)$,然后使用分部积分公式计算,其中$g'(x)=\frac{1}{\varphi(x)}$.

先作代换,再使用分部积分公式计算

【425】 设 $f'(x^2)=\ln x\ (x>0)$,求 $f(x)$.

解法一 因为 $f'(x^2)=\frac{\mathrm{d}f(x^2)}{\mathrm{d}x^2}=\ln x$,所以 $\mathrm{d}f(x^2)=\ln x\mathrm{d}x^2$. 积分得

$$f(x^2)=\int\ln x\mathrm{d}x^2=x^2\ln x-\frac{x^2}{2}+C.$$

令 $x^2=t$,则有 $f(t)=t\ln\sqrt{t}-\frac{t}{2}+C=\frac{t}{2}(\ln t-1)+C$. 故 $f(x)=\frac{x}{2}(\ln x-1)+C$.

解法二 先换元,再积分.

令 $x^2=t$,则有 $f'(t)=\ln\sqrt{t}=\frac{1}{2}\ln t$,即 $f'(x)=\frac{1}{2}\ln x$. 两边积分得

$$f(x)=\frac{1}{2}\int \ln x\mathrm{d}x=\frac{1}{2}x\ln x-\frac{x}{2}+C.$$

【426】$\int \frac{\arcsin\sqrt{x}}{\sqrt{x}}\mathrm{d}x$ ________.

解 原式$\xlongequal{\sqrt{x}=t}2\int \arcsin t\mathrm{d}t=2t\arcsin t-2\int t\cdot\frac{1}{\sqrt{1-t^2}}\mathrm{d}t$

$$=2t\arcsin t+2\sqrt{1-t^2}+C=2\sqrt{x}\arcsin\sqrt{x}+2\sqrt{1-x}+C.$$

故应填 $2\sqrt{x}\arcsin\sqrt{x}+2\sqrt{1-x}+C$.

【427】$\int x^3\mathrm{e}^{x^2}\mathrm{d}x=$________.

解 原式$=\frac{1}{2}\int x^2\mathrm{e}^{x^2}\mathrm{d}(x^2)\xlongequal{x^2=u}\frac{1}{2}\int u\mathrm{e}^u\mathrm{d}u=\frac{1}{2}\int u\mathrm{d}\mathrm{e}^u$

$$=\frac{1}{2}(u\mathrm{e}^u-\int \mathrm{e}^u\mathrm{d}u)=\frac{1}{2}(u\mathrm{e}^u-\mathrm{e}^u)+C=\frac{1}{2}\mathrm{e}^{x^2}(x^2-1)+C.$$

故应填$\frac{1}{2}\mathrm{e}^{x^2}(x^2-1)+C$.

【428】计算$\int \mathrm{e}^{2x}\cos\mathrm{e}^x\mathrm{d}x$.

解 先换元,然后再使用分部积分公式.令 $\mathrm{e}^x=t$,则

$$\int \mathrm{e}^{2x}\cos\mathrm{e}^x\mathrm{d}x=\int \mathrm{e}^x\cos\mathrm{e}^x\mathrm{d}\mathrm{e}^x=\int t\cos t\mathrm{d}t=\int t\mathrm{d}\sin t=t\sin t-\int \sin t\mathrm{d}t$$

$$=t\sin t+\cos t+C=\mathrm{e}^x\sin\mathrm{e}^x+\cos\mathrm{e}^x+C.$$

【429】设 $f(\ln x)=\frac{\ln(1+x)}{x}$,计算$\int f(x)\mathrm{d}x$.

解 设 $\ln x=t$,则 $x=\mathrm{e}^t$,$f(t)=\frac{\ln(1+\mathrm{e}^t)}{\mathrm{e}^t}$,

$$\int f(x)\mathrm{d}x=\int \frac{\ln(1+\mathrm{e}^x)}{\mathrm{e}^x}\mathrm{d}x=-\int \ln(1+\mathrm{e}^x)\mathrm{d}\mathrm{e}^{-x}=-\mathrm{e}^{-x}\ln(1+\mathrm{e}^x)+\int \frac{1}{1+\mathrm{e}^x}\mathrm{d}x$$

$$=-\mathrm{e}^{-x}\ln(1+\mathrm{e}^x)+\int(1-\frac{\mathrm{e}^x}{1+\mathrm{e}^x})\mathrm{d}x=-\mathrm{e}^{-x}\ln(1+\mathrm{e}^x)+x-\ln(1+\mathrm{e}^x)+C$$

$$=x-(1+\mathrm{e}^{-x})\ln(1+\mathrm{e}^x)+C.$$

已知函数的原函数,使用分部积分公式计算

【430】已知 $f(x)$的一个原函数为 $\ln^2x$,则$\int xf'(x)\mathrm{d}x=$________.

解 $\int xf'(x)\mathrm{d}x=\int x\mathrm{d}f(x)=xf(x)-\int f(x)\mathrm{d}x$

$$=x(\ln^2x)'-\ln^2x+C=2\ln x-\ln^2x+C.$$

故应填 $2\ln x-\ln^2x+C$.

【431】已知$\frac{\sin x}{x}$是函数 $f(x)$的一个原函数,求$\int x^3f'(x)\mathrm{d}x$.

解 由于$\frac{\sin x}{x}$是函数 $f(x)$的一个原函数,有 $f(x)=(\frac{\sin x}{x})'=\frac{x\cos x-\sin x}{x^2}$.因此

$$\int x^3f'(x)\mathrm{d}x=x^3f(x)-3\int x^2f(x)\mathrm{d}x=x^3f(x)-3\int x^2\mathrm{d}(\frac{\sin x}{x})$$

$$=x^3 f(x)-3\left(x^2\cdot\frac{\sin x}{x}-2\int\sin x\mathrm{d}x\right)=x^3 f(x)-3x\sin x-6\cos x+C$$

$$=x^2\cos x-4x\sin x-6\cos x+C.$$

点评　在不定积分运算中，若被积函数中含有 $f'(x)$ 项，则一般考虑使用分部积分公式计算，令 $v=f(x)$.

【432】 设 $f(x)$ 的一个原函数为 e^{x^2}，求 $\int xf''(x)\mathrm{d}x$.

解　$\int xf''(x)\mathrm{d}x=\int x\mathrm{d}f'(x)=xf'(x)-\int f'(x)\mathrm{d}x=xf'(x)-f(x)+C.$

由于 $f(x)=2x\mathrm{e}^{x^2}$，则 $f'(x)=2\mathrm{e}^{x^2}+4x^2\mathrm{e}^{x^2}$，代入上式得 $\int xf''(x)\mathrm{d}x=4x^3\mathrm{e}^{x^2}+C.$

§4. 有理函数的积分

1. 有理函数的积分　一般要经过两个步骤：(1)如果被积函数是假分式，则需先化为有理整式与真分式之和；(2)用待定系数法将真分式化为部分分式，最后得到 4 个基本类型的积分

1) $\int\frac{A}{x-a}\mathrm{d}x$；　　2) $\int\frac{A}{(x-a)^n}\mathrm{d}x\ (n=2,3\cdots)$；

3) $\int\frac{Mx+N}{x^2+px+q}\mathrm{d}x$；　　4) $\int\frac{(Mx+N)}{(x^2+px+q)^n}\mathrm{d}x\ (n=2,3\cdots)$.

其中 A、M、N、a、p、q 都是常数，且 $4q-p^2>0$.

前两种积分结果是易知的，对于第三种积分只要将分母配方后，再用基本积分公式，结果即可求出. 对于第四种积分要用分部积分法，最后得出一个递推公式，需要多次积分才能完成.

2. 三角函数有理式的积分　一般有以下三种方法：

(1)半角代换　对于 $\int R(\sin x,\cos x)\mathrm{d}x$ 型，令 $\tan\frac{x}{2}=t$ 化为有理函数的积分

(2)三角恒等变换

1)利用倍角公式降低三角函数的幂次；

2)对于 $\int\sin mx\cdot\sin nx\mathrm{d}x$、$\int\sin mx\cdot\cos nx\mathrm{d}x$、$\int\cos mx\cdot\cos nx\mathrm{d}x(m\neq n)$ 可利用积化和差来计算；

3)对于 $\int\sin^m x\cdot\cos^n x\mathrm{d}x$：①当 m、n 中有一个奇数，可拆开用凑微分法计算；②当 m、n 都是偶数，可利用倍角公式逐步求出积分.

4)对于 $\int\sin^n x\mathrm{d}x$，$\int\cos^n x\mathrm{d}x$，可利用分部积分法导出的递推公式计算，也可按 3)处理.

3. 简单无理函数的积分　关键是找出适当的变量代换去掉根号，化为有理函数的积分.

基本题型

有理函数的积分

【433】 求下列不定积分

(1) $\int\frac{x^3}{x+3}\mathrm{d}x$；　　(2) $\int\frac{1}{(x^2+1)(x+1)^2}\mathrm{d}x$；

(3) $\int \frac{4x+3}{(x-2)^3}\mathrm{d}x$； (4) $\int \frac{1}{x(x+1)(x^2+x+1)}\mathrm{d}x$.

解 (1) $\int \frac{x^3}{x+3}\mathrm{d}x=\int \left(x^2-3x+9-\frac{27}{x+3}\right)\mathrm{d}x=\frac{1}{3}x^3-\frac{3}{2}x^2+9x-27\ln|x+3|+C.$

点评 此题为有理假分式，所以先化为多项式与真分式的和再逐项积分.

(2) 设 $\frac{1}{(x^2+1)(x+1)^2}=\frac{Ax+B}{x^2+1}+\frac{C}{(x+1)^2}+\frac{D}{x+1}$,

通分后由分子得 $1=(Ax+B)(x+1)^2+C(x^2+1)+D(x+1)(x^2+1)$.
比较 x 的各次幂的系数得

$$\begin{cases}A+D=0\\2A+B+C+D=0\\A+2B+D=0\\B+C+D=1\end{cases}\Longrightarrow\begin{cases}A=-\frac{1}{2}\\B=0\\C=\frac{1}{2}\\D=\frac{1}{2}\end{cases}$$

故 原式$=-\frac{1}{2}\int \frac{x}{x^2+1}\mathrm{d}x+\frac{1}{2}\int \frac{1}{(x+1)^2}\mathrm{d}x+\frac{1}{2}\int \frac{1}{x+1}\mathrm{d}x$

$$=-\frac{1}{4}\ln(x^2+1)-\frac{1}{2(x+1)}+\frac{1}{2}\ln|x+1|+C.$$

点评 此题分母已经分解成一次因式与二次因式积的形式，只须用待定系数法将有理函数分解成部分分式的和再逐项积分即可.

(3) 设 $\frac{4x+3}{(x-2)^3}=\frac{A_1}{x-2}+\frac{A_2}{(x-2)^2}+\frac{A_3}{(x-2)^3}$,

通分比较系数得 $\begin{cases}A_1=0\\-4A_1+A_2=4\\4A_1-2A_2+A_3=3\end{cases}$ 解得 $A_1=0,\ A_2=4,\ A_3=11$.

故 $\frac{4x+3}{(x-2)^3}=\frac{4}{(x-2)^2}+\frac{11}{(x-2)^3}$

$$\int \frac{4x+3}{(x-2)^3}\mathrm{d}x=4\int \frac{\mathrm{d}x}{(x-2)^2}+11\int \frac{\mathrm{d}x}{(x-2)^3}=-\frac{4}{x-2}-\frac{11}{2}\frac{1}{(x-2)^2}+C.$$

点评 事实上在求 A_1、A_2、A_3 时可用特殊值法. 如通分后得

$$4x+3=A_1(x-2)^2+A_2(x-2)+A_3,$$

令 $x=2$ 得 $11=A_3$，再比较系数得 A_1、A_2.

(4) 因为 $\frac{1}{x(x+1)(x^2+x+1)}=\frac{1}{(x^2+x)(x^2+x+1)}=\frac{1}{x+x^2}-\frac{1}{x^2+x+1}$

$$=\frac{1}{x}-\frac{1}{1+x}-\frac{1}{1+x+x^2},$$

所以 原式$=\int \frac{1}{x}\mathrm{d}x-\int \frac{1}{1+x}\mathrm{d}x-\int \frac{1}{1+x+x^2}\mathrm{d}x=\ln|x|-\ln|1+x|-\frac{2}{\sqrt{3}}\arctan\frac{2x+1}{\sqrt{3}}+C.$

点评 当被积函数容易分解时也不必墨守成规非要用待定系数法，直接分解即可.

【434】 求下列不定积分

(1) $\int \frac{x+5}{x^2-6x+13}\mathrm{d}x$； (2) $\int \frac{x^3}{(x-1)^{10}}\mathrm{d}x$.

解 (1) 原式$=\frac{1}{2}\int\frac{2x-6}{x^2-6x+13}dx+8\int\frac{1}{(x-3)^2+4}dx$

$$=\frac{1}{2}\int\frac{d(x^2-6x+13)}{x^2-6x+13}+4\int\frac{1}{1+\left(\frac{x-3}{2}\right)^2}d\left(\frac{x-3}{2}\right)$$

$$=\frac{1}{2}\ln(x^2-6x+13)+4\arctan\frac{x-3}{2}+C.$$

故应填$\frac{1}{2}\ln(x^2-6x+13)+4\arctan\frac{x-3}{2}+C.$

点评 本题使用如下公式计算：

$$\int\frac{Mx+N}{ax^2+bx+c}dx=\int\frac{\frac{M}{2a}\cdot d(ax^2+bx+c)}{ax^2+bx+c}+\int\frac{N-\frac{Mb}{2a}}{ax^2+bx+c}dx.$$

(2) 令 $x-1=u$，则 $dx=du$，

$$\int\frac{x^3}{(x-1)^{10}}dx=\int\frac{(1+u)^3}{u^{10}}du=\int\frac{u^3+3u^2+3u+1}{u^{10}}du$$

$$=\int\frac{1}{u^7}du+3\int\frac{1}{u^8}du+3\int\frac{1}{u^9}du+\int\frac{1}{u^{10}}du=-\frac{1}{6u^6}-\frac{3}{7}\frac{1}{u^7}-\frac{3}{8}\frac{1}{u^8}-\frac{1}{9}\frac{1}{u^9}+C$$

$$=-\frac{1}{6(x-1)^6}-\frac{3}{7}\frac{1}{(x-1)^7}-\frac{3}{8}\frac{1}{(x-1)^8}-\frac{1}{9}\frac{1}{(x-1)^9}+C.$$

点评 求不定积分的基本方法是换元积分法和分部积分法，将有理分式化为部分分式和三角函数有理式的积分仅作为以上两种方法的补充. 如本题若将分母看成 $x=1$ 是其 10 重根，然后利用有理分式化为部分分式将会非常麻烦.

三角函数有理式积分

【435】 求不定积分$\int\frac{dx}{3+\cos x}$.

解 令 $\tan\frac{x}{2}=t$，则

$$\int\frac{dx}{3+\cos x}=\int\frac{dt}{2+t^2}=\frac{1}{\sqrt{2}}\arctan\frac{t}{\sqrt{2}}+C=\frac{1}{\sqrt{2}}\arctan\left(\frac{1}{\sqrt{2}}\tan\frac{x}{2}\right)+C.$$

【436】 求$\int\frac{\sin x}{\sin x+\cos x}dx$.

解 由$\int\frac{\sin x}{\sin x+\cos x}dx$，考虑

$$\int\frac{\sin x+\cos x}{\sin x+\cos x}dx=\int 1dx=x+C_1$$

及

$$\int\frac{\sin x-\cos x}{\sin x+\cos x}dx=-\int\frac{d(\sin x+\cos x)}{\sin x+\cos x}=-\ln|\sin x+\cos x|+C_2.$$

故

$$\int\frac{\sin x}{\sin x+\cos x}dx=\frac{1}{2}\left[\int\frac{\sin x+\cos x}{\sin x+\cos x}dx+\int\frac{\sin x-\cos x}{\sin x+\cos x}dx\right]=\frac{1}{2}[x-\ln|\sin x+\cos x|]+C.$$

此法写成下面的形式常称为回归法.

$$\int\frac{\sin x}{\sin x+\cos x}dx=\int\frac{\sin x+\cos x-\cos x}{\sin x+\cos x}dx=\int dx-\int\frac{\cos x}{\sin x+\cos x}dx$$

$$=\int dx-\int\frac{\cos x-\sin x+\sin x}{\sin x+\cos x}dx=\int dx-\int\frac{d(\sin x+\cos x)}{\sin x+\cos x}dx-\int\frac{\sin x}{\sin x+\cos x}dx,$$

即 $\displaystyle\int\frac{\sin x}{\sin x+\cos x}dx=\frac{1}{2}[x-\ln|\sin x+\cos x|]+C.$

用同样的方法可以求出，

$$\int\frac{\cos x}{\sin x+\cos x}dx=\frac{1}{2}\left[\int\frac{\sin x+\cos x}{\sin x+\cos x}dx-\int\frac{\sin x-\cos x}{\sin x+\cos x}dx\right]$$

$$=\frac{1}{2}[x+\ln|\sin x+\cos x|]+C.$$

【437】 $\displaystyle\int\frac{\cos x}{2\sin x+\cos x}dx.$

解 $\displaystyle\int\frac{\cos x}{2\sin x+\cos x}dx=\int\frac{1}{2\tan x+1}dx.$

令 $\tan x=t,x=\arctan t,dx=\dfrac{dt}{1+t^2}$，则

原式 $\displaystyle=\int\frac{1}{2t+1}\cdot\frac{1}{1+t^2}dt=\frac{1}{5}\int\left(\frac{4}{2t+1}-\frac{2t-1}{1+t^2}\right)dt$

$$=\frac{4}{5}\int\frac{dt}{2t+1}-\frac{1}{5}\int\frac{2tdt}{1+t^2}+\frac{1}{5}\int\frac{1}{1+t^2}dt$$

$$=\frac{2}{5}\ln|2t+1|-\frac{1}{5}\ln|1+t^2|+\frac{1}{5}\arctan t+C$$

$$=\frac{2}{5}\ln|2\tan x+1|-\frac{1}{5}\ln|1+\tan^2x|+\frac{1}{5}x+C.$$

简单无理式的积分

【438】 求 $\displaystyle\int\sqrt{\frac{1-x}{1+x}}\cdot\frac{dx}{x}.$

分析 无理函数积分的基本思路是通过变量代换将根式去掉，化为有理函数的积分.

解 令 $\sqrt{\dfrac{1-x}{1+x}}=t$，则

原式 $\displaystyle=\int t\cdot\frac{t^2+1}{1-t^2}\cdot\frac{-4t}{(t^2+1)^2}dt=4\int\frac{t^2}{(t^2-1)(t^2+1)}dt=2\int\left(\frac{1}{t^2-1}+\frac{1}{t^2+1}\right)dt$

$$=\ln\left|\frac{t-1}{t+1}\right|+2\arctan t+C=\ln\left|\frac{\sqrt{1-x}-\sqrt{1+x}}{\sqrt{1-x}+\sqrt{1+x}}\right|+2\arctan\sqrt{\frac{1-x}{1+x}}+C.$$

【439】 求 $\displaystyle\int\frac{dx}{\sqrt{ax+b}+d}\ (a\neq0).$

解 令 $t=\sqrt{ax+b},x=\dfrac{t^2-b}{a},dx=\dfrac{2t}{a}dt$，则

原式 $\displaystyle=\int\frac{dx}{\sqrt{ax+b}+d}=\int\frac{1}{t+d}\cdot\frac{2t}{a}dt=\frac{2}{a}\int\frac{t}{t+d}dt=\frac{2}{a}\int\frac{t+d-d}{t+d}dt$

$$=\frac{2}{a}\int dt-\frac{2d}{a}\int\frac{dt}{t+d}=\frac{2}{a}t-\frac{2d}{a}\ln|t+d|+C$$

$$=\frac{2}{a}\sqrt{ax+b}-\frac{2d}{a}\ln|\sqrt{ax+b}+d|+C.$$

【440】求 $\int \frac{dx}{\sqrt[3]{(x+1)^2(x-1)^4}}$.

分析　根号下太复杂,可先将分母中部分有理化.

解　$\int \frac{dx}{\sqrt[3]{(x+1)^2(x-1)^4}} = \int \frac{1}{(x+1)(x-1)}\sqrt[3]{\frac{x+1}{x-1}}dx.$

令 $\sqrt[3]{\frac{x+1}{x-1}} = t$,则 $x = \frac{t^3+1}{t^3-1}$,$dx = \frac{-6t^2}{(t^3-1)^2}dt$,

$$\int \frac{dx}{\sqrt[3]{(x+1)^2(x-1)^4}} = \int \frac{t}{\frac{4t^3}{(t^3-1)^2}} \cdot \frac{-6t^2}{(t^3-1)^2}dt = -\frac{3}{2}\int dt = -\frac{3}{2}t + C = -\frac{3}{2}\sqrt[3]{\frac{x+1}{x-1}} + C.$$

【441】求 $\int \frac{1}{\sqrt{1+x}+\sqrt[3]{1+x}}dx$.

分析　被积函数中出现两个根号 $\sqrt[a]{f(x)}$ 与 $\sqrt[b]{f(x)}$,一般设 $t=\sqrt[c]{f(x)}$,其中 c 为 a,b 的最小公倍数.

解　令 $\sqrt[6]{1+x} = t$,$x = t^6 - 1$,$dx = 6t^5dt$,则

$$\int \frac{1}{\sqrt{1+x}+\sqrt[3]{1+x}}dx = \int \frac{1}{t^3+t^2}6t^5dt = 6\int \frac{t^3}{t+1}dt = 6\int \frac{t^3+1-1}{t+1}dt$$

$$= 6\int (t^2 - t + 1 - \frac{1}{t+1})dt = 2t^3 - 3t^2 + 6t - 6\ln|t+1| + C$$

$$= 2\sqrt{1+x} - 3\sqrt[3]{1+x} + 6\sqrt[6]{1+x} - 6\ln|\sqrt[6]{1+x}+1| + C.$$

§5. 综合提高题型

作代换计算不定积分

【442】设 $f(x^2-1) = \ln\frac{x^2}{x^2-2}$,且 $f[\varphi(x)] = \ln x$,求 $\int \varphi(x)dx$.

解　因为 $f(x^2-1) = \ln\frac{(x^2-1)+1}{(x^2-1)-1}$,所以 $f(x) = \ln\frac{x+1}{x-1}$.

又 $f[\varphi(x)] = \ln\frac{\varphi(x)+1}{\varphi(x)-1} = \ln x$,从而 $\frac{\varphi(x)+1}{\varphi(x)-1} = x$,$\varphi(x) = \frac{x+1}{x-1}$. 于是

$$\int \varphi(x)dx = \int \frac{x+1}{x-1}dx = 2\ln|x-1| + x + C.$$

【443】求 $\int x^3\sqrt{1+x^2}dx$.

解法一　$\int x^3\sqrt{1+x^2}dx = \frac{1}{2}\int x^2\sqrt{1+x^2}dx^2 = \frac{1}{2}\int (1+x^2-1)\sqrt{1+x^2}d(1+x^2)$

$$= \frac{1}{2}\int (1+x^2)^{3/2}d(1+x^2) - \frac{1}{2}\int (1+x^2)^{1/2}d(1+x^2)$$

$$= \frac{1}{5}(1+x^2)^{\frac{5}{2}} - \frac{1}{3}(1+x^2)^{\frac{3}{2}} + C = \frac{1}{15}(3x^4+x^2-2)\sqrt{1+x^2} + C$$

解法二　设 $x = \tan t$,则 $dx = \sec^2 t dt$,于是

$$\int x^3\sqrt{1+x^2}\,\mathrm{d}x=\int\tan^3 t\cdot\sec^3 t\mathrm{d}t=\int\sec^2 t\tan^2 t\mathrm{d}(\sec t)$$
$$=\int(\sec^4 t-\sec^2 t)\mathrm{d}(\sec t)=\frac{1}{5}\sec^5 t-\frac{1}{3}\sec^3 t+C$$
$$=\frac{1}{5}(1+x^2)^{5/2}-\frac{1}{3}(1+x^2)^{3/2}+C=\frac{1}{15}(3x^4+x^2-2)\sqrt{1+x^2}+C.$$

【444】 计算 $\int\frac{\arctan\frac{1}{x}}{1+x^2}\mathrm{d}x.$

分析 $f(x)=\frac{\arctan\frac{1}{x}}{1+x^2}$ 与 $\frac{\arctan u}{1+u^2}$ 类似，而后者的积分为

$$\int\frac{\arctan u}{1+u^2}\mathrm{d}u=\int\arctan u\mathrm{d}(\arctan u)=\frac{1}{2}(\arctan u)^2+C.$$

因此，就要设法利用这一积分公式.

解法一 利用第一换元法计算.

$$\int\frac{\arctan\frac{1}{x}}{1+x^2}\mathrm{d}x=\int\frac{\arctan\frac{1}{x}}{1+\left(\frac{1}{x}\right)^2}\frac{\mathrm{d}x}{x^2}=-\int\arctan\frac{1}{x}\mathrm{d}\left(\arctan\frac{1}{x}\right)=-\frac{1}{2}\left(\arctan\frac{1}{x}\right)^2+C.$$

解法二 利用分部积分法计算.

$$\int\frac{\arctan\frac{1}{x}}{1+x^2}\mathrm{d}x=\int\arctan\frac{1}{x}\mathrm{d}(\arctan x)$$
$$=\arctan\frac{1}{x}\cdot\arctan x-\int\arctan x\frac{1}{1+\left(\frac{1}{x}\right)^2}\left(-\frac{1}{x^2}\right)\mathrm{d}x$$
$$=\arctan\frac{1}{x}\cdot\arctan x+\int\frac{\arctan x}{1+x^2}\mathrm{d}x$$
$$=\arctan\frac{1}{x}\cdot\arctan x+\int\arctan x\mathrm{d}(\arctan x)$$
$$=\arctan\frac{1}{x}\cdot\arctan x+\frac{1}{2}(\arctan x)^2+C.$$

【445】 求 $\int\frac{\mathrm{d}x}{\sin(2x)+2\sin x}.$

解

$$\int\frac{\mathrm{d}x}{\sin(2x)+2\sin x}=\int\frac{\mathrm{d}x}{2\sin x(\cos x+1)}=\frac{1}{4}\int\frac{\mathrm{d}\left(\frac{x}{2}\right)}{\sin\frac{x}{2}\cos^3\frac{x}{2}}=\frac{1}{4}\int\frac{\mathrm{d}\left(\tan\frac{x}{2}\right)}{\tan\frac{x}{2}\cos^2\frac{x}{2}}$$
$$=\frac{1}{4}\int\frac{1+\tan^2\frac{x}{2}}{\tan\frac{x}{2}}\mathrm{d}\left(\tan\frac{x}{2}\right)=\frac{1}{8}\tan^2\frac{x}{2}+\frac{1}{4}\ln\left|\tan\frac{x}{2}\right|+C.$$

利用分部积分公式计算不定积分

【446】 计算 $\int\frac{x^2\mathrm{e}^x}{(x+2)^2}\mathrm{d}x.$

分析　可以用分部积分法计算. 如何选择 $u(x)$ 与 $\mathrm{d}v(x)$ 呢？若选 $u(x)=\frac{x^2}{(x+2)^2}$，则

$$\mathrm{e}^x\mathrm{d}x=\mathrm{d}v(x)=\mathrm{d}(\mathrm{e}^x),\quad v(x)=\mathrm{e}^x,\quad \mathrm{d}u(x)=\frac{4x}{(x+2)^3}\mathrm{d}x$$

$$\int\frac{x^2\mathrm{e}^x}{(x+2)^2}\mathrm{d}x=\frac{x^2}{(x+2)^2}\mathrm{e}^x-\int\frac{4x}{(x+2)^3}\mathrm{e}^x\mathrm{d}x,$$

右边的积分并不容易求，因此，采用如下解法.

解　取 $u(x)=x^2\mathrm{e}^x$，$\frac{1}{(x+2)^2}\mathrm{d}x=\mathrm{d}\left(\frac{-1}{x+2}\right)=\mathrm{d}v(x)$

$$\int\frac{x^2\mathrm{e}^x}{(x+2)^2}\mathrm{d}x=\int x^2\mathrm{e}^x\mathrm{d}\left(\frac{-1}{x+2}\right)=-\frac{x^2\mathrm{e}^x}{x+2}-\int\left(\frac{-1}{x+2}\right)[2x\mathrm{e}^x+x^2\mathrm{e}^x]\mathrm{d}x$$

$$=-\frac{x^2\mathrm{e}^x}{x+2}+\int\frac{1}{x+2}\mathrm{e}^x\cdot x\cdot(x+2)\mathrm{d}x=-\frac{x^2\mathrm{e}^x}{x+2}+\int x\mathrm{e}^x\mathrm{d}x=-\frac{x^2\mathrm{e}^x}{x+2}+x\mathrm{e}^x-\mathrm{e}^x+C.$$

【447】 设 $f(\sin^2x)=\frac{x}{\sin x}$，求 $\int\frac{\sqrt{x}}{\sqrt{1-x}}f(x)\mathrm{d}x$.

解　令 $u=\sin^2x$，则有 $\sin x=\sqrt{u}$ ，$x=\arcsin\sqrt{u}$，从而 $f(x)=\frac{\arcsin\sqrt{x}}{\sqrt{x}}$. 于是，

$$\begin{aligned}\int\frac{\sqrt{x}}{\sqrt{1-x}}f(x)\mathrm{d}x&=\int\frac{\arcsin\sqrt{x}}{\sqrt{1-x}}\mathrm{d}x=-\int\frac{\arcsin\sqrt{x}}{\sqrt{1-x}}\mathrm{d}(1-x)\\&=-2\int\arcsin\sqrt{x}\,\mathrm{d}\sqrt{1-x}\\&=-2\sqrt{1-x}\arcsin\sqrt{x}+2\int\sqrt{1-x}\frac{1}{\sqrt{1-x}}\mathrm{d}\sqrt{x}\\&=-2\sqrt{1-x}\arcsin\sqrt{x}+2\sqrt{x}+C.\end{aligned}$$

【448】 计算 $\int\frac{x\mathrm{e}^x}{\sqrt{\mathrm{e}^x-2}}\mathrm{d}x$.

解　先分部积分后变量代换.

$$\int\frac{x\mathrm{e}^x}{\sqrt{\mathrm{e}^x-2}}\mathrm{d}x=\int x\mathrm{d}(2\sqrt{\mathrm{e}^x-2})=2x\sqrt{\mathrm{e}^x-2}-2\int\sqrt{\mathrm{e}^x-2}\,\mathrm{d}x.$$

令 $\mathrm{e}^x-2=t^2$，$\mathrm{e}^x=2+t^2$，$x=\ln(2+t^2)$，$\mathrm{d}x=\frac{2t}{2+t^2}\mathrm{d}t$，

$$\int\sqrt{\mathrm{e}^x-2}\,\mathrm{d}x=\int t\frac{2t}{2+t^2}\mathrm{d}t=2\int\frac{t^2+2-2}{2+t^2}\mathrm{d}t=2t-\frac{4}{\sqrt{2}}\arctan\frac{t}{\sqrt{2}}+C,$$

所以 $$\int\frac{x\mathrm{e}^x}{\sqrt{\mathrm{e}^x-2}}\mathrm{d}x=2x\sqrt{\mathrm{e}^x-2}-4\sqrt{\mathrm{e}^x-2}+4\sqrt{2}\arctan\sqrt{\frac{\mathrm{e}^x-2}{2}}+C.$$

【449】 计算不定积分 $\int\frac{x\mathrm{e}^{\arctan x}}{(1+x^2)^{3/2}}\mathrm{d}x$.

解法一　设 $x=\tan t$，则

$$\int\frac{x\mathrm{e}^{\arctan x}}{(1+x^2)^{3/2}}\mathrm{d}x=\int\frac{\mathrm{e}^t\tan t}{(1+\tan^2t)^{3/2}}\sec^2t\mathrm{d}t=\int\mathrm{e}^t\sin t\mathrm{d}t,$$

又 $$\int\mathrm{e}^t\sin t\mathrm{d}t=-\int\mathrm{e}^t\mathrm{d}\cos t=-(\mathrm{e}^t\cos t-\int\mathrm{e}^t\cos t\mathrm{d}t)=-\mathrm{e}^t\cos t+\mathrm{e}^t\sin t-\int\mathrm{e}^t\sin t\mathrm{d}t,$$

故 $$\int e^t \sin t dt=\frac{1}{2}e^t(\sin t-\cos t)+C.$$

因此 $$\int \frac{xe^{\arctan x}}{(1+x^2)^{3/2}}dx=\frac{1}{2}e^{\arctan x}\left(\frac{x}{\sqrt{1+x^2}}-\frac{1}{\sqrt{1+x^2}}\right)+C=\frac{(x-1)e^{\arctan x}}{2\sqrt{1+x^2}}+C.$$

解法二 $$\int \frac{xe^{\arctan x}}{(1+x^2)^{3/2}}dx=\int \frac{x}{\sqrt{1+x^2}}de^{\arctan x}=\frac{xe^{\arctan x}}{\sqrt{1+x^2}}-\int \frac{e^{\arctan x}}{(1+x^2)^{3/2}}dx$$

$$=\frac{xe^{\arctan x}}{\sqrt{1+x^2}}-\int \frac{1}{\sqrt{1+x^2}}de^{\arctan x}=\frac{xe^{\arctan x}}{\sqrt{1+x^2}}-\frac{e^{\arctan x}}{\sqrt{1+x^2}}-\int \frac{xe^{\arctan x}}{(1+x^2)^{3/2}}dx.$$

移项整理得 $$\int \frac{xe^{\arctan x}}{(1+x^2)^{3/2}}dx=\frac{(x-1)e^{\arctan x}}{2\sqrt{1+x^2}}+C.$$

点评 本题的解法一中使用了不定积分的第二换元法和分部积分公式. 作代换 $x=\tan t$,则 $t=\arctan x$.

一般地,若被积函数含 $\sqrt{x^2-1}$, $\sqrt{1-x^2}$, $\sqrt{1+x^2}$, $\sqrt{1-ax^2}$, $\sqrt{ax^2-1}$ 等均需使用第二换元法作三角代换.

【450】 求 $\int \frac{x^2}{1+x^2}\arctan x dx$.

解 令 $\arctan x=u, x=\tan u, dx=\frac{du}{\cos^2 u}$. 于是

$$原式=\int \frac{\tan^2 u}{1+\tan^2 u}\cdot u\cdot \frac{du}{\cos^2 u}=\int u\tan^2 u du=\int u(\sec^2 u-1)du$$

$$=\int u\sec^2 u du-\frac{1}{2}u^2=\int u d(\tan u)-\frac{1}{2}u^2=u\tan u-\int \tan u du-\frac{1}{2}u^2$$

$$=u\tan u+\ln|\cos u|-\frac{1}{2}u^2+C=x\arctan x+\ln\frac{1}{\sqrt{1+x^2}}-\frac{1}{2}(\arctan x)^2+C.$$

第五章　定　积　分

§1. 定积分的概念与性质

1. 定积分的定义　设 $f(x)$ 是定义在区间 $[a,b]$ 上的有界函数，任取分点 $a=x_0<x_1<x_2<\cdots<x_n=b$，将 $[a,b]$ 分为 n 个子区间 $[x_{i-1},x_i]$，记 $\Delta x_i=x_i-x_{i-1}(i=1,2,\cdots,n)$，又在每个子区间上任取一点 $\xi_i\in[x_{i-1},x_i](i=1,2,\cdots,n)$，若不论对区间 $[a,b]$ 如何分法，也不论 ξ_i 在 $[x_{i-1},x_i]$ 中如何取法，只要当 $\lambda=\max\limits_{1\leqslant i\leqslant n}\Delta x_i$ 趋于零时，和式 $\sum\limits_{i=1}^{n}f(\xi_i)\Delta x_i$ 的极限存在，则称此极限值为 $f(x)$ 在 $[a,b]$ 上的定积分，记为

$$\int_a^b f(x)\mathrm{d}x=\lim_{\lambda\to 0}\sum_{i=1}^{n}f(\xi_i)\Delta x_i$$

此时也称 $f(x)$ 在 $[a,b]$ 上可积.

特别地，把区间 $[a,b]$ 分为 n 等份，ξ_i 取为每个小区间的右端点，则有

$$\lim_{n\to\infty}\frac{b-a}{n}\sum_{i=1}^{n}f\left(a+\frac{b-a}{n}i\right)=\int_a^b f(x)\mathrm{d}x.$$

$$\lim_{n\to\infty}\frac{1}{n}\sum_{i=1}^{n}f\left(\frac{i}{n}\right)=\int_0^1 f(x)\mathrm{d}x.\quad(\text{此时 } a=0,b=1)$$

使用以上两个公式可计算某些和式的极限.

2. 定积分的基本性质

(1) 定积分的结果与积分变量无关，即 $\int_a^b f(x)\mathrm{d}x=\int_a^b f(t)\mathrm{d}t$；

(2) $\int_a^a f(x)\mathrm{d}x\equiv 0$；

(3) $\int_b^a f(x)\mathrm{d}x=-\int_a^b f(x)\mathrm{d}x$；

(4) 若 $f(x)$ 在 $[a,b]$ 上可积，k 为任一常数，则 $\int_a^b kf(x)\mathrm{d}x=k\int_a^b f(x)\mathrm{d}x$；

(5) 若 $f(x)$、$g(x)$ 在 $[a,b]$ 上都可积，则

$$\int_a^b[f(x)\pm g(x)]\mathrm{d}x=\int_a^b f(x)\mathrm{d}x\pm\int_a^b g(x)\mathrm{d}x;$$

(6) 设函数 $f(x)$ 在 $[a,c]$，$[c,b]$，$[a,b]$ 上都可积，则

$$\int_a^b f(x)\mathrm{d}x=\int_a^c f(x)\mathrm{d}x+\int_c^b f(x)\mathrm{d}x$$

当 c 点在 $[a,b]$ 外时，结论仍成立；

(7) 设 $f(x)$、$g(x)$ 在 $[a,b]$ 上可积，且满足不等式 $f(x)\leqslant g(x)$，$x\in[a,b]$，则

$$\int_a^b f(x)\mathrm{d}x\leqslant\int_a^b g(x)\mathrm{d}x;$$

(8) 估值定理　设 $f(x)$ 在 $[a,b]$ 上的最大值、最小值分别为 M 和 m，则有

$$m(b-a)\leqslant\int_a^b f(x)\mathrm{d}x\leqslant M(b-a);$$

(9) 积分中值定理 设 $f(x)$ 在 $[a,b]$ 上连续，则在 $[a,b]$ 上至少存在一点 ξ，使得

$$\int_a^b f(x)\mathrm{d}x=f(\xi)(b-a);$$

称 $\frac{1}{b-a}\int_a^b f(x)\mathrm{d}x$ 为函数 $f(x)$ 在 $[a,b]$ 上的积分平均值.

3. 积分不等式 设 $f(x)$、$g(x)$ 在区间 $[a,b]$ 上可积，则有下列不等式

(1) $\left|\int_a^b f(x)\mathrm{d}x\right|\leqslant\int_a^b|f(x)|\mathrm{d}x$;

(2) 许瓦尔兹不等式

$$\left[\int_a^b f(x)g(x)\mathrm{d}x\right]^2\leqslant\int_a^b[f(x)]^2\mathrm{d}x\cdot\int_a^b[g(x)]^2\mathrm{d}x.$$

基本题型

利用定积分的保号性比较定积分的大小

【451】 设

$$M=\int_{-\frac{\pi}{2}}^{\frac{\pi}{2}}\frac{\sin x}{1+x^2}\cos^4 x\mathrm{d}x,\ N=\int_{-\frac{\pi}{2}}^{\frac{\pi}{2}}(\sin^3 x+\cos^4 x)\mathrm{d}x,\ P=\int_{-\frac{\pi}{2}}^{\frac{\pi}{2}}(x^2\sin^3 x-\cos^4 x)\mathrm{d}x,$$

则有________.

(A) $N<P<M$　　(B) $M<P<N$　　(C) $N<M<P$　　(D) $P<M<N$

解 根据定积分的性质知:

$$M=0,\quad N=2\int_0^{\frac{\pi}{2}}\cos^4 x\mathrm{d}x>0,\quad P=-2\int_0^{\frac{\pi}{2}}\cos^4 x\mathrm{d}x<0.$$

所以 $P<M<N$.

故应选(D).

【452】 设 $I_1=\int_0^{\frac{\pi}{4}}\frac{\tan x}{x}\mathrm{d}x$，$I_2=\int_0^{\frac{\pi}{4}}\frac{x}{\tan x}\mathrm{d}x$，则________.

(A) $I_1>I_2>1$　　(B) $1>I_1>I_2$　　(C) $I_2>I_1>1$　　(D) $1>I_2>I_1$

解 因为当 $x>0$ 时，有 $\tan x>x$，于是 $\frac{\tan x}{x}>1$，$\frac{x}{\tan x}<1$，从而有

$$I_1=\int_0^{\frac{\pi}{4}}\frac{\tan x}{x}\mathrm{d}x>\frac{\pi}{4},\quad I_2=\int_0^{\frac{\pi}{4}}\frac{x}{\tan x}\mathrm{d}x<\frac{\pi}{4},$$

可见有 $I_1>I_2$，且 $I_2<\frac{\pi}{4}<1$. 排除选项(A)、(C)、(D)，正确答案为(B).

故应选(B).

点评 本题也可结合函数单调性讨论. 令 $f(x)=\frac{\tan x}{x}$，则

$$f'(x)=\frac{x\sec^2 x-\tan x}{x^2}=\frac{x-\sin x\cos x}{x^2\cos^2 x}>0,$$

所以 $f(x)$ 单调递增，$x\in(0,\frac{\pi}{4})$. 从而 $\frac{\tan x}{x}<f(\frac{\pi}{4})=\frac{4}{\pi}$，则 $I_1=\int_0^{\frac{\pi}{4}}\frac{\tan x}{x}\mathrm{d}x<\frac{4}{\pi}\int_0^{\frac{\pi}{4}}\mathrm{d}x=1$.

【453】 设函数 $f(x)$ 与 $g(x)$ 在 $[0,1]$ 上连续，且 $f(x)\leqslant g(x)$，则对任何 $c\in(0,1)$________.

(A) $\int_{\frac{1}{2}}^{c} f(t)\mathrm{d}t \geqslant \int_{\frac{1}{2}}^{c} g(t)\mathrm{d}t$　　(B) $\int_{\frac{1}{2}}^{c} f(t)\mathrm{d}t \leqslant \int_{\frac{1}{2}}^{c} g(t)\mathrm{d}t$

(C) $\int_{c}^{1} f(t)\mathrm{d}t \geqslant \int_{c}^{1} g(t)\mathrm{d}t$　　(D) $\int_{c}^{1} f(t)\mathrm{d}t \leqslant \int_{c}^{1} g(t)\mathrm{d}t$

解　由定积分的不等式性质知，当 $c\in(0,1)$ 时，

$$\int_{c}^{1} f(t)\mathrm{d}t \leqslant \int_{c}^{1} g(t)\mathrm{d}t.$$

故应选(D).

利用估值定理估计积分值

【454】 估计积分 $\int_{\frac{\pi}{4}}^{\frac{5\pi}{4}} (1+\sin^2 x)\mathrm{d}x$ 的值.

解　由于 $1\leqslant 1+\sin^2 x\leqslant 2$，故 $\int_{\frac{\pi}{4}}^{\frac{5\pi}{4}} \mathrm{d}x \leqslant \int_{\frac{\pi}{4}}^{\frac{5\pi}{4}} (1+\sin^2 x)\mathrm{d}x \leqslant 2\int_{\frac{\pi}{4}}^{\frac{5\pi}{4}} \mathrm{d}x$，即

$$\pi \leqslant \int_{\frac{\pi}{4}}^{\frac{5\pi}{4}} (1+\sin^2 x)\mathrm{d}x \leqslant 2\pi.$$

【455】 证明：$\frac{1}{2}\leqslant \int_{\frac{\pi}{4}}^{\frac{\pi}{2}} \frac{\sin x}{x}\mathrm{d}x \leqslant \frac{\sqrt{2}}{2}$.

证　设 $f(x)=\frac{\sin x}{x}$，在 $[\frac{\pi}{4},\frac{\pi}{2}]$ 上，由 $\cos x>0$，$x^2>0$，$\tan x>x$，可得知

$$f'(x)=\frac{x\cos x-\sin x}{x^2}=\frac{\cos x(x-\tan x)}{x^2}<0,$$

故 $f(x)$ 在 $[\frac{\pi}{4},\frac{\pi}{2}]$ 上是单调递减函数，于是有 $f(\frac{\pi}{2})\leqslant f(x)\leqslant f(\frac{\pi}{4})$. 又

$$m=f(\frac{\pi}{2})=\frac{2}{\pi},\quad M=f(\frac{\pi}{4})=\frac{2\sqrt{2}}{\pi},$$

根据定积分的估值定理，有

$$m(\frac{\pi}{2}-\frac{\pi}{4})\leqslant \int_{\frac{\pi}{4}}^{\frac{\pi}{2}} \frac{\sin x}{x}\mathrm{d}x \leqslant M(\frac{\pi}{2}-\frac{\pi}{4}),$$

亦即得证 $\frac{1}{2}\leqslant \int_{\frac{\pi}{4}}^{\frac{\pi}{2}} \frac{\sin x}{x}\mathrm{d}x \leqslant \frac{\sqrt{2}}{2}$.

利用定积分的结果与积分变量无关解题

【456】 若 $f(x)=\frac{1}{1+x^2}+\sqrt{1-x^2}\int_0^1 f(x)\,\mathrm{d}x$，则 $\int_0^1 f(x)\mathrm{d}x=$________.

解　记 $\int_0^1 f(x)\mathrm{d}x=I$，则

$$f(x)=\frac{1}{1+x^2}+\sqrt{1-x^2}\cdot I,\quad \int_0^1 f(x)\mathrm{d}x=I=\int_0^1 \frac{1}{1+x^2}\mathrm{d}x+I\cdot\int_0^1 \sqrt{1-x^2}\,\mathrm{d}x,$$

所以

$$I=\frac{\int_0^1 \frac{1}{1+x^2}\mathrm{d}x}{1-\int_0^1 \sqrt{1-x^2}\,\mathrm{d}x}=\frac{\frac{\pi}{4}}{1-\frac{\pi}{4}}=\frac{\pi}{4-\pi}.$$

故应填 $\frac{\pi}{4-\pi}$.

点评 本题主要考虑了定积分的基本概念.由于$\int_0^1 f(x)\,\mathrm{d}x$是一常数,只要在等式两端求定积分即可得到答案.另外,复习时我们应该熟练掌握不定积分常用公式.

【457】 已知$f(x)=x^2-x\int_0^2 f(x)\mathrm{d}x+2\int_0^1 f(x)\mathrm{d}x$,试求$f(x)$.

解 记$\int_0^2 f(x)\mathrm{d}x=a$,$\int_0^1 f(x)\mathrm{d}x=b$,则$f(x)=x^2-ax+2b$,分别代入前两式得,

$$\int_0^2 (x^2-ax+2b)\mathrm{d}x=a,\quad \int_0^1 (x^2-ax+2b)\mathrm{d}x=b,$$

积分得

$$\left(\frac{1}{3}x^3-\frac{1}{2}ax^2+2bx\right)\Big|_0^2=a,\quad 即\quad 3a-4b=\frac{8}{3},\qquad ①$$

$$\left(\frac{1}{3}x^3-\frac{1}{2}ax^2+2bx\right)\Big|_0^1=b,\quad 即\quad a-2b=\frac{2}{3},\qquad ②$$

由①、②两式得$a=\frac{4}{3}$,$b=\frac{1}{3}$,故$f(x)=x^2-\frac{4}{3}x+\frac{2}{3}$.

【458】 设$f(x)=x-\int_0^\pi f(x)\cos x\mathrm{d}x$,求$f(x)$.

解 对$f(x)=x-\int_0^\pi f(x)\cos x\mathrm{d}x$两端同乘$\cos x$并从0到$\pi$积分,得

$$\int_0^\pi f(x)\cos x\mathrm{d}x=\int_0^\pi x\cos x\mathrm{d}x-\int_0^\pi f(x)\cos x\mathrm{d}x\cdot\int_0^\pi \cos x\mathrm{d}x=-2$$

则

$$f(x)=x-\int_0^\pi f(x)\cos x\mathrm{d}x=x+2.$$

【459】 设$f'(x)\cdot\int_0^2 f(x)\mathrm{d}x=50$,且$f(0)=0$,$f(x)\geqslant 0$,求$\int_0^2 f(x)\mathrm{d}x$及$f(x)$.

解 在$f'(x)\int_0^2 f(x)\mathrm{d}x=50$两边对$x$从0到$t$积分,得

$$(f(t)-f(0))\int_0^2 f(x)\mathrm{d}x=50t$$

由$f(0)=0$,得$f(t)\int_0^2 f(x)\mathrm{d}x=50t$,两端对$t$从0到2积分,得

$$\int_0^2 f(t)\mathrm{d}t\cdot\int_0^2 f(x)\mathrm{d}x=\int_0^2 50t\mathrm{d}t=100.$$

由于$f(x)\geqslant 0$,则$\int_0^2 f(x)\mathrm{d}x\geqslant 0$,因此$\int_0^2 f(x)\mathrm{d}x=10$,则

$$f(t)=\frac{50t}{\int_0^2 f(x)\mathrm{d}x}=\frac{50t}{10}=5t,$$

即$f(x)=5x$.

有关牛顿—莱布尼兹公式的使用条件

【460】 下列积分中可直接用牛顿—莱布尼兹公式计算的是________.

(A) $\int_0^5 \frac{x\mathrm{d}x}{x^2+1}$　　(B) $\int_{-1}^1 \frac{x\mathrm{d}x}{\sqrt{1-x^2}}$　　(C) $\int_{\frac{1}{e}}^{e} \frac{\mathrm{d}x}{x\ln x}$　　(D) $\int_1^{+\infty} \frac{\mathrm{d}x}{x}$

解 (A)中的被积函数$\frac{x}{x^2+1}$在$[0,5]$上连续，且有原函数$\frac{1}{2}\ln(x^2+1)$，故可直接应用牛顿—莱布尼兹公式；

(B)中的函数$\frac{x}{\sqrt{1-x^2}}$在积分区间的端点无定义，且在区间上无界；

(C)中的函数$\frac{1}{x\ln x}$在$[e^{-1},e]$中有无穷间断点 $x=1$；

(D)中的积分区间是无限的，所以均不能应用牛顿—莱布尼兹公式.

故应选(A).

求分段函数的定积分

【461】 计算$\int_0^\pi \sqrt{\sin^3 x-\sin^5 x}\,dx$.

解 $\int_0^\pi \sqrt{\sin^3 x-\sin^5 x}\,dx=\int_0^\pi \sin^{\frac{3}{2}} x\cdot|\cos x|\,dx$

$$=\int_0^{\frac{\pi}{2}} \sin^{\frac{3}{2}} x\cos x\,dx-\int_{\frac{\pi}{2}}^\pi \sin^{\frac{3}{2}} x\cos x\,dx=\frac{2}{5}\sin^{\frac{5}{2}} x\Big|_0^{\frac{\pi}{2}}-\frac{2}{5}\sin^{\frac{5}{2}} x\Big|_{\frac{\pi}{2}}^{\pi}=\frac{4}{5}.$$

【462】 求下列定积分：

(1) $\int_{-2}^2 \max(x,x^2)\,dx$；　(2) $\int_{-3}^2 \min(2,x^2)\,dx$.

解 (1) 因为 $\max(x,x^2)=\begin{cases}x^2, & -2\leqslant x<0\\ x, & 0\leqslant x<1\\ x^2, & 1\leqslant x\leqslant 2\end{cases}$，于是

$$\int_{-2}^2 \max(x,x^2)\,dx=\int_{-2}^0 x^2\,dx+\int_0^1 x\,dx+\int_1^2 x^2\,dx=\frac{11}{2};$$

(2) 因为 $\min(2,x^2)=\begin{cases}2, & -3\leqslant x\leqslant -\sqrt{2}\\ x^2, & -\sqrt{2}<x\leqslant \sqrt{2}\\ 2, & \sqrt{2}<x\leqslant 2\end{cases}$，于是

$$\int_{-3}^2 \min(2,x^2)\,dx=\int_{-3}^{-\sqrt{2}} 2\,dx+\int_{-\sqrt{2}}^{\sqrt{2}} x^2\,dx+\int_{\sqrt{2}}^2 2\,dx=10-\frac{8}{3}\sqrt{2}.$$

【463】 设 $\varphi(x)$是 x 到离 x 最近的整数的距离，求$\int_0^{100}\varphi(x)\,dx$.

解 由题设，知 $\varphi(x)$的表达式为

$$\varphi(x)=\begin{cases}x-n, & n\leqslant x<n+\frac{1}{2},\\ n+1-x, & n+\frac{1}{2}\leqslant x<n+1,\end{cases}\quad n\in Z$$

其中 Z 为整数集合，容易知道 $\varphi(x)$是周期为 1 的连续周期函数，且在$[0,1]$上，表达式为

$$\varphi(x)=\begin{cases}x, & 0\leqslant x<\frac{1}{2},\\ 1-x, & \frac{1}{2}\leqslant x<1.\end{cases}$$

于是有

$$I=\int_0^{100}\varphi(x)\mathrm{d}x=100\int_0^1\varphi(x)\mathrm{d}x=100\left[\int_0^{\frac{1}{2}}x\mathrm{d}x+\int_{\frac{1}{2}}^1(1-x)\mathrm{d}x\right]$$

$$=100\left[\frac{x^2}{2}\Big|_0^{\frac{1}{2}}+\left(x-\frac{x^2}{2}\right)\Big|_{\frac{1}{2}}^1\right]=25.$$

求定积分表达式

【464】 设函数 $f(x)=\begin{cases}x^2, & 0\leqslant x\leqslant 1\\ 2-x, & 1<x\leqslant 2\end{cases}$，记 $F(x)=\int_0^x f(t)\mathrm{d}t$，$0\leqslant x\leqslant 2$，则________.

(A) $F(x)=\begin{cases}\frac{x^3}{3}, & 0\leqslant x\leqslant 1\\ \frac{1}{3}+2x-\frac{x^2}{2}, & 1<x\leqslant 2\end{cases}$　　(B) $F(x)=\begin{cases}\frac{x^3}{3}, & 0\leqslant x\leqslant 1\\ -\frac{7}{6}+2x-\frac{x^2}{2}, & 1<x\leqslant 2\end{cases}$

(C) $F(x)=\begin{cases}\frac{x^3}{3}, & 0\leqslant x\leqslant 1\\ \frac{x^3}{3}+2x-\frac{x^2}{2}, & 1<x\leqslant 2\end{cases}$　　(D) $F(x)=\begin{cases}\frac{x^3}{3}, & 0\leqslant x\leqslant 1\\ 2x-\frac{x^2}{2}, & 1<x\leqslant 2\end{cases}$

解　本题是求分段函数的某个原函数，这时要注意分段点和分段区间的选择.

当 $0\leqslant x\leqslant 1$ 时，$F(x)=\int_0^x f(t)\mathrm{d}t=\int_0^x t^2\mathrm{d}t=\frac{1}{3}x^3$；

当 $1<x\leqslant 2$ 时，

$$F(x)=\int_0^x f(t)\mathrm{d}t=\int_0^1 f(t)\mathrm{d}t+\int_1^x f(t)\mathrm{d}t=\frac{1}{3}+\int_1^x(2-t)\mathrm{d}t$$

$$=\frac{1}{3}+\left(2t-\frac{1}{2}t^2\right)\Big|_1^x=-\frac{7}{6}+2x-\frac{1}{2}x^2.$$

故应选(B).

【465】 设 $f(x)=\begin{cases}1, & x>0\\ 0, & x=0\\ -1, & x<0\end{cases}$，$F(x)=\int_0^x f(t)\mathrm{d}t$，则________.

(A) $F(x)$ 在 $x=0$ 点不连续

(B) $F(x)$ 在 $(-\infty,+\infty)$ 内连续，在 $x=0$ 点不可导

(C) $F(x)$ 在 $(-\infty,+\infty)$ 内可导，且满足 $f'(x)=f(x)$

(D) $F(x)$ 在 $(-\infty,+\infty)$ 内可导，但不一定满足 $f'(x)=f(x)$

解　当 $x<0$ 时，$F(x)=\int_0^x(-1)\mathrm{d}t=-x$；当 $x>0$ 时，$F(x)=\int_0^x 1\mathrm{d}t=x$；当 $x=0$ 时，$F(0)=0$. 即 $F(x)=|x|$，显然，$F(x)$ 在 $(-\infty,+\infty)$ 内连续，但在 $x=0$ 点不可导.

故应选(B).

【466】 设 $g(x)=\int_0^x f(u)\mathrm{d}u$，其中

$$f(x)=\begin{cases}\frac{1}{2}(x^2+1), & 若\ 0\leqslant x<1\\ \frac{1}{3}(x-1), & 若\ 1\leqslant x<2\end{cases}$$

则 $g(x)$ 在区间 $(0,2)$ 内________.

(A) 无界　　(B) 递减　　(C) 不连续　　(D) 连续

解 $0\leqslant x<1$ 时，$g(x)=\int_0^x \frac{1}{2}(u^2+1)\mathrm{d}u=\frac{1}{2}(\frac{x^3}{3}+x)$，

$1\leqslant x<2$ 时，$g(x)=\int_0^1 \frac{1}{2}(u^2+1)\mathrm{d}u+\int_1^x \frac{1}{3}(u-1)\mathrm{d}u=\frac{1}{3}(\frac{x^2}{2}-x)+\frac{5}{6}$，

故
$$g(x)=\begin{cases}\frac{1}{2}(\frac{x^3}{3}+x), & 0\leqslant x<1\\ \frac{1}{3}(\frac{x^2}{2}-x)+\frac{5}{6}, & 1\leqslant x<2\end{cases}$$

由 $\lim\limits_{x\to 1^-} g(x)=\lim\limits_{x\to 1^+} g(x)=\frac{2}{3}$ 知 $g(x)$ 在 $x=1$ 连续.

故应选(D).

【467】 求 $\int_0^1 t|t-x|\mathrm{d}t$.

解 当 $x<0$ 时，$\int_0^1 t|t-x|\mathrm{d}t=\int_0^1 t(t-x)\mathrm{d}t=\frac{1}{3}-\frac{x}{2}$，

当 $0\leqslant x\leqslant 1$ 时，$\int_0^1 t|t-x|\mathrm{d}t=\int_0^x t(x-t)\mathrm{d}t+\int_x^1 t(t-x)\mathrm{d}t=\frac{1}{3}x^3-\frac{1}{2}x+\frac{1}{3}$，

当 $x>1$ 时，$\int_0^1 t|t-x|\mathrm{d}t=\int_0^1 t(x-t)\mathrm{d}t=\frac{x}{2}-\frac{1}{3}$，

所以
$$\int_0^1 t|t-x|\mathrm{d}t=\begin{cases}\frac{1}{3}-\frac{x}{2}, & x<0\\ \frac{1}{3}x^3-\frac{1}{2}x+\frac{1}{3}, & 0\leqslant x\leqslant 1\\ \frac{x}{2}-\frac{1}{3}, & x>1\end{cases}.$$

【468】 求 $\int_0^x f(t)g(x-t)\mathrm{d}t\ (x\geqslant 0)$，其中当 $x\geqslant 0$ 时，$f(x)=x$，而
$$g(x)=\begin{cases}\sin x, & 0\leqslant x<\frac{\pi}{2}\\ 0, & x\geqslant\frac{\pi}{2}\end{cases}.$$

解 令 $u=x-t$，则 $\mathrm{d}u=-\mathrm{d}t$. 于是
$$\int_0^x f(t)g(x-t)\mathrm{d}t=-\int_x^0 f(x-u)g(u)\mathrm{d}u=\int_0^x f(x-u)g(u)\mathrm{d}u$$
$$=\int_0^x f(x-t)g(t)\mathrm{d}t;$$

当 $0\leqslant x<\frac{\pi}{2}$ 时，$\int_0^x f(x-t)g(t)\mathrm{d}t=\int_0^x (x-t)\sin t\mathrm{d}t=x-\sin x$；

当 $x\geqslant\frac{\pi}{2}$ 时，$\int_0^x f(x-t)g(t)\mathrm{d}t=\int_0^{\frac{\pi}{2}} (x-t)\sin t\mathrm{d}t+0=x-1$.

所以
$$\int_0^x f(t)g(x-t)\mathrm{d}t=\begin{cases}x-\sin x, & 0\leqslant x<\frac{\pi}{2}\\ x-1, & x\geqslant\frac{\pi}{2}\end{cases}$$

利用对称性计算定积分

【469】 $\int_{-\frac{\pi}{2}}^{\frac{\pi}{2}}(x^3+\sin^2 x)\cos^2 x\mathrm{d}x=$________.

解 因为 $x^3\cos^2 x$ 为奇函数，所以 $\int_{-\frac{\pi}{2}}^{\frac{\pi}{2}}x^3\cos^2 x\mathrm{d}x=0$，

$$\int_{-\frac{\pi}{2}}^{\frac{\pi}{2}}\sin^2 x\cos^2 x\mathrm{d}x=2\int_0^{\frac{\pi}{2}}\frac{1}{4}\sin^2 2x\mathrm{d}x=\frac{1}{2}\int_0^{\frac{\pi}{2}}\frac{1-\cos 4x}{2}\mathrm{d}x=\frac{\pi}{8}.$$

故应填 $\frac{\pi}{8}$.

【470】 $\int_{-1}^{1}(x+\sqrt{1-x^2})^2\mathrm{d}x=$________.

解 $\int_{-1}^{1}(x+\sqrt{1-x^2})^2\mathrm{d}x=\int_{-1}^{1}(1+2x\sqrt{1-x^2})\mathrm{d}x=\int_{-1}^{1}\mathrm{d}x+0=2.$

故应填 2.

【471】 $\int_{-1}^{1}(x^2\ln\frac{2-x}{2+x}+\frac{x}{\sqrt{5-4x}})\mathrm{d}x=$________.

解 由于 $x^2\ln\frac{2-x}{2+x}$ 为奇函数，所以 $\int_{-1}^{1}x^2\ln\frac{2-x}{2+x}\mathrm{d}x=0$，而

$$\int_{-1}^{1}\frac{x}{\sqrt{5-4x}}\mathrm{d}x\xlongequal{\sqrt{5-4x}=t}\int_3^1\frac{5-t^2}{4t}\cdot\left(-\frac{t}{2}\right)\mathrm{d}t=-\frac{1}{8}\left(5t-\frac{t^3}{3}\right)\Big|_3^1=\frac{1}{6}.$$

故应填 $\frac{1}{6}$.

【472】 $\int_{-1}^{1}(|x|+x)\mathrm{e}^{-|x|}\mathrm{d}x=$________.

解 $\int_{-1}^{1}(|x|+x)\mathrm{e}^{-|x|}\mathrm{d}x=\int_{-1}^{1}|x|\mathrm{e}^{-|x|}\mathrm{d}x+\int_{-1}^{1}x\mathrm{e}^{-|x|}\mathrm{d}x=\int_{-1}^{1}|x|\mathrm{e}^{-|x|}\mathrm{d}x$

$$=2\int_0^1 x\mathrm{e}^{-x}\mathrm{d}x=-2\int_0^1 x\mathrm{d}\mathrm{e}^{-x}=-2\left[x\mathrm{e}^{-x}\Big|_0^1-\int_0^1\mathrm{e}^{-x}\mathrm{d}x\right]=2(1-2\mathrm{e}^{-1}).$$

故应填 $2(1-2\mathrm{e}^{-1})$.

点评 本题为基本题型，主要考查了对称区间上奇偶函数的积分性质和分部积分公式.

对称区间上奇偶函数的积分性质 设 $f(x)$ 在 $[-a,a]$ 上连续，则

$$\int_{-a}^{a}f(x)\mathrm{d}x=\begin{cases}0, & \text{当 } f(x) \text{ 为奇函数时；}\\ 2\int_0^a f(x)\mathrm{d}x, & \text{当 } f(x) \text{ 为偶函数时.}\end{cases}$$

§2. 微积分基本公式

1. 变上限定积分

(1)若 $f(x)$ 在 $[a,b]$ 上连续，则 $\Phi(x)=\int_a^x f(t)\mathrm{d}t$ 在 $[a,b]$ 上可导，且有

$$\Phi'(x)=\frac{\mathrm{d}}{\mathrm{d}x}\int_a^x f(t)\mathrm{d}t=f(x).$$

(2)若 $f(x)$ 在 $[a,b]$ 上连续，$g(x)$ 是可微的，则

$$\frac{\mathrm{d}}{\mathrm{d}x}\left(\int_a^{g(x)} f(t)\mathrm{d}t\right)=f[g(x)]g'(x).$$

(3)若上、下限都是 x 的可微函数，则

$$\frac{\mathrm{d}}{\mathrm{d}x}\left(\int_{a(x)}^{b(x)} f(t)\mathrm{d}t\right)=f[b(x)]b'(x)-f[a(x)]a'(x).$$

实际上，这是一个求复合函数的导数问题.

2. 定积分和不定积分的关系

(1)原函数存在定理　若函数 $f(x)$ 在 $[a,b]$ 上连续，则函数 $\Phi(x)=\int_a^x f(t)\mathrm{d}t$ 是 $f(x)$ 在 $[a,b]$ 区间上的一个原函数.

(2)牛顿—莱布尼兹公式　若 $F(x)$ 是 $f(x)$ 在区间 $[a,b]$ 上的一个原函数，而且 $f(x)$ 在 $[a,b]$ 上连续，则

$$\int_a^b f(x)\mathrm{d}x=F(b)-F(a),$$

这个公式也称为微积分基本公式，它指出了定积分与不定积分的内在联系.

基 本 题 型

变限函数的导数

【473】 设 $f(x)$ 为连续函数，且 $F(x)=\int_{\frac{1}{x}}^{\ln x} f(t)\mathrm{d}t$，则 $F'(x)=$________.

(A) $\frac{1}{x}f(\ln x)+\frac{1}{x^2}f(\frac{1}{x})$　　(B) $f(\ln x)+f(\frac{1}{x})$

(C) $\frac{1}{x}f(\ln x)-\frac{1}{x^2}f(\frac{1}{x})$　　(D) $f(\ln x)-f(\frac{1}{x})$

解　$F'(x)=f(\ln x)\cdot\frac{1}{x}-f(\frac{1}{x})\cdot(-\frac{1}{x^2})$.

故应选(A).

【474】 $\frac{\mathrm{d}}{\mathrm{d}x}\left(\int_{x^2}^0 x\cos t^2\mathrm{d}t\right)=$________.

解　$\frac{\mathrm{d}}{\mathrm{d}x}\left(\int_{x^2}^0 x\cos t^2\mathrm{d}t\right)=\frac{\mathrm{d}}{\mathrm{d}x}\left(x\int_{x^2}^0 \cos t^2\mathrm{d}t\right)=\int_{x^2}^0 \cos t^2\mathrm{d}t+x\cdot(-1)\cos(x^2)^2\cdot 2x.$

故应填 $\int_{x^2}^0 \cos t^2\mathrm{d}t-2x^2\cos x^4$.

点评　在使用变上限函数求导公式 $\left(\int_a^x f(t)\mathrm{d}t\right)'=f(x)$ 时，应注意被积函数中不能含上限变量 x. 故本题应把被积函数 $x\cos t^2$ 中的 x 提到积分符号外面来，然后使用乘积的求导公式计算.

【475】 $\frac{\mathrm{d}}{\mathrm{d}x}\int_0^x \sin(x-t)^2\mathrm{d}t=$________.

解　$\int_0^x \sin(x-t)^2\mathrm{d}t \xlongequal{x-t=u} -\int_x^0 \sin u^2\mathrm{d}u=\int_0^x \sin u^2\mathrm{d}u,$

$\frac{\mathrm{d}}{\mathrm{d}x}\int_0^x \sin(x-t)^2\mathrm{d}t=\sin x^2.$

故应填　$\sin x^2$.

点评　本题中被积函数含有积分上限变量 x,通过作代换把 x 从被积函数中提出来,作代换时应注意换元的同时必须换限.

【476】 设 $f(x)$连续,则$\frac{\mathrm{d}}{\mathrm{d}x}\left[\int_0^x tf(x^2-t^2)\mathrm{d}t\right]=$________.

(A)$xf(x^2)$　　(B)$-xf(x^2)$　　(C)$2xf(x^2)$　　(D)$-2xf(x^2)$

解　$\int_0^x tf(x^2-t^2)\mathrm{d}t \xlongequal{x^2-t^2=u} \int_{x^2}^0 \left[-\frac{1}{2}f(u)\right]\mathrm{d}u=\frac{1}{2}\int_0^{x^2} f(u)\mathrm{d}u$,

$$\frac{\mathrm{d}}{\mathrm{d}x}\left[\int_0^x tf(x^2-t^2)\mathrm{d}t\right]=\frac{1}{2}f(x^2)\cdot 2x=xf(x^2).$$

故应选(A).

有关变限函数性态的讨论

【477】 设 $f(x)$是奇函数,除 $x=0$ 外处处连续,$x=0$ 是其第一类间断点,则 $\int_0^x f(t)\mathrm{d}t$ 是________.

(A)连续的奇函数　　(B)连续的偶函数

(C)在 $x=0$ 间断的奇函数　　(D)在 $x=0$ 间断的偶函数

解　令 $F(x)=\int_0^x f(t)\mathrm{d}t$,显然 $F(0)=0$,

$$\lim_{x\to 0}F(x)=\lim_{x\to 0}\int_0^x f(t)\mathrm{d}t=\lim_{x\to 0}f(\xi)x=0=F(0),\quad (\xi \text{介于 } 0 \text{ 与 } x \text{ 之间}),$$

故 $F(x)$连续,排除选项(C)、(D).

又因为 $F(-x)=\int_0^{-x} f(t)\mathrm{d}t \xlongequal{令 t=-u} \int_0^x f(-u)(-\mathrm{d}u)=\int_0^x f(u)\mathrm{d}u=F(x)$,

所以 $F(x)$为偶函数.

故应选(B).

【478】 设 $F(x)=\int_1^x (2-\frac{1}{\sqrt{t}})\mathrm{d}t(x>0)$,则函数 $F(x)$的单调减少区间是________.

解　$F'(x)=2-\frac{1}{\sqrt{x}}<0$,则 $x<\frac{1}{4}$,所以 $F(x)$的单调减少区间是$(0,\frac{1}{4})$.

故应填$(0,\frac{1}{4})$.

【479】 设函数 $f(x)$在$(-\infty,+\infty)$内连续,且 $F(x)=\int_0^x (x-2t)f(t)\mathrm{d}t$. 试证:

(1)若 $f(x)$为偶函数,则 $F(x)$也是偶函数;　(2)若 $f(x)$单调不增,则 $F(x)$单调不减.

证　(1)因为 $f(-x)=f(x)$,则有

$$F(-x)=\int_0^{-x}(-x-2t)f(t)\mathrm{d}t \xlongequal{t=-u} -\int_0^x(-x+2u)f(-u)\mathrm{d}u$$

$$=\int_0^x (x-2u)f(u)\mathrm{d}u=\int_0^x (x-2t)f(t)\mathrm{d}t=F(x)$$

即 $F(x)$为偶函数.

(2)$F'(x)=\left[x\int_0^x f(t)\mathrm{d}t-2\int_0^x tf(t)\mathrm{d}t\right]'=\int_0^x f(t)\mathrm{d}t+xf(x)-2xf(x)$

$$=\int_0^x f(t)\mathrm{d}t-xf(x)=x[f(\xi)-f(x)],$$

其中 ξ 介于 0 与 x 之间.

由已知 $f(x)$ 单调不增,则当 $x>0$ 时,$f(\xi)-f(x)\geqslant0$,故 $F'(x)\geqslant0$;当 $x=0$ 时,显然 $F'(x)=0$;当 $x<0$ 时,$f(\xi)-f(x)\leqslant0$,故 $F'(x)\geqslant0$. 即 $x\in(-\infty,+\infty)$ 时,$F'(x)\geqslant0$.

于是,若 $f(x)$ 单调不增,则 $F(x)$ 单调不减.

点评 本题为综合题,考查了函数的奇偶性、单调性、定积分换元法等.

为判断 $F'(x)=\int_0^x f(t)\mathrm{d}t-xf(x)$ 的符号,对 $\int_0^x f(t)\mathrm{d}t-xf(x)$ 中的定积分应用积分中值定理,去掉积分号.

【480】 求函数 $f(x)=\int_0^{x^2}(2-t)\mathrm{e}^{-t}\,\mathrm{d}t$ 的最大值和最小值.

解 因为 $f(x)$ 是偶函数,故只需求 $f(x)$ 在 $[0,+\infty)$ 内的最大值与最小值.

令 $f'(x)=2x(2-x^2)\mathrm{e}^{-x^2}=0$,故在区间 $(0,+\infty)$ 内有唯一的驻点 $x=\sqrt{2}$.

当 $0<x<\sqrt{2}$ 时,$f'(x)>0$;当 $x>\sqrt{2}$ 时,$f'(x)<0$,所以 $x=\sqrt{2}$ 是极大值点,即最大值点. 最大值

$$f(\sqrt{2})=\int_0^2(2-t)\mathrm{e}^{-t}\mathrm{d}t=-(2-t)\mathrm{e}^{-t}\Big|_0^2-\int_0^2\mathrm{e}^{-t}\mathrm{d}t=1+\mathrm{e}^{-2}.$$

因为 $\int_0^{+\infty}(2-t)\mathrm{e}^{-t}\mathrm{d}t=-(2-t)\mathrm{e}^{-t}\Big|_0^{+\infty}+\mathrm{e}^{-t}\Big|_0^{+\infty}=2-1=1$ 以及 $f(0)=0$,故 $x=0$ 是最小值点,所以 $f(x)$ 的最小值为 0.

【481】 设 $F(x)=\int_0^x\frac{1}{1+t^2}\mathrm{d}t+\int_0^{\frac{1}{x}}\frac{1}{1+t^2}\mathrm{d}t\quad(x>0)$,则________.

(A) $F(x)\equiv0$　(B) $F(x)\equiv\frac{\pi}{2}$　(C) $F(x)=\arctan x$　(D) $F(x)=2\arctan x$

解 所给函数 $F(x)$ 是两个变上限定积分之和,而且 $\frac{1}{1+t^2}\mathrm{d}t$ 是 $\arctan t$ 的微分,所以容易想到直接求出 $F(x)$ 之值,即

$$F(x)=\int_0^x\mathrm{d}(\arctan t)+\int_0^{\frac{1}{x}}\mathrm{d}(\arctan t)=\arctan x+\arctan\frac{1}{x}.$$

对照(A)、(B)、(C)、(D)四选项,(C)和(D)显然不正确,而当取 $x=1$ 时,$F(1)=\frac{\pi}{2}$,故(A)也不正确,根据正确选项的唯一性,只有(B)是正确的.

更为简单的方法是直接对 $F(x)$ 关于 x 求导数,则

$$F'(x)=\frac{1}{1+x^2}+\frac{1}{1+\left(\frac{1}{x}\right)^2}\left(-\frac{1}{x^2}\right)=0,$$

从而 $F(x)$ 为常数. 于是 $F(x)=F(1)=\frac{\pi}{2}$.

故应选(B).

【482】 设 $F(x)=\int_x^{x+2\pi}\mathrm{e}^{\sin t}\sin t\mathrm{d}t$,则 $F(x)$________.

(A)为正常数　(B)为负常数　(C)恒为零　(D)不为常数

解 $F'(x)=\mathrm{e}^{\sin(x+2\pi)}\sin(x+2\pi)-\mathrm{e}^{\sin x}\sin x=0$,故 $F(x)=C$,C 为常数.

而 $F(0)=\int_0^{2\pi} e^{\sin t}\sin t dt=\int_0^{\pi} e^{\sin t}\sin t dt+\int_{\pi}^{2\pi} e^{\sin t}\sin t dt=\int_0^{\pi}(e^{\sin t}-e^{-\sin t})\sin t dt>0.$

故应选(A).

点评 本题主要考查周期函数的积分性质，只需确定 $F(x)$ 的符号，无需具体计算积分 $\int_0^{2\pi} e^{\sin t}\sin t dt$. 一般地，若 $f(x)$ 是以 T 为周期的连续函数，则必有

$$\int_a^{a+T} f(x)dx=\int_0^T f(x)dx.$$

本题的讨论可由 $F'(x)=0$ 得 $F(x)=C$. 也可由上述周期函数的积分性质，根据被积函数 $e^{\sin t}\sin t$ 以 2π 为周期得 $F(x)=C$.

由变限积分构成的隐函数求导数

【483】 设 $\int_0^y e^{t^2}dt=\int_0^{3x^2}\ln\sqrt{t+x^2}\,dt\ (x>0)$，求 $\frac{dy}{dx}$.

解 令 $u=t+x^2$，则 $\int_0^{3x^2}\ln\sqrt{t+x^2}\,dt=\int_{x^2}^{4x^2}\ln\sqrt{u}\,du$.

在等式 $\int_0^y e^{t^2}dt=\int_{x^2}^{4x^2}\ln\sqrt{u}\,du$ 两边视 y 为 x 的函数求导数，得

$$e^{y^2}\frac{dy}{dx}=8x\ln\sqrt{4x^2}-2x\ln\sqrt{x^2},$$

解得

$$\frac{dy}{dx}=\frac{8x\ln\sqrt{4x^2}-2x\ln\sqrt{x^2}}{e^{y^2}}=\frac{8x\ln 2x-2x\ln x}{e^{y^2}}.$$

由变限积分构成的参数方程求导数

【484】 设 $\begin{cases} x=\cos t^2 \\ y=t\cos t^2-\int_1^{t^2}\frac{1}{2\sqrt{u}}\cos u du \end{cases}$，求 $\frac{dy}{dx}$，$\frac{d^2y}{dx^2}$ 在 $t=\sqrt{\frac{\pi}{2}}$ 的值.

解 因 $\frac{dx}{dt}=-2t\sin t^2$，$\frac{dy}{dt}=-2t^2\sin t^2$，故

$$\frac{dy}{dx}=\frac{dy/dt}{dx/dt}=t,\quad 则\quad \left.\frac{dy}{dx}\right|_{t=\sqrt{\frac{\pi}{2}}}=\sqrt{\frac{\pi}{2}};$$

$$\frac{d^2y}{dx^2}=\frac{\frac{d}{dt}\left(\frac{dy}{dx}\right)}{\frac{dx}{dt}}=\frac{\frac{d}{dt}(t)}{\frac{dx}{dt}}=-\frac{1}{2t\sin t^2},\quad 则\quad \left.\frac{d^2y}{dx^2}\right|_{t=\sqrt{\frac{\pi}{2}}}=-\frac{1}{\sqrt{2\pi}}.$$

【485】 设 $\begin{cases} x=\int_0^t f(u^2)du \\ y=[f(t^2)]^2 \end{cases}$，其中 $f(u)$ 具有二阶导数，且 $f(u)\neq 0$，求 $\frac{d^2y}{dx^2}$.

解 $$\frac{dy}{dx}=\frac{dy/dt}{dx/dt}=\frac{4tf(t^2)\cdot f'(t^2)}{f(t^2)}=4tf'(t^2),$$

$$\frac{d^2y}{dx^2}=\frac{\frac{d}{dt}\left(\frac{dy}{dx}\right)}{\frac{dx}{dt}}=\frac{4[f'(t^2)+2t^2f''(t^2)]}{f(t^2)}.$$

点评 由参数方程所确定的函数的一阶导数一般都是参变量 t 的函数，而所求函数的二阶导数 $\frac{d^2y}{dx^2}$ 是对 $\frac{dy}{dx}$ 再对 x 求导，事实上是一种复合函数的求导问题. 复合关系的链式图为 $\frac{dy}{dx}-t-x$，故

$$\frac{d^2y}{dx^2}=\frac{d}{dt}\left(\frac{dy}{dx}\right)\cdot\frac{dt}{dx}=\frac{d}{dt}\left(\frac{dy}{dx}\right)\cdot\frac{1}{\frac{dx}{dt}}.$$

求 $\frac{d^2y}{dx^2}$ 时，常出现的错误做法是 $\frac{d^2y}{dx^2}=(y')'=(t)'=1$，关键是对 $(t)'$ 中的求导记号理解不准确.

含变限积分的函数求极限

【486】 求极限 $\lim\limits_{x\to0}\dfrac{\int_0^x(3\sin t+t^2\cos\frac{1}{t})dt}{(1+\cos x)\int_0^x\ln(1+t)dt}$.

分析 先提出非零因子 $\lim\limits_{x\to0}\frac{1}{1+\cos x}=\frac{1}{2}$. 当 $x\to0$ 时，含有 $\sin\frac{1}{x}$，$\cos\frac{1}{x}$ 等项时，往往不能直接用洛必达法则，须利用无穷小量乘有界变量仍为无穷小量的结论.

解 $\lim\limits_{x\to0}\dfrac{\int_0^x(3\sin t+t^2\cos\frac{1}{t})dt}{(1+\cos x)\int_0^x\ln(1+t)dt}=\dfrac{1}{2}\lim\limits_{x\to0}\dfrac{\int_0^x(3\sin t+t^2\cos\frac{1}{t})dt}{\int_0^x\ln(1+t)dt}$

$$=\frac{1}{2}\lim_{x\to0}\frac{3\sin x+x^2\cos\frac{1}{x}}{\ln(1+x)}=\frac{1}{2}\lim_{x\to0}\frac{3\sin x+x^2\cos\frac{1}{x}}{x}=\frac{1}{2}\lim_{x\to0}\left[3\frac{\sin x}{x}+x\cdot\cos\frac{1}{x}\right]=\frac{3}{2}.$$

【487】 确定常数 a,b,c 的值，使 $\lim\limits_{x\to0}\dfrac{ax-\sin x}{\int_b^x\frac{\ln(1+t^3)}{t}dt}=c\ (c\neq0)$.

解 由于 $x\to0$ 时，$ax-\sin x\to0$，且极限 c 不为零，所以当 $x\to0$ 时，$\int_b^x\frac{\ln(1+t^3)}{t}dt\to0$，故必有 $b=0$.

由于 $\lim\limits_{x\to0}\dfrac{ax-\sin x}{\int_0^x\frac{\ln(1+t^3)}{t}dt}\overset{\frac{0}{0}}{=\!=}\lim\limits_{x\to0}\dfrac{a-\cos x}{\frac{\ln(1+x^3)}{x}}=\lim\limits_{x\to0}\dfrac{x(a-\cos x)}{\ln(1+x^3)}$

$$=\lim_{x\to0}\frac{x(a-\cos x)}{x^3}=\lim_{x\to0}\frac{a-\cos x}{x^2}=c\ (c\neq0),$$

故必有 $a=1$，从而 $c=\frac{1}{2}$.

【488】 设函数 $f(x)$ 连续，且 $f(0)\neq0$，求极限 $\lim\limits_{x\to0}\dfrac{\int_0^x(x-t)f(t)dt}{x\int_0^x f(x-t)dt}$.

解 原式 $=\lim\limits_{x\to0}\dfrac{x\int_0^x f(t)dt-\int_0^x tf(t)dt}{x\int_0^x f(x-t)dt}\overset{\text{设 }x-t=u}{=\!=\!=}\lim\limits_{x\to0}\dfrac{x\int_0^x f(t)dt-\int_0^x tf(t)dt}{x\int_0^x f(u)du}$

$$\overset{\frac{0}{0}}{=\!=}\lim_{x\to 0}\frac{\int_0^x f(t)\mathrm{d}t+xf(x)-xf(x)}{\int_0^x f(u)\mathrm{d}u+xf(x)}=\lim_{\substack{x\to 0\\(\xi\to 0)}}\frac{xf(\xi)}{xf(\xi)+xf(x)}$$

$$=\frac{f(0)}{f(0)+f(0)}=\frac{1}{2}$$,其中 ξ 介于 0 与 x 之间.

【489】 设函数 $f(x)$ 有导数,且 $f(0)=0$,

$$F(x)=\int_0^x t^{n-1}f(x^n-t^n)\mathrm{d}t,$$

证明:$\lim\limits_{x\to 0}\dfrac{F(x)}{x^{2n}}=\dfrac{1}{2n}f'(0)$.

证 令 $u=x^n-t^n$,则 $F(x)=\dfrac{1}{n}\int_0^{x^n}f(u)\mathrm{d}u$,有 $F'(x)=x^{n-1}f(x^n)$,

$$\lim_{x\to 0}\frac{F(x)}{x^{2n}}\overset{\frac{0}{0}}{=\!=}\lim_{x\to 0}\frac{F'(x)}{2nx^{2n-1}}=\frac{1}{2n}\lim_{x\to 0}\frac{f(x^n)}{x^n}=\frac{1}{2n}f'(0).$$

由变限积分构成的函数进行无穷小比较

【490】 把 $x\to 0^+$ 时的无穷小量 $\alpha=\int_0^x \cos t^2\mathrm{d}t$,$\beta=\int_0^{x^2}\tan\sqrt{t}\mathrm{d}t$,$\gamma=\int_0^{\sqrt{x}}\sin t^3\mathrm{d}t$ 排列起来,使排在后面的是前一个的高阶无穷小,则正确的排列次序是________.

(A)α,β,γ (B)α,γ,β (C)β,α,γ (D)β,γ,α

解 $\lim\limits_{x\to 0^+}\dfrac{\alpha}{\beta}=\lim\limits_{x\to 0^+}\dfrac{\int_0^x\cos t^2\mathrm{d}t}{\int_0^{x^2}\tan\sqrt{t}\mathrm{d}t}\overset{\frac{0}{0}}{=\!=}\lim\limits_{x\to 0^+}\dfrac{\cos x^2}{2x\tan x}=\infty$,这说明 β 是比 α 高阶的无穷小.

$\lim\limits_{x\to 0^+}\dfrac{\alpha}{\gamma}=\lim\limits_{x\to 0^+}\dfrac{\int_0^x\cos t^2\mathrm{d}t}{\int_0^{\sqrt{x}}\sin t^3\mathrm{d}t}\overset{\frac{0}{0}}{=\!=}\lim\limits_{x\to 0^+}\dfrac{\cos x^2}{\frac{1}{2\sqrt{x}}\sin x^{\frac{3}{2}}}=\infty$,这说明 γ 是比 α 高阶的无穷小.

$\lim\limits_{x\to 0^+}\dfrac{\beta}{\gamma}=\lim\limits_{x\to 0^+}\dfrac{\int_0^{x^2}\tan\sqrt{t}\mathrm{d}t}{\int_0^{\sqrt{x}}\sin t^3\mathrm{d}t}\overset{\frac{0}{0}}{=\!=}\lim\limits_{x\to 0^+}\dfrac{2x\tan x}{\frac{1}{2\sqrt{x}}\sin x^{\frac{3}{2}}}=4\lim\limits_{x\to 0^+}x=0$,这说明 β 是比 γ 高阶的无穷小.

故应选(B).

点评 本题考察洛必达法则、变限积分求导和无穷小量的定义,这些知识点非常重要,必须熟记计算此类题目的基本方法有两个:(1)两两比较法;(2)将 α,β,γ 的积分上限统一转化为 α 的积分上限 x,再进行积分排序.

【491】 设 $f(x)$,$\varphi(x)$ 在点 $x=0$ 的某邻域内连续,且当 $x\to 0$ 时,$f(x)$ 是 $\varphi(x)$ 的高阶无穷小,则当 $x\to 0$ 时,$\int_0^x f(t)\sin t\mathrm{d}t$ 是 $\int_0^x t\varphi(t)\mathrm{d}t$ 的________.

(A)低阶无穷小 (B)高阶无穷小 (C)同阶但非等价无穷小 (D)等价无穷小

解 $\lim\limits_{x\to 0}\dfrac{\int_0^x f(t)\sin t\mathrm{d}t}{\int_0^x t\varphi(t)\mathrm{d}t}\overset{\frac{0}{0}}{=\!=}\lim\limits_{x\to 0}\dfrac{f(x)\sin x}{x\varphi(x)}=\lim\limits_{x\to 0}\dfrac{f(x)}{\varphi(x)}=0$.

故应选(B).

【492】设 $f(x)$ 有连续的导数，$f(0)=0$，$f'(0)\neq 0$，$F(x)=\int_0^x(x^2-t^2)f(t)\,dt$，且当 $x\to 0$ 时，$F'(x)$ 与 x^k 是同阶无穷小，则 $k=$______.

(A)1　　(B)2　　(C)3　　(D)4

解　$F(x)=x^2\int_0^x f(t)\,dt-\int_0^x t^2f(t)\,dt$，则

$$F'(x)=2x\int_0^x f(t)\,dt+x^2f(x)-x^2f(x)=2x\int_0^x f(t)\,dt.$$

所以

$$\lim_{x\to 0}\frac{F'(x)}{x^k}=\lim_{x\to 0}\frac{2x\int_0^x f(t)\,dt}{x^k}=2\lim_{x\to 0}\frac{\int_0^x f(t)\,dt}{x^{k-1}}\overset{\frac{0}{0}}{=\!=}2\lim_{x\to 0}\frac{f(x)}{(k-1)x^{k-2}}$$

$$\overset{\frac{0}{0}}{=\!=}2\lim_{x\to 0}\frac{f'(x)}{(k-1)(k-2)x^{k-3}}.$$

由 $f'(0)\neq 0$ 知 $k-3=0$. 即 $k=3$.

故应选(C).

含有变限积分的函数讨论连续性、可导性

【493】设 $f(x)=\begin{cases}\dfrac{\sin ax}{\sqrt{1-\cos x}}, & x<0\\ \sqrt{2}, & x=0\\ \dfrac{1}{x-\sin x}\displaystyle\int_0^x\frac{t^2}{\sqrt{b+t^2}}\,dt, & x>0\end{cases}$ 在 $x=0$ 处连续，求 a,b.

解　$\lim\limits_{x\to 0^-}f(x)=\lim\limits_{x\to 0^-}\dfrac{\sin ax}{\sqrt{1-\cos x}}=\lim\limits_{x\to 0^-}\dfrac{\sin ax}{\sqrt{\frac{x^2}{2}}}=\lim\limits_{x\to 0^-}\dfrac{\sqrt{2}ax}{-x}=-\sqrt{2}a$，

$$\lim_{x\to 0^+}f(x)=\lim_{x\to 0^+}\frac{\int_0^x\frac{t^2}{\sqrt{b+t^2}}\,dt}{x-\sin x}=\lim_{x\to 0^+}\frac{\frac{x^2}{\sqrt{b+x^2}}}{1-\cos x}=\frac{2}{\sqrt{b}}.$$

要使 $f(x)$ 在 $x=0$ 处连续，则 $\lim\limits_{x\to 0}f(x)=f(0)$，即 $\dfrac{2}{\sqrt{b}}=-\sqrt{2}a$，$-\sqrt{2}a=\sqrt{2}$. 所以 $a=-1$，$b=2$.

【494】设 $f(x)=\begin{cases}\dfrac{2}{x^2}(1-\cos x), & x<0\\ 1, & x=0\\ \dfrac{1}{x}\displaystyle\int_0^x\cos t^2\,dt, & x>0\end{cases}$，试讨论 $f(x)$ 在 $x=0$ 处的连续性和可导性.

解　(1)　由 $\lim\limits_{x\to 0^-}\dfrac{2}{x^2}(1-\cos x)=\lim\limits_{x\to 0^-}\dfrac{\sin x}{x}=1$，

$$\lim_{x\to 0^+}\frac{1}{x}\int_0^x\cos t^2\,dt=\lim_{x\to 0^+}\frac{\cos x^2}{1}=1,$$

可知函数 $f(x)$ 在 $x=0$ 处连续.

(2)分别求 $f(x)$ 在 $x=0$ 处的左、右导数

$$f'_-(0)=\lim_{x\to0^-}\frac{\frac{2}{x^2}(1-\cos x)-1}{x}=\lim_{x\to0^-}\frac{2(1-\cos x)-x^2}{x^3}\overset{\frac{0}{0}}{=\!=}\lim_{x\to0^-}\frac{2\sin x-2x}{3x^2}$$

$$\overset{\frac{0}{0}}{=\!=}\lim_{x\to0^-}\frac{2\cos x-2}{6x}\overset{\frac{0}{0}}{=\!=}\lim_{x\to0^-}\frac{-\sin x}{3}=0,$$

$$f'_+(0)=\lim_{x\to0^+}\frac{\frac{1}{x}\int_0^x\cos t^2\,\mathrm{d}t-1}{x}=\lim_{x\to0^+}\frac{\int_0^x\cos t^2\,\mathrm{d}t-x}{x^2}\overset{\frac{0}{0}}{=\!=}\lim_{x\to0^+}\frac{\cos x^2-1}{2x}$$

$$\overset{\frac{0}{0}}{=\!=}\lim_{x\to0^+}\frac{-2x\sin x^2}{2}=0.$$

由于左、右导数都等于零，可见 $f(x)$ 在 $x=0$ 处可导，且 $f'(0)=0$.

§3. 定积分的换元法和分部积分法

1. 换元积分法 若函数 $f(x)$ 在区间 $[a,b]$ 上连续；函数 $x=\varphi(t)$ 在区间 $[\alpha,\beta]$ 上单调且具有连续导数，当 $\alpha\leqslant t\leqslant\beta$ 时，$a\leqslant\varphi(t)\leqslant b$，且 $\varphi(\alpha)=a,\varphi(\beta)=b$，则有定积分的换元公式

$$\int_a^b f(x)\mathrm{d}x=\int_\alpha^\beta f[\varphi(t)]\varphi'(t)\mathrm{d}t.$$

2. 分部积分法 设函数 $u(x),v(x)$ 在区间 $[a,b]$ 上具有连续导数 $u'(x)$、$v'(x)$，则有定积分的分部积分公式

$$\int_a^b u(x)v'(x)\mathrm{d}x=\left[u(x)v(x)\right]\Big|_a^b-\int_a^b v(x)u'(x)\mathrm{d}x.$$

3. 常用公式 设 $f(x)$ 为连续函数

(1) $\int_{-a}^a f(x)\mathrm{d}x=\int_0^a[f(x)+f(-x)]\mathrm{d}x$；

(2) $\int_{-a}^a f(x)\mathrm{d}x=\begin{cases}2\int_0^a f(x)\mathrm{d}x, & f(x)\text{ 是偶函数}\\ 0, & f(x)\text{ 是奇函数}\end{cases}$；

(3) $\int_0^{\frac{\pi}{2}} f(\sin x)\mathrm{d}x=\int_0^{\frac{\pi}{2}} f(\cos x)\mathrm{d}x$；

(4) $\int_0^\pi xf(\sin x)\mathrm{d}x=\frac{\pi}{2}\int_0^\pi f(\sin x)\mathrm{d}x$；

(5) $f(x+L)=f(x)$，$(L>0)$，则 $\int_0^L f(x)\mathrm{d}x=\int_{-\frac{L}{2}}^{\frac{L}{2}} f(x)\mathrm{d}x=\int_a^{a+L} f(x)\mathrm{d}x$；

(6) $\int_0^{\frac{\pi}{2}}(\sin x)^n\mathrm{d}x=\int_0^{\frac{\pi}{2}}(\cos x)^n\mathrm{d}x=\begin{cases}\frac{(n-1)!!}{n!!}\cdot\frac{\pi}{2}, & \text{当 } n \text{ 为偶数时}\\ \frac{(n-1)!!}{n!!}, & \text{当 } n \text{ 为奇数时}\end{cases}$.

此公式在定积分计算中十分有用，应记住. 当 n 为偶数时，$n!!$ 表示所有偶数(不大于 n)连乘积. n 为奇数时，$n!!$ 表示所有奇数(不大于 n)的连乘积.

基本题型

使用定积分的换元法计算定积分

【495】设 $f(x)=\begin{cases} xe^{x^2}, & -\dfrac{1}{2}\leqslant x<\dfrac{1}{2} \\ -1, & x\geqslant\dfrac{1}{2} \end{cases}$，则 $\int_{\frac{1}{2}}^{2} f(x-1)\mathrm{d}x=$________.

解 $\int_{\frac{1}{2}}^{2} f(x-1)\mathrm{d}x \xlongequal{x-1=t} \int_{-\frac{1}{2}}^{1} f(t)\mathrm{d}t=\int_{-\frac{1}{2}}^{\frac{1}{2}} te^{t^2}\mathrm{d}t+\int_{\frac{1}{2}}^{1}(-1)\mathrm{d}t=-\dfrac{1}{2}$.

故应填 $-\dfrac{1}{2}$.

【496】设 $\int_1^x f(t)\mathrm{d}t=\dfrac{x^4}{2}-\dfrac{1}{2}$，则 $\int_1^4 \dfrac{1}{\sqrt{x}} f(\sqrt{x})\mathrm{d}x=$________.

(A)2　　(B)7　　(C)12　　(D)15

解 因为 $\int_1^4 \dfrac{1}{\sqrt{x}} f(\sqrt{x})\mathrm{d}x \xlongequal{令 t=\sqrt{x}} \int_1^2 2f(t)\mathrm{d}t=2\int_1^2 f(t)\mathrm{d}t=2\cdot\left(\dfrac{t^4}{2}-\dfrac{1}{2}\right)\Big|_1^2=15$.

故应选(D).

【497】若 $I=\dfrac{1}{s}\int_0^{st} f(t+\dfrac{x}{s})\mathrm{d}x(s>0,t>0)$，则 I 之值________.

(A)依赖于 s,t,x　　(B)依赖于 t 和 s

(C)依赖于 t，不依赖于 s　　(D)依赖于 s,x

解 利用定积分换元法可推知，I 的值与 s 无关. 事实上，

$$I=\frac{1}{s}\int_0^{st} f(t+\frac{x}{s})\mathrm{d}x \xlongequal{令 u=t+\frac{x}{s}} \frac{1}{s}\int_t^{2t} f(u)\cdot s\mathrm{d}u=\int_t^{2t} f(u)\mathrm{d}u.$$

所以 I 与 s 无关.

故应选(C).

【498】求定积分 $\int_0^4 \dfrac{\sqrt{x}}{1+\sqrt{x}}\mathrm{d}x$.

解 设 $\sqrt{x}=t$，则 $x=t^2$. 当 $x=0$ 时，$t=0$；当 $x=4$ 时，$t=2$；且 $x=t^2$ 在 $[0,2]$ 上单调，故有

$$\int_0^4 \frac{\sqrt{x}}{1+\sqrt{x}}\mathrm{d}x=\int_0^2 \frac{t\cdot 2t}{1+t}\mathrm{d}t=2\int_0^2 \frac{t^2}{1+t}\mathrm{d}t=2\int_0^2 (t-1+\frac{1}{1+t})\mathrm{d}t$$

$$=2\left[\frac{t^2}{2}-t+\ln(1+t)\right]\Big|_0^2=2\left[\frac{4}{2}-2+\ln(1+2)-\ln 1\right]=2\ln 3.$$

【499】计算 $\int_0^1 x(1-x^4)^{\frac{3}{2}}\mathrm{d}x$.

解 设 $x^2=\sin t$. 则 $x=0$ 时，$t=0$；$x=1$ 时，$t=\dfrac{\pi}{2}$.

$$\int_0^1 x(1-x^4)^{\frac{3}{2}}\mathrm{d}x=\frac{1}{2}\int_0^{\frac{\pi}{2}} \cos^4 t\mathrm{d}t=\frac{1}{2}\cdot\frac{3}{4\cdot 2}\cdot\frac{\pi}{2}=\frac{3\pi}{32}.$$

【500】$\int_0^1 \sqrt{2x-x^2}\mathrm{d}x=$________.

解　原式$=\int_0^1\sqrt{1-(1-x)^2}\,dx\xlongequal{1-x=\sin t}-\int_{\frac{\pi}{2}}^0\cos^2 t\,dt=\int_0^{\frac{\pi}{2}}\frac{1+\cos2t}{2}dt$

$$=\left(\frac{1}{4}\sin2t+\frac{1}{2}t\right)\Big|_0^{\frac{\pi}{2}}=\frac{\pi}{4}.$$

故应填$\frac{\pi}{4}$.

点评　本题也可由定积分的几何意义求解.事实上,$\int_0^1\sqrt{2x-x^2}\,dx$为图形$(x-1)^2+y^2=1$的面积的$\frac{1}{4}$,故$\int_0^1\sqrt{2x-x^2}\,dx=\frac{\pi}{4}$.

【501】 计算定积分$\int_1^{\sqrt{2}}\frac{x^2}{(4-x^2)^{\frac{3}{2}}}dx$.

解　令$x=2\sin t$,则

$$\int_1^{\sqrt{2}}\frac{x^2}{(4-x^2)^{\frac{3}{2}}}dx=\int_{\frac{\pi}{6}}^{\frac{\pi}{4}}\frac{4\sin^2 t}{(4-4\sin^2 t)^{\frac{3}{2}}}2\cos t\,dt=\int_{\frac{\pi}{6}}^{\frac{\pi}{4}}(\sec^2 t-1)\,dt=(\tan t-t)\Big|_{\frac{\pi}{6}}^{\frac{\pi}{4}}$$

$$=1-\frac{\sqrt{3}}{3}-\frac{\pi}{12}.$$

【502】 计算定积分$\int_1^5\frac{x-1}{1+\sqrt{2x-1}}dx$.

解　令$\sqrt{2x-1}=t,x=\frac{1+t^2}{2},dx=t\,dt$,则

$$\int_1^5\frac{x-1}{1+\sqrt{2x-1}}dx=\int_1^3\frac{\frac{1+t^2}{2}-1}{1+t}t\,dt=\frac{1}{2}\int_1^3(t^2-t)\,dt=\frac{1}{2}\left(\frac{1}{3}t^3-\frac{1}{2}t^2\right)\Big|_1^3=\frac{7}{3}.$$

【503】 求$\int_{\ln2}^{\ln4}\frac{dx}{\sqrt{e^x-1}}$.

解　令$\sqrt{e^x-1}=t$,故$x=\ln(t^2+1)$.当$x=\ln2$时,$t=1$;当$x=\ln4$时,$t=\sqrt{3}$.故

$$\int_{\ln2}^{\ln4}\frac{dx}{\sqrt{e^x-1}}=\int_1^{\sqrt{3}}\frac{1}{t}\cdot\frac{2t}{t^2+1}dt=2\int_1^{\sqrt{3}}\frac{1}{t^2+1}dt=2\arctan t\Big|_1^{\sqrt{3}}=2\left(\frac{\pi}{3}-\frac{\pi}{4}\right)=\frac{\pi}{6}.$$

【504】 已知$\int_0^{\ln a}e^x\cdot\sqrt{3-2e^x}\,dx=\frac{1}{3}$,求$a$的值.

解　$\int_0^{\ln a}e^x\cdot\sqrt{3-2e^x}\,dx=-\frac{1}{2}\int_0^{\ln a}\sqrt{3-2e^x}\,d(3-2e^x)$.

令$3-2e^x=t$,所以

$$\int_0^{\ln a}e^x\cdot\sqrt{3-2e^x}\,dx=-\frac{1}{2}\int_1^{3-2a}\sqrt{t}\,dt=-\frac{1}{2}\cdot\frac{2}{3}t^{\frac{3}{2}}\Big|_1^{3-2a}=-\frac{1}{3}\cdot\left[\sqrt{(3-2a)^3}-1\right],$$

由$\int_0^{\ln a}e^x\cdot\sqrt{3-2e^x}\,dx=\frac{1}{3}$,故$-\frac{1}{3}\cdot\left[\sqrt{(3-2a)^3}-1\right]=\frac{1}{3}$.

即$\sqrt{(3-2a)^3}=0$,也即$3-2a=0$.

所以$a=\frac{3}{2}$.

利用定积分的换元法证明等式

【505】 当$x>0$时,证明:$\int_x^1\frac{1}{1+t^2}dt=\int_1^{\frac{1}{x}}\frac{1}{1+t^2}dt$.

证 令 $t=\frac{1}{u}$,则

$$左端=\int_x^1\frac{1}{1+t^2}\mathrm{d}t=\int_{\frac{1}{x}}^1\frac{1}{1+\frac{1}{u^2}}\cdot\left(-\frac{1}{u^2}\right)\mathrm{d}u=\int_1^{\frac{1}{x}}\frac{1}{1+u^2}\mathrm{d}u=\int_1^{\frac{1}{x}}\frac{1}{1+t^2}\mathrm{d}t=右端.$$

【506】 设 $f(x)$连续,证明:$\int_a^b f(x)\mathrm{d}x=(b-a)\int_0^1 f[a+(b-a)x]\mathrm{d}x$.

证 比较等式两边被积函数,可知应令 $x=a+(b-a)u$,于是

$$左端=\int_a^b f(x)\mathrm{d}x=\int_0^1 f[a+(b-a)u](b-a)\mathrm{d}u=(b-a)\int_0^1 f[a+(b-a)x]\mathrm{d}x$$
$$=右端.$$

【507】 证明:$\int_0^{\frac{\pi}{2}}\frac{\sin x}{\sin x+\cos x}\mathrm{d}x=\int_0^{\frac{\pi}{2}}\frac{\cos x}{\sin x+\cos x}\mathrm{d}x$.

证 令 $x=\frac{\pi}{2}-t$,则

$$左端=\int_0^{\frac{\pi}{2}}\frac{\sin x}{\sin x+\cos x}\mathrm{d}x=\int_{\frac{\pi}{2}}^0\frac{\sin(\frac{\pi}{2}-t)}{\sin(\frac{\pi}{2}-t)+\cos(\frac{\pi}{2}-t)}\cdot(-\mathrm{d}t)$$
$$=\int_0^{\frac{\pi}{2}}\frac{\cos t}{\sin t+\cos t}\mathrm{d}t=\int_0^{\frac{\pi}{2}}\frac{\cos x}{\sin x+\cos x}\mathrm{d}x=右端.$$

【508】 设 $f(x)$在$[0,1]$上连续,证明 $\int_0^\pi xf(\sin x)\mathrm{d}x=\pi\int_0^{\frac{\pi}{2}}f(\sin x)\mathrm{d}x$.

证 $$左端=\int_0^\pi xf(\sin x)\mathrm{d}x\xlongequal{x=\pi-u}\int_\pi^0(\pi-u)f(\sin u)(-\mathrm{d}u)$$
$$=\int_0^\pi(\pi-u)f(\sin u)\mathrm{d}u=\pi\int_0^\pi f(\sin x)\mathrm{d}x-\int_0^\pi xf(\sin x)\mathrm{d}x,$$

即 $2\int_0^\pi xf(\sin x)\mathrm{d}x=\pi\int_0^\pi f(\sin x)\mathrm{d}x$,从而

$$\int_0^\pi xf(\sin x)\mathrm{d}x=\frac{\pi}{2}\int_0^\pi f(\sin x)\mathrm{d}x=\frac{\pi}{2}\left[\int_0^{\frac{\pi}{2}}f(\sin x)\mathrm{d}x+\int_{\frac{\pi}{2}}^\pi f(\sin x)\mathrm{d}x\right].$$

要使等式成立,必须使

$$\int_0^{\frac{\pi}{2}}f(\sin x)\mathrm{d}x=\int_{\frac{\pi}{2}}^\pi f(\sin x)\mathrm{d}x=\int_{\frac{\pi}{2}}^\pi f(\sin t)\mathrm{d}t.$$

比较上式两边被积函数,则令 $x=\pi-t$,于是

$$\int_0^{\frac{\pi}{2}}f(\sin x)\mathrm{d}x=\int_\pi^{\frac{\pi}{2}}f(\sin t)(-\mathrm{d}t)=\int_{\frac{\pi}{2}}^\pi f(\sin x)\mathrm{d}x$$

所以 $$\int_0^\pi xf(\sin x)\mathrm{d}x=\frac{\pi}{2}\cdot 2\int_0^{\frac{\pi}{2}}f(\sin x)\mathrm{d}x=\pi\int_0^{\frac{\pi}{2}}f(\sin x)\mathrm{d}x.$$

【509】 设 $f(x)$是$[0,1]$上的连续函数,证明:

$$\int_0^\pi xf(\sin x)\mathrm{d}x=\frac{\pi}{2}\int_0^\pi f(\sin x)\mathrm{d}x,$$

并由此计算 $\int_0^\pi\frac{x\sin x}{1+\cos^2 x}\mathrm{d}x$.

证 作换元 $x=\pi-t$,则由诱导公式 $\sin(\pi-t)=\sin t$,有

$$I=\int_0^{\pi}xf(\sin x)\mathrm{d}x=\int_{\pi}^{0}(\pi-t)f[\sin(\pi-t)]\mathrm{d}(\pi-t)=\int_0^{\pi}(\pi-t)f(\sin t)\mathrm{d}t$$

$$=\pi\int_0^{\pi}f(\sin t)\mathrm{d}t-\int_0^{\pi}tf(\sin t)\mathrm{d}t=\pi\int_0^{\pi}f(\sin t)\mathrm{d}t-I.$$

故 $2I=\pi\int_0^{\pi}f(\sin t)\mathrm{d}t$，即 $I=\frac{\pi}{2}\int_0^{\pi}f(\sin x)\mathrm{d}x$. 等式得证.

利用这个公式，由于 $\frac{x\sin x}{1+\cos^2 x}=x\,\frac{\sin x}{2-\sin^2 x}$，它具有 $xf(\sin x)$ 的形式，故有

$$\int_0^{\pi}\frac{x\sin x}{1+\cos^2 x}\mathrm{d}x=\frac{\pi}{2}\int_0^{\pi}\frac{\sin x}{1+\cos^2 x}\mathrm{d}x=-\frac{\pi}{2}\int_0^{\pi}\frac{\mathrm{d}\cos x}{1+\cos^2 x}=-\frac{\pi}{2}\arctan(\cos x)\Big|_0^{\pi}$$

$$=-\frac{\pi}{2}[\arctan(-1)-\arctan 1]=-\frac{\pi}{2}\left(-\frac{\pi}{4}-\frac{\pi}{4}\right)=\frac{\pi^2}{4}.$$

【510】 设 n 为正整数，证明 $\int_0^{\frac{\pi}{2}}\cos^n x\cdot\sin^n x\mathrm{d}x=\frac{1}{2^n}\int_0^{\frac{\pi}{2}}\cos^n x\mathrm{d}x$.

解 由 $\cos x\cdot\sin x=\frac{1}{2}\sin 2x$，得

$$\int_0^{\frac{\pi}{2}}\cos^n x\cdot\sin^n x\mathrm{d}x=\frac{1}{2^n}\int_0^{\frac{\pi}{2}}\sin^n 2x\mathrm{d}x\xlongequal{2x=t}\frac{1}{2^{n+1}}\int_0^{\pi}\sin^n t\mathrm{d}t$$

$$=\frac{1}{2^{n+1}}\left[\int_0^{\frac{\pi}{2}}\sin^n t\mathrm{d}t+\int_{\frac{\pi}{2}}^{\pi}\sin^n t\mathrm{d}t\right],$$

于是，原等式左端变为被积函数都是 $\sin^n t$，积分区间的长度都是 $\frac{\pi}{2}$ 的两个积分. 下面的问题就是设法通过变量代换化成原等式右端的形式.

在上式左端的前一个积分中作代换 $t=\frac{\pi}{2}-u$，后一积分中作代换 $t=\frac{\pi}{2}+v$，则

$$\int_0^{\frac{\pi}{2}}\cos^n x\cdot\sin^n x\mathrm{d}x=\frac{1}{2^{n+1}}\left[-\int_{\frac{\pi}{2}}^{0}\cos^n u\mathrm{d}u+\int_0^{\frac{\pi}{2}}\cos^n v\mathrm{d}v\right]=\frac{1}{2^n}\int_0^{\frac{\pi}{2}}\cos^n x\mathrm{d}x.$$

【511】 设 $f(x)$ 在 $(-\infty,+\infty)$ 上连续，且是周期为 T 的周期函数，证明：

$$\int_a^{a+T}f(x)\mathrm{d}x=\int_0^T f(x)\mathrm{d}x.$$

证 $\int_a^{a+T}f(x)\mathrm{d}x=\int_a^0 f(x)\mathrm{d}x+\int_0^T f(x)\mathrm{d}x+\int_T^{a+T}f(x)\mathrm{d}x=I_1+I_2+I_3.$

对积分 I_3，作换元 $x=t+T$，则当 $x=T,a+T$ 时，t 依次为 $0,a$. 又 $f(t+T)=f(t)$，所以

$$I_3=\int_T^{a+T}f(x)\mathrm{d}x=\int_0^a f(t)\mathrm{d}t=\int_0^a f(x)\mathrm{d}x.$$

而

$$I_1=\int_a^0 f(x)\mathrm{d}x=-\int_0^a f(x)\mathrm{d}x.$$

故 $\int_a^{a+T}f(x)\mathrm{d}x=-\int_0^a f(x)\mathrm{d}x+\int_0^T f(x)\mathrm{d}x+\int_0^a f(x)\mathrm{d}x=\int_0^T f(x)\mathrm{d}x.$

【512】 设 $f(x)$ 连续，且关于 $x=T$ 对称，$a<T<b$，证明：

$$\int_a^b f(x)\mathrm{d}x=2\int_T^b f(x)\mathrm{d}x+\int_a^{2T-b}f(x)\mathrm{d}x.$$

证 因为 $f(x)$ 关于 $x=T$ 对称，所以 $f(x+T)=f(T-x)$. 由定积分的性质

$$\int_a^b f(x)\mathrm{d}x=\int_a^{2T-b}f(x)\mathrm{d}x+\int_{2T-b}^{T}f(x)\mathrm{d}x+\int_T^b f(x)\mathrm{d}x,$$

而

$$\int_{2T-b}^{T} f(x)\mathrm{d}x \xlongequal{x=2T-t} \int_{b}^{T} f(2T-t)(-\mathrm{d}t) = -\int_{b}^{T} f[T+(T-t)]\mathrm{d}t$$

$$\xlongequal{f(T+u)=f(T-u)} -\int_{b}^{T} f[T-(T-t)]\mathrm{d}t = -\int_{b}^{T} f(t)\mathrm{d}t = \int_{T}^{b} f(x)\mathrm{d}x,$$

故 $\int_a^b f(x)\mathrm{d}x = 2\int_T^b f(x)\mathrm{d}x + \int_a^{2T-b} f(x)\mathrm{d}x.$

【513】 试证：$I=\int_0^{\sqrt{2\pi}} \sin(x^2)\mathrm{d}x > 0.$

证 令 $x^2=t$，则 $2x\mathrm{d}x=\mathrm{d}t$，所以

$$I=\int_0^{2\pi} \frac{\sin t}{2\sqrt{t}}\mathrm{d}t = \frac{1}{2}\left[\int_0^{\pi} \frac{\sin t}{\sqrt{t}}\mathrm{d}t + \int_{\pi}^{2\pi} \frac{\sin t}{\sqrt{t}}\mathrm{d}t\right],$$

而

$$\int_{\pi}^{2\pi} \frac{\sin t}{\sqrt{t}}\mathrm{d}t \xlongequal{t=\pi+u} \int_0^{\pi} \frac{-\sin u}{\sqrt{\pi+u}}\mathrm{d}u = -\int_0^{\pi} \frac{\sin t}{\sqrt{\pi+t}}\mathrm{d}t,$$

从而 $I=\frac{1}{2}\int_0^{\pi}\left(\frac{1}{\sqrt{t}}-\frac{1}{\sqrt{\pi+t}}\right)\sin t\mathrm{d}t.$

由于在 $(0,\pi)$ 内 $\sin t>0$，$\frac{1}{\sqrt{t}}-\frac{1}{\sqrt{\pi+t}}>0$，故 $I>0$.

某些不易求出原函数的定积分的计算

【514】 计算 $I=\int_0^{\frac{\pi}{2}} \frac{\mathrm{d}x}{1+(\tan x)^{\sqrt{3}}}.$

解 $I=\int_0^{\frac{\pi}{2}} \frac{\mathrm{d}x}{1+(\tan x)^{\sqrt{3}}} = \int_0^{\frac{\pi}{2}} \frac{(\cos x)^{\sqrt{3}}}{(\cos x)^{\sqrt{3}}+(\sin x)^{\sqrt{3}}}\mathrm{d}x$

$$\xlongequal{x=\frac{\pi}{2}-t} -\int_{\frac{\pi}{2}}^{0} \frac{(\sin t)^{\sqrt{3}}}{(\sin t)^{\sqrt{3}}+(\cos t)^{\sqrt{3}}}\mathrm{d}t = \int_0^{\frac{\pi}{2}} \frac{(\sin x)^{\sqrt{3}}}{(\sin x)^{\sqrt{3}}+(\cos x)^{\sqrt{3}}}\mathrm{d}x.$$

所以 $2I=\int_0^{\frac{\pi}{2}} \mathrm{d}x = \frac{\pi}{2}$，即 $I=\frac{\pi}{4}$.

【515】 计算 $I=\int_2^4 \frac{\sqrt{\ln(9-x)}}{\sqrt{\ln(9-x)}+\sqrt{\ln(x+3)}}\mathrm{d}x.$

解 $I=\int_2^4 \frac{\sqrt{\ln(9-x)}}{\sqrt{\ln(9-x)}+\sqrt{\ln(x+3)}}\mathrm{d}x \xlongequal{9-x=t+3} \int_4^2 \frac{\sqrt{\ln(t+3)}}{\sqrt{\ln(t+3)}+\sqrt{\ln(9-t)}}(-\mathrm{d}t)$

$$=\int_2^4 \frac{\sqrt{\ln(x+3)}}{\sqrt{\ln(9-x)}+\sqrt{\ln(x+3)}}\mathrm{d}x.$$

所以 $2I=\int_2^4 \mathrm{d}x=2$，即 $I=1$.

【516】 计算 $I=\int_{-\frac{\pi}{2}}^{\frac{\pi}{2}} \frac{\mathrm{e}^x\sin^4 x}{1+\mathrm{e}^x}\mathrm{d}x.$

解 $I=\int_{-\frac{\pi}{2}}^{\frac{\pi}{2}} \frac{\mathrm{e}^x\sin^4 x}{1+\mathrm{e}^x}\mathrm{d}x \xlongequal{x=-t} -\int_{\frac{\pi}{2}}^{-\frac{\pi}{2}} \frac{\mathrm{e}^{-t}\sin^4(-t)}{1+\mathrm{e}^{-t}}\mathrm{d}t = \int_{-\frac{\pi}{2}}^{\frac{\pi}{2}} \frac{\sin^4 t}{1+\mathrm{e}^t}\mathrm{d}t = \int_{-\frac{\pi}{2}}^{\frac{\pi}{2}} \frac{\sin^4 x}{1+\mathrm{e}^x}\mathrm{d}x.$

所以 $2I=\int_{-\frac{\pi}{2}}^{\frac{\pi}{2}} \frac{\mathrm{e}^x\sin^4 x}{1+\mathrm{e}^x}\mathrm{d}x + \int_{-\frac{\pi}{2}}^{\frac{\pi}{2}} \frac{\sin^4 x}{1+\mathrm{e}^x}\mathrm{d}x = \int_{-\frac{\pi}{2}}^{\frac{\pi}{2}} \sin^4 x\mathrm{d}x = 2\int_0^{\frac{\pi}{2}} \sin^4 x\mathrm{d}x = \frac{3}{8}\pi.$

即 $I=\frac{3}{16}\pi$.

使用定积分的分部积分公式计算

【517】 求 $\int_0^{\frac{\pi}{4}}\frac{x}{1+\cos 2x}\mathrm{d}x$.

解 原式 $=\int_0^{\frac{\pi}{4}}\frac{x}{2\cos^2 x}\mathrm{d}x=\frac{1}{2}\int_0^{\frac{\pi}{4}}x\mathrm{d}\tan x=\frac{1}{2}\left(x\tan x\Big|_0^{\frac{\pi}{4}}-\int_0^{\frac{\pi}{4}}\frac{\sin x}{\cos x}\mathrm{d}x\right)$

$$=\frac{1}{2}\left(\frac{\pi}{4}+\ln\cos x\Big|_0^{\frac{\pi}{4}}\right)=\frac{\pi}{8}-\frac{1}{4}\ln 2.$$

【518】 计算 $\int_1^2 x(\ln x)^2\mathrm{d}x$.

解 用分部积分法计算

$$\int_1^2 x(\ln x)^2\mathrm{d}x=\int_1^2(\ln x)^2\mathrm{d}\left(\frac{x^2}{2}\right)=\frac{x^2}{2}(\ln x)^2\Big|_1^2-\frac{1}{2}\int_1^2 x^2\cdot 2\ln x\cdot\frac{\mathrm{d}x}{x}$$

$$=2(\ln 2)^2-\int_1^2 x\ln x\mathrm{d}x=2\ln^2 2-\int_1^2\ln x\mathrm{d}\left(\frac{x^2}{2}\right)=2\ln^2 2-\frac{x^2}{2}\ln x\Big|_1^2+\frac{1}{2}\int_1^2 x\mathrm{d}x$$

$$=2\ln^2 2-2\ln 2+\frac{x^2}{4}\Big|_1^2=2\ln^2 2-2\ln 2+\frac{3}{4}.$$

【519】 设 $f(2x-1)=\frac{\ln x}{\sqrt{x}}$,求 $\int_1^7 f(x)\mathrm{d}x$.

解 令 $x=2t-1$,则 $\mathrm{d}x=2\mathrm{d}t$,

$$\int_1^7 f(x)\mathrm{d}x=2\int_1^4 f(2t-1)\mathrm{d}t=2\int_1^4 f(2x-1)\mathrm{d}x=2\int_1^4\frac{\ln x}{\sqrt{x}}\mathrm{d}x=4\int_1^4\ln x\mathrm{d}(\sqrt{x})$$

$$=4\left(\sqrt{x}\ln x\Big|_1^4-\int_1^4\sqrt{x}\frac{1}{x}\mathrm{d}x\right)=8\left(\ln 4-\sqrt{x}\Big|_1^4\right)=8(\ln 4-1).$$

【520】 计算 $\int_0^{\ln 2}\sqrt{1-\mathrm{e}^{-2x}}\mathrm{d}x$.

解 原式 $=\int_0^{\ln 2}\mathrm{e}^{-x}\sqrt{\mathrm{e}^{2x}-1}\mathrm{d}x=-\mathrm{e}^{-x}\sqrt{\mathrm{e}^{2x}-1}\Big|_0^{\ln 2}+\int_0^{\ln 2}\frac{\mathrm{e}^x\mathrm{d}x}{\sqrt{\mathrm{e}^{2x}-1}}$

$$=-\frac{\sqrt{3}}{2}+\ln\left(\mathrm{e}^x+\sqrt{\mathrm{e}^{2x}-1}\right)\Big|_0^{\ln 2}=-\frac{\sqrt{3}}{2}+\ln(2+\sqrt{3}).$$

【521】 设 $f(x)=\int_\pi^x\frac{\sin t}{t}\mathrm{d}t$,求 $\int_0^\pi f(x)\mathrm{d}x$.

解 $\int_0^\pi f(x)\mathrm{d}x=xf(x)\Big|_0^\pi-\int_0^\pi xf'(x)\mathrm{d}x$.

因为 $f(x)=\int_\pi^x\frac{\sin t}{t}\mathrm{d}t$,于是有 $f(\pi)=0,f'(x)=\frac{\sin x}{x}$,所以

$$\int_0^\pi f(x)\mathrm{d}x=0-\int_0^\pi\sin x\mathrm{d}x=\cos x\Big|_0^\pi=-2.$$

【522】 设 $f(x)$ 有一个原函数 $\frac{\sin x}{x}$,则 $\int_{\frac{\pi}{2}}^\pi xf'(x)\mathrm{d}x=$ ________.

解 因为 $f(x)$ 有一个原函数 $\frac{\sin x}{x}$,所以 $f(x)=\left(\frac{\sin x}{x}\right)'=\frac{x\cos x-\sin x}{x^2}$

$$\int_{\frac{\pi}{2}}^\pi xf'(x)\mathrm{d}x=\int_{\frac{\pi}{2}}^\pi x\mathrm{d}f(x)=xf(x)\Big|_{\frac{\pi}{2}}^\pi-\int_{\frac{\pi}{2}}^\pi f(x)\mathrm{d}x$$

$$=\left(\cos x-\frac{\sin x}{x}\right)\Big|_{\frac{\pi}{2}}^{\pi}-\frac{\sin x}{x}\Big|_{\frac{\pi}{2}}^{\pi}=\frac{4}{\pi}-1.$$

故应填$\frac{4}{\pi}-1$.

【523】 已知 $f(2)=\frac{1}{2}$，$f'(2)=0$ 及 $\int_0^2 f(x)\mathrm{d}x=1$，则 $\int_0^1 x^2 f''(2x)\mathrm{d}x=$________.

解 两次运用分部积分公式. 设 $t=2x$，则

$$\int_0^1 x^2 f''(2x)\mathrm{d}x=\frac{1}{2}\int_0^2 \frac{t^2}{4}f''(t)\mathrm{d}t=\frac{1}{8}\left[t^2 f'(t)\Big|_0^2-2\int_0^2 tf'(t)\mathrm{d}t\right]$$

$$=\frac{1}{8}\left[-2\int_0^2 t\mathrm{d}f(t)\right]=-\frac{1}{4}\left[tf(t)\Big|_0^2-\int_0^2 f(t)\mathrm{d}t\right]$$

$$=-\frac{1}{4}(1-1)=0.$$

故应填 0.

【524】 如图 524 所示，曲线 C 的方程为 $y=f(x)$，点(3,2)是它的一个拐点，直线 L_1 与 L_2 分别是曲线 C 在点(0,0)与(3,2)处的切线，其交点为(2,4). 设函数 $f(x)$ 具有三阶连续导数，计算定积分 $\int_0^3 (x^2+x)f'''(x)\mathrm{d}x$.

解 $\int_0^3 (x^2+x)f'''(x)\mathrm{d}x$

$$=(x^2+x)f''(x)\Big|_0^3-\int_0^3 (2x+1)f''(x)\mathrm{d}x$$

$$=-\int_0^3 (2x+1)f''(x)\mathrm{d}x$$

$$=-(2x+1)f'(x)\Big|_0^3+2\int_0^3 f'(x)\mathrm{d}x$$

$$=-[7\times(-2)-2]+2\int_0^3 f'(x)\mathrm{d}x$$

$$=16+2f(x)\Big|_0^3=16+4=20.$$

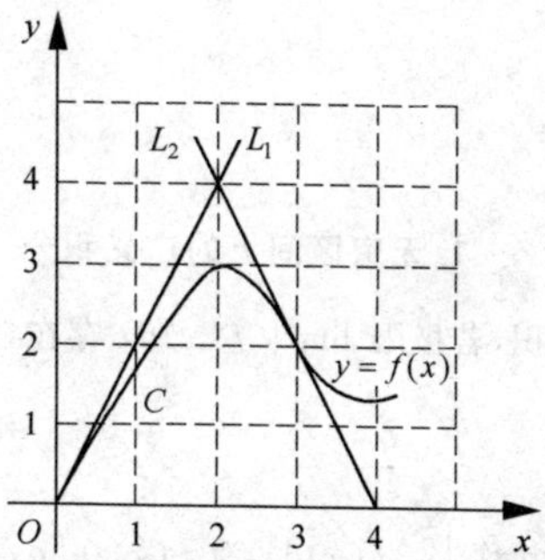

图 524

被积函数中含有变上、下限的定积分的计算

【525】 设函数 $f(x)$ 连续，且 $\int_0^x tf(2x-t)\mathrm{d}t=\frac{1}{2}\arctan x^2$. 已知 $f(1)=1$，求 $\int_1^2 f(x)\mathrm{d}x$ 的值.

解 令 $u=2x-t$，则 $t=2x-u$，$\mathrm{d}t=-\mathrm{d}u$，

$$\int_0^x tf(2x-t)\mathrm{d}t=-\int_{2x}^x (2x-u)f(u)\mathrm{d}u=2x\int_x^{2x} f(u)\mathrm{d}u-\int_x^{2x} uf(u)\mathrm{d}u,$$

于是

$$2x\int_x^{2x} f(u)\mathrm{d}u-\int_x^{2x} uf(u)\mathrm{d}u=\frac{1}{2}\arctan x^2.$$

上式两边对 x 求导，得

$$2\int_x^{2x} f(u)\mathrm{d}u+2x[2f(2x)-f(x)]-[2xf(2x)\cdot 2-xf(x)]=\frac{x}{1+x^4},$$

即
$$2\int_x^{2x} f(u)\mathrm{d}u=\frac{x}{1+x^4}+xf(x).$$

令 $x=1$，得 $2\int_1^2 f(u)\mathrm{d}u=\frac{1}{2}+1=\frac{3}{2}$. 于是 $\int_1^2 f(x)\mathrm{d}x=\frac{3}{4}$.

【526】 设 $f(x),g(x)$ 在 $[a,b]$ 上连续，且满足

$$\int_a^x f(t)\mathrm{d}t\geqslant\int_a^x g(t)\mathrm{d}t,\ x\in[a,b),\quad \int_a^b f(t)\mathrm{d}t=\int_a^b g(t)\mathrm{d}t,$$

证明：$\int_a^b xf(x)\mathrm{d}x\leqslant\int_a^b xg(x)\mathrm{d}x$.

证 令 $F(x)=f(x)-g(x)$, $G(x)=\int_a^x F(t)\mathrm{d}t$，由题设知 $G(x)\geqslant 0$, $x\in[a,b]$, $G(a)=G(b)=0$, $G'(x)=F(x)$. 从而

$$\int_a^b xF(x)\mathrm{d}x=\int_a^b x\mathrm{d}G(x)=xG(x)\Big|_a^b-\int_a^b G(x)\mathrm{d}x=-\int_a^b G(x)\mathrm{d}x.$$

由于 $G(x)\geqslant 0$, $x\in[a,b]$，故有 $-\int_a^b G(x)\mathrm{d}x\leqslant 0$，即 $\int_a^b xF(x)\mathrm{d}x\leqslant 0$.

因此 $\int_a^b xf(x)\mathrm{d}x\leqslant\int_a^b xg(x)\mathrm{d}x$.

点评 本题为基本证明题题型. 一般地，证明积分等式或不等式，都应引入变限积分，将其转化为函数等式或不等式.

§4. 广义积分

1. 无穷区间上的广义积分 设函数 $f(x)$ 在区间 $[a,+\infty)$ 上有定义，在 $[a,b]$ $(b<+\infty)$ 上可积，若极限 $\lim\limits_{b\to+\infty}\int_a^b f(x)\mathrm{d}x$ 存在，则定义

$$\int_a^{+\infty} f(x)\mathrm{d}x=\lim_{b\to+\infty}\int_a^b f(x)\mathrm{d}x,$$

并称 $\int_a^{+\infty} f(x)\mathrm{d}x$ 为 $f(x)$ 在 $[a,+\infty)$ 上的广义积分，这时也称广义积分 $\int_a^{+\infty} f(x)\mathrm{d}x$ 存在或收敛；若上述极限不存在，则称广义积分 $\int_a^{+\infty} f(x)\mathrm{d}x$ 不存在或发散.

类似地，定义

$$\int_{-\infty}^b f(x)\mathrm{d}x=\lim_{a\to-\infty}\int_a^b f(x)\mathrm{d}x,$$

$$\int_{-\infty}^{+\infty} f(x)\mathrm{d}x=\int_{-\infty}^c f(x)\mathrm{d}x+\int_c^{+\infty} f(x)\mathrm{d}x=\lim_{a\to-\infty}\int_a^c f(x)\mathrm{d}x+\lim_{b\to+\infty}\int_c^b f(x)\mathrm{d}x.$$

2. 无界函数的广义积分(瑕积分) 设函数 $f(x)$ 在 $[a,b)$ 上连续，而且 $\lim\limits_{x\to b^-} f(x)=\infty$，若极限 $\lim\limits_{\varepsilon\to 0^+}\int_a^{b-\varepsilon} f(x)\mathrm{d}x$ 存在，则定义

$$\int_a^b f(x)\mathrm{d}x=\lim_{\varepsilon\to 0^+}\int_a^{b-\varepsilon} f(x)\mathrm{d}x,$$

并称 $\int_a^b f(x)\mathrm{d}x$ 为 $f(x)$ 在 $[a,b)$ 上的广义积分，这时也称广义积分 $\int_a^b f(x)\mathrm{d}x$ 存在或收敛；若上述极限不存在，则称广义积分 $\int_a^b f(x)\mathrm{d}x$ 不存在或发散.

类似地，若 $f(x)$ 在 $(a,b]$ 上连续，$\lim\limits_{x\to a^+}f(x)=\infty$，则定义

$$\int_a^b f(x)\mathrm{d}x=\lim_{\varepsilon\to 0^+}\int_{a+\varepsilon}^b f(x)\mathrm{d}x,$$

若 $f(x)$ 在 (a,b) 内连续，$\lim\limits_{x\to a^+}f(x)=\infty$，$\lim\limits_{x\to b^-}f(x)=\infty$，则定义

$$\int_a^b f(x)\mathrm{d}x=\lim_{\varepsilon_1\to 0^+}\int_{a+\varepsilon_1}^c f(x)\mathrm{d}x+\lim_{\varepsilon_2\to 0^+}\int_c^{b-\varepsilon_2} f(x)\mathrm{d}x.$$

基本题型

有关无穷区间上广义积分的定义

【527】 下列广义积分收敛的是________.

(A) $\int_e^{+\infty}\frac{\ln x}{x}\mathrm{d}x$　(B) $\int_e^{+\infty}\frac{\mathrm{d}x}{x\sqrt{\ln x}}$　(C) $\int_e^{+\infty}\frac{\mathrm{d}x}{x\ln x}$　(D) $\int_e^{+\infty}\frac{\mathrm{d}x}{x\sqrt{\ln^3 x}}$.

解 $\int_e^{+\infty}\frac{\ln x}{x}\mathrm{d}x=\int_e^{+\infty}\ln x\mathrm{d}\ln x=\frac{1}{2}\ln^2 x\Big|_e^{+\infty}$，而 $\lim\limits_{x\to+\infty}\ln^2 x$ 不存在，故选项(A)中积分发散.同样，由于 $\lim\limits_{x\to+\infty}\sqrt{\ln x}$，$\lim\limits_{x\to+\infty}\ln\ln x$ 均不存在，则(B)和(C)中的积分均发散.而

$$\int_e^{+\infty}\frac{\mathrm{d}x}{x\sqrt{\ln^3 x}}=\int_e^{+\infty}\frac{\mathrm{d}\ln x}{\sqrt{\ln^3 x}}=-2(\ln x)^{-\frac{1}{2}}\Big|_e^{+\infty}=2.$$

所以(D)中积分收敛.

故应选(D).

利用换元法计算无穷区间上广义积分

【528】 $\int_0^{+\infty}\frac{\mathrm{d}x}{x^2+4x+8}=$________.

解 原式 $=\int_0^{+\infty}\frac{1}{(x+2)^2+4}\mathrm{d}x=\frac{1}{2}\arctan\frac{x+2}{2}\Big|_0^{+\infty}=\frac{\pi}{8}$.

故应填 $\frac{\pi}{8}$.

【529】 求 $\int_0^{+\infty}\frac{x}{(1+x)^3}\mathrm{d}x$.

解 原式 $=\int_0^{+\infty}\frac{x+1-1}{(1+x)^3}\mathrm{d}x=\int_0^{+\infty}[\frac{1}{(1+x)^2}-\frac{1}{(1+x)^3}]\mathrm{d}x$

$$=\lim_{b\to+\infty}[-\frac{1}{1+x}+\frac{1}{2(1+x)^2}]\Big|_0^b=\frac{1}{2}.$$

【530】 $\int_1^{+\infty}\frac{\mathrm{d}x}{x(x^2+1)}=$________.

解 这是无穷区间上的广义积分.根据定义：$\int_1^{+\infty}\frac{\mathrm{d}x}{x(x^2+1)}=\lim\limits_{b\to+\infty}\int_1^b\frac{\mathrm{d}x}{x(x^2+1)}$，而

$$\int_1^b\frac{\mathrm{d}x}{x(x^2+1)}=\int_1^b\left(\frac{1}{x}-\frac{x}{x^2+1}\right)\mathrm{d}x=\ln x\Big|_1^b-\int_1^b\frac{\mathrm{d}(x^2+1)}{2(x^2+1)}=\ln\frac{b}{\sqrt{b^2+1}}+\frac{1}{2}\ln 2,$$

所以

$$\int_1^{+\infty}\frac{\mathrm{d}x}{x(x^2+1)}=\lim_{b\to+\infty}\int_1^b\frac{\mathrm{d}x}{x(x^2+1)}=\frac{1}{2}\ln 2+\lim_{b\to+\infty}\ln\frac{b}{\sqrt{b^2+1}}=\frac{1}{2}\ln 2.$$

故应填$\frac{1}{2}\ln 2$.

【531】$\int_1^{+\infty}\frac{\mathrm{d}x}{x\sqrt{x^2-1}}=$______.

解 $$\int_1^{+\infty}\frac{\mathrm{d}x}{x\sqrt{x^2-1}}=\lim_{b\to+\infty}\int_1^b\frac{\mathrm{d}x}{x\sqrt{x^2-1}}=\lim_{b\to+\infty}\int_1^b\frac{-1}{\sqrt{1-\frac{1}{x^2}}}\mathrm{d}\left(\frac{1}{x}\right)$$

$$=\lim_{b\to+\infty}\left(-\arcsin\frac{1}{x}\right)\Big|_1^b=\lim_{b\to+\infty}\left(-\arcsin\frac{1}{b}\right)+\frac{\pi}{2}=\frac{\pi}{2}.$$

故应填$\frac{\pi}{2}$.

【532】广义积分$\int_0^{+\infty}\frac{x\mathrm{d}x}{(1+x^2)^2}=$______.

解 因为$\int_0^{+\infty}\frac{x\mathrm{d}x}{(1+x^2)^2}=\frac{1}{2}\int_0^{+\infty}\frac{\mathrm{d}(1+x^2)}{(1+x^2)^2}=-\frac{1}{2}\frac{1}{1+x^2}\Big|_0^{+\infty}=\frac{1}{2}$.

故应填$\frac{1}{2}$.

【533】$\int_2^{+\infty}\frac{\mathrm{d}x}{(x+7)\sqrt{x-2}}=$______.

解 原式$\xlongequal{\sqrt{x-2}=t}\int_0^{+\infty}\frac{2}{t^2+9}\mathrm{d}t=\frac{2}{3}\arctan\frac{t}{3}\Big|_0^{+\infty}=\frac{\pi}{3}$.

故应填$\frac{\pi}{3}$.

点评 广义积分的计算与定积分的计算相类似,即使用牛顿—莱布尼兹公式找到原函数.需要注意的是广义积分需计算极限.

【534】$\int_1^{+\infty}\frac{1}{\sqrt{x}}\mathrm{e}^{-\sqrt{x}}\mathrm{d}x=$______.

(A)$\frac{2}{\mathrm{e}}$　　(B)$-\frac{2}{\mathrm{e}}$　　(C)$2\mathrm{e}$　　(D)$-2\mathrm{e}$

解 $$\int_1^{+\infty}\frac{1}{\sqrt{x}}\mathrm{e}^{-\sqrt{x}}\mathrm{d}x=-2\int_1^{+\infty}\mathrm{e}^{-\sqrt{x}}\mathrm{d}(-\sqrt{x})=-2\lim_{b\to+\infty}\int_1^b\mathrm{e}^{-\sqrt{x}}\mathrm{d}(-\sqrt{x})$$

$$=-2\lim_{b\to+\infty}\mathrm{e}^{-\sqrt{x}}\Big|_1^b=2\mathrm{e}^{-1}=\frac{2}{\mathrm{e}}.$$

故应选(A).

【535】计算$I=\int_1^{+\infty}\frac{\mathrm{d}x}{\mathrm{e}^{1+x}+\mathrm{e}^{3-x}}$.

解 $$I=\int_1^{+\infty}\frac{\mathrm{e}^{x-3}}{\mathrm{e}^{2(x-1)}+1}\mathrm{d}x=\mathrm{e}^{-2}\int_1^{+\infty}\frac{\mathrm{d}\mathrm{e}^{x-1}}{1+\mathrm{e}^{2(x-1)}}=\mathrm{e}^{-2}\cdot\arctan\mathrm{e}^{x-1}\Big|_1^{+\infty}$$

$$=\mathrm{e}^{-2}\left(\frac{\pi}{2}-\frac{\pi}{4}\right)=\frac{\pi}{4}\mathrm{e}^{-2}.$$

【536】试确定积分$\int_1^{+\infty}\frac{\mathrm{d}x}{x^a}$在$a$取什么值时收敛,取什么值时发散.

解 (1)当$a\neq1$时,

$$\int_1^b\frac{\mathrm{d}x}{x^a}=\frac{1}{1-a}x^{1-a}\Big|_1^b=\frac{1}{1-a}(b^{1-a}-1),$$

所以$\int_1^{+\infty}\frac{\mathrm{d}x}{x^a}=\lim\limits_{b\to+\infty}\frac{1}{1-a}(b^{1-a}-1)$.

1)当 $a>1$ 时,由于$\lim\limits_{b\to+\infty}\frac{1}{1-a}b^{1-a}=0$,

所以$\int_1^{+\infty}\frac{\mathrm{d}x}{x^a}=\frac{1}{a-1}$,即积分收敛;

2)当 $a<1$ 时,由于$\lim\limits_{b\to+\infty}\frac{1}{1-a}b^{1-a}=+\infty$,

所以$\int_1^{+\infty}\frac{\mathrm{d}x}{x^a}=+\infty$,积分发散.

(2)当 $a=1$ 时,则$\int_1^{+\infty}\frac{\mathrm{d}x}{x}=\ln x\Big|_1^{+\infty}=+\infty$,即积分发散.

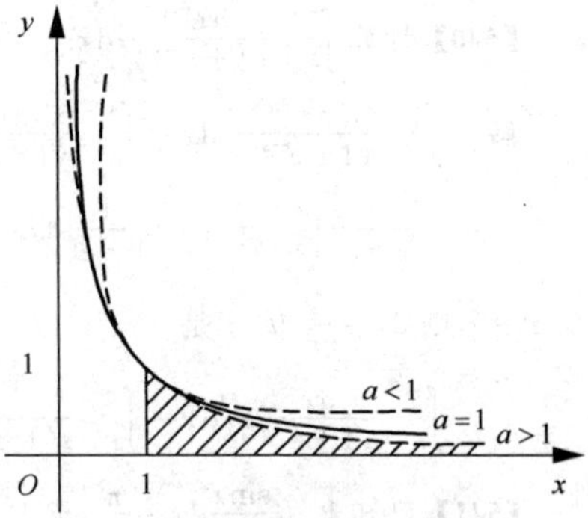

图 536

所以,积分$\int_1^{+\infty}\frac{\mathrm{d}x}{x^a}$,当 $a>1$ 时收敛,当$a\leqslant 1$时发散.如图 536 所示.

【537】 $\int_{\mathrm{e}}^{+\infty}\frac{\mathrm{d}x}{x\ln^2 x}=$________.

解 原式$=\int_{\mathrm{e}}^{+\infty}(\ln x)^{-2}\mathrm{d}\ln x=-\frac{1}{\ln x}\Big|_{\mathrm{e}}^{+\infty}=1$.

故应填 1.

点评 广义积分同样有换元积分法和分部积分法,其思路同普通积分类似.找到被积函数$f(x)$的原函数后,计算 $F(+\infty)$实为求极限,即 $F(+\infty)=\lim\limits_{x\to+\infty}F(x)$.

【538】 已知$\int_0^{+\infty}\mathrm{e}^{-x^2}\mathrm{d}x=\frac{\sqrt{\pi}}{2}$,则$\int_0^{+\infty}\frac{\mathrm{e}^{-x}-\mathrm{e}^{-\sqrt{x}}}{\sqrt{x}}\mathrm{d}x=$________.

解 $\int_0^{+\infty}\frac{\mathrm{e}^{-x}-\mathrm{e}^{-\sqrt{x}}}{\sqrt{x}}\mathrm{d}x=\int_0^{+\infty}\frac{\mathrm{e}^{-x}}{\sqrt{x}}\mathrm{d}x-\int_0^{+\infty}\frac{\mathrm{e}^{-\sqrt{x}}}{\sqrt{x}}\mathrm{d}x$,由于

$$\int_0^{+\infty}\frac{\mathrm{e}^{-x}}{\sqrt{x}}\mathrm{d}x=\int_0^{+\infty}\frac{\mathrm{e}^{-(\sqrt{x})^2}}{\sqrt{x}}\mathrm{d}x\xlongequal{\sqrt{x}=t}2\int_0^{+\infty}\mathrm{e}^{-t^2}\mathrm{d}t=\sqrt{\pi},$$

而

$$\int_0^{+\infty}\frac{\mathrm{e}^{-\sqrt{x}}}{\sqrt{x}}\mathrm{d}x=\lim_{b\to+\infty}\int_0^b\frac{\mathrm{e}^{-\sqrt{x}}}{\sqrt{x}}\mathrm{d}x=\lim_{b\to+\infty}2\int_0^b\mathrm{e}^{-\sqrt{x}}\mathrm{d}\sqrt{x}=\lim_{b\to+\infty}(-2\mathrm{e}^{-\sqrt{x}})\Big|_0^b=2.$$

所以原式$=\sqrt{\pi}-2$.

故应填 $\sqrt{\pi}-2$.

利用分部积分公式计算无穷区间上的广义积分

【539】 计算$\int_1^{+\infty}\frac{\arctan x}{x^2}\mathrm{d}x$.

解 原式$=-\int_1^{+\infty}\arctan x\,\mathrm{d}(\frac{1}{x})=-\frac{1}{x}\arctan x\Big|_1^{+\infty}+\int_1^{+\infty}\frac{1}{x(1+x^2)}\mathrm{d}x$

$$=\frac{\pi}{4}+\lim_{b\to+\infty}\int_1^b(\frac{1}{x}-\frac{x}{1+x^2})\mathrm{d}x=\frac{\pi}{4}+\lim_{b\to+\infty}[\ln b-\frac{1}{2}\ln(1+b^2)+\frac{1}{2}\ln 2]$$

$$=\frac{\pi}{4}+\frac{1}{2}\ln 2+\lim_{b\to+\infty}\ln\frac{b}{\sqrt{1+b^2}}=\frac{\pi}{4}+\frac{1}{2}\ln 2.$$

【540】计算 $\int_0^{+\infty}\frac{xe^{-x}}{(1+e^{-x})^2}dx$.

解 $\int_0^{+\infty}\frac{xe^{-x}}{(1+e^{-x})^2}dx=\int_0^{+\infty}\frac{xe^{x}}{(1+e^{x})^2}dx=\int_0^{+\infty}xd(\frac{-1}{1+e^{x}})$

$=-\frac{x}{1+e^x}\Big|_0^{+\infty}+\int_0^{+\infty}\frac{1}{1+e^x}dx=\int_0^{+\infty}\frac{1}{1+e^x}dx.$

令 $e^x=t$,则 $dx=\frac{1}{t}dt$,于是

$$\int_0^{+\infty}\frac{xe^{-x}}{(1+e^{-x})^2}dx=\int_1^{+\infty}\frac{1}{t(1+t)}dt=\int_1^{+\infty}(\frac{1}{t}-\frac{1}{t+1})dt=\ln\frac{t}{1+t}\Big|_1^{+\infty}=\ln2.$$

【541】已知 $\int_0^{+\infty}\frac{\sin x}{x}dx=\frac{\pi}{2}$,求 $\int_0^{+\infty}\frac{\sin^2 x}{x^2}dx$.

解 $\int_0^{+\infty}\frac{\sin^2 x}{x^2}dx=-\int_0^{+\infty}\sin^2 xd(\frac{1}{x})=-\frac{\sin^2 x}{x}\Big|_0^{+\infty}+\int_0^{+\infty}\frac{2\sin x\cos x}{x}dx$

$=\int_0^{+\infty}\frac{\sin 2x}{x}dx\overset{t=2x}{=\!=}\int_0^{+\infty}\frac{\sin t}{\frac{1}{2}t}\cdot\frac{1}{2}dt=\int_0^{+\infty}\frac{\sin t}{t}dt=\frac{\pi}{2}.$

点评 计算收敛的广义积分,可按计算定积分一样的方法进行,只需在无穷远点或无界点处取极限即可.

作代换证明含有广义积分的等式

【542】试证 $\int_0^{+\infty}\frac{dx}{1+x^4}=\int_0^{+\infty}\frac{x^2}{1+x^4}dx$,并求值.

解 $\int_0^{+\infty}\frac{dx}{1+x^4}\overset{t=\frac{1}{x}}{=\!=}\int_{+\infty}^0\frac{1}{1+\frac{1}{t^4}}(-\frac{1}{t^2})dt=\int_0^{+\infty}\frac{t^2}{1+t^4}dt=\int_0^{+\infty}\frac{x^2}{1+x^4}dx$. 因此,

$\int_0^{+\infty}\frac{dx}{1+x^4}=\frac{1}{2}\left(\int_0^{+\infty}\frac{dx}{1+x^4}+\int_0^{+\infty}\frac{x^2}{1+x^4}dx\right)=\frac{1}{2}\int_0^{+\infty}\frac{1+x^2}{1+x^4}dx$

$=\frac{1}{2}\int_0^{+\infty}\frac{\frac{1}{x^2}+1}{\frac{1}{x^2}+x^2}dx=\frac{1}{2}\int_0^{+\infty}\frac{1}{(x-\frac{1}{x})^2+2}d(x-\frac{1}{x})=\frac{1}{2\sqrt{2}}\arctan\frac{x-\frac{1}{x}}{\sqrt{2}}\Big|_0^{+\infty}$

$=\frac{\pi}{2\sqrt{2}}.$

确定参数的取值

【543】已知 $\lim\limits_{x\to\infty}\left(\frac{x-a}{x+a}\right)^x=\int_a^{+\infty}4x^2e^{-2x}dx$,求常数 a 的值.

解 左端 $=\lim\limits_{x\to\infty}\left(1-\frac{2a}{x+a}\right)^x=e^{-2a}$.

右端 $=-2\int_a^{+\infty}x^2de^{-2x}=-2x^2e^{-2x}\Big|_a^{+\infty}+4\int_a^{+\infty}xe^{-2x}dx=2a^2e^{-2a}-2\int_a^{+\infty}xde^{-2x}$

$=2a^2e^{-2a}-2xe^{-2x}\Big|_a^{+\infty}+2\int_a^{+\infty}e^{-2x}dx=2a^2e^{-2a}+2ae^{-2a}-e^{-2x}\Big|_a^{+\infty}$

$=2a^2e^{-2a}+2ae^{-2a}+e^{-2a}.$

于是,由 $e^{-2a}=2a^2e^{-2a}+2ae^{-2a}+e^{-2a}$,得 $a=0$ 或 $a=-1$.

【544】设$\lim\limits_{x\to\infty}\left(\frac{1+x}{x}\right)^{ax}=\int_{-\infty}^{a} te^t\mathrm{d}t$,则常数 $a=$________.

解 左端$=\left[\lim\limits_{x\to\infty}\left(\frac{1+x}{x}\right)^{x}\right]^{a}=\mathrm{e}^{a}$,

$$右端=\int_{-\infty}^{a} t\mathrm{d}e^t=te^t\Big|_{-\infty}^{a}-\int_{-\infty}^{a}\mathrm{e}^t\mathrm{d}t=a\mathrm{e}^a-\mathrm{e}^t\Big|_{-\infty}^{a}=a\mathrm{e}^a-\mathrm{e}^a=(a-1)\mathrm{e}^a.$$

由 $\mathrm{e}^a=(a-1)\mathrm{e}^a$ 得 $a=2$.

故应填 2.

【545】求实数 C,使$\int_0^{+\infty}\left(\frac{Cx}{x^2+1}-\frac{1}{2x+1}\right)\mathrm{d}x$ 收敛,并求出积分值.

解
$$\int_0^{+\infty}\left(\frac{Cx}{x^2+1}-\frac{1}{2x+1}\right)\mathrm{d}x=\lim_{b\to+\infty}\int_0^{b}\left(\frac{Cx}{x^2+1}-\frac{1}{2x+1}\right)\mathrm{d}x$$
$$=\lim_{b\to+\infty}\left[\frac{C}{2}\ln(x^2+1)-\frac{1}{2}\ln(2x+1)\right]\Big|_0^b=\lim_{b\to+\infty}\frac{1}{2}\ln\frac{(b^2+1)^C}{2b+1}.$$

要使广义积分收敛,即要求极限$\lim\limits_{b\to+\infty}\frac{(b^2+1)^C}{2b+1}$趋向有限值且不为 0,所以 $2C=1$,即 $C=\frac{1}{2}$,此时积分值为

$$\int_0^{+\infty}\left(\frac{Cx}{x^2+1}-\frac{1}{2x+1}\right)\mathrm{d}x=\frac{1}{2}\ln\frac{1}{2}=-\frac{1}{2}\ln2.$$

无界函数广义积分的计算

【546】下列广义积分发散的是________.

(A) $\int_{-1}^{1}\frac{1}{\sin x}\mathrm{d}x$ (B) $\int_{-1}^{1}\frac{1}{\sqrt{1-x^2}}\mathrm{d}x$ (C) $\int_0^{+\infty}\mathrm{e}^{-x^2}\mathrm{d}x$ (D) $\int_2^{+\infty}\frac{1}{x\ln^2 x}\mathrm{d}x$

解 因为$\int_{-1}^{1}\frac{1}{x}\mathrm{d}x$ 发散,且

$$\lim_{x\to0}\frac{\frac{1}{\sin x}}{\frac{1}{x}}=1,$$

由比较审敛法得$\int_{-1}^{1}\frac{1}{\sin x}\mathrm{d}x$ 发散.

故应选(A).

点评 广义积分发散的判别,直接利用收敛及发散的定义或简单判别式即可.

【547】$\int_0^1\frac{x\mathrm{d}x}{(2-x^2)\sqrt{1-x^2}}=$________.

解
$$\int_0^1\frac{x\mathrm{d}x}{(2-x^2)\sqrt{1-x^2}}=\lim_{\varepsilon\to0^+}\int_0^{1-\varepsilon}\frac{x\mathrm{d}x}{(2-x^2)\sqrt{1-x^2}}\xlongequal{x=\sin t}\lim_{\varepsilon_1\to0^+}\int_0^{\frac{\pi}{2}-\varepsilon_1}\frac{\sin t\cos t}{(2-\sin^2 t)\cos t}\mathrm{d}t$$
$$=\int_0^{\frac{\pi}{2}}\frac{\sin t}{1+\cos^2 t}\mathrm{d}t=-\int_0^{\frac{\pi}{2}}\frac{\mathrm{d}\cos t}{1+\cos^2 t}=-\arctan(\cos t)\Big|_0^{\frac{\pi}{2}}=\frac{\pi}{4}.$$

故应填$\frac{\pi}{4}$.

点评 本题直观看像是定积分,但实为第二类广义积分.因为在区间的右端点处被积函数有第二类间断点.

【548】下列结论中正确的是________.

(A) $\int_1^{+\infty}\frac{\mathrm{d}x}{x(x+1)}$ 与 $\int_0^1\frac{\mathrm{d}x}{x(x+1)}$ 都收敛 (B) $\int_1^{+\infty}\frac{\mathrm{d}x}{x(x+1)}$ 与 $\int_0^1\frac{\mathrm{d}x}{x(x+1)}$ 都发散

(C) $\int_1^{+\infty}\frac{\mathrm{d}x}{x(x+1)}$ 发散，$\int_0^1\frac{\mathrm{d}x}{x(x+1)}$ 收敛 (D) $\int_1^{+\infty}\frac{\mathrm{d}x}{x(x+1)}$ 收敛，$\int_0^1\frac{\mathrm{d}x}{x(x+1)}$ 发散

解 $\int_1^{+\infty}\frac{\mathrm{d}x}{x(x+1)}=\left(\ln\left|\frac{x}{x+1}\right|\right)\Big|_1^{+\infty}=\ln 2$，积分收敛.

$$\int_0^1\frac{\mathrm{d}x}{x(x+1)}=\lim_{\varepsilon\to0^+}\int_\varepsilon^1\frac{\mathrm{d}x}{x(x+1)}=\lim_{\varepsilon\to0^+}\left(\ln\left|\frac{x}{x+1}\right|\right)\Big|_\varepsilon^1=+\infty,$$积分发散.

故应选(D).

【549】 计算积分 $\int_{\frac{1}{2}}^{\frac{3}{2}}\frac{\mathrm{d}x}{\sqrt{|x-x^2|}}$.

解 注意到被积函数含有绝对值号且 $x=1$ 是其无穷间断点，故

$$\text{原式}=\int_{\frac{1}{2}}^1\frac{\mathrm{d}x}{\sqrt{x-x^2}}+\int_1^{\frac{3}{2}}\frac{\mathrm{d}x}{\sqrt{x^2-x}}.$$

$$\int_{\frac{1}{2}}^1\frac{\mathrm{d}x}{\sqrt{x-x^2}}=\lim_{\varepsilon_1\to0^+}\int_{\frac{1}{2}}^{1-\varepsilon_1}\frac{\mathrm{d}x}{\sqrt{\frac{1}{4}-(x-\frac{1}{2})^2}}=\lim_{\varepsilon_1\to0^+}\arcsin(2x-1)\Big|_{\frac{1}{2}}^{1-\varepsilon_1}=\frac{\pi}{2}.$$

$$\int_1^{\frac{3}{2}}\frac{\mathrm{d}x}{\sqrt{x^2-x}}=\lim_{\varepsilon_2\to0^+}\int_{1+\varepsilon_2}^{\frac{3}{2}}\frac{\mathrm{d}x}{\sqrt{(x-\frac{1}{2})^2-\frac{1}{4}}}=\lim_{\varepsilon_2\to0^+}\ln\left[(x-\frac{1}{2})+\sqrt{(x-\frac{1}{2})^2-\frac{1}{4}}\right]\Bigg|_{1+\varepsilon_2}^{\frac{3}{2}}$$
$$=\ln(2+\sqrt{3}).$$

因此 $\int_{\frac{1}{2}}^{\frac{3}{2}}\frac{\mathrm{d}x}{\sqrt{|x-x^2|}}=\frac{\pi}{2}+\ln(2+\sqrt{3})$.

点评 由于被积函数中含有绝对值，故应先将其分段表示为

$$|x-x^2|=\begin{cases}x-x^2, & 0\leqslant x\leqslant1\\ x^2-x, & x<0\text{ 或 }x>1\end{cases}$$

应用积分的可加性化为两个广义积分，分别进行计算.

被积函数在积分区间内的 $x=1$ 处无界，是第二类广义积分——瑕积分，即被积函数在积分区间上某点的邻域内无界但形式上与定积分相同的积分. 计算瑕积分时，均需要先计算用 ε 表示某端点的积分区间上的定积分，然后对于所得结果求 $\varepsilon\to0$ 时的极限，亦可以瑕点为分段点，在每一分段上用牛顿—莱布尼兹公式计算. 如果各段积分都存在，则原积分收敛；如果有某段积分不存在，则原积分发散.

§5. 综合提高题型

利用定积分定义求极限.

【550】 $\lim\limits_{n\to\infty}\frac{1}{n}\left[\sqrt{1+\cos\frac{\pi}{n}}+\sqrt{1+\cos\frac{2\pi}{n}}+\cdots+\sqrt{1+\cos\frac{n\pi}{n}}\right]=$______.

解 $\text{原式}=\lim\limits_{n\to\infty}\frac{1}{n}\sum\limits_{i=1}^n\sqrt{1+\cos\frac{\pi i}{n}}=\frac{1}{\pi}\lim\limits_{n\to\infty}\frac{\pi}{n}\sum\limits_{i=1}^n\sqrt{1+\cos\frac{\pi i}{n}}$

$$=\frac{1}{\pi}\int_0^\pi\sqrt{1+\cos x}\,\mathrm{d}x=\frac{1}{\pi}\int_0^\pi\sqrt{2}\left|\cos\frac{x}{2}\right|\mathrm{d}x=\frac{\sqrt{2}}{\pi}\cdot2\sin\frac{x}{2}\Big|_0^\pi=\frac{2\sqrt{2}}{\pi}.$$

故应填$\frac{2\sqrt{2}}{\pi}$.

【551】$\lim\limits_{n\to\infty}\ln\sqrt[n]{\left(1+\frac{1}{n}\right)^2\left(1+\frac{2}{n}\right)^2\cdots\left(1+\frac{n}{n}\right)^2}=$________.

(A) $\int_1^2 \ln^2 x\mathrm{d}x$ (B) $2\int_1^2 \ln x\mathrm{d}x$ (C) $2\int_1^2 \ln(1+x)\mathrm{d}x$ (D) $\int_1^2 \ln^2(1+x)\mathrm{d}x$

解 $\lim\limits_{n\to\infty}\ln\sqrt[n]{\left(1+\frac{1}{n}\right)^2\left(1+\frac{2}{n}\right)^2\cdots\left(1+\frac{n}{n}\right)^2}$

$$=2\lim_{n\to\infty}\frac{1}{n}\left[\ln\left(1+\frac{1}{n}\right)+\ln\left(1+\frac{2}{n}\right)+\cdots+\ln\left(1+\frac{n}{n}\right)\right]=2\lim_{n\to\infty}\frac{1}{n}\sum_{i=1}^{n}\ln\left(1+\frac{i}{n}\right)$$

$$=2\int_0^1\ln(1+x)\mathrm{d}x=2\int_1^2\ln x\mathrm{d}x.$$

故应选(B).

点评 *若和式极限表示为$\lim\limits_{n\to\infty}\sum\limits_{i=1}^{n}f(\xi_i)\Delta x_i$的形式，则可用定积分定义求极限.*

【552】求$\lim\limits_{n\to\infty}\left[\frac{\sin\frac{\pi}{n}}{n+1}+\frac{\sin\frac{2\pi}{n}}{n+\frac{1}{2}}+\cdots+\frac{\sin\pi}{n+\frac{1}{n}}\right]$.

解 $\frac{\sin\frac{\pi}{n}}{n+1}+\frac{\sin\frac{2\pi}{n}}{n+\frac{1}{2}}+\cdots+\frac{\sin\pi}{n+\frac{1}{n}}<\frac{1}{n}\left(\sin\frac{\pi}{n}+\sin\frac{2\pi}{n}+\cdots+\sin\pi\right)=\frac{1}{n}\sum\limits_{i=1}^{n}\sin\frac{i\pi}{n}$,而

$$\lim_{n\to\infty}\frac{1}{n}\sum_{i=1}^{n}\sin\frac{i\pi}{n}=\int_0^1\sin\pi x\mathrm{d}x=\frac{2}{\pi}.$$

另一方面，

$$\frac{\sin\frac{\pi}{n}}{n+1}+\frac{\sin\frac{2\pi}{n}}{n+\frac{1}{2}}+\cdots+\frac{\sin\pi}{n+\frac{1}{n}}>\frac{1}{n+1}\left(\sin\frac{\pi}{n}+\sin\frac{2\pi}{n}+\cdots+\sin\pi\right)=\frac{n}{n+1}\cdot\frac{1}{n}\sum_{i=1}^{n}\sin\frac{i\pi}{n},$$

且 $\lim\limits_{n\to\infty}\left(\frac{n}{n+1}\cdot\frac{1}{n}\sum\limits_{i=1}^{n}\sin\frac{i\pi}{n}\right)=\int_0^1\sin\pi x\mathrm{d}x=\frac{2}{\pi}$.

所以，由夹逼准则知原式$=\frac{2}{\pi}$.

有关求极限的综合题

【553】已知$\int_0^x f(t)\mathrm{d}t=xf(ux)$，且$f(x)=\mathrm{e}^x$，则$\lim\limits_{x\to 0}u=$________.

解 把$f(x)=\mathrm{e}^x$代入得$\mathrm{e}^x-1=x\mathrm{e}^{ux}$，解得$u=\frac{1}{x}\ln\frac{\mathrm{e}^x-1}{x}$，则

$$\lim_{x\to 0}u=\lim_{x\to 0}\frac{\ln(\mathrm{e}^x-1)-\ln x}{x}\overset{\frac{0}{0}}{=\!=}\lim_{x\to 0}\frac{\frac{\mathrm{e}^x}{\mathrm{e}^x-1}-\frac{1}{x}}{1}=\lim_{x\to 0}\frac{x\mathrm{e}^x-\mathrm{e}^x+1}{(\mathrm{e}^x-1)x}$$

$$=\lim_{x\to 0}\frac{x\mathrm{e}^x-\mathrm{e}^x+1}{x^2}\overset{\frac{0}{0}}{=\!=}\lim_{x\to 0}\frac{\mathrm{e}^x+x\mathrm{e}^x-\mathrm{e}^x}{2x}=\lim_{x\to 0}\frac{\mathrm{e}^x}{2}=\frac{1}{2}.$$

故应填$\frac{1}{2}$.

【554】 已知两曲线 $y=f(x)$ 与 $y=\int_0^{\arctan x} e^{-t^2}\,dt$ 在点(0,0)处的切线相同，写出此切线方程，并求极限$\lim\limits_{n\to\infty} nf(\frac{2}{n})$.

解 由已知条件得 $f(0)=0, f'(0)=\frac{e^{-(\arctan x)^2}}{1+x^2}\Big|_{x=0}=1$，故所求切线方程为 $y=x$.

$$\lim_{n\to\infty} nf(\frac{2}{n})=\lim_{n\to\infty} 2\cdot\frac{f(\frac{2}{n})-f(0)}{\frac{2}{n}}=2f'(0)=2.$$

【555】 设函数 $S(x)=\int_0^x |\cos t|\,dt$,

(1)当 n 为正整数，且 $n\pi\leqslant x<(n+1)\pi$ 时，证明 $2n\leqslant S(x)<2(n+1)$；

(2)求 $\lim\limits_{x\to+\infty}\frac{S(x)}{x}$.

解 (1) 因为$|\cos x|\geqslant 0$，且 $n\pi\leqslant x<(n+1)\pi$，所以

$$\int_0^{n\pi}|\cos x|\,dx\leqslant S(x)<\int_0^{(n+1)\pi}|\cos x|\,dx$$

又因为$|\cos x|$是以 π 为周期的函数，在每个周期上积分值相等，所以

$$\int_0^{n\pi}|\cos x|\,dx=n\int_0^{\pi}|\cos x|\,dx=2n,\quad \int_0^{(n+1)\pi}|\cos x|\,dx=2(n+1).$$

因此当 $n\pi\leqslant x<(n+1)\pi$ 时，有 $2n\leqslant S(x)<2(n+1)$.

(2) 由(1)知，当 $n\pi\leqslant x<(n+1)\pi$ 时，有

$$\frac{2n}{(n+1)\pi}<\frac{S(x)}{x}<\frac{2(n+1)}{n\pi}.$$

令 $x\to+\infty$，由夹逼准则得 $\lim\limits_{x\to+\infty}\frac{S(x)}{x}=\frac{2}{\pi}$.

【556】 若 $f(x)$在$[a,b]$上连续，试证

$$\lim_{h\to 0}\frac{1}{h}\int_a^x [f(t+h)-f(t)]\,dt=f(x)-f(a),$$

其中 $a\leqslant x\leqslant b$.

分析 由于 $f(x)$在$[a,b]$上连续，因此当 $h\to 0$ 时，$\int_a^x [f(t+h)-f(t)]\,dt\to 0$，即所给极限为$\frac{0}{0}$型，但是积分$\int_a^x [f(t+h)-f(t)]\,dt$ 的上限相对于极限过程而言它是常量. 所以应该先进行变换，使积分化为可变上限的积分.

证 设 $F(x)=\int_a^x f(t)\,dt$，由于 $f(x)$在$[a,b]$上连续，又由可变上限定积分的性质可知$F'(x)=f(x)$. 因此

$$\begin{aligned}\int_a^x f(t+h)\,dt &\xlongequal{令 u=t+h}\int_{a+h}^{x+h} f(u)\,du\\ &=\int_{a+h}^{a} f(u)\,du+\int_a^{x+h} f(u)\,du=-\int_a^{a+h} f(u)\,du+\int_a^{x+h} f(u)\,du\end{aligned}$$

$$=F(x+h)-F(a+h)$$

再注意到 $F(a)=0$，则有

$$\lim_{h\to0}\frac{1}{h}\int_a^x[f(t+h)-f(t)]dt=\lim_{h\to0}\frac{F(x+h)-F(a+h)-F(x)}{h}$$

$$=\lim_{h\to0}\frac{[F(x+h)-F(x)]-[F(a+h)-F(a)]}{h}$$

$$=\lim_{h\to0}\frac{F(x+h)-F(x)}{h}-\lim_{h\to0}\frac{F(a+h)-F(a)}{h}$$

$$=F'(x)-F'(a)=f(x)-f(a).$$

变限积分构成函数的性态讨论

【557】 设函数 $f(x)$ 连续，则下列函数中，必为偶函数的是________

(A) $\int_0^x f(t^2)dt$　　(B) $\int_0^x f^2(t)dt$

(C) $\int_0^x t[f(t)-f(-t)]dt$　　(D) $\int_0^x t[f(t)+f(-t)]dt$

解 设 $F(x)=\int_0^x t[f(t)+f(-t)]dt$，则

$$F(-x)=\int_0^{-x}t[f(t)+f(-t)]dt\xlongequal{t=-u}\int_0^x(-u)[f(-u)+f(u)]d(-u)=F(x),$$

故 $F(x)$ 为偶函数.

同理可知，$G(x)=\int_0^x t[f(t)-f(-t)]dt$ 为奇函数.

故应选(D).

点评 判断函数奇偶性的题目大多可通过定义完成，象本题即通过定积分的换元法来判定 $F(-x)=F(x)$，从而说明 $F(x)$ 为偶函数. 但也有有关函数奇偶性的结论要求读者掌握.

(1)奇函数＋奇函数＝奇函数；　(2)偶函数＋偶函数＝偶函数；

(3)奇函数×偶函数＝奇函数；　(4)偶函数×偶函数＝偶函数；

(5)若 $f(x)$ 为奇函数，则 $\int_a^x f(t)dt$ 为偶函数；

(6)若 $f(x)$ 为偶函数，则 $\int_0^x f(t)dt$ 为奇函数.

【558】 设 $f(x)$ 是连续函数，$F(x)$ 是 $f(x)$ 的原函数，则________.

(A)当 $f(x)$ 是奇函数时，$F(x)$ 必是偶函数.

(B)当 $f(x)$ 是偶函数时，$F(x)$ 必是奇函数.

(C)当 $f(x)$ 是周期函数时，$F(x)$ 必是周期函数.

(D)当 $f(x)$ 是单调增函数时，$F(x)$ 必是单调增函数.

解 设 $F(x)=\int_a^x f(t)dt=\int_0^x f(t)dt+C$，$C$ 为任意常数.

若 $f(x)$ 为奇函数，则有 $f(-x)=-f(x)$.

$$F(-x)=\int_0^{-x}f(t)dt+C\xlongequal{t=-u}-\int_0^x f(-u)du+C=\int_0^x f(u)du+C=F(x).$$

所以 $F(x)$ 为偶函数.

故应选(A).

点评 $f(x)$的所有原函数可写为$\int_a^x f(t)\mathrm{d}t=\int_0^x f(t)\mathrm{d}t+C$（$C$为任意常数）. 有关奇偶性有下述结论：

(1)若 $f(x)$为奇函数，则$\int_a^x f(t)\mathrm{d}t$ 必为偶函数；

(2)若 $f(x)$为偶函数，则只有当 $a=0$ 时，$\int_a^x f(t)\mathrm{d}t$ 为奇函数.

【559】 设 $F(x)$是连续函数 $f(x)$的一个原函数，“$M\Leftrightarrow N$”表示“M 的充分必要条件是 N”，则必有________.

(A) $F(x)$是偶函数$\Leftrightarrow f(x)$是奇函数　　(B) $F(x)$是奇函数$\Leftrightarrow f(x)$是偶函数

(C) $F(x)$是周期函数$\Leftrightarrow f(x)$是周期函数　　(D) $F(x)$是单调函数$\Leftrightarrow f(x)$是单调函数

解法一 任一原函数可表示为 $F(x)=\int_0^x f(t)\mathrm{d}t+C$，且 $F'(x)=f(x)$.

当 $F(x)$为偶函数时，有 $F(-x)=F(x)$，于是 $F'(-x)\cdot(-1)=F'(x)$，即$-f(-x)=f(x)$，也即 $f(-x)=-f(x)$，可见 $f(x)$为奇函数；

反过来，若 $f(x)$为奇函数，则$\int_0^x f(t)\mathrm{d}t$ 为偶函数，从而 $F(x)=\int_0^x f(t)\mathrm{d}t+C$ 为偶函数，可见(A)为正确选项.

解法二 令 $f(x)=1$，则取 $F(x)=x+1$，排除(B)、(C)；令 $f(x)=x$，则取 $F(x)=\frac{1}{2}x^2$，排除(D).

故应选(A).

【560】 设 $F(x)=\begin{cases}\dfrac{\int_0^x tf(t)\mathrm{d}t}{x^2}, & x\neq 0\\ 0, & x=0\end{cases}$ 其中 $f(x)$ 有连续的导数，且 $f(0)=0$.

(1)研究 $F(x)$的连续性；

(2)求 $F'(x)$，并研究 $F'(x)$在 $x=0$ 处的连续性.

解 (1)当 $x\neq0$ 时，$F(x)$显然连续. 关键是研究 $F(x)$在 $x=0$ 处的连续性.

$$\lim_{x\to0}\frac{\int_0^x tf(t)\mathrm{d}t}{x^2}=\lim_{x\to0}\frac{xf(x)}{2x}=\frac{1}{2}f(0)=0,$$

所以$\lim\limits_{x\to0}F(x)=0=F(0)$，故 $F(x)$在 $x=0$ 处连续. 从而 $F(x)$在$(-\infty,+\infty)$上连续.

(2)当 $x\neq0$ 时，

$$F'(x)=\left[\frac{\int_0^x tf(t)\mathrm{d}t}{x^2}\right]'=\frac{x^2\cdot x\cdot f(x)-2x\int_0^x t\,f(t)\mathrm{d}t}{x^4}$$

$$=\frac{1}{x^3}\left[x^2f(x)-2\int_0^x tf(t)\mathrm{d}t\right],$$

$$F'(0)=\lim_{x\to0}\frac{F(x)-F(0)}{x}=\lim_{x\to0}\frac{\int_0^x tf(t)\mathrm{d}t}{x^3}=\lim_{x\to0}\frac{xf(x)}{3x^2}=\frac{1}{3}f'(0)\quad(f(0)=0),$$

即 $F'(0)=\frac{1}{3}f'(0)$，而

$$\lim_{x\to0}F'(x)=\lim_{x\to0}\frac{x^2\cdot f(x)-2\int_0^x tf(t)\mathrm{d}t}{x^3}=\lim_{x\to0}\frac{2xf(x)+x^2\cdot f'(x)-2xf(x)}{3x^2}$$

$$=\lim_{x\to0}\frac{f'(x)}{3}=\frac{1}{3}f'(0)=F'(0)\quad(\text{因为 } f'(x)\text{连续}).$$

故 $F'(x)$在 $x=0$ 处连续.

【561】 设 $f(x)$连续，$\varphi(x)=\int_0^1 f(xt)\mathrm{d}t$，且$\lim\limits_{x\to0}\frac{f(x)}{x}=A$（$A$ 为常数），求$\varphi'(x)$并讨论$\varphi'(x)$在 $x=0$ 处的连续性.

解 由题设知 $f(0)=0$，$\varphi(0)=0$. 令 $u=xt$，得 $\varphi(x)=\frac{\int_0^x f(u)\mathrm{d}u}{x}$，$(x\neq0)$. 从而

$$\varphi'(x)=\frac{xf(x)-\int_0^x f(u)\mathrm{d}u}{x^2},(x\neq0).$$

由导数定义有

$$\varphi'(0)=\lim_{x\to0}\frac{\int_0^x f(u)\mathrm{d}u}{x^2}=\lim_{x\to0}\frac{f(x)}{2x}=\frac{A}{2}$$

$$\lim_{x\to0}\varphi'(x)=\lim_{x\to0}\frac{xf(x)-\int_0^x f(u)\mathrm{d}u}{x^2}=\lim_{x\to0}\frac{f(x)}{x}-\lim_{x\to0}\frac{\int_0^x f(u)\mathrm{d}u}{x^2}$$

$$=A-\frac{A}{2}=\frac{A}{2}=\varphi'(0).$$

从而知 $\varphi'(x)$在 $x=0$ 处连续.

【562】 对于一切实数 t，函数 $f(t)$连续的正函数且可导，同时有 $f(-t)=f(t)$. 又函数

$$g(x)=\int_{-a}^a|x-t|f(t)\mathrm{d}t,\quad a>0,\quad x\in[-a,a].$$

(1)证明 $g'(x)$是单调增加的；

(2)求出使 $g(x)$取最小值的 x 值；

(3)将 $g(x)$的最小值当作 a 的函数，使其等于 $f(a)-a^2-1$，并求 $f(x)$.

解 (1)
$$g(x)=\int_{-a}^a|x-t|f(t)\mathrm{d}t=\int_{-a}^x(x-t)f(t)\mathrm{d}t+\int_x^a(t-x)f(t)\mathrm{d}t$$

$$=x\int_{-a}^x f(t)\mathrm{d}t-\int_{-a}^x tf(t)\mathrm{d}t+\int_x^a tf(t)\mathrm{d}t-x\int_x^a f(t)\mathrm{d}t,$$

因 $f(t)$连续，故上式右边可导，于是

$$g'(x)=\int_{-a}^x f(t)\mathrm{d}t+xf(x)-xf(x)-xf(x)-\int_x^a f(t)\mathrm{d}t+xf(x)$$

$$=\int_{-a}^x f(t)\mathrm{d}t+\int_a^x f(t)\mathrm{d}t,$$

$$g''(x)=2f(x).\qquad ①$$

又因 $f(x)>0$，知 $g''(x)>0$，由此可得出 $g'(x)$为单调增函数.

(2)$g'(x)=0$，则

$$\int_{-a}^x f(t)\mathrm{d}t+\int_a^x f(t)\mathrm{d}t=0.$$

设 $t=-u$，$\mathrm{d}t=-\mathrm{d}u$，并注意到 $f(-t)=f(t)$，有

$$\int_{-a}^{x} f(t)\mathrm{d}t=-\int_{a}^{-x} f(-u)\mathrm{d}u=\int_{-x}^{a} f(-t)\mathrm{d}t=\int_{-x}^{a} f(t)\mathrm{d}t.$$

因而

$$\int_{-a}^{x} f(t)\mathrm{d}t+\int_{a}^{x} f(t)\mathrm{d}t=\int_{-x}^{a} f(t)\mathrm{d}t+\int_{a}^{x} f(t)\mathrm{d}t=\int_{-x}^{x} f(t)\mathrm{d}t=0,$$

即 $2\int_{0}^{x} f(t)\mathrm{d}t=0$.

又因 $f(t)>0$,故 $x=0$. 由①式可得,$g''(x)\Big|_{x=0}=2f(x)\Big|_{x=0}>0$,故

$$g(0)=\int_{-a}^{a}|t|f(t)\mathrm{d}t=2\int_{0}^{a} tf(t)\mathrm{d}t$$

为最小值.

(3)由

$$2\int_{0}^{a} tf(t)\mathrm{d}t=f(a)-a^2-1, \qquad ②$$

将上式两边对 a 求导,则有

$$2af(a)=f'(a)-2a,\quad 即\quad \frac{f'(a)}{f(a)+1}=2a \quad 或 \quad \frac{f'(x)}{f(x)+1}=2x,$$

积分,得 $\ln[f(x)+1]=x^2+C$. 由②式知 $f(0)=1$,$C=\ln2$ 得

$$f(x)+1=2\mathrm{e}^{x^2}.$$

即 $f(x)=2\mathrm{e}^{x^2}-1$.

有关定积分计算的综合题

【563】 设 $f(x)=\begin{cases}2x+\dfrac{3}{2}x^2, & -1\leqslant x<0\\ \dfrac{x\mathrm{e}^x}{(\mathrm{e}^x+1)^2}, & 0\leqslant x\leqslant 1\end{cases}$ 求函数 $F(x)=\int_{-1}^{x} f(t)\mathrm{d}t$ 的表达式.

解 当 $-1\leqslant x<0$ 时,

$$F(x)=\int_{-1}^{x}(2t+\frac{3}{2}t^2)\mathrm{d}t=(t^2+\frac{1}{2}t^3)\Big|_{-1}^{x}=\frac{1}{2}x^3+x^2-\frac{1}{2};$$

当 $0\leqslant x\leqslant 1$ 时,

$$\begin{aligned}F(x)&=\int_{-1}^{x} f(t)\mathrm{d}t=\int_{-1}^{0} f(t)\mathrm{d}t+\int_{0}^{x} f(t)\mathrm{d}t\\&=(t^2+\frac{1}{2}t^3)\Big|_{-1}^{0}+\int_{0}^{x}\frac{t\mathrm{e}^t}{(\mathrm{e}^t+1)^2}\mathrm{d}t=-\frac{1}{2}-\int_{0}^{x} t\mathrm{d}(\frac{1}{\mathrm{e}^t+1})\\&=-\frac{1}{2}-\frac{t}{\mathrm{e}^t+1}\Big|_{0}^{x}+\int_{0}^{x}\frac{\mathrm{d}t}{\mathrm{e}^t+1}=-\frac{1}{2}-\frac{x}{\mathrm{e}^x+1}+\int_{0}^{x}\frac{\mathrm{d}\mathrm{e}^t}{\mathrm{e}^t(\mathrm{e}^t+1)}\\&=-\frac{1}{2}-\frac{x}{\mathrm{e}^x+1}+\ln\frac{\mathrm{e}^t}{\mathrm{e}^t+1}\Big|_{0}^{x}=-\frac{1}{2}-\frac{x}{\mathrm{e}^x+1}+\ln\frac{\mathrm{e}^x}{\mathrm{e}^x+1}+\ln2.\end{aligned}$$

所以 $F(x)=\begin{cases}\dfrac{1}{2}x^3+x^2-\dfrac{1}{2}, & -1\leqslant x<0,\\ \ln\dfrac{\mathrm{e}^x}{\mathrm{e}^x+1}-\dfrac{x}{\mathrm{e}^x+1}+\ln2-\dfrac{1}{2}, & 0\leqslant x\leqslant 1\end{cases}$.

点评 本题考查分段函数变上限定积分表达式的计算方法.

注意到 $F(x)$ 的定义域为 $[-1,1]$,所以 $[-1,1]$ 之外不需进行计算. 当 $0\leqslant x\leqslant 1$ 时,$F(x)$ 应

为 $\int_{-1}^{x} f(t)\mathrm{d}t$，直接写成 $F(x)=\int_{-1}^{x} \frac{x\mathrm{e}^{x}}{(\mathrm{e}^{x}+1)^{2}}\mathrm{d}x$ 是错误的.

【564】设 $f(y)$ 是连续函数，且 $F(x)=\int_{a}^{b} f(y)|x-y|\mathrm{d}y, a<x<b$，求 $F''(x)$.

解
$$F(x)=\int_{a}^{x} f(y)|x-y|\mathrm{d}y+\int_{x}^{b} f(y)|x-y|\mathrm{d}y$$
$$=\int_{a}^{x} f(y)(x-y)\mathrm{d}y+\int_{x}^{b} f(y)(y-x)\mathrm{d}y$$
$$=x\int_{a}^{x} f(y)\mathrm{d}y-\int_{a}^{x} yf(y)\mathrm{d}y+\int_{x}^{b} yf(y)\mathrm{d}y-x\int_{x}^{b} f(y)\mathrm{d}y,$$
则
$$F'(x)=\int_{a}^{x} f(y)\mathrm{d}y+xf(x)-xf(x)-xf(x)-\int_{x}^{b} f(y)\mathrm{d}y+xf(x)$$
$$=\int_{a}^{x} f(y)\mathrm{d}y-\int_{x}^{b} f(y)\mathrm{d}y.$$
所以 $F''(x)=f(x)+f(x)=2f(x)$.

【565】设函数 $f(x)$ 在 $(-\infty,+\infty)$ 内满足 $f(x)=f(x-\pi)+\sin x$，且 $f(x)=x, x\in[0,\pi)$，计算 $\int_{\pi}^{3\pi} f(x)\mathrm{d}x$.

分析 直接将 $f(x)=f(x-\pi)+\sin x$ 代入被积函数，利用定积分的换元法作变量代换，直到化为仅与 $[0,\pi)$ 上定义的 $f(x)$ 有关的积分(见解法一). 另一种解法是根据 $f(x)=f(x-\pi)+\sin x$ 和 $f(x)$ 在 $[0,\pi)$ 上的定义，直接写出 $f(x)$ 在 $[\pi,3\pi]$ 上的表达式，从而将问题转化为一个求分段函数的定积分问题(见解法二).

解法一
$$\int_{\pi}^{3\pi} f(x)\mathrm{d}x=\int_{\pi}^{3\pi}[f(x-\pi)+\sin x]\mathrm{d}x$$
$$=\int_{\pi}^{3\pi} f(x-\pi)\mathrm{d}x \xlongequal{令 t=x-\pi} \int_{0}^{2\pi} f(t)\mathrm{d}t=\int_{0}^{\pi} f(t)\mathrm{d}t+\int_{\pi}^{2\pi} f(t)\mathrm{d}t$$
$$=\int_{0}^{\pi} f(t)\mathrm{d}t+\int_{\pi}^{2\pi}[f(t-\pi)+\sin t]\mathrm{d}t=\frac{\pi^{2}}{2}-2+\int_{\pi}^{2\pi} f(t-\pi)\mathrm{d}t$$
$$\xlongequal{令 x=t-\pi} \frac{\pi^{2}}{2}-2+\int_{0}^{\pi} f(x)\mathrm{d}x=\pi^{2}-2.$$

解法二 当 $x\in[\pi,2\pi)$ 时，$x-\pi\in[0,\pi)$，由 f 在 $[0,\pi)$ 上的定义知 $f(x-\pi)=x-\pi$，故
$$f(x)=f(x-\pi)+\sin x=x-\pi+\sin x \qquad x\in[\pi,2\pi)$$
当 $x\in[2\pi,3\pi)$ 时，$x-\pi\in[\pi,2\pi)$，$f(x-\pi)=[(x-\pi)-\pi]+\sin(x-\pi)=x-2\pi-\sin x$，故
$$f(x)=f(x-\pi)+\sin x=x-2\pi-\sin x+\sin x=x-2\pi.$$
综上所述，当 x 在 $[\pi,3\pi)$ 中有 $f(x)=\begin{cases}x-\pi+\sin x, & x\in[\pi,2\pi)\\ x-2\pi, & x\in[2\pi,3\pi)\end{cases}$
$$\int_{\pi}^{3\pi} f(x)\mathrm{d}x=\int_{\pi}^{2\pi} f(x)\mathrm{d}x+\int_{2\pi}^{3\pi} f(x)\mathrm{d}x=\int_{\pi}^{2\pi}(x-\pi+\sin x)\mathrm{d}x+\int_{2\pi}^{3\pi}(x-2\pi)\mathrm{d}x$$
$$=\pi^{2}-2.$$

利用定积分的换元法证明定积分等式

【566】设 $f(x), g(x)$ 在区间 $[-a,a](a>0)$ 上连续，$g(x)$ 为偶函数，且 $f(x)$ 满足条件
$$f(x)+f(-x)=A \quad (A 为常数).$$

(1)证明：$\int_{-a}^{a} f(x)g(x)\mathrm{d}x = A\int_{0}^{a} g(x)\mathrm{d}x$；

(2)利用(1)的结论计算定积分 $\int_{-\frac{\pi}{2}}^{\frac{\pi}{2}} |\sin x|\arctan e^{x}\mathrm{d}x$.

证 (1) $\int_{-a}^{a} f(x)g(x)\mathrm{d}x = \int_{-a}^{0} f(x)g(x)\mathrm{d}x + \int_{0}^{a} f(x)g(x)\mathrm{d}x$. 而

$$\int_{-a}^{0} f(x)g(x)\mathrm{d}x \xlongequal{x=-t} -\int_{a}^{0} f(-t)g(-t)\mathrm{d}t = \int_{0}^{a} f(-x)g(x)\mathrm{d}x.$$

于是
$$\int_{-a}^{a} f(x)g(x)\mathrm{d}x = \int_{0}^{a} f(-x)g(x)\mathrm{d}x + \int_{0}^{a} f(x)g(x)\mathrm{d}x$$
$$= \int_{0}^{a} [f(x)+f(-x)]g(x)\mathrm{d}x = A\int_{0}^{a} g(x)\mathrm{d}x.$$

(2)取 $f(x)=\arctan e^{x}$，$g(x)=|\sin x|$，$a=\frac{\pi}{2}$，则 $f(x)$、$g(x)$在$[-\frac{\pi}{2},\frac{\pi}{2}]$上连续，$g(x)$为偶函数. 由于$(\arctan e^{x}+\arctan e^{-x})'=0$，可见 $\arctan e^{x}+\arctan e^{-x}=A$. 令 $x=0$，得 $2\arctan 1=A$，故 $A=\frac{\pi}{2}$. 即 $f(x)+f(-x)=\frac{\pi}{2}$.

于是，$\int_{-\frac{\pi}{2}}^{\frac{\pi}{2}} |\sin x|\arctan e^{x}\mathrm{d}x = \frac{\pi}{2}\int_{0}^{\frac{\pi}{2}} |\sin x|\mathrm{d}x = \frac{\pi}{2}\int_{0}^{\frac{\pi}{2}} \sin x\mathrm{d}x = \frac{\pi}{2}(-\cos x)\Big|_{0}^{\frac{\pi}{2}} = \frac{\pi}{2}$.

【567】 设 $f(x)=\int_{x}^{x+\frac{\pi}{2}} |\sin t|\mathrm{d}t$.

(1)证明 $f(x)$是以 π 为周期的周期函数；

(2)求 $f(x)$的值域.

(1)证 $f(x+\pi)=\int_{x+\pi}^{x+\frac{3}{2}\pi} |\sin t|\mathrm{d}t = \int_{x}^{x+\frac{\pi}{2}} |\sin u|\mathrm{d}u = f(x)$ $(t=u+\pi)$. 所以 $f(x)$是以 π 为周期的周期函数.

(2)解 只需讨论 $f(x)$在$[0,\pi]$上的值域，为此，先找出 $f(x)$在$[0,\pi]$上的最大值和最小值.

$$f'(x)=\left|\sin(x+\frac{\pi}{2})\right|-|\sin x|=|\cos x|-|\sin x|.$$

令 $f'(x)=0$ 得驻点 $x_1=\frac{\pi}{4}$，$x_2=\frac{3\pi}{4}$. $f(x)$在$[0,\pi]$上没有不可导的点，两个端点为 0 和 π.

比较 $f(0)$，$f(\frac{\pi}{4})$，$f(\frac{3}{4}\pi)$，$f(\pi)$的函数值.

$f(0)=\int_{0}^{\frac{\pi}{2}} \sin t\mathrm{d}t=1$， $f(\frac{\pi}{4})=\int_{\frac{\pi}{4}}^{\frac{3}{4}\pi} \sin t\mathrm{d}t=\sqrt{2}$，

$f(\frac{3}{4}\pi)=\int_{\frac{3}{4}\pi}^{\frac{5}{4}\pi} |\sin t|\mathrm{d}t=\int_{\frac{3}{4}\pi}^{\pi} \sin t\mathrm{d}t-\int_{\pi}^{\frac{5}{4}\pi} \sin t\mathrm{d}t=2-\sqrt{2}$， $f(\pi)=\int_{\pi}^{\frac{3}{2}\pi} (-\sin t)\mathrm{d}t=1$.

所以 $f(x)$在$[0,\pi]$上最小值为 $2-\sqrt{2}$，最大值为$\sqrt{2}$.

因此 $f(x)$在$[0,\pi]$上值域为$[2-\sqrt{2},\sqrt{2}]$.

点评 本题利用变量代换来讨论变限积分的周期性. 讨论函数 $f(x)$的值域与求函数 $f(x)$的最大值、最小值方法相同.

【568】 设连续函数 $f(x)$满足 $f(xy)=f(x)+f(y)$，试证明 $I=\int_{0}^{1} \frac{f(1+x)}{1+x^{2}}\mathrm{d}x=\frac{\pi}{8}f(2)$.

分析 注意在所给的条件中令 $x=y=1$ 可得 $f(1)=0$，另一方面又可令 $y=\frac{1}{x}$，得 $f(1)=f(x)+f(\frac{1}{x})$，于是又有 $f(x)=-f(\frac{1}{x})$. 可充分利用这两个结果来计算 I.

证 $I=\int_0^1 \frac{f(1+x)}{1+x^2}dx \xlongequal{x=\tan\theta} \int_0^{\frac{\pi}{4}} \frac{f(1+\tan\theta)}{1+\tan^2\theta}\sec^2\theta d\theta=\int_0^{\frac{\pi}{4}} f(1+\tan\theta)d\theta$

$$\xlongequal{\theta=\frac{\pi}{4}-t} -\int_{\frac{\pi}{4}}^0 f(1+\frac{1-\tan t}{1+\tan t})dt=\int_0^{\frac{\pi}{4}} f(\frac{2}{1+\tan t})dt$$

$$=\int_0^{\frac{\pi}{4}} [f(2)+f(\frac{1}{1+\tan t})]dt=\int_0^{\frac{\pi}{4}} [f(2)-f(1+\tan t)]dt,$$

从而有 $2I=2\int_0^{\frac{\pi}{4}} f(1+\tan t)dt=f(2)\cdot\frac{\pi}{4}$，亦即是 $I=\int_0^1 \frac{f(1+x)}{1+x^2}dx=\frac{\pi}{8}f(2)$.

【569】 证明 $\int_0^1 \ln f(x+t)dt=\int_0^x \ln\frac{f(u+1)}{f(u)}du+\int_0^1 \ln f(u)du$.

证 令 $F(x)=\int_0^1 \ln f(x+t)dt$，则 $F(0)=\int_0^1 \ln f(t)dt$.

因为 $F(x)=\int_0^1 \ln f(x+t)dt \xlongequal{令u=x+t} \int_x^{x+1} \ln f(u)du$，所以

$$F'(x)=\ln f(x+1)-\ln f(x)=\ln\frac{f(x+1)}{f(x)}.$$

上式在$[0,x]$上对 x 积分，得 $\int_0^x F'(x)dx=\int_0^x \ln\frac{f(x+1)}{f(x)}dx$，于是

$$F(x)-F(0)=\int_0^x \ln\frac{f(u+1)}{f(u)}du,$$

故

$$\int_0^1 \ln f(x+t)dt-\int_0^1 \ln f(t)dt=\int_0^x \ln\frac{f(u+1)}{f(u)}du,$$

即

$$\int_0^1 \ln f(x+t)dt=\int_0^x \ln\frac{f(u+1)}{f(u)}du+\int_0^1 \ln f(u)du.$$

利用分部积分公式证明定积分等式

【570】 设 $f(x)$ 为连续函数，证明 $\int_0^x f(t)(x-t)dt=\int_0^x \left(\int_0^t f(u)du\right)dt$.

证 利用分部积分法，有

$$\int_0^x \left(\int_0^t f(u)du\right)dt=t\int_0^t f(u)du\Big|_0^x-\int_0^x tf(t)dt$$

$$=x\int_0^x f(t)dt-\int_0^x tf(t)dt=\int_0^x f(t)(x-t)dt,$$

即 $\int_0^x f(t)(x-t)dt=\int_0^x \left(\int_0^t f(u)du\right)dt$.

【571】 设 $f'(x)$ 连续，$F(x)=\int_0^x f(t)f'(2a-t)dt$，求证

$$F(2a)-2F(a)=[f(a)]^2-f(0)\cdot f(2a)$$

证 $F(2a)-2F(a)=\int_0^{2a} f(t)f'(2a-t)dt-2\int_0^a f(t)f'(2a-t)dt$

$$=\int_0^a f(t)f'(2a-t)\mathrm{d}t+\int_a^{2a} f(t)f'(2a-t)\mathrm{d}t-2\int_0^a f(t)f'(2a-t)\mathrm{d}t$$

$$=\int_a^{2a} f(t)f'(2a-t)\mathrm{d}t-\int_0^a f(t)f'(2a-t)\mathrm{d}t$$

令 $2a-t=y$，则

$$\int_a^{2a} f(t)f'(2a-t)\mathrm{d}t=-\int_a^0 f(2a-y)f'(y)\mathrm{d}y$$

$$=-f(y)f(2a-y)\Big|_a^0-\int_a^0 f'(2a-y)f(y)\mathrm{d}y$$

$$=-f(0)f(2a)+f(a)f(a)+\int_0^a f'(2a-t)f(t)\mathrm{d}t.$$

故 $\quad F(2a)-2F(a)$

$$=[f(a)]^2-f(0)f(2a)+\int_0^a f'(2a-t)f(t)\mathrm{d}t-\int_0^a f(t)f'(2a-t)\mathrm{d}t$$

$$=[f(a)]^2-f(0)f(2a).$$

与积分中值定理有关的证明题

【572】 设 $f(x)$ 在 $[0,1]$ 上可导，$F(x)=\int_0^x t^2 f(t)\mathrm{d}t$，且 $F(1)=f(1)$. 证明：在 $(0,1)$ 内至少存在一点 ξ，使 $f'(\xi)=-\dfrac{2f(\xi)}{\xi}$.

证 由积分中值定理得：存在 $\eta\in[0,x]$，使 $F(x)=\int_0^x t^2 f(t)\mathrm{d}t=\eta^2 f(\eta)x$，从而

$$F(1)=\eta^2 f(\eta)=f(1).$$

设 $G(x)=x^2 f(x)$，则 $G(1)=f(1)$，而 $G(\eta)=\eta^2 f(\eta)=f(1)$，从而 $G(1)=G(\eta)$.

对函数 $G(x)$ 在 $[\eta,1]\subset[0,1]$ 上使用罗尔定理得：至少存在一点 $\xi\in(0,1)$，使

$$f'(\xi)=-\frac{2f(\xi)}{\xi}.$$

【573】 设 $f(x)$ 在 $[a,b]$ 上连续，在 (a,b) 内可导，且 $\dfrac{1}{b-a}\int_a^b f(x)\mathrm{d}x=f(b)$. 求证在 (a,b) 内至少存在一点 ξ，使 $f'(\xi)=0$.

证 因为 $f(x)$ 在 $[a,b]$ 上连续，由积分中值定理可知，在 $[a,b]$ 内至少存在一点 η，使得

$$\int_a^b f(x)\mathrm{d}x=f(\eta)(b-a)\quad 即\quad f(\eta)=\frac{1}{b-a}\int_a^b f(x)\mathrm{d}x=f(b).$$

因为 $f(x)$ 在 $[\eta,b]$ 上连续，在 (η,b) 内可导，故由罗尔定理知，在 (η,b) 内至少存在一点 ξ，使 $f'(\xi)=0$，其中 $\xi\in(\eta,b)\subset(a,b)$.

【574】 设 $f(x)$ 在区间 $[0,1]$ 上连续，在 $(0,1)$ 内可导，且满足

$$f(1)=3\int_0^{\frac{1}{3}} \mathrm{e}^{1-x^2} f(x)\mathrm{d}x,$$

证明存在 $\xi\in(0,1)$，使得 $f'(\xi)=2\xi f(\xi)$.

证 由积分中值定理，得 $f(1)=\mathrm{e}^{1-\xi_1^2}f(\xi_1)$，$\xi_1\in\left[0,\dfrac{1}{3}\right]$，即 $f(1)\mathrm{e}^{-1}=\mathrm{e}^{-\xi_1^2}f(\xi_1)$.

令 $F(x)=\mathrm{e}^{-x^2}f(x)$，则 $F(x)$ 在 $[\xi_1,1]$ 上连续，在 $(\xi_1,1)$ 内可导，且

$$F(1)=f(1)\mathrm{e}^{-1}=\mathrm{e}^{-\xi_1^2}f(\xi_1)=F(\xi_1),$$

由罗尔定理，在$(\xi_1,1)$内至少有一点ξ，使得

$$F'(\xi)=e^{-\xi^2}[f'(\xi)-2\xi f(\xi)]=0,$$

于是 $f'(\xi)=2\xi f(\xi)$，$\xi\in(\xi_1,1)\subset(0,1)$.

点评 本题是使用罗尔定理的证明题，解答的关键是构造辅助函数.通常采用原函数法构造，即将要证的关系式 $f'(\xi)=2\xi f(\xi)$ 中的"ξ"换为"x"，然后积分求解辅助函数.

一般地：

(1)要证存在ξ，使 $f'(\xi)+P(\xi)f(\xi)=0$，则令辅助函数为 $F(x)=f(x)e^{\int P(x)dx}$；

(2)要证存在ξ，使 $f''(\xi)+P(\xi)f'(\xi)=0$，则令辅助函数为 $F(x)=f'(x)e^{\int P(x)dx}$；

(3)要证存在ξ，使 $f(\xi)\cdot\int P(x)dx+P(\xi)\int_a^{\xi}f(t)dt=0$，则令辅助函数为

$$F(x)=\int_a^x f(t)dt\cdot\int P(x)dx.$$

【575】设 $f(n)=\int_0^{\frac{\pi}{4}}\tan^n x dx$，其中 $n\geqslant1$，证明：

(1)$f(n+1)\leqslant f(n)$；

(2)$f(n)+f(n-2)=\frac{1}{n-1}$，$n\geqslant2$；

(3)$\frac{1}{n+1}\leqslant2f(n)\leqslant\frac{1}{n-1}$，$n\geqslant2$.

证 (1)因为在区间$[0,\frac{\pi}{4}]$上函数 $y=\tan x$ 满足不等式 $0\leqslant\tan x\leqslant1$，所以有 $\tan^{n+1}x\leqslant\tan^n x$，又 $y=\tan x$ 为连续函数，且在$[0,\frac{\pi}{4}]$上单调递增，根据广义积分中值定理，有

$$\int_a^b f(x)g(x)dx=f(\xi)\int_a^b g(x)dx,\quad a\leqslant\xi\leqslant b,$$

其中 $f(x)$在$[a,b]$上连续，$g(x)$在$[a,b]$上可积，且不变号，我们有

$$\int_0^{\frac{\pi}{4}}\tan^{n+1}x dx=\int_0^{\frac{\pi}{4}}\tan x\cdot\tan^n x dx=\tan\xi\int_0^{\frac{\pi}{4}}\tan^n x dx,\quad \text{其中 } 0\leqslant\xi\leqslant\frac{\pi}{4},$$

故 $0\leqslant\tan\xi\leqslant1$，从而就有 $\tan\xi\int_0^{\frac{\pi}{4}}\tan^n x dx\leqslant\int_0^{\frac{\pi}{4}}\tan^n x dx$，即 $f(n+1)\leqslant f(n)$.

$$\begin{aligned}(2)f(n)+f(n-2)&=\int_0^{\frac{\pi}{4}}\tan^n x dx+\int_0^{\frac{\pi}{4}}\tan^{n-2}x dx\\&=\int_0^{\frac{\pi}{4}}\tan^{n-2}x(1+\tan^2x)dx=\int_0^{\frac{\pi}{4}}\tan^{n-2}x\cdot\sec^2 x dx\\&=\int_0^{\frac{\pi}{4}}\tan^{n-2}x d(\tan x)=\frac{1}{n-1}\tan^{n-1}x\Big|_0^{\frac{\pi}{4}}=\frac{1}{n-1}.\end{aligned}$$

(3)因为 $f(n+2)\leqslant f(n+1)\leqslant f(n)\leqslant f(n-1)\leqslant f(n-2)$，所以有

$$f(n+2)+f(n)\leqslant2f(n)\leqslant f(n)+f(n-2),$$

$$f(n+2)+f(n)=\frac{1}{n+1},\quad f(n)+f(n-2)=\frac{1}{n-1},$$

故 $\frac{1}{n+1}\leqslant2f(n)\leqslant\frac{1}{n-1}$.

【576】设函数 $f(x)$，$g(x)$在$[a,b]$上连续，且 $g(x)>0$，利用闭区间上连续函数性质，证明存在一点 $\xi\in[a,b]$，使

$$\int_a^b f(x)g(x)\mathrm{d}x=f(\xi)\int_a^b g(x)\mathrm{d}x.$$

证 因为 $f(x)$，$g(x)$在$[a,b]$上连续，且 $g(x)>0$，由最值定理，知 $f(x)$在$[a,b]$上有最大值 M 和最小值 m，即 $m\leqslant f(x)\leqslant M$，故

$$mg(x)\leqslant f(x)g(x)\leqslant Mg(x).$$

$$\int_a^b mg(x)\mathrm{d}x\leqslant\int_a^b f(x)g(x)\mathrm{d}x\leqslant\int_a^b Mg(x)\mathrm{d}x,\quad m\leqslant\frac{\int_a^b f(x)g(x)\mathrm{d}x}{\int_a^b g(x)\mathrm{d}x}\leqslant M.$$

由介值定理知，存在 $\xi\in[a,b]$，使

$$f(\xi)=\frac{\int_a^b f(x)g(x)\mathrm{d}x}{\int_a^b g(x)\mathrm{d}x},\quad 即\quad \int_a^b f(x)g(x)\mathrm{d}x=f(\xi)\int_a^b g(x)\mathrm{d}x.$$

利用闭区间上连续函数性质证明积分等式

【577】设 $f(x)$在区间$[-a,a]$$(a>0)$上具有二阶连续导数，$f(0)=0$，

(1) 写出 $f(x)$的带拉格朗日余项的一阶麦克劳林公式；

(2) 证明在$[-a,a]$上至少存在一点 η，使 $a^3f''(\eta)=3\int_{-a}^a f(x)\mathrm{d}x$.

解 (1)对任意 $x\in[-a,a]$，

$$f(x)=f(0)+f'(0)x+\frac{f''(\xi)}{2!}x^2=f'(0)x+\frac{f''(\xi)}{2!}x^2,$$

其中 ξ 在 0 与 x 之间.

(2) $\int_{-a}^a f(x)\mathrm{d}x=\int_{-a}^a f'(0)x\mathrm{d}x+\int_{-a}^a\frac{x^2}{2!}f''(\xi)\mathrm{d}x=\frac{1}{2}\int_{-a}^a x^2f''(\xi)\mathrm{d}x.$

因为 $f''(x)$在$[-a,a]$上连续，故对任意的 $x\in[-a,a]$，有 $m\leqslant f''(x)\leqslant M$，其中 M，m 分别为 $f''(x)$在$[-a,a]$上的最大值，最小值，所以有

$$m\int_0^a x^2\mathrm{d}x\leqslant\int_{-a}^a f(x)\mathrm{d}x=\frac{1}{2}\int_{-a}^a x^2f''(\xi)\mathrm{d}x\leqslant M\int_0^a x^2\mathrm{d}x,$$

即 $m\leqslant\frac{3}{a^3}\int_{-a}^a f(x)\mathrm{d}x\leqslant M.$

因而由 $f''(x)$的连续性知，至少存在一点 $\eta\in[-a,a]$，使

$$f''(\eta)=\frac{3}{a^3}\int_{-a}^a f(x)\mathrm{d}x,\quad 即\quad a^3f''(\eta)=3\int_{-a}^a f(x)\mathrm{d}x.$$

证明含有积分的不等式

【578】设 $f(x)$在$[0,1]$上连续且递减，证明：当 $0<\lambda<1$ 时

$$\int_0^\lambda f(x)\mathrm{d}x\geqslant\lambda\int_0^1 f(x)\mathrm{d}x.$$

证 $\int_0^\lambda f(x)\mathrm{d}x-\lambda\int_0^1 f(x)\mathrm{d}x$

$$=\int_0^\lambda f(x)\mathrm{d}x-\lambda\int_0^\lambda f(x)\mathrm{d}x-\lambda\int_\lambda^1 f(x)\mathrm{d}x=(1-\lambda)\int_0^\lambda f(x)\mathrm{d}x-\lambda\int_\lambda^1 f(x)\mathrm{d}x$$

$$=(1-\lambda)\lambda f(\xi_1)-\lambda(1-\lambda)f(\xi_2)=\lambda(1-\lambda)[f(\xi_1)-f(\xi_2)],$$

其中 $0\leqslant\xi_1\leqslant\lambda\leqslant\xi_2\leqslant1$，因 $f(x)$ 递减，则有 $f(\xi_1)\geqslant f(\xi_2)$. 又 $\lambda>0,1-\lambda>0$.
因此 $\lambda(1-\lambda)[f(\xi_1)-f(\xi_2)]\geqslant0$. 即原不等式成立.

【579】 (1)设 $f(x)$ 在 $[a,b]$ 上连续，证明：$\left(\int_a^b f(x)\mathrm{d}x\right)^2\leqslant(b-a)\int_a^b f^2(x)\mathrm{d}x$；

(2)设 $f(x)$ 在 $[a,b]$ 上连续，且严格单增，证明：$(a+b)\int_a^b f(x)\mathrm{d}x<2\int_a^b xf(x)\mathrm{d}x$.

证 (1)令 $F(x)=\left(\int_a^x f(t)\mathrm{d}t\right)^2-(x-a)\int_a^x f^2(t)\mathrm{d}t$. 因为

$$\begin{aligned}F'(x)&=2\int_a^x f(t)\mathrm{d}t\cdot f(x)-\int_a^x f^2(t)\mathrm{d}t-(x-a)f^2(x)\\&=\int_a^x 2f(x)f(t)\mathrm{d}t-\int_a^x f^2(t)\mathrm{d}t-\int_a^x f^2(x)\mathrm{d}t\\&=-\int_a^x[f(t)-f(x)]^2\mathrm{d}t\leqslant0,\end{aligned}$$

所以 $F(x)$ 单调递减，$x\in[a,b]$，又 $F(a)=0$，则 $F(b)\leqslant F(a)=0$，
故 $\left(\int_a^b f(x)\mathrm{d}x\right)^2\leqslant(b-a)\int_a^b f^2(x)\ \mathrm{d}x$.

(2)作辅助函数 $F(x)=(a+x)\int_a^x f(t)\mathrm{d}t-2\int_a^x tf(t)\mathrm{d}t$，因为

$$\begin{aligned}F'(x)&=\int_a^x f(t)\mathrm{d}t+(a+x)f(x)-2xf(x)\\&=\int_a^x f(t)\mathrm{d}t+(a-x)f(x)=\int_a^x f(t)\mathrm{d}t-\int_a^x f(x)\mathrm{d}t\\&=\int_a^x[f(t)-f(x)]\mathrm{d}t<0,\end{aligned}$$
（因为 $t\leqslant x$，且 $f(x)$ 单调递增，即 $f(t)\leqslant f(x)$）

所以 $F(x)$ 单调递减，又 $F(a)=0$，由此可知 $F(b)<F(a)=0$，即

$$(a+b)\int_a^b f(x)\mathrm{d}x<2\int_a^b xf(x)\mathrm{d}x.$$

【580】 设 $f(x)$ 在区间 $[0,1]$ 上可导，$f(0)=0,0<f'(x)\leqslant1$. 试证：

$$\left(\int_0^1 f(x)\mathrm{d}x\right)^2\geqslant\int_0^1 f^3(x)\mathrm{d}x.$$

证 作辅助函数 $\varphi(x)=(\int_0^x f(t)\mathrm{d}t)^2-\int_0^x f^3(t)\mathrm{d}t$，则

$$\varphi'(x)=2f(x)\int_0^x f(t)\mathrm{d}t-f^3(x)=f(x)[2\int_0^x f(t)\mathrm{d}t-f^2(x)],$$

因为 $f(0)=0,f'(x)>0$，所以 $f(x)>0$. 令 $g(x)=2\int_0^x f(t)\mathrm{d}t-f^2(x)$，则

$$g'(x)=2f(x)-2f(x)f'(x)=2f(x)[1-f'(x)].$$

因为 $0<f'(x)\leqslant1$，所以 $g'(x)\geqslant0$；当 $x>0$ 时，$g(x)$ 单调递增，即 $g(x)\geqslant0$. 从而得到 $\varphi'(x)\geqslant0$，$\varphi(x)$ 单调递增，$\varphi(1)\geqslant\varphi(0)$，

$$\left(\int_0^1 f(t)\mathrm{d}t\right)^2-\int_0^1 f^3(t)\mathrm{d}t\geqslant0.$$

所以 $\left(\int_0^1 f(x)\mathrm{d}x\right)^2\geqslant\int_0^1 f^3(t)\mathrm{d}x$.

【581】 设 $f(x)$ 在 $[0,1]$ 上连续，且 $1\leqslant f(x)\leqslant2$，证明：

$$\int_0^1 f(x)\mathrm{d}x\int_0^1\frac{1}{f(x)}\mathrm{d}x\leqslant\frac{9}{8}.$$

证 因为

$$\int_0^1\frac{[f(x)-1][f(x)-2]}{f(x)}\mathrm{d}x\leqslant 0,$$

即
$$\int_0^1 f(x)\mathrm{d}x+2\int_0^1\frac{1}{f(x)}\mathrm{d}x\leqslant 3,$$

由均值不等式，得

$$2\sqrt{2\int_0^1 f(x)\mathrm{d}x\cdot\int_0^1\frac{1}{f(x)}\mathrm{d}x}\leqslant 3,$$

从而

$$\int_0^1 f(x)\mathrm{d}x\int_0^1\frac{1}{f(x)}\mathrm{d}x\leqslant\frac{9}{8}.$$

注 上述结论可推广为：设 $f(x)$ 为 $[a,b]$ 上的一个正值连续函数，记 $m=\min\limits_{x\in[a,b]}f(x)$，$M=\max\limits_{x\in[a,b]}f(x)$，那么有

$$\int_a^b f(x)\mathrm{d}x\int_a^b\frac{1}{f(x)}\mathrm{d}x\leqslant\frac{(M+m)^2}{4Mm}(b-a)^2.$$

利用微分中值定理证明

【582】 设 $f(x)$ 在 $[a,b]$ 上可导，且 $f'(x)\leqslant M$，$f(a)=0$，证明：

$$\int_a^b f(x)\mathrm{d}x\leqslant\frac{M}{2}(b-a)^2.$$

证 由题设可知，$f(x)$ 在 $[a,b]$ 上满足拉格朗日中值定理，于是有

$$f(x)=f(x)-f(a)=(x-a)f'(\xi),\quad \xi\in(a,x),$$

因为 $f'(x)\leqslant M$，所以 $f(x)\leqslant M(x-a)$，从而

$$\int_a^b f(x)\mathrm{d}x\leqslant\int_a^b M(x-a)\mathrm{d}x=\frac{M}{2}(b-a)^2.$$

【583】 设 $f(x)$ 的一阶导数在 $[0,1]$ 上连续，$f(0)=f(1)=0$，求证：

$$\left|\int_0^1 f(x)\mathrm{d}x\right|\leqslant\frac{1}{4}\max_{x\in[0,1]}|f'(x)|.$$

证 由题设可知，$f(x)$ 在 $[0,1]$ 上满足拉格朗日中值定理，于是有

$$f(x)=f(x)-f(0)=xf'(\xi_1),\quad \xi_1\in(0,x)$$
$$f(x)=f(x)-f(1)=(x-1)f'(\xi_2),\quad \xi_2\in(x,1)$$

又
$$\int_0^1 f(x)\mathrm{d}x=\int_0^x f(t)\mathrm{d}t+\int_x^1 f(t)\mathrm{d}t=\int_0^x f'(\xi_1)t\mathrm{d}t+\int_x^1 f'(\xi_2)(t-1)\mathrm{d}t,$$

所以对任意的 $x\in[0,1]$，有

$$\begin{aligned}\left|\int_0^1 f(x)\mathrm{d}x\right|&\leqslant\left|\int_0^x f'(\xi_1)t\mathrm{d}t\right|+\left|\int_x^1 f'(\xi_2)(t-1)\mathrm{d}t\right|\\&\leqslant\int_0^x|f'(\xi_1)||t|\mathrm{d}t+\int_x^1|f'(\xi_2)||t-1|\mathrm{d}t\\&=\int_0^x|f'(\xi_1)|t\mathrm{d}t+\int_x^1|f'(\xi_2)|(1-t)\mathrm{d}t\\&\leqslant\max_{x\in[0,1]}|f'(x)|\left[\int_0^x t\mathrm{d}t+\int_x^1(1-t)\mathrm{d}t\right]\end{aligned}$$

$$=\max_{x\in[0,1]}|f'(x)|\cdot\frac{1}{2}[x^2+(1-x)^2]$$

令 $x=\frac{1}{2}$，即得 $\left|\int_0^1 f(x)\mathrm{d}x\right|\leqslant\frac{1}{4}\max_{x\in[0,1]}|f'(x)|$.

【584】 设 $f(x)$、$g(x)$ 在 $[a,b]$ 上连续，且 $g(x)\neq 0$，$x\in[a,b]$，试证：至少存在一个 $\xi\in(a,b)$，使 $\dfrac{\int_a^b f(x)\mathrm{d}x}{\int_a^b g(x)\mathrm{d}x}=\dfrac{f(\xi)}{g(\xi)}$.

证 设 $F(x)=\int_a^x f(t)\mathrm{d}t$，$G(x)=\int_a^x g(t)\mathrm{d}t$，则 $F(x)$，$G(x)$ 在 $[a,b]$ 上满足柯西中值定理的条件，则有

$$\frac{F(b)-F(a)}{G(b)-G(a)}=\frac{F'(\xi)}{G'(\xi)},$$

即至少存在一个 $\xi\in(a,b)$，使 $\dfrac{\int_a^b f(x)\mathrm{d}x}{\int_a^b g(x)\mathrm{d}x}=\dfrac{f(\xi)}{g(\xi)}$.

【585】 设函数 $f(x)$ 在闭区间 $[a,b]$ 上连续，在开区间 (a,b) 内可导，且 $f'(x)>0$，若极限 $\lim\limits_{x\to a^+}\dfrac{f(2x-a)}{x-a}$ 存在，证明：

(1)在 (a,b) 内 $f(x)>0$；

(2)在 (a,b) 内存在点 ξ，使 $\dfrac{b^2-a^2}{\int_a^b f(x)\mathrm{d}x}=\dfrac{2\xi}{f(\xi)}$；

(3)在 (a,b) 内存在与(2)中 ξ 相异的点 η，使 $f'(\eta)(b^2-a^2)=\dfrac{2\xi}{\xi-a}\int_a^b f(x)\mathrm{d}x$.

证 (1)因为 $\lim\limits_{x\to a^+}\dfrac{f(2x-a)}{x-a}$ 存在，故 $\lim\limits_{x\to a^+}f(2x-a)=0$，由 $f(x)$ 在 $[a,b]$ 上连续，从而 $f(a)=0$. 又 $f'(x)>0$ 知 $f(x)$ 在 (a,b) 内单调增加，故 $f(x)>f(a)=0$，$x\in(a,b)$.

(2)设 $F(x)=x^2$，$g(x)=\int_a^x f(t)\mathrm{d}t\ (a\leqslant x\leqslant b)$，则 $g'(x)=f(x)>0$，故 $F(x)$，$g(x)$ 满足柯西中值定理的条件，于是在 (a,b) 内存在点 ξ，使

$$\frac{F(b)-F(a)}{g(b)-g(a)}=\frac{b^2-a^2}{\int_a^b f(t)\mathrm{d}t-\int_a^a f(t)\mathrm{d}t}=\left.\frac{(x^2)'}{(\int_a^x f(t)\mathrm{d}t)'}\right|_{x=\xi}$$

即

$$\frac{b^2-a^2}{\int_a^b f(x)\mathrm{d}x}=\frac{2\xi}{f(\xi)}.$$

(3)因 $f(\xi)=f(\xi)-0=f(\xi)-f(a)$，在 $[a,\xi]$ 上应用拉格朗日中值定理，知在 (a,ξ) 内存在一点 η，使 $f(\xi)=f'(\eta)(\xi-a)$，从而由(2)的结论得

$$\frac{b^2-a^2}{\int_a^b f(x)\mathrm{d}x}=\frac{2\xi}{f'(\eta)(\xi-a)},$$

即有 $f'(\eta)(b^2-a^2)=\dfrac{2\xi}{\xi-a}\int_a^b f(x)\mathrm{d}x$.

点评 本题(1)、(2)、(3)问分别应用函数的单调性,构造辅助函数使用柯西中值定理,拉格朗日中值定理求解.

利用泰勒公式证明

【586】 设函数 $f(x)$在$[a,b]$上具有连续的二阶导数,证明:在(a,b)内存在一点ξ,使得

$$\int_a^b f(x)\mathrm{d}x=(b-a)f\left(\frac{a+b}{2}\right)+\frac{1}{24}(b-a)^3 f''(\xi). \qquad ①$$

证 设 $F(x)=\int_a^x f(t)\mathrm{d}t$,则 $F'(x)=f(x)$, $\int_a^b f(x)\mathrm{d}x=F(b)-F(a)$,对任意 $x\in[a,b]$,将 $F(x)$在 $x_0=\frac{a+b}{2}$处展成泰勒公式

$$F(x)=F\left(\frac{a+b}{2}\right)+F'\left(\frac{a+b}{2}\right)\left(x-\frac{a+b}{2}\right)+\frac{1}{2!}F''\left(\frac{a+b}{2}\right)\left(x-\frac{a+b}{2}\right)^2$$
$$+\frac{1}{3!}F'''(\xi)\left(x-\frac{a+b}{2}\right)^3, \qquad ②$$

其中 ξ 在 x 与 $\frac{a+b}{2}$之间,注意到

$$F'(x)=f(x),\quad F''(x)=f'(x),\quad F'''(x)=f''(x),$$

并将 $x=b,x=a$ 分别代入②式并相减,得

$$F(b)-F(a)=(b-a)f\left(\frac{a+b}{2}\right)+\frac{1}{24}(b-a)^3\,\frac{f''(\xi_1)+f''(\xi_2)}{2},$$

其中 ξ_1,ξ_2 分别在 $\frac{a+b}{2}$与 b,a 与 $\frac{a+b}{2}$之间.

通常 $f''(\xi_1)\neq f''(\xi_2)$,不妨设 $f''(\xi_1)<f''(\xi_2)$,因而

$$f''(\xi_1)<\frac{f''(\xi_1)+f''(\xi_2)}{2}<f''(\xi_2),$$

考虑到 $f''(x)$连续及介值定理,可知在 ξ_1,ξ_2 之间至少存在一点 ξ,使

$$f''(\xi)=\frac{f''(\xi_1)+f''(\xi_2)}{2},$$

于是 $\int_a^b f(x)\mathrm{d}x=F(b)-F(a)=(b-a)f\left(\frac{a+b}{2}\right)+\frac{1}{24}(b-a)^3 f''(\xi)$. 其中 $\xi\in(a,b)$.

【587】 若 $f(x)$在$[0,a]$上连续 $a>0$,且 $f''(x)\geqslant 0$,证明:$\int_0^a f(x)\mathrm{d}x\geqslant af\left(\frac{a}{2}\right)$.

分析 证明不等式常常采用两种方法:第一种方法是根据题意找一个不等式,再在不等式的两边施行各种数学运算,从而证明结论正确. 另一种方法是先建立一个等式,再对等式施行某些数学运算,然后对结果进行放缩,从而证明欲证的结论. 本题采用第一种方法.

证 从 $f(x)$在 $x=\frac{a}{2}$处的一阶泰勒公式开始.

$$f(x)=f\left(\frac{a}{2}\right)+f'\left(\frac{a}{2}\right)\left(x-\frac{a}{2}\right)+\frac{1}{2!}f''(\xi)\left(x-\frac{a}{2}\right)^2,$$

其中 ξ 在$\frac{a}{2}$与 x 之间,由于 $f''(x)\geqslant 0$,所以有

$$f(x)\geqslant f\left(\frac{a}{2}\right)+f'\left(\frac{a}{2}\right)\left(x-\frac{a}{2}\right).$$

两边积分

$$\int_0^a f(x)\mathrm{d}x \geqslant \int_0^a \left[f\left(\frac{a}{2}\right)+f'\left(\frac{a}{2}\right)\left(x-\frac{a}{2}\right)\right]\mathrm{d}x$$

$$=\left[f\left(\frac{a}{2}\right)x+f'\left(\frac{a}{2}\right)\frac{\left(x-\frac{a}{2}\right)^2}{2}\right]\Bigg|_0^a=af\left(\frac{a}{2}\right),$$

故 $\int_0^a f(x)\mathrm{d}x \geqslant af\left(\frac{a}{2}\right)$.

点评 写出 $f(x)$ 的一阶泰勒公式时，展开点选在 $x_0=\frac{a}{2}$ 是本题的关键. 从欲证的结论看，选择 $x_0=\frac{a}{2}$ 是合理的.

【588】 设函数 $f(x)$ 在[0,1]上具有二阶导数 $f''(x)\leqslant 0$，试证明：

$$\int_0^1 f(x^2)\mathrm{d}x \leqslant f(\frac{1}{3}).$$

解 把函数 $f(t)$ 在 $t=\frac{1}{3}$ 处展为泰勒公式得：

$$f(t)=f(\frac{1}{3})+f'(\frac{1}{3})(t-\frac{1}{3})+\frac{f''(\xi)}{2!}(t-\frac{1}{3})^2 \leqslant f(\frac{1}{3})+f'(\frac{1}{3})(t-\frac{1}{3}).$$

令 $t=x^2$，则有 $f(x^2)\leqslant f(\frac{1}{3})+f'(\frac{1}{3})(x^2-\frac{1}{3})$，不等式两端关于 x 积分得：

$$\int_0^1 f(x^2)\mathrm{d}x \leqslant f(\frac{1}{3})\cdot\int_0^1 \mathrm{d}x+f'(\frac{1}{3})\cdot\int_0^1 (x^2-\frac{1}{3})\mathrm{d}x=f(\frac{1}{3}).$$

有关方程求根的综合题

【589】 设函数 $f(x)$ 在闭区间 $[a,b]$ 上连续，且 $f(x)>0$，则方程

$$\int_a^x f(t)\mathrm{d}t+\int_b^x \frac{1}{f(t)}\mathrm{d}t=0$$

在区间 (a,b) 内的根是________.

(A)0 个　　(B)1 个　　(C)2 个　　(D)无穷多个

解 令 $F(x)=\int_a^x f(t)\mathrm{d}t+\int_b^x \frac{1}{f(t)}\mathrm{d}t$,

$$F(a)=\int_b^a \frac{1}{f(t)}\mathrm{d}t=-\int_a^b \frac{1}{f(t)}\mathrm{d}t<0,\quad F(b)=\int_a^b f(t)\mathrm{d}t>0.$$

根据零点定理知，在 (a,b) 内至少存在一个根.

又因为 $F'(x)=f(x)+\frac{1}{f(x)}\geqslant 2>0$，即 $F(x)$ 在 $[a,b]$ 内单调. 所以 $F(x)=0$ 在 (a,b) 内有且只有一个根.

故应选(B).

点评 讨论根的存在情况一般可通过使用零点定理实现，而讨论根的唯一性则需通过函数的单调性完成.

【590】 设函数 $f(x)$ 在闭区间[0,1]上连续，且 $f(x)<1$，证明：方程 $2x-\int_0^x f(t)\mathrm{d}t=1$ 在(0,1)内有且仅有一个解.

证 设 $F(x)=2x-\int_0^x f(t)\mathrm{d}t-1$，则

$$F(0)=-1<0,\quad F(1)=1-\int_0^1 f(t)\mathrm{d}t=\int_0^1[1-f(t)]\mathrm{d}t>0.$$

由零点定理知 $F(x)=0$ 在$(0,1)$内至少有一个根. 而 $F'(x)=2-f(x)>0$，从而 $F(x)$单调增加，$x\in(0,1)$.

所以 $F(x)=0$ 在$(0,1)$内有且仅有一个根.

【591】 设在$[0,+\infty)$上函数 $f(x)$有连续导数，且 $f'(x)\geqslant k>0$，$f(0)<0$，证明：$f(x)$在$(0,+\infty)$内有且仅有一个零点.

证 在$[0,+\infty)$上，由 $f'(x)\geqslant k>0$，得 $\int_0^x f'(x)\mathrm{d}x\geqslant\int_0^x k\mathrm{d}x$. 即 $f(x)\geqslant kx+f(0)$.

取 $x_1>-\dfrac{f(0)}{k}>0$，有 $f(x_1)>k[-\dfrac{f(0)}{k}]+f(0)=0$.

因 $f(x_1)>0$，由题设 $f(0)<0$，根据零点存在定理，必存在 $x_0\in(0,x_1)$，使 $f(x_0)=0$.

因 $f'(x)\geqslant k>0$，故 $f(x)$严格单调增加，$x\in(0,+\infty)$. 所以 $f(x)$在$(0,+\infty)$内仅有一个零点.

第六章　定积分的应用

§1. 定积分在几何上的应用

1. 平面图形的面积

(1)直角坐标情形:由连续曲线 $y=f_1(x), y=f_2(x)(f_1(x)\leqslant f_2(x))$ 与直线 $x=a, x=b$ 围成的图形面积($a\leqslant b$)

$$A=\int_a^b [f_2(x)-f_1(x)]\mathrm{d}x$$

由连续曲线 $x=g_1(y), x=g_2(y)$ ($g_1(y)\leqslant g_2(y)$)与直线 $y=c, y=d$ 围成的图形面积($c\leqslant d$)

$$A=\int_c^d [g_2(y)-g_1(y)]\mathrm{d}y$$

(2)极坐标情形:由连续曲线 $r=r(\theta)$ 与矢径 $\theta=\alpha, \theta=\beta$ 围成的图形面积

$$A=\frac{1}{2}\int_\alpha^\beta r^2(\theta)\mathrm{d}\theta$$

2. 旋转体的体积

(1)设 $f(x)$ 为$[a,b]$上的连续函数,则由曲线 $y=f(x)$ 与直线 $x=a, x=b$ 及 x 轴所围成的平面区域绕 x 轴旋转一周而成的旋转体体积为

$$V=\pi\int_a^b y^2\mathrm{d}x=\pi\int_a^b f^2(x)\mathrm{d}x$$

(2)设 $g(y)$ 为$[c,d]$上的连续函数,则由曲线 $x=g(y)$ 与直线 $y=c, y=d$ 及 y 轴所围成的平面区域绕 y 轴旋转一周而成的旋转体体积

$$V=\pi\int_c^d x^2\mathrm{d}y=\pi\int_c^d g^2(y)\mathrm{d}y$$

3. 旋转曲面的面积

(1)光滑曲线 $y=f(x)(a\leqslant x\leqslant b)$绕 x 轴旋转而成的旋转曲面面积

$$S=2\pi\int_a^b |y|\sqrt{1+y'^2}\mathrm{d}x$$

(2)光滑曲线 $\begin{cases}x=x(t)\\y=y(t)\end{cases}$ $(\alpha\leqslant t\leqslant\beta)$ 绕 x 轴旋转而成的旋转曲面面积

$$S=2\pi\int_\alpha^\beta |y(t)|\sqrt{[x'(t)]^2+[y'(t)]^2}\mathrm{d}t$$

4. 曲线的弧长公式

(1)光滑曲线 $y=f(x)(a\leqslant x\leqslant b)$的弧长为

$$l=\int_a^b \sqrt{1+[y'(x)]^2}\mathrm{d}x=\int_a^b \sqrt{1+[f'(x)]^2}\mathrm{d}x$$

(2)光滑曲线 $\begin{cases}x=x(t)\\y=y(t)\end{cases}$ $(\alpha\leqslant t\leqslant\beta)$ 的弧长为

$$l=\int_{\alpha}^{\beta}\sqrt{[x'(t)]^2+[y'(t)]^2}\,dt$$

(3)光滑曲线 $r=r(\theta)$，$\varphi_0\leqslant\theta\leqslant\varphi_1$ 的弧长

$$l=\int_{\varphi_0}^{\varphi_1}\sqrt{r^2+r'^2}\,d\theta$$

基本题型

直角坐标系下利用定积分求平面图形的面积

【592】 设在区间$[a,b]$上 $f(x)>0,f'(x)<0,f''(x)>0$. 令

$$S_1=\int_a^b f(x)dx,\quad S_2=f(b)(b-a),\quad S_3=\frac{1}{2}[f(a)+f(b)](b-a),$$

则________.

(A)$S_1<S_2<S_3$　　(B)$S_2<S_1<S_3$　　(C)$S_3<S_1<S_2$　　(D)$S_2<S_3<S_1$

解　由 $f(x)>0,f'(x)<0,f''(x)>0$ 知曲线 $y=f(x)$在$[a,b]$上单调减少且是凹的，于是有

$$f(x)>f(b),\quad f(x)<f(a)+\frac{f(b)-f(a)}{b-a}(x-a),\ a<x<b.$$

从而

$$S_1=\int_a^b f(x)dx>f(b)(b-a)=S_2,$$

$$S_1=\int_a^b f(x)dx<\int_a^b\left[f(a)+\frac{f(b)-f(a)}{b-a}(x-a)\right]dx=\frac{1}{2}[f(a)+f(b)](b-a)=S_3.$$

即 $S_2<S_1<S_3$.

故应选(B).

点评　由题设条件及定积分的几何意义和比较性质可得正确选项.

【593】 由曲线 $y=x+\frac{1}{x}$,$x=2$ 及 $y=2$ 所围图形的面积 $S=$________.

解　$S=\int_1^2(x+\frac{1}{x}-2)dx=\ln2-\frac{1}{2}$.

故应填 $\ln2-\frac{1}{2}$.

【594】 曲线 $y=x(x-1)(2-x)$与 x 轴所围图形的面积可表示为________.

(A)$-\int_0^2 x(x-1)(2-x)dx$

(B)$\int_0^1 x(x-1)(2-x)dx-\int_1^2 x(x-1)(2-x)dx$

(C)$-\int_0^1 x(x-1)(2-x)dx+\int_1^2 x(x-1)(2-x)dx$

(D)$\int_0^2 x(x-1)(2-x)dx$

解　曲线 $y=x(x-1)(2-x)$与 x 轴交点为 $x=0,x=1,x=2$；

当 $0<x<1$ 时，$y<0$；当 $1<x<2$ 时，$y>0$.

$$A=\int_0^2|y|dx=-\int_0^1 x(x-1)(2-x)dx+\int_1^2 x(x-1)(2-x)dx.$$

故应选(C).

【595】曲线 $y=-x^3+x^2+2x$ 与 x 轴所围的图形的面积 $A=$________.

解 令 $y=0$ 得,$x=-1,0,2$. 且 $-1<x<0$ 时,$y<0$;$0<x<2$ 时,$y>0$. 所以

$$A=\int_{-1}^{2}|y|\mathrm{d}x=-\int_{-1}^{0}y\mathrm{d}x+\int_{0}^{2}y\mathrm{d}x=\frac{37}{12}.$$

故应填 $\frac{37}{12}$.

【596】求曲线 $y=|\ln x|$ 与直线 $x=\frac{1}{\mathrm{e}}$, $x=\mathrm{e}$ 及 $y=0$ 所围成的区域的面积 S.

解 $y=|\ln x|=\begin{cases}\ln x, & x\geqslant 1\\ -\ln x, & 0<x<1\end{cases}$

$$S=\int_{\frac{1}{\mathrm{e}}}^{1}(-\ln x)\mathrm{d}x+\int_{1}^{\mathrm{e}}\ln x\mathrm{d}x=-\Big[x\ln x-x\Big]_{\frac{1}{\mathrm{e}}}^{1}+\Big[x\ln x-x\Big]_{1}^{\mathrm{e}}=2-\frac{2}{\mathrm{e}}.$$

与平面图形面积有关的应用题

【597】从点(2,0)引两条直线与曲线 $y=x^3$ 相切,求由此两条切线与曲线 $y=x^3$ 所围图形的面积 S.

解 如图 597 所示,设切点为(α,α^3)则过切点的切线方程为

$$Y-\alpha^3=3\alpha^2(X-\alpha),$$

因为它通过点(2,0),即满足

$$0-\alpha^3=3\alpha^2(2-\alpha),\quad 即\quad \alpha^3+3\alpha^2(2-\alpha)=0.$$

可得 $\alpha=0$ 或 $\alpha=3$,即两切点坐标为:(0,0)与(3,27),相应的两条切线方程为

$$Y=0\quad 与\quad 27X-Y-54=0.$$

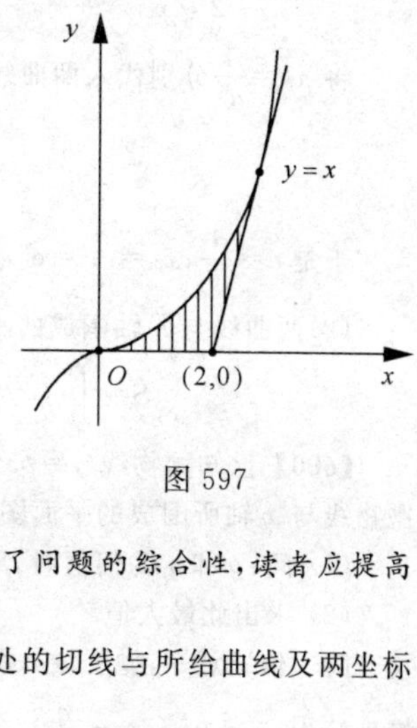

图 597

选取 y 为积分变量,则有

$$S=\int_{0}^{27}\left(\frac{y}{27}+2-\sqrt[3]{y}\right)\mathrm{d}y=\left(\frac{y^2}{54}+2y-\frac{3}{4}y^{\frac{4}{3}}\right)\Big|_{0}^{27}=\frac{27}{4}.$$

点评 求面积问题与利用导数求切线方程问题相结合,增加了问题的综合性,读者应提高解决这种综合问题的能力.

【598】在第一象限内,求曲线 $y=-x^2+1$ 上的一点,使该点处的切线与所给曲线及两坐标轴围成的图形面积为最小,并求此最小面积.

解 设所求点 $P(x,y)$,因为 $y'=-2x(x>0)$,故过点 $P(x,y)$的切线方程为:

$$Y-y=-2x(X-x).$$

当 $X=0$ 时,得切线在 y 轴上的截面距:$b=x^2+1$,

当 $Y=0$ 时,得切线在 x 轴上的截距:$a=\frac{x^2+1}{2x}$.

故所求面积为:

$$S(x)=\frac{1}{2}ab-\int_{0}^{1}(-x^2+1)\mathrm{d}x=\frac{1}{4}\left(x^3+2x+\frac{1}{x}\right)-\frac{2}{3},$$

$$S'(x)=\frac{1}{4}\left(3x-\frac{1}{x}\right)\cdot\left(x+\frac{1}{x}\right)\xlongequal{令}0,得驻点:x_0=\frac{1}{\sqrt{3}},$$

再由 $S''\left(\frac{1}{\sqrt{3}}\right)>0$ 知，$S(x_0)$ 取得极小值，且当 $0<x<1$ 时，仅有此一个极小值点，故此极小值点即为 $S(x)$ 在 $0<x<1$ 上的最小值.

又 $x_0=\frac{1}{\sqrt{3}}$ 时，$y_0=\frac{2}{3}$，$S(\frac{1}{\sqrt{3}})=\frac{2}{9}(2\sqrt{3}-3)$.

故所求点为 $(\frac{1}{\sqrt{3}},\frac{2}{3})$，所求最小面积为 $\frac{2}{9}(2\sqrt{3}-3)$.

【599】已知曲线 $y=a\sqrt{x}\,(a>0)$ 与曲线 $y=\ln\sqrt{x}$ 在点 (x_0,y_0) 处有公共切线，求

(1) 常数 a 及切点 (x_0,y_0)；

(2) 两曲线与 x 轴围成的平面图形的面积 S.

解 (1) 分别对 $y=a\sqrt{x}$ 和 $y=\ln\sqrt{x}$ 求导，得

$$y'=\frac{a}{2\sqrt{x}} \text{和} y'=\frac{1}{2x}.$$

由于两曲线在 (x_0,y_0) 处有公切线，可见

$$\frac{a}{2\sqrt{x_0}}=\frac{1}{2x_0}, \text{得 } x_0=\frac{1}{a^2};$$

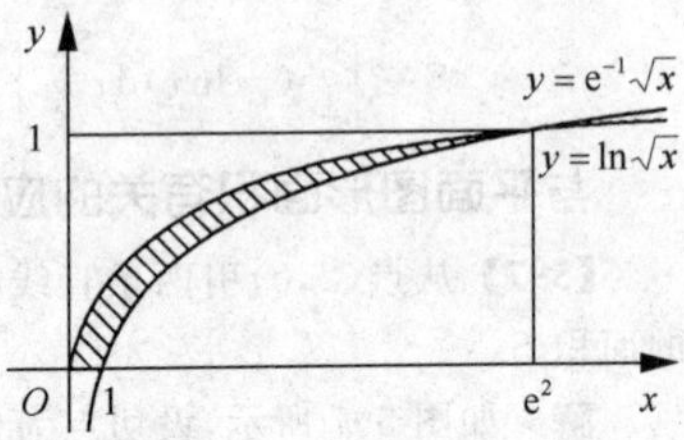

图 599

将 $x_0=\frac{1}{a^2}$ 分别代入两曲线方程，有

$$y_0=a\sqrt{\frac{1}{a^2}}=\frac{1}{2}\ln\frac{1}{a^2}.$$

于是 $a=\frac{1}{e}$；$x_0=\frac{1}{a^2}=e^2$，$y_0=a\sqrt{x_0}=\frac{1}{e}\cdot\sqrt{e^2}=1$. 从而切点为 $(e^2,1)$.

(2) 两曲线与 x 轴围成的平面图形的面积

$$S=\int_0^1(e^{2y}-e^2y^2)\,dy=\frac{1}{2}e^{2y}\bigg|_0^1-\frac{1}{3}e^2y^3\bigg|_0^1=\frac{1}{6}e^2-\frac{1}{2}.$$

【600】已知抛物线 $y=px^2+qx$（其中 $p<0,q>0$）在第一象限内与直线 $x+y=5$ 相切，且此抛物线与 x 轴所围成的平面图形的面积为 S.

(1) 问：p 和 q 为何值时，S 达到最大值？

(2) 求出此最大值.

解 依题意知，抛物线如图 600 所示，求得它与 x 轴交点的横坐标为：$x_1=0$，$x_2=-\frac{q}{p}$.

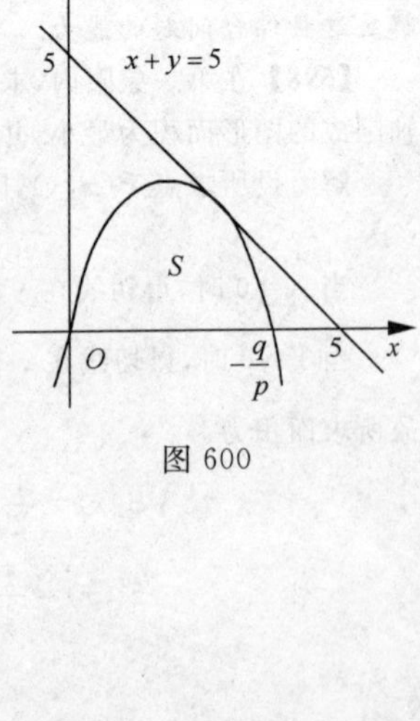

图 600

面积

$$S=\int_0^{-\frac{q}{p}}(px^2+qx)\,dx=\left(\frac{p}{3}x^3+\frac{q}{2}x^2\right)\bigg|_0^{-\frac{q}{p}}=\frac{q^3}{6p^2}, \quad (1)$$

因直线 $x+y=5$ 与抛物线 $y=px^2+qx$ 相切，故它们有唯一公共点. 由方程组

$$\begin{cases}x+y=5\\ y=px^2+qx\end{cases}$$

得 $px^2+(q+1)x-5=0$，其判别式必等于零，即

$\Delta=(q+1)^2+20p=0$，解得 $p=-\frac{1}{20}(1+q)^2$.

将 p 代入(1)式得

$$S(q)=\frac{200q^3}{3(q+1)^4}，令\ S'(q)=\frac{200q^2(3-q)}{3(q+1)^5}=0,$$

得驻点 $q=3$. 当 $0<q<3$ 时，$S'(q)>0$；当 $q>3$ 时，$S'(q)<0$.
于是，当 $q=3$ 时，$S(q)$取极大值，即最大值.

此时，$p=-\frac{4}{5}$，从而最大值 $S=\frac{225}{32}$.

【601】 设曲线 $y=x^2$ 与它两条相互垂直的切线所围平面图形的面积为 S，其中一条切线与曲线相切于点 $A(a,a^2)$，$a>0$ 试证：当 $a=\frac{1}{2}$时，面积 S 最小.

分析 利用定积分求出面积 S 与 a 的函数关系，再验证 $a=\frac{1}{2}$时 S 最小即可.

证 设另一切线的切点为 $B(b,b^2)$，则因 $y'=2x$，故此两切线的方程分别为

$$y-a^2=2a(x-a),\quad y-b^2=2b(x-b),$$

由于此两切线相互垂直，故有

$$2a\cdot 2b=-1,即\ b=-\frac{1}{4a}.$$

解方程组

$$\begin{cases}y-a^2=2a(x-a)\\ y-b^2=2b(x-b)\end{cases}.$$

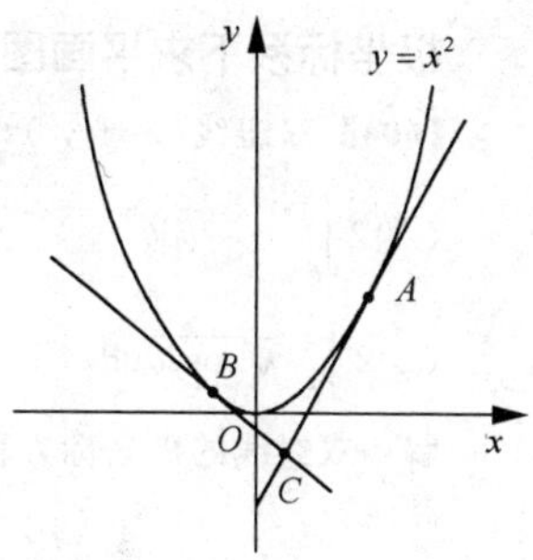

图 601

得两切线的交点为 $C\left(\frac{a+b}{2},ab\right)$. 因此，曲线 $y=x^2$ 与此两切线所围平面图形的面积为

$$S=\int_b^{\frac{a+b}{2}}[x^2-(2bx-b^2)]\mathrm{d}x+\int_{\frac{a+b}{2}}^a[x^2-(2ax-a^2)]\mathrm{d}x$$

$$=\int_b^{\frac{a+b}{2}}(x-b)^2\mathrm{d}x+\int_{\frac{a+b}{2}}^a(x-a)^2\mathrm{d}x=\frac{(a-b)^3}{12}=\frac{1}{12}\left(a+\frac{1}{4a}\right)^3.$$

因 $a>0$，故当 $a+\frac{1}{4a}$取最小值时，S 也取最小值. 为此，令 $\varphi(a)=a+\frac{1}{4a}$，于是，$\varphi'(a)=1-\frac{1}{4a^2}$，$\varphi''(a)=\frac{1}{2a^3}>0$，且当 $\varphi'(a)=0$ 时有 $a=\frac{1}{2}$. 所以 $a=\frac{1}{2}$是 $\varphi(a)$的极小值点. 并因 $a>0$ 时，$\varphi(a)$仅有一个极小值点 $a=\frac{1}{2}$，故 $\varphi(a)$在 $a=\frac{1}{2}$时取得最小值.

用广义积分表示平面图形的面积

【602】 位于曲线 $y=xe^{-x}(0\leqslant x<+\infty)$下方，$x$ 轴上方的无界图形的面积是________.

解 $A=\int_0^{+\infty}xe^{-x}\mathrm{d}x=-(x+1)e^{-x}\Big|_0^{+\infty}=1.$

故应填 1.

【603】 设 $F(x)=\begin{cases}e^{2x}, & x\leqslant 0\\ e^{-2x}, & x>0\end{cases}$，$S$ 表示夹在 x 轴与曲线 $y=F(x)$之间的面积. 对任何

$t>0$，$S_1(t)$表示矩形$-t\leqslant x\leqslant t,0\leqslant y\leqslant F(t)$的面积，求

(1)$S(t)=S-S_1(t)$的表达式；

(2)$S(t)$的最小值.

解 (1)$S=\int_0^{+\infty}e^{-2x}dx=-e^{-2x}\Big|_0^{+\infty}=1$，$S_1(t)=2te^{-2t}$，因此

$$S(t)=1-2te^{-2t},\ t\in(0,+\infty).$$

(2)由于$S'(t)=-2(1-2t)e^{-2t}$，故$S(t)$的唯一驻点为$t=\frac{1}{2}$. 又

$$S''(t)=8(1-t)e^{-2t},\quad S''(\frac{1}{2})=\frac{4}{e}>0,$$

所以$S(\frac{1}{2})=1-\frac{1}{e}$为极小值，它也是最小值.

点评 由于S是一无界区域，所以需要通过广义积分表示，本题欲求面积的区域左方及右方延伸无穷，而$F(x)$是用两个表达式定义的分段函数. 因此，所求的面积S是两个广义积分的和. 在求出S及$S_1(t)$后，函数$S-S_1(t)$的最小值可用通常的求最值的方法求得.

极坐标系下求平面图形的面积

【604】 双纽线$(x^2+y^2)^2=x^2-y^2$所围成的区域面积可用定积分表示为________.

(A)$2\int_0^{\frac{\pi}{4}}\cos2\theta d\theta$　　(B)$4\int_0^{\frac{\pi}{4}}\cos2\theta d\theta$

(C)$2\int_0^{\frac{\pi}{4}}\sqrt{\cos2\theta}d\theta$　　(D)$\frac{1}{2}\int_0^{\frac{\pi}{4}}(\cos2\theta)^2d\theta$

解 双纽线的极坐标方程为$r^2=\cos2\theta$. 根据对称性，

$$A=4\cdot\frac{1}{2}\int_0^{\frac{\pi}{4}}r^2d\theta=2\int_0^{\frac{\pi}{4}}\cos2\theta d\theta.$$

故应选(A).

【605】 设曲线的极坐标方程为$\rho=e^{a\theta}(a>0)$，则该曲线上相应于θ从0变到2π的一段弧与极轴所围成的图形的面积为________.

解 所求面积为$S=\frac{1}{2}\int_0^{2\pi}\rho^2(\theta)d\theta=\frac{1}{2}\int_0^{2\pi}e^{2a\theta}d\theta=\frac{1}{4a}e^{2a\theta}\Big|_0^{2\pi}=\frac{1}{4a}(e^{4\pi a}-1)$.

故应填$\frac{1}{4a}(e^{4\pi a}-1)$.

【606】 求心脏线$\rho=a(1+\cos\varphi)$与圆$\rho=a$所围成各部分的面积$(a>0)$.

解 如图606所示，所求面积分别为三部分：

(1)圆内，心脏线内部分A_1；

(2)圆内，心脏线外部分A_2；

(3)圆外，心脏线内部分A_3.

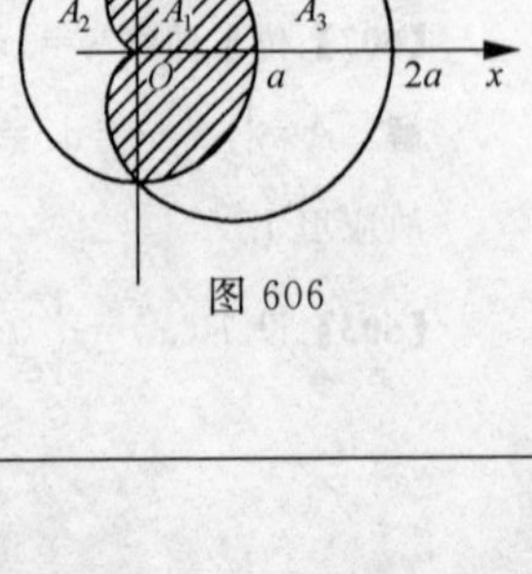

图 606

$$(1)A_1=2\int_{\frac{\pi}{2}}^{\pi}\frac{1}{2}\rho^2(\varphi)d\varphi+\frac{\pi}{2}a^2$$

$$=a^2\int_{\frac{\pi}{2}}^{\pi}(1+\cos\varphi)^2d\varphi+\frac{\pi}{2}a^2$$

$$=\frac{\pi}{2}a^2+a^2\int_{\frac{\pi}{2}}^{\pi}\left[1+2\cos\varphi+\frac{1+\cos2\varphi}{2}\right]d\varphi$$

$$=\frac{\pi}{2}a^2+a^2\left(\frac{3}{2}\varphi+2\sin\varphi+\frac{1}{4}\sin2\varphi\right)\Big|_{\frac{\pi}{2}}^{\pi}$$

$$=\frac{\pi}{2}a^2+a^2\left(\frac{3}{4}\pi-2\right)=a^2\left(\frac{5}{4}\pi-2\right);$$

(2) $A_2=\pi a^2-A_1=a^2\left(2-\frac{\pi}{4}\right)$;

(3) $A_3=2\int_0^{\frac{\pi}{2}}\frac{1}{2}[a^2(1+\cos\varphi)^2-a^2]d\varphi=a^2\int_0^{\frac{\pi}{2}}(1+2\cos\varphi+\cos^2\varphi-1)d\varphi$

$$=a^2\int_0^{\frac{\pi}{2}}(2\cos\varphi+\cos^2\varphi)d\varphi=a^2\left(2+\frac{\pi}{4}\right).$$

【607】 求曲线 $r=3\cos\theta$ 及 $r=1+\cos\theta$ 所围成图形的公共部分的面积.

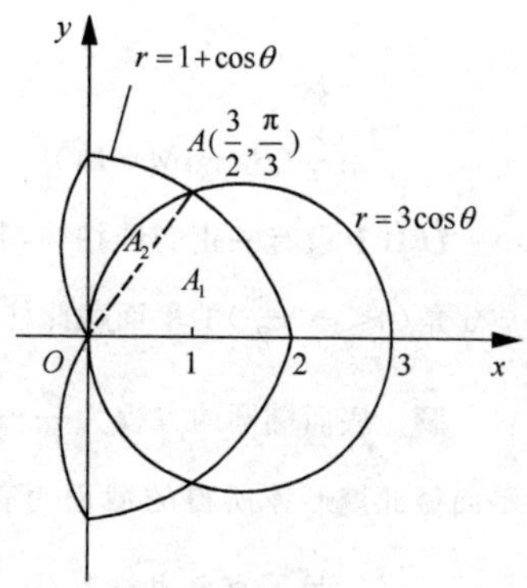

图 607

解 如图 607 所示,公共部分为心脏线与圆周所围成,解方程组

$$\begin{cases}r=3\cos\theta,\\ r=1+\cos\theta,\end{cases}$$

得交点$(\frac{3}{2},\pm\frac{\pi}{3})$,再由对称性,所求面积为

$$A=2(A_1+A_2)$$

$$=2\left[\frac{1}{2}\int_0^{\frac{\pi}{3}}(1+\cos\theta)^2d\theta+\frac{1}{2}\int_{\frac{\pi}{3}}^{\frac{\pi}{2}}(3\cos\theta)^2d\theta\right]$$

$$=\int_0^{\frac{\pi}{3}}\left(1+2\cos\theta+\frac{1+\cos2\theta}{2}\right)d\theta+9\int_{\frac{\pi}{3}}^{\frac{\pi}{2}}\frac{1+\cos2\theta}{2}d\theta$$

$$=\left(\frac{3}{2}\theta+2\sin\theta+\frac{1}{4}\sin2\theta\right)\Big|_0^{\frac{\pi}{3}}+9\left(\frac{\theta}{2}+\frac{1}{4}\sin2\theta\right)\Big|_{\frac{\pi}{3}}^{\frac{\pi}{2}}=\frac{5}{4}\pi.$$

【608】 求曲线 $r=\sqrt{2}\sin\theta$ 及 $r^2=\cos2\theta$ 所围成的图形的公共部分的面积.

解 如图 608,公共部分由圆周与双纽线围成,解方程组

$$\begin{cases}r=\sqrt{2}\sin\theta\\ r^2=\cos2\theta,\end{cases}$$

得交点 $A(\frac{\sqrt{2}}{2},\frac{\pi}{6})$,$B(\frac{\sqrt{2}}{2},\frac{5}{6}\pi)$,由

$$r^2=\cos2\theta\geqslant0 \text{ 和 } r=\sqrt{2}\sin\theta\geqslant0,$$

有 $0\leqslant\theta\leqslant\frac{\pi}{4}$,$\frac{3\pi}{4}\leqslant\theta\leqslant\pi$,

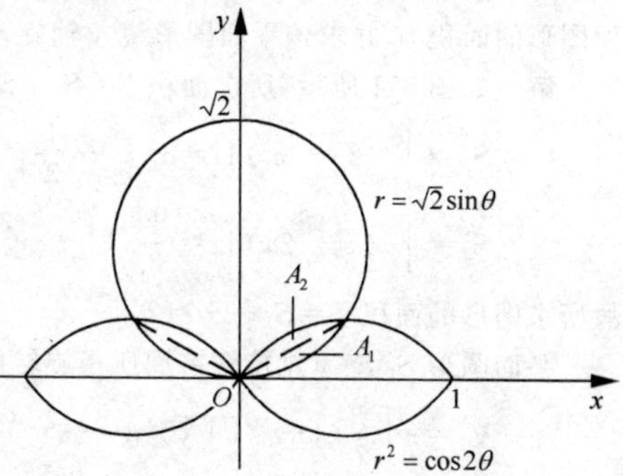

图 608

由对称性,所求面积

$$A=2(A_1+A_2)$$

$$=2\left[\frac{1}{2}\int_0^{\frac{\pi}{6}}(\sqrt{2}\sin\theta)^2d\theta+\frac{1}{2}\int_{\frac{\pi}{6}}^{\frac{\pi}{4}}\cos2\theta d\theta\right]$$

$$=2\int_0^{\frac{\pi}{6}}\frac{1-\cos2\theta}{2}d\theta+\frac{1}{2}\sin2\theta\Big|_{\frac{\pi}{6}}^{\frac{\pi}{4}}=(\theta-\frac{1}{2}\sin2\theta)\Big|_0^{\frac{\pi}{6}}+\frac{1}{2}(1-\frac{\sqrt{3}}{2})=\frac{\pi}{6}+\frac{1-\sqrt{3}}{2}.$$

平行截面面积为已知的立体体积的计算

【609】 某立体上、下底面平行，且与 x 轴垂直，若平行于底面的截面面积 $A(x)$ 是 x 的不高于二次的多项式，试证该立体体积为：$V=\frac{h}{6}(B_1+4M+B_2)$，其中 h 为立体的高，B_1，B_2 分别是底面面积，M 为中截面面积.

证 设 x 处的截面面积为 $A(x)=a_0x^2+a_1x+a_2$.

由 $B_1=A(0)$，$B_2=A(h)$，$M=A(\frac{h}{2})$ 得

$$a_2=B_1,\quad a_1=(4M-3B_1-B_2)/h,\quad a_0=(2B_1+2B_2-4M)/h^2,$$

则
$$V=\int_0^h(a_0x^2+a_1x+a_2)\mathrm{d}x=\int_0^h\left(\frac{2B_1+2B_2-4M}{h^2}x^2+\frac{4M-3B_1-B_2}{h}x+B_1\right)\mathrm{d}x$$
$$=\frac{h}{6}(B_1+4M+B_2).$$

【610】 设有一正椭圆柱体，其底面长、短轴分别为 $2a$、$2b$，用过此柱体底面的短轴且与底面成 α 角 $(0<\alpha<\frac{\pi}{2})$ 的平面截此柱体，得一楔形体（如图 610），求此楔形体的体积 V.

解 底面椭圆的方程为 $\frac{x^2}{a^2}+\frac{y^2}{b^2}=1$，以垂直于 y 轴的平行平面截此楔形体所得的截面为直角三角形，其一直角边长为 $a\sqrt{1-\frac{y^2}{b^2}}$，另一直角边长为 $a\sqrt{1-\frac{y^2}{b^2}}\tan\alpha$，故截面面积

$$S(y)=\frac{a^2}{2}\left(1-\frac{y^2}{b^2}\right)\tan\alpha.$$

楔形体的体积 $V=2\int_0^b\frac{a^2}{2}\left(1-\frac{y^2}{b^2}\right)\tan\alpha\mathrm{d}y=\frac{2a^2b}{3}\tan\alpha.$

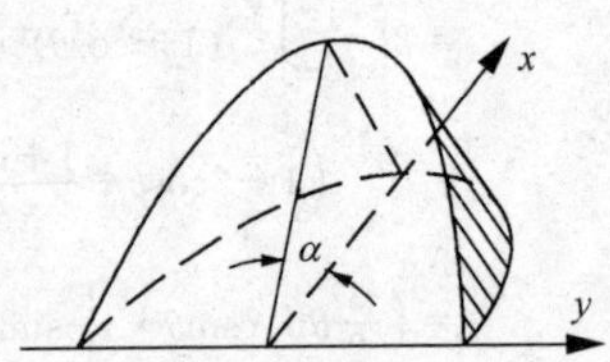

图 610

绕坐标轴旋转所得旋转体体积的计算

【611】 求曲线 $y=x^2-2x$，$y=0$，$x=1$，$x=3$ 所围成的平面图形的面积 S，并求该平面图形绕 y 轴旋转一周所得旋转体的体积 V.

解 如图 611 所示，所求面积 $S=S_1+S_2$. 易见

$$S_1=\int_1^2(2x-x^2)\mathrm{d}x=x^2\Big|_1^2-\frac{1}{3}x^3\Big|_1^2=\frac{2}{3}.$$

$$S_2=\int_2^3(x^2-2x)\mathrm{d}x=\frac{1}{3}x^3\Big|_2^3-x^2\Big|_2^3=\frac{4}{3}.$$

故所求图形的面积 $S=S_1+S_2=2$.

平面图形 S_1 绕 y 轴旋转一周所得旋转体体积

$$V_1=\pi\int_{-1}^0(1+\sqrt{1+y})^2\mathrm{d}y-\pi=\frac{11\pi}{6}.$$

平面图形 S_2 绕 y 轴旋转一周所得旋转体体积

$$V_2=27\pi-\pi\int_0^3(1+\sqrt{1+y})^2\mathrm{d}y=\frac{43\pi}{6}.$$

故所求旋转体体积 $V=V_1+V_2=9\pi$.

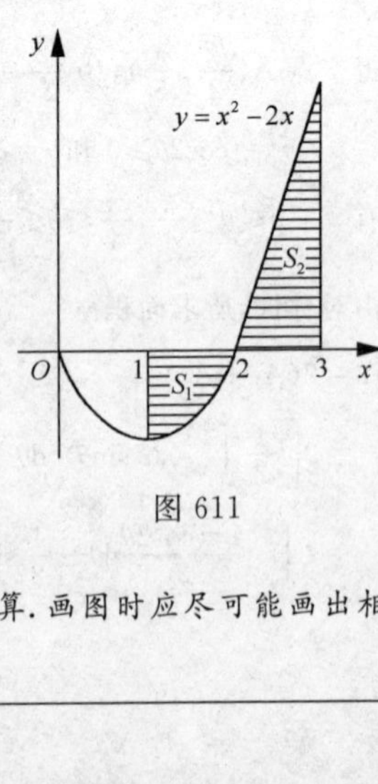

图 611

点评 对于几何应用题均应先画出草图，再用有关公式进行计算. 画图时应尽可能画出相

关的平面图形，这对选取面积、体积公式及确定积分上下限都非常有用.

【612】星形线 $x^{\frac{2}{3}}+y^{\frac{2}{3}}=a^{\frac{2}{3}}$ 绕 x 轴旋转所得立体体积.

解 星形线的参数方程是 $x=a\cos^3 t, y=a\sin^3 t$，又由对称性

$$V_x=2\pi\int_{\frac{\pi}{2}}^{0}(a\sin^3 t)^2\mathrm{d}a\cos^3 t=2\pi\int_0^{\frac{\pi}{2}}a^2\sin^6 t\cdot 3a\cos^2 t\sin t\mathrm{d}t$$

$$=6\pi a^3\int_0^{\frac{\pi}{2}}(\sin^7 t-\sin^9 t)\mathrm{d}t=\frac{32}{105}\pi a^3.$$

【613】已知一抛物线通过 x 轴上的两点 $A(1,0)$，$B(3,0)$.

(1)求证：两坐标轴与该抛物线所围图形的面积等于 x 轴与该抛物线所围图形的面积；

(2)计算上述两个平面图形绕 x 轴旋转一周所产生的两个旋转体体积之比.

解 (1)设过 A,B 两点的抛物线方程为 $y=a(x-1)(x-3)$，则抛物线与两坐标轴所围图形的面积为

$$S_1=\int_0^1|a(x-1)(x-3)|\mathrm{d}x=|a|\int_0^1(x^2-4x+3)\mathrm{d}x=\frac{4}{3}|a|,$$

抛物线与 x 轴所围图形的的面积为

$$S_2=\int_1^3|a(x-1)(x-3)|\mathrm{d}x=|a|\int_1^3(4x-x^2-3)\mathrm{d}x=\frac{4}{3}|a|,$$

所以 $S_1=S_2$.

(2)抛物线与两坐标轴所围图形绕 x 轴旋转所得旋转体体积为

$$V_1=\pi\int_0^1 a^2[(x-1)(x-3)]^2\mathrm{d}x=\pi a^2\int_0^1[(x-1)^4-4(x-1)^3+4(x-1)^2]\mathrm{d}x$$

$$=\pi a^2\left[\frac{(x-1)^5}{5}-(x-1)^4+\frac{4}{3}(x-1)^3\right]\Big|_0^1=\frac{38}{15}\pi a^2.$$

抛物线与 x 轴所围图形绕 x 轴旋转所得旋转体体积为

$$V_2=\pi\int_1^3 a^2[(x-1)(x-3)]^2\mathrm{d}x=\pi a^2\left[\frac{(x-1)^5}{5}-(x-1)^4+\frac{4}{3}(x-1)^3\right]\Big|_1^3=\frac{16}{15}\pi a^2.$$

所以 $\frac{V_1}{V_2}=\frac{19}{8}$.

【614】求曲线 $x^2+y^2=1$ 与 $y^2=\frac{3}{2}x$ 所围成的两个图形中较小的一块分别绕 x 轴、y 轴旋转所产生的立体的体积.

解 如图 614 所示，绕 x 轴旋转所产生的立体的体积为

$$V_x=\pi\int_0^{\frac{1}{2}}\frac{3}{2}x\mathrm{d}x+\pi\int_{\frac{1}{2}}^1(1-x^2)\mathrm{d}x$$

$$=\frac{3}{4}\pi x^2\Big|_0^{\frac{1}{2}}+\pi(x-\frac{x^3}{3})\Big|_{\frac{1}{2}}^1=\frac{19}{48}\pi;$$

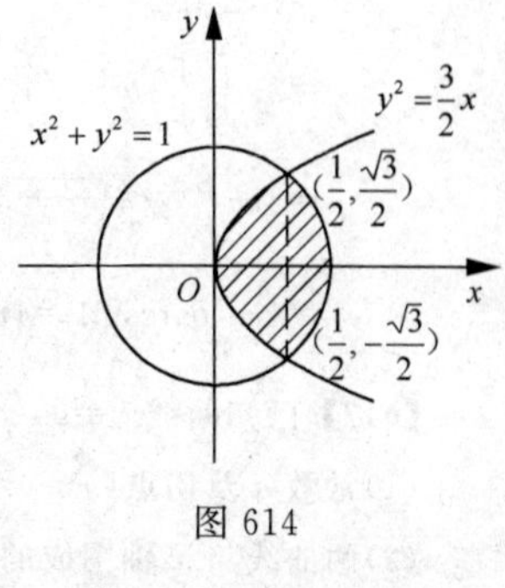

图 614

绕 y 轴旋转所产生的立体的体积为

$$V_y=\pi\int_{-\frac{\sqrt{3}}{2}}^{\frac{\sqrt{3}}{2}}\left[(\sqrt{1-y^2})^2-(\frac{2}{3}y^2)^2\right]\mathrm{d}y$$

$$=2\pi\int_0^{\frac{\sqrt{3}}{2}}(1-y^2-\frac{4}{9}y^4)\mathrm{d}y$$

$$=2\pi\left(y-\frac{y^3}{3}-\frac{4}{9}\cdot\frac{y^5}{5}\right)\Big|_0^{\frac{\sqrt{3}}{2}}=\frac{7}{10}\sqrt{3}\pi.$$

【615】 求曲线 $y=e^x$, $y=\sin x$, $x=0$ 和 $x=1$ 所围成的图形绕 x 轴旋转所成立体的体积.

解 如图 615 所示,因为

$$V_x=\pi\int_a^b f^2(x)\mathrm{d}x,$$

所以

$$V_x=\pi\int_0^1(e^{2x}-\sin^2 x)\mathrm{d}x$$

$$=\pi\left[\frac{1}{2}e^{2x}-\frac{1}{2}x+\frac{1}{4}\sin 2x\right]\Big|_0^1$$

$$=\pi\left[\frac{1}{2}(e^2-1)-\frac{1}{2}+\frac{1}{4}\sin 2\right]$$

$$=\pi\left[\frac{1}{2}(e^2+\frac{1}{2}\sin 2)-1\right].$$

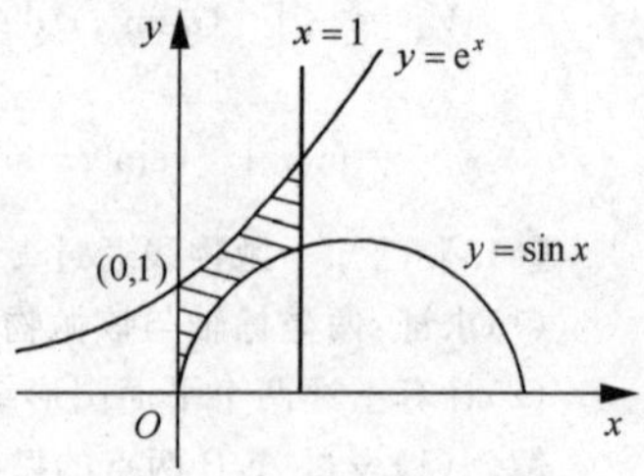

图 615

【616】 求平面上的圆盘 $(x-b)^2+y^2\leqslant a^2$ $(0<a<b)$ 绕 y 轴旋转所得之圆环体的体积(如图 616 所示).

解 从圆的方程 $(x-b)^2+y^2=a^2$ 解出 x,得

$$x=b\pm\sqrt{a^2-y^2}\quad(|y|\leqslant a),$$

其中取"+"时表示右半圆,取"−"时表示左半圆.

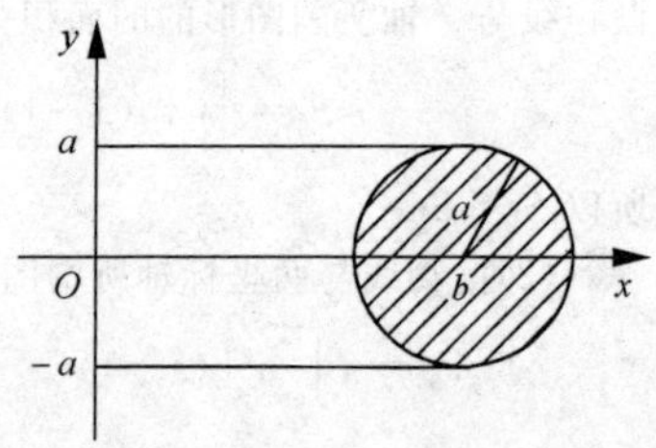

图 616

设由右(左)半圆和 y 轴及直线 $y=a$, $y=-a$ 所围成的平面区域为 $D_1(D_2)$,由 $D_1(D_2)$ 绕 y 轴旋转所得的旋转体的体积记为 $V_{y_1}(V_{y_2})$,则由公式有

$$V_{y_1}=\int_{-a}^a\pi(b+\sqrt{a^2-y^2})^2\mathrm{d}y=2\int_0^a\pi(b+\sqrt{a^2-y^2})^2\mathrm{d}y,$$

$$V_{y_2}=\int_{-a}^a\pi(b-\sqrt{a^2-y^2})^2\mathrm{d}y=2\int_0^a\pi(b-\sqrt{a^2-y^2})^2\mathrm{d}y.$$

此圆环体的体积 $V_y=V_{y_1}-V_{y_2}$,所以

$$V_y=2\pi\left[\int_0^a(b+\sqrt{a^2-y^2})^2\mathrm{d}y-\int_0^a(b-\sqrt{a^2-y^2})^2\mathrm{d}y\right]$$

$$=2\pi\int_0^a\left[(b+\sqrt{a^2-y^2})^2-(b-\sqrt{a^2-y^2})^2\right]\mathrm{d}y=2\pi\int_0^a 4b\sqrt{a^2-y^2}\mathrm{d}y$$

$$=8\pi b\int_0^a\sqrt{a^2-y^2}\mathrm{d}y=8\pi b\left(\frac{y}{2}\sqrt{a^2-y^2}+\frac{a^2}{2}\arcsin\frac{y}{a}\right)\Big|_0^a$$

$$=4\pi a^2 b\arcsin 1=4\pi a^2 b\cdot\frac{\pi}{2}=2\pi^2 a^2 b.$$

【617】 已知曲线 $y=a\sqrt{x}$ $(a>0)$ 与曲线 $y=\ln\sqrt{x}$ 在点 (x_0,y_0) 处有公共切线,求

(1)常数 a 及切点 (x_0,y_0);

(2)两曲线与 x 轴围成的平面图形绕 x 轴旋转所得旋转体的体积 V_x.

解 (1)如图 617 所示. 分别对 $y=a\sqrt{x}$ 和 $y=\ln\sqrt{x}$ 求导,得

$$y'=\frac{a}{2\sqrt{x}}\text{和}\ y'=\frac{1}{2x}.$$

由于两条曲线在点(x_0,y_0)处有公切线,可见

$$\frac{a}{2\sqrt{x_0}}=\frac{1}{2x_0},\text{得}\ x_0=\frac{1}{a^2}.$$

将$x_0=\frac{1}{a^2}$分别代入两曲线方程,有

$$y_0=a\sqrt{\frac{1}{a^2}}=\frac{1}{2}\ln\frac{1}{a^2}.$$

于是 $a=\frac{1}{e}$;$x_0=\frac{1}{a^2}=e^2$,$y_0=a\sqrt{x_0}=\frac{1}{e}\cdot\sqrt{e^2}=1$.

从而切点为$(e^2,1)$.

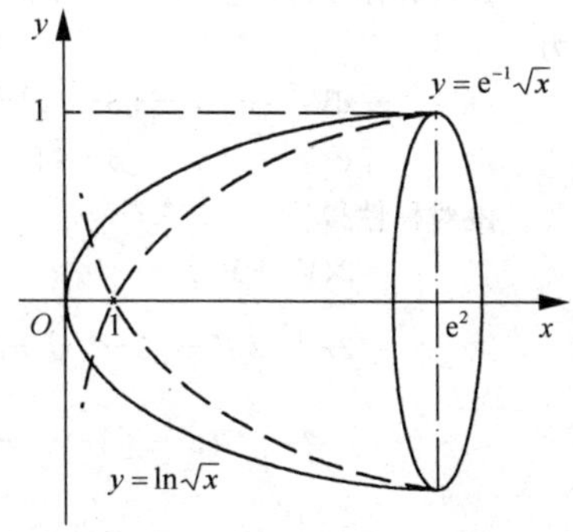

图 617

(2)旋转体的体积为

$$\begin{aligned}V_x&=\int_0^{e^2}\pi(\frac{1}{e}\sqrt{x})^2\mathrm{d}x-\int_1^{e^2}\pi(\ln\sqrt{x})^2\mathrm{d}x\\&=\frac{\pi x^2}{2e^2}\Big|_0^{e^2}-\frac{\pi}{4}\left[x\ln^2x\Big|_1^{e^2}-2\int_1^{e^2}\ln x\mathrm{d}x\right]\\&=\frac{1}{2}\pi e^2-\frac{\pi}{4}\left[4e^2-2x\ln x\Big|_1^{e^2}+2\int_1^{e^2}\mathrm{d}x\right]=\frac{1}{2}\pi e^2-\frac{\pi}{2}x\Big|_1^{e^2}=\frac{\pi}{2}.\end{aligned}$$

【618】 在曲线$y=x^2(x\geqslant0)$上某点A处作一切线,使之与曲线以及x轴所围成图形的面积为$\frac{1}{12}$,试求:

(1)切点A的坐标;

(2)过切点A的切线方程;

(3)由上述所围平面图形绕x轴旋转一周所成旋转体的体积.

解 (1)如图 618.设切点A的坐标为(a,a^2),则过点A的切线方程的斜率为$y'\Big|_{x=a}=2a$,切线方程为

$$y-a^2=2a(x-a),\quad\text{即}\quad y=2ax-a^2$$

由此可见,切线与x轴的交点为$(\frac{a}{2},0)$.曲线、x轴以及切线这三者所围图形的面积为

$$S=\int_0^a x^2\mathrm{d}x-\frac{a^3}{4}=\frac{a^3}{3}-\frac{a^3}{4}=\frac{a^3}{12}.$$

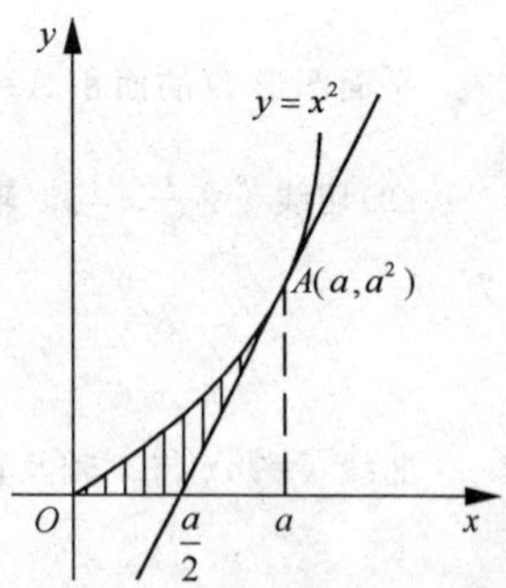

图 618

而由题设知$S=\frac{1}{12}$,因此$a=1$.

于是,切点A的坐标为$(1,1)$.

(2)过切点$(1,1)$的切线方程为$y=2x-1$.

(3)由上述所围平面图形绕x轴旋转一周所成旋转体的体积为

$$V=\int_0^1\pi(x^2)^2\mathrm{d}x-\int_{\frac{1}{2}}^1\pi(2x-1)^2\mathrm{d}x=\frac{\pi}{30}.$$

绕平行于坐标轴的直线旋转而成的旋转体的体积

【619】 求曲线$y=3-|x^2-1|$与x轴围成的封闭图形绕直线$y=3$旋转所得的旋转体体积.

解 如图 619 所示．$\overset{\frown}{AB}$与$\overset{\frown}{BC}$的方程分别为

$$y=x^2+2(0\leqslant x\leqslant 1),\quad 与\quad y=4-x^2(1\leqslant x\leqslant 2).$$

设旋转体在区间[0,1]上的体积为 V_1，在区间[1,2]上的体积为 V_2，则它们的体积元素分别为

$$dV_1=\pi\{3^2-[3-(x^2+2)]^2\}dx,$$
$$dV_2=\pi\{3^2-[3-(4-x^2)]^2\}dx.$$

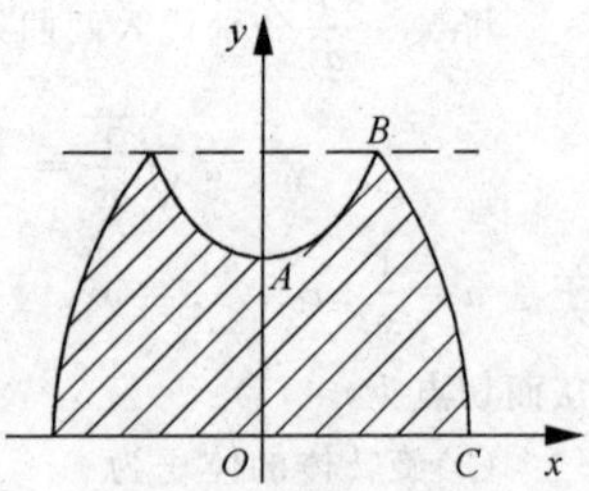

图 619

由对称性得

$$\begin{aligned}V&=2(V_1+V_2)\\&=2\pi\int_0^1\{3^2-[3-(x^2+2)]^2\}dx\\&\quad+2\pi\int_1^2\{3^2-[3-(4-x^2)]^2\}dx\\&=2\pi\int_0^2(8+2x^2-x^4)dx\\&=2\pi\left(8x+\frac{2}{3}x^3-\frac{1}{5}x^5\right)\Big|_0^2=\frac{448}{15}\pi.\end{aligned}$$

点评 本题应注意体积元素在不同区间上的表达式不一样．

【620】 过坐标原点作曲线 $y=\ln x$ 的切线，该切线与曲线 $y=\ln x$ 及 x 轴围成平面图形 D.

(1)求 D 的面积 A；

(2)求 D 绕直线 $x=e$ 旋转一周所得旋转体的体积 V.

解 (1)设切点的横坐标为 x_0，则曲线 $y=\ln x$ 在点$(x_0,\ln x_0)$处的切线方程是

$$y=\ln x_0+\frac{1}{x_0}(x-x_0),$$

由该切线过原点知 $\ln x_0-1=0$，从而 $x_0=e$，所以该切线的方程为 $y=\frac{1}{e}x$.

平面图形 D 的面积 $A=\int_0^1(e^y-ey)dy=\frac{1}{2}e-1$.

(2)切线 $y=\frac{1}{e}x$ 与 x 轴及直线 $x=e$ 所围成的三角形绕直线 $x=e$ 旋转所得的圆锥体体积为

$$V_1=\frac{1}{3}\pi e^2.$$

曲线 $y=\ln x$ 与 x 轴及直线 $x=e$ 所围成的图形绕直线 $x=e$ 旋转所得的旋转体体积为

$$V_2=\int_0^1\pi(e-e^y)^2dy.$$

因此，所求旋转体体积为

$$V=V_1-V_2=\frac{1}{3}\pi e^2-\int_0^1\pi(e-e^y)^2dy=\frac{\pi}{6}(5e^2-12e+3).$$

【621】 设平面图形 A 由 $x^2+y^2\leqslant 2x$ 与 $y\geqslant x$ 所确定，求图形 A 绕直线 $x=2$ 旋转一周所得旋转体的体积.

解 A 的图形如图 621 所示.

取 y 为积分变量，它的变化区间为[0,1]，易见 A 的两条边界曲线方程分别为

$$x=1-\sqrt{1-y^2}\quad 及\quad x=y\ (0\leqslant y\leqslant 1).$$

于是相应于[0,1]区间上任一小区间$[y,y+\mathrm{d}y]$的薄片的体积元素为

$$\{\pi[2-(1-\sqrt{1-y^2})]^2-\pi(2-y)^2\}\mathrm{d}y$$
$$=2\pi[\sqrt{1-y^2}-(1-y)^2]\mathrm{d}y,$$

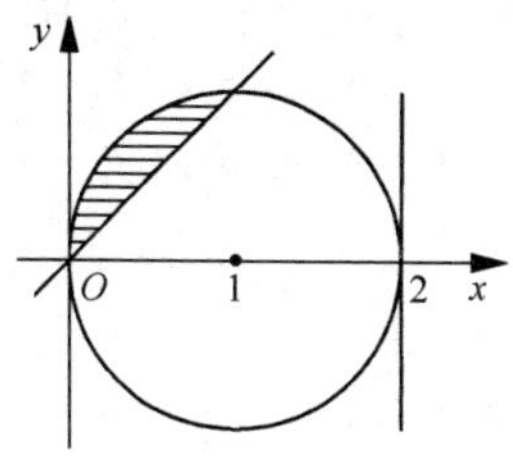

图 621

即有 $\mathrm{d}V=2\pi[\sqrt{1-y^2}-(1-y)^2]\mathrm{d}y$. 于是所求体积为

$$V=\int_0^1 2\pi[\sqrt{1-y^2}-(1-y)^2]\mathrm{d}y$$
$$=2\pi\left[\frac{y}{2}\sqrt{1-y^2}+\frac{1}{2}\arcsin y+\frac{(1-y)^3}{3}\right]\Bigg|_0^1$$
$$=2\pi(\frac{\pi}{4}-\frac{1}{3})=\frac{\pi^2}{2}-\frac{2\pi}{3}.$$

有关旋转体体积的应用题

【622】 设曲线 $y=ax^2(a>0,x\geqslant0)$与 $y=1-x^2$ 交于点 A,过坐标原点 O 和点 A 的直线与曲线 $y=ax^2$ 围成一平面图形. 问 a 为何值时,该图形绕 x 轴旋转一周所得的旋转体体积最大? 最大体积是多少?

解 当 $x\geqslant0$ 时,由$\begin{cases}y=ax^2\\y=1-x^2\end{cases}$ 解得 $x=\dfrac{1}{\sqrt{1+a}},y=\dfrac{a}{1+a}$,

故直线 OA 的方程为 $y=\dfrac{ax}{\sqrt{1+a}}$.

旋转体的体积

$$V=\pi\int_0^{\frac{1}{\sqrt{1+a}}}(\frac{a^2x^2}{1+a}-a^2x^4)\mathrm{d}x=\pi\left[\frac{a^2}{3(1+a)}x^3-\frac{a^2}{5}x^5\right]\Bigg|_0^{\frac{1}{\sqrt{1+a}}}=\frac{2\pi}{15}\cdot\frac{a^2}{(1+a)^{\frac{5}{2}}},$$

$$\frac{\mathrm{d}V}{\mathrm{d}a}=\frac{2\pi}{15}\cdot\frac{2a(1+a)^{\frac{5}{2}}-a^2\cdot\frac{5}{2}(1+a)^{\frac{3}{2}}}{(1+a)^5}=\frac{\pi(4a-a^2)}{15(1+a)^{\frac{7}{2}}}\ (a>0).$$

令$\dfrac{\mathrm{d}V}{\mathrm{d}a}=0$,并由 $a>0$ 得唯一驻点: $a=4$.

由题意知此旋转体在 $a=4$ 时取最大值,其最大体积为

$$V=\frac{2\pi}{15}\cdot\frac{16}{5^{\frac{5}{2}}}=\frac{32\sqrt{5}}{1875}\pi.$$

点评 本题考查旋转体的体积公式及求最大值问题. 旋转体的体积依赖于两抛物线交点位置,而交点位置由参数 a 确定,所以首先要求出两抛物线的交点坐标(参数 a 的函数),再写出直线 OA 的方程以及旋转体的体积(均为参数 a 的函数),最后求出最大值.

【623】 设函数 $f(x)$在闭区间[0,1]上连续,在开区间(0,1)内大于零,并满足 $xf'(x)=f(x)+\dfrac{3a}{2}x^2$($a$ 为常数),又曲线 $y=f(x)$与 $x=1,y=0$ 所围的图形 S 的面积值为 2,求函数 $y=f(x)$,并问 a 为何值时,图形 S 绕 x 轴旋转一周所得的旋转体的体积最小.

解 由题设知,当 $x\neq0$ 时,

$$\frac{xf'(x)-f(x)}{x^2}=\frac{3a}{2},\quad 即\quad \frac{\mathrm{d}}{\mathrm{d}x}\left[\frac{f(x)}{x}\right]=\frac{3a}{2},$$

据此并由 $f(x)$在点 $x=0$ 处的连续性,得

$$f(x)=\frac{3}{2}ax^2+Cx,\quad x\in[0,1].$$

又由已知条件得

$$2=\int_0^1 (\frac{3}{2}ax^2+Cx)\mathrm{d}x=(\frac{1}{2}ax^3+\frac{C}{2}x^2)\Big|_0^1=\frac{1}{2}a+\frac{1}{2}C,$$

即 $C=4-a$. 因此 $f(x)=\frac{3}{2}ax^2+(4-a)x$. 旋转体的体积为

$$V(a)=\pi\int_0^1 f^2(x)\mathrm{d}x=\pi\int_0^1 [\frac{3}{2}ax^2+(4-a)x]^2\mathrm{d}x=(\frac{1}{30}a^2+\frac{1}{3}a+\frac{16}{3})\pi.$$

由 $V'(a)=(\frac{1}{15}a+\frac{1}{3})\pi=0$, 得 $a=-5$. 又因 $V''(a)=\frac{\pi}{15}>0$.

故 $a=-5$ 时, 旋转体体积最小.

【624】 设 D_1 是由抛物线 $y=2x^2$ 和直线 $x=a, x=2$ 及 $y=0$ 所围成的平面区域; D_2 是由抛物线 $y=2x^2$ 和直线 $y=0, x=a$ 所围成的平面区域, 其中 $0<a<2$.

(1) 试求 D_1 绕 x 轴旋转而成的旋转体积 V_1; D_2 绕 y 轴旋转而成的旋转体体积 V_2;

(2) 问当 a 为何值时, V_1+V_2 取得最大值? 试求此最大值.

解 (1)如图 624.

$$V_1=\pi\int_a^2 (2x^2)^2\mathrm{d}x=\frac{4\pi}{5}(32-a^5);$$

$$V_2=\pi a^2\cdot 2a^2-\pi\int_0^{2a^2}\frac{y}{2}\mathrm{d}y=2\pi a^4-\pi a^4=\pi a^4.$$

(2) 设 $V=V_1+V_2=\frac{4\pi}{5}(32-a^5)+\pi a^4$. 由

$$V'=4\pi a^3(1-a)=0,$$

得区间 $(0,2)$ 内的唯一驻点 $a=1$.

当 $0<a<1$ 时, $V'>0$; 当 $a>1$ 时, $V'<0$.

因此 $a=1$ 是极大值点即最大值点. 此时, V_1+V_2 取得最大值, 等于 $\frac{129}{5}\pi$.

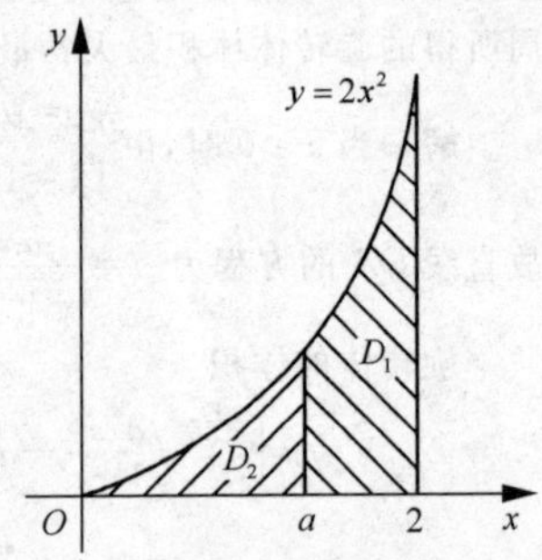

图 624

求旋转体的表面积

【625】 设有曲线 $y=\sqrt{x-1}$, 过原点作其切线, 求由此曲线、切线及 x 轴围成的平面图形绕 x 轴旋转一周所得到的旋转体的表面积.

解 如图 625 所示.

设切点为 $(x_0, \sqrt{x_0-1})$, 则过原点的切线方程为

$$y=\frac{1}{2\sqrt{x_0-1}}x.$$

再以点 $(x_0,\sqrt{x_0-1})$ 代入, 解得

$$x_0=2,\ y_0=\sqrt{x_0-1}=1,$$

则上述切线方程为 $y=\frac{1}{2}x$.

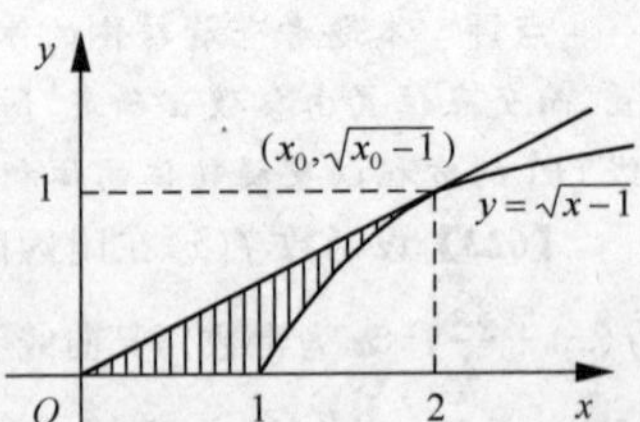

图 625

由曲线 $y=\sqrt{x-1}\,(1\leqslant x\leqslant 2)$ 绕 x 轴旋转一周所得到的旋转面的面积

$$S_1=\int_1^2 2\pi y\sqrt{1+y'^2}\mathrm{d}x=\pi\int_1^2\sqrt{4x-3}\mathrm{d}x=\frac{\pi}{6}(5\sqrt{5}-1);$$

由直线段 $y=\frac{1}{2}x(0\leqslant x\leqslant 2)$ 绕 x 轴旋转一周所得到的旋转面的面积

$$S_2=\int_0^2 2\pi\cdot\frac{1}{2}x\frac{\sqrt{5}}{2}\mathrm{d}x=\sqrt{5}\pi.$$

因此,所求旋转体的表面积为

$$S=S_1+S_2=\frac{\pi}{6}(11\sqrt{5}-1).$$

曲线为参数方程时弧长的计算

【626】 求摆线 $\begin{cases}x=1-\cos t\\y=t-\sin t\end{cases}$ 一拱$(0\leqslant t\leqslant 2\pi)$的弧长.

解 $\frac{\mathrm{d}x}{\mathrm{d}t}=\sin t$, $\frac{\mathrm{d}y}{\mathrm{d}t}=1-\cos t$,所以

$$\mathrm{d}s=\sqrt{\sin^2 t+(1-\cos t)^2}\,\mathrm{d}t=\sqrt{2(1-\cos t)}\,\mathrm{d}t=2\sin\frac{t}{2}\mathrm{d}t\quad(0\leqslant t\leqslant 2\pi).$$

从而 $s=\int_0^{2\pi}2\sin\frac{t}{2}\mathrm{d}t=8.$

【627】 在摆线 $\begin{cases}x=a(t-\sin t)\\y=a(1-\cos t)\end{cases}$ 上求分摆线第一拱成 1∶3 的点的坐标.

解 第一拱总长为

$$s=\int_0^{2\pi}a\sqrt{(1-\cos t)^2+\sin^2 t}\,\mathrm{d}t=\sqrt{2}a\int_0^{2\pi}\sqrt{1-\cos t}\,\mathrm{d}t=2a\int_0^{2\pi}\sin\frac{t}{2}\mathrm{d}t=8a.$$

设点 $M(x_0,y_0)$为摆线第一拱弧长为 1∶3,显然$\overset{\frown}{OM}=2a$,即

$$2a\int_0^{t_0}\sin\frac{t}{2}\mathrm{d}t=2a,$$

求得 $t_0=\frac{2}{3}\pi$. 于是 $x_0=a(\frac{2}{3}\pi-\frac{\sqrt{3}}{2})$, $y_0=\frac{3}{2}a$.

所求点为 $\left[a(\frac{2}{3}\pi-\frac{\sqrt{3}}{2}),\frac{3}{2}a\right]$.

曲线为极坐标方程时弧长的计算

【628】 对数螺线 $\rho=\mathrm{e}^{2\varphi}$上 $\varphi=0$ 到 $\varphi=2\pi$ 的一段弧.

解 $s=\int_0^{2\pi}\sqrt{\mathrm{e}^{4\varphi}+4\mathrm{e}^{4\varphi}}\,\mathrm{d}\varphi=\sqrt{5}\int_0^{2\pi}\mathrm{e}^{2\varphi}\mathrm{d}\varphi=\frac{\sqrt{5}}{2}(\mathrm{e}^{4\pi}-1).$

【629】 求心脏线 $r=a(1+\cos\theta)$的全长,其中 $a>0$ 是常数.

解 $r'(\theta)=-a\sin\theta$,

$$\mathrm{d}s=\sqrt{r^2+(r')^2}\,\mathrm{d}\theta=a\sqrt{(1+\cos\theta)^2+(-\sin\theta)^2}\,\mathrm{d}\theta=2a\left|\cos\frac{\theta}{2}\right|\mathrm{d}\theta.$$

利用对称性知,所求心脏线的全长

$$s=2\int_0^{\pi}2a\cos\frac{\theta}{2}\mathrm{d}\theta=8a\sin\frac{\theta}{2}\Big|_0^{\pi}=8a.$$

曲线为一元显函数形式时弧长的计算

【630】 设位于第一象限的曲线 $y=f(x)$过点$(\frac{\sqrt{2}}{2},\frac{1}{2})$,其上任一点 $P(x,y)$处的法线与 y 轴

的交点为 Q,且线段 PQ 被 x 轴平分.

(1)求曲线 $y=f(x)$ 的方程;

(2)已知曲线 $y=\sin x$ 在 $[0,\pi]$ 上的弧长为 l,试用 l 表示曲线 $y=f(x)$ 的弧长 s.

解 (1)曲线 $y=f(x)$ 在点 $P(x,y)$ 处的法线方程为

$$Y-y=-\frac{1}{y'}(X-x),$$

其中 (X,Y) 为法线上任意一点的坐标. 令 $X=0$,则

$$Y=y+\frac{x}{y'},$$

故 Q 点坐标为 $(0,y+\frac{x}{y'})$. 由题设知

$$y+y+\frac{x}{y'}=0,\quad 即\quad 2y\mathrm{d}y+x\mathrm{d}x=0.$$

积分得 $x^2+2y^2=C$ (C 为任意常数).

由 $y\Big|_{x=\frac{\sqrt{2}}{2}}=\frac{1}{2}$ 知 $C=1$,故曲线 $y=f(x)$ 的方程为 $x^2+2y^2=1$.

(2)曲线 $y=\sin x$ 在 $[0,\pi]$ 上的弧长为 $l=2\int_0^{\frac{\pi}{2}}\sqrt{1+\cos^2 x}\,\mathrm{d}x$.

曲线 $y=f(x)$ 的参数方程为 $\begin{cases}x=\cos\theta\\ y=\frac{\sqrt{2}}{2}\sin\theta\end{cases}$,故

$$s=\int_0^{\frac{\pi}{2}}\sqrt{\sin^2\theta+\frac{1}{2}\cos^2\theta}\,\mathrm{d}\theta=\frac{1}{\sqrt{2}}\int_0^{\frac{\pi}{2}}\sqrt{1+\sin^2\theta}\,\mathrm{d}\theta.$$

令 $\theta=\frac{\pi}{2}-t$,则

$$s=\frac{1}{\sqrt{2}}\int_{\frac{\pi}{2}}^{0}\sqrt{1+\cos^2 t}\,(-\mathrm{d}t)=\frac{1}{\sqrt{2}}\int_0^{\frac{\pi}{2}}\sqrt{1+\cos^2 t}\,\mathrm{d}t=\frac{l}{2\sqrt{2}}=\frac{\sqrt{2}}{4}l.$$

§2. 定积分在物理学上的应用

定积分在物理中的应用主要包括变力作功、引力、液体的静压力、质量、重心及转动惯量等,解这些应用题首先是把实际问题化为数学问题,并把合力分解为投影到坐标轴的分力后分别进行积分计算. 而求平均值只需要弄清楚是求函数的平均值还是均方根,然后选用相应的公式即可.

对于几何、物理学中的实际问题,定积分的元素法提供了一个解决问题的很好的途径. 在元素法的使用过程中,先取积分变量 x 与积分区间 $[a,b]$ 及寻求所求量 u 的积分元素 $\mathrm{d}u=f(x)\mathrm{d}x$ 的表达式是最为关键的两点. 特别是在确定积分元素的表达式时,需先把最简单的情况下如何计算相应的量搞清楚,例如变力作功的计算,就要先搞清楚质点沿直线运动时常力所作的功为 $\boldsymbol{F}\cdot\boldsymbol{S}$,这样才清楚变力在小曲线段上作功的近似值为 $\boldsymbol{F}\cdot\boldsymbol{n}\mathrm{d}s$,其中 $\boldsymbol{n}$ 为曲线的切向量. 其他如面积、弧长、体积、引力、压力等都是如此.

基本题型

有关变力作功问题

【631】半径等于 rm 的半球形水池，其中充满了水. 把池内的水完全吸尽，需作多少功？（水的密度 $\rho=1000\text{kg/m}^3$，设重力加速度为 g）.

解法一 建立坐标系如图 631(1)所示.

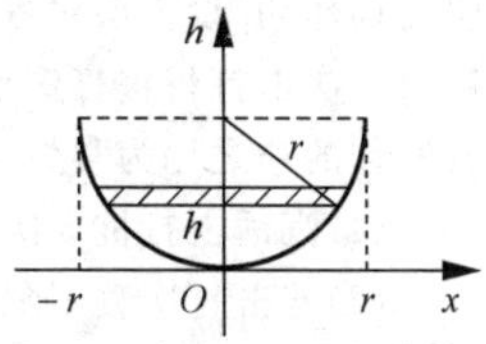

图 631(1)

$$W=1000\pi g\int_r^0 (r-h)[r^2-(r-h)^2]dh$$

$$=1000\pi g\int_r^0 [r^2(r-h)-(r-h)^3]dh$$

$$=1000\pi g\cdot\left[-\frac{r^2}{2}(r-h)^2+\frac{1}{4}(r-h)^4\right]\Big|_r^0$$

$$=250\pi g r^4.$$

解法二 建立坐标系如图 631(2)所示.

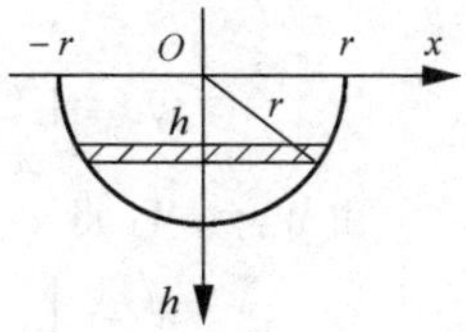

图 631(2)

$$W=1000\pi g\int_0^r (r^2-h^2)h\,dh$$

$$=1000\pi g\cdot\left(\frac{r^2}{2}h^2-\frac{h^4}{4}\right)\Big|_0^r$$

$$=250\pi g r^4.$$

故吸尽池内的水作的功为 $250\pi g r^4$(J).

【632】为清除井底的污泥，用缆绳将抓斗放入井底，抓起污泥后提出井口（如图 640 所示）. 已知井深 30m，抓斗自重 400N，缆绳每米重 50N，抓斗抓起的污泥重 2000N，提升速度为 3m/s，在提升过程中，污泥以 20N/s 的速率从抓斗缝隙中漏掉. 现将抓起污泥的抓斗提升至井口，问克服重力需作多少焦耳的功？

（说明：①1N×1m=1J；m，N，s，J 分别表示米，牛顿，秒，焦耳. ②抓斗的高度及位于井口上方的缆绳长度忽略不计.）

解 作 x 轴如图 632 所示，将抓起污泥的抓斗提升至井口需作功

$$w=w_1+w_2+w_3,$$

其中 w_1 是克服抓斗自重所作的功；w_2 是克服缆绳重力所作的功；w_3 是提出污泥所作的功. 由题意知

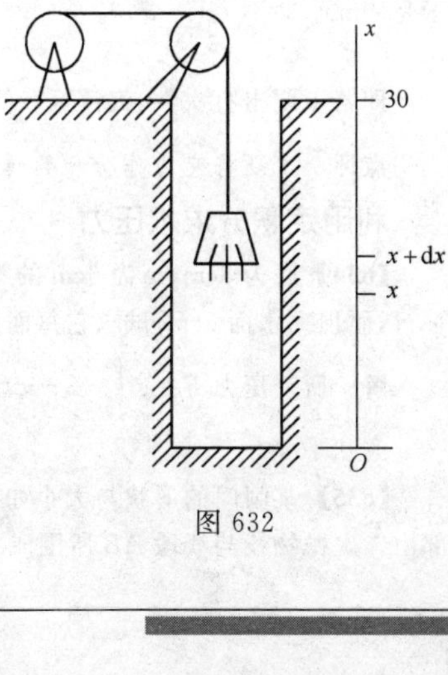

图 632

$$w_1=400\times30=12000.$$

将抓斗由 x 处提升至 $x+dx$ 处，克服缆绳重力所作的功为

$$dw_2=50(30-x)dx,$$

从而

$$w_2=\int_0^{30} 50(30-x)dx=22500,$$

在时间间隔$[t,t+dt]$内提升污泥需作功为

$$dw_3=3(2000-20t)dt.$$

将污泥从井底提升至井口共需时间$\frac{30}{3}=10$,所以

$$w_3=\int_0^{10}3(2000-20t)\mathrm{d}t=57000.$$

因此,共需作功 $w=12000+22500+57000=91500(\mathrm{J})$.

【633】 某建筑工程打地基时,需用汽锤将桩打进土层.汽锤每次击打,都将克服土层对桩的阻力而作功.设土层对桩的阻力的大小与桩被打进地下的深度成正比(比例系数为 $k,k>0$),汽锤第一次击打将桩打进地下 am.根据设计方案,要求汽锤每次击打桩时所作的功与前一次击打时所作的功之比为常数 $r(0<r<1)$.问:

(1)汽锤击打桩 3 次后,可将桩打进地下多深?

(2)若击打次数不限,汽锤至多能将桩打进地下多深?(注:m 表示长度,单位米).

解 (1)设第 n 次击打后,桩被打进地下 x_n,第 n 次击打时,汽锤所作的功为 $W_n(n=1,2,3,\cdots)$.由题设,当桩被打进地下的深度为 x 时,土层对桩的阻力的大小为 kx,所以

$$W_1=\int_0^{x_1}kx\mathrm{d}x=\frac{k}{2}x_1^2=\frac{k}{2}a^2,$$

$$W_2=\int_{x_1}^{x_2}kx\mathrm{d}x=\frac{k}{2}(x_2^2-x_1^2)=\frac{k}{2}(x_2^2-a^2).$$

由 $W_2=rW_1$ 得 $x_2^2-a^2=ra^2$,即 $x_2^2=(1+r)a^2$.

$$W_3=\int_{x_2}^{x_3}kx\mathrm{d}x=\frac{k}{2}(x_3^2-x_2^2)=\frac{k}{2}[(x_3^2-(1+r)a^2].$$

由 $W_3=rW_2=r^2W_1$,可得 $x_3^2-(1+r)a^2=r^2a^2$,从而,$x_3=\sqrt{1+r+r^2}\,a$,即汽锤击打 3 次后,可将桩打进地下 $\sqrt{1+r+r^2}\,a$m.

(2)由归纳法,设 $x_n=\sqrt{1+r+\cdots+r^{n-1}}\,a$,则

$$W_{n+1}=\int_{x_n}^{x_{n+1}}kx\mathrm{d}x=\frac{k}{2}(x_{n+1}^2-x_n^2)=\frac{k}{2}[x_{n+1}^2-(1+r+\cdots+r^{n-1})a^2].$$

由于 $W_{n+1}=rW_n=r^2W_{n-1}=\cdots=r^nW_1$,故得 $x_{n+1}^2-(1+r+\cdots+r^{n-1})a^2=r^na^2$,从而

$$x_{n+1}=\sqrt{1+r+\cdots+r^n}\,a=\sqrt{\frac{1-r^{n+1}}{1-r}}a.$$

于是 $\lim\limits_{n\to\infty}x_{n+1}=\sqrt{\frac{1}{1-r}}a$,

即若不限击打次数,汽锤至多能将桩打进地下$\sqrt{\frac{1}{1-r}}a$m.

点评 本题将变力作功和数列极限两个知识点结合在一起,是有一定难度的综合计算题.

利用定积分求水压力

【634】 底为 8cm,高为 6cm 的等腰三角形片,铅直地沉没在水中,顶在上,底在下且与水面平行,而顶离水面 3cm.试求它每面所受的压力(设重力加速度为 g).

解 所受压力 $F=g\int_0^6(3+x)\cdot\frac{4}{3}x\mathrm{d}x=g\int_0^6(4x+\frac{4}{3}x^2)\mathrm{d}x=g(2x^2+\frac{4}{9}x^3)\Big|_0^6=168\mathrm{g}$.

或 0.168N.

【635】 某闸门的形状与大小如图所示,其中直线 l 为对称轴,闸门的上部为矩形 $ABCD$,下部由二次抛物线与线段 AB 所围成.当水面与闸门的上端相平时,欲使闸门矩形部分承受的水压

力与闸门下部承受的水压力之比为 5∶4，闸门矩形部分的高 h 应为多少m(米)？

解法一 建立坐标系如图 635(1)所示，则抛物线的方程为

$$y=x^2,$$

闸门矩形部分承受的水压力

$$P_1=2\int_1^{h+1}\rho g(h+1-y)\mathrm{d}y$$

$$=2\rho g\left[(h+1)y-\frac{y^2}{2}\right]\Big|_1^{h+1}=\rho g h^2,$$

其中 ρ 为水的密度，g 为重力加速度.

闸门下部承受的水压力

$$P_2=2\int_0^1\rho g(h+1-y)\sqrt{y}\,\mathrm{d}y$$

$$=2\rho g\left[\frac{2}{3}(h+1)y^{\frac{3}{2}}-\frac{2}{5}y^{\frac{5}{2}}\right]\Big|_0^1=4\rho g\left(\frac{1}{3}h+\frac{2}{15}\right).$$

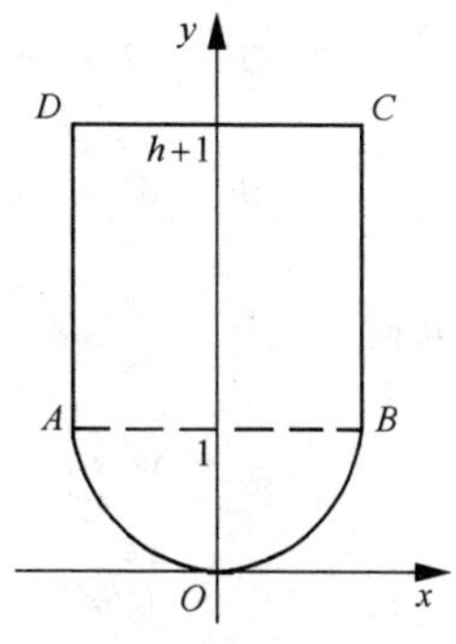

图 635(1)

由题意知

$$\frac{P_1}{P_2}=\frac{5}{4},\quad 即\quad \frac{h^2}{4\left(\frac{1}{3}h+\frac{2}{15}\right)}=\frac{5}{4},$$

解之得 $h=2,h=-\frac{1}{3}$(舍去)，故 $h=2$.

即闸门矩形部分的高应为 2m.

解法二 建立坐标系如图 635(2)所示，则抛物线方程为

$$x=h+1-y^2.$$

闸门矩形部分承受的水压力为 $P_1=2\int_0^h\rho g x\mathrm{d}x=\rho g h^2$,

闸门下部承受的水压力为 $P_2=2\int_h^{h+1}\rho g x\sqrt{h+1-x}\,\mathrm{d}x.$

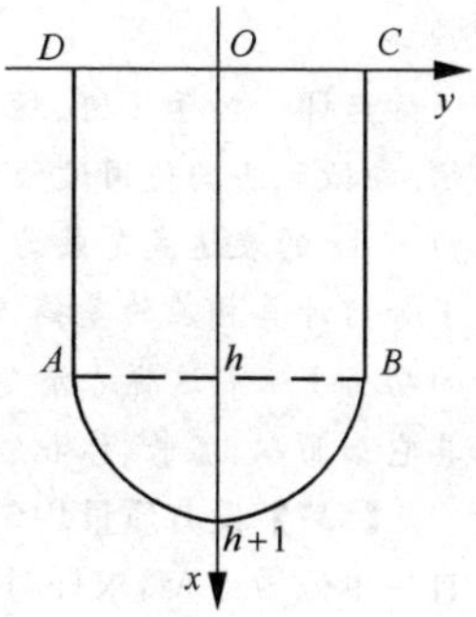

图 635(2)

设 $\sqrt{h+1-x}=t$，得

$$P_2=4\rho g\int_0^1(h+1-t^2)t^2\mathrm{d}t=4\rho g\left[(h+1)\frac{t^3}{3}-\frac{t^5}{5}\right]\Big|_0^1=4\rho g\left(\frac{1}{3}h+\frac{2}{15}\right).$$

以下同解法一.

有关引力的讨论

【636】 设星形线 $\begin{cases}x=a\cos^3 t\\ y=a\sin^3 t\end{cases}$ 上每一点处的线密度的大小等于该点到原点的距离的立方，在原点 O 处有一单位质点，求星形线在第一象限的弧段对这质点的引力.

解 如图 636 所示.

在弧上取一小段 $\mathrm{d}s$，将其近似地看成质点 (x,y)，其质量为 $(x^2+y^2)^{\frac{3}{2}}\mathrm{d}s$，由两质点间的引力计算公式，此小段对在原点处的单位质点的引力 $\mathrm{d}F$ 的大小为

$$\mathrm{d}F=k\frac{(x^2+y^2)^{\frac{3}{2}}\mathrm{d}s}{x^2+y^2}=k(x^2+y^2)^{\frac{1}{2}}\mathrm{d}s,$$

(其中 k 为引力系数)

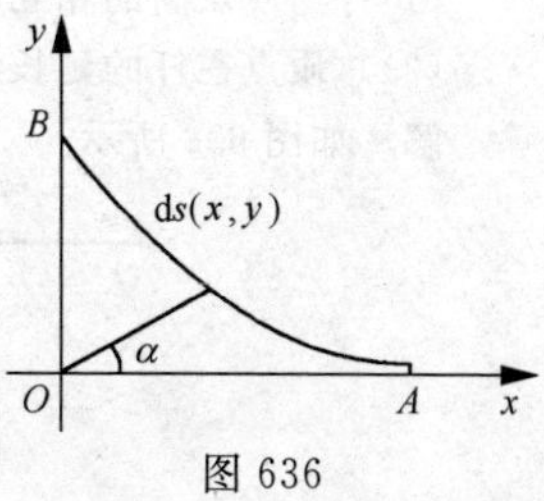

图 636

从而可求出 dF 在水平方向和垂直的分力分别为

$$dF_x = dF \cdot \cos\alpha = k(x^2+y^2)^{\frac{1}{2}} \cdot \frac{x}{\sqrt{x^2+y^2}} ds = kx ds$$

$$dF_y = dF \cdot \sin\alpha = k(x^2+y^2)^{\frac{1}{2}} \cdot \frac{y}{\sqrt{x^2+y^2}} ds = ky ds$$

从而
$$F_x = \int_A^B kx ds = k\int_0^{\frac{\pi}{2}} a\cos^3 t \sqrt{[3a\cos^2 t \cdot (-\sin t)]^2 + [3a\sin^2 t \cdot \cos t]^2} dt$$

$$= 3a^2 k\int_0^{\frac{\pi}{2}} \cos^4 t \cdot \sin t dt = -3a^2 k\int_0^{\frac{\pi}{2}} \cos^4 t d(\cos t) = \frac{3}{5}ka^2,$$

$$F_y = \int_A^B ky ds = k\int_0^{\frac{\pi}{2}} a\sin^3 t \sqrt{[3a\cos^2 t(-\sin t)]^2 + [3a\sin^2 t \cdot \cos t]^2} dt$$

$$= 3a^2 k\int_0^{\frac{\pi}{2}} \sin^4 t \cdot \cos t dt = 3a^2 k\int_0^{\frac{\pi}{2}} \sin^4 t d(\sin t) = \frac{3}{5}ka^2.$$

所以星形线在第一象限的弧段对位于原点处的单位质点的引力为

$$\boldsymbol{F} = \frac{3}{5}ka^2\boldsymbol{i} + \frac{3}{5}ka^2\boldsymbol{j}.$$

点评 对于几何、物理学中的实际问题，定积分的微元法提供了一个解决问题的很好的途径. 在微元法的使用过程中，选取积分变量 x 与积分区间 $[a,b]$ 及寻求所求量 u 的积分元素 $du = f(x)dx$ 的表达式是最为关键的两点. 特别是在确定积分元素的表达式时，需先把最简单的情况下如何计算相应的量搞清楚，例如变力作功的计算，就要先搞清楚质点沿直线运动时常力所作的功为 $\boldsymbol{F} \cdot \boldsymbol{S}$，这样才清楚变力在小曲线段上作功的近似值为 $\boldsymbol{F} \cdot \boldsymbol{n} ds$，其中 $\boldsymbol{n}$ 为曲线的切向量，其它如面积、弧长、体积、引力、压力等都是如此.

【637】 设有质量均匀分布的细杆，线密度为常量 ρ，长为 l，在杆的中垂线上到杆距离为 a 处有一单位质点 M，求杆对这单位质点的引力.

解 根据万有引力定律，由微元法：

$$dF = \frac{k\rho}{\sqrt{a^2 + \left(\frac{l}{2} - x\right)^2}} dx,$$

故

$$F = \int_0^l \frac{k\rho}{\sqrt{a^2 + \left(\frac{l}{2} - x\right)^2}} dx = \frac{2k\rho l}{\sqrt{4a^2 + l^2}}.$$

【638】 一质量为 M，长为 l 的均匀杆 AB 吸引着质量为 m 的一质点 C，此质点 C 位于 AB 杆的延长线上，并与较近的端点 B 的距离为 a，试求：

(1)杆与质点间的相互吸引力；

(2)总质点在杆的延长线上从距离 r_1 处移至 r_2 处时，克服吸引力所作的功.

解 如图 638 所示.

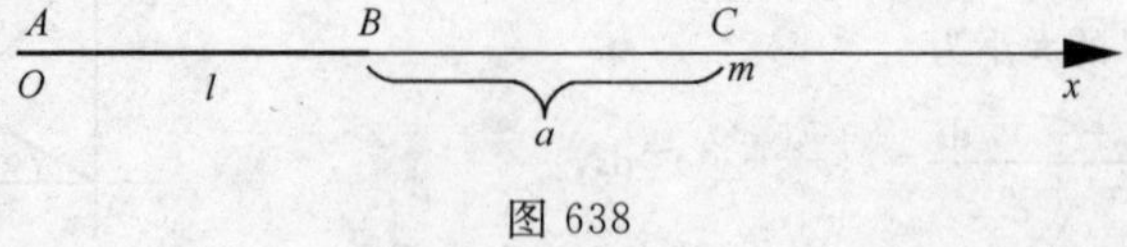

图 638

(1)据万有引力定律,由微元法有

$$dF=\frac{km\cdot\frac{M}{l}dx}{(l+a-x)^2}=\frac{kmM}{l}\frac{dx}{(l+a-x)^2},$$

$$F=\frac{kmM}{l}\int_0^l\frac{dx}{(l+a-x)^2}=\frac{kmM}{a(a+l)},$$

其中 k 为常数.

(2)由(1)知,位于 B、C 间距 B 端为 x 的点与杆 AB 的引力为 $F=\frac{kmM}{x(x+l)}$,所以

$$W=\int_{r_1}^{r_2}\frac{kmM}{x(x+l)}dx=\frac{kmM}{l}\ln\frac{r_2(r_1+l)}{r_1(r_2+l)}.$$

计算吸入空气总量

【639】 设人呼出或吸入的气流的速率 $v(t)$(m/s),可用一个正弦曲线 $v(t)=A\sin(\frac{2\pi}{T}t)$来描述,其中时间 t(单位为秒)从某次吸气开始时计算起,A 是最大气流速率,T 为一次呼吸所用时间.当正弦曲线函数值为正时,人正在吸气;反之,正在呼气.在吸气的某个时间段$[t_1,t_2]$上,曲线 $y=v(t)$与 $t=t_1$,$t=t_2$ 及 t 轴所围面积就是人在这个时间段上吸入空气总量.试求人每次吸气时吸入空气的总量.

解　人每次吸气时吸入空气总量为

$$\int_{t_1}^{t_2}v(t)dt=A\int_{t_1}^{t_2}\sin\frac{2\pi}{T}t\,dt=\frac{AT}{2\pi}[\cos\frac{2\pi}{T}t_1-\cos\frac{2\pi}{T}t_2].$$

§3. 综合提高题型

有关利用定积分计算平面图形面积的综合题

【640】 设 xOy 平面上有正方形 $D=\{(x,y)\,|\,0\leqslant x\leqslant 1,0\leqslant y\leqslant 1\}$及直线 l:$x+y=t\ (t\geqslant 0)$.若 $S(t)$表示正方形 D 位于直线 l 左下方部分的面积,试求 $\int_0^x S(t)dt\ (x\geqslant 0)$.

解　如图 640 所示.由题设知

$$S(t)=\begin{cases}\frac{1}{2}t^2, & 0\leqslant t\leqslant 1\\ -\frac{1}{2}t^2+2t-1, & 1<t\leqslant 2\\ 1, & t>2\end{cases}$$

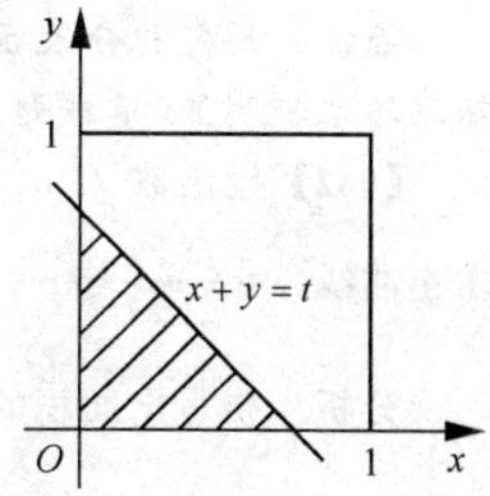

图 640

所以,当 $0\leqslant x\leqslant 1$ 时,

$$\int_0^x S(t)dt=\int_0^x\frac{1}{2}t^2dt=\frac{1}{6}x^3,$$

当 $1<x\leqslant 2$ 时

$$\int_0^x S(t)dt=\int_0^1 S(t)dt+\int_1^x S(t)dt=-\frac{x^3}{6}+x^2-x+\frac{1}{3},$$

当 $x>2$ 时

$$\int_0^x S(t)\mathrm{d}t=\int_0^2 S(t)\mathrm{d}t+\int_2^x S(t)\mathrm{d}t=x-1.$$

因此

$$\int_0^x S(t)\mathrm{d}t=\begin{cases}\frac{1}{6}x^3, & 0\leqslant x\leqslant 1\\ -\frac{1}{6}x^3+x^2-x+\frac{1}{3}, & 1<x\leqslant 2\\ x-1, & x>2\end{cases}$$

点评 分段函数的积分，应根据不同区间上的函数表达式，利用定积分的可加性分段计算，本题先根据 t 的取值情况，求出 $S(t)$ 的表达式，然后根据 x 的取值确定 $\int_0^x S(t)\mathrm{d}t\ (x\geqslant 0)$.

【641】 如图 641 所示，C_1 和 C_2 分别是 $y=\frac{1}{2}(1+\mathrm{e}^x)$ 和 $y=\mathrm{e}^x$ 的图象，过点(0,1)的曲线 C_3 是一单调增函数的图象. 过 C_2 上任一点 $M(x,y)$ 分别作垂直于 x 轴和 y 轴的直线 l_x 和 l_y，记 C_1，C_2 与 l_x 所围图形的面积为 $S_1(x)$；C_2，C_3 与 l_y 所围图形的面积为 $S_2(y)$. 如果总有 $S_1(x)=S_2(y)$，求曲线 C_3 的方程 $x=\varphi(y)$.

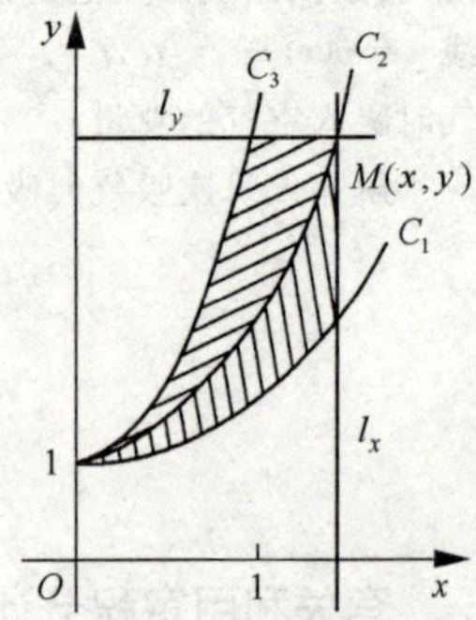

图 641

解 由题设 $S_1(x)=S_2(y)$，知

$$\int_0^x[\mathrm{e}^x-\frac{1}{2}(1+\mathrm{e}^x)]\mathrm{d}x=\int_1^y[\ln y-\varphi(y)]\mathrm{d}y,$$

即
$$\int_0^x(\frac{1}{2}\mathrm{e}^x-\frac{1}{2})\mathrm{d}x=\int_1^y[\ln y-\varphi(y)]\mathrm{d}y,$$

两边对 x 求导，得

$$\frac{1}{2}\mathrm{e}^x-\frac{1}{2}=[\ln y-\varphi(y)]\frac{\mathrm{d}y}{\mathrm{d}x},$$

由 $y=\mathrm{e}^x$ 得

$$\frac{1}{2}\mathrm{e}^x-\frac{1}{2}=[x-\varphi(\mathrm{e}^x)]\mathrm{e}^x,$$

于是 $\varphi(\mathrm{e}^x)=x+\frac{1}{2\mathrm{e}^x}-\frac{1}{2}$，从而 $\varphi(y)=\ln y+\frac{1}{2y}-\frac{1}{2}$.

故曲线 C_3 的方程为 $x=\ln y+\frac{1}{2y}-\frac{1}{2}$.

点评 用定积分表示面积得到一个方程，再通过积分上限函数求导化为方程求解. 此题解题思路比较明显，根据题设条件逐步求解即可.

【642】 设函数 $f(x)$、$g(x)$满足条件：$f'(x)=g(x)$，$g'(x)=f(x)$. 又 $f(0)=0$，$g(x)\neq 0$. 试求由曲线 $y=\frac{f(x)}{g(x)}$与 $x=0$，$x=t(t>0)$，$y=1$ 所围成平面图形的面积.

分析 要写出面积的积分公式，首先需知道曲线 $y=\frac{f(x)}{g(x)}$与 $y=1$ 的相对位置，而 $f'(x)=g(x)$，$g'(x)=f(x)$，$f(0)=0$，$g(x)\neq 0$ 实际上用常微分方程的形式给出了 $f(x)$与 $g(x)$的性质，因此可以求出曲线 $y=\frac{f(x)}{g(x)}$的具体表达式.

解 由 $f'(x)=g(x)$，$g'(x)=f(x)$可得 $g''(x)=g(x)$，因此

$$g(x)=C_1\mathrm{e}^x+C_2\mathrm{e}^{-x},\quad f(x)=C_1\mathrm{e}^x-C_2\mathrm{e}^{-x}.$$

又由 $f(0)=0$ 知 $C_1=C_2$，由 $g(x)\neq 0$ 知 $C_1=C_2\neq 0$，则

$$y=\frac{f(x)}{g(x)}=\frac{C_1(e^x-e^{-x})}{C_1(e^x+e^{-x})}=\frac{e^x-e^{-x}}{e^x+e^{-x}}<1.\text{（当 }x>0\text{ 时）}$$

由此可得所求面积为

$$A(t)=\int_0^t(1-\frac{f(x)}{g(x)})dx=\int_0^t(1-\frac{e^x-e^{-x}}{e^x+e^{-x}})dx=t-\ln(e^x+e^{-x})\Big|_0^t$$
$$=t-\ln(e^t+e^{-t})+\ln2=\ln2-\ln(1+e^{-2t}).$$

点评 由于 $\lim\limits_{x\to+\infty}\frac{e^x-e^{-x}}{e^x+e^{-x}}=1$，因此 $y=1$ 是 $y=\frac{e^x-e^{-x}}{e^x+e^{-x}}$ 的渐近线，这样由 $y=1,y=\frac{f(x)}{g(x)}$，$x=0$ 所围成的无穷区域的面积也可计算，实际上这无穷区域的面积为

$$A=\lim_{t\to+\infty}A(t)=\lim_{t\to+\infty}\int_0^t[1-\frac{f(x)}{g(x)}]dx=\lim_{t\to+\infty}[\ln2-\ln(1+e^{-2t})]=\ln2.$$

【643】 设当 $x\in[2,4]$ 时，有不等式 $ax+b\geqslant\ln x$，其中 a,b 为常数. 试求使得积分

$$I=\int_2^4(ax+b-\ln x)dx$$

取得最小值的 a 和 b.

分析 首先 I 的值与 a,b 有关；其次，由 I 的表达式可知，I 即为曲线 $y_1=ax+b$ 与 $y_2=\ln x$ 及 $x=2,x=4$ 所围图形的面积，其最小值应在 y_1 与 y_2 相切时取得，利用切点找出 a,b 之间的关系（或 a,b 用切点坐标表示）. 这样，问题就转化为：在曲线 $y=\ln x(2\leqslant x\leqslant4)$ 上求一点 $P(x,y)$ 使该点的切线与 $y=\ln x$ 及 $x=2,x=4$ 所围图形的面积最小.

解 如图 643 所示. 首先

$$I=\int_2^4(ax+b-\ln x)dx=6a+2b-\int_2^4\ln x dx$$
$$=6a+2b-A.\quad(A=\int_2^4\ln x dx\text{ 是常数})$$

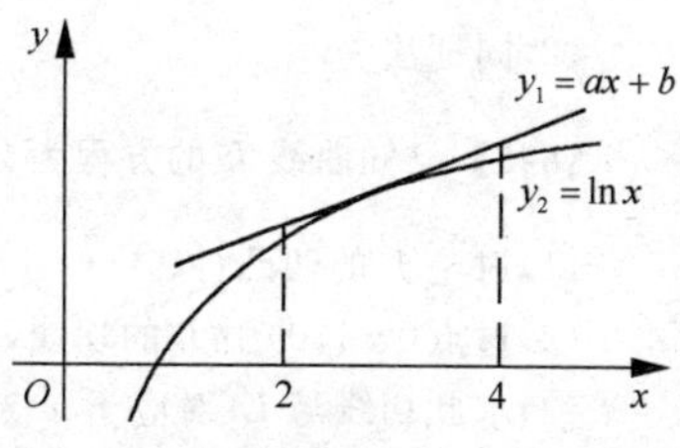

图 643

其次，设直线 $y_1=ax+b$ 与曲线 $y_2=\ln x$ 相切于点 $P(x,y)$，则有

$$\begin{cases}ax+b=\ln x\\ a=\frac{1}{x}\end{cases},\quad\text{于是}\quad\begin{cases}a=\frac{1}{x}\\ b=\ln x-1\end{cases}.$$

将上式代入 I 的表达式，得

$$I=I(x)=\frac{6}{x}+2\ln x-A-2,x\in[2,4],$$

于是 $I'(x)=-\frac{6}{x^2}+\frac{2}{x}=\frac{-6+2x}{x^2}$.

令 $I'(x)=0$，得唯一驻点 $x=3$，又当 $2<x<3$ 时，$I'(x)<0$；当 $3<x<4$ 时，$I'(x)>0$，故 $x=3$ 为 $I(x)$ 的最小值点，此时 $a=\frac{1}{3}$，$b=\ln3-1$.

【644】 设 $y=f(x)$ 是区间 $[0,1]$ 上的任一非负连续函数.

(1) 试证：存在 $x_0\in(0,1)$，使得在区间 $[0,x_0]$ 上以 $f(x_0)$ 为高的矩形面积，等于在区间 $[x_0,1]$ 上以 $y=f(x)$ 为曲边的曲边梯形面积.

(2) 又设 $f(x)$ 在区间 $(0,1)$ 内可导，且 $f'(x)>-\frac{2f(x)}{x}$，证明 (1) 中的 x_0 是唯一的.

证法一 (1) 设 $F(x)=x\int_x^1 f(t)dt$，则 $F(0)=F(1)=0$，且 $F'(x)=\int_x^1 f(t)dt-xf(x)$. 对

$F(x)$在区间$[0,1]$上应用罗尔定理知，存在一点 $x_0\in(0,1)$，使 $F'(x_0)=0$，因而

$$\int_{x_0}^{1} f(x)\mathrm{d}x-x_0 f(x_0)=0.$$

即矩形面积 $x_0 f(x_0)$等于曲边梯形面积$\int_{x_0}^{1} f(x)\mathrm{d}x$.

(2)设 $\varphi(x)=\int_x^1 f(t)\mathrm{d}t-xf(x)$，则当 $x\in(0,1)$时，有

$$\varphi'(x)=-f(x)-f(x)-xf'(x)<0.$$

所以 $\varphi(x)$在区间$(0,1)$内单调减少，故此时(1)中的 x_0 是唯一的.

证法二 (1)设在区间$(a,1)$$(a\geqslant\frac{1}{2})$内取 x_1. 若在区间$[x_1,1]$上 $f(x)\equiv0$，则$(x_1,1)$内任一点都可作为 x_0，否则可设 $f(x_2)>0$ 为连续函数 $f(x)$在区间$[x_1,1]$上的最大值，$x_2\in[x_1,1]$.

在区间$[0,x_2]$上，作辅助函数

$$\varphi(x)=\int_x^1 f(t)\mathrm{d}t-xf(x),$$

则 $\varphi(x)$连续，且 $\varphi(0)>0$. 又

$$\varphi(x_2)=\int_{x_2}^1 f(t)\mathrm{d}t-x_2 f(x_2)\leqslant(1-2x_2)f(x_2)<0.$$

因而由闭区间上连续函数的介值定理，存在一点 $x_0\in(0,x_2)\subset(0,1)$，使 $\varphi(x_0)=0$，即

$$\int_{x_0}^1 f(t)\mathrm{d}t=x_0 f(x_0).$$

(2)同证法一.

【645】 已知曲线 L 的方程为$\begin{cases}x=t^2+1,\\ y=4t-t^2,\end{cases}$ $(t\geqslant0)$.

(1)讨论 L 的凹凸性；

(2)过点$(-1,0)$引 L 的切线，求切点(x_0,y_0)，并写出切线的方程；

(3)求此切线与 L(对应于 $x\leqslant x_0$ 的部分)及 x 轴所围成的平面图形的面积.

解 (1)由于$\frac{\mathrm{d}y}{\mathrm{d}x}=\frac{2}{t}-1$，$\frac{\mathrm{d}^2y}{\mathrm{d}x^2}=-\frac{1}{t^3}$，当 $t>0$ 时，$\frac{\mathrm{d}^2y}{\mathrm{d}x^2}<0$，故 L 为凸的.

(2)因为当 $t=0$ 时，L 在对应点处的切线方程为 $x=1$，不合题意，故设切点(x_0,y_0)对应的参数为 $t_0>0$，则 L 在(x_0,y_0)处的切线方程为

$$y-(4t_0-t_0^2)=(\frac{2}{t_0}-1)(x-t_0^2-1),$$

令 $x=-1,y=0$，得 $t_0^2+t_0-2=0$，解得 $t_0=1$，或 $t_0=-2$(舍去). 由 $t_0=1$ 知，切点为$(2,3)$，且切线方程为 $y=x+1$.

(3)由 $t=0,t=4$ 知 L 与 x 轴交点分别为$(1,0)$和$(17,0)$. 所求平面图形的面积为

$$S=\int_{-1}^2(x+1)\mathrm{d}x-\int_1^2 y\mathrm{d}x=\frac{9}{2}-\int_0^1(4t-t^2)\mathrm{d}(t^2+1)=\frac{9}{2}-2\int_0^1(4t^2-t^3)\mathrm{d}t=\frac{7}{3}.$$

有关旋转体体积的综合题

【646】 设 $f(x)$，$g(x)$在区间$[a,b]$上连续，且 $g(x)<f(x)<m$(m 为常数)，则曲线 $y=g(x)$，$y=f(x)$，$x=a$ 及 $x=b$ 所围平面图形绕直线 $y=m$ 旋转而成的旋转体体积为

(A) $\int_a^b\pi[2m-f(x)+g(x)][f(x)-g(x)]\mathrm{d}x$

(B) $\int_a^b \pi[2m-f(x)-g(x)][f(x)-g(x)]\mathrm{d}x$

(C) $\int_a^b \pi[m-f(x)+g(x)][f(x)-g(x)]\mathrm{d}x$

(D) $\int_a^b \pi[m-f(x)-g(x)][f(x)-g(x)]\mathrm{d}x$

解　本题可以看成曲边梯形

$$\{(x,y)\mid f(x)\leqslant y\leqslant m, a\leqslant x\leqslant b\}$$

与曲边梯形

$$\{(x,y)\mid g(x)\leqslant y\leqslant m, a\leqslant x\leqslant b\}$$

分别绕 $y=m$ 旋转所得体积的差，即

$$\begin{aligned} V&=\pi\int_a^b [m-g(x)]^2\mathrm{d}x-\pi\int_a^b [m-f(x)]^2\mathrm{d}x \\ &=\int_a^b \pi[2m-f(x)-g(x)][f(x)-g(x)]\mathrm{d}x. \end{aligned}$$

故应选(B).

【647】 已知星形线 $\begin{cases} x=a\cos^3 t \\ y=a\sin^3 t \end{cases}$ $(a>0)$，求：

(1)它所围的面积；

(2)它的弧长；

(3)它绕 x 轴旋转而成的旋转体的表面积.

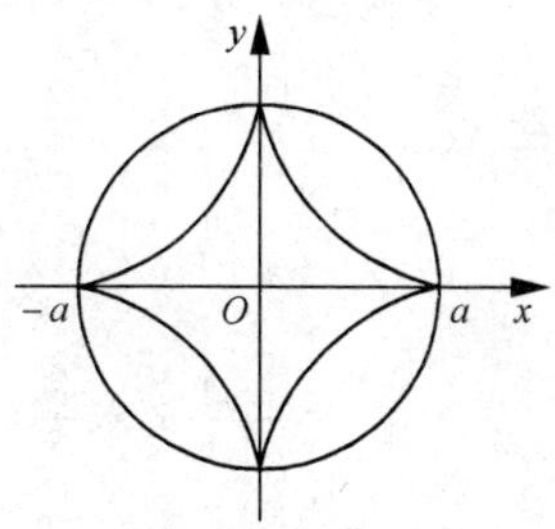

图 647

解　(1)如图 647 所示.

$$\begin{aligned} A&=4\int_0^a y\mathrm{d}x=4\int_{\frac{\pi}{2}}^0 a\sin^3 t\cdot 3a\cos^2 t(-\sin t)\mathrm{d}t \\ &=12\int_0^{\frac{\pi}{2}} a^2(\sin^4 t-\sin^6 t)\mathrm{d}t \\ &=12a^2\left[\frac{3}{4}\cdot\frac{1}{2}\cdot\frac{\pi}{2}\left(1-\frac{5}{6}\right)\right]=\frac{3}{8}\pi a^2. \end{aligned}$$

(2) $L=4\int_0^{\frac{\pi}{2}}\sqrt{(x')^2+(y')^2}\,\mathrm{d}t=4\int_0^{\frac{\pi}{2}} 3a\cos t\sin t\mathrm{d}t$

$$=6a(\sin t)^2\Big|_0^{\frac{\pi}{2}}=6a.$$

(3) $S=2\int_0^a 2\pi y\sqrt{1+y_x'^2}\,\mathrm{d}x=4\pi\int_0^{\frac{\pi}{2}} a\sin^3 t\cdot 3a\cos t\sin t\mathrm{d}t=12\pi a^2\cdot\frac{1}{5}\sin^5 t\Big|_0^{\frac{\pi}{2}}=\frac{12}{5}\pi a^2.$

【648】 设直线 $y=ax$ 与抛物线 $y=x^2$ 所围成图形的面积为 S_1，它们与直线 $x=1$ 所围成的图形面积为 S_2，并且 $a<1$.

(1)试确定 a 的值，使 S_1+S_2 达到最小，并求出最小值.

(2)求该最小值所对应的平面图形绕 x 轴旋转一周所得旋转体的体积.

解　(1)当 $0<a<1$ 时(如图 648(1)所示)

$$\begin{aligned} S&=S_1+S_2=\int_0^a (ax-x^2)\mathrm{d}x+\int_a^1 (x^2-ax)\mathrm{d}x \\ &=\left(\frac{ax^2}{2}-\frac{x^3}{3}\right)\Big|_0^a+\left(\frac{x^3}{3}-\frac{ax^2}{2}\right)\Big|_a^1 \end{aligned}$$

$$=\frac{a^3}{3}-\frac{a}{2}+\frac{1}{3}.$$

令 $S'=a^2-\frac{1}{2}=0$，得 $a=\frac{1}{\sqrt{2}}$. 又 $S''(\frac{1}{\sqrt{2}})=\sqrt{2}>0$，

则 $S(\frac{1}{\sqrt{2}})$ 是极小值即最小值. 其值为

$$S(\frac{1}{\sqrt{2}})=\frac{1}{6\sqrt{2}}-\frac{1}{2\sqrt{2}}+\frac{1}{3}=\frac{2-\sqrt{2}}{6}.$$

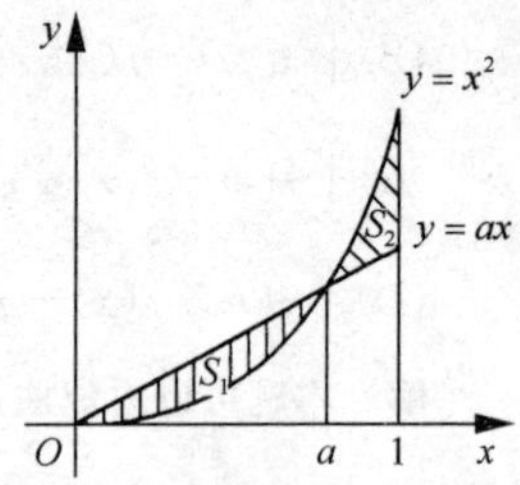

图 648(1)

当 $a\leqslant 0$ 时，(如图 648(2)所示)

$$S=S_1+S_2=\int_a^0 (ax-x^2)\mathrm{d}x+\int_0^1 (x^2-ax)\mathrm{d}x$$

$$=-\frac{a^3}{6}-\frac{a}{2}+\frac{1}{3}.$$

$$S'=-\frac{a^2}{2}-\frac{1}{2}=-\frac{1}{2}(a^2+1)<0,$$

S 单调减少，故 $a=0$ 时，S 取得最小值，此时 $S=\frac{1}{3}$.

综合上述，当 $a=\frac{1}{\sqrt{2}}$ 时，$S(\frac{1}{\sqrt{2}})$ 为所求最小值，最小值为 $\frac{2-\sqrt{2}}{6}$.

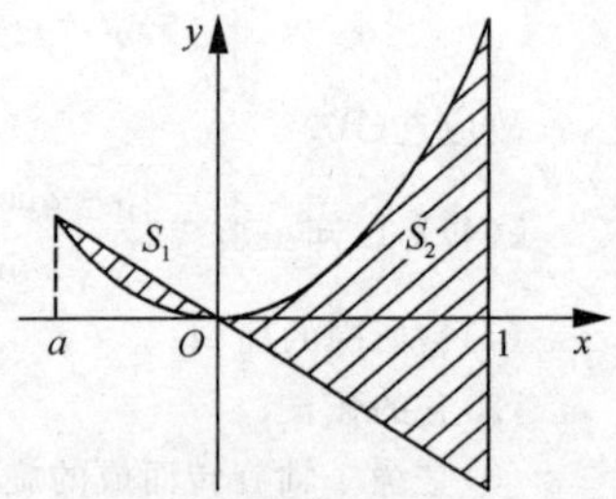

图 648(2)

$$(2)V_x=\pi\int_0^{\frac{1}{\sqrt{2}}} (\frac{1}{2}x^2-x^4)\mathrm{d}x+\pi\int_{\frac{1}{\sqrt{2}}}^1 (x^4-\frac{1}{2}x^2)\mathrm{d}x$$

$$=\pi(\frac{1}{6}x^3-\frac{x^5}{5})\Big|_0^{\frac{1}{\sqrt{2}}}+\pi(\frac{x^5}{5}-\frac{1}{6}x^3)\Big|_{\frac{1}{\sqrt{2}}}^1=\frac{\sqrt{2}+1}{30}\pi.$$

【649】 曲线 $y=\frac{\mathrm{e}^x+\mathrm{e}^{-x}}{2}$ 与直线 $x=0,x=t(t>0)$ 及 $y=0$ 围成一曲边梯形，该曲边梯形绕 x 轴旋转一周得一旋转体，其体积为 $V(t)$，侧面积为 $S(t)$，在 $x=t$ 处的底面积为 $F(t)$.

(1)求 $\frac{S(t)}{V(t)}$ 的值；

(2)计算极限 $\lim\limits_{t\to+\infty}\frac{S(t)}{F(t)}$.

解 (1)$S(t)=\int_0^t 2\pi y\sqrt{1+(y')^2}\,\mathrm{d}x=2\pi\int_0^t \left(\frac{\mathrm{e}^x+\mathrm{e}^{-x}}{2}\right)\sqrt{1+\frac{\mathrm{e}^{2x}-2+\mathrm{e}^{-2x}}{4}}\,\mathrm{d}x$

$$=2\pi\int_0^t \left(\frac{\mathrm{e}^x+\mathrm{e}^{-x}}{2}\right)^2\mathrm{d}x,$$

$$V(t)=\pi\int_0^t \left(\frac{\mathrm{e}^x+\mathrm{e}^{-x}}{2}\right)^2\mathrm{d}x,$$

所以 $\frac{S(t)}{V(t)}=2$.

(2)$F(t)=\pi y^2\Big|_{x=t}=\pi\left(\frac{\mathrm{e}^t+\mathrm{e}^{-t}}{2}\right)^2$，

$$\lim_{t\to+\infty}\frac{S(t)}{F(t)}=\lim_{t\to+\infty}\frac{2\pi\int_0^t\left(\frac{e^x+e^{-x}}{2}\right)^2dx}{\pi\left(\frac{e^t+e^{-t}}{2}\right)^2}=\lim_{t\to+\infty}\frac{2\left(\frac{e^t+e^{-t}}{2}\right)^2}{2\left(\frac{e^t+e^{-t}}{2}\right)\left(\frac{e^t-e^{-t}}{2}\right)}$$

$$=\lim_{t\to+\infty}\frac{e^t+e^{-t}}{e^t-e^{-t}}=1.$$

点评 曲线 $y=f(x)\geqslant 0,x=a,x=b$ 所围区域绕 x 轴旋转所得旋转体的表面积公式为

$$S=\int_a^b 2\pi f(x)\ \sqrt{1+f'^2(x)}\,dx.$$

【650】 在 xOy 坐标平面上，连续曲线 L 过点 $M(1,0)$，其上任意点 $P(x,y)(x\neq 0)$ 处的切线斜率与直线 OP 的斜率之差等于 ax（常数 $a>0$）.

(1)求 L 的方程；

(2)当 L 与直线 $y=ax$ 所围成平面图形的面积为 $\frac{8}{3}$ 时，确定 a 的值.

解 (1)依题意得 $y'-\frac{1}{x}y=ax$，

求得其通解为

$$y=e^{\int\frac{1}{x}dx}\left(\int ax e^{-\int\frac{1}{x}dx}\,dx+C\right)$$
$$=ax^2+Cx\ ,$$

将 $x=1,y=0$ 代入上式得 $C=-a$. 从而 L 的方程为 $y=ax^2-ax$.

(2)L 与直线 $y=ax$ 的交点坐标为 $(0,0)$ 和 $(2,2a)$，那么 L 与直线 $y=ax$ 围成平面图形的面积

$$S(a)=\int_0^2(ax-ax^2+ax)dx=\int_0^2(2ax-ax^2)dx=\frac{4}{3}a.$$

于是由题设知 $\frac{4}{3}a=\frac{8}{3}$，

从而 $a=2$.

第七章　向量代数与空间解析几何

§1. 向量及其运算

1. 向量的数量积(点乘积或内积)

向量 $\boldsymbol{a}=\{a_1,a_2,a_3\}$ 与 $\boldsymbol{b}=\{b_1,b_2,b_3\}$ 的数量积是一个数 $|\boldsymbol{a}|\cdot|\boldsymbol{b}|\cos(\widehat{\boldsymbol{a},\boldsymbol{b}})$，(且 $0\leqslant(\widehat{\boldsymbol{a},\boldsymbol{b}})\leqslant\pi$)，记作 $\boldsymbol{a}\cdot\boldsymbol{b}$. 若向量 $\boldsymbol{a}$ 或 $\boldsymbol{b}$ 为零向量时，则定义 $\boldsymbol{a}\cdot\boldsymbol{b}=0$，数量积 $\boldsymbol{a}\cdot\boldsymbol{b}$ 的坐标表示式为

$$\boldsymbol{a}\cdot\boldsymbol{b}=a_1b_1+a_2b_2+a_3b_3$$

两个向量 $\boldsymbol{a},\boldsymbol{b}$ 垂直(或称正交)，记作 $\boldsymbol{a}\perp\boldsymbol{b}$，特别地，规定零向量与任一向量垂直.

数量积有以下基本性质：

(1) $\boldsymbol{a}\cdot\boldsymbol{b}=\boldsymbol{b}\cdot\boldsymbol{a}$

(2) $(\lambda\boldsymbol{a})\cdot\boldsymbol{b}=\lambda(\boldsymbol{a}\cdot\boldsymbol{b})$

(3) $(\boldsymbol{a}+\boldsymbol{b})\cdot\boldsymbol{c}=\boldsymbol{a}\cdot\boldsymbol{c}+\boldsymbol{b}\cdot\boldsymbol{c}$

(4) $\boldsymbol{a}\perp\boldsymbol{b}$ 的充分必要条件是 $\boldsymbol{a}\cdot\boldsymbol{b}=0$

2. 向量的向量积(叉乘积或外积)

两个向量 $\boldsymbol{a}$ 和 $\boldsymbol{b}$ 的向量积是一个向量 $\boldsymbol{c}$，记为 $\boldsymbol{a}\times\boldsymbol{b}$，即 $\boldsymbol{c}=\boldsymbol{a}\times\boldsymbol{b}$；$\boldsymbol{c}$ 的模等于 $|\boldsymbol{a}||\boldsymbol{b}|\sin(\widehat{\boldsymbol{a},\boldsymbol{b}})$，$\boldsymbol{c}$ 的方向垂直于 $\boldsymbol{a}$ 与 $\boldsymbol{b}$ 所决定的平面，且 $\boldsymbol{a},\boldsymbol{b},\boldsymbol{c}$ 顺次构成右手系. 若向量 $\boldsymbol{a}$ 或 $\boldsymbol{b}$ 为零向量时，则定义 $\boldsymbol{a}\times\boldsymbol{b}=\boldsymbol{0}$，向量积 $\boldsymbol{a}\times\boldsymbol{b}$ 坐标表示式为

$$\boldsymbol{a}\times\boldsymbol{b}=\begin{vmatrix}\boldsymbol{i} & \boldsymbol{j} & \boldsymbol{k}\\ a_1 & a_2 & a_3\\ b_1 & b_2 & b_3\end{vmatrix}=\left\{\begin{vmatrix}a_2 & a_3\\ b_2 & b_3\end{vmatrix},-\begin{vmatrix}a_1 & a_3\\ b_1 & b_3\end{vmatrix},\begin{vmatrix}a_1 & a_2\\ b_1 & b_2\end{vmatrix}\right\}$$

向量积有以下的性质：

(1) $\boldsymbol{a}\times\boldsymbol{b}=-\boldsymbol{b}\times\boldsymbol{a}$

(2) $(\lambda\boldsymbol{a})\times\boldsymbol{b}=\lambda(\boldsymbol{a}\times\boldsymbol{b})$

(3) $(\boldsymbol{a}+\boldsymbol{b})\times\boldsymbol{c}=\boldsymbol{a}\times\boldsymbol{c}+\boldsymbol{b}\times\boldsymbol{c}$

(4) $\boldsymbol{a}/\!/\boldsymbol{b}$ 的充分必要条件是 $\boldsymbol{a}\times\boldsymbol{b}=\boldsymbol{0}$

3. 向量的混合积

设 $\boldsymbol{a}=\{a_1,a_2,a_3\}$，$\boldsymbol{b}=\{b_1,b_2,b_3\}$，$\boldsymbol{c}=\{c_1,c_2,c_3\}$，则称乘积 $(\boldsymbol{a}\times\boldsymbol{b})\cdot\boldsymbol{c}$ 为向量 $\boldsymbol{a},\boldsymbol{b},\boldsymbol{c}$ 的混合积，记为 $[\boldsymbol{a},\boldsymbol{b},\boldsymbol{c}]$.

混合积是一数量，其几何意义为：混合积的绝对值等于以 $\boldsymbol{a}$、$\boldsymbol{b}$、$\boldsymbol{c}$ 为相邻三条棱的平行六面体的体积. 因此，向量 $\boldsymbol{a}$、$\boldsymbol{b}$、$\boldsymbol{c}$ 共面的充分必要条件是 $(\boldsymbol{a}\times\boldsymbol{b})\cdot\boldsymbol{c}=0$.

混合积 $(\boldsymbol{a}\times\boldsymbol{b})\cdot\boldsymbol{c}$ 的坐标表达式为 $(\boldsymbol{a}\times\boldsymbol{b})\cdot\boldsymbol{c}=\begin{vmatrix}a_1 & a_2 & a_3\\ b_1 & b_2 & b_3\\ c_1 & c_2 & c_3\end{vmatrix}$.

且 $(\boldsymbol{a}\times\boldsymbol{b})\cdot\boldsymbol{c}=(\boldsymbol{b}\times\boldsymbol{c})\cdot\boldsymbol{a}=(\boldsymbol{c}\times\boldsymbol{a})\cdot\boldsymbol{b}$.

基本题型

向量的数量积、向量积运算

【651】 已知 $\boldsymbol{a}$、$\boldsymbol{b}$、$\boldsymbol{c}$ 都是单位向量，且满足 $\boldsymbol{a}+\boldsymbol{b}+\boldsymbol{c}=\boldsymbol{0}$，则 $\boldsymbol{a}\cdot\boldsymbol{b}+\boldsymbol{b}\cdot\boldsymbol{c}+\boldsymbol{c}\cdot\boldsymbol{a}=$________.

解 利用数量积的运算规律和单位向量的概念求解

$$\begin{aligned}0&=(\boldsymbol{a}+\boldsymbol{b}+\boldsymbol{c})\cdot(\boldsymbol{a}+\boldsymbol{b}+\boldsymbol{c})=\boldsymbol{a}\cdot\boldsymbol{a}+\boldsymbol{b}\cdot\boldsymbol{b}+\boldsymbol{c}\cdot\boldsymbol{c}+2(\boldsymbol{a}\cdot\boldsymbol{b}+\boldsymbol{b}\cdot\boldsymbol{c}+\boldsymbol{c}\cdot\boldsymbol{a})\\&=3+2(\boldsymbol{a}\cdot\boldsymbol{b}+\boldsymbol{b}\cdot\boldsymbol{c}+\boldsymbol{c}\cdot\boldsymbol{a}).\end{aligned}$$

于是 $\boldsymbol{a}\cdot\boldsymbol{b}+\boldsymbol{b}\cdot\boldsymbol{c}+\boldsymbol{c}\cdot\boldsymbol{a}=-\dfrac{3}{2}$.

故应填 $-\dfrac{3}{2}$.

【652】 已知 $|\boldsymbol{a}|=\sqrt{13}$，$|\boldsymbol{b}|=\sqrt{5}$，$|\boldsymbol{c}|=\sqrt{10}$ 及 $\boldsymbol{a}+\boldsymbol{b}+\boldsymbol{c}=3\boldsymbol{i}+\boldsymbol{j}-2\boldsymbol{k}$，则 $\boldsymbol{a}\cdot\boldsymbol{b}+\boldsymbol{b}\cdot\boldsymbol{c}+\boldsymbol{c}\cdot\boldsymbol{a}=$________.

解 由 $\boldsymbol{a}+\boldsymbol{b}+\boldsymbol{c}=\{3,1,-2\}$ 知 $|\boldsymbol{a}+\boldsymbol{b}+\boldsymbol{c}|^2=(\boldsymbol{a}+\boldsymbol{b}+\boldsymbol{c})^2=14$，另一方面

$$\begin{aligned}(\boldsymbol{a}+\boldsymbol{b}+\boldsymbol{c})^2&=(\boldsymbol{a}+\boldsymbol{b}+\boldsymbol{c})\cdot(\boldsymbol{a}+\boldsymbol{b}+\boldsymbol{c})=|\boldsymbol{a}|^2+|\boldsymbol{b}|^2+|\boldsymbol{c}|^2+2(\boldsymbol{a}\cdot\boldsymbol{b}+\boldsymbol{b}\cdot\boldsymbol{c}+\boldsymbol{c}\cdot\boldsymbol{a})\\&=28+2(\boldsymbol{a}\cdot\boldsymbol{b}+\boldsymbol{b}\cdot\boldsymbol{c}+\boldsymbol{c}\cdot\boldsymbol{a}),\end{aligned}$$

所以 $\boldsymbol{a}\cdot\boldsymbol{b}+\boldsymbol{b}\cdot\boldsymbol{c}+\boldsymbol{c}\cdot\boldsymbol{a}=\dfrac{1}{2}(14-28)=-7$.

故应填 -7.

【653】 已知向量 $\boldsymbol{a}=a_x\boldsymbol{i}+3\boldsymbol{j}+4\boldsymbol{k}$，$\boldsymbol{b}=4\boldsymbol{i}+a_x\boldsymbol{j}-7\boldsymbol{k}$，则当 $a_x=$________时，$\boldsymbol{a}$ 垂直于 $\boldsymbol{b}$.

解 $\boldsymbol{a}\perp\boldsymbol{b}\Leftrightarrow\boldsymbol{a}\cdot\boldsymbol{b}=0\Leftrightarrow 4a_x+3a_x-28=0$.

所以 $a_x=4$.

故应填 4.

【654】 设向量 $\boldsymbol{x}$ 与向量 $\boldsymbol{a}=2\boldsymbol{i}-\boldsymbol{j}+3\boldsymbol{k}$ 平行，且满足方程 $\boldsymbol{a}\cdot\boldsymbol{x}=7$，则向量 $\boldsymbol{x}=$________.

解 设 $\boldsymbol{x}=\{x_1,x_2,x_3\}$，由 $\boldsymbol{x}/\!/\boldsymbol{a}$ 得 $\dfrac{x_1}{2}=\dfrac{x_2}{-1}=\dfrac{x_3}{3}$，由 $\boldsymbol{a}\cdot\boldsymbol{x}=7$，得 $2x_1-x_2+3x_3=7$，解得

$$x_1=1,\quad x_2=-\frac{1}{2},\quad x_3=\frac{3}{2}.$$

所以 $\boldsymbol{x}=\boldsymbol{i}-\dfrac{1}{2}\boldsymbol{j}+\dfrac{3}{2}\boldsymbol{k}$.

故应填 $\boldsymbol{i}-\dfrac{1}{2}\boldsymbol{j}+\dfrac{3}{2}\boldsymbol{k}$.

【655】 下列等式正确的是________.

(A) $|\boldsymbol{a}|\boldsymbol{a}=\boldsymbol{a}^2$　　(B) $\boldsymbol{a}\cdot(\boldsymbol{b}\cdot\boldsymbol{b})=-\boldsymbol{a}\boldsymbol{b}^2$　　(C) $\boldsymbol{a}\cdot\boldsymbol{b}=\boldsymbol{b}\cdot\boldsymbol{a}$　　(D) $\boldsymbol{a}\times\boldsymbol{b}=\boldsymbol{b}\times\boldsymbol{a}$

解 选项(A)错误：因 $\boldsymbol{a}^2=\boldsymbol{a}\cdot\boldsymbol{a}=|\boldsymbol{a}|^2$；

选项(B)错误：因 $\boldsymbol{a}\cdot(\boldsymbol{b}\cdot\boldsymbol{b})$ 无意义；

选项(D)错误：因 $\boldsymbol{a}\times\boldsymbol{b}=-\boldsymbol{b}\times\boldsymbol{a}$；

选项(C)正确：因 $\boldsymbol{a}\cdot\boldsymbol{b}=|\boldsymbol{a}|\cdot|\boldsymbol{b}|\cdot\cos(\widehat{\boldsymbol{a},\boldsymbol{b}})=\boldsymbol{b}\cdot\boldsymbol{a}$.

故应选(C).

【656】 设向量 $\boldsymbol{a}=\{1,-1,1\}$，$\boldsymbol{b}=\{3,-4,5\}$，$\boldsymbol{x}=\boldsymbol{a}+\lambda\boldsymbol{b}$，$\lambda$ 为实数，试证：使模 $|\boldsymbol{x}|$ 最小的向量 $\boldsymbol{x}$ 垂直于向量 $\boldsymbol{b}$.

解 $|\boldsymbol{x}|^2=(\boldsymbol{a}+\lambda\boldsymbol{b})\cdot(\boldsymbol{a}+\lambda\boldsymbol{b})=|\boldsymbol{a}|^2+\lambda^2|\boldsymbol{b}|^2+2\lambda\boldsymbol{a}\cdot\boldsymbol{b}=3+24\lambda+50\lambda^2$.

$\lambda=-\dfrac{6}{25}$时，$|\boldsymbol{x}|$最小. 此时，$\boldsymbol{x}_0=\boldsymbol{a}-\dfrac{6}{25}\boldsymbol{b}=\left\{\dfrac{7}{25},-\dfrac{1}{25},-\dfrac{5}{25}\right\}$.

因为 $\boldsymbol{x}_0\cdot\boldsymbol{b}=\dfrac{7}{25}\cdot3+\dfrac{1}{25}\cdot4-\dfrac{5}{25}\cdot5=0$，所以 $\boldsymbol{x}_0\perp\boldsymbol{b}$.

【657】 设 $\boldsymbol{a},\boldsymbol{b},\boldsymbol{c}$ 均为非零向量，其中任意两个向量不共线，但 $\boldsymbol{a}+\boldsymbol{b}$ 与 $\boldsymbol{c}$ 共线，$\boldsymbol{b}+\boldsymbol{c}$ 与 $\boldsymbol{a}$ 共线，试证：$\boldsymbol{a}+\boldsymbol{b}+\boldsymbol{c}=\boldsymbol{0}$.

证 因为 $\boldsymbol{a}+\boldsymbol{b}$ 与 $\boldsymbol{c}$ 共线，$\boldsymbol{b}+\boldsymbol{c}$ 与 $\boldsymbol{a}$ 共线，所以 $\boldsymbol{a}+\boldsymbol{b}=\lambda\boldsymbol{c}$，$\boldsymbol{b}+\boldsymbol{c}=\mu\boldsymbol{a}$，两式相减得

$$\boldsymbol{a}-\boldsymbol{c}=\lambda\boldsymbol{c}-\mu\boldsymbol{a}\quad \text{即}\quad (1+\mu)\boldsymbol{a}=(1+\lambda)\boldsymbol{c}.$$

因为 $\boldsymbol{a},\boldsymbol{c}$ 均为非零向量，且不共线，所以只有 $\mu=-1,\lambda=-1$. 代入即得 $\boldsymbol{a}+\boldsymbol{b}+\boldsymbol{c}=0$.

【658】 设有一力 $\boldsymbol{F}=\boldsymbol{i}-2\boldsymbol{j}+2\boldsymbol{k}$，求 $\boldsymbol{F}$ 在 $\boldsymbol{a}=\boldsymbol{i}+\boldsymbol{j}+\boldsymbol{k}$ 方向上的分力.

分析 容易误认为 $\boldsymbol{F}$ 在 $\boldsymbol{a}$ 方向的分力为 $\boldsymbol{F}\cos(\widehat{\boldsymbol{F},\boldsymbol{a}})$，其实这并不是 $\boldsymbol{F}$ 在 $\boldsymbol{a}$ 方向的分力，因为 $\boldsymbol{F}\cos\theta$ 的方向平行 $\boldsymbol{F}$ 的方向，不在 $\boldsymbol{a}$ 的方向上.

解 $P_{rj_a}\boldsymbol{F}=\dfrac{\boldsymbol{F}\cdot\boldsymbol{a}}{|\boldsymbol{a}|}=\dfrac{1-2+2}{\sqrt{3}}=\dfrac{1}{\sqrt{3}}$.

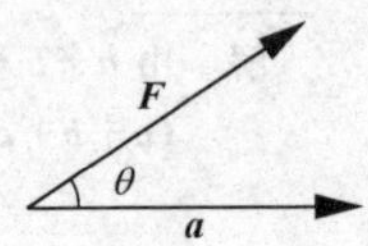

图 658

设 $\boldsymbol{a}^0$ 为 $\boldsymbol{a}$ 方向上的单位向量

$$\boldsymbol{a}^0=\frac{\boldsymbol{a}}{|\boldsymbol{a}|}=\frac{1}{\sqrt{3}}(\boldsymbol{i}+\boldsymbol{j}+\boldsymbol{k}),$$

则 $\boldsymbol{F}$ 在 $\boldsymbol{a}$ 方向的分力为

$$(\mathrm{P}_{rj_a}\boldsymbol{F})\boldsymbol{a}^0=\frac{1}{\sqrt{3}}\frac{\boldsymbol{i}+\boldsymbol{j}+\boldsymbol{k}}{\sqrt{3}}=\frac{1}{3}(\boldsymbol{i}+\boldsymbol{j}+\boldsymbol{k}).$$

【659】 设 $\boldsymbol{a}=\boldsymbol{i}+\boldsymbol{j}$，$\boldsymbol{b}=\boldsymbol{j}+\boldsymbol{k}$，且三向量 $\boldsymbol{a}$、$\boldsymbol{b}$ 和 $\boldsymbol{c}$ 长度相等，两两的夹角相等，求 $\boldsymbol{c}$.

分析 向量 $\boldsymbol{c}$ 的模容易计算，但其方向却难以确定；因此，我们改用计算坐标的办法来确定向量 $\boldsymbol{c}$.

解 设 $\boldsymbol{c}=\{x,y,z\}$，由题意有

$$x^2+y^2+z^2=2,\tag{①}$$

$$\frac{x+y}{\sqrt{2}\sqrt{x^2+y^2+z^2}}=\frac{1}{2},\tag{②}$$

$$\frac{y+z}{\sqrt{2}\sqrt{x^2+y^2+z^2}}=\frac{1}{2}.\tag{③}$$

将①式代入②、③式得 $\begin{cases}x+y=1\\y+z=1\end{cases}$，再与①式联立解得

$$\begin{cases}x=1\\y=0\\z=1\end{cases}\quad \text{和}\quad \begin{cases}x=-\dfrac{1}{3}\\y=\dfrac{4}{3}\\z=-\dfrac{1}{3}\end{cases}$$

于是 $\boldsymbol{c}=\{1,0,1\}$ 或 $\left\{-\dfrac{1}{3},\dfrac{4}{3},-\dfrac{1}{3}\right\}$.

【660】 已知 $\boldsymbol{a}$、$\boldsymbol{b}$ 均为非零向量，而 $|\boldsymbol{a}+\boldsymbol{b}|=|\boldsymbol{a}-\boldsymbol{b}|$，则

(A) $\boldsymbol{a}-\boldsymbol{b}=0$ (B) $\boldsymbol{a}+\boldsymbol{b}=\boldsymbol{0}$

(C)$\boldsymbol{a}\cdot\boldsymbol{b}=0$　　　　(D)$\boldsymbol{a}\times\boldsymbol{b}=\mathbf{0}$

解　由 $\boldsymbol{a}\neq 0,\boldsymbol{b}\neq 0$ 及 $|\boldsymbol{a}+\boldsymbol{b}|=|\boldsymbol{a}-\boldsymbol{b}|$ 知

$$(\boldsymbol{a}+\boldsymbol{b})\cdot(\boldsymbol{a}+\boldsymbol{b})=(\boldsymbol{a}-\boldsymbol{b})\cdot(\boldsymbol{a}-\boldsymbol{b}) \quad 即 \quad 2\boldsymbol{a}\cdot\boldsymbol{b}=-2\boldsymbol{a}\cdot\boldsymbol{b}.$$

所以 $\boldsymbol{a}\cdot\boldsymbol{b}=0$.

故应选(C).

【661】 已知向量 $\boldsymbol{a}$、$\boldsymbol{b}$、$\boldsymbol{c}$ 满足 $\boldsymbol{a}+\boldsymbol{b}+\boldsymbol{c}=\mathbf{0}$，证明：$\boldsymbol{a}\times\boldsymbol{b}=\boldsymbol{b}\times\boldsymbol{c}=\boldsymbol{c}\times\boldsymbol{a}$.

证　因为 $\boldsymbol{a}=-(\boldsymbol{b}+\boldsymbol{c}),\boldsymbol{b}=-(\boldsymbol{a}+\boldsymbol{c})$，所以

$$\boldsymbol{a}\times\boldsymbol{b}=-(\boldsymbol{b}+\boldsymbol{c})\times\boldsymbol{b}=-(\boldsymbol{b}\times\boldsymbol{b}+\boldsymbol{c}\times\boldsymbol{b})=-\boldsymbol{c}\times\boldsymbol{b}=\boldsymbol{b}\times\boldsymbol{c},$$

$$\boldsymbol{b}\times\boldsymbol{c}=-(\boldsymbol{a}+\boldsymbol{c})\times\boldsymbol{c}=-(\boldsymbol{a}\times\boldsymbol{c}+\boldsymbol{c}\times\boldsymbol{c})=-\boldsymbol{a}\times\boldsymbol{c}=\boldsymbol{c}\times\boldsymbol{a}.$$

所以 $\boldsymbol{a}\times\boldsymbol{b}=\boldsymbol{b}\times\boldsymbol{c}=\boldsymbol{c}\times\boldsymbol{a}$.

有关混合积的计算

【662】 设 $(\boldsymbol{a}\times\boldsymbol{b})\cdot\boldsymbol{c}=2$，则 $[(\boldsymbol{a}+\boldsymbol{b})\times(\boldsymbol{b}+\boldsymbol{c})]\cdot(\boldsymbol{c}+\boldsymbol{a})=$ ________.

解　原式 $=[\boldsymbol{a}\times\boldsymbol{b}+\boldsymbol{a}\times\boldsymbol{c}+\boldsymbol{b}\times\boldsymbol{c}]\cdot(\boldsymbol{c}+\boldsymbol{a})$

$$=(\boldsymbol{a}\times\boldsymbol{b})\cdot\boldsymbol{c}+(\boldsymbol{a}\times\boldsymbol{c})\cdot\boldsymbol{c}+(\boldsymbol{b}\times\boldsymbol{c})\cdot\boldsymbol{c}+(\boldsymbol{a}\times\boldsymbol{b})\cdot\boldsymbol{a}+(\boldsymbol{a}\times\boldsymbol{c})\cdot\boldsymbol{a}+(\boldsymbol{b}\times\boldsymbol{c})\cdot\boldsymbol{a}$$

$$=(\boldsymbol{a}\times\boldsymbol{b})\cdot\boldsymbol{c}+(\boldsymbol{b}\times\boldsymbol{c})\cdot\boldsymbol{a}=2(\boldsymbol{a}\times\boldsymbol{b})\cdot\boldsymbol{c}=4.$$

故应填 4.

点评　本题综合考查向量的数量积、向量积及混合积的定义，直接利用其运算性质可得结果. 有关混合积的性质为

$$(\boldsymbol{a}\times\boldsymbol{b})\cdot\boldsymbol{c}=(\boldsymbol{c}\times\boldsymbol{a})\cdot\boldsymbol{b}=(\boldsymbol{b}\times\boldsymbol{c})\cdot\boldsymbol{a}$$

其中混合积中的三个向量若有两个向量是重合或平行时，则其混合积为零.

【663】 已知 $|\boldsymbol{a}|=6,|\boldsymbol{b}|=3,|\boldsymbol{c}|=3,(\widehat{\boldsymbol{a},\boldsymbol{b}})=\frac{\pi}{6},\boldsymbol{c}\perp\boldsymbol{a},\boldsymbol{c}\perp\boldsymbol{b}$，求 $[\boldsymbol{a},\boldsymbol{b},\boldsymbol{c}]$.

分析　由混合积的定义，

$$[\boldsymbol{a},\boldsymbol{b},\boldsymbol{c}]=(\boldsymbol{a}\times\boldsymbol{b})\cdot\boldsymbol{c}=|\boldsymbol{a}\times\boldsymbol{b}|\cdot|\boldsymbol{c}|\cdot\cos(\widehat{\boldsymbol{a}\times\boldsymbol{b},\boldsymbol{c}}),$$

故应先求 $|\boldsymbol{a}\times\boldsymbol{b}|$ 及 $\cos(\widehat{\boldsymbol{a}\times\boldsymbol{b},\boldsymbol{c}})$.

解　$|\boldsymbol{a}\times\boldsymbol{b}|=|\boldsymbol{a}|\cdot|\boldsymbol{b}|\cdot\sin(\widehat{\boldsymbol{a},\boldsymbol{b}})=6\times3\times\sin\frac{\pi}{6}=9$，又因为 $\boldsymbol{c}\perp\boldsymbol{a},\boldsymbol{c}\perp\boldsymbol{b}$，所以 $\boldsymbol{c}/\!/(\boldsymbol{a}\times\boldsymbol{b})$. 故 $\boldsymbol{c}$ 与 $(\boldsymbol{a}\times\boldsymbol{b})$ 的夹角 $\theta=0$ 或 π. 因此，

$$[\boldsymbol{a},\boldsymbol{b},\boldsymbol{c}]=(\boldsymbol{a}\times\boldsymbol{b})\cdot\boldsymbol{c}=|\boldsymbol{a}\times\boldsymbol{b}|\cdot|\boldsymbol{c}|\cdot\cos\theta=\pm 27.$$

关于向量的平行、垂直、共面及夹角问题

【664】 已知 $\boldsymbol{a}=\{3,-2,1\},\boldsymbol{b}=\{2,1,2\},\boldsymbol{c}=\{3,-1,2\}$，判断向量 $\boldsymbol{a},\boldsymbol{b},\boldsymbol{c}$ 是否共面.

解　三个向量 $\boldsymbol{a},\boldsymbol{b},\boldsymbol{c}$ 共面的充要条件是 $(\boldsymbol{a}\times\boldsymbol{b})\cdot\boldsymbol{c}=0$，而

$$(\boldsymbol{a}\times\boldsymbol{b})\cdot\boldsymbol{c}=\begin{vmatrix}3&-2&1\\2&1&2\\3&-1&2\end{vmatrix}=3\neq 0,$$

所以 $\boldsymbol{a},\boldsymbol{b},\boldsymbol{c}$ 不共面.

【665】 已知 $\boldsymbol{a}=\boldsymbol{i},\boldsymbol{b}=\boldsymbol{j}-2\boldsymbol{k},\boldsymbol{c}=2\boldsymbol{i}-2\boldsymbol{j}+\boldsymbol{k}$，求一单位向量 $\boldsymbol{m}$，使 $\boldsymbol{m}\perp\boldsymbol{c}$，且 $\boldsymbol{m}$ 与 $\boldsymbol{a}$、$\boldsymbol{b}$ 共面.

解　设所求向量 $\boldsymbol{m}=\{x,y,z\}$，依题意，有

$$|\boldsymbol{m}|=1\Rightarrow x^2+y^2+z^2=1,\quad \boldsymbol{m}\perp\boldsymbol{c}\Rightarrow\boldsymbol{m}\cdot\boldsymbol{c}=0\Rightarrow 2x-2y+z=0,$$

m 与 a、b 共面 $\Rightarrow [m,a,b]=0$,即 $\begin{vmatrix} x & y & z \\ 1 & 0 & 0 \\ 0 & 1 & -2 \end{vmatrix}=2y+z=0.$

以上三式联立,解得 $x=\frac{2}{3},y=\frac{1}{3},z=-\frac{2}{3}$,或 $x=-\frac{2}{3},y=-\frac{1}{3},z=\frac{2}{3}$.

所以 $m=\pm(\frac{2}{3},\frac{1}{3},-\frac{2}{3})$.

点评 涉及到共面问题时,常用混合积.

有关向量运算应用题

【666】 设 a 是非零向量,计算极限 $\lim\limits_{x\to 0}\frac{|a+xb|-|a-xb|}{x}$.

解 $\lim\limits_{x\to 0}\frac{|a+xb|-|a-xb|}{x}=\lim\limits_{x\to 0}\frac{|a+xb|^2-|a-xb|^2}{x(|a+xb|+|a-xb|)}=\lim\limits_{x\to 0}\frac{4xa\cdot b}{x\cdot 2|a|}=2\frac{a\cdot b}{|a|}$.

【667】 a,b 为非零向量,且 $|b|=1,(\widehat{a,b})=\frac{\pi}{4}$,求极限 $\lim\limits_{x\to 0}\frac{|a+xb|-|a|}{x}$.

解 $\lim\limits_{x\to 0}\frac{|a+xb|-|a|}{x}=\lim\limits_{x\to 0}\frac{|a+xb|^2-|a|^2}{x(|a+xb|+|a|)}$

$=\lim\limits_{x\to 0}\frac{|a|^2+2xa\cdot b+x^2|b|^2-|a|^2}{x\cdot 2|a|}$

$=\lim\limits_{x\to 0}\frac{2a\cdot b+x|b|^2}{2|a|}=\frac{2a\cdot b}{2|a|}=|b|\cos(\widehat{a,b})=\frac{\sqrt{2}}{2}$.

利用向量计算面积

【668】 以向量 $a=m+2n$ 和 $b=m-3n$ 为边的三角形的面积为________,其中 $|m|=5,|n|=3,(\widehat{m,n})=\frac{\pi}{6}$.

解 设三角形面积为 A,则 $A=\frac{1}{2}|a\times b|$,而

$a\times b=(m+2n)\times(m-3n)=m\times m-3m\times n+2n\times m-6n\times n$

$=0+3n\times m+2n\times m-0=5n\times m$,

因此 $A=\frac{1}{2}|a\times b|=\frac{5}{2}|n\times m|=\frac{5}{2}|n|\cdot|m|\sin(\widehat{n,m})=\frac{75}{4}$.

故应填 $\frac{75}{4}$.

【669】 已知向量 $\overrightarrow{OA}=a,\overrightarrow{OB}=b,\angle ODA=\frac{\pi}{2}$. 如图 669 所示.

(1)求证:$\triangle ODA$ 的面积等于 $\frac{|a\cdot b|\cdot|a\times b|}{2|b|^2}$;

(2)当 a,b 的夹角 θ 为何值时,$\triangle ODA$ 的面积最大.

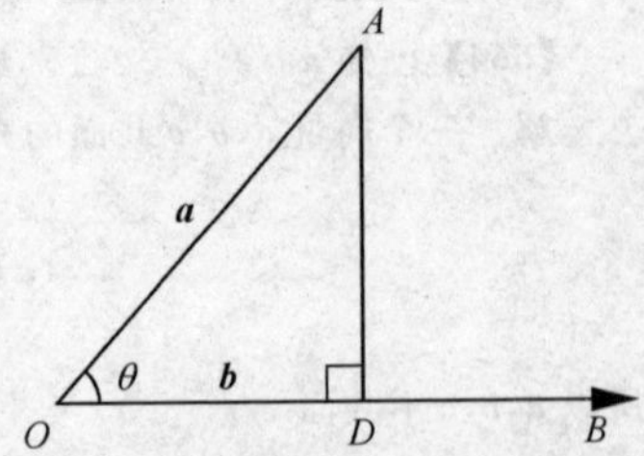

图 669

证 (1)设 $\triangle ODA$ 的面积为 S,则

$S=\frac{1}{2}OD\cdot AD=\frac{1}{2}|a|\cos\theta\cdot|a|\sin\theta=\frac{1}{4}|a|^2\sin 2\theta$.

由于

$$\frac{|\boldsymbol{a}\cdot\boldsymbol{b}|\cdot|\boldsymbol{a}\times\boldsymbol{b}|}{2|\boldsymbol{b}|^2}=\frac{|\boldsymbol{a}|^2|\boldsymbol{b}|^2\sin\theta\cos\theta}{2|\boldsymbol{b}|^2}=\frac{1}{4}|\boldsymbol{a}|^2\sin2\theta,$$

故 $S=\dfrac{|\boldsymbol{a}\cdot\boldsymbol{b}|\cdot|\boldsymbol{a}\times\boldsymbol{b}|}{2|\boldsymbol{b}|^2}$.

(2)由 $S=\frac{1}{4}|\boldsymbol{a}|^2\sin2\theta$，$\frac{\mathrm{d}S}{\mathrm{d}\theta}=\frac{1}{2}|\boldsymbol{a}|^2\cos2\theta$，令 $\frac{\mathrm{d}S}{\mathrm{d}\theta}=0$ 可得 $\theta=\frac{\pi}{4}$ 是 $[0,\frac{\pi}{2}]$ 内唯一驻点，又

$$\left.\frac{\mathrm{d}^2S}{\mathrm{d}\theta^2}\right|_{\theta=\frac{\pi}{4}}=-|\boldsymbol{a}|^2\sin2\theta\Big|_{\theta=\frac{\pi}{4}}=-|\boldsymbol{a}|^2<0,$$

故当 $\theta=\frac{\pi}{4}$ 时，$\triangle ODA$ 的面积 $S=\frac{1}{4}|\boldsymbol{a}|^2$ 最大.

§2. 空间的平面和直线

1. 平面及其方程

法向量　与平面垂直的任意非零向量，称为该平面的法向量.

(1)点法式方程　设平面过点 $M_0(x_0,y_0,z_0)$，其法向量为 $\boldsymbol{n}=\{A,B,C\}$ 则此平面方程为

$$A(x-x_0)+B(y-y_0)+C(z-z_0)=0;$$

(2)截距式方程　设 a,b,c 分别为平面在 x、y、z 轴上的截距，则此平面的方程为

$$\frac{x}{a}+\frac{y}{b}+\frac{z}{c}=1;$$

(3)三点式方程　设平面过不共线的三点 $A(x_1,y_1,z_1)$，$B(x_2,y_2,z_2)$，$C(x_3,y_3,z_3)$，则此平面方程为

$$\begin{vmatrix} x-x_1 & y-y_1 & z-z_1 \\ x_2-x_1 & y_2-y_1 & z_2-z_1 \\ x_3-x_1 & y_3-y_1 & z_3-z_1 \end{vmatrix}=0;$$

(4)一般式方程　平面的一般式方程是三元一次方程

$$Ax+By+Cz+D=0$$

其中 A,B,C 不同时为零.

2. 空间直线及其方程

方向向量　与直线平行的非零向量，称为该直线的方向向量.

(1)对称式方程(又称点向式或标准式方程)

过点 $M_0(x_0,y_0,z_0)$，方向向量为 $\boldsymbol{s}=\{l,m,n\}$ 的直线的标准式方程为

$$\frac{x-x_0}{l}=\frac{y-y_0}{m}=\frac{z-z_0}{n};$$

(2)参数方程　由标准式方程

$$\frac{x-x_0}{l}=\frac{y-y_0}{m}=\frac{z-z_0}{n}=t$$

易得直线的参数方程

$$\begin{cases} x=x_0+lt \\ y=y_0+mt \quad (t\text{ 为参数}); \\ z=z_0+nt \end{cases}$$

(3)两点式方程　过点 $M_1(x_1,y_1,z_1)$ 和 $M_2(x_2,y_2,z_2)$ 的直线方程为

$$\frac{x-x_1}{x_2-x_1}=\frac{y-y_1}{y_2-y_1}=\frac{z-z_1}{z_2-z_1};$$

(4)一般式方程　直线的一般式方程为三元一次方程组

$$\begin{cases}A_1x+B_1y+C_1z+D_1=0\\A_2x+B_2y+C_2z+D_2=0\end{cases}$$

其中每一个三元一次方程都表示一个平面.

3. 直线、平面之间的相对位置关系

设平面　$\pi_1: A_1x+B_1y+C_1z+D_1=0$　$\pi_2: A_2x+B_2y+C_2z+D_2=0$

它们的法向量分别为 $\boldsymbol{n}_1=\{A_1,B_1,C_1\}$，$\boldsymbol{n}_2=\{A_2,B_2,C_2\}$.

直线　$L_1: \dfrac{x-x_1}{l_1}=\dfrac{y-y_1}{m_1}=\dfrac{z-z_1}{n_1}$　$L_2: \dfrac{x-x_2}{l_2}=\dfrac{y-y_2}{m_2}=\dfrac{z-z_2}{n_2}$

它们的方向向量分别为 $\boldsymbol{s}_1=\{l_1,m_1,n_1\}$，$\boldsymbol{s}_2=\{l_2,m_2,n_2\}$.

(1)夹角

平面 π_1 与平面 π_2 间的夹角 θ 定义为法向量 $\boldsymbol{n}_1$ 与 $\boldsymbol{n}_2$ 间的夹角，即

$$\cos\theta=\frac{|\boldsymbol{n}_1\cdot\boldsymbol{n}_2|}{|\boldsymbol{n}_1|\cdot|\boldsymbol{n}_2|}=\frac{|A_1A_2+B_1B_2+C_1C_2|}{\sqrt{A_1^2+B_1^2+C_1^2}\cdot\sqrt{A_2^2+B_2^2+C_2^2}};$$

直线 L_1 与直线 L_2 间的夹角 θ 定义为方向向量 $\boldsymbol{s}_1$ 与 $\boldsymbol{s}_2$ 间的夹角，即

$$\cos\theta=\frac{|\boldsymbol{s}_1\cdot\boldsymbol{s}_2|}{|\boldsymbol{s}_1|\cdot|\boldsymbol{s}_2|}=\frac{|l_1l_2+m_1m_2+n_1n_2|}{\sqrt{l_1^2+m_1^2+n_1^2}\cdot\sqrt{l_2^2+m_2^2+n_2^2}}.$$

直线 L_1 与平面 π_1 间的夹角 θ 定义为直线 L_1 和它在平面 π_1 上的投影所成的两邻角中的锐角，即

$$\sin\theta=\frac{|\boldsymbol{n}_1\cdot\boldsymbol{s}_1|}{|\boldsymbol{n}_1|\cdot|\boldsymbol{s}_1|}=\frac{|A_1l_1+B_1m_1+C_1n_1|}{\sqrt{A_1^2+B_1^2+C_1^2}\cdot\sqrt{l_1^2+m_1^2+n_1^2}}.$$

(2)平行的条件

平面 π_1 与 π_2 平行的充分必要条件是 $\dfrac{A_1}{A_2}=\dfrac{B_1}{B_2}=\dfrac{C_1}{C_2}$；

直线 L_1 与 L_2 平行的充分必要条件是 $\dfrac{l_1}{l_2}=\dfrac{m_1}{m_2}=\dfrac{n_1}{n_2}$；

直线 L_1 与平面 π_1 平行的充分必要条件是 $l_1A_1+m_1B_1+n_1C_1=0$.

(3)垂直的条件

平面 π_1 与 π_2 垂直的充分必要条件是 $A_1A_2+B_1B_2+C_1C_2=0$；

直线 L_1 与 L_2 垂直的充分必要条件是 $l_1l_2+m_1m_2+n_1n_2=0$；

直线 L_1 垂直于平面 π_1 的充分必要条件是 $\dfrac{l_1}{A_1}=\dfrac{m_1}{B_1}=\dfrac{n_1}{C_1}$.

4. 距离公式

(1)点到平面的距离

点 $M_0(x_0,y_0,z_0)$ 到平面 $Ax+By+Cz+D=0$ 的距离为 $d=\dfrac{|Ax_0+By_0+Cz_0+D|}{\sqrt{A^2+B^2+C^2}}$.

(2)点到直线的距离

点 $P_1(x_1,y_1,z_1)$ 到直线 $\dfrac{x-x_0}{l}=\dfrac{y-y_0}{m}=\dfrac{z-z_0}{n}$ 的距离为 $d=\dfrac{|\overrightarrow{M_0P_1}\times\boldsymbol{s}|}{|\boldsymbol{s}|}$，其中，

$$M_0(x_0,y_0,z_0),\quad \boldsymbol{s}=\{l,m,n\}.$$

(3)两直线共面的条件

设有两直线 $L_1:\dfrac{x-x_1}{l_1}=\dfrac{y-y_1}{m_1}=\dfrac{z-z_1}{n_1}$，$L_2:\dfrac{x-x_2}{l_2}=\dfrac{y-y_2}{m_2}=\dfrac{z-z_2}{n_2}$

共面的条件为 $\overrightarrow{P_1P_2}\cdot(\boldsymbol{a}\times\boldsymbol{b})=0$,其中

$$P_1(x_1,y_1,z_1),\quad P_2(x_2,y_2,z_2),\quad \boldsymbol{a}=\{l_1,m_1,n_1\},\quad \boldsymbol{b}=\{l_2,m_2,n_2\}.$$

(4)两直线间的距离

两异面直线 L_1,L_2 的距离为 $d=\dfrac{|\overrightarrow{P_1P_2}\cdot(\boldsymbol{a}\times\boldsymbol{b})|}{|\boldsymbol{a}\times\boldsymbol{b}|}$.

基本题型

求平面方程

【670】 一平面过 $M_1(1,1,1)$ 和 $M_2(0,1,-1)$,且垂直于平面 $x+y+z=0$,求其方程.

解法一 设所求平面方程为 $Ax+By+Cz+D=0$,将 M_1、M_2 点的坐标代入得

$$\begin{cases}A+B+C+D=0\\B-C+D=0\end{cases}$$

又由 $\{A,B,C\}$ 垂直于 $\{1,1,1\}$ 得 $A+B+C=0$,

三方程联立解得 $D=0,B=C,A=-2C$,于是所求平面方程为 $2x-y-z=0$.

解法二 由 $\{A,B,C\}$ 与 $\{1,1,1\}$ 及 $\overrightarrow{M_1M_2}=\{-1,0,-2\}$ 垂直有

$$A+B+C=0\text{ 和 }-A-2C=0,$$

令 $C=1$,解得 $A=-2,B=1$,于是所求平面方程为

$$-2(x-1)+y-1+z-1=0.\quad 即\quad 2x-y-z=0.$$

【671】 过三个点 $P(2,3,0),Q(-2,-3,4),R(0,6,0)$ 的平面方程是________.

解 设该平面的方程为 $Ax+By+Cz+D=0$,,则因点 P,Q,R 在此平面上,故有

$$\begin{cases}2A+3B+D=0\\-2A-3B+4C+D=0\\6B+D=0\end{cases}$$

解此方程组,得 $A=-\dfrac{D}{4},B=-\dfrac{D}{6},C=-\dfrac{D}{2}$.

所以该平面的方程是 $3x+2y+6z-12=0$.

【672】 求过 z 轴及点 $(1,1,1)$ 的平面方程.

解法一 因平面过 z 轴(可看成母线平行于 z 轴的柱面,且过原点),故其方程为 $Ax+By=0$.将点 $(1,1,1)$ 代入解得 $B=-A$,再代入上式得平面方程 $x-y=0$.

解法二 平面过向径 $\{0,0,1\}$ 和 $\{1,1,1\}$,故可取

$$\boldsymbol{n}=\boldsymbol{k}\times(\boldsymbol{i}+\boldsymbol{j}+\boldsymbol{k})=\boldsymbol{j}-\boldsymbol{i}.$$

又平面过点 $(0,0,0)$,得其方程为 $-x+y=0$.

【673】 设平面经过原点及点 $(6,-3,2)$,且与平面 $4x-y+2z=8$ 垂直,则此平面方程为

______.

解 由平面过原点可设其方程为 $Ax+By+Cz=0$. 则

$$\begin{cases}6A-3B+2C=0\\4A-B+2C=0\end{cases}，\text{解得}\begin{cases}B=A\\C=-\dfrac{3}{2}A\end{cases}$$

所以平面方程为 $2x+2y-3z=0$.

故应填 $2x+2y-3z=0$.

点评 所求平面的法向向量既与平面 $4x-y+2z=8$ 的法向向量垂直,又与原点及点 $(6,-3,2)$ 的连线的方向向量垂直.

【674】 一平面与原点的距离为 6,且在三坐标轴上的截距之比 $a:b:c=1:3:2$,求该平面方程.

分析 由题意,可设平面方程为截距式,再利用原点到平面的距离及截距之间的关系求出平面在三个坐标轴上的截距,即可得此平面方程.

解 因为截距之比 $a:b:c=1:3:2$,故可设截距 $a=t,b=3t,c=2t$,则平面方程为

$$\frac{x}{t}+\frac{y}{3t}+\frac{z}{2t}=1,$$

此平面与原点的距离

$$d=\frac{|-1|}{\sqrt{\left(\frac{1}{t}\right)^2+\left(\frac{1}{3t}\right)^2+\left(\frac{1}{2t}\right)^2}}=6,$$

解得 $t=\pm7$. 则所求平面的方程为 $\frac{x}{7}+\frac{y}{21}+\frac{z}{14}=\pm1$,即 $6x+2y+3z\pm42=0$.

【675】 求与平面 $6x+3y+2z+12=0$ 平行,而使点 $(0,2,-1)$ 与这两平面的距离相等的平面方程.

分析 由于所求平面与已知平面平行,故可令已知平面的法向量 $(6,3,2)$ 作为所求平面的法向量. 于是,设所求方程为一般式 $6x+3y+2z+D=0$,再根据点到这两个平面的距离相等,可求出 D,即可求出所求平面方程.

解 因为平面 $6x+3y+2z+12=0$,所以法向量为 $(6,3,2)$. 由题意,所求平面方程可设为

$$6x+3y+2z+D=0.$$

又点 $(0,2,-1)$ 到这两个平面的距离相等,即

$$\frac{|0\times6+2\times3-1\times2+D|}{\sqrt{6^2+3^2+2^2}}=\frac{|0\times6+2\times3-1\times2+12|}{\sqrt{6^2+3^2+2^2}},$$

即 $|4+D|=16$,所以 $D=12$ 或 -20.

从而所求平面的方程为:

$$6x+3y+2z+12=0\ (\text{与已知平面重合})\quad\text{或}\quad 6x+3y+2z-20=0.$$

【676】 平面过 z 轴,且与平面 $2x+y-\sqrt{5}z=0$ 的夹角为 $\frac{\pi}{3}$,求此平面方程.

解 平面过 z 轴,则点 $O(0,0,0)$ 是所求平面上的点. 设所求平面的法向量为

$$\boldsymbol{n}=\{A,B,C\},$$

所求平面过 z 轴,则 $\boldsymbol{n}\cdot\boldsymbol{k}=0$ 得 $C=0$,所求平面和已知平面夹角为 $\frac{\pi}{3}$,则

$$(\widehat{\boldsymbol{n},\boldsymbol{n}_1})=\frac{\pi}{3} \quad 或 \quad (\widehat{\boldsymbol{n},\boldsymbol{n}_1})=\frac{2\pi}{3}.$$

因 $\boldsymbol{n}\cdot\boldsymbol{n}_1=|\boldsymbol{n}||\boldsymbol{n}_1|\cos(\widehat{\boldsymbol{n},\boldsymbol{n}_1})$，由 $\boldsymbol{n}_1=\{2,1,-\sqrt{5}\}$，得

$$2A+B-\sqrt{5}C=\pm\sqrt{A^2+B^2+C^2}\cdot\sqrt{2^2+1+5}\cdot\frac{1}{2}.$$

将 $C=0$ 代入且两边平方得

$$4A^2+4AB+B^2=\frac{5}{2}(A^2+B^2),$$

即
$$3A^2+8AB-3B^2=0,\quad (3A-B)(A+3B)=0,$$

故 $A=\frac{B}{3}$ 或 $A=-3B$. 即所求平面方程的法向量为

$$\boldsymbol{n}=\left\{\frac{1}{3},1,0\right\} \quad 或 \quad \boldsymbol{n}=\{-3,1,0\},$$

故所求平面方程为 $x+3y=0$ 或 $-3x+y=0$.

空间直线方程的建立

【677】 过点 $M_0(2,4,0)$ 且与直线 $L_1:\begin{cases}x+2z-1=0\\y-3z-2=0\end{cases}$ 平行的直线方程是________.

解 直线 L_1 的方向向量为

$$\boldsymbol{s}=\begin{vmatrix}\boldsymbol{i}&\boldsymbol{j}&\boldsymbol{k}\\1&0&2\\0&1&-3\end{vmatrix}=\{-2,3,1\},$$

故所求直线的方程是 $\frac{x-2}{-2}=\frac{y-4}{3}=\frac{z}{1}$.

故应填 $\frac{x-2}{-2}=\frac{y-4}{3}=\frac{z}{1}$.

【678】 已知直线 L 过点 $M_0(-1,0,4)$，且与直线 $L_1:\begin{cases}x+2y-z=0\\x+2y+2z+4=0\end{cases}$ 垂直，又与平面 π：$3x-4y+z-10=0$ 平行，则直线 L 的方程是________.

解 直线 L_1 的方向向量

$$\boldsymbol{s}_1=\begin{vmatrix}\boldsymbol{i}&\boldsymbol{j}&\boldsymbol{k}\\1&2&-1\\1&2&2\end{vmatrix}=\{6,-3,0\}$$

平面 π 的法向量 $\boldsymbol{n}=\{3,-4,1\}$.

因为直线 L 的方向向量 $\boldsymbol{s}$ 既垂直于 $\boldsymbol{s}_1$ 又垂直于 $\boldsymbol{n}$，故可取

$$\boldsymbol{s}=\frac{\boldsymbol{s}_1\times\boldsymbol{n}}{3}=\frac{1}{3}\begin{vmatrix}\boldsymbol{i}&\boldsymbol{j}&\boldsymbol{k}\\6&-3&0\\3&-4&1\end{vmatrix}=\{-1,-2,-5\},$$

所以，直线 L 的方程是 $\frac{x+1}{1}=\frac{y}{2}=\frac{z-4}{5}$.

故应填 $\frac{x+1}{1}=\frac{y}{2}=\frac{z-4}{5}$.

【679】求过点 $M_0(0,2,4)$，且与两个平面 π_1,π_2 都平行的直线方程，其中

$$\pi_1: x+y-2z-1=0;\quad \pi_2: x+2y-z+1=0.$$

解　设直线的方向向量为 $\boldsymbol{s}$. 根据题设条件知，$\boldsymbol{s}$ 与 π_1 和 π_2 的法向量都垂直. 可取

$$\boldsymbol{s}=\boldsymbol{n}_1\times\boldsymbol{n}_2=\begin{vmatrix} \boldsymbol{i} & \boldsymbol{j} & \boldsymbol{k} \\ 1 & 1 & -2 \\ 1 & 2 & -1 \end{vmatrix}=\{3,-1,1\}.$$

由对称式方程知，所求直线方程为 $\dfrac{x}{3}=\dfrac{y-2}{-1}=\dfrac{z-4}{1}$.

【680】求过点 $M_1(-1,0,4)$，且与平面 $\pi_1: 3x-4y+z-10=0$ 平行，又与直线

$$L_1: \frac{x+1}{3}=\frac{y-3}{1}=\frac{z}{2}$$

相交的直线 L 的方程.

解　平面 π_1 的法向量为 $\boldsymbol{n}_1=\{3,-4,1\}$，故过点 $M_1(-1,0,4)$，且平行于平面 π_1 的平面方程为

$$3(x+1)-4y+(z-4)=0,\quad 即\quad 3x-4y+z-1=0.$$

再作过点 $M_1(-1,0,4)$ 且过直线 L_1 的平面 π_2，它的法向量为 $\boldsymbol{n}_2$，因为直线 L_1 上的点 $M_2(-1,3,0)$ 与点 M_1 均在平面 π_2 上，$\overrightarrow{M_1M_2}=\{0,3,-4\}$，故 $\boldsymbol{n}_2\perp\overrightarrow{M_1M_2}$，又法向量 $\boldsymbol{n}_2$ 还垂直于直线 L_1 的方向向量 $\boldsymbol{s}_1=\{3,1,2\}$，故可取

$$\boldsymbol{n}_2=\boldsymbol{s}_1\times\overrightarrow{\boldsymbol{M}_1\boldsymbol{M}_2}=\begin{vmatrix} \boldsymbol{i} & \boldsymbol{j} & \boldsymbol{k} \\ 3 & 1 & 2 \\ 0 & 3 & -4 \end{vmatrix}=\{-10,12,9\}$$

于是，平面 π_2 的方程为

$$10(x+1)-12y-9(z-4)=0,\quad 即\quad 10x-12y-9z+46=0.$$

因此，所求直线 L 的方程为

$$\begin{cases} 3x-4y+z-1=0 \\ 10x-12y-9z+46=0 \end{cases}$$

【681】设直线 L 过点 $P_0(1,1,1)$，并且与直线 $L_1: x=\dfrac{y}{2}=\dfrac{z}{3}$ 相交，与直线

$$L_2: \frac{x-1}{2}=\frac{y-2}{1}=\frac{z-3}{4}$$

垂直，试求直线 L 的方程.

解　直线 L_2 的方向向量为 $\boldsymbol{s}_2=\{2,1,4\}$，过 $P_0(1,1,1)$ 以 $\boldsymbol{s}_2$ 为法向量的平面方程为：

$$\pi: 2(x-1)+(y-1)+4(z-1)=0.$$

由题意知，所求直线 L 在此平面 π 上. 因直线 L_1 与直线 L 相交，故 L_1 与平面 π 也相交，我们可求出 L_1 与 π 的交点 $Q(x,y,z)$，将 L_1 转化为参数式

$$\begin{cases} x=t \\ y=2t \\ z=3t \end{cases},$$

代入平面方程，得 $t=\dfrac{7}{16}$. 直线 L 过点 $P_0(1,1,1)$ 与 $Q\left(\dfrac{7}{16},\dfrac{7}{8},\dfrac{21}{16}\right)$，由两点式可得直线 L 方程为

$$\frac{x-1}{\frac{9}{16}}=\frac{y-1}{\frac{1}{8}}=\frac{z-1}{-\frac{5}{16}}.$$

【682】 求与已知直线 $L_1:\frac{x+3}{2}=\frac{y-5}{1}=\frac{z}{1}$ 和 $L_2:\frac{x-3}{1}=\frac{y+1}{4}=\frac{z}{1}$ 都相交，且与 $L_3:\frac{x+2}{3}=\frac{y-1}{2}=\frac{z-3}{1}$ 平行的直线方程.

分析 所求直线 L 的方向向量为 $\boldsymbol{s}=\{3,2,1\}$，只要在 L 上找到一个定点 P，即可使问题获解，P 最好选择 L 与 L_1 或 L 与 L_2 的交点.

解 将 L_1 和 L_2 化为参数方程：

$$L_1:\begin{cases}x=2t-3\\y=t+5\\z=t\end{cases},\quad L_2:\begin{cases}x=t+3\\y=4t-1.\\z=t\end{cases}$$

设 L 与 L_1 和 L_2 的交点分别对应参数 t_1 和 t_2，则知交点分别为

$$P(2t_1-3,t_1+5,t_1),\quad Q(t_2+3,4t_2-1,t_2).$$

由于 $\overrightarrow{PQ}/\!/\boldsymbol{s}$，故

$$\frac{(2t_1-3)-(t_2+3)}{3}=\frac{(t_1+5)-(4t_2-1)}{2}=\frac{t_1-t_2}{1}$$

整理成方程组 $\begin{cases}t_1-2t_2=-6\\t_1+2t_2=6\end{cases}$，解出 $t_1=0$. 所以 P 的坐标为 $(-3,5,0)$. 故所求直线方程为：

$$\frac{x+3}{3}=\frac{y-5}{2}=\frac{z}{1}.$$

点评 通过对以上例题的解析，可以看出建立直线方程的主要方法是采用对称式方程. 为此需确定直线上一点 $M_0(x_0,y_0,z_0)$ 和直线的方向向量 $\boldsymbol{s}$.

有关平面、直线相互关系的问题

【683】 设有直线

$$L_1:\frac{x-1}{1}=\frac{y-5}{-2}=\frac{z+8}{1}\quad 与\quad L_2:\begin{cases}x-y=6\\2y+z=3\end{cases},$$

则 L_1 与 L_2 的夹角为________.

(A) $\frac{\pi}{6}$　　(B) $\frac{\pi}{4}$　　(C) $\frac{\pi}{3}$　　(D) $\frac{\pi}{2}$

解 $\boldsymbol{s}_1=\{1,-2,1\}$，$\boldsymbol{s}_2=\begin{vmatrix}\boldsymbol{i}&\boldsymbol{j}&\boldsymbol{k}\\1&-1&0\\0&2&1\end{vmatrix}=\{-1,-1,2\}$，则 $\cos(\widehat{\boldsymbol{s}_1,\boldsymbol{s}_2})=\frac{|\boldsymbol{s}_1\cdot\boldsymbol{s}_2|}{|\boldsymbol{s}_1|\cdot|\boldsymbol{s}_2|}=\frac{1}{2}$.

故应选(C).

【684】 设有直线 $L:\begin{cases}x+3y+2z+1=0\\2x-y-10z+3=0\end{cases}$ 及平面 $\pi:4x-2y+z-2=0$，则直线 L ________.

(A)平行于 π　　(B)在 π 上　　(C)垂直于 π　　(D)与 π 斜交

解 直线 L 的方向向量为 $\boldsymbol{s}=\{-28,14,-7\}$，平面 π 的法向量为 $\boldsymbol{n}=\{4,-2,1\}$，由 $\frac{-28}{4}=\frac{14}{-2}=\frac{-7}{1}$ 知，$\boldsymbol{s}/\!/\boldsymbol{n}$，则直线 L 垂直于平面 π.

故应选(C).

点评 直线与平面间的位置关系可转化为直线的方向向量与平面的法向量之间的关系.若直线的方向向量平行于平面的法向量,则表明直线与平面垂直.

求点到平面或直线的距离

【685】 点$(2,1,0)$到平面$3x+4y+5z=0$的距离$d=$________.

解 $d=\dfrac{|2\times3+1\times4+0\times5|}{\sqrt{3^2+4^2+5^2}}=\dfrac{10}{5\sqrt{2}}=\sqrt{2}$.

故应填$\sqrt{2}$.

【686】 求点$P(3,-1,2)$到直线$L:\begin{cases}x+y-z+1=0\\2x-y+z-4=0\end{cases}$的距离.

解 直线方程L的对称式方程为$\dfrac{x-1}{0}=\dfrac{y+2}{1}=\dfrac{z-0}{1}$,过点$P$且垂直于直线$L$的平面$\pi$的方程为

$$0\cdot(x-3)+1\cdot(y+1)+1\cdot(z-2)=0,\quad 即\quad y+z-1=0.$$

把直线L的参数方程

$$\begin{cases}x=1\\y=-2+t\\z=t\end{cases}$$

代入平面π方程,求直线L与平面π的交点

$$-2+t+t-1=0\Rightarrow t=\frac{3}{2},$$

交点为$M(1,-\frac{1}{2},\frac{3}{2})$.

$$d=|\overrightarrow{PM}|=\sqrt{(1-3)^2+(-\frac{1}{2}+1)^2+(\frac{3}{2}-2)^2}=\frac{3}{2}\sqrt{2}.$$

【687】 求点$P(1,2,-1)$到直线$L:\dfrac{x-1}{2}=\dfrac{y+1}{-1}=\dfrac{z-2}{3}$的距离.

解法一 过点$P(1,2,-1)$且垂直于直线L的平面的方程为

$$2(x-1)-(y-2)+3(z+1)=0,\quad 即\quad 2x-y+3z+3=0.$$

该平面与直线L相交于点$Q\left(-\frac{5}{7},-\frac{1}{7},-\frac{4}{7}\right)$,所以,所求的距离

$$d=|\overrightarrow{PQ}|=\sqrt{\left(1+\frac{5}{7}\right)^2+\left(2+\frac{1}{7}\right)^2+\left(\frac{4}{7}-1\right)^2}=\frac{3}{7}\sqrt{42}.$$

解法二 直线L的方向向量是$\boldsymbol{s}=\{2,-1,3\}$,而点$P_0(1,-1,2)$在直线$L$上,所以,点$P(1,2,-1)$到直线$L$的距离为

$$d=|\overrightarrow{PP_0}|\sin(\overrightarrow{PP_0},\boldsymbol{s})=\frac{|\overrightarrow{PP_0}\times\boldsymbol{s}|}{|\boldsymbol{s}|}$$

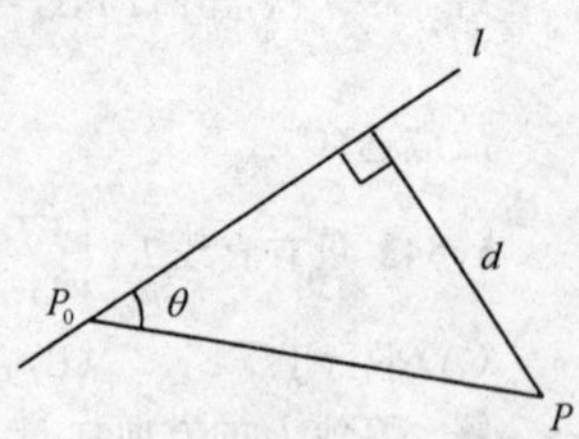

图 687

如图 687 所示,而

$$\overrightarrow{PP_0}\times \boldsymbol{s}=\begin{vmatrix} i & j & k \\ 0 & -3 & 3 \\ 2 & -1 & 3 \end{vmatrix}=\{-6,6,6\}$$

因此

$$d=\frac{1}{\sqrt{14}}\sqrt{(-6)^2+6^2+6^2}=\sqrt{\frac{108}{14}}=\frac{3}{7}\sqrt{42}.$$

§3. 空间曲面与空间曲线

1. 空间曲面方程

(1)一般方程 $F(x,y,z)=0$;

(2)显式方程 $z=f(x,y)$;

(3)参数方程 $\begin{cases} x=x(u,v) \\ y=y(u,v) \\ z=z(u,v) \end{cases}$ $(u,v)\in D$,其中 D 为 uv 平面上某一区域.

2. 旋转曲面方程

设 $C:f(y,z)=0$ 为 yOz 平面上的曲线,则

(1)C 绕 z 轴旋转所得的曲面为 $f(\pm\sqrt{x^2+y^2},z)=0$;

(2)C 绕 y 轴旋转所得的曲面为 $f(y,\pm\sqrt{x^2+z^2})=0$.

旋转曲面主要由母线和旋转轴确定.

求旋转曲面方程时,平面曲线绕某坐标轴旋转,则该坐标轴对应的变量不变,而曲线方程中另一变量改写成该变量与第三变量平方和的正负平方根,例如:$L\ \begin{cases} f(x,y)=0 \\ z=0 \end{cases}$.曲线 L 绕 x 轴旋转所形成的旋转曲面的方程为 $f(x,\pm\sqrt{y^2+z^2})=0$

3. 柱面方程

(1)母线平行于 z 轴的柱面方程为 $F(x,y)=0$;

(2)母线平行于 x 轴的柱面方程为 $G(y,z)=0$;

(3)母线平行于 y 轴的柱面方程为 $H(x,z)=0$.

当曲面方程中缺少一个变量时,则曲面为柱面.如 $F(x,y)=0$,变量 z 未出现,该曲面表示由准线 $\begin{cases} F(x,y)=0 \\ z=0 \end{cases}$ 生成,母线平行于 z 轴的柱面.

柱面方程必须注意准线与母线两个要素.

基本题型

关于常见二次曲面的标准方程及作图的问题

【688】 请指出下列二次曲面的名称,并作草图:

(1)$16x^2-9y^2-9z^2=-25$;　　(2)$16x^2-9y^2-9z^2=25$;

(3)$y^2+z^2=4x$;　　(4)$2(x-1)^2+(y-2)^2-(z-3)^2=0$

分析 对已给出的二次曲面方程，要求判断曲面性质的题型，应先进行简化运算，将方程转化成常见的曲面方程的形式，然后再进行判断.

解 (1)可以将方程写成如下的标准形式：

$$-\frac{x^2}{\left(\frac{5}{4}\right)^2}+\frac{y^2}{\left(\frac{5}{3}\right)^2}+\frac{z^2}{\left(\frac{5}{3}\right)^2}=1.$$

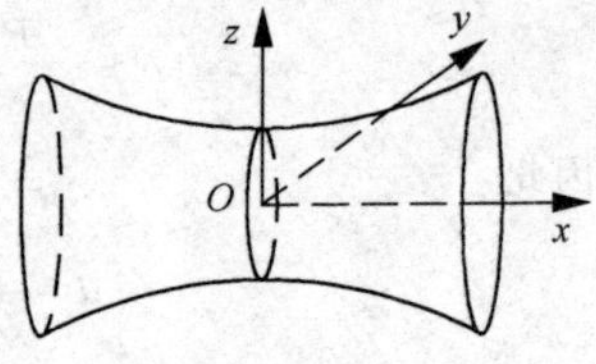

图 688(1)

该方程表示单叶双曲面，如图 688(1)所示；

(2)方程可以写成如下的标准形式：

$$\frac{x^2}{\left(\frac{5}{4}\right)^2}-\frac{y^2}{\left(\frac{5}{3}\right)^2}-\frac{z^2}{\left(\frac{5}{3}\right)^2}=1$$

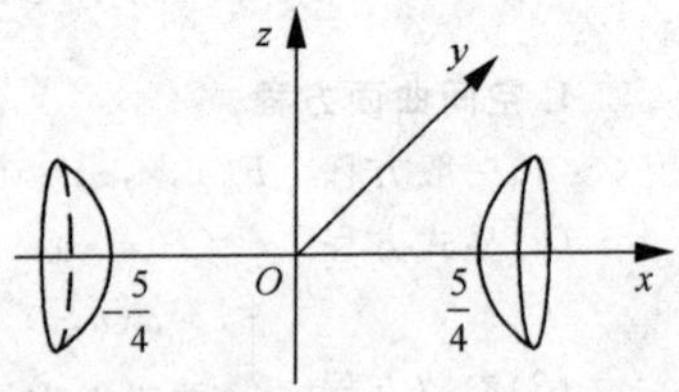

图 688(2)

该方程表示双叶双曲面，如图 688(2)所示；

(3)方程可写成如下的标准形式：

$$x=\frac{y^2}{2^2}+\frac{z^2}{2^2}$$

该方程表示椭圆抛物面，如图 688(3)所示；

(4)方程可写成如下的标准形式：

$$\frac{(x-1)^2}{\left(\frac{\sqrt{2}}{2}\right)^2}+\frac{(y-2)^2}{1^2}=(z-3)^2.$$

该方程表示椭圆锥面，它是由标准椭圆锥面 $\frac{x^2}{\left(\frac{\sqrt{2}}{2}\right)^2}+\frac{y^2}{1^2}=z^2$ 的图形平移到使锥面的顶点为 (1,2,3)时得到的. 如图 688(4)所示.

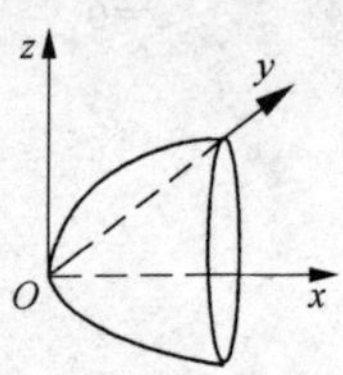

图 688(3)

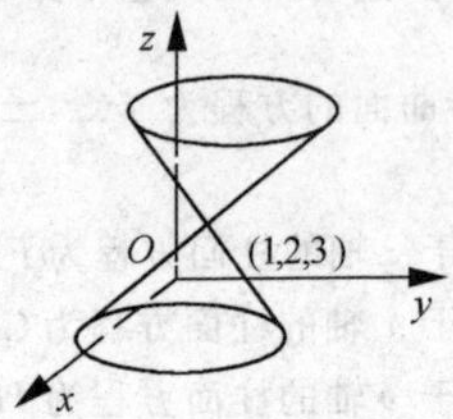

图 688(4)

【689】就 p、q 的各种情况说明二次曲面 $z=x^2+py^2+qz^2$ 的类型.

解 (1)当 $p=q=0$ 时，$z=x^2$ 是抛物柱面.

(2)当 $q=0,p\neq0$ 时，若 $p>0$，$z=x^2+py^2$ 是椭圆抛物面；若 $p<0$，$z=x^2+py^2$ 是双曲抛物面.

(3)当 $p=0,q\neq0$ 时，若 $q=a^2>0$，则方程可化为 $x^2+\left(az-\frac{1}{2a}\right)^2=\frac{1}{4a^2}$ 是椭圆柱面；若 $q=-a^2<0$，则方程可化为 $\left(az+\frac{1}{2a}\right)^2-x^2=\frac{1}{4a^2}$ 是双曲柱面.

(4)当 $p\cdot q\neq0$ 时，若 $p=a^2>0,q=b^2>0$，方程可化为

$$x^2+a^2y^2+\left(bz+\frac{1}{2b}\right)^2=\left(\frac{1}{2b}\right)^2 \quad \text{是椭球面;}$$

若 $p=-a^2<0, q=-b^2<0$,方程可化为

$$a^2y^2+\left(bz-\frac{1}{2b}\right)^2-x^2=\left(\frac{1}{2b}\right)^2 \quad \text{是单叶双曲面;}$$

若 $p=a^2>0, q=-b^2<0$,方程可化为

$$x^2+a^2y^2-\left(bz+\frac{1}{2b}\right)^2=-\left(\frac{1}{2b}\right)^2 \quad \text{是双叶双曲面;}$$

若 $p=-a^2<0, q=b^2>0$,方程可化为

$$x^2-a^2y^2+\left(bz-\frac{1}{2b}\right)^2=\left(\frac{1}{2b}\right)^2 \quad \text{是单叶双曲面.}$$

【690】试求到球面

$$\Sigma_1:(x-4)^2+y^2+z^2=9 \quad 与 \quad \Sigma_2:(x+1)^2+(y+1)^2+(z+1)^2=4$$

的距离比为 3∶2 的点的轨迹,并指出曲面的类型.

分析 在所求曲面上任取一点 $M(x,y,z)$,根据已知曲面的条件,建立动点 M 的坐标应满足的方程 $F(x,y,z)=0$,则此方程即为所求曲面的方程.

解 设所求曲面上的动点为 $M(x,y,z)$,点 M 到 Σ_1 的球心(4,0,0)的距离为

$$d_1=\sqrt{(x-4)^2+y^2+z^2},$$

点 M 到 Σ_2 的球心(−1,−1,−1)的距离为

$$d_2=\sqrt{(x+1)^2+(y+1)^2+(z+1)^2}.$$

则点 M 到 Σ_1 的球面距离为

$$d_1-3=\sqrt{(x-4)^2+y^2+z^2}-3,$$

点 M 到 Σ_2 的球面距离为

$$d_2-2=\sqrt{(x+1)^2+(y+1)^2+(z+1)^2}-2,$$

由已知$\dfrac{d_1-3}{d_2-2}=\dfrac{3}{2}$,得 $2d_1=3d_2$.

两边平方,得

$$4[(x-4)^2+y^2+z^2]=9[(x+1)^2+(y+1)^2+(z+1)^2],$$

化简得,$5(x^2+y^2+z^2)+50x+18y+18z-37=0$. 这是一个球面方程.

【691】设空间曲面 Σ 由双参数方程

$$\begin{cases}x=a(u+\lambda)\\ y=b(u-\lambda) \qquad \lambda,u\in(-\infty,+\infty),\ a,b>0\\ z=2u\lambda\end{cases}$$

给出,试求曲面 Σ 的一般式方程.

分析 利用三个联立方程消去参数 u 和 λ,即可建立 x,y,z 之间的关系,得到曲面的一般方程.

解 由参数方程可得:$u+\lambda=\dfrac{x}{a}$,$u-\lambda=\dfrac{y}{b}$. 解出:

$$u=\frac{1}{2}\left(\frac{x}{a}+\frac{y}{b}\right),\quad \lambda=\frac{1}{2}\left(\frac{x}{a}-\frac{y}{b}\right),$$

所以

$$z=2u\lambda=2\cdot\frac{1}{2}\left(\frac{x}{a}+\frac{y}{b}\right)\cdot\frac{1}{2}\left(\frac{x}{a}-\frac{y}{b}\right)=\frac{1}{2}\left[\left(\frac{x}{a}\right)^2-\left(\frac{y}{b}\right)^2\right].$$

上述方程表示双曲抛物面.

以上表明曲面 Σ 包含在这个双曲抛物面上，下面来说明这个双曲抛物面也包含在曲面 Σ 上，即双曲抛物面的点可表示成参数方程的形式.

因为

$$z=\frac{x^2}{2a^2}-\frac{y^2}{2b^2}=2\cdot\frac{1}{2}\left(\frac{x}{a}+\frac{y}{b}\right)\cdot\frac{1}{2}\left(\frac{x}{a}-\frac{y}{b}\right),$$

令 $\frac{1}{2}\left(\frac{x}{a}+\frac{y}{b}\right)=u$，$\frac{1}{2}\left(\frac{x}{a}-\frac{y}{b}\right)=\lambda$，从而得

$$\begin{cases}x=a(u+\lambda)\\y=b(u-\lambda)\\z=2u\lambda\end{cases}$$

所以 Σ 的一般方程为 $\frac{x^2}{a^2}-\frac{y^2}{b^2}=2z$. 这是双曲抛物面.

求旋转曲面的方程

【692】 直线 $L:\frac{x-1}{0}=\frac{y}{1}=\frac{z}{1}$ 绕 z 轴旋转一周，求旋转曲面的方程

解 设 $P_0(x_0,y_0,z_0)$ 为直线 L 上的一点，故 $x_0=1$，即 P_0 点的坐标为 $(1,y_0,z_0)$，当直线 L 绕 z 轴旋转时，$z=z_0$ 保持不变；动点 P 到 z 轴的距离保持不变，即 $r^2=1+y_0^2=x^2+y^2$，又由直线方程 $y_0=z_0$，因此 $r^2=x^2+y^2=1+y_0^2=1+z_0^2=1+z^2$，故此旋转曲面为单叶双曲面，其方程为：$x^2+y^2-z^2=1$.

【693】 已知点 A 与 B 的直角坐标分别为 $(1,0,0)$ 与 $(0,1,1)$. 线段 AB 绕 z 轴旋转一周所成的旋转曲面为 S. 求由 S 及两平面 $z=0$，$z=1$ 所围成的立体体积.

解 如图 693 所示.

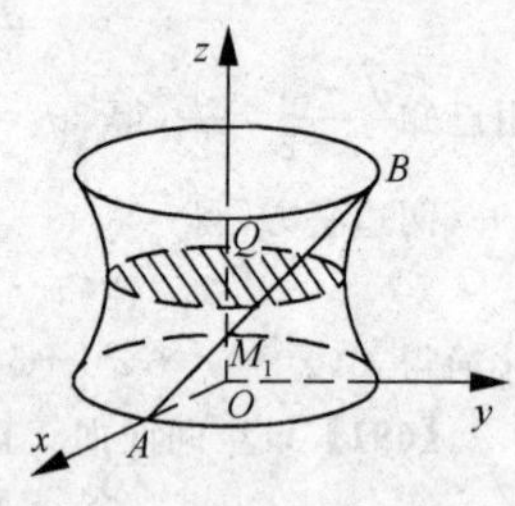

图 693

直线 AB 的方程为 $\frac{x-1}{-1}=\frac{y}{1}=\frac{z}{1}$，即 $\begin{cases}x=1-z\\y=z\end{cases}$.

在 z 轴上截距为 z 的平面截此旋转体所得截面为一个圆，此截面与 z 轴交于点 $Q(0,0,z)$，与 AB 交于点 $M(1-z,z,z)$，故圆截面半径

$$r(z)=\sqrt{(1-z)^2+z^2}=\sqrt{1-2z+2z^2},$$

从而截面面积 $S(z)=\pi(1-2z+2z^2)$，旋转体体积

$$V=\pi\int_0^1(1-2z+2z^2)\mathrm{d}z=\frac{2}{3}\pi.$$

【694】 求直线 $L:\frac{x-1}{1}=\frac{y}{1}=\frac{z-1}{-1}$ 在平面 $\pi:x-y+2z-1=0$ 上的投影直线 L_0 的方程，并求 L_0 绕 y 轴旋转一周所成曲面的方程.

解 设经过 L 且垂直于平面 π 的平面方程为

$$\pi_1:A(x-1)+By+C(z-1)=0,$$

则由条件可知 $A-B+2C=0$，$A+B-C=0$，由此解得 $A:B:C=-1:3:2$，于是 π_1 的方程为

$$x-3y-2z+1=0.$$

从而 L_0 的方程为

$$L_0:\begin{cases}x-y+2z-1=0\\x-3y-2z+1=0\end{cases},\quad 即\quad \begin{cases}x=2y\\z=-\dfrac{1}{2}(y-1)\end{cases}.$$

于是 L_0 绕 y 轴旋转一周所成曲面的方程为

$$x^2+z^2=4y^2+\frac{1}{4}(y-1)^2,\quad 即\quad 4x^2-17y^2+4z^2+2y-1=0.$$

空间曲线方程的建立

【695】 一动点 M 到平面 $x-1=0$ 的距离等于它与 x 轴距离的两倍，又点 M 到 $A(0,-1,2)$ 的距离为 1，求动点 M 的轨迹方程.

解 设点 M 的坐标为 (x,y,z)，则 M 到平面 $x-1=0$ 的距离为 $|x-1|$，到 x 轴的距离为 $\sqrt{y^2+z^2}$，由题设条件，有 $|x-1|=2\sqrt{y^2+z^2}$，即 $(x-1)^2=4(y^2+z^2)$.

又 M 到 $A(0,-1,2)$ 的距离为 1，即

$$x^2+(y+1)^2+(z-2)^2=1^2,$$

所以动点 M 的轨迹方程满足

$$\begin{cases}(x-1)^2=4(y^2+z^2)\\x^2+(y+1)^2+(z-2)^2=1\end{cases}.$$

点评 此类问题常用到距离公式及向量代数的工具.由所给条件确定动点的坐标所满足的约束方程.如方程是一个，则轨迹为曲面；如方程有两个，则轨迹为曲线.另外，也可以设定参数求动点的轨迹方程.若参数有两个，则轨迹为曲面；若参数只有一个，则轨迹是曲线.

【696】 求二次曲面 $y=\frac{x^2}{a^2}-\frac{z^2}{c^2}$ 与三个坐标平面的交线.

分析 求解空间曲面与坐标平面的交线，只须将已知曲面方程与坐标平面方程联立.

解 此二次曲面为双曲抛物面.它与 xOy 面的交线为

$$\begin{cases}y=\dfrac{x^2}{a^2}-\dfrac{z^2}{c^2}\\z=0\end{cases},\quad 即\begin{cases}y=\dfrac{x^2}{a^2}\\z=0\end{cases}$$

这是 xOy 面上的抛物线 $y=\frac{x^2}{a^2}$.

曲面与 zOx 面的交线为

$$\begin{cases}y=\dfrac{x^2}{a^2}-\dfrac{z^2}{c^2}\\y=0\end{cases},\quad 即\quad \begin{cases}\left(\dfrac{x}{a}-\dfrac{z}{c}\right)\left(\dfrac{x}{a}+\dfrac{z}{c}\right)=0\\y=0\end{cases},$$

这说明曲面与 zOx 面的交线是 zOx 面上的两条相交直线 $z=\frac{c}{a}x$ 和 $z=-\frac{c}{a}x$.

曲面与 yOz 面的交线为

$$\begin{cases}y=\dfrac{x^2}{a^2}-\dfrac{z^2}{c^2}\\x=0\end{cases},\quad 即\quad \begin{cases}y=-\dfrac{z^2}{c^2}\\x=0\end{cases}$$

这是 yOz 面上的抛物线.

建立投影曲线方程

【697】 求曲线 $C:\begin{cases}x=y^2+z^2\\x+2y-z=0\end{cases}$ 在三个坐标平面上的投影曲线方程.

分析 从空间曲线 C 的方程 $\begin{cases}x=y^2+z^2\\x+2y-z=0\end{cases}$ 中分别消去 x,y,z 即可得曲线 C 在三个坐标面上的投影柱面方程,再与坐标面方程联立方程组,即得投影曲线方程.

解 $\begin{cases}x=y^2+z^2\\x+2y-z=0\end{cases}$ 两式联立,消去 x,得 $y^2+z^2+2y-z=0$,这是曲线 C 向 yOz 平面的投影柱面.此投影柱面与 yOz 面的交线即为曲线 C 在 yOz 面上的投影曲线.故

$$\begin{cases}y^2+z^2+2y-z=0\\x=0\end{cases}$$

即为所求.

同理,消去 y 可得曲线 C 向 zOx 面的投影曲线 $\begin{cases}x=\dfrac{1}{4}(z-x)^2+z^2\\y=0\end{cases}$. 消去 z 可得曲线 C 向 xOy 面的投影曲线 $\begin{cases}x=y^2+(x+2y)^2\\z=0\end{cases}$.

【698】 求旋转抛物面 $z=x^2+y^2$ 与平面 $y+z=1$ 的交线在 xOy 面上的投影方程.

解 从曲线方程 $\begin{cases}z=x^2+y^2\\y+z=1\end{cases}$ 中消去 z,得曲线向 xOy 面的投影柱面方程为 $x^2+y^2+y=1$. 于是,曲线在 xOy 面上的投影曲线方程为 $\begin{cases}x^2+\left(y+\dfrac{1}{2}\right)^2=\dfrac{5}{4}\\z=0\end{cases}$.

§4. 综合提高题型

有关向量夹角的题目

【699】 设一向量与三个坐标平面的夹角分别是 θ,φ,ψ 试证:$\cos^2\theta+\cos^2\varphi+\cos^2\psi=2$.

证 设 $\boldsymbol{a}=\{a_x,a_y,a_z\}$,$\theta,\varphi,\psi$ 分别为 $\boldsymbol{a}$ 与 xOy 面,yOz 面,zOx 面的夹角,则

$$\cos\theta=\frac{\sqrt{a_x^2+a_y^2}}{\sqrt{a_x^2+a_y^2+a_z^2}},\quad \cos\varphi=\frac{\sqrt{a_y^2+a_z^2}}{\sqrt{a_x^2+a_y^2+a_z^2}},\quad \cos\psi=\frac{\sqrt{a_x^2+a_z^2}}{\sqrt{a_x^2+a_y^2+a_z^2}}.$$

所以 $\cos^2\theta+\cos^2\varphi+\cos^2\psi=\dfrac{2(a_x^2+a_y^2+a_z^2)}{a_x^2+a_y^2+a_z^2}=2$.

求平面方程的综合题

【700】 求经过直线 $\begin{cases}x+5y+z=0\\x-z+4=0\end{cases}$ 且与平面 $x-4y-8z+12=0$ 交成 $\dfrac{\pi}{4}$ 角的平面方程.

解 过直线 L 的平面束方程为

$$\lambda(x+5y+z)+\mu(x-z+4)=0,\quad 即\quad (\lambda+\mu)x+5\lambda y+(\lambda-\mu)z+4\mu=0,$$

则所求平面的法向向量为 $\boldsymbol{n}_1=\{\lambda+\mu,5\lambda,\lambda-\mu\}$,

而已知平面的法向向量为 $\boldsymbol{n}_2=\{1,-4,-8\}$，所以

$$\cos\frac{\pi}{4}=\frac{|\boldsymbol{n}_1\cdot\boldsymbol{n}_1|}{|\boldsymbol{n}_1|\cdot|\boldsymbol{n}_2|}=\frac{|3\lambda-\mu|}{\sqrt{27\lambda^2+2\mu^2}}=\frac{\sqrt{2}}{2},$$

解得 $\lambda=0$ 或 $\frac{\lambda}{\mu}=-\frac{4}{3}$. 故所求平面方程为

$$x-z+4=0,\quad 或\quad x+20y+7z-12=0.$$

【701】已知两条直线的方程是

$$L_1:\frac{x-1}{1}=\frac{y-2}{0}=\frac{z-3}{-1},\quad L_2:\frac{x+2}{2}=\frac{y-1}{1}=\frac{z}{1},$$

则过 L_1 且平行于 L_2 的平面方程是________.

解　根据题意，所求平面应过直线 L_1，从而过直线 L_1 上的点(1,2,3)，另一方面所求平面的法向量 $\boldsymbol{n}$ 与已知直线 L_1 及 L_2 的方向向量都垂直，从而可取

$$\boldsymbol{n}=\begin{vmatrix}\boldsymbol{i}&\boldsymbol{j}&\boldsymbol{k}\\1&0&-1\\2&1&1\end{vmatrix}=\boldsymbol{i}-3\boldsymbol{j}+\boldsymbol{k}$$

于是所求平面方程为

$$1\cdot(x-1)-3\cdot(y-2)+1\cdot(z-3)=0.$$

故应填 $x-3y+z+2=0$.

【702】点 $P(2,-1,-1)$ 关于平面 π 的对称点为 $P_1(-2,3,11)$. 求 π 的方程.

解　$\overrightarrow{PP_1}$ 的中点坐标为 $M_0(0,1,5)$. 取法向量 $\boldsymbol{n}=\overrightarrow{PP_1}=\{-4,4,12\}$，则 π 的方程为

$$-4(x-0)+4(y-1)+12(z-5)=0,\quad 即\quad x-y-3z+16=0.$$

【703】通过直线

$$L_1:\begin{cases}x=2t-1\\y=3t+2\\z=2t-3\end{cases}\quad 和\quad L_2:\begin{cases}x=2t+3\\y=3t-1\\z=2t+1\end{cases}$$

的平面方程是________.

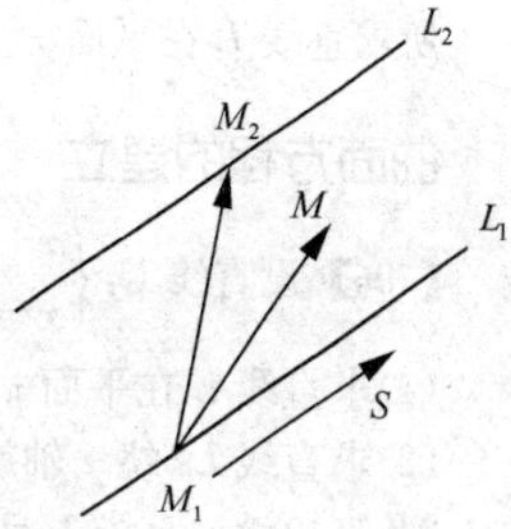

图 703

解　L_1 和 L_2 是两平行直线，先化为标准式

$$L_1:\frac{x+1}{2}=\frac{y-2}{3}=\frac{z+3}{2},\quad L_2:\frac{x-3}{2}=\frac{y+1}{3}=\frac{z-1}{2}.$$

利用三向量共面(如图 703)，得

$$\begin{vmatrix}x+1&y-2&z+3\\3-(-1)&-1-2&1-(-3)\\2&3&2\end{vmatrix}=0.\quad 即\quad x-z-2=0.$$

故应填 $x-z-2=0$.

【704】设两直线

$$L_1:\begin{cases}x-3y+z=0\\2x-4y+z+1=0\end{cases};\quad L_2:\frac{x}{1}=\frac{y+1}{3}=\frac{z-2}{4},$$

(1)证明 L_1 与 L_2 是异面直线；

(2)求 L_1 与 L_2 之间的距离；

(3)求过 L_1 且平行于 L_2 的平面方程.

解　(1)L_1 上取点 $P_1(0,1,3)$,L_2 上取点 $P_2(0,-1,2)$.

$$\boldsymbol{s}_1=\{1,-3,1\}\times\{2,-4,1\}=\{1,1,2\},\quad \boldsymbol{s}_2=\{1,3,4\}.$$

因为

$$[\overrightarrow{P_1P_2},\boldsymbol{s}_1,\boldsymbol{s}_2]=(\overrightarrow{P_1P_2}\times\boldsymbol{s}_1)\cdot\boldsymbol{s}_2=\begin{vmatrix}0&-2&-1\\1&1&2\\1&3&4\end{vmatrix}=2\neq0,$$

所以,$\overrightarrow{P_1P_2},\boldsymbol{s}_1,\boldsymbol{s}_2$ 不共面,从而 L_1 与 L_2 是异面直线.

(2)取公垂向量 $\boldsymbol{s}=\boldsymbol{s}_1\times\boldsymbol{s}_2=\{-2,-2,2\}$,则 L_1 与 L_2 之间的距离为

$$d=|Prj_{\boldsymbol{s}}\ \overrightarrow{P_1P_2}|=\left|\overrightarrow{P_1P_2}\cdot\frac{\boldsymbol{s}}{|\boldsymbol{s}|}\right|=\frac{1}{\sqrt{3}}.$$

(3)$-2(x-0)-2(y-1)+2(z-3)=0$, 即 $x+y-z+2=0$.

【705】 求直线 $L:\begin{cases}2x-y+z-1=0\\x+y-z+1=0\end{cases}$ 在平面 $\pi:x+2y-z=0$ 上的投影直线方程.

解　过直线 L 的平面束方程为

$$\lambda(2x-y+z-1)+\mu(x+y-z+1)=0,$$

即

$$(2\lambda+\mu)x+(-\lambda+\mu)y+(\lambda-\mu)z+(-\lambda+\mu)=0, \qquad ①$$

则与平面 π 垂直的平面 π_1 的法向向量为 $\boldsymbol{n}_1=\{2\lambda+\mu,-\lambda+\mu,\lambda-\mu\}$.

由题意知 $\boldsymbol{n}_1\perp\boldsymbol{n}$,其中 $\boldsymbol{n}=\{1,2,-1\}$,从而

$$1\cdot(2\lambda+\mu)+2\cdot(-\lambda+\mu)-1\cdot(\lambda-\mu)=0$$

解得 $\lambda=4\mu$.代回①得与平面 π 垂直的平面方程为 $3x-y+z-1=0$.

所求直线 L 在平面 π 上的投影直线应为平面 π 与平面 π_1 的交线,即 $\begin{cases}x+2y-z=0\\3x-y+z-1=0\end{cases}$.

曲面方程的建立

【706】 设直线 $L:\begin{cases}x+y-z-1=0\\x-y+z+1=0\end{cases}$ 及平面 $\pi:x+y+z=0$.

(1)求直线 L 在平面 π 上的投影直线 L_0 的方程;

(2)求直线 L_0 绕 z 轴旋转一周所成的曲面方程.

解　(1)设过直线 L 且垂直于平面 π 的平面为 π_1,

L 的方向向量 $\boldsymbol{S}=\{1,1,-1\}\times\{1,-1,1\}=\{0,-2,-2\}$,

π_1 的法向量 $\boldsymbol{n}_1=\boldsymbol{S}\times\boldsymbol{n}=\{0,-2,-2\}\times\{1,1,1\}=\{0,-2,2\}$.

在 L 上取点$\{0,0,-1\}$,则平面 π_1 的方程

$$-2(y-0)+2(z+1)=0,\quad 即\ y-z-1=0$$

平面 π 与 π_1 的交线即为 $L_0:\begin{cases}x+y+z=0\\y-z-1=0\end{cases}$.

(2)在 L_0 上取点$\{-1,1,0\}$.

L_0 的方向向量 $\boldsymbol{S}_0=\{1,1,1\}\times\{0,1,-1\}=\{-2,1,1\}$,

直线 L_0 的对称式 $\dfrac{x+1}{-2}=\dfrac{y-1}{1}=\dfrac{z}{1}$,

参数式：$\begin{cases}x=-1-2t\\ y=1+t\\ z=t\end{cases}$　绕 z 轴旋转所得的旋转曲面方程为

$$\begin{cases}x^2+y^2=(-1-2t)^2+(1+t)^2\\ z=t\end{cases},$$

消去 t，得 $x^2+y^2-5z^2-6z-2=0$.

【707】 求到点 $(a,0,0)$ 与平面 $x=-a$ 距离相等的点的轨迹所满足的方程.

解　设动点为 $M(x,y,z)$. 依题意，有

$$\sqrt{(x-a)^2+y^2+z^2}=|x+a|.\quad 即\quad 4ax=y^2+z^2.$$

【708】 设 a,b,c 为一平面在坐标轴上的截距，P 为原点与该平面之间的距离，证明

$$\frac{1}{a^2}+\frac{1}{b^2}+\frac{1}{c^2}=\frac{1}{P^2}.$$

证　由已知平面 π 方程为 $\frac{x}{a}+\frac{y}{b}+\frac{z}{c}=1$，即 $bcx+acy+abz-abc=0$. 原点 $O(0,0,0)$ 到平面 π 的距离

$$P=\frac{|bc\cdot 0+ac\cdot 0+ab\cdot 0-abc|}{\sqrt{(bc)^2+(ac)^2+(ab)^2}},$$

即 $P^2=\frac{(abc)^2}{(bc)^2+(ac)^2+(ab)^2}$，从而 $\frac{1}{a^2}+\frac{1}{b^2}+\frac{1}{c^2}=\frac{1}{P^2}$.

【709】 证明

$$f\left(\frac{y}{m}-\frac{z}{n},\frac{z}{n}-\frac{x}{l},\frac{x}{l}-\frac{y}{m}\right)=0\quad（其中 l,m,n 不为 0）$$

表示母线平行 $\frac{x}{l}=\frac{y}{m}=\frac{z}{n}$ 的柱面.

分析　只需证明过曲面上的点且平行于 $\frac{x}{l}=\frac{y}{m}=\frac{z}{n}$ 的直线位于该曲面上.

证　设 $P_0(x_0,y_0,z_0)$ 是曲面上的点，则

$$f\left(\frac{y_0}{m}-\frac{z_0}{n},\frac{z_0}{n}-\frac{x_0}{l},\frac{x_0}{l}-\frac{y_0}{m}\right)=0.$$

过 P_0 且平行于 $\frac{x}{l}=\frac{y}{m}=\frac{z}{n}$ 的直线方程是 $\frac{x-x_0}{l}=\frac{y-y_0}{m}=\frac{z-z_0}{n}$，从而得到

$$\frac{y_0}{m}-\frac{z_0}{n}=\frac{y}{m}-\frac{z}{n},\quad \frac{z_0}{n}-\frac{x_0}{l}=\frac{z}{n}-\frac{x}{l},\quad \frac{x_0}{l}-\frac{y_0}{m}=\frac{x}{l}-\frac{y}{m}.$$

于是 $f\left(\frac{y}{m}-\frac{z}{n},\frac{z}{n}-\frac{x}{l},\frac{x}{l}-\frac{y}{m}\right)=0$.

因此，方程 $f\left(\frac{y}{m}-\frac{z}{n},\frac{z}{n}-\frac{x}{l},\frac{x}{l}-\frac{y}{m}\right)=0$ 表示母线平行于 $\frac{x}{l}=\frac{y}{m}=\frac{z}{n}$ 的柱面.

第八章　多元函数微分法及其应用

§1. 多元函数的基本概念

1. 二元函数的概念

设有变量 x、y 和 z，如果变量 x、y 在一定范围内取定一组值时，变量 z 按照一定的法则，总有唯一确定的数值与之对应，则称 z 是 x、y 的二元函数，记为

$$z=f(x,y)$$

并称 x、y 为自变量.

自变量 x、y 的取值范围，叫做函数的定义域.

在空间直角坐标系中，二元函数 $z=f(x,y)$ 的图形通常是一张曲面，它的定义域是这张曲面在 xOy 平面上的投影.

类似地，可以定义三元以及三元以上的函数. 二元及二元以上的函数，统称多元函数.

2. 二元函数的极限

设二元函数 $z=f(x,y)$ 定义在平面点集 E 上，$P_0(x_0,y_0)$ 是 E 的聚点，A 为一常数. 若对于任意给定的正数 ε，总存在正数 δ，使得适合不等式 $0<|P_0P|=\sqrt{(x-x_0)^2+(y-y_0)^2}<\delta$ 的一切点 $P(x,y)$ 都有

$$|f(x,y)-A|<\varepsilon$$

成立，则称 A 为函数 $z=f(x,y)$ 当 $x\to x_0$，$y\to y_0$ 时的极限，记为 $\lim\limits_{\substack{x\to x_0\\ y\to y_0}}f(x,y)=A$. 这时也称当 $x\to x_0$，$y\to y_0$ 时，函数 $f(x,y)$ 收敛于 A.

为了区别于一元函数极限，把上述二元函数的极限叫做二重极限.

所谓二重极限存在，是指点 $P(x,y)$ 以任何方式无限趋于点 $P_0(x_0,y_0)$ 时，函数 $f(x,y)$ 都趋于同一数值 A. 因此，如果点 $P(x,y)$ 以某一特殊方式，例如沿某一定直线或定曲线趋近于 $P_0(x_0,y_0)$ 时，即使函数趋于某一确定值，也不能由此断定函数的极限存在. 但是反过来，如果当 $P(x,y)$ 以不同方式趋于 $P_0(x_0,y_0)$ 时，函数趋于不同的值，那么就可以断定该函数的极限不存在.

3. 二元函数的连续性

设函数 $z=f(x,y)$ 的定义域为 D，$P_0(x_0,y_0)$ 是 D 的聚点，且 $P_0\in D$，若

$$\lim_{\substack{x\to x_0\\ y\to y_0}}f(x,y)=f(x_0,y_0)$$

则称函数 $z=f(x,y)$ 在点 P_0 处连续.

若函数在区域 D 内的每一点都连续，则称函数 $f(x,y)$ 在区域 D 内连续.

多元初等函数在其定义域内是连续函数.

4. 有界闭区域上二元连续函数的性质

最大值和最小值定理　在有界闭区域上的二元连续函数，在该区域上至少取得它的最大值和最小值各一次.

介值定理 在有界闭区域上的二元连续函数，如果取得两个不同的函数值，则函数在该区域上必取得介于这两个值之间的任何值.

特别地，若 μ 是介于在有界闭区域上连续的函数 $f(x,y)$ 的最小值 m 和最大值 M 之间的一个数，则在该区域中至少存在一点 $P(\xi,\eta)$，使得 $f(\xi,\eta)=\mu$.

基 本 题 型

求多元函数的定义域

【710】 求函数 $z=\arcsin(2x)+\dfrac{\sqrt{4x-y^2}}{\ln(1-x^2-y^2)}$ 的定义域.

分析 求多元函数的定义域，就是要求出使其表达式有意义的点的全体. 首先，要写出构成各部分的简单函数的定义域，再解联立不等式组，即得所求定义域.

解 $z_1=\arcsin(2x)$ 的定义域为 $|2x|\leqslant 1$，

$z_2=\sqrt{4x-y^2}$ 的定义域为 $4x-y^2\geqslant 0$，

$z_3=\dfrac{1}{\ln(1-x^2-y^2)}$ 的定义域为 $1-x^2-y^2>0$ 且 $1-x^2-y^2\neq 1$.

故得联立方程组：$\begin{cases}|2x|\leqslant 1\\ 4x-y^2\geqslant 0\\ 1-x^2-y^2>0\\ 1-x^2-y^2\neq 1\end{cases}$

因此，所求函数的定义域为

$$\left\{(x,y)\,\Big|\,-\frac{1}{2}\leqslant x\leqslant\frac{1}{2},y^2\leqslant 4x,0<x^2+y^2<1\right\}.$$

点评 与求一元函数的定义域相仿，需考虑：

分式的分母不能为零；

偶次方根号下的表达式非负；

对数的真数大于零；

反正弦、反余弦中的表达式的绝对值小于等于1，等等.

再解联立不等式组，即得定义域.

求函数表达式

【711】 设 $z=\sqrt{y}+f(\sqrt{x}-1)$，且当 $y=1$ 时 $z=x$，则 $f(y)=$________.

(A) $\sqrt{y}-1$ (B) y (C) $y+2$ (D) $y(y+2)$

解 由 $y=1$ 时 $z=x$ 有 $x=1+f(\sqrt{x}-1)$，即

$$f(\sqrt{x}-1)=x-1=(\sqrt{x}-1)^2+2(\sqrt{x}-1),$$

所以 $f(y)=y^2+2y=y(y+2)$.

故应选(D).

【712】 设函数 $f(x,y)$ 可微，则 $f'_x(x,y)=-f(x,y)$，$f(0,\frac{\pi}{2})=1$，且满足

$$\lim_{n\to\infty}\left[\frac{f(0,y+\frac{1}{n})}{f(0,y)}\right]^n=\mathrm{e}^{\cot y},$$

求 $f(x,y)$.

解法一 先计算极限

$$\lim_{n\to\infty}\left[\frac{f(0,y+\frac{1}{n})}{f(0,y)}\right]^n=\lim_{n\to\infty}\left[1+\frac{f(0,y+\frac{1}{n})-f(0,y)}{f(0,y)}\right]^n=\mathrm{e}^{\lim\limits_{n\to\infty}\frac{f(0,y+\frac{1}{n})-f(0,y)}{\frac{1}{n}\cdot f(0,y)}}=\mathrm{e}^{\frac{f'_y(0,y)}{f(0,y)}},$$

依题意,得 $\dfrac{f'_y(0,y)}{f(0,y)}=\dfrac{\mathrm{d}\ln f(0,y)}{\mathrm{d}y}=\cot y$,

对 y 积分得 $\ln f(0,y)=\ln\sin y+\ln C$,

故 $f(0,y)=C\sin y$. 代入 $f(0,\frac{\pi}{2})=1$ 得 $C=1$,即 $f(0,y)=\sin y$.

又由 $\dfrac{\partial f}{\partial x}=-f$ 积分得 $f(x,y)=\varphi(y)\mathrm{e}^{-x}$,由 $f(0,y)=\sin y$ 知 $\varphi(y)=\sin y$,所以 $f(x,y)=\mathrm{e}^{-x}\sin y$.

解法二 视 y 为常数,求解分离变量方程 $\dfrac{\mathrm{d}f(x,y)}{f(x,y)}=-\mathrm{d}x$,得

$$\ln f(x,y)=-x+\ln\varphi(y),\ 即\ f(x,y)=\varphi(y)\mathrm{e}^{-x}.$$

依题意,得

$$\mathrm{e}^{\cot y}=\lim_{n\to\infty}\left[\frac{\varphi(y+\frac{1}{n})}{\varphi(y)}\right]^n=\lim_{n\to\infty}\left[1+\frac{\varphi(y+\frac{1}{n})-\varphi(y)}{\varphi(y)}\right]^n=\mathrm{e}^{\frac{\varphi'(y)}{\varphi(y)}}\quad 及\quad \varphi(\frac{\pi}{2})=1.$$

于是,有 $\dfrac{\varphi'(y)}{\varphi(y)}=\cot y$,两边积分并整理得 $\varphi(y)=C\sin y$,代入初始条件得 $C=1$,所以,$f(x,y)=\mathrm{e}^{-x}\sin y$.

已知二元函数 $f(x,y)$的表达式,求复合函数 $f[u(x,y),v(x,y)]$的表达式

【713】 设 $f(x,y)=\dfrac{xy}{x^2+y}$,求 $f\left(xy,\dfrac{x}{y}\right)$

分析 求复合函数 $f\left(xy,\dfrac{x}{y}\right)$ 的表达式,可适当引入中间变量,令 $u=xy,v=\dfrac{x}{y}$. 这样把 $f\left(xy,\dfrac{x}{y}\right)$ 转化为 $f(u,v)$,而函数的对应关系与所用字母无关,故 $f(u,v)=\dfrac{uv}{u^2+v}$,最后再把中间变量 u,v 还原为 x,y 的表达式.

解 令 $u=xy,v=\dfrac{x}{y}$. 则

$$f\left(xy,\frac{x}{y}\right)=f(u,v)=\frac{uv}{u^2+v}=\frac{xy\cdot\frac{x}{y}}{(xy)^2+\frac{x}{y}}=\frac{xy}{xy^3+1}.$$

点评 这类问题的关键在于分清楚复合函数的复合结构,在解题过程中适当引入中间变量,最后再把中间变量还原回去.

已知复合函数 $f[u(x,y),v(x,y)]$的表达式,求 $f(x,y)$的表达式

【714】 设 $f(x-y,\ln x)=\left(1-\dfrac{y}{x}\right)\dfrac{\mathrm{e}^x}{\mathrm{e}^y\ln x^x}$,求 $f(x,y)$.

分析 此类问题解决的关键是恰当引入中间变量,令 $u=x-y,v=\ln x$,原表达式再相应凑成关于 u,v 的表达式. 由于函数与所用字母无关,因此求得 $f(u,v)=f(x,y)$.

解 令 $u=x-y, v=\ln x$. 则

$$f(u,v)=\frac{x-y}{x}\cdot\frac{e^{x-y}}{x\ln x}=\frac{u}{e^v}\cdot\frac{e^u}{e^v\cdot v}=\frac{ue^u}{ve^{2v}}.$$

所以 $f(x,y)=\dfrac{xe^x}{ye^{2y}}$.

证明多元函数极限存在

【715】 证明 $\lim\limits_{(x,y)\to(0,0)}\dfrac{x^2y^2}{x^2+y^2}=0$.

分析 若已知多元函数极限存在，要证明该极限，一般采用定义直接证明. 在证明过程中，可适当放大 $|f(x,y)-A|$，然后找到相应的 δ 或利用夹逼定理证明.

解法一 因为 $\left|\dfrac{x^2y^2}{x^2+y^2}\right|\leqslant|y^2|$

故对任意的 $\varepsilon>0$，存在 $\delta=\sqrt{\varepsilon}>0$，当 $|x-0|<\delta$，$|y-0|<\delta$ 且 $(x,y)\neq(0,0)$ 时，有

$$\left|\frac{x^2y^2}{x^2+y^2}-0\right|\leqslant|y^2|<\delta^2=\varepsilon$$

由极限的定义有 $\lim\limits_{(x,y)\to(0,0)}\dfrac{x^2y^2}{x^2+y^2}=0$.

解法二 因为 $x^2+y^2\geqslant2|xy|$

所以 $0\leqslant\left|\dfrac{x^2y^2}{x^2+y^2}\right|\leqslant\dfrac{|xy|}{2}$，又因为 $\lim\limits_{(x,y)\to(0,0)}\dfrac{|xy|}{2}=0$

所以由夹逼定理知 $\lim\limits_{(x,y)\to(0,0)}\dfrac{x^2y^2}{x^2+y^2}=0$.

点评 常用的不等式有 $x^2+y^2\geqslant2|xy|$，$|\sin\theta|\leqslant1$，$\left|\dfrac{x^2}{x^2+y^2}\right|\leqslant1$ 等.

证明极限存在的关键是寻找合适的 δ 或适当放缩不等式以利用夹逼定理来证明.

证明 $\lim\limits_{\substack{x\to x_0\\y\to y_0}}f(x,y)$ 不存在

【716】 极限 $\lim\limits_{\substack{x\to0\\y\to0}}\dfrac{xy}{x^2+y^2}$ 是否存在?

解 因为 $\lim\limits_{\substack{x\to0\\y=kx\to0}}\dfrac{x\cdot kx}{x^2+k^2x^2}=\dfrac{k}{1+k^2}$,

根据极限存在的唯一性知，极限 $\lim\limits_{\substack{x\to0\\y\to0}}\dfrac{xy}{x^2+y^2}$ 不存在.

【717】 极限 $\lim\limits_{\substack{x\to0\\y\to0}}\dfrac{x^3y}{x^6+y^2}$ 是否存在?

解 因为 $\lim\limits_{\substack{x\to0\\y=kx^3\to0}}\dfrac{x^3\cdot kx^3}{x^6+k^2x^6}=\dfrac{k}{1+k^2}$,

根据极限存在的唯一性知，极限 $\lim\limits_{\substack{x\to0\\y\to0}}\dfrac{x^3y}{x^6+y^2}$ 不存在.

求多元函数的极限

【718】 计算极限 $\lim\limits_{(x,y)\to(0,0)}\dfrac{\sin xy}{x}$.

分析 本题可利用夹逼定理来求解，但要注意这里不能将$\frac{\sin xy}{x}$转化为$\frac{\sin xy}{xy}\cdot y$，因为前者的定义域为$\{(x,y)|x\neq 0\}$，而后者的定义域为$\{(x,y)|x\neq 0$ 且 $y\neq 0\}$. 如果条件变为 $y\to a(a\neq 0)$，这时便可利用重要极限求解.

解 因为$|\sin xy|\leqslant|xy|$，所以$0\leqslant\left|\frac{\sin xy}{x}\right|\leqslant|y|$.

又因为 $\lim\limits_{(x,y)\to(0,0)}|y|=0$，

所以由夹逼定理知 $\lim\limits_{(x,y)\to(0,0)}\frac{\sin xy}{x}=0$.

点评 计算二重极限时，常把二元函数极限转化为一元函数极限问题，再利用四则运算性质、夹逼定理、作变量代换，两个重要极限、无穷小代换、对函数作恒等变换约去零因子、洛必达法则等，或者利用函数连续的定义及多元初等函数的连续性.

【719】 求 $\lim\limits_{(x,y)\to(0,0)}\frac{xy}{\sqrt{xy+4}-2}$.

分析 将分母有理化，从而消去"零因子".

解 $\lim\limits_{(x,y)\to(0,0)}\frac{xy}{\sqrt{xy+4}-2}=\lim\limits_{(x,y)\to(0,0)}\frac{xy(\sqrt{xy+4}+2)}{xy+4-4}=\lim\limits_{(x,y)\to(0,0)}(\sqrt{xy+4}+2)=2+2=4.$

【720】 设 $f(x,y)=\frac{y}{1+xy}-\frac{1-y\sin\frac{\pi x}{y}}{\arctan x}$，$x>0,y>0$. 求

(1) $g(x)=\lim\limits_{y\to+\infty}f(x,y)$；

(2) $\lim\limits_{x\to0^+}g(x)$.

解 (1) $g(x)=\lim\limits_{y\to+\infty}f(x,y)=\frac{1}{x}-\frac{1-\pi x}{\arctan x}$.

(2) $$\lim_{x\to0^+}g(x)=\lim_{x\to0^+}\left(\frac{1}{x}-\frac{1-\pi x}{\arctan x}\right)=\lim_{x\to0^+}\frac{\arctan x-x+\pi x^2}{x^2}$$
$$=\lim_{x\to0^+}\frac{\frac{1}{1+x^2}-1+2\pi x}{2x}=\lim_{x\to0^+}\frac{2\pi-x+2\pi x^2}{2(1+x^2)}=\pi.$$

讨论二元函数的连续性

【721】 讨论 $f(x,y)=\begin{cases}\dfrac{x^2\sin\frac{1}{x^2+y^2}+y^2}{x^2+y^2}, & (x,y)\neq(0,0)\\ 0, & (x,y)=(0,0)\end{cases}$

在$(0,0)$点的连续性.

解 当 $y=0$，$x\to0$ 时，即动点 $P(x,y)$ 沿 x 轴趋于$(0,0)$点，

$$\lim_{\substack{y=0\\x\to0}}\frac{x^2\sin\frac{1}{x^2+y^2}+y^2}{x^2+y^2}=\lim_{x\to0}\frac{x^2\sin\frac{1}{x^2}}{x^2}=\lim_{x\to0}\sin\frac{1}{x^2}\ \text{不存在}$$

故 $f(x,y)$在$(0,0)$点不连续.

【722】 讨论 $f(x,y)=\begin{cases}(x^2+y^2)\ln(x^2+y^2), & x^2+y^2\neq0\\ 0, & x^2+y^2=0\end{cases}$ 在$(0,0)$点的连续性.

解 令$\begin{cases}x=r\cos\theta\\ y=r\sin\theta\end{cases}$,则当$(x,y)\to(0,0)$时,有

$$r=\sqrt{x^2+y^2}\to 0.$$

故

$$\lim_{(x,y)\to(0,0)} f(x,y)=\lim_{(x,y)\to(0,0)}(x^2+y^2)\ln(x^2+y^2)=\lim_{r\to 0} r^2\ln r^2=0=f(0,0),$$

所以 $f(x,y)$在点$(0,0)$连续.

点评 当 $f(x,y)$的表达式中有 x^2+y^2 时,常作变换 $x=r\cos\theta, y=r\sin\theta$. 这样 $x^2+y^2=r^2$,且$(x,y)\to(0,0)$变为 $r\to 0$.

§2. 偏 导 数

1. 偏导数的定义

$$\frac{\partial z}{\partial x}=\lim_{\Delta x\to 0}\frac{f(x+\Delta x,y)-f(x,y)}{\Delta x},$$

$$\frac{\partial z}{\partial y}=\lim_{\Delta y\to 0}\frac{f(x,y+\Delta y)-f(x,y)}{\Delta y}.$$

2. 高阶偏导数

函数 $z=f(x,y)$在区域 D 内的偏导数 $f'_x(x,y)$,$f'_y(x,y)$存在时,仍然是 x,y 的二元函数. 若这两个函数的偏导数

$$\frac{\partial}{\partial x}\left(\frac{\partial z}{\partial x}\right)=\frac{\partial^2 z}{\partial x^2}=f''_{xx}(x,y)$$

$$\frac{\partial}{\partial y}\left(\frac{\partial z}{\partial x}\right)=\frac{\partial^2 z}{\partial x\partial y}=f''_{xy}(x,y)$$

$$\frac{\partial}{\partial x}\left(\frac{\partial z}{\partial y}\right)=\frac{\partial^2 z}{\partial y\partial x}=f''_{yx}(x,y)$$

$$\frac{\partial}{\partial y}\left(\frac{\partial z}{\partial y}\right)=\frac{\partial^2 z}{\partial y^2}=f''_{yy}(x,y)$$

也存在,则称它们是函数 $z=f(x,y)$的二阶偏导数.

二阶偏导数$\frac{\partial^2 z}{\partial x\partial y}$与$\frac{\partial^2 z}{\partial y\partial x}$称为函数 $z=f(x,y)$的二阶混合偏导数. 当这两个二阶混合偏导数在区域 D 内连续时,则在该区域 D 内有

$$\frac{\partial^2 z}{\partial x\partial y}=\frac{\partial^2 z}{\partial y\partial x}$$

基 本 题 型

利用一元函数的求导公式及求导法则求偏导数

【723】 求函数 $f(x,y)=x+y-\sqrt{x^2+y^2}$ 在$(3,4)$处的偏导数.

分析 $f(x,y)$关于 x 求偏导时,将 y 看作常数,利用一元函数的求导法则及公式进行运算可求出 f'_x. 同理,可求出 f'_y. 要求 $f'_x(3,4)$,$f'_y(3,4)$,只须将$(3,4)$点代入 f'_x、f'_y 中即可求解.

解 将 y 当作常数,对 x 求导,得

$$f'_x(x,y)=1-\frac{1}{2}(x^2+y^2)^{-\frac{1}{2}}\cdot 2x=1-\frac{x}{\sqrt{x^2+y^2}}.$$

同理,将 x 当作常数,对 y 求导,得

$$f'_y(x,y)=1-\frac{1}{2}(x^2+y^2)^{-\frac{1}{2}}\cdot 2y=1-\frac{y}{\sqrt{x^2+y^2}}$$

所以 $f'_x(3,4)=1-\dfrac{3}{\sqrt{3^2+4^2}}=1-\dfrac{3}{5}=\dfrac{2}{5}$,

$$f'_y(3,4)=1-\frac{4}{\sqrt{3^2+4^2}}=1-\frac{4}{5}=\frac{1}{5}.$$

点评 多元函数求偏导问题实质仍是一元函数的求导问题,故一元函数的求导公式、法则均可直接应用.求偏导时,关键是要分清对哪个变量求导,把哪个变量暂时当作常量.另外,一元函数的求导公式应熟练掌握.

【724】 求下列函数的偏导数:

(1) $z=\ln\sin(x-2y)$; (2) $z=\dfrac{xe^y}{y^2}$; (3) $u=\left(\dfrac{x}{y}\right)^z$.

解 (1) $z'_x=\dfrac{1}{\sin(x-2y)}\cdot\cos(x-2y)=\cot(x-2y)$,

$$z'_y=\frac{1}{\sin(x-2y)}\cdot\cos(x-2y)\cdot(-2)=-2\cot(x-2y);$$

(2) $z'_x=\dfrac{e^y}{y^2}$,

$$z'_y=x\cdot\frac{e^y\cdot y^2-e^y\cdot 2y}{y^4}=\frac{xe^y(y-2)}{y^3};$$

(3) $\dfrac{\partial u}{\partial x}=z\left(\dfrac{x}{y}\right)^{z-1}\cdot\dfrac{1}{y}=\dfrac{zx^{z-1}}{y^z}$,

$$\frac{\partial u}{\partial y}=z\left(\frac{x}{y}\right)^{z-1}\left(-\frac{x}{y^2}\right)=-\frac{zx^z}{y^{z+1}},$$

$$\frac{\partial u}{\partial z}=\left(\frac{x}{y}\right)^z\ln\frac{x}{y}.$$

【725】 设 $z=(xy+1)^x$,则 $\dfrac{\partial z}{\partial x}=$________.

解 两边取对数,有

$$\ln z=x\ln(xy+1),$$

将上式两边对 x 求偏导数,得

$$\frac{1}{z}\cdot\frac{\partial z}{\partial x}=\ln(xy+1)+x\frac{y}{xy+1},$$

所以 $\dfrac{\partial z}{\partial x}=(xy+1)^x\left[\ln(xy+1)+\dfrac{xy}{xy+1}\right]$

故应填 $(xy+1)^x\left[\ln(xy+1)+\dfrac{xy}{xy+1}\right]$.

利用偏导数定义讨论具体点的偏导数

【726】 设函数 $z=f(x,y)$ 在点 (x_0,y_0) 处存在对 x,y 的偏导数,则 $f'_x(x_0,y_0)=$________.

(A) $\lim\limits_{\Delta x\to 0}\dfrac{f(x_0-2\Delta x,y_0)-f(x_0,y_0)}{\Delta x}$ (B) $\lim\limits_{\Delta x\to 0}\dfrac{f(x_0,y_0)-f(x_0-\Delta x,y_0)}{\Delta x}$

(C) $\lim\limits_{\Delta x\to 0}\dfrac{f(x_0+\Delta x,y_0+\Delta y)-f(x_0,y_0)}{\Delta x}$ (D) $\lim\limits_{x\to x_0}\dfrac{f(x,y)-f(x_0,y_0)}{x-x_0}$

解 根据偏导数的定义,对于选项(A),有

$$\lim_{\Delta x\to 0}\frac{(x_0-2\Delta x,y_0)-f(x_0,y_0)}{\Delta x}=-2\lim_{\Delta x\to 0}\frac{f(x_0-2\Delta x,y_0)-f(x_0,y_0)}{-2\Delta x}=-2f'_x(x_0,y_0)$$

对于选项(B)

$$\lim_{\Delta x\to 0}\frac{f(x_0,y_0)-f(x_0-\Delta x,y_0)}{\Delta x}=\lim_{\Delta x\to 0}\frac{f(x_0-\Delta x,y_0)-f(x_0,y_0)}{-\Delta x}=f'_x(x_0,y_0),$$

类似的分析可知选项(C)、(D)均不正确.

故应选(B).

【727】 设 $f(x,y)=e^{\arctan\frac{y}{x}}\cdot\ln(x^2+y^2)$,求 $f'_x(1,0)$

解 如果先求偏导数函数 $f'_x(x,y)$,运算较为繁琐.由偏导数定义,可以先将 y 固定在 $y=0$,则有 $f(x,0)=2\ln|x|$.

从而 $f'_x(x,0)=\dfrac{2}{x}$,则 $f'_x(1,0)=2$.

【728】 设 $f(x,y)=\sqrt[3]{x^5-y^3}$,求 $f'_x(0,0)$.

分析 由于 $f'_x(x,y)=\dfrac{1}{3}(x^5-y^3)^{-\frac{2}{3}}\cdot 5x^4=\dfrac{5x^4}{3\sqrt[3]{(x^5-y^3)^2}}$,

显然上式在(0,0)处没有意义,故应按偏导数定义去求 $f'_x(0,0)$.

解 $f'_x(0,0)=\lim\limits_{\Delta x\to 0}\dfrac{f(0+\Delta x,0)-f(0,0)}{\Delta x}=\lim\limits_{\Delta x\to 0}\dfrac{\sqrt[3]{(\Delta x)^5}}{\Delta x}=0.$

点评 当用公式求出的偏导数在所给点处无意义而恰好又要求所给点处的偏导数时,应使用定义计算.

利用偏导数定义讨论分段函数的偏导数

【729】 设 $f(x,y)=\begin{cases}\dfrac{xy}{\sqrt{x^2+y^2}}, & (x,y)\neq(0,0)\\ 0, & (x,y)=(0,0)\end{cases}$, 求偏导数 $f'_x(x,y)$, $f'_y(x,y)$

分析 由于(0,0)为 $f(x,y)$ 的分界点,故需按偏导数定义单独求 $f'_x(0,0)$ 及 $f'_y(0,0)$.

解 当 $(x,y)\neq(0,0)$ 时,由商的求导法则得:

$$f'_x(x,y)=\frac{y\sqrt{x^2+y^2}-xy\cdot\frac{1}{2}(x^2+y^2)^{-\frac{1}{2}}\cdot 2x}{x^2+y^2}=\frac{y^3}{(x^2+y^2)^{\frac{3}{2}}},$$

$$f'_y(x,y)=\frac{x\sqrt{x^2+y^2}-xy\cdot\frac{1}{2}(x^2+y^2)^{-\frac{1}{2}}\cdot 2y}{x^2+y^2}=\frac{x^3}{(x^2+y^2)^{\frac{3}{2}}}.$$

当 $(x,y)=(0,0)$ 时,由定义求导得:

$$f'_x(0,0)=\lim_{\Delta x\to 0}\frac{f(0+\Delta x,0)-f(0,0)}{\Delta x}=\lim_{\Delta x\to 0}\frac{0-0}{\Delta x}=0,$$

$$f'_y(0,0)=\lim_{\Delta y\to 0}\frac{f(0,0+\Delta y)-f(0,0)}{\Delta y}=\lim_{\Delta y\to 0}\frac{0-0}{\Delta y}=0$$

故 $f'_x(x,y)=\begin{cases}\dfrac{y^3}{(x^2+y^2)^{\frac{3}{2}}}, & (x,y)\neq(0,0)\\ 0, & (x,y)=(0,0)\end{cases}$,

$$f'_y(x,y)=\begin{cases}\dfrac{x^3}{(x^2+y^2)^{\frac{3}{2}}}, & (x,y)\neq(0,0)\\ 0, & (x,y)=(0,0)\end{cases}.$$

多元函数偏导数存在与连续之间的关系

【730】 二元函数 $f(x,y)=\begin{cases}\dfrac{xy}{x^2+y^2}, & (x,y)\neq(0,0)\\ 0, & (x,y)=(0,0)\end{cases}$ 在点(0,0)处________.

(A) 连续，偏导数存在　　(B) 连续，偏导数不存在

(C) 不连续，偏导数存在　　(D) 不连续，偏导数不存在

解 由 $\lim\limits_{(x,y)\to(0,0)}\dfrac{xy}{x^2+y^2}$不存在知，$f(x,y)$在(0,0)处不连续.

$$f'_x(0,0)=\lim_{\Delta x\to 0}\frac{f(0+\Delta x,0)-f(0,0)}{\Delta x}=\lim_{\Delta x\to 0}0=0,$$

$$f'_y(0,0)=\lim_{\Delta y\to 0}\frac{f(0,0+\Delta y)-f(0,0)}{\Delta y}=\lim_{\Delta y\to 0}0=0,$$

因此 $f(x,y)$在(0,0)处偏导数存在.

故应选(C).

点评 对于一元函数来说可导一定连续，但对于多元函数来说偏导数存在不一定连续.

【731】 二元函数 $f(x,y)$在点(x_0,y_0)处两个偏导数 $f'_x(x_0,y_0)$，$f'_y(x_0,y_0)$存在是 $f(x,y)$在该点连续的________.

(A) 充分条件而非必要条件　　(B) 必要条件而非充分条件

(C) 充分必要条件　　(D) 既非充分条件又非必要条件

解 由于对于多元函数，连续与偏导数的存在之间没有必然联系，所以(D)正确.

故应选(D).

【732】 函数 $f(x,y)$在点(x_0,y_0)处偏导数存在，是 $f(x,y)$在该点处________.

(A) 连续的充分条件　　(B) 连续的必要条件

(C) 可微的必要条件　　(D) 可微的充分条件

解 (A)不正确，例如函数

$$f(x,y)=\begin{cases}\dfrac{xy}{x^2+y^2}, & (x,y)\neq(0,0)\\ 0, & (x,y)=(0,0)\end{cases}$$

显然有 $f'_x(0,0)=f'_y(0,0)=0$，但(x,y)在点(0,0)处不连续.

(B)不正确. 例如函数 $f(x,y)=|xy|$在点(0,1)处连续，但偏导数 $f'_x(0,1)$不存在.

(D)不正确. 例如函数

$$f(x,y)=\begin{cases}\dfrac{xy}{\sqrt{x^2+y^2}}, & x^2+y^2\neq 0\\ 0, & x^2+y^2=0\end{cases}$$

在点(0,0)处有 $f'_x(0,0)=0$ 及 $f'_y(0,0)=0$，但 $f(x,y)$在点(0,0)处不可微；

若函数 $z=f(x,y)$ 在点 (x,y) 处可微，则函数 $z=f(x,y)$ 在点 (x,y) 的偏导数 $\frac{\partial z}{\partial x}$，$\frac{\partial z}{\partial y}$ 必存在，且 $dz=\frac{\partial z}{\partial x}dx+\frac{\partial z}{\partial y}dy$.

故应选(C).

偏导数的几何意义

【733】 求曲线 $\begin{cases} z=\sqrt{1+x^2+y^2} \\ x=1 \end{cases}$ 在点 $(1,1,\sqrt{3})$ 处的切线与 y 轴的倾角.

分析　偏导数 $f'_y(1,1)$ 的几何意义是曲线 $\begin{cases} z=\sqrt{1+x^2+y^2} \\ x=1 \end{cases}$ 在点 $(1,1,\sqrt{3})$ 处的切线对 y 轴的斜率. 因此，只要求出 $f'_y(1,1)$，由斜率与倾角的关系，便可求出倾角.

解　设所求倾角为 β，由偏导数的几何意义可知，

$$\tan\beta=\frac{\partial z}{\partial y}\bigg|_{(1,1,\sqrt{3})}=\frac{1}{2}(1+x^2+y^2)^{-\frac{1}{2}}\cdot 2y\bigg|_{(1,1,\sqrt{3})}=\frac{y}{\sqrt{1+x^2+y^2}}\bigg|_{(1,1,\sqrt{3})}=\frac{1}{\sqrt{3}},$$

所以 $\beta=\frac{\pi}{6}$.

点评　求解此类问题的关键是理解偏导数的几何意义. $f'_x(x_0,y_0)$ 为曲面 $z=f(x,y)$ 与平面 $y=y_0$ 的交线在 $P_0(x_0,y_0)$ 处的切线关于 x 轴的斜率；$f'_y(x_0,y_0)$ 为曲面 $z=f(x,y)$ 与平面 $x=x_0$ 的交线在 $P_0(x_0,y_0)$ 处的切线关于 y 轴的斜率.

求多元函数的高阶偏导数

【734】 已知 $f(x,y)=x^2\arctan\frac{y}{x}-y^2\arctan\frac{x}{y}$，求 $\frac{\partial^2 f}{\partial x\partial y}$.

解

$$\frac{\partial f}{\partial x}=2x\arctan\frac{y}{x}+\frac{x^2}{1+(\frac{y}{x})^2}\cdot(-\frac{y}{x^2})-\frac{y^2}{1+(\frac{x}{y})^2}\cdot\frac{1}{y}$$

$$=2x\arctan\frac{y}{x}-\frac{x^2y}{x^2+y^2}-\frac{y^3}{x^2+y^2},$$

$$\frac{\partial^2 f}{\partial x\partial y}=\frac{2x}{1+(\frac{y}{x})^2}\cdot\frac{1}{x}-\frac{x^2(x^2+y^2)-x^2y\cdot 2y}{(x^2+y^2)^2}-\frac{3y^2(x^2+y^2)-y^3\cdot 2y}{(x^2+y^2)^2}=\frac{x^2-y^2}{x^2+y^2}.$$

【735】 设 $u=e^{-x}\sin\frac{x}{y}$，则 $\frac{\partial^2 u}{\partial x\partial y}$ 在点 $(2,\frac{1}{\pi})$ 处的值为________.

解

$$\frac{\partial u}{\partial x}=-e^{-x}\sin\frac{x}{y}+\frac{1}{y}e^{-x}\cos\frac{x}{y},$$

$$\frac{\partial^2 u}{\partial x\partial y}=-e^{-x}\cos\frac{x}{y}\cdot(-\frac{x}{y^2})+(-\frac{1}{y^2})e^{-x}\cos\frac{x}{y}+\frac{1}{y}e^{-x}(-\sin\frac{x}{y})\cdot(-\frac{x}{y^2})$$

$$=e^{-x}[(\frac{x}{y^2}-\frac{1}{y^2})\cos\frac{x}{y}+\frac{x}{y^3}\sin\frac{x}{y}]$$

$$\frac{\partial^2 u}{\partial x\partial y}\bigg|_{(2,\frac{1}{\pi})}=(\frac{\pi}{e})^2$$

故应填 $(\frac{\pi}{e})^2$.

【736】验证函数 $z=\sin(x-ay)$ 满足波动方程 $\frac{\partial^2 z}{\partial y^2}=a^2\frac{\partial^2 z}{\partial x^2}$.

证 因为 $\frac{\partial z}{\partial x}=\cos(x-ay)$， $\frac{\partial^2 z}{\partial x^2}=-\sin(x-ay)$，

$\frac{\partial z}{\partial y}=-a\cos(x-ay)$， $\frac{\partial^2 z}{\partial y^2}=-a^2\sin(x-ay)$，

所以有 $\frac{\partial^2 z}{\partial y^2}=a^2\frac{\partial^2 z}{\partial x^2}$.

【737】设 $f(x,y)=\int_0^{xy}\mathrm{e}^{-t^2}\mathrm{d}t$，求 $\frac{x}{y}\cdot\frac{\partial^2 f}{\partial x^2}-2\frac{\partial^2 f}{\partial x\partial y}+\frac{y}{x}\cdot\frac{\partial^2 f}{\partial y^2}$.

解 $\frac{\partial f}{\partial x}=y\mathrm{e}^{-x^2y^2}$， $\frac{\partial f}{\partial y}=x\mathrm{e}^{-x^2y^2}$；

$\frac{\partial^2 f}{\partial x^2}=-2xy^3\mathrm{e}^{-x^2y^2}$， $\frac{\partial^2 f}{\partial y^2}=-2x^3y\mathrm{e}^{-x^2y^2}$， $\frac{\partial^2 f}{\partial x\partial y}=(1-2x^2y^2)\mathrm{e}^{-x^2y^2}$；

于是 $\frac{x}{y}\cdot\frac{\partial^2 f}{\partial x^2}-2\frac{\partial^2 f}{\partial x\partial y}+\frac{y}{x}\cdot\frac{\partial^2 f}{\partial y^2}=-2\mathrm{e}^{-x^2y^2}$.

点评 本题为基本题型，考查了复合函数求导法则及变上限函数的求导公式.

【738】设 $f(x,y,z)=xy^2+yz^2+zx^2$，求

$$f''_{xx}(0,0,1),\quad f''_{xz}(1,0,2),\quad f''_{yz}(0,-1,0)\ \text{及}\ f'''_{zzx}(2,0,1).$$

解 因为 $f'_x(x,y,z)=y^2+2xz$， $f''_{xx}(x,y,z)=2z$， $f''_{xz}(x,y,z)=2x$，

所以 $f''_{xx}(0,0,1)=2$， $f''_{xz}(1,0,2)=2$.

因为 $f'_y(x,y,z)=2xy+z^2$， $f''_{yz}(x,y,z)=2z$，

所以 $f''_{yz}(0,-1,0)=0$.

因为 $f'_z(x,y,z)=2yz+x^2$， $f''_{zz}(x,y,z)=2y$， $f'''_{zzx}(x,y,z)=0$，

所以 $f'''_{zzx}(2,0,1)=0$.

【739】证明 $r=\sqrt{x^2+y^2+z^2}$ 满足 $\frac{\partial^2 r}{\partial x^2}+\frac{\partial^2 r}{\partial y^2}+\frac{\partial^2 r}{\partial z^2}=\frac{2}{r}$.

证 $\frac{\partial r}{\partial x}=\frac{1}{2\sqrt{x^2+y^2+z^2}}\cdot 2x=\frac{x}{r}$，

由对称性知， $\frac{\partial r}{\partial y}=\frac{y}{r}$， $\frac{\partial r}{\partial z}=\frac{z}{r}$， $\frac{\partial^2 r}{\partial x^2}=\frac{r-x\frac{\partial r}{\partial x}}{r^2}=\frac{r-x\cdot\frac{x}{r}}{r^2}=\frac{r^2-x^2}{r^3}$.

同理， $\frac{\partial^2 r}{\partial y^2}=\frac{r^2-y^2}{r^3}$， $\frac{\partial^2 r}{\partial z^2}=\frac{r^2-z^2}{r^3}$，

则 $\frac{\partial^2 r}{\partial x^2}+\frac{\partial^2 r}{\partial y^2}+\frac{\partial^2 r}{\partial z^2}=\frac{3r^2-(x^2+y^2+z^2)}{r^3}=\frac{2r^2}{r^3}=\frac{2}{r}$.

【740】设 $f(x,y)=\begin{cases}xy\cdot\frac{x^2-y^2}{x^2+y^2}, & (x,y)\neq(0,0)\\ 0, & (x,y)=(0,0)\end{cases}$

证明 $f''_{xy}(0,0)\neq f''_{yx}(0,0)$.

分析 要求 $f''_{xy}(0,0)$，由其定义 $f''_{xy}(0,0)=\lim\limits_{\Delta y\to 0}\frac{f'_x(0,0+\Delta y)-f'_x(0,0)}{\Delta y}$ 知，应先求出 $f'_x(x,y)$ $((x,y)\neq(0,0))$ 及 $f'_x(0,0)$. 而当 $(x,y)\neq(0,0)$ 时，$f'_x(x,y)$ 用一元函数的求导公式，将 y 看作常数对 x 求导即可求出. $f'_x(0,0)$ 则需按照偏导数定义去求，同理可求出 $f''_{yx}(0,0)$.

证　当$(x,y)\neq(0,0)$时

$$f'_x(x,y)=y\cdot\frac{x^2-y^2}{x^2+y^2}+xy\cdot\frac{2x(x^2+y^2)-2x(x^2-y^2)}{(x^2+y^2)^2}=\frac{y(x^4-y^4+4x^2y^2)}{(x^2+y^2)^2}$$

$$f'_y(x,y)=\frac{x(x^4-y^4-4x^2y^2)}{(x^2+y^2)^2}.$$

当$(x,y)=(0,0)$时，由定义得

$$f'_x(0,0)=\lim_{\Delta x\to0}\frac{f(0+\Delta x,0)-f(0,0)}{\Delta x}=\lim_{\Delta x\to0}\frac{0-0}{\Delta x}=0,$$

$$f'_y(0,0)=\lim_{\Delta y\to0}\frac{f(0,0+\Delta y)-f(0,0)}{\Delta y}=\lim_{\Delta y\to0}\frac{0-0}{\Delta y}=0.$$

所以　$$f''_{xy}(0,0)=\lim_{\Delta y\to0}\frac{f'_x(0,0+\Delta y)-f'_x(0,0)}{\Delta y}=\lim_{\Delta y\to0}\frac{\frac{\Delta y(-\Delta y^4)}{\Delta y^4}-0}{\Delta y}=-1,$$

$$f''_{yx}(0,0)=\lim_{\Delta x\to0}\frac{f'_y(0+\Delta x,0)-f'_y(0,0)}{\Delta x}=\lim_{\Delta x\to0}\frac{\frac{\Delta x\cdot\Delta x^4}{\Delta x^4}-0}{\Delta x}=1.$$

显然，$f''_{xy}(0,0)\neq f''_{yx}(0,0)$.

§3. 全　微　分

1. 全微分的定义

设$P_0(x_0,y_0)$为f定义域D的一个内点，如果函数$z=f(x,y)$在点$P_0(x_0,y_0)$处的全增量Δz可表示为

$$\Delta z=f(x_0+\Delta x,y_0+\Delta y)-f(x_0,y_0)=A\cdot\Delta x+B\cdot\Delta y+o(\rho)$$

其中A,B是与$\Delta x,\Delta y$无关的常数.则称函数$z=f(x,y)$在点$P_0(x_0,y_0)$处可微，并称函数$z=f(x,y)$的全增量Δz的线性主部$A\cdot\Delta x+B\cdot\Delta y$为函数$z=f(x,y)$在点$P_0(x_0,y_0)$处的全微分，记作

$$dz=A\cdot\Delta x+B\cdot\Delta y=Adx+Bdy\quad(dx=\Delta x,dy=\Delta y)$$

当函数$z=f(x,y)$在点$P_0(x_0,y_0)$处可微时有

$$dz=f'_x(x_0,y_0)dx+f'_y(x_0,y_0)dy$$

2. 全微分的形式不变性

设$z=f(u,v)$具有连续偏导数，$u=\varphi(x,y)$，$v=\psi(x,y)$也具有连续偏导数，则复合函数$z=f[\varphi(x,y),\psi(x,y)]$在点$(x,y)$处的全微分为

$$dz=\frac{\partial z}{\partial u}du+\frac{\partial z}{\partial v}dv.$$

基本题型

计算多元函数的全微分

【741】 设二元函数$z=xe^{x+y}+(x+1)\ln(1+y)$，则$dz\big|_{(1,0)}=$________.

解　$\frac{\partial z}{\partial x}=e^{x+y}+xe^{x+y}+\ln(1+y)$，$\frac{\partial z}{\partial y}=xe^{x+y}+\frac{x+1}{1+y}$，于是

$$\mathrm{d}z\Big|_{(1,0)}=2e\mathrm{d}x+(e+2)\mathrm{d}y.$$

故应填 $2e\mathrm{d}x+(e+2)\mathrm{d}y$.

【742】 设 $z=(x^2+y^2)e^{-\arctan\frac{y}{x}}$，求 $\mathrm{d}z$.

解 $\dfrac{\partial z}{\partial x}=2xe^{-\arctan\frac{y}{x}}-(x^2+y^2)e^{-\arctan\frac{y}{x}}\cdot\dfrac{1}{1+\left(\dfrac{y}{x}\right)^2}\left(-\dfrac{y}{x^2}\right)=(2x+y)e^{-\arctan\frac{y}{x}}$，

$\dfrac{\partial z}{\partial y}=2ye^{-\arctan\frac{y}{x}}-(x^2+y^2)e^{-\arctan\frac{y}{x}}\cdot\dfrac{1}{1+\left(\dfrac{y}{x}\right)^2}\left(\dfrac{1}{x}\right)=(2y-x)e^{-\arctan\frac{y}{x}}$.

所以 $\mathrm{d}z=e^{-\arctan\frac{y}{x}}[(2x+y)\mathrm{d}x+(2y-x)\mathrm{d}y]$.

【743】 设 $u=\arcsin\dfrac{z}{x+y}$，则 $\mathrm{d}u=$________.

解
$$\mathrm{d}u=\frac{1}{\sqrt{1-\left(\dfrac{z}{x+y}\right)^2}}\cdot\frac{(x+y)\mathrm{d}z-z(\mathrm{d}x+\mathrm{d}y)}{(x+y)^2}$$
$$=\frac{1}{\sqrt{(x+y)^2-z^2}}\left[\frac{-z}{x+y}(\mathrm{d}x+\mathrm{d}y)+\mathrm{d}z\right].$$

故应填 $\dfrac{1}{\sqrt{(x+y)^2-z^2}}\left[\dfrac{-z}{x+y}(\mathrm{d}x+\mathrm{d}y)+\mathrm{d}z\right]$.

【744】 已知 $Z=u^v$，$u=\ln\sqrt{x^2+y^2}$，$v=\arctan\dfrac{y}{x}$，求 $\mathrm{d}Z$.

解
$$\frac{\partial Z}{\partial x}=\frac{\partial Z}{\partial u}\cdot\frac{\partial u}{\partial x}+\frac{\partial Z}{\partial v}\cdot\frac{\partial v}{\partial x}=(vu^{v-1})\cdot\frac{1}{2}\cdot\frac{2x}{x^2+y^2}+(u^v\ln u)\cdot\frac{1}{1+\left(\dfrac{y}{x}\right)^2}\cdot\left(-\frac{y}{x^2}\right)$$
$$=\frac{u^v}{x^2+y^2}\left(\frac{xv}{u}-y\ln u\right),$$
$$\frac{\partial Z}{\partial y}=\frac{\partial Z}{\partial u}\cdot\frac{\partial u}{\partial y}+\frac{\partial Z}{\partial v}\cdot\frac{\partial v}{\partial y}=(vu^{v-1})\cdot\frac{1}{2}\cdot\frac{2y}{x^2+y^2}+(u^v\ln u)\cdot\frac{1}{1+\left(\dfrac{y}{x}\right)^2}\cdot\frac{1}{x}$$
$$=\frac{u^v}{x^2+y^2}\left(\frac{yv}{u}+x\ln u\right),$$
$$\mathrm{d}Z=\frac{u^v}{x^2+y^2}\left[\left(\frac{xv}{u}-y\ln u\right)\mathrm{d}x+\left(\frac{yv}{u}+x\ln u\right)\mathrm{d}y\right].$$

点评 若 $z=z(x,y)$，则 $\mathrm{d}z=\dfrac{\partial z}{\partial x}\mathrm{d}x+\dfrac{\partial z}{\partial y}\mathrm{d}y$.

本题在求 $\dfrac{\partial z}{\partial x},\dfrac{\partial z}{\partial y}$ 时，使用了多元复合函数求导法则.

【745】 设函数 $f(u)$ 可微，且 $f'(0)=\dfrac{1}{2}$，则 $z=f(4x^2-y^2)$ 在点 $(1,2)$ 处的全微分 $\mathrm{d}z\Big|_{(1,2)}$ $=$________.

解 因为 $\dfrac{\partial z}{\partial x}=f'(4x^2-y^2)\cdot 8x$，$\dfrac{\partial z}{\partial y}=f'(4x^2-y^2)\cdot(-2y)$，

所以 $\mathrm{d}z\Big|_{(1,2)}=\dfrac{\partial z}{\partial x}\Big|_{(1,2)}\mathrm{d}x+\dfrac{\partial z}{\partial y}\Big|_{(1,2)}\mathrm{d}y=f'(0)\cdot 8\mathrm{d}x+f'(0)\cdot(-4)\mathrm{d}y=4\mathrm{d}x-2\mathrm{d}y$.

故应填 $4dx-2dy$.

求隐函数的全微分

【746】 设 $z=f(x,y)$ 是由方程 $z-y-x+xe^{z-y-x}=0$ 所确定的二元函数，求 dz.

解 把方程两端微分，得

$$dz-dy-dx+e^{z-y-x}dx+xe^{z-y-x}(dz-dy-dx)=0.$$

整理得 $(1+xe^{z-y-x})dz=(1+xe^{z-y-x}-e^{z-y-x})dx+(1+xe^{z-y-x})dy$,

由此得 $dz=\dfrac{1+(x-1)e^{z-y-x}}{1+xe^{z-y-x}}dx+dy$.

【747】 由方程 $xyz+\sqrt{x^2+y^2+z^2}=\sqrt{2}$ 所确定的函数 $z=z(x,y)$ 在点 $(1,0,-1)$ 处的全微分 $dz=$________.

解 对方程两边同时微分得

$$d(xyz)+d(\sqrt{x^2+y^2+z^2})=0$$

$$yzdx+xzdy+xydz+\frac{xdx+ydy+zdz}{\sqrt{x^2+y^2+z^2}}=0$$

将 $x=1$, $y=0$, $z=-1$ 代入上式，化简并整理后得 $dz=dx-\sqrt{2}dy$.

故应填 $dx-\sqrt{2}dy$.

讨论多元函数的可微、连续及偏导数存在之间的关系

【748】 考虑二元函数 $f(x,y)$ 的下面 4 条性质：

① $f(x,y)$ 在点 (x_0,y_0) 处连续， ② $f(x,y)$ 在点 (x_0,y_0) 处的两个偏导数连续，

③ $f(x,y)$ 在点 (x_0,y_0) 处可微， ④ $f(x,y)$ 在点 (x_0,y_0) 处的两个偏导数存在，

若用“$P\Rightarrow Q$”表示可由性质 P 推出性质 Q，则有________.

(A) ② ⇒ ③ ⇒ ①　　(B) ③ ⇒ ② ⇒ ①

(C) ③ ⇒ ④ ⇒ ①　　(D) ③ ⇒ ① ⇒ ④

解 根据二元函数的连续、偏导数存在及可微之间的关系知选项(A)正确.

故应选(A).

点评 本题考查如下的关系

偏导数连续→可微 ↗ 连续 ↘ 偏导数存在

【749】 设 $f(x,y)=\begin{cases}\dfrac{xy}{\sqrt{x^2+y^2}}, & x^2+y^2\neq 0\\ 0, & x^2+y^2=0\end{cases}$，讨论 $f(x,y)$ 在 $(0,0)$ 处是否可微.

解 在点 $(0,0)$ 处有

$$f'_x(0,0)=\lim_{\Delta x\to 0}\frac{f(0+\Delta x,0)-f(0,0)}{\Delta x}=\lim_{\Delta x\to 0}\frac{\dfrac{\Delta x\cdot 0}{\sqrt{(\Delta x)^2+0^2}}-0}{\Delta x}=0,$$

$$f'_y(0,0)=\lim_{\Delta y\to 0}\frac{f(0,0+\Delta y)-f(0,0)}{\Delta y}=\lim_{\Delta y\to 0}\frac{\dfrac{0\cdot \Delta y}{\sqrt{0^2+(\Delta y)^2}}-0}{\Delta y}=0,$$

而 $\Delta z-[f'_x(0,0)\cdot\Delta x+f'_y(0,0)\cdot\Delta y]=\dfrac{\Delta x\cdot\Delta y}{\sqrt{(\Delta x)^2+(\Delta y)^2}}$，如果考虑点 $P'(\Delta x,\Delta y)$ 沿着直线

$y=x$趋近于$(0,0)$，则$\dfrac{\dfrac{\Delta x\cdot\Delta y}{\sqrt{(\Delta x)^2+(\Delta y)^2}}}{\rho}=\dfrac{\Delta x\cdot\Delta x}{(\Delta x)^2+(\Delta x)^2}=\dfrac{1}{2}$，说明它不能随$\rho\to 0$而趋于0，故函数在点$(0,0)$处不可微.

【750】 讨论函数 $z=f(x,y)=\begin{cases}(x^2+y^2)\sin\dfrac{1}{\sqrt{x^2+y^2}}, & x^2+y^2\neq 0\\ 0, & x^2+y^2=0\end{cases}$ 在坐标原点处

(1)是否连续； (2)偏导数是否存在； (3)是否可微； (4)偏导数是否连续.

解 (1)当$(x,y)\neq(0,0)$时，$|f(x,y)|\leqslant x^2+y^2$，故$\lim\limits_{\substack{x\to 0\\ y\to 0}}f(x,y)=0$，所以函数在原点连续.

(2)在$(0,0)$点，$\dfrac{f(x,0)-f(0,0)}{x}=\dfrac{x^2\sin\dfrac{1}{\sqrt{x^2}}}{x}$，所以

$$\lim_{x\to 0}\frac{f(x,0)-f(0,0)}{x}=\lim_{x\to 0}x\cdot\sin\frac{1}{\sqrt{x^2}}=0$$

即偏导数$\dfrac{\partial f(0,0)}{\partial x}$存在，且$\dfrac{\partial f(0,0)}{\partial x}=0$.

同理$\dfrac{\partial f(0,0)}{\partial y}$也存在，其值为零.

(3)由(2)知，$\dfrac{\partial f(0,0)}{\partial x}=\dfrac{\partial f(0,0)}{\partial y}=0$，

故 $$\Delta z-\left[\frac{\partial f(0,0)}{\partial x}\cdot\Delta x+\frac{\partial f(0,0)}{\partial y}\cdot\Delta y\right]=f(\Delta x,\Delta y)-f(0,0)-[0\cdot\Delta x+0\cdot\Delta y]$$

$$=[(\Delta x)^2+(\Delta y)^2]\sin\frac{1}{\sqrt{(\Delta x)^2+(\Delta y)^2}}$$

因为 $$\lim_{\rho\to 0^+}\frac{\Delta z-\left[\dfrac{\partial f(0,0)}{\partial x}\cdot\Delta x+\dfrac{\partial f(0,0)}{\partial y}\cdot\Delta y\right]}{\rho}=\lim_{\rho\to 0^+}\rho\sin\frac{1}{\rho}=0$$

故函数$f(x,y)$在$(0,0)$点可微，且 $\mathrm{d}z=0\cdot\mathrm{d}x+0\cdot\mathrm{d}y=0$

(4)当$(x,y)\neq(0,0)$时

$$\frac{\partial z}{\partial x}=2x\sin\frac{1}{\sqrt{x^2+y^2}}-\frac{x}{\sqrt{x^2+y^2}}\cos\frac{1}{\sqrt{x^2+y^2}}$$

$$\frac{\partial z}{\partial y}=2y\sin\frac{1}{\sqrt{x^2+y^2}}-\frac{y}{\sqrt{x^2+y^2}}\cos\frac{1}{\sqrt{x^2+y^2}}$$

由于 $$\lim_{\substack{x\to 0\\ y\to 0}}2x\sin\frac{1}{\sqrt{x^2+y^2}}=0$$

$$\lim_{\substack{x\to 0\\ y=x\to 0}}\frac{x}{\sqrt{x^2+y^2}}\cos\frac{1}{\sqrt{x^2+y^2}}=\lim_{x\to 0}\frac{\mathrm{sgn}x}{\sqrt{2}}\cdot\cos\frac{1}{\sqrt{2}|x|}\quad\text{不存在}$$

故偏导数$\dfrac{\partial f(x,y)}{\partial x}$在原点不连续，同样也可说明$\dfrac{\partial f(x,y)}{\partial y}$在原点不连续.

§4. 多元复合函数的求导法则

1. 复合函数的偏导数

设函数 $u=\varphi(x,y),v=\psi(x,y)$ 在点 (x,y) 处存在偏导数，又函数 $z=f(u,v)$ 在对应点 (u,v) 处具有连续的一阶偏导数，则复合函数 $z=f[\varphi(x,y),\psi(x,y)]$ 在点 (x,y) 处对 x 及 y 的偏导数均存在，且有

$$\frac{\partial z}{\partial x}=\frac{\partial z}{\partial u}\cdot\frac{\partial u}{\partial x}+\frac{\partial z}{\partial v}\cdot\frac{\partial v}{\partial x},\quad \frac{\partial z}{\partial y}=\frac{\partial z}{\partial u}\cdot\frac{\partial u}{\partial y}+\frac{\partial z}{\partial v}\cdot\frac{\partial v}{\partial y}$$

2. 全导数

设函数 $z=f(u,v)$，而 $u=\varphi(x),v=\psi(x)$，则 $z=f[\varphi(x),\psi(x)]$ 是 x 的一元函数，且

$$\frac{\mathrm{d}z}{\mathrm{d}x}=\frac{\partial z}{\partial u}\cdot\frac{\mathrm{d}u}{\mathrm{d}x}+\frac{\partial z}{\partial v}\cdot\frac{\mathrm{d}v}{\mathrm{d}x}$$

称 $\frac{\mathrm{d}z}{\mathrm{d}x}$ 为 z 关于 x 的全导数.

基 本 题 型

利用一元函数求导法则求偏导数

【751】 设 $z=\mathrm{e}^{-x}-f(x-2y)$，且当 $y=0$ 时，$z=x^2$，则 $\frac{\partial z}{\partial x}=$________.

解 把 $y=0$ 时，$z=x^2$ 代入函数表达式得

$$x^2=\mathrm{e}^{-x}-f(x),\quad 即\ f(x)=\mathrm{e}^{-x}-x^2,$$

从而 $z=\mathrm{e}^{-x}-\mathrm{e}^{-x+2y}+(x-2y)^2,\quad \frac{\partial z}{\partial x}=2(x-2y)-\mathrm{e}^{-x}+\mathrm{e}^{-x+2y}.$

故应填 $2(x-2y)-\mathrm{e}^{-x}+\mathrm{e}^{-x+2y}$.

【752】 设 $z=xyf(\frac{y}{x})$，$f(u)$ 可导，则 $xz_x+yz_y=$________.

解 $z_x=yf(\frac{y}{x})+xyf'(\frac{y}{x})\cdot(-\frac{y}{x^2})=yf(\frac{y}{x})-\frac{y^2}{x}f'(\frac{y}{x})$,

$z_y=xf(\frac{y}{x})+xyf'(\frac{y}{x})\cdot(\frac{1}{x})=xf(\frac{y}{x})+yf'(\frac{y}{x})$,

则 $xz_x+yz_y=xyf(\frac{y}{x})-y^2f'(\frac{y}{x})+xyf(\frac{y}{x})+y^2f'(\frac{y}{x})=2xyf(\frac{y}{x})=2z.$

故应填 $2z$.

利用一元函数求导法则求二阶偏导数

【753】 设 $z=\frac{1}{x}f(xy)+y\varphi(x+y)$，$f$、$\varphi$ 具有二阶连续导数，则 $\frac{\partial^2 z}{\partial x\partial y}=$________.

解 $\frac{\partial z}{\partial x}=-\frac{1}{x^2}f(xy)+\frac{y}{x}f'(xy)+y\varphi'(x+y)$,

$$\frac{\partial^2 z}{\partial x\partial y}=-\frac{1}{x^2}f'(xy)\cdot x+\frac{1}{x}f'(xy)+\frac{y}{x}f''(xy)\cdot x+\varphi'(x+y)+y\varphi''(x+y)$$

$$=yf''(xy)+\varphi'(x+y)+y\varphi''(x+y).$$

故应填 $yf''(xy)+\varphi'(x+y)+y\varphi''(x+y)$.

【754】 设 $f(u)$ 具有二阶连续导数，且 $g(x,y)=f\left(\frac{y}{x}\right)+yf\left(\frac{x}{y}\right)$，求 $x^2\frac{\partial^2 g}{\partial x^2}-y^2\frac{\partial^2 g}{\partial y^2}$.

解 由已知条件可得

$$\frac{\partial g}{\partial x}=-\frac{y}{x^2}f'\left(\frac{y}{x}\right)+f'\left(\frac{x}{y}\right),$$

$$\frac{\partial^2 g}{\partial x^2}=\frac{2y}{x^3}f'\left(\frac{y}{x}\right)+\frac{y^2}{x^4}f''\left(\frac{y}{x}\right)+\frac{1}{y}f''\left(\frac{x}{y}\right),$$

$$\frac{\partial g}{\partial y}=\frac{1}{x}f'\left(\frac{y}{x}\right)+f\left(\frac{x}{y}\right)-\frac{x}{y}f'\left(\frac{x}{y}\right),$$

$$\begin{aligned}\frac{\partial^2 g}{\partial y^2}&=\frac{1}{x^2}f''\left(\frac{y}{x}\right)-\frac{x}{y^2}f'\left(\frac{x}{y}\right)+\frac{x}{y^2}f'\left(\frac{x}{y}\right)+\frac{x^2}{y^3}f''\left(\frac{x}{y}\right)\\&=\frac{1}{x^2}f''\left(\frac{y}{x}\right)+\frac{x^2}{y^3}f''\left(\frac{x}{y}\right),\end{aligned}$$

所以

$$\begin{aligned}x^2\frac{\partial^2 g}{\partial x^2}-y^2\frac{\partial^2 g}{\partial y^2}&=\frac{2y}{x}f'\left(\frac{y}{x}\right)+\frac{y^2}{x^2}f''\left(\frac{y}{x}\right)+\frac{x^2}{y}f''\left(\frac{x}{y}\right)-\frac{y^2}{x^2}f''\left(\frac{y}{x}\right)-\frac{x^2}{y}f''\left(\frac{x}{y}\right)\\&=\frac{2y}{x}f'\left(\frac{y}{x}\right).\end{aligned}$$

点评 本题采用的是一元复合函数的求导法则，计算时还应注意关于 x 求偏导时，把 y 视为常数；关于 y 求偏导时，把 x 视为常数.

【755】 设函数 $u(x,y)=\varphi(x+y)+\varphi(x-y)+\int_{x-y}^{x+y}\psi(t)\mathrm{d}t$，其中函数 φ 具有二阶导数，ψ 具有一阶导数，则必有________.

(A) $\frac{\partial^2 u}{\partial x^2}=-\frac{\partial^2 u}{\partial y^2}$　(B) $\frac{\partial^2 u}{\partial x^2}=\frac{\partial^2 u}{\partial y^2}$　(C) $\frac{\partial^2 u}{\partial x\partial y}=\frac{\partial^2 u}{\partial y^2}$　(D) $\frac{\partial^2 u}{\partial x\partial y}=\frac{\partial^2 u}{\partial x^2}$

解 因为 $\frac{\partial u}{\partial x}=\varphi'(x+y)+\varphi'(x-y)+\psi(x+y)-\psi(x-y)$,

$$\frac{\partial u}{\partial y}=\varphi'(x+y)-\varphi'(x-y)+\psi(x+y)+\psi(x-y).$$

于是

$$\frac{\partial^2 u}{\partial x^2}=\varphi''(x+y)+\varphi''(x-y)+\psi'(x+y)-\psi'(x-y),$$

$$\frac{\partial^2 u}{\partial x\partial y}=\varphi''(x+y)-\varphi''(x-y)+\psi'(x+y)+\psi'(x-y),$$

$$\frac{\partial^2 u}{\partial y^2}=\varphi''(x+y)+\varphi''(x-y)+\psi'(x+y)-\psi'(x-y).$$

可见有 $\frac{\partial^2 u}{\partial x^2}=\frac{\partial^2 u}{\partial y^2}$.

故应选 (B).

【756】 设函数 $z=\int_0^{\sqrt{x^2+y^2}}tf(x^2+y^2-t^2)\mathrm{d}t$，其中函数 f 有连续的导数，求 $\frac{\partial^2 z}{\partial x\partial y}$.

解 令 $u=x^2+y^2-t^2$，则

$$z=\int_0^{\sqrt{x^2+y^2}}tf(x^2+y^2-t^2)\mathrm{d}t=-\frac{1}{2}\int_{x^2+y^2}^{0}f(u)\mathrm{d}u=\frac{1}{2}\int_0^{x^2+y^2}f(u)\mathrm{d}u,$$

由 $$\frac{\partial}{\partial x}\left(\frac{1}{2}\int_0^{x^2+y^2} f(u)\mathrm{d}u\right)=\frac{1}{2}\cdot f(x^2+y^2)\cdot 2x=xf(x^2+y^2),$$

得 $$\frac{\partial^2 z}{\partial x\partial y}=xf'(x^2+y^2)\cdot 2y=2xyf'(x^2+y^2).$$

利用多元复合函数求导法则求偏导数

【757】 设 $z=u\cdot v$，$x=\mathrm{e}^u\cos v$，$y=\mathrm{e}^u\sin v$，求$\frac{\partial z}{\partial x}$，$\frac{\partial z}{\partial y}$.

解 按复合函数求导法则有

$$\frac{\partial z}{\partial x}=\frac{\partial z}{\partial u}\cdot\frac{\partial u}{\partial x}+\frac{\partial z}{\partial v}\cdot\frac{\partial v}{\partial x}=v\cdot\frac{\partial u}{\partial x}+u\cdot\frac{\partial v}{\partial x},$$

$$\frac{\partial z}{\partial y}=\frac{\partial z}{\partial u}\cdot\frac{\partial u}{\partial y}+\frac{\partial z}{\partial v}\cdot\frac{\partial v}{\partial y}=v\cdot\frac{\partial u}{\partial y}+u\cdot\frac{\partial v}{\partial y},$$

将 $x=\mathrm{e}^u\cos v$，$y=\mathrm{e}^u\sin v$ 两边对 x 求导，得

$$\begin{cases}1=\mathrm{e}^u\dfrac{\partial u}{\partial x}\cos v-\mathrm{e}^u\sin v\cdot\dfrac{\partial v}{\partial x}\\[2ex]0=\mathrm{e}^u\dfrac{\partial u}{\partial x}\sin v+\mathrm{e}^u\cos v\cdot\dfrac{\partial v}{\partial x}\end{cases}$$

解此方程组得：$\frac{\partial u}{\partial x}=\frac{\cos v}{\mathrm{e}^u}$，$\frac{\partial v}{\partial x}=-\frac{\sin v}{\mathrm{e}^u}$.

再将 $x=\mathrm{e}^u\cos v$，$y=\mathrm{e}^u\sin v$ 两边对 y 求导，得

$$\begin{cases}0=\mathrm{e}^u\dfrac{\partial u}{\partial y}\cos v-\mathrm{e}^u\sin v\cdot\dfrac{\partial v}{\partial y}\\[2ex]1=\mathrm{e}^u\dfrac{\partial u}{\partial y}\sin v+\mathrm{e}^u\cos v\cdot\dfrac{\partial v}{\partial y}\end{cases}$$

解此方程组得：$\frac{\partial u}{\partial y}=\frac{\sin v}{\mathrm{e}^u}$，$\frac{\partial v}{\partial y}=\frac{\cos v}{\mathrm{e}^u}$.

所以 $$\frac{\partial z}{\partial x}=v\frac{\cos v}{\mathrm{e}^u}+u\left(-\frac{\sin v}{\mathrm{e}^u}\right)=\frac{v\cos v-u\sin v}{\mathrm{e}^u},$$

$$\frac{\partial z}{\partial y}=v\frac{\sin v}{\mathrm{e}^u}+u\frac{\cos v}{\mathrm{e}^u}=\frac{v\sin v+u\cos v}{\mathrm{e}^u}.$$

【758】 设函数 $z=f\left(\frac{\sin x}{y},\frac{y}{\ln x}\right)$，其中 f 是可微函数，则$\frac{\partial z}{\partial x}=$________.

解 令 $u=\frac{\sin x}{y}$，$v=\frac{y}{\ln x}$，则 $z=f(u,v)$，于是

$$\frac{\partial z}{\partial x}=\frac{\partial f}{\partial u}\cdot\frac{\partial u}{\partial x}+\frac{\partial f}{\partial v}\cdot\frac{\partial v}{\partial x}=\frac{\cos x}{y}\cdot\frac{\partial f}{\partial u}+\left(-\frac{y}{x\ln^2 x}\right)\cdot\frac{\partial f}{\partial v}.$$

故应填 $\frac{\cos x}{y}\cdot\frac{\partial f}{\partial u}-\frac{y}{x\ln^2 x}\cdot\frac{\partial f}{\partial v}$.

【759】 设 $z=f(xy,\frac{x}{y})+g(\frac{y}{x})$，其中 f,g 均可微，则$\frac{\partial z}{\partial x}=$________.

解 $\frac{\partial z}{\partial x}=f_1'\cdot y+f_2'\cdot\frac{1}{y}+g'\cdot(-\frac{y}{x^2})=yf_1'+\frac{1}{y}f_2'-\frac{y}{x^2}g'$.

故应填 $yf_1'+\frac{1}{y}f_2'-\frac{y}{x^2}g'$.

【760】利用变量替换 $u=x,\ v=\dfrac{y}{x}$，一定可以把方程 $x\dfrac{\partial z}{\partial x}+y\dfrac{\partial z}{\partial y}=z$ 化为新方程

(A) $u\dfrac{\partial z}{\partial u}=z$　　(B) $v\dfrac{\partial z}{\partial v}=z$　　(C) $u\dfrac{\partial z}{\partial v}=z$　　(D) $v\dfrac{\partial z}{\partial u}=z$

解　由多元复合函数求导法则知

$$\frac{\partial z}{\partial x}=\frac{\partial z}{\partial u}\cdot\frac{\partial u}{\partial x}+\frac{\partial z}{\partial v}\cdot\frac{\partial v}{\partial x}=\frac{\partial z}{\partial u}-\frac{y}{x^2}\cdot\frac{\partial z}{\partial v},\qquad \frac{\partial z}{\partial y}=\frac{\partial z}{\partial u}\cdot\frac{\partial u}{\partial y}+\frac{\partial z}{\partial v}\cdot\frac{\partial v}{\partial y}=\frac{1}{x}\cdot\frac{\partial z}{\partial v},$$

代入原方程得 $x\dfrac{\partial z}{\partial u}=z$，即 $u\dfrac{\partial z}{\partial u}=z$.

故应选(A).

【761】设 $f(x,y,z)$ 是 k 次齐次函数，即 $f(tx,ty,tz)=t^kf(x,y,z)$，λ 为某一常数，则结论正确的是________.

(A) $x\cdot\dfrac{\partial f}{\partial x}+y\cdot\dfrac{\partial f}{\partial y}+z\cdot\dfrac{\partial f}{\partial z}=k^\lambda f(x,y,z)$　　(B) $x\cdot\dfrac{\partial f}{\partial x}+y\cdot\dfrac{\partial f}{\partial y}+z\cdot\dfrac{\partial f}{\partial z}=\lambda^k f(x,y,z)$

(C) $x\cdot\dfrac{\partial f}{\partial x}+y\cdot\dfrac{\partial f}{\partial y}+z\cdot\dfrac{\partial f}{\partial z}=kf(x,y,z)$　　(D) $x\cdot\dfrac{\partial f}{\partial x}+y\cdot\dfrac{\partial f}{\partial y}+z\cdot\dfrac{\partial f}{\partial z}=f(x,y,z)$

解　令 $u=tx,v=ty,w=tz$，则

$$f(tx,ty,tz)=t^kf(x,y,z),\qquad f(u,v,w)=t^kf(x,y,z)$$

上式两边对 t 求导，得

$$\frac{\partial f}{\partial u}\cdot\frac{\partial u}{\partial t}+\frac{\partial f}{\partial v}\cdot\frac{\partial v}{\partial t}+\frac{\partial f}{\partial w}\cdot\frac{\partial w}{\partial t}=kt^{k-1}f(x,y,z)$$

$$x\cdot\frac{\partial f}{\partial u}+y\cdot\frac{\partial f}{\partial v}+z\cdot\frac{\partial f}{\partial w}=kt^{k-1}f(x,y,z),$$

$$tx\cdot\frac{\partial f}{\partial u}+ty\cdot\frac{\partial f}{\partial v}+tz\cdot\frac{\partial f}{\partial w}=kt^kf(x,y,z)=kf(u,v,w),$$

$$u\cdot\frac{\partial f}{\partial u}+v\cdot\frac{\partial f}{\partial v}+w\cdot\frac{\partial f}{\partial w}=kf(u,v,w),$$

所以　$x\cdot\dfrac{\partial f}{\partial x}+y\cdot\dfrac{\partial f}{\partial y}+z\cdot\dfrac{\partial f}{\partial z}=kf(x,y,z)$.

故应选(C).

利用多元复合函数求导法则求二阶偏导数

【762】设 $z=f(x^2-y^2,e^{xy})$，其中 f 具有二阶连续偏导数，求 $\dfrac{\partial z}{\partial x},\dfrac{\partial z}{\partial y},\dfrac{\partial^2 z}{\partial x\partial y}$.

解　$\dfrac{\partial z}{\partial x}=2xf'_1+ye^{xy}f'_2$,

$\dfrac{\partial z}{\partial y}=-2yf'_1+xe^{xy}f'_2$,

$$\frac{\partial^2 z}{\partial x\partial y}=2x[f''_{11}\cdot(-2y)+f''_{12}\cdot xe^{xy}]+e^{xy}f'_2+xye^{xy}f'_2+ye^{xy}[f''_{21}\cdot(-2y)+f''_{22}\cdot xe^{xy}]$$
$$=-4xyf''_{11}+2(x^2-y^2)e^{xy}f''_{12}+xye^{2xy}f''_{22}+e^{xy}(1+xy)f'_2.$$

【763】设 $z=x^3f\left(xy,\dfrac{y}{x}\right)$，$f$ 具有二阶连续偏导数，求 $\dfrac{\partial z}{\partial y},\dfrac{\partial^2 z}{\partial y^2}$ 及 $\dfrac{\partial^2 z}{\partial x\partial y}$.

解　$\dfrac{\partial z}{\partial y}=x^4f'_1+x^2f'_2$,

$$\frac{\partial^2 z}{\partial y^2}=x^5 f''_{11}+x^3 f''_{12}+x^3 f''_{21}+x f''_{22}=x^5 f''_{11}+2x^3 f''_{12}+x f''_{22},$$

$$\frac{\partial^2 z}{\partial x\partial y}=4x^3 f'_1+x^4 yf''_{11}-x^2 yf''_{12}+2xf'_2+x^2 yf''_{21}-yf''_{22}=4x^3 f'_1+2xf'_2+x^4 yf''_{11}-yf''_{22}.$$

【764】 设 $f(u,v)$ 具有二阶连续偏导数，且满足 $\frac{\partial^2 f}{\partial u^2}+\frac{\partial^2 f}{\partial v^2}=1$，又

$$g(x,y)=f[xy,\frac{1}{2}(x^2-y^2)],$$

求 $\frac{\partial^2 g}{\partial x^2}+\frac{\partial^2 g}{\partial y^2}$.

解 $\frac{\partial g}{\partial x}=y\frac{\partial f}{\partial u}+x\frac{\partial f}{\partial v}$，$\quad \frac{\partial g}{\partial y}=x\frac{\partial f}{\partial u}-y\frac{\partial f}{\partial v}$.

故 $\frac{\partial^2 g}{\partial x^2}=y^2\frac{\partial^2 f}{\partial u^2}+2xy\frac{\partial^2 f}{\partial u\partial v}+x^2\frac{\partial^2 f}{\partial v^2}+\frac{\partial f}{\partial v}$，$\quad \frac{\partial^2 g}{\partial y^2}=x^2\frac{\partial^2 f}{\partial u^2}-2xy\frac{\partial^2 f}{\partial u\partial v}+y^2\frac{\partial^2 f}{\partial v^2}-\frac{\partial f}{\partial v}$.

所以 $\frac{\partial^2 g}{\partial x^2}+\frac{\partial^2 g}{\partial y^2}=(x^2+y^2)\frac{\partial^2 f}{\partial u^2}+(x^2+y^2)\frac{\partial^2 f}{\partial v^2}=x^2+y^2$.

【765】 设 $z=f(xy,\frac{x}{y})+g(\frac{y}{x})$，其中 f 具有二阶连续偏导数，g 具有二阶连续导数，求 $\frac{\partial^2 z}{\partial x\partial y}$.

解 $\frac{\partial z}{\partial x}=yf'_1+\frac{1}{y}f'_2-\frac{y}{x^2}g'$，

$$\frac{\partial^2 z}{\partial x\partial y}=f'_1+y(xf''_{11}-\frac{x}{y^2}f''_{12})-\frac{1}{y^2}f'_2+\frac{1}{y}(xf''_{21}-\frac{x}{y^2}f''_{22})-\frac{1}{x^2}g'-\frac{y}{x^3}g''$$

$$=f'_1-\frac{1}{y^2}f'_2+xyf''_{11}-\frac{x}{y^3}f''_{22}-\frac{1}{x^2}g'-\frac{y}{x^3}g''.$$

【766】 设变换 $\begin{cases}u=x-2y\\v=x+ay\end{cases}$ 可把方程 $6\frac{\partial^2 z}{\partial x^2}+\frac{\partial^2 z}{\partial x\partial y}-\frac{\partial^2 z}{\partial y^2}=0$ 化简为 $\frac{\partial^2 z}{\partial u\partial v}=0$，求常数 a.

解 $\frac{\partial z}{\partial x}=\frac{\partial z}{\partial u}+\frac{\partial z}{\partial v}$，$\quad \frac{\partial z}{\partial y}=-2\frac{\partial z}{\partial u}+a\frac{\partial z}{\partial v}$，$\quad \frac{\partial^2 z}{\partial x^2}=\frac{\partial^2 z}{\partial u^2}+2\frac{\partial^2 z}{\partial u\partial v}+\frac{\partial^2 z}{\partial v^2}$，

$$\frac{\partial^2 z}{\partial x\partial y}=-2\frac{\partial^2 z}{\partial u^2}+(a-2)\frac{\partial^2 z}{\partial u\partial v}+a\frac{\partial^2 z}{\partial v^2},$$

$$\frac{\partial^2 z}{\partial y^2}=4\frac{\partial^2 z}{\partial u^2}-4a\frac{\partial^2 z}{\partial u\partial v}+a^2\frac{\partial^2 z}{\partial v^2}.$$

将上述结果代入原方程，经整理后得 $\quad (10+5a)\frac{\partial^2 z}{\partial u\partial v}+(6+a-a^2)\frac{\partial^2 z}{\partial v^2}=0$

依题意知 a 应满足 $\quad 6+a-a^2=0$，且 $10+5a\neq 0$.

解之得 $a=3$.

点评 本题为多元复合函数求偏导的基本题型，计算时应注意参数 a 的取值是根据 $6+a-a^2=0$ 及 $10+5a\neq 0$ 得到.

【767】 设函数 $u=f(x,xy,xyz)$ 具有连续的二阶偏导数，则 $\frac{\partial^2 u}{\partial x\partial y}=$ ______.

解 令 $v=xy,w=xyz$，则 $u=f(x,v,w)$，于是

$$\frac{\partial u}{\partial x}=f'_x+f'_v\cdot v'_x+f'_w\cdot w'_x=f'_x+yf'_v+yzf'_w,$$

$$\frac{\partial^2 u}{\partial x\partial y}=(f''_{xv}\cdot v'_y+f''_{xw}\cdot w'_y)+y(f''_{vv}\cdot v'_y+f''_{vw}\cdot w'_y)+f'_v+yz(f''_{wv}\cdot v'_y+f''_{ww}\cdot w'_y)$$
$$+zf'_w$$
$$=xf''_{xv}+xzf''_{xw}+xyf''_{vv}+2xyzf''_{vw}+xyz^2f''_{ww}+f'_v+zf'_w.$$

故应填　$xf''_{xv}+xzf''_{xw}+xyf''_{vv}+2xyzf''_{vw}+xyz^2f''_{ww}+f'_v+zf'_w$.

点评　对于中间变量或自变量多于两个的情况,复合函数求导法则可进行相应推广.原则为:函数对某个自变量求偏导数时,必须通过一切有关的中间变量,有几个中间变量,公式中就应有几项相加.其中每一项都应是函数对某个中间变量的偏导数与这个中间变量对该自变量偏导数的乘积,此法则也称为链式法则.

§5. 隐函数的求导法则

1. 一元隐函数求导法则

设函数 $F(x,y)$在点 $P(x_0,y_0)$的某个邻域内具有连续的偏导数 $F'_x(x,y)$, $F'_y(x,y)$,且 $F(x_0,y_0)=0$, $F'_y(x_0,y_0)\neq0$,则在(x_0,y_0)的某邻域内,方程 $F(x,y)=0$ 恒能唯一确定一个具有连续导数的函数 $y=f(x)$,它满足条件 $y_0=f(x_0)$,并有

$$\frac{\mathrm{d}y}{\mathrm{d}x}=-\frac{F'_x(x,y)}{F'_y(x,y)}.$$

2. 二元隐函数求导法则

设函数 $F(x,y,z)$在点 $P(x_0,y_0,z_0)$的某个邻域内具有连续的偏导数 $F'_x(x,y,z)$, $F'_y(x,y,z)$, $F'_z(x,y,z)$,且 $F(x_0,y_0,z_0)=0$, $F'_z(x_0,y_0,z_0)\neq0$,则在点(x_0,y_0,z_0)的某一邻域内,方程 $F(x,y,z)=0$ 恒能唯一确定一个具有连续偏导数的函数 $z=f(x,y)$,它满足条件 $z_0=f(x_0,y_0)$,并有

$$\frac{\partial z}{\partial x}=-\frac{F'_x(x,y,z)}{F'_z(x,y,z)},\quad \frac{\partial z}{\partial y}=-\frac{F'_y(x,y,z)}{F'_z(x,y,z)}.$$

基本题型

隐函数存在性的讨论

【768】设有三元方程 $xy-z\ln y+e^{xz}=1$,根据隐函数存在定理,存在点(0,1,1)的一个邻域,在此邻域内该方程______.

(A)只能确定一个具有连续偏导数的隐函数 $z=z(x,y)$

(B)可确定两个具有连续偏导数的隐函数 $y=y(x,z)$和 $z=z(x,y)$

(C)可确定两个具有连续偏导数的隐函数 $x=x(y,z)$和 $z=z(x,y)$

(D)可确定两个具有连续偏导数的隐函数 $x=x(y,z)$和 $y=y(x,z)$

解　令 $F(x,y,z)=xy-z\ln y+e^{xz}-1$,显然 $F(0,1,1)=0$.且$\frac{\partial F}{\partial x}=y+ze^{xz}$,$\frac{\partial F}{\partial y}=x-\frac{z}{y}$,$\frac{\partial F}{\partial z}=-\ln y+xe^{xz}$在点(0,1,1)的某邻域内连续,又 $F'_x(0,1,1)=y+ze^{xz}\Big|_{(0,1,1)}=2\neq0$, $F'_y(0,1,1)=-1\neq0$,根据隐函数存在定理知,方程 $F(x,y,z)=0$ 可以确定具有连续偏导数的隐函数 $x=x(y,z)$和 $y=y(x,z)$.因为 $F'_z(0,1,1)=0$,所以未必能确定隐函数 $z=z(x,y)$.

故应选(D).

求多元隐函数的偏导数

【769】 设函数 $z=z(x,y)$ 由方程 $z=e^{2x-3z}+2y$ 确定,则 $3\frac{\partial z}{\partial x}+\frac{\partial z}{\partial y}=$________.

解 对方程两边关于 x 求偏导数,得

$$\frac{\partial z}{\partial x}=e^{2x-3z}\left(2-3\frac{\partial z}{\partial x}\right),$$

解得 $\frac{\partial z}{\partial x}=\frac{2e^{2x-3z}}{1+3e^{2x-3z}}$.

同理,对方程两边关于 y 求偏导数,得

$$\frac{\partial z}{\partial y}=e^{2x-3z}\left(-3\frac{\partial z}{\partial y}\right)+2,$$

解得 $\frac{\partial z}{\partial y}=\frac{2}{1+3e^{2x-3z}}$,所以 $3\frac{\partial z}{\partial x}+\frac{\partial z}{\partial y}=\frac{6e^{2x-3z}+2}{1+3e^{2x-3z}}=2$.

故应填 2.

点评 本题也可直接使用隐函数求偏导公式计算.

【770】 设 $z=z(x,y)$ 是由方程 $\frac{x}{z}=\ln\frac{z}{y}$ 所确定的函数,则 $\frac{\partial z}{\partial y}=$________.

解 将所给方程两边对 y 求导,得

$$-\frac{x}{z^2}\cdot\frac{\partial z}{\partial y}=\frac{y}{z}\ \frac{y\cdot\frac{\partial z}{\partial y}-z}{y^2}$$

因此 $\frac{\partial z}{\partial y}=\frac{z^2}{y(x+z)}$.

故应填 $\frac{z^2}{y(x+z)}$.

【771】 设 $x\cdot\cos y+y\cdot\cos z+z\cdot\cos x=1$,求 $\frac{\partial z}{\partial x},\frac{\partial z}{\partial y}$.

解 将方程

$$x\cdot\cos y+y\cdot\cos z+z\cdot\cos x=1$$

两端分别对 x,y 求导(其中 z 是 x,y 的函数)得

$$\cos y-y\cdot\sin z\cdot\frac{\partial z}{\partial x}-z\sin x+\frac{\partial z}{\partial x}\cos x=0$$

$$-x\sin y+\cos z-y\sin z\frac{\partial z}{\partial y}+\frac{\partial z}{\partial y}\cos x=0$$

由此解得 $\frac{\partial z}{\partial x}=\frac{\cos y-z\sin x}{y\sin z-\cos x}$, $\frac{\partial z}{\partial y}=\frac{\cos z-x\sin y}{y\sin z-\cos x}$.

【772】 设函数 $u=f(x,y,z)$ 有连续偏导数,且 $z=z(x,y)$ 由方程 $xe^x-ye^y=ze^z$ 所确定,求 du.

解 设 $F(x,y,z)=xe^x-ye^y-ze^z$,则

$$F'_x=(x+1)e^x,\ F'_y=-(y+1)e^y,\ F'_z=-(z+1)e^z$$

故 $\frac{\partial z}{\partial x}=-\frac{F'_x}{F'_z}=\frac{x+1}{z+1}e^{x-z}$, $\frac{\partial z}{\partial y}=-\frac{F'_y}{F'_z}=-\frac{y+1}{z+1}e^{y-z}$,

而 $\dfrac{\partial u}{\partial x}=f'_x+f'_z\dfrac{\partial z}{\partial x}=f'_x+f'_z\dfrac{x+1}{z+1}e^{x-z}$， $\dfrac{\partial u}{\partial y}=f'_y+f'_z\dfrac{\partial z}{\partial y}=f'_y-f'_z\dfrac{y+1}{z+1}e^{y-z}$.

所以 $du=\dfrac{\partial u}{\partial x}dx+\dfrac{\partial u}{\partial y}dy=(f'_x+f'_z\dfrac{x+1}{z+1}e^{x-z})dx+(f'_y-f'_z\dfrac{y+1}{z+1}e^{y-z})dy$.

【773】 设函数 $z(x,y)$ 由方程 $F\left(x+\dfrac{z}{y},y+\dfrac{z}{x}\right)=0$ 给出，F,z 都是可微函数，则有等式

$$x\frac{\partial z}{\partial x}+y\frac{\partial z}{\partial y}=z-xy.$$

证 设 $x+\dfrac{z}{y}=u,y+\dfrac{z}{x}=v$，则有 $F(u,v)=0$ 将它两边分别对 x,y 求偏导数，再将 z 视为 x,y 的函数，得

$$F'_u\left(1+y^{-1}\frac{\partial z}{\partial x}\right)+F'_v\left(\frac{\partial z}{\partial x}x^{-1}-x^{-2}z\right)=0 \qquad ①$$

$$F'_u\left(\frac{\partial z}{\partial y}y^{-1}-y^{-2}z\right)+F'_v\left(1+x^{-1}\frac{\partial z}{\partial y}\right)=0 \qquad ②$$

将①、②联立，解得

$$\frac{\partial z}{\partial x}=\frac{x^{-2}zF'_v-F'_u}{y^{-1}F'_u+x^{-1}F'_v},\qquad \frac{\partial z}{\partial y}=\frac{y^{-2}zF'_u-F'_v}{y^{-1}F'_u+x^{-1}F'_v}$$

于是

$$x\frac{\partial z}{\partial x}+y\frac{\partial z}{\partial y}=x\frac{x^{-2}zF'_v-F'_u}{y^{-1}F'_u+x^{-1}F'_v}+y\frac{y^{-2}zF'_u-F'_v}{y^{-1}F'_u+x^{-1}F'_v}=z-xy.$$

由方程组确定的隐函数的求导

【774】 设 $u=f(x,y,z)$ 有连续偏导数，$y=y(x)$ 和 $z=z(x)$ 分别由方程 $e^{xy}-y=0$ 和 $e^z-xz=0$ 所确定，求 $\dfrac{du}{dx}$.

解 $\dfrac{du}{dx}=\dfrac{\partial f}{\partial x}+\dfrac{\partial f}{\partial y}\dfrac{dy}{dx}+\dfrac{\partial f}{\partial z}\dfrac{dz}{dx}$

由 $e^{xy}-y=0$ 得 $e^{xy}(y+x\dfrac{dy}{dx})-\dfrac{dy}{dx}=0$， $\dfrac{dy}{dx}=\dfrac{ye^{xy}}{1-xe^{xy}}=\dfrac{y^2}{1-xy}$；

由 $e^z-xz=0$ 得 $e^z\dfrac{dz}{dx}-z-x\dfrac{dz}{dx}=0$， $\dfrac{dz}{dx}=\dfrac{z}{e^z-x}=\dfrac{z}{xz-x}$.

于是 $\dfrac{du}{dx}=\dfrac{\partial f}{\partial x}+\dfrac{y^2}{1-xy}\dfrac{\partial f}{\partial y}+\dfrac{z}{xz-x}\dfrac{\partial f}{\partial z}$.

点评 本题为多元复合函数求导及隐函数求导的综合题. $\dfrac{du}{dx}$ 为全导数，计算的关键为求出 $\dfrac{dy}{dx}$ 及 $\dfrac{dz}{dx}$，它们可由隐函数求导法则得出.

【775】 设 $u=f(x,y,z)$ 有连续的一阶偏导数，又函数 $y=y(x)$ 及 $z=z(x)$ 分别由下列两式确定：$e^{xy}-xy=2$ 和 $e^x=\displaystyle\int_0^{x-z}\frac{\sin t}{t}dt$，求 $\dfrac{du}{dx}$.

解 $$\frac{du}{dx}=\frac{\partial f}{\partial x}+\frac{\partial f}{\partial y}\frac{dy}{dx}+\frac{\partial f}{\partial z}\frac{dz}{dx}, \qquad ①$$

由 $e^{xy}-xy=2$ 两边对 x 求导，得

$$e^{xy}(y+x\frac{dy}{dx})-(y+x\frac{dy}{dx})=0,\qquad 即 \quad \frac{dy}{dx}=-\frac{y}{x}.$$

又由 $e^x=\int_0^{x-z}\frac{\sin t}{t}dt$ 两边对 x 求导，得

$$e^x=\frac{\sin(x-z)}{x-z}\cdot\left(1-\frac{dz}{dx}\right),\qquad 即\quad \frac{dz}{dx}=1-\frac{e^x(x-z)}{\sin(x-z)}.$$

将其代入①式，得

$$\frac{du}{dx}=\frac{\partial f}{\partial x}-\frac{y}{x}\frac{\partial f}{\partial y}+\left[1-\frac{e^x(x-z)}{\sin(x-z)}\right]\frac{\partial f}{\partial z}.$$

【776】设 $y=y(x)$，$z=z(x)$ 是由方程 $z=xf(x+y)$ 和 $F(x,y,z)=0$ 所确定的函数，其中 f 和 F 分别具有一阶连续导数和一阶连续偏导数，求 $\frac{dz}{dx}$.

解 分别在 $z=xf(x+y)$ 和 $F(x,y,z)=0$ 的两端对 x 求导，得

$$\begin{cases}\frac{dz}{dx}=f+x\left(1+\frac{dy}{dx}\right)f'\\ F'_x+F'_y\frac{dy}{dx}+F'_z\frac{dz}{dx}=0\end{cases}$$

整理后得

$$\begin{cases}-xf'\frac{dy}{dx}+\frac{dz}{dx}=f+xf'\\ F'_y\frac{dy}{dx}+F'_z\frac{dz}{dx}=-F'_x\end{cases}$$

由此解得

$$\frac{dz}{dx}=\frac{(f+xf')F'_y-xf'F'_x}{F'_y+xf'F'_z}\qquad (F'_y+xf'F'_z\neq 0).$$

点评 本题需通过含有导数的方程组求得其解.

§6. 多元函数微分学的几何应用

1. 空间曲线的切线与法平面

设空间曲线的参数方程为 $\begin{cases}x=x(t)\\ y=y(t)\\ z=z(t)\end{cases}$

其中 $x=x(t)$，$y=y(t)$，$z=z(t)$ 均为 t 的可微函数，且 $x'(t)$、$y'(t)$、$z'(t)$ 不同时为零，则当 $t=t_0$ 时，曲线上对应点 $M_0(x_0,y_0,z_0)$ 处的切线方程为

$$\frac{x-x_0}{x'(t_0)}=\frac{y-y_0}{y'(t_0)}=\frac{z-z_0}{z'(t_0)}$$

法平面方程为

$$x'(t_0)(x-x_0)+y'(t_0)(y-y_0)+z'(t_0)(z-z_0)=0$$

2. 曲面的切平面与法线

设曲面方程为 $F(x,y,z)=0$，其中 $F(x,y,z)$ 具有连续的偏导数 F'_x,F'_y,F'_z，且它们不同时为零. 则在曲面上点 $M_0(x_0,y_0,z_0)$ 处的切平面方程为

$$F'_x(x_0,y_0,z_0)(x-x_0)+F'_y(x_0,y_0,z_0)(y-y_0)+F'_z(x_0,y_0,z_0)(z-z_0)=0$$

法线方程为

$$\frac{x-x_0}{F'_x(x_0,y_0,z_0)}=\frac{y-y_0}{F'_y(x_0,y_0,z_0)}=\frac{z-z_0}{F'_z(x_0,y_0,z_0)}$$

若曲面方程为 $z=f(x,y)$，且 $f(x,y)$ 具有连续的偏导数，则曲面上点 $M_0(x_0,y_0,z_0)$ 处的切平面方程为

$$f'_x(x_0,y_0)(x-x_0)+f'_y(x_0,y_0)(y-y_0)-(z-z_0)=0$$

法线方程为

$$\frac{x-x_0}{f'_x(x_0,y_0)}=\frac{y-y_0}{f'_y(x_0,y_0)}=\frac{z-z_0}{-1}.$$

基本题型

求参数方程确定的空间曲线的切线与法平面

【777】 在曲线 $\begin{cases}x=t\\y=-t^2\\z=t^3\end{cases}$ 的所有切线中，与平面 $x+2y+z=-4$ 平行的切线________.

(A)只有一条　　(B)只有两条　　(C)至少有三条　　(D)不存在

分析　曲线 $\begin{cases}x=x(t)\\y=y(t)\\z=z(t)\end{cases}$ 的切线方向向量为 $(x'(t),y'(t),z'(t))$.

曲线的切线与平面平行，即曲线切线的方向向量与平面的法向量垂直. 根据向量垂直的充要条件，即可得解.

解　曲线的切线方向向量为 $(x'(t),y'(t),z'(t))=(1,-2t,3t^2)$. 依题意知，切线的方向向量应与平面 $x+2y+z=-4$ 的法向量垂直，于是有

$$(1,-2t,3t^2)\cdot(1,2,1)=1-4t+3t^2=0,$$

解得　$t_1=\frac{1}{3}$，　$t_2=1$.

所以与平面 $x+2y+z=-4$ 平行的切线应有两条.

故应选(B).

【778】 曲线 $\begin{cases}x=t\\y=t^2\\z=t^3\end{cases}$ 上点 M 处的切线平行于平面 $x+2y+z=4$，则点 M 的坐标可以是

(A)$(1,1,1)$　　(B)$\left(-\frac{1}{3},\frac{1}{9},-\frac{1}{27}\right)$　　(C)$\left(\frac{1}{3},\frac{1}{9},\frac{1}{27}\right)$　　(D)$(-3,9,-27)$

解　因为 $\frac{dx}{dt}=1$，$\frac{dy}{dt}=2t$，$\frac{dz}{dt}=3t^2$，故曲线上点 $M(x,y,z)$ 处切线的方向向量是 $\boldsymbol{s}=\{1,2t,3t^2\}$，而平面 $x+2y+z=4$ 的法向量 $\boldsymbol{n}=\{1,2,1\}$，由于切线平行于已知平面，因此，

$$\boldsymbol{s}\cdot\boldsymbol{n}=0\qquad\text{即}\qquad 1+4t+3t^2=0.$$

解此方程得　$t=-1$　或　$t=-\frac{1}{3}$，

当 $t=-1$ 时，　$x=-1$，　$y=1$，　$z=-1$；

当 $t=-\frac{1}{3}$ 时，　$x=-\frac{1}{3}$，　$y=\frac{1}{9}$，　$z=-\frac{1}{27}$.

于是点 M 的坐标是 $\left(-\frac{1}{3},\frac{1}{9},-\frac{1}{27}\right)$ 或 $(-1,1,-1)$.

故应选(B).

求曲线方程为一般方程的空间曲线的切线与法平面

【779】 求 $\begin{cases}x^2+y^2+z^2=6\\ z=x^2+y^2\end{cases}$ 在$(-1,1,2)$处的切线方程.

解 方程组两边对 x 求导,得 $\begin{cases}2x+2y\dfrac{dy}{dx}+2z\dfrac{dz}{dx}=0\\ \dfrac{dz}{dx}=2x+2y\dfrac{dy}{dx}\end{cases}$.

解得 $\frac{dy}{dx}=-\frac{x}{y}$, $\frac{dz}{dx}=0$.

所以在$(-1,1,2)$处的切线方向向量为 $\boldsymbol{T}=\left\{1,\frac{dy}{dx},\frac{dz}{dx}\right\}\Big|_{(-1,1,2)}=\{1,1,0\}$.

所以切线方程为 $\frac{x+1}{1}=\frac{y-1}{1}=\frac{z-2}{0}$.

由 z＝f(x,y)确定的曲面求切平面与法线

【780】 求曲面 $z=\frac{x^2}{2}+y^2$ 平行于平面 $2x+2y-z=0$ 的切平面方程.

解 设切点为 $P(x_0,y_0,z_0)$,于是曲面 $z=\frac{x^2}{2}+y^2$ 在点 P 的法向量为$\{x_0,2y_0,-1\}$,所给平面的法向量为$\{2,2,-1\}$.由条件知 $\frac{x_0}{2}=\frac{2y_0}{2}=\frac{-1}{-1}$

所以切点坐标为

$$x_0=2,\qquad y_0=1,\qquad z_0=\frac{{x_0}^2}{2}+{y_0}^2=3$$

于是,所求切平面方程为

$$2(x-2)+2(y-1)-(z-3)=0,\qquad 即\quad 2x+2y-z-3=0.$$

【781】 试证:锥面 $z=\sqrt{x^2+y^2}+3$ 的所有切平面都通过锥面的顶点.

证 因为 $\frac{\partial z}{\partial x}=\frac{x}{\sqrt{x^2+y^2}}$, $\frac{\partial z}{\partial y}=\frac{y}{\sqrt{x^2+y^2}}$

故锥面上任一点(x_0,y_0,z_0)处的切平面方程为

$$z-z_0=\frac{x_0}{\sqrt{x_0^2+y_0^2}}(x-x_0)+\frac{y_0}{\sqrt{x_0^2+y_0^2}}(y-y_0)$$

将 $z_0-3=\sqrt{x_0^2+y_0^2}$ 代入上述方程,整理后得

$$x_0x+y_0y-(z_0-3)(z-3)=0$$

而锥面顶点的坐标$(0,0,3)$满足上述方程,所以锥面 $z=\sqrt{x^2+y^2}+3$ 的所有切平面都通过锥面的顶点.

由 $F(x,y,z)=0$ 确定的曲面求切平面及法线

【782】 曲面 $z-e^z+2xy=3$ 在点$(1,2,0)$处的切平面方程为________.

解 令 $F(x,y,z)=z-e^z+2xy-3$,则 $F'_x=2y,F'_y=2x,F'_z=1-e^z$

在点(1,2,0)处切平面的法向量为$\{4,2,0\}$. 则切平面方程为

$$4(x-1)+2(y-2)+0(z-0)=0,\quad 即\quad 2x+y-4=0.$$

故应填 $2x+y-4=0$.

【783】 由曲线$\begin{cases}3x^2+2y^2=12\\ z=0\end{cases}$绕 y 轴旋转一周得到的旋转面在点$(0,\sqrt{3},\sqrt{2})$处的指向外侧的单位法向量为________.

解 旋转曲面方程为 $3x^2+2y^2+3z^2=12$

令 $F(x,y,z)=3x^2+2y^2+3z^2-12$,则 $F'_x=6x,F'_y=4y,F'_z=6z$ 在点$(0,\sqrt{3},\sqrt{2})$处指向外侧的法向量为$\{0,4\sqrt{3},6\sqrt{2}\}$,单位化得 $\dfrac{1}{\sqrt{5}}\{0,\sqrt{2},\sqrt{3}\}$.

故应填$\dfrac{1}{\sqrt{5}}\{0,\sqrt{2},\sqrt{3}\}$.

【784】 曲面 $x^2+2y^2+3z^2=21$ 在点$(1,-2,2)$的法线方程为________.

解 记 $F(x,y,z)=x^2+2y^2+3z^2-21,M_0(1,-2,2)$,则

$$F'_x=2x,\qquad F'_y=4y,\qquad F'_z=6z,$$

$$F'_x\big|_{M_0}=2,\qquad F'_y\big|_{M_0}=-8,\qquad F'_z\big|_{M_0}=12,$$

取 $\boldsymbol{n}=\{1,-4,6\}$

所求法线方程为: $\dfrac{x-1}{1}=\dfrac{y+2}{-4}=\dfrac{z-2}{6}$.

点评 本题应先求出法线的方向向量,再用直线的对称式写出法线方程. 空间曲线的切线和法平面方程以及曲面的法线和切平面方程是几何应用常考题型,我们应熟记相关公式.

【785】 试证曲面$\sqrt{x}+\sqrt{y}+\sqrt{z}=\sqrt{a}\,(a>0)$在任一点$(x_0,y_0,z_0)$处(其中 $x_0>0,y_0>0,z_0>0$)的切平面,在三个坐标轴上的截距之和为常数.

解 曲面上任一点(x_0,y_0,z_0)处的切平面方程为

$$\frac{1}{\sqrt{x_0}}(x-x_0)+\frac{1}{\sqrt{y_0}}(y-y_0)+\frac{1}{\sqrt{z_0}}(z-z_0)=0,$$

其截距式方程为 $\dfrac{1}{\sqrt{ax_0}}x+\dfrac{1}{\sqrt{ay_0}}y+\dfrac{1}{\sqrt{az_0}}z=1$.

故在三个坐标轴上的截距之和为

$$\sqrt{ax_0}+\sqrt{ay_0}+\sqrt{az_0}=\sqrt{a}(\sqrt{x_0}+\sqrt{y_0}+\sqrt{z_0})=a.$$

【786】 在椭球面$\dfrac{x^2}{a^2}+\dfrac{y^2}{b^2}+\dfrac{z^2}{c^2}=1$上哪一点处的切平面在坐标轴上的三个截距相等?

解 设所求的点为(x_0,y_0,z_0),令

$$F(x,y,z)=\frac{x^2}{a^2}+\frac{y^2}{b^2}+\frac{z^2}{c^2}-1,$$

则

$$F'_x(x_0,y_0,z_0)=\frac{2x_0}{a^2},\quad F'_y(x_0,y_0,z_0)=\frac{2y_0}{b^2},\quad F'_z(x_0,y_0,z_0)=\frac{2z_0}{c^2},$$

代入切平面方程得

$$\frac{x_0}{a^2}(x-x_0)+\frac{y_0}{b^2}(y-y_0)+\frac{z_0}{c^2}(z-z_0)=0$$

令 $y=0,z=0$ 得 x 轴上的截距为$\frac{a^2}{x_0}$,类似可得 y 轴上,z 轴上的截距为$\frac{b^2}{y_0},\frac{c^2}{z_0}$.

由题设截距相等有 $\frac{a^2}{x_0}=\frac{b^2}{y_0}=\frac{c^2}{z_0}$ 即

$$y_0=\frac{b^2}{a^2}x_0,\qquad z_0=\frac{c^2}{a^2}x_0 \quad ①$$

又

$$\frac{x_0^2}{a^2}+\frac{y_0^2}{b^2}+\frac{z_0^2}{c^2}=1 \quad ②$$

由式①,②解得

$$x_0=\frac{\pm a^2}{\sqrt{a^2+b^2+c^2}},\qquad y_0=\frac{\pm b^2}{\sqrt{a^2+b^2+c^2}},\qquad z_0=\frac{\pm c^2}{\sqrt{a^2+b^2+c^2}}$$

所以点 $\left(\frac{a^2}{\sqrt{a^2+b^2+c^2}},\frac{b^2}{\sqrt{a^2+b^2+c^2}},\frac{c^2}{\sqrt{a^2+b^2+c^2}}\right)$

与点 $\left(\frac{-a^2}{\sqrt{a^2+b^2+c^2}},\frac{-b^2}{\sqrt{a^2+b^2+c^2}},\frac{-c^2}{\sqrt{a^2+b^2+c^2}}\right)$

处的切平面在三坐标轴上的截距相等.

【787】 设函数 $f(x,y)$在点$(0,0)$附近有定义,且 $f'_x(0,0)=3,f'_y(0,0)=1$,则

(A) $\mathrm{d}z\Big|_{(0,0)}=3\mathrm{d}x+\mathrm{d}y$

(B) 曲面 $z=f(x,y)$在点$(0,0,f(0,0))$的法向量为$\{3,1,1\}$

(C) 曲线$\begin{cases}z=f(x,y)\\y=0\end{cases}$在点$(0,0,f(0,0))$的切向量为$\{1,0,3\}$

(D) 曲线$\begin{cases}z=f(x,y)\\y=0\end{cases}$在点$(0,0,f(0,0))$的切向量为$\{3,0,1\}$

解 对于选项(C),xOz 面上曲线 $z=f(x,0)$在点$(0,0,f(0,0))$处导数

$$\frac{\mathrm{d}z}{\mathrm{d}x}\Big|_{(0,0)}=f'_x(0,0)=3,$$

且 xOz 面上的向量在 y 轴上的分量为零,故切线的方向向量为$\{1,0,3\}$.

故应选(C).

点评 选项(A)不对.因为函数 $z=f(x,y)$在点 $M_0(x_0,y_0)$处存在偏导数$\frac{\partial z}{\partial x}\Big|_{M_0},\frac{\partial z}{\partial y}\Big|_{M_0}$并不能保证 $z=f(x,y)$在点 M_0 处可微.

选项(B)不对.因为偏导数存在不一定能保证函数可微,所以也不一定能保证曲面 $z=f(x,y)$在相应点$(x_0,y_0,f(x_0,y_0))$处存在切平面.

【788】 试证曲面 $z=xf(\frac{y}{x})$上任一点处的切平面都过原点(其中 f 具有一阶连续导数).

解 $\frac{\partial z}{\partial x}=f-\frac{y}{x}f',\quad \frac{\partial z}{\partial y}=f'.$

曲面上(x_0,y_0,z_0)处切平面方程为

$$\left[f\left(\frac{y_0}{x_0}\right)-\frac{y_0}{x_0}f'\left(\frac{y_0}{x_0}\right)\right](x-x_0)+f'\left(\frac{y_0}{x_0}\right)(y-y_0)-(z-z_0)=0,$$

整理得

$$\left[f\left(\frac{y_0}{x_0}\right)-\frac{y_0}{x_0}f'\left(\frac{y_0}{x_0}\right)\right]x+f'\left(\frac{y_0}{x_0}\right)y-z=0,$$

故切平面过原点.

【789】 证明曲面 $f(x-az,y-bz)=0$ 上任一点处的切平面均与直线$\frac{x}{a}=\frac{y}{b}=z$ 平行.

分析 只需证明曲面上任一点处切平面的法向量 $\boldsymbol{n}$ 与所给直线的方向向量 $\boldsymbol{s}=\{a,b,1\}$ 垂直即可.

证 设 $F(x,y,z)=f(x-az,y-bz)$

则 $F'_x(x,y,z)=f'_1$, $F'_y(x,y,z)=f'_2$, $F'_z(x,y,z)=-af'_1-bf'_2$

所以 $\boldsymbol{n}=\{f'_1,f'_2,-af'_1-bf'_2\}$

而所给直线 $\frac{x}{a}=\frac{y}{b}=z$ 的方向向量 $\boldsymbol{s}=\{a,b,1\}$

于是 $\boldsymbol{n}\cdot\boldsymbol{s}=af'_1+bf'_2-af'_1-bf'_2=0$,

所以,曲面 $f(x-az,y-bz)=0$ 上任一点处的切平面均与直线$\frac{x}{a}=\frac{y}{b}=z$ 平行.

切平面的夹角问题

【790】 曲面 $3x^2+y^2+z^2=12$ 上点 $M(-1,0,3)$处的切平面与平面 $z=0$ 的夹角是______.

(A)$\frac{\pi}{6}$ (B)$\frac{\pi}{4}$ (C)$\frac{\pi}{3}$ (D)$\frac{\pi}{2}$

解 设 $F(x,y,z)=3x^2+y^2+z^2-12$,则

$$F'_x(-1,0,3)=-6,\quad F'_y(-1,0,3)=0,\quad F'_z(-1,0,3)=6,$$

曲面在点 M 处切平面的法向量 $\boldsymbol{n}_1=\{-6,0,6\}$. 平面 $z=0$ 即 xOy 坐标平面,其法向量可取为 $\boldsymbol{n}_2=\{0,0,1\}$. 于是切平面与平面 $z=0$ 的夹角 θ 的余弦是

$$\cos\theta=\frac{|\boldsymbol{n}_1\cdot\boldsymbol{n}_2|}{|\boldsymbol{n}_1|\cdot|\boldsymbol{n}_2|}=\frac{0+0+6}{\sqrt{(-6)^2+0^2+6^2}}\cdot\frac{1}{\sqrt{0^2+0^2+1^2}}=\frac{\sqrt{2}}{2},$$

所以 $\theta=\frac{\pi}{4}$.

故应选(B)

【791】 求球面 $x^2+y^2+z^2=14$ 与椭球面 $3x^2+y^2+z^2=16$ 在点 $P(-1,-2,3)$处的交角(即交点处两个切平面的夹角).

解 设 $F(x,y,z)=x^2+y^2+z^2-14$, $G(x,y,z)=3x^2+y^2+z^2-16$,则

$$F'_x=2x,\quad F'_y=2y,\quad F'_z=2z,$$

$$G'_x=6x,\quad G'_y=2y,\quad G'_z=2z.$$

所以曲面 $F(x,y,z)=0$ 和 $G(x,y,z)=0$ 在点 $P(-1,-2,3)$处切平面的法向量分别为:

$$\boldsymbol{n}_1=\{-2,-4,6\},\qquad \boldsymbol{n}_2=\{-6,-4,6\}.$$

设两个法向量的夹角为 φ,则

$$\cos\varphi=\frac{\boldsymbol{n}_1\cdot\boldsymbol{n}_2}{|\boldsymbol{n}_1|\cdot|\boldsymbol{n}_2|}=\frac{-2\times(-6)+(-4)\times(-4)+6\times 6}{\sqrt{(-2)^2+(-4)^2+6^2}\cdot\sqrt{(-6)^2+(-4)^2+6^2}}$$

$$=\frac{64}{\sqrt{56}\cdot\sqrt{88}}=\frac{8}{\sqrt{77}},$$

因此,$\varphi=\arccos\frac{8}{\sqrt{77}}$为所给两个曲面在点 $P(-1,-2,3)$处的夹角.

§7. 方向导数与梯度

1. 方向导数

设函数 $z=f(x,y)$ 在点 $P(x,y)$ 的某个邻域内有定义，过点 P 引射线 l（如图 8—7—1 所示），在 l 上点 P 的邻近取一动点

$$P'(x+\Delta x,y+\Delta y),$$

记 P 与 P' 的距离为

$$\rho=\sqrt{(\Delta x)^2+(\Delta y)^2}$$

当 P' 沿 l 趋于 P 时，如果极限

$$\lim_{P'\to P}\frac{f(P')-f(P)}{|PP'|}=\lim_{\rho\to 0}\frac{f(x+\Delta x,y+\Delta y)-f(x,y)}{\rho}$$

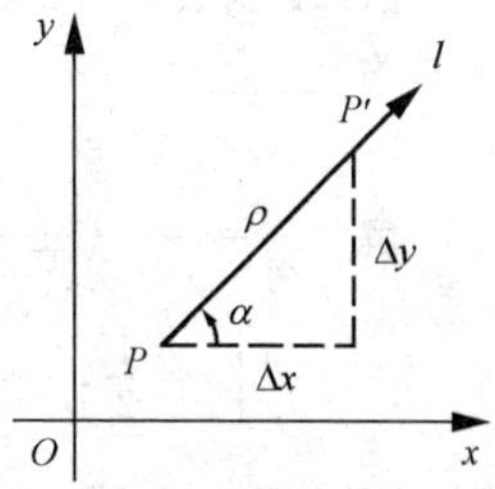

图 8—7—1

存在，则称此极限值为函数 $z=f(x,y)$ 在点 P 沿方向 l 的方向导数，记为 $\frac{\partial z}{\partial l}$.

当函数 $z=f(x,y)$ 在点 $P(x,y)$ 处可微，射线 l 的方向余弦为 $\cos\alpha,\cos\beta$ 时

$$\frac{\partial z}{\partial l}=\frac{\partial z}{\partial x}\cdot\cos\alpha+\frac{\partial z}{\partial y}\cdot\cos\beta;$$

同样，三元函数 $u=f(x,y,z)$ 在点 $P(x,y,z)$ 处可微时，则沿方向余弦为 $\cos\alpha,\cos\beta,\cos\gamma$ 的射线 l 的方向导数为

$$\frac{\partial u}{\partial l}=\frac{\partial u}{\partial x}\cdot\cos\alpha+\frac{\partial u}{\partial y}\cdot\cos\beta+\frac{\partial u}{\partial z}\cdot\cos\gamma.$$

2. 梯度

设函数 $z=f(x,y)$ 具有连续的一阶偏导数，则函数 z 在 $P(x,y)$ 处的梯度是一个向量，记为 $\mathrm{grad}z$，它在 x,y 坐标轴上的投影分别为在该点处的偏导数 $\frac{\partial z}{\partial x}$ 与 $\frac{\partial z}{\partial y}$，即

$$\mathrm{grad}z=\frac{\partial z}{\partial x}\boldsymbol{i}+\frac{\partial z}{\partial y}\boldsymbol{j}\ ;$$

函数 $z=f(x,y)$ 在点 $P(x,y)$ 处沿 l 方向上的方向导数 $\frac{\partial z}{\partial l}$，等于函数在该点处的梯度 $\mathrm{grad}z$ 在 l 方向上的投影，即

$$\frac{\partial z}{\partial l}=\mathrm{grad}z\cdot\boldsymbol{l}^\circ.$$

其中，$\boldsymbol{l}^\circ$ 是射线 l 方向上的单位向量.

函数 $z=f(x,y)$ 在点 P 处的梯度 $\mathrm{grad}z$ 的模是函数 z 在该点处方向导数的最大值，它的方向与函数 z 在点 P 处取得最大方向导数的方向一致.

同样，三元函数 $u=f(x,y,z)$ 具有连续的一阶偏导数时，函数 u 在点 $P(x,y,z)$ 处的梯度为

$$\mathrm{grad}u=\frac{\partial u}{\partial x}\boldsymbol{i}+\frac{\partial u}{\partial y}\boldsymbol{j}+\frac{\partial u}{\partial z}\boldsymbol{k}\ .$$

基本题型

求函数在某点沿某方向的方向导数

【792】函数 $u=\ln(x+\sqrt{y^2+z^2})$ 在 $A(1,0,1)$ 点处沿 A 点指向 $B(3,-2,2)$ 点方向的方向导数为________.

解 $\dfrac{\partial u}{\partial x}=\dfrac{1}{x+\sqrt{y^2+z^2}}$，$\dfrac{\partial u}{\partial y}=\dfrac{\frac{y}{\sqrt{y^2+z^2}}}{x+\sqrt{y^2+z^2}}$，$\dfrac{\partial u}{\partial z}=\dfrac{\frac{z}{\sqrt{y^2+z^2}}}{x+\sqrt{y^2+z^2}}$

$$\left.\frac{\partial u}{\partial x}\right|_A=\frac{1}{2},\quad \left.\frac{\partial u}{\partial y}\right|_A=0,\quad \left.\frac{\partial u}{\partial z}\right|_A=\frac{1}{2}$$

而 $\boldsymbol{AB}=\{2,-2,1\}$，$\cos\alpha=\dfrac{2}{3}$，$\cos\beta=-\dfrac{2}{3}$，$\cos\gamma=\dfrac{1}{3}$.

则 $\left.\dfrac{\partial u}{\partial l}\right|_A=\left.\dfrac{\partial u}{\partial x}\right|_A\cos\alpha+\left.\dfrac{\partial u}{\partial y}\right|_A\cos\beta+\left.\dfrac{\partial u}{\partial z}\right|_A\cos\gamma=\dfrac{1}{2}$.

故应填 $\dfrac{1}{2}$.

【793】设 $\boldsymbol{n}$ 是曲面 $2x^2+3y^2+z^2=6$ 在点 $P(1,1,1)$ 处指向外侧的法向量，则 $u=\dfrac{\sqrt{6x^2+8y^2}}{z}$ 在 P 点处沿 $\boldsymbol{n}$ 方向的方向导数为________.

解 令 $F(x,y,z)=2x^2+3y^2+z^2-6$

因为 $F'_x(1,1,1)=4$，$F'_y(1,1,1)=6$，$F'_z(1,1,1)=2$，

所以 $\boldsymbol{n}=\{4,6,2\}$，其方向余弦分别为

$$\cos\alpha=\frac{2}{\sqrt{14}},\quad \cos\beta=\frac{3}{\sqrt{14}},\quad \cos\gamma=\frac{1}{\sqrt{14}}.$$

$$\left.\frac{\partial u}{\partial x}\right|_P=\left.\frac{6x}{z\sqrt{6x^2+8y^2}}\right|_P=\frac{6}{\sqrt{14}},$$

$$\left.\frac{\partial u}{\partial y}\right|_P=\left.\frac{8y}{z\sqrt{6x^2+8y^2}}\right|_P=\frac{8}{\sqrt{14}},$$

$$\left.\frac{\partial u}{\partial z}\right|_P=\left.-\frac{\sqrt{6x^2+8y^2}}{z^2}\right|_P=-\sqrt{14},$$

故 $\left.\dfrac{\partial u}{\partial \boldsymbol{n}}\right|_P=\left.\left(\dfrac{\partial u}{\partial x}\cos\alpha+\dfrac{\partial u}{\partial y}\cos\beta+\dfrac{\partial u}{\partial z}\cos\gamma\right)\right|_P=\dfrac{11}{7}$.

故应填 $\dfrac{11}{7}$.

【794】设函数 $u(x,y,z)=1+\dfrac{x^2}{6}+\dfrac{y^2}{12}+\dfrac{z^2}{18}$，单位向量 $\boldsymbol{n}=\dfrac{1}{\sqrt{3}}(1,1,1)$，则 $\left.\dfrac{\partial u}{\partial \boldsymbol{n}}\right|_{(1,2,3)}=$________.

解 $\left.\dfrac{\partial u}{\partial x}\right|_{(1,2,3)}=\dfrac{1}{3}$，$\left.\dfrac{\partial u}{\partial y}\right|_{(1,2,3)}=\dfrac{1}{3}$，$\left.\dfrac{\partial u}{\partial z}\right|_{(1,2,3)}=\dfrac{1}{3}$.

由单位向量 $\boldsymbol{n}$ 知，$\cos\alpha=\dfrac{1}{\sqrt{3}}$，$\cos\beta=\dfrac{1}{\sqrt{3}}$，$\cos\gamma=\dfrac{1}{\sqrt{3}}$，所以

$$\left.\frac{\partial u}{\partial \boldsymbol{n}}\right|_{(1,2,3)}=\left.\frac{\partial u}{\partial x}\right|_{(1,2,3)}\cos\alpha+\left.\frac{\partial u}{\partial y}\right|_{(1,2,3)}\cos\beta+\left.\frac{\partial u}{\partial z}\right|_{(1,2,3)}\cos\gamma$$
$$=\frac{1}{3}\cdot\frac{1}{\sqrt{3}}+\frac{1}{3}\cdot\frac{1}{\sqrt{3}}+\frac{1}{3}\cdot\frac{1}{\sqrt{3}}=\frac{\sqrt{3}}{3}.$$

故应填 $\frac{\sqrt{3}}{3}$.

【795】 数量场 $u=xy+yz+zx$ 在点 $P(1,2,3)$处沿其向径方向的方向导数$\left.\frac{\partial u}{\partial \boldsymbol{r}}\right|_P=$______.

解 向径 $\boldsymbol{r}=\overrightarrow{OP}=\{1,2,3\}$, $|\overrightarrow{OP}|=\sqrt{1^2+2^2+3^2}=\sqrt{14}$,
且向径 $\boldsymbol{r}$ 的方向余弦为

$$\cos\alpha=\frac{1}{\sqrt{14}},\qquad \cos\beta=\frac{2}{\sqrt{14}},\qquad \cos\gamma=\frac{3}{\sqrt{14}},$$

因此

$$\frac{\partial u}{\partial \boldsymbol{r}}=\frac{\partial u}{\partial x}\cos\alpha+\frac{\partial u}{\partial y}\cos\beta+\frac{\partial u}{\partial z}\cos\gamma=(y+z)\cos\alpha+(x+z)\cos\beta+(x+y)\cos\gamma,$$
$$\left.\frac{\partial u}{\partial \boldsymbol{r}}\right|_P=(2+3)\frac{1}{\sqrt{14}}+(1+3)\frac{2}{\sqrt{14}}+(1+2)\frac{3}{\sqrt{14}}=\frac{22}{\sqrt{14}}.$$

故应填 $\frac{22}{\sqrt{14}}$.

讨论函数在某点处的梯度

【796】 函数 $u=\ln(x^2+y^2+z^2)$在点 $M(1,2,-2)$处的梯度 $\left.\mathrm{grad}u\right|_M=$________.

解 因$\mathrm{grad}u=\frac{\partial u}{\partial x}\boldsymbol{i}+\frac{\partial u}{\partial y}\boldsymbol{j}+\frac{\partial u}{\partial z}\boldsymbol{k}=\frac{2x}{x^2+y^2+z^2}\boldsymbol{i}+\frac{2y}{x^2+y^2+z^2}\boldsymbol{j}+\frac{2z}{x^2+y^2+z^2}\boldsymbol{k}$,

所以 $\left.\mathrm{grad}u\right|_{M(1,2,-2)}=\frac{2}{9}\boldsymbol{i}+\frac{4}{9}\boldsymbol{j}-\frac{4}{9}\boldsymbol{k}.$

故应填$\frac{2}{9}\boldsymbol{i}+\frac{4}{9}\boldsymbol{j}-\frac{4}{9}\boldsymbol{k}$, 或$\frac{2}{9}\{1,2,-2\}$.

【797】 问函数 $u=xy^2z$ 在点 $P(1,-1,2)$处沿什么方向的方向导数最大? 并求出此方向导数的最大值.

分析 由梯度的几何意义可知,函数 u 在点 P 沿其梯度方向的方向导数值最大,且其最大值即为函数在该点处的梯度向量的模.

解 由 $u=xy^2z$ 可知

$$\frac{\partial u}{\partial x}=y^2z,\qquad \frac{\partial u}{\partial y}=2xyz,\qquad \frac{\partial u}{\partial z}=xy^2.$$

所以 $\left.\mathrm{grad}u\right|_P=\left.\left\{\frac{\partial u}{\partial x},\frac{\partial u}{\partial y},\frac{\partial u}{\partial z}\right\}\right|_P=\{2,-4,1\}$,

$$\left|\left.\mathrm{grad}u\right|_P\right|=\sqrt{2^2+(-4)^2+1^2}=\sqrt{21}.$$

所以方向$\{2,-4,1\}$是函数 u 在点 P 处方向导数值最大的方向,其方向导数最大值为$\sqrt{21}$.

【798】 求函数 $u=x^2+y^2-z^2$ 在点 $M_1(1,0,1)$、$M_2(0,1,0)$的梯度之间的夹角.

分析 由于梯度是向量,故求梯度之间的夹角实际上是求两向量之间的夹角. 为此先求出

两点的梯度，然后根据 $\cos\theta=\dfrac{\boldsymbol{n}_1\cdot\boldsymbol{n}_2}{|\boldsymbol{n}_1|\cdot|\boldsymbol{n}_2|}$（其中 $\boldsymbol{n}_1$、$\boldsymbol{n}_1$ 为两向量）来求出 θ 值.

解 $\mathrm{grad}u\Big|_{M_1}=\left\{\dfrac{\partial u}{\partial x},\dfrac{\partial u}{\partial y},\dfrac{\partial u}{\partial z}\right\}\Big|_{M_1}=\{2x,2y,-2z\}\Big|_{(1,0,1)}=\{2,0,-2\}$，

$\mathrm{grad}u\Big|_{M_2}=\{2x,2y,-2z\}\Big|_{(0,1,0)}=\{0,2,0\}$.

又因为 $\{2,0,-2\}\cdot\{0,2,0\}=0$.

所以两梯度之间的夹角为 $\dfrac{\pi}{2}$.

有关散度的计算

【799】 设数量场 $u=\ln\sqrt{x^2+y^2+z^2}$，则 $\mathrm{div}(\mathrm{grad}u)=$________.

解 $\dfrac{\partial u}{\partial x}=\dfrac{1}{2}\cdot\dfrac{2x}{x^2+y^2+z^2}=\dfrac{x}{x^2+y^2+z^2}$，$\dfrac{\partial u}{\partial y}=\dfrac{y}{x^2+y^2+z^2}$，$\dfrac{\partial u}{\partial z}=\dfrac{z}{x^2+y^2+z^2}$，

则 $\mathrm{grad}u=\dfrac{\partial u}{\partial x}\boldsymbol{i}+\dfrac{\partial u}{\partial y}\boldsymbol{j}+\dfrac{\partial u}{\partial z}\boldsymbol{k}=\dfrac{x\boldsymbol{i}+y\boldsymbol{j}+z\boldsymbol{k}}{x^2+y^2+z^2}$，

$$\mathrm{div}(\mathrm{grad}u)=\frac{\partial}{\partial x}\left(\frac{x}{x^2+y^2+z^2}\right)+\frac{\partial}{\partial y}\left(\frac{y}{x^2+y^2+z^2}\right)+\frac{\partial}{\partial z}\left(\frac{z}{x^2+y^2+z^2}\right)$$

$$=\frac{-x^2+y^2+z^2}{(x^2+y^2+z^2)^2}+\frac{x^2-y^2+z^2}{(x^2+y^2+z^2)^2}+\frac{x^2+y^2-z^2}{(x^2+y^2+z^2)^2}=\frac{1}{x^2+y^2+z^2}.$$

故应填 $\dfrac{1}{x^2+y^2+z^2}$.

【800】 设 $r=\sqrt{x^2+y^2+z^2}$，则 $\mathrm{div}(\mathrm{grad}\,r)\Big|_{(1,-2,2)}=$________.

解 $\mathrm{grad}r=\dfrac{\partial r}{\partial x}\boldsymbol{i}+\dfrac{\partial r}{\partial y}\boldsymbol{j}+\dfrac{\partial r}{\partial z}\boldsymbol{k}=\dfrac{x}{\sqrt{x^2+y^2+z^2}}\boldsymbol{i}+\dfrac{y}{\sqrt{x^2+y^2+z^2}}\boldsymbol{j}+\dfrac{z}{\sqrt{x^2+y^2+z^2}}\boldsymbol{k}$，

$\mathrm{div}(\mathrm{grad}r)\Big|_{(1,-2,2)}$

$$=\left[\frac{\partial}{\partial x}\left(\frac{x}{\sqrt{x^2+y^2+z^2}}\right)+\frac{\partial}{\partial y}\left(\frac{y}{\sqrt{x^2+y^2+z^2}}\right)+\frac{\partial}{\partial z}\left(\frac{z}{\sqrt{x^2+y^2+z^2}}\right)\right]\Bigg|_{(1,-2,2)}$$

$$=\frac{2}{\sqrt{x^2+y^2+z^2}}\Bigg|_{(1,-2,2)}=\frac{2}{3}.$$

故应填 $\dfrac{2}{3}$.

点评 本题考查了梯度和散度的计算公式

$$\mathrm{div}(\mathrm{grad}r)=\frac{\partial}{\partial x}\left(\frac{\partial r}{\partial x}\right)+\frac{\partial}{\partial y}\left(\frac{\partial r}{\partial y}\right)+\frac{\partial}{\partial z}\left(\frac{\partial r}{\partial z}\right).$$

注意 $\mathrm{div}f$ 应为一个数.

§8. 多元函数的极值及其求法

1. 极值

(1)极值的定义　设函数 $z=f(x,y)$ 在点 $P_0(x_0,y_0)$ 的某个邻域内有定义，对于该邻域内异于 $P_0(x_0,y_0)$ 的点 $P(x,y)$，如果都满足不等式 $f(x,y)<f(x_0,y_0)$，则称函数在点 $P_0(x_0,y_0)$ 处

有极大值 $f(x_0,y_0)$；如果都满足不等式 $f(x,y)>f(x_0,y_0)$，则称函数在点 $P_0(x_0,y_0)$ 处有极小值 $f(x_0,y_0)$. 极大值、极小值统称为极值. 使函数取得极值的点称为极值点.

(2)极值存在的必要条件

若函数 $z=f(x,y)$ 在点 $P_0(x_0,y_0)$ 处可微且取得极值，则必有 $f'_x(x_0,y_0)=0$，$f'_y(x_0,y_0)=0$.

(3)极值存在的充分条件

设函数 $z=f(x,y)$ 在点 $P_0(x_0,y_0)$ 的某邻域内具有二阶连续偏导数，且 $f'_x(x_0,y_0)=0$，$f'_y(x_0,y_0)=0$，记 $A=f''_{xx}(x_0,y_0)$，$B=f''_{xy}(x_0,y_0)$，$C=f''_{yy}(x_0,y_0)$

①若 $B^2-AC<0$，则 $f(x_0,y_0)$ 是极值，当 $A<0$ 时，$f(x_0,y_0)$ 是极大值，当 $A>0$ 时，$f(x_0,y_0)$ 是极小值.

②若 $B^2-AC>0$，则 $f(x_0,y_0)$ 不是极值.

③若 $B^2-AC=0$，则 $f(x_0,y_0)$ 可能是极值，也可能不是极值.

2. 条件极值、拉格朗日乘数法

函数 $u=f(x,y)$ 在附加条件 $\varphi(x,y)=0$ 下的极值称为条件极值.

拉格朗日乘数法　求条件极值时，可作函数

$$F(x,y,\lambda)=f(x,y)+\lambda\varphi(x,y)$$

其中，λ 是某一常数，则点 (x,y) 是极值点的必要条件为

$$\begin{cases}F_x'(x,y)=f_x'(x,y)+\lambda\varphi_x'(x,y)=0\\F_y'(x,y)=f_y'(x,y)+\lambda\varphi_y'(x,y)=0\\\varphi(x,y)=0\end{cases}$$

从上述方程组中解出 x,y 及 λ 的值，则点 (x,y) 就可能是条件极值的极值点.

3. 函数的最大值和最小值

若二元函数 $f(x,y)$ 在有界闭域 D 上连续，则 $f(x,y)$ 在 D 上必定能取得最大值和最小值.

求函数最大值、最小值的一般方法是把函数 $f(x,y)$ 在区域 D 内部的所有可能的极值点处的函数值连同边界上的函数值加以比较，最大者为最大值，最小者为最小值.

如果根据实际问题的性质已经知道函数的最大值(最小值)一定在区域 D 内部取得，而函数在区域 D 内只有唯一驻点，则该驻点处的函数值就是函数 $f(x,y)$ 在区域 D 上的最大值(最小值).

基本题型

极值点的判定

【801】 设可微函数 $f(x,y)$ 在点 (x_0,y_0) 取得极小值，则下列结论正确的是________.

(A) $f(x_0,y)$ 在 $y=y_0$ 处的导数大于零　　(B) $f(x_0,y)$ 在 $y=y_0$ 处的导数等于零

(C) $f(x_0,y)$ 在 $y=y_0$ 处的导数小于零　　(D) $f(x_0,y)$ 在 $y=y_0$ 处的导数不存在

解　由可微函数极值存在的必要条件知，$f'_x(x_0,y_0)=0$，$f'_y(x_0,y_0)=0$，即

$$\frac{\mathrm{d}}{\mathrm{d}x}[f(x,y_0)]\Big|_{x=x_0}=0,\qquad \frac{\mathrm{d}}{\mathrm{d}y}[f(x_0,y)]\Big|_{y=y_0}=0.$$

故应选　(B).

点评　由可微函数 $f(x,y)$ 在点 (x_0,y_0) 取得极小值知 (x_0,y_0) 点应为驻点.

【802】 已知函数 $f(x,y)$ 在点 $(0,0)$ 的某个邻域内连续，且 $\lim\limits_{\substack{x\to 0\\y\to 0}}\dfrac{f(x,y)-xy}{(x^2+y^2)^2}=1$，则________.

(A)点(0,0)不是 $f(x,y)$ 的极值点　　(B)点(0,0)是 $f(x,y)$ 的极大值点

(C)点(0,0)是 $f(x,y)$ 的极小值点

(D)根据所给条件无法判断点(0,0)是否为 $f(x,y)$ 的极值点

解　由 $\lim\limits_{\substack{x\to 0\\ y\to 0}}\dfrac{f(x,y)-xy}{(x^2+y^2)^2}=1$ 知，分子的极限必为零，从而有 $f(0,0)=0$，

且　$f(x,y)-xy\approx(x^2+y^2)^2$　（当 $|x|$、$|y|$ 充分小时），

于是　$f(x,y)-f(0,0)\approx xy+(x^2+y^2)^2$.

可见当 $y=x$ 且 $|x|$ 充分小时，

$$f(x,y)-f(0,0)\approx x^2+4x^4>0;$$

而当 $y=-x$ 且 $|x|$ 充分小时，

$$f(x,y)-f(0,0)\approx -x^2+4x^4<0.$$

说明函数 $f(x,y)$ 在点(0,0)的充分小的邻域内既不恒大于 $f(0,0)$，又不恒小于 $f(0,0)$，所以点(0,0)不是 $f(x,y)$ 的极值点.

故应选　(A).

【803】 设 $z=e^{2x}(x+y^2+2y)$，则点 $(\frac{1}{2},-1)$ 是该函数的________.

(A)驻点，但不是极值点　　(B)驻点，且是极小值点

(C)驻点，且是极大值点　　(D)驻点，偏导数不存在的点

解　$\begin{cases}\dfrac{\partial z}{\partial x}=(2x+2y^2+4y+1)e^{2x}=0\\ \dfrac{\partial z}{\partial y}=(2y+2)e^{2x}=0\end{cases}$　把 $(\frac{1}{2},-1)$ 代入满足方程，是驻点.

且 $A=4(x+y^2+2y+1)e^{2x}\Big|_{(\frac{1}{2},-1)}=2e>0$，$B=(4y+4)e^{2x}\Big|_{(\frac{1}{2},-1)}=0$，$C=2e^{2x}\Big|_{(\frac{1}{2},-1)}=2e$.

故应选　(B).

【804】 函数 $z=xy(1-x-y)$ 的极值点是

(A)(0,0)　(B)(0,1)　(C)(1,0)　(D) $\left(\dfrac{1}{3},\dfrac{1}{3}\right)$

解　因为　$\dfrac{\partial z}{\partial x}=y(1-2x-y)$，　$\dfrac{\partial z}{\partial y}=x(1-x-2y)$

令　$\begin{cases}y(1-2x-y)=0\\ x(1-x-2y)=0\end{cases}$

解得　$\begin{cases}x=0\\ y=0\end{cases}$，$\begin{cases}x=0\\ y=1\end{cases}$，$\begin{cases}x=1\\ y=0\end{cases}$，$\begin{cases}x=\dfrac{1}{3}\\ y=\dfrac{1}{3}\end{cases}$

而

$$\frac{\partial^2 z}{\partial x^2}=-2y,\qquad \frac{\partial^2 z}{\partial x\partial y}=1-2x-2y,\qquad \frac{\partial^2 z}{\partial y^2}=-2x$$

当 $x=\dfrac{1}{3}$，$y=\dfrac{1}{3}$ 时，

$$A=\frac{\partial^2 z}{\partial x^2}\Big|_{(\frac{1}{3},\frac{1}{3})}=-\frac{2}{3},\qquad B=\frac{\partial^2 z}{\partial x\partial y}\Big|_{(\frac{1}{3},\frac{1}{3})}=-\frac{1}{3},\qquad C=\frac{\partial^2 z}{\partial y^2}\Big|_{(\frac{1}{3},\frac{1}{3})}=-\frac{2}{3}$$

$B^2-AC=\frac{1}{9}-\frac{4}{9}=-\frac{1}{3}<0$. 且 $A<0$,因此点$\left(\frac{1}{3},\frac{1}{3}\right)$是函数的极大值点.

容易验证,点(0,0),(0,1)和(1,0)都不是函数的极值点.

故应选 (D).

求多元函数的无条件极值

【805】 求函数 $z=3axy-x^3-y^3(a>0)$的极值.

解 解方程组

$$\begin{cases}\frac{\partial z}{\partial x}=3ay-3x^2=0\\ \frac{\partial z}{\partial y}=3ax-3y^2=0\end{cases}$$

解得驻点:(0,0),(a,a).又

$$\frac{\partial^2 z}{\partial x^2}=-6x,\quad \frac{\partial^2 z}{\partial x\partial y}=3a,\quad \frac{\partial^2 z}{\partial y^2}=-6y$$

于是在点(0,0)处有

$$A=0,\quad B=3a,\quad C=0,\quad AC-B^2=-9a^2<0$$

故(0,0)不是函数的极值点.

又在点(a,a)处有

$$A=-6a,\quad B=3a,\quad C=-6a,\quad AC-B^2=27a^2>0$$

又 $A=-6a<0$,故所给函数在(a,a)处有极大值 $z_{\max}=a^3$.

【806】 某养殖场饲养两种鱼,若甲种鱼放养 x(万尾),乙种鱼放养 y(万尾),收获时两种鱼的收获量分别为

$$(3-\alpha x-\beta y)x \quad 和 \quad (4-\beta x-2\alpha y)y \quad (\alpha>\beta>0)$$

求使产鱼总量最大的放养数.

解 设产鱼总量为 z,则

$$z=3x+4y-\alpha x^2-2\alpha y^2-2\beta xy$$

由极值的必要条件,得方程组

$$\begin{cases}\frac{\partial z}{\partial x}=3-2\alpha x-2\beta y=0\\ \frac{\partial z}{\partial y}=4-4\alpha y-2\beta x=0\end{cases}$$

由于 $\alpha>\beta>0$,知其系数行列式 $\Delta=4(2\alpha^2-\beta^2)>0$.故方程组有唯一解

$$x_0=\frac{3\alpha-2\beta}{2\alpha^2-\beta^2}\qquad y_0=\frac{4\alpha-3\beta}{2(2\alpha^2-\beta^2)}$$

记

$$A=\frac{\partial^2 z}{\partial x^2}=-2\alpha,\quad B=\frac{\partial^2 z}{\partial x\partial y}=-2\beta,\quad \frac{\partial^2 z}{\partial y^2}=-4\alpha$$

有

$$B^2-AC=4\beta^2-8\alpha^2=-4(2\alpha^2-\beta^2)$$

由条件知 $B^2-AC<0$,且 $A<0$,因此 z 在(x_0,y_0)处有极大值,即最大值.

容易验证 $x_0>0,y_0>0$,且

$$\begin{cases}(3-\alpha x_0-\beta y_0)x_0=\frac{3x_0}{2}>0\\ (4-\beta x_0-2\alpha y_0)y_0=2y_0>0\end{cases}$$

综上所述，x_0 和 y_0 分别为所求甲和乙种鱼的放养数.

二元隐函数求无条件极值

【807】 设 $z=z(x,y)$ 是由 $x^2-6xy+10y^2-2yz-z^2+18=0$ 确定的函数，求 $z=z(x,y)$ 的极值点和极值.

解　方程 $x^2-6xy+10y^2-2yz-z^2+18=0$ 两边分别对 x,y 求偏导数，得

$$\begin{cases}2x-6y-2y\dfrac{\partial z}{\partial x}-2z\dfrac{\partial z}{\partial x}=0. & ①\\ -6x+20y-2z-2y\dfrac{\partial z}{\partial y}-2z\dfrac{\partial z}{\partial y}=0. & ②\end{cases}$$

令 $\begin{cases}\dfrac{\partial z}{\partial x}=0\\ \dfrac{\partial z}{\partial y}=0\end{cases}$，得 $\begin{cases}x-3y=0\\ -3x+10y-z=0\end{cases}$，故 $\begin{cases}x=3y\\ z=y\end{cases}$.

将上式代入 $x^2-6xy+10y^2-2yz-z^2+18=0$，可得

$$\begin{cases}x=9\\ y=3\\ z=3\end{cases}\quad\text{或}\quad\begin{cases}x=-9\\ y=-3\\ z=-3\end{cases}$$

①式关于 x 求偏导得　$2-2y\dfrac{\partial^2 z}{\partial x^2}-2\left(\dfrac{\partial z}{\partial x}\right)^2-2z\dfrac{\partial^2 z}{\partial x^2}=0$,

①式关于 y 求偏导得　$-6-2\dfrac{\partial z}{\partial x}-2y\dfrac{\partial^2 z}{\partial x\partial y}-2\dfrac{\partial z}{\partial y}\cdot\dfrac{\partial z}{\partial x}-2z\dfrac{\partial^2 z}{\partial x\partial y}=0$,

②式关于 y 求偏导得　$20-2\dfrac{\partial z}{\partial y}-2\dfrac{\partial z}{\partial y}-2y\dfrac{\partial^2 z}{\partial y^2}-2\left(\dfrac{\partial z}{\partial y}\right)^2-2z\dfrac{\partial^2 z}{\partial y^2}=0$,

所以

$$A=\left.\frac{\partial^2 z}{\partial x^2}\right|_{(9,3,3)}=\frac{1}{6},\quad B=\left.\frac{\partial^2 z}{\partial x\partial y}\right|_{(9,3,3)}=-\frac{1}{2},\quad C=\left.\frac{\partial^2 z}{\partial y^2}\right|_{(9,3,3)}=\frac{5}{3},$$

故 $B^2-AC=-\dfrac{1}{36}<0$，又 $A=\dfrac{1}{6}>0$，从而点 $(9,3)$ 是 $z(x,y)$ 的极小值点，极小值为 $z(9,3)=3$.

类似地，由

$$A=\left.\frac{\partial^2 z}{\partial x^2}\right|_{(-9,-3,-3)}=-\frac{1}{6},$$

$$B=\left.\frac{\partial^2 z}{\partial x\partial y}\right|_{(-9,-3,-3)}=\frac{1}{2},$$

$$C=\left.\frac{\partial^2 z}{\partial y^2}\right|_{(-9,-3,-3)}=-\frac{5}{3},$$

可知 $B^2-AC=-\dfrac{1}{36}<0$，又 $A=-\dfrac{1}{6}<0$，所以点 $(-9,-3)$ 是 $z(x,y)$ 的极大值点，极大值为

$$z(-9,-3)=-3.$$

【808】 设 $z=z(x,y)$ 是由方程

$$x^2+y^2+z^2-2x+4y-6z-11=0$$

所确定的函数，求该函数的极值.

解　配方法　方程 $x^2+y^2+z^2-2x+4y-6z-11=0$ 可变形为

$$(x-1)^2+(y+2)^2+(z-3)^2=25$$

于是

$$z=3\pm\sqrt{25-(x-1)^2-(y+2)^2}$$

显然，当 $x=1,y=-2$ 时，根号中的极大值为 5.

由此可知，$z=3\pm 5$ 为极值，$z=8$ 为极大值，$z=-2$ 为极小值.

多元函数条件极值的判定

【809】 设 $f(x,y)$ 与 $\varphi(x,y)$ 均为可微函数，且 $\varphi'_y(x,y)\neq 0$. 已知 (x_0,y_0) 是 $f(x,y)$ 在约束条件 $\varphi(x,y)=0$ 下的一个极值点，下列选项正确的是________.

(A)若 $f'_x(x_0,y_0)=0$，则 $f'_y(x_0,y_0)=0$　　(B)若 $f'_x(x_0,y_0)=0$，则 $f'_y(x_0,y_0)\neq 0$

(C)若 $f'_x(x_0,y_0)\neq 0$，则 $f'_y(x_0,y_0)=0$　　(D)若 $f'_x(x_0,y_0)\neq 0$，则 $f'_y(x_0,y_0)\neq 0$

解 设 $F(x,y)=f(x,y)+\lambda\varphi(x,y)$，由题设知

$$\begin{cases}F'_x(x_0,y_0)=f'_x(x_0,y_0)+\lambda\varphi'_x(x_0,y_0)=0\\F'_y(x_0,y_0)=f'_y(x_0,y_0)+\lambda\varphi'_y(x_0,y_0)=0\end{cases}$$

消去 λ 得

$$\varphi'_y(x_0,y_0)\cdot f'_x(x_0,y_0)=f'_y(x_0,y_0)\cdot\varphi'_x(x_0,y_0)$$

又 $\varphi'_y(x_0,y_0)\neq 0$，所以当 $f'_x(x_0,y_0)\neq 0$ 时，$f'_y(x_0,y_0)\cdot\varphi'_x(x_0,y_0)\neq 0$，从而 $f'_y(x_0,y_0)\neq 0$.

故应选 (D).

求二元函数的最大(小)值

【810】 求二元函数 $z=f(x,y)=x^2y(4-x-y)$ 在由直线 $x+y=6$、x 轴和 y 轴所围成的闭区域 D 上的极值、最大值与最小值.

解 由方程组 $\begin{cases}f_x(x,y)=2xy(4-x-y)-x^2y=0\\f_y(x,y)=x^2(4-x-y)-x^2y=0\end{cases}$

得 $x=0,(0\leqslant y\leqslant 6)$ 及点 $(4,0),(2,1)$.

点 $(4,0)$ 及线段 $x=0$ 在 D 的边界上，只有点 $(2,1)$ 是可能的极值点

$$f''_{xx}=8y-6xy-2y^2,\qquad f''_{xy}=8x-3x^2-4xy,\qquad f''_{yy}=-2x^2$$

在点 $(2,1)$ 处

$$A=f''_{xx}(2,1)=(8y-6xy-2y^2)\Big|_{\substack{x=2\\y=1}}=-6<0,$$

$$B=f''_{xy}(2,1)=(8x-3x^2-4xy)\Big|_{\substack{x=2\\y=1}}=-4$$

$$C=f''_{yy}(2,1)=-2x^2\Big|_{\substack{x=2\\y=1}}=-8,$$

则

$$B^2-AC=16-48=-32<0.$$

因此点 $(2,1)$ 是极大值点，极大值 $f(2,1)=4$.

在边界 $x=0(0\leqslant y\leqslant 6)$ 和 $y=0(0\leqslant x\leqslant 6)$ 上 $f(x,y)=0$，在边界 $x+y=6$ 上，$y=6-x$，代入 $f(x,y)$ 中得 $z=2x^3-12x^2(0\leqslant x\leqslant 6)$.

由 $z'=6x^2-24x=0$ 得 $x=0,x=4$. $z''\Big|_{x=4}=12x-24\Big|_{x=4}=24>0$，所以点 $(4,2)$ 是边界上的极小值点. 极小值为 $f(4,2)=-64$.

经比较得，最大值为 $f(2,1)=4$，最小值为 $f(4,2)=-64$.

点评 求连续函数在有界闭域 D 上最值的步骤：

(1)求 D 内的驻点和不可导点；

(2)用求极值的方法求 D 的边界上最值的可疑点；

(3)比较这些点的函数值的大小.

【811】 求表面面积为 a^2 的最大长方体的体积.

解 以 x,y,z 表示所求长方体各边的边长，则问题变为求函数 $v=xyz$ 的最大值，但其中 x,y,z 应满足条件

$$2(xy+yz+zx)=a^2 \quad 即 \quad z=\frac{a^2-2xy}{2(x+y)}$$

因此，实质上是求二元函数

$$v=xy\frac{a^2-2xy}{2(x+y)}$$

的最大值.

求出 $\frac{\partial v}{\partial x}$ 与 $\frac{\partial v}{\partial y}$，并令它们等于零得

$$\begin{cases}a^2-2x^2-4xy=0\\a^2-2y^2-4xy=0\end{cases}$$

解之得 $x=y=\frac{a}{\sqrt{6}}$，代入 $z=\frac{a^2-2xy}{2(x+y)}$ 得 $z=\frac{a}{\sqrt{6}}$，即表面面积为 a^2 的最大长方体是边长为 $\frac{a}{\sqrt{6}}$ 的立方体，其体积为 $\frac{a^3}{6\sqrt{6}}$.

【812】 设 x,y,z 为实数，且满足关系式 $e^x+y^2+|z|=3$. 试证 $e^xy^2|z|\leqslant 1$.

证 设 $f(x,y)=e^xy^2(3-e^x-y^2)$，因为 $|z|\geqslant 0$，故函数 $f(x,y)$ 的定义域是 $D: e^x+y^2\leqslant 3$，现求函数 $f(x,y)$ 在域 $D: e^x+y^2\leqslant 3$ 上的最大值. 令

$$\begin{cases}\frac{\partial f}{\partial x}=y^2e^x(3-2e^x-y^2)=0\\\frac{\partial f}{\partial y}=ye^x(6-2e^x-4y^2)=0\end{cases}$$

则 $y=0$，此时对域 D 上的点来说，应有 $x\leqslant \ln 3$，或

$$\begin{cases}3-2e^x-y^2=0\\6-2e^x-4y^2=0\end{cases}$$

解此方程组得
$$\begin{cases}x=0\\y=1\end{cases} \quad 或 \quad \begin{cases}x=0\\y=-1\end{cases},$$

但当 $y=0$ 时，$f(x,y)=0$；而当 $x=0$，$y=\pm 1$ 时，$f(0,\pm 1)=1$.

此外，在域 D 的边界上，即 $e^x+y^2=3$ 时，

$$f(x,y)=e^xy^2(3-3)=0$$

所以，$f(0,\pm 1)=1$ 为函数 $f(x,y)$ 在 $e^x+y^2\leqslant 3$ 上的最大值，即 $e^xy^2|z|\leqslant 1$.

利用条件极值求二元函数的最大(小)值

【813】 求 $f(x,y)=x^2-y^2+2$ 在椭圆域 $D=\left\{(x,y)\,\middle|\,x^2+\frac{y^2}{4}\leqslant 1\right\}$ 上的最大值和最小值.

解 由

$$\begin{cases}f'_x(x,y)=2x=0\\f'_y(x,y)=-2y=0\end{cases}$$

可求得 $f(x,y)=x^2-y^2+2$ 在椭圆域 $x^2+\frac{y^2}{4}\leqslant 1$ 内的唯一驻点(0,0).

在椭圆 $x^2+\frac{y^2}{4}=1$ 上,

$$f(x,y)=x^2-(4-4x^2)+2=5x^2-2,\quad (-1\leqslant x\leqslant 1)$$

求得椭圆域 D 上可能的最值

$$f(\pm 1,0)=3,\qquad f(0,\pm 2)=-2.$$

又由于 $f(0,0)=2$,因此 $f(x,y)$ 在椭圆域 D 上的最大值为 3,最小值为 -2.

【814】 已知函数 $z=f(x,y)$ 的全微分 $\mathrm{d}z=2x\mathrm{d}x-2y\mathrm{d}y$,并且 $f(1,1)=2$. 求 $f(x,y)$ 在椭圆域 $D=\left\{(x,y)\,\middle|\,x^2+\frac{y^2}{4}\leqslant 1\right\}$ 上的最大值和最小值.

解 由 $\mathrm{d}z=2x\mathrm{d}x-2y\mathrm{d}y$ 可知

$$z=f(x,y)=x^2-y^2+C,$$

再由 $f(1,1)=2$,得 $C=2$,

故 $z=f(x,y)=x^2-y^2+2$.

令 $\frac{\partial f}{\partial x}=2x=0,\qquad \frac{\partial f}{\partial y}=-2y=0,$

解得驻点(0,0).

在椭圆 $x^2+\frac{y^2}{4}=1$ 上,$z=x^2-(4-4x^2)+2$,即 $z=5x^2-2\ (-1\leqslant x\leqslant 1)$,

其最大值为 $z\Big|_{x=\pm 1}=3$,最小值为 $z\Big|_{x=0}=-2$,

再与 $f(0,0)=2$ 比较,可知 $f(x,y)$ 在椭圆域 D 上的最大值为 3,最小值为 -2.

【815】 在椭圆 $x^2+4y^2=4$ 上求一点,使其到直线 $2x+3y-6=0$ 的距离最短.

解 设 $P(x,y)$ 为椭圆 $x^2+4y^2=4$ 上任意一点,则 P 到直线 $2x+3y-6=0$ 的距离

$$d=\frac{|2x+3y-6|}{\sqrt{13}}$$

求 d 的最小值点即求 d^2 的最小值点. 作

$$F(x,y,\lambda)=\frac{1}{13}(2x+3y-6)^2+\lambda(x^2+4y^2-4)$$

由拉格朗日乘数法,有

$$\frac{\partial F}{\partial x}=0,\qquad \frac{\partial F}{\partial y}=0,\qquad \frac{\partial F}{\partial \lambda}=0$$

即

$$\begin{cases}\frac{4}{13}(2x+3y-6)+2\lambda x=0\\ \frac{6}{13}(2x+3y-6)+8\lambda y=0\\ x^2+4y^2-4=0\end{cases}$$

解之得

$$x_1=\frac{8}{5},\quad y_1=\frac{3}{5};\qquad x_2=-\frac{8}{5},\quad y_2=-\frac{3}{5}$$

于是

$$d\Big|_{(x_1,y_1)}=\frac{1}{\sqrt{13}},\qquad d\Big|_{(x_2,y_2)}=\frac{11}{\sqrt{13}}$$

由问题的实际意义知最短距离是存在的.因此$(\frac{8}{5},\frac{3}{5})$即为所求的点.

点评 本题考查多元函数的条件极值,使用了拉格朗日乘数法求解.

【816】 求抛物线 $y=x^2$ 和直线 $x-y-2=0$ 之间的最短距离.

解 设(x_1,y_1)为抛物线 $y=x^2$ 上任意点,而(x_2,y_2)是直线 $x-y-2=0$ 上的任意点,求函数

$$d^2=(x_2-x_1)^2+(y_2-y_1)^2$$

在条件 $y_1=x_1^2,x_2-y_2-2=0$ 下的极值.令

$$F(x_1,x_2,y_1,y_2,\lambda_1,\lambda_2)=(x_2-x_1)^2+(y_2-y_1)^2+\lambda_1(y_1-x_1^2)+\lambda_2(x_2-y_2-2)$$

解方程组

$$\begin{cases}\dfrac{\partial F}{\partial x_1}=-2(x_2-x_1)-2\lambda_1x_1=0\\ \dfrac{\partial F}{\partial x_2}=2(x_2-x_1)+\lambda_2=0\\ \dfrac{\partial F}{\partial y_1}=-2(y_2-y_1)+\lambda_1=0\\ \dfrac{\partial F}{\partial y_2}=2(y_2-y_1)-\lambda_2=0\\ y_1=x_1^2\\ x_2-y_2-2=0\end{cases}$$

解此方程组得唯一一组解 $x_1=\frac{1}{2},\ y_1=\frac{1}{4},\ x_2=\frac{11}{8},\ y_2=-\frac{5}{8}$.

显然,当(x_1,y_1),(x_2,y_2)中至少有一个移向无穷远处时,$d\to+\infty$,故 d 的最小值在有限点处达到,从而在点$\left(\frac{1}{2},\frac{1}{4}\right)$,$\left(\frac{11}{8},-\frac{5}{8}\right)$处,取得最短距离 $d=\frac{7}{8}\sqrt{2}$.

【817】 在已给的椭球面$\frac{x^2}{a^2}+\frac{y^2}{b^2}+\frac{z^2}{c^2}=1$内一切内接的长方体(各边分别平行坐标轴)中,求其体积最大者.

解 设 x,y,z 为长方体在第一卦限中的顶点坐标,则长方体的体积为 $V=8xyz$

因为(x,y,z)在椭球面上,所以它满足方程

$$\frac{x^2}{a^2}+\frac{y^2}{b^2}+\frac{z^2}{c^2}=1$$

问题是求函数 $V=8xyz$ 在满足条件$\frac{x^2}{a^2}+\frac{y^2}{b^2}+\frac{z^2}{c^2}=1$下的最大值,为此,引入下面的拉格朗日函数

$$F(x,y,z,\lambda)=8xyz+\lambda\left(\frac{x^2}{a^2}+\frac{y^2}{b^2}+\frac{z^2}{c^2}-1\right)$$

由

$$\frac{\partial F}{\partial x}=0,\quad \frac{\partial F}{\partial y}=0,\quad \frac{\partial F}{\partial z}=0,\quad \frac{\partial F}{\partial \lambda}=0$$

得

$$\begin{cases}8yz+\dfrac{2x}{a^2}\lambda=0\\8zx+\dfrac{2y}{b^2}\lambda=0\\8xy+\dfrac{2z}{c^2}\lambda=0\\\dfrac{x^2}{a^2}+\dfrac{y^2}{b^2}+\dfrac{z^2}{c^2}=1\end{cases}$$

此方程组在第一卦限($x>0,y>0,z>0$)只有一组解

$$x=\frac{a}{\sqrt{3}},\qquad y=\frac{b}{\sqrt{3}},\qquad z=\frac{c}{\sqrt{3}}$$

下面说明这组解即为所求的解.事实上,这个问题是求连续函数

$$V=8xy\sqrt{1-\frac{x^2}{a^2}-\frac{y^2}{b^2}}$$

在闭域 $x\geqslant0,y\geqslant0,\dfrac{x^2}{a^2}+\dfrac{y^2}{b^2}\leqslant1$ 上的最大值问题,因为在边界上函数 $V=0$,所以最大值不可能在边界上达到,又在开域 $x>0,y>0,\dfrac{x^2}{a^2}+\dfrac{y^2}{b^2}<1$ 内,只有一个可疑点$\left(\dfrac{a}{\sqrt{3}},\dfrac{b}{\sqrt{3}},\dfrac{c}{\sqrt{3}}\right)$,故这个可疑点是最大值点.故长方体的最大体积为$\dfrac{8abc}{3\sqrt{3}}$.

§9. 二元函数的泰勒公式

设函数 $z=f(x,y)$ 在点 (x_0,y_0) 的某一邻域内连续且有直到 $(n+1)$ 阶的连续偏导数,并设 $(x=x_0+h,y=y_0+k)$ 为此邻域内任意一点,我们有二元函数的 n 阶泰勒公式

$$f(x_0+h,y_0+k)=f(x_0,y_0)+\left(h\frac{\partial}{\partial x}+k\frac{\partial}{\partial y}\right)f(x_0,y_0)$$
$$+\frac{1}{2!}\left(h\frac{\partial}{\partial x}+k\frac{\partial}{\partial y}\right)^2f(x_0,y_0)+\cdots+\frac{1}{n!}\left(h\frac{\partial}{\partial x}+k\frac{\partial}{\partial y}\right)^nf(x_0,y_0)+R_n \quad ①$$

其中

$$R_n=\frac{1}{(n+1)!}\left(h\frac{\partial}{\partial x}+k\frac{\partial}{\partial y}\right)^{n+1}f(x_0+\theta h,y+\theta k),\quad 0<\theta<1$$

叫做拉格朗日形式的余项.特别地,当 $n=0$ 时,公式①成为

$$f(x_0+h,y_0+k)=f(x_0,y_0)+hf'_x(x_0+\theta h,y_0+\theta k)+kf'_y(x_0+\theta h,y_0+\theta k)$$

它叫做二元函数的拉格朗日中值定理.

又当 $n=1$ 时,公式①成为

$$f(x_0+h,y_0+k)=f(x_0,y_0)+hf'_x(x_0,y_0)+kf'_y(x_0,y_0)+\frac{1}{2!}\{h^2f''_{xx}(x_0+\theta h,y_0+\theta k)$$
$$+2hkf''_{xy}(x_0+\theta h,y_0+\theta k)+k^2f''_{yy}(x_0+\theta h,y_0+\theta k)\},\quad 0<\theta<1$$

基本题型

求二元函数的麦克劳林公式

【818】求函数 $f(x,y)=\ln(1+x+y)$ 的三阶麦克劳林公式.

解 因为 $f'_x(x,y)=f'_y(x,y)=\dfrac{1}{1+x+y}$,

$$f''_{xx}(x,y)=f''_{xy}(x,y)=f''_{yy}(x,y)=-\frac{1}{(1+x+y)^2},$$

$$\frac{\partial^3 f}{\partial x^p\partial y^{3-p}}=\frac{2!}{(1+x+y)^3},\quad (p=0,1,2,3),$$

$$\frac{\partial^4 f}{\partial x^p\partial y^{4-p}}=-\frac{3!}{(1+x+y)^4},\quad (p=0,1,2,3,4),$$

所以 $\left(x\dfrac{\partial}{\partial x}+y\dfrac{\partial}{\partial y}\right)f(0,0)=xf'_x(0,0)+yf'_y(0,0)=x+y$,

$$\left(x\frac{\partial}{\partial x}+y\frac{\partial}{\partial y}\right)^2 f(0,0)=x^2 f''_{xx}(0,0)+2xyf''_{xy}(0,0)+y^2 f''_{yy}(0,0)=-(x+y)^2,$$

$$\left(x\frac{\partial}{\partial x}+y\frac{\partial}{\partial y}\right)^3 f(0,0)=x^3 f'''_{xxx}(0,0)+3x^2 yf'''_{xxy}(0,0)+3xy^2 f'''_{xyy}(0,0)+y^3 f'''_{yyy}(0,0)$$
$$=2(x+y)^3.$$

又 $f(0,0)=0$,故

$$\ln(1+x+y)=x+y-\frac{1}{2}(x+y)^2+\frac{1}{3}(x+y)^3+R_3,$$

其中

$$R_3=\frac{1}{4!}\left(x\frac{\partial}{\partial x}+y\frac{\partial}{\partial y}\right)^4 f(\theta x,\theta y)=-\frac{1}{4}\cdot\frac{(x+y)^4}{(1+\theta x+\theta y)^4},\quad (0<\theta<1).$$

【819】求函数 $f(x,y)=e^x\ln(1+y)$ 的三阶麦克劳林公式.

解 $f'_x=e^x\ln(1+y)$, $\quad f'_y=\dfrac{e^x}{1+y}$

$f''_{xx}=e^x\ln(1+y)$, $\quad f''_{xy}=\dfrac{e^x}{1+y}$, $\quad f''_{yy}=-\dfrac{e^x}{(1+y)^2}$,

$f'''_{xxx}=e^x\ln(1+y)$, $\quad f'''_{xxy}=\dfrac{e^x}{1+y}$, $\quad f'''_{xyy}=-\dfrac{e^x}{(1+y)^2}$, $\quad f'''_{yyy}=\dfrac{2e^x}{(1+y)^3}$,

$$\left(x\frac{\partial}{\partial x}+y\frac{\partial}{\partial y}\right)f(0,0)=xf'_x(0,0)+yf'_y(0,0)=y,$$

$$\left(x\frac{\partial}{\partial x}+y\frac{\partial}{\partial y}\right)^2 f(0,0)=x^2 f''_{xx}(0,0)+2xyf''_{xy}(0,0)+y^2 f''_{yy}(0,0)=2xy-y^2,$$

$$\left(x\frac{\partial}{\partial x}+y\frac{\partial}{\partial y}\right)^3 f(0,0)=x^3 f'''_{xxx}(0,0)+3x^2 yf'''_{xxy}(0,0)+3xy^2 f'''_{xyy}(0,0)+y^3 f'''_{yyy}(0,0)$$
$$=3x^2y-3xy^2+2y^3,$$

$f(0,0)=0$,

$$e^x\ln(1+y)=f(0,0)+\left(x\frac{\partial}{\partial x}+y\frac{\partial}{\partial y}\right)f(0,0)+\frac{1}{2!}\left(x\frac{\partial}{\partial x}+y\frac{\partial}{\partial y}\right)^2 f(0,0)$$
$$+\frac{1}{3!}\left(x\frac{\partial}{\partial x}+y\frac{\partial}{\partial y}\right)^3 f(0,0)+R_3$$

$$=y+\frac{1}{2!}(2xy-y^2)+\frac{1}{3!}(3x^2y-3xy^2+2y^3)+R_3$$

其中

$$R_3=\frac{e^{\theta x}}{24}\left[x^4\ln(1+\theta y)+\frac{4x^3y}{1+\theta y}-\frac{6x^2y^2}{(1+\theta y)^2}+\frac{8xy^3}{(1+\theta y)^3}-\frac{6y^4}{(1+\theta y)^4}\right]\quad(0<\theta<1).$$

求二元函数的泰勒公式

【820】 求函数 $f(x,y)=2x^2-xy-y^2-6x-3y+5$ 在点 $(1,-2)$ 的泰勒公式.

解 $f(1,-2)=5$,

$$f'_x(1,-2)=(4x-y-6)\Big|_{(1,-2)}=0,\qquad f'_y(1,-2)=(-x-2y-3)\Big|_{(1,-2)}=0,$$

$$f''_{xx}(1,-2)=4,\quad f''_{xy}(1,-2)=-1,\quad f''_{yy}(1,-2)=-2$$

又阶数为 3 的各偏导函数为零,

所以 $f(x,y)=f[1+(x-1),-2+(y+2)]$

$$=f(1,-2)+(x-1)f'_x(1,-2)+(y+2)f'_y(1,-2)+\frac{1}{2!}[(x-1)^2$$

$$f''_{xx}(1,-2)+2(x-1)(y+2)f''_{xy}(1,-2)+(y+2)^2f''_{yy}(1,-2)]$$

$$=5+\frac{1}{2!}[4(x-1)^2-2(x-1)(y+2)-2(y+2)^2]$$

$$=5+2(x-1)^2-(x-1)(y+2)-(y+2)^2.$$

【821】 求函数 $f(x,y)=\sin x\sin y$ 在点 $\left(\frac{\pi}{4},\frac{\pi}{4}\right)$ 的二阶泰勒公式,并写出余项 R_2.

解 $f'_x=\cos x\cdot\sin y,\quad f'_y=\sin x\cdot\cos y,$

$f''_{xx}=-\sin x\sin y,\quad f''_{xy}=\cos x\cos y,\quad f''_{yy}=-\sin x\sin y,$

$f'''_{xxx}=-\cos x\sin y,\quad f'''_{xxy}=-\sin x\cos y,\quad f'''_{xyy}=-\cos x\sin y,\quad f'''_{yyy}=-\sin x\cos y,$

$$\sin x\sin y=f\left[\frac{\pi}{4}+\left(x-\frac{\pi}{4}\right),\frac{\pi}{4}+\left(y-\frac{\pi}{4}\right)\right]$$

$$=f\left(\frac{\pi}{4},\frac{\pi}{4}\right)+\left[\left(x-\frac{\pi}{4}\right)\frac{\partial}{\partial x}+\left(y-\frac{\pi}{4}\right)\frac{\partial}{\partial y}\right]f\left(\frac{\pi}{4},\frac{\pi}{4}\right)+\frac{1}{2!}\left[\left(x-\frac{\pi}{4}\right)^2\left(-\frac{1}{2}\right)\right.$$

$$\left.+2\left(x-\frac{\pi}{4}\right)\left(y-\frac{\pi}{4}\right)\cdot\frac{1}{2}+\left(y-\frac{\pi}{4}\right)^2\left(-\frac{1}{2}\right)\right]+R_2$$

$$=\frac{1}{2}+\frac{1}{2}\left(x-\frac{\pi}{4}\right)+\frac{1}{2}\left(y-\frac{\pi}{4}\right)-\frac{1}{4}\left[\left(x-\frac{\pi}{4}\right)^2\right.$$

$$\left.-2\left(x-\frac{\pi}{4}\right)\left(y-\frac{\pi}{4}\right)+\left(y-\frac{\pi}{4}\right)^2\right]+R_2,$$

其中

$$R_2=\frac{1}{3!}\left[\left(x-\frac{\pi}{4}\right)\frac{\partial}{\partial x}+\left(y-\frac{\pi}{4}\right)\frac{\partial}{\partial y}\right]^3f(\xi,\eta)$$

$$=-\frac{1}{6}\left[\cos\xi\cdot\sin\eta\cdot\left(x-\frac{\pi}{4}\right)^3+3\sin\xi\cos\eta\cdot\left(x-\frac{\pi}{4}\right)^2\left(y-\frac{\pi}{4}\right)\right.$$

$$\left.+3\cos\xi\cdot\sin\eta\cdot\left(x-\frac{\pi}{4}\right)\left(y-\frac{\pi}{4}\right)^2+\sin\xi\cos\eta\left(y-\frac{\pi}{4}\right)^3\right],$$

$$\xi=\frac{\pi}{4}+\theta\left(x-\frac{\pi}{4}\right),\qquad y=\frac{\pi}{4}+\theta\left(y-\frac{\pi}{4}\right)\quad(0<\theta<1).$$

§10. 综合提高题型

利用一元函数微积分的知识求解多元函数问题

【822】 设函数 $z=f(x,y)$，有$\dfrac{\partial^2 f}{\partial y^2}=2$，且 $f(x,0)=1$，$f'_y(x,0)=x$，则 $f(x,y)=$________.

(A)$1-xy+y^2$　　(B)$1+xy+y^2$　　(C)$1-x^2y+y^2$　　(D)$1+x^2y+y^2$

解 $\dfrac{\partial^2 f}{\partial y^2}=2$ 的两边对 y 积分，得

$$f'_y(x,y)=2y+\varphi(x)$$

将 $f'_y(x,0)=x$ 代入上式，得 $\varphi(x)=x$，于是

$$f'_y(x,y)=2y+x,$$

该式两边再对 y 积分，得

$$f(x,y)=y^2+xy+\psi(x),$$

将 $f(x,0)=1$ 代入上式，得 $\psi(x)=1$，故 $f(x,y)=y^2+xy+1$.

故应选 (B).

【823】 设 $z(x,y)=(1-y^2)f(y-2x)$，且已知 $f'(y)=\dfrac{ye^y}{(1+y)^2}$，$f(0)=1$，

则$\int_0^2 z(1,y)\mathrm{d}y=$________.

(A)-1　　(B)-2　　(C)1　　(D)2

解 由 $f'(y)=\dfrac{ye^y}{(1+y)^2}$，有

$$f(y)=\int\frac{ye^y}{(1+y)^2}\mathrm{d}y=-\int ye^y\mathrm{d}\left(\frac{1}{1+y}\right)=-\frac{ye^y}{(1+y)}+\int e^y\mathrm{d}y=\frac{e^y}{(1+y)}+C$$

再由 $f(0)=1$，得 $C=0$，故 $f(y)=\dfrac{e^y}{(1+y)}$. 于是

$$z(x,y)=(1-y^2)\frac{e^{y-2x}}{1+(y-2x)},\qquad z(1,y)=-(1+y)e^{y-2}$$

所以

$$\int_0^2 z(1,y)\mathrm{d}y=-\int_0^2(1+y)e^{y-2}\mathrm{d}y=-ye^{y-2}\Big|_0^2=-2.$$

故应选(B).

利用复合函数求导法则求解

【824】 设函数 $z=f(x,y)$ 在点$(1,1)$处可微，且 $f(1,1)=1$，$\left.\dfrac{\partial f}{\partial x}\right|_{(1,1)}=2$，$\left.\dfrac{\partial f}{\partial y}\right|_{(1,1)}=3$，

$\varphi(x)=f(x,f(x,x))$. 求$\left.\dfrac{\mathrm{d}}{\mathrm{d}x}\varphi^3(x)\right|_{x=1}$.

解 $\varphi(1)=f(1,f(1,1))=f(1,1)=1$，

$$\left.\frac{\mathrm{d}}{\mathrm{d}x}\varphi^3(x)\right|_{x=1}=\left[3\varphi^2(x)\frac{\mathrm{d}\varphi(x)}{\mathrm{d}x}\right]\Big|_{x=1}$$

$$=3\varphi^2(x)[f'_1(x,f(x,x))+f'_2(x,f(x,x))(f'_1(x,x)+f'_2(x,x))]\Big|_{x=1}$$

$=3\cdot 1\cdot[2+3(2+3)]=51.$

点评　本题考查了一元函数的复合函数求导法则及多元函数的复合函数求导法则. 正确求出$\dfrac{d\varphi(x)}{dx}$是本题得分的关键.

【825】 已知函数 $u=u(x,y)$满足方程

$$\frac{\partial^2 u}{\partial x^2}-\frac{\partial^2 u}{\partial y^2}+a\left(\frac{\partial u}{\partial x}+\frac{\partial u}{\partial y}\right)=0 \qquad ①$$

(1)试选择参数 α,β,利用变换 $u(x,y)=v(x,y)e^{\alpha x+\beta y}$将原方程变形,使新方程中不出现一阶偏导数项;

(2)再令 $\xi=x+y$, $\eta=x-y$,使新方程变换形式.

解　(1) $$\frac{\partial u}{\partial x}=\frac{\partial v}{\partial x}e^{\alpha x+\beta y}+v\alpha e^{\alpha x+\beta y}=\left(\frac{\partial v}{\partial x}+\alpha\cdot v\right)e^{\alpha x+\beta y} \qquad ②$$

$$\frac{\partial^2 u}{\partial x^2}=\left(\frac{\partial^2 v}{\partial x^2}+\alpha\cdot\frac{\partial v}{\partial x}\right)e^{\alpha x+\beta y}+\left(\frac{\partial v}{\partial x}+\alpha\cdot v\right)\alpha e^{\alpha x+\beta y}$$

$$=\left(\frac{\partial^2 v}{\partial x^2}+2\alpha\frac{\partial v}{\partial x}+\alpha^2 v\right)e^{\alpha x+\beta y} \qquad ③$$

$$\frac{\partial u}{\partial y}=\left(\frac{\partial v}{\partial y}+\beta v\right)e^{\alpha x+\beta y} \qquad ④$$

$$\frac{\partial^2 u}{\partial y^2}=\left(\frac{\partial^2 v}{\partial y^2}+2\beta\frac{\partial v}{\partial y}+\beta^2 v\right)e^{\alpha x+\beta y} \qquad ⑤$$

将②,③,④,⑤代入①并消去 $e^{\alpha x+\beta y}$,得

$$\frac{\partial^2 v}{\partial x^2}-\frac{\partial^2 v}{\partial y^2}+(2\alpha+a)\frac{\partial v}{\partial x}+(-2\beta+a)\frac{\partial v}{\partial y}+(\alpha^2-\beta^2+a\cdot\alpha+a\cdot\beta)v=0$$

由题意可知,应令

$$2\alpha+a=0,\qquad -2\beta+a=0\qquad \alpha=-\frac{a}{2},\qquad \beta=\frac{a}{2}$$

故原方程变为　$\dfrac{\partial^2 v}{\partial x^2}-\dfrac{\partial^2 v}{\partial y^2}=0$;　⑥

(2) 令 $\xi=x+y$, $\eta=x-y$,故

$$\frac{\partial v}{\partial x}=\frac{\partial v}{\partial \xi}+\frac{\partial v}{\partial \eta},\qquad \frac{\partial v}{\partial y}=\frac{\partial v}{\partial \xi}-\frac{\partial v}{\partial \eta},$$

$$\frac{\partial^2 v}{\partial x^2}=\frac{\partial^2 v}{\partial \xi^2}+2\frac{\partial^2 v}{\partial \xi\partial \eta}+\frac{\partial^2 v}{\partial \eta^2},\qquad \frac{\partial^2 v}{\partial y^2}=\frac{\partial^2 v}{\partial \xi^2}-2\frac{\partial^2 v}{\partial \xi\partial \eta}+\frac{\partial^2 v}{\partial \eta^2},$$

代入⑥得　$\dfrac{\partial^2 v}{\partial \xi\partial \eta}=0$

【826】 函数 $f(u,v)$由关系式 $f[xg(y),y]=x+g(y)$确定,其中函数 $g(y)$可微,且 $g(y)\neq 0$,则$\dfrac{\partial^2 f}{\partial u\partial v}=$________.

解　由 $f[xg(y),y]=x+g(y)$ 得　$f(u,v)=\dfrac{u}{g(v)}+g(v)$,

从而　$\dfrac{\partial f}{\partial u}=\dfrac{1}{g(v)}$,　$\dfrac{\partial^2 f}{\partial u\partial v}=-\dfrac{g'(v)}{[g(v)]^2}$.

故应填　$-\dfrac{g'(v)}{[g(v)]^2}$

【827】设函数 $z=f(u)$，方程 $u=\varphi(u)+\int_y^x p(t)\mathrm{d}t$ 确定 u 是 x,y 的函数，其中 $f(u),\varphi(u)$ 可微；$p(t),\varphi'(u)$ 连续，且 $\varphi'(u)\neq 1$. 求 $p(y)\frac{\partial z}{\partial x}+p(x)\frac{\partial z}{\partial y}$.

解 由 $z=f(u)$ 可得 $\frac{\partial z}{\partial x}=f'(u)\frac{\partial u}{\partial x},\ \frac{\partial z}{\partial y}=f'(u)\frac{\partial u}{\partial y}$；

在方程 $u=\varphi(u)+\int_y^x p(t)\mathrm{d}t$ 两边分别对 x,y 求偏导数，得

$$\frac{\partial u}{\partial x}=\varphi'(u)\frac{\partial u}{\partial x}+p(x),\qquad \frac{\partial u}{\partial y}=\varphi'(u)\frac{\partial u}{\partial y}-p(y)$$

所以

$$\frac{\partial u}{\partial x}=\frac{p(x)}{1-\varphi'(u)},\qquad \frac{\partial u}{\partial y}=\frac{-p(y)}{1-\varphi'(u)};$$

于是

$$p(y)\frac{\partial z}{\partial x}+p(x)\frac{\partial z}{\partial y}=\left[\frac{p(x)p(y)}{1-\varphi'(u)}-\frac{p(x)p(y)}{1-\varphi'(u)}\right]f'(u)=0.$$

【828】设函数 $f(x,y,z)=\mathrm{e}^x yz^2$，其中 $z=z(x,y)$ 是由 $x+y+z+xyz=0$ 确定的隐函数，则 $f'_x(0,1,-1)=$________.

解 $f'_x=\mathrm{e}^x yz^2+\mathrm{e}^x y\cdot 2z\frac{\partial z}{\partial x}=\mathrm{e}^x(yz^2+2yz\frac{\partial z}{\partial x})$

由 $x+y+z+xyz=0$，两边关于 x 求导得

$$1+\frac{\partial z}{\partial x}+yz+xy\frac{\partial z}{\partial x}=0$$

把(0,1,−1)代入得，

$$\left.\frac{\partial z}{\partial x}\right|_{(0,1,-1)}=0$$

所以 $f'_x(0,1,-1)=1$.

故应填 1.

【829】设 $z=z(x,y)$ 是由方程 $x^2+y^2-z=\varphi(x+y+z)$ 所确定的函数，其中 φ 具有二阶导数，且 $\varphi'\neq-1$.

(1)求 $\mathrm{d}z$；

(2)记 $u(x,y)=\frac{1}{x-y}\left(\frac{\partial z}{\partial x}-\frac{\partial z}{\partial y}\right)$，求 $\frac{\partial u}{\partial x}$.

解 (1)令 $F(x,y,z)=x^2+y^2-z-\varphi(x+y+z)$，

则 $F'_x=2x-\varphi',F'_y=2y-\varphi',F'_z=-1-\varphi'\neq 0$.

由公式 $\frac{\partial z}{\partial x}=-\frac{F'_x}{F'_z},\frac{\partial z}{\partial y}=-\frac{F'_y}{F'_z}$，得 $\frac{\partial z}{\partial x}=\frac{2x-\varphi'}{1+\varphi'},\frac{\partial z}{\partial y}=\frac{2y-\varphi'}{1+\varphi'}$.

所以 $\mathrm{d}z=\frac{\partial z}{\partial x}\mathrm{d}x+\frac{\partial z}{\partial y}\mathrm{d}y=\frac{1}{1+\varphi'}[(2x-\varphi')\mathrm{d}x+(2y-\varphi')\mathrm{d}y]$.

(2)由于 $\frac{\partial z}{\partial x}-\frac{\partial z}{\partial y}=\frac{2(x-y)}{1+\varphi'}$，则 $u(x,y)=\frac{2}{1+\varphi'}$，

所以 $\frac{\partial u}{\partial x}=\frac{-2}{(1+\varphi')^2}\left(1+\frac{\partial z}{\partial x}\right)\varphi''=-\frac{2(1+2x)\varphi''}{(1+\varphi')^3}$.

【830】设 $x+y-z=\mathrm{e}^z$，$x\mathrm{e}^x=\tan t$，$y=\cos t$，求 $\left.\frac{\mathrm{d}^2 z}{\mathrm{d}t^2}\right|_{t=0}$.

解 由方程 $x+y-z=e^z$ 两边对 t 求导，得

$$\frac{dx}{dt}+\frac{dy}{dt}-\frac{dz}{dt}=e^z\frac{dz}{dt}$$

于是 $\frac{dz}{dt}=\frac{1}{1+e^z}\left(\frac{dx}{dt}+\frac{dy}{dt}\right)$

$$\frac{d^2z}{dt^2}=\frac{1}{1+e^z}\left(\frac{d^2x}{dt^2}+\frac{d^2y}{dt^2}\right)-\frac{e^z}{(1+e^z)^2}\cdot\frac{dz}{dt}\left(\frac{dx}{dt}+\frac{dy}{dt}\right)=\frac{1}{1+e^z}\left(\frac{d^2x}{dt^2}+\frac{d^2y}{dt^2}\right)-\frac{e^z}{1+e^z}\left(\frac{dz}{dt}\right)^2$$

由 $xe^x=\tan t$ 两边对 t 求导，有

$$e^x\cdot\frac{dx}{dt}+xe^x\frac{dx}{dt}=\sec^2t,\quad 即\quad \frac{dx}{dt}=\frac{\sec^2t}{(1+x)e^x}$$

于是

$$\frac{d^2x}{dt^2}=\frac{(2\sec^2t\cdot\tan t)(1+x)e^x-(\sec^2t)(2+x)e^x\cdot\frac{dx}{dt}}{(1+x)^2e^{2x}}$$

由 $y=\cos t$ 有 $\frac{dy}{dt}=-\sin t,\frac{d^2y}{dt^2}=-\cos t$

而当 $t=0$ 时，$x=0,y=1$，代入方程 $x+y-z=e^z$ 又可得 $z=0$

于是

$$\left.\frac{dx}{dt}\right|_{t=0}=1,\quad \left.\frac{dy}{dt}\right|_{t=0}=0,\quad \left.\frac{dz}{dt}\right|_{t=0}=\frac{1}{2},\quad \left.\frac{d^2x}{dt^2}\right|_{t=0}=-2,\quad \left.\frac{d^2y}{dt^2}\right|_{t=0}=-1$$

所以

$$\left.\frac{d^2z}{dt^2}\right|_{t=0}=\frac{1}{2}(-2-1)-\frac{1}{2}\left(\frac{1}{2}\right)^2=-\frac{3}{2}-\frac{1}{8}=-\frac{13}{8}.$$

【831】 设 $u=f(x,y,z),\varphi(x^2,e^y,z)=0,y=\sin x$，其中 f,φ 都具有一阶连续偏导数，且 $\frac{\partial\varphi}{\partial z}\neq 0$，求 $\frac{du}{dx}$.

解 $\frac{du}{dx}=\frac{\partial f}{\partial x}+\frac{\partial f}{\partial y}\cdot\frac{dy}{dx}+\frac{\partial f}{\partial z}\cdot\frac{dz}{dx}$，$\frac{dy}{dx}=\cos x$，$\frac{dz}{dx}=-\frac{1}{\varphi'_3}(2x\varphi'_1+e^y\cos x\cdot\varphi'_2)$，

故

$$\frac{du}{dx}=\frac{\partial f}{\partial x}+\frac{\partial f}{\partial y}\cos x-\frac{\partial f}{\partial z}\cdot\frac{1}{\varphi'_3}(2x\varphi'_1+e^y\cos x\cdot\varphi'_2).$$

【832】 设函数 $f(u)$ 具有二阶连续导数，而 $z=f(e^x\sin y)$ 满足方程 $\frac{\partial^2z}{\partial x^2}+\frac{\partial^2z}{\partial y^2}=e^{2x}z$，求 $f(u)$.

解 $\frac{\partial z}{\partial x}=f'(u)e^x\sin y$，$\frac{\partial z}{\partial y}=f'(u)e^x\cos y$；

$$\frac{\partial^2z}{\partial x^2}=f'(u)e^x\sin y+f''(u)e^{2x}\sin^2y,\quad \frac{\partial^2z}{\partial y^2}=-f'(u)e^x\sin y+f''(u)e^{2x}\cos^2y;$$

代入原方程得 $f''(u)-f(u)=0$

由此解得 $f(u)=C_1e^u+C_2e^{-u}$，其中 C_1,C_2 为任意常数.

【833】 设函数 $f(u)$ 在 $(0,+\infty)$ 内具有二阶导数，且 $z=f(\sqrt{x^2+y^2})$ 满足等式

$$\frac{\partial^2z}{\partial x^2}+\frac{\partial^2z}{\partial y^2}=0.$$

(1)验证 $f''(u)+\dfrac{f'(u)}{u}=0$;

(2)若 $f(1)=0$, $f'(1)=1$, 求函数 $f(u)$的表达式.

解 (1)由 $z=f(u), u=\sqrt{x^2+y^2}$,得

$$\frac{\partial z}{\partial x}=f'\cdot\frac{x}{\sqrt{x^2+y^2}},\qquad \frac{\partial^2 z}{\partial x^2}=f''\cdot\frac{x^2}{x^2+y^2}+f'\cdot\frac{y^2}{(x^2+y^2)^{\frac{3}{2}}},$$

$$\frac{\partial z}{\partial y}=f'\cdot\frac{y}{\sqrt{x^2+y^2}},\qquad \frac{\partial^2 z}{\partial y^2}=f''\cdot\frac{y^2}{x^2+y^2}+f'\cdot\frac{x^2}{(x^2+y^2)^{\frac{3}{2}}},$$

所以根据题设条件可得

$$f''+\frac{1}{\sqrt{x^2+y^2}}\cdot f'=0,\qquad 即\quad f''(u)+\frac{f'(u)}{u}=0.$$

(2)由(1)及 $f'(1)=1$,得 $f'(u)=\dfrac{1}{u}$,所以 $f(u)=\ln u+C$.

由 $f(1)=0$,得 $C=0$,因此 $f(u)=\ln u$.

【834】 设直线 $L:\begin{cases}x+y+b=0\\x+ay-z-3=0\end{cases}$ 在平面 π 上,而平面 π 与曲面 $z=x^2+y^2$ 相切于点$(1,-2,5)$,求 a,b 之值.

解 在点$(1,-2,5)$处曲面的法向量 $\boldsymbol{n}=\{2,-4,-1\}$,于是切平面方程为

$$2(x-1)-4(y+2)-(z-5)=0,$$

即

$$2x-4y-z-5=0, \qquad ①$$

由 $L:\begin{cases}x+y+b=0\\x+ay-z-3=0\end{cases}$ 得 $y=-x-b,\quad z=x-3+a(-x-b)$.

代入方程①得

$$2x+4x+4b-x+3+ax+ab-5=0,$$

因而有

$$5+a=0,\qquad 4b+ab-2=0.$$

由此解得 $a=-5,\quad b=-2$.

点评 本题也可用平面束求解.平面 π 的方程为 $2x-4y-z-5=0$.

过直线 L 的平面束方程为

$$x+y+b+\lambda(x+ay-z-3)=0,\quad 即\quad (1+\lambda)x+(1+a\lambda)y-\lambda z+b-3\lambda=0.$$

其与平面 π 重合,则有

$$\frac{1+\lambda}{2}=\frac{1+a\lambda}{-4}=\frac{-\lambda}{-1}=\frac{b-3\lambda}{-5}$$

解得 $\lambda=1, a=-5, b=-2$.

【835】 作一平面与直线 $L:\begin{cases}x-y+z=0\\2x-y+3z-2=0\end{cases}$ 垂直,且与球面 $x^2+y^2+z^2=4$ 相切.

解 直线 L 的方向向量为

$$\boldsymbol{s}=\begin{vmatrix}\boldsymbol{i}&\boldsymbol{j}&\boldsymbol{k}\\1&-1&1\\2&-1&3\end{vmatrix}=-2\boldsymbol{i}-\boldsymbol{j}+\boldsymbol{k}=\{-2,-1,1\}$$

令

$$F(x,y,z)=x^2+y^2+z^2-4,$$

球面方程为 $F(x,y,z)=0$,

$$F'_x(x,y,z)=2x,\quad F'_y(x,y,z)=2y,\quad F'_z(x,y,z)=2z,$$

球面上任一点处切平面的法向量为

$$\boldsymbol{n}=\{F'_x,F'_y,F'_z\}=\{2x,2y,2z\}.$$

设所求平面与球面切于点(x_0,y_0,z_0)则有 $\boldsymbol{n}/\!/\boldsymbol{s}$,于是有

$$\begin{cases}\dfrac{2x_0}{-2}=\dfrac{2y_0}{-1}=\dfrac{2z_0}{1}\\ x_0^2+y_0^2+z_0^2=4\end{cases}$$

解得

$$\begin{cases}x_0=\dfrac{2\sqrt{6}}{3}\\ y_0=\dfrac{\sqrt{6}}{3}\\ z_0=-\dfrac{\sqrt{6}}{3}\end{cases}\quad 与\quad \begin{cases}x_0=-\dfrac{2\sqrt{6}}{3}\\ y_0=-\dfrac{\sqrt{6}}{3}\\ z_0=\dfrac{\sqrt{6}}{3}\end{cases}$$

所以所求平面有两个,其方程分别为

$$-2\left(x-\frac{2\sqrt{6}}{3}\right)-\left(y-\frac{\sqrt{6}}{3}\right)+\left(z+\frac{\sqrt{6}}{3}\right)=0,$$

与

$$-2\left(x+\frac{2\sqrt{6}}{3}\right)-\left(y+\frac{\sqrt{6}}{3}\right)+\left(z-\frac{\sqrt{6}}{3}\right)=0.$$

【836】设函数 $z=f(x,y)=x^3+mx^2+2pxy+ny^2+2n^{-1}(px+ny)\ (n\neq 0)$.试证当 $m\cdot n\neq p^2$ 时,函数 $z=f(x,y)$有且只有一个极值;又若 $m<0$ 时,这个极值必为极大值.

证 令

$$\begin{cases}\dfrac{\partial z}{\partial x}=3x^2+2mx+2py+2n^{-1}p=0\\ \dfrac{\partial z}{\partial y}=2px+2ny+2=0\end{cases}$$

解得 $x_1=0$, $x_2=\dfrac{-2(mn-p^2)}{3n}$,

而

$$\frac{\partial^2 z}{\partial x^2}=6x+2m,\qquad \frac{\partial^2 z}{\partial x\partial y}=2p,\qquad \frac{\partial^2 z}{\partial y^2}=2n,$$

当 $x_1=0$ 时, $A=2m$, $B=2p$, $C=2n$,

$$B^2-AC=4(p^2-m\cdot n)$$

当 $x_2=\dfrac{-2(m\cdot n-p^2)}{3n}$ 时,

$$A=-\frac{4(m\cdot n-p^2)}{n}+2m=\frac{2(2p^2-m\cdot n)}{n}$$

$$B^2-AC=4p^2-\frac{2(2p^2-m\cdot n)}{n}\cdot 2n=-4(p^2-m\cdot n)$$

因为 $m\cdot n\neq p^2$,故 $B^2-AC\neq 0$,对于 $x=x_1$ 或 $x=x_2$,B^2-AC 符号相反,从而 B^2-AC 有且只

有一个是负值,即 $z=f(x,y)$ 有且只有一个极值. 又若 $m<0$,则 $A=2m<0$,所以这个极值必为极大值.

【837】设在部分球面 $x^2+y^2+z^2=5R^2, x>0, y>0, z>0$ 上函数 $f(x,y,z)=\ln x+\ln y+3\ln z$ 有极大值,试求此极大值,并利用上述结果证明对任意正数 a,b,c 总满足

$$abc^3\leqslant 27\left(\frac{a+b+c}{5}\right)^5.$$

解 设 $F(x,y,z,\lambda)=\ln x+\ln y+3\ln z+\lambda(x^2+y^2+z^2-5R^2)$,

$$\text{则}\begin{cases}F'_x=\dfrac{1}{x}+2\lambda x=0\\ F'_y=\dfrac{1}{y}+2\lambda y=0\\ F'_z=\dfrac{3}{z}+2\lambda z=0\\ x^2+y^2+z^2=5R^2\end{cases},\qquad \text{解得}\begin{cases}x=R\\ y=R\\ z=\sqrt{3}R\end{cases},$$

故 $\ln xyz^3\leqslant\ln 3\sqrt{3}R^5$, 即 $F_{\max}=\ln 3\sqrt{3}R^5$.

由上式 $xyz^3\leqslant 3\sqrt{3}R^5$, 即 $x^2y^2z^6\leqslant 27R^{10}$.

令 $a=x^2, b=y^2, c=z^2$,则

$$abc^3\leqslant 27(R^2)^5=27\left(\frac{x^2+y^2+z^2}{5}\right)^5=27\left(\frac{a+b+c}{5}\right)^5.$$

【838】在第一卦限内作球面 $x^2+y^2+z^2=1$ 的切平面,使得切平面与三个坐标面所围的四面体的体积最小,求切点坐标.

解 设切点为 $(x_0,y_0,z_0)(x_0>0,y_0>0,z_0>0)$.

则切平面方程为

$$x_0(x-x_0)+y_0(y-y_0)+z_0(z-z_0)=0,\quad\text{即}\quad x_0x+y_0y+z_0z=1.$$

所求体积为 $V=\dfrac{1}{6}\cdot\dfrac{1}{x_0y_0z_0}$

设 $F(x,y,z,\lambda)=\dfrac{1}{xyz}+\lambda(x^2+y^2+z^2-1)$,

$$\text{则}\begin{cases}F'_x=-\dfrac{1}{x^2yz}+2\lambda x=0\\ F'_y=-\dfrac{1}{xy^2z}+2\lambda y=0\\ F'_z=-\dfrac{1}{xyz^2}+2\lambda z=0\\ x^2+y^2+z^2=1\end{cases},\qquad\text{解得}\quad x_0=y_0=z_0=\frac{1}{\sqrt{3}}.$$

此时 V 取得最小值.

【839】设曲线 Γ 的方程为 $\varphi(x,y)=0$,其中 $\varphi(x,y)$ 具有一阶连续偏导数,点 P 为 Γ 外一点,PQ 为点 P 到曲线 Γ 的最短距离(Q 点在 Γ 上),试证明:PQ 必位于曲线 Γ 在点 Q 处的法线上.

证 设 P,Q 两点的坐标分别为 $P(a,b),Q(x_0,y_0)$,由隐函数求导公式知 Γ 在 Q 点处切线的斜率为

$$k_{QT}=\left.\frac{\mathrm{d}y}{\mathrm{d}x}\right|_{(x_0,y_0)}=-\frac{\varphi'_x(x_0,y_0)}{\varphi'_y(x_0,y_0)}$$

另一方面，记 Γ 上任意一点为 $M(x,y)$，并设

$$f(x,y)=|PM|^2=(x-a)^2+(y-b)^2.$$

由题设知，PQ 之值应是 $f(x,y)$ 在曲线 Γ 方程 $\varphi(x,y)=0$ 条件下的极小值，应用拉格朗日乘数法，引入函数

$$F(x,y,\lambda)=(x-a)^2+(y-b)^2+\lambda\varphi(x,y)$$

那么 $Q(x_0,y_0)$ 应满足

$$\begin{cases}\dfrac{\partial F}{\partial x}=2(x_0-a)+\lambda\varphi'_x(x_0,y_0)=0\\ \dfrac{\partial F}{\partial y}=2(y_0-b)+\lambda\varphi'_y(x_0,y_0)=0\\ \dfrac{\partial F}{\partial \lambda}=\varphi(x_0,y_0)=0\end{cases}$$

从而有

$$\frac{y_0-b}{x_0-a}=\frac{\varphi'_y(x_0,y_0)}{\varphi'_x(x_0,y_0)}=k_{PQ}\quad (PQ\text{的斜率})$$

于是得证

$$k_{PQ}\cdot k_{QT}=\frac{\varphi'_y(x_0,y_0)}{\varphi'_x(x_0,y_0)}\left(-\frac{\varphi'_x(x_0,y_0)}{\varphi'_y(x_0,y_0)}\right)=-1.$$

【840】 设有一小山，取它的底面所在的平面为 xOy 坐标面，其底部所占的区域为 $D=\{(x,y)\mid x^2+y^2-xy\leqslant 75\}$，小山的高度函数为

$$h(x,y)=75-x^2-y^2+xy.$$

(1) 设 $M(x_0,y_0)$ 为区域 D 上一点，问 $h(x,y)$ 在该点沿平面上什么方向的方向导数最大？若记此方向导数的最大值为 $g(x_0,y_0)$，试写出 $g(x_0,y_0)$ 的表达式.

(2) 现欲利用此小山开展攀岩活动，为此需要在山脚寻找一上山坡度最大的点作为攀登的起点. 也就是说，要在 D 的边界线 $x^2+y^2-xy=75$ 上找出使(1)中的 $g(x,y)$ 达到最大值的点. 试确定攀登起点的位置.

解　(1) 由梯度的几何意义知，$h(x,y)$ 在点 $M(x_0,y_0)$ 处沿梯度

$$\mathrm{grad}h(x,y)\Big|_{(x_0,y_0)}=(y_0-2x_0)\boldsymbol{i}+(x_0-2y_0)\boldsymbol{j}$$

方向的方向导数最大，方向导数的最大值为该梯度的模，所以

$$g(x_0,y_0)=\sqrt{(y_0-2x_0)^2+(x_0-2y_0)^2}=\sqrt{5x_0^2+5y_0^2-8x_0y_0}$$

(2) 令 $f(x,y)=g^2(x,y)=5x^2+5y^2-8xy$，
由题意，只需求 $f(x,y)$ 在约束条件 $75-x^2-y^2+xy=0$ 下的最大值点.

令 $L(x,y,\lambda)=5x^2+5y^2-8xy+\lambda(75-x^2-y^2+xy)$，则

$$\begin{cases}L'_x=10x-8y+\lambda(y-2x)=0, & ①\\ L'_y=10y-8x+\lambda(x-2y)=0, & ②\\ L'_\lambda=75-x^2-y^2+xy=0, & ③\end{cases}$$

①式与②式相加可得　　$(x+y)(2-\lambda)=0$，
从而得 $y=-x$ 或 $\lambda=2$.

若 $\lambda=2$，则由①式得 $y=x$，再由③式得 $x=\pm5\sqrt{3}$，$y=\pm5\sqrt{3}$.

若 $y=-x$，则由③式得 $x=\pm5$，$y=\mp5$.

于是得到 4 个可能的极值点

$$M_1(5,-5),\quad M_2(-5,5),\quad M_3(5\sqrt{3},5\sqrt{3}),\quad M_4(-5\sqrt{3},-5\sqrt{3}).$$

由于

$$f(M_1)=f(M_2)=450,\qquad f(M_3)=f(M_4)=150,$$

故 $M_1(5,-5)$ 或 $M_2(-5,5)$ 可作为攀登的起点.

点评 本题综合考查了梯度的概念,方向导数与梯度的关系,使用拉格朗乘数法求条件极值. 因 $g(x,y)$ 在求导运算中较麻烦,故在构造拉格朗日函数时先将其平方,以便于求偏导.

另外,还应明确 $\left|\operatorname{grad}h(x,y)\Big|_{(x_0,y_0)}\right|$ 就是要求的方向导数的最大值.

第九章　重　积　分

§1. 二重积分

1. 二重积分的概念

函数 $f(x,y)$在二维有界闭区域 D 上的二重积分系指下述和式的极限：

$$\iint\limits_D f(x,y)\mathrm{d}x\mathrm{d}y=\lim_{\lambda\to 0}\sum_{i=1}^{n} f(\xi_i,\eta_i)\Delta\sigma_i$$

其中 $\Delta\sigma_i$ 是分割区域 D 为 n 个子区域 $\sigma_1,\sigma_2,\cdots,\sigma_n$ 时子区域 σ_i 的面积，而$(\xi_i,\eta_i)\in\sigma_i$，$\lambda$ 为各子区域 σ_i $(i=1,2,\cdots,n)$直径之最大者.

若 $f(x,y)$在 D 上连续，则上述二重积分存在.

2. 二重积分的性质

性质 1　$\iint\limits_D kf(x,y)\mathrm{d}\sigma=k\iint\limits_D f(x,y)\mathrm{d}\sigma$，其中 k 为常数

性质 2　$\iint\limits_D [f_1(x,y)\pm f_2(x,y)]\mathrm{d}\sigma=\iint\limits_D f_1(x,y)\mathrm{d}\sigma\pm\iint\limits_D f_2(x,y)\mathrm{d}\sigma$

性质 3　若有界闭区域 D 能分为两个闭区域 D_1 与 D_2，则

$$\iint\limits_D f(x,y)\mathrm{d}\sigma=\iint\limits_{D_1} f(x,y)\mathrm{d}\sigma+\iint\limits_{D_2} f(x,y)\mathrm{d}\sigma$$

即二重积分对于积分区域具有可加性.

性质 4　(二重积分的保号性)若在区域 D 上，$f(x,y)\leqslant\varphi(x,y)$，则

$$\iint\limits_D f(x,y)\mathrm{d}\sigma\leqslant\iint\limits_D \varphi(x,y)\mathrm{d}\sigma$$

性质 5　(二重积分的估值定理)设在有界闭区域 D 上 $f(x,y)$的最大值和最小值分别为 M 和 m，则

$$m\sigma\leqslant\iint\limits_D f(x,y)\mathrm{d}\sigma\leqslant M\sigma$$

其中 σ 是区域 D 的面积.

性质 6　(二重积分的中值定理)设函数 $f(x,y)$在有界闭区域 D 上连续，则在 D 上至少存在一点(ξ,η)，使得

$$\iint\limits_D f(x,y)\mathrm{d}\sigma=f(\xi,\eta)\sigma$$

其中，σ 表示区域 D 的面积.

3. 二重积分计算法

(1)在直角坐标系中的计算法

在直角坐标系中，二重积分的面积元素 $\mathrm{d}\sigma$ 可写成 $\mathrm{d}x\mathrm{d}y$，于是

$$\iint\limits_D f(x,y)\mathrm{d}\sigma=\iint\limits_D f(x,y)\mathrm{d}x\mathrm{d}y$$

如果积分区域 D 是由两条直线 $x=a,x=b$ 与两条曲线 $y=\varphi_1(x),y=\varphi_2(x)$ 所围成(如图 9－1－1 所示).

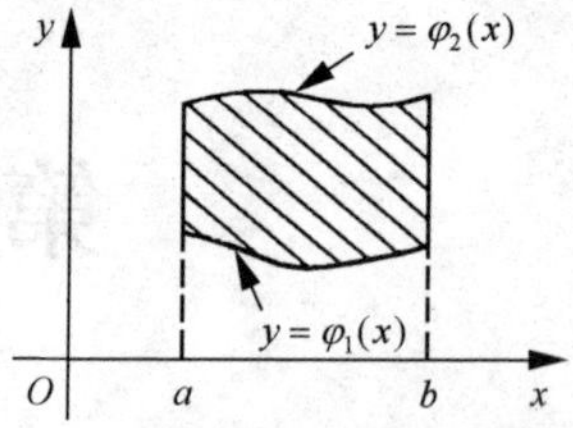

图 9－1－1

即 $D:\begin{cases}a\leqslant x\leqslant b\\ \varphi_1(x)\leqslant y\leqslant\varphi_2(x)\end{cases}$

则 $\iint\limits_D f(x,y)\mathrm{d}x\mathrm{d}y=\int_a^b\mathrm{d}x\int_{\varphi_1(x)}^{\varphi_2(x)}f(x,y)\mathrm{d}y$

如果积分区域 D 是由两条直线 $y=c,y=d$ 与两条曲线 $x=\psi_1(y),x=\psi_2(y)$ 所围成(如图 9－1－2 所示)

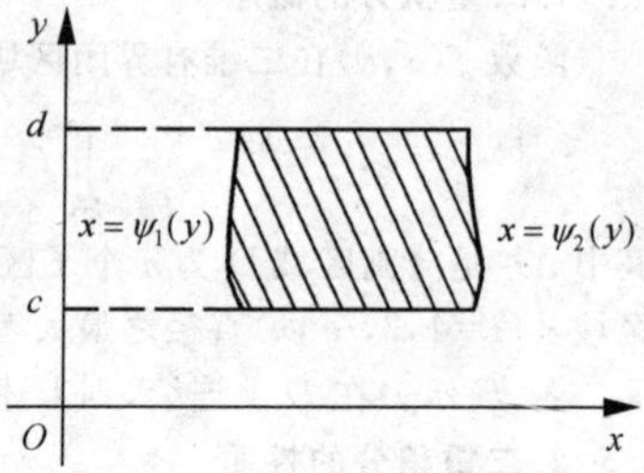

图 9－1－2

即 $D:\begin{cases}c\leqslant y\leqslant d\\ \psi_1(y)\leqslant x\leqslant\psi_2(y)\end{cases}$

则 $\iint\limits_D f(x,y)\mathrm{d}x\mathrm{d}y=\int_c^d\mathrm{d}y\int_{\psi_1(y)}^{\psi_2(y)}f(x,y)\mathrm{d}x$

(2)在极坐标系中的计算法

在极坐标系中 $\begin{cases}x=r\cos\theta\\ y=r\sin\theta\end{cases}$,面积元素 $\mathrm{d}\sigma=r\mathrm{d}r\mathrm{d}\theta$.

如果极点 O 不在区域 D 上,而区域 D 是由两条射线 $\theta=\alpha$, $\theta=\beta$ 与两条曲线 $r=r_1(\theta)$, $r=r_2(\theta)$ 所围成(如 9－1－3 所示)

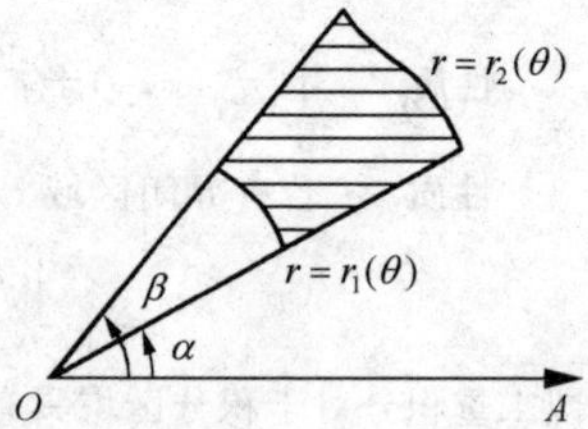

图 9－1－3

即 $D:\begin{cases}\alpha\leqslant\theta\leqslant\beta\\ r_1(\theta)\leqslant r\leqslant r_2(\theta)\end{cases}$

则 $\iint\limits_D f(x,y)\mathrm{d}\sigma=\int_\alpha^\beta\mathrm{d}\theta\int_{r_1(\theta)}^{r_2(\theta)}f(r\cos\theta,r\sin\theta)r\mathrm{d}r$

如果区域 D 是曲边扇形(如图 9－1－4 所示),

即 $D:\begin{cases}\alpha\leqslant\theta\leqslant\beta\\ 0\leqslant r\leqslant r(\theta)\end{cases}$

则 $\iint\limits_D f(x,y)\mathrm{d}\sigma=\int_\alpha^\beta\mathrm{d}\theta\int_0^{r(\theta)}f(r\cos\theta,r\sin\theta)r\mathrm{d}r.$

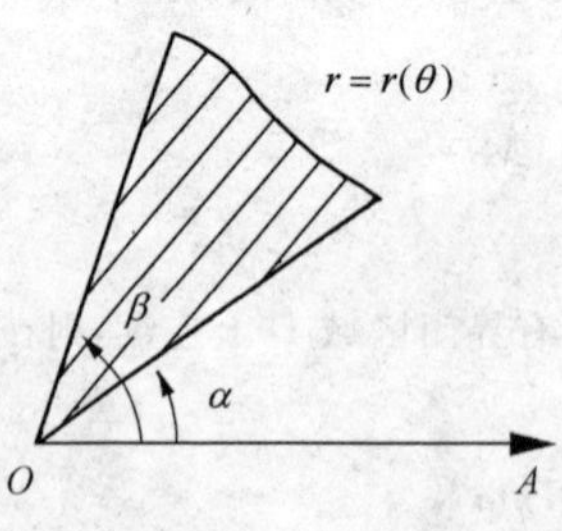

图 9－1－4

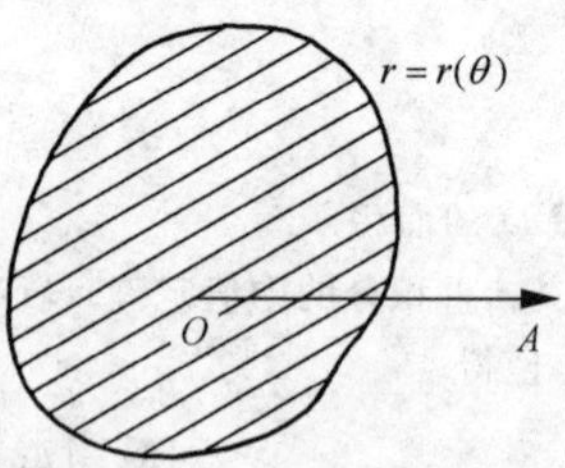

图 9－1－5

如果区域 D 由闭曲线 $r=r(\theta)$ 所围成,且极点 O 在区域 D 内(如图 9－1－5 所示),

则 $\iint\limits_D f(x,y)\mathrm{d}\sigma=\int_0^{2\pi}\mathrm{d}\theta\int_0^{r(\theta)}f(r\cos\theta,r\sin\theta)r\mathrm{d}r$

基本题型

利用重积分性质讨论

【841】 设

$$I_1=\iint_D \cos\sqrt{x^2+y^2}\,d\sigma,\quad I_2=\iint_D \cos(x^2+y^2)\,d\sigma,\quad I_3=\iint_D \cos(x^2+y^2)^2\,d\sigma,$$

其中 $D=\{(x,y)\mid x^2+y^2\leqslant 1\}$，则________.

(A) $I_3>I_2>I_1$　　(B) $I_1>I_2>I_3$　　(C) $I_2>I_1>I_3$　　(D) $I_3>I_1>I_2$

解　因在 $D: x^2+y^2\leqslant 1$ 上，$1\geqslant\sqrt{x^2+y^2}\geqslant x^2+y^2\geqslant(x^2+y^2)^2\geqslant 0$，从而

$$\cos(x^2+y^2)^2\geqslant\cos(x^2+y^2)\geqslant\cos\sqrt{x^2+y^2},$$

所以 $I_3>I_2>I_1$.

故应选(A).

点评　本题考查了余弦函数在区间上的单调性以及二重积分的保号性.

【842】 设 $f(x,y)$ 连续，且 $f(x,y)=xy+\iint_D f(u,v)\,du\,dv$，其中 D 是由 $y=0, y=x^2, x=1$ 所围区域，则 $f(x,y)=$________.

(A) xy　　(B) $2xy$　　(C) $xy+\frac{1}{8}$　　(D) $xy+1$

解　记 $\iint_D f(u,v)\,du\,dv=I$，则 $f(x,y)=xy+I$

等式两端同时取二重积分得

$$\iint_D f(x,y)\,d\sigma=\iint_D xy\,d\sigma+I\iint_D d\sigma=\int_0^1 dx\int_0^{x^2} xy\,dy+I\int_0^1 dx\int_0^{x^2} dy=\frac{1}{12}+\frac{1}{3}I,$$

故 $I=\frac{1}{12}+\frac{1}{3}I$，解得 $I=\frac{1}{8}$. 所以，$f(x,y)=xy+\frac{1}{8}$.

故应选(C).

【843】 计算 $\lim\limits_{r\to 0}\frac{1}{\pi r^2}\iint_D e^{x^2-y^2}\cos(x+y)\,dx\,dy$，其中 D 为 $x^2+y^2\leqslant r^2$.

解　由积分中值定理知：

$$\lim_{r\to 0}\frac{1}{\pi r^2}\iint_D e^{x^2-y^2}\cos(x+y)\,dx\,dy=\lim_{r\to 0}\frac{e^{\xi^2-\eta^2}\cos(\xi+\eta)\cdot\pi r^2}{\pi r^2}$$
$$=\lim_{\substack{\xi\to 0\\ \eta\to 0}}e^{\xi^2-\eta^2}\cos(\xi+\eta)=1，其中(\xi,\eta)\in D.$$

改变积分次序

【844】 设 $f(x,y)$ 是连续函数，则 $\int_0^a dx\int_0^x f(x,y)\,dy=$________.

(A) $\int_0^a dy\int_0^y f(x,y)\,dx$　　(B) $\int_0^a dy\int_y^a f(x,y)\,dx$

(C) $\int_0^a dy\int_a^y f(x,y)\,dx$　　(D) $\int_0^a dy\int_0^a f(x,y)\,dx$

解　改换二次积分的积分次序以及确定积分上下限的技巧和方法，解题关键是先由所给的

二次积分的积分限确定积分区域 D(本题积分区域为 x 轴，$y=x$ 以及 $x=a$ 确定的三角形区域)，然后再化为先对 x 积分后对 y 积分的二次积分.

故应选(B).

【845】 将二重积分 $\iint\limits_D f(x,y)\mathrm{d}x\mathrm{d}y=\int_1^{\mathrm{e}}\mathrm{d}x\int_0^{\ln x}f(x,y)\mathrm{d}y$ 化为先对 x，后对 y 的二次积分，则 $\iint\limits_D f(x,y)\mathrm{d}x\mathrm{d}y=$________.

解 将 $D:\begin{cases}1\leqslant x\leqslant \mathrm{e}\\0\leqslant y\leqslant \ln x\end{cases}$ 改记成 $D:\begin{cases}0\leqslant y\leqslant 1\\\mathrm{e}^y\leqslant x\leqslant \mathrm{e}\end{cases}$

如图 845 所示，所以

$$\iint\limits_D f(x,y)\mathrm{d}x\mathrm{d}y=\int_0^1\mathrm{d}y\int_{\mathrm{e}^y}^{\mathrm{e}}f(x,y)\mathrm{d}x.$$

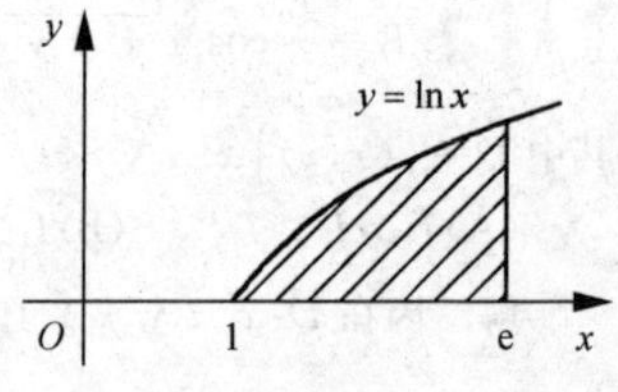

图 845

故应填 $\int_0^1\mathrm{d}y\int_{\mathrm{e}^y}^{\mathrm{e}}f(x,y)\mathrm{d}x$.

【846】 交换积分次序：$\int_0^{\frac{1}{4}}\mathrm{d}y\int_y^{\sqrt{y}}f(x,y)\mathrm{d}x+\int_{\frac{1}{4}}^{\frac{1}{2}}\mathrm{d}y\int_y^{\frac{1}{2}}f(x,y)\mathrm{d}x=$________.

解 如图 846 所示. 积分区域 $D=D_1+D_2$，其中

$$D_1=\left\{(x,y)\,\middle|\,0\leqslant y\leqslant\frac{1}{4},\ y\leqslant x\leqslant\sqrt{y}\right\},$$

$$D_2=\left\{(x,y)\,\middle|\,\frac{1}{4}\leqslant y\leqslant\frac{1}{2},\ y\leqslant x\leqslant\frac{1}{2}\right\}.$$

于是 D 也可表示为

$$D=\left\{(x,y)\,\middle|\,0\leqslant x\leqslant\frac{1}{2},\ x^2\leqslant y\leqslant x\right\}.$$

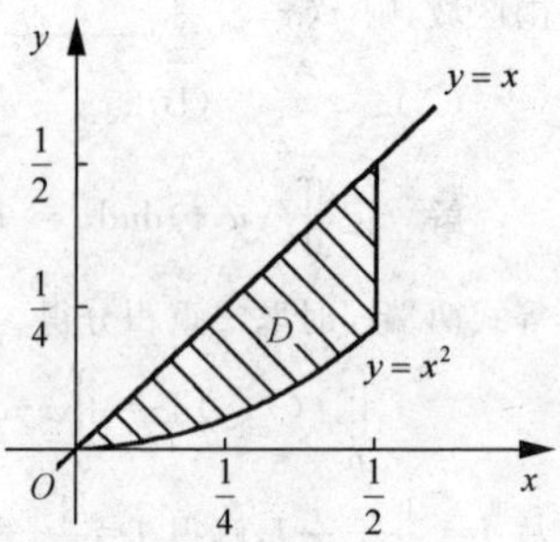

图 846

故
$$\int_0^{\frac{1}{4}}\mathrm{d}y\int_y^{\sqrt{y}}f(x,y)\mathrm{d}x+\int_{\frac{1}{4}}^{\frac{1}{2}}\mathrm{d}y\int_y^{\frac{1}{2}}f(x,y)\mathrm{d}x$$
$$=\int_0^{\frac{1}{2}}\mathrm{d}x\int_{x^2}^{x}f(x,y)\mathrm{d}y.$$

点评 本题应先画出草图，即可直观明了的得出正确答案.

【847】 交换二次积分的积分次序：$\int_{-1}^0\mathrm{d}y\int_2^{1-y}f(x,y)\mathrm{d}x=$________.

解 $\int_{-1}^0\mathrm{d}y\int_2^{1-y}f(x,y)\mathrm{d}x=-\int_{-1}^0\mathrm{d}y\int_{1-y}^2f(x,y)\mathrm{d}x$，

积分区域 D 为

$$D=\{(x,y)\,|\,-1\leqslant y\leqslant 0,\ 1-y\leqslant x\leqslant 2\}.$$

如图 847 所示.

又可将区域 D 改写为

$$D=\{(x,y)\,|\,1\leqslant x\leqslant 2,\ 1-x\leqslant y\leqslant 0\}.$$

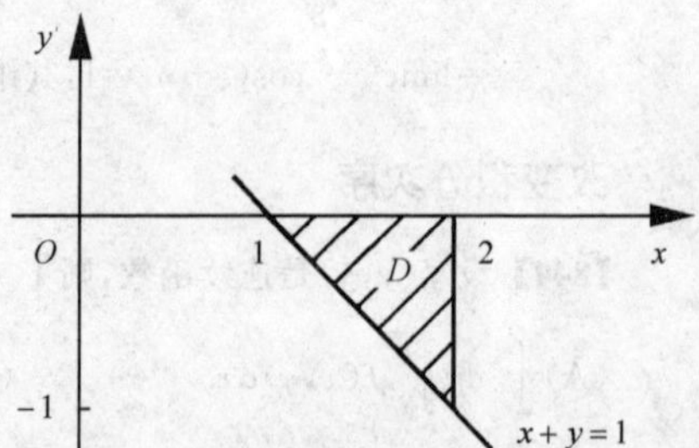

图 847

于是有

$$\int_{-1}^0\mathrm{d}y\int_2^{1-y}f(x,y)\mathrm{d}x$$
$$=-\int_{-1}^0\mathrm{d}y\int_{1-y}^2f(x,y)\mathrm{d}x$$

$$=-\int_1^2 dx\int_{1-x}^0 f(x,y)dy=\int_1^2 dx\int_0^{1-x} f(x,y)dy.$$

故应填 $\int_1^2 dx\int_0^{1-x} f(x,y)dy$.

点评 交换积分次序的关键是画出草图，本题中关于 x 积分的下限大于上限，无法作出积分区域草图，所以应先将关于 x 的积分上、下限交换，然后根据草图交换积分次序.

本题答案也可写为：

(1) $-\int_1^2 dx\int_{1-x}^0 f(x,y)dy$； (2) $\int_2^1 dx\int_{1-x}^0 f(x,y)dy$.

【848】 设 $f(x)$ 为连续函数，$F(t)=\int_1^t dy\int_y^t f(x)dx$，则 $F'(2)=$________.

(A) $2f(2)$ (B) $f(2)$ (C) $-f(2)$ (D) 0

解 交换积分次序，得

$$F(t)=\int_1^t dy\int_y^t f(x)dx=\int_1^t\left[\int_1^x f(x)dy\right]dx=\int_1^t f(x)(x-1)dx,$$

于是，$F'(t)=f(t)(t-1)$，从而有 $F'(2)=f(2)$.

故应选(B).

在直角坐标系下计算二重积分

【849】 计算 $\iint\limits_D xy\,d\sigma$，其中 D 是由直线 $y=1, x=2, y=x$ 所围成的区域.

解 (1)采用先对 y 后对 x 的积分次序

$$\iint\limits_D xy\,d\sigma=\int_1^2 xdx\int_1^x ydy=1\frac{1}{8};$$

(2)采用先对 x 后对 y 的积分次序

$$\iint\limits_D xy\,d\sigma=\int_1^2 ydy\int_y^2 xdx=1\frac{1}{8}.$$

【850】 计算 $\iint\limits_D xy\,d\sigma$，其中 D 是由曲线 $y^2=x$ 与直线 $y=x-2$ 所围成的区域.

解 (1)采用先对 x 后对 y 的积分次序

$$\iint\limits_D xy\,d\sigma=\int_{-1}^2 ydy\int_{y^2}^{y+2} xdx=5\frac{5}{8};$$

(2)采用先对 y 后对 x 的积分次序

$$\iint\limits_D xy\,d\sigma=\int_0^1 xdx\int_{-\sqrt{x}}^{\sqrt{x}} ydy+\int_1^4 xdx\int_{x-2}^{\sqrt{x}} ydy=5\frac{5}{8}.$$

【851】 设区域 D 由 y 轴与曲线 $x=\cos y$（其中 $-\frac{\pi}{2}\leqslant y\leqslant\frac{\pi}{2}$）所围成，则二重积分 $\iint\limits_D 3x^2\sin^2 y\,dxdy=$________.

解 $$\iint\limits_D 3x^2\sin^2 y\,dxdy=\int_{-\frac{\pi}{2}}^{\frac{\pi}{2}} dy\int_0^{\cos y} 3x^2\sin^2 y\,dx=\int_{-\frac{\pi}{2}}^{\frac{\pi}{2}}\sin^2 y\cos^3 y\,dy$$

$$=\int_{-\frac{\pi}{2}}^{\frac{\pi}{2}}\sin^2 y(1-\sin^2 y)d(\sin y)=\left(\frac{1}{3}\sin^3 y-\frac{1}{5}\sin^5 y\right)\Big|_{-\frac{\pi}{2}}^{\frac{\pi}{2}}=\frac{4}{15}.$$

故应填 $\frac{4}{15}$.

【852】计算二重积分 $\iint\limits_D x^2 y\mathrm{d}x\mathrm{d}y$,其中 D 是由双曲线 $x^2-y^2=1$ 及直线 $y=0,y=1$所围成的平面区域.

解 $\iint\limits_D x^2 y\mathrm{d}x\mathrm{d}y=\int_0^1 \mathrm{d}y\int_{-\sqrt{1+y^2}}^{\sqrt{1+y^2}} x^2 y\mathrm{d}x=\frac{2}{3}\int_0^1 y(1+y^2)^{\frac{3}{2}}\mathrm{d}y$

$=\frac{2}{15}(1+y^2)^{\frac{5}{2}}\Big|_0^1=\frac{2}{15}(4\sqrt{2}-1)$.

【853】设平面区域 D 由曲线 $y=\frac{x^2}{2}$ 与直线 $y=x$ 所围成,求 $\iint\limits_D \frac{x}{x^2+y^2}\mathrm{d}x\mathrm{d}y$.

解 解方程组 $\begin{cases} y=\frac{x^2}{2} \\ y=x \end{cases}$ 得曲线与直线的交点为 $O(0,0)$ 与 $A(2,2)$,因此

$$\iint\limits_D \frac{x}{x^2+y^2}\mathrm{d}x\mathrm{d}y=\int_0^2 \mathrm{d}x\int_{\frac{x^2}{2}}^{x}\frac{x}{x^2+y^2}\mathrm{d}y=\int_0^2\left(\arctan\frac{y}{x}\Big|_{\frac{x^2}{2}}^{x}\right)\mathrm{d}x$$

$$=\int_0^2\left(\frac{\pi}{4}-\arctan\frac{x}{2}\right)\mathrm{d}x=\frac{\pi}{4}x\Big|_0^2-x\cdot\arctan\frac{x}{2}\Big|_0^2+\frac{1}{2}\int_0^2\frac{x}{1+\frac{x^2}{4}}\mathrm{d}x$$

$$=\frac{\pi}{2}-\frac{\pi}{2}+\int_0^2\frac{2x}{4+x^2}\mathrm{d}x=\ln(x^2+4)\Big|_0^2=\ln 2.$$

【854】计算二重积分 $\iint\limits_D \sqrt{y^2-xy}\,\mathrm{d}x\mathrm{d}y$,其中 D 是由直线$y=x,y=1,x=0$ 所围成的平面区域.

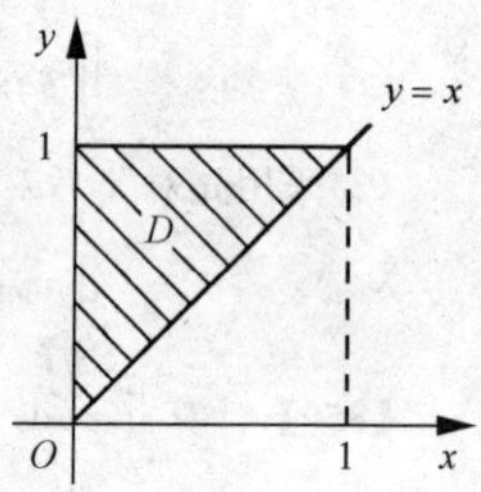

图 854

解 如图 854 所示.

原式 $=\int_0^1 \mathrm{d}y\int_0^y \sqrt{y^2-xy}\,\mathrm{d}x=-\int_0^1 \frac{2}{3}\sqrt{y}(y-x)^{\frac{3}{2}}\Big|_0^y \mathrm{d}y$

$=\frac{2}{3}\int_0^1 y^2\mathrm{d}y=\frac{2}{9}$.

【855】设 D 是以点 $O(0,0)$,$A(1,2)$ 和 $B(2,1)$ 为顶点的三角形区域,求 $\iint\limits_D x\mathrm{d}x\mathrm{d}y$.

解 直线 OA,OB 和 AB 的方程相应为

$$y=2x,\quad y=\frac{x}{2},\quad 和\ y=3-x,$$

过点 A 向 x 轴作垂线 AP,它将 D 分成 D_1 和 D_2 两个区域(如图 855 所示),其中点 P 的横坐标为 1,因此,有

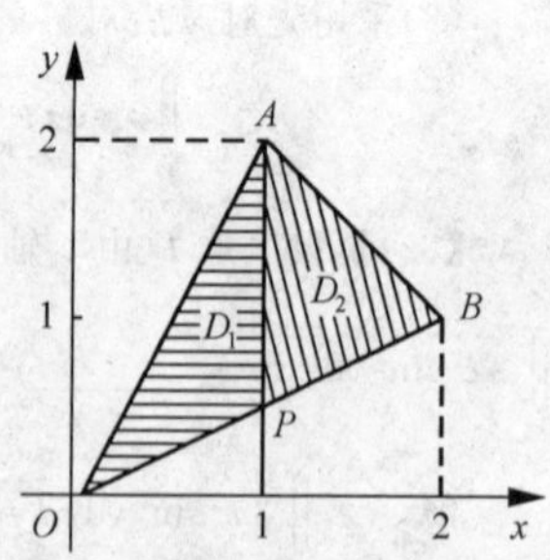

图 855

$$\iint\limits_D x\mathrm{d}x\mathrm{d}y=\iint\limits_{D_1} x\mathrm{d}x\mathrm{d}y+\iint\limits_{D_2} x\mathrm{d}x\mathrm{d}y$$

$$=\int_0^1 x\mathrm{d}x\int_{\frac{x}{2}}^{2x}\mathrm{d}y+\int_1^2 x\mathrm{d}x\int_{\frac{x}{2}}^{3-x}\mathrm{d}y$$

$$=\int_0^1 \frac{3}{2}x^2\mathrm{d}x+\int_1^2\left(3x-\frac{3}{2}x^2\right)\mathrm{d}x$$

$$=\frac{1}{2}x^3\Big|_0^1+\left(\frac{3}{2}x^2-\frac{1}{2}x^3\right)\Big|_1^2=\frac{3}{2}.$$

在直角坐标系下求分段函数的二重积分

【856】 计算 $\iint\limits_D |y-x^2|\,dxdy$,其中

$$D:0\leqslant x\leqslant 1,0\leqslant y\leqslant 1.$$

解 如图 856 所示

$$\iint\limits_D |y-x^2|\,d\sigma=\iint\limits_{D_1:y<x^2}(x^2-y)\,d\sigma+\iint\limits_{D_2:y\geqslant x^2}(y-x^2)\,d\sigma$$

$$=\int_0^1 dx\int_0^{x^2}(x^2-y)\,dy+\int_0^1 dx\int_{x^2}^1(y-x^2)\,dy=\frac{11}{30}.$$

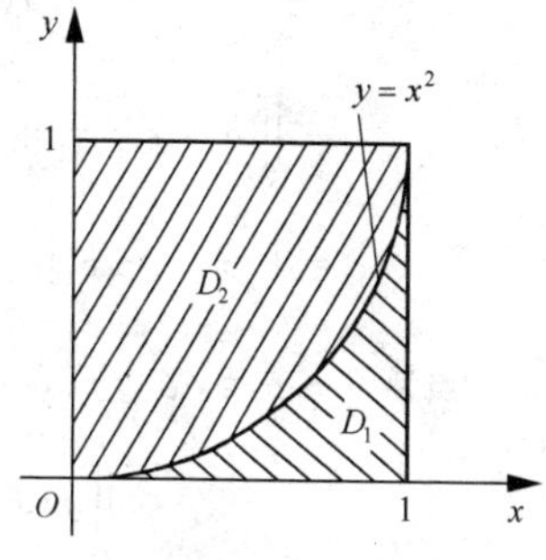

图 856

【857】 设

$$f(x,y)=\begin{cases}x^2y, & 若\ 1\leqslant x\leqslant 2,0\leqslant y\leqslant x\\0, & 其它\end{cases},$$

求 $\iint\limits_D f(x,y)\,dxdy$,其中 $D=\{(x,y)\mid x^2+y^2\geqslant 2x\}$.

解 如图 857 所示,记

$$D_1=\{(x,y)\mid 1\leqslant x\leqslant 2,\sqrt{2x-x^2}\leqslant y\leqslant x\}$$

所以

$$\iint\limits_D f(x,y)\,dxdy=\iint\limits_{D_1}x^2y\,dxdy=\int_1^2 dx\int_{\sqrt{2x-x^2}}^{x}x^2y\,dy$$

$$=\int_1^2\left(x^2\cdot\frac{y^2}{2}\Big|_{\sqrt{2x-x^2}}^{x}\right)dx=\int_1^2(x^4-x^3)\,dx=\frac{49}{20}.$$

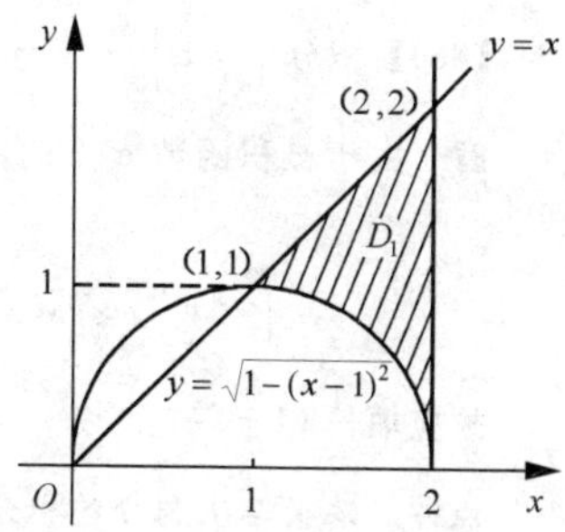

图 857

点评 本题直观看是无界区域 D 上的二重积分,但由于被积函数的特点,实际上要计算的是有界区域上的二重积分.在直角坐标系下化二重积分为二次积分可求得结果.

【858】 设 $a>0$,$f(x)=g(x)=\begin{cases}a, & 若\ 0\leqslant x\leqslant 1\\0, & 其他.\end{cases}$,而 D 表示全平面,则

$I=\iint\limits_D f(x)g(y-x)\,dxdy=$ ________.

解 $I=\iint\limits_D f(x)g(y-x)\,dxdy=\iint\limits_{0\leqslant x\leqslant 1,0\leqslant y-x\leqslant 1}a^2\,dxdy=a^2\int_0^1 dx\int_x^{x+1}dy$

$$=a^2\int_0^1[(x+1)-x]\,dx=a^2.$$

故应填 a^2.

点评 虽然 D 为无界区域,但由于被积函数只在 $D_1:0\leqslant x\leqslant 1,0\leqslant y-x\leqslant 1$ 时才不为零,因此实际求的是 $\iint\limits_{D_1}f(x)g(y-x)\,dxdy$,其中

$$f(x)g(y-x)=\begin{cases}a^2, & 若\ 0\leqslant x\leqslant 1,0\leqslant y-x\leqslant 1\\0, & 其他.\end{cases}$$

【859】 计算二重积分 $\iint\limits_D e^{\max\{x^2,y^2\}}\,dxdy$,其中 $D=\{(x,y)\mid 0\leqslant x\leqslant 1,0\leqslant y\leqslant 1\}$.

解 设 $D_1=\{(x,y)|0\leqslant x\leqslant 1,0\leqslant y\leqslant x\}$，$D_2=\{(x,y)|0\leqslant x\leqslant 1,x\leqslant y\leqslant 1\}$，则

$$\iint_D e^{\max\{x^2,y^2\}}dxdy=\iint_{D_1}e^{\max\{x^2,y^2\}}dxdy+\iint_{D_2}e^{\max\{x^2,y^2\}}dxdy$$

$$=\iint_{D_1}e^{x^2}dxdy+\iint_{D_2}e^{y^2}dxdy=\int_0^1dx\int_0^x e^{x^2}dy+\int_0^1dy\int_0^y e^{y^2}dx$$

$$=\int_0^1 xe^{x^2}dx+\int_0^1 ye^{y^2}dy=e-1.$$

点评 一般地，若 $f(x,y)=\begin{cases}g(x,y),\ (x,y)\in D_1,\\ h(x,y),\ (x,y)\in D_2.\end{cases}$，则

$$\iint_D f(x,y)d\sigma=\iint_{D\cap D_1}g(x,y)d\sigma+\iint_{D\cap D_2}h(x,y)d\sigma.$$

改变积分次序计算二重积分的值

【860】 积分 $\int_0^2dx\int_x^2e^{-y^2}dy$ 的值等于________.

解 由于被积函数 e^{-y^2} 的原函数不能用初等函数表示，所以应改变二次积分的积分次序，故

$$\int_0^2dx\int_x^2e^{-y^2}dy=\int_0^2dy\int_0^ye^{-y^2}dx=\int_0^2ye^{-y^2}dy=\frac{1}{2}(1-e^{-4}).$$

故应填 $\frac{1}{2}(1-e^{-4})$.

点评 改变二次积分的积分次序时，确定内外积分的积分限是至关重要的.

【861】 计算 $\iint_D\frac{\sin y}{y}d\sigma$，其中 D 是由抛物线 $y^2=x$ 与直线 $y=x$ 所围成的区域.

解 因为 $\int\frac{\sin y}{y}dy$ 不能用有限形式表达出其结果，所以不能先对 y 积分，

故 $\iint_D\frac{\sin y}{y}d\sigma=\int_0^1\frac{\sin y}{y}dy\int_{y^2}^y dx=\int_0^1(1-y)\sin ydy=1-\sin 1.$

【862】 计算 $\int_{\frac{1}{4}}^{\frac{1}{2}}dy\int_{\frac{1}{2}}^{\sqrt{y}}e^{\frac{y}{x}}dx+\int_{\frac{1}{2}}^1dy\int_y^{\sqrt{y}}e^{\frac{y}{x}}dx.$

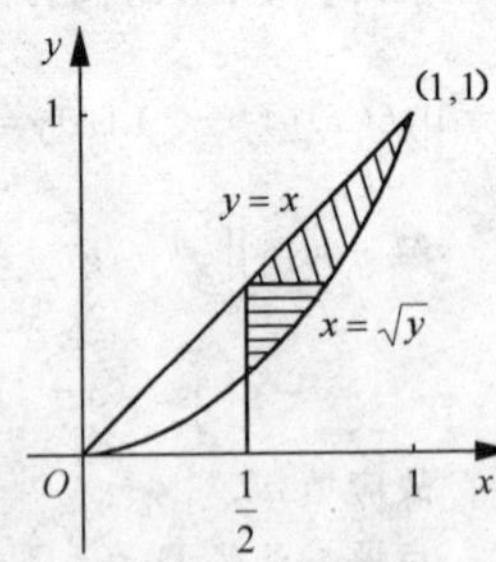

图 862

分析 由于 $e^{\frac{y}{x}}$ 的原函数不是初等函数，所以要改换二次积分的积分次序，本题关键是确定所述二次积分的积分区域.

解 $\int_{\frac{1}{4}}^{\frac{1}{2}}dy\int_{\frac{1}{2}}^{\sqrt{y}}e^{\frac{y}{x}}dx+\int_{\frac{1}{2}}^1dy\int_y^{\sqrt{y}}e^{\frac{y}{x}}dx=\iint_D e^{\frac{y}{x}}dxdy,$

其中 D 如图 862 所示阴影部分

$$\iint_D e^{\frac{y}{x}}dxdy=\int_{\frac{1}{2}}^1dx\int_{x^2}^x e^{\frac{y}{x}}dy=\int_{\frac{1}{2}}^1x(e-e^x)dx=\frac{3}{8}e-\frac{1}{2}\sqrt{e}.$$

【863】 计算二重积分

$$\int_1^2dx\int_{\sqrt{x}}^x\sin\frac{\pi x}{2y}dy+\int_2^4dx\int_{\sqrt{x}}^2\sin\frac{\pi x}{2y}dy.$$

解 因为 $\int\sin\frac{\pi x}{2y}dy$ 不能用有限形式的初等函数表示，所以需要改变积分顺序，如图 863 所

示，设

$$D_1:\begin{cases}1\leqslant x\leqslant 2\\ \sqrt{x}\leqslant y\leqslant x\end{cases}\qquad D_2:\begin{cases}2\leqslant x\leqslant 4\\ \sqrt{x}\leqslant y\leqslant 2\end{cases}$$

$$D=D_1+D_2:\begin{cases}1\leqslant y\leqslant 2\\ y\leqslant x\leqslant y^2\end{cases}$$

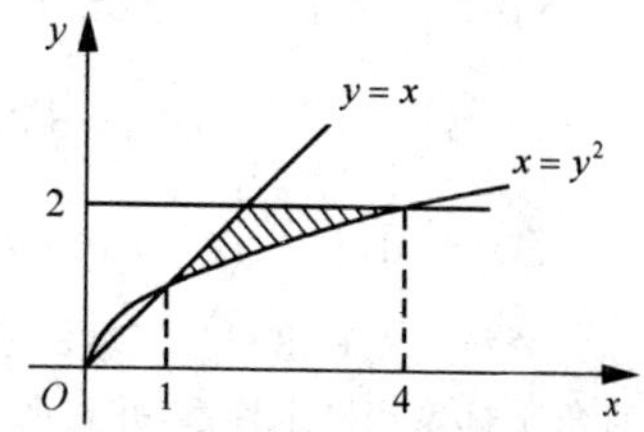

图 863

则 $\int_1^2 dx\int_{\sqrt{x}}^{x}\sin\frac{\pi x}{2y}dy+\int_2^4 dx\int_{\sqrt{x}}^{2}\sin\frac{\pi x}{2y}dy$

$$=\int_1^2 dy\int_y^{y^2}\sin\frac{\pi x}{2y}dx=-\int_1^2\left(\frac{2y}{\pi}\cos\frac{\pi x}{2y}\Big|_y^{y^2}\right)dy$$

$$=-\int_1^2\frac{2y}{\pi}\left(\cos\frac{\pi}{2}y-\cos\frac{\pi}{2}\right)dy=-\frac{2}{\pi}\int_1^2 y\cos\frac{\pi}{2}ydy=-\frac{4}{\pi^2}\int_1^2 yd\sin\frac{\pi y}{2}=\frac{4}{\pi^3}(2+\pi).$$

在极坐标系下改变积分次序

【864】 累次积分 $\int_0^{\frac{\pi}{2}}d\theta\int_0^{\cos\theta}f(r\cos\theta,r\sin\theta)rdr$ 可以写成________.

(A) $\int_0^1 dy\int_0^{\sqrt{y-y^2}}f(x,y)dx$　　(B) $\int_0^1 dy\int_0^{\sqrt{1-y^2}}f(x,y)dx$

(C) $\int_0^1 dx\int_0^1 f(x,y)dy$　　(D) $\int_0^1 dx\int_0^{\sqrt{x-x^2}}f(x,y)dy$

解　平面区域 D 为曲线 $\left(x-\frac{1}{2}\right)^2+y^2=\frac{1}{4}(y>0)$ 及 x 轴围成.

所以　原式 $=\iint\limits_D f(x,y)dxdy=\int_0^1 dx\int_0^{\sqrt{x-x^2}}f(x,y)dy.$

故应选(D).

点评　注意到本题积分区域 D 中纵坐标满足 $0\leqslant y\leqslant\frac{1}{2}$，而选项(A)、(B)、(C)中纵坐标都是 $0\leqslant y\leqslant 1$，故知选项(A)、(B)、(C)均不正确.

【865】 设 $f(x,y)$ 为连续函数，则 $\int_0^{\frac{\pi}{4}}d\theta\int_0^1 f(r\cos\theta,r\sin\theta)rdr=$________.

(A) $\int_0^{\frac{\sqrt{2}}{2}}dx\int_x^{\sqrt{1-x^2}}f(x,y)dy$　　(B) $\int_0^{\frac{\sqrt{2}}{2}}dx\int_0^{\sqrt{1-x^2}}f(x,y)dy$

(C) $\int_0^{\frac{\sqrt{2}}{2}}dy\int_y^{\sqrt{1-y^2}}f(x,y)dx$　　(D) $\int_0^{\frac{\sqrt{2}}{2}}dy\int_0^{\sqrt{1-y^2}}f(x,y)dx$

解　积分区域 D 由 $x^2+y^2=1,y=x,y=0$ 围成. 所以，

$$\int_0^{\frac{\pi}{4}}d\theta\int_0^1 f(r\cos\theta,r\sin\theta)rdr=\int_0^{\frac{\sqrt{2}}{2}}dy\int_y^{\sqrt{1-y^2}}f(x,y)dx.$$

故应选(C).

【866】 设函数 $f(u)$ 连续，区域 $D=\{(x,y)\mid x^2+y^2\leqslant 2y\}$，则 $\iint\limits_D f(xy)dxdy=$________.

(A) $\int_{-1}^1 dx\int_{-\sqrt{1-x^2}}^{\sqrt{1-x^2}}f(xy)dy$

(B) $2\int_0^2 dy\int_0^{\sqrt{2y-y^2}} f(xy)dx$

(C) $\int_0^{\pi} d\theta\int_0^{2\sin\theta} f(r^2\sin\theta\cos\theta)dr$

(D) $\int_0^{\pi} d\theta\int_0^{2\sin\theta} f(r^2\sin\theta\cos\theta)rdr$

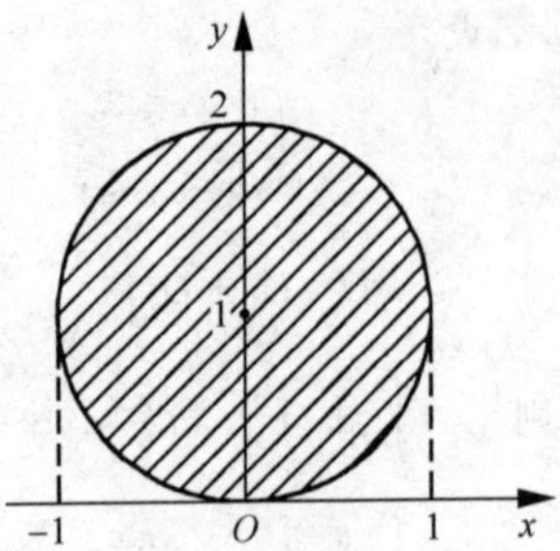

图 866

分析 先画出积分区域的示意图(如图 866 所示),再选择直角坐标系和极坐标系,并在两种坐标系下化为累次积分,即得正确选项.

解 在直角坐标系下

$$\iint_D f(xy)dxdy = \int_0^2 dy\int_{-\sqrt{1-(y-1)^2}}^{\sqrt{1-(y-1)^2}} f(xy)dx$$

$$= \int_{-1}^1 dx\int_{1-\sqrt{1-x^2}}^{1+\sqrt{1-x^2}} f(xy)dy,$$

故应排除(A)、(B).

在极坐标系下,$\begin{cases}x=r\cos\theta\\ y=r\sin\theta\end{cases}$

$$\iint_D f(xy)dxdy=\int_0^{\pi} d\theta\int_0^{2\sin\theta} f(r^2\sin\theta\cos\theta)rdr.$$

故应选(D).

点评 本题为基本题型,应先画出平面区域 D 的草图,然后将二重积分化为直角坐标系下二次积分,若与选项(A)、(B)不符,则再转化为极坐标系下的二次积分.

极坐标系下求二重积分

【867】 计算 $\iint_D\sqrt{\dfrac{1-x^2-y^2}{1+x^2+y^2}}d\sigma$,其中 $D:x^2+y^2\leqslant 1$.

解 $\iint_D\sqrt{\dfrac{1-x^2-y^2}{1+x^2+y^2}}d\sigma=\int_0^{2\pi}d\theta\int_0^1\sqrt{\dfrac{1-r^2}{1+r^2}}rdr\xlongequal{\sqrt{\frac{1-r^2}{1+r^2}}=t}\pi(\dfrac{\pi}{2}-1)$.

【868】 计算积分 $\iint_D\sqrt{x^2+y^2}dxdy$,其中 D 由 $y=x,x=a,y=0$ 围成.

解 利用极坐标,则

$$\iint_D\sqrt{x^2+y^2}dxdy=\int_0^{\frac{\pi}{4}}d\theta\int_0^{a\sec\theta}r\cdot rdr=\frac{a^3}{3}\int_0^{\frac{\pi}{4}}\sec^3\theta d\theta$$

$$=\frac{a^3}{6}[\sqrt{2}+\ln(\sqrt{2}+1)].$$

【869】 设 $D=\{(x,y)\mid x^2+y^2\leqslant x\}$,求 $\iint_D\sqrt{x}\,dxdy$.

解 $\iint_D\sqrt{x}\,dxdy=\int_{-\frac{\pi}{2}}^{\frac{\pi}{2}}d\theta\int_0^{\cos\theta}\sqrt{r\cos\theta}\,rdr=\int_{-\frac{\pi}{2}}^{\frac{\pi}{2}}\cos^{\frac{1}{2}}\theta d\theta\int_0^{\cos\theta}r^{\frac{3}{2}}dr$

$$=\frac{4}{5}\int_0^{\frac{\pi}{2}}\cos^3\theta d\theta=\frac{8}{15}.$$

【870】设区域 D 为 $x^2+y^2\leqslant R^2$，则 $\iint\limits_D(\frac{x^2}{a^2}+\frac{y^2}{b^2})\mathrm{d}x\mathrm{d}y=$________.

解 在极坐标系下化二重积分为二次积分：

$$\iint\limits_D\left(\frac{x^2}{a^2}+\frac{y^2}{b^2}\right)\mathrm{d}x\mathrm{d}y=\int_0^{2\pi}\mathrm{d}\theta\int_0^R\left(\frac{\cos^2\theta}{a^2}+\frac{\sin^2\theta}{b^2}\right)r^3\mathrm{d}r$$

$$=\int_0^{2\pi}\left(\frac{\cos^2\theta}{a^2}+\frac{\sin^2\theta}{b^2}\right)\mathrm{d}\theta\cdot\int_0^R r^3\mathrm{d}r=\frac{\pi R^4}{4}\left(\frac{1}{a^2}+\frac{1}{b^2}\right).$$

故应填 $\frac{\pi R^4}{4}\left(\frac{1}{a^2}+\frac{1}{b^2}\right)$.

【871】计算二重积分 $\iint\limits_D(x+y)\mathrm{d}x\mathrm{d}y$，其中 $D=\{(x,y)\mid x^2+y^2\leqslant x+y+1\}$.

解 由 $x^2+y^2\leqslant x+y+1$，得

$$\left(x-\frac{1}{2}\right)^2+\left(y-\frac{1}{2}\right)^2\leqslant\frac{3}{2}.$$

令 $x-\frac{1}{2}=r\cos\theta,y-\frac{1}{2}=r\sin\theta$，有

$$\iint\limits_D(x+y)\mathrm{d}x\mathrm{d}y=\int_0^{2\pi}(1+r\cos\theta+r\sin\theta)\mathrm{d}\theta\int_0^{\sqrt{\frac{3}{2}}}r\mathrm{d}r$$

$$=\int_0^{\sqrt{\frac{3}{2}}}r\left(\theta+r\sin\theta-r\cos\theta\right)\Big|_0^{2\pi}\mathrm{d}r=2\pi\int_0^{\sqrt{\frac{3}{2}}}r\mathrm{d}r=\pi r^2\Big|_0^{\sqrt{\frac{3}{2}}}=\frac{3}{2}\pi.$$

【872】设区域 $D=\{(x,y)\mid x^2+y^2\leqslant1,x\geqslant0\}$，计算二重积分 $I=\iint\limits_D\frac{1+xy}{1+x^2+y^2}\mathrm{d}x\mathrm{d}y$.

解 $I_1=\iint\limits_D\frac{1}{1+x^2+y^2}\mathrm{d}x\mathrm{d}y=\int_{-\frac{\pi}{2}}^{\frac{\pi}{2}}\mathrm{d}\theta\int_0^1\frac{1}{1+r^2}r\mathrm{d}r=\frac{\pi}{2}\ln(1+r^2)\Big|_0^1=\frac{\pi}{2}\ln2.$

$I_2=\iint\limits_D\frac{xy}{1+x^2+y^2}\mathrm{d}x\mathrm{d}y=\int_{-\frac{\pi}{2}}^{\frac{\pi}{2}}\mathrm{d}\theta\int_0^1\frac{r^3\cos\theta\sin\theta}{1+r^2}\mathrm{d}r=\int_{-\frac{\pi}{2}}^{\frac{\pi}{2}}\cos\theta\sin\theta\mathrm{d}\theta\int_0^1\frac{r^3}{1+r^2}\mathrm{d}r=0.$

所以 $I=I_1+I_2=\frac{\pi}{2}\ln2$.

点评 I_2 的计算可使用对称性，即由于 D 关于 x 轴对称，且函数 $\frac{xy}{1+x^2+y^2}$ 关于 y 是奇函数，所以

$$I_2=\iint\limits_D\frac{xy}{1+x^2+y^2}\mathrm{d}x\mathrm{d}y=0.$$

【873】计算二重积分 $\iint\limits_D\frac{\sqrt{x^2+y^2}}{\sqrt{4a^2-x^2-y^2}}\mathrm{d}\sigma$，其中 D 是由曲线 $y=-a+\sqrt{a^2-x^2}\,(a>0)$ 和直线 $y=-x$ 围成的区域.

解 区域 D 如图 873 所示，在极坐标系下

$$D=\left\{(r,\theta)\,\Big|\,-\frac{\pi}{4}\leqslant\theta\leqslant0,\ 0\leqslant r\leqslant-2a\sin\theta\right\}$$

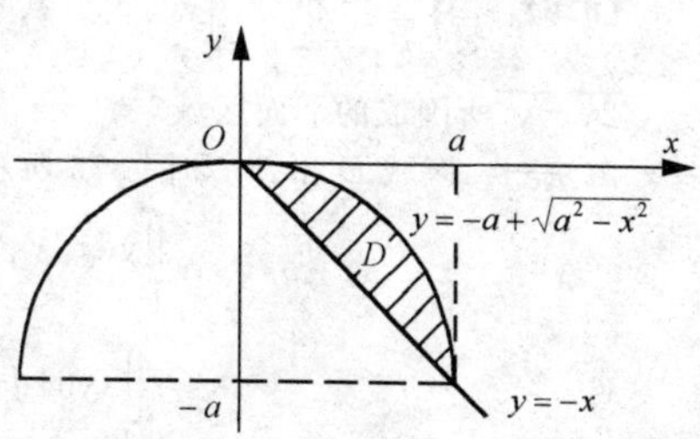

图 873

$$I=\iint_D \frac{\sqrt{x^2+y^2}}{\sqrt{4a^2-x^2-y^2}}\mathrm{d}\sigma=\int_{-\frac{\pi}{4}}^{0}\mathrm{d}\theta\int_0^{-2a\sin\theta}\frac{r^2}{\sqrt{4a^2-r^2}}\mathrm{d}r.$$

令 $r=2a\sin t$,有

$$I=\int_{-\frac{\pi}{4}}^{0}\mathrm{d}\theta\int_0^{-\theta}2a^2(1-\cos 2t)\mathrm{d}t$$

$$=2a^2\int_{-\frac{\pi}{4}}^{0}\left(-\theta+\frac{1}{2}\sin 2\theta\right)\mathrm{d}\theta=a^2\left(\frac{\pi^2}{16}-\frac{1}{2}\right).$$

【874】 计算积分 $\iint\limits_D\sqrt{x^2+y^2}\,\mathrm{d}x\mathrm{d}y$,其中 $D=\{(x,y)\mid 0\leqslant y\leqslant x,x^2+y^2\leqslant 2x\}$.

解 利用极坐标,则

$$\iint_D\sqrt{x^2+y^2}\,\mathrm{d}x\mathrm{d}y=\int_0^{\frac{\pi}{4}}\mathrm{d}\theta\int_0^{2\cos\theta}r\cdot r\mathrm{d}r=\frac{8}{3}\int_0^{\frac{\pi}{4}}\cos^3\theta\mathrm{d}\theta$$

$$=\frac{8}{3}\int_0^{\frac{\pi}{4}}(1-\sin^2\theta)\mathrm{d}\sin\theta=\frac{8}{3}\left(\sin\theta-\frac{1}{3}\sin^3\theta\right)\Big|_0^{\frac{\pi}{4}}=\frac{10}{9}\sqrt{2}.$$

【875】 计算二重积分

$$I=\iint_D \mathrm{e}^{-(x^2+y^2-\pi)}\sin(x^2+y^2)\,\mathrm{d}x\mathrm{d}y,$$

其中积分区域 $D=\{(x,y)\mid x^2+y^2\leqslant\pi\}$.

解 作极坐标变换:$x=r\cos\theta,y=r\sin\theta$,有

$$I=\mathrm{e}^{\pi}\iint_D \mathrm{e}^{-(x^2+y^2)}\sin(x^2+y^2)\,\mathrm{d}x\mathrm{d}y=\mathrm{e}^{\pi}\int_0^{2\pi}\mathrm{d}\theta\int_0^{\sqrt{\pi}}r\mathrm{e}^{-r^2}\sin r^2\mathrm{d}r.$$

令 $t=r^2$,则

$$I=\pi\mathrm{e}^{\pi}\int_0^{\pi}\mathrm{e}^{-t}\sin t\mathrm{d}t.$$

记 $A=\int_0^{\pi}\mathrm{e}^{-t}\sin t\mathrm{d}t$,

则

$$A=-\int_0^{\pi}\sin t\mathrm{d}\mathrm{e}^{-t}=-\left[\mathrm{e}^{-t}\sin t\Big|_0^{\pi}-\int_0^{\pi}\mathrm{e}^{-t}\cos t\mathrm{d}t\right]$$

$$=-\int_0^{\pi}\cos t\mathrm{d}\mathrm{e}^{-t}=-\left[\mathrm{e}^{-t}\cos t\Big|_0^{\pi}+\int_0^{\pi}\mathrm{e}^{-t}\sin t\mathrm{d}t\right]=\mathrm{e}^{-\pi}+1-A.$$

因此 $A=\frac{1}{2}(1+\mathrm{e}^{-\pi})$, $I=\frac{\pi\mathrm{e}^{\pi}}{2}(1+\mathrm{e}^{-\pi})=\frac{\pi}{2}(1+\mathrm{e}^{\pi})$.

【876】 计算二重积分 $\iint\limits_D y\mathrm{d}x\mathrm{d}y$,其中 D 是由直线 $x=-2,y=0,y=2$ 以及曲线 $x=-\sqrt{2y-y^2}$ 所围成的平面区域.

解法一 区域 D 和 D_1 如图 876 所示,有

$$\iint_D y\mathrm{d}x\mathrm{d}y=\iint_{D+D_1}y\mathrm{d}x\mathrm{d}y-\iint_{D_1}y\mathrm{d}x\mathrm{d}y,$$

$$\iint_{D+D_1}y\mathrm{d}x\mathrm{d}y=\int_{-2}^{0}\mathrm{d}x\int_0^2 y\mathrm{d}y=4.$$

在极坐标系下,有 $D_1=\{(r,\theta)\mid\frac{\pi}{2}\leqslant\theta\leqslant\pi,0\leqslant r\leqslant 2\sin\theta\}$,因此

$$\iint\limits_{D_1} y\mathrm{d}x\mathrm{d}y = \int_{\frac{\pi}{2}}^{\pi}\mathrm{d}\theta\int_0^{2\sin\theta} r\sin\theta\cdot r\mathrm{d}r = \frac{8}{3}\int_{\frac{\pi}{2}}^{\pi}\sin^4\theta\mathrm{d}\theta$$

$$= \frac{8}{3\times 4}\int_{\frac{\pi}{2}}^{\pi}\left[1-2\cos2\theta+\frac{1+\cos4\theta}{2}\right]\mathrm{d}\theta = \frac{\pi}{2}$$

于是 $\iint\limits_D y\mathrm{d}x\mathrm{d}y = 4-\frac{\pi}{2}$

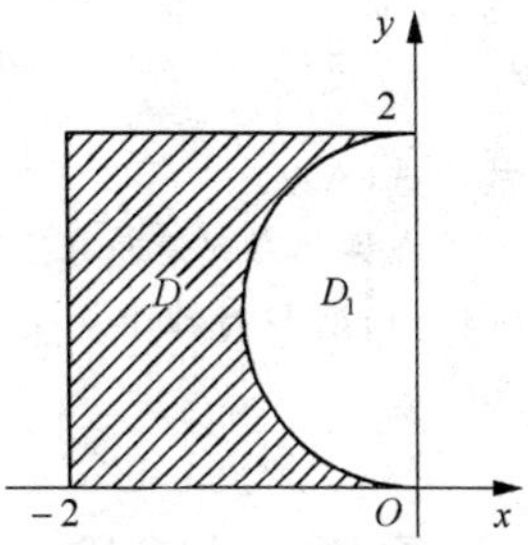

图 876

解法二 如图 876 所示，$D=\{(x,y)\mid -2\leqslant x\leqslant -\sqrt{2y-y^2},\ 0\leqslant y\leqslant 2\}$.

$$\iint\limits_D y\mathrm{d}x\mathrm{d}y = \int_0^2 y\mathrm{d}y\int_{-2}^{-\sqrt{2y-y^2}}\mathrm{d}x = 2\int_0^2 y\mathrm{d}y - \int_0^2 y\sqrt{2y-y^2}\,\mathrm{d}y$$

$$= 4-\int_0^2 y\sqrt{1-(y-1)^2}\,\mathrm{d}y.$$

令 $y-1=\sin t$，有 $\mathrm{d}y=\cos t\mathrm{d}t$，则

$$\int_0^2 y\sqrt{1-(y-1)^2}\,\mathrm{d}y = \int_{-\frac{\pi}{2}}^{\frac{\pi}{2}}(1+\sin t)\cos^2 t\mathrm{d}t = \int_{-\frac{\pi}{2}}^{\frac{\pi}{2}}\cos^2 t\mathrm{d}t + \int_{-\frac{\pi}{2}}^{\frac{\pi}{2}}\cos^2 t\sin t\mathrm{d}t$$

$$= \int_0^{\frac{\pi}{2}}(1+\cos2t)\mathrm{d}t = \frac{\pi}{2}.$$

于是 $\iint\limits_D y\mathrm{d}x\mathrm{d}y = 4-\frac{\pi}{2}.$

利用对称性计算二重积分

【877】 设 D 是 xOy 平面上以 $(1,1)$，$(-1,1)$ 和 $(-1,-1)$ 为顶点的三角形区域，D_1 是 D 在第一象限的部分，则 $\iint\limits_D(xy+\cos x\cdot\sin y)\mathrm{d}x\mathrm{d}y=$________.

(A) $2\iint\limits_{D_1}\cos x\cdot\sin y\mathrm{d}x\mathrm{d}y$　　(B) $2\iint\limits_{D_1}xy\mathrm{d}x\mathrm{d}y$

(C) $4\iint\limits_{D_1}(xy+\cos x\sin y)\mathrm{d}x\mathrm{d}y$　　(D) 0

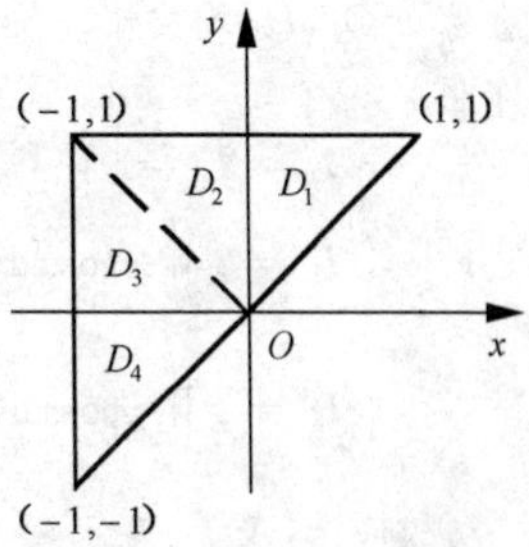

图 877

解 将区域 D 分为 D_1、D_2、D_3、D_4 四个子区域，如图 877 所示，显然，D_1 和 D_2 关于 y 轴对称，D_3 和 D_4 关于 x 轴对称. 令

$$I_1=\iint\limits_D xy\mathrm{d}x\mathrm{d}y,\quad I_2=\iint\limits_D\cos x\sin y\mathrm{d}x\mathrm{d}y.$$

由于 xy 对 x 及对 y 都是奇函数，所以

$$\iint\limits_{D_1+D_2}xy\mathrm{d}x\mathrm{d}y=0,\quad \iint\limits_{D_3+D_4}xy\mathrm{d}x\mathrm{d}y=0,$$

因此，$I_1=0$.

而 $\cos x\cdot\sin y$ 对 y 是奇函数，对 x 是偶函数，故有

$$\iint\limits_{D_3+D_4}\cos x\cdot\sin y\mathrm{d}x\mathrm{d}y=0 \quad 和 \quad \iint\limits_{D_1+D_2}\cos x\cdot\sin y\mathrm{d}x\mathrm{d}y = 2\iint\limits_{D_1}\cos x\cdot\sin y\mathrm{d}x\mathrm{d}y,$$

故 $I_2=2\iint\limits_{D_1}\cos x\cdot\sin y\mathrm{d}x\mathrm{d}y$

从而

$$\iint_D (xy+\cos x\sin y)\mathrm{d}x\mathrm{d}y=2\iint_{D_1}\cos x\cdot\sin y\mathrm{d}x\mathrm{d}y$$

故应选(A).

点评 在利用积分区域的对称性进行计算时,要同时考虑被积函数的奇偶性,通常有:

(1)设 D 对称于 y 轴,D_1 是 D 的右半部分,

若 $f(-x,y)=-f(x,y)$,则 $\iint_D f(x,y)\mathrm{d}\sigma=0$;

若 $f(-x,y)=f(x,y)$,则 $\iint_D f(x,y)\mathrm{d}\sigma=2\iint_{D_1} f(x,y)\mathrm{d}\sigma$.

(2)设 D 对称于 x 轴,D_1 是 D 的上半部分.

若 $f(x,-y)=-f(x,y)$ 则 $\iint_D f(x,y)\mathrm{d}\sigma=0$;

若 $f(x,-y)=f(x,y)$,则 $\iint_D f(x,y)\mathrm{d}\sigma=2\iint_{D_1} f(x,y)\mathrm{d}\sigma$.

(3)若 D 对称于原点,D_1,D_2 分别是 D 的对称于原点的两部分,

若 $f(-x,-y)=-f(x,y)$,则 $\iint_D f(x,y)\mathrm{d}\sigma=0$.

若 $f(-x,-y)=f(x,y)$,则 $\iint_D f(x,y)\mathrm{d}\sigma=2\iint_{D_1} f(x,y)\mathrm{d}\sigma$.

【878】 如图 878,正方形 $\{(x,y)\mid |x|\leqslant 1,|y|\leqslant 1\}$ 被其对角线划分为四个区域 $D_k(k=1,2,3,4)$,$I_k=\iint_{D_k} y\cos x\mathrm{d}x\mathrm{d}y$,则 $\max\limits_{1\leqslant k\leqslant 4}\{I_k\}=$________.

(A)I_1.　　(B)I_2　　(C)I_3.　　(D)I_4.

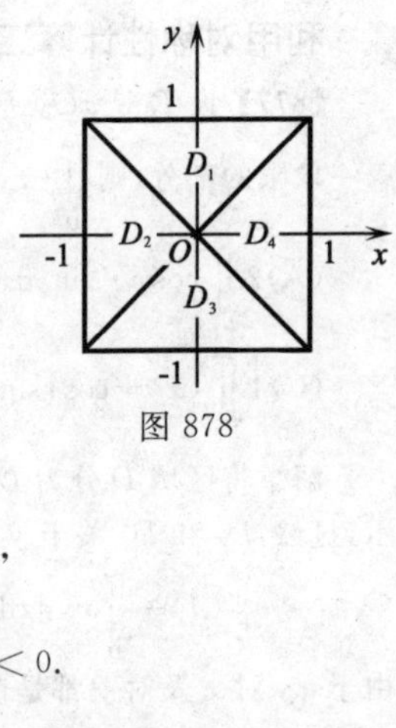

图 878

解 令 $z=y\cos x$,则 z 关于 y 为奇函数,关于 x 为偶函数,由题意易知 D_1,D_3 均关于 y 轴对称,D_2,D_4 均关于 x 轴对称.所以由对称性

$$I_2=I_4=0,$$

$$I_1=2\iint_{D_1右} y\cos x\mathrm{d}x\mathrm{d}y=2\int_0^1\mathrm{d}y\int_0^y y\cos x\mathrm{d}x=2\int_0^1 y\sin y\mathrm{d}y>0,$$

$$I_3=2\iint_{D_3右} y\cos x\mathrm{d}x\mathrm{d}y=2\int_{-1}^0\mathrm{d}y\int_0^{-y} y\cos x\mathrm{d}x=-2\int_0^1 y\sin y\mathrm{d}y<0.$$

故应选(A).

【879】 下列四个等式中不成立的是________.

(A) $\iint_D x\ln(x^2+y^2)\mathrm{d}\sigma=0$　　(B) $\iint_D\sqrt{1-x^2-y^2}\mathrm{d}x\mathrm{d}y=4\iint_{D_1}\sqrt{1-x^2-y^2}\mathrm{d}x\mathrm{d}y$

(C) $\iint_D|xy|\mathrm{d}x\mathrm{d}y=4\iint_{D_1}xy\mathrm{d}x\mathrm{d}y$　　(D) $\iint_D xy\mathrm{d}x\mathrm{d}y=4\iint_{D_1}xy\mathrm{d}x\mathrm{d}y$

其中 $D:x^2+y^2\leqslant 1$,　$D_1:x^2+y^2\leqslant 1$,　$x\geqslant 0$,　$y\geqslant 0$.

解 (A)等式是正确的.因为积分区域对称于 y 轴,被积函数关于 x 是奇函数,将该二重积

分化为累次积分，且首先对 x 积分时，将是奇函数在对称的积分区间上的积分，故积分值为零.

(B)等式是成立的. 因为积分区域 D 对称于 x 轴和 y 轴，被积函数只出现 x 及 y 的平方项，其图形对称于 xOz 及 yOz 平面，故 D 上的积分可以用 D_1 上积分的 4 倍来表示(上述等式的几何意义是：中心在原点的上半球，等于它的第一卦限部分的 4 倍).

(C)等式是成立的. 因为这时被积函数 $f(x,y)=|xy|$ 也对称于 xOz 和 yOz 平面.

(D)等式不成立. 积分区域 D 虽仍然对称于 x 轴，y 轴，但被积函数对 x,y 均为奇函数，其在一、三象限是正的，二、四象限是负的，故 D 上的积分不能为 D_1 上积分的 4 倍，而是 0(被积函数 $f(x,y)=xy$ 的几何图形是一个马鞍面).

故应选(D).

【880】 计算 $\iint\limits_D x[1+yf(x^2+y^2)]\mathrm{d}\sigma$，其中 D 由 $y=x^3,y=1,x=-1$ 围成的区域，f 是 D 上的连续函数.

解 如图 880 所示，

$$\iint\limits_D x[1+yf(x^2+y^2)]\mathrm{d}\sigma=\iint\limits_{D_1+D_2} x[1+yf(x^2+y^2)]\mathrm{d}\sigma+\iint\limits_{D_3+D_4} x[1+yf(x^2+y^2)]\mathrm{d}\sigma$$

因为被积函数关于 x 为奇函数，

所以 $$\iint\limits_{D_1+D_2} x[1+yf(x^2+y^2)]\mathrm{d}\sigma=0,$$

$$\iint\limits_{D_3+D_4} x[1+yf(x^2+y^2)]\mathrm{d}\sigma$$

$$=\iint\limits_{D_3+D_4} x\mathrm{d}\sigma+\iint\limits_{D_3+D_4} xyf(x^2+y^2)\mathrm{d}\sigma$$

$$=2\iint\limits_{D_3} x\mathrm{d}\sigma=2\int_{-1}^{0}\mathrm{d}x\int_{0}^{-x^3}x\mathrm{d}y=-\frac{2}{5}.$$

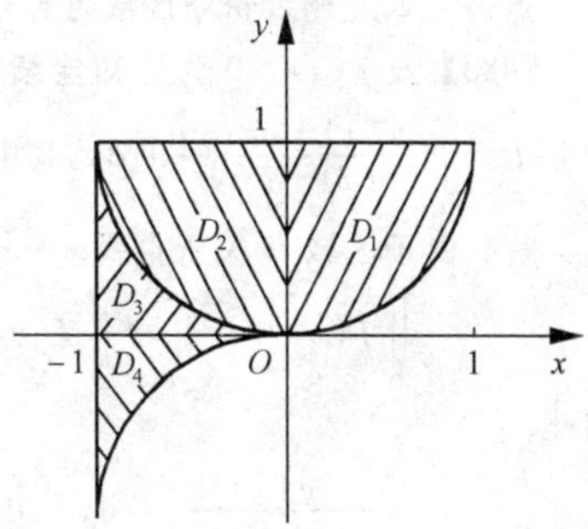

图 880

【881】 求二重积分 $\iint\limits_D y\left[1+xe^{\frac{1}{2}(x^2+y^2)}\right]\mathrm{d}x\mathrm{d}y$ 的值，其中 D 是由直线 $y=x,y=-1$ 及 $x=1$ 围成的平面区域.

解 积分区域 D 如图 881 所示.

$$\iint\limits_D y\left[1+xe^{\frac{1}{2}(x^2+y^2)}\right]\mathrm{d}x\mathrm{d}y=\iint\limits_D y\mathrm{d}x\mathrm{d}y+\iint\limits_D xye^{\frac{1}{2}(x^2+y^2)}\mathrm{d}x\mathrm{d}y$$

其中

$$\iint\limits_D y\mathrm{d}x\mathrm{d}y=\int_{-1}^{1}\mathrm{d}y\int_{y}^{1}y\mathrm{d}x=\int_{-1}^{1}y(1-y)\mathrm{d}y=-\frac{2}{3},$$

$$\iint\limits_D xye^{\frac{1}{2}(x^2+y^2)}\mathrm{d}x\mathrm{d}y=\int_{-1}^{1}y\mathrm{d}y\int_{y}^{1}xe^{\frac{1}{2}(x^2+y^2)}\mathrm{d}x$$

$$=\int_{-1}^{1}y\left[e^{\frac{1}{2}(1+y^2)}-e^{y^2}\right]\mathrm{d}y=0$$

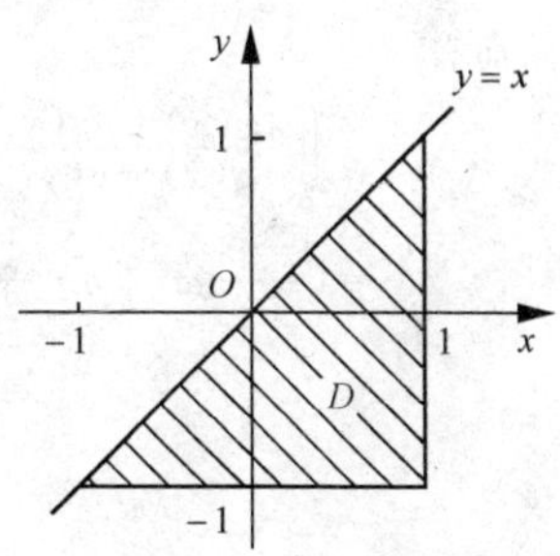

图 881

于是 $$\iint\limits_D y\left[1+xe^{\frac{1}{2}(x^2+y^2)}\right]\mathrm{d}x\mathrm{d}y=-\frac{2}{3}.$$

点评 二重积分计算一般应先作草图，再根据积分区域和被积函数的形式选择直角坐标或极坐标进行计算. 涉及到对称区间上的积分时，应尽可能利用被积函数的奇偶性简化计算. 本题

在计算 $\int_{-1}^{1} y\left[e^{\frac{1}{2}(1+y^2)}-e^{y^2}\right]dy$ 时，就利用对称区间上的积分性质直接得到结果为零.

【882】设区域 $D=\{(x,y)\mid x^2+y^2\leqslant 4,x\geqslant 0,y\geqslant 0\}$，$f(x)$ 为 D 上的正值连续函数，a,b 为常数，则 $\iint\limits_D \frac{a\sqrt{f(x)}+b\sqrt{f(y)}}{\sqrt{f(x)}+\sqrt{f(y)}}d\sigma=$______.

(A) $ab\pi$ (B) $\frac{ab}{2}\pi$ (C) $(a+b)\pi$ (D) $\frac{a+b}{2}\pi$

解 因 $D:x^2+y^2\leqslant 4,x\geqslant 0,y\geqslant 0$，对 x,y 具有轮换对称性，故

$$\iint\limits_D \sqrt{f(x)}\,d\sigma=\iint\limits_D \sqrt{f(y)}\,d\sigma,$$

则

$$\iint\limits_D \frac{a\sqrt{f(x)}+b\sqrt{f(y)}}{\sqrt{f(x)}+\sqrt{f(y)}}d\sigma=\frac{1}{2}\iint\limits_D \frac{a\left[\sqrt{f(x)}+\sqrt{f(y)}\right]+b\left[\sqrt{f(x)}+\sqrt{f(y)}\right]}{\sqrt{f(x)}+\sqrt{f(y)}}d\sigma$$

$$=\frac{1}{2}\iint\limits_D (a+b)d\sigma=\frac{1}{2}(a+b)\pi.$$

故应选(D).

点评 本题使用积分区域的对称性将积分化简，将被积函数化为常数，从而求得结果.

【883】设 $g(x)>0$ 为已知连续函数，在圆域 $D=\{(x,y)\mid x^2+y^2\leqslant a^2(a>0)\}$ 上计算二重积分 $I=\iint\limits_D \frac{\lambda g(x)+\mu g(y)}{g(x)+g(y)}dxdy$，其中 λ,μ 为正常数.

解 由于区域 D 关于直线 $y=x$ 对称，故对连续函数 $f(x,y)$ 有

$$\iint\limits_D f(x,y)dxdy=\iint\limits_D f(y,x)dxdy$$

因此

$$\iint\limits_D \frac{g(x)}{g(x)+g(y)}dxdy=\iint\limits_D \frac{g(y)}{g(y)+g(x)}dxdy$$

$$=\frac{1}{2}\iint\limits_D \left[\frac{g(x)}{g(x)+g(y)}+\frac{g(y)}{g(y)+g(x)}\right]dxdy$$

$$=\frac{1}{2}\iint\limits_D dxdy=\frac{1}{2}\pi a^2$$

从而有

$$\iint\limits_D \frac{\lambda g(x)+\mu g(y)}{g(x)+g(y)}dxdy=\lambda\iint\limits_D \frac{g(x)}{g(x)+g(y)}dxdy+\mu\iint\limits_D \frac{g(y)}{g(x)+g(y)}dxdy$$

$$=\lambda\cdot\frac{1}{2}\pi a^2+\mu\cdot\frac{1}{2}\pi a^2=\frac{1}{2}(\lambda+\mu)\pi a^2.$$

§2. 三重积分

1. 三重积分的概念

函数 $f(x,y,z)$ 在三维有界闭区域 Ω 上的三重积分系指下述和式的极限：

$$\iiint\limits_{\Omega} f(x,y,z)dxdydz=\lim_{\lambda\to 0}\sum_{i=1}^{n} f(\xi_i,\eta_i,\zeta_i)\Delta V_i$$

其中 ΔV_i 是分割区域 Ω 为 n 个子区域 $V_1,V_2,\cdots,V_n$ 时子区域 V_i 的体积，而 $(\xi_i,\eta_i,\zeta_i)\in V_i$，$\lambda$ 为各子区域 $V_i(i=1,2,\cdots,n)$ 直径之最大者.

若 $f(x,y,z)$ 在 Ω 上连续，则上述三重积分存在.

2. 三重积分的计算法

(1)在直角坐标系中的计算法

在直角坐标系中，三重积分的体积元素 $\mathrm{d}V$ 为 $\mathrm{d}x\mathrm{d}y\mathrm{d}z$. 设空间有界闭区域 Ω 在 xOy 平面上的投影为 D_{xy}，且平行于 z 轴的直线与 Ω 的边界曲面 S 的交点不多于两个. 此时如果 Ω 可表示为：

$$\Omega:\begin{cases}a\leqslant x\leqslant b\\ y_1(x)\leqslant y\leqslant y_2(x)\\ z_1(x,y)\leqslant z\leqslant z_2(x,y)\end{cases}$$

则

$$\iiint\limits_{\Omega}f(x,y,z)\mathrm{d}V=\iiint\limits_{\Omega}f(x,y,z)\mathrm{d}x\mathrm{d}y\mathrm{d}z$$
$$=\iint\limits_{D_{xy}}\mathrm{d}x\mathrm{d}y\int_{z_1(x,y)}^{z_2(x,y)}f(x,y,z)\mathrm{d}z=\int_a^b\mathrm{d}x\int_{y_1(x)}^{y_2(x)}\mathrm{d}y\int_{z_1(x,y)}^{z_2(x,y)}f(x,y,z)\mathrm{d}z$$

(2)在柱面坐标系下的计算法

直角坐标与柱面坐标的关系是 $\begin{cases}x=r\cos\theta\\ y=r\sin\theta\\ z=z\end{cases}$

在柱面坐标系中三重积分的体积元素 $\mathrm{d}V$ 为 $r\mathrm{d}r\mathrm{d}\theta\mathrm{d}z$，因此

$$\iiint\limits_{\Omega}f(x,y,z)\mathrm{d}V=\iiint\limits_{\Omega}f(r\cos\theta,r\sin\theta,z)r\mathrm{d}r\mathrm{d}\theta\mathrm{d}z$$

将右端化为累次积分，即可求得其结果.

(3)在球面坐标系下的计算法

直角坐标与球面坐标的关系是 $\begin{cases}x=r\sin\varphi\cos\theta\\ y=r\sin\varphi\sin\theta\\ z=r\cos\varphi\end{cases}$

在球面坐标系中三重积分的体积元素 $\mathrm{d}V$ 为 $r^2\sin\varphi\mathrm{d}r\mathrm{d}\theta\mathrm{d}\varphi$，因此

$$\iiint\limits_{\Omega}f(x,y,z)\mathrm{d}V=\iiint\limits_{\Omega}f(r\sin\varphi\cos\theta,r\sin\varphi\sin\theta,r\cos\varphi)r^2\sin\varphi\mathrm{d}r\mathrm{d}\varphi\mathrm{d}\theta$$

将右端化为累次积分即可求得其结果.

基本题型

利用三重积分的性质计算

【884】 设有闭区域 $\Omega_1:x^2+y^2+z^2\leqslant R^2,z\geqslant0$；$\Omega_2:x^2+y^2+z^2\leqslant R^2,x\geqslant0,y\geqslant0,z\geqslant0$. 则______.

(A) $\iiint\limits_{\Omega_1}x\mathrm{d}V=4\iiint\limits_{\Omega_2}x\mathrm{d}V$ (B) $\iiint\limits_{\Omega_1}y\mathrm{d}V=4\iiint\limits_{\Omega_2}y\mathrm{d}V$

(C) $\iiint\limits_{\Omega_1} z\mathrm{d}V = 4\iiint\limits_{\Omega_2} z\mathrm{d}V$　　(D) $\iiint\limits_{\Omega_1} xyz\mathrm{d}V = 4\iiint\limits_{\Omega_2} xyz\mathrm{d}V$

解　因为区域 Ω_1 既关于 xOz 面对称，又关于 yOz 面对称，区域 Ω_2 恰是 Ω_1 的 $\frac{1}{4}$，但被积函数中只有 $f(x,y,z)=z$ 是既关于 xOz 面、又关于 yOz 面对称.

故应选(C).

【885】 有界闭区域 Ω 由平面 $x+y+z+1=0$，$x+y+z+2=0$ 及三个坐标面围成，设 $I_1=\iiint\limits_{\Omega}[\ln(x+y+z+3)]^3\mathrm{d}x\mathrm{d}y\mathrm{d}z$，$I_2=\iiint\limits_{\Omega}(x+y+z)^2\mathrm{d}x\mathrm{d}y\mathrm{d}z$，不计算 I_1，I_2 的具体值，利用三重积分的性质可知________.

(A) $I_1\leqslant I_2$　　(B) $I_1\geqslant I_2$

(C) I_1，I_2 的大小不具体计算不能进行比较

(D) I_1，I_2 的值计算不出来，故无法比较它们的大小

解　在 Ω 内有 $0\leqslant[\ln(x+y+z+3)]^3\leqslant(\ln 2)^3$ 及 $1\leqslant(x+y+z)^2\leqslant 4$，所以有 $I_1\leqslant I_2$.

故应选(A).

利用对称性计算三重积分

【886】 设 Ω 是由曲面 $x^2+y^2\leqslant 1$，$z=1$，$z=0$ 所围成的闭区域，则

$\iiint\limits_{\Omega}[\mathrm{e}^{z^3}\tan(x^2y^3)+3]\mathrm{d}V=$________.

(A) 0　　(B) 3π　　(C) π　　(D) 3

解　$\iiint\limits_{\Omega}[\mathrm{e}^{z^3}\tan(x^2y^3)+3]\mathrm{d}V=\iiint\limits_{\Omega}\mathrm{e}^{z^3}\tan(x^2y^3)\mathrm{d}V+3\iiint\limits_{\Omega}\mathrm{d}V=I_1+I_2$.

对于 I_1，由于被积函数 $\mathrm{e}^{z^3}\tan(x^2y^3)$ 关于 y 为奇函数，而积分区域关于 xOz 面对称，所以 $I_1=0$；而 $I_2=3\iiint\limits_{\Omega}\mathrm{d}V=3\pi$.

故应选(B).

【887】 设 Ω 为 $x^2+y^2+(z-1)^2\leqslant 1$，则 $\iiint\limits_{\Omega}(x+xyz^2-3)\mathrm{d}V=$________.

解　$\iiint\limits_{\Omega}(x+xyz^2-3)\mathrm{d}V=\iiint\limits_{\Omega}x(1+yz^2)\mathrm{d}V-3\iiint\limits_{\Omega}\mathrm{d}V=I_1+I_2$.

对于 I_1，由于被积函数 $x(1+yz^2)$ 关于 x 为奇函数，而积分区域关于 yOz 面对称，所以 $I_1=0$；而 $I_2=-3\iiint\limits_{\Omega}\mathrm{d}V=-4\pi$.

故应填 -4π.

【888】 设 $I=\iiint\limits_{\Omega}f(x^2+y^2+z^2)\mathrm{d}V$，$\Omega$ 是由 $|x|=a$，$|y|=a$，$|z|=a$ 所围成的正方体，则 $I=$________.

(A) $\iiint\limits_{\Omega}f(3x^2)\mathrm{d}V$　　(B) $3\iiint\limits_{\Omega}f(x^2)\mathrm{d}V$

(C) $3\int_0^a\mathrm{d}x\int_0^a\mathrm{d}y\int_0^a f(x^2)\mathrm{d}z$　　(D) $8\int_0^a\mathrm{d}x\int_0^a\mathrm{d}y\int_0^a f(x^2+y^2+z^2)\mathrm{d}z$

解 因为 $f(x^2+y^2+z^2)$ 关于 x,y,z 都是偶函数. 又 Ω 关于 xOy 面、关于 yOz 面、关于 xOz 面都对称,故由对称性可知:

$$I=8\int_0^a \mathrm{d}x\int_0^a \mathrm{d}y\int_0^a f(x^2+y^2+z^2)\mathrm{d}z.$$

故应选(D).

【889】 设 $\Omega=\{(x,y,z)\mid x^2+y^2+z^2\leqslant 1\}$,则 $\iiint\limits_{\Omega} z^2\mathrm{d}x\mathrm{d}y\mathrm{d}z=$______.

解 由对称性

$$\iiint\limits_{\Omega} x^2\mathrm{d}x\mathrm{d}y\mathrm{d}z=\iiint\limits_{\Omega} y^2\mathrm{d}x\mathrm{d}y\mathrm{d}z=\iiint\limits_{\Omega} z^2\mathrm{d}x\mathrm{d}y\mathrm{d}z,$$

所以 $$\iiint\limits_{\Omega} z^2\mathrm{d}x\mathrm{d}y\mathrm{d}z=\frac{1}{3}\iiint\limits_{\Omega}(x^2+y^2+z^2)\mathrm{d}x\mathrm{d}y\mathrm{d}z=\frac{1}{3}\int_0^{2\pi}\mathrm{d}\theta\int_0^{\pi}\sin\varphi\mathrm{d}\varphi\int_0^1 r^4\mathrm{d}r=\frac{4}{15}\pi.$$

故应填 $\frac{4}{15}\pi$.

在直角坐标系下计算三重积分

【890】 设 Ω 由 $z=x^2+y^2$ 与 $z=1$ 所围区域在第一卦限的部分,则 $\iiint\limits_{\Omega} f(x,y,z)\mathrm{d}V\neq$ ________.

(A) $\int_0^1\mathrm{d}z\int_0^{\sqrt{z}}\mathrm{d}x\int_0^{\sqrt{z-x^2}} f(x,y,z)\mathrm{d}y$　　(B) $\int_0^1\mathrm{d}x\int_0^{\sqrt{1-x^2}}\mathrm{d}y\int_0^{x^2+y^2} f(x,y,z)\mathrm{d}z$

(C) $\int_0^{\frac{\pi}{2}}\mathrm{d}\theta\int_0^1\mathrm{d}r\int_{r^2}^1 f(r\cos\theta,r\sin\theta,z)r\mathrm{d}z$　　(D) $\int_0^1\mathrm{d}x\int_0^{\sqrt{1-x^2}}\mathrm{d}y\int_{x^2+y^2}^1 f(x,y,z)\mathrm{d}z$

解 因为关于 z 的积分上下限分别为 1 和 x^2+y^2.

故应选(B).

【891】 $\iiint\limits_{\Omega}(x+y+z)\mathrm{d}V$,其中 Ω 为由平面 $x+y+z=1$ 与三个坐标面围成的区域.

解 $$\iiint\limits_{\Omega}(x+y+z)\mathrm{d}V=\int_0^1\mathrm{d}x\int_0^{1-x}\mathrm{d}y\int_0^{1-x-y}(x+y+z)\mathrm{d}z$$

$$=\int_0^1\mathrm{d}x\int_0^{1-x}\left[(x+y)z+\frac{z^2}{2}\right]\Bigg|_0^{1-x-y}\mathrm{d}y$$

$$=\int_0^1\mathrm{d}x\int_0^{1-x}\left[(x+y)-(x+y)^2+\frac{(1-x-y)^2}{2}\right]\mathrm{d}y$$

$$=\int_0^1\left[\frac{(x+y)^2}{2}-\frac{(x+y)^3}{3}-\frac{(1-x-y)^3}{6}\right]\Bigg|_0^{1-x}\mathrm{d}x$$

$$=\int_0^1\left[\frac{1}{6}-\frac{x^2}{2}+\frac{x^3}{3}+\frac{(1-x)^3}{6}\right]\mathrm{d}x=\left[\frac{x}{6}-\frac{x^3}{6}+\frac{x^4}{12}-\frac{(1-x)^4}{24}\right]\Bigg|_0^1=\frac{1}{8}.$$

【892】 $\iiint\limits_{\Omega}\frac{1}{(1+x+y+z)^3}\mathrm{d}V$,其中 Ω 由平面 $x+y+z=1$ 与三个坐标面围成的区域.

解 $$\iiint\limits_{\Omega}\frac{1}{(1+x+y+z)^3}\mathrm{d}V=\int_0^1\mathrm{d}x\int_0^{1-x}\mathrm{d}y\int_0^{1-x-y}\frac{1}{(1+x+y+z)^3}\mathrm{d}z$$

$$=\int_0^1\mathrm{d}x\int_0^{1-x}\left[-\frac{1}{2(1+x+y+z)^2}\right]\Bigg|_0^{1-x-y}\mathrm{d}y=\int_0^1\mathrm{d}x\int_0^{1-x}\left[\frac{1}{2(1+x+y)^2}-\frac{1}{8}\right]\mathrm{d}y$$

$$=\int_0^1\left[-\frac{1}{2(1+x+y)}-\frac{y}{8}\right]\Big|_0^{1-x}\mathrm{d}x=\int_0^1\left[-\frac{1}{4}+\frac{x-1}{8}+\frac{1}{2(1+x)}\right]\mathrm{d}x$$

$$=\left[-\frac{x}{4}+\frac{(x-1)^2}{16}+\frac{1}{2}\ln(1+x)\right]\Big|_0^1=\frac{1}{2}\ln2-\frac{5}{16}.$$

【893】 $\iiint\limits_{\Omega}xy^2\mathrm{d}V$，$\Omega$ 由平面 $z=0,x+y-z=0,x-y-z=0$ 及 $x=1$ 围成的区域.

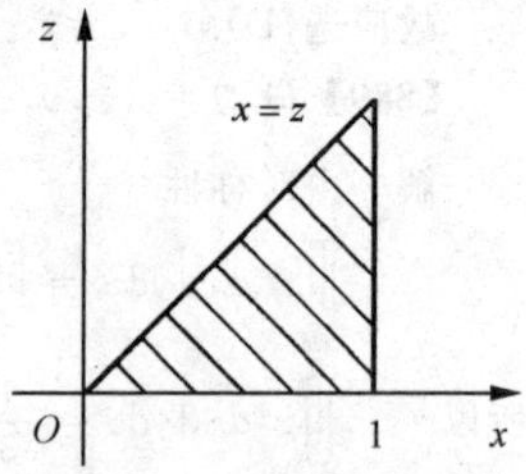

图 893

解 将 Ω 区域投影到 xOz 面上得平面区域如图 893 所示.

$$\iiint\limits_{\Omega}xy^2\mathrm{d}V=\int_0^1\mathrm{d}x\int_0^x\mathrm{d}z\int_{-(x-z)}^{x-z}xy^2\mathrm{d}y$$

$$=\int_0^1\mathrm{d}x\int_0^x\left[\frac{2}{3}x(x-z)^3\right]\mathrm{d}z$$

$$=\int_0^1\frac{x^5}{6}\mathrm{d}x=\frac{x^6}{36}\Big|_0^1=\frac{1}{36}.$$

【894】 计算三重积分 $I=\iiint\limits_{\Omega}y\cos(x+z)\mathrm{d}x\mathrm{d}y\mathrm{d}z$

其中 Ω 为由平面 $y=x,z=0,y=0,x+z=\frac{\pi}{2}$ 所围成区域.

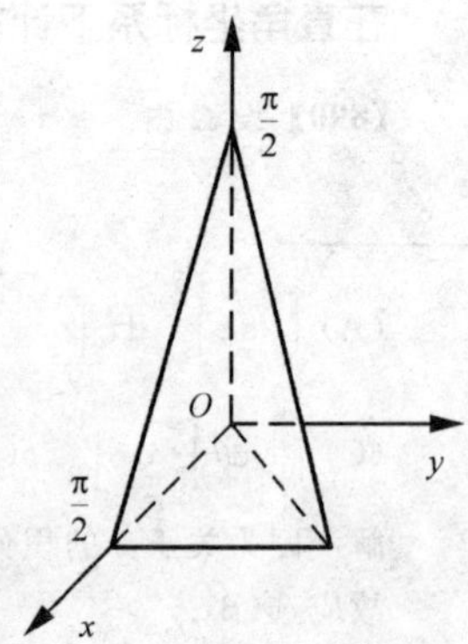

图 894

解 如图 894 所示.

$$I=\int_0^{\frac{\pi}{2}}\mathrm{d}x\int_0^x\mathrm{d}y\int_0^{\frac{\pi}{2}-x}y\cos(x+z)\mathrm{d}z$$

$$=\int_0^{\frac{\pi}{2}}\mathrm{d}x\int_0^x y(1-\sin x)\mathrm{d}y$$

$$=\int_0^{\frac{\pi}{2}}\frac{1}{2}x^2(1-\sin x)\mathrm{d}x$$

$$=\frac{\pi^3}{48}-\frac{1}{2}\int_0^{\frac{\pi}{2}}x^2\sin x\mathrm{d}x$$

$$=1+\frac{\pi^3}{48}-\frac{\pi}{2}.$$

【895】 $\iiint\limits_{\Omega}\mathrm{e}^{|x|}\mathrm{d}V$，$\Omega$ 为 $x^2+y^2+z^2\leqslant1$.

解 设 Ω 在第一卦限的区域为 Ω_1，由于对三个坐标面均对称，同时，函数 $\mathrm{e}^{|x|}$ 关于 x,y,z 都为偶函数，所以

$$I=\iiint\limits_{\Omega}\mathrm{e}^{|x|}\mathrm{d}x\mathrm{d}y\mathrm{d}z=8\iiint\limits_{\Omega_1}\mathrm{e}^{|x|}\mathrm{d}x\mathrm{d}y\mathrm{d}z=8\iiint\limits_{\Omega_1}\mathrm{e}^{x}\mathrm{d}x\mathrm{d}y\mathrm{d}z,$$

由于 Ω_1 在 x 轴上的投影区间为$[0,1]$，在 Ω_1 上垂直于 x 轴的截面区域为 $D_{yz}:y\geqslant0,z\geqslant0,y^2+z^2\leqslant1-x^2$.

所以

$$I=8\int_0^1\mathrm{d}x\iint\limits_{D_{yz}}\mathrm{e}^x\mathrm{d}y\mathrm{d}z=8\int_0^1\mathrm{e}^x\cdot\frac{1}{4}\pi(1-x^2)\mathrm{d}x=2\pi\int_0^1\mathrm{e}^x(1-x^2)\mathrm{d}x=2\pi.$$

【896】 $\iiint\limits_{\Omega}xy^2z^3\mathrm{d}V$，$\Omega$ 是由马鞍面 $z=xy$ 与平面 $y=x,x=1,z=0$ 所包围的空间区域.

解 $\iiint\limits_{\Omega} xy^2z^3\mathrm{d}V=\int_0^1\mathrm{d}x\int_0^x\mathrm{d}y\int_0^{xy}xy^2z^3\mathrm{d}z=\int_0^1\mathrm{d}x\int_0^x\frac{1}{4}x^5y^6\mathrm{d}y=\int_0^1\frac{1}{28}x^{12}\mathrm{d}x=\frac{1}{364}.$

柱面坐标系下计算三重积分

【897】 $\iiint\limits_{\Omega}(x^2+y^2)\mathrm{d}V$，$\Omega$ 是由曲面 $4z^2=25(x^2+y^2)$ 及平面 $z=5$ 所围成的区域.

解 在柱面坐标系下，

$$\iiint\limits_{\Omega}(x^2+y^2)\mathrm{d}V=\int_0^{2\pi}\mathrm{d}\theta\int_0^2 r\mathrm{d}r\int_{\frac{5}{2}r}^5 r^2\mathrm{d}z=2\pi\cdot\int_0^2(5r^3-\frac{5}{2}r^4)\mathrm{d}r=8\pi.$$

【898】 计算 $I=\iiint\limits_{\Omega}(x^2+y^2)\mathrm{d}V$，其中 Ω 为平面曲线 $\begin{cases}y^2=2z\\x=0\end{cases}$，绕 z 轴旋转一周形成的曲面与平面 $z=8$ 所围成的区域.

解法一 在柱面坐标系下，

$$I=\int_0^{2\pi}\mathrm{d}\theta\int_0^4 r\mathrm{d}r\int_{\frac{r^2}{2}}^8 r^2\mathrm{d}z=2\pi\int_0^4 r^3\left(8-\frac{r^2}{2}\right)\mathrm{d}r=\frac{1024\pi}{3}.$$

解法二 采用“先二后一”法，

$$I=\int_0^8\mathrm{d}z\iint\limits_{x^2+y^2\leqslant 2z}(x^2+y^2)\mathrm{d}x\mathrm{d}y=\int_0^8\mathrm{d}z\int_0^{2\pi}\mathrm{d}\theta\int_0^{\sqrt{2z}}r^2\cdot r\mathrm{d}r=\frac{1024\pi}{3}.$$

【899】 $\iiint\limits_{\Omega}z\mathrm{d}V$，其中 Ω 是由球面 $x^2+y^2+z^2=4$ 与抛物面 $x^2+y^2=3z$ 所围成.

解 $\iiint\limits_{\Omega}z\mathrm{d}V=\int_0^{2\pi}\mathrm{d}\theta\int_0^{\sqrt{3}}r\mathrm{d}r\int_{\frac{r^2}{3}}^{\sqrt{4-r^2}}z\mathrm{d}z=\pi\int_0^{\sqrt{3}}r(4-r^2-\frac{r^4}{9})\mathrm{d}r=\frac{13}{4}\pi.$

【900】 计算 $\iiint\limits_{\Omega}2\sqrt{x^2+y^2}\mathrm{d}V$，$\Omega$ 是由 $z=\sqrt{a^2-x^2-y^2}$，$x\geqslant 0$，$y\geqslant 0$ 和 $z\geqslant 0$ 所围成的区域.

解 在柱面坐标系下化三重积分为三次积分计算

$$\iiint\limits_{\Omega}2\sqrt{x^2+y^2}\mathrm{d}V=2\int_0^{\frac{\pi}{2}}\mathrm{d}\theta\int_0^a r\mathrm{d}r\int_0^{\sqrt{a^2-r^2}}r\mathrm{d}z$$

$$=2\cdot\frac{\pi}{2}\cdot\int_0^a r^2\sqrt{a^2-r^2}\mathrm{d}r\xlongequal{r=a\sin t}\pi\int_0^{\frac{\pi}{2}}a^4\sin^2t\cos^2t\mathrm{d}t=\pi a^4\int_0^{\frac{\pi}{2}}\left(\frac{\sin 2t}{2}\right)^2\mathrm{d}t$$

$$=\frac{\pi a^4}{4}\int_0^{\frac{\pi}{2}}\frac{1-\cos 4t}{2}\mathrm{d}t=\frac{\pi a^4}{8}\left(t-\frac{1}{4}\sin 4t\right)\Big|_0^{\frac{\pi}{2}}=\frac{\pi^2a^4}{16}.$$

【901】 计算 $\iiint\limits_{\Omega}z^2\mathrm{d}x\mathrm{d}y\mathrm{d}z$，其中区域 Ω 是由 $\begin{cases}x^2+y^2+z^2\leqslant R^2\\x^2+y^2+(z-R)^2\leqslant R^2\end{cases}$ 所确定.

解法一 利用柱面坐标，得

$$\iiint\limits_{\Omega}z^2\mathrm{d}x\mathrm{d}y\mathrm{d}z=\int_0^{2\pi}\mathrm{d}\theta\int_0^{\frac{\sqrt{3}}{2}R}r\mathrm{d}r\int_{R-\sqrt{R^2-r^2}}^{\sqrt{R^2-r^2}}z^2\mathrm{d}z$$

$$=\frac{2}{3}\pi\int_0^{\frac{\sqrt{3}}{2}R}r\left[(R^2-r^2)^{\frac{3}{2}}-(R-\sqrt{R^2-r^2})^3\right]\mathrm{d}r$$

$$=\frac{2}{3}\pi\int_0^{\frac{\sqrt{3}}{2}R}r\left[2(R^2-r^2)^{\frac{3}{2}}+3R^2(R^2-r^2)^{\frac{1}{2}}-4R^3+3Rr^2\right]\mathrm{d}r$$

$$=\frac{59}{480}\pi R^5.$$

解法二 利用球面坐标,得

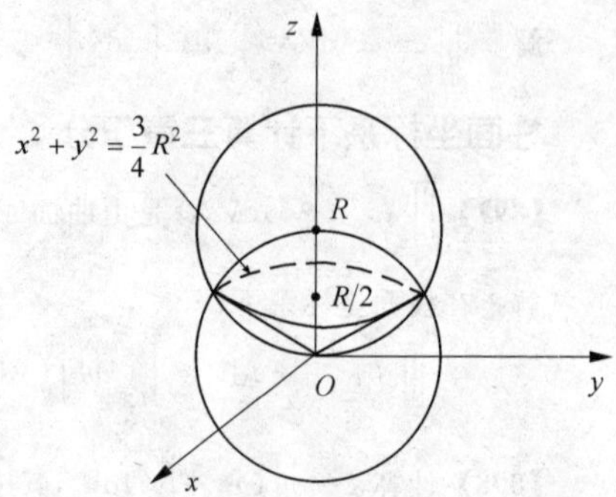

图 901

$$\iiint_{\Omega} z^2\,\mathrm{d}x\mathrm{d}y\mathrm{d}z$$

$$=\int_0^{2\pi}\mathrm{d}\theta\int_0^{\frac{\pi}{3}}\mathrm{d}\varphi\int_0^{R} r^2\cos^2\varphi\cdot r^2\sin\varphi\mathrm{d}r$$

$$+\int_0^{2\pi}\mathrm{d}\theta\int_{\frac{\pi}{3}}^{\frac{\pi}{2}}\mathrm{d}\varphi\int_0^{2R\cos\varphi} r^2\sin\varphi\cdot r^2\cos^2\varphi\mathrm{d}r$$

$$=2\pi\left(-\frac{1}{3}\cos^3\varphi\right)\Big|_0^{\frac{\pi}{3}}\cdot\left(\frac{1}{5}r^5\right)\Big|_0^{R}$$

$$+\frac{64\pi}{5}R^5\left(-\frac{1}{8}\cos^8\varphi\right)\Big|_{\frac{\pi}{3}}^{\frac{\pi}{2}}$$

$$=\frac{59}{480}\pi R^5.$$

解法三 利用"先二后一"法,得

$$\iiint_{\Omega} z^2\mathrm{d}x\mathrm{d}y\mathrm{d}z=\int_{\frac{R}{2}}^{R} z^2\mathrm{d}z\iint_{x^2+y^2\leqslant R^2-z^2}\mathrm{d}x\mathrm{d}y+\int_0^{\frac{R}{2}} z^2\mathrm{d}z\iint_{x^2+y^2\leqslant 2Rz-z^2}\mathrm{d}x\mathrm{d}y$$

$$=\int_{\frac{R}{2}}^{R}\pi z^2(R^2-z^2)\mathrm{d}z+\int_0^{\frac{R}{2}} z^2\cdot\pi\cdot(2Rz-z^2)\mathrm{d}z$$

$$=\frac{59}{480}\pi R^5.$$

点评 比较上面三种解法可见,对这种类型的积分采用"先二后一"法比较简单,特别是先算的二重积分都分别表示某个圆的面积,利用圆的面积公式,便可很容易算出所给的三重积分.

在球面坐标系下计算三重积分

【902】 将三重积分 $\iiint_{\Omega} f(x^2+y^2)\mathrm{d}V$ 化为球面坐标系下的三次积分,其中 Ω:$x^2+y^2+z^2\leqslant 1,x\geqslant 0,y\geqslant 0$,则 $\iiint_{\Omega} f(x^2+y^2)\mathrm{d}V=$________.

解 $\iiint_{\Omega} f(x^2+y^2)\mathrm{d}V=\int_0^{\frac{\pi}{2}}\mathrm{d}\theta\int_0^{\pi}\sin\varphi\mathrm{d}\varphi\int_0^1 f(r^2\sin^2\varphi)r^2\mathrm{d}r.$

故应填 $\int_0^{\frac{\pi}{2}}\mathrm{d}\theta\int_0^{\pi}\sin\varphi\mathrm{d}\varphi\int_0^1 f(r^2\sin^2\varphi)r^2\mathrm{d}r.$

【903】 计算 $\iiint_{\Omega}\frac{\sin\sqrt{x^2+y^2+z^2}}{x^2+y^2+z^2}\mathrm{d}V,\Omega=\{(x,y,z)\mid x^2+y^2+z^2\leqslant 1,x\geqslant 0,y\geqslant 0,z\geqslant 0\}.$

解 在球面坐标系下,

$$\iiint_{\Omega}\frac{\sin\sqrt{x^2+y^2+z^2}}{x^2+y^2+z^2}\mathrm{d}V=\int_0^{\frac{\pi}{2}}\mathrm{d}\theta\int_0^{\frac{\pi}{2}}\sin\varphi\mathrm{d}\varphi\int_0^1\frac{\sin r}{r^2}\cdot r^2\mathrm{d}r$$

$$=\int_0^{\frac{\pi}{2}}\mathrm{d}\theta\cdot\int_0^{\frac{\pi}{2}}\sin\varphi\mathrm{d}\varphi\cdot\int_0^1\sin r\mathrm{d}r=\frac{\pi}{2}\cdot(-\cos\varphi)\Big|_0^{\frac{\pi}{2}}\cdot(-\cos r)\Big|_0^1=\frac{\pi}{2}(1-\cos 1).$$

【904】 计算 $\iiint_{\Omega}(x^2+y^2)\mathrm{d}V$,$\Omega$ 是由不等式 $0<a\leqslant\sqrt{x^2+y^2+z^2}\leqslant A,z\geqslant 0$ 所确定的区域.

解 在球面坐标系下,

$$\iiint_{\Omega}(x^2+y^2)\mathrm{d}V=\int_0^{2\pi}\mathrm{d}\theta\int_0^{\frac{\pi}{2}}\sin\varphi\mathrm{d}\varphi\int_a^A r^2\sin^2\varphi\cdot r^2\mathrm{d}r$$

$$=\int_0^{2\pi}\mathrm{d}\theta\cdot\int_0^{\frac{\pi}{2}}\sin^3\varphi\mathrm{d}\varphi\cdot\int_a^A r^4\mathrm{d}r=2\pi\cdot\int_0^{\frac{\pi}{2}}(\cos^2\varphi-1)\mathrm{d}\cos\varphi\cdot\frac{r^5}{5}\bigg|_a^A$$

$$=2\pi\cdot\left(\frac{1}{3}\cos^3\varphi-\cos\varphi\right)\bigg|_0^{\frac{\pi}{2}}\cdot\frac{1}{5}(A^5-a^5)=\frac{4}{15}\pi(A^5-a^5).$$

【905】 计算 $\iiint_{\Omega}x^2\mathrm{d}V$，其中 Ω 是由锥面 $z=\sqrt{x^2+y^2}$ 与球面 $z=\sqrt{R^2-x^2-y^2}$ 所围的空间闭区域.

解 在球面坐标系下 Ω 可表示为 $0\leqslant\theta\leqslant2\pi,0\leqslant\varphi\leqslant\frac{\pi}{4},0\leqslant r\leqslant R$. 于是

$$\iiint_{\Omega}x^2\mathrm{d}V=\int_0^{2\pi}\mathrm{d}\theta\int_0^{\frac{\pi}{4}}\mathrm{d}\varphi\int_0^R r^2\cos^2\theta\sin^2\varphi\cdot r^2\sin\varphi\mathrm{d}r$$

$$=\int_0^{2\pi}\cos^2\theta\mathrm{d}\theta\int_0^{\frac{\pi}{4}}\sin^3\varphi\mathrm{d}\varphi\cdot\int_0^R r^4\mathrm{d}r=\frac{1}{5}\pi R^5\left(\frac{2}{3}-\frac{5}{12}\sqrt{2}\right).$$

【906】 $\iiint_{\Omega}xyz\mathrm{d}V,\Omega=\{(x,y,z)\mid x^2+y^2+z^2\leqslant1,x,y,z\geqslant0\}$.

解法一 在球面坐标系下化三重积分为三次积分计算

$$\iiint_{\Omega}xyz\mathrm{d}V=\int_0^{\frac{\pi}{2}}\mathrm{d}\theta\int_0^{\frac{\pi}{2}}\mathrm{d}\varphi\int_0^1 r\sin\varphi\cos\theta\cdot r\sin\varphi\sin\theta\cdot r\cos\varphi\cdot r^2\sin\varphi\mathrm{d}r$$

$$=\int_0^{\frac{\pi}{2}}\sin\theta\cos\theta\mathrm{d}\theta\cdot\int_0^{\frac{\pi}{2}}\sin^3\varphi\cos\varphi\mathrm{d}\varphi\cdot\int_0^1 r^5\mathrm{d}r$$

$$=\left(\frac{1}{2}\sin^2\theta\right)\bigg|_0^{\frac{\pi}{2}}\cdot\left(\frac{1}{4}\sin^4\varphi\right)\bigg|_0^{\frac{\pi}{2}}\cdot\left(\frac{1}{6}r^6\right)\bigg|_0^1=\frac{1}{48}.$$

解法二 在柱面坐标系下化三重积分为三次积分计算

$$\iiint_{\Omega}xyz\mathrm{d}V=\int_0^{\frac{\pi}{2}}\mathrm{d}\theta\int_0^1 r\mathrm{d}r\int_0^{\sqrt{1-r^2}}r\cos\theta\cdot r\sin\theta\cdot z\mathrm{d}z$$

$$=\int_0^{\frac{\pi}{2}}\sin\theta\cos\theta\mathrm{d}\theta\cdot\int_0^1 r^3\mathrm{d}r\int_0^{\sqrt{1-r^2}}z\mathrm{d}z=\frac{1}{2}\sin^2\theta\bigg|_0^{\frac{\pi}{2}}\cdot\int_0^1\frac{1}{2}r^3(1-r^2)\mathrm{d}r$$

$$=\frac{1}{2}\cdot\frac{1}{2}\cdot\left(\frac{r^4}{4}-\frac{r^6}{6}\right)\bigg|_0^1=\frac{1}{48}.$$

【907】 $\iiint_{\Omega}x\mathrm{e}^{\frac{x^2+y^2+z^2}{a^2}}\mathrm{d}V,\Omega=\{(x,y,z)\mid x^2+y^2+z^2\leqslant a^2,x,y,z\geqslant0\}$.

解 在球面坐标系下化三重积分为三次积分计算

$$\iiint_{\Omega}x\mathrm{e}^{\frac{x^2+y^2+z^2}{a^2}}\mathrm{d}V=\int_0^{\frac{\pi}{2}}\mathrm{d}\theta\int_0^{\frac{\pi}{2}}\mathrm{d}\varphi\int_0^a r\sin\varphi\cos\theta\cdot\mathrm{e}^{\frac{r^2}{a^2}}\cdot r^2\sin\varphi\mathrm{d}r$$

$$=\int_0^{\frac{\pi}{2}}\cos\theta\mathrm{d}\theta\cdot\int_0^{\frac{\pi}{2}}\sin^2\varphi\mathrm{d}\varphi\cdot\int_0^a r^3\mathrm{e}^{\frac{r^2}{a^2}}\mathrm{d}r=\frac{\pi}{4}\int_0^a r^3\mathrm{e}^{\frac{r^2}{a^2}}\mathrm{d}r$$

$$\xlongequal{\frac{r^2}{a^2}=t}\frac{\pi}{8}\cdot a^4\cdot\int_0^1 t\mathrm{e}^t\mathrm{d}t=\frac{\pi a^4}{8}(t-1)\mathrm{e}^t\bigg|_0^1=\frac{\pi a^4}{8}.$$

【908】计算 $\iiint\limits_{\Omega}(x+y+z)^2\mathrm{d}V$，其中 Ω 是 $x^2+y^2+z^2\leqslant R^2$ 的球体.

解 由对称性知

$$\iiint\limits_{\Omega}xy\mathrm{d}V=\iiint\limits_{\Omega}yz\mathrm{d}V=\iiint\limits_{\Omega}xz\mathrm{d}V,\qquad \iiint\limits_{\Omega}x^2\mathrm{d}V=\iiint\limits_{\Omega}y^2\mathrm{d}V=\iiint\limits_{\Omega}z^2\mathrm{d}V,$$

$$\begin{aligned}&\iiint\limits_{\Omega}(x+y+z)^2\mathrm{d}V\\&=\iiint\limits_{\Omega}x^2\mathrm{d}V+\iiint\limits_{\Omega}y^2\mathrm{d}V+\iiint\limits_{\Omega}z^2\mathrm{d}V+2\iiint\limits_{\Omega}xy\mathrm{d}V+2\iiint\limits_{\Omega}yz\mathrm{d}V+2\iiint\limits_{\Omega}xz\mathrm{d}V\\&=3\iiint\limits_{\Omega}z^2\mathrm{d}V=3\int_0^{2\pi}\mathrm{d}\theta\int_0^{\pi}\sin\varphi\mathrm{d}\varphi\int_0^R r^4\cos^2\varphi\mathrm{d}r=6\pi\int_0^{\pi}\sin\varphi\cos^2\varphi\mathrm{d}\varphi\cdot\int_0^R r^4\mathrm{d}r=\frac{4}{5}\pi R^5.\end{aligned}$$

含有三重积分的算式的求导问题

【909】设函数 $f(x)$ 连续，$\Omega_t:0\leqslant z\leqslant h,x^2+y^2\leqslant t^2$，$F(t)=\iiint\limits_{\Omega_t}[z^2+f(x^2+y^2)]\mathrm{d}V$，求 $\frac{\mathrm{d}F(t)}{\mathrm{d}t}$ 和 $\lim\limits_{t\to0^+}\frac{F(t)}{t^2}$.

分析 Ω_t 中 h 是常数，t 是变量，Ω_t 是一个变半径的圆柱，故积分是一个含参变量 t 的三重积分，参变量 t 含于积分域中，化成累次积分时参变量 t 必将反映于积分限. 另外，由于被积函数没有具体给出，因此不可能完全积出后再求导和求极限，显然要利用变上限的定积分的性质，考虑到被积函数和积分域的情况，化三重积分为累次积分时，采用柱坐标系为好.

解
$$\begin{aligned}F(t)&=\iiint\limits_{\Omega_t}[z^2+f(x^2+y^2)]\mathrm{d}V=\int_0^{2\pi}\mathrm{d}\theta\int_0^t r\mathrm{d}r\int_0^h[z^2+f(r^2)]\mathrm{d}z\\&=2\pi\int_0^t\left[\frac{1}{3}h^3+hf(r^2)\right]r\mathrm{d}r\end{aligned}$$

故得 $\frac{\mathrm{d}F}{\mathrm{d}t}=2\pi\left[\frac{1}{3}h^3+hf(t^2)\right]t.$

又因为 $\lim\limits_{t\to0^+}2\pi\int_0^t\left[\frac{1}{3}h^3+hf(r^2)\right]r\mathrm{d}r=\lim\limits_{t\to0^+}F(t)=0$（因为被积函数连续，所以 $F(t)$ 连续，且有 $F(0)=0$），所以，$\lim\limits_{t\to0^+}\frac{F(t)}{t^2}$ 是"$\frac{0}{0}$"型，利用洛必达法则，有

$$\lim_{t\to0^+}\frac{F(t)}{t^2}=\lim_{t\to0^+}\frac{2\pi t\left[\frac{1}{3}h^3+hf(t^2)\right]}{2t}=\pi\left[\frac{1}{3}h^3+hf(0)\right]$$

（因为 $f(x)$ 是连续函数，所以，$\lim\limits_{t\to0^+}f(t^2)=f(0)$）.

【910】设 $f(x)$ 连续，$f(0)=a$，函数 $F(t)=\iiint\limits_{\Omega}[z+f(x^2+y^2+z^2)]\mathrm{d}V$，其中 $\Omega:0\leqslant z\leqslant\sqrt{t^2-x^2-y^2}$ 及 $z\geqslant\sqrt{x^2+y^2}$，求 $\lim\limits_{t\to0}\frac{F(t)}{t^3}$.

解 在球面坐标系下化三重积分为三次积分，得

$$F(t)=\iiint\limits_{\Omega}[z+f(x^2+y^2+z^2)]\mathrm{d}V=\int_0^{2\pi}\mathrm{d}\theta\int_0^{\frac{\pi}{4}}\sin\varphi\mathrm{d}\varphi\int_0^t[r\cos\varphi+f(r^2)]r^2\mathrm{d}r$$

$$=2\pi\left[\int_0^{\frac{\pi}{4}}\sin\varphi\cos\varphi\mathrm{d}\varphi\cdot\int_0^t r^3\mathrm{d}r+\int_0^{\frac{\pi}{4}}\sin\varphi\mathrm{d}\varphi\cdot\int_0^t f(r^2)r^2\mathrm{d}r\right]$$

$$=2\pi\left[\frac{t^4}{16}+\left(1-\frac{\sqrt{2}}{2}\right)\int_0^t f(r^2)r^2\mathrm{d}r\right].$$

故 $F'(t)=2\pi\left[\frac{t^3}{4}+\left(1-\frac{\sqrt{2}}{2}\right)f(t^2)t^2\right].$

$$\lim_{t\to0}\frac{F(t)}{t^3}=\lim_{t\to0}\frac{F'(t)}{3t^2}=\lim_{t\to0}\frac{2\pi\left[\frac{t^3}{4}+(1-\frac{\sqrt{2}}{2})f(t^2)t^2\right]}{3t^2}$$

$$=\frac{2}{3}\pi\lim_{t\to0}\left[\frac{t}{4}+(1-\frac{\sqrt{2}}{2})f(t^2)\right]=\frac{2}{3}\pi(1-\frac{\sqrt{2}}{2})f(0)=\frac{2-\sqrt{2}}{3}\pi a.$$

【911】 设 $f(u)$ 具有连续导数，求 $\lim\limits_{t\to0}\frac{1}{\pi t^4}\iiint\limits_{x^2+y^2+z^2\leqslant t^2}f(\sqrt{x^2+y^2+z^2})\mathrm{d}x\mathrm{d}y\mathrm{d}z$.

解 $$\lim_{t\to0}\frac{1}{\pi t^4}\iiint\limits_{x^2+y^2+z^2\leqslant t^2}f(\sqrt{x^2+y^2+z^2})\mathrm{d}V=\lim_{t\to0}\frac{1}{\pi t^4}\left[\int_0^{2\pi}\mathrm{d}\theta\int_0^{\pi}\sin\varphi\mathrm{d}\varphi\int_0^t f(r)r^2\mathrm{d}r\right]$$

$$=\lim_{t\to0}\frac{2\pi\cdot2\cdot\int_0^t f(r)r^2\mathrm{d}r}{\pi t^4}=\lim_{t\to0}\frac{4\pi f(t)t^2}{4\pi t^3}=\lim_{t\to0}\frac{f(t)}{t}=\begin{cases}f'(0), & \text{若 } f(0)=0\\ \infty, & \text{若 } f(0)\neq0\end{cases}$$

§3. 重积分的应用

1. 计算面积

(1)平面闭域面积为 $A=\iint\limits_D\mathrm{d}x\mathrm{d}y$.

(2)设曲面 Σ 的方程为 $z=f(x,y)$，Σ 在 xOy 平面上投影区域为 D，$f(x,y)$ 在 D 上存在连续偏导数，则曲面 Σ 的面积为

$$A=\iint\limits_D\sqrt{1+\left(\frac{\partial z}{\partial x}\right)^2+\left(\frac{\partial z}{\partial y}\right)^2}\mathrm{d}x\mathrm{d}y.$$

2. 计算体积

(1)曲顶柱体的体积　设柱体上顶是连续的曲面 $z=f(x,y)$ $((x,y)\in D, f(x,y)\geqslant0)$，下底是平面 $z=0$，侧面为以区域 D 的边界曲线为准线而母线平行于 z 轴的柱面，则此柱体的体积为

$$V=\iint\limits_D f(x,y)\mathrm{d}x\mathrm{d}y.$$

(2)已知边界曲面的空间区域 Ω 的体积　$V=\iiint\limits_\Omega\mathrm{d}x\mathrm{d}y\mathrm{d}z$.

3. 静力矩和重心

(1)占有平面区域 D 且质量密度为 $\mu(x,y)$ 的平面薄片质量 $M=\iint\limits_D\mu(x,y)d\sigma$，它对 x 轴、y 轴的静力矩为

$$M_x=\iint\limits_D y\mu(x,y)\mathrm{d}\sigma,\qquad M_y=\iint\limits_D x\mu(x,y)\mathrm{d}\sigma.$$

D 的重心坐标为 $\bar{x}=\dfrac{M_y}{M}$，$\bar{y}=\dfrac{M_x}{M}$.

(2)占有空间区域 Ω 且质量密度为 $\mu(x,y,z)$ 的空间物体的重心坐标为：

$$\begin{cases}\bar{x}=\dfrac{1}{M}\iiint\limits_{\Omega}x\mu(x,y,z)\mathrm{d}x\mathrm{d}y\mathrm{d}z\\ \bar{y}=\dfrac{1}{M}\iiint\limits_{\Omega}y\mu(x,y,z)\mathrm{d}x\mathrm{d}y\mathrm{d}z\\ \bar{z}=\dfrac{1}{M}\iiint\limits_{\Omega}z\mu(x,y,z)\mathrm{d}x\mathrm{d}y\mathrm{d}z\end{cases}$$

其中 M 为 Ω 的质量 $M=\iiint\limits_{\Omega}\mu(x,y,z)\mathrm{d}x\mathrm{d}y\mathrm{d}z$.

基本题型

利用二重积分求平面图形面积

【912】 由曲线 $y=\ln x$ 与两直线 $y=(\mathrm{e}+1)-x$ 及 $y=0$ 所围成的平面图形的面积是________.

解 先求出曲线 $y=\ln x$ 与直线 $y=(\mathrm{e}+1)-x$ 的交点坐标，再利用积分求所围平面的面积，由 $\begin{cases}y=\ln x\\ y=(\mathrm{e}+1)-x\end{cases}$ 知交点坐标为(e,1). 故所求区域 D 的面积 S 为

$$S=\iint\limits_{D}\mathrm{d}x\mathrm{d}y=\int_0^1\mathrm{d}y\int_{\mathrm{e}^y}^{\mathrm{e}+1-y}\mathrm{d}x=\int_0^1(\mathrm{e}+1-y-\mathrm{e}^y)\mathrm{d}y=\frac{3}{2}.$$

故应填 $\dfrac{3}{2}$.

【913】 求闭曲线 $(x^2+y^2)^3=a^2(x^4+y^4)$ 所围图形的面积.（其中常数 $a>0$）

解 设 D_1 为 D 的第一象限部分，由对称性知

$$D=4\iint\limits_{D_1}\mathrm{d}\sigma=4\int_0^{\frac{\pi}{2}}\mathrm{d}\theta\int_0^{a\sqrt{\sin^4\theta+\cos^4\theta}}r\mathrm{d}r=4a^2\int_0^{\frac{\pi}{2}}\frac{1}{2}(\sin^4\theta+\cos^4\theta)\mathrm{d}\theta=\frac{3}{4}\pi a^2.$$

利用二重积分求空间立体体积

【914】 求曲面 $z=x^2+y^2+1$ 上点 $M_0(1,-1,3)$ 处的切平面与曲面 $z=x^2+y^2$ 所围空间区域的体积 V.

分析 由于空间区域是由已知曲面和平面所围成的，所以要确定它们的交线在坐标面上的投影曲线及其所围成的平面区域，然后应用重积分求该空间区域的体积.

解 曲面 $z=x^2+y^2+1$ 在点(1,−1,3)处的法向量为

$$\left\{z_x'\Big|_{M_0},z_y'\Big|_{M_0},-1\right\}=\{2,-2,-1\},$$

切平面方程为

$$2(x-1)-2(y+1)-(z-3)=0,\quad 即\quad z=2x-2y-1.$$

切平面与曲面 $z=x^2+y^2$ 的交线 $\begin{cases}z=2x-2y-1\\ z=x^2+y^2\end{cases}$ 在 xOy 平面上的投影曲线为

$$\begin{cases}(x-1)^2+(y+1)^2=1\\ z=0\end{cases}$$

其所围区域设为 D

$$V=\iint\limits_D[(2x-2y-1)-(x^2+y^2)]\mathrm{d}x\mathrm{d}y=\iint\limits_D[1-(x-1)^2-(y+1)^2]\mathrm{d}x\mathrm{d}y$$

令 $\begin{cases}x=1+r\cos\theta\\ y=-1+r\sin\theta\end{cases}$，则

$$V=\iint\limits_D(1-r^2)r\mathrm{d}r\mathrm{d}\theta=\int_0^{2\pi}\mathrm{d}\theta\cdot\int_0^1(1-r^2)r\mathrm{d}r=2\pi\left(\frac{r^2}{2}-\frac{r^4}{4}\right)\Big|_0^1=\frac{\pi}{2}.$$

利用三重积分求空间立体体积

【915】 求球面 $x^2+y^2+z^2=4a^2$ 和柱面 $x^2+y^2=2ax$ 所包围的且在柱面内部的体积.

解 设 Ω_1 为 Ω 的第一卦限部分，由对称性知

$$V=4\iiint\limits_{\Omega_1}\mathrm{d}V=4\int_0^{\frac{\pi}{2}}\mathrm{d}\theta\int_0^{2a\cos\theta}r\mathrm{d}r\int_0^{\sqrt{4a^2-r^2}}\mathrm{d}z=4\int_0^{\frac{\pi}{2}}\mathrm{d}\theta\int_0^{2a\cos\theta}\sqrt{4a^2-r^2}\,r\mathrm{d}r$$

$$=\frac{32}{3}a^3\int_0^{\frac{\pi}{2}}(1-\sin^3\theta)\mathrm{d}\theta=\frac{16}{3}a^3(\pi-\frac{4}{3}).$$

【916】 求曲面 $x^2+y^2=az$ 将球面 $x^2+y^2+z^2=4az$ 分成两部分的体积之比($a>0$).

解 如图 916 所示，先求球面之下，旋转抛物面之上部分的立体体积 V_1. 将 V_1 向 xOy 平面投影，即求交线

$$\begin{cases}x^2+y^2=az\\ x^2+y^2+z^2=4az\end{cases}$$

向 xOy 平面的投影曲线方程，由联立方程解得

$$z^2=3az,\quad 即\quad z=0,\quad z=3a$$

得投影柱面方程为

$$x^2+y^2=3a^2$$

即 V_1 在 xOy 平面上投影域为 $D:x^2+y^2\leqslant 3a^2$，故

$$V_1=\iiint\limits_{\Omega}1\mathrm{d}V=\iint\limits_D\mathrm{d}\sigma\int_{\frac{1}{a}(x^2+y^2)}^{2a+\sqrt{4a^2-(x^2+y^2)}}1\mathrm{d}z$$

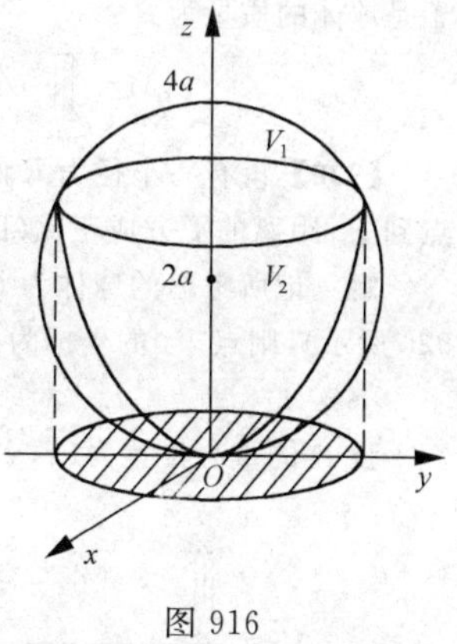

图 916

利用柱面坐标计算得

$$V_1=\int_0^{2\pi}\mathrm{d}\theta\int_0^{\sqrt{3}a}r\mathrm{d}r\int_{\frac{1}{a}r^2}^{2a+\sqrt{4a^2-r^2}}\mathrm{d}z$$

$$=\int_0^{2\pi}\mathrm{d}\theta\int_0^{\sqrt{3}a}\left(2a+\sqrt{4a^2-r^2}-\frac{1}{a}r^2\right)r\mathrm{d}r$$

$$=2\pi\left[ar^2-\frac{1}{3}(4a^2-r^2)^{\frac{3}{2}}-\frac{1}{a}\cdot\frac{r^4}{4}\right]\Big|_0^{\sqrt{3}a}$$

$$=2\pi\left[\left(3a^3-\frac{1}{3}a^3-\frac{9}{4}a^3\right)-\left(-\frac{8}{3}a^3\right)\right]=\frac{37}{6}\pi a^3$$

因为球体体积为 $V=\frac{4}{3}\pi(2a)^3=\frac{32}{3}\pi a^3$

故 $V_2=V-V_1=\frac{27}{6}\pi a^3$，　$V_1:V_2=37:27$.

【917】 曲面 $x^2+y^2+z^2=2z$ 与 $x^2+y^2=z^2$ 所围成并包含点(0,0,1)的立体体积等于________.

(A)1　　(B)π　　(C)$\frac{4}{3}\pi$　　(D)2π

解　用球面坐标系进行运算，有

$$V=\int_0^{2\pi}\mathrm{d}\theta\int_0^{\frac{\pi}{4}}\mathrm{d}\varphi\int_0^{2\cos\varphi}r^2\sin\varphi\mathrm{d}r=2\pi\int_0^{\frac{\pi}{4}}\sin\varphi\cdot\frac{8}{3}\cos^3\varphi\mathrm{d}\varphi$$

$$=-\frac{4}{3}\pi\cos^4\varphi\Big|_0^{\frac{\pi}{4}}=-\frac{4}{3}\pi\left(\frac{1}{4}-1\right)=\pi.$$

故应选(B).

【918】 计算由曲面$(x^2+y^2+z^2)^2=a^3z$所围成的立体体积(其中常数$a>0$).

解　因为立体关于yOz,xOz均对称，$z\geqslant0$，

外表面方程化为球面坐标系下的方程为：$r=a\sqrt[3]{\cos\varphi}$

由对称性知

$$V=4\iiint_{\Omega_1}\mathrm{d}V=4\int_0^{\frac{\pi}{2}}\mathrm{d}\theta\int_0^{\frac{\pi}{2}}\sin\varphi\mathrm{d}\varphi\int_0^{a\sqrt[3]{\cos\varphi}}r^2\mathrm{d}r=\frac{\pi}{3}a^3.$$

求空间立体的质量、重心

【919】 一半径为2的球体，其密度与点到球心的距离成正比，已知球面上各点的密度等于2，试求该球体的质量.

解　选球心为坐标原点，则球面方程为

$$x^2+y^2+z^2=4$$

因为$\mu(x,y,z)=k\sqrt{x^2+y^2+z^2}$，又在球面上$\mu=2$，因此$k=1$，从而$\mu(x,y,z)=\sqrt{x^2+y^2+z^2}$，于是球体的质量为

$$M=\iiint_{\Omega}\sqrt{x^2+y^2+z^2}\,\mathrm{d}V=\int_0^{2\pi}\mathrm{d}\theta\int_0^{\pi}\mathrm{d}\varphi\int_0^2 r^3\sin\varphi\mathrm{d}r=16\pi.$$

【920】 设有一半径为R的球体，P_0是此球的表面上的一个定点，球体上任一点的密度与该点到P_0距离的平方成正比(比例常数$k>0$)，求球体的重心位置.

解　记所考虑的球体为Ω，以Ω的球心为原点O，射线OP_0为正x轴建立直角坐标系(如图920所示)，则点P_0的坐标为$(R,0,0)$，球面的方程为

$$x^2+y^2+z^2=R^2.$$

设Ω的重心位置为$(\overline{x},\overline{y},\overline{z})$，由对称性，得

$$\overline{y}=0,\quad \overline{z}=0,$$

$$\overline{x}=\frac{\iiint_{\Omega}x\cdot k[(x-R)^2+y^2+z^2]\mathrm{d}V}{\iiint_{\Omega}k[(x-R)^2+y^2+z^2]\mathrm{d}V},$$

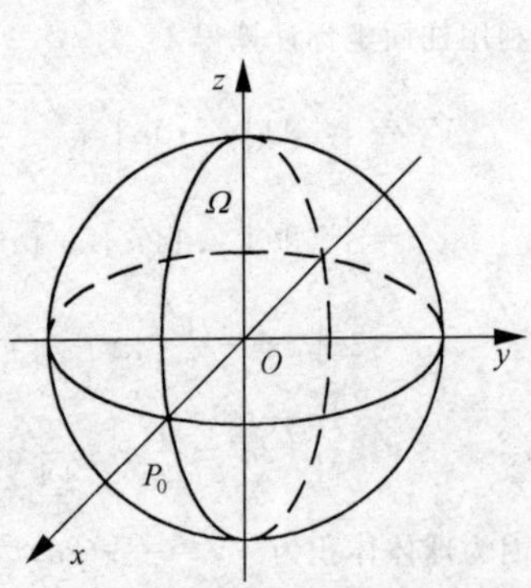

图 920

而
$$\iiint_{\Omega}[(x-R)^2+y^2+z^2]\mathrm{d}V$$

$$=\iiint_{\Omega}(x^2+y^2+z^2)\mathrm{d}V+\iiint_{\Omega}R^2\mathrm{d}V$$

$$=8\int_0^{\frac{\pi}{2}}\mathrm{d}\theta\int_0^{\frac{\pi}{2}}\mathrm{d}\varphi\int_0^R r^2\cdot r^2\sin\varphi\mathrm{d}r+\frac{4}{3}\pi R^5=\frac{32}{15}\pi R^5,$$

$$\iiint\limits_{\Omega} x[(x-R)^2+y^2+z^2]\mathrm{d}V=\iiint\limits_{\Omega} x(x^2+y^2+z^2)\mathrm{d}V-2R\iiint\limits_{\Omega} x^2\mathrm{d}V+R^2\iiint\limits_{\Omega} x\mathrm{d}V$$

$$=-2R\iiint\limits_{\Omega} x^2\mathrm{d}V=-\frac{2R}{3}\iiint\limits_{\Omega}(x^2+y^2+z^2)\mathrm{d}V=-\frac{8}{15}\pi R^6.$$

故 $\bar{x}=-\dfrac{R}{4}$.

因此，球体 Ω 的重心位置为 $\left(-\dfrac{R}{4},0,0\right)$.

计算引力

【921】 求面密度为常量 μ，半径为 R 的匀质圆形薄片，位于 $x^2+y^2\leqslant R^2$，$z=0$ 上，求该薄片对于 z 轴上点 $M_0(0,0,a)(a>0)$ 处单位质量的质点的引力.

解 由于圆形薄片的对称性及匀质性知引力 F 在 x 轴、y 轴上的分力 $F_x=0$，$F_y=0$，而

$$F_z=-Ka\mu\iint\limits_{D}\frac{1}{(x^2+y^2+a^2)^{\frac{3}{2}}}\mathrm{d}\sigma=-Ka\mu\int_0^{2\pi}\mathrm{d}\theta\int_0^R\frac{r}{(r^2+a^2)^{\frac{3}{2}}}\mathrm{d}r$$

$$=-K\pi a\mu\int_0^R(r^2+a^2)^{-\frac{3}{2}}\mathrm{d}(r^2+a^2)=2K\pi a\mu\left(\frac{1}{\sqrt{R^2+a^2}}-\frac{1}{a}\right)$$

故所求引力

$$F=2K\pi a\mu\left(\frac{1}{\sqrt{R^2+a^2}}-\frac{1}{a}\right)\boldsymbol{k}.$$

【922】 设有一高度为 $h(t)$（t 为时间）的雪堆在融化过程中，其侧面满足方程 $z=h(t)-\dfrac{2(x^2+y^2)}{h(t)}$（设长度单位为厘米，时间单位为小时），已知体积减少的速率与侧面积成正比（比例系数为 0.9），问高度为 130（厘米）的雪堆全部融化需多少小时？

解 记 V 为雪堆体积，S 为雪堆的侧面积，则

$$V=\int_0^{h(t)}\mathrm{d}z\iint\limits_{x^2+y^2\leqslant\frac{1}{2}[h^2(t)-h(t)z]}\mathrm{d}x\mathrm{d}y=\int_0^{h(t)}\frac{1}{2}\pi[h^2(t)-h(t)z]\mathrm{d}z=\frac{\pi}{4}h^3(t)$$

$$S=\iint\limits_{x^2+y^2\leqslant\frac{h^2(t)}{2}}\sqrt{1+(z_x')^2+(z_y')^2}\,\mathrm{d}x\mathrm{d}y=\iint\limits_{x^2+y^2\leqslant\frac{h^2(t)}{2}}\sqrt{1+\frac{16(x^2+y^2)}{h^2(t)}}\,\mathrm{d}x\mathrm{d}y$$

$$=\frac{2\pi}{h(t)}\int_0^{\frac{h(t)}{\sqrt{2}}}[h^2(t)+16r^2]^{\frac{1}{2}}r\mathrm{d}r=\frac{13\pi h^2(t)}{12}$$

由题意知 $\dfrac{\mathrm{d}V}{\mathrm{d}t}=-0.9S$，所以 $\dfrac{\mathrm{d}h(t)}{\mathrm{d}t}=-\dfrac{13}{10}$，因此 $h(t)=-\dfrac{13}{10}t+C$.

由 $h(0)=130$ 得 $h(t)=-\dfrac{13}{10}t+130$.

令 $h(t)=0$ 得 $t=100$（小时）.

因此高度为 130 厘米的雪堆全部融化所需时间为 100 小时.

点评 本题考查用三重积分表示体积，用二重积分表示侧面积，根据 $V(t)$ 的形状，采用“先二后一”法计算最简便.

§4. 综合提高题型

与二重积分有关的极限问题

【923】 求$\lim\limits_{n\to\infty}\dfrac{\pi}{2n^4}\sum\limits_{i=1}^{n}\sum\limits_{j=1}^{n}i^2\sin\dfrac{j\pi}{2n}$.

解 由二重积分定义及函数 $x^2\sin y$ 在区域 $0\leqslant x\leqslant 1,0\leqslant y\leqslant\dfrac{\pi}{2}$ 上的连续性可知：

$$\lim_{n\to\infty}\frac{\pi}{2n^4}\sum_{i=1}^{n}\sum_{j=1}^{n}i^2\sin\frac{j\pi}{2n}=\lim_{n\to\infty}\sum_{i=1}^{n}\sum_{j=1}^{n}\left[\left(\frac{i}{n}\right)^2\sin\left(j\frac{\pi}{2n}\right)\right]\left(\frac{1}{n}\right)\left(\frac{\pi}{2n}\right)$$

$$=\iint\limits_{\substack{0\leqslant x\leqslant 1\\0\leqslant y\leqslant\frac{\pi}{2}}}x^2\sin y\mathrm{d}x\mathrm{d}y=\int_0^1x^2\mathrm{d}x\int_0^{\frac{\pi}{2}}\sin y\mathrm{d}y=\frac{1}{3}.$$

【924】 设闭区域 $D:x^2+y^2\leqslant y,x\geqslant 0.$ $f(x,y)$为 D 上的连续函数，且

$$f(x,y)=\sqrt{1-x^2-y^2}-\frac{8}{\pi}\iint\limits_{D}f(u,v)\mathrm{d}u\mathrm{d}v.$$

求 $f(x,y)$.

解 设$\iint\limits_{D}f(u,v)\mathrm{d}u\mathrm{d}v=A$，在已知等式两边求区域 D(如图 924 所示)上的二重积分，有

$$\iint\limits_{D}f(x,y)\mathrm{d}x\mathrm{d}y=\iint\limits_{D}\sqrt{1-x^2-y^2}\mathrm{d}x\mathrm{d}y-\frac{8A}{\pi}\iint\limits_{D}\mathrm{d}x\mathrm{d}y,$$

从而 $A=\iint\limits_{D}\sqrt{1-x^2-y^2}\mathrm{d}x\mathrm{d}y-A$

所以

$$2A=\int_0^{\frac{\pi}{2}}\mathrm{d}\theta\int_0^{\sin\theta}\sqrt{1-r^2}\cdot r\mathrm{d}r$$

$$=\frac{1}{3}\int_0^{\frac{\pi}{2}}(1-\cos^3\theta)\mathrm{d}\theta=\frac{1}{3}\left(\frac{\pi}{2}-\frac{2}{3}\right).$$

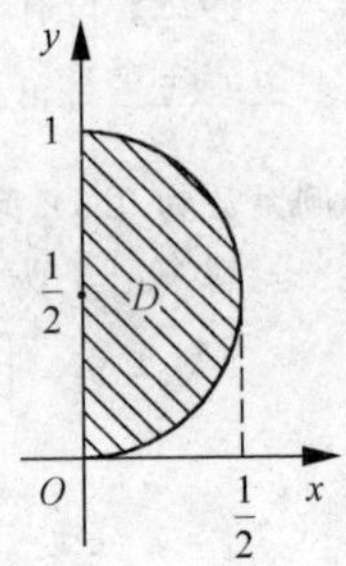

图 924

故 $A=\dfrac{1}{6}\left(\dfrac{\pi}{2}-\dfrac{2}{3}\right)$.

于是 $f(x,y)=\sqrt{1-x^2-y^2}-\dfrac{4}{3\pi}\left(\dfrac{\pi}{2}-\dfrac{2}{3}\right)$.

点评 由二重积分的定义知$\iint\limits_{D}f(u,v)\mathrm{d}u\mathrm{d}v$是常数，且$\iint\limits_{D}f(x,y)\mathrm{d}x\mathrm{d}y=\iint\limits_{D}f(u,v)\mathrm{d}u\mathrm{d}v$，这样就把求 $f(x,y)$的问题转化为求$\iint\limits_{D}f(x,y)\mathrm{d}x\mathrm{d}y$的问题.

一般地，若连续函数 $f(x,y)$满足

$$f(x,y)=g(x,y)+h(x,y)\iint\limits_{D}f(u,v)\mathrm{d}u\mathrm{d}v,$$

又 $g(x,y),h(x,y)$为已知，则可令 $A=\iint\limits_{D}f(u,v)\mathrm{d}u\mathrm{d}v$，从而有

$$\iint\limits_D f(x,y)\mathrm{d}x\mathrm{d}y=\iint\limits_D g(x,y)\mathrm{d}x\mathrm{d}y+\iint\limits_D h(x,y)\mathrm{d}x\mathrm{d}y\cdot\iint\limits_D f(u,v)\mathrm{d}u\mathrm{d}v,$$

即 $A=\iint\limits_D g(x,y)\mathrm{d}x\mathrm{d}y+A\cdot\iint\limits_D h(x,y)\mathrm{d}x\mathrm{d}y$，可解得 A.

【925】 求 $\iint\limits_D(\sqrt{x^2+y^2}+y)\mathrm{d}\sigma$，其中 D 是由圆 $x^2+y^2=4$ 和 $(x+1)^2+y^2=1$ 所围成的平面区域(如图 925(1)所示).

解法一

$$\iint\limits_D(\sqrt{x^2+y^2}+y)\mathrm{d}\sigma$$
$$=\iint\limits_{D_{大圆}}(\sqrt{x^2+y^2}+y)\mathrm{d}\sigma-\iint\limits_{D_{小圆}}(\sqrt{x^2+y^2}+y)\mathrm{d}\sigma.$$

$$\iint\limits_{D_{大圆}}(\sqrt{x^2+y^2}+y)\mathrm{d}\sigma$$
$$=\iint\limits_{D_{大}}\sqrt{x^2+y^2}\mathrm{d}\sigma+\iint\limits_{D_{大}}y\mathrm{d}\sigma$$
$$=\int_0^{2\pi}\mathrm{d}\theta\int_0^2 r^2\mathrm{d}r+0=\frac{16}{3}\pi.$$

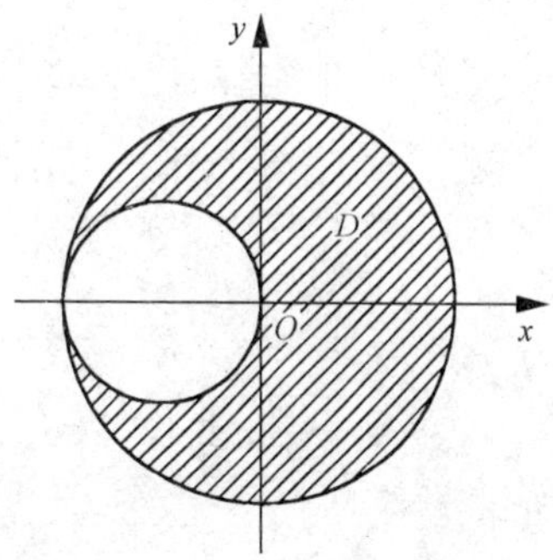

图 925(1)

$$\iint\limits_{D_{小圆}}(\sqrt{x^2+y^2}+y)\mathrm{d}\sigma=\iint\limits_{D_{小}}\sqrt{x^2+y^2}\mathrm{d}\sigma+\iint\limits_{D_{小}}y\mathrm{d}\sigma$$
$$=\int_{\frac{\pi}{2}}^{\frac{3\pi}{2}}\mathrm{d}\theta\int_0^{-2\cos\theta}r^2\mathrm{d}r+0=\frac{32}{9}.$$

所以 $\iint\limits_D(\sqrt{x^2+y^2}+y)\mathrm{d}\sigma=\frac{16}{9}(3\pi-2)$.

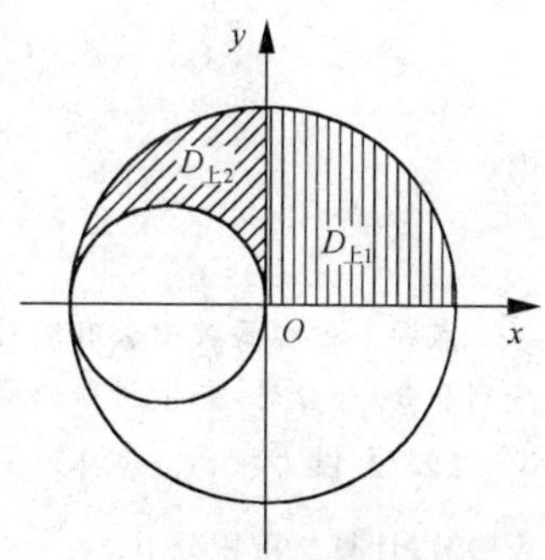

图 925(2)

解法二 如图 925(2)所示，由积分区域对称性和被积函数的奇偶性 $\iint\limits_D y\mathrm{d}\sigma=0$.

$$原式=\iint\limits_D\sqrt{x^2+y^2}\mathrm{d}\sigma+0$$
$$=2\left[\iint\limits_{D_{上1}}\sqrt{x^2+y^2}\mathrm{d}\sigma+\iint\limits_{D_{上2}}\sqrt{x^2+y^2}\mathrm{d}\sigma\right]$$
$$=2\left[\int_0^{\frac{\pi}{2}}\mathrm{d}\theta\int_0^2 r^2\mathrm{d}r+\int_{\frac{\pi}{2}}^{\pi}\mathrm{d}\theta\int_{-2\cos\theta}^2 r^2\mathrm{d}r\right]$$
$$=2\left[\frac{4}{3}\pi+\left(\frac{4}{3}\pi-\frac{16}{9}\right)\right]=\frac{16}{9}(3\pi-2).$$

点评 在积分及化简问题中，函数的奇偶性是非常重要的，对于 $I=\iint\limits_D f(x,y)\mathrm{d}\sigma$，若 D 关于 x 轴对称，那么(1)当 $f(x,-y)=f(x,y)$ 时，有 $I=2\iint\limits_{D_1}f(x,y)\mathrm{d}\sigma$，$D_1$ 是 D 位于 $y\geqslant 0$ 的部分. (2)当 $f(x,-y)=-f(x,y)$ 时，有 $I=0$.

【926】 计算二重积分 $\iint\limits_D|x^2+y^2-1|\mathrm{d}\sigma$，其中 $D=\{(x,y)\mid 0\leqslant x\leqslant 1,0\leqslant y\leqslant 1\}$.

解 如图 926 所示，将 D 分成 D_1 与 D_2 两部分.

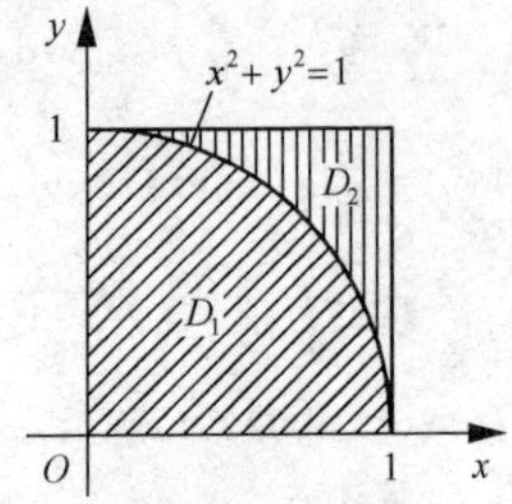

图 926

$$\iint\limits_{D}|x^2+y^2-1|\,d\sigma$$

$$=\iint\limits_{D_1}(1-x^2-y^2)\,d\sigma+\iint\limits_{D_2}(x^2+y^2-1)\,d\sigma,$$

由于 $\displaystyle\iint\limits_{D_1}(1-x^2-y^2)\,d\sigma=\int_0^{\frac{\pi}{2}}d\theta\int_0^1(1-r^2)r\,dr=\frac{\pi}{8}$,

$$\iint\limits_{D_2}(x^2+y^2-1)\,d\sigma=\int_0^1 dx\int_{\sqrt{1-x^2}}^1(x^2+y^2-1)\,dy$$

$$=\int_0^1\left(x^2y+\frac{y^3}{3}-y\right)\Bigg|_{\sqrt{1-x^2}}^1 dx$$

$$=\int_0^1\left[x^2-\frac{2}{3}+\frac{2}{3}(1-x^2)^{\frac{3}{2}}\right]dx=\int_0^1\left(x^2-\frac{2}{3}\right)dx+\frac{2}{3}\int_0^1(1-x^2)^{\frac{3}{2}}dx$$

$$=-\frac{1}{3}+\frac{2}{3}I,$$

其中

$$I=\int_0^1(1-x^2)^{\frac{3}{2}}dx\xlongequal{x=\sin t}\int_0^{\frac{\pi}{2}}\cos^4t\,dt=\frac{3}{4}\cdot\frac{1}{2}\cdot\frac{\pi}{2}=\frac{3\pi}{16},$$

$$\iint\limits_{D_2}(x^2+y^2-1)\,d\sigma=-\frac{1}{3}+\frac{2}{3}\cdot\frac{3\pi}{16}=\frac{\pi}{8}-\frac{1}{3}.$$

因此

$$\iint\limits_{D}|x^2+y^2-1|\,d\sigma=\frac{\pi}{8}+\frac{\pi}{8}-\frac{1}{3}=\frac{\pi}{4}-\frac{1}{3}.$$

点评 被积函数中含有绝对值时，一定要先去掉绝对值符号，将区域 D 分成若干个小区域分别积分. 积分时，要根据积分域的形状来选择在直角坐标系下或是极坐标系下计算.

【927】 设 $D=\{(x,y)\mid x^2+y^2\leqslant\sqrt{2},x\geqslant0,y\geqslant0\}$，$[1+x^2+y^2]$表示不超过 $1+x^2+y^2$ 的最大整数. 计算二重积分 $\displaystyle\iint\limits_{D}xy[1+x^2+y^2]\,dx\,dy$.

解法一 $\displaystyle\iint\limits_{D}xy[1+x^2+y^2]\,dx\,dy=\int_0^{\frac{\pi}{2}}d\theta\int_0^{\sqrt[4]{2}}r^3\sin\theta\cos\theta[1+r^2]\,dr$

$$=\int_0^{\frac{\pi}{2}}\sin\theta\cos\theta\,d\theta\int_0^{\sqrt[4]{2}}r^3[1+r^2]\,dr=\frac{1}{2}\left(\int_0^1 r^3\,dr+\int_1^{\sqrt[4]{2}}2r^3\,dr\right)=\frac{3}{8}.$$

解法二 记 $D_1=\{(x,y)\mid x^2+y^2<1,x\geqslant0,y\geqslant0\}$,

$D_2=\{(x,y)\mid 1\leqslant x^2+y^2\leqslant\sqrt{2},x\geqslant0,y\geqslant0\}$,

则有

$$[1+x^2+y^2]=1,(x,y)\in D_1,\quad [1+x^2+y^2]=2,(x,y)\in D_2.$$

于是

$$\iint\limits_{D}xy[1+x^2+y^2]\,dx\,dy=\iint\limits_{D_1}xy\,dx\,dy+\iint\limits_{D_2}2xy\,dx\,dy$$

$$=\int_0^{\frac{\pi}{2}}d\theta\int_0^1 r^3\sin\theta\cos\theta\,dr+\int_0^{\frac{\pi}{2}}d\theta\int_1^{\sqrt[4]{2}}2r^3\sin\theta\cos\theta\,dr=\frac{1}{8}+\frac{1}{4}=\frac{3}{8}.$$

点评 根据$[1+x^2+y^2]$的定义将积分区域分为两块进行计算，然后在极坐标系下化二重积分为二次积分计算.

【928】 设函数 $f(x)$在区间$[0,1]$上连续，并设 $\int_0^1 f(x)\mathrm{d}x=A$，求 $\int_0^1 \mathrm{d}x\int_x^1 f(x)f(y)\mathrm{d}y$.

解 更换积分次序，可得

$$\int_0^1 \mathrm{d}x\int_x^1 f(x)f(y)\mathrm{d}y=\int_0^1 \mathrm{d}y\int_0^y f(x)f(y)\mathrm{d}x=\int_0^1 \mathrm{d}x\int_0^x f(x)f(y)\mathrm{d}y,$$

$$2\int_0^1 \mathrm{d}x\int_x^1 f(x)f(y)\mathrm{d}y=\int_0^1 \mathrm{d}x\int_0^x f(x)f(y)\mathrm{d}y+\int_0^1 \mathrm{d}x\int_x^1 f(x)f(y)\mathrm{d}y$$

$$=\int_0^1 \mathrm{d}x\int_0^1 f(x)f(y)\mathrm{d}y=\int_0^1 f(x)\mathrm{d}x\int_0^1 f(y)\mathrm{d}y=\left[\int_0^1 f(x)\mathrm{d}x\right]^2=A^2.$$

所以 $\int_0^1 \mathrm{d}x\int_x^1 f(x)f(y)\mathrm{d}y=\frac{1}{2}A^2$.

【929】 计算 $\int_{-\infty}^{+\infty}\int_{-\infty}^{+\infty}\min\{x,y\}\mathrm{e}^{-(x^2+y^2)}\mathrm{d}x\mathrm{d}y$.

解 $$I=\int_{-\infty}^{+\infty}\mathrm{e}^{-y^2}\mathrm{d}y\int_{-\infty}^{y}x\mathrm{e}^{-x^2}\mathrm{d}x+\int_{-\infty}^{+\infty}\mathrm{e}^{-x^2}\mathrm{d}x\int_{-\infty}^{x}y\mathrm{e}^{-y^2}\mathrm{d}y$$

$$=-\frac{1}{2}\int_{-\infty}^{+\infty}\mathrm{e}^{-2y^2}\mathrm{d}y-\frac{1}{2}\int_{-\infty}^{+\infty}\mathrm{e}^{-2x^2}\mathrm{d}x=-\int_{-\infty}^{+\infty}\mathrm{e}^{-2x^2}\mathrm{d}x.$$

作换元，令 $x=\frac{t}{2}$，$\mathrm{d}x=\frac{\mathrm{d}t}{2}$，有

$$I=-\frac{1}{2}\int_{-\infty}^{+\infty}\mathrm{e}^{-\frac{t^2}{2}}\mathrm{d}t=-\frac{\sqrt{2\pi}}{2}\cdot\frac{1}{\sqrt{2\pi}}\int_{-\infty}^{+\infty}\mathrm{e}^{-\frac{t^2}{2}}\mathrm{d}t=-\frac{\sqrt{2\pi}}{2}=-\sqrt{\frac{\pi}{2}}.$$

（其中泊松积分 $\int_{-\infty}^{+\infty}\mathrm{e}^{\frac{-t^2}{2}}\mathrm{d}t=\sqrt{2\pi}$.）

点评 若二重积分的积分区域无界，或被积函数无界时，称此时的二重积分为广义二重积分，它的重积分定义为：若$\iint\limits_D f(x,y)\mathrm{d}\sigma$为广义积分，则取$D'$，使$D'\subset D$并且$\iint\limits_{D'} f(x,y)\mathrm{d}\sigma$为一般的二重积分，则

$$\iint\limits_D f(x,y)\mathrm{d}\sigma=\lim_{D'\to D}\iint\limits_{D'} f(x,y)\mathrm{d}\sigma,$$

事实上当广义重积分可积时，其计算方法与一般二重积分基本相同.

【930】 设函数 $f(x,y)$、$g(x,y)$在有界闭区域 D 上连续，且 $g(x,y)\geqslant 0$，试证必存在点$(\xi,\eta)\in D$，使

$$\iint\limits_D f(x,y)g(x,y)\mathrm{d}\sigma=f(\xi,\eta)\iint\limits_D g(x,y)\mathrm{d}\sigma.$$

证 因为 $f(x,y)$在有界闭区域上连续，所以 $f(x,y)$在 D 上有最大值 M 与最小值 m，且因 $g(x,y)\geqslant 0$，故有 $mg(x,y)\leqslant f(x,y)g(x,y)\leqslant Mg(x,y)$积分得

$$m\iint\limits_D g(x,y)\mathrm{d}\sigma\leqslant\iint\limits_D f(x,y)g(x,y)\mathrm{d}\sigma\leqslant M\iint\limits_D g(x,y)\mathrm{d}\sigma$$

当 $g(x,y)>0$ 时，$\iint\limits_D g(x,y)\mathrm{d}\sigma>0$，于是有

$$m \leqslant \frac{\iint\limits_D f(x,y)g(x,y)\mathrm{d}\sigma}{\iint\limits_D g(x,y)\mathrm{d}\sigma} \leqslant M$$

从而由二元连续函数的介值定理,必存在一点$(\xi,\eta)\in D$,使

$$f(\xi,\eta)=\frac{\iint\limits_D f(x,y)g(x,y)\mathrm{d}\sigma}{\iint\limits_D g(x,y)\mathrm{d}\sigma}$$

即 $\iint\limits_D f(x,y)g(x,y)\mathrm{d}\sigma=f(\xi,\eta)\iint\limits_D g(x,y)\mathrm{d}\sigma.$

当$g(x,y)=0$时,所证等式显然成立.

【931】 设$f(x)$为$[0,1]$上的单调增加的连续函数,证明:

$$\frac{\int_0^1 xf^3(x)\mathrm{d}x}{\int_0^1 xf^2(x)\mathrm{d}x} \geqslant \frac{\int_0^1 f^3(x)\mathrm{d}x}{\int_0^1 f^2(x)\mathrm{d}x}.$$

证 由于

$$\begin{aligned} I &= \int_0^1 xf^3(x)\mathrm{d}x\int_0^1 f^2(x)\mathrm{d}x-\int_0^1 f^3(x)\mathrm{d}x\int_0^1 xf^2(x)\mathrm{d}x \\ &= \iint\limits_D xf^3(x)f^2(y)\mathrm{d}x\mathrm{d}y-\iint\limits_D f^3(x)yf^2(y)\mathrm{d}x\mathrm{d}y \\ &= \iint\limits_D f^3(x)f^2(y)(x-y)\mathrm{d}x\mathrm{d}y \end{aligned} \quad ①$$

同理可得

$$I=\iint\limits_D f^2(x)f^3(y)(y-x)\mathrm{d}x\mathrm{d}y \quad ②$$

将①、②相加,并注意到假设即

$$(x-y)[f(x)-f(y)]\geqslant 0$$

故

$$2I=\iint\limits_D (x-y)f^2(x)f^2(y)[f(x)-f(y)]\mathrm{d}x\mathrm{d}y\geqslant 0,$$

即 $I\geqslant 0$ 由此可推知命题成立.

【932】 假设$f(x)$在区间$[0,1]$上连续,证明

$$\int_0^1 \mathrm{d}x\int_x^1 \mathrm{d}y\int_x^y f(x)f(y)f(z)\mathrm{d}z=\frac{1}{3!}\left(\int_0^1 f(t)\mathrm{d}t\right)^3.$$

分析 等式左端是三次累次定积分,对三个变量地位等同,因为f未知,对哪个变量也无法实现第一次积分,但因$f(x)$在$[0,1]$连续,故它有一个原函数$F(x)=\int_0^x f(t)\mathrm{d}t$,从而可逐次计算左端的累次积分.

解 设$F(x)=\int_0^x f(t)\mathrm{d}t$,则$F'(x)=f(x)$. 故

$$\int_0^1 \mathrm{d}x\int_x^1 \mathrm{d}y\int_x^y f(x)f(y)f(z)\mathrm{d}z=\int_0^1 f(x)\mathrm{d}x\int_x^1 f(y)\mathrm{d}y\int_x^y f(z)\mathrm{d}z$$

$$=\int_0^1 f(x)\mathrm{d}x\int_x^1 f(y)F(z)\Big|_x^y\mathrm{d}y=\int_0^1 f(x)\mathrm{d}x\int_x^1[F(y)-F(x)]\mathrm{d}F(y)$$

$$=\int_0^1 f(x)\cdot\left[\frac{1}{2}F^2(y)-F(x)F(y)\right]\Big|_x^1\mathrm{d}x$$

$$=\int_0^1 f(x)\left[\frac{1}{2}F^2(1)-F(x)F(1)-\left(\frac{1}{2}F^2(x)-F^2(x)\right)\right]\mathrm{d}x$$

$$=\int_0^1\left(\frac{1}{2}F^2(1)-F(x)F(1)+\frac{1}{2}F^2(x)\right)\mathrm{d}F(x)$$

$$=\left(\frac{1}{2}F^2(1)F(x)-\frac{1}{2}F^2(x)F(1)+\frac{1}{2}\cdot\frac{1}{3}F^3(x)\right)\Big|_0^1$$

$$=\left(\frac{1}{2}F^3(1)-\frac{1}{2}F^3(1)+\frac{1}{3!}F^3(1)\right)-\left(\frac{1}{2}F^2(1)F(0)-\frac{1}{2}F^2(0)F(1)+\frac{1}{3!}F^3(0)\right)$$

$$=\frac{1}{3!}F^3(1)-\left[\frac{1}{2}F^2(1)F(0)-\frac{1}{2}F^2(0)F(1)+\frac{1}{3!}F^3(0)\right]$$

因为　$F(x)=\int_0^x f(x)\mathrm{d}x$，　$F(1)=\int_0^1 f(x)\mathrm{d}x$，　$F(0)=\int_0^0 f(x)\mathrm{d}x=0$，

故

$$\int_0^1\mathrm{d}x\int_x^1\mathrm{d}y\int_x^y f(x)f(y)f(z)\mathrm{d}z=\frac{1}{3!}F^3(1)=\frac{1}{3!}\left(\int_0^1 f(x)\mathrm{d}x\right)^3.$$

【933】设 $F(t)=\int_0^t\mathrm{d}x\int_0^x\mathrm{d}y\int_0^y f(z)\mathrm{d}z$,其中 $f(z)$ 连续,试把 $F(t)$ 化成对 z 的定积分,并求 $F'''(t)$.

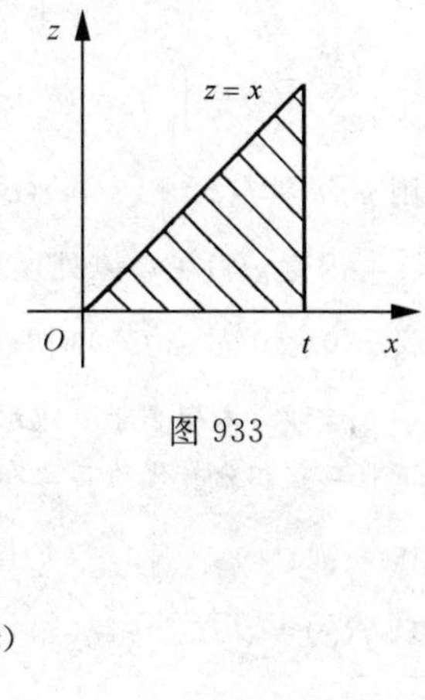

图 933

解　设 $F(t)=\iiint\limits_{\Omega}f(z)\mathrm{d}V$. 把 Ω 区域投影到 xOz 面上得平面区域如图 933 所示. 把原积分改变积分次序得

$$F(t)=\int_0^t\mathrm{d}z\int_z^t\mathrm{d}x\int_z^x f(z)\mathrm{d}y=\int_0^t f(z)\mathrm{d}z\int_z^t(x-z)\mathrm{d}x$$

$$=\frac{1}{2}\int_0^t(t-z)^2 f(z)\mathrm{d}z=\frac{1}{2}\int_0^t(t^2-2tz+z^2)f(z)\mathrm{d}z$$

$$=\frac{1}{2}t^2\int_0^t f(z)\mathrm{d}z-t\int_0^t zf(z)\mathrm{d}z+\frac{1}{2}\int_0^t z^2 f(z)\mathrm{d}z,$$

$$F'(t)=t\int_0^t f(z)\mathrm{d}z+\frac{1}{2}t^2 f(t)-\int_0^t zf(z)\mathrm{d}z-t^2f(t)+\frac{1}{2}t^2f(t)$$

$$=t\int_0^t f(z)\mathrm{d}z-\int_0^t zf(z)\mathrm{d}z,$$

$$F''(t)=\int_0^t f(z)\mathrm{d}z+tf(t)-tf(t)=\int_0^t f(z)\mathrm{d}z,$$

故 $F'''(t)=f(t)$.

【934】设函数 $f(x)$ 连续且恒大于零,

$$F(t)=\frac{\iiint\limits_{\Omega(t)}f(x^2+y^2+z^2)\mathrm{d}V}{\iint\limits_{D(t)}f(x^2+y^2)\mathrm{d}\sigma},\qquad G(t)=\frac{\iint\limits_{D(t)}f(x^2+y^2)\mathrm{d}\sigma}{\int_{-t}^t f(x^2)\mathrm{d}x},$$

其中 $\Omega(t)=\{(x,y,z)\mid x^2+y^2+z^2\leqslant t^2\}$,$D(t)=\{(x,y)\mid x^2+y^2\leqslant t^2\}$.

(1)讨论 $F(t)$ 在区间 $(0,+\infty)$ 内的单调性;

(2)证明当 $t>0$ 时，$F(t)>\frac{2}{\pi}G(t)$.

(1)解 因为

$$F(t)=\frac{\int_0^{2\pi}\mathrm{d}\theta\int_0^{\pi}\mathrm{d}\varphi\int_0^t f(r^2)r^2\sin\varphi\mathrm{d}r}{\int_0^{2\pi}\mathrm{d}\theta\int_0^t f(r^2)r\mathrm{d}r}=\frac{2\int_0^t f(r^2)r^2\mathrm{d}r}{\int_0^t f(r^2)r\mathrm{d}r},$$

$$F'(t)=2\frac{tf(t^2)\int_0^t f(r^2)r(t-r)\mathrm{d}r}{\left[\int_0^t f(r^2)r\mathrm{d}r\right]^2},$$

所以在$(0,+\infty)$上 $F'(t)>0$，故 $F(t)$在$(0,+\infty)$内单调增加.

(2)证 因

$$G(t)=\frac{\pi\int_0^t f(r^2)r\mathrm{d}r}{\int_0^t f(r^2)\mathrm{d}r},$$

要证明 $t>0$ 时，$F(t)>\frac{2}{\pi}G(t)$，只需证明 $t>0$ 时，$F(t)-\frac{2}{\pi}G(t)>0$，即

$$\int_0^t f(r^2)r^2\mathrm{d}r\int_0^t f(r^2)\mathrm{d}r-\left[\int_0^t f(r^2)r\mathrm{d}r\right]^2>0.$$

令 $g(t)=\int_0^t f(r^2)r^2\mathrm{d}r\int_0^t f(r^2)\mathrm{d}r-\left[\int_0^t f(r^2)r\mathrm{d}r\right]^2$，

则 $g'(t)=f(t^2)\int_0^t f(r^2)(t-r)^2\mathrm{d}r>0$，故 $g(t)$在$(0,+\infty)$内单调增加.

因为 $g(t)$在 $t=0$ 处连续，所以当 $t>0$ 时，有 $g(t)>g(0)$.

又 $g(0)=0$，故当 $t>0$ 时，$g(t)>0$，因此，当 $t>0$ 时，$F(t)>\frac{2}{\pi}G(t)$.

点评 本题属于一道综合题，考查了球面坐标系下将三重积分转化为三次积分，极坐标系下将二重积分转化为二次积分等多个知识点. 在本题(2)的证明中，也可使用柯西积分不等式

$$\left[\int_a^b f(x)g(x)\mathrm{d}x\right]^2\leqslant\int_a^b f^2(x)\mathrm{d}x\int_a^b g^2(x)\mathrm{d}x.$$

取 $f(x)=\sqrt{f(r^2)}\,r$，$g(x)=\sqrt{f(r^2)}$ 便可证得结果.

第十章 曲线积分与曲面积分

§1. 对弧长的曲线积分

1. 对弧长的曲线积分的概念(又称第一类曲线积分)

$$\int_L f(x,y)\mathrm{d}s=\lim_{\lambda\to 0}\sum_{i=1}^{n} f(\xi_i,\eta_i)\Delta s_i$$

如果函数 $f(x,y)$ 在曲线 L 上连续,则 $f(x,y)$ 在曲线 L 上对弧长的曲线积分 $\int_L f(x,y)\mathrm{d}s$ 一定存在.

上述概念可以推广到空间,如果 $f(x,y,z)$ 是定义在空间中分段光滑曲线 L 上的有界函数,则函数 $f(x,y,z)$ 在曲线 L 上对弧长的曲线积分是

$$\int_L f(x,y,z)\mathrm{d}s=\lim_{\lambda\to 0}\sum_{i=1}^{n} f(\xi_i,\eta_i,\zeta_i)\Delta s_i$$

2. 对弧长的曲线积分的性质

性质 1 $\int_L [f_1(x,y)\pm f_2(x,y)]\mathrm{d}s=\int_L f_1(x,y)\mathrm{d}s\pm\int_L f_2(x,y)\mathrm{d}s$

性质 2 $\int_L kf(x,y)\mathrm{d}s=k\int_L f(x,y)\mathrm{d}s$,其中 k 为常数.

性质 3 若 $L=L_1+L_2$,则

$$\int_L f(x,y)\mathrm{d}s=\int_{L_1} f(x,y)\mathrm{d}s+\int_{L_2} f(x,y)\mathrm{d}s.$$

3. 对弧长曲线积分的计算法

(1)设函数 $f(x,y)$ 在平面曲线

$$L:\begin{cases}x=x(t)\\ y=y(t)\end{cases}\quad(\alpha\leqslant t\leqslant\beta)$$

上连续,$x'(t)$,$y'(t)$ 在区间 $[\alpha,\beta]$ 上连续,则

$$\int_L f(x,y)\mathrm{d}s=\int_\alpha^\beta f[x(t),y(t)]\sqrt{[x'(t)]^2+[y'(t)]^2}\,\mathrm{d}t.$$

如果曲线 L 的方程为 $y=y(x)$,$(a\leqslant x\leqslant b)$ 且 $y'(x)$ 在区间 $[a,b]$ 上连续,则

$$\int_L f(x,y)\mathrm{d}s=\int_a^b f[x,y(x)]\sqrt{1+[y'(x)]^2}\,\mathrm{d}x.$$

(2)设函数 $f(x,y,z)$ 在空间曲线

$$L:\begin{cases}x=x(t)\\ y=y(t)\quad(\alpha\leqslant t\leqslant\beta)\\ z=z(t)\end{cases}$$

上连续,$x'(t)$,$y'(t)$,$z'(t)$ 在 $[\alpha,\beta]$ 上连续,则

$$\int_L f(x,y,z)\mathrm{d}s=\int_\alpha^\beta f[x(t),y(t),z(t)]\cdot\sqrt{[x'(t)]^2+[y'(t)]^2+[z'(t)]^2}\,\mathrm{d}t.$$

基本题型

使用曲线积分的性质计算

【935】 设平面曲线 L 为下半圆周 $y=-\sqrt{1-x^2}$，则曲线积分 $\int_L (x^2+y^2)\mathrm{d}s=$________.

解 由于在 L 上 $x^2+y^2=1$，所以

$$\int_L (x^2+y^2)\mathrm{d}s=\int_L \mathrm{d}s=\pi$$

【936】 设 L 为椭圆 $\frac{x^2}{4}+\frac{y^2}{3}=1$，其周长记为 a，则 $\oint_L (2xy+3x^2+4y^2)\mathrm{d}s=$________.

解 原式 $=\oint_L (2xy+12)\mathrm{d}s=2\oint_L xy\mathrm{d}s+12\oint_L \mathrm{d}s=2\oint_L xy\mathrm{d}s+12a.$

由对称性知 $\oint_L xy\mathrm{d}s=0.$ 故原式 $=12a.$

故应填 $12a.$

点评 (1)与定积分、重积分不同的是曲线积分的积分区域是关于 x,y 的等式，因而被积函数中的 x,y 满足积分曲线 L 的方程，可直接代入化简积分式子.

(2)第一类曲线积分有关对称性的结论

若曲线 L 关于 $x=0$ 对称，L_1 是 L 的 $x\geqslant 0$ 部分，则当 $f(x,y)$ 关于 x 为偶函数，即 $f(-x,y)=f(x,y)$ 时，$\int_L f(x,y)\mathrm{d}s=2\int_{L_1} f(x,y)\mathrm{d}s$；当 $f(x,y)$ 关于 x 为奇函数，即 $f(-x,y)=-f(x,y)$ 时，$\int_L f(x,y)\mathrm{d}s=0.$

若曲线 L 关于 $y=0$ 对称，L_2 是 L 的 $y\geqslant 0$ 部分，则当 $f(x,y)$ 关于 y 为偶函数，即 $f(x,-y)=f(x,y)$ 时，$\int_L f(x,y)\mathrm{d}s=2\int_{L_2} f(x,y)\mathrm{d}s$；当 $f(x,y)$ 关于 y 为奇函数，即 $f(x,-y)=-f(x,y)$ 时，$\int_L f(x,y)\mathrm{d}s=0.$

直角坐标系下计算第一类曲线积分

【937】 设 L 是由点 $O(0,0)$ 经过点 $A(1,0)$ 到点 $B(0,1)$ 的折线，则曲线积分 $\int_L (x+y)\mathrm{d}s=$________.

解 $\int_L (x+y)\mathrm{d}s=\int_{\overline{OA}} (x+y)\mathrm{d}s+\int_{\overline{AB}} (x+y)\mathrm{d}s$

$$=\int_0^1 x\mathrm{d}x+\int_0^1 \sqrt{2}[x+(1-x)]\mathrm{d}x=\frac{1}{2}+\sqrt{2}.$$

故应填 $\frac{1}{2}+\sqrt{2}.$

【938】 $\int_\Gamma x^2yz\mathrm{d}s$，其中 Γ 为折线 $ABCD$，这里 A、B、C、D 依次为点 $(0,0,0)$、$(0,0,2)$、$(1,0,2)$、$(1,3,2)$.

解 $\int_{\overline{AB}} x^2yz\mathrm{d}s=\int_0^2 0\cdot \mathrm{d}t=0$，$\int_{\overline{BC}} x^2yz\mathrm{d}s=\int_0^1 0\cdot \mathrm{d}t=0$，

$$\int_{\overline{CD}} x^2yz\mathrm{d}s=\int_0^3 2t\sqrt{0+1+0}\,\mathrm{d}t=t^2\Big|_0^3=9,$$

故 $\int_\Gamma x^2yz\mathrm{d}s=\left(\int_{\overline{AB}}+\int_{\overline{BC}}+\int_{\overline{CD}}\right)x^2yz\mathrm{d}s=0+0+9=9.$

【939】 计算 $I=\int_L x\mathrm{d}s$. 其中 L 为双曲线 $xy=1$ 从点$(\frac{1}{2},2)$至点$(1,1)$的弧段.

解 L 为 $x=\frac{1}{y}$, $1\leqslant y\leqslant 2$. 以 y 为积分变量易得:

$$\begin{aligned}\int_L x\mathrm{d}s&=\int_1^2\frac{1}{y}\sqrt{1+(x')^2}\,\mathrm{d}y=\int_1^2\frac{\sqrt{1+y^4}}{y^3}\mathrm{d}y=-\frac{1}{2}\int_1^2\sqrt{1+y^4}\,\mathrm{d}\left(\frac{1}{y^2}\right)\\&=-\frac{1}{2}\left[\frac{\sqrt{1+y^4}}{y^2}\Big|_1^2-\int_1^2\frac{1}{y^2}\frac{2y^3}{\sqrt{1+y^4}}\mathrm{d}y\right]\\&=\frac{\sqrt{2}}{2}-\frac{\sqrt{17}}{8}+\int_1^2\frac{y}{\sqrt{1+y^4}}\mathrm{d}y=\frac{\sqrt{2}}{2}-\frac{\sqrt{17}}{8}+\frac{1}{2}\int_1^2\frac{1}{\sqrt{1+y^4}}\mathrm{d}y^2\\&=\frac{\sqrt{2}}{2}-\frac{\sqrt{17}}{8}+\frac{1}{2}\ln\frac{4+\sqrt{17}}{1+\sqrt{2}}.\end{aligned}$$

点评 本题若以 x 为积分变量,则对 I 直接积分不容易,此时还需作代换 $x=\frac{1}{y}$,即为以上积分,读者可以自己试试.

参数方程情况下求第一类曲线积分

【940】 $\oint_L(x^2+y^2)^n\mathrm{d}s$,其中 L 为圆周 $x=a\cos t, y=a\sin t$ $(0\leqslant t\leqslant 2\pi)$.

解
$$\begin{aligned}\oint_L(x^2+y^2)^n\mathrm{d}s&=\int_0^{2\pi}(a^2\cos^2t+a^2\sin^2t)^n\sqrt{(-a\sin t)^2+(a\cos t)^2}\,\mathrm{d}t\\&=\int_0^{2\pi}a^{2n+1}\mathrm{d}t=2\pi a^{2n+1}.\end{aligned}$$

【941】 求摆线 $\begin{cases}x=1-\cos t\\y=t-\sin t\end{cases}$ 一拱$(0\leqslant t\leqslant 2\pi)$的弧长.

解 $\frac{\mathrm{d}x}{\mathrm{d}t}=\sin t$, $\frac{\mathrm{d}y}{\mathrm{d}t}=1-\cos t$,所以

$$\mathrm{d}s=\sqrt{\sin^2t+(1-\cos t)^2}\,\mathrm{d}t=\sqrt{2(1-\cos t)}\,\mathrm{d}t=2\sin\frac{t}{2}\mathrm{d}t\quad(0\leqslant t\leqslant 2\pi).$$

从而 $s=\int_0^{2\pi}2\sin\frac{t}{2}\mathrm{d}t=8.$

点评 对弧长的曲线积分的计算方法是把它化为参变量的定积分计算. 具体步骤为:(1)画出积分路径的图形;(2)把路径$\widehat{AB}$参数式写出来:$x=\varphi(t)$, $y=\psi(t)$, $\alpha\leqslant t\leqslant\beta$;(3)将 $\mathrm{d}s$ 写成参变量的积分式,即 $\int_L f(x,y)\mathrm{d}s=\int_\alpha^\beta f[\varphi(t),\psi(t)]\sqrt{\varphi'^2(t)+\psi'^2(t)}\,\mathrm{d}t$. 注意参数大的作为上限,小的作为下限. 当曲线是用直角坐标 $y=f(x)$, $a\leqslant x\leqslant b$ 表示时,把 x 作为参数,则 $\mathrm{d}s=\sqrt{1+f'^2(x)}\,\mathrm{d}x$;当曲线是用极坐标 $\rho=\rho(\theta)$, $\alpha\leqslant\theta\leqslant\beta$ 表示时,化为以 θ 为参数的参数方程:

$$x=\rho(\theta)\cos\theta,\quad y=\rho(\theta)\sin\theta,\quad \alpha\leqslant\theta\leqslant\beta,$$

则 $\mathrm{d}s=\sqrt{\rho^2(\theta)+\rho'^2(\theta)}\,\mathrm{d}\theta$.

【942】$\int_L y^2\mathrm{d}s$,其中 L 为摆线的一拱 $x=a(t-\sin t),y=a(1-\cos t)\ (0\leqslant t\leqslant 2\pi)$.

解 $\int_L y^2\mathrm{d}s=\int_0^{2\pi}a^2(1-\cos t)^2\sqrt{[a(t-\sin t)']^2+[a(1-\cos t)']^2}\,\mathrm{d}t$

$=\int_0^{2\pi}a^2(1-\cos t)^2\sqrt{2}a(1-\cos t)^{\frac{1}{2}}\mathrm{d}t=\sqrt{2}a^3\int_0^{2\pi}(1-\cos t)^{\frac{5}{2}}\mathrm{d}t$

$=\sqrt{2}a^3\int_0^{2\pi}4\sqrt{2}\sin^5\frac{t}{2}\mathrm{d}t=8a^3\int_0^{2\pi}\sin^4\frac{t}{2}\sin\frac{t}{2}\mathrm{d}t$

$=-16a^3\int_0^{2\pi}\left(1-\cos^2\frac{t}{2}\right)^2\mathrm{d}\left(\cos\frac{t}{2}\right)=\frac{256}{15}a^3.$

【943】$\int_L(x^2+y^2)\mathrm{d}s$,其中 L 为曲线

$$x=a(\cos t+t\sin t),\quad y=a(\sin t-t\cos t)\quad(0\leqslant t\leqslant 2\pi).$$

解 $\mathrm{d}s=\sqrt{\left(\frac{\mathrm{d}x}{\mathrm{d}t}\right)^2+\left(\frac{\mathrm{d}y}{\mathrm{d}t}\right)^2}\mathrm{d}t=\sqrt{(at\cos t)^2+(at\sin t)^2}\,\mathrm{d}t=at\mathrm{d}t$,

$\int_L(x^2+y^2)\mathrm{d}s=\int_0^{2\pi}[a^2(\cos t+t\sin t)^2+a^2(\sin t-t\cos t)^2]at\mathrm{d}t$

$=\int_0^{2\pi}a^3(1+t^2)t\mathrm{d}t=2\pi^2a^3(1+2\pi^2).$

【944】计算 $I=\oint_L \mathrm{e}^{\sqrt{x^2+y^2}}\mathrm{d}s$,其中 L 为由圆周 $x^2+y^2=a^2$,直线 $y=x$ 及 x 轴在第一象限中所围图形的边界.

解 积分曲线如图 944 所示.

$$\oint_L \mathrm{e}^{\sqrt{x^2+y^2}}\mathrm{d}s=\int_{\overline{OA}}+\int_{\widehat{AB}}+\int_{\overline{BO}}$$

其中 $\overline{OA}:y=0,\ 0\leqslant x\leqslant a$,

$\widehat{AB}:x=a\cos t,\ y=a\sin t,\ 0\leqslant t\leqslant\frac{\pi}{4}$,

$\overline{BO}:y=x,\ 0\leqslant x\leqslant\frac{\sqrt{2}}{2}a$,

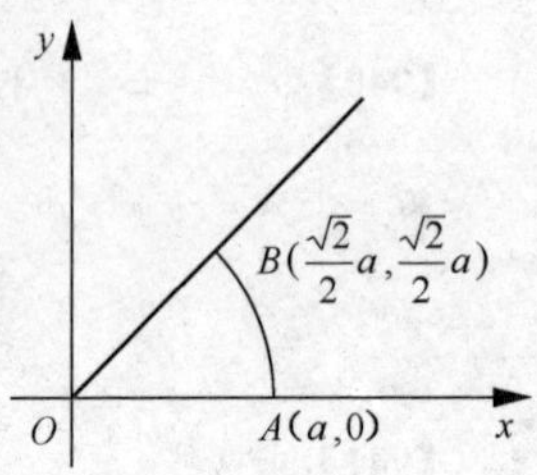

图 944

所以,$I=\oint_L \mathrm{e}^{\sqrt{x^2+y^2}}\mathrm{d}s=\int_0^a\mathrm{e}^x\mathrm{d}x+\int_0^{\frac{\pi}{4}}\mathrm{e}^a a\mathrm{d}t+\int_0^{\frac{\sqrt{2}}{2}a}\mathrm{e}^{\sqrt{2}x}\sqrt{2}\,\mathrm{d}x$

$=\mathrm{e}^a-1+\frac{\pi}{4}a\mathrm{e}^a+\mathrm{e}^a-1=2(\mathrm{e}^a-1)+\frac{\pi}{4}a\mathrm{e}^a.$

点评 上题主要是对积分弧段进行分段,并把每一段的表达式写出来.

【945】计算 $I=\int_\Gamma\frac{1}{x^2+y^2+z^2}\mathrm{d}s$,其中 Γ 为曲线 $x=\mathrm{e}^t\cos t,y=\mathrm{e}^t\sin t,z=\mathrm{e}^t$ 上相应于 t 从 0 变到 2 的这段弧.

解 $I=\int_0^2\frac{1}{\mathrm{e}^{2t}\cos^2t+\mathrm{e}^{2t}\sin^2t+\mathrm{e}^{2t}}\sqrt{(\mathrm{e}^t\cos t-\mathrm{e}^t\sin t)^2+(\mathrm{e}^t\sin t+\mathrm{e}^t\cos t)^2+\mathrm{e}^{2t}}\,\mathrm{d}t$

$=\int_0^2\frac{1}{\mathrm{e}^{2t}\cos^2t+\mathrm{e}^{2t}\sin^2t+\mathrm{e}^{2t}}\sqrt{3}\,\mathrm{e}^t\mathrm{d}t=\int_0^2\frac{\sqrt{3}}{2}\mathrm{e}^{-t}\mathrm{d}t=\frac{\sqrt{3}}{2}(1-\mathrm{e}^{-2}).$

极坐标系下计算第一类曲线积分

【946】求心形线 $r=a(1+\cos\theta)$ 的全长,其中 $a>0$ 是常数.

解 $r'(\theta)=-a\sin\theta$,

$$ds=\sqrt{r^2+(r')^2}\,d\theta=a\sqrt{(1+\cos\theta)^2+(-\sin\theta)^2}\,d\theta=2a\left|\cos\frac{\theta}{2}\right|d\theta.$$

利用对称性知,所求心形线的全长

$$s=2\int_0^{\pi}2a\cos\frac{\theta}{2}d\theta=8a\sin\frac{\theta}{2}\Big|_0^{\pi}=8a.$$

§2. 对坐标的曲线积分

1. 对坐标的曲线积分(又称第二类曲线积分)

$$\int_L P(x,y)dx=\lim_{\lambda\to 0}\sum_{i=1}^{n}P(\xi_i,\eta_i)\Delta x_i,$$

$$\int_L Q(x,y)dy=\lim_{\lambda\to 0}\sum_{i=1}^{n}Q(\xi_i,\eta_i)\Delta y_i,$$

如果函数 $P(x,y)$、$Q(x,y)$在有向曲线 L 上连续时,上述积分都存在.

类似地,在空间有向曲线 Γ 上对坐标 x、y、z 的曲线积分

$$\int_\Gamma P(x,y,z)dx=\lim_{\lambda\to 0}\sum_{i=1}^{n}P(\xi_i,\eta_i,\zeta_i)\Delta x_i,$$

$$\int_\Gamma Q(x,y,z)dy=\lim_{\lambda\to 0}\sum_{i=1}^{n}Q(\xi_i,\eta_i,\zeta_i)\Delta y_i,$$

$$\int_\Gamma R(x,y,z)dz=\lim_{\lambda\to 0}\sum_{i=1}^{n}R(\xi_i,\eta_i,\zeta_i)\Delta z_i.$$

2. 对坐标的曲线积分的性质

$$\int_{\widehat{AB}}P\,dx+Q\,dy=-\int_{\widehat{BA}}P\,dx+Q\,dy.$$

3. 对坐标的曲线积分的计算法

(1)设函数 $P(x,y)$、$Q(x,y)$在有向曲线 L 上连续,L 的参数方程为

$$\begin{cases}x=x(t)\\y=y(t)\end{cases}\quad(\alpha\leqslant t\leqslant\beta)$$

且 $x'(t)$,$y'(t)$连续,而 $t=\alpha$ 时对应于起点 A,$t=\beta$ 对应于终点 B,则

$$\int_{\widehat{AB}}P(x,y)dx=\int_\alpha^\beta P[x(t),y(t)]x'(t)dt,$$

$$\int_{\widehat{AB}}Q(x,y)dy=\int_\alpha^\beta Q[x(t),y(t)]y'(t)dt.$$

(2)如果曲线 L 是由方程 $y=y(x)(a\leqslant x\leqslant b)$给出,曲线 L 的起点 A 的横坐标为 $x=a$,终点 B 的横坐标为 $x=b$,函数 $y(x)$具有连续的一阶导数,则

$$\int_{\widehat{AB}}P(x,y)dx=\int_a^b P[x,y(x)]dx,$$

$$\int_{\widehat{AB}}Q(x,y)dy=\int_a^b Q[x,y(x)]y'(x)dx.$$

(3)如果曲线 L 是由方程 $x=x(y)$ $(c\leqslant y\leqslant d)$给出,曲线 L 的起点 A 的纵坐标为 $y=c$,终点 B 的纵坐标为 $y=d$,函数 $x(y)$具有连续的一阶导数,则

$$\int_{\widehat{AB}} P(x,y)\mathrm{d}x=\int_c^d P[x(y),y]x'(y)\mathrm{d}y,$$

$$\int_{\widehat{AB}} Q(x,y)\mathrm{d}y=\int_c^d Q[x(y),y]\mathrm{d}y.$$

(4)对于空间曲线积分，如果函数 $P(x,y,z)$、$Q(x,y,z)$、$R(x,y,z)$ 在有向曲线 Γ 上连续，Γ 的参数方程为

$$\begin{cases}x=x(t)\\ y=y(t) \quad (\alpha\leqslant t\leqslant\beta)\\ z=z(t)\end{cases}$$

而 $x'(t)$，$y'(t)$，$z'(t)$ 连续，且 $t=\alpha$ 对应于起点 A，$t=\beta$ 对应于终点 B，则

$$\int_\Gamma P(x,y,z)\mathrm{d}x=\int_\alpha^\beta P[x(t),y(t),z(t)]x'(t)\mathrm{d}t,$$

$$\int_\Gamma Q(x,y,z)\mathrm{d}y=\int_\alpha^\beta Q[x(t),y(t),z(t)]y'(t)\mathrm{d}t,$$

$$\int_\Gamma R(x,y,z)\mathrm{d}z=\int_\alpha^\beta R[x(t),y(t),z(t)]z'(t)\mathrm{d}t.$$

4. 两类曲线积分的关系

(1)设平面上有向曲线 L 上任一点 $M(x,y)$ 处与 L 方向一致的切线的方向余弦为

$$\cos\alpha=\frac{\mathrm{d}x}{\mathrm{d}s},\quad \cos\beta=\frac{\mathrm{d}y}{\mathrm{d}s}$$

则
$$\int_L P\mathrm{d}x+Q\mathrm{d}y=\int_L (P\cos\alpha+Q\cos\beta)\mathrm{d}s.$$

(2)设空间有向曲线 Γ 上任一点 $N(x,y,z)$ 处与 Γ 方向一致的切线的方向余弦为

$$\cos\alpha=\frac{\mathrm{d}x}{\mathrm{d}s},\quad \cos\beta=\frac{\mathrm{d}y}{\mathrm{d}s},\quad \cos\gamma=\frac{\mathrm{d}z}{\mathrm{d}s},$$

则
$$\int_\Gamma P\mathrm{d}x+Q\mathrm{d}y+R\mathrm{d}z=\int_\Gamma (P\cos\alpha+Q\cos\beta+R\cos\gamma)\mathrm{d}s.$$

基 本 题 型

直角坐标系下计算第二类曲线积分

【947】 设 L 是由原点 O 沿抛物线 $y=x^2$ 到点 $A(1,1)$，再由点 A 沿直线 $y=x$ 到原点的封闭曲线，则曲线积分 $\oint_L \arctan\frac{y}{x}\mathrm{d}y-\mathrm{d}x=$ ________.

解 设由原点 O 沿抛物线 $y=x^2$ 到点 $A(1,1)$ 的一段曲线为 L_1，由点 A 到原点的一段直线为 L_2，则

$$\oint_L \arctan\frac{y}{x}\mathrm{d}y-\mathrm{d}x=\int_{L_1}\arctan\frac{y}{x}\mathrm{d}y-\mathrm{d}x+\int_{L_2}\arctan\frac{y}{x}\mathrm{d}y-\mathrm{d}x$$

$$=\int_0^1(2x\cdot\arctan x-1)\mathrm{d}x+\int_1^0\left(\frac{\pi}{4}-1\right)\mathrm{d}x$$

$$=[(x^2+1)\arctan x-2x]\Big|_0^1+\left(1-\frac{\pi}{4}\right)=\frac{\pi}{4}-1.$$

故应填 $\frac{\pi}{4}-1$.

【948】计算$\oint_L |y|dx+|x|dy$,其中L是以点$A(1,0)$,$B(0,1)$及$C(-1,0)$为顶点的三角形的正向边界曲线.

解 因为$L=\overline{AB}+\overline{BC}+\overline{CA}$,$\overline{AB}$的方程为$y=-x+1$,$x$由1变到0;$\overline{BC}$的方程为$y=x+1$,$x$由0变到$-1$;$\overline{CA}$的方程为$y=0$,$x$由$-1$变到1.

如图948所示,于是

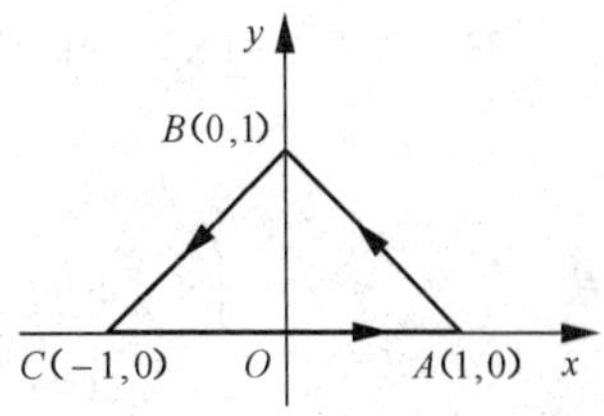

图 948

$$\oint_L |y|dx+|x|dy$$
$$=\int_{\overline{AB}} |y|dx+|x|dy+\int_{\overline{BC}} |y|dx+|x|dy$$
$$+\int_{\overline{CA}} |y|dx+|x|dy$$
$$=\int_1^0 [(-x+1)-x]dx+\int_0^{-1} [(x+1)-x]dx=-1.$$

参数方程情况下计算第二类曲线积分

【949】设L为取正向的圆周$x^2+y^2=9$,则曲线积分$\oint_L (2xy-2y)dx+(x^2-4x)dy$的值是______.

解 若令$\begin{cases}x=3\cos\theta,\\ y=3\sin\theta,\end{cases}$ $0\leqslant\theta\leqslant 2\pi$,则

$$\oint_L (2xy-2y)dx+(x^2-4x)dy$$
$$=\int_0^{2\pi} [(18\cos\theta\sin\theta-6\sin\theta)(-3\sin\theta)+(9\cos^2\theta-12\cos\theta)(3\cos\theta)]d\theta$$
$$=-18\pi.$$

故应填-18π.

点评 当积分路线为简单闭曲线时,对坐标的曲线积分的计算也可使用格林公式.即

$$\oint_L (2xy-2y)dx+(x^2-4x)dy=\iint\limits_{x^2+y^2\leqslant 9} -2dxdy=-2\pi\cdot 3^2=-18\pi.$$

【950】设L为正向圆周$x^2+y^2=2$在第一象限中的部分,则曲线积分$\int_L xdy-2ydx=$______.

解 正向圆周$x^2+y^2=2$在第一象限中的部分,可表示为$\begin{cases}x=\sqrt{2}\cos\theta\\ y=\sqrt{2}\sin\theta\end{cases}$,$\theta:0\to\frac{\pi}{2}$.于是

$$\int_L xdy-2ydx=\int_0^{\frac{\pi}{2}} [\sqrt{2}\cos\theta\cdot\sqrt{2}\cos\theta+2\sqrt{2}\sin\theta\cdot\sqrt{2}\sin\theta]d\theta$$
$$=\pi+\int_0^{\frac{\pi}{2}} 2\sin^2\theta d\theta=\frac{3\pi}{2}.$$

故应填$\frac{3\pi}{2}$.

点评 用化为参数的定积分的方法计算对坐标的曲线积分时,首先要写出积分路径的参数表示式,特别要注意的是参数的起点对应曲线的起点,写成定积分表示式时积分的下限对应参

数的起点,上限对应参数的终点,下限不一定小于上限,因为对坐标的曲线积分与方向有关.如果曲线方程是用直角坐标或极坐标表示时,可先化成参数方程然后再计算.

【951】 计算曲线积分 $I=\int_L (y+2xy)\mathrm{d}x+(x^2+2x+y^2)\mathrm{d}y$,其中 L 是由点 $A(4,0)$ 到点 $O(0,0)$ 的上半圆周 $y=\sqrt{4x-x^2}$.

解 曲线 L 的参数方程是

$$\begin{cases}x=2+2\cos t\\ y=2\sin t\end{cases},\quad t:0\to\pi,$$

故

$$\begin{aligned}I&=\int_0^{\pi}\{[2\sin t+2(2+2\cos t)\cdot 2\sin t](-2\sin t)\\&\quad+[4(1+\cos t)^2+4(1+\cos t)+4\sin^2 t]\cdot 2\cos t\}\mathrm{d}t\\&=\int_0^{\pi}(-20\sin^2 t-16\sin^2 t\cos t+24\cos t+24\cos^2 t)\mathrm{d}t=2\pi.\end{aligned}$$

【952】 $\oint_L \dfrac{(x+y)\mathrm{d}x-(x-y)\mathrm{d}y}{x^2+y^2}$,其中 L 为圆周 $x^2+y^2=a^2$(按逆时针方向绕行).

解 L 的参数方程为:$\begin{cases}x=a\cos t\\ y=a\sin t\end{cases}$, $t:0\to 2\pi$.

$$\begin{aligned}&\oint_L \frac{(x+y)\mathrm{d}x-(x-y)\mathrm{d}y}{x^2+y^2}\\&=\frac{1}{a^2}\int_0^{2\pi}[(a\cos t+a\sin t)(a\cos t)'-(a\cos t-a\sin t)(a\sin t)']\mathrm{d}t\\&=\frac{1}{a^2}\int_0^{2\pi}(-a^2)\mathrm{d}t=-2\pi.\end{aligned}$$

【953】 $\int_\Gamma x^2\mathrm{d}x+z\mathrm{d}y-y\mathrm{d}z$,其中 Γ 为曲线 $x=k\theta,y=a\cos\theta,z=a\sin\theta$ 上从 $\theta=0$ 到 $\theta=\pi$ 的一段弧.

解 $\int_\Gamma x^2\mathrm{d}x+z\mathrm{d}y-y\mathrm{d}z=\int_0^{\pi}[(k\theta)^2(k\theta)'+a\sin\theta(a\cos\theta)'-a\cos\theta(a\sin\theta)']\mathrm{d}\theta$

$=\int_0^{\pi}(k^3\theta^2-a^2)\mathrm{d}\theta=\dfrac{1}{3}\pi^3k^3-\pi a^2.$

【954】 $\int_\Gamma x\mathrm{d}x+y\mathrm{d}y+(x+y-1)\mathrm{d}z$,其中 Γ 是从点 $(1,1,1)$ 到点 $(2,3,4)$ 的一段直线.

解 Γ 的参数方程为 $\begin{cases}x=1+t\\ y=1+2t\\ z=1+3t\end{cases}$, $t:0\to 1$

$$\begin{aligned}&\int_\Gamma x\mathrm{d}x+y\mathrm{d}y+(x+y-1)\mathrm{d}z\\&=\int_0^1[(1+t)(1+t)'+(1+2t)(1+2t)'+(1+t+1+2t-1)(1+3t)']\mathrm{d}t\\&=\int_0^1(6+14t)\mathrm{d}t=13.\end{aligned}$$

【955】 $\oint_\Gamma \mathrm{d}x-\mathrm{d}y+y\mathrm{d}z$,其中 Γ 为有向闭折线 $\overline{ABCA}$,这里的 A、B、C 依次为点 $(1,0,0)$、$(0,1,0)$、$(0,0,1)$.

解　如图 955 所示.

$L=\overline{AB}+\overline{BC}+\overline{CA}$,

$\int_{\overline{AB}} dx-dy+ydz=\int_1^0 [1-(1-x)']dx=-2$,

$\int_{\overline{BC}} dx-dy+ydz=\int_0^1 [-(1-z)'+(1-z)]dz$

$=\int_0^1 (2-z)dz=\frac{3}{2}$,

$\int_{\overline{CA}} dx-dy+ydz=\int_0^1 1\cdot dx=1$.

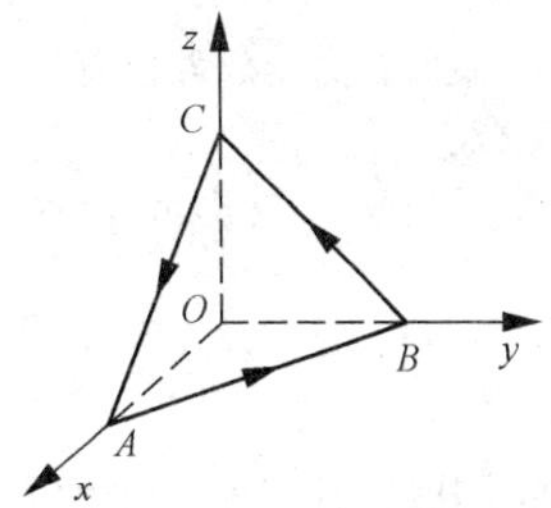

图 955

所以　$\oint_\Gamma dx-dy+ydz=\left(\int_{\overline{AB}}+\int_{\overline{BC}}+\int_{\overline{CA}}\right)dx-dy+ydz$

$=-2+\frac{3}{2}+1=\frac{1}{2}$.

用第二类曲线积分计算变力作功

【956】一力场由依横轴正方向的常力 $\boldsymbol{F}$ 所构成. 试求当一质量为 m 的质点沿圆周 $x^2+y^2=R^2$ 按逆时针方向移过位于第一象限的那一段弧时场力所作的功.

解　由题意知,场力所作的功为

$$W=\int_L |\boldsymbol{F}|dx,\quad L: x^2+y^2=R^2,\quad x\text{ 从 }R\text{ 变为 }0.$$

所以 $W=\int_L |\boldsymbol{F}|dx=\int_R^0 |\boldsymbol{F}|dx=-|\boldsymbol{F}|R$.

【957】设 z 轴与重力的方向一致,求质量为 m 的质点从位置(x_1,y_1,z_1)沿直线移到(x_2,y_2,z_2)时重力所作的功.

解　$\boldsymbol{F}=\{0,0,mg\}$,令 $A(x_1,y_1,z_1)$, $B(x_2,y_2,z_2)$.

则 $W=\int_{\overline{AB}} 0dx+0dy+mgdz=mg(z_2-z_1)$.

【958】设有一平面力场,其场力的大小与作用点向径的长度成正比,而从向径方向按逆时针旋转$\frac{\pi}{2}$角为场力的方向,试求当质点沿曲线 L 从点 $A(a,0)$移动到点 $B(0,a)$时场力所作的功,其中 L 分别为:

(1)圆周 $x^2+y^2=a^2$ 在第一象限的弧段;

(2)星形线 $x^{\frac{2}{3}}+y^{\frac{2}{3}}=a^{\frac{2}{3}}$ 在第一象限的弧段.

分析　此题是变力沿曲线作功问题,是第二类曲线积分中的应用题,首先要把力 $\boldsymbol{F}(x,y)$正确表达出来,再由对坐标的曲线积分写出变力作功的积分表达式.

解　设作用点为 $P(x,y)$,向径$\overrightarrow{OP}=\{x,y\}$逆时针旋转$\frac{\pi}{2}$角,得向量$\{-y,x\}$,单位向量为$\frac{1}{\sqrt{x^2+y^2}}\{-y,x\}$,由题意场力 $\boldsymbol{F}$ 大小为 $|\boldsymbol{F}|=k\sqrt{x^2+y^2}$

所以　$\boldsymbol{F}=k\sqrt{x^2+y^2}\cdot\frac{1}{\sqrt{x^2+y^2}}\{-y,x\}=k\{-y,x\}$,　$d\boldsymbol{r}=\{dx,dy\}$

因此所作功为　$W=\int_L \boldsymbol{F}\cdot d\boldsymbol{r}=k\int_L -ydx+xdy$

(1)L 的参数方程为 $\begin{cases}x=a\cos\theta\\ y=a\sin\theta\end{cases}$，$\theta:0\to\dfrac{\pi}{2}$，

则 $W=k\int_0^{\frac{\pi}{2}}a^2(\sin^2\theta+\cos^2\theta)\mathrm{d}\theta=\dfrac{k\pi}{2}a^2$.

(2)L 的参数方程为 $\begin{cases}x=a\cos^3 t\\ y=a\sin^3 t\end{cases}$，$t:0\to\dfrac{\pi}{2}$，

则 $W=k\int_0^{\frac{\pi}{2}}3a^2(\sin^4 t\cos^2 t+\cos^4 t\sin^2 t)\mathrm{d}t=3ka^2\int_0^{\frac{\pi}{2}}\sin^2 t\cos^2 t\mathrm{d}t$

$=\dfrac{3}{4}ka^2\int_0^{\frac{\pi}{2}}\dfrac{1-\cos4t}{2}\mathrm{d}t=\dfrac{3}{16}k\pi a^2$.

点评 这一类问题的解决关键是要把实际问题转化为数学问题，需要掌握第二类曲线积分的物理意义.

使用两类曲线积分之间的关系解题

【959】 设 $u(x,y)=x^2-xy+y^2$，L 为抛物线 $y=x^2$ 自原点至点 $A(1,1)$ 的有向弧段，$\boldsymbol{n}$ 为 L 的切向量顺时针旋转 $\dfrac{\pi}{2}$ 角所得的法向量，$\dfrac{\partial u}{\partial \boldsymbol{n}}$ 为函数 u 沿法向量 $\boldsymbol{n}$ 的方向导数，计算 $\int_L\dfrac{\partial u}{\partial \boldsymbol{n}}\mathrm{d}s$.

分析 利用两类曲线积分的关系，把第一类曲线积分问题转化成第二类曲线积分问题.

解 设 L 的单位切向量为 $\boldsymbol{t}=\{\cos\alpha,\cos\beta\}$，

顺时针旋转 $\dfrac{\pi}{2}$ 得单位法向量 $\boldsymbol{n}=\{\cos\beta,-\cos\alpha\}$，

由于 $\mathrm{d}x=\cos\alpha\mathrm{d}s$，　$\mathrm{d}y=\cos\beta\mathrm{d}s$，

$$\int_L\frac{\partial u}{\partial \boldsymbol{n}}\mathrm{d}s=\int_L\left\{\frac{\partial u}{\partial x},\frac{\partial u}{\partial y}\right\}\cdot\boldsymbol{n}\mathrm{d}s=\int_L\left\{\frac{\partial u}{\partial x},\frac{\partial u}{\partial y}\right\}\cdot\{\cos\beta\mathrm{d}s,-\cos\alpha\mathrm{d}s\}$$

$$=\int_L-\frac{\partial u}{\partial y}\mathrm{d}x+\frac{\partial u}{\partial x}\mathrm{d}y=\int_L(x-2y)\mathrm{d}x+(2x-y)\mathrm{d}y$$

$$=\int_0^1[(x-2x^2)+(2x-x^2)\cdot2x]\mathrm{d}x=\frac{2}{3}.$$

§3. 格林公式及其应用

1. 格林(Green)公式

设函数 $P(x,y)$、$Q(x,y)$ 在平面区域 D 及其边界曲线 L 上具有连续的一阶偏导数，则

$$\oint_L P\mathrm{d}x+Q\mathrm{d}y=\iint_D\left(\frac{\partial Q}{\partial x}-\frac{\partial P}{\partial y}\right)\mathrm{d}x\mathrm{d}y,$$

其中 L 取正向.

2. 平面上曲线积分与路径无关的条件

设函数 $P(x,y)$、$Q(x,y)$ 在平面单连通区域 D 内具有连续的一阶偏导数，则下面四个命题等价.

命题1 曲线 $L(\overset{\frown}{AB})$ 是 D 内由点 A 到点 B 的一段有向曲线，则曲线积分

$$\int_L P\mathrm{d}x+Q\mathrm{d}y$$

与路径无关,只与起点 A 和终点 B 有关.

命题 2 在区域 D 内沿任意一条闭曲线 L 的曲线积分有

$$\oint_L P\mathrm{d}x+Q\mathrm{d}y=0.$$

命题 3 在区域 D 内任意一点 (x,y) 处有

$$\frac{\partial Q}{\partial x}=\frac{\partial P}{\partial y}.$$

命题 4 在 D 内存在函数 $u(x,y)$,使得 $P\mathrm{d}x+Q\mathrm{d}y$ 是该二元函数 $u(x,y)$ 的全微分,即

$$\mathrm{d}u=P\mathrm{d}x+Q\mathrm{d}y.$$

3. 已知全微分求原函数

如果函数 $P(x,y)$、$Q(x,y)$ 在单连通区域 D 内具有连续的一阶偏导数,且 $\frac{\partial Q}{\partial x}=\frac{\partial P}{\partial y}$,则 $P\mathrm{d}x+Q\mathrm{d}y$ 是某个函数 $u(x,y)$ 的全微分,且有

$$u(x,y)=\int_{(x_0,y_0)}^{(x,y)}P\mathrm{d}x+Q\mathrm{d}y,$$

其中 (x_0,y_0) 是区域 D 内的某一定点,(x,y) 是 D 内的任一点.

基 本 题 型

利用格林公式计算第二类曲线积分

【960】 计算 $I=\oint_L(-2xy-y^2)\mathrm{d}x-(2xy+x^2-x)\mathrm{d}y$,其中 L 是以 $(0,0)$,$(1,0)$,$(1,1)$,$(0,1)$ 为顶点的正方形的正向边界线.

分析 若通过化为定积分求 I 的值,共有四部分组成,较麻烦,所以考虑使用格林公式.易验证此题满足格林公式条件.

解 令 $P(x,y)=-2xy-y^2$,$Q(x,y)=-(2xy+x^2-x)$.

易得 $\frac{\partial Q}{\partial x}=-(2y+2x-1)$,$\frac{\partial P}{\partial y}=-2x-2y$.

所以
$$\begin{aligned}I&=\oint_L(-2xy-y^2)\mathrm{d}x-(2xy+x^2-x)\mathrm{d}y\\&=\iint_D\left(\frac{\partial Q}{\partial x}-\frac{\partial P}{\partial y}\right)\mathrm{d}x\mathrm{d}y=\iint_D[-(2y+2x-1)-(-2x-2y)]\mathrm{d}x\mathrm{d}y\\&=\iint_D 1\cdot\mathrm{d}x\mathrm{d}y=1.\end{aligned}$$

【961】 计算 $\int_{\overset{\frown}{ABO}}(\mathrm{e}^x\sin y-my)\mathrm{d}x+(\mathrm{e}^x\cos y-m)\mathrm{d}y$,其中 $\overset{\frown}{ABO}$ 为从点 $A(a,0)$ 到点 $O(0,0)$ 的上半圆周 $x^2+y^2=ax$.

解 如图 961 所示.

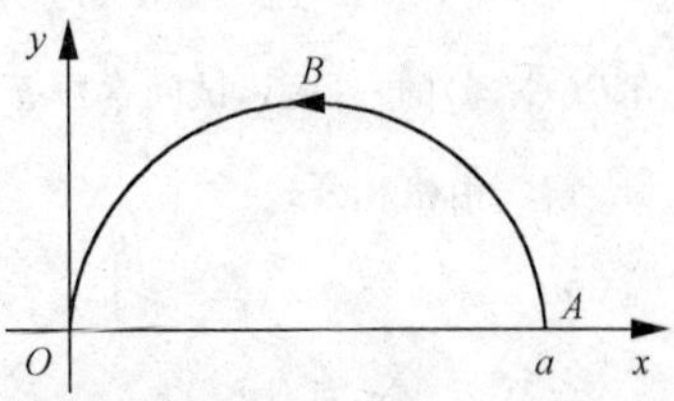

图 961

$$\begin{aligned}&\int_{\overset{\frown}{ABO}}(\mathrm{e}^x\sin y-my)\mathrm{d}x+(\mathrm{e}^x\cos y-m)\mathrm{d}y\\=&\oint_L(\mathrm{e}^x\sin y-my)\mathrm{d}x+(\mathrm{e}^x\cos y-m)\mathrm{d}y\\&+\int_{\overline{AO}}(\mathrm{e}^x\sin y-my)\mathrm{d}x+(\mathrm{e}^x\cos y-m)\mathrm{d}y\end{aligned}$$

$$=\iint\limits_{D}[e^x\cos y-e^x\cos y+m]d\sigma+\int_{\overline{AO}}(e^x\sin y-my)dx+(e^x\cos y-m)dy$$

$$=m\iint\limits_{D}d\sigma+\int_a^0 0dx=\frac{m\pi}{8}a^2.$$

【962】 计算曲线积分 $\int_L (x+e^{\sin y})dy-(y-\frac{1}{2})dx$，其中 L 是由位于第一象限中的直线段 $x+y=1$ 与位于第二象限中的圆弧 $x^2+y^2=1$ 构成的曲线，其方向是由 $A(1,0)$ 到 $B(0,1)$ 再到 $C(-1,0)$.（如图 962 所示）.

分析 所求积分直接用参数方程计算比较困难，所以可考虑用格林公式，不过此题中积分曲线不封闭，可增加辅助线 $\overline{CA}$，使得 $L+\overline{CA}$ 为封闭曲线.

解 作辅助线 $\overline{CA}$，由格林公式得，

$$\int_{L+\overline{CA}}(x+e^{\sin y})dy-\left(y-\frac{1}{2}\right)dx$$

$$=\iint\limits_{D}\left[\frac{\partial(x+e^{\sin y})}{\partial x}-\frac{\partial\left(-\left(y-\frac{1}{2}\right)\right)}{\partial y}\right]dxdy$$

$$=\iint\limits_{D}[1-(-1)]dxdy=\iint\limits_{D}2\cdot dxdy$$

$$=2D=2\left(\frac{\pi}{4}+\frac{1}{2}\right)=\frac{\pi}{2}+1.$$

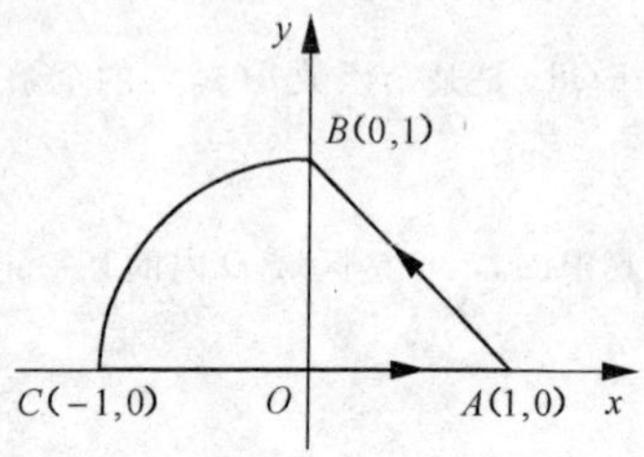

图 962

所以

$$I=\left(\int_{L+\overline{CA}}-\int_{\overline{CA}}\right)(x+e^{\sin y})dy-\left(y-\frac{1}{2}\right)dx$$

$$=\left(\frac{\pi}{2}+1\right)-\int_{\overline{CA}}(x+e^{\sin y})dy-\left(y-\frac{1}{2}\right)dx.$$

而

$$\int_{\overline{CA}}(x+e^{\sin y})dy-\left(y-\frac{1}{2}\right)dx=\int_{-1}^{1}\frac{1}{2}dx=1,$$

因此 $I=\frac{\pi}{2}+1-1=\frac{\pi}{2}$.

点评 在格林公式的条件中要求 L 应为封闭曲线，且取正方向. 但若 L 不是闭曲线，则往往可引入辅助线 L_1，使 $L+L_1$ 成为取正向的封闭曲线，进而采用格林公式，然后再减去 L_1 的曲线积分. 因而 L_1 的选取应尽可能简单，既利用 L_1 与 L 所围成区域计算二重积分，又要利用 L_1 计算曲线积分，还要保证 L 与 L_1 所围区域满足格林公式条件.

【963】 设 $I=\int_{\widehat{AB}}(e^{x^2}-y^3)dx-(x+\cos y)dy$，其中 $\widehat{AB}$ 是 $y=k\cos x(k>0)$ 上自 $A(-\frac{\pi}{2},0)$ 至 $B(\frac{\pi}{2},0)$ 的一段弧，试问常数 k 取何值时，I 取极值，是极大值还是极小值.

解 由格林公式：

$$\int_{\widehat{AB}}+\int_{\overline{BA}}=-\oint=-\iint\limits_{D}(-1+3y^2)d\sigma,$$

所以 $$I=\iint\limits_{D}(1-3y^2)d\sigma+\int_{\overline{AB};y=0}=\int_{-\frac{\pi}{2}}^{\frac{\pi}{2}}dx\int_0^{k\cos x}(1-3y^2)dy+2\int_0^{\frac{\pi}{2}}e^{x^2}dx$$

$$=2k-\frac{4}{3}k^3+2\int_0^{\frac{\pi}{2}}e^{x^2}dx,$$

令 $\frac{dI}{dk}=2-4k^2=0$，得驻点 $k=\frac{1}{\sqrt{2}}$，而 $\frac{d^2I}{dk^2}=-8k=-4\sqrt{2}<0$，

故 $k=\frac{1}{\sqrt{2}}$ 时，I 取得极值，且为极大值.

【964】 计算曲线积分 $I=\oint_L\frac{xdy-ydx}{4x^2+y^2}$，其中 L 是以点(1,0)为中心，R 为半径的圆周($R>1$)，取逆时针方向.

解 $P=\frac{-y}{4x^2+y^2}$，$Q=\frac{x}{4x^2+y^2}$

则 $\frac{\partial P}{\partial y}=\frac{y^2-4x^2}{(4x^2+y^2)^2}=\frac{\partial Q}{\partial x}$，$(x,y)\neq(0,0)$

作足够小椭圆 $C:\begin{cases}x=\frac{\delta}{2}\cos\theta\\y=\delta\sin\theta\end{cases}$ ($\theta\in[0,2\pi]$，C 取逆时针方向)，于是由格林公式有

$$\oint_{L+C^-}\frac{xdy-ydx}{4x^2+y^2}=0,$$

即得 $\oint_L\frac{xdy-ydx}{4x^2+y^2}=\oint_C\frac{xdy-ydx}{4x^2+y^2}=\int_0^{2\pi}\frac{\frac{1}{2}\delta^2}{\delta^2}d\theta=\pi.$

点评 应用格林公式时，L 应是封闭曲线，且取正方向，若取的是负方向，格林公式中应加负号. 当 L 不是封闭曲线时，可引入辅助曲线 L_1，使 $L+L_1$ 成为取正向的封闭曲线，进而采用格林公式，然后再减去 L_1 的曲线积分，因此 L_1 应尽可能简单，既要有利于在 L 与 L_1 所围成区域内计算二重积分，又要有利于 L_1 上计算曲线积分，还要保证 L 与 L_1 所围区域内满足格林公式的条件. 另外应用格林公式时，要注意 $P(x,y)$，$Q(x,y)$ 在区域 D 上是否有连续的一阶偏导数. 例如考虑积分 $\oint_L\sqrt{x^2+y^2}\,(xdx+ydy)$，其中 L 是区域 D 的边界曲线，于是 $\frac{\partial P}{\partial y}=\frac{\partial Q}{\partial x}=\frac{xy}{\sqrt{x^2+y^2}}$. 如果 D 包含原点，那么 $\frac{\partial P}{\partial y}$ 与 $\frac{\partial Q}{\partial x}$ 在原点不存在，更不可能连续了，这时就不能直接用格林公式了，或者说要在挖去原点的复连通区域上用格林公式.

【965】 计算 $\int_L\frac{(x+y)dx-(x-y)dy}{x^2+y^2}$，其中 L 是沿 $y=\pi\cos x$ 由 $A(\pi,-\pi)$ 到 $B(-\pi,-\pi)$ 的曲线段.

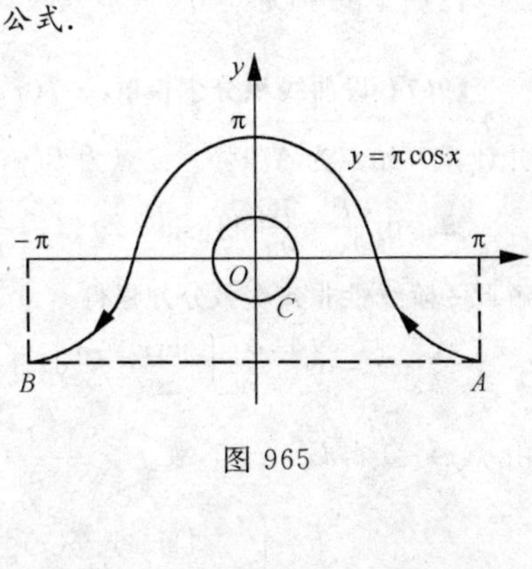

图 965

解 如图 965 所示，

$P(x,y)=\frac{x+y}{x^2+y^2}$，$Q(x,y)=-\frac{x-y}{x^2+y^2}$，

则 $\frac{\partial P}{\partial y}=\frac{\partial Q}{\partial x}$.

故由格林公式

$$\int_L \frac{(x+y)\mathrm{d}x-(x-y)\mathrm{d}y}{x^2+y^2}+\int_{\overline{BA}} \frac{(x+y)\mathrm{d}x-(x-y)\mathrm{d}y}{x^2+y^2}+\oint_{c顺} \frac{(x+y)\mathrm{d}x-(x-y)\mathrm{d}y}{x^2+y^2}=0.$$

所以

$$\int_L \frac{(x+y)\mathrm{d}x-(x-y)\mathrm{d}y}{x^2+y^2}=\int_{\overline{AB}} \frac{(x+y)\mathrm{d}x-(x-y)\mathrm{d}y}{x^2+y^2}+\oint_{c逆} \frac{(x+y)\mathrm{d}x-(x-y)\mathrm{d}y}{x^2+y^2}.$$

$$\int_{\overline{AB}} \frac{(x+y)\mathrm{d}x-(x-y)\mathrm{d}y}{x^2+y^2}\xlongequal{y=-\pi}\int_{\pi}^{-\pi} \frac{x-\pi}{x^2+\pi^2}\mathrm{d}x=2\pi\int_0^{\pi} \frac{1}{x^2+\pi^2}\mathrm{d}x=\frac{\pi}{2},$$

$$\oint_{c逆} \frac{(x+y)\mathrm{d}x-(x-y)\mathrm{d}y}{x^2+y^2}\xlongequal{\begin{cases}x=R\cos t\\ y=R\sin t\end{cases}}$$

$$\int_0^{2\pi} \frac{(R\cos t+R\sin t)(-R\sin t)-(R\cos t-R\sin t)R\cos t}{R^2}\mathrm{d}t=-2\pi.$$

所以 $I=-\dfrac{3}{2}\pi$.

利用曲线积分与路径无关的条件计算曲线积分

【966】 已知点 $O(0,0)$ 及点 $A(1,1)$，且曲线积分

$$I=\int_{\overline{OA}} (ax\cos y-y^2\sin x)\mathrm{d}x+(by\cos x-x^2\sin y)\mathrm{d}y$$

与路径无关，试确定常数 a,b，并求 I.

解 令 $P(x,y)=ax\cos y-y^2\sin x,\quad Q(x,y)=by\cos x-x^2\sin y$,

$$\frac{\partial P}{\partial y}=-ax\sin y-2y\sin x,\qquad \frac{\partial Q}{\partial x}=-by\sin x-2x\sin y.$$

由题意知 $\dfrac{\partial P}{\partial y}=\dfrac{\partial Q}{\partial x}$，解得 $a=b=2$,

所以 $I=\displaystyle\int_{(0,0)}^{(1,1)} P\mathrm{d}x+Q\mathrm{d}y=\int_{(0,0)}^{(0,1)} P\mathrm{d}x+Q\mathrm{d}y+\int_{(0,1)}^{(1,1)} P\mathrm{d}x+Q\mathrm{d}y$

$$=\int_0^1 Q(0,y)\mathrm{d}y+\int_0^1 P(x,1)\mathrm{d}x=\int_0^1 2y\mathrm{d}y+\int_0^1 (2x\cos 1-\sin x)\mathrm{d}x=2\cos 1.$$

点评 若 $\dfrac{\partial P}{\partial y}\equiv\dfrac{\partial Q}{\partial x}$，则我们可以得到两个结果：

(1) $\displaystyle\int_{A(x_0,y_0)}^{B(x_1,y_1)} P\mathrm{d}x+Q\mathrm{d}y=\int_{x_0}^{x_1} P(x,y_0)\mathrm{d}x+\int_{y_0}^{y_1} Q(x_1,y)\mathrm{d}y$;

(2) $\displaystyle\oint_L P\mathrm{d}x+Q\mathrm{d}y=0$.

【967】 设曲线积分 $\displaystyle\int_L [\sin x-f(x)]\frac{y}{x}\mathrm{d}x+f(x)\mathrm{d}y$ 与积分路径无关，且 $f(\pi)=1$，求 $f(x)$，并计算 L 始点为 $A(1,0)$、终点为 $B(\pi,\pi)$ 时曲线积分 I 的值.

解 由 $\dfrac{\partial P}{\partial y}=\dfrac{\partial Q}{\partial x}$ 得 $[\sin x-f(x)]\dfrac{1}{x}=f'(x)$，整理得 $f'(x)+\dfrac{1}{x}f(x)=\dfrac{\sin x}{x}$.

解此一阶线性非齐次微分方程得

$$f(x)=\mathrm{e}^{-\int\frac{1}{x}\mathrm{d}x}\left[\int\frac{\sin x}{x}\mathrm{e}^{\int\frac{1}{x}\mathrm{d}x}\mathrm{d}x+C\right]=\frac{1}{x}\left[\int\frac{\sin x}{x}\cdot x\mathrm{d}x+C\right]=\frac{1}{x}(-\cos x+C).$$

由 $f(\pi)=1$ 得 $C=\pi-1$，故 $f(x)=\dfrac{1}{x}(\pi-1-\cos x)$,

$$I=\int_{(1,0)}^{(\pi,\pi)} [\sin x-f(x)]\frac{y}{x}\mathrm{d}x+f(x)\mathrm{d}y=\int_1^{\pi} 0\mathrm{d}x+\int_0^{\pi} f(\pi)\mathrm{d}y=\pi.$$

【968】 设 L 是由点 $O(0,0)$ 到点 $A(1,1)$ 的任意一段光滑曲线，则曲线积分

$\int_L (1-2xy-y^2)\mathrm{d}x-(x+y)^2\mathrm{d}y=$ ________.

解 设 $P(x,y)=1-2xy-y^2$，$Q(x,y)=-(x+y)^2$，则

$$\frac{\partial P}{\partial y}=-2(x+y)=\frac{\partial Q}{\partial x}$$

上述两个偏导数在 xOy 面上任一点 (x,y) 处均存在且连续，故所给曲线积分与积分路径无关. 现取积分路线为由点 $O(0,0)$ 经点 $B(1,0)$ 到点 $A(1,1)$ 的折线，则

$$\int_L (1-2xy-y^2)\mathrm{d}x-(x+y)^2\mathrm{d}y=\int_0^1 \mathrm{d}x-\int_0^1 (1+y)^2\mathrm{d}y=1-\frac{(1+y)^3}{3}\bigg|_0^1=-\frac{4}{3}.$$

故应填 $-\frac{4}{3}$.

【969】 设函数 $f(x)$ 在 $(-\infty,+\infty)$ 内具有一阶连续导数，L 是上半平面 $(y>0)$ 内的有向分段光滑曲线，其起点为 (a,b)，终点为 (c,d).

记 $I=\int_L \frac{1}{y}[1+y^2f(xy)]\mathrm{d}x+\frac{x}{y^2}[y^2f(xy)-1]\mathrm{d}y$.

(1)证明：曲线积分 I 与路径 L 无关；

(2)当 $ab=cd$ 时，求 I 的值.

证 (1)因为

$$\frac{\partial}{\partial y}\left\{\frac{1}{y}[1+y^2f(xy)]\right\}=f(xy)-\frac{1}{y^2}+xyf'(xy)=\frac{\partial}{\partial x}\left\{\frac{x}{y^2}[y^2f(xy)-1]\right\}$$

在上半面内处处成立，所以在上半面内曲线积分 I 与路径无关.

(2)**解法一** 由于 I 与路径无关，故可取积分路径 L 为由点 (a,b) 到点 (c,b) 再到点 (c,d) 的折线段，所以

$$\begin{aligned}I&=\int_a^c \frac{1}{b}[1+b^2f(bx)]\mathrm{d}x+\int_b^d \frac{c}{y^2}[y^2f(cy)-1]\mathrm{d}y\\&=\frac{c-a}{b}+\int_a^c bf(bx)\mathrm{d}x+\int_b^d cf(cy)\mathrm{d}y+\frac{c}{d}-\frac{c}{b}\\&=\frac{c}{d}-\frac{a}{b}+\int_{ab}^{bc} f(t)\mathrm{d}t+\int_{bc}^{cd} f(t)\mathrm{d}t\\&=\frac{c}{d}-\frac{a}{b}+\int_{ab}^{cd} f(t)\mathrm{d}t.\end{aligned}$$

当 $ab=cd$ 时，$\int_{ab}^{cd} f(t)\mathrm{d}t=0$，由此得 $I=\frac{c}{d}-\frac{a}{b}$.

解法二 $I=\int_L \frac{\mathrm{d}x}{y}-\frac{x\mathrm{d}y}{y^2}+\int_L yf(xy)\mathrm{d}x+xf(xy)\mathrm{d}y$， $\int_L \frac{\mathrm{d}x}{y}-\frac{x\mathrm{d}y}{y^2}=\frac{c}{d}-\frac{a}{b}$，

设 $F(x)$ 为 $f(x)$ 的一个原函数，则

$$\int_L yf(xy)\mathrm{d}x+xf(xy)\mathrm{d}y=\int_L f(xy)\mathrm{d}(xy)=F(cd)-F(ab).$$

所以当 $ab=cd$ 时，$F(cd)-F(ab)=0$，由此得 $I=\frac{c}{d}-\frac{a}{b}$.

点评 当 $\frac{\partial Q}{\partial x}=\frac{\partial P}{\partial y}$，且区域单连通时，曲线积分与路径无关，因而可找一条最简单的路径计算曲线积分，一般可取平行于 x 轴、y 轴的折线. 如果曲线本身是封闭的，则可找另一条更简单的

封闭同向曲线，只要两条封闭曲线不相交，且在它们之间的区域内满足$\frac{\partial Q}{\partial x}=\frac{\partial P}{\partial y}$，则两条曲线上的积分值相等，因此可利用被积函数的性质找一条易于计算其上积分的封闭曲线. 当 P,Q 及它们的偏导数在某点不连续时，常用此方法挖去这一点. 另外如果被积函数能凑成某二元函数的全微分，则此曲线积分与路径无关，且有类似于定积分中的牛顿—莱布尼兹公式，即曲线积分结果为原函数在两个端点函数值之差.

求 $P(x,y)\mathrm{d}x+Q(x,y)\mathrm{d}y$ 的原函数

【970】 验证下列 $P(x,y)\mathrm{d}x+Q(x,y)\mathrm{d}y$ 在整个 xOy 平面内是某一函数 $u(x,y)$ 的全微分，并求这样的一个 $u(x,y)$：

$$(2x+2y)\mathrm{d}x+(2x+3y^2)\mathrm{d}y.$$

分析 若 $P(x,y)$ 和 $Q(x,y)$ 在 D 内具有一阶连续偏导数，且$\frac{\partial P}{\partial y}=\frac{\partial Q}{\partial x}$，则满足 $P\mathrm{d}x+Q\mathrm{d}y$ 是某函数 $u(x,y)$ 的全微分的条件. 在求原函数 $u(x,y)=\int_{(x_0,y_0)}^{(x,y)}P\mathrm{d}x+Q\mathrm{d}y$ 时，一般选取从 (x_0,y_0) 到 (x,y) 的平行于坐标轴的直角折线，或者可以用积分法或凑全微分法求原函数.

解 $\frac{\partial P}{\partial y}=2=\frac{\partial Q}{\partial x}$.

设 $\mathrm{d}u=P\mathrm{d}x+Q\mathrm{d}y$，因为 $\frac{\partial u}{\partial x}=P(x,y)=2x+2y$，

所以 $u=\int(2x+2y)\mathrm{d}x=x^2+2xy+\varphi(y)$，其中 $\varphi(y)$ 为待定函数.

由此得 $\frac{\partial u}{\partial y}=2x+\varphi'(y)$.

又 u 必须满足$\frac{\partial u}{\partial y}=Q(x,y)=2x+3y^2$，故 $3y^2=\varphi'(y)$，从而 $\varphi(y)=y^3+C$.

所以 $u=x^2+2xy+y^3+C$.

【971】 选取 n，使$\frac{(x-y)\mathrm{d}x+(x+y)\mathrm{d}y}{(x^2+y^2)^n}$为某一函数 $u(x,y)$ 的全微分，并求 $u(x,y)$.

解 设$P(x,y)=\frac{x-y}{(x^2+y^2)^n}$，$Q(x,y)=\frac{x+y}{(x^2+y^2)^n}$

则 $$\frac{\partial P}{\partial y}=\frac{-1}{(x^2+y^2)^n}-\frac{2n(x-y)y}{(x^2+y^2)^{n+1}},\quad \frac{\partial Q}{\partial x}=\frac{1}{(x^2+y^2)^n}-\frac{2n(x+y)x}{(x^2+y^2)^{n+1}}$$

为使 $\frac{(x-y)\mathrm{d}x+(x+y)\mathrm{d}y}{(x^2+y^2)^n}$ 是 u 的全微分，须有$\frac{\partial P}{\partial y}=\frac{\partial Q}{\partial x}$，且 $x^2+y^2\neq 0$，由此得

$$-x^2-y^2-2nxy+2ny^2=x^2+y^2-2nx^2-2nxy,$$

即 $2n(x^2+y^2)=2(x^2+y^2)$，因此 $n=1$，由

$$\mathrm{d}u=\frac{(x-y)\mathrm{d}x+(x+y)\mathrm{d}y}{x^2+y^2}=\frac{x\mathrm{d}x+y\mathrm{d}y-y\mathrm{d}x+x\mathrm{d}y}{x^2+y^2}$$

$$=\frac{\mathrm{d}\left(\frac{(x^2+y^2)}{2}\right)+x^2\mathrm{d}\left(\frac{y}{x}\right)}{(x^2+y^2)}=\frac{1}{2}\frac{\mathrm{d}(x^2+y^2)}{x^2+y^2}+\frac{\mathrm{d}\left(\frac{y}{x}\right)}{1+\left(\frac{y}{x}\right)^2},$$

得 $u(x,y)=\frac{1}{2}\ln(x^2+y^2)+\arctan\frac{y}{x}+C$.

【972】已知$\dfrac{(x+ay)\mathrm{d}x+y\mathrm{d}y}{(x+y)^2}$为某函数的全微分，则 $a=$________.

(A)-1　　(B)0　　(C)1　　(D)2

解　$P=\dfrac{x+ay}{(x+y)^2}$，$Q=\dfrac{y}{(x+y)^2}$. 由 $\dfrac{\partial P}{\partial y}=\dfrac{\partial Q}{\partial x}$ 得 $a=2$.

故应选(D).

§4. 对面积的曲面积分

1. 对面积的曲面积分的概念(又称第一类曲面积分)

$$\iint\limits_{\Sigma} f(x,y,z)\mathrm{d}S=\lim_{\lambda\to 0}\sum_{i=1}^{n} f(\xi_i,\eta_i,\zeta_i)\Delta S_i.$$

2. 对面积的曲面积分计算法

设光滑曲面 Σ 的方程为 $z=z(x,y)$，Σ 在 xOy 平面上的投影域为 D_{xy}，函数 $z=z(x,y)$ 具有一阶连续的偏导数，被积函数 $f(x,y,z)$ 在 Σ 上连续，则

$$\iint\limits_{\Sigma} f(x,y,z)\mathrm{d}S=\iint\limits_{D_{xy}} f[x,y,z(x,y)]\sqrt{1+\left(\frac{\partial z}{\partial x}\right)^2+\left(\frac{\partial z}{\partial y}\right)^2}\,\mathrm{d}x\mathrm{d}y$$

当光滑曲面 Σ 的方程为 $x=x(y,z)$ 或 $y=y(z,x)$ 时，可以把曲面积分化为相应的二重积分

$$\iint\limits_{\Sigma} f(x,y,z)\mathrm{d}S=\iint\limits_{D_{yz}} f[x(y,z),y,z]\sqrt{1+\left(\frac{\partial x}{\partial y}\right)^2+\left(\frac{\partial x}{\partial z}\right)^2}\,\mathrm{d}y\mathrm{d}z,$$

或

$$\iint\limits_{\Sigma} f(x,y,z)\mathrm{d}S=\iint\limits_{D_{zx}} f[x,y(x,z),z]\sqrt{1+\left(\frac{\partial y}{\partial x}\right)^2+\left(\frac{\partial y}{\partial z}\right)^2}\,\mathrm{d}z\mathrm{d}x,$$

其中 D_{yz} 和 D_{zx} 分别为曲面 Σ 在 yOz 面和 zOx 面上的投影域.

基本题型

对面积的曲面积分的计算

【973】设 Σ 是平面 $x+y+z=4$ 被圆柱面 $x^2+y^2=1$ 截出的有限部分，则曲面积分 $\iint\limits_{\Sigma} y\mathrm{d}S=$________.

(A)0　　(B)$\dfrac{4}{3}\sqrt{3}$　　(C)$4\sqrt{3}$　　(D)π

解　这是对面积的曲面积分的计算问题，要求读者熟悉积分公式

$$\iint\limits_{\Sigma} f(x,y,z)\mathrm{d}S=\iint\limits_{D} f[x,y,z(x,y)]\sqrt{1+\left(\frac{\partial z}{\partial x}\right)^2+\left(\frac{\partial z}{\partial y}\right)^2}\,\mathrm{d}x\mathrm{d}y.$$

本题中　$D: x^2+y^2\leqslant 1$，$z=0$，$z=4-x-y$，$f(x,y,z)=y$，

因而　$\iint\limits_{\Sigma} y\mathrm{d}S=\iint\limits_{D} y\sqrt{1+1+1}\,\mathrm{d}x\mathrm{d}y=\sqrt{3}\iint\limits_{D} y\mathrm{d}x\mathrm{d}y=\sqrt{3}\int_0^{2\pi}\sin\theta\mathrm{d}\theta\cdot\int_0^1 r^2\mathrm{d}r=0.$

故应选(A).

【974】计算曲面积分$\iint\limits_{\Sigma} z\mathrm{d}S$，其中$\Sigma$为锥面$z=\sqrt{x^2+y^2}$在柱体$x^2+y^2\leqslant 2x$内的部分.

解　Σ在xOy平面上的投影区域为$D:x^2+y^2\leqslant 2x$.

$$\mathrm{d}S=\sqrt{1+\left(\frac{\partial z}{\partial x}\right)^2+\left(\frac{\partial z}{\partial y}\right)^2}\,\mathrm{d}\sigma=\sqrt{2}\,\mathrm{d}\sigma.$$

于是
$$\iint\limits_{\Sigma} z\mathrm{d}S=\iint\limits_{D}\sqrt{x^2+y^2}\cdot\sqrt{2}\,\mathrm{d}\sigma=\sqrt{2}\int_{-\frac{\pi}{2}}^{\frac{\pi}{2}}\mathrm{d}\theta\int_0^{2\cos\theta}r^2\mathrm{d}r$$
$$=\frac{16}{3}\sqrt{2}\int_0^{\frac{\pi}{2}}\cos^3\theta\mathrm{d}\theta=\frac{32}{9}\sqrt{2}.$$

【975】计算曲面积分$\iint\limits_{\Sigma}\left(z+2x+\frac{4}{3}y\right)\mathrm{d}S$，其中$\Sigma$为平面$\frac{x}{2}+\frac{y}{3}+\frac{z}{4}=1$在第一卦限中的部分.

解　Σ为：$z=4-2x-\frac{4}{3}y$（如图975所示）.

$$\iint\limits_{\Sigma}(z+2x+\frac{4}{3}y)\mathrm{d}S$$
$$=\iint\limits_{D_{xy}}4\times\frac{\sqrt{61}}{3}\mathrm{d}x\mathrm{d}y=\frac{4\sqrt{61}}{3}\iint\limits_{D_{xy}}\mathrm{d}x\mathrm{d}y$$
$$=4\sqrt{61}.$$

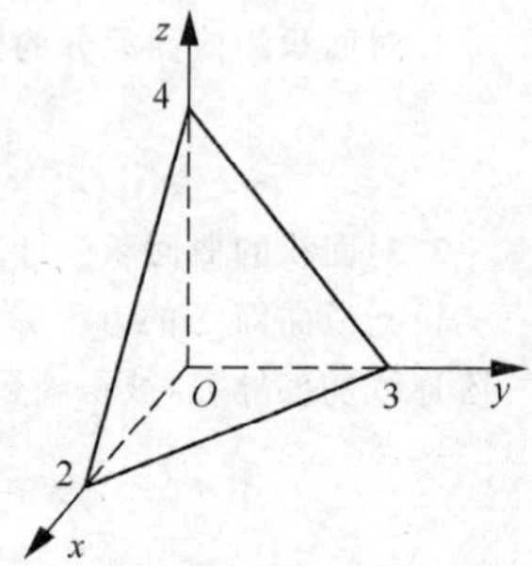

图 975

【976】计算曲面积分$\iint\limits_{\Sigma}(2xy-2x^2-x+z)\mathrm{d}S$，其中$\Sigma$为平面$2x+2y+z=6$在第一卦限中的部分.

解　Σ：$z=6-2x-2y$及其在xOy平面上的投影区域D_{xy}如图976所示.

$$\mathrm{d}S=\sqrt{1+(-2)^2+(-2)^2}\,\mathrm{d}x\mathrm{d}y=3\mathrm{d}x\mathrm{d}y,$$
$$\iint\limits_{\Sigma}(2xy-2x^2-x+z)\mathrm{d}S$$
$$=\iint\limits_{D_{xy}}(2xy-2x^2-x+6-2x-2y)\cdot 3\mathrm{d}x\mathrm{d}y$$
$$=3\int_0^3\mathrm{d}x\int_0^{3-x}(6-3x-2x^2+2xy-2y)\mathrm{d}y$$
$$=3\int_0^3(3x^3-10x^2+9)\mathrm{d}x$$
$$=-\frac{27}{4}.$$

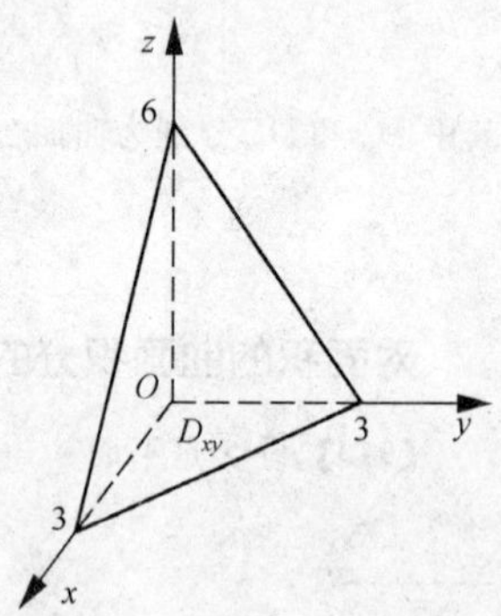

图 976

【977】设曲面Σ是$z=\frac{1}{2}(x^2+y^2)$被平面$z=2$所截下的有限部分，则曲面积分$\iint\limits_{\Sigma}z\mathrm{d}S=$______.

解　设Σ在xOy平面上投影为D_{xy}，即

$$D_{xy}:\begin{cases}x^2+y^2\leqslant 4\\ z=0\end{cases},$$

由 $z=\frac{1}{2}(x^2+y^2)$ 有 $\frac{\partial z}{\partial x}=x$， $\frac{\partial z}{\partial y}=y$， $\sqrt{1+\left(\frac{\partial z}{\partial x}\right)^2+\left(\frac{\partial z}{\partial y}\right)^2}=\sqrt{1+x^2+y^2}$，

所以 $$\iint\limits_{\Sigma} z\mathrm{d}S=\iint\limits_{D_{xy}}\frac{1}{2}(x^2+y^2)\sqrt{1+x^2+y^2}\,\mathrm{d}x\mathrm{d}y$$
$$=\frac{1}{2}\int_0^{2\pi}\mathrm{d}\theta\int_0^2 r^3\sqrt{1+r^2}\,\mathrm{d}r=\pi\left[\frac{1}{5}(1+r^2)^{\frac{5}{2}}-\frac{1}{3}(1+r^2)^{\frac{3}{2}}\right]\Big|_0^2$$
$$=\frac{2\pi}{15}(25\sqrt{5}+1).$$

故应填$\frac{2\pi}{15}(25\sqrt{5}+1)$.

【978】 计算 $\oiint\limits_{\Sigma}\frac{1}{(1+x+y)^2}\mathrm{d}S$，其中 Σ 为平面 $x+y+z=1$ 及三个坐标面所围立体的表面.

解 Σ 如图 978 所示.

记 Σ 在三个坐标面的投影部分分别为 D_{xy}，D_{yz}，D_{zx}，斜平面 $x+y+z=1$ 上的部分为 Σ_1.

$$I_1=\iint\limits_{D_{xy}}\frac{1}{(1+x+y)^2}\mathrm{d}S=\iint\limits_{D_{xy}}\frac{1}{(1+x+y)^2}\mathrm{d}x\mathrm{d}y$$
$$=\int_0^1\mathrm{d}x\int_0^{1-x}\frac{1}{(1+x+y)^2}\mathrm{d}y=\int_0^1\left(\frac{1}{1+x}-\frac{1}{2}\right)\mathrm{d}x$$
$$=\ln 2-\frac{1}{2},$$

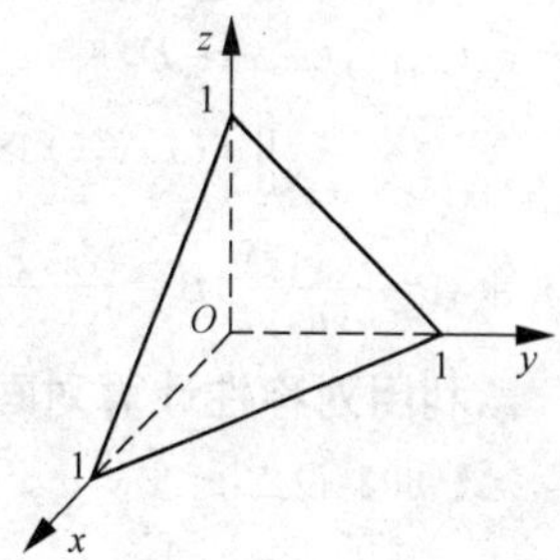

图 978

$$I_2=\iint\limits_{D_{yz}}\frac{1}{(1+x+y)^2}\mathrm{d}S=\int_0^1\mathrm{d}z\int_0^{1-z}\frac{1}{(1+y)^2}\mathrm{d}y$$
$$=\int_0^1\left(1-\frac{1}{2-z}\right)\mathrm{d}z=1-\ln 2,$$
$$I_3=\iint\limits_{D_{zx}}\frac{1}{(1+x+y)^2}\mathrm{d}S=\int_0^1\mathrm{d}x\int_0^{1-x}\frac{1}{(1+x)^2}\mathrm{d}z$$
$$=\int_0^1\frac{1-x}{(1+x)^2}\mathrm{d}x=\left[-\frac{2}{1+x}-\ln(1+x)\right]\Big|_0^1=1-\ln 2,$$

Σ_1 为：$z=1-x-y$， $\mathrm{d}S=\sqrt{1+\left(\frac{\partial z}{\partial x}\right)^2+\left(\frac{\partial z}{\partial y}\right)^2}\,\mathrm{d}x\mathrm{d}y=\sqrt{3}\,\mathrm{d}x\mathrm{d}y$，

故 $I_4=\iint\limits_{\Sigma_1}\frac{1}{(1+x+y)^2}\mathrm{d}S=\iint\limits_{D_{xy}}\frac{1}{(1+x+y)^2}\sqrt{3}\,\mathrm{d}x\mathrm{d}y=\sqrt{3}(\ln 2-\frac{1}{2})$，

所以， $I=I_1+I_2+I_3+I_4=(\sqrt{3}-1)\ln 2+\frac{3-\sqrt{3}}{2}$.

【979】 设 Σ 为椭球面$\frac{x^2}{2}+\frac{y^2}{2}+z^2=1$ 的上半部分，点 $P(x,y,z)\in\Sigma$，π 为 Σ 在点 P 处的切平面，$\rho(x,y,z)$为点 $O(0,0,0)$到平面 π 的距离，求 $\iint\limits_{\Sigma}\frac{z}{\rho(x,y,z)}\mathrm{d}S$.

解 设(X,Y,Z)为 π 上任意一点，则 π 的方程为

$$\frac{xX}{2}+\frac{yY}{2}+zZ=1$$

从而知 $\rho(x,y,z)=(\frac{x^2}{4}+\frac{y^2}{4}+z^2)^{-\frac{1}{2}}$. 由 $z=\sqrt{1-(\frac{x^2}{2}+\frac{y^2}{2})}$，有

$$\frac{\partial z}{\partial x}=\frac{-x}{2\sqrt{1-(\frac{x^2}{2}+\frac{y^2}{2})}},\quad \frac{\partial z}{\partial y}=\frac{-y}{2\sqrt{1-(\frac{x^2}{2}+\frac{y^2}{2})}}$$

于是
$$\mathrm{d}S=\sqrt{1+\left(\frac{\partial z}{\partial x}\right)^2+\left(\frac{\partial z}{\partial y}\right)^2}\,\mathrm{d}\sigma=\frac{\sqrt{4-x^2-y^2}}{2\sqrt{1-\left(\frac{x^2}{2}+\frac{y^2}{2}\right)}}\mathrm{d}\sigma$$

所以
$$\iint_\Sigma \frac{z\,\mathrm{d}S}{\rho(x,y,z)}=\frac{1}{4}\iint_D(4-x^2-y^2)\,\mathrm{d}\sigma=\frac{1}{4}\int_0^{2\pi}\mathrm{d}\theta\int_0^{\sqrt{2}}(4-r^2)r\mathrm{d}r=\frac{3}{2}\pi.$$

点评 对面积的曲面积分的计算方法是把它化为投影区域上的二重积分进行计算.具体步骤为:(1)画出曲面 Σ;(2)由曲面 Σ 的方程,例如 $z=z(x,y)$ 写出其曲面微分 $\mathrm{d}S=\sqrt{1+z_x^2+z_y^2}\,\mathrm{d}x\mathrm{d}y$;(3)计算投影区域上的二重积分,即

$$\iint_\Sigma f(x,y,z)\,\mathrm{d}S=\iint_D f(x,y,z(x,y))\sqrt{1+z_x^2+z_y^2}\,\mathrm{d}x\mathrm{d}y.$$

曲面积分与曲线积分一样,积分区域是由积分变量的等式给出的,因而可将 Σ 的方程直接代入被积函数表达式,若曲面 Σ 的方程是由参数方程形式给出的,例如 $x=x(u,v)$,$y=y(u,v)$,$z=z(u,v)$,$(u,v)\in D$,则

$$\iint_\Sigma f(x,y,z)\,\mathrm{d}S=\iint_D f(x(u,v),y(u,v),z(u,v))\sqrt{A^2+B^2+C^2}\,\mathrm{d}u\mathrm{d}v$$

其中 $A=\frac{\partial(y,z)}{\partial(u,v)}$,$B=\frac{\partial(z,x)}{\partial(u,v)}$,$C=\frac{\partial(x,y)}{\partial(u,v)}$.

利用对称性计算对面积的曲面积分

【980】 设 $\Sigma: x^2+y^2+z^2=a^2\ (z\geqslant 0)$,$\Sigma_1$ 为 Σ 在第一卦限中的部分,则有________.

(A) $\iint_\Sigma x\,\mathrm{d}S=4\iint_{\Sigma_1}x\,\mathrm{d}S$　　(B) $\iint_\Sigma y\,\mathrm{d}S=4\iint_{\Sigma_1}x\,\mathrm{d}S$

(C) $\iint_\Sigma z\,\mathrm{d}S=4\iint_{\Sigma_1}x\,\mathrm{d}S$　　(D) $\iint_\Sigma xyz\,\mathrm{d}S=4\iint_{\Sigma_1}xyz\,\mathrm{d}S$

解 Σ: $z=\sqrt{a^2-x^2-y^2}$, $\mathrm{d}S=\sqrt{1+z_x^2+z_y^2}\,\mathrm{d}x\mathrm{d}y=\frac{a}{\sqrt{a^2-x^2-y^2}}\mathrm{d}x\mathrm{d}y=\frac{a}{z}\mathrm{d}x\mathrm{d}y$

选项(D)不对.因为 $\iint_\Sigma xyz\,\mathrm{d}S=a\iint_{D_{xy}}xy\,\mathrm{d}x\mathrm{d}y=0$(由对称性),而 $\iint_{\Sigma_1}xyz\,\mathrm{d}S\neq 0$.

选项(A)不对.因为 $\iint_\Sigma x\,\mathrm{d}S=\iint_{D_{xy}}\frac{ax}{\sqrt{a^2-x^2-y^2}}\mathrm{d}x\mathrm{d}y=0$(由对称性),而 $\iint_{\Sigma_1}x\,\mathrm{d}S\neq 0$.

同理,选项(B)不对.由排除法知,本题应选(C).

故应选(C).

点评 若曲面 Σ 关于 $x=0$ 对称,Σ_1 是 Σ 的 $x\geqslant 0$ 部分,则

当 $f(-x,y,z)=-f(x,y,z)$ 时,$\iint_\Sigma f(x,y,z)\,\mathrm{d}S=0$;

当 $f(-x,y,z)=f(x,y,z)$ 时,$\iint_\Sigma f(x,y,z)\,\mathrm{d}S=2\iint_{\Sigma_1}f(x,y,z)\,\mathrm{d}S$.

若 Σ 关于 $y=0$(或 $z=0$)对称,f 关于 y(或 z)有奇、偶性时,有类似的结论.

【981】计算曲面积分：

$I=\iint\limits_{\Sigma} x^2\,\mathrm{d}S$，$\Sigma$ 为圆柱面 $x^2+y^2=a^2$ 介于 $z=0$ 与 $z=h$ 之间的部分.

解 由 Σ 的方程知，x 与 y 地位相同，所以 $\iint\limits_{\Sigma} x^2\,\mathrm{d}S=\iint\limits_{\Sigma} y^2\,\mathrm{d}S$，所以

$$\iint\limits_{\Sigma} x^2\,\mathrm{d}S=\frac{1}{2}\iint\limits_{\Sigma}(x^2+y^2)\,\mathrm{d}S=\frac{1}{2}\iint\limits_{\Sigma} a^2\,\mathrm{d}S=\frac{1}{2}a^2\iint\limits_{\Sigma}\mathrm{d}S=\frac{a^2}{2}|S|=\pi a^3 h.$$

【982】计算曲面积分 $\iint\limits_{\Sigma}(x+y+z)\,\mathrm{d}S$，其中 Σ 为球面 $x^2+y^2+z^2=a^2$ 上 $z\geqslant h\ (0<h<a)$ 的部分.

解 Σ 为：$z=\sqrt{a^2-x^2-y^2}$，

Σ 在 xOy 面上的投影为 $D_{xy}: x^2+y^2\leqslant a^2-h^2$，故

$$\begin{aligned}\mathrm{d}S&=\sqrt{1+\left(\frac{-2x}{2\sqrt{a^2-x^2-y^2}}\right)^2+\left(\frac{-2y}{2\sqrt{a^2-x^2-y^2}}\right)^2}\,\mathrm{d}x\mathrm{d}y\\&=\frac{a}{\sqrt{a^2-x^2-y^2}}\mathrm{d}x\mathrm{d}y,\end{aligned}$$

$$\begin{aligned}&\iint\limits_{\Sigma}(x+y+z)\,\mathrm{d}S\\=&\iint\limits_{D_{xy}}\left(x+y+\sqrt{a^2-x^2-y^2}\right)\frac{a}{\sqrt{a^2-x^2-y^2}}\mathrm{d}x\mathrm{d}y\xlongequal{\text{对称性}}\iint\limits_{D_{xy}} a\,\mathrm{d}x\mathrm{d}y\\=&a\cdot S_{D_{xy}}=\pi a(a^2-h^2).\end{aligned}$$

对面积的曲面积分的应用

【983】设半径为 R 的球面 Σ 的球心在定球 $x^2+y^2+z^2=a^2\,(a>0)$ 上，问当 R 取何值时，球面 Σ 在定球内部的面积最大？

解 设球面 Σ 的方程为 $x^2+y^2+(z-a)^2=R^2$，其中 $0<R<2a$，则球面 Σ 在定球内部部分的方程为 $z=a-\sqrt{R^2-x^2-y^2}$.

由 $\dfrac{\partial z}{\partial x}=\dfrac{x}{\sqrt{R^2-x^2-y^2}}$，$\dfrac{\partial z}{\partial y}=\dfrac{y}{\sqrt{R^2-x^2-y^2}}$，得 $\sqrt{1+\left(\dfrac{\partial z}{\partial x}\right)^2+\left(\dfrac{\partial z}{\partial y}\right)^2}=\dfrac{R}{\sqrt{R^2-x^2-y^2}}$

从方程组 $\begin{cases}x^2+y^2+z^2=a^2\\x^2+y^2+(z-a)^2=R^2\end{cases}$ 中消去 z，得两球面的交线在 xOy 平面上的投影为

$$\begin{cases}x^2+y^2=\left(\dfrac{R}{2a}\sqrt{4a^2-R^2}\right)^2\\z=0\end{cases}$$

因此，球面 Σ 在定球内部的面积为

$$\begin{aligned}S(R)&=\iint\limits_{\Sigma}\mathrm{d}S=\iint\limits_{D_{xy}}\frac{R}{\sqrt{R^2-x^2-y^2}}\mathrm{d}x\mathrm{d}y\\&=R\int_0^{2\pi}\mathrm{d}\theta\int_0^{\frac{R}{2a}\sqrt{4a^2-R^2}}\frac{r}{\sqrt{R^2-r^2}}\mathrm{d}r=2\pi R^2-\frac{\pi R^3}{a}.\end{aligned}$$

于是

$$S'(R)=4\pi R-\frac{3\pi}{a}R^2=\pi R\left(4-\frac{3}{a}R\right),\quad S''(R)=4\pi-\frac{6\pi}{a}R.$$

令 $S'(R)=0$,得 $R=\frac{4}{3}a$,而 $S''\left(\frac{4}{3}a\right)=-4\pi<0$,故函数 $S(R)$ 在 $R=\frac{4}{3}a$ 时取得极大值,且在定义域内仅有此唯一的极值,所以当 $R=\frac{4}{3}a$ 时,球面 Σ 在定球内部的面积最大.

【984】 设 Σ 为抛物面 $z=x^2+y^2$ 位于 $z\leqslant 1$ 内的部分,面密度为常数 ρ,求它对于 z 轴的转动惯量.

分析 题目中给定的是一光滑曲面以及它的面密度,求曲面对于坐标轴的转动惯量,转化成数学问题,是一求曲面积分的问题.

解 由题意知:

$$I_z=\iint_{\Sigma}(x^2+y^2)\rho\mathrm{d}S=\rho\iint_{D_{xy}}(x^2+y^2)\sqrt{1+(z'_x)^2+(z'_y)^2}\,\mathrm{d}x\mathrm{d}y$$

$$=\rho\iint_{D_{xy}}(x^2+y^2)\sqrt{1+(2x)^2+(2y)^2}\,\mathrm{d}x\mathrm{d}y=\rho\int_0^{2\pi}\mathrm{d}\theta\int_0^1 r^2\sqrt{1+4r^2}\,r\mathrm{d}r$$

$$=\rho\times\frac{\pi}{6}\int_0^1 r^2\,\mathrm{d}(1+4r^2)^{\frac{3}{2}}=\frac{1}{60}(25\sqrt{5}+1)\pi\rho.$$

【985】 试求密度均匀($\mu=1$),半径为 R 的球面对离球心距离为 $a\,(a>R)$ 处的单位质量的质点为 A 的引力.

解 取球心为坐标原点,单位质点 A 在正 z 轴上,建立空间直角坐标系如图 985 所示,由对称性知

$$F_x=F_y=0,$$

$$F_z=\iint_{\Sigma}\frac{k\mu m}{r^2}\cdot\cos\theta\mathrm{d}S=\iint_{\Sigma}k\frac{z-a}{r^3}\mathrm{d}S.$$

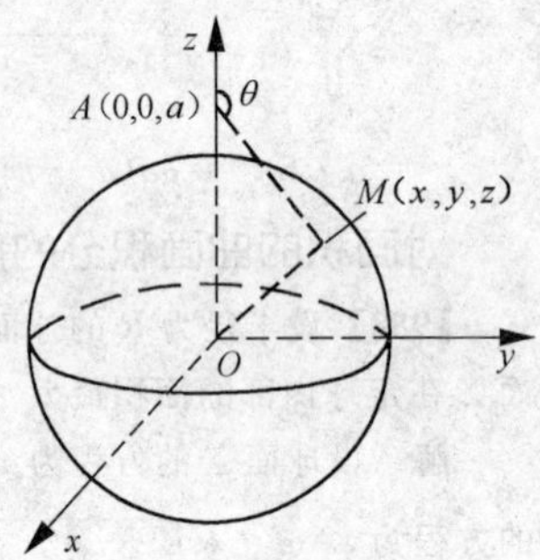

图 985

其中 k 是万有引力系数,$\mu(=1)$ 是面密度,$m(=1)$ 是单位质量,r 是球面上任一点 $M(x,y,z)$ 到点 A 的距离

$$r=\sqrt{x^2+y^2+(z-a)^2},$$

Σ 是球面:$x^2+y^2+z^2=R^2$.

换成球坐标,$x=R\sin\theta\cos\varphi$,$y=R\sin\theta\sin\varphi$,$z=R\cos\theta$,

$$\mathrm{d}S=R^2\sin\theta\mathrm{d}\theta\mathrm{d}\varphi,\ r=\sqrt{R^2+a^2-2Ra\cos\theta},$$

则 $$F_z=\int_0^{2\pi}\mathrm{d}\varphi\int_0^{\pi}k\frac{(R\cos\theta-a)R^2\sin\theta\mathrm{d}\theta}{(R^2+a^2-2Ra\cos\theta)^{3/2}}=2\pi kR^2\int_0^{\pi}\frac{(R\cos\theta-a)\sin\theta\mathrm{d}\theta}{(R^2+a^2-2Ra\cos\theta)^{3/2}}.$$

令 $R^2+a^2-2Ra\cos\theta=t^2$,则 $\sin\theta\mathrm{d}\theta=\frac{t\mathrm{d}t}{Ra}$,$R\cos\theta=\frac{t^2-R^2-a^2}{-2a}$.

当 $\theta=0$ 时,$t^2=R^2+a^2-2Ra=(R-a)^2$,$t=a-R\,(a>R)$;

当 $\theta=\pi$ 时,$t^2=R^2+a^2+2Ra=(R+a)^2$,$t=R+a$.

故 $$F_z=2\pi kR^2\int_{a-R}^{a+R}\frac{\frac{t^2-R^2-a^2}{-2a}-a}{t^3}\frac{t}{Ra}\mathrm{d}t=\frac{\pi kR}{a^2}\int_{a-R}^{a+R}\left(\frac{R^2-a^2}{t^2}-1\right)\mathrm{d}t$$

$$=\frac{\pi kR}{a^2}\left[(R^2-a^2)\left(-\frac{1}{t}\right)-t\right]\Bigg|_{a-R}^{a+R}=-\frac{4\pi kR^2}{a^2}$$

其中负号表示力指向坐标原点,$4\pi R^2$ 是球面的质量($\mu=1$),a 是质点 A 到球心的距离,故均

匀球面外部一点受到球面的引力，与集中球面的全部质量于球心时所受到的引力相同.

点评　当单位质量的质点位于球内时($0<a<R$)，质点受到球面引力的表达式如何建立，作上述变量代换时，t 的积分限如何？具体的 F_z 应等于多少？

§5. 对坐标的曲面积分

1. 对坐标的曲面积分的概念(又称第二类曲面积分)

有向曲面　通常遇到的曲面都是双侧的，规定了正侧的曲面称为有向曲面.

设 Σ 为光滑的有向曲面，$P(x,y,z)$、$Q(x,y,z)$、$R(x,y,z)$ 都是定义在 Σ 上的有界函数，将曲面 Σ 任意分成 n 个小曲面 $\Delta S_i(i=1,2,\cdots,n)$，在每个小曲面上任取一点 $N_i(\xi_i,\eta_i,\zeta_i)$，曲面 Σ 的正侧在点 N_i 处的法向量为

$$\boldsymbol{n}_i=\cos\alpha_i\ \boldsymbol{i}+\cos\beta_i\ \boldsymbol{j}+\cos\gamma_i\ \boldsymbol{k}$$

有向小曲面 ΔS_i 在 xOy 平面上投影为 $\Delta S_{i,xy}=\Delta S_i\cos\gamma_i$，如果当各小曲面直径的最大值 $\lambda\to0$ 时，和式 $\sum\limits_{i=1}^{n}R(\xi_i,\eta_i,\zeta_i)\Delta S_{i,xy}$ 的极限存在，则称此极限为函数 $R(x,y,z)$ 在有向曲面 Σ 的正侧上对坐标 x,y 的曲面积分，记为 $\iint\limits_{\Sigma}R(x,y,z)\mathrm{d}x\mathrm{d}y$，即

$$\iint\limits_{\Sigma}R(x,y,z)\mathrm{d}x\mathrm{d}y=\lim_{\lambda\to0}\sum_{i=1}^{n}R(\xi_i,\eta_i,\zeta_i)\Delta S_{i,xy}$$

类似地，函数 $P(x,y,z)$ 在有向曲面 Σ 的正侧上对坐标 y,z 的曲面积分

$$\iint\limits_{\Sigma}P(x,y,z)\mathrm{d}y\mathrm{d}z=\lim_{\lambda\to0}\sum_{i=1}^{n}P(\xi_i,\eta_i,\zeta_i)\Delta S_{i,yz}$$

其中 $\Delta S_{i,yz}=\Delta S_i\cos\alpha_i$.

函数 $Q(x,y,z)$ 在有向曲面 Σ 的正侧上对坐标 z,x 的曲面积分

$$\iint\limits_{\Sigma}Q(x,y,z)\mathrm{d}z\mathrm{d}x=\lim_{\lambda\to0}\sum_{i=1}^{n}Q(\xi_i,\eta_i,\zeta_i)\Delta S_{i,zx}$$

其中 $\Delta S_{i,zx}=\Delta S_i\cos\beta_i$.

2. 对坐标的曲面积分的性质

若 Σ 表示有向曲面的正侧，该曲面的另一侧为负侧记为 Σ^-，则有

$$\iint\limits_{\Sigma}P\mathrm{d}y\mathrm{d}z+Q\mathrm{d}z\mathrm{d}x+R\mathrm{d}x\mathrm{d}y=-\iint\limits_{\Sigma^-}P\mathrm{d}y\mathrm{d}z+Q\mathrm{d}z\mathrm{d}x+R\mathrm{d}x\mathrm{d}y$$

即当积分曲面改变为相反侧时，对坐标的曲面积分要改变符号.

3. 对坐标的曲面积分的计算法

设光滑曲面 Σ 是由方程 $z=z(x,y)$ 所给出的曲面上侧，角 γ 是曲面 Σ 的法向量 $\boldsymbol{n}$ 与 z 轴的夹角，此时 $\cos\gamma>0$，曲面 Σ 在 xOy 平面上的投影区域为 D_{xy}，函数 $z=z(x,y)$ 在 D_{xy} 上具有一阶连续偏导数，被积函数 $R(x,y,z)$ 在 Σ 上连续，则

$$\iint\limits_{\Sigma}R(x,y,z)\mathrm{d}x\mathrm{d}y=\iint\limits_{D_{xy}}R[x,y,z(x,y)]\mathrm{d}x\mathrm{d}y$$

如果积分曲面取在 Σ 的下侧，此时 $\cos\gamma<0$，则

$$\iint_{\Sigma} R(x,y,z)\mathrm{d}x\mathrm{d}y = -\iint_{D_{xy}} R[x,y,z(x,y)]\mathrm{d}x\mathrm{d}y.$$

当曲面 Σ 是母线平行于 z 轴的柱面 $F(x,y)=0$ 时，此时 $\cos\gamma=\cos\frac{\pi}{2}=0$，则

$$\iint_{\Sigma} R(x,y,z)\mathrm{d}x\mathrm{d}y=0$$

类似地有

$$\iint_{\Sigma} P(x,y,z)\mathrm{d}y\mathrm{d}z=\pm\iint_{D_{yz}} P[x(y,z),y,z]\mathrm{d}y\mathrm{d}z,$$

$$\iint_{\Sigma} Q(x,y,z)\mathrm{d}z\mathrm{d}x=\pm\iint_{D_{zx}} Q[x,y(x,z),z]\mathrm{d}z\mathrm{d}x.$$

4. 两类曲面积分之间的关系

设曲面 Σ 上任一点 (x,y,z) 处法向量 $\boldsymbol{n}$ 的方向余弦为 $\cos\alpha$、$\cos\beta$、$\cos\gamma$ 则有

$$\iint_{\Sigma} P\mathrm{d}y\mathrm{d}z+Q\mathrm{d}z\mathrm{d}x+R\mathrm{d}x\mathrm{d}y=\iint_{\Sigma}(P\cos\alpha+Q\cos\beta+R\cos\gamma)\mathrm{d}S$$

基本题型

利用直接投影法计算对坐标的曲面积分

【986】 计算曲面积分 $\iint_{\Sigma} x^2y^2z\mathrm{d}x\mathrm{d}y$，其中 Σ 是球面 $x^2+y^2+z^2=R^2$ 的下半部分的下侧.

解　$\Sigma: z=-\sqrt{R^2-x^2-y^2}$，下侧.

Σ 在 xOy 面上的投影区域 D_{xy} 为：$x^2+y^2\leqslant R^2$.

$$\iint_{\Sigma} x^2y^2z\mathrm{d}x\mathrm{d}y=-\iint_{D_{xy}} x^2y^2(-\sqrt{R^2-x^2-y^2})\mathrm{d}x\mathrm{d}y$$

$$=-\int_0^{2\pi}\mathrm{d}\theta\int_0^R r^4\cos^2\theta\sin^2\theta(-\sqrt{R^2-r^2})r\mathrm{d}r$$

$$=-\frac{1}{8}\int_0^{2\pi}\sin^2 2\theta\mathrm{d}\theta\int_0^R[(r^2-R^2)+R^2]^2\sqrt{R^2-r^2}\ \mathrm{d}(R^2-r^2)=\frac{2}{105}\pi R^7.$$

【987】 计算曲面积分 $\iint_{\Sigma} z\mathrm{d}x\mathrm{d}y+x\mathrm{d}y\mathrm{d}z+y\mathrm{d}z\mathrm{d}x$，其中 Σ 是柱面 $x^2+y^2=1$ 被平面 $z=0$ 及 $z=3$ 所截得的在第一卦限内的部分的前侧.

解　Σ 在 xOy 面的投影为一段弧，所以 $\iint_{\Sigma} z\mathrm{d}x\mathrm{d}y=0$.

Σ 在 yOz 面上的投影为 $D_{yz}=\{(y,z)\mid 0\leqslant y\leqslant 1, 0\leqslant z\leqslant 3\}$，此时 Σ 为：

$$x=\sqrt{1-y^2}, (y,z)\in D_{yz},$$

所以

$$\iint_{\Sigma} x\mathrm{d}y\mathrm{d}z=\iint_{D_{yz}}\sqrt{1-y^2}\mathrm{d}y\mathrm{d}z=\int_0^3\mathrm{d}z\int_0^1\sqrt{1-y^2}\mathrm{d}y=3\int_0^1\sqrt{1-y^2}\mathrm{d}y=3\times\frac{\pi}{4}=\frac{3}{4}\pi.$$

Σ 在 zOx 面上的投影区域为 $D_{zx}: 0\leqslant z\leqslant 3, 0\leqslant x\leqslant 1$，此时 Σ 可表示为：

$$y=\sqrt{1-x^2}, (x,z)\in D_{zx},$$

所以

$$\iint_{\Sigma} y\mathrm{d}z\mathrm{d}x=\iint_{D_{zx}}\sqrt{1-x^2}\,\mathrm{d}z\mathrm{d}x=\int_0^3\mathrm{d}z\int_0^1\sqrt{1-x^2}\,\mathrm{d}x=3\int_0^1\sqrt{1-x^2}\,\mathrm{d}x=3\times\frac{\pi}{4}=\frac{3}{4}\pi.$$

因此 $\iint_{\Sigma} z\mathrm{d}x\mathrm{d}y+x\mathrm{d}y\mathrm{d}z+y\mathrm{d}z\mathrm{d}x=0+\frac{3}{4}\pi+\frac{3}{4}\pi=\frac{3}{2}\pi.$

【988】 求 $\iint_{\Sigma} xy\mathrm{d}y\mathrm{d}z+xz\mathrm{d}z\mathrm{d}x+yz\mathrm{d}x\mathrm{d}y$，其中 Σ 为圆柱面 $x^2+y^2=R^2$ 在 $y\geqslant 0,z\geqslant 0$ 两卦限内被平面 $z=0$ 和 $z=H$ 所截下的部分的外侧.

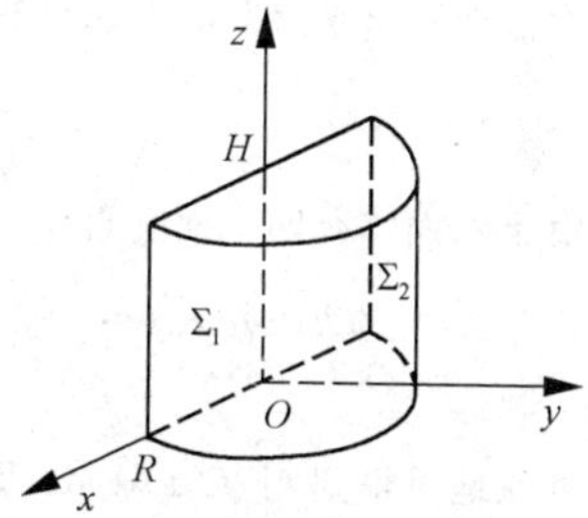

图 988

解 如图 988 所示，$\Sigma=\Sigma_1+\Sigma_2$，

$$\begin{aligned}&\iint_{\Sigma} xy\mathrm{d}y\mathrm{d}z+xz\mathrm{d}z\mathrm{d}x+yz\mathrm{d}x\mathrm{d}y\\&=\iint_{\Sigma} xy\mathrm{d}y\mathrm{d}z+\iint_{\Sigma} xz\mathrm{d}z\mathrm{d}x\\&=\iint_{\Sigma_1} xy\mathrm{d}y\mathrm{d}z+\iint_{\Sigma_2} xy\mathrm{d}y\mathrm{d}z+\iint_{\Sigma} xz\mathrm{d}z\mathrm{d}x\\&=\iint_{\substack{0\leqslant y\leqslant R\\0\leqslant z\leqslant H}}\sqrt{R^2-y^2}\,y\mathrm{d}y\mathrm{d}z-\iint_{\substack{0\leqslant y\leqslant R\\0\leqslant z\leqslant H}}-\sqrt{R^2-y^2}\,y\mathrm{d}y\mathrm{d}z+\iint_{\substack{-R\leqslant x\leqslant R\\0\leqslant z\leqslant H}}xz\mathrm{d}z\mathrm{d}x=\frac{2HR^3}{3}.\end{aligned}$$

【989】 计算曲面积分 $\oiint_{\Sigma}\frac{x\mathrm{d}y\mathrm{d}z+z^2\mathrm{d}x\mathrm{d}y}{x^2+y^2+z^2}$，其中 Σ 是由曲面 $x^2+y^2=R^2$ 及两平面 $z=R,z=-R(R>0)$ 所围成立体表面的外侧.

解 如图 989 所示，设 $\Sigma_1,\Sigma_2,\Sigma_3$ 依次为 Σ 的上、下底和圆柱面部分，则

$$\iint_{\Sigma_1}\frac{x\mathrm{d}y\mathrm{d}z}{x^2+y^2+z^2}=\iint_{\Sigma_2}\frac{x\mathrm{d}y\mathrm{d}z}{x^2+y^2+z^2}=0.$$

记 Σ_1,Σ_2 在 xOy 平面上的投影区域为 D_{xy}，则

$$\iint_{\Sigma_1+\Sigma_2}\frac{z^2\mathrm{d}x\mathrm{d}y}{x^2+y^2+z^2}=\iint_{D_{xy}}\frac{R^2\mathrm{d}x\mathrm{d}y}{x^2+y^2+R^2}-\iint_{D_{xy}}\frac{(-R)^2\mathrm{d}x\mathrm{d}y}{x^2+y^2+R^2}=0.$$

在 Σ_3 上，$\iint_{\Sigma_3}\frac{z^2\mathrm{d}x\mathrm{d}y}{x^2+y^2+z^2}=0.$

记 Σ_3 在 yOz 平面上的投影区域为 D_{yz}，则

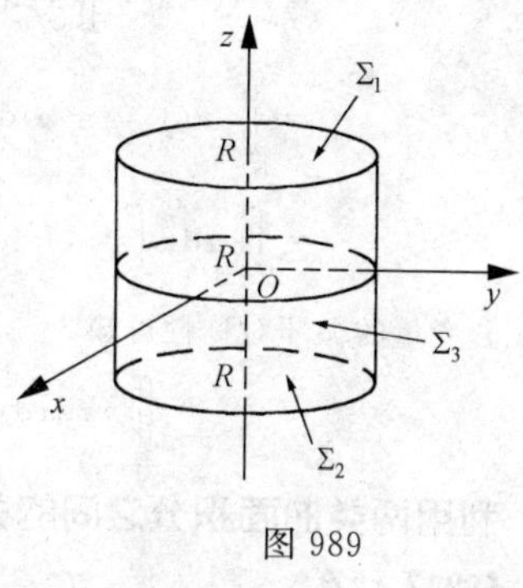

图 989

$$\begin{aligned}&\iint_{\Sigma_3}\frac{x\mathrm{d}y\mathrm{d}z}{x^2+y^2+z^2}\\&=\iint_{D_{yz}}\frac{\sqrt{R^2-y^2}\,\mathrm{d}y\mathrm{d}z}{R^2+z^2}-\iint_{D_{yz}}\frac{-\sqrt{R^2-y^2}\,\mathrm{d}y\mathrm{d}z}{R^2+z^2}\\&=2\iint_{D_{yz}}\frac{\sqrt{R^2-y^2}}{R^2+z^2}\mathrm{d}y\mathrm{d}z=2\int_{-R}^{R}\sqrt{R^2-y^2}\,\mathrm{d}y\int_{-R}^{R}\frac{\mathrm{d}z}{R^2+z^2}=\frac{\pi^2}{2}R.\end{aligned}$$

所以，$\oiint_{\Sigma}\frac{x\mathrm{d}y\mathrm{d}z+z^2\mathrm{d}x\mathrm{d}y}{x^2+y^2+z^2}=\frac{1}{2}\pi^2R.$

【990】 求矢量场 $\boldsymbol{A}=f(x)\boldsymbol{i}+g(y)\boldsymbol{j}+h(z)\boldsymbol{k}$ 流过平行六面体 $0<x<a;0<y<b;0<z<c$ 的

外表面 Σ 的通量，式中 $f(x)$、$g(y)$、$h(z)$ 为连续函数.

解 所求通量为

$$\Phi=\oiint_{\Sigma}\boldsymbol{A}\cdot\mathrm{d}\boldsymbol{S}=\oiint_{\Sigma}f(x)\mathrm{d}y\mathrm{d}z+g(y)\mathrm{d}z\mathrm{d}x+h(z)\mathrm{d}x\mathrm{d}y$$

因为积分式的三项情况完全类似，所以只要计算其中任何一项积分，则其他两项积分可以类似地写出来. 例如，下面计算

$$\oiint_{\Sigma}h(z)\mathrm{d}x\mathrm{d}y$$

由于六面体有四个面垂直于 xOy 平面，故这四个面的积分为零，从而有

$$\oiint_{\Sigma}h(z)\mathrm{d}x\mathrm{d}y=\iint\limits_{\substack{0\leqslant x\leqslant a\\0\leqslant y\leqslant b}}h(c)\mathrm{d}x\mathrm{d}y-\iint\limits_{\substack{0\leqslant x\leqslant a\\0\leqslant y\leqslant b}}h(0)\mathrm{d}x\mathrm{d}y=abc\,\frac{h(c)-h(0)}{c}$$

类似地可得到 $\oiint_{\Sigma}f(x)\mathrm{d}y\mathrm{d}z$ 及 $\oiint_{\Sigma}g(y)\mathrm{d}x\mathrm{d}z$ 的值，于是所求通量为

$$\Phi=abc\left[\frac{f(a)-f(0)}{a}+\frac{g(b)-g(0)}{b}+\frac{h(c)-h(0)}{c}\right].$$

利用对称性计算对坐标的曲面积分

【991】 计算曲面积分 $\oiint_{\Sigma}xz\mathrm{d}x\mathrm{d}y+xy\mathrm{d}y\mathrm{d}z+yz\mathrm{d}z\mathrm{d}x$，其中 Σ 是平面 $x=0,y=0,z=0,x+y+z=1$ 所围成的空间区域的整个边界曲面的外侧.

解 如图 991 所示.

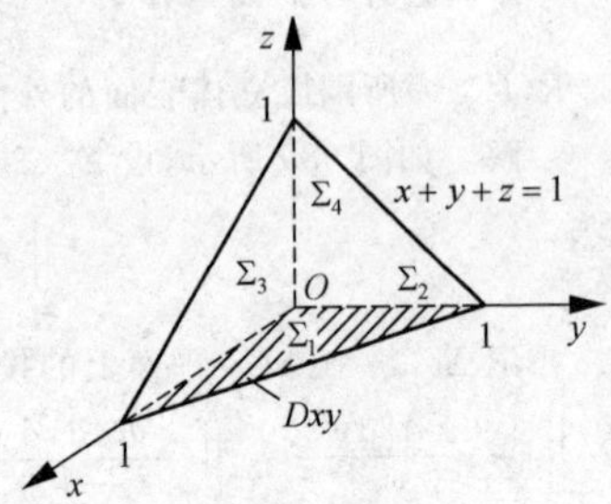

图 991

$$\Sigma=\Sigma_1+\Sigma_2+\Sigma_3+\Sigma_4,$$

故

$$\oiint_{\Sigma}xz\mathrm{d}x\mathrm{d}y=\iint_{\Sigma_1}+\iint_{\Sigma_2}+\iint_{\Sigma_3}+\iint_{\Sigma_4}$$

$$=0+0+0+\iint_{\Sigma_4}xz\mathrm{d}x\mathrm{d}y$$

$$=\iint_{D_{xy}}x(1-x-y)\mathrm{d}x\mathrm{d}y$$

$$=\int_0^1x\mathrm{d}x\int_0^{1-x}(1-x-y)\mathrm{d}y=\frac{1}{24}.$$

由积分变量的循环对称性可知

$$\oiint_{\Sigma}xz\mathrm{d}x\mathrm{d}y+xy\mathrm{d}y\mathrm{d}z+yz\mathrm{d}z\mathrm{d}x=3\times\frac{1}{24}=\frac{1}{8}.$$

利用两类曲面积分之间的关系计算

【992】 计算

$$I=\iint_{\Sigma}[f(x,y,z)+x]\mathrm{d}y\mathrm{d}z+[2f(x,y,z)+y]\mathrm{d}z\mathrm{d}x+[f(x,y,z)+z]\mathrm{d}x\mathrm{d}y,$$

其中 $f(x,y,z)$ 为连续函数，Σ 为平面 $x-y+z=1$ 在第四卦限部分的上侧.

分析 Σ 为平面 $x-y+z=1$ 在第四卦限部分，所以 Σ 的法向量的方向余弦是定值，因此可利用两类曲面积分的关系把 I 转化为对面积的曲面积分进行计算.

解 平面 Σ 上侧法向量的方向余弦为

$$\cos\alpha=\frac{-z_x'}{\sqrt{1+z_x'^2+z_y'^2}}=\frac{1}{\sqrt{3}},\qquad \cos\beta=\frac{-z_y'}{\sqrt{1+z_x'^2+z_y'^2}}=-\frac{1}{\sqrt{3}},$$

$$\cos\gamma=\frac{1}{\sqrt{1+z_x'^2+z_y'^2}}=\frac{1}{\sqrt{3}},$$

则由两类曲面积分之间的关系，得

$$\begin{aligned}I&=\iint_\Sigma\{[f(x,y,z)+x]\cos\alpha+[2f(x,y,z)+y]\cos\beta+[f(x,y,z)+z]\cos\gamma\}\mathrm{d}S\\&=\frac{1}{\sqrt{3}}\iint_\Sigma[f(x,y,z)+x-2f(x,y,z)-y+f(x,y,z)+z]\mathrm{d}S\\&=\frac{1}{\sqrt{3}}\iint_\Sigma(x-y+z)\mathrm{d}S=\frac{1}{\sqrt{3}}\iint_\Sigma\mathrm{d}S=\frac{1}{\sqrt{3}}\times\frac{\sqrt{3}}{2}=\frac{1}{2}.\end{aligned}$$

【993】 计算曲面积分$\oiint_\Sigma\frac{x}{r^3}\mathrm{d}y\mathrm{d}z+\frac{y}{r^3}\mathrm{d}z\mathrm{d}x+\frac{z}{r^3}\mathrm{d}x\mathrm{d}y$，其中 $r=\sqrt{x^2+y^2+z^2}$，Σ 是球面$x^2+y^2+z^2=a^2$ 的外侧表面.

解法一 本题组合积分中的三个积分在所考虑的积分域上具有轮换对称性，故三个积分只需计算其中一个然后 3 倍即可，即

$$\begin{aligned}&\oiint_\Sigma\frac{x}{r^3}\mathrm{d}y\mathrm{d}z+\frac{y}{r^3}\mathrm{d}z\mathrm{d}x+\frac{z}{r^3}\mathrm{d}x\mathrm{d}y\\&=\oiint_\Sigma\frac{x\mathrm{d}y\mathrm{d}z+y\mathrm{d}z\mathrm{d}x+z\mathrm{d}x\mathrm{d}y}{(x^2+y^2+z^2)^{\frac{3}{2}}}=3\oiint_\Sigma\frac{z}{(x^2+y^2+z^2)^{\frac{3}{2}}}\mathrm{d}x\mathrm{d}y\\&=3\left[\iint_{\Sigma_上}\frac{z}{(x^2+y^2+z^2)^{\frac{3}{2}}}\mathrm{d}x\mathrm{d}y+\iint_{\Sigma_下}\frac{z}{(x^2+y^2+z^2)^{\frac{3}{2}}}\mathrm{d}x\mathrm{d}y\right]\\&=3\left[\iint_{D:x^2+y^2\leqslant a^2}\frac{\sqrt{a^2-x^2-y^2}}{a^3}\mathrm{d}\sigma+\iint_{D:x^2+y^2\leqslant a^2}\frac{-\sqrt{a^2-x^2-y^2}}{a^3}(-\mathrm{d}\sigma)\right]\\&=\frac{6}{a^3}\iint_{D:x^2+y^2\leqslant a^2}\sqrt{a^2-x^2-y^2}\,\mathrm{d}\sigma=\frac{6}{a^3}\cdot\frac{2}{3}\pi a^3=4\pi.\end{aligned}$$

点评 这里将闭球面 Σ 分成 $\Sigma_上$，$\Sigma_下$，其中

$\Sigma_上:z=\sqrt{a^2-x^2-y^2}$，$\mathrm{d}x\mathrm{d}y=\mathrm{d}\sigma$，$xOy$ 平面的投影域为 D；

$\Sigma_下:z=-\sqrt{a^2-x^2-y^2}$，$\mathrm{d}x\mathrm{d}y=-\mathrm{d}\sigma$，$xOy$ 平面的投影域为 D.

解法二 设曲面 Σ 的外法线向量的方向余弦为 $\cos\alpha,\cos\beta,\cos\gamma$，由于曲面是球面，其外法线向量的方向余弦却为 $\cos\alpha=\frac{x}{r}$，$\cos\beta=\frac{y}{r}$，$\cos\gamma=\frac{z}{r}$，而 $\mathrm{d}y\mathrm{d}z,\mathrm{d}z\mathrm{d}x,\mathrm{d}x\mathrm{d}y$ 是有向投影，即有

$$\mathrm{d}S\cdot\cos\alpha=\mathrm{d}y\mathrm{d}z,\quad \mathrm{d}S\cdot\cos\beta=\mathrm{d}z\mathrm{d}x,\quad \mathrm{d}S\cdot\cos\gamma=\mathrm{d}x\mathrm{d}y.$$

因此本题可以利用两类曲面积分之间的关系，将对坐标的曲面积分化成对面积的曲面积分来计算，即

$$\begin{aligned}&\oiint_\Sigma\frac{x}{r^3}\mathrm{d}y\mathrm{d}z+\frac{y}{r^3}\mathrm{d}z\mathrm{d}x+\frac{z}{r^3}\mathrm{d}x\mathrm{d}y\\&=\oiint_\Sigma\frac{1}{r^2}(\cos^2\alpha+\cos^2\beta+\cos^2\gamma)\mathrm{d}S=\oiint_\Sigma\frac{1}{r^2}\mathrm{d}S=\frac{1}{a^2}\oiint_\Sigma\mathrm{d}S=4\pi.\end{aligned}$$

§6. 高斯公式　通量与散度

1. 高斯(Gauss)公式

设空间闭区域 Ω 是由分片光滑的闭曲面 Σ 所围成，函数 $P(x,y,z)$、$Q(x,y,z)$、$R(x,y,z)$ 在 Ω 及其边界曲面 Σ 上具有连续的一阶偏导数，则

$$\oiint_{\Sigma} P\mathrm{d}y\mathrm{d}z+Q\mathrm{d}z\mathrm{d}x+R\mathrm{d}x\mathrm{d}y=\iiint_{\Omega}\left(\frac{\partial P}{\partial x}+\frac{\partial Q}{\partial y}+\frac{\partial R}{\partial z}\right)\mathrm{d}x\mathrm{d}y\mathrm{d}z,$$

或
$$\oiint_{\Sigma}(P\cos\alpha+Q\cos\beta+R\cos\gamma)\mathrm{d}S=\iiint_{\Omega}\left(\frac{\partial P}{\partial x}+\frac{\partial Q}{\partial y}+\frac{\partial R}{\partial z}\right)\mathrm{d}x\mathrm{d}y\mathrm{d}z,$$

其中 Σ 取外侧，$\cos\alpha,\cos\beta,\cos\gamma$ 是 Σ 上任一点 (x,y,z) 处外法线向量的方向余弦.

2. 通量与散度

设向量场

$$\boldsymbol{A}(x,y,z)=P(x,y,z)\boldsymbol{i}+Q(x,y,z)\boldsymbol{j}+R(x,y,z)\boldsymbol{k},$$

其中 P,Q,R 具有连续的一阶偏导数，Σ 是场内的一个有向曲面，则称

$$\Phi=\iint_{\Sigma}\boldsymbol{A}\cdot\mathrm{d}\boldsymbol{S}=\iint_{\Sigma}P\mathrm{d}y\mathrm{d}z+Q\mathrm{d}z\mathrm{d}x+R\mathrm{d}x\mathrm{d}y$$

为向量场 $\boldsymbol{A}$ 通过曲面 Σ 的通量(或流量).

$\frac{\partial P}{\partial x}+\frac{\partial Q}{\partial y}+\frac{\partial R}{\partial z}$ 称为向量场 $\boldsymbol{A}$ 的散度，记作 $\mathrm{div}\boldsymbol{A}$，即

$$\mathrm{div}\boldsymbol{A}=\frac{\partial P}{\partial x}+\frac{\partial Q}{\partial y}+\frac{\partial R}{\partial z}.$$

有了散度的概念，高斯公式可写成

$$\oiint_{\Sigma}\boldsymbol{A}\cdot\mathrm{d}\boldsymbol{S}=\iiint_{\Omega}\mathrm{div}\boldsymbol{A}\mathrm{d}V,$$

其中 Σ 是空间闭区域 Ω 的边界曲面的外侧.

基 本 题 型

利用高斯公式计算封闭曲面上对坐标的曲面积分

【994】 设 Ω 是由锥面 $z=\sqrt{x^2+y^2}$ 与半球面 $z=\sqrt{R^2-x^2-y^2}$ 围成的空间区域，Σ 是 Ω 的整个边界的外侧，则 $\oiint_{\Sigma}x\mathrm{d}y\mathrm{d}z+y\mathrm{d}z\mathrm{d}x+z\mathrm{d}x\mathrm{d}y=$________.

解　由高斯公式

$$\oiint_{\Sigma}x\mathrm{d}y\mathrm{d}z+y\mathrm{d}z\mathrm{d}x+z\mathrm{d}x\mathrm{d}y=\iiint_{\Omega}3\mathrm{d}V=3\int_0^{2\pi}\mathrm{d}\theta\int_0^{\frac{\pi}{4}}\mathrm{d}\varphi\int_0^R r^2\sin\varphi\mathrm{d}r=(2-\sqrt{2})\pi R^3.$$

故应填 $(2-\sqrt{2})\pi R^3$.

【995】 设 Σ 为球面 $x^2+y^2+z^2=9$ 的外侧面，则曲面积分 $\iint_{\Sigma}z\mathrm{d}x\mathrm{d}y=$________.

解　当积分曲面是封闭曲面时，对坐标的曲面积分一般应用高斯公式计算，设 Ω 是由闭曲面 Σ 所围的球体，则

$$\iint_{\Sigma} z\,dx\,dy=\iiint_{\Omega} dx\,dy\,dz=\frac{4}{3}\pi\cdot 3^3=36\pi.$$

【996】设 Σ 为球面 $x^2+y^2+z^2=1$ 的外侧,求:$I=\oiint_{\Sigma} x^3\,dy\,dz+y^3\,dz\,dx+z^3\,dx\,dy$.

解 应用高斯公式

$$I=3\iiint_{\Omega}(x^2+y^2+z^2)\,dV=3\int_0^{2\pi}d\theta\int_0^{\pi}\sin\varphi\,d\varphi\int_0^1 r^4\,dr=\frac{12}{5}\pi.$$

【997】计算 $\oiint_{\Sigma} 2xz\,dy\,dz+yz\,dz\,dx-z^2\,dx\,dy$,其中 Σ 是由曲面 $z=\sqrt{x^2+y^2}$ 与 $z=\sqrt{2-x^2-y^2}$ 所围立体的表面外侧.

解 因 $P=2xz, Q=yz, R=-z^2$,故

$$\frac{\partial P}{\partial x}=2z,\quad \frac{\partial Q}{\partial y}=z,\quad \frac{\partial R}{\partial z}=-2z,\quad \frac{\partial P}{\partial x}+\frac{\partial Q}{\partial y}+\frac{\partial R}{\partial z}=z.$$

根据高斯公式,

$$\oiint_{\Sigma} 2xz\,dy\,dz+yz\,dz\,dx-z^2\,dx\,dy=\iiint_{\Omega} z\,dx\,dy\,dz$$

$$=\int_0^{2\pi}d\theta\int_0^{\frac{\pi}{4}}\sin\varphi\cos\varphi\,d\varphi\int_0^{\sqrt{2}} r^3\,dr=\frac{\pi}{2}.$$

【998】设 Σ 是圆柱面 $x^2+y^2=1$ 与平面 $z=0, z=3$ 所围成的封闭曲面的外侧,则曲面积分 $\oiint_{\Sigma}(x-y)\,dx\,dy+x(y-z)\,dy\,dz=$______.

解 设曲面 Σ 所围的空间区域为 Ω,则由高斯公式有

$$\oiint_{\Sigma}(x-y)\,dx\,dy+x(y-z)\,dy\,dz=\iiint_{\Omega}(y-z)\,dV$$

$$=\int_0^{2\pi}d\theta\int_0^1 r\,dr\int_0^3(r\sin\theta-z)\,dz=\int_0^{2\pi}d\theta\int_0^1 r\left(3r\sin\theta-\frac{9}{2}\right)dr$$

$$=\int_0^{2\pi}\left(\sin\theta-\frac{9}{4}\right)d\theta=-\frac{9}{2}\pi.$$

故应填 $-\frac{9}{2}\pi$.

利用高斯公式计算非封闭曲面上对坐标的曲面积分

【999】设 Σ 是锥面 $z=\sqrt{x^2+y^2}\ (0\leqslant z\leqslant 1)$ 的下侧,

则 $\iint_{\Sigma} x\,dy\,dz+2y\,dz\,dx+3(z-1)\,dx\,dy=$______.

解 补 $\Sigma_1:\begin{cases}z=1\\x^2+y^2=1\end{cases}$ 法线与 z 轴正向一致将圆锥封闭,则

$$\iint_{\Sigma} x\,dy\,dz+2y\,dz\,dx+3(z-1)\,dx\,dy$$

$$=\iint_{\Sigma}+\iint_{\Sigma_1}-\iint_{\Sigma_1}=\iiint_{\Omega}\left(\frac{\partial P}{\partial x}+\frac{\partial Q}{\partial y}+\frac{\partial R}{\partial z}\right)dV+0=\iiint_{\Omega}(1+2+3)\,dV=6\cdot\frac{1}{3}\pi=2\pi.$$

故应填 2π.

【1000】计算曲面积分

$$I=\iint_{\Sigma}2x^3\,\mathrm{d}y\mathrm{d}z+2y^3\,\mathrm{d}z\mathrm{d}x+3(z^2-1)\,\mathrm{d}x\mathrm{d}y,$$

其中 Σ 是曲面 $z=1-x^2-y^2(z\geqslant 0)$ 的上侧.

解 取 Σ_1 为 xOy 平面上被圆 $x^2+y^2=1$ 所围部分的下侧，记 Ω 为由 Σ 与 Σ_1 围成的空间闭区域，则

$$I=\iint_{\Sigma+\Sigma_1}2x^3\,\mathrm{d}y\mathrm{d}z+2y^3\,\mathrm{d}z\mathrm{d}x+3(z^2-1)\,\mathrm{d}x\mathrm{d}y-\iint_{\Sigma_1}2x^3\,\mathrm{d}y\mathrm{d}z+2y^3\,\mathrm{d}z\mathrm{d}x+3(z^2-1)\,\mathrm{d}x\mathrm{d}y.$$

由高斯公式知

$$\begin{aligned}&\iint_{\Sigma+\Sigma_1}2x^3\,\mathrm{d}y\mathrm{d}z+2y^3\,\mathrm{d}z\mathrm{d}x+3(z^2-1)\,\mathrm{d}x\mathrm{d}y\\&=\iiint_{\Omega}6(x^2+y^2+z)\,\mathrm{d}x\mathrm{d}y\mathrm{d}z=6\int_0^{2\pi}\mathrm{d}\theta\int_0^1 r\mathrm{d}r\int_0^{1-r^2}(z+r^2)\,\mathrm{d}z\\&=12\pi\int_0^1\left[\frac{1}{2}r(1-r^2)^2+r^3(1-r^2)\right]\mathrm{d}r=2\pi,\end{aligned}$$

而

$$\iint_{\Sigma_1}2x^3\,\mathrm{d}y\mathrm{d}z+2y^3\,\mathrm{d}z\mathrm{d}x+3(z^2-1)\,\mathrm{d}x\mathrm{d}y=-\iint_{x^2+y^2\leqslant 1}(-3)\,\mathrm{d}x\mathrm{d}y=3\pi,$$

因此 $I=2\pi-3\pi=-\pi$.

点评 本题选择 Σ_1 时应注意其侧的选择，要保证与 Σ 围成封闭曲面后同为外侧或内侧. 在 Σ_1 上投影积分时，要注意符号.

【1001】 计算曲面积分 $\iint\limits_{\Sigma}(2x+z)\,\mathrm{d}y\mathrm{d}z+z\mathrm{d}x\mathrm{d}y$，其中 Σ 为有向曲面 $z=x^2+y^2(0\leqslant z\leqslant 1)$，其法向量与 z 轴正向的夹角为锐角.

解 以 Σ_1 表示法向量指向 z 轴负向的有向平面 $z=1\ (x^2+y^2\leqslant 1)$，$D$ 为 Σ_1 在 xOy 平面上的投影区域，则

$$\iint_{\Sigma_1}(2x+z)\,\mathrm{d}y\mathrm{d}z+z\mathrm{d}x\mathrm{d}y=\iint_{D}(-1)\,\mathrm{d}x\mathrm{d}y=-\pi.$$

设 Ω 表示由 Σ 和 Σ_1 所围成的空间区域，则由高斯公式知

$$\begin{aligned}&\oiint_{\Sigma+\Sigma_1}(2x+z)\,\mathrm{d}y\mathrm{d}z+z\mathrm{d}x\mathrm{d}y=-\iiint_{\Omega}(2+1)\,\mathrm{d}V=-3\int_0^{2\pi}\mathrm{d}\theta\int_0^1 r\mathrm{d}r\int_{r^2}^1\mathrm{d}z\\&=-6\pi\int_0^1(r-r^3)\,\mathrm{d}r=-6\pi\left(\frac{r^2}{2}-\frac{r^4}{4}\right)\Big|_0^1=-\frac{3}{2}\pi.\end{aligned}$$

因此，$\iint\limits_{\Sigma}(2x+z)\,\mathrm{d}y\mathrm{d}z+z\mathrm{d}x\mathrm{d}y=-\frac{3}{2}\pi-(-\pi)=-\frac{\pi}{2}$.

【1002】 计算曲面积分

$$\iint_{\Sigma}2(1-x^2)\,\mathrm{d}y\mathrm{d}z+8xy\mathrm{d}z\mathrm{d}x-4zx\mathrm{d}x\mathrm{d}y,$$

其中 Σ 是由 xOy 平面上的曲线 $x=\mathrm{e}^y(0\leqslant y\leqslant a)$ 绕 x 轴旋转而成的旋转面，它的法向量与 x 轴正向的夹角大于 $\frac{\pi}{2}$.

解法一 作辅助平面 $\Sigma_1:x=\mathrm{e}^a$，方向和 x 轴同向，则旋转面与辅助面 Σ_1 构成一个方向为外

侧表面的闭曲面(如图 1002 所示),于是

$$\iint_{\Sigma}=\iint_{\Sigma}+\iint_{\Sigma_1}-\iint_{\Sigma_1}=\oiint_{\Sigma+\Sigma_1}-\iint_{\Sigma_1},$$

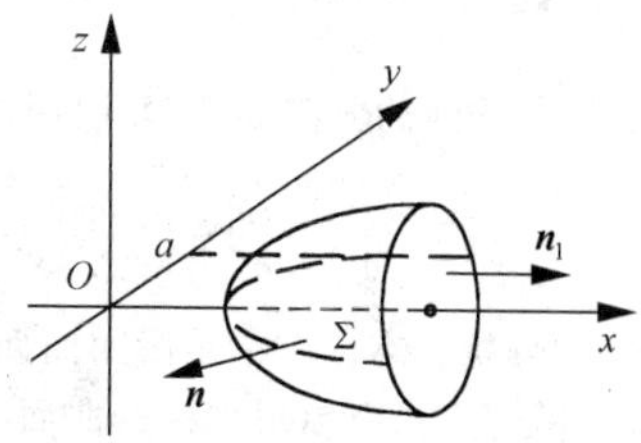

图 1002

其中

$$\oiint_{\Sigma+\Sigma_1}2(1-x^2)\mathrm{d}y\mathrm{d}z+8xy\mathrm{d}z\mathrm{d}x-4zx\mathrm{d}x\mathrm{d}y.$$

利用高斯公式,得

$$\oiint_{\Sigma+\Sigma_1}=\iiint_{\Omega}(-4x+8x-4x)\mathrm{d}V=0,$$

而因为,$x=\mathrm{e}^a$,$\mathrm{d}z\mathrm{d}x=\mathrm{d}x\mathrm{d}y=0$,所以

$$\iint_{\Sigma_1}2(1-x^2)\mathrm{d}y\mathrm{d}z+8xy\mathrm{d}z\mathrm{d}x-4zx\mathrm{d}x\mathrm{d}y=\iint_{z^2+y^2\leqslant a^2}2(1-\mathrm{e}^{2a})\mathrm{d}y\mathrm{d}z=2(1-\mathrm{e}^{2a})\pi a^2$$

故

$$\iint_{\Sigma}=\oiint_{\Sigma_1+\Sigma}-\iint_{\Sigma_1}=0-2a^2(1-\mathrm{e}^{2a})\pi=2\pi a^2(\mathrm{e}^{2a}-1).$$

解法二 因为

$$\frac{\partial P}{\partial x}+\frac{\partial Q}{\partial y}+\frac{\partial R}{\partial z}=-4x+8x-4x=0,$$

故积分与曲面形状无关.由此,得

$$\iint_{\Sigma}2(1-x^2)\mathrm{d}y\mathrm{d}z+8xy\mathrm{d}z\mathrm{d}x-4zx\mathrm{d}x\mathrm{d}y$$

$$=\iint_{\substack{x=\mathrm{e}^a\\ y^2+z^2\leqslant a^2}}2(1-x^2)\mathrm{d}y\mathrm{d}z+8xy\mathrm{d}z\mathrm{d}x-4zx\mathrm{d}x\mathrm{d}y=-\iint_{y^2+z^2\leqslant a^2}2(1-\mathrm{e}^{2a})\mathrm{d}y\mathrm{d}z$$

$$=2a^2(\mathrm{e}^{2a}-1)\pi.$$

【1003】 计算 $\iint_{\Sigma}\frac{ax\mathrm{d}y\mathrm{d}z+(z+a)^2\mathrm{d}x\mathrm{d}y}{(x^2+y^2+z^2)^{1/2}}$,其中 Σ 为下半球面 $z=-\sqrt{a^2-x^2-y^2}$ 的上侧,a 为大于零的常数.

解 $I=\iint_{\Sigma}\frac{ax\mathrm{d}y\mathrm{d}z+(z+a)^2\mathrm{d}x\mathrm{d}y}{(x^2+y^2+z^2)^{1/2}}=\frac{1}{a}\iint_{\Sigma}ax\mathrm{d}y\mathrm{d}z+(z+a)^2\mathrm{d}x\mathrm{d}y.$

补一块有向平面 Σ^-:$\begin{cases}x^2+y^2\leqslant a^2\\ z=0\end{cases}$,其法向量与 z 轴正向相反,从而得到

$$I=\frac{1}{a}\left[\oiint_{\Sigma+\Sigma^-}ax\mathrm{d}y\mathrm{d}z+(z+a)^2\mathrm{d}x\mathrm{d}y-\iint_{\Sigma^-}ax\mathrm{d}y\mathrm{d}z+(z+a)^2\mathrm{d}x\mathrm{d}y\right]$$

$$=\frac{1}{a}\left[-\iiint_{\Omega}(3a+2z)\mathrm{d}V+\iint_{D}a^2\mathrm{d}x\mathrm{d}y\right],$$

其中 Ω 为 $\Sigma+\Sigma^-$ 围成的空间区域,D 为 $z=0$ 上的平面区域 $x^2+y^2\leqslant a^2$.于是

$$I=\frac{1}{a}\left[-2\pi a^4-2\iiint_{\Omega}z\mathrm{d}V+\pi a^4\right]$$

$$=\frac{1}{a}\left[-\pi a^4-2\int_0^{2\pi}\mathrm{d}\theta\int_0^a r\mathrm{d}r\int_{-\sqrt{a^2-r^2}}^0 z\mathrm{d}z\right]=-\frac{\pi}{2}a^3.$$

【1004】设 $u(x,y,z)$ 在闭区域 Ω 上具有二阶连续偏导数，Σ 为 Ω 的边界，$\frac{\partial u}{\partial \boldsymbol{n}}$ 为 $u(x,y,z)$ 沿 Σ 的外法线的方向导数，并引用拉普拉斯算子 $\Delta=\left(\frac{\partial^2}{\partial x^2}+\frac{\partial^2}{\partial y^2}+\frac{\partial^2}{\partial z^2}\right)$，证明

$$\oiint_{\Sigma} u\,\frac{\partial u}{\partial \boldsymbol{n}}\mathrm{d}S=\iiint_{\Omega}\left[\left(\frac{\partial u}{\partial x}\right)^2+\left(\frac{\partial u}{\partial y}\right)^2+\left(\frac{\partial u}{\partial z}\right)^2\right]\mathrm{d}x\mathrm{d}y\mathrm{d}z+\iiint_{\Omega}u\Delta u\,\mathrm{d}x\mathrm{d}y\mathrm{d}z.$$

分析 本例左端是沿闭曲面 Σ 外侧的对面积的曲面积分、而右端则是在 Σ 所围区域 Ω 上的三重积分，只有以对坐标的曲面积分为桥梁、才能把它们联系起来. 因此，解题时应先用两种类型曲面积分之间的关系把左边的曲面积分化为对坐标的曲面积分，然后利用高斯公式使之化为三重积分.

证

$$\begin{aligned}
&\oiint_{\Sigma} u\cdot\frac{\partial u}{\partial n}\mathrm{d}S\\
=&\oiint_{\Sigma} u\left[\frac{\partial u}{\partial x}\cos(\widehat{n,x})+\frac{\partial u}{\partial y}\cos(\widehat{n,y})+\frac{\partial u}{\partial z}\cos(\widehat{n,z})\right]\mathrm{d}S\\
=&\oiint_{\Sigma} u\cdot\frac{\partial u}{\partial x}\mathrm{d}y\mathrm{d}z+u\cdot\frac{\partial u}{\partial y}\mathrm{d}z\mathrm{d}x+u\cdot\frac{\partial u}{\partial z}\mathrm{d}x\mathrm{d}y\\
=&\iiint_{\Omega}\left[\frac{\partial}{\partial x}\left(u\cdot\frac{\partial u}{\partial x}\right)+\frac{\partial}{\partial y}\left(u\cdot\frac{\partial u}{\partial y}\right)+\frac{\partial}{\partial z}\left(u\cdot\frac{\partial u}{\partial z}\right)\right]\mathrm{d}x\mathrm{d}y\mathrm{d}z\\
=&\iiint_{\Omega}\left[\left(\frac{\partial u}{\partial x}\right)^2+\left(\frac{\partial u}{\partial y}\right)^2+\left(\frac{\partial u}{\partial z}\right)^2\right]\mathrm{d}x\mathrm{d}y\mathrm{d}z+\iiint_{\Omega}\left[u\cdot\frac{\partial^2 u}{\partial x^2}+u\cdot\frac{\partial^2 u}{\partial y^2}+u\cdot\frac{\partial^2 u}{\partial z^2}\right]\mathrm{d}x\mathrm{d}y\mathrm{d}z\\
=&\iiint_{\Omega}\left[\left(\frac{\partial u}{\partial x}\right)^2+\left(\frac{\partial u}{\partial y}\right)^2+\left(\frac{\partial u}{\partial z}\right)^2\right]\mathrm{d}x\mathrm{d}y\mathrm{d}z+\iiint_{\Omega}u\Delta u\,\mathrm{d}x\mathrm{d}y\mathrm{d}z.
\end{aligned}$$

求通量及散度

【1005】设 Σ 是圆锥面 $z=\sqrt{x^2+y^2}$ 与平面 $z=2$ 所围成封闭曲面的外侧，则向量场 $\mathbf{A}=x\boldsymbol{i}+y\boldsymbol{j}+z\boldsymbol{k}$ 通过曲面 Σ 的通量 $\Phi=$________.

解 $\Phi=\oiint_{\Sigma}\boldsymbol{A}\cdot\mathrm{d}\boldsymbol{S}=\oiint_{\Sigma}(x\mathrm{d}y\mathrm{d}z+y\mathrm{d}z\mathrm{d}x+z\mathrm{d}x\mathrm{d}y)=\iiint_{\Omega}(1+1+1)\mathrm{d}V=3\iiint_{\Omega}\mathrm{d}V$

$$=3\int_0^{2\pi}\mathrm{d}\theta\int_0^2 r\mathrm{d}r\int_r^2\mathrm{d}z=3\int_0^{2\pi}\mathrm{d}\theta\int_0^2 r(2-r)\mathrm{d}r=6\pi\left(r^2-\frac{r^3}{3}\right)\Big|_0^2=8\pi.$$

故应填 8π.

【1006】求向量场 $\boldsymbol{A}=\frac{1}{r}\boldsymbol{r}$ 的散度，其中 $\boldsymbol{r}=x\boldsymbol{i}+y\boldsymbol{j}+z\boldsymbol{k}$，$r=|\boldsymbol{r}|$.

解 $r=|\boldsymbol{r}|=\sqrt{x^2+y^2+z^2}$.

令 $P=\frac{x}{\sqrt{x^2+y^2+z^2}}$，$Q=\frac{y}{\sqrt{x^2+y^2+z^2}}$，$R=\frac{z}{\sqrt{x^2+y^2+z^2}}$，

$$\begin{aligned}
\mathrm{div}\boldsymbol{A}&=\frac{\partial P}{\partial x}+\frac{\partial Q}{\partial y}+\frac{\partial R}{\partial z}\\
&=\frac{y^2+z^2}{(x^2+y^2+z^2)^{\frac{3}{2}}}+\frac{z^2+x^2}{(x^2+y^2+z^2)^{\frac{3}{2}}}+\frac{x^2+y^2}{(x^2+y^2+z^2)^{\frac{3}{2}}}\\
&=\frac{2}{\sqrt{x^2+y^2+z^2}}=\frac{2}{r}.
\end{aligned}$$

【1007】设数量场 $u=\ln\sqrt{x^2+y^2+z^2}$，则 $\operatorname{div}(\operatorname{grad}u)=$________.

解 $\dfrac{\partial u}{\partial x}=\dfrac{1}{2}\cdot\dfrac{2x}{x^2+y^2+z^2}=\dfrac{x}{x^2+y^2+z^2}$， $\dfrac{\partial u}{\partial y}=\dfrac{y}{x^2+y^2+z^2}$， $\dfrac{\partial u}{\partial z}=\dfrac{z}{x^2+y^2+z^2}$

则 $\operatorname{grad}u=\dfrac{\partial u}{\partial x}\boldsymbol{i}+\dfrac{\partial u}{\partial y}\boldsymbol{j}+\dfrac{\partial u}{\partial z}\boldsymbol{k}=\dfrac{x\boldsymbol{i}+y\boldsymbol{j}+z\boldsymbol{k}}{x^2+y^2+z^2}$

$$\operatorname{div}(\operatorname{grad}u)=\frac{\partial}{\partial x}\left(\frac{x}{x^2+y^2+z^2}\right)+\frac{\partial}{\partial y}\left(\frac{y}{x^2+y^2+z^2}\right)+\frac{\partial}{\partial z}\left(\frac{z}{x^2+y^2+z^2}\right)$$

$$=\frac{-x^2+y^2+z^2}{(x^2+y^2+z^2)^2}+\frac{x^2-y^2+z^2}{(x^2+y^2+z^2)^2}+\frac{x^2+y^2-z^2}{(x^2+y^2+z^2)^2}=\frac{1}{x^2+y^2+z^2}$$

故应填 $\dfrac{1}{x^2+y^2+z^2}$.

【1008】设 $r=\sqrt{x^2+y^2+z^2}$，则 $\operatorname{div}(\operatorname{grad} r)\Big|_{(1,-2,2)}=$________.

解 $\operatorname{grad}r=\dfrac{\partial r}{\partial x}\boldsymbol{i}+\dfrac{\partial r}{\partial y}\boldsymbol{j}+\dfrac{\partial r}{\partial z}\boldsymbol{k}=\dfrac{x}{\sqrt{x^2+y^2+z^2}}\boldsymbol{i}+\dfrac{y}{\sqrt{x^2+y^2+z^2}}\boldsymbol{j}+\dfrac{z}{\sqrt{x^2+y^2+z^2}}\boldsymbol{k}$

$$\operatorname{div}(\operatorname{grad}r)\Big|_{(1,-2,2)}$$

$$=\left[\frac{\partial}{\partial x}\left(\frac{x}{\sqrt{x^2+y^2+z^2}}\right)+\frac{\partial}{\partial y}\left(\frac{y}{\sqrt{x^2+y^2+z^2}}\right)+\frac{\partial}{\partial z}\left(\frac{z}{\sqrt{x^2+y^2+z^2}}\right)\right]\Bigg|_{(1,-2,2)}$$

$$=\frac{2}{\sqrt{x^2+y^2+z^2}}\Bigg|_{(1,-2,2)}=\frac{2}{3}.$$

故应填 $\dfrac{2}{3}$.

§7. 斯托克斯公式 环流量与旋度

1. 斯托克斯(Stokes)公式

设函数 $P(x,y,z)$、$Q(x,y,z)$、$R(x,y,z)$ 在包含曲面 S 的空间域 Ω 内具有连续的一阶偏导数，L 是曲面 Σ 的边界曲线，则

$$\oint_L P\,\mathrm{d}x+Q\,\mathrm{d}y+R\,\mathrm{d}z=\iint_\Sigma\begin{vmatrix}\mathrm{d}y\mathrm{d}z & \mathrm{d}z\mathrm{d}x & \mathrm{d}x\mathrm{d}y\\ \dfrac{\partial}{\partial x} & \dfrac{\partial}{\partial y} & \dfrac{\partial}{\partial z}\\ P & Q & R\end{vmatrix}=\iint_\Sigma\begin{vmatrix}\cos\alpha & \cos\beta & \cos\gamma\\ \dfrac{\partial}{\partial x} & \dfrac{\partial}{\partial y} & \dfrac{\partial}{\partial z}\\ P & Q & R\end{vmatrix}\mathrm{d}S$$

其中 L 的正向与 Σ 所取的正侧符合右手法则，$\cos\alpha,\cos\beta,\cos\gamma$ 是曲面 S 的正侧上任一点 (x,y,z) 处法向量 $\boldsymbol{n}$ 的方向余弦.

2. 环流量与旋度

设向量场

$$\mathbf{A}(x,y,z)=P(x,y,z)\boldsymbol{i}+Q(x,y,z)\boldsymbol{j}+R(x,y,z)\boldsymbol{k}$$

L 是场内的一条有向闭曲线，则称

$$\Gamma=\oint_L\mathbf{A}\cdot\mathrm{d}\boldsymbol{S}=\oint_L P\,\mathrm{d}x+Q\,\mathrm{d}y+R\,\mathrm{d}z$$

为向量场 $\mathbf{A}$ 沿曲线 L 的环流量，并称向量

$$(\frac{\partial R}{\partial y}-\frac{\partial Q}{\partial z})\boldsymbol{i}+(\frac{\partial P}{\partial z}-\frac{\partial R}{\partial x})\boldsymbol{j}+(\frac{\partial Q}{\partial x}-\frac{\partial P}{\partial y})\boldsymbol{k}$$

为向量 $\boldsymbol{A}$ 的旋度，记作 $\mathrm{rot}\boldsymbol{A}$，即

$$\mathrm{rot}\boldsymbol{A}=(\frac{\partial R}{\partial y}-\frac{\partial Q}{\partial z})\boldsymbol{i}+(\frac{\partial P}{\partial z}-\frac{\partial R}{\partial x})\boldsymbol{j}+(\frac{\partial Q}{\partial x}-\frac{\partial P}{\partial y})\boldsymbol{k}=\begin{vmatrix}\boldsymbol{i} & \boldsymbol{j} & \boldsymbol{k}\\ \frac{\partial}{\partial x} & \frac{\partial}{\partial y} & \frac{\partial}{\partial z}\\ P & Q & R\end{vmatrix}$$

有了旋度的概念，斯托克斯公式可写成

$$\oint_L \boldsymbol{A}\cdot\mathrm{d}\boldsymbol{r}=\iint_\Sigma \mathrm{rot}\boldsymbol{A}\cdot\mathrm{d}\boldsymbol{S}.$$

其中 $\mathrm{d}\boldsymbol{r}=\mathrm{d}x\boldsymbol{i}+\mathrm{d}y\boldsymbol{j}+\mathrm{d}z\boldsymbol{k}$，

$\mathrm{d}\boldsymbol{S}=\mathrm{d}y\mathrm{d}z\boldsymbol{i}+\mathrm{d}z\mathrm{d}x\boldsymbol{j}+\mathrm{d}x\mathrm{d}y\boldsymbol{k}$.

基本题型

使用斯托克斯公式进行计算

【1009】 计算曲线积分 $\oint_\Gamma (z-y)\mathrm{d}x+(x-z)\mathrm{d}y+(x-y)\mathrm{d}z$，其中 Γ 是曲线 $\begin{cases}x^2+y^2=1\\ x-y+z=2\end{cases}$，从 z 轴正向往 z 轴负向看 Γ 的方向是顺时针的.

解法一 令 $x=\cos\theta, y=\sin\theta$，则 $z=2-x+y=2-\cos\theta+\sin\theta$.

于是 $\oint_\Gamma (z-y)\mathrm{d}x+(x-z)\mathrm{d}y+(x-y)\mathrm{d}z=-\int_{2\pi}^{0}[2(\sin\theta+\cos\theta)-2\cos2\theta-1]\mathrm{d}\theta$

$$=-[2(-\cos\theta+\sin\theta)-\sin2\theta-\theta]\Big|_{2\pi}^{0}=-2\pi.$$

解法二 设 Σ 是平面 $x-y+z=2$ 上以 Γ 为边界的有限部分，其法向量与 z 轴正向的夹角为钝角. D_{xy} 为 Σ 在 xOy 面上的投影区域.

记 $\boldsymbol{F}=(z-y)\boldsymbol{i}+(x-z)\boldsymbol{j}+(x-y)\boldsymbol{k}$，则

$$\mathrm{rot}\,\boldsymbol{F}=\begin{vmatrix}\boldsymbol{i} & \boldsymbol{j} & \boldsymbol{k}\\ \frac{\partial}{\partial x} & \frac{\partial}{\partial y} & \frac{\partial}{\partial z}\\ z-y & x-z & x-y\end{vmatrix}=2\,\boldsymbol{k}.$$

利用斯托克斯公式知

$$\oint_\Gamma \boldsymbol{F}\cdot\mathrm{d}\boldsymbol{l}=\iint_\Sigma(\mathrm{rot}\,\boldsymbol{F})\cdot\mathrm{d}\boldsymbol{S}=\iint_\Sigma 2\mathrm{d}x\mathrm{d}y=-\iint_{D_{xy}}2\mathrm{d}x\mathrm{d}y=-2\pi.$$

【1010】 计算 $I=\oint_\Gamma (y^2-z^2)\mathrm{d}x+(2z^2-x^2)\mathrm{d}y+(3x^2-y^2)\mathrm{d}z$，其中 Γ 是平面 $x+y+z=2$ 与柱面 $|x|+|y|=1$ 的交线，从 z 轴正向看去，Γ 为逆时针方向.

解 记 Σ 为平面 $x+y+z=2$ 上 Γ 所围成部分的上侧，D 为 Σ 在 xOy 坐标面上的投影，由斯托克斯公式得

$$I=\iint_\Sigma(-2y-4z)\mathrm{d}y\mathrm{d}z+(-2z-6x)\mathrm{d}z\mathrm{d}x+(-2x-2y)\mathrm{d}x\mathrm{d}y$$

$$=-\frac{2}{\sqrt{3}}\iint_\Sigma(4x+2y+3z)\mathrm{d}S=-2\iint_D(x-y+6)\mathrm{d}x\mathrm{d}y$$

$$=-12\iint_D \mathrm{d}x\mathrm{d}y=-24.$$

点评 斯托克斯公式建立了对坐标的曲面积分与以此面的边界为曲线的对坐标的曲线积分之间的联系，有时计算对坐标的曲面积分可能更容易，例如可以用高斯公式或直接由曲面的几何意义获得. 关键是根据给出的空间曲线适当地选取以此曲线为边界的曲面，大多数情况下可选空间的平面的一部分.

【1011】计算 $I=\oint_\Gamma xy\mathrm{d}x+z^2\mathrm{d}y+zx\mathrm{d}z$，其中 Γ 为锥面 $z=\sqrt{x^2+y^2}$ 与柱面 $x^2+y^2=2ax$ $(a>0)$ 的交线以 z 轴看逆时针方向.

分析 积分曲线 Γ 用参数方程表示也比较麻烦，因此若用对坐标的曲线积分的计算法计算 I 不容易，又被积函数均满足具有一阶连续偏导数的条件，所以可用斯托克斯公式把 I 化成曲面积分进行计算.

解 设 Σ 为锥面 $z=\sqrt{x^2+y^2}$ 被 Γ 所围的上侧，则

$$I=\iint_\Sigma \begin{vmatrix} \mathrm{d}y\mathrm{d}z & \mathrm{d}z\mathrm{d}x & \mathrm{d}x\mathrm{d}y \\ \dfrac{\partial}{\partial x} & \dfrac{\partial}{\partial y} & \dfrac{\partial}{\partial z} \\ xy & z^2 & zx \end{vmatrix}$$

$$=-\iint_\Sigma 2z\mathrm{d}y\mathrm{d}z+z\mathrm{d}z\mathrm{d}x+x\mathrm{d}x\mathrm{d}y=-\iint_\Sigma [2z(-z'_x)+z(-z'_y)+x]\mathrm{d}x\mathrm{d}y$$

$$=-\iint_\Sigma \left[2z\frac{-x}{\sqrt{x^2+y^2}}+z\frac{-y}{\sqrt{x^2+y^2}}+x\right]\mathrm{d}x\mathrm{d}y$$

$$=\iint_{D_{xy}}(x+y)\mathrm{d}x\mathrm{d}y,$$

Σ 在 xOy 面上投影 $D_{xy}:x^2+y^2\leqslant 2ax$，

$$I=\iint_{D_{xy}}(x+y)\mathrm{d}x\mathrm{d}y=\int_{-\frac{\pi}{2}}^{\frac{\pi}{2}}\mathrm{d}\theta\int_0^{2a\cos\theta} r(\cos\theta+\sin\theta)r\mathrm{d}r$$

$$=\frac{8a^3}{3}\int_{-\frac{\pi}{2}}^{\frac{\pi}{2}}(\cos^4\theta+\sin\theta\cos^3\theta)\mathrm{d}\theta=\frac{16a^3}{3}\int_0^{\frac{\pi}{2}}\cos^4\theta\mathrm{d}\theta=\pi a^3.$$

旋度的计算

【1012】已知向量场 $\boldsymbol{A}=(2z-3y)\boldsymbol{i}+(3x-z)\boldsymbol{j}+(y-2x)\boldsymbol{k}$，则旋度 $\mathrm{rot}\boldsymbol{A}=$________.

解

$$\mathrm{rot}\boldsymbol{A}=\begin{vmatrix} \boldsymbol{i} & \boldsymbol{j} & \boldsymbol{k} \\ \dfrac{\partial}{\partial x} & \dfrac{\partial}{\partial y} & \dfrac{\partial}{\partial z} \\ 2z-3y & 3x-z & y-2x \end{vmatrix}=2\boldsymbol{i}+4\boldsymbol{j}+6\boldsymbol{k}.$$

故应填 $2\boldsymbol{i}+4\boldsymbol{j}+6\boldsymbol{k}$.

【1013】设有向量场 $\boldsymbol{A}=x(1+x^2z)\boldsymbol{i}+y(1-x^2z)\boldsymbol{j}+z(1-x^2z)\boldsymbol{k}$.

(1)求 $\boldsymbol{A}$ 通过由锥面 $z=\sqrt{x^2+y^2}$ 与平面 $z=1$ 所围闭曲面外侧的通量；

(2)求 $\boldsymbol{A}$ 在点 $M_0(1,2,-1)$ 处的旋度.

解 (1)$\Phi=\oiint_\Sigma x(1+x^2z)\mathrm{d}y\mathrm{d}z+y(1-x^2z)\mathrm{d}z\mathrm{d}x+z(1-x^2z)\mathrm{d}x\mathrm{d}y$

$$=\iiint_{\Omega}(1+3x^2z+1-x^2z+1-2x^2z)\mathrm{d}V=3\iiint_{\Omega}\mathrm{d}V=\pi.$$

$$(2)\operatorname{rot}A=\begin{vmatrix}\boldsymbol{i} & \boldsymbol{j} & \boldsymbol{k}\\ \dfrac{\partial}{\partial x} & \dfrac{\partial}{\partial y} & \dfrac{\partial}{\partial z}\\ P & Q & R\end{vmatrix}=\begin{vmatrix}\boldsymbol{i} & \boldsymbol{j} & \boldsymbol{k}\\ \dfrac{\partial}{\partial x} & \dfrac{\partial}{\partial y} & \dfrac{\partial}{\partial z}\\ x(1+x^2z) & y(1-x^2z) & z(1-x^2z)\end{vmatrix}$$

$$=x^2y\boldsymbol{i}+(2xz^2+x^3)\boldsymbol{j}-2xyz\boldsymbol{k}.$$

所以 $\operatorname{rot}A\Big|_{M_0}=2\boldsymbol{i}+3\boldsymbol{j}+4\boldsymbol{k}.$

§8. 综合提高题型

曲线积分的计算

【1014】 计算 $\int_{\widehat{AOB}}(12xy+\mathrm{e}^y)\mathrm{d}x-(\cos y-x\mathrm{e}^y)\mathrm{d}y$，其中 $\widehat{AOB}$ 为由点 $A(-1,1)$ 沿曲线 $y=x^2$ 到点 $O(0,0)$，再沿直线 $y=0$ 到点 $B(2,0)$ 的路径.

解 如图 1014 所示，

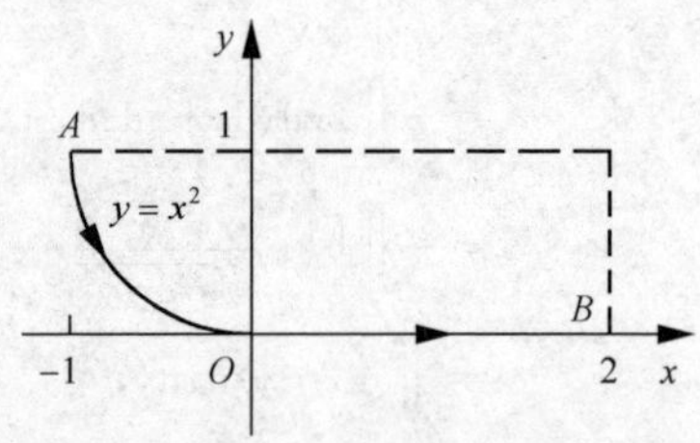

图 1014

$$I=\int_{\widehat{AOB}}12xy\mathrm{d}x-\int_{\widehat{AOB}}\cos y\mathrm{d}y+\int_{\widehat{AOB}}\mathrm{e}^y\mathrm{d}x+x\mathrm{e}^y\mathrm{d}y$$

$$=I_1+I_2+I_3,$$

$$I_1=\int_{\widehat{AOB}}12xy\mathrm{d}x=12\int_{\widehat{AO}}xy\mathrm{d}x+12\int_{\widehat{OB}}xy\mathrm{d}x$$

$$=12\int_{-1}^{0}x^3\mathrm{d}x+\int_0^2 0\mathrm{d}x=-3,$$

$$I_2=-\int_{\widehat{AOB}}\cos y\mathrm{d}y=-\int_{(-1,1)}^{(2,0)}\mathrm{d}(\sin y)=-\sin y\Big|_{(-1,1)}^{(2,0)}=\sin 1,$$

$$I_3=\int_{(-1,1)}^{(2,0)}\mathrm{d}(x\mathrm{e}^y)=x\mathrm{e}^y\Big|_{(-1,1)}^{(2,0)}=2+\mathrm{e}.$$

所以 $I=2+\mathrm{e}+\sin 1-3=\sin 1+\mathrm{e}-1.$

【1015】 计算 $\int_{\widehat{AmB}}[f(y)\mathrm{e}^x-3y]\mathrm{d}x+[f'(y)\mathrm{e}^x-3]\mathrm{d}y$，其中 $f'(y)$ 连续，$\widehat{AmB}$ 为连结点 $A(2,3)$ 和点 $B(4,1)$ 的任意路径且与线段 AB 围成的面积为 5，$\widehat{AmB}$ 在直线 AB 的一侧.

解 如图 1015(1)所示：

$$\int_{\widehat{AmB}}[f(y)\mathrm{e}^x-3y]\mathrm{d}x+[f'(y)\mathrm{e}^x-3]\mathrm{d}y+\int_{\overline{BA}}[f(y)\mathrm{e}^x-3y]\mathrm{d}x+[f'(y)\mathrm{e}^x-3]\mathrm{d}y$$

$$=-\oint_L[f(y)\mathrm{e}^x-3y]\mathrm{d}x+[f'(y)\mathrm{e}^x-3]\mathrm{d}y=-\iint_D[f'(y)\mathrm{e}^x-f'(y)\mathrm{e}^x+3]\mathrm{d}\sigma$$

$$=-3\iint_D\mathrm{d}\sigma=-15,$$

而 $\int_{\overline{BA}}[f(y)\mathrm{e}^x-3y]\mathrm{d}x+[f'(y)\mathrm{e}^x-3]\mathrm{d}y=\int_{\overline{BA}}f(y)\mathrm{e}^x\mathrm{d}x+f'(y)\mathrm{e}^x\mathrm{d}y-3\int_{\overline{BA}}y\mathrm{d}x+\mathrm{d}y$

$$=\int_{\overline{BA}}\mathrm{d}[f(y)\mathrm{e}^x]-3\int_{\overline{BA}}y\mathrm{d}x+\mathrm{d}y=f(y)\mathrm{e}^x\Big|_{(4,1)}^{(2,3)}-3\int_1^3(-y+1)\mathrm{d}y=\mathrm{e}^2f(3)-\mathrm{e}^4f(1)+6,$$

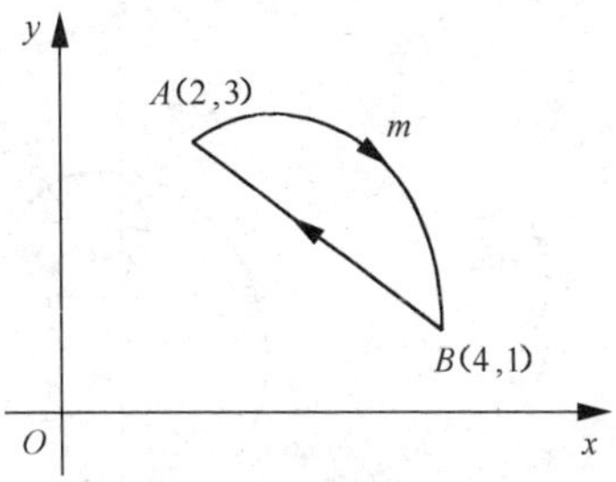

图 1015(1)

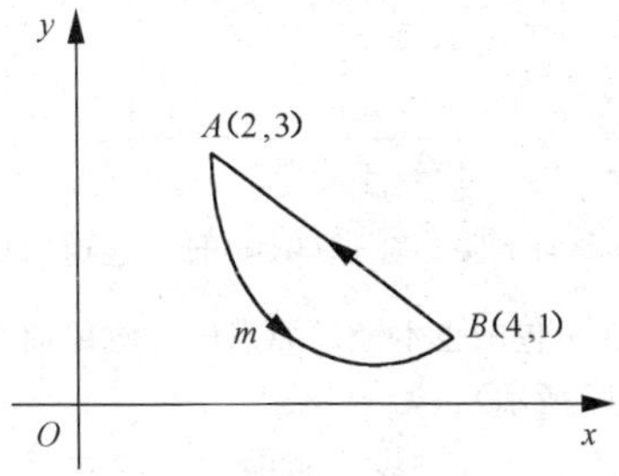

图 1015(2)

所以

$$I=-15-\int_{\overline{BA}}[f(y)e^x-3y]dx+[f'(y)e^x-3]dy=e^4f(1)-e^2f(3)-21.$$

如图 1015(2)所示：

$$\int_{\widehat{AmB}}[f(y)e^x-3y]dx+[f'(y)e^x-3]dy+\int_{\overline{BA}}[f(y)e^x-3y]dx+[f'(y)e^x-3]dy$$
$$=\oint_L[f(y)e^x-3y]dx+[f'(y)e^x-3]dy=3\iint_D d\sigma=15,$$

所以 $I=15-\int_{\overline{BA}}[f(y)e^x-3y]dx+[f'(y)e^x-3]dy=e^4f(1)-e^2f(3)+9.$

【1016】 求 $I=\int_L(e^x\sin y-b(x+y))dx+(e^x\cos y-ax)dy$，其中 a,b 为正的常数，L 为从点 $A(2a,0)$ 沿曲线 $y=\sqrt{2ax-x^2}$ 到点 $O(0,0)$ 的弧.

解 添加从点 $O(0,0)$ 沿 $y=0$ 到点 $A(2a,0)$ 的有向直线段 L_1，

$$I=\int_{L\cup L_1}(e^x\sin y-b(x+y))dx+(e^x\cos y-ax)dy$$
$$-\int_{L_1}(e^x\sin y-b(x+y))dx+(e^x\cos y-ax)dy,$$

由格林公式，前一积分

$$I_1=\iint_D(b-a)d\sigma=\frac{\pi}{2}a^2(b-a),$$

其中 D 为 $L\cup L_1$ 所围成的半圆域，直接计算后一积分可得

$$I_2=\int_0^{2a}(-bx)dx=-2a^2b,$$

从而 $I=I_1-I_2=\frac{\pi}{2}a^2(b-a)+2a^2b=(\frac{\pi}{2}+2)a^2b-\frac{\pi}{2}a^3.$

【1017】 计算 $\oint_L\frac{(x+y)dx-(x-y)dy}{x^2+y^2}$，其中 L 是

(1)不包围也不通过原点的任意闭曲线；

(2)以原点为中心的正向的单位圆；

(3)包围原点的任意正向闭曲线.

解 因为有任意闭路积分的问题，故先验证积分是否与路径无关，即验证 $\frac{\partial P}{\partial y}$ 与 $\frac{\partial Q}{\partial x}$ 是否处处相等.

$$\frac{\partial P}{\partial y}=\frac{(x^2+y^2)1-(x+y)2y}{(x^2+y^2)^2}=\frac{x^2-2xy-y^2}{(x^2+y^2)^2}$$

$$\frac{\partial Q}{\partial x}=\frac{(x^2+y^2)(-1)-(y-x)2x}{(x^2+y^2)^2}=\frac{x^2-2xy-y^2}{(x^2+y^2)^2}$$

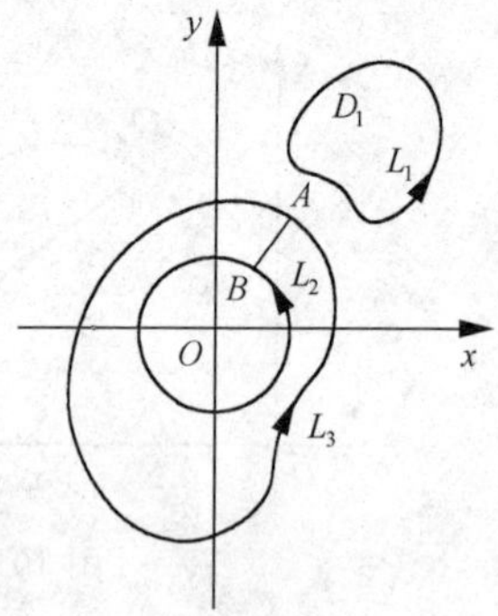

图 1017

所以在全平面上除掉原点(0,0)的复连通域内，有$\frac{\partial P}{\partial y}=\frac{\partial Q}{\partial x}$，故

(1)在不包围也不经过原点的任意闭曲线 L_1 上(如图 1017 所示)

$$\oint_{L_1}\frac{(x+y)\mathrm{d}x-(x-y)\mathrm{d}y}{x^2+y^2}=0.$$

因为由 L_1 所围域 D_1 是单连通域，且有$\frac{\partial P}{\partial y}=\frac{\partial Q}{\partial x}$处处成立，由曲线积分与路径无关的等价条件知

$$\oint_{L_1}\frac{(x+y)\mathrm{d}x-(x-y)\mathrm{d}y}{x^2+y^2}=0.$$

(2)设 L_2 是以原点为中心的单位圆，方向取为正向，由于 L_2 所围的域包围有原点，是复连通域，此积分不一定为零，可利用参数方程直接计算 $L_2:\begin{cases}x=\cos t\\ y=\sin t\end{cases}$，$0\leqslant t\leqslant 2\pi$，

$$\oint_{L_2}\frac{(x+y)\mathrm{d}x-(x-y)\mathrm{d}y}{x^2+y^2}=\int_0^{2\pi}\frac{(\cos t+\sin t)\mathrm{d}\cos t-(\cos t-\sin t)\mathrm{d}\sin t}{\cos^2 t+\sin^2 t}$$

$$=\int_0^{2\pi}[\cos t(-\sin t)-\sin^2 t-\cos^2 t+\cos t\cdot\sin t]\mathrm{d}t=\int_0^{2\pi}(-1)\mathrm{d}t=-2\pi$$

(3)如图 1017 所示，由于 L_3 包围原点，故是复连通域，又 L_3 是任意闭曲线(包围原点)直接积分不现实.为了除去原点，在 L_3 和单位圆 L_2(当 L_3 不能完全包含 L_2 时，在 L_3 内任作一个中心在原点，半径为充分小正数 δ 的小圆即可解决)之间作辅助线 AB(如图 1017 所示)，使连接 L_3 和 L_2，则 $L'=L_3+\overline{AB}-L_2+\overline{BA}$成为一条闭曲线(其中 $-L_2$ 表示 L_2 的负向闭曲线)，这条闭曲线不包围原点，所以在以 L'为边界曲线的单连通域上，恒有

$$\frac{\partial P}{\partial y}=\frac{\partial Q}{\partial x}$$

故
$$\oint_{L'}\frac{(x+y)\mathrm{d}x-(x-y)\mathrm{d}y}{x^2+y^2}=0$$

即
$$\oint_{L'}\frac{(x+y)\mathrm{d}x-(x-y)\mathrm{d}y}{x^2+y^2}=\oint_{L_3}\frac{(x+y)\mathrm{d}x-(x-y)\mathrm{d}y}{x^2+y^2}$$

$$+\int_{\overline{AB}}\frac{(x+y)\mathrm{d}x-(x-y)\mathrm{d}y}{x^2+y^2}+\oint_{-L_2}\frac{(x+y)\mathrm{d}x-(x-y)\mathrm{d}y}{x^2+y^2}$$

$$+\int_{\overline{BA}}\frac{(x+y)\mathrm{d}x-(x-y)\mathrm{d}y}{x^2+y^2}=0$$

因为
$$\int_{\overline{AB}}\frac{(x+y)\mathrm{d}x-(x-y)\mathrm{d}y}{x^2+y^2}=-\int_{\overline{BA}}\frac{(x+y)\mathrm{d}x-(x-y)\mathrm{d}y}{x^2+y^2}$$

所以
$$\oint_{L_3}\frac{(x+y)\mathrm{d}x-(x-y)\mathrm{d}y}{x^2+y^2}+\oint_{-L_2}\frac{(x+y)\mathrm{d}x-(x-y)\mathrm{d}y}{x^2+y^2}=0,$$

$$\oint_{L_3}\frac{(x+y)\mathrm{d}x-(x-y)\mathrm{d}y}{x^2+y^2}=-\oint_{-L_2}\frac{(x+y)\mathrm{d}x-(x-y)\mathrm{d}y}{x^2+y^2}$$

$$=\oint_{L_2}\frac{(x+y)\mathrm{d}x-(x-y)\mathrm{d}y}{x^2+y^2}$$

由此推出了包围原点的任意正向闭路 L_3 上的积分等于包围原点的正向单位圆的积分.

故
$$\oint_{L_3}\frac{(x+y)\mathrm{d}x-(x-y)\mathrm{d}y}{x^2+y^2}=-2\pi.$$

【1018】 设在上半平面 $D=\{(x,y)\mid y>0\}$ 内，函数 $f(x,y)$ 具有连续偏导数，且对任意的 $t>0$ 都有 $f(tx,ty)=t^{-2}f(x,y)$. 证明：对 D 内的任意分段光滑的有向简单闭曲线 L，都有

$$\oint_L yf(x,y)\mathrm{d}x-xf(x,y)\mathrm{d}y=0.$$

证 由格林公式知，对 D 内的任意有向简单闭曲线 L，

$$\oint_L yf(x,y)\mathrm{d}x-xf(x,y)\mathrm{d}y=0$$

的充分必要条件是：对任意 $(x,y)\in D$，有

$$0=\frac{\partial}{\partial y}(yf(x,y))+\frac{\partial}{\partial x}(xf(x,y))=2f(x,y)+yf'_2(x,y)+xf'_1(x,y).$$

由于对任意的 $(x,y)\in D$ 及 $t>0$ 都有

$$f(tx,ty)=t^{-2}f(x,y),$$

两边对 t 求导，得

$$xf'_1(tx,ty)+yf'_2(tx,ty)=-2t^{-3}f(x,y).$$

令 $t=1$，得

$$2f(x,y)+xf'_1(x,y)+yf'_2(x,y)=0,$$

即
$$\frac{\partial}{\partial y}(yf(x,y))+\frac{\partial}{\partial x}(xf(x,y))=0,$$

所以 $\oint_L yf(x,y)\mathrm{d}x-xf(x,y)\mathrm{d}y=0.$

【1019】 已知平面区域 $D=\{(x,y)\mid 0\leqslant x\leqslant\pi,0\leqslant y\leqslant\pi\}$，$L$ 为 D 的正向边界. 试证

(1) $\oint_L x\mathrm{e}^{\sin y}\mathrm{d}y-y\mathrm{e}^{-\sin x}\mathrm{d}x=\oint_L x\mathrm{e}^{-\sin y}\mathrm{d}y-y\mathrm{e}^{\sin x}\mathrm{d}x$；

(2) $\oint_L x\mathrm{e}^{\sin y}\mathrm{d}y-y\mathrm{e}^{-\sin x}\mathrm{d}x\geqslant\frac{5}{2}\pi^2$.

证法一 由于区域 D 为一正方形，可以直接用对坐标曲线积分的计算方法计算.

(1) 左边 $=\int_0^\pi\pi\mathrm{e}^{\sin y}\mathrm{d}y-\int_\pi^0\pi\mathrm{e}^{-\sin x}\mathrm{d}x=\int_0^\pi\pi(\mathrm{e}^{\sin x}+\mathrm{e}^{-\sin x})\mathrm{d}x$，

右边 $=\int_0^\pi\pi\mathrm{e}^{-\sin y}\mathrm{d}y-\int_\pi^0\pi\mathrm{e}^{\sin x}\mathrm{d}x=\int_0^\pi\pi(\mathrm{e}^{\sin x}+\mathrm{e}^{-\sin x})\mathrm{d}x$，

所以
$$\oint_L x\mathrm{e}^{\sin y}\mathrm{d}y-y\mathrm{e}^{-\sin x}\mathrm{d}x=\oint_L x\mathrm{e}^{-\sin y}\mathrm{d}y-y\mathrm{e}^{\sin x}\mathrm{d}x.$$

(2) 由于 $\mathrm{e}^{\sin x}+\mathrm{e}^{-\sin x}\geqslant 2+\sin^2 x$，

$$\oint_L x\mathrm{e}^{\sin y}\mathrm{d}y-y\mathrm{e}^{-\sin x}\mathrm{d}x=\pi\int_0^\pi(\mathrm{e}^{\sin x}+\mathrm{e}^{-\sin x})\mathrm{d}x\geqslant\frac{5}{2}\pi^2.$$

证法二 (1) 根据格林公式，将曲线积分化为区域 D 上的二重积分，

$$\oint_L x\mathrm{e}^{\sin y}\mathrm{d}y-y\mathrm{e}^{-\sin x}\mathrm{d}x=\iint_D(\mathrm{e}^{\sin y}+\mathrm{e}^{-\sin x})\mathrm{d}\sigma,$$

$$\oint_L x\mathrm{e}^{-\sin y}\mathrm{d}y-y\mathrm{e}^{\sin x}\mathrm{d}x=\iint_D(\mathrm{e}^{-\sin y}+\mathrm{e}^{\sin x})\mathrm{d}\sigma.$$

因为区域 D 关于 $y=x$ 对称，所以

$$\iint_D(\mathrm{e}^{\sin y}+\mathrm{e}^{-\sin x})\mathrm{d}\sigma=\iint_D(\mathrm{e}^{-\sin y}+\mathrm{e}^{\sin x})\mathrm{d}\sigma,$$

故

$$\oint_L x\mathrm{e}^{\sin y}\mathrm{d}y-y\mathrm{e}^{-\sin x}\mathrm{d}x=\oint_L x\mathrm{e}^{-\sin y}\mathrm{d}y-y\mathrm{e}^{\sin x}\mathrm{d}x.$$

(2)由 $\mathrm{e}^t+\mathrm{e}^{-t}=2\sum\limits_{n=0}^{\infty}\dfrac{t^{2n}}{(2n)!}\geqslant 2+t^2$,

$$\oint_L x\mathrm{e}^{\sin y}\mathrm{d}y-y\mathrm{e}^{-\sin x}\mathrm{d}x=\iint_D(\mathrm{e}^{\sin y}+\mathrm{e}^{-\sin x})\mathrm{d}\sigma=\iint_D(\mathrm{e}^{\sin x}+\mathrm{e}^{-\sin x})\mathrm{d}\sigma\geqslant\frac{5}{2}\pi^2.$$

【1020】 设函数 $\varphi(y)$ 具有连续导数，在围绕原点的任意分段光滑简单闭曲线 L 上，曲线积分 $\oint_L\dfrac{\varphi(y)\mathrm{d}x+2xy\mathrm{d}y}{2x^2+y^4}$ 的值恒为同一常数.

(1)证明对右半平面 $x>0$ 内的任意分段光滑简单闭曲线 C，有

$$\oint_C\frac{\varphi(y)\mathrm{d}x+2xy\mathrm{d}y}{2x^2+y^4}=0;$$

(2)求函数 $\varphi(y)$ 的表达式.

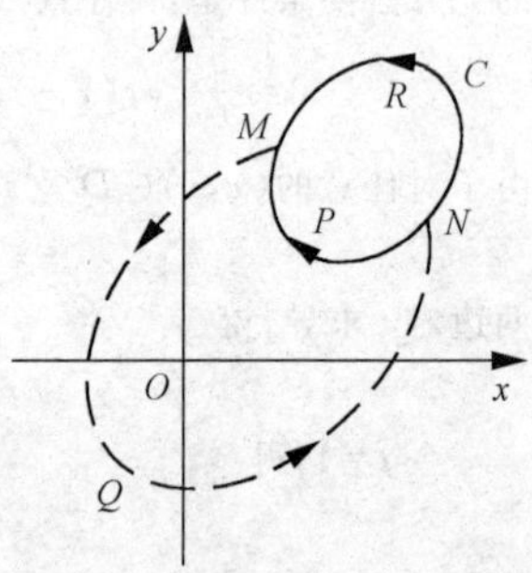

图 1020

证 (1)如图 1020 所示，设 C 是右半平面 $x>0$ 内的任一分段光滑简单闭曲线，在 C 上任意取定两点 M,N，作围绕原点的闭曲线 $\widehat{MQNRM}$，同时得到另一围绕在原点的闭曲线 $\widehat{MQNPM}$.

根据题设可知

$$\oint_{\widehat{MQNRM}}\frac{\varphi(y)\mathrm{d}x+2xy\mathrm{d}y}{2x^2+y^4}-\oint_{\widehat{MQNPM}}\frac{\varphi(y)\mathrm{d}x+2xy\mathrm{d}y}{2x^2+y^4}=0.$$

根据第二类曲线积分的性质，利用上式可得

$$\begin{aligned}\oint_C\frac{\varphi(y)\mathrm{d}x+2xy\mathrm{d}y}{2x^2+y^4}&=\oint_{\widehat{NRM}}\frac{\varphi(y)\mathrm{d}x+2xy\mathrm{d}y}{2x^2+y^4}+\oint_{\widehat{MPN}}\frac{\varphi(y)\mathrm{d}x+2xy\mathrm{d}y}{2x^2+y^4}\\&=\oint_{\widehat{NRM}}\frac{\varphi(y)\mathrm{d}x+2xy\mathrm{d}y}{2x^2+y^4}-\oint_{\widehat{NPM}}\frac{\varphi(y)\mathrm{d}x+2xy\mathrm{d}y}{2x^2+y^4}\\&=\oint_{\widehat{MQNRM}}\frac{\varphi(y)\mathrm{d}x+2xy\mathrm{d}y}{2x^2+y^4}-\oint_{\widehat{MQNPM}}\frac{\varphi(y)\mathrm{d}x+2xy\mathrm{d}y}{2x^2+y^4}=0.\end{aligned}$$

(2)**解** 设 $P=\dfrac{\varphi(y)}{2x^2+y^4}$，$Q=\dfrac{2xy}{2x^2+y^4}$，$P,Q$ 在单连通区域 $x>0$ 内具有一阶连续偏导数. 由(1)知，曲线积分 $\oint_C\dfrac{\varphi(y)\mathrm{d}x+2xy\mathrm{d}y}{2x^2+y^4}$ 在该区域内与路径无关，故当 $x>0$ 时，总有 $\dfrac{\partial Q}{\partial x}=\dfrac{\partial P}{\partial y}$.

$$\frac{\partial Q}{\partial x}=\frac{2y(2x^2+y^4)-4x\cdot 2xy}{(2x^2+y^4)^2}=\frac{-4x^2y+2y^5}{(2x^2+y^4)^2},\qquad①$$

$$\frac{\partial P}{\partial y}=\frac{\varphi'(y)(2x^2+y^4)-4\varphi(y)y^3}{(2x^2+y^4)^2}=\frac{2x^2\varphi'(y)+\varphi'(y)y^4-4\varphi(y)y^3}{(2x^2+y^4)^2}.\qquad②$$

比较①、②两式的右端，得

$$\begin{cases}\varphi'(y)=-2y, & ③\\ \varphi'(y)y^4-4\varphi(y)y^3=2y^5 & ④\end{cases}$$

由③得 $\varphi(y)=-y^2+C.$

将 $\varphi(y)$ 代入④得 $2y^5-4Cy^3=2y^5$，所以 $C=0$，从而 $\varphi(y)=-y^2$.

点评 (1)中令 $P=\dfrac{\varphi(y)}{2x^2+y^2}$，$Q=\dfrac{2xy}{2x^2+y^2}$，利用格林公式

$$\oint_C \frac{\varphi(y)\mathrm{d}x+2xy\mathrm{d}y}{2x^2+y^2}=\iint_D\left(\frac{\partial Q}{\partial x}-\frac{\partial P}{\partial y}\right)\mathrm{d}\sigma=0.$$

(2)中利用(1)和 $\dfrac{\partial P}{\partial y}=\dfrac{\partial Q}{\partial x}$，且 $\varphi(y)$ 中不含 x 得 $\varphi(y)=-y^2$.

曲线积分与路径无关的条件

【1021】 设曲线积分 $\int_L[f(x)-\mathrm{e}^x]\sin y\mathrm{d}x-f(x)\cos y\mathrm{d}y$ 与路径无关，其中 $f(x)$ 具有一阶连续导数，且 $f(0)=0$，则 $f(x)=$________.

(A) $\dfrac{\mathrm{e}^{-x}-\mathrm{e}^x}{2}$　(B) $\dfrac{\mathrm{e}^x-\mathrm{e}^{-x}}{2}$　(C) $\dfrac{\mathrm{e}^x+\mathrm{e}^{-x}}{2}-1$　(D) $1-\dfrac{\mathrm{e}^x-\mathrm{e}^{-x}}{2}$

解 $P=[f(x)-\mathrm{e}^x]\sin y$，　$Q=-f(x)\cos y$

由 $\dfrac{\partial P}{\partial y}=\dfrac{\partial Q}{\partial x}$ 得 $[f(x)-\mathrm{e}^x]\cos y=-f'(x)\cos y.$

即 $f'(x)+f(x)=\mathrm{e}^x$，解此一阶线性微分方程得

$$f(x)=\frac{1}{2}\mathrm{e}^x+C\mathrm{e}^{-x},$$

由 $f(0)=0$ 得 $C=-\dfrac{1}{2}$，所以 $f(x)=\dfrac{\mathrm{e}^x-\mathrm{e}^{-x}}{2}$.

故应选(B).

【1022】 已知 $f(0)=\dfrac{1}{2}$，确定 $f(x)$，使 $\int_L[\mathrm{e}^x+f(x)]y\mathrm{d}x-f(x)\mathrm{d}y$ 与路径无关，并求从点(0,0)到点(1,1)的积分值.

解 (1) $P(x,y)=[\mathrm{e}^x+f(x)]y$，$Q(x,y)=-f(x)$，则 $\dfrac{\partial P}{\partial y}=\mathrm{e}^x+f(x)$，$\dfrac{\partial Q}{\partial x}=-f'(x)$. 由 $\dfrac{\partial P}{\partial y}=\dfrac{\partial Q}{\partial x}$ 得：

$$f'(x)+f(x)=-\mathrm{e}^x.$$

解此一阶线性微分方程得：

$$f(x)=\mathrm{e}^{-\int\mathrm{d}x}\left[-\int\mathrm{e}^x\cdot\mathrm{e}^{\int\mathrm{d}x}\mathrm{d}x+C\right]=\mathrm{e}^{-x}\left[-\frac{1}{2}\mathrm{e}^{2x}+C\right],$$

把 $f(0)=\dfrac{1}{2}$ 代入得：$C=1$. 故 $f(x)=\mathrm{e}^{-x}-\dfrac{1}{2}\mathrm{e}^x$.

(2)
$$\int_{(0,0)}^{(1,1)}[\mathrm{e}^x+f(x)]y\mathrm{d}x-f(x)\mathrm{d}y$$
$$=\int_{(0,0)}^{(1,1)}\left(\frac{1}{2}\mathrm{e}^x+\mathrm{e}^{-x}\right)y\mathrm{d}x+\left(-\mathrm{e}^{-x}+\frac{1}{2}\mathrm{e}^x\right)\mathrm{d}y=\left(\frac{1}{2}\mathrm{e}^x-\mathrm{e}^{-x}\right)y\Big|_{(0,0)}^{(1,1)}=\frac{1}{2}\mathrm{e}-\frac{1}{\mathrm{e}}.$$

【1023】 设 $f(u)$ 为连续函数，L 为平面上逐段光滑的任意闭曲线，证明

$$\oint_L f(x^2+y^2)(x\mathrm{d}x+y\mathrm{d}y)=0.$$

证 令 $x^2+y^2=u$，则 $\mathrm{d}u=2(x\mathrm{d}x+y\mathrm{d}y)$，因为 $f(u)$连续，所以 $F(u)=\int_0^u f(t)\mathrm{d}t$，存在

$$\mathrm{d}F(u)=f(u)\mathrm{d}u=f(x^2+y^2)\cdot 2(x\mathrm{d}x+y\mathrm{d}y)$$

即

$$f(x^2+y^2)\cdot(x\mathrm{d}x+y\mathrm{d}y)=\frac{1}{2}\mathrm{d}F(u),$$

故 $\oint_L f(x^2+y^2)(x\mathrm{d}x+y\mathrm{d}y)=\frac{1}{2}\oint_L \mathrm{d}F(u)=0.$

第二类曲线积分求极限

【1024】 计算 $\lim\limits_{R\to+\infty}\oint_L \frac{x\mathrm{d}y-y\mathrm{d}x}{(x^2+xy+y^2)^2}$，$L$ 是 $x^2+y^2=R^2$，取正向.

解 从被积分式和积分路径看，将路径以参数方程表示，化成对参数的定积分计算为宜. 将 L 表示成参数方程如下：

$$L:\begin{cases}x=R\cos t\\ y=R\sin t\end{cases}\quad 0\leqslant t\leqslant 2\pi$$

于是

$$\oint_L \frac{x\mathrm{d}y-y\mathrm{d}x}{(x^2+xy+y^2)^2}=\int_0^{2\pi}\frac{R^2\cos^2 t+R^2\sin^2 t}{(R^2+R^2\sin t\cos t)^2}\mathrm{d}t=\frac{1}{R^2}\int_0^{2\pi}\frac{\mathrm{d}t}{\left(1+\frac{1}{2}\sin 2t\right)^2},$$

一般来说应先计算积分 $\int_0^{2\pi}\frac{\mathrm{d}t}{\left(1+\frac{1}{2}\sin 2t\right)^2}$，再计算极限，但在上述计算过程中，我们已分离出 $\frac{1}{R^2}$，而 $\int_0^{2\pi}\frac{1}{\left(1+\frac{1}{2}\sin 2t\right)^2}\mathrm{d}t$ 已与极限变量 R 无关，又因为 $\frac{1}{\left(1+\frac{1}{2}\sin 2t\right)^2}$ 在区间$[0,2\pi]$上连续，上述积分一定存在，故我们有

$$\lim_{R\to+\infty}\oint_L \frac{x\mathrm{d}y-y\mathrm{d}x}{(x^2+xy+y^2)^2}=\lim_{R\to+\infty}\frac{1}{R^2}\int_0^{2\pi}\frac{\mathrm{d}t}{\left(1+\frac{1}{2}\sin 2t\right)^2}=0.$$

对坐标曲面积分的计算

【1025】 设有界区域 Ω 由平面 $2x+y+2z=2$ 与三个坐标平面围成，Σ 为 Ω 整个表面的外侧，计算曲面积分

$$I=\iint_\Sigma (x^2+1)\mathrm{d}y\mathrm{d}z-2y\mathrm{d}z\mathrm{d}x+3z\mathrm{d}x\mathrm{d}y.$$

分析 本题考查第二类曲面积分的计算，直接利用高斯公式即可.

解 因为被积函数和积分区域满足高斯公式的条件，所以利用高斯公式运算.

由高斯公式，得

$$I=\iiint_\Omega (2x+1)\mathrm{d}x\mathrm{d}y\mathrm{d}z,\qquad \Omega:\begin{cases}0\leqslant x\leqslant 1,\\ 0\leqslant y\leqslant 2(1-x),\\ 0\leqslant z\leqslant 1-x-\frac{y}{2},\end{cases}$$

因为
$$\iiint\limits_{\Omega}\mathrm{d}x\mathrm{d}y\mathrm{d}z=\frac{1}{3}\times\frac{1}{2}\times2\times1=\frac{1}{3},$$
$$\iiint\limits_{\Omega}x\,\mathrm{d}x\mathrm{d}y\mathrm{d}z=\int_0^1x\mathrm{d}x\int_0^{2(1-x)}\mathrm{d}y\int_0^{1-x-\frac{y}{2}}\mathrm{d}z=\int_0^1x\mathrm{d}x\int_0^{2(1-x)}\left(1-x-\frac{y}{2}\right)\mathrm{d}y$$
$$=\int_0^1x(1-x)^2\mathrm{d}x=\frac{1}{12}.$$
所以,原积分 $I=2\times\frac{1}{12}+\frac{1}{3}=\frac{1}{2}$.

点评　只要第二类曲面积分满足高斯公式的条件,就可以使用高斯公式将曲面积分转化为三重积分.高斯定理如下:

若 $P(x,y,z),Q(x,y,z),R(x,y,z)$ 在封闭曲面 Σ 及其围成的空间立体 Ω 上具有连续的一阶偏导数,且取 Σ 的外侧,则
$$\oint\!\!\!\oint_{\Sigma}P(x,y,z)\mathrm{d}y\mathrm{d}z+Q(x,y,z)\mathrm{d}z\mathrm{d}x+R(x,y,z)\mathrm{d}x\mathrm{d}y=\iiint\limits_{\Omega}\left(\frac{\partial P}{\partial x}+\frac{\partial Q}{\partial y}+\frac{\partial R}{\partial z}\right)\mathrm{d}x\mathrm{d}y\mathrm{d}z.$$

【1026】 计算曲面积分 $I=\iint\limits_{\Sigma}\frac{2\mathrm{d}y\mathrm{d}z}{x\cos^2x}+\frac{\mathrm{d}z\mathrm{d}x}{\cos^2y}-\frac{\mathrm{d}x\mathrm{d}y}{z\cos^2z}$,其中 Σ 是球面 $x^2+y^2+z^2=1$ 的外侧.

解　由 Σ 的对称性,可知
$$I=\iint\limits_{\Sigma}\frac{2\mathrm{d}x\mathrm{d}y}{z\cos^2z}+\frac{\mathrm{d}x\mathrm{d}y}{\cos^2z}-\frac{\mathrm{d}x\mathrm{d}y}{z\cos^2z}=\iint\limits_{\Sigma}\left(\frac{1}{z\cos^2z}+\frac{1}{\cos^2z}\right)\mathrm{d}x\mathrm{d}y$$
且
$$\iint\limits_{\Sigma}\frac{1}{\cos^2z}\mathrm{d}x\mathrm{d}y$$
$$=\iint\limits_{x^2+y^2\leqslant1}\frac{1}{\cos^2\sqrt{1-x^2-y^2}}\mathrm{d}x\mathrm{d}y-\iint\limits_{x^2+y^2\leqslant1}\frac{1}{\cos^2\left(-\sqrt{1-x^2-y^2}\right)}\mathrm{d}x\mathrm{d}y=0.$$
于是
$$I=\iint\limits_{\Sigma}\frac{1}{z\cos^2z}\mathrm{d}x\mathrm{d}y$$
$$=\iint\limits_{x^2+y^2\leqslant1}\frac{1}{\sqrt{1-x^2-y^2}\cos^2\sqrt{1-x^2-y^2}}\mathrm{d}x\mathrm{d}y$$
$$-\iint\limits_{x^2+y^2\leqslant1}\frac{1}{-\sqrt{1-x^2-y^2}\cos^2\left(-\sqrt{1-x^2-y^2}\right)}\mathrm{d}x\mathrm{d}y$$
$$=2\iint\limits_{x^2+y^2\leqslant1}\frac{1}{\sqrt{1-x^2-y^2}\cos^2\sqrt{1-x^2-y^2}}\mathrm{d}x\mathrm{d}y$$
$$=2\int_0^{2\pi}\mathrm{d}\theta\int_0^1\frac{1}{\sqrt{1-r^2}\cos^2\sqrt{1-r^2}}r\mathrm{d}r$$
$$=-4\pi\int_0^1\frac{1}{\cos^2\sqrt{1-r^2}}\mathrm{d}\left(\sqrt{1-r^2}\right)$$
$$=-4\pi\tan\sqrt{1-r^2}\Big|_0^1=4\pi\tan1.$$

梯度的讨论

【1027】 确定常数 λ,使在右半平面 $x>0$ 上的向量 $\boldsymbol{A}(x,y)=2xy(x^4+y^2)^\lambda\boldsymbol{i}-x^2(x^4+y^2)^\lambda\boldsymbol{j}$ 为某二元函数 $u(x,y)$ 的梯度,并求 $u(x,y)$.

解 令 $P=2xy(x^4+y^2)^\lambda$, $Q=-x^2(x^4+y^2)^\lambda$.

$\boldsymbol{A}(x,y)$ 在右半平面 $x>0$ 上为某二元函数 $u(x,y)$ 的梯度的充要条件是 $\dfrac{\partial Q}{\partial x}\equiv\dfrac{\partial P}{\partial y}$.

此即 $4x(x^4+y^2)^\lambda(\lambda+1)=0$,解之得 $\lambda=-1$.

于是,在右半平面内任取一点,例如(1,0)作为积分路径的起点,则得

$$u(x,y)=\int_{(1,0)}^{(x,y)}\frac{2xy\mathrm{d}x-x^2\mathrm{d}y}{x^4+y^2}+C=\int_1^x\frac{2x\cdot 0}{x^4+0^2}\mathrm{d}x-\int_0^y\frac{x^2}{x^4+y^2}\mathrm{d}y+C$$
$$=-\arctan\frac{y}{x^2}+C.$$

点评 若 $P(x,y)$,$Q(x,y)$ 在某一单连通区域上连续,且有连续的一阶偏导数,满足 $\dfrac{\partial P}{\partial y}=\dfrac{\partial Q}{\partial x}$,则存在二元函数 $u(x,y)$,使 $\mathrm{d}u=P\mathrm{d}x+Q\mathrm{d}y$. 其中

$$u(x,y)=\int_{x_0}^{x}P(x,y_0)\mathrm{d}x+\int_{y_0}^{y}Q(x,y)\mathrm{d}y,$$

或

$$u(x,y)=\int_{x_0}^{x}P(x,y)\mathrm{d}x+\int_{y_0}^{y}Q(x_0,y)\mathrm{d}y.$$

曲线积分和曲面积分的几何和物理应用

【1028】 曲线 $x=a\cos t,y=a\sin t,z=bt$ 各点线密度与该点矢径平方相等. 试求 t 从 0 到 2π 一段的质量.

解 由题意 $\rho(x,y,z)=r^2=x^2+y^2+z^2=a^2+b^2t^2$,

$$M=\int_L\rho(x,y,z)\mathrm{d}s=\int_0^{2\pi}(a^2+b^2t^2)\sqrt{a^2+b^2}\,\mathrm{d}t=\sqrt{a^2+b^2}\left(2\pi a^2+\frac{8}{3}\pi^3b^2\right).$$

【1029】 质点 P 沿着以 AB 为直径的下半圆周,从点 $A(1,2)$ 运动到点 $B(3,4)$ 的过程中受变力 $\boldsymbol{F}$ 作用,如图 1029 所示,$\boldsymbol{F}$ 的大小等于 P 点与原点 O 之间的距离,其方向垂直于线段 OP 且与 y 轴正向的夹角小于 $\dfrac{\pi}{2}$,求变力 $\boldsymbol{F}$ 对质点 P 所做的功.

解 按题意,变力 $\boldsymbol{F}=-y\boldsymbol{i}+x\boldsymbol{j}$,圆弧 $\widehat{AB}$ 的参数方程是

$$\begin{cases}x=2+\sqrt{2}\cos\theta,\\ y=3+\sqrt{2}\sin\theta,\end{cases}\quad -\frac{3\pi}{4}\leqslant\theta\leqslant\frac{\pi}{4},$$

变力 $\boldsymbol{F}$ 所做的功

$$W=\int_{\widehat{AB}}x\mathrm{d}y-y\mathrm{d}x$$
$$=\int_{-\frac{3\pi}{4}}^{\frac{\pi}{4}}[\sqrt{2}(3+\sqrt{2}\sin\theta)\sin\theta+\sqrt{2}(2+\sqrt{2}\cos\theta)\cos\theta]\mathrm{d}\theta$$
$$=2(\pi-1).$$

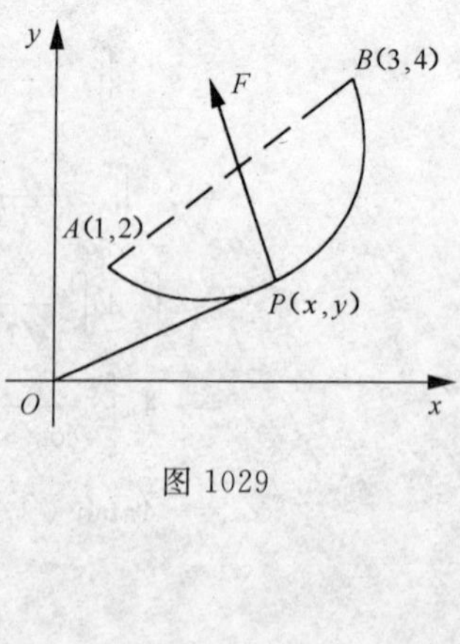

图 1029

【1030】求指向原点的力 $\boldsymbol{F}=\frac{K}{r^2}$ $(r=\sqrt{x^2+y^2+z^2})$将单位质点从点 $M_1(x_1,y_1,z_1)$移到点 $M_2(x_2,y_2,z_2)$所作的功.

解 点 $M(x,y,z)$处力 $\boldsymbol{F}$ 的方向余弦为

$$\cos\alpha=-\frac{x}{r},\quad \cos\beta=-\frac{y}{r},\quad \cos\gamma=-\frac{z}{r}$$

而 $\boldsymbol{F}=\left(-\frac{K}{r^3}x\right)\boldsymbol{i}+\left(-\frac{K}{r^3}y\right)\boldsymbol{j}+\left(-\frac{K}{r^3}z\right)\boldsymbol{k}$

$$\boldsymbol{F}\cdot \mathrm{d}\boldsymbol{s}=(-K)\left[\frac{x}{r^3}\mathrm{d}x+\frac{y}{r^3}\mathrm{d}y+\frac{z}{r^3}\mathrm{d}z\right]=\mathrm{d}\left(\frac{K}{\sqrt{x^2+y^2+z^2}}\right)$$

所以功

$$W=\int_{M_1}^{M_2}\boldsymbol{F}\cdot \mathrm{d}\boldsymbol{s}=\left(\frac{K}{\sqrt{x^2+y^2+z^2}}\right)\Bigg|_{(x_1,y_1,z_1)}^{(x_2,y_2,z_2)}=K\left(\frac{1}{\sqrt{x_2^2+y_2^2+z_2^2}}-\frac{1}{\sqrt{x_1^2+y_1^2+z_1^2}}\right).$$

【1031】在变力 $\boldsymbol{F}=yz\boldsymbol{i}+zx\boldsymbol{j}+xy\boldsymbol{k}$ 的作用下,质点由原点沿直线运动到椭球面$\frac{x^2}{a^2}+\frac{y^2}{b^2}+\frac{z^2}{c^2}=1$ 上第一卦限的点 $M(x_0,y_0,z_0)$,问当 x_0,y_0,z_0 取何值时,力 $\boldsymbol{F}$ 所作的功 W 最大,并求出 W 的最大值.

分析 本题是一道多元函数的条件极值问题,关键是建立在力 $\boldsymbol{F}$ 作用下,质点从原点出发沿直线运动到椭球面上点 $M(x_0,y_0,z_0)$时,此力所做功 $W=W(x_0,y_0,z_0)$的表达式.求解条件极值问题的一般方法是拉格朗日乘数法.

解 直线段 OM:$x=x_0t,y=y_0t,z=z_0t$,t 从 0 到 1.

$$W=\int_{OM}yz\mathrm{d}x+zx\mathrm{d}y+xy\mathrm{d}z=\int_0^1 3t^2x_0y_0z_0\mathrm{d}t=x_0y_0z_0.$$

下面求 $W=x_0y_0z_0$ 在条件$\frac{x_0^2}{a^2}+\frac{y_0^2}{b^2}+\frac{z_0^2}{c^2}=1$ $(x_0\geqslant0,y_0\geqslant0,z_0\geqslant0)$下的最大值.

令 $F(x,y,z,\lambda)=xyz+\lambda\left(\frac{x^2}{a^2}+\frac{y^2}{b^2}+\frac{z^2}{c^2}-1\right)$

由 $\begin{cases}\dfrac{\partial F}{\partial x}=0,\\ \dfrac{\partial F}{\partial y}=0,\\ \dfrac{\partial F}{\partial z}=0,\\ \dfrac{\partial F}{\partial \lambda}=0,\end{cases}$ 得 $\begin{cases}yz=-\dfrac{2\lambda}{a^2}x,\\ xz=-\dfrac{2\lambda}{b^2}y,\\ xy=-\dfrac{2\lambda}{c^2}z,\\ \dfrac{x^2}{a^2}+\dfrac{y^2}{b^2}+\dfrac{z^2}{c^2}=1,\end{cases}$

从而 $\frac{x^2}{a^2}=\frac{y^2}{b^2}=\frac{z^2}{c^2}$, 即得$\frac{x^2}{a^2}=\frac{y^2}{b^2}=\frac{z^2}{c^2}=\frac{1}{3}$, 于是得 $x=\frac{1}{\sqrt{3}}a$, $y=\frac{1}{\sqrt{3}}b$, $z=\frac{1}{\sqrt{3}}c$.

即当 $x_0=\frac{1}{\sqrt{3}}a,y_0=\frac{1}{\sqrt{3}}b,z_0=\frac{1}{\sqrt{3}}c$ 时力 $\boldsymbol{F}$ 所作的功 W 最大,由问题的实际意义知

$$W_{\max}=\frac{\sqrt{3}}{9}abc.$$

第十一章　无穷级数

§1. 常数项级数的概念和性质

1. 常数项级数的概念

设有数列$\{u_n\}$:$u_1,u_2,\cdots,u_n,\cdots$,将其各项依次累加所得的式子 $u_1+u_2+\cdots+u_n+\cdots$ 称为(常数项)无穷级数,简称(常数项)级数,记作 $\sum\limits_{n=1}^{\infty}u_n$,即 $\sum\limits_{n=1}^{\infty}u_n=u_1+u_2+\cdots+u_n+\cdots$.

2. 常数项级数收敛的概念

设给定常数项级数

$$\sum_{n=1}^{\infty}u_n=u_1+u_2+\cdots+u_n+\cdots \tag{①}$$

记 $S_n=\sum\limits_{i=1}^{n}u_i=u_1+u_2+\cdots+u_n$为级数 $\sum\limits_{n=1}^{\infty}u_n$ 的前 n 项部分和,若$\lim\limits_{n\to\infty}S_n=S$(有限值),则称级数①收敛;若$\lim\limits_{n\to\infty}S_n$ 不存在,则称级数①发散.

3. 常数项级数的基本性质

(1)级数 $\sum\limits_{n=1}^{\infty}u_n$ 与 $\sum\limits_{n=1}^{\infty}ku_n$ 有相同敛散性(k 是不为零的常数);

(2)若级数 $\sum\limits_{n=1}^{\infty}u_n$, $\sum\limits_{n=1}^{\infty}v_n$ 均收敛,则级数 $\sum\limits_{n=1}^{\infty}(u_n\pm v_n)$亦收敛,且有

$$\sum_{n=1}^{\infty}(u_n\pm v_n)=\sum_{n=1}^{\infty}u_n\pm\sum_{n=1}^{\infty}v_n;$$

(3)在级数中去掉或添加有限项,不会影响级数的敛散性(但收敛时,级数和一般会改变);

(4)收敛级数任意加括号后所成的级数仍收敛.如果正项级数加括号后所成的级数收敛,则原级数收敛;

(5)级数收敛的必要条件:若 $\sum\limits_{n=1}^{\infty}u_n$ 收敛,则$\lim\limits_{n\to\infty}u_n=0$.

4. 柯西收敛准则

级数 $\sum\limits_{n=1}^{\infty}u_n$ 收敛的充分必要条件:对任意给定的正数 ε,总存在 N,使得当 $n>N$ 时,对于任意的自然数 $p=1,2,3,\cdots$,不等式

$$|u_{n+1}+u_{n+2}+\cdots+u_{n+p}|<\varepsilon$$

恒成立.

基本题型

利用部分和数列是否有极限判断级数的敛散性

【1032】判断级数$\frac{1}{1\cdot2}+\frac{1}{2\cdot3}+\cdots+\frac{1}{n(n+1)}+\cdots$是否收敛. 若收敛,求其和.

解 $S_n=\sum\limits_{k=1}^{n}\frac{1}{k(k+1)}=(1-\frac{1}{2})+(\frac{1}{2}-\frac{1}{3})+\cdots+(\frac{1}{n}-\frac{1}{n+1})=1-\frac{1}{n+1}$,

故 $\lim\limits_{n\to\infty}S_n=1$.

所以 $\sum\limits_{n=1}^{\infty}\frac{1}{n(n+1)}$收敛,其和为1.

【1033】用定义判断级数$\frac{1}{1\cdot6}+\frac{1}{6\cdot11}+\cdots+\frac{1}{(5n-4)(5n+1)}+\cdots$ 是否收敛.

分析 用定义判别级数是否收敛,即是判别部分和数列 S_n 是否有极限. 注意到级数通项 $u_n=\frac{1}{(5n-4)(5n+1)}$可写成两项之差$\frac{1}{5}\cdot\frac{1}{5n-4}-\frac{1}{5}\cdot\frac{1}{5n+1}$,则 S_n 中能消去中间各项,剩下首尾项,从而 S_n 可求,由此可判定其极限是否存在.

解 n 项之和

$$\begin{aligned}S_n&=\frac{1}{1\cdot6}+\frac{1}{6\cdot11}+\cdots+\frac{1}{(5n-4)(5n+1)}\\&=\frac{1}{5}(1-\frac{1}{6}+\frac{1}{6}-\frac{1}{11}+\cdots+\frac{1}{5n-4}-\frac{1}{5n+1})\\&=\frac{1}{5}(1-\frac{1}{5n+1})=\frac{1}{5}-\frac{1}{5(5n+1)},\end{aligned}$$

则$\lim\limits_{n\to\infty}S_n=\frac{1}{5}<+\infty$. 因此,原级数收敛.

点评 将通项 u_n 拆成两项之差,以求得前 n 项和 S_n,这种方法叫拆项法.

【1034】讨论级数 $1+\frac{1}{1+2}+\frac{1}{1+2+3}+\cdots+\frac{1}{1+2+\cdots+n}+\cdots$ 的敛散性. 若收敛,求其和.

解 $u_n=\frac{1}{1+2+\cdots+n}=\frac{2}{n(n+1)}=2(\frac{1}{n}-\frac{1}{n+1})$.

故 $S_n=2[(1-\frac{1}{2})+(\frac{1}{2}-\frac{1}{3})+\cdots+(\frac{1}{n}-\frac{1}{n+1})]=2-\frac{2}{n+1}$.

所以 $\lim\limits_{n\to\infty}S_n=2$. 从而级数收敛,其和为2.

【1035】级数 $\sum\limits_{n=1}^{\infty}(\sqrt{n+2}-2\sqrt{n+1}+\sqrt{n})=$________.

解 由于 $u_n=\sqrt{n+2}-2\sqrt{n+1}+\sqrt{n}=(\sqrt{n+2}-\sqrt{n+1})-(\sqrt{n+1}-\sqrt{n})$,所以

$$\begin{aligned}S_n&=u_1+u_2+\cdots+u_n\\&=[(\sqrt{3}-\sqrt{2})-(\sqrt{2}-\sqrt{1})]+[(\sqrt{4}-\sqrt{3})-(\sqrt{3}-\sqrt{2})]+\cdots\\&\quad+[(\sqrt{n+2}-\sqrt{n+1})-(\sqrt{n+1}-\sqrt{n})]\\&=[(\sqrt{3}-\sqrt{2})+(\sqrt{4}-\sqrt{3})+\cdots+(\sqrt{n+2}-\sqrt{n+1})]-[(\sqrt{2}-\sqrt{1})+(\sqrt{3}-\sqrt{2})+\cdots\\&\quad+(\sqrt{n+1}-\sqrt{n})]\end{aligned}$$

$$=(\sqrt{n+2}-\sqrt{2})-(\sqrt{n+1}-\sqrt{1})=\sqrt{n+2}-\sqrt{n+1}-\sqrt{2}+1$$
$$=\frac{1}{\sqrt{n+2}+\sqrt{n+1}}-\sqrt{2}+1,$$

从而 $\lim\limits_{n\to\infty}S_n=-\sqrt{2}+1.$

故应填$-\sqrt{2}+1.$

【1036】 根据级数收敛与发散的定义判别下列级数的敛散性

$$\sin\frac{\pi}{6}+\sin\frac{2\pi}{6}+\cdots+\sin\frac{n\pi}{6}+\cdots.$$

解 $S_n=\sin\frac{\pi}{6}+\sin\frac{2\pi}{6}+\sin\frac{3\pi}{6}+\cdots+\sin\frac{n\pi}{6}$

$$=\frac{1}{2\sin\frac{\pi}{12}}(2\sin\frac{\pi}{12}\sin\frac{\pi}{6}+2\sin\frac{\pi}{12}\sin\frac{2\pi}{6}+2\sin\frac{\pi}{12}\sin\frac{3\pi}{6}+\cdots+2\sin\frac{\pi}{12}\sin\frac{n\pi}{6})$$

$$=\frac{1}{2\sin\frac{\pi}{12}}\Big[(\cos\frac{\pi}{12}-\cos\frac{3\pi}{12})+(\cos\frac{3\pi}{12}-\cos\frac{5\pi}{12})+(\cos\frac{5\pi}{12}-\cos\frac{7\pi}{12})+\cdots$$
$$+(\cos\frac{2n-1}{12}\pi-\cos\frac{2n+1}{12}\pi)\Big]$$

$$=\frac{1}{2\sin\frac{\pi}{12}}(\cos\frac{\pi}{12}-\cos\frac{2n+1}{12}\pi).$$

由于$\lim\limits_{n\to\infty}\cos\frac{2n+1}{12}\pi$不存在，所以$\lim\limits_{n\to\infty}S_n$不存在. 因而级数发散.

【1037】 用定义验证级数 $\sum\limits_{n=1}^{\infty}\frac{1}{n(n+1)(n+2)}$是否收敛.

解 因为 $u_n=\frac{1}{n(n+1)(n+2)}=\frac{1}{2}\frac{(n+2)-n}{n(n+1)(n+2)}$

$$=\frac{1}{2}\Big[\frac{1}{n(n+1)}-\frac{1}{(n+1)(n+2)}\Big].$$

所以 $S_n=\sum\limits_{k=1}^{n}\frac{1}{k(k+1)(k+2)}$

$$=\frac{1}{2}(\frac{1}{1\cdot 2}-\frac{1}{2\cdot 3})+\frac{1}{2}(\frac{1}{2\cdot 3}-\frac{1}{3\cdot 4})+\cdots\cdots+\frac{1}{2}\Big[\frac{1}{n(n+1)}-\frac{1}{(n+1)(n+2)}\Big]$$
$$=\frac{1}{2}\Big[\frac{1}{2}-\frac{1}{(n+1)(n+2)}\Big].$$

故 $\lim\limits_{n\to\infty}S_n=\frac{1}{4}$，所以原级数收敛.

【1038】 用定义验证级数 $\sum\limits_{n=2}^{\infty}\ln(1-\frac{1}{n^2})$是否收敛.

解 因为 $u_n=\ln(1-\frac{1}{n^2})=\ln(1+\frac{1}{n})+\ln(1-\frac{1}{n})=\ln(n+1)+\ln(n-1)-2\ln n$,

所以 $S_n=\sum\limits_{k=2}^{n}u_k$

$$=(\ln3+\ln1-2\ln2)+(\ln4+\ln2-2\ln3)+\cdots\cdots+[\ln(n+1)+\ln(n-1)-2\ln n]$$

$$=\ln(n+1)-\ln n-\ln 2=\ln(1+\frac{1}{n})-\ln 2.$$

故 $\lim\limits_{n\to\infty}S_n=-\ln 2$，所以原级数收敛.

【1039】 设级数 $\sum\limits_{n=1}^{\infty}u_n$ 收敛，则必收敛的级数为________.

(A) $\sum\limits_{n=1}^{\infty}(-1)^n\frac{u_n}{n}$ (B) $\sum\limits_{n=1}^{\infty}u_n^2$ (C) $\sum\limits_{n=1}^{\infty}(u_{2n-1}-u_{2n})$ (D) $\sum\limits_{n=1}^{\infty}(u_n+u_{n+1})$

解 记 $\sum\limits_{n=1}^{\infty}(u_n+u_{n+1})$ 部分和为 σ_n，一般项为 v_n，

则
$$\begin{aligned}\sigma_n&=v_1+v_2+\cdots+v_n=(u_1+u_2)+(u_2+u_3)+\cdots+(u_n+u_{n+1})\\&=u_1+2u_2+2u_3+\cdots+2u_n+u_{n+1}\\&=2(u_1+u_2+\cdots+u_{n+1})-u_1-u_{n+1}\end{aligned}$$

因为 $\sum\limits_{n=1}^{\infty}u_n$ 收敛，所以其部分和 $\{S_n\}$ 极限存在，即 $\lim\limits_{n\to\infty}S_n=A$，且 $\lim\limits_{n\to\infty}u_n=0$，

从而 $\lim\limits_{n\to\infty}\sigma_n=2A-u_1$， 所以 $\sum\limits_{n=1}^{\infty}(u_n+u_{n+1})$ 收敛.

故应选(D).

已知部分和数列求级数的通项及和

【1040】 若级数 $\sum\limits_{n=1}^{\infty}u_n$ 的部分和序列为 $S_n=\frac{2n}{n+1}$，则 $u_n=$________，$\sum\limits_{n=1}^{\infty}u_n=$________.

解 由 $u_n=S_n-S_{n-1}$，有 $u_n=\frac{2n}{n+1}-\frac{2(n-1)}{n}=\frac{2}{n(n+1)}$.

由 $\sum\limits_{n=1}^{\infty}u_n=\lim\limits_{n\to\infty}S_n$，可得 $\sum\limits_{n=1}^{\infty}u_n=\lim\limits_{n\to\infty}\frac{2n}{n+1}=2$.

故应填$\frac{2}{n(n+1)}$，2.

求级数的和

【1041】 级数 $\sum\limits_{n=0}^{\infty}\frac{(\ln 3)^n}{2^n}$的和为________.

解 此级数为等比级数，公比 $q=\frac{\ln 3}{2}$. 由等比级数求和公式得

$$S=\frac{1}{1-\frac{\ln 3}{2}}=\frac{2}{2-\ln 3}.$$

故应填$\frac{2}{2-\ln 3}$.

点评 常数项级数的求和方法为

(1)使用等比数列求和公式计算，本题就是采用此方法.

(2)直接求出部分和 S_n 的通项公式，然后求极限 $\lim\limits_{n\to\infty}S_n=S$. 这种方法可同时用来判断级数的敛散性.

(3)把级数 $\sum\limits_{n=0}^{\infty}u_n$ 视为幂级数 $\sum\limits_{n=0}^{\infty}a_nx^n$ 当 $x=x_0$ 时所得的常数项级数，通过求出幂级数

$\sum_{n=0}^{\infty} a_n x^n$ 的和函数 $S(x)$，可得到 $\sum_{n=0}^{\infty} u_n = S(x_0)$，这种方法在学习完§4后使用.

【1042】 求下列级数的和

$$\frac{1}{2}+\frac{1}{3}+\frac{1}{2^2}+\frac{1}{3^2}+\cdots+\frac{1}{2^n}+\frac{1}{3^n}+\cdots.$$

分析 若按常规思路，求 S_n 会涉及到 n 为偶数与奇数的讨论，由于注意到奇数项的特点与偶数项的特点，我们不妨先求出 S_{2n}，进而求出 S_{2n-1}，当且仅当 S_{2n} 与 S_{2n-1} 极限均存在且相等时，S_n 的极限才存在，级数和 S 才可求.

解 前 $2n$ 项之和

$$\begin{aligned} S_{2n} &= \frac{1}{2}+\frac{1}{3}+\frac{1}{2^2}+\frac{1}{3^2}+\cdots+\frac{1}{2^n}+\frac{1}{3^n} \\ &= \left(\frac{1}{2}+\frac{1}{2^2}+\cdots+\frac{1}{2^n}\right)+\left(\frac{1}{3}+\frac{1}{3^2}+\cdots+\frac{1}{3^n}\right) \\ &= \frac{\frac{1}{2}\left(1-\frac{1}{2^n}\right)}{1-\frac{1}{2}}+\frac{\frac{1}{3}\left(1-\frac{1}{3^n}\right)}{1-\frac{1}{3}} = 1-\frac{1}{2^n}+\frac{1}{2}-\frac{1}{2\cdot 3^n} = \frac{3}{2}-\frac{1}{2^n}-\frac{1}{2\cdot 3^n}, \end{aligned}$$

$$S_{2n-1} = S_{2n}-\frac{1}{3^n} = \frac{3}{2}-\frac{1}{2^n}-\frac{1}{2\cdot 3^n}-\frac{1}{3^n} = \frac{3}{2}-\frac{1}{2^n}-\frac{1}{2\cdot 3^{n-1}}.$$

由于 $\lim\limits_{n\to\infty} S_{2n} = \frac{3}{2}$，$\lim\limits_{n\to\infty} S_{2n-1} = \frac{3}{2}$，故 $\lim\limits_{n\to\infty} S_n = \frac{3}{2}$.

于是 $S = \lim\limits_{n\to\infty} S_n = \frac{3}{2}$.

点评 当求 S_n 有困难时，要采取灵活的策略，最终求出 S_n 的极限即可.

利用级数收敛的性质判断敛散性

【1043】 判断级数敛散性：$1-\frac{1}{3}+\frac{1}{2}-\frac{1}{9}+\cdots+\frac{1}{2^{n-1}}-\frac{1}{3^n}+\cdots$.

解 此级数由收敛级数 $\sum_{n=1}^{\infty}\frac{1}{2^{n-1}}$ 及 $\sum_{n=1}^{\infty}\frac{1}{3^n}$ 相减得到，由性质知收敛.

【1044】 若级数 $\sum_{n=1}^{\infty}(a_n+b_n)$ 收敛，则________.

(A) $\sum_{n=1}^{\infty} a_n$，$\sum_{n=1}^{\infty} b_n$ 均收敛　　(B) $\sum_{n=1}^{\infty} a_n$，$\sum_{n=1}^{\infty} b_n$ 中至少有一个收敛

(C) $\sum_{n=1}^{\infty} a_n$，$\sum_{n=1}^{\infty} b_n$ 不一定收敛　　(D) $\sum_{n=1}^{\infty} |a_n+b_n|$ 收敛

解 若级数 $\sum_{n=1}^{\infty}(a_n+b_n)$ 收敛，不能保证级数 $\sum_{n=1}^{\infty} a_n$，$\sum_{n=1}^{\infty} b_n$ 收敛. 例如，取 $a_n=\frac{1}{n}$，$b_n=-\frac{1}{n}$，则 $\sum_{n=1}^{\infty}(a_n+b_n)=\sum_{n=1}^{\infty}0$ 收敛，但级数 $\sum_{n=1}^{\infty}\frac{1}{n}$，$\sum_{n=1}^{\infty}\left(-\frac{1}{n}\right)$ 均不收敛.

故应选(C).

【1045】 若级数 $\sum_{n=1}^{\infty}(u_{2n-1}+u_{2n})$ 收敛，则________.

(A) $\sum_{n=1}^{\infty} u_n$ 必收敛　(B) $\sum_{n=1}^{\infty} u_n$ 未必收敛　(C) $\lim\limits_{n\to\infty} u_n=0$　(D) $\sum_{n=1}^{\infty} u_n$ 发散

解 级数 $\sum_{n=1}^{\infty}(u_{2n-1}+u_{2n})$ 是由 $\sum_{n=1}^{\infty}u_n$ 加括号后所得到的级数，由 $\sum_{n=1}^{\infty}(u_{2n-1}+u_{2n})$ 收敛不能得出级数 $\sum_{n=1}^{\infty}u_n$ 收敛. 例如 $\sum_{n=1}^{\infty}(-1)^{n-1}$ 发散，且 $u_n\neq 0$，但 $(1-1)+(1-1)+\cdots+(1-1)+\cdots=\sum_{n=1}^{\infty}(u_{2n-1}+u_{2n})=0$ 收敛.

故应选(B).

【1046】 若 $\sum_{n=1}^{\infty}u_n$ 收敛，试证 $\sum_{n=1}^{\infty}v_n$ 与 $\sum_{n=1}^{\infty}(u_n+v_n)$ 同时收敛或同时发散.

证 (1)已知 $\sum_{n=1}^{\infty}u_n$ 收敛，则当 $\sum_{n=1}^{\infty}v_n$ 收敛时，根据收敛级数的性质知 $\sum_{n=1}^{\infty}(u_n+v_n)$ 收敛；

(2)已知 $\sum_{n=1}^{\infty}u_n$ 收敛，若 $\sum_{n=1}^{\infty}v_n$ 发散，则 $\sum_{n=1}^{\infty}(u_n+v_n)$ 必发散. 若不然，$\sum_{n=1}^{\infty}(u_n+v_n)$ 收敛，而 $\sum_{n=1}^{\infty}v_n=\sum_{n=1}^{\infty}(u_n+v_n)-\sum_{n=1}^{\infty}u_n$，由收敛级数的性质知 $\sum_{n=1}^{\infty}v_n$ 收敛，与已知条件矛盾.

【1047】 若两个级数(1)一个收敛一个发散；(2)两个都发散. 问和如何？

解 (1)一定发散；

(2)可能发散也可能收敛. 例如，$\sum_{n=1}^{\infty}u_n=\sum_{n=1}^{\infty}v_n=\sum_{n=1}^{\infty}\frac{1}{n}$ 发散，且 $\sum_{n=1}^{\infty}(u_n+v_n)=\sum_{n=1}^{\infty}\frac{2}{n}$ 也发散.

而 $\sum_{n=1}^{\infty}u_n=-1+1-1+\cdots+(-1)^n=\sum_{n=1}^{\infty}(-1)^n$ 发散，

$\sum_{n=1}^{\infty}v_n=1-1+1-\cdots+(-1)^{n-1}+\cdots=\sum_{n=1}^{\infty}(-1)^{n-1}$ 发散，

但 $\sum_{n=1}^{\infty}(u_n+v_n)=\sum_{n=1}^{\infty}0$ 收敛.

【1048】 若级数 $\sum_{n=1}^{\infty}a_n$ 收敛，则级数________.

(A) $\sum_{n=1}^{\infty}|a_n|$ 收敛　　　(B) $\sum_{n=1}^{\infty}(-1)^n a_n$ 收敛

(C) $\sum_{n=1}^{\infty}a_n a_{n+1}$ 收敛　　　(D) $\sum_{n=1}^{\infty}\frac{a_n+a_{n+1}}{2}$ 收敛

解 因为已知 $\sum_{n=1}^{\infty}a_n$ 收敛，所以 $\sum_{n=1}^{\infty}\frac{a_n}{2}$ 和 $\sum_{n=1}^{\infty}\frac{a_{n+1}}{2}$ 都收敛，由收敛级数的性质知 $\sum_{n=1}^{\infty}\frac{a_n+a_{n+1}}{2}$ 收敛.

故应选(D).

【1049】 已知级数 $\sum_{n=1}^{\infty}(-1)^{n-1}a_n=2$，$\sum_{n=1}^{\infty}a_{2n-1}=5$，则级数 $\sum_{n=1}^{\infty}a_n=$________.

(A)3　　　(B)7　　　(C)8　　　(D)9

解 解答此题要用到无穷级数的两个基本性质：

(1)若 $\sum_{n=1}^{\infty} a_n = S$，$K$ 是常数，则 $\sum_{n=1}^{\infty} Ka_n = KS$；

(2)若级数 $\sum_{n=1}^{\infty} a_n = S_1$，$\sum_{n=1}^{\infty} b_n = S_2$，则 $\sum_{n=1}^{\infty} (a_n \pm b_n) = S_1 \pm S_2$.

由题设及性质(1)知 $\sum_{n=1}^{\infty} 2a_{2n-1} = 10$ 再由 $\sum_{n=1}^{\infty} (-1)^{n-1} a_n = 2$，及 $\sum_{n=1}^{\infty} 2a_{2n-1} = 10$ 并结合性质(2)知

$$\sum_{n=1}^{\infty} a_n = \sum_{n=1}^{\infty} [2a_{2n-1} - (-1)^{n-1} a_n] = 8.$$

故应选(C).

利用级数收敛的必要条件判断级数的发散性

【1050】 判断级数 $\frac{1}{2} + \frac{1}{\sqrt{2}} + \frac{1}{\sqrt[3]{2}} + \cdots + \frac{1}{\sqrt[n]{2}} + \cdots$ 的敛散性.

解 级数的一般项 $u_n = \frac{1}{\sqrt[n]{2}}$.

由于 $\lim\limits_{n\to\infty} \frac{1}{\sqrt[n]{2}} = 1 \neq 0$，所以根据级数收敛的必要条件知级数 $\sum_{n=1}^{\infty} \frac{1}{\sqrt[n]{2}}$ 发散.

【1051】 判断级数 $\sum_{n=1}^{\infty} \frac{1}{\sqrt[n]{n}}$ 的敛散性.

解 由于 $\lim\limits_{n\to\infty} u_n = \lim\limits_{n\to\infty} \frac{1}{\sqrt[n]{n}} = 1 \neq 0$，所以根据级数收敛的必要条件知该级数发散.

【1052】 判断级数 $\sum_{n=1}^{\infty} \frac{n^{n+\frac{1}{n}}}{\left(n+\frac{1}{n}\right)^n}$ 的敛散性.

解 设 $u_n = \frac{n^{n+\frac{1}{n}}}{\left(n+\frac{1}{n}\right)^n} = \frac{\sqrt[n]{n}}{\left(1+\frac{1}{n^2}\right)^n}$. 由于 $\lim\limits_{n\to\infty} \sqrt[n]{n} = 1$，且 $\lim\limits_{n\to\infty} \left(1+\frac{1}{n^2}\right)^n = 1$，

所以 $\lim\limits_{n\to\infty} u_n = 1 \neq 0$. 故级数 $\sum_{n=1}^{\infty} \frac{n^{n+\frac{1}{n}}}{\left(n+\frac{1}{n}\right)^n}$ 发散.

【1053】 设 $u_n \neq 0$，且 $\sum_{n=1}^{\infty} u_n$ 收敛，试判别 $\sum_{n=1}^{\infty} \frac{1}{u_n}$ 的敛散性

解 由 $\sum_{n=1}^{\infty} u_n$ 收敛知 $\lim\limits_{n\to\infty} u_n = 0$，从而 $\lim\limits_{n\to\infty} \frac{1}{u_n} = \infty$，故级数 $\sum_{n=1}^{\infty} \frac{1}{u_n}$ 发散.

【1054】 判断级数 $\sum_{n=1}^{\infty} \sqrt{\frac{n+1}{n}}$ 的敛散性.

解 由于 $\lim\limits_{n\to\infty} \sqrt{\frac{n+1}{n}} = \sqrt{\lim\limits_{n\to\infty} \frac{n+1}{n}} = 1 \neq 0$，所以由级数收敛的必要条件知级数 $\sum_{n=1}^{\infty} \sqrt{\frac{n+1}{n}}$ 发散.

【1055】 判断级数 $\sum_{n=1}^{\infty} \frac{n^2}{\left(1+\frac{1}{n}\right)^n}$ 的敛散性.

解 因为 $\lim\limits_{n\to\infty}\left(1+\dfrac{1}{n}\right)^n=\mathrm{e}$，所以 $\lim\limits_{n\to\infty}\dfrac{n^2}{\left(1+\dfrac{1}{n}\right)^n}=\infty$，根据级数收敛的必要条件知原级数发散.

利用柯西准则判断级数的敛散性

【1056】 利用柯西准则判别级数 $\sum\limits_{n=1}^{\infty}\dfrac{(-1)^{n+1}}{n}$ 的收敛性.

分析 由于通项中 $(-1)^{n+1}$ 的符号随奇偶项而变化，故需进行奇偶讨论.

解 当 p 为偶数时

$$|u_{n+1}+u_{n+2}+\cdots+u_{n+p}|=\left|\frac{(-1)^{n+2}}{n+1}+\frac{(-1)^{n+3}}{n+2}+\cdots+\frac{(-1)^{n+p+1}}{n+p}\right|$$

$$=\left|\frac{1}{n+1}-\frac{1}{n+2}+\frac{1}{n+3}-\cdots-\frac{1}{n+p}\right|$$

$$=\left|\frac{1}{n+1}-(\frac{1}{n+2}-\frac{1}{n+3})-\cdots-(\frac{1}{n+p-2}-\frac{1}{n+p-1})-\frac{1}{n+p}\right|<\frac{1}{n+1}.$$

当 p 为奇数时

$$|u_{n+1}+u_{n+2}+u_{n+3}+\cdots+u_{n+p}|$$

$$=\left|\frac{(-1)^{n+2}}{n+1}+\frac{(-1)^{n+3}}{n+2}+\frac{(-1)^{n+4}}{n+3}+\cdots+\frac{(-1)^{n+p+1}}{n+p}\right|$$

$$=\left|\frac{1}{n+1}-\frac{1}{n+2}+\frac{1}{n+3}-\cdots+\frac{1}{n+p}\right|$$

$$=\left|\frac{1}{n+1}-(\frac{1}{n+2}-\frac{1}{n+3})-\cdots-(\frac{1}{n+p-1}-\frac{1}{n+p})\right|<\frac{1}{n+1}.$$

因而对于任一自然数 p，都有

$$|u_{n+1}+u_{n+2}+\cdots+u_{n+p}|<\frac{1}{n+1}<\frac{1}{n}.$$

对于任意给定的正数 ε，取 $N\geqslant\left[\dfrac{1}{\varepsilon}\right]+1$，则当 $n>N$ 时，对任何自然数 p，都有 $|u_{n+1}+u_{n+2}+\cdots+u_{n+p}|<\varepsilon$ 成立，故由柯西收敛原理，级数 $\sum\limits_{n=1}^{\infty}\dfrac{(-1)^{n+1}}{n}$ 收敛.

点评 分情况讨论，使两种情况下均有统一的不等式成立，然后找到一个合适的 N，利用柯西准则证明级数收敛.

§2. 正项级数的审敛法

设 $\sum\limits_{n=1}^{\infty}u_n$，$\sum\limits_{n=1}^{\infty}v_n$ 均为正项级数.

1. 比较审敛法

(1)若 $0\leqslant u_n\leqslant v_n$，$\sum\limits_{n=1}^{\infty}v_n$ 收敛，则 $\sum\limits_{n=1}^{\infty}u_n$ 收敛

(2)若 $0\leqslant v_n\leqslant u_n$，$\sum\limits_{n=1}^{\infty}v_n$ 发散，则 $\sum\limits_{n=1}^{\infty}u_n$ 发散.

比较审敛法的极限形式　若$\lim\limits_{n\to\infty}\frac{u_n}{v_n}=\lambda\ (0<\lambda<+\infty)$，则级数 $\sum\limits_{n=1}^{\infty}u_n$ 与 $\sum\limits_{n=1}^{\infty}v_n$ 具有相同的敛散性.

2. 比值审敛法

$$\text{若}\lim_{n\to\infty}\frac{u_{n+1}}{u_n}=\rho\begin{cases}<1, & \text{则}\sum\limits_{n=1}^{\infty}u_n\text{ 收敛}\\ >1, & \text{则}\sum\limits_{n=1}^{\infty}u_n\text{ 发散}\\ =1, & \text{则}\sum\limits_{n=1}^{\infty}u_n\text{ 敛散性不定}\end{cases}$$

3. 根值审敛法

$$\text{若}\lim_{n\to\infty}\sqrt[n]{u_n}=\rho\begin{cases}<1, & \text{则}\sum\limits_{n=1}^{\infty}u_n\text{ 收敛}\\ >1, & \text{则}\sum\limits_{n=1}^{\infty}u_n\text{ 发散}\\ =1, & \text{则}\sum\limits_{n=1}^{\infty}u_n\text{ 敛散性不定}\end{cases}$$

4. 对数审敛法

(1)若存在 $\alpha>0$，使当 $n\geqslant n_0$ 时，$\dfrac{\ln\frac{1}{u_n}}{\ln n}\geqslant 1+\alpha$，则正项级数 $\sum\limits_{n=1}^{\infty}u_n$ 收敛；

(2)若 $n\geqslant n_0$ 时，$\dfrac{\ln\frac{1}{u_n}}{\ln n}\leqslant 1$，则正项级数 $\sum\limits_{n=1}^{\infty}u_n$ 发散.

5. 两个重要级数的敛散性

等比级数：$\sum\limits_{n=0}^{\infty}ar^n\ (a\neq 0)$ 当 $|r|<1$ 时收敛；当 $|r|\geqslant 1$ 时发散.

p－级数：$\sum\limits_{n=1}^{\infty}\dfrac{1}{n^p}$ 当 $p>1$ 时收敛，当 $p\leqslant 1$ 时发散.

6. 正项级数 $\sum\limits_{n=1}^{\infty}u_n$ 判断敛散性的一般步骤

(1)考查 $u_n\overset{?}{\to}0$，若 $\lim\limits_{n\to\infty}u_n\neq 0$ 则级数发散；

(2)若 $u_n\to 0$，用比值法或根值法判定级数敛散性；

(3)若比值法或根值判别法均无效，则用比较判别法；

(4)若上述方法都行不通时，考虑 S_n 是否有极限.

从上述步骤可知，比值法或根值法是比较重要的判别法，也是比较易掌握的判别法.

基本题型

使用正项级数的比较审敛法判断级数敛散性

【1057】 用比较审敛法考察下列级数的敛散性.

(1) $\sum_{n=1}^{\infty}\sin\frac{\pi}{2^n}$； (2) $\sum_{n=1}^{\infty}\frac{2+(-1)^n}{4^n}$； (3) $\sum_{n=1}^{\infty}\frac{1}{n\sqrt[n]{n}}$；

(4) $\sum_{n=1}^{\infty}\frac{1}{\sqrt{n}}$； (5) $\sum_{n=1}^{\infty}\frac{1+n^2}{1+n^3}$； (6) $\sum_{n=1}^{\infty}\frac{1}{na+b}$，$(a>0,b>0)$.

解 (1)由于 $\sin\frac{\pi}{2^n}<\frac{\pi}{2^n}$，而级数 $\sum_{n=1}^{\infty}\frac{\pi}{2^n}$ 为等比级数，且公比为 $\frac{1}{2}<1$，从而收敛，根据正项级数的比较审敛法知 $\sum_{n=1}^{\infty}\sin\frac{\pi}{2^n}$ 收敛；

(2)由于 $0<\frac{2+(-1)^n}{4^n}<\frac{3}{4^n}$，而 $\sum_{n=1}^{\infty}\frac{3}{4^n}$ 为收敛级数，所以根据正项级数的比较审敛法知级数 $\sum_{n=1}^{\infty}\frac{2+(-1)^n}{4^n}$ 收敛；

(3)因为 $\lim\limits_{n\to\infty}\sqrt[n]{n}=1$，所以 $\lim\limits_{n\to\infty}\frac{\frac{1}{n\sqrt[n]{n}}}{\frac{1}{n}}=1$，即 $\sum_{n=1}^{\infty}\frac{1}{n\sqrt[n]{n}}$ 与 $\sum_{n=1}^{\infty}\frac{1}{n}$ 有相同敛散性，而 $\sum_{n=1}^{\infty}\frac{1}{n}$ 发散，故 $\sum_{n=1}^{\infty}\frac{1}{n\sqrt[n]{n}}$ 发散；

(4)因为 $\frac{1}{\sqrt{n}}>\frac{1}{n}$，而 $\sum_{n=1}^{\infty}\frac{1}{n}$ 发散，根据正项级数比较审敛法知，级数 $\sum_{n=1}^{\infty}\frac{1}{\sqrt{n}}$ 发散；

(5)因为 $\frac{1+n^2}{1+n^3}\geqslant\frac{1+n^2}{n+n^3}=\frac{1}{n}$，而级数 $\sum_{n=1}^{\infty}\frac{1}{n}$ 是发散的，所以级数 $\sum_{n=1}^{\infty}\frac{1+n^2}{1+n^3}$ 也发散；

(6)因为 $\lim\limits_{n\to\infty}\frac{\frac{1}{na+b}}{\frac{1}{n}}=\frac{1}{a}\neq 0$，所以由正项级数比较审敛法的极限形式知 $\sum_{n=1}^{\infty}\frac{1}{na+b}$ 与 $\sum_{n=1}^{\infty}\frac{1}{n}$ 同时收敛或同时发散，而调和级数 $\sum_{n=1}^{\infty}\frac{1}{n}$ 发散，从而级数 $\sum_{n=1}^{\infty}\frac{1}{na+b}$ 发散.

【1058】 用比较审敛法判断下列级数的敛散性：

(1) $\sum_{n=1}^{\infty}(a^{\frac{1}{n^2}}-1)\ (a>1)$； (2) $\sum_{n=1}^{\infty}2^n\cdot\sin\frac{\pi}{3^n}$；

(3) $\sum_{n=1}^{\infty}\frac{1}{1+a^n}\ (a>0)$； (4) $\sum_{n=1}^{\infty}\frac{\ln n}{n^{\frac{4}{3}}}$.

解 (1)因为 $\lim\limits_{n\to\infty}\frac{(a^{\frac{1}{n^2}}-1)}{\frac{1}{n^2}}=\ln a$，所以根据正项级数比较审敛法的极限形式知 $\sum_{n=1}^{\infty}(a^{\frac{1}{n^2}}-1)$ 与 $\sum_{n=1}^{\infty}\frac{1}{n^2}$ 敛散性相同，再由级数 $\sum_{n=1}^{\infty}\frac{1}{n^2}$ 收敛得级数 $\sum_{n=1}^{\infty}(a^{\frac{1}{n^2}}-1)$ 收敛；

(2)由于 $2^n\cdot\sin\frac{\pi}{3^n}<2^n\cdot\frac{\pi}{3^n}=\pi\cdot\left(\frac{2}{3}\right)^n$，而级数 $\sum_{n=1}^{\infty}\pi\cdot\left(\frac{2}{3}\right)^n$ 收敛，根据正项级数的比较审敛法知 $\sum_{n=1}^{\infty}2^n\cdot\sin\frac{\pi}{3^n}$ 收敛；

(3)当 $0<a<1$ 时，因为 $\lim\limits_{n\to\infty}\frac{1}{1+a^n}=1\neq 0$，所以由级数收敛的必要条件知级数发散；

当 $a=1$ 时，$\lim\limits_{n\to\infty}\frac{1}{1+a^n}=\frac{1}{2}\neq0$，所以级数也发散；

当 $a>1$ 时，$\frac{1}{1+a^n}<\frac{1}{a^n}=\left(\frac{1}{a}\right)^n$，而 $\sum\limits_{n=1}^{\infty}\left(\frac{1}{a}\right)^n$ 收敛，根据正项级数的比较审敛法知级数收敛；

(4)因为 $\lim\limits_{n\to\infty}\frac{\frac{\ln n}{n^{\frac{4}{3}}}}{\frac{1}{n^{1.1}}}=\lim\limits_{n\to\infty}\frac{\ln n}{n^{0.23}}=0$，根据正项级数比较审敛法的极限形式知 $\sum\limits_{n=1}^{\infty}\frac{\ln n}{n^{\frac{4}{3}}}$ 与 $\sum\limits_{n=1}^{\infty}\frac{1}{n^{1.1}}$ 有相同收敛性，而 $\sum\limits_{n=1}^{\infty}\frac{1}{n^{1.1}}$ 收敛，所以 $\sum\limits_{n=1}^{\infty}\frac{\ln n}{n^{\frac{4}{3}}}$ 收敛.

【1059】 设 $u_n\geqslant0$，$\sum\limits_{n=1}^{\infty}u_n$ 收敛，证明当 $\alpha>1$ 时 $\sum\limits_{n=1}^{\infty}\sqrt{\frac{u_n}{n^{\alpha}}}$ 也收敛.

证 因为 $\sum\limits_{n=1}^{\infty}u_n$ 收敛，$\sum\limits_{n=1}^{\infty}\frac{1}{n^{\alpha}}$ 当 $\alpha>1$ 时收敛.

而 $\sqrt{\frac{u_n}{n^{\alpha}}}=\sqrt{u_n}\cdot\sqrt{\frac{1}{n^{\alpha}}}\leqslant\frac{1}{2}(u_n+\frac{1}{n^{\alpha}})$，所以由 $\sum\limits_{n=1}^{\infty}\frac{1}{2}(u_n+\frac{1}{n^{\alpha}})$ 收敛得 $\sum\limits_{n=1}^{\infty}\sqrt{\frac{u_n}{n^{\alpha}}}$ 收敛.

【1060】 若 $\lim\limits_{n\to\infty}nu_n=a\neq0$，且 $u_n\geqslant0$，证明级数 $\sum\limits_{n=1}^{\infty}u_n$ 发散.

证 由已知得 $\lim\limits_{n\to\infty}nu_n=\lim\limits_{n\to\infty}\frac{u_n}{\frac{1}{n}}=a\neq0$，根据正项级数比较审敛法知 $\sum\limits_{n=1}^{\infty}u_n$ 与 $\sum\limits_{n=1}^{\infty}\frac{1}{n}$ 有相同的敛散性，而调和级数 $\sum\limits_{n=1}^{\infty}\frac{1}{n}$ 发散，故 $\sum\limits_{n=1}^{\infty}u_n$ 发散.

【1061】 给定两个正项级数 $\sum\limits_{n=1}^{\infty}u_n$ 及 $\sum\limits_{n=1}^{\infty}v_n$，已知 $\lim\limits_{n\to\infty}\frac{u_n}{v_n}=\rho$，当 ρ 为何值时，不能判断这两个正项级数有相同的敛散性？

(A) $\rho=0$　　(B) $\rho=\frac{1}{2}$　　(C) $\rho=1$　　(D) $\rho=2$

解 对于比较判别法，当 $\lim\limits_{n\to\infty}\frac{u_n}{v_n}=\rho$，$0<\rho<+\infty$ 时，级数 $\sum\limits_{n=1}^{\infty}u_n$ 和 $\sum\limits_{n=1}^{\infty}v_n$ 敛散性相同，因此选项(B)、(C)、(D)是正确的. $\rho=0$ 时有可能 $\sum\limits_{n=1}^{\infty}u_n$ 收敛而 $\sum\limits_{n=1}^{\infty}v_n$ 发散.

故应选(A).

【1062】 设级数 $\sum\limits_{n=1}^{\infty}a_n$ 与 $\sum\limits_{n=1}^{\infty}b_n$ 收敛，且 $a_n\leqslant c_n\leqslant b_n(n=1,2,\cdots)$，试证级数 $\sum\limits_{n=1}^{\infty}c_n$ 也收敛.

证 因为 $0\leqslant c_n-a_n\leqslant b_n-a_n$，所以 $\sum\limits_{n=1}^{\infty}(c_n-a_n)$ 为正项级数，且由正项级数的比较判别法知 $\sum\limits_{n=1}^{\infty}(c_n-a_n)$ 收敛.

而 $c_n=(c_n-a_n)+a_n$，由 $\sum\limits_{n=1}^{\infty}(c_n-a_n)$ 及 $\sum\limits_{n=1}^{\infty}a_n$ 的收敛性及级数的性质知原级数收敛.

【1063】 设 $\sum\limits_{n=1}^{\infty}a_n$ 为正项级数. 下列结论中正确的是________.

(A)若$\lim\limits_{n\to\infty}na_n=0$,则级数 $\sum\limits_{n=1}^{\infty}a_n$ 收敛

(B)若存在非零常数 λ,使得$\lim\limits_{n\to\infty}na_n=\lambda$,则级数 $\sum\limits_{n=1}^{\infty}a_n$ 发散

(C)若级数 $\sum\limits_{n=1}^{\infty}a_n$ 收敛,则$\lim\limits_{n\to\infty}n^2a_n=0$

(D)若级数 $\sum\limits_{n=1}^{\infty}a_n$ 发散,则存在非零常数 λ,使得$\lim\limits_{n\to\infty}na_n=\lambda$

解　取 $a_n=\dfrac{1}{n\ln n}$,则$\lim\limits_{n\to\infty}na_n=0$,但 $\sum\limits_{n=2}^{\infty}a_n=\sum\limits_{n=2}^{\infty}\dfrac{1}{n\ln n}$发散,排除(A),(D);

又取 $a_n=\dfrac{1}{n\sqrt{n}}$,则级数 $\sum\limits_{n=1}^{\infty}a_n$ 收敛,但$\lim\limits_{n\to\infty}n^2a_n=\infty$,排除(C).

故应选(B).

点评　此类题目往往可以使用排除法,方便快捷.当然,也可直接说明正确选项.

事实上,我们使用正项级数比较判别法的极限形式,对于选项(B),由

$$\lim_{n\to\infty}na_n=\lim_{n\to\infty}\frac{a_n}{\frac{1}{n}}=\lambda\neq0$$

及级数 $\sum\limits_{n=1}^{\infty}\dfrac{1}{n}$发散知级数 $\sum\limits_{n=1}^{\infty}a_n$ 发散.

【1064】下述各项正确的是________.

(A)若 $\sum\limits_{n=1}^{\infty}u_n^2$ 和 $\sum\limits_{n=1}^{\infty}v_n^2$ 都收敛,则 $\sum\limits_{n=1}^{\infty}(u_n+v_n)^2$ 收敛

(B)若 $\sum\limits_{n=1}^{\infty}|u_nv_n|$收敛,则 $\sum\limits_{n=1}^{\infty}u_n^2$ 与 $\sum\limits_{n=1}^{\infty}v_n^2$ 都收敛

(C)若正项级数 $\sum\limits_{n=1}^{\infty}u_n$ 发散,则 $u_n\geqslant\dfrac{1}{n}$

(D)若级数 $\sum\limits_{n=1}^{\infty}u_n$ 收敛,且 $u_n\geqslant v_n(n=1,2,\cdots)$,则级数 $\sum\limits_{n=1}^{\infty}v_n$ 也收敛

解　因为 $|u_n|^2+|v_n|^2\geqslant2|u_n\cdot v_n|$.

由正项级数的比较审敛法知 $\sum\limits_{n=1}^{\infty}|u_n\cdot v_n|$收敛.所以 $\sum\limits_{n=1}^{\infty}u_n\cdot v_n$ 绝对收敛.即 $\sum\limits_{n=1}^{\infty}(u_n+v_n)^2$ 收敛.

故应选(A).

点评　比较审敛法只适用于正项级数敛散性的判别,因此选项(D)是不对的.这是任意项级数与正项级数敛散性判断的一个根本区别.

【1065】证明若 $\sum\limits_{n=1}^{\infty}u_n(u_n\geqslant0)$收敛,则 $\sum\limits_{n=1}^{\infty}u_n^2$ 收敛,反之不成立,举例.

证　因为 $\sum\limits_{n=1}^{\infty}u_n$ 收敛,所以$\lim\limits_{n\to\infty}u_n=0$,所以存在 $M>0$,对所有 n,有 $0\leqslant u_n<M$.

而 $0<u_n^2=u_n\cdot u_n<Mu_n$,由正项级数的比较审敛法知 $\sum\limits_{n=1}^{\infty}u_n^2$ 收敛,反之不然.例如级数

$\sum\limits_{n=1}^{\infty}\dfrac{1}{n^2}$ 收敛,但级数 $\sum\limits_{n=1}^{\infty}\dfrac{1}{n}$ 发散.

【1066】 证明若 $\sum\limits_{n=1}^{\infty}u_n^2$ 与 $\sum\limits_{n=1}^{\infty}v_n^2$ 收敛,则 $\sum\limits_{n=1}^{\infty}|u_n v_n|$, $\sum\limits_{n=1}^{\infty}(u_n+v_n)^2$, $\sum\limits_{n=1}^{\infty}\dfrac{u_n}{n}$ 分别都收敛.

证 (1)由 $|u_n v_n|\leqslant\dfrac{1}{2}(u_n^2+v_n^2)$,根据正项级数的比较审敛法知 $\sum\limits_{n=1}^{\infty}|u_n v_n|$ 收敛.

(2)由 $(u_n+v_n)^2=u_n^2+2u_nv_n+v_n^2$,根据正项级数的比较审敛法知 $\sum\limits_{n=1}^{\infty}(u_n+v_n)^2$ 收敛.

(3)令 $v_n=\dfrac{1}{n}$, $\dfrac{u_n}{n}\leqslant\dfrac{1}{2}\left(u_n^2+\dfrac{1}{n^2}\right)$,根据正项级数的比较审敛法及 $\sum\limits_{n=1}^{\infty}u_n^2$、$\sum\limits_{n=1}^{\infty}\dfrac{1}{n^2}$ 收敛性,由(1)得 $\sum\limits_{n=1}^{\infty}\dfrac{u_n}{n}$ 绝对收敛,所以 $\sum\limits_{n=1}^{\infty}\dfrac{u_n}{n}$ 收敛.

【1067】 设 α 为常数,则级数 $\sum\limits_{n=1}^{\infty}\left[\dfrac{\sin(n\alpha)}{n^2}-\dfrac{1}{\sqrt{n}}\right]$

(A)绝对收敛　　(B)条件收敛　　(C)发散　　(D)收敛性与 α 的取值有关

解 由 $\left|\dfrac{\sin(n\alpha)}{n^2}\right|\leqslant\dfrac{1}{n^2}$,根据正项级数的比较判别法知 $\sum\limits_{n=1}^{\infty}\dfrac{\sin(n\alpha)}{n^2}$ 绝对收敛,而 $\sum\limits_{n=1}^{\infty}\dfrac{1}{\sqrt{n}}$ 发散($p-$级数,$p=\dfrac{1}{2}<1$,故发散),由无穷级数的性质知,级数 $\sum\limits_{n=1}^{\infty}\left[\dfrac{\sin(n\alpha)}{n^2}-\dfrac{1}{\sqrt{n}}\right]$ 发散.

故应选(C).

利用正项级数的比值审敛法判断级数的敛散性

【1068】 判断级数敛散性:

(1) $\sum\limits_{n=1}^{\infty}\dfrac{n^2}{3^n}$;　(2) $\sum\limits_{n=1}^{\infty}\dfrac{2^n}{2n-1}$;　(3) $\sum\limits_{n=1}^{\infty}\dfrac{n!}{n^n}$;　(4) $\sum\limits_{n=1}^{\infty}\dfrac{(n+1)!}{n^{n+1}}$.

解 (1)使用正项级数的比值审敛法,因为

$$\lim_{n\to\infty}\frac{u_{n+1}}{u_n}=\lim_{n\to\infty}\frac{(n+1)^2}{3^{n+1}}\cdot\frac{3^n}{n^2}=\frac{1}{3}<1.$$

所以级数 $\sum\limits_{n=1}^{\infty}\dfrac{n^2}{3^n}$ 收敛.

(2)使用正项级数的比值审敛法,因为

$$\lim_{n\to\infty}\frac{u_{n+1}}{u_n}=\lim_{n\to\infty}\frac{2^{n+1}}{2n+1}\cdot\frac{2n-1}{2^n}=2>1,$$

所以级数 $\sum\limits_{n=1}^{\infty}\dfrac{2^n}{2n-1}$ 发散.

(3)使用正项级数的比值审敛法,因为

$$\lim_{n\to\infty}\frac{u_{n+1}}{u_n}=\lim_{n\to\infty}\frac{(n+1)!}{(n+1)^{n+1}}\cdot\frac{n^n}{n!}=\lim_{n\to\infty}\left(\frac{n}{n+1}\right)^n=\lim_{n\to\infty}\frac{1}{\left(1+\frac{1}{n}\right)^n}=\frac{1}{\mathrm{e}}<1.$$

所以原级数收敛.

(4)因为
$$\lim_{n\to\infty}\frac{u_{n+1}}{u_n}=\lim_{n\to\infty}\frac{\dfrac{(n+2)!}{(n+1)^{n+2}}}{\dfrac{(n+1)!}{n^{n+1}}}=\lim_{n\to\infty}\frac{n}{n+1}\,\frac{n+2}{n+1}\left(\frac{n}{n+1}\right)^n=\frac{1}{\mathrm{e}}<1.$$

所以原级数收敛.

【1069】判断下列级数的敛散性：

(1) $\sum\limits_{n=1}^{\infty}\frac{(2n-1)!!}{3^n\cdot n!}$； (2) $\sum\limits_{n=1}^{\infty}\frac{2n\cdot n!}{n^n}$； (3) $\sum\limits_{n=1}^{\infty}\frac{(n!)^2}{(2n)!}$.

解 (1)使用正项级数的比值审敛法,因为

$$\lim_{n\to\infty}\frac{u_{n+1}}{u_n}=\lim_{n\to\infty}\frac{(2n+1)!!}{3^{n+1}\cdot(n+1)!}\cdot\frac{3^n\cdot n!}{(2n-1)!!}=\frac{1}{3}\lim_{n\to\infty}\frac{2n+1}{n+1}=\frac{2}{3}<1,$$

所以原级数收敛；

(2)使用正项级数的比值审敛法,因为

$$\lim_{n\to\infty}\frac{u_{n+1}}{u_n}=\lim_{n\to\infty}\frac{(2n+2)\cdot(n+1)!}{(n+1)^{n+1}}\cdot\frac{n^n}{2n\cdot n!}=\lim_{n\to\infty}\frac{2(n+1)}{2n}\cdot\frac{1}{\left(1+\frac{1}{n}\right)^n}=\frac{1}{e}<1,$$

所以原级数收敛；

(3)使用正项级数的比值审敛法,因为

$$\lim_{n\to\infty}\frac{u_{n+1}}{u_n}=\lim_{n\to\infty}\frac{[(n+1)!]^2}{[2(n+1)]!}\cdot\frac{(2n)!}{(n!)^2}=\lim_{n\to\infty}\frac{(n+1)^2}{(2n+1)(2n+2)}=\frac{1}{4}<1,$$

所以原级数收敛.

【1070】判断级数 $\sum\limits_{n=1}^{\infty}\frac{1}{n!}=\frac{1}{1!}+\frac{1}{2!}+\cdots+\frac{1}{n!}+\cdots$ 的敛散性.并估计部分和 S_n 代替 S 产生的误差.

解 使用正项级数的比值审敛法.

因为 $\lim\limits_{n\to\infty}\frac{u_{n+1}}{u_n}=\lim\limits_{n\to\infty}\frac{\frac{1}{(n+1)!}}{\frac{1}{n!}}=\lim\limits_{n\to\infty}\frac{1}{n+1}=0<1$,所以 $\sum\limits_{n=1}^{\infty}\frac{1}{n!}$收敛.

误差估计 $|r_n|=\frac{1}{(n+1)!}+\cdots=\frac{1}{(n+1)!}\left[1+\frac{1}{n+2}+\frac{1}{(n+2)(n+3)}+\cdots\right]$

$$<\frac{1}{(n+1)!}\left[1+\frac{1}{n+1}+\frac{1}{(n+1)^2}+\cdots\right]\leqslant\frac{1}{(n+1)!}\cdot\frac{1}{1-\frac{1}{n+1}}=\frac{1}{n!\cdot n}.$$

利用正项级数的根值审敛法判断级数的敛散性

【1071】证明 $\sum\limits_{n=1}^{\infty}\frac{1}{n^n}$收敛.

证 使用正项级数的根值审敛法,因为 $\sqrt[n]{u_n}=\sqrt[n]{\frac{1}{n^n}}=\frac{1}{n}\to 0\ (n\to\infty)$,所以原级数收敛.

【1072】判断级数的敛散性：$\sum\limits_{n=1}^{\infty}\left(\frac{b}{a_n}\right)^n$,其中,$a_n\to a\ (n\to\infty)$,$a_n,b,a$ 均为正数.

解 $\lim\limits_{n\to\infty}\sqrt[n]{u_n}=\lim\limits_{n\to\infty}\frac{b}{a_n}=\frac{b}{a}$.

故若 $b<a$,则级数 $\sum\limits_{n=1}^{\infty}\left(\frac{b}{a_n}\right)^n$ 收敛；若 $b>a$,则级数 $\sum\limits_{n=1}^{\infty}\left(\frac{b}{a_n}\right)^n$ 发散.

利用对数审敛法判断正项级数的敛散性

【1073】判断级数敛散性：$\sum\limits_{n=2}^{\infty}\frac{1}{(\ln n)^{\ln n}}$.

解 $\dfrac{\ln\dfrac{1}{u_n}}{\ln n}=\dfrac{\ln(\ln n)^{\ln n}}{\ln n}=\dfrac{\ln n\cdot\ln\ln n}{\ln n}=\ln\ln n.$

取 $n_0\geqslant e^{e^2}$，存在 $\alpha=\dfrac{1}{2}>0$，使得当 $n>n_0$ 时，$\dfrac{\ln\dfrac{1}{u_n}}{\ln n}=\ln\ln n>\ln\ln e^{e^2}=2>1+\alpha.$

根据对数审敛法知原级数收敛.

§3. 任意项级数的审敛法

1. 交错级数的莱布尼兹判别法

若 $u_n>0, u_n\geqslant u_{n+1}, \lim\limits_{n\to\infty}u_n=0$，则交错级数 $\sum\limits_{n=1}^{\infty}(-1)^{n-1}u_n$ 收敛，其和 $S<u_1$.

2. 任意项级数　绝对收敛与条件收敛

若 $\sum\limits_{n=1}^{\infty}u_n$ 为任意项级数，且 $\sum\limits_{n=1}^{\infty}|u_n|$ 收敛，则 $\sum\limits_{n=1}^{\infty}u_n$ 收敛，并称 $\sum\limits_{n=1}^{\infty}u_n$ 为绝对收敛；若 $\sum\limits_{n=1}^{\infty}u_n$ 收敛，而 $\sum\limits_{n=1}^{\infty}|u_n|$ 发散，则称 $\sum\limits_{n=1}^{\infty}u_n$ 为条件收敛.

3. 判定任意项级数 $\sum\limits_{n=1}^{\infty}u_n$ 的敛散性的主要方法

若 $\sum\limits_{n=1}^{\infty}|u_n|$ 收敛，则 $\sum\limits_{n=1}^{\infty}u_n$ 绝对收敛；若 $\sum\limits_{n=1}^{\infty}|u_n|$ 发散，则 $\sum\limits_{n=1}^{\infty}u_n$ 敛散性判别主要利用"莱布尼兹判别法"或 $u_n\to 0$ 或求 S_n.

基本题型

用正项级数审敛法判别任意项级数的绝对收敛性

【1074】 级数 $\sum\limits_{n=1}^{\infty}(-1)^n(1-\cos\dfrac{a}{n})$（常数 $a>0$）.

(A)绝对收敛　　(B)条件收敛　　(C)发散　　(D)收敛性与 a 的取值有关

解 因为 $\lim\limits_{n\to\infty}\dfrac{1-\cos\dfrac{a}{n}}{\dfrac{1}{2}\left(\dfrac{a}{n}\right)^2}=1$，而 $\sum\limits_{n=1}^{\infty}\dfrac{a^2}{2n^2}$ 收敛，所以 $\sum\limits_{n=1}^{\infty}(-1)^n(1-\cos\dfrac{a}{n})$ 绝对收敛.

故应选(A).

【1075】 求证级数 $\sum\limits_{n=1}^{\infty}\dfrac{\sin nx}{n^s}$ $(s>1)$ 绝对收敛.

证 因为 $\left|\dfrac{\sin nx}{n^s}\right|\leqslant\dfrac{1}{n^s}$，由正项级数的比较审敛法，因为 $s>1$ 时，$\sum\limits_{n=1}^{\infty}\dfrac{1}{n^s}$ 收敛，所以原级数绝对收敛.

【1076】 判断级数 $\sum\limits_{n=1}^{\infty}\dfrac{1}{n^2}\sin\dfrac{n\pi}{2}$ 的敛散性.

解 因为 $\left|\frac{1}{n^2}\sin\frac{n\pi}{2}\right|\leqslant\frac{1}{n^2}$，根据正项级数的比较审敛法及 $\sum_{n=1}^{\infty}\frac{1}{n^2}$ 的收敛性知级数 $\sum_{n=1}^{\infty}\frac{1}{n^2}\sin\frac{n\pi}{2}$ 绝对收敛.

【1077】 设常数 $\lambda>0$，且级数 $\sum_{n=1}^{\infty}a_n^2$ 收敛，则级数 $\sum_{n=1}^{\infty}(-1)^n\frac{|a_n|}{\sqrt{n^2+\lambda}}$________.

(A)发散　　(B)条件收敛　　(C)绝对收敛　　(D)收敛性与 λ 有关

解 $\left|(-1)^n\frac{|a_n|}{\sqrt{n^2+\lambda}}\right|=\frac{|a_n|}{\sqrt{n^2+\lambda}}\leqslant\frac{1}{2}(a_n^2+\frac{1}{n^2+\lambda})$.

由于级数 $\sum_{n=1}^{\infty}a_n^2$，$\sum_{n=1}^{\infty}\frac{1}{n^2+\lambda}$ 均收敛，根据正项级数的比较审敛法知原级数绝对收敛.

故应选(C).

【1078】 设 $a_n>0\ (n=1,2,\cdots)$，且 $\sum_{n=1}^{\infty}a_n$ 收敛，常数 $\lambda\in(0,\frac{\pi}{2})$，

则级数 $\sum_{n=1}^{\infty}(-1)^n(n\tan\frac{\lambda}{n})a_{2n}$________.

(A)绝对收敛　　(B)条件收敛　　(C)发散　　(D) 敛散性与 λ 有关

解 因为 $a_n>0$，且 $\sum_{n=1}^{\infty}a_n$ 收敛，所以 $\sum_{n=1}^{\infty}a_{2n}$ 收敛.

又 $\lim_{n\to\infty}n\tan\frac{\lambda}{n}=\lambda$，所以级数 $\sum_{n=1}^{\infty}(-1)^n(n\cdot\tan\frac{\lambda}{n})a_{2n}$ 绝对收敛.

故应选(A).

点评 若正项级数 $\sum_{n=1}^{\infty}a_n$ 收敛，且有 $\lim_{n\to\infty}b_n=k$ 存在，则级数 $\sum_{n=1}^{\infty}a_nb_n$ 与级数 $\sum_{n=1}^{\infty}(-1)^na_nb_n$ 均绝对收敛. 此题不能采用判断交错级数的莱布尼兹判别法，因为所给条件不满足该定理的要求.

【1079】 设 $0\leqslant a_n<\frac{1}{n}\ (n=1,2,\cdots)$，则下列级数中肯定收敛的是

(A) $\sum_{n=1}^{\infty}a_n$　　(B) $\sum_{n=1}^{\infty}(-1)^na_n$　　(C) $\sum_{n=1}^{\infty}\sqrt{a_n}$　　(D) $\sum_{n=1}^{\infty}(-1)^na_n^2$

解 取 $a_n=\frac{1}{4n}$，显然满足 $0\leqslant a_n<\frac{1}{n}$，但级数 $\sum_{n=1}^{\infty}\frac{1}{4n}$、$\sum_{n=1}^{\infty}\frac{1}{2\sqrt{n}}$ 均是发散的，故(A)、(C)不可选.

取 $a_n=\frac{1}{2n}\left|\sin\frac{n}{2}\pi\right|$，则 $0\leqslant a_n<\frac{1}{n}$，此时，

$$\sum_{n=1}^{\infty}(-1)^na_n=\frac{1}{2}\sum_{n=1}^{\infty}\frac{(-1)^n}{n}\left|\sin\frac{n}{2}\pi\right|=\frac{1}{2}\left[-1+0-\frac{1}{3}+0-\frac{1}{5}+\cdots\right]$$

所以

$$S_{2n-1}=\frac{1}{2}\left[-1+0-\frac{1}{3}+\cdots-\frac{1}{2n-1}\right]=-\frac{1}{2}\sum_{k=1}^{n}\frac{1}{2k-1}$$

当 $n\to\infty$ 时，$S_{2n-1}\to-\infty$，故 $\sum_{n=1}^{\infty}(-1)^na_n$ 发散.

以上通过举反例排除了(A)、(B)、(C)三项，只有(D)是正确的. 事实上，由正项级数比较判别法易知(D)项正确，因为

$$0\leqslant|(-1)^n a_n^2|\leqslant\frac{1}{n^2}$$

而级数 $\sum\limits_{n=1}^{\infty}\frac{1}{n^2}$ 收敛，所以级数 $\sum\limits_{n=1}^{\infty}(-1)^n a_n^2$ 绝对收敛.

故应选(D).

【1080】 判断级数 $\sum\limits_{n=1}^{\infty}(-1)^{n-1}\frac{n^3}{3^n}$ 是否收敛？如果收敛，指出是绝对收敛还是条件收敛？

解 $\lim\limits_{n\to\infty}\left|\frac{u_{n+1}}{u_n}\right|=\lim\limits_{n\to\infty}\frac{(n+1)^3}{3^{n+1}}\cdot\frac{3^n}{n^3}=\frac{1}{3}<1.$

故原级数绝对收敛.

【1081】 判断下列级数的收敛性：$\sum\limits_{n=1}^{\infty}\frac{n!\ 2^n\sin\frac{n\pi}{5}}{n^n}$.

解 $|u_n|=\left|\frac{n!\ 2^n\sin\frac{n\pi}{5}}{n^n}\right|\leqslant\frac{n!\ 2^n}{n^n}=v_n$，

$$\lim_{n\to\infty}\frac{v_{n+1}}{v_n}=\lim_{n\to\infty}\frac{(n+1)!\ 2^{n+1}}{(n+1)^{n+1}}\cdot\frac{n^n}{n!\ 2^n}=2\cdot\lim_{n\to\infty}\frac{1}{\left(1+\frac{1}{n}\right)^n}=\frac{2}{\mathrm{e}}<1.$$

由正项级数比值审敛法知级数 $\sum\limits_{n=1}^{\infty}v_n$ 收敛，再由正项级数比较审敛法知 $\sum\limits_{n=1}^{\infty}|u_n|$ 收敛，从而原级数绝对收敛.

【1082】 若 $\sum\limits_{n=1}^{\infty}a_n$ 绝对收敛，则 $\sum\limits_{n=1}^{\infty}\left(1+\frac{1}{n}\right)^n a_n$ 也绝对收敛.

证 因为 $\left|\left(1+\frac{1}{n}\right)^n a_n\right|<3|a_n|$，而 $\sum\limits_{n=1}^{\infty}|a_n|$ 收敛，根据正项级数的比较审敛法知 $\sum\limits_{n=1}^{\infty}\left(1+\frac{1}{n}\right)^n a_n$ 绝对收敛.

用交错级数审敛法判断任意项级数的条件收敛性

【1083】 判断级数的敛散性：$\sum\limits_{n=1}^{\infty}\frac{n\cos n\pi}{1+n^2}$.

解 $u_n=\frac{n\cos n\pi}{1+n^2}=(-1)^n\frac{n}{1+n^2}$.

因为 $\lim\limits_{n\to\infty}\frac{\frac{n}{1+n^2}}{\frac{1}{n}}=1$，而 $\sum\limits_{n=1}^{\infty}\frac{1}{n}$ 发散，根据正项级数比较审敛法的极限形式知 $\sum\limits_{n=1}^{\infty}\left|(-1)^n\cdot\frac{n}{1+n^2}\right|$ 发散.

而原级数为交错级数，且满足 $u_n=\frac{n}{1+n^2}>\frac{n+1}{1+(n+1)^2}=u_{n+1}$，$\lim\limits_{n\to\infty}u_n=0$.

由交错级数审敛法知 $\sum\limits_{n=1}^{\infty}u_n$ 收敛，故原级数条件收敛.

【1084】级数 $\sum\limits_{n=2}^{\infty}(-1)^n\dfrac{\ln n}{n}$ 的敛散性为________.

解 先考虑级数 $\sum\limits_{n=2}^{\infty}\left|(-1)^n\dfrac{\ln n}{n}\right|=\sum\limits_{n=2}^{\infty}\dfrac{\ln n}{n}$. 由于 $\lim\limits_{n\to\infty}\dfrac{\frac{\ln n}{n}}{\frac{1}{n}}=\infty$，而级数 $\sum\limits_{n=2}^{\infty}\dfrac{1}{n}$ 发散，由比较审敛法的极限形式知，$\sum\limits_{n=2}^{\infty}\dfrac{\ln n}{n}$ 发散.

再考虑级数 $\sum\limits_{n=2}^{\infty}(-1)^n\dfrac{\ln n}{n}$. 显然有 $\lim\limits_{n\to\infty}u_n=\lim\limits_{n\to\infty}\dfrac{\ln n}{n}=0$，下面证明 $u_n>u_{n+1}$. 为此设 $f(x)=\dfrac{\ln x}{x}\ (x\geqslant 2)$，于是 $f'(x)=\dfrac{1-\ln x}{x^2}$. 当 $x>\mathrm{e}$ 时，$f'(x)<0$，$f(x)$ 单调减少，故当 $n\geqslant 3$ 时，$u_n>u_{n+1}$. 由交错级数的莱布尼兹定理知 $\sum\limits_{n=2}^{\infty}(-1)^n\dfrac{\ln n}{n}$ 收敛. 即 $\sum\limits_{n=2}^{\infty}(-1)^n\dfrac{\ln n}{n}$ 为条件收敛.

【1085】判断级数 $\sum\limits_{n=2}^{\infty}\dfrac{(-1)^n}{n-\ln n}$ 的敛散性.

解 (1)因为 $0<n-\ln n<n$，所以 $\sum\limits_{n=2}^{\infty}\left|\dfrac{(-1)^n}{n-\ln n}\right|=\sum\limits_{n=2}^{\infty}\dfrac{1}{n-\ln n}>\sum\limits_{n=2}^{\infty}\dfrac{1}{n}$，从而 $\sum\limits_{n=2}^{\infty}\left|\dfrac{(-1)^n}{n-\ln n}\right|$ 发散.

(2)莱布尼兹判别法

1) 由 $\ln(1+\dfrac{1}{n})<1$ 得 $1>\ln(1+n)-\ln n$，从而 $1-\ln(1+n)>-\ln n$，

所以 $(n+1)-\ln(1+n)>n-\ln n$，即 $\dfrac{1}{(n+1)-\ln(n+1)}<\dfrac{1}{n-\ln n}\Rightarrow|u_{n+1}|<|u_n|$.

2) $\lim\limits_{n\to\infty}\dfrac{1}{n-\ln n}=\lim\limits_{x\to+\infty}\dfrac{1}{x-\ln x}=\lim\limits_{x\to+\infty}\dfrac{\frac{1}{x}}{1-\frac{\ln x}{x}}=\dfrac{0}{1-0}=0$.

所以 $\sum\limits_{n=2}^{\infty}\dfrac{(-1)^n}{n-\ln n}$ 条件收敛.

【1086】设 $u_n=\displaystyle\int_{n\pi}^{(n+1)\pi}\dfrac{\sin x}{x}\mathrm{d}x$，证明级数 $\sum\limits_{n=1}^{\infty}u_n$ 收敛.

解 $u_n=\displaystyle\int_{n\pi}^{(n+1)\pi}\dfrac{\sin x}{x}\mathrm{d}x\xlongequal{令 x=n\pi+t}\int_0^{\pi}\dfrac{\sin(n\pi+t)}{n\pi+t}\mathrm{d}t=\int_0^{\pi}\dfrac{(-1)^n\sin t}{n\pi+t}\mathrm{d}t$

$=(-1)^n\displaystyle\int_0^{\pi}\dfrac{\sin t}{n\pi+t}\mathrm{d}t.$

由交错级数审敛法知 $\sum\limits_{n=1}^{\infty}(-1)^n\displaystyle\int_0^{\pi}\dfrac{\sin t}{n\pi+t}\mathrm{d}t$ 收敛，从而 $\sum\limits_{n=1}^{\infty}u_n$ 收敛.

【1087】判断级数 $\sum\limits_{n=1}^{\infty}(-1)^{n-1}\dfrac{1}{\ln(n+1)}$ 的敛散性.

解 因为 $\dfrac{1}{\ln(n+1)}>\dfrac{1}{n+1}$，而 $\sum\limits_{n=1}^{\infty}\dfrac{1}{n+1}$ 发散，从而 $\sum\limits_{n=1}^{\infty}\dfrac{1}{\ln(n+1)}$ 也发散.

而原级数是交错级数，且 $u_n=\dfrac{1}{\ln(n+1)}>\dfrac{1}{\ln(n+2)}=u_{n+1}$，$\lim\limits_{n\to\infty}u_n=\lim\limits_{n\to\infty}\dfrac{1}{\ln(n+1)}=0$，根据交

错级数的审敛法知原级数收敛,从而为条件收敛.

【1088】判断级数 $\sum_{n=1}^{\infty}(-1)^n\ln\frac{n+1}{n}$ 的敛散性.

解 因为 $\lim_{n\to\infty}\frac{\ln\frac{n+1}{n}}{\frac{1}{n}}=\lim_{n\to\infty}\frac{\ln(1+\frac{1}{n})}{\frac{1}{n}}=1$,而 $\sum_{n=1}^{\infty}\frac{1}{n}$ 发散,根据正项级数比值审敛法的极限形式知 $\sum_{n=1}^{\infty}\left|(-1)^n\ln\frac{n+1}{n}\right|$ 发散.

而原级数为交错级数,且满足 $u_n=\ln\frac{n+1}{n}>\ln\frac{n+2}{n+1}=u_{n+1}$,$\lim_{n\to\infty}u_n=0$,根据交错级数审敛法知原级数收敛,且为条件收敛.

【1089】判断级数 $\sum_{n=1}^{\infty}(-1)^n\frac{n+2}{n+1}\cdot\frac{1}{\sqrt{n}}$ 的敛散性.

解 $\sum_{n=1}^{\infty}(-1)^n\frac{n+2}{n+1}\cdot\frac{1}{\sqrt{n}}=\sum_{n=1}^{\infty}(-1)^n\cdot\frac{1}{\sqrt{n}}+\sum_{n=1}^{\infty}(-1)^n\cdot\frac{1}{(n+1)\sqrt{n}}$.

由于 $\sum_{n=1}^{\infty}(-1)^n\cdot\frac{1}{\sqrt{n}}$ 条件收敛,$\sum_{n=1}^{\infty}(-1)^n\cdot\frac{1}{(n+1)\sqrt{n}}$ 绝对收敛,

故级数 $\sum_{n=1}^{\infty}(-1)^n\cdot\frac{n+2}{n+1}\cdot\frac{1}{\sqrt{n}}$ 条件收敛.

【1090】判断级数 $\sum_{n=2}^{\infty}\sin(n\pi+\frac{1}{\ln n})$ 的敛散性.

解 $\sin(n\pi+\frac{1}{\ln n})=(-1)^n\sin\frac{1}{\ln n}$,故级数为交错级数.

由于 $\lim_{n\to\infty}\frac{\sin\frac{1}{\ln n}}{\frac{1}{n}}=\infty$,所以 $\sum_{n=2}^{\infty}\left|\sin(n\pi+\frac{1}{\ln n})\right|$ 发散.

而原级数为交错级数,且满足 $u_n=\sin\frac{1}{\ln n}>\sin\frac{1}{\ln(n+1)}=u_{n+1}$,且 $\lim_{n\to\infty}\sin\frac{1}{\ln n}=0$,根据交错级数审敛法知,原级数收敛,且为条件收敛.

【1091】设 $u_n=(-1)^n\ln(1+\frac{1}{\sqrt{n}})$,则级数______.

(A) $\sum_{n=1}^{\infty}u_n$ 与 $\sum_{n=1}^{\infty}u_n^2$ 都收敛　　(B) $\sum_{n=1}^{\infty}u_n$ 与 $\sum_{n=1}^{\infty}u_n^2$ 都发散

(C) $\sum_{n=1}^{\infty}u_n$ 收敛,而 $\sum_{n=1}^{\infty}u_n^2$ 发散　　(D) $\sum_{n=1}^{\infty}u_n$ 发散,而 $\sum_{n=1}^{\infty}u_n^2$ 收敛

解 $\sum_{n=1}^{\infty}u_n$ 为一交错级数. 由于 $\lim_{n\to\infty}\ln(1+\frac{1}{\sqrt{n}})=0$ 及 $\ln(1+x)$ 的单调性可保证

$$u_{n+1}=\ln(1+\frac{1}{\sqrt{n+1}})<\ln(1+\frac{1}{\sqrt{n}})=u_n,$$

根据交错级数审敛法知 $\sum_{n=1}^{\infty}u_n$ 收敛.

而

$$\lim_{n\to\infty}\frac{\left[\ln\left(1+\frac{1}{\sqrt{n}}\right)\right]^2}{\frac{1}{n}}=\lim_{n\to\infty}\frac{\left(\frac{1}{\sqrt{n}}\right)^2}{\frac{1}{n}}=1,$$

故 $\sum_{n=1}^{\infty}u_n^2$ 与 $\sum_{n=1}^{\infty}\frac{1}{n}$ 同时收敛或发散.

由 $\sum_{n=1}^{\infty}\frac{1}{n}$ 发散得 $\sum_{n=1}^{\infty}u_n^2$ 发散.

故应选(C).

利用级数收敛的基本概念及性质判断任意项级数的敛散性

【1092】 若级数 $\sum_{n=1}^{\infty}\frac{(-1)^n+a}{n}$ 收敛,则 a 的取值范围是________.

解 因为级数 $\sum_{n=1}^{\infty}\frac{(-1)^n}{n}$ 和 $\sum_{n=1}^{\infty}\frac{(-1)^n+a}{n}$ 均收敛,故 $\sum_{n=1}^{\infty}\frac{(-1)^n+a}{n}-\sum_{n=1}^{\infty}\frac{(-1)^n}{n}=\sum_{n=1}^{\infty}\frac{a}{n}$ 收敛,由此可知 $a=0$.

故应填 0.

【1093】 若级数 $\sum_{n=1}^{\infty}u_n$ 收敛,则级数 $\sum_{n=1}^{\infty}u_n^2$ 是________.

(A)绝对收敛　(B)条件收敛　(C)发散　(D)可能收敛,也可能发散

解 这是基本概念题,若能举出例子则很容易得到答案:

(1) $\sum_{n=1}^{\infty}\frac{1}{n^2}$ 收敛, $\sum_{n=1}^{\infty}\frac{1}{n^4}$ 也收敛;

(2) $\sum_{n=1}^{\infty}(-1)^n\frac{1}{\sqrt{n}}$ 收敛,但 $\sum_{n=1}^{\infty}\frac{1}{n}$ 发散.

故应选(D).

【1094】 若 $\sum_{n=1}^{\infty}u_n$ 收敛,且 $\lim_{n\to\infty}\frac{v_n}{u_n}=1$,则可否断定 $\sum_{n=1}^{\infty}v_n$ 收敛.

解 若 $\sum_{n=1}^{\infty}u_n$, $\sum_{n=1}^{\infty}v_n$ 为正项级数,则结论成立.

因为 $\lim_{n\to\infty}\frac{v_n}{u_n}=1$,所以存在 $M>0$,使得 $0\leqslant\frac{v_n}{u_n}<M$,即 $0\leqslant v_n<Mu_n$. 因为 $\sum_{n=1}^{\infty}u_n$ 收敛,所以根据正项级数的比较审敛法可断定 $\sum_{n=1}^{\infty}v_n$ 收敛.

若 $\sum_{n=1}^{\infty}u_n$, $\sum_{n=1}^{\infty}v_n$ 不是正项级数,不能判定.

例如, $\sum_{n=1}^{\infty}u_n=\sum_{n=1}^{\infty}\frac{(-1)^n}{\sqrt{n}}$ 收敛, $\sum_{n=1}^{\infty}v_n=\sum_{n=1}^{\infty}\left(\frac{(-1)^n}{\sqrt{n}}+\frac{1}{n}\right)$ 发散,但 $\lim_{n\to\infty}\frac{v_n}{u_n}=1$.

【1095】 设已知二发散级数 $\sum_{n=1}^{\infty}u_n$ 及 $\sum_{n=1}^{\infty}v_n$ 各项不为负数. 问下列级数收敛性如何?

(1) $\sum_{n=1}^{\infty}\min(u_n,v_n)$;　(2) $\sum_{n=1}^{\infty}\max(u_n,v_n)$.

解 (1)可能收敛也可能发散.例如,若

$$\sum_{n=1}^{\infty} u_n=0+1+0+\cdots+\frac{1+(-1)^n}{2}+\cdots,$$

$$\sum_{n=1}^{\infty} v_n=1+0+1+0+\cdots+\frac{1-(-1)^n}{2}+\cdots,$$

则 $\sum_{n=1}^{\infty}\min(u_n,v_n)=0+0+\cdots+0+\cdots$ 收敛,

而 $\sum_{n=1}^{\infty}\frac{1}{n}$ 与 $\sum_{n=1}^{\infty}\frac{1}{2n}$ 发散, $\sum_{n=1}^{\infty}\min(u_n,v_n)=\sum_{n=1}^{\infty}\frac{1}{2n}$ 发散.

(2)一定发散.因为 $\max(u_n,v_n)\geqslant u_n\geqslant 0$.根据正项级数的比较审敛法知,若 $\sum_{n=1}^{\infty}u_n$ 发散,则 $\sum_{n=1}^{\infty}\max(u_n,v_n)$ 发散.

【1096】 设 $u_n\neq 0(n=1,2,3,\cdots)$,且 $\lim\limits_{n\to\infty}\frac{n}{u_n}=1$,则级数 $\sum_{n=1}^{\infty}(-1)^{n+1}\left(\frac{1}{u_n}+\frac{1}{u_{n+1}}\right)$______.

(A)发散　(B)绝对收敛　(C)条件收敛　(D)收敛性根据所给条件不能判定

解 由 $\lim\limits_{n\to\infty}\frac{n}{u_n}=1$ 得 $\lim\limits_{n\to\infty}\frac{\frac{1}{u_n}}{\frac{1}{n}}=1$,即 $n\to\infty$ 时,$\frac{1}{u_n}$ 与 $\frac{1}{n}$ 等价.

所以 $\sum_{n=1}^{\infty}(-1)^{n+1}\left(\frac{1}{u_n}+\frac{1}{u_{n+1}}\right)$ 的敛散性应与 $\sum_{n=1}^{\infty}(-1)^{n+1}\frac{2}{n}$ 一致.

故应选(C).

【1097】 设 $a_n>0,n=1,2,\cdots$,若 $\sum_{n=1}^{\infty}a_n$ 发散,$\sum_{n=1}^{\infty}(-1)^{n-1}a_n$ 收敛,则下列结论正确的是______.

(A) $\sum_{n=1}^{\infty}a_{2n-1}$ 收敛,$\sum_{n=1}^{\infty}a_{2n}$ 发散　　(B) $\sum_{n=1}^{\infty}a_{2n}$ 收敛,$\sum_{n=1}^{\infty}a_{2n-1}$ 发散

(C) $\sum_{n=1}^{\infty}(a_{2n-1}+a_{2n})$ 收敛　　(D) $\sum_{n=1}^{\infty}(a_{2n-1}-a_{2n})$ 收敛

解 记 $\sum_{n=1}^{\infty}(a_{2n-1}-a_{2n})$ 的部分和为 σ_n,一般项为 u_n,则

$$\sigma_n=u_1+u_2+\cdots+u_n=(a_1-a_2)+(a_3-a_4)+\cdots+(a_{2n-1}-a_{2n}).$$

由 $\sum_{n=1}^{\infty}(-1)^{n-1}a_n$ 收敛知,其部分和数列 $\{S_n\}$ 收敛,$\lim\limits_{n\to\infty}S_n=S$,从而 $\lim\limits_{n\to\infty}S_{2n}=S$.又

$$S_{2n}=a_1-a_2+a_3-a_4+\cdots+a_{2n-1}-a_{2n}=\sigma_n,$$

故 $\lim\limits_{n\to\infty}\sigma_n=\lim\limits_{n\to\infty}S_{2n}=S$,即 $\sum_{n=1}^{\infty}(a_{2n-1}-a_{2n})$ 收敛,选项(D)正确.

故应选(D).

§4. 幂 级 数

1. 函数项级数的一般概念

(1)函数项级数的定义　设给定一个定义在区间$[a,b]$上的函数列

$$u_1(x),u_2(x),\cdots,u_n(x),\cdots,$$

则式子

$$u_1(x)+u_2(x)+\cdots+u_n(x)+\cdots, \qquad ①$$

叫做函数项级数

(2)函数项级数的收敛域　对于区间$[a,b]$上的每一个值x_0,级数①成为常数项级数

$$u_1(x_0)+u_2(x_0)+\cdots+u_n(x_0)+\cdots, \qquad ②$$

如果②收敛,则称x_0是级数①的收敛点;如果②发散,则称x_0是级数①的发散点,①所有收敛点的全体称为函数项级数①的收敛域.

(3)函数项级数的和函数　对于收敛域内的任一点x,级数①都有一个确定的和

$$S(x)=\sum_{n=1}^{\infty}u_n(x),$$

$S(x)$是定义在收敛域上的函数,称为级数①的和函数.

2. 幂级数及其收敛域

(1)幂级数的定义　形如

$$a_0+a_1(x-x_0)+a_2(x-x_0)^2+\cdots+a_n(x-x_0)^n+\cdots,$$

或　$$a_0+a_1x+a_2x^2+\cdots+a_nx^n+\cdots,$$

的级数称为幂级数.

(2)阿贝尔(Abel)引理　若x_0是幂级数$\sum\limits_{n=0}^{\infty}a_nx^n$的收敛点,则对于一切满足$|x|<|x_0|$的点$x$,幂级数都绝对收敛;若$x_0$是幂级数$\sum\limits_{n=0}^{\infty}a_nx^n$的发散点,则对一切满足$|x|>|x_0|$的点$x$,幂级数都发散.

(3)幂级数的收敛半径　对任一幂级数$\sum\limits_{n=0}^{\infty}a_nx^n$,必存在一个非负数$R$($R$可为无穷大),使得对一切$|x|<R$的点$x$(当$R=0$时,$x=0$),幂级数都收敛;而对一切$|x|>R$的点$x$,幂级数都发散.$R$称为幂级数的收敛半径,$R$的求法如下:

设幂级数$\sum\limits_{n=0}^{\infty}a_nx^n$,若$\lim\limits_{n\to\infty}\left|\dfrac{a_{n+1}}{a_n}\right|=\rho$,则幂级数的收敛半径

$$R=\begin{cases}\dfrac{1}{\rho}, & 0<\rho<+\infty\\ +\infty, & \rho=0\\ 0, & \rho=+\infty\end{cases}$$

(4)幂级数的收敛域　在幂级数$\sum\limits_{n=0}^{\infty}a_nx^n$的收敛区间$(-R,R)$上,加上收敛区间端点中的

收敛点，就得到幂级数 $\sum_{n=0}^{\infty} a_n x^n$ 的收敛域. 若 R 是不为零的有限数，则其收敛域为以下四种情形之一：

$$(-R,R), \quad [-R,R], \quad (-R,R], \quad [-R,R)$$

3. 幂级数的性质

若幂级数 $\sum_{n=0}^{\infty} a_n x^n$ 的收敛半径为 R，则有

(1)和函数 $S(x)$ 在 $(-R,R)$ 内是连续的. 若 $\sum_{n=0}^{\infty} a_n x^n$ 在端点 $x=R$（或 $x=-R$）处收敛，则和函数在点 $x=R$ 左连续（或在点 $x=-R$ 右连续）.

(2)幂级数可以逐项微分，即

$$S'(x)=\Big(\sum_{n=0}^{\infty} a_n x^n\Big)'=\sum_{n=0}^{\infty} (a_n x^n)'=\sum_{n=0}^{\infty} n a_n x^{n-1}, \quad x\in(-R,R)$$

若逐项微分后得到的幂级数 $\sum_{n=0}^{\infty} n a_n x^{n-1}$ 在端点 $x=R$（或 $x=-R$）处收敛，则逐项微分以前的幂级数在点 $x=R$（或 $x=-R$）也收敛.

(3)幂级数可以逐项积分，即

$$\int_0^x S(x)\,\mathrm{d}x=\int_0^x\Big(\sum_{n=0}^{\infty} a_n x^n\Big)\mathrm{d}x=\sum_{n=0}^{\infty}\int_0^x a_n x^n\,\mathrm{d}x=\sum_{n=0}^{\infty}\frac{a_n}{n+1}x^{n+1}, \quad x\in(-R,R)$$

若幂级数 $\sum_{n=0}^{\infty} a_n x^n$ 在端点 $x=R$（或 $x=-R$）处收敛，则积分上限 x 可取为 $x=R$（或 $x=-R$）.

4. 幂级数的运算

设 $\sum_{n=0}^{\infty} a_n x^n = f(x)$ 的收敛半径为 R_1，$\sum_{n=0}^{\infty} b_n x^n = h(x)$ 的收敛半径为 R_2，则对于这两个幂级数可以进行下列四则运算：

$$\Big(\sum_{n=0}^{\infty} a_n x^n\Big)\pm\Big(\sum_{n=0}^{\infty} b_n x^n\Big)=\sum_{n=0}^{\infty}(a_n\pm b_n)x^n=f(x)\pm h(x),$$

收敛半径　$R=\min\{R_1,R_2\}$

$$\Big(\sum_{n=0}^{\infty} a_n x^n\Big)\Big(\sum_{n=0}^{\infty} b_n x^n\Big)=\sum_{n=0}^{\infty}(a_0 b_n+a_1 b_{n-1}+\cdots+a_n b_0)x^n=f(x)\cdot h(x)$$

收敛半径　$R=\min\{R_1,R_2\}$

$$\frac{\sum_{n=0}^{\infty} a_n x^n}{\sum_{n=0}^{\infty} b_n x^n}=\sum_{n=0}^{\infty} c_n x^n \qquad (\text{其中 } b_0\neq 0)$$

系数 c_n 可由幂级数的乘法 $\Big(\sum_{n=0}^{\infty} b_n x^n\Big)\Big(\sum_{n=0}^{\infty} c_n x^n\Big)=\sum_{n=0}^{\infty} a_n x^n$，并比较同次幂的系数得到. 相除后得到的幂级数 $\sum_{n=0}^{\infty} c_n x^n$ 的收敛区间可能比原来两个幂级数的收敛区间小得多.

基本题型

讨论函数项级数的收敛域

【1098】 级数 $\sum\limits_{n=1}^{\infty}(\ln x)^n$ 的收敛域是________.

解 由

$$\lim_{n\to\infty}\left|\frac{u_{n+1}(x)}{u_n(x)}\right|=\lim_{n\to\infty}\left|\frac{(\ln x)^{n+1}}{(\ln x)^n}\right|=|\ln x|,$$

因此,在 $|\ln x|<1$,即 $\frac{1}{e}<x<e$ 时,级数绝对收敛;

在 $|\ln x|>1$,即 $x>e$ 或 $0<x<\frac{1}{e}$ 时,级数发散;

当 $x=e$ 或 $x=\frac{1}{e}$ 时,级数成为 $\sum\limits_{n=1}^{\infty}(\pm1)^n$,根据级数收敛的必要条件知级数是发散的.所以,级数 $\sum\limits_{n=1}^{\infty}(\ln x)^n$ 的收敛域是 $(\frac{1}{e},e)$.

故应填 $(\frac{1}{e},e)$.

利用阿贝尔引理讨论级数的敛散性

【1099】 若 $\sum\limits_{n=1}^{\infty}a_n(x-1)^n$ 在 $x=-1$ 处收敛,则此级数在 $x=2$ 处________.

(A)条件收敛 (B)绝对收敛 (C)发散 (D)敛散性不变

解 根据阿贝尔引理,当 $|2-1|=1<|-1-1|=2$ 时,幂级数绝对收敛.

故应选(B).

【1100】 若 $\sum\limits_{n=1}^{\infty}a_nx^n$ 在 $x=3$ 处发散,则级数 $\sum\limits_{n=1}^{\infty}a_n\left(x-\frac{1}{2}\right)^n$ 在 $x=-3$ 处________.

(A)条件收敛 (B)绝对收敛 (C)发散 (D)敛散性不变

解 根据阿贝尔引理,因为 $\left|-3-\frac{1}{2}\right|>|3|$,所以级数在 $x=-3$ 处发散.

故应选(C).

求幂级数的收敛半径及收敛区间

【1101】 幂级数 $\sum\limits_{n=1}^{\infty}\frac{x^n}{n}$ 的收敛域为________.

解 由

$$\lim_{n\to\infty}\left|\frac{a_{n+1}}{a_n}\right|=\lim_{n\to\infty}\left|\frac{\frac{1}{n+1}}{\frac{1}{n}}\right|=\lim_{n\to\infty}\frac{n}{n+1}=1,$$

得幂级数的收敛半径 $R=1$,收敛区间为 $(-1,1)$.

当 $x=1$ 时,所给幂级数成为调和级数 $\sum\limits_{n=1}^{\infty}\frac{1}{n}$,是发散的;

当 $x=-1$ 时，所给幂级数成为交错级数 $\sum_{n=1}^{\infty}\frac{(-1)^n}{n}$，由莱布尼兹定理知是收敛的. 所以幂级数 $\sum_{n=1}^{\infty}\frac{x^n}{n}$ 的收敛域是 $[-1,1)$.

故应填 $[-1,1)$.

【1102】 已知级数 $\sum_{n=1}^{\infty}(-1)^{n-1}\frac{x^n}{n}=x-\frac{x^2}{2}+\frac{x^3}{3}-\cdots$，求收敛半径及收敛域.

解 因为 $\rho=\lim_{n\to\infty}\left|\frac{a_{n+1}}{a_n}\right|=\lim_{n\to\infty}\frac{\frac{1}{n+1}}{\frac{1}{n}}=1$，所以 $R=1$.

$x=1$ 时，$\sum_{n=1}^{\infty}(-1)^{n-1}\frac{1}{n}$ 收敛；$x=-1$ 时，$\sum_{n=1}^{\infty}(-1)^{n-1}\cdot\frac{(-1)^n}{n}=-\sum_{n=1}^{\infty}\frac{1}{n}$ 发散.

所以收敛半径为 1，收敛域为 $(-1,1]$.

【1103】 幂级数 $\sum_{n=1}^{\infty}\frac{n}{2^n+(-3)^n}x^{2n-1}$ 的收敛半径 $R=$________.

解 $\lim_{n\to\infty}\left|\frac{a_{n+1}}{a_n}\right|=\lim_{n\to\infty}\left|\frac{\left(-\frac{2}{3}\right)^n+1}{2\cdot\left(-\frac{2}{3}\right)^n+(-3)}\right|=\frac{1}{3}$，

$|x^2|<3$ 时级数收敛，从而 $R=\sqrt{3}$.

故应填 $\sqrt{3}$.

【1104】 求 $\sum_{n=0}^{\infty}\frac{x^{2n}}{(2n)!}=1+\frac{x^2}{2!}+\frac{x^4}{4!}+\cdots+\frac{x^{2n}}{(2n)!}+\cdots$ 的收敛区间.

解 令 $x^2=y$. 从而 $\sum_{n=0}^{\infty}\frac{x^{2n}}{(2n)!}=\sum_{n=0}^{\infty}\frac{y^n}{(2n)!}$，

$$\lim_{n\to\infty}\left|\frac{a_{n+1}}{a_n}\right|=\lim_{n\to\infty}\frac{\frac{1}{(2n+2)!}}{\frac{1}{(2n)!}}=\lim_{n\to\infty}\frac{1}{(2n+1)(2n+2)}=0.$$

所以 $R=+\infty$. 所以 $\sum_{n=0}^{\infty}\frac{y^n}{(2n)!}$ 收敛区间为 $(-\infty,+\infty)$，$|y|=|x^2|<+\infty$. 所以 $|x|<+\infty$.

从而原级数收敛区间为 $(-\infty,+\infty)$.

【1105】 设幂级数 $\sum_{n=0}^{\infty}a_nx^n$ 的收敛半径为 3，则幂级数 $\sum_{n=1}^{\infty}na_n(x-1)^{n+1}$ 的收敛区间为________.

解 $\sum_{n=1}^{\infty}na_n(x-1)^{n+1}=(x-1)^2\sum_{n=1}^{\infty}na_n(x-1)^{n-1}=(x-1)^2\left[\sum_{n=1}^{\infty}a_n(x-1)^n\right]'$，

故由幂级数收敛的性质知 $\sum_{n=1}^{\infty}na_n(x-1)^{n+1}$ 与 $\sum_{n=0}^{\infty}a_nx^n$ 收敛半径相同，均为 3.

由 $|x-1|<3$，得 $-2<x<4$.

故应填 $(-2,4)$.

点评 幂级数逐项求导后所得到的幂级数和原级数有相同的收敛半径. 应注意的是收敛区间指开区间，不必考虑端点的敛散性；但若求收敛域，则需讨论端点的敛散性.

【1106】设有级数 $\sum_{n=0}^{\infty} a_n\left(\frac{x+1}{2}\right)^n$,若 $\lim_{n\to\infty}\left|\frac{a_n}{a_{n+1}}\right|=\frac{1}{3}$,则该幂级数的收敛半径=________.

解 注意到幂级数 $\sum_{n=0}^{\infty} a_n\left(\frac{x+1}{2}\right)^n$ 的系数并非 a_n,因此,不要误以为 $\lim_{n\to\infty}\left|\frac{a_n}{a_{n+1}}\right|$ 即为该幂级数的收敛半径.实际上:

$$\rho=\lim_{n\to\infty}\left|\frac{a_{n+1}\cdot\frac{1}{2^{n+1}}}{a_n\cdot\frac{1}{2^n}}\right|=\frac{1}{2}\lim_{n\to\infty}\left|\frac{a_{n+1}}{a_n}\right|=\frac{3}{2}.$$

所以原幂级数的收敛半径为 $R=\frac{1}{\rho}=\frac{2}{3}$.

故应填 $\frac{2}{3}$.

【1107】若幂级数 $\sum_{n=1}^{\infty} a_nx^n$ 的收敛域为$(-8,8]$,则 $\sum_{n=2}^{\infty}\frac{a_nx^n}{n(n-1)}$ 的收敛半径为________,$\sum_{n=1}^{\infty} a_nx^{3n+1}$ 的收敛域为________.

解 根据幂级数的性质知 $\sum_{n=1}^{\infty} a_nx^n$ 与 $\sum_{n=2}^{\infty}\frac{a_nx^n}{n(n-1)}$ 有相同的收敛半径,而 $\sum_{n=1}^{\infty} a_nx^n$ 的收敛半径为 8,所以 $\sum_{n=2}^{\infty}\frac{a_nx^n}{n(n-1)}$ 的收敛半径为 8.

$\sum_{n=1}^{\infty} a_nx^{3n+1}=x\cdot\sum_{n=1}^{\infty} a_n(x^3)^n=x\cdot\sum_{n=1}^{\infty} a_ny^n$,其中 $y=x^3$.由已知条件知 $\sum_{n=1}^{\infty} a_ny^n$ 当 $-8<y\leqslant 8$ 时收敛,即 $-2<x\leqslant 2$.

故应填$(-2,2]$.

【1108】设幂级数 $\sum_{n=1}^{\infty} a_nx^n$ 与 $\sum_{n=1}^{\infty} b_nx^n$ 的收敛半径分别为 $\frac{\sqrt{5}}{3}$ 与 $\frac{1}{3}$,则幂级数 $\sum_{n=1}^{\infty}\frac{a_n^2}{b_n^2}x^n$ 的收敛半径为________.

(A)5　　(B)$\frac{\sqrt{5}}{3}$　　(C)$\frac{1}{3}$　　(D)$\frac{1}{5}$

解 由已知条件知 $\lim_{n\to\infty}\left|\frac{a_n}{a_{n+1}}\right|=\frac{\sqrt{5}}{3}$, $\lim_{n\to\infty}\left|\frac{b_n}{b_{n+1}}\right|=\frac{1}{3}$,

所求收敛半径 $R=\lim_{n\to\infty}\frac{\frac{a_n^2}{b_n^2}}{\frac{a_{n+1}^2}{b_{n+1}^2}}=\frac{\lim_{n\to\infty}\left(\frac{a_n}{a_{n+1}}\right)^2}{\lim_{n\to\infty}\left(\frac{b_n}{b_{n+1}}\right)^2}=\frac{\frac{5}{9}}{\frac{1}{9}}=5.$

故应选(A).

【1109】求幂级数 $\sum_{n=1}^{\infty}\frac{1}{3^n+(-2)^n}\frac{x^n}{n}$ 的收敛区间,并讨论该区间端点处的收敛性.

解 因为 $\lim_{n\to\infty}\frac{[3^n+(-2)^n]n}{[3^{n+1}+(-2)^{n+1}](n+1)}=\lim_{n\to\infty}\frac{\left[1+\left(-\frac{2}{3}\right)^n\right]n}{3\left[1+\left(-\frac{2}{3}\right)^{n+1}\right](n+1)}=\frac{1}{3}$

所以收敛半径为 3,收敛区间为$(-3,3)$.

当 $x=3$ 时,因为$\frac{3^n}{3^n+(-2)^n}\cdot\frac{1}{n}>\frac{1}{2n}$,且 $\sum\limits_{n=1}^{\infty}\frac{1}{n}$发散,所以原级数在点 $x=3$ 处发散.

当 $x=-3$ 时,由于$\frac{(-3)^n}{3^n+(-2)^n}\cdot\frac{1}{n}=(-1)^n\frac{1}{n}-\frac{2^n}{3^n+(-2)^n}\cdot\frac{1}{n}$

且 $\sum\limits_{n=1}^{\infty}\frac{(-1)^n}{n}$与 $\sum\limits_{n=1}^{\infty}\frac{2^n}{3^n+(-2)^n}\cdot\frac{1}{n}$都收敛,所以原级数在点 $x=-3$ 处收敛.

点评 本题重点考查的是区间端点收敛性的讨论.当 $x=-3$ 时,无穷级数

$$\sum_{n=1}^{\infty}\frac{(-3)^n}{3^n+(-2)^n}\cdot\frac{1}{n}$$

为交错级数,但不满足莱布尼兹判别法条件,不能用该判别法判断敛散性.应从性质出发,把级数化为两个级数的代数和,分别判断敛散性得结果.

【1110】 设 p 为正数,试对 p 的不同值,讨论幂级数 $\sum\limits_{n=1}^{\infty}\frac{x^n}{(n+1)^p}$的收敛域.

解 $\rho=\lim\limits_{n\to\infty}\left|\frac{a_{n+1}}{a_n}\right|=\lim\limits_{n\to\infty}\left(\frac{n+1}{n+2}\right)^p=1$,得收敛半径 $R=\frac{1}{\rho}=1$.

(1)当 $p>1$, $x=1$ 时,级数 $\sum\limits_{n=1}^{\infty}\frac{1}{(n+1)^p}$是 $p>1$ 的 p-级数,故收敛;$x=-1$ 时,级数 $\sum\limits_{n=1}^{\infty}\frac{(-1)^n}{(n+1)^p}$收敛.因此,当 $p>1$ 时,收敛域为$-1\leqslant x\leqslant 1$.

(2)当 $0<p\leqslant 1$, $x=1$ 时,级数 $\sum\limits_{n=1}^{\infty}\frac{1}{(n+1)^p}$是 $0<p\leqslant 1$ 的 p-级数,故发散;$x=-1$ 时,由莱布尼兹判别法知级数 $\sum\limits_{n=1}^{\infty}\frac{(-1)^n}{(n+1)^p}$收敛.因此,当 $0<p\leqslant 1$ 时,收敛域为$-1\leqslant x<1$.

【1111】 求幂级数 $\sum\limits_{n=1}^{\infty}\frac{1}{a^n+b^n}x^n$ 的收敛域,其中 a,b 均为大于零的常数.

解 因为

$$\lim_{n\to\infty}\left|\frac{u_{n+1}}{u_n}\right|=\lim_{n\to\infty}\frac{a^n+b^n}{a^{n+1}+b^{n+1}}=\begin{cases}\lim\limits_{n\to\infty}\dfrac{1+\left(\dfrac{b}{a}\right)^n}{a\left[1+\left(\dfrac{b}{a}\right)^{n+1}\right]}=\dfrac{1}{a}, & \text{当 } a>b \text{ 时}\\ \lim\limits_{n\to\infty}\dfrac{2a^n}{2a^{n+1}}=\dfrac{1}{a}, & \text{当 } a=b \text{ 时}\\ \lim\limits_{n\to\infty}\dfrac{\left(\dfrac{a}{b}\right)^n+1}{\left[\left(\dfrac{a}{b}\right)^{n+1}+1\right]b}=\dfrac{1}{b}, & \text{当 } a<b \text{ 时}\end{cases}$$

所以幂级数的收敛半径

$$R=\begin{cases}a, & \text{当 } a\geqslant b \text{ 时}\\ b, & \text{当 } a<b \text{ 时}\end{cases}$$

当 $x=R$,

$a\geqslant b$ 时,$\sum\limits_{n=1}^{\infty}\frac{x^n}{a^n+b^n}=\sum\limits_{n=1}^{\infty}\frac{a^n}{a^n+b^n}$,而$\lim\limits_{n\to\infty}\frac{a^n}{a^n+b^n}=1$,故级数发散;

$a<b$ 时,$\sum\limits_{n=1}^{\infty}\frac{x^n}{a^n+b^n}=\sum\limits_{n=1}^{\infty}\frac{b^n}{a^n+b^n}$发散.

当 $x=-R$，

$a\geqslant b$ 时，$\sum\limits_{n=1}^{\infty}\dfrac{x^n}{a^n+b^n}=\sum\limits_{n=1}^{\infty}\dfrac{(-a)^n}{a^n+b^n}$；

$a<b$，$\sum\limits_{n=1}^{\infty}\dfrac{x^n}{a^n+b^n}=\sum\limits_{n=1}^{\infty}\dfrac{(-b)^n}{a^n+b^n}$.

因 $\lim\limits_{n\to\infty}\dfrac{(-a)^n}{a^n+b^n}\neq 0$，$\lim\limits_{n\to\infty}\dfrac{(-b)^n}{a^n+b^n}\neq 0$，所以 $x=-R$ 时，级数发散.

综上所述，幂级数 $\sum\limits_{n=1}^{\infty}\dfrac{x^n}{a^n+b^n}$：当 $a\geqslant b$ 时，收敛域为 $(-a,a)$；当 $a<b$ 时，收敛域为 $(-b,b)$.

求幂级数的和函数

【1112】 求 $\sum\limits_{n=1}^{\infty}nx^{n-1}$ 的收敛域及和函数，并求级数 $\sum\limits_{n=1}^{\infty}\dfrac{n}{2^n}$ 的和 S.

解 (1)求 $\sum\limits_{n=1}^{\infty}nx^{n-1}$ 的收敛域.

$\lim\limits_{n\to\infty}\dfrac{a_{n+1}}{a_n}=\lim\limits_{n\to\infty}\dfrac{n+1}{n}=1$，收敛半径 $R=1$，在端点 $x=1$ 处，级数为 $\sum\limits_{n=1}^{\infty}n$，发散；在 $x=-1$ 处，级数为 $\sum\limits_{n=1}^{\infty}n(-1)^{n-1}$，发散，故收敛域为 $(-1,1)$.

(2)求 $\sum\limits_{n=1}^{\infty}nx^{n-1}$ 的和函数 $S(x)$.

设 $S(x)=\sum\limits_{n=1}^{\infty}nx^{n-1}$，$x\in(-1,1)$，

$$\int_0^x S(x)\mathrm{d}x=\int_0^x\Big[\sum_{n=1}^{\infty}nx^{n-1}\Big]\mathrm{d}x=\sum_{n=1}^{\infty}\int_0^x nx^{n-1}\mathrm{d}x=\sum_{n=1}^{\infty}x^n=\frac{x}{1-x}.$$

然后两边对 x 求导，

$$\frac{\mathrm{d}}{\mathrm{d}x}\Big[\int_0^x S(x)\mathrm{d}x\Big]=\Big(\frac{x}{1-x}\Big)',\quad 得\ S(x)=\frac{1}{(1-x)^2},$$

(变上限定积分对上限变量求导等于被积函数在上限变量处的函数值).

下面求 $\sum\limits_{n=1}^{\infty}\dfrac{n}{2^n}$ 的和. 因为 $\sum\limits_{n=1}^{\infty}nx^{n-1}=\dfrac{1}{(1-x)^2}$，$x\in(-1,1)$，取 $x=\dfrac{1}{2}$，则有

$$\sum_{n=1}^{\infty}n\Big(\frac{1}{2}\Big)^{n-1}=\frac{1}{\Big(\frac{1}{2}\Big)^2}=4.$$

故 $\sum\limits_{n=1}^{\infty}n\Big(\dfrac{1}{2}\Big)^n=\dfrac{1}{2}\cdot 4=2$，即 $S=2$.

【1113】 求幂级数 $\sum\limits_{n=1}^{\infty}\dfrac{1}{n\cdot 2^n}x^{n-1}$ 的收敛域，并求其和函数.

解 $\rho=\lim\limits_{n\to\infty}\left|\dfrac{a_{n+1}}{a_n}\right|=\lim\limits_{n\to\infty}\dfrac{n\cdot 2^n}{(n+1)2^{n+1}}=\dfrac{1}{2}$. 收敛半径 $R=\dfrac{1}{\rho}=2$.

当 $x=2$ 时，

$$\sum_{n=1}^{\infty}\frac{2^{n-1}}{n\cdot 2^n}=\sum_{n=1}^{\infty}\frac{1}{2n}，发散；$$

当 $x=-2$ 时，

$$\sum_{n=1}^{\infty}\frac{(-1)^{n-1}\cdot 2^{n-1}}{n\cdot 2^{n}}=\sum_{n=1}^{\infty}\frac{(-1)^{n-1}}{2n}\text{，收敛.}$$

级数的收敛域为$[-2,2)$.

设 $S(x)=\sum\limits_{n=1}^{\infty}\dfrac{x^{n-1}}{n\cdot 2^{n}}$，则 $x\cdot S(x)=\sum\limits_{n=1}^{\infty}\dfrac{1}{n}\left(\dfrac{x}{2}\right)^{n}$，

$$[x\cdot S(x)]'=\left[\sum_{n=1}^{\infty}\frac{1}{n}\left(\frac{x}{2}\right)^{n}\right]'=\sum_{n=1}^{\infty}\left[\frac{1}{n}\left(\frac{x}{2}\right)^{n}\right]'=\frac{1}{2}\sum_{n=1}^{\infty}\left(\frac{x}{2}\right)^{n-1}$$

$$=\frac{1}{2}\frac{1}{1-\dfrac{x}{2}}=\frac{1}{2-x}$$

两边积分得 $x\cdot S(x)=-\ln(2-x)+\ln 2$.

当 $x\neq 0$ 时，$S(x)=-\dfrac{\ln\left(1-\dfrac{x}{2}\right)}{x}$；当 $x=0$ 时，$S(0)=\dfrac{1}{2}$，所以

$$\sum_{n=1}^{\infty}\frac{1}{n\cdot 2^{n}}x^{n-1}=\begin{cases}-\dfrac{\ln\left(1-\dfrac{x}{2}\right)}{x}, & -2\leqslant x<0\\ & 0<x<2\\ \dfrac{1}{2}, & x=0\end{cases}$$

【1114】 求幂级数 $\sum\limits_{n=1}^{\infty}\dfrac{1}{n(n+1)}x^{n}$ 的收敛域，并求其和函数.

解 $\rho=\lim\limits_{n\to\infty}\left|\dfrac{a_{n+1}}{a_{n}}\right|=\lim\limits_{n\to\infty}\dfrac{n(n+1)}{(n+1)(n+2)}=1$，收敛半径 $R=\dfrac{1}{\rho}=1$.

当 $x=-1$ 时，原级数为 $\sum\limits_{n=1}^{\infty}\dfrac{(-1)^{n}}{n(n+1)}$收敛；当 $x=1$ 时，原级数为 $\sum\limits_{n=1}^{\infty}\dfrac{1}{n(n+1)}$收敛. 故幂级数的收敛域为$[-1,1]$.

令 $S(x)=\sum\limits_{n=1}^{\infty}\dfrac{1}{n(n+1)}x^{n}\quad x\in(-1,1)$

$$S'(x)=\sum_{n=1}^{\infty}\frac{1}{n+1}x^{n-1}=\frac{1}{x^{2}}\sum_{n=1}^{\infty}\frac{1}{n+1}x^{n+1}=\frac{1}{x^{2}}\left[\int_{0}^{x}\left(\sum_{n=1}^{\infty}\frac{1}{n+1}x^{n+1}\right)'\mathrm{d}x\right]$$

$$=\frac{1}{x^{2}}\left[\int_{0}^{x}\sum_{n=1}^{\infty}(x^{n})\mathrm{d}x\right]=\frac{1}{x^{2}}\left[\int_{0}^{x}\frac{x}{1-x}\mathrm{d}x\right]=\frac{1}{x^{2}}[-x-\ln(1-x)]$$

$$=-\frac{1}{x}-\frac{1}{x^{2}}\ln(1-x)$$

$$S(x)=\int_{0}^{x}S'(x)\mathrm{d}x=\int_{0}^{x}\left[-\frac{1}{x}-\frac{1}{x^{2}}\ln(1-x)\right]\mathrm{d}x$$

$$=\lim_{\varepsilon\to 0^{+}}\int_{\varepsilon}^{x}\left[-\frac{1}{x}-\frac{1}{x^{2}}\ln(1-x)\right]\mathrm{d}x=1+\frac{\ln(1-x)}{x}-\ln(1-x).$$

当 $x=0$ 时，原级数为 $\sum\limits_{n=1}^{\infty}0=0$ 收敛.

$$S(0)=\lim_{x\to 0}\left[1+\frac{\ln(1-x)}{x}-\ln(1-x)\right]=0,$$

当 $x=1$ 时，级数为 $\sum\limits_{n=1}^{\infty}\dfrac{1}{n(n+1)}=1$（因为 $u_{n}=\dfrac{1}{n}-\dfrac{1}{n+1}$，$S_{n}=1-\dfrac{1}{n+1}\to 1$，当 $n\to\infty$时）；

当 $x=-1$ 时，级数为 $\sum\limits_{n=1}^{\infty}\frac{(-1)^n}{n(n+1)}=1-2\ln 2$.

故 $\sum\limits_{n=1}^{\infty}\frac{1}{n(n+1)}x^n$ 的和函数 $S(x)$ 为

$$S(x)=\begin{cases}1+\frac{\ln(1-x)}{x}-\ln(1-x), & -1\leqslant x<0 \\ & 0<x<1 \\ 0, & x=0 \\ 1, & x=1\end{cases}$$

点评 本题也可以按下面方法求解

$$\sum_{n=1}^{\infty}\frac{1}{n(n+1)}x^n=\sum_{n=1}^{\infty}\left(\frac{1}{n}-\frac{1}{n+1}\right)x^n=\sum_{n=1}^{\infty}\frac{1}{n}x^n-\sum_{n=1}^{\infty}\frac{1}{n+1}x^n.$$

分别求出 $\sum\limits_{n=1}^{\infty}\frac{1}{n}x^n$，$\sum\limits_{n=1}^{\infty}\frac{1}{n+1}x^n$ 的和，就可得出 $\sum\limits_{n=1}^{\infty}\frac{1}{n(n+1)}x^n$ 的和.

【1115】 求幂级数 $\sum\limits_{n=2}^{\infty}\frac{x^n}{n^2-1}$ 的和函数，并求级数 $\sum\limits_{n=2}^{\infty}\frac{1}{(n^2-1)2^n}$ 的和 S.

解 先求得幂级数的收敛半径为 $R=1$，收敛区间为 $(-1,1)$. 设幂级数的和函数为 $S(x)$，则 $S(x)=\sum\limits_{n=2}^{\infty}\frac{x^n}{n^2-1}=\sum\limits_{n=2}^{\infty}\frac{1}{2}(\frac{1}{n-1}-\frac{1}{n+1})x^n$，其中

$$\sum_{n=2}^{\infty}\frac{x^n}{n-1}=x\sum_{n=2}^{\infty}\frac{x^{n-1}}{n-1}=x\sum_{n=1}^{\infty}\frac{x^n}{n},\quad \sum_{n=2}^{\infty}\frac{x^n}{n+1}=\frac{1}{x}\sum_{n=3}^{\infty}\frac{x^n}{n}\ (x\neq 0).$$

设 $g(x)=\sum\limits_{n=1}^{\infty}\frac{x^n}{n}$，则 $g'(x)=\sum\limits_{n=1}^{\infty}\left(\frac{x^n}{n}\right)'=\sum\limits_{n=1}^{\infty}x^{n-1}=\frac{1}{1-x}\ (|x|<1)$，

于是 $g(x)=g(x)-g(0)=\int_0^x g'(t)\mathrm{d}t=\int_0^x\frac{1}{1-t}\mathrm{d}t=-\ln(1-x)$，

而 $\sum\limits_{n=3}^{\infty}\frac{x^n}{n}=g(x)-x-\frac{x^2}{2}=-\ln(1-x)-x-\frac{x^2}{2}$，

故 $S(x)=\frac{x}{2}[-\ln(1-x)]-\frac{1}{2x}\left[-\ln(1-x)-x-\frac{x^2}{2}\right]=\frac{2+x}{4}+\frac{1-x^2}{2x}\ln(1-x)$

$(|x|<1$ 且 $x\neq 0)$.

当 $x=0$ 时，$S(x)=0$. 令 $x=\frac{1}{2}\in(-1,1)$，得 $\sum\limits_{n=2}^{\infty}\frac{1}{(n^2-1)2^n}=S(\frac{1}{2})=\frac{5}{8}-\frac{3}{4}\ln 2$.

【1116】 求幂级数 $\sum\limits_{n=1}^{\infty}(\frac{1}{2n+1}-1)x^{2n}$ 在区间 $(-1,1)$ 内的和函数 $S(x)$.

解 设

$$S(x)=\sum_{n=1}^{\infty}(\frac{1}{2n+1}-1)x^{2n},\quad S_1(x)=\sum_{n=1}^{\infty}\frac{x^{2n}}{2n+1},\quad S_2(x)=\sum_{n=1}^{\infty}x^{2n},$$

则

$$S(x)=S_1(x)-S_2(x),\ x\in(-1,1).$$

由于

$$S_2(x)=\sum_{n=1}^{\infty}x^{2n}=\frac{x^2}{1-x^2},\quad [xS_1(x)]'=\sum_{n=1}^{\infty}x^{2n}=\frac{x^2}{1-x^2},\ x\in(-1,1),$$

因此

$$xS_1(x)=\int_0^x \frac{t^2}{1-t^2}\mathrm{d}t=-x+\frac{1}{2}\ln\frac{1+x}{1-x}.$$

又由于 $S_1(0)=0$，故

$$S_1(x)=\begin{cases}-1+\dfrac{1}{2x}\ln\dfrac{1+x}{1-x}, & |x|\in(0,1)\\ 0, & x=0\end{cases}$$

所以

$$S(x)=S_1(x)-S_2(x)=\begin{cases}\dfrac{1}{2x}\ln\dfrac{1+x}{1-x}-\dfrac{1}{1-x^2}, & |x|\in(0,1)\\ 0, & x=0\end{cases}$$

点评 由几何级数的和函数公式 $\sum\limits_{n=0}^{\infty}x^n=\dfrac{1}{1-x}$ $(|x|<1)$ 出发，经过逐项求导、逐项积分、换元以及加减法等运算，可以求出某些幂级数的和函数. 例如

(1) $\sum\limits_{n=1}^{\infty}nx^n=\dfrac{x}{(1-x)^2}$，$|x|<1$；

(2) $\sum\limits_{n=1}^{\infty}n^2x^n=\dfrac{x(1+x)}{(1-x)^3}$，$|x|<1$；

(3) $\sum\limits_{n=1}^{\infty}\dfrac{x^n}{n}=-\ln(1-x)$，$-1\leqslant x<1$；

(4) $\sum\limits_{n=0}^{\infty}(-1)^nx^{2n}=\dfrac{1}{1+x^2}$，$|x|<1$；

(5) $\sum\limits_{n=0}^{\infty}\dfrac{(-1)^n}{2n+1}x^{2n+1}=\arctan x$，$|x|\leqslant 1$.

【1117】 求幂级数 $\sum\limits_{n=1}^{\infty}(-1)^{n-1}\left(1+\dfrac{1}{n(2n-1)}\right)x^{2n}$ 的收敛区间与和函数 $f(x)$.

解 因为

$$\lim_{n\to\infty}\frac{(n+1)(2n+1)+1}{(n+1)(2n+1)}\cdot\frac{n(2n-1)}{n(2n-1)+1}=1,$$

所以当 $x^2<1$ 时，原级数绝对收敛；当 $x^2>1$ 时，原级数发散. 因此原级数的收敛半径为 1，收敛区间为 $(-1,1)$.

记 $S(x)=\sum\limits_{n=1}^{\infty}\dfrac{(-1)^{n-1}}{2n(2n-1)}x^{2n}$，$x\in(-1,1)$，则

$$S'(x)=\sum_{n=1}^{\infty}\frac{(-1)^{n-1}}{2n-1}x^{2n-1},\ x\in(-1,1),$$

$$S''(x)=\sum_{n=1}^{\infty}(-1)^{n-1}x^{2n-2}=\frac{1}{1+x^2},\ x\in(-1,1).$$

由于 $S(0)=0$，$S'(0)=0$，所以

$$S'(x)=\int_0^x S''(t)\mathrm{d}t=\int_0^x\frac{1}{1+t^2}\mathrm{d}t=\arctan x,$$

$$S(x)=\int_0^x S'(t)\mathrm{d}t=\int_0^x\arctan t\,\mathrm{d}t=x\arctan x-\frac{1}{2}\ln(1+x^2).$$

又 $\sum\limits_{n=1}^{\infty}(-1)^{n-1}x^{2n}=\dfrac{x^2}{1+x^2}$，$x\in(-1,1)$，从而

$$f(x)=2S(x)+\frac{x^2}{1+x^2}=2x\arctan x-\ln(1+x^2)+\frac{x^2}{1+x^2},\ x\in(-1,1).$$

【1118】 求幂级数 $1+\sum\limits_{n=1}^{\infty}(-1)^n\frac{x^{2n}}{2n}$ $(|x|<1)$的和函数 $f(x)$及其极值.

解 $f'(x)=\sum\limits_{n=1}^{\infty}(-1)^n x^{2n-1}=-\frac{x}{1+x^2}.$

上式两边从 0 到 x 积分,得

$$f(x)-f(0)=-\int_0^x\frac{t}{1+t^2}\mathrm{d}t=-\frac{1}{2}\ln(1+x^2).$$

由 $f(0)=1$,得 $f(x)=1-\frac{1}{2}\ln(1+x^2)$, $(|x|<1)$.

令 $f'(x)=0$,求得唯一驻点 $x=0$. 由于 $f''(x)=-\frac{1-x^2}{(1+x^2)^2}$, $f''(0)=-1<0$,可见 $f(x)$在 $x=0$处取得极大值,且极大值 $f(0)=1$.

点评 求和函数一般都是先通过逐项求导、逐项积分等转化为可直接求和的几何级数,在求和后再通过逐项积分、逐项求导等逆运算最终确定和函数.

【1119】 求幂级数 $\sum\limits_{n=1}^{\infty}\frac{(-1)^{n-1}x^{2n+1}}{n(2n-1)}$的收敛域及和函数 $S(x)$.

解 因为

$$\lim_{n\to\infty}\left|\frac{u_{n+1}}{u_n}\right|=\lim_{n\to\infty}\left|\frac{x^{2n+3}\cdot n(2n-1)}{(n+1)(2n+1)x^{2n+1}}\right|=x^2,$$

所以当 $x^2<1$,即$-1<x<1$ 时,原幂级数绝对收敛;当 $x=\pm1$ 时,级数为$\pm\sum\limits_{n=1}^{\infty}\frac{(-1)^{n-1}}{n(2n-1)}$,显然收敛,故原幂级数的收敛域为$[-1,1]$.

因 $\sum\limits_{n=1}^{\infty}\frac{(-1)^{n-1}x^{2n+1}}{n(2n-1)}=x\sum\limits_{n=1}^{\infty}\frac{(-1)^{n-1}x^{2n}}{n(2n-1)}$,设 $\sum\limits_{n=1}^{\infty}\frac{(-1)^{n-1}x^{2n}}{n(2n-1)}=f(x)$, $x\in(-1,1)$,

则

$$f'(x)=\sum_{n=1}^{\infty}\frac{(-1)^{n-1}2nx^{2n-1}}{n(2n-1)}=2\sum_{n=1}^{\infty}\frac{(-1)^{n-1}x^{2n-1}}{(2n-1)},$$

$$f''(x)=2\sum_{n=1}^{\infty}(-1)^{n-1}x^{2n-2}=\frac{2}{1+x^2},$$

因为 $f'(0)=0$, $f(0)=0$,所以

$$f'(x)=\int_0^x f''(t)\mathrm{d}t+f'(0)=\int_0^x\frac{2}{1+t^2}\mathrm{d}t=2\arctan x,$$

$$f(x)=\int_0^x f'(t)\mathrm{d}t+f(0)=2\int_0^x\arctan t\mathrm{d}t=2\left(t\arctan t\Big|_0^x-\int_0^x\frac{t}{1+t^2}\mathrm{d}t\right)$$

$$=2x\arctan x-\ln(1+x^2),\ x\in[-1,1],$$

从而

$$S(x)=2x^2\arctan x-x\ln(1+x^2),\ x\in[-1,1].$$

【1120】 利用逐项求导,逐项微分求下面级数在其收敛区间上的和: $\sum\limits_{n=1}^{\infty}\frac{2n-1}{2^n}x^{2n-2}$, $|x|<\sqrt{2}$,并求 $\sum\limits_{n=1}^{\infty}\frac{2n-1}{2^n}$.

解 设 $f(x)=\sum\limits_{n=1}^{\infty}\frac{2n-1}{2^n}x^{2n-2}$，$|x|<\sqrt{2}$，

$$\int_0^x f(x)\mathrm{d}x=\int_0^x\sum_{n=1}^{\infty}\frac{2n-1}{2^n}x^{2n-2}\mathrm{d}x=\sum_{n=1}^{\infty}\int_0^x\frac{1}{2^n}(2n-1)x^{2n-2}\mathrm{d}x$$

$$=\sum_{n=1}^{\infty}\frac{1}{2^n}x^{2n-1}=\frac{\frac{x}{2}}{1-\frac{x^2}{2}}=\frac{x}{2-x^2},$$

上式两端求导得

$$f(x)=\left[\int_0^x f(x)\mathrm{d}x\right]'=\left(\frac{x}{2-x^2}\right)'=\frac{2+x^2}{(2-x^2)^2}\quad 即\ \sum_{n=1}^{\infty}\frac{2n-1}{2^n}x^{2n-2}=\frac{2+x^2}{(2-x^2)^2},$$

当 $x=1$ 时，$\sum\limits_{n=1}^{\infty}\frac{2n-1}{2^n}=f(1)=\frac{2+1^2}{(2-1^2)^2}=3.$

点评 若先求导后积分 $\int_0^x f'(x)\mathrm{d}x=f(x)-f(0)$，所以 $f(x)=\int_0^x f'(x)\mathrm{d}x+f(0)$；若 $f(0)=0$，则 $f(x)=\int_0^x f'(x)\mathrm{d}x.$

【1121】 求幂级数 $\sum\limits_{n=1}^{\infty}\frac{2n+2}{n!}x^{2n+1}$ 的收敛域，并求其和函数.

解 因为

$$\lim_{n\to\infty}\left|\frac{(2n+4)x^{2n+3}}{(n+1)!}\cdot\frac{n!}{(2n+2)x^{2n+1}}\right|=\lim_{n\to\infty}\frac{(2n+4)x^2}{(n+1)(2n+2)}=0<1,$$

故该级数的收敛域为$(-\infty,+\infty)$.

设 $S(x)=\sum\limits_{n=1}^{\infty}\frac{2n+2}{n!}x^{2n+1}$，

则

$$S(x)=\left[\sum_{n=1}^{\infty}\frac{x^{2n+2}}{n!}\right]'=\left[x^2\cdot\sum_{n=1}^{\infty}\frac{(x^2)^n}{n!}\right]'$$

$$=[x^2(\mathrm{e}^{x^2}-1)]'=2x(\mathrm{e}^{x^2}-1)+2x^3\mathrm{e}^{x^2},\quad -\infty<x<+\infty$$

【1122】 求幂级数 $\sum\limits_{n=1}^{\infty}\frac{(-1)^{n-1}}{2n-1}x^{2n}$ 的收敛域及和函数.

分析 先求幂级数的收敛半径 R，并判断级数在收敛区间端点的敛散性，便可得收敛域；再利用幂级数和函数的性质求出和函数.

解 (1)记 $u_n(x)=\frac{(-1)^{n-1}}{2n-1}x^{2n}$，

因为 $\lim\limits_{n\to\infty}\left|\frac{u_{n+1}(x)}{u_n(x)}\right|=\lim\limits_{n\to\infty}\left|\frac{(-1)^n x^{2n+2}}{2n+1}\cdot\frac{2n-1}{(-1)^{n-1}\cdot x^{2n}}\right|=x^2$，

所以由比值法知，当 $x^2<1$ 即$|x|<1$ 时，级数收敛；当 $x^2>1$ 即$|x|>1$ 时，级数发散.

于是可知幂级数的收敛半径 $R=1$，即收敛区间为$(-1,1)$；当 $x=\pm1$ 时，级数 $\sum\limits_{n=1}^{\infty}\frac{(-1)^{n-1}}{2n-1}$ 为交错级数，由莱布尼茨定理知级数收敛，故幂级数 $\sum\limits_{n=1}^{\infty}\frac{(-1)^{n-1}}{2n-1}x^{2n}$ 的收敛域为$[-1,1]$.

(2) 记 $S(x)$ 为级数 $\sum\limits_{n=1}^{\infty}\frac{(-1)^{n-1}}{2n-1}x^{2n}$ 的和函数，则

$$S(x)=\sum_{n=1}^{\infty}\frac{(-1)^{n-1}}{2n-1}x^{2n}=x\sum_{n=1}^{\infty}\frac{(-1)^{n-1}}{2n-1}x^{2n-1}=x\cdot S_1(x)$$

其中 $S_1(x)=\sum\limits_{n=1}^{\infty}\frac{(-1)^{n-1}}{2n-1}x^{2n-1},x\in[-1,1]$.

由幂级数和函数的性质得

$$\begin{aligned}S_1'(x)&=\Big(\sum_{n=1}^{\infty}\frac{(-1)^{n-1}}{2n-1}x^{2n-1}\Big)'=\sum_{n=1}^{\infty}(-1)^{n-1}x^{2n-2}\\&=1-x^2+x^4-x^6+\cdots+(-1)^{n-1}x^{2n-2}+\cdots\\&=\frac{1}{1+x^2},x\in[-1,1].\end{aligned}$$

所以 $S_1(x)=\int_0^x S_1'(t)\mathrm{d}t+S_1(0)=\int_0^x\frac{1}{1+t^2}\mathrm{d}t+0=\arctan t\Big|_0^x=\arctan x.$

故 $S(x)=xS_1(x)=x\arctan x,x\in[-1,1]$.

点评(1)由于已知幂级数 $\sum\limits_{n=1}^{\infty}\frac{(-1)^{n-1}}{2n-1}x^{2n}$ 中只含有 x 的偶次方项,因此不能用公式求其收敛半径 R,只能根据比值法的结论通过讨论得出收敛半径 R.

(2) 在求和函数 $S(x)$ 时,一般要求考生记住常见幂级数和函数的形式:如

$$\sum_{n=0}^{\infty}x^n=\frac{1}{1-x},x\in(-1,1);$$

$$\sum_{n=0}^{\infty}\frac{x^n}{n!}=\mathrm{e}^x,x\in(-\infty,+\infty);$$

$$\sum_{n=1}^{\infty}(-1)^{n-1}\frac{x^{2n-1}}{(2n-1)!}=\sin x,x\in(-\infty,+\infty)\text{ 等.}$$

再根据幂级数的具体表达式及和函数 $S(x)$ 的性质(如逐项求导或逐项积分)便可求出 $S(x)$.

利用幂级数的和函数求数项级数的和

【1123】 $\sum\limits_{n=1}^{\infty}n\left(\frac{1}{2}\right)^{n-1}=$________.

解 记 $S(x)=\sum\limits_{n=1}^{\infty}nx^{n-1}$

$$\int_0^x S(x)\mathrm{d}x=\int_0^x(\sum_{n=1}^{\infty}nx^{n-1})\mathrm{d}x=\sum_{n=1}^{\infty}(\int_0^x nx^{n-1}\mathrm{d}x)=\sum_{n=1}^{\infty}x^n=\frac{x}{1-x},\quad |x|<1$$

所以 $S(x)=(\frac{x}{1-x})'=\frac{1}{(1-x)^2},\quad |x|<1$

当 $x=\frac{1}{2}$ 时,$S(\frac{1}{2})=\frac{1}{\left(1-\frac{1}{2}\right)^2}=4$. 所以 $\sum\limits_{n=1}^{\infty}n\left(\frac{1}{2}\right)^{n-1}=S(\frac{1}{2})=4$.

故应填 4.

点评 本题中把级数 $\sum\limits_{n=1}^{\infty}u_n$ 视为幂级数 $\sum\limits_{n=1}^{\infty}a_nx^n$ 在 $x=x_0$ 时所得的数项级数,通过求幂级数 $\sum\limits_{n=1}^{\infty}a_nx^n$ 的和函数 $S(x)$,可得 $\sum\limits_{n=1}^{\infty}u_n=S(x_0)$,这是求常数项级数和函数的常用方法.

【1124】求级数 $\sum\limits_{n=0}^{\infty}\frac{(-1)^n(n^2-n+1)}{2^n}$ 的和.

解 $\sum\limits_{n=0}^{\infty}\frac{(-1)^n(n^2-n+1)}{2^n}=\sum\limits_{n=0}^{\infty}n(n-1)\left(-\frac{1}{2}\right)^n+\sum\limits_{n=0}^{\infty}\left(-\frac{1}{2}\right)^n$,

其中 $\sum\limits_{n=0}^{\infty}\left(-\frac{1}{2}\right)^n=\frac{1}{1+\frac{1}{2}}=\frac{2}{3}$.

设 $S(x)=\sum\limits_{n=2}^{\infty}n(n-1)x^{n-2}\quad x\in(-1,1)$,

则 $\int_0^x\left[\int_0^x S(x)\mathrm{d}x\right]\mathrm{d}x=\sum\limits_{n=2}^{\infty}x^n=\frac{x^2}{1-x}.\quad S(x)=\left(\frac{x^2}{1-x}\right)''=\frac{2}{(1-x)^3}$.

$\sum\limits_{n=0}^{\infty}n(n-1)x^n=\frac{2x^2}{(1-x)^3}\quad x\in(-1,1).\quad \sum\limits_{n=0}^{\infty}n(n-1)\left(-\frac{1}{2}\right)^n=\frac{4}{27}$.

所以 $\sum\limits_{n=0}^{\infty}\frac{(-1)^n(n^2-n+1)}{2^n}=\frac{4}{27}+\frac{2}{3}=\frac{22}{27}$.

【1125】设 $I_n=\int_0^{\frac{\pi}{4}}\sin^n x\cos x\mathrm{d}x,n=0,1,2,\cdots$,求 $\sum\limits_{n=0}^{\infty}I_n$.

解 由 $I_n=\int_0^{\frac{\pi}{4}}\sin^n x\,\mathrm{d}(\sin x)=\frac{1}{n+1}(\sin x)^{n+1}\Big|_0^{\frac{\pi}{4}}=\frac{1}{n+1}\left(\frac{\sqrt{2}}{2}\right)^{n+1}$,有

$$\sum_{n=0}^{\infty}I_n=\sum_{n=0}^{\infty}\frac{1}{n+1}\left(\frac{\sqrt{2}}{2}\right)^{n+1}.$$

令 $S(x)=\sum\limits_{n=0}^{\infty}\frac{1}{n+1}x^{n+1}$,则其收敛半径 $R=1$,在 $(-1,1)$ 内有

$$S'(x)=\sum_{n=0}^{\infty}x^n=\frac{1}{1-x},$$

于是 $S(x)=\int_0^x\frac{1}{1-t}\mathrm{d}t=-\ln|1-x|$.

令 $x=\frac{\sqrt{2}}{2}\in(-1,1)$,则

$$S\left(\frac{\sqrt{2}}{2}\right)=\sum_{n=0}^{\infty}\frac{1}{n+1}\left(\frac{\sqrt{2}}{2}\right)^{n+1}=-\ln\left|1-\frac{\sqrt{2}}{2}\right|=\ln(2+\sqrt{2}),$$

从而

$$\sum_{n=0}^{\infty}I_n=\sum_{n=0}^{\infty}\int_0^{\frac{\pi}{4}}\sin^n x\cos x\mathrm{d}x=\ln(2+\sqrt{2}).$$

§5. 函数展开成幂级数

1. 泰勒(Taylor)级数

当 $f(x)$ 在 x_0 的某邻域内存在任意阶导数时,幂级数

$$\sum_{n=0}^{\infty}\frac{f^{(n)}(x_0)}{n!}(x-x_0)^n$$

$$=f(x_0)+\frac{f'(x_0)}{1!}(x-x_0)+\frac{f''(x_0)}{2!}(x-x_0)^2+\cdots+\frac{f^{(n)}(x_0)}{n!}(x-x_0)^n+\cdots$$

称为 $f(x)$在点 x_0 处的泰勒级数.

当 $x_0=0$ 时,泰勒级数为

$$\sum_{n=0}^{\infty}\frac{f^{(n)}(0)}{n!}x^n=f(0)+f'(0)x+\frac{f''(0)}{2!}x^2+\cdots+\frac{f^{(n)}(0)}{n!}x^n+\cdots,$$

称为麦克劳林(Maclaurin)级数.

2. 函数的幂级数展开式

函数展为幂级数有直接方法与间接方法两种(以下主要讨论函数 $f(x)$在点 $x=0$ 处展为幂级数的问题).

直接法　用直接法将函数展开为 x 的幂级数的步骤是

(1)求出 $f(x)$在 $x=0$ 处各阶导数值 $f^{(n)}(0),n=0,1,2,\cdots$

(2)写出幂级数

$$\sum_{n=0}^{\infty}\frac{f^{(n)}(0)}{n!}x^n=f(0)+f'(0)x+\frac{f''(0)}{2!}x^2+\cdots+\frac{f^{(n)}(0)}{n!}x^n+\cdots.$$

并求出收敛半径 R.

(3)在收敛区间$(-R,R)$内考察泰勒级数余项 $R_n(x)$的极限

$$\lim_{n\to\infty}R_n(x)=\lim_{n\to\infty}\frac{f^{(n+1)}(\xi)}{(n+1)!}x^{n+1}\quad(\xi\text{介于 0 与 }x\text{ 之间})$$

是否为零,如果为零,则第(2)步写出的幂级数就是 $f(x)$的幂级数展开式.

间接法　这种方法是利用已知的函数展开式,经过适当的四则运算、复合步骤以及逐项微分、逐项积分等把所给函数展为幂级数.常用的函数展开式有

(1) $\frac{1}{1-x}=1+x+x^2+\cdots+x^n+\cdots\quad(-1,1)$

(2) $e^x=1+x+\frac{1}{2!}x^2+\cdots+\frac{1}{n!}x^n+\cdots\quad(-\infty,+\infty)$

(3) $\sin x=x-\frac{x^3}{3!}+\frac{x^5}{5!}-\cdots+(-1)^{n-1}\frac{x^{2n-1}}{(2n-1)!}+\cdots\quad(-\infty,+\infty)$

(4) $\cos x=1-\frac{x^2}{2!}+\frac{x^4}{4!}-\cdots+(-1)^n\frac{x^{2n}}{(2n)!}+\cdots\quad(-\infty,+\infty)$

(5) $\ln(1+x)=x-\frac{x^2}{2}+\frac{x^3}{3}-\cdots+(-1)^{n-1}\frac{x^n}{n}+\cdots\quad(-1,1]$

(6) $(1+x)^m=1+mx+\frac{m(m-1)}{2!}x^2+\cdots+\frac{m(m-1)\cdots(m-n+1)}{n!}x^n+\cdots\quad(-1,1)$

(当 $x=\pm1$ 时,级数是否收敛取决于 m 值).

基 本 题 型

使用直接展开法将函数展开成幂级数

【1126】 将函数 $f(x)=e^x$ 展开成 x 的幂级数.

解　函数的各阶导数是 $f^{(n)}(x)=e^x\ (n=1,2,\cdots)$,因此 $f^{(n)}(0)=1\ (n=1,2,\cdots)$,于是得

$$f(x)\sim1+x+\frac{x^2}{2!}+\cdots+\frac{x^n}{n!}+\cdots\ (-\infty<x<+\infty).$$

对于任何有限的数 x、ξ（ξ 在 0 与 x 之间），余项的绝对值为

$$|R_n(x)|=\left|\frac{e^{\xi}}{(n+1)!}x^{n+1}\right|<e^{|x|}\cdot\frac{|x|^{n+1}}{(n+1)!}.$$

因 $e^{|x|}$ 有限，而 $\frac{|x|^{n+1}}{(n+1)!}$ 是收敛级数 $\sum\limits_{n=0}^{\infty}\frac{|x|^{n+1}}{(n+1)!}$ 的一般项，所以

$$\lim_{n\to\infty}|R_n(x)|=\lim_{n\to\infty}e^{|x|}\cdot\frac{|x|^{n+1}}{(n+1)!}=0.$$

于是得到展开式 $\qquad e^x=1+x+\frac{x^2}{2}+\cdots+\frac{x^n}{n!}+\cdots,\quad -\infty<x<+\infty.$

【1127】将函数 $f(x)=\sin x$ 展开成 x 的幂级数.

解 因为 $f^{(n)}(x)=\sin(x+\frac{n\pi}{2})$ $(n=1,2,\cdots)$，$f^{(n)}(0)$ 顺序循环地取 $0,1,0,-1,\cdots$，于是得

$$f(x)\sim x-\frac{x^3}{3!}+\frac{x^5}{5!}-\cdots+(-1)^{n-1}\frac{x^{2n-1}}{(2n-1)!}+\cdots,$$

收敛半径 $R=+\infty$.

对于任何有限的 x、ξ（ξ 在 0 和 x 之间），有

$$|R_n(x)|=\left|\frac{\sin(\xi+\frac{n+1}{2}\pi)}{(n+1)!}x^{n+1}\right|\leqslant\frac{|x|^{n+1}}{(n+1)!}\to 0\ (n\to\infty).$$

因此有展开式

$$\sin x=x-\frac{x^3}{3!}+\frac{x^5}{5!}-\cdots+(-1)^{n-1}\frac{x^{2n-1}}{(2n-1)!}+\cdots=\sum_{n=1}^{\infty}(-1)^{n-1}\frac{x^{2n-1}}{(2n-1)!},$$
$$-\infty<x<+\infty.$$

或

$$\sin x=\sum_{n=0}^{\infty}(-1)^n\frac{x^{2n+1}}{(2n+1)!},\quad -\infty<x<+\infty.$$

使用逐项积分的方法将函数展开成幂级数

【1128】将函数 $f(x)=\frac{1}{4}\ln\frac{1+x}{1-x}+\frac{1}{2}\arctan x-x$ 展开成 x 的幂级数.

解 因 $f'(x)=\frac{1}{4}(\frac{1}{1+x}+\frac{1}{1-x})+\frac{1}{2}\cdot\frac{1}{1+x^2}-1=\frac{1}{1-x^4}-1=\sum\limits_{n=1}^{\infty}x^{4n},\quad -1<x<1$

且 $f(0)=0$，故

$$f(x)=f(x)-f(0)=\int_0^x f'(t)\mathrm{d}t=\int_0^x(\sum_{n=1}^{\infty}t^{4n})\mathrm{d}t=\sum_{n=1}^{\infty}\frac{x^{4n+1}}{4n+1},\quad -1<x<1.$$

【1129】设 $f(x)=\begin{cases}\frac{1+x^2}{x}\arctan x, & x\neq 0\\ 1, & x=0\end{cases}$

试将 $f(x)$ 展开成 x 的幂级数，并求级数 $\sum\limits_{n=1}^{\infty}\frac{(-1)^n}{1-4n^2}$ 的和.

解 因 $\frac{1}{1+x^2}=\sum\limits_{n=0}^{\infty}(-1)^n x^{2n}$，$x\in(-1,1)$，故

$$\arctan x=\int_0^x(\arctan x)'\mathrm{d}x=\sum_{n=0}^{\infty}\frac{(-1)^n}{2n+1}x^{2n+1},\quad x\in[-1,1]$$

于是

$$f(x)=1+\sum_{n=1}^{\infty}\frac{(-1)^n}{2n+1}x^{2n}+\sum_{n=0}^{\infty}\frac{(-1)^n}{2n+1}x^{2n+2}=1+\sum_{n=1}^{\infty}\frac{(-1)^n}{2n+1}x^{2n}+\sum_{n=1}^{\infty}\frac{(-1)^{n-1}}{2n-1}x^{2n}$$

$$=1+\sum_{n=1}^{\infty}\frac{(-1)^n 2}{1-4n^2}x^{2n},\quad x\in[-1,1]$$

因此 $\sum_{n=1}^{\infty}\frac{(-1)^n}{1-4n^2}=\frac{1}{2}[f(1)-1]=\frac{\pi}{4}-\frac{1}{2}.$

点评　由于$\frac{1+x^2}{x}=x^{-1}+x$已是x的幂级数形式，故可用间接法将$\arctan x$展开为x的幂级数.

【1130】 将函数$f(x)=x\arctan x-\ln\sqrt{1+x^2}$展开为$x$的幂级数.

解　$\arctan x=\int_0^x\frac{1}{1+x^2}dx=\int_0^x(\sum_{n=0}^{\infty}(-1)^n x^{2n})dx$

$$=\sum_{n=0}^{\infty}(-1)^n\frac{x^{2n+1}}{2n+1}=\sum_{n=1}^{\infty}(-1)^{n-1}\frac{x^{2n-1}}{2n-1},\quad |x|\leqslant 1$$

$$\ln\sqrt{1+x^2}=\frac{1}{2}\ln(1+x^2)=\frac{1}{2}\sum_{n=1}^{\infty}(-1)^{n-1}\frac{x^{2n}}{n},\quad |x|\leqslant 1$$

所以 $f(x)=x\sum_{n=1}^{\infty}(-1)^{n-1}\frac{x^{2n-1}}{2n-1}-\frac{1}{2}\sum_{n=1}^{\infty}(-1)^{n-1}\frac{x^{2n}}{n}=\sum_{n=1}^{\infty}(-1)^{n-1}\frac{x^{2n}}{2n(2n-1)},$

$|x|\leqslant 1.$

【1131】 将函数$f(x)=\arctan\frac{1-2x}{1+2x}$展开成$x$的幂级数,并求级数$\sum_{n=0}^{\infty}\frac{(-1)^n}{2n+1}$的和.

解　因为

$$f'(x)=\frac{-2}{1+4x^2}=-2\sum_{n=0}^{\infty}(-1)^n 4^n x^{2n},\ x\in(-\frac{1}{2},\frac{1}{2}).$$

又 $f(0)=\frac{\pi}{4}$,所以

$$f(x)=f(0)+\int_0^x f'(t)dt=\frac{\pi}{4}-2\int_0^x\left[\sum_{n=0}^{\infty}(-1)^n 4^n t^{2n}dt\right]$$

$$=\frac{\pi}{4}-2\sum_{n=0}^{\infty}\frac{(-1)^n 4^n}{2n+1}x^{2n+1},\ x\in(-\frac{1}{2},\frac{1}{2}).$$

因为级数$\sum_{n=0}^{\infty}\frac{(-1)^n}{2n+1}$收敛,函数$f(x)$在$x=\frac{1}{2}$处连续,所以

$$f(x)=\frac{\pi}{4}-2\sum_{n=0}^{\infty}\frac{(-1)^n 4^n}{2n+1}x^{2n+1},\ x\in(-\frac{1}{2},\frac{1}{2}].$$

令 $x=\frac{1}{2}$,得

$$f(\frac{1}{2})=\frac{\pi}{4}-2\sum_{n=0}^{\infty}\left[\frac{(-1)^n 4^n}{2n+1}\cdot\frac{1}{2^{2n+1}}\right],$$

再由 $f(\frac{1}{2})=0$,得

$$\sum_{n=0}^{\infty}\frac{(-1)^n}{2n+1}=\frac{\pi}{4}-f(\frac{1}{2})=\frac{\pi}{4}.$$

【1132】 将$f(x)=\int_0^x\frac{\ln(1+x)}{x}dx$展开成$x$的幂级数.

解　由$\frac{1}{1+x}=\sum\limits_{n=0}^{\infty}(-1)^n x^n$，得 $\ln(1+x)=\sum\limits_{n=0}^{\infty}\frac{(-1)^n x^{n+1}}{n+1}$，

从而　$\frac{\ln(1+x)}{x}=\sum\limits_{n=0}^{\infty}\frac{(-1)^n x^n}{n+1}$，

故

$$f(x)=\int_0^x\frac{\ln(1+x)}{x}\mathrm{d}x=\int_0^x\sum_{n=0}^{\infty}\frac{(-1)^n x^n}{n+1}\mathrm{d}x=\sum_{n=0}^{\infty}\int_0^x\frac{(-1)^n x^n}{n+1}\mathrm{d}x$$

$$=\sum_{n=0}^{\infty}\frac{(-1)^n x^{n+1}}{(n+1)^2},\quad x\in(-1,1).$$

使用逐项求导的方法将函数展开成幂级数

【1133】 试将 $f(x)=\cos x$ 展开成 x 的幂级数.

解　因为

$$\sin x=x-\frac{x^3}{3!}+\frac{x^5}{5!}-\frac{x^7}{7!}+\cdots+(-1)^n\frac{x^{2n+1}}{(2n+1)!}+\cdots,\quad -\infty<x<+\infty,$$

所以

$$\cos x=(\sin x)'=1-\frac{x^2}{2!}+\frac{x^4}{4!}-\cdots+(-1)^n\cdot\frac{x^{2n}}{(2n)!}+\cdots,\quad -\infty<x<+\infty.$$

【1134】 展开$\frac{\mathrm{d}}{\mathrm{d}x}\left(\frac{\mathrm{e}^x-1}{x}\right)$为 x 的幂级数，并求 $\sum\limits_{n=1}^{\infty}\frac{n}{(n+1)!}$的和.

分析　显然可以先求出导函数再展开，也可以先展开后再求导，而后者更简单些.

解　因 $\mathrm{e}^x=1+x+\frac{x^2}{2!}+\cdots+\frac{x^n}{n!}+\cdots=\sum\limits_{n=0}^{\infty}\frac{x^n}{n!}$，　$x\in(-\infty,+\infty)$

故

$$\frac{\mathrm{e}^x-1}{x}=1+\frac{x}{2!}+\frac{x^2}{3!}+\cdots+\frac{x^{n-1}}{n!}+\cdots=\sum_{n=1}^{\infty}\frac{x^{n-1}}{n!},\quad x\in(-\infty,+\infty)$$

$$\frac{\mathrm{d}}{\mathrm{d}x}\left(\frac{\mathrm{e}^x-1}{x}\right)=\frac{1}{2!}+\frac{2x}{3!}+\cdots+\frac{(n-1)x^{n-2}}{n!}+\cdots=\sum_{n=2}^{\infty}\frac{(n-1)x^{n-2}}{n!},$$

$$x\in(-\infty,+\infty)$$

由$\frac{\mathrm{d}}{\mathrm{d}x}\left(\frac{\mathrm{e}^x-1}{x}\right)$的展开式知

$$\sum_{n=1}^{\infty}\frac{n}{(n+1)!}=\left[\frac{\mathrm{d}}{\mathrm{d}x}\left(\frac{\mathrm{e}^x-1}{x}\right)\right]\bigg|_{x=1}=\frac{x\mathrm{e}^x-(\mathrm{e}^x-1)}{x^2}\bigg|_{x=1}=1.$$

使用变量代换将函数展开成幂级数

【1135】 将 $f(x)=\mathrm{e}^{-x^2}$ 展开成 x 的幂级数.

解　作代换 $t=-x^2$，于是

$$\mathrm{e}^{-x^2}=\mathrm{e}^t=1+t+\frac{t^2}{2!}+\cdots+\frac{t^n}{n!}+\cdots=1-x^2+\frac{x^4}{2!}-\frac{x^6}{3!}+\cdots+(-1)^n\frac{x^{2n}}{n!}+\cdots,$$

$$-\infty<x<+\infty.$$

【1136】 将函数 $f(x)=\frac{x}{x^2-5x+6}$展开成 $x-5$ 的幂级数.

解

$$f(x)=\frac{x}{x^2-5x+6}=\frac{3}{x-3}-\frac{2}{x-2}=\frac{3}{2+(x-5)}-\frac{2}{3+(x-5)}$$

$$=\frac{3}{2}\frac{1}{1+\frac{x-5}{2}}-\frac{2}{3}\frac{1}{1+\frac{x-5}{3}}$$

$$=\frac{3}{2}\sum_{n=0}^{\infty}(-1)^n\frac{(x-5)^n}{2^n}-\frac{2}{3}\sum_{n=0}^{\infty}(-1)^n\frac{(x-5)^n}{3^n}$$

$$=\sum_{n=0}^{\infty}(-1)^n\left[\frac{3}{2^{n+1}}-\frac{2}{3^{n+1}}\right](x-5)^n$$

$$=\sum_{n=0}^{\infty}(-1)^n\frac{3^{n+2}-2^{n+2}}{6^{n+1}}(x-5)^n,$$

收敛区间应取$-1<\frac{x-5}{2}<1$与$-1<\frac{x-5}{3}<1$中的交集，即$3<x<7$.

【1137】 将函数$f(x)=\frac{1}{x(x-1)}$展开成$x-2$的幂级数.

解 函数$f(x)=\frac{1}{x(x-1)}=\frac{1}{x-1}-\frac{1}{x}$.

使用间接展开法计算，需将$\frac{1}{x-1}$与$\frac{1}{x}$化成$\frac{1}{1\pm(x-2)}$，以便利用$\frac{1}{1\pm x}$的幂级数展开式，将$\frac{1}{1\pm(x-2)}$展开为$(x-2)$的幂级数即可.

$$f(x)=\frac{1}{x(x-1)}=\frac{1}{x-1}-\frac{1}{x}=\frac{1}{1+(x-2)}-\frac{1}{2}\frac{1}{(1+\frac{x-2}{2})}$$

$$=\sum_{n=0}^{\infty}(-1)^n(x-2)^n-\frac{1}{2}\sum_{n=0}^{\infty}(-1)^n\left(\frac{x-2}{2}\right)^n$$

$$=\sum_{n=0}^{\infty}(-1)^n(1-\frac{1}{2^{n+1}})(x-2)^n.$$

幂级数$\sum_{n=0}^{\infty}(-1)^n(x-2)^n$的收敛域是$|x-2|<1$，幂级数$\sum_{n=0}^{\infty}(-1)^n\left(\frac{x-2}{2}\right)^n$的收敛域是$|x-2|<2$，故知所得幂级数的收敛域是$|x-2|<1$，即$1<x<3$.

【1138】 将函数$f(x)=\frac{1}{x^2+3x+2}$展开成$(x-1)$的幂级数，并证明：

(1) $\sum_{n=1}^{\infty}\left(\frac{1}{2^n}-\frac{1}{3^n}\right)=\frac{1}{2}$;

(2) $\sum_{n=1}^{\infty}(-1)^{n-1}\left(\frac{1}{2^n}-\frac{1}{3^n}\right)=\frac{1}{12}$.

解 $f(x)=\frac{1}{x^2+3x+2}=\frac{1}{(x+1)(x+2)}=\frac{1}{x+1}-\frac{1}{x+2}$,

其中，

$$\frac{1}{x+1}=\frac{1}{2(1+\frac{x-1}{2})}=\frac{1}{2}\sum_{n=0}^{\infty}(-1)^n\left(\frac{x-1}{2}\right)^n,\quad -1<x<3,$$

$$\frac{1}{x+2}=\frac{1}{3(1+\frac{x-1}{3})}=\frac{1}{3}\sum_{n=0}^{\infty}(-1)^n\left(\frac{x-1}{3}\right)^n,\quad -2<x<4,$$

于是

$$f(x)=\frac{1}{x^2+3x+2}$$

$$=\frac{1}{2}\sum_{n=0}^{\infty}(-1)^n\left(\frac{x-1}{2}\right)^n-\frac{1}{3}\sum_{n=0}^{\infty}(-1)^n\left(\frac{x-1}{3}\right)^n$$

$$=\sum_{n=0}^{\infty}(-1)^n\left(\frac{1}{2^{n+1}}-\frac{1}{3^{n+1}}\right)(x-1)^n,\quad -1<x<3.$$

(1)令 $x=0$,代入上式得 $\frac{1}{2}=\sum_{n=1}^{\infty}\left(\frac{1}{2^n}-\frac{1}{3^n}\right)$;

(2)令 $x=2$,代入上式得 $\frac{1}{12}=\sum_{n=1}^{\infty}(-1)^{n-1}\left(\frac{1}{2^n}-\frac{1}{3^n}\right)$.

通过函数变形及四则运算将函数展开成幂级数

【1139】 将函数 $f(x)=\frac{x}{2+x-x^2}$ 展开成 x 的幂级数.

解 因为 $\frac{x}{2+x-x^2}=\frac{x}{3}\left(\frac{1}{1+x}+\frac{1}{2-x}\right)$,

分别将 $\frac{1}{1+x}$, $\frac{1}{2-x}$ 展开成 x 的幂级数

$$\frac{1}{1+x}=\sum_{n=0}^{\infty}(-1)^n x^n,\quad |x|<1,$$

$$\frac{1}{2-x}=\frac{1}{2}\frac{1}{1-\frac{x}{2}}=\sum_{n=0}^{\infty}\frac{x^n}{2^{n+1}},\quad |x|<2,$$

所以

$$\frac{x}{2+x-x^2}=\frac{x}{3}\left(\frac{1}{1+x}+\frac{1}{2-x}\right)=\frac{1}{3}\sum_{n=0}^{\infty}\left[(-1)^n+\frac{1}{2^{n+1}}\right]x^{n+1},\quad |x|<1.$$

【1140】 将函数 $y=\ln(1-x-2x^2)$ 展成 x 的幂级数,并指出其收敛区间.

解 $\ln(1-x-2x^2)=\ln(1-2x)(1+x)=\ln(1+x)+\ln(1-2x)$.

$$\ln(1+x)=x-\frac{x^2}{2}+\frac{x^3}{3}+\cdots+(-1)^{n+1}\frac{x^n}{n}+\cdots,$$

其收敛区间为 $(-1,1)$;

$$\ln(1-2x)=(-2x)-\frac{(-2x)^2}{2}+\frac{(-2x)^3}{3}-\cdots+(-1)^{n+1}\frac{(-2x)^n}{n}+\cdots$$

其收敛区间为 $\left(-\frac{1}{2},\frac{1}{2}\right)$.

于是,有

$$\ln(1-x-2x^2)=\sum_{n=1}^{\infty}\left[(-1)^{n+1}\frac{x^n}{n}+(-1)^{n+1}\frac{(-2x)^n}{n}\right]=\sum_{n=1}^{\infty}\frac{(-1)^{n+1}-2^n}{n}x^n,$$

其收敛区间为 $\left(-\frac{1}{2},\frac{1}{2}\right)$.

点评 本题考查幂级数展开的间接展开法.

值得注意的是:函数 $\ln(1-2x)(1+x)$ 的定义域为 $(1-2x)(1+x)>0$,所以 $\begin{cases}1-2x>0\\1+x>0\end{cases}$ 或 $\begin{cases}1-2x<0\\1+x<0\end{cases}$,因为 $\begin{cases}1-2x<0\\1+x<0\end{cases}$ 无解,因此恒有 $\ln(1-2x)(1+x)=\ln(1-2x)+\ln(1+x)$.

【1141】 将函数 $f(x)=\frac{x}{1+x^2}$ 展开成 x 的幂级数.

解 $\frac{x}{1+x^2}=x\cdot\frac{1}{1+x^2}$

$=x[1-x^2+x^4-x^6+\cdots+(-1)^n x^{2n}+\cdots]$

$=x-x^3+x^5-\cdots+(-1)^n x^{2n+1}+\cdots,\quad -1<x<1.$

【1142】 将函数 $f(x)=\sin x$ 在点 $x_0=\frac{\pi}{4}$ 展成幂级数.

解

$$\sin x=\sin\left[\frac{\pi}{4}+\left(x-\frac{\pi}{4}\right)\right]=\sin\frac{\pi}{4}\cos\left(x-\frac{\pi}{4}\right)+\cos\frac{\pi}{4}\cdot\sin\left(x-\frac{\pi}{4}\right)$$

$$=\frac{1}{\sqrt{2}}\left[1-\frac{1}{2!}\left(x-\frac{\pi}{4}\right)^2+\frac{1}{4!}\left(x-\frac{\pi}{4}\right)^4-\frac{1}{6!}\left(x-\frac{\pi}{4}\right)^6+\cdots+(-1)^n\frac{1}{(2n)!}\left(x-\frac{\pi}{4}\right)^{2n}+\cdots\right]$$

$$+\frac{1}{\sqrt{2}}\left[\left(x-\frac{\pi}{4}\right)-\frac{1}{3!}\left(x-\frac{\pi}{4}\right)^3+\frac{1}{5!}\left(x-\frac{\pi}{4}\right)^5-\cdots+(-1)^n\frac{1}{(2n+1)!}\left(x-\frac{\pi}{4}\right)^{2n+1}+\cdots\right]$$

$$=\frac{\sqrt{2}}{2}\left[1+\left(x-\frac{\pi}{4}\right)-\frac{1}{2!}\left(x-\frac{\pi}{4}\right)^2-\frac{1}{3!}\left(x-\frac{\pi}{4}\right)^3+\frac{1}{4!}\left(x-\frac{\pi}{4}\right)^4+\frac{1}{5!}\left(x-\frac{\pi}{4}\right)^5-\cdots\right.$$

$$\left.+(-1)^n\frac{1}{(2n)!}\left(x-\frac{\pi}{4}\right)^{2n}+(-1)^n\frac{1}{(2n+1)!}\left(x-\frac{\pi}{4}\right)^{2n+1}+\cdots\right],$$

$$-\infty<x<+\infty$$

利用幂级数的展开式求高阶导数

【1143】 设 $f(x)=\frac{2x^2}{1+x^2}$，求 $f^{(6)}(0)$.

解　将 $f(x)$ 展开成幂级数，有

$$f(x)=2x^2\cdot\frac{1}{1+x^2}=2x^2\cdot\sum_{n=0}^{\infty}(-1)^n x^{2n}=\sum_{n=0}^{\infty}(-1)^n\cdot 2\cdot x^{2n+2},$$

$$x\in(-1,1)$$

而 $f(x)$ 的幂级数展开式中 x^6 的系数为 $\frac{f^{(6)}(0)}{6!}$，于是有

$$(-1)^2\cdot 2=\frac{f^{(6)}(0)}{6!},$$

故 $f^{(6)}(0)=2\cdot 6!=1440$.

§6. 傅立叶级数

1. 函数的傅立叶(Fourier)级数

设函数 $f(x)$ 在区间 $[-\pi,\pi]$（或 $[0,2\pi]$）上可积，则称

$$a_n=\frac{1}{\pi}\int_{-\pi}^{\pi}f(x)\cos nx\,dx,\quad n=0,1,2,\cdots,$$

$$b_n=\frac{1}{\pi}\int_{-\pi}^{\pi}f(x)\sin nx\,dx,\quad n=1,2,\cdots$$

为函数 $f(x)$ 的傅立叶系数. 由上述 a_n,b_n 所形成的三角级数

$$\frac{a_0}{2}+\sum_{n=1}^{\infty}(a_n\cos nx+b_n\sin nx)$$

称为函数 $f(x)$的傅立叶级数.

2. 狄立克莱(Dirichlet)定理

设函数 $f(x)$在区间$[-\pi,\pi]$(或$[0,2\pi]$)上满足条件:

(1)连续或只有有限个第一类间断点;

(2)至多只有有限个极值点.

则 $f(x)$的傅立叶级数

$$\frac{a_0}{2}+\sum_{n=1}^{\infty}(a_n\cos nx+b_n\sin nx)$$

在区间$[-\pi,\pi]$(或$[0,2\pi]$)上收敛,并且,若其和函数为 $S(x)$,则有:

(1)在 $f(x)$的连续点处,$S(x)=f(x)$;

(2)在 $f(x)$的间断点 x 处,$S(x)=\dfrac{f(x-0)+f(x+0)}{2}$;

(3)在端点 $x=\pm\pi$ 处,$S(x)=\dfrac{f(-\pi+0)+f(\pi-0)}{2}$,

$\left(\text{或在 } x=0,2\pi\text{ 处},S(x)=\dfrac{f(0+0)+f(2\pi-0)}{2}\right)$,其中 $f(x_0-0)$,$f(x_0+0)$分别表示 $f(x)$在 x_0 处的左、右极限,

$$a_n=\frac{1}{\pi}\int_{-\pi}^{\pi}f(x)\cos nx\mathrm{d}x,\quad n=0,1,2,\cdots,$$

$$b_n=\frac{1}{\pi}\int_{-\pi}^{\pi}f(x)\sin nx\mathrm{d}x,\quad n=1,2,\cdots.$$

3. 正弦级数

若 $f(x)$是$(-\pi,\pi)$上的奇函数,则

$$f(x)=\sum_{n=1}^{\infty}b_n\sin nx,$$

其中 $b_n=\dfrac{2}{\pi}\displaystyle\int_0^{\pi}f(x)\sin nx\mathrm{d}x$, $n=1,2,\cdots$.

4. 余弦级数

若 $f(x)$是$(-\pi,\pi)$上的偶函数,则

$$f(x)=\frac{a_0}{2}+\sum_{n=1}^{\infty}a_n\cos nx,$$

其中 $a_n=\dfrac{2}{\pi}\displaystyle\int_0^{\pi}f(x)\cos nx\mathrm{d}x$, $n=0,1,2,\cdots$.

基 本 题 型

求函数的傅立叶级数展开系数

【1144】 设函数 $f(x)=\pi x+x^2\ (-\pi<x<\pi)$的傅立叶级数展开式为

$$\frac{a_0}{2}+\sum_{n=1}^{\infty}(a_n\cos nx+b_n\sin nx),$$

则其系数 $b_3=$________.

解 $b_3=\dfrac{1}{\pi}\displaystyle\int_{-\pi}^{\pi}(\pi x+x^2)\sin 3x\mathrm{d}x=\dfrac{2}{\pi}\int_0^{\pi}\pi x\sin 3x\mathrm{d}x$

$$=-\frac{2}{3}x\cos 3x\Big|_0^{\pi}+\frac{2}{3}\int_0^{\pi}\cos 3x\mathrm{d}x=\frac{2}{3}\pi+\frac{2}{9}\sin 3x\Big|_0^{\pi}=\frac{2}{3}\pi.$$

故应填$\frac{2}{3}\pi$.

【1145】 设 $x^2=\sum_{n=0}^{\infty}a_n\cos nx\ (-\pi\leqslant x\leqslant\pi)$,则 $a_2=$________.

解 根据余弦级数的系数计算公式,有

$$a_2=\frac{2}{\pi}\int_0^{\pi}x^2\cos 2x\mathrm{d}x=\frac{1}{\pi}\int_0^{\pi}x^2\mathrm{d}(\sin 2x)=\frac{1}{\pi}\left(x^2\sin 2x\Big|_0^{\pi}-\int_0^{\pi}\sin 2x\cdot 2x\mathrm{d}x\right)$$

$$=\frac{1}{\pi}\int_0^{\pi}x\mathrm{d}(\cos 2x)=\frac{1}{\pi}\left(x\cos 2x\Big|_0^{\pi}-\int_0^{\pi}\cos 2x\mathrm{d}x\right)=1.$$

故应填 1.

【1146】 设 $f(x)$是以 2π 为周期函数,且其傅立叶系数为 a_n,b_n,试求 $f(x+h)$(h 为实数)的傅立叶系数:$a_n'=$________,$b_n'=$________.

解
$$a_n'=\frac{1}{\pi}\int_{-\pi}^{\pi}f(x+h)\cos nx\mathrm{d}x=\frac{1}{\pi}\int_{-\pi}^{\pi}f(x+h)\cos[n(x+h)-nh]\mathrm{d}x$$

$$=\frac{1}{\pi}\int_{-\pi}^{\pi}f(x+h)\cos nh\cos(x+h)n\mathrm{d}x+\frac{1}{\pi}\int_{-\pi}^{\pi}f(x+h)\sin nh\sin(x+h)n\mathrm{d}x$$

$$=a_n\cos nh+b_n\sin nh.$$

同理可得 $b_n'=b_n\cos nh-a_n\sin nh$.

故应填 $a_n\cos nh+b_n\sin nh,b_n\cos nh-a_n\sin nh$.

【1147】 设 $f(x)$是可积函数,且在$[-\pi,\pi]$上恒有 $f(x+\pi)=f(x)$,则 $a_{2n-1}=$________,$b_{2n-1}=$________.

解
$$a_n=\frac{1}{\pi}\int_{-\pi}^{\pi}f(x)\cos nx\mathrm{d}x=\frac{1}{\pi}\int_{-\pi}^{0}f(x)\cos nx\mathrm{d}x+\frac{1}{\pi}\int_0^{\pi}f(x)\cos nx\mathrm{d}x$$

$$\int_0^{\pi}f(x)\cos nx\mathrm{d}x\xlongequal{x=t+\pi}\int_{-\pi}^{0}f(t+\pi)\cos n(t+\pi)\mathrm{d}t$$

$$=\int_{-\pi}^{0}f(t+\pi)(-1)^n\cos nt\mathrm{d}t=\int_{-\pi}^{0}f(t)(-1)^n\cos nt\mathrm{d}t$$

$$=\int_{-\pi}^{0}f(x)(-1)^n\cos nx\mathrm{d}x.$$

故 $a_n=\frac{1}{\pi}\int_{-\pi}^{0}[1+(-1)^n]f(x)\cos nx\mathrm{d}x$.

则 $a_{2n-1}=0$. 同理可得 $b_{2n-1}=0$.

故应填 0,0.

利用狄立克莱定理判断傅氏级数的收敛性

【1148】 设 $f(x)=\begin{cases}x+\pi, & -\pi\leqslant x<0\\ x-\pi, & 0\leqslant x<\pi\end{cases}$ 为 $T=2\pi$ 的周期函数,则其傅立叶级数在 $x=\frac{5\pi}{2}$ 处收敛于________.

解 $x=\frac{5}{2}\pi$ 为连续点,故傅立叶级数在此处收敛于

$$f\left(\frac{5}{2}\pi\right)=f\left(\frac{1}{2}\pi\right)=\frac{1}{2}\pi-\pi=-\frac{1}{2}\pi.$$

故应填$-\frac{1}{2}\pi$.

【1149】 已知 $f(x)=\begin{cases}x, & -\pi<x\leqslant 0\\ 1+x, & 0<x\leqslant\pi\end{cases}$ 的傅立叶级数为

$$\frac{a_0}{2}+\sum_{n=1}^{\infty}(a_n\cos nx+b_n\sin nx),$$

其和函数为 $S(x)$,则 $S(1)=$________,$S(0)=$________,$S(\pi)=$________.

解 根据傅立叶级数收敛定理,有

$$S(1)=f(1)=1+1=2,\quad S(0)=\frac{f(0-0)+f(0+0)}{2}=\frac{0+1}{2}=\frac{1}{2},$$

$$S(\pi)=\frac{f(-\pi+0)+f(\pi-0)}{2}=\frac{-\pi+1+\pi}{2}=\frac{1}{2}.$$

故应填 $2,\frac{1}{2},\frac{1}{2}$.

【1150】 设 $f(x)=x^2,0\leqslant x\leqslant 1$,而 $S(x)=\sum\limits_{n=1}^{\infty}b_n\sin n\pi x$,其中 $b_n=2\int_0^1 f(x)\sin n\pi x\mathrm{d}x$,$n=1,2,\cdots$,则 $S(-\frac{1}{2})=$________.

解 由于所给级数为正弦级数,因此应将 $f(x)$在$(-1,0)$上进行奇延拓. 当$-1<x<0$ 时,$f(x)=-x^2$. 根据傅立叶级数收敛定理,因为 $x=-\frac{1}{2}$为连续点,所以

$$S(-\frac{1}{2})=f(-\frac{1}{2})=-\frac{1}{4}.$$

故应填$-\frac{1}{4}$.

【1151】 设函数 $f(x)=\begin{cases}-1, & -\pi<x\leqslant 0\\ 1+x^2, & 0<x\leqslant\pi\end{cases}$,则其以 2π 为周期的傅立叶级数在点$x=\pi$处收敛于________.

解 所给函数 $f(x)$在区间$(-\pi,\pi]$上满足傅立叶级数收敛定理的条件,并且拓广为周期函数时在点 $x=k\pi$ $(k=0,\pm1,\pm2,\cdots)$处不连续,因此其傅立叶级数在点 $x=\pi$ 处收敛于

$$\frac{1}{2}[f(\pi-0)+f(\pi+0)]=\frac{1}{2}[1+\pi^2-1]=\frac{1}{2}\pi^2.$$

故应填$\frac{1}{2}\pi^2$.

【1152】 设函数 $f(x)$是以 2π 为周期的周期函数,且在闭区间$[-\pi,\pi]$上有

$$f(x)=\begin{cases}1-x, & -\pi\leqslant x\leqslant 0\\ 1+x, & 0\leqslant x\leqslant\pi\end{cases}$$

则 $f(x)$的傅立叶级数在 $x=\pi$ 处收敛于________.

(A)$1+\pi$　　(B)$1-\pi$　　(C)1　　(D)0

解 因为 $f(-\pi)=1-(-\pi)=1+\pi$,$f(\pi)=1+\pi$,所以 $f(x)$的傅立叶级数在 $x=\pi$ 处收敛于

$$\frac{f(-\pi+0)+f(\pi-0)}{2}=\frac{1+\pi+1+\pi}{2}=1+\pi.$$

故应选(A).

将函数展开成傅立叶级数

【1153】 将函数 $f(x)=\begin{cases}0, & -\pi<x\leqslant 0\\ x, & 0<x\leqslant\pi\end{cases}$ 展开成傅立叶级数.

解 所给函数满足收敛定理的条件,傅立叶系数为

$$a_0=\frac{1}{\pi}\int_{-\pi}^{\pi}f(x)\mathrm{d}x=\frac{1}{\pi}\int_{-\pi}^{0}0\cdot\mathrm{d}x+\frac{1}{\pi}\int_{0}^{\pi}x\mathrm{d}x=\frac{\pi}{2},$$

$$a_n=\frac{1}{\pi}\int_{-\pi}^{\pi}f(x)\cos nx\mathrm{d}x=\frac{1}{\pi}\int_{-\pi}^{0}0\cdot\cos nx\mathrm{d}x+\frac{1}{\pi}\int_{0}^{\pi}x\cos nx\mathrm{d}x$$

$$=\frac{1}{\pi}\left(\frac{x\sin nx}{n}+\frac{\cos nx}{n^2}\right)\bigg|_0^{\pi}=\frac{-1+(-1)^n}{\pi n^2}=\begin{cases}-\dfrac{2}{n^2\pi}, & \text{当 } n=1,3,5,\cdots\\ 0, & \text{当 } n=2,4,6,\cdots\end{cases}$$

又

$$b_n=\frac{1}{\pi}\int_{-\pi}^{\pi}f(x)\sin nx\mathrm{d}x=\frac{1}{\pi}\int_{-\pi}^{0}0\cdot\sin nx\mathrm{d}x+\frac{1}{\pi}\int_{0}^{\pi}x\sin nx\mathrm{d}x$$

$$=\frac{1}{\pi}\left(-\frac{x\cos nx}{n}+\frac{\sin nx}{n^2}\right)\bigg|_0^{\pi}=\frac{(-1)^{n+1}}{n}\quad(n=1,2,\cdots).$$

所以 $f(x)$ 的傅立叶级数展开式为

$$f(x)=\frac{\pi}{4}+\sum_{n=1}^{\infty}\left[\frac{(-1)^n-1}{n^2\pi}\cos nx+\frac{(-1)^{n+1}}{n}\sin nx\right],$$

当 $x=\pm\pi$ 时,傅立叶级数收敛于 $\dfrac{f(-\pi+0)+f(\pi-0)}{2}=\dfrac{0+\pi}{2}=\dfrac{\pi}{2}$.

【1154】 将函数 $f(x)=|\sin x|\ (-\pi<x\leqslant\pi)$ 展开成傅立叶级数.

解 $f(x)$ 为偶函数,故 $b_n=0,(n=1,2,\cdots)$

$$a_n=\frac{2}{\pi}\int_0^{\pi}f(x)\cos nx\mathrm{d}x=\frac{2}{\pi}\int_0^{\pi}\sin x\cos nx\mathrm{d}x$$

$$=\frac{1}{\pi}\int_0^{\pi}[\sin(1+n)x+\sin(1-n)x]\mathrm{d}x$$

$$=\frac{1}{\pi}\left[-\frac{1}{1+n}\cos(1+n)x-\frac{1}{1-n}\cos(1-n)x\right]\bigg|_0^{\pi}$$

$$=\frac{1}{\pi}\left[\frac{1-(-1)^{n+1}}{1+n}+\frac{1-(-1)^{n-1}}{1-n}\right]=\frac{2}{\pi}\cdot\frac{1-(-1)^{n+1}}{1-n^2}$$

$$=\begin{cases}0, & n=2k+1\\ \dfrac{4}{\pi(1-4k^2)}, & n=2k\end{cases}\quad(k=1,2,\cdots)$$

$$a_0=\frac{2}{\pi}\int_0^{\pi}\sin x\mathrm{d}x=\frac{4}{\pi},$$

$$a_1=\frac{2}{\pi}\int_0^{\pi}\sin x\cos x\mathrm{d}x=0,$$

则 $|\sin x|=\dfrac{2}{\pi}+\dfrac{4}{\pi}\sum\limits_{k=1}^{\infty}\dfrac{1}{1-4k^2}\cos 2kx\quad(-\pi<x\leqslant\pi)$.

将函数展开成正(余)弦级数

【1155】 将函数 $f(x)=\cos x$ 在区间 $[0,\pi]$ 上展开成正弦级数.

解 对 $f(x)$进行奇延拓，得

$$a_n=0,\ (n=0,1,2,\cdots)$$

$$b_n=\frac{2}{\pi}\int_0^{\pi}\cos x\sin nx\,dx=\frac{1}{\pi}\int_0^{\pi}[\sin(n+1)x+\sin(n-1)x]dx.$$

当 $n=1$ 时，$b_1=\frac{1}{\pi}\int_0^{\pi}\sin 2x\,dx=0$，

当 $n\neq 1$ 时，
$$\begin{aligned}b_n&=\frac{1}{\pi}\int_0^{\pi}[\sin(n+1)x+\sin(n-1)x]dx\\&=\frac{1}{\pi}\left[\frac{-\cos(n+1)x}{n+1}+\frac{-\cos(n-1)x}{n-1}\right]\Big|_0^{\pi}=\frac{2n}{\pi}\left[\frac{(-1)^n+1}{n^2-1}\right]\\&=\begin{cases}0, & n=2k+1\\ \dfrac{8k}{\pi(2k-1)(2k+1)}, & n=2k\end{cases}\quad(k=1,2,\cdots).\end{aligned}$$

所以

$$\begin{aligned}\cos x&=\frac{2}{\pi}\sum_{n=1}^{\infty}\frac{(-1)^n+1}{n^2-1}n\cdot\sin nx\\&=\frac{8}{\pi}\left(\frac{\sin 2x}{1\cdot 3}+\frac{2\sin 4x}{3\cdot 5}+\cdots+\frac{k\sin 2k\pi}{(2k-1)(2k+1)}+\cdots\right)\quad(0\leqslant x\leqslant\pi).\end{aligned}$$

事实上，右端的级数在 $x=0,\pi$ 处收敛于$\frac{1}{2}[f(0+0)+f(\pi-0)]=0$.

【1156】 将 $f(x)=x^2$ 在$(0,\pi)$上展为余弦级数，并求级数 $\sum_{n=1}^{\infty}\frac{1}{(2n-1)^2}$的和.

解 将函数 $f(x)$偶延拓，则有

$$b_n=0,\quad a_0=\frac{2}{\pi}\int_0^{\pi}x^2dx=\frac{2}{3}\pi^2.$$

$$a_n=\frac{2}{\pi}\int_0^{\pi}x^2\cos nx\,dx=\frac{2}{\pi}\left(\frac{x^2}{n}\sin nx+\frac{2x}{n^2}\cos nx-\frac{2}{n^3}\sin nx\right)\Big|_0^{\pi}=\frac{4}{n^2}(-1)^n,$$

故

$$\frac{\pi^2}{3}+4\sum_{n=1}^{\infty}\frac{(-1)^n}{n^2}\cos nx=x^2\quad(0<x<\pi).$$

在 $x=0$ 处，级数收敛于 0，所以 $\sum_{n=1}^{\infty}\frac{(-1)^{n-1}}{n^2}=\frac{\pi^2}{12}$，

在 $x=\pi$ 处，级数收敛于 π^2，所以 $\sum_{n=1}^{\infty}\frac{1}{n^2}=\frac{\pi^2}{6}$，因此

$$\sum_{n=1}^{\infty}\frac{1}{(2n-1)^2}=\frac{1}{2}\left(\frac{\pi^2}{12}+\frac{\pi^2}{6}\right)=\frac{\pi^2}{8}.$$

【1157】 把函数 $f(x)=\frac{\pi}{4}$在$[0,\pi]$上展成正弦级数，并由它推导出

(1)$1-\frac{1}{3}+\frac{1}{5}-\frac{1}{7}+\cdots=\frac{\pi}{4}$；

(2)$1+\frac{1}{5}-\frac{1}{7}-\frac{1}{11}+\frac{1}{13}+\frac{1}{17}+\cdots=\frac{\pi}{3}$.

解 $a_0=0\quad(n=0,1,\cdots)$

$$b_n=\frac{2}{\pi}\int_0^{\pi}\frac{\pi}{4}\sin nx\,dx=\frac{1}{2}\int_0^{\pi}\sin nx\,dx=-\frac{1}{2n}\cos nx\Big|_0^{\pi}$$

$$=-\frac{1}{2n}[(-1)^n-1]=\begin{cases}\frac{1}{2k-1}, & n=2k-1\\ 0, & n=2k\end{cases}\quad(k=1,2,\cdots).$$

又 $f(x)=\frac{\pi}{4}$ 为 $[0,\pi]$ 上的连续函数，有 $\frac{\pi}{4}=\sum\limits_{k=1}^{\infty}\frac{1}{2k-1}\sin(2k-1)x$.

(1) $\frac{\pi}{4}=\sum\limits_{k=1}^{\infty}\frac{1}{2k-1}(\sin 2kx\cos x-\cos 2kx\sin x)$.

取 $x=\frac{\pi}{2}$，得

$$\frac{\pi}{4}=\sum_{k=1}^{\infty}\frac{1}{2k-1}[-(-1)^k]=\sum_{k=1}^{\infty}\frac{(-1)^{k+1}}{2k-1}=1-\frac{1}{3}+\frac{1}{5}-\frac{1}{7}+\cdots.$$

(2)对(1)中　$\frac{\pi}{4}=1-\frac{1}{3}+\frac{1}{5}-\frac{1}{7}+\cdots$

两边同乘 $\frac{1}{3}$，得　$\frac{\pi}{12}=\frac{1}{3}-\frac{1}{9}+\frac{1}{15}-\frac{1}{21}+\cdots$.

又　$\frac{\pi}{4}=1-\frac{1}{3}+\frac{1}{5}-\frac{1}{7}+\frac{1}{9}-\frac{1}{11}+\cdots$

上两式相加得　$\frac{\pi}{3}=1+\frac{1}{5}-\frac{1}{7}-\frac{1}{11}+\frac{1}{13}+\frac{1}{17}+\cdots$.

§7. 一般周期函数的傅立叶级数

任意区间 $[-l,l]$ 上的傅立叶级数

设函数 $f(x)$ 在长为 $2l$ 的区间 $[-l,l]$（或 $[0,2l]$）上满足狄立克莱定理条件，作变量置换 $t=\frac{\pi x}{l}$，则函数 $f(x)=f\left(\frac{l}{\pi}t\right)=\varphi(t)$，而 $\varphi(t)$ 在区间 $[-\pi,\pi]$ 上满足狄立克莱定理条件，所以 $f(x)$ 在 $[-l,l]$ 上的傅立叶级数 $\frac{a_0}{2}+\sum\limits_{n=1}^{\infty}(a_n\cos\frac{n\pi}{l}x+b_n\sin\frac{n\pi}{l}x)$ 收敛，并且，若其和函数为 $S(x)$，则有

(1)在 $f(x)$ 的连续点处，$S(x)=f(x)$

(2)在 $f(x)$ 的间断点 x 处，$S(x)=\frac{f(x-0)+f(x+0)}{2}$

(3)在端点 $x=\pm l$ 处，$S(x)=\frac{f(-l+0)+f(l-0)}{2}$

$\left(\text{或在 } x=0,2l \text{ 处}, S(x)=\frac{f(0+0)+f(2l-0)}{2}\right)$

其中

$$a_n=\frac{1}{l}\int_{-l}^{l}f(x)\cos\frac{n\pi x}{l}\mathrm{d}x,\quad n=0,1,2,\cdots$$

$$b_n=\frac{1}{l}\int_{-l}^{l}f(x)\sin\frac{n\pi x}{l}\mathrm{d}x,\quad n=1,2,\cdots$$

可见，任意区间 $[-l,l]$ 上的傅立叶级数是区间 $[-\pi,\pi]$ 上的傅立叶级数的推广. 而区间 $[-\pi,\pi]$ 上的傅立叶级数是区间 $[-l,l]$ 上的傅立叶级数的特殊情况.

基本题型

利用狄立克莱定理计算

【1158】设$f(x)=\begin{cases}x, & 0\leqslant x\leqslant \dfrac{1}{2},\\ 2-2x, & \dfrac{1}{2}<x<1,\end{cases}$

$$S(x)=\frac{a_0}{2}+\sum_{n=1}^{\infty}a_n\cos n\pi x,\quad -\infty<x<+\infty,$$

其中 $a_n=2\int_0^1 f(x)\cos n\pi x\mathrm{d}x\ (n=0,1,2,\cdots)$，则 $S(-\frac{5}{2})=$ ________.

(A)$\frac{1}{2}$　　(B)$-\frac{1}{2}$　　(C)$\frac{3}{4}$　　(D)$-\frac{3}{4}$

解　本题把 $f(x)$进行偶延拓，展为余弦级数. 由于 $x=-\frac{5}{2}$为 $f(x)$延拓后所得函数的间断点，故根据狄立克莱充分条件

$$S(-\frac{5}{2})=\frac{f(-\frac{5}{2}-0)+f(-\frac{5}{2}+0)}{2}=\frac{f(\frac{1}{2}-0)+f(\frac{1}{2}+0)}{2}=\frac{\frac{1}{2}+1}{2}=\frac{3}{4}$$

故应选(C).

点评　由收敛定理知，在连续点 x_0 处，$S(x_0)=f(x_0)$，在间断点 x_1 处，$S(x_1)=\frac{f(x_1-0)+f(x_1+0)}{2}$. 计算和函数 $S(x)$主要考虑 $f(x)$的间断点及端点，如果 $f(x)$为定义在有限区间上的函数，或给出 $f(x)$在某个周期内的表达式时，需计算 $S(x)$在某些点处的值，则需利用周期延拓(或周期性)加以计算，讨论 $f(x)$的傅立叶级数的收敛情况主要讨论 $f(x)$在端点或间断点应收敛于什么值.

将函数在指定区间上展成傅立叶级数

【1159】将函数 $f(x)=\begin{cases}k, & -2\leqslant x<0\\ 0, & 0\leqslant x\leqslant 2\end{cases}$ （常数 $k\neq 0$）展开成傅立叶级数.

解　这是$\frac{T}{2}=2$，故由公式得傅立叶系数为

$$a_n=\frac{1}{2}\int_{-2}^{2}f(x)\cos\frac{n\pi x}{2}\mathrm{d}x=\frac{1}{2}\int_{-2}^{0}k\cos\frac{n\pi x}{2}\mathrm{d}x=\left(\frac{k}{n\pi}\sin\frac{n\pi x}{2}\right)\Big|_{-2}^{0}=0$$

$$(n=1,2,\cdots).$$

当 $n=0$ 时，$a_0=\frac{1}{2}\int_{-2}^{2}f(x)\mathrm{d}x=\frac{1}{2}\int_{-2}^{0}k\mathrm{d}x=k$. 又

$$\begin{aligned}b_n&=\frac{1}{2}\int_{-2}^{2}f(x)\sin\frac{n\pi x}{2}\mathrm{d}x=\frac{1}{2}\int_{-2}^{0}k\sin\frac{n\pi x}{2}\mathrm{d}x=\left(-\frac{k}{n\pi}\ \frac{\cos n\pi x}{2}\right)\Big|_{-2}^{0}\\&=\frac{k}{n\pi}[(-1)^n-1]\quad(n=1,2,\cdots).\end{aligned}$$

于是得

$$f(x)=\frac{k}{2}+\sum_{n=1}^{\infty}\frac{k}{n\pi}[(-1)^n-1]\sin\frac{n\pi x}{2}$$

$$=\frac{k}{2}-\frac{2k}{\pi}\left(\sin\frac{\pi x}{2}+\frac{1}{3}\sin\frac{3\pi x}{2}+\frac{1}{5}\sin\frac{5\pi x}{2}+\cdots\right)\quad(-2<x<0\text{ 及 }0<x<2).$$

【1160】将函数 $f(x)=x-1(0\leqslant x\leqslant 2)$ 展开成周期为 4 的余弦级数.

解 $a_0=\frac{2}{2}\int_0^2(x-1)\mathrm{d}x=0.$

$$a_n=\frac{2}{2}\int_0^2(x-1)\cos\frac{n\pi x}{2}\mathrm{d}x=\frac{2}{n\pi}\int_0^2(x-1)\mathrm{d}\sin\frac{n\pi x}{2}$$

$$=-\frac{2}{n\pi}\int_0^2\sin\frac{n\pi x}{2}\mathrm{d}x=\frac{4}{n^2\pi^2}[(-1)^n-1]$$

$$=\begin{cases}0, & n=2k\\ -\frac{8}{(2k-1)^2\pi^2}, & n=2k-1\end{cases}\quad(k=1,2,\cdots)$$

$$f(x)=-\frac{8}{\pi^2}\sum_{k=1}^{\infty}\frac{1}{(2k-1)^2}\cos\frac{(2k-1)\pi x}{2},\quad x\in[0,2]$$

点评 展开式也可写作

$$f(x)=\frac{4}{\pi^2}\sum_{n=1}^{\infty}\frac{(-1)^n-1}{n^2}\cos\frac{n\pi x}{2}\quad x\in[0,2].$$

将函数 $f(x)$ 展开为傅立叶级数具体分为三步:(1)延拓为周期函数(这部分可省略);(2)计算傅立叶系数 a_n、b_n;(3)证明收敛情况写出和函数,由于傅立叶系数计算较为复杂,常用题型为展开为余弦及数或正弦级数.

利用傅立叶展开式求级数的和

【1161】将函数 $f(x)=2+|x|$,$(-1\leqslant x\leqslant 1)$展开成以 2 为周期的傅立叶级数,并由此求级数 $\sum_{n=1}^{\infty}\frac{1}{n^2}$ 的和.

解 由于 $f(x)=2+|x|\quad(-1\leqslant x\leqslant 1)$是偶函数,故

$$a_0=2\int_0^1(2+x)\mathrm{d}x=5,$$

$$a_n=2\int_0^1(2+x)\cos n\pi x\mathrm{d}x=2\int_0^1 x\cos n\pi x\mathrm{d}x=\frac{2(\cos n\pi-1)}{n^2\pi^2},\quad n=1,2,3,\cdots$$

$$b_n=0,\quad n=1,2,3,\cdots,$$

即有 $f(x)=2+|x|\sim\frac{5}{2}+\sum_{n=1}^{\infty}\frac{2(\cos n\pi-1)}{n^2\pi^2}\cos n\pi x=\frac{5}{2}-\frac{4}{\pi^2}\sum_{k=0}^{\infty}\frac{\cos(2k+1)\pi x}{(2k+1)^2}.$

由狄立克莱定理知该级数收敛于 $2+|x|$,$-1\leqslant x\leqslant 1$.

取 $x=0$,有

$$2=\frac{5}{2}-\frac{4}{\pi^2}\sum_{k=0}^{\infty}\frac{1}{(2k+1)^2},\quad\text{即}\quad\sum_{k=0}^{\infty}\frac{1}{(2k+1)^2}=\frac{\pi^2}{8}.$$

所以 $$\sum_{n=1}^{\infty}\frac{1}{n^2}=\sum_{k=0}^{\infty}\frac{1}{(2k+1)^2}+\sum_{k=1}^{\infty}\frac{1}{(2k)^2}=\sum_{k=0}^{\infty}\frac{1}{(2k+1)^2}+\frac{1}{4}\sum_{n=1}^{\infty}\frac{1}{n^2},$$

从而 $$\sum_{n=1}^{\infty}\frac{1}{n^2}=\frac{4}{3}\sum_{k=0}^{\infty}\frac{1}{(2k+1)^2}=\frac{4}{3}\cdot\frac{\pi^2}{8}=\frac{\pi^2}{6}.$$

【1162】将函数 $y=x^2$,$x\in[-1,1]$,展开为以 2 为周期的傅立叶级数,并由此求数项级数 $\sum_{n=1}^{\infty}\frac{(-1)^n}{n^2}$ 的和.

解 因为 $f(x)$ 为偶函数,故 $b_n=0,n=1,2,\cdots$ 而

$$a_0=2\int_0^1 x^2\mathrm{d}x=\frac{2}{3},$$

$$a_n=2\int_0^1 x^2\cos n\pi x\mathrm{d}x=\frac{2}{n\pi}\int_0^1 x^2\mathrm{d}(\sin n\pi x)$$

$$=-\frac{4}{n\pi}\int_0^1 x\sin n\pi x\mathrm{d}x=\frac{4}{n^2\pi^2}(-1)^n,\ n=1,2,\cdots$$

当 $x=\pm1$ 时, $\dfrac{f(-1+0)+f(1-0)}{2}=1=f(\pm1)$,所以

$$\frac{1}{3}+\sum_{n=1}^{\infty}\frac{4(-1)^n}{n^2\pi^2}\cos n\pi x=x^2,\quad x\in[-1,1].$$

令 $x=0$,得 $\dfrac{1}{3}+\sum\limits_{n=1}^{\infty}\dfrac{4(-1)^n}{n^2\pi^2}=0$,所以 $\sum\limits_{n=1}^{\infty}\dfrac{(-1)^n}{n^2}=-\dfrac{\pi^2}{12}$.

§8. 综合提高题型

利用级数收敛的定义及性质讨论

【1163】 若级数 $\sum\limits_{n=1}^{\infty}a_n$ 收敛,则________.

(A) $\sum\limits_{n=1}^{\infty}(a_n+a_{n+1})$ 收敛　　(B) $\sum\limits_{n=1}^{\infty}a_{2n}$ 收敛

(C) $\sum\limits_{n=1}^{\infty}a_na_{n-1}$ 收敛　　(D) $\sum\limits_{n=1}^{\infty}(-1)^na_n$ 收敛

解 由级数基本性质知,若 $\sum\limits_{n=1}^{\infty}a_n$ 收敛,则 $\sum\limits_{n=1}^{\infty}a_{n+1}$ 也收敛,故 $\sum\limits_{n=1}^{\infty}(a_n+a_{n+1})$ 收敛,而其余都涉及通项符号的变更,从而改变任意项级数的敛散性.

故应选(A).

【1164】 设有以下命题:

①若 $\sum\limits_{n=1}^{\infty}(u_{2n-1}+u_{2n})$ 收敛,则 $\sum\limits_{n=1}^{\infty}u_n$ 收敛;

②若 $\sum\limits_{n=1}^{\infty}u_n$ 收敛,则 $\sum\limits_{n=1}^{\infty}u_{n+1000}$ 收敛;

③若 $\lim\limits_{n\to\infty}\dfrac{u_{n+1}}{u_n}>1$,则 $\sum\limits_{n=1}^{\infty}u_n$ 发散;

④若 $\sum\limits_{n=1}^{\infty}(u_n+v_n)$ 收敛,则 $\sum\limits_{n=1}^{\infty}u_n$, $\sum\limits_{n=1}^{\infty}v_n$ 都收敛.

则以上命题中正确的是________.

(A)①②　　(B)②③　　(C)③④　　(D)④①

解 ①是错误的,如令 $u_n=(-1)^n$,显然 $\sum\limits_{n=1}^{\infty}u_n$ 发散,而 $\sum\limits_{n=1}^{\infty}(u_{n+1}+u_{2n})$ 收敛.

②是正确的,因为改变(增加或减少)级数的有限项,不改变级数的收敛性.

③是正确的，因为由$\lim\limits_{n\to\infty}\frac{u_{n+1}}{u_n}>1$可得到$u_n$不趋于零($n\to\infty$)，所以$\sum\limits_{n=1}^{\infty}u_n$发散.

④是错误的，如令$u_n=\frac{1}{n}$，$v_n=-\frac{1}{n}$，显然$\sum\limits_{n=1}^{\infty}u_n$，$\sum\limits_{n=1}^{\infty}v_n$都发散，而$\sum\limits_{n=1}^{\infty}(u_n+v_n)$收敛.

故应选(B).

点评 本题为基本题型，考查了级数收敛的定义及性质.

【1165】 设$p_n=\frac{a_n+|a_n|}{2}$，$q_n=\frac{|a_n|-a_n}{2}$，$n=1,2,\cdots$，则下列命题正确的是________.

(A)若$\sum\limits_{n=1}^{\infty}a_n$条件收敛，则$\sum\limits_{n=1}^{\infty}p_n$与$\sum\limits_{n=1}^{\infty}q_n$都收敛

(B)若$\sum\limits_{n=1}^{\infty}a_n$绝对收敛，则$\sum\limits_{n=1}^{\infty}p_n$与$\sum\limits_{n=1}^{\infty}q_n$都收敛

(C)若$\sum\limits_{n=1}^{\infty}a_n$条件收敛，则$\sum\limits_{n=1}^{\infty}p_n$与$\sum\limits_{n=1}^{\infty}q_n$的敛散性都不定

(D)若$\sum\limits_{n=1}^{\infty}a_n$绝对收敛，则$\sum\limits_{n=1}^{\infty}p_n$与$\sum\limits_{n=1}^{\infty}q_n$的敛散性都不定

解 若$\sum\limits_{n=1}^{\infty}a_n$条件收敛，则$\sum\limits_{n=1}^{\infty}|a_n|$发散，由级数的性质知$\sum\limits_{n=1}^{\infty}p_n$，$\sum\limits_{n=1}^{\infty}q_n$都发散，排除选项(A)，(C)；若$\sum\limits_{n=1}^{\infty}a_n$绝对收敛，则$\sum\limits_{n=1}^{\infty}a_n$收敛，由级数的性质知$\sum\limits_{n=1}^{\infty}p_n$，$\sum\limits_{n=1}^{\infty}q_n$都收敛，排除选项(D).

故应选(B).

讨论级数的收敛性与部分和数列有极限之间的关系

【1166】 已知$a_n=\int_0^1x^2(1-x)^n\mathrm{d}x$，($n=1,2,\cdots$).证明$\sum\limits_{n=1}^{\infty}a_n$收敛，并求其和.

解
$$\begin{aligned}a_n&=-\frac{1}{n+1}\int_0^1x^2\mathrm{d}(1-x)^{n+1}\\&=-\frac{1}{n+1}\cdot x^2\cdot(1-x)^{n+1}\Big|_0^1+\frac{1}{n+1}\int_0^1 2x(1-x)^{n+1}\mathrm{d}x\\&=\frac{2}{n+1}\int_0^1x(1-x)^{n+1}\mathrm{d}x=-\frac{2}{(n+1)(n+2)}\int_0^1x\mathrm{d}(1-x)^{n+2}\\&=-\frac{2}{(n+1)(n+2)}\cdot x\cdot(1-x)^{n+2}\Big|_0^1+\frac{2}{(n+1)(n+2)}\int_0^1(1-x)^{n+2}\mathrm{d}x\\&=-\frac{2}{(n+1)(n+2)}\cdot\frac{1}{n+3}(1-x)^{n+3}\Big|_0^1\\&=\frac{2}{(n+1)(n+2)(n+3)}.\end{aligned}$$

所以$\sum\limits_{n=1}^{\infty}a_n$的敛散性应与$\sum\limits_{n=1}^{\infty}\frac{1}{n^3}$一致，所以$\sum\limits_{n=1}^{\infty}a_n$收敛.

$$\begin{aligned}S_n&=\frac{2}{2\cdot3\cdot4}+\frac{2}{3\cdot4\cdot5}+\cdots+\frac{2}{(n+1)(n+2)(n+3)}\\&=(\frac{1}{2}-\frac{2}{3}+\frac{1}{4})+(\frac{1}{3}-\frac{2}{4}+\frac{1}{5})+(\frac{1}{4}-\frac{2}{5}+\frac{1}{6})+\cdots+(\frac{1}{n+1}-\frac{2}{n+2}+\frac{1}{n+3})\end{aligned}$$

$$=\frac{1}{2}-\frac{1}{3}-\frac{1}{n+2}+\frac{1}{n+3}.$$

故 $\lim\limits_{n\to\infty}S_n=\frac{1}{6}$.

【1167】设有两条抛物线 $y=nx^2+\frac{1}{n}$ 和 $y=(n+1)x^2+\frac{1}{n+1}$，记它们交点的横坐标的绝对值为 a_n.

(1)求这两条抛物线所围成的平面图形的面积 S_n； (2)求级数 $\sum\limits_{n=1}^{\infty}\frac{S_n}{a_n}$ 的和.

解 由 $y=nx^2+\frac{1}{n}$ 与 $y=(n+1)x^2+\frac{1}{n+1}$ 得 $a_n=\frac{1}{\sqrt{n(n+1)}}$.

因图形关于 y 轴对称，所以

$$S_n=2\int_0^{a_n}\left[nx^2+\frac{1}{n}-(n+1)x^2-\frac{1}{n+1}\right]dx=2\int_0^{a_n}\left[\frac{1}{n(n+1)}-x^2\right]dx$$

$$=\frac{4}{3}\ \frac{1}{n(n+1)\sqrt{n(n+1)}}.$$

因此 $\frac{S_n}{a_n}=\frac{4}{3}\ \frac{1}{n(n+1)}=\frac{4}{3}\left(\frac{1}{n}-\frac{1}{n+1}\right)$,

从而 $\sum\limits_{n=1}^{\infty}\frac{S_n}{a_n}=\lim\limits_{n\to\infty}\frac{S_n}{a_n}=\lim\limits_{n\to\infty}\left[\frac{4}{3}\left(1-\frac{1}{n+1}\right)\right]=\frac{4}{3}$.

点评 先求出部分和 S_n，然后再验证 S_n 是否有极限，求部分和的方法通常为“拆项求和”.

【1168】从点 $P_1(1,0)$ 作 x 轴的垂线，交抛物线 $y=x^2$ 于点 $Q_1(1,1)$；再从 Q_1 作这条抛物线的切线与 x 轴交于 P_2. 然后又从 P_2 作 x 轴的垂线，交抛物线于点 Q_2，依次重复上述过程得到一系列的点 $P_1,Q_1;P_2,Q_2;\cdots;P_n,Q_n;\cdots$(如图 1168 所示)

(1)求 $\overline{OP_n}$；

(2)求级数 $\overline{Q_1P_1}+\overline{Q_2P_2}+\cdots+\overline{Q_nP_n}+\cdots$ 的和，其中 $n(n\geqslant1)$ 为自然数，而 $\overline{M_1M_2}$ 表示点 M_1 与 M_2 之间的距离.

解 (1)由 $y=x^2$，得 $y'=2x$，对于任意 $a(0<a\leqslant1)$，抛物线 $y=x^2$ 在点 (a,a^2) 处的切线方程为

$$y-a^2=2a(x-a)$$

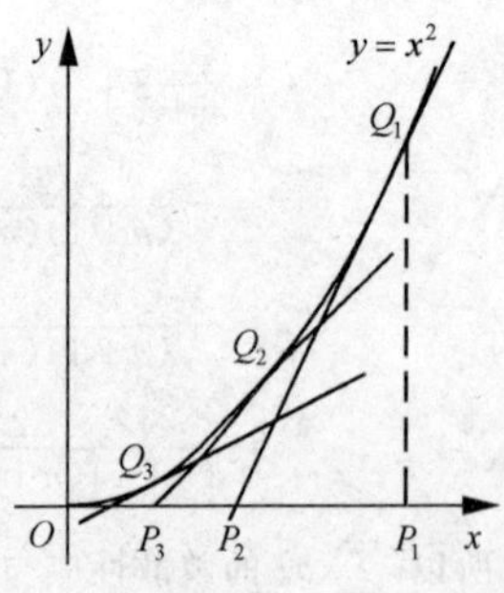

图 1168

且该切线与 x 轴的交点为 $(\frac{a}{2},0)$，故由 $\overline{OP_1}=1$，可见

$$\overline{OP_2}=\frac{1}{2}\overline{OP_1}=\frac{1}{2},$$

$$\overline{OP_3}=\frac{1}{2}\overline{OP_2}=\frac{1}{2}\cdot\frac{1}{2}=\frac{1}{2^2},\cdots,$$

$$\overline{OP_n}=\frac{1}{2^{n-1}}.$$

(2)由于 $\overline{Q_nP_n}=(\overline{OP_n})^2=(\frac{1}{2})^{2n-2}$，可见

$$\sum_{n=1}^{\infty}\overline{Q_nP_n}=\sum_{n=1}^{\infty}(\frac{1}{2})^{2n-2}=\frac{1}{1-(\frac{1}{2})^2}=\frac{4}{3}.$$

点评 本题是无穷级数解决几何问题的应用，首先应根据题意画出草图，通过使用导数的几何意义写出抛物线在任一点(a,a^2)的切线方程及与x轴的交点，再根据题意可得$\sum\limits_{n=1}^{\infty}\overline{Q_nP_n}$为一等比级数，然后使用等比级数求和公式求和.

【1169】 判断级数$\sum\limits_{n=1}^{\infty}\arctan\frac{1}{2n^2}$的敛散性，若此级数收敛，则求其和.

解 级数$\sum\limits_{n=1}^{\infty}\arctan\frac{1}{2n^2}$的一般项$u_n=\arctan\frac{1}{2n^2}$，当$n\to\infty$时，$\arctan\frac{1}{2n^2}\sim\frac{1}{2n^2}$，用比较判别法的极限形式，因为

$$\lim_{n\to\infty}\frac{\arctan\frac{1}{2n^2}}{\frac{1}{n^2}}=\frac{1}{2}$$

又级数$\sum\limits_{n=1}^{\infty}\frac{1}{n^2}$收敛，所以$\sum\limits_{n=1}^{\infty}\arctan\frac{1}{2n^2}$也收敛.

下面我们求$\sum\limits_{n=1}^{\infty}\arctan\frac{1}{2n^2}$的和$S$.

$$S_1=\arctan\frac{1}{2},$$

$$S_2=u_1+u_2=\arctan\frac{1}{2}+\arctan\frac{1}{8}=\arctan\frac{\frac{1}{2}+\frac{1}{8}}{1-\frac{1}{2}\cdot\frac{1}{8}}=\arctan\frac{2}{3},$$

$$S_3=S_2+u_3=\arctan\frac{2}{3}+\arctan\frac{1}{18}=\arctan\frac{\frac{2}{3}+\frac{1}{18}}{1-\frac{2}{3}\cdot\frac{1}{18}}=\arctan\frac{3}{4},\cdots\cdots,$$

由数学归纳法得到

$$S_n=\arctan\frac{n}{n+1},$$

从而$S=\lim\limits_{n\to\infty}\arctan\frac{n}{n+1}=\arctan 1=\frac{\pi}{4}$，所以$\sum\limits_{n=1}^{\infty}\arctan\frac{1}{2n^2}=\frac{\pi}{4}$.

【1170】 求级数$\sum\limits_{n=1}^{\infty}\frac{1}{2^n}\tan\frac{m}{2^n}$的和（$m$为某自然数）.

解 因为$\cot 2m=\frac{1-\tan^2 m}{2\tan m}=\frac{1}{2}(\cot m-\tan m)$，

所以
$$2\cot 2m-\cot m=-\tan m. \qquad ①$$

把①中的m依次用$\frac{m}{2},\frac{m}{4},\cdots,\frac{m}{2^n},\cdots$代替，得

$$2\cot m-\cot\frac{m}{2}=-\tan\frac{m}{2},$$

$$2\cot\frac{m}{2}-\cot\frac{m}{4}=-\tan\frac{m}{4},$$

$$\cdots\cdots$$

$$2\cot\frac{m}{2^{n-1}}-\cot\frac{m}{2^n}=-\tan\frac{m}{2^n},$$

用$\frac{1}{2},\frac{1}{2^2},\cdots,\frac{1}{2^n}$依次乘上面等式，然后两边相加，得

$$\cot m-\frac{1}{2^n}\cot\frac{m}{2^n}=-\sum_{k=1}^{n}\frac{1}{2^k}\tan\frac{m}{2^k},$$

$$\lim_{n\to\infty}S_n=\lim_{n\to\infty}\left[\frac{1}{2^n}\cot\frac{m}{2^n}-\cot m\right]=\frac{1}{m}-\cot m,$$

故 $\sum_{n=1}^{\infty}\frac{1}{2^n}\tan\frac{m}{2^n}=\frac{1}{m}-\cot m.$

【1171】 已知 $\sum_{n=1}^{\infty}\frac{1}{n^2}=\frac{\pi^2}{6}$，求级数 $\sum_{n=1}^{\infty}\frac{1}{(2n-1)^2}$的和.

解 令 $S=\sum_{n=1}^{\infty}\frac{1}{n^2},S_1=\sum_{n=1}^{\infty}\frac{1}{(2n-1)^2}$，则

$$\begin{aligned}S&=1+\frac{1}{2^2}+\frac{1}{3^2}+\frac{1}{4^2}+\cdots\\&=\left(1+\frac{1}{3^2}+\frac{1}{5^2}+\cdots+\frac{1}{(2n-1)^2}+\cdots\right)+\left(\frac{1}{2^2}+\frac{1}{4^2}+\cdots+\frac{1}{(2n)^2}+\cdots\right)\\&=\left(1+\frac{1}{3^2}+\frac{1}{5^2}+\cdots+\frac{1}{(2n-1)^2}+\cdots\right)+\frac{1}{4}\left(1+\frac{1}{2^2}+\frac{1}{3^2}+\cdots+\frac{1}{n^2}+\cdots\right)\\&=S_1+\frac{1}{4}S.\end{aligned}$$

于是，$S_1=\frac{3}{4}S=\frac{3}{4}\cdot\frac{\pi^2}{6}=\frac{\pi^2}{8}$， 即 $\sum_{n=1}^{\infty}\frac{1}{(2n-1)^2}=\frac{\pi^2}{8}.$

讨论任意项级数的敛散性

【1172】 判断级数 $\sum_{n=1}^{\infty}\frac{(-1)^n}{n^p}$的敛散性.

解 当 $p<0$ 时，因为$\lim_{n\to\infty}\frac{(-1)^n}{n^p}\neq0$，所以级数发散；

当 $0<p\leqslant1$ 时，由于 $\sum_{n=1}^{\infty}\frac{1}{n^p}$发散，而交错级数 $\sum_{n=1}^{\infty}\frac{(-1)^n}{n^p}$收敛，故原级数条件收敛；

当 $p>1$ 时，由于 $\sum_{n=1}^{\infty}\frac{1}{n^p}$收敛，所以原级数绝对收敛.

【1173】 判断级数 $\sum_{n=2}^{\infty}\frac{(-1)^n}{[n+(-1)^n]^p}$ $(p>0)$的敛散性，并说明是绝对收敛，条件收敛或发散.

解 $\frac{(-1)^n}{[n+(-1)^n]^p}=\frac{(-1)^n}{n^p}\left[1+\frac{(-1)^n}{n}\right]^{-p}$，将其展为泰勒公式有

$$\begin{aligned}\frac{(-1)^n}{[n+(-1)^n]^p}&=\frac{(-1)^n}{n^p}\cdot\left[1+\frac{(-1)^n}{n}\cdot(-p)+o(\frac{1}{n^2})\right]\\&=\frac{(-1)^n}{n^p}-p\cdot\frac{1}{n^{p+1}}+\frac{(-1)^n}{n^p}\cdot o(\frac{1}{n^2}).\end{aligned}$$

根据上题结果知 $0<p\leqslant1$ 时，原级数条件收敛；当 $p>1$ 时，原级数绝对收敛.

利用级数收敛的必要条件求极限

【1174】 计算$\lim_{n\to\infty}\frac{5^n\cdot n!}{(2n)^n}=$________.

解 应用级数收敛的必要条件.

考虑级数 $\sum\limits_{n=1}^{\infty}\dfrac{5^n\cdot n!}{(2n)^n}$,应用正项级数的比值审敛法有

$$\lim_{n\to\infty}\frac{\dfrac{5^{n+1}\cdot(n+1)!}{[2(n+1)]^{n+1}}}{\dfrac{5^n\cdot n!}{(2n)^n}}=\lim_{n\to\infty}\frac{5}{2}\left(\frac{n}{n+1}\right)^n=\frac{5}{2}\lim_{n\to\infty}\frac{1}{\left(1+\dfrac{1}{n}\right)^n}=\frac{5}{2\mathrm{e}}<1.$$

故级数 $\sum\limits_{n=1}^{\infty}\dfrac{5^n\cdot n!}{(2n)^n}$收敛,于是得$\lim\limits_{n\to\infty}\dfrac{5^n\cdot n!}{(2n)^n}=0$.

故应填 0.

利用正项级数的比较审敛法判断级数的敛散性

【1175】 设 $a_1=2$, $a_{n+1}=\dfrac{1}{2}(a_n+\dfrac{1}{a_n})$ $(n=1,2,\cdots)$,证明

(1)$\lim\limits_{n\to\infty}a_n$ 存在; (2)级数 $\sum\limits_{n=1}^{\infty}(\dfrac{a_n}{a_{n+1}}-1)$收敛.

证 (1)因 $a_{n+1}=\dfrac{1}{2}(a_n+\dfrac{1}{a_n})\geqslant\sqrt{a_n\cdot\dfrac{1}{a_n}}=1$,

$$a_{n+1}-a_n=\frac{1}{2}(a_n+\frac{1}{a_n})-a_n=\frac{1-a_n{}^2}{2a_n}\leqslant 0,$$

故$\{a_n\}$递减且有下界,所以$\lim\limits_{n\to\infty}a_n$ 存在.

(2)由(1)知 $0\leqslant\dfrac{a_n}{a_{n+1}}-1=\dfrac{a_n-a_{n+1}}{a_{n+1}}\leqslant a_n-a_{n+1}$

记 $S_n=\sum\limits_{k=1}^{n}(a_k-a_{k+1})=a_1-a_{n+1}$,

因$\lim\limits_{n\to\infty}a_{n+1}$存在,故$\lim\limits_{n\to\infty}S_n$ 存在,所以级数 $\sum\limits_{n=1}^{\infty}(a_n-a_{n+1})$收敛.

因此由比较审敛法知,级数 $\sum\limits_{n=1}^{\infty}(\dfrac{a_n}{a_{n+1}}-1)$收敛.

点评 本题(1)考查了使用单调有界数列必有极限证明$\lim\limits_{n\to\infty}a_n$ 存在. 对于(2)也可考虑使用正项级数的比值审敛法计算. 即

由于$\{a_n\}$单调递减,故$\dfrac{a_n}{a_{n+1}}-1>0$,从而级数 $\sum\limits_{n=1}^{\infty}(\dfrac{a_n}{a_{n+1}}-1)$为正项级数.

令 $b_n=\dfrac{a_n}{a_{n+1}}-1$,利用递推公式有

$$\rho=\lim_{n\to\infty}\frac{b_{n+1}}{b_n}=\lim_{n\to\infty}\frac{1}{4}\cdot\frac{a_n^2+1}{a_{n+1}^2+1}\cdot\frac{a_n^2-1}{a_n^2}=0<1,$$

由比值审敛法知级数 $\sum\limits_{n=1}^{\infty}(\dfrac{a_n}{a_{n+1}}-1)$收敛.

【1176】 设 $a_n=\int_0^{\frac{\pi}{4}}\tan^n x\,\mathrm{d}x$.

(1)求 $\sum\limits_{n=1}^{\infty}\dfrac{1}{n}(a_n+a_{n+2})$的值;

(2)试证:对任意的常数$\lambda>0$,级数$\sum\limits_{n=1}^{\infty}\frac{a_n}{n^\lambda}$收敛.

证 (1)因为

$$\frac{1}{n}(a_n+a_{n+2})=\frac{1}{n}\int_0^{\frac{\pi}{4}}\tan^n x(1+\tan^2 x)\mathrm{d}x$$
$$=\frac{1}{n}\int_0^{\frac{\pi}{4}}\tan^n x\sec^2 x\mathrm{d}x\xlongequal{\tan x=t}\frac{1}{n}\int_0^1 t^n\mathrm{d}t=\frac{1}{n(n+1)}$$
$$S_n=\sum_{i=1}^{n}\frac{1}{i}(a_i+a_{i+2})=\sum_{i=1}^{n}\frac{1}{i(i+1)}=1-\frac{1}{n+1}$$

所以 $\sum\limits_{n=1}^{\infty}\frac{1}{n}(a_n+a_{n+2})=\lim\limits_{n\to\infty}S_n=1.$

(2)因为

$$a_n=\int_0^{\frac{\pi}{4}}\tan^n x\mathrm{d}x\xlongequal{\tan x=t}\int_0^1\frac{t^n}{1+t^2}\mathrm{d}t<\int_0^1 t^n\mathrm{d}t=\frac{1}{n+1}$$

所以 $\frac{a_n}{n^\lambda}<\frac{1}{n^\lambda(n+1)}<\frac{1}{n^{\lambda+1}}$

由$\lambda+1>1$知,$\sum\limits_{n=1}^{\infty}\frac{1}{n^{\lambda+1}}$收敛,从而$\sum\limits_{n=1}^{\infty}\frac{a_n}{n^\lambda}$收敛.

点评 级数敛散性证明题是高等数学的一个难点,主要是因为级数的敛散性直接与数列的极限(S_n的极限)联系在一起,是高等数学中两个难点的结合,证明方法经常用到导数、泰勒公式、定积分等.

【1177】 若级数$\sum\limits_{n=1}^{\infty}a_n$及$\sum\limits_{n=1}^{\infty}b_n$都发散,则

(A) $\sum\limits_{n=1}^{\infty}(a_n+b_n)$必发散 (B) $\sum\limits_{n=1}^{\infty}a_nb_n$必发散

(C) $\sum\limits_{n=1}^{\infty}(|a_n|+|b_n|)$必发散 (D) $\sum\limits_{n=1}^{\infty}(a_n^2+b_n^2)$必发散

解 因为假若$\sum\limits_{n=1}^{\infty}(|a_n|+|b_n|)$收敛,由于$|a_n|\leqslant(|a_n|+|b_n|)$,由正项级数的比较审敛法知$\sum\limits_{n=1}^{\infty}|a_n|$收敛,从而$\sum\limits_{n=1}^{\infty}a_n$绝对收敛这与已知矛盾.

故应选(C).

【1178】 设正项数列$\{a_n\}$单调减少,且$\sum\limits_{n=1}^{\infty}(-1)^na_n$发散,试问级数$\sum\limits_{n=1}^{\infty}\left(\frac{1}{a_n+1}\right)^n$是否收敛?并说明理由.

解 级数$\sum\limits_{n=1}^{\infty}\left(\frac{1}{a_n+1}\right)^n$收敛.

理由:由于正项数列$\{a_n\}$单调减少有下界,故$\lim\limits_{n\to\infty}a_n$存在,记这个极限值为$a$,则$a\geqslant0$.若$a=0$,则由莱布尼兹定理知$\sum\limits_{n=1}^{\infty}(-1)^na_n$收敛,与题设矛盾,故$a>0$.

于是$\frac{1}{a_n+1}<\frac{1}{a+1}<1$,从而$\left(\frac{1}{a_n+1}\right)^n<\left(\frac{1}{a+1}\right)^n$.

而 $\sum_{n=1}^{\infty}\left(\frac{1}{a+1}\right)^n$ 是公比为 $\frac{1}{a+1}<1$ 的几何级数，故收敛. 因此由比较审敛法知原级数收敛.

点评 利用已知级数的敛散性，使用正项级数的比较审敛法可判断正项级数的敛散性. 已知敛散性的级数如：几何级数 $\sum_{n=1}^{\infty}aq^{n-1}$ 当 $|q|<1$ 时收敛，当 $|q|\geqslant1$ 时发散；p一级数 $\sum_{n=1}^{\infty}\frac{1}{n^p}$ 当 $p>1$ 时收敛；当 $p\leqslant1$ 时发散. 判定级数的敛散性，重点掌握比较审敛法的极限形式.

【1179】 设有方程 $x^n+nx-1=0$，其中 n 为正整数. 证明此方程存在唯一正实根 x_n，并证明当 $a>1$ 时，级数 $\sum_{n=1}^{\infty}x_n^a$ 收敛.

证 记 $f_n(x)=x^n+nx-1$.

当 $x>0$ 时，$f'_n(x)=nx^{n-1}+n>0$，故 $f_n(x)$ 在 $[0,+\infty)$ 上单调增加. 而 $f_n(0)=-1<0$，$f_n(1)=n>0$，由连续函数的介值定理知 $x^n+nx-1=0$ 存在唯一正实根 x_n.

由 $x_n^n+nx_n-1=0$ 与 $x_n>0$ 知

$$0<x_n=\frac{1-x_n^n}{n}<\frac{1}{n},$$

故当 $a>1$ 时，$0<x_n^a<\left(\frac{1}{n}\right)^a$.

而正项级数 $\sum_{n=1}^{\infty}\left(\frac{1}{n}\right)^a$ 收敛，所以当 $a>1$ 时，级数 $\sum_{n=1}^{\infty}x_n^a$ 收敛.

点评 本题为综合题，但难度不大，题型设计比较新颖. 证明方程存在唯一实根的常用方法是：(1)先利用介值定理证明根的存在性；(2)利用单调性证明的唯一性.

本题证明级数的收敛性使用了正项级数的比较审敛法.

【1180】 判断级数 $\sum_{n=1}^{\infty}\left(\frac{1}{n}-\ln\frac{n+1}{n}\right)$ 的收敛性，并证明：$\lim\limits_{n\to\infty}\frac{1+\frac{1}{2}+\cdots+\frac{1}{n}}{\ln n}=1$.

证 先证 $\sum_{n=1}^{\infty}\left(\frac{1}{n}-\ln\frac{n+1}{n}\right)$ 是正项级数，为此只需证 $x-\ln(1+x)>0, x\in(0,1]$.

令 $f(x)=x-\ln(1+x)$，$f'(x)=1-\frac{1}{1+x}>0$，$f(x)$ 单调递增，且 $f(0)=0$，

即 $x-\ln(1+x)>0$，令 $x=\frac{1}{n}$ 代入得 $\frac{1}{n}-\ln(1+\frac{1}{n})>0$，

而 $\lim\limits_{n\to\infty}\frac{\frac{1}{n}-\ln(1+\frac{1}{n})}{\frac{1}{n^2}}=\frac{1}{2}$ 由正项级数比较审敛法的极限形式知

级数 $\sum_{n=1}^{\infty}\left(\frac{1}{n}-\ln\frac{n+1}{n}\right)$ 收敛，从而得 $\lim\limits_{n\to\infty}\left(1+\frac{1}{2}+\cdots+\frac{1}{n}-\sum_{i=1}^{n}\ln\frac{i+1}{i}\right)$ 存在

即 $$\lim_{n\to\infty}\frac{1+\frac{1}{2}+\cdots+\frac{1}{n}-\ln(1+n)}{\ln n}=0,$$

从而 $$\lim_{n\to\infty}\frac{1+\frac{1}{2}+\cdots+\frac{1}{n}}{\ln n}=\lim_{n\to\infty}\frac{\ln(1+n)}{\ln n}=1.$$

【1181】 设偶函数 $f(x)$ 的二阶导数 $f''(x)$ 在 $x=0$ 的某邻域内连续，且 $f(0)=1, f''(0)=2$，

试证级数 $\sum_{n=1}^{\infty}\left[f\left(\frac{1}{n}\right)-1\right]$ 绝对收敛.

解 对于正项级数

$$\sum_{n=1}^{\infty}\frac{1}{n^2} \quad 与 \quad \sum_{n=1}^{\infty}\left[f\left(\frac{1}{n}\right)-1\right],$$

考虑 $\lim\limits_{n\to\infty}\dfrac{f\left(\frac{1}{n}\right)-1}{\frac{1}{n^2}}$，因为

$$\lim_{t\to+\infty}\frac{f\left(\frac{1}{t}\right)-1}{\frac{1}{t^2}}\xlongequal{x=\frac{1}{t}}\lim_{x\to 0}\frac{f(x)-1}{x^2}=\lim_{x\to 0}\frac{f'(x)}{2x}=\lim_{x\to 0}\frac{f''(x)}{2}=\frac{f''(0)}{2}=1.$$

由此

$$\lim_{n\to\infty}\frac{f\left(\frac{1}{n}\right)-1}{\frac{1}{n^2}}=1.$$

由比较审敛法的极限形式知 $\sum_{n=1}^{\infty}\left[f\left(\frac{1}{n}\right)-1\right]$ 收敛. 且为绝对收敛.

【1182】 设级数 $\sum_{n=1}^{\infty}(u_n-u_{n-1})$ 收敛，而 $\sum_{n=1}^{\infty}v_n$ 是收敛的正项级数，证明：

(1)存在正数 M，使 $|u_n|\leqslant M, n=0,1,2,\cdots$.

(2)级数 $\sum_{n=1}^{\infty}u_nv_n$ 绝对收敛.

证 (1)级数 $\sum_{n=1}^{\infty}(u_n-u_{n-1})$ 的前 n 项和为

$$S_n=(u_1-u_0)+(u_2-u_1)+\cdots+(u_n-u_{n-1})=u_n-u_0,$$

即 $u_n=S_n+u_0$；又因级数 $\sum_{n=1}^{\infty}(u_n-u_{n-1})$ 收敛，故极限 $\lim\limits_{n\to\infty}S_n$ 存在，设此极限值为 S，即

$$\lim_{n\to\infty}S_n=S.$$

于是 $\lim\limits_{n\to\infty}u_n=\lim\limits_{n\to\infty}(S_n+u_0)=S+u_0$.

因此，对于任意给定的正数 ε，总存在正整数 N，当 $n>N$ 时恒有

$$|u_n-(S+u_0)|<\varepsilon,$$

于是 $|u_n|-|S+u_0|\leqslant|u_n-(S+u_0)|<\varepsilon$，即 $|u_n|<\varepsilon+|S+u_0|$.

现取 $M=\max\{|u_0|,|u_1|,\cdots,|u_N|,\varepsilon+|S+u_0|\}$，则 $|u_n|\leqslant M$, $n=0,1,2,\cdots$

(2)由 $\sum_{n=1}^{\infty}v_n$ 是收敛的正项级数及(1)的结果，有

$$|u_nv_n|=|u_n|\cdot|v_n|\leqslant M|v_n|=Mv_n.$$

根据比较审敛法知级数 $\sum_{n=1}^{\infty}|u_nv_n|$ 收敛，即级数 $\sum_{n=1}^{\infty}u_nv_n$ 绝对收敛.

【1183】 已知 $f_n(x)$ 满足

$$f'_n(x)=f_n(x)+x^{n-1}\mathrm{e}^x \quad (n 为正整数)$$

且 $f_n(1)=\frac{e}{n}$，求函数项级数 $\sum\limits_{n=1}^{\infty} f_n(x)$ 之和.

解 由已知条件可见，$f'_n(x)-f_n(x)=x^{n-1}e^x$

其通解为 $f_n(x)=e^{\int dx}\left(\int x^{n-1}e^x e^{-\int dx}dx+C\right)=e^x\left(\frac{x^n}{n}+C\right)$.

由条件 $f_n(1)=\frac{e}{n}$，得 $C=0$，故 $f_n(x)=\frac{x^n e^x}{n}$

从而 $\sum\limits_{n=1}^{\infty} f_n(x)=\sum\limits_{n=1}^{\infty}\frac{x^n e^x}{n}=e^x\sum\limits_{n=1}^{\infty}\frac{x^n}{n}$

记 $S(x)=\sum\limits_{n=1}^{\infty}\frac{x^n}{n}$，其收敛域为 $[-1,1)$，当 $x\in(-1,1)$ 时，有

$$S'(x)=\sum_{n=1}^{\infty}x^{n-1}=\frac{1}{1-x},\quad \text{故 } S(x)=\int_0^x\frac{1}{1-t}dt=-\ln(1-x).$$

当 $x=-1$ 时，$\sum\limits_{n=1}^{\infty} f_n(x)=-e^{-1}\ln 2$.

于是，当 $-1\leqslant x<1$ 时，有 $\sum\limits_{n=1}^{\infty} f_n(x)=-e^x\ln(1-x)$.

【1184】(1) 验证函数 $y(x)=1+\frac{x^3}{3!}+\frac{x^6}{6!}+\frac{x^9}{9!}+\cdots+\frac{x^{3n}}{(3n)!}+\cdots(-\infty<x<+\infty)$ 满足微分方程 $y''+y'+y=e^x$；

(2) 利用(1)的结果求幂级数 $\sum\limits_{n=0}^{\infty}\frac{x^{3n}}{(3n)!}$ 的和函数.

解 (1) 因为

$$y(x)=1+\frac{x^3}{3!}+\frac{x^6}{6!}+\frac{x^9}{9!}+\cdots+\frac{x^{3n}}{(3n)!}+\cdots,$$

$$y'(x)=\frac{x^2}{2!}+\frac{x^5}{5!}+\frac{x^8}{8!}+\cdots+\frac{x^{3n-1}}{(3n-1)!}+\cdots,$$

$$y''(x)=x+\frac{x^4}{4!}+\frac{x^7}{7!}+\cdots+\frac{x^{3n-2}}{(3n-2)!}+\cdots,$$

所以 $y''+y'+y=e^x$.

(2) 与 $y''+y'+y=e^x$ 对应的齐次微分方程为 $y''+y'+y=0$.

其特征方程为 $\lambda^2+\lambda+1=0$，

特征根为 $\lambda_{1,2}=-\frac{1}{2}\pm\frac{\sqrt{3}}{2}i$. 因此齐次微分方程的通解为

$$Y=e^{-\frac{x}{2}}\left[C_1\cos\frac{\sqrt{3}}{2}x+C_2\sin\frac{\sqrt{3}}{2}x\right].$$

设非齐次微分方程的特解为 $y^*=Ae^x$

将 y^* 代入方程 $y''+y'+y=e^x$ 得 $A=\frac{1}{3}$，于是 $y^*=\frac{1}{3}e^x$，

方程通解为 $y=Y+y^*=e^{-\frac{x}{2}}\left[C_1\cos\frac{\sqrt{3}}{2}x+C_2\sin\frac{\sqrt{3}}{2}x\right]+\frac{1}{3}e^x$.

当 $x=0$ 时，有

$$\begin{cases} y(0)=1=C_1+\dfrac{1}{3}, \\ y'(0)=0=-\dfrac{1}{2}C_1+\dfrac{\sqrt{3}}{2}C_2+\dfrac{1}{3}; \end{cases}$$

由此得 $C_1=\dfrac{2}{3}, C_2=0$.

于是幂级数 $\sum\limits_{n=0}^{\infty}\dfrac{x^{3n}}{(3n)!}$ 的和函数为

$$y(x)=\frac{2}{3}e^{-\frac{x}{2}}\cos\frac{\sqrt{3}}{2}x+\frac{1}{3}e^{x}\quad(-\infty<x<+\infty).$$

点评 本题综合考查了无穷级数与微分方程两大知识点.根据幂级数的性质及二阶常系数线性非齐次微分方程的求解方法可顺利求得结果.

本题的(1)若改为"已知 $y(x)=1+\dfrac{x^3}{3!}+\dfrac{x^6}{6!}+\cdots+\dfrac{x^{3n}}{(3n)!}+\cdots\ (-\infty<x<+\infty)$,求 $y''+y'+y$,并用初等函数表示",则难度就大大增加了.

有关傅立叶级数的讨论

【1185】 设 $f(x)$ 是以 2π 为周期的连续函数,并且其傅立叶系数为 $a_0, a_n, b_n (n=1,2,\cdots)$.

(1)试求 $G(x)=\dfrac{1}{\pi}\int_{-\pi}^{\pi}f(t)f(x+t)\mathrm{d}t$ 的傅立叶系数 $A_0, A_n, B_n (n=1,2,\cdots)$;

(2)利用上述结果证明

$$\frac{1}{\pi}\int_{-\pi}^{\pi}f^2(x)\mathrm{d}x=\frac{a_0^2}{2}+\sum_{n=1}^{\infty}(a_n^2+b_n^2).$$

解 (1)因为

$$G(-x)=\frac{1}{\pi}\int_{-\pi}^{\pi}f(t)f(-x+t)\mathrm{d}t\xlongequal{-x+t=y}\frac{1}{\pi}\int_{-\pi-x}^{\pi-x}f(x+y)f(y)\mathrm{d}y.$$

又因为 $f(x)$ 是以 2π 为周期的连续函数,所以

$$G(-x)=\frac{1}{\pi}\int_{-\pi}^{\pi}f(x+y)f(y)\mathrm{d}y=\frac{1}{\pi}\int_{-\pi}^{\pi}f(t)f(x+t)\mathrm{d}t=G(x).$$

即 $G(x)$ 为偶函数,由此可得

$$\begin{aligned}
B_n&=0,\quad n=1,2,\cdots,\\
A_0&=\frac{1}{\pi}\int_{-\pi}^{\pi}G(x)\mathrm{d}x=\frac{1}{\pi}\int_{-\pi}^{\pi}\left[\frac{1}{\pi}\int_{-\pi}^{\pi}f(t)f(x+t)\mathrm{d}t\right]\mathrm{d}x\\
&=\frac{1}{\pi^2}\int_{-\pi}^{\pi}\mathrm{d}x\int_{-\pi}^{\pi}f(t)f(x+t)\mathrm{d}t=\frac{1}{\pi^2}\int_{-\pi}^{\pi}\mathrm{d}t\int_{-\pi}^{\pi}f(t)f(x+t)\mathrm{d}x\\
&=\frac{1}{\pi^2}\int_{-\pi}^{\pi}f(t)\mathrm{d}t\int_{-\pi}^{\pi}f(x+t)\mathrm{d}x=\frac{1}{\pi}\int_{-\pi}^{\pi}f(t)\left[\frac{1}{\pi}\int_{-\pi+t}^{\pi+t}f(u)\mathrm{d}u\right]\mathrm{d}t\\
&=\frac{1}{\pi}\int_{-\pi}^{\pi}f(t)\left[\frac{1}{\pi}\int_{-\pi}^{\pi}f(u)\mathrm{d}u\right]\mathrm{d}t=\frac{1}{\pi}\int_{-\pi}^{\pi}a_0f(t)\mathrm{d}t=a_0{}^2.\\
A_n&=\frac{1}{\pi}\int_{-\pi}^{\pi}G(x)\cos nx\mathrm{d}x=\frac{1}{\pi}\int_{-\pi}^{\pi}\left[\frac{1}{\pi}\int_{-\pi}^{\pi}f(t)f(x+t)\mathrm{d}t\right]\cos nx\mathrm{d}x\\
&=\frac{1}{\pi}\int_{-\pi}^{\pi}f(t)\left[\frac{1}{\pi}\int_{-\pi}^{\pi}f(x+t)\cos nx\mathrm{d}x\right]\mathrm{d}t\\
&=\frac{1}{\pi}\int_{-\pi}^{\pi}f(t)\left[\frac{1}{\pi}\int_{-\pi+t}^{\pi+t}f(u)\cos n(u-t)\mathrm{d}u\right]\mathrm{d}t
\end{aligned}$$

$$=\frac{1}{\pi}\int_{-\pi}^{\pi} f(t)\left[\cos nt\cdot\frac{1}{\pi}\int_{-\pi+t}^{\pi+t} f(u)\cos nu\mathrm{d}u+\sin nt\cdot\frac{1}{\pi}\int_{-\pi+t}^{\pi+t} f(u)\sin nu\mathrm{d}u\right]\mathrm{d}t$$

$$=\frac{1}{\pi}\int_{-\pi}^{\pi} f(t)\left[\cos nt\cdot\frac{1}{\pi}\int_{-\pi}^{\pi} f(u)\cos nu\mathrm{d}u+\sin nt\cdot\frac{1}{\pi}\int_{-\pi}^{\pi} f(u)\sin nu\mathrm{d}u\right]\mathrm{d}t$$

$$=\frac{1}{\pi}\int_{-\pi}^{\pi} f(t)\left[a_n\cos nt+b_n\sin nt\right]\mathrm{d}t$$

$$=a_n\cdot\frac{1}{\pi}\int_{-\pi}^{\pi} f(t)\cos nt\mathrm{d}t+b_n\cdot\frac{1}{\pi}\int_{-\pi}^{\pi} f(t)\sin nt\mathrm{d}t$$

$$=a_n^2+b_n^2,\quad n=1,2,\cdots$$

(2)因为 $G(x)$ 为偶函数，由狄立克莱定理知在 $[-\pi,\pi]$ 上

$$G(x)=\frac{A_0}{2}+\sum_{n=1}^{\infty}A_n\cos nx,$$

即在 $[-\pi,\pi]$ 上有

$$\frac{1}{\pi}\int_{-\pi}^{\pi} f(t)f(x+t)\mathrm{d}t=\frac{a_0^2}{2}+\sum_{n=1}^{\infty}(a_n^2+b_n^2)\cos nx,$$

所以，当 $x=0$ 时，有

$$\frac{1}{\pi}\int_{-\pi}^{\pi} f^2(t)\mathrm{d}t=\frac{a_0^2}{2}+\sum_{n=1}^{\infty}(a_n^2+b_n^2),$$

即

$$\frac{1}{\pi}\int_{-\pi}^{\pi} f^2(x)\mathrm{d}x=\frac{a_0^2}{2}+\sum_{n=1}^{\infty}(a_n^2+b_n^2).$$

第十二章　常微分方程

§1. 微分方程的基本概念

含有未知函数的导数或微分的方程称为微分方程.

微分方程分两类:常微分方程和偏微分方程.若未知函数为多元函数,微分方程中出现偏导数,这样的微分方程称为偏微分方程.而未知函数为一元函数的微分方程称为常微分方程,本章只限于研究常微分方程,简称微分方程,有时也简称为方程.

微分方程中未知函数的最高阶导数的阶数称为这个方程的阶.

n 阶常微分方程的一般形式为

$$F(x,y,y',y'',\cdots,y^{(n)})=0$$

若将函数 $y=y(x)$ 代入微分方程后,能使方程成为恒等式,则称函数 $y=y(x)$ 为微分方程的解.

若微分方程的解中所含独立任意常数的个数与此微分方程的阶数相等,则称这个解为微分方程的通解.

确定通解中任意常数的条件称为定解条件.

满足定解条件的解称为微分方程的特解.

基本题型

求函数所满足的微分方程

【1186】 求关于给定的原始式所满足的微分方程:

(1) $y=Ax^2+Bx+C$,其中 A、B、C 为任意常数.

(2) $y=A\cos ax+B\sin ax$,A、B 为任意常数,a 为一固定常数.

分析　一般而言,包含 n 个独立的任意常数的原始式,可产生不含任意常数的 n 阶微分方程.这个 n 阶方程式可以从 $n+1$ 个方程中消去 n 个常数得到,而此 $n+1$ 个方程是由原始式与将原始式对自变量微分 n 次所得到的 n 个方程所组成.

解　(1)由于原始式有三个独立的任意常数,考虑如下四个方程:

$$y=Ax^2+Bx+C,\quad \frac{dy}{dx}=2Ax+B,\quad \frac{d^2y}{dx^2}=2A,\quad \frac{d^3y}{dx^3}=0,$$

最后一个方程 $\frac{d^3y}{dx^3}=0$ 没有任意常数,且恰为三阶微分方程,即为所求.

(2)由于 $y=A\cos ax+B\sin ax$,则 $\frac{dy}{dx}=-Aa\sin ax+Ba\cos ax$,

$$\frac{d^2y}{dx^2}=-Aa^2\cos ax-Ba^2\sin ax=-a^2(A\cos ax+B\sin ax)=-a^2y.$$

故所求微分方程为 $\frac{d^2y}{dx^2}+a^2y=0$.

【1187】求以 $y=C_1e^x+C_2e^{-x}-x$ 为通解的微分方程(C_1、C_2 为任意常数).

解 由 $y=C_1e^x+C_2e^{-x}-x$,对 x 求导得

$$y'=C_1e^x-C_2e^{-x}-1, \quad ①$$

上式再对 x 求导得

$$y''=C_1e^x+C_2e^{-x}, \quad ②$$

由①式与②式得 $y=y''-x$,即所求微分方程为 $y''-y-x=0$.

【1188】写出由下列条件确定的曲线所满足的微分方程:

(1)曲线在点(x,y)处的切线的斜率等于该点横坐标的平方;

(2)曲线上点 $P(x,y)$处的法线与 x 轴的交点为 Q,且线段 PQ 被 y 轴平分.

解 (1)设曲线方程为 $y=y(x)$,则曲线在点(x,y)处切线斜率为 y',由条件知 $y'=x^2$,即为所求微分方程.

(2)设曲线方程为 $y=y(x)$,点 $P(x,y)$处法线方程为 $Y-y=-\frac{1}{y'}(X-x)$.

当 $Y=0$ 时,得 $X=x+yy'$,则 Q 点坐标为 $Q(x+yy',0)$. 又 PQ 中点在 y 轴上,则

$$\frac{x+x+yy'}{2}=0.$$

即所求方程为 $yy'+2x=0$.

验证所给函数是否为微分方程的解

【1189】指出下列各题中的函数是否为所给微分方程的解:

(1)$y''+y=0,y=3\sin x-4\cos x$;

(2)$y''-2y'+y=0,y=x^2e^x$.

解 (1)由 $y=3\sin x-4\cos x$. 两边关于 x 求导,得 $y'=3\cos x+4\sin x$. 再关于 x 求导,得 $y''=-3\sin x+4\cos x$. 将 y''代入方程 $y''+y=0$ 中,

$$左边=y''+y=-3\sin x+4\cos x+3\sin x-4\cos x=0=右边,$$

即 $y=3\sin x-4\cos x$ 是所给方程的解.

(2)由 $y=x^2e^x$ 求导得 $y'=e^x(2x+x^2)$. 再求导得 $y''=e^x(2+4x+x^2)$,将上两式代入方程 $y''-y'+y=0$ 中得

$$左边=e^x(2+4x+x^2)-2e^x(2x+x^2)+e^xx^2=2e^x\neq 0=右边,$$

故 $y=x^2e^x$ 不是所给方程的解.

【1190】判断 $y=x(\int\frac{e^x}{x}dx+C)$是否为方程 $xy'-y=xe^x$ 的通解.

解 由 $y=x(\int\frac{e^x}{x}dx+C)$,两边对 x 求导得

$$y'=\int\frac{e^x}{x}dx+C+x\cdot\frac{e^x}{x}, \quad 即 \quad y'=\int\frac{e^x}{x}dx+C+e^x.$$

两边同乘以 x,得

$$xy'=x(\int\frac{e^x}{x}dx+C)+xe^x=y+xe^x,$$

即 $xy'-y=xe^x$. 故 $y=x(\int\frac{e^x}{x}dx+C)$是所给方程的解.

【1191】方程 $y''=-\frac{1}{3x^2}$的通解是________.

(A)$\frac{1}{3}\ln C_1 x+C_2$　　　　(B)$\frac{1}{3}\ln C_1 x+C_2 x$

(C)$2x+\ln C_1 x^{\frac{1}{3}}+C_2$　　　　(D)$\frac{1}{3}\ln C_1 x+2xC_2$

解　直接把(A)、(B)、(C)、(D)四个选项代入原方程知(A)、(B)、(C)均为方程的解，但仅(B)中含两个独立的任意常数，而(A)、(C)中实际上仅含一个任意常数.

故应选(B).

根据初始条件确定任意常数

【1192】 在下列各题中，确定函数关系式中所含的参数，使函数满足所给的初始条件：

(1) $x^2-y^2=C$，　$y\Big|_{x=0}=5$；

(2) $y=(C_1+C_2x)e^{2x}$，　$y\Big|_{x=0}=0, y'\Big|_{x=0}=1$.

解　(1)由 $x^2-y^2=C$，令 $x=0, y=5$，代入上式得 $C=0-25=-25$，则原函数为 $y^2-x^2=25$；

(2)由

$$y=(C_1+C_2x)e^{2x}, \tag{①}$$

两边关于 x 求导得

$$y'=C_2e^{2x}+2(C_1+C_2x)e^{2x}. \tag{②}$$

在①中令 $x=0, y=0$ 得 $C_1=0$；在②中令 $x=0, y'=1$ 得 $C_1+C_2=1$；于是 $C_1=0, C_2=1$，故原函数为 $y=xe^{2x}$.

建立微分方程

【1193】 设物体 A 从点(0,1)出发，以速度大小为常数 v 沿 y 轴正向运动. 物体 B 从点(−1,0)与 A 同时出发，其速度大小为 $2v$，方向始终指向 A. 试建立物体 B 的运动轨迹所满足的微分方程，并写出初始条件.

解　如图 1193 所示.

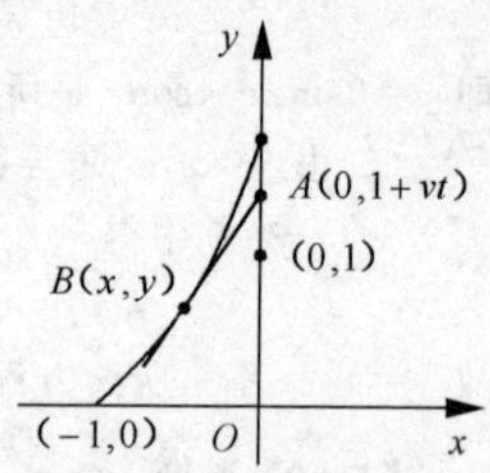

图 1193

设在时刻 t，B 位于点(x,y)处，则

$$\frac{dy}{dx}=\frac{y-(1+vt)}{x} \tag{①}$$

两边对 x 求导，得

$$x\frac{d^2y}{dx^2}=-v\frac{dt}{dx} \tag{②}$$

由于

$$2v=\frac{ds}{dt}=\sqrt{1+\left(\frac{dy}{dx}\right)^2}\cdot\frac{dx}{dt},\qquad \frac{dt}{dx}=\frac{1}{2v}\sqrt{1+\left(\frac{dy}{dx}\right)^2},$$

代入①式得到所求的微分方程为

$$x\frac{d^2y}{dx^2}+\frac{1}{2}\sqrt{1+\left(\frac{dy}{dx}\right)^2}=0. \tag{③}$$

其初始条件为　$y\Big|_{x=-1}=0$，$y'\Big|_{x=-1}=1$.

点评　本题的难点在于速度是 t 函数，而运动轨迹 $y=y(x)$ 与 t 无关，因此应消去①中出现的 t，为此应利用条件

$$2vt=y(x)-y(0)=\int_0^x\sqrt{1+y'^2}\,dx,$$

代入①消去 t 求导得到方程③，或按题解中先对①求导，而出现 $\frac{dt}{dx}$ 由②式代入消去 t 得到方程③.

§2. 可分离变量的微分方程

形如
$$f_1(x)g_1(y)dx+f_2(x)g_2(y)dy=0$$
的一阶微分方程称为可分离变量的微分方程. 将方程两端除以 $g_1(y)f_2(x)$（此时 $g_1(y)f_2(x)\neq 0$），得
$$\frac{f_1(x)}{f_2(x)}dx+\frac{g_2(y)}{g_1(y)}dy=0,$$
然后对上式两端积分，即可得方程的通解
$$\int\frac{f_1(x)}{f_2(x)}dx+\int\frac{g_2(y)}{g_2(y)}dy=C.$$

基本题型

分离变量求解微分方程

【1194】 已知曲线 $y=f(x)$ 过点 $(0,-\frac{1}{2})$，且其上任一点 (x,y) 处的切线斜率为 $x\ln(1+x^2)$，则 $f(x)=$________.

解　由 $y'=x\ln(1+x^2)$ 得
$$dy=x\ln(1+x^2)dx.$$
等式两端积分得
$$y=\int x\ln(1+x^2)dx=\frac{1}{2}(1+x^2)[\ln(1+x^2)-1]+C.$$
把 $(0,-\frac{1}{2})$ 代入上式，得 $C=0$.

故应填 $\frac{1}{2}(1+x^2)[\ln(1+x^2)-1]$.

【1195】 微分方程 $y'=\frac{y(1-x)}{x}$ 的通解是________.

解　原方程化为 $\frac{dy}{y}=(\frac{1}{x}-1)dx$，即
$$\ln y=\ln x-x+\ln C=\ln(Cx)-x,\ \text{整理得}\ y=Cx\cdot e^{-x}.$$
故应填 $y=Cx\cdot e^{-x}$.

【1196】 微分方程 $ydx+(x^2-4x)dy=0$ 的通解为________.

解　分离变量得 $\frac{1}{x^2-4x}dx=-\frac{dy}{y}$，

等式两端积分得 $\frac{1}{4}\ln\frac{x}{x-4}=\ln y+\ln C_1$. 整理得 $(x-4)y^4=Cx$.

故应填$(x-4)y^4=Cx$.

【1297】求方程$(x+1)y'+1=2e^{-y}$的通解.

解 分离变量得

$$\frac{dy}{2e^{-y}-1}=\frac{dx}{x+1} \quad 即 \quad \int\frac{e^y}{2-e^y}dy=\int\frac{dx}{x+1},$$

也即

$$-\ln|2-e^y|=\ln|x+1|-\ln C.$$

所以原方程的通解为$(x+1)(2-e^y)=C$.

【1198】若连续函数$f(x)$满足关系式$f(x)=\int_0^{2x}f(\frac{t}{2})dt+\ln 2$，则$f(x)=$________.

(A)$e^x\ln 2$ (B)$e^{2x}\ln 2$ (C)$e^x+\ln 2$ (D)$e^{2x}+\ln 2$

分析 对于这类问题，一般是对积分关系式两边求导化为微分方程，这时要注意所给关系式在特殊点确定的条件.

解 所给关系式两边对x求导得$f'(x)=2f(x)$，从而$f(x)=Ce^{2x}$，又在$x=0$处原关系式给出$f(0)=\ln 2$，代入上述表达式得$C=\ln 2$，因此$f(x)=e^{2x}\ln 2$.

当然，逐一验证也可得到(B)为正确选项.

故应选(B).

【1199】求微分方程$y'-xy'=a(y^2+y')$的通解.

解 原方程变形为$(1-x-a)\frac{dy}{dx}=ay^2$.

分离变量得$\frac{dy}{ay^2}=\frac{dx}{1-x-a}$，积分得$-\frac{1}{ay}=-\ln|1-a-x|-C_1$，

即 $y=\frac{1}{C+a\ln|1-a-x|}$ $(C=aC_1)$ 即为通解.

【1200】求$\sec^2 x\tan y dx+\sec^2 y\tan x dy=0$的通解.

解 分离变量得$\frac{\sec^2 y}{\tan y}dy=-\frac{\sec^2 x}{\tan x}dx$，积分得$\int\frac{d(\tan y)}{\tan y}=-\int\frac{d(\tan x)}{\tan x}$，从而

$$\ln(\tan y)=-\ln(\tan x)+\ln C, \quad 即 \quad \ln(\tan x\tan y)=\ln C.$$

故通解为$\tan x\tan y=C$.

【1201】求解微分方程：$(e^{x+y}-e^x)dx+(e^{x+y}+e^y)dy=0$.

解 原方程变形为$e^y(e^x+1)dy=e^x(1-e^y)dx$.

分离变量得$\frac{e^y dy}{1-e^y}=\frac{e^x dx}{1+e^x}$，积分得$-\ln(e^y-1)=\ln(e^x+1)-\ln C$，

即$\ln(e^x+1)+\ln(e^y-1)=\ln C$.

故通解为$(e^x+1)(e^y-1)=C$.

【1202】已知函数$y=y(x)$在任意点x处的增量$\Delta y=\frac{y\Delta x}{1+x^2}+\alpha$，且当$\Delta x\to 0$时，$\alpha$是$\Delta x$的高阶无穷小，$y(0)=\pi$，则$y(1)=$________.

(A)2π (B)π (C)$e^{\frac{\pi}{4}}$ (D)$\pi e^{\frac{\pi}{4}}$

解 由$\frac{\Delta y}{\Delta x}=\frac{y}{1+x^2}+\frac{\alpha}{\Delta x}$，得$f'(x)=\frac{y}{1+x^2}$，即$\frac{dy}{dx}=\frac{y}{1+x^2}$.

分离变量得$\frac{dy}{y}=\frac{1}{1+x^2}dx$. 积分并整理得 $y=Ce^{\arctan x}$.

把 $y(0)=\pi$ 代入上式得 $C=\pi$. 则 $y=\pi e^{\arctan x}$. 从而 $y(1)=\pi e^{\frac{\pi}{4}}$.

故应选(D).

求满足初始条件的特解

【1203】 求下列初值问题的解：

$$(1+x^2)y'=\arctan x,\qquad y\Big|_{x=0}=0.$$

解 分离变量得 $dy=\dfrac{\arctan x}{1+x^2}dx$,积分得 $y=\dfrac{1}{2}(\arctan x)^2+C$.

由 $y\Big|_{x=0}=0$,得 $C=0$,则特解为 $y=\dfrac{1}{2}(\arctan x)^2$.

【1204】 求解微分方程的初值问题：$\dfrac{dy}{dx}=(1-y^2)\tan x$, $y(0)=2$.

解 因微分方程是可分离变量的,故有

$$\left(\frac{1}{1+y}+\frac{1}{1-y}\right)dy=2\frac{\sin x}{\cos x}dx.$$

积分后得 $\ln\left|\dfrac{1+y}{1-y}\right|+\ln\cos^2 x=\ln C_1$. 因题给的初值条件是 $x=0$ 时 $y=2$,则根据常微分方程初值问题解的存在唯一性定理,不妨假设 $y>1$. 于是,原微分方程在 $x=0$ 附近存在通解

$$\ln\frac{1+y}{y-1}+\ln\cos^2 x=\ln C_1,\quad 或\quad \frac{y+1}{y-1}\cos^2 x=C,$$

其中 C 是不为零的任意常数. 把 $x=0,y=2$ 代入上式得 $C=3$.

因此,所求的特解为

$$(y+1)\cos^2 x=3(y-1),\quad 即\quad y=\frac{3+\cos^2 x}{3-\cos^2 x}.$$

点评 分离变量时使分母 $1-y^2=0$ 的 $y=\pm1$ 是微分方程 $\dfrac{dy}{dx}=(1-y^2)\tan x$ 的解,但 $y=\pm1$ 不是其满足初值条件 $y(0)=2$ 的特解;根据初值问题解的存在唯一性定理,确定其解中的积分常数值,应该在此初始值点 (x_0,y_0) 的邻域内考虑.

求解应用问题

【1205】 设单位质点在水平面内作直线运动,初速度 $v\Big|_{t=0}=v_0$. 已知阻力与速度成正比(比例常数为 1),问 t 为多少时此质点的速度为 $\dfrac{v_0}{3}$? 并求到此时刻该质点所经过的路程.

解 设质点的运动速度为 $v(t)$. 由题设,有

$$\begin{cases} v'(t)+v(t)=0, \\ v\Big|_{t=0}=v_0. \end{cases}$$

解此方程,得 $v(t)=v_0e^{-t}$. 由 $\dfrac{v_0}{3}=v_0e^{-t}$,解得 $t=\ln 3$.

到此时刻该质点所经过的路程 $s=\displaystyle\int_0^{\ln 3}v_0e^{-t}dt=\frac{2}{3}v_0$.

【1206】 在某一人群中推广新技术是通过其中已掌握新技术的人进行的. 设该人群的总人数为 N,在 $t=0$ 时刻已掌握新技术的人数为 x_0,在任意时刻 t 已掌握新技术的人数为 $x(t)$(将

$x(t)$视为连续可微变量），其变化率与已掌握新技术人数和未掌握新技术人数之积成正比，比例常数 $k>0$，求 $x(t)$.

解 由题设，有 $\begin{cases}\dfrac{dx}{dt}=kx(N-x),\\ x\Big|_{t=0}=x_0.\end{cases}$

由方程，得 $\dfrac{dx}{x(N-x)}=k\mathrm{d}t$，积分后，得 $x=\dfrac{NCe^{kNt}}{1+Ce^{kNt}}$，其中 C 为任意常数.

代入初始条件，得 $x=\dfrac{Nx_0e^{kNt}}{N-x_0+x_0e^{kNt}}$.

【1207】 有一平底容器，其内侧壁是由曲线 $x=\varphi(y)\ (y\geqslant 0)$ 绕 y 轴旋转而成的旋转曲面（如图 1207 所示），容器的底面圆的半径为 2m，根据设计要求，当以 $3\mathrm{m}^3/\mathrm{min}$ 的速率向容器内注入液体时，液面的面积将以 $\pi\mathrm{m}^2/\mathrm{min}$ 的速率均匀扩大（假设注入液体前，容器内无液体）.

(1)根据 t 时刻液面的面积，写出 t 与 $\varphi(y)$之间的关系式；

(2)求曲线 $x=\varphi(y)$的方程.

（注：m 表示长度，单位米；min 表示时间，单位分.）

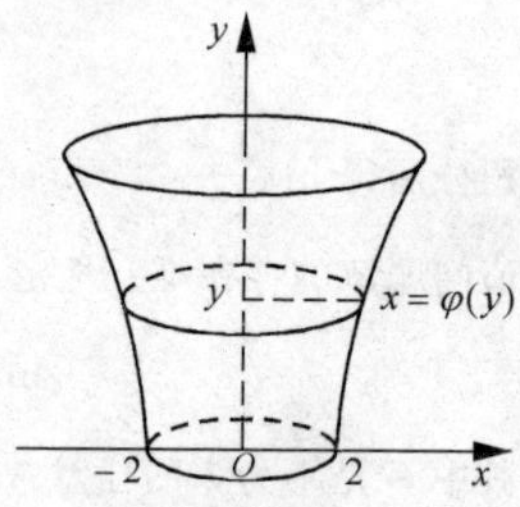

图 1207

解 (1)设在 t 时刻，液面的高度为 y，则由题设知此时液面的面积为

$$\pi\varphi^2(y)=4\pi+\pi t,$$

从而 $t=\varphi^2(y)-4$.

(2)液面的高度为 y 时，液体的体积为

$$\pi\int_0^y\varphi^2(u)\mathrm{d}u=3t=3\varphi^2(y)-12.$$

上式两边对 y 求导，得 $\quad\pi\varphi^2(y)=6\varphi(y)\varphi'(y),\quad$ 即 $\quad\pi\varphi(y)=6\varphi'(y)$.

解此微分方程，得 $\varphi(y)=Ce^{\frac{\pi}{6}y}$，其中 C 为任意常数. 由 $\varphi(0)=2$ 知 $C=2$，故所求曲线方程为 $x=2e^{\frac{\pi}{6}y}$.

【1208】 设曲线 L 的极坐标方程为 $r=r(\theta)$，$M(r,\theta)$为 L 上任一点，$M_0(2,0)$为 L 上一定点. 若极径 OM_0、OM 与曲线 L 所围成的曲边扇形面积值等于 L 上 M_0、M 两点间弧长值的一半，求曲线 L 的方程.

解 由已知条件得 $\qquad\dfrac{1}{2}\displaystyle\int_0^\theta r^2\mathrm{d}\theta=\dfrac{1}{2}\int_0^\theta\sqrt{r^2+r'^2}\,\mathrm{d}\theta$,

两边对 θ 求导得 $r^2=\sqrt{r^2+r'^2}$，即 $r'=\pm r\sqrt{r^2-1}$，从而 $\dfrac{\mathrm{d}r}{r\sqrt{r^2-1}}=\pm\mathrm{d}\theta$.

因为 $\displaystyle\int\dfrac{\mathrm{d}r}{r\sqrt{r^2-1}}=-\arcsin\dfrac{1}{r}+C$，所以 $-\arcsin\dfrac{1}{r}+C=\pm\theta$. 由条件 $r(0)=2$，知 $C=\dfrac{\pi}{6}$，故所求曲线 L 的方程为

$$r\sin\left(\frac{\pi}{6}\mp\theta\right)=1,\quad 即\quad r=\csc\left(\frac{\pi}{6}\mp\theta\right).$$

亦即直线 $x\mp\sqrt{3}y=2$.

点评 本题关键在于掌握曲边扇形的面积公式和弧长公式，并由此建立积分方程，然后按常规方法求解.

§3. 齐次微分方程

1. 齐次方程

形如

$$\frac{dy}{dx}=f\left(\frac{y}{x}\right)$$

的一阶微分方程称为齐次方程.

令 $u=\frac{y}{x}$,或 $y=x\cdot u$,则$\frac{dy}{dx}=u+x\frac{du}{dx}$,代入原方程得

$$u+x\frac{du}{dx}=f(u),\quad 即\quad \frac{du}{f(u)-u}=\frac{1}{x}dx.$$

这是变量已分离的微分方程,经积分即可得方程的通解.

2. 可化为齐次方程的微分方程

形如方程

$$\frac{dy}{dx}=f\left(\frac{a_1x+b_1y+c_1}{a_2x+b_2y+c_2}\right)$$

其中 a_1,b_1,c_1,a_2,b_2,c_2 为常数,且 ${c_1}^2+{c_2}^2\neq0$. 当$\begin{vmatrix}a_1 & b_1\\ a_2 & b_2\end{vmatrix}\neq0$ 时,令 $x=X+h,y=Y+k$,由

$$\begin{cases}a_1h+b_1k+c_1=0\\ a_2h+b_2k+c_2=0\end{cases}$$

解出 h 与 k,可将原方程化为齐次方程

$$\frac{dY}{dX}=f\left(\frac{a_1X+b_1Y}{a_2X+b_2Y}\right)=f\left[\frac{a_1+b_1\frac{Y}{X}}{a_2+b_2\frac{Y}{X}}\right]=g\left(\frac{Y}{X}\right)$$

当$\begin{vmatrix}a_1 & b_1\\ a_2 & b_2\end{vmatrix}=0$ 时,即$\frac{a_1}{a_2}=\frac{b_1}{b_2}=k$,可设 $u=a_2x+b_2y$,代入原方程后可化为可分离变量的微分方程,即有

$$\frac{dy}{dx}=f\left(\frac{ku+c_1}{u+c_2}\right)=g(u),\quad \frac{du}{dx}=a_2+b_2g(u).$$

基本题型

求齐次微分方程的通解

【1209】 求微分方程$(3x^2+2xy-y^2)dx+(x^2-2xy)dy=0$ 的通解.

解 令 $u=\frac{y}{x}$,则

$$\frac{dy}{dx}=x\frac{du}{dx}+u=\frac{y^2-2xy-3x^2}{x^2-2xy}=\frac{u^2-2u-3}{1-2u},\quad 即\quad x\frac{du}{dx}=-\frac{3(u^2-u-1)}{2u-1}.$$

解之得 $u^2-u-1=Cx^{-3}$,即 $y^2-xy-x^2=Cx^{-1}$(或 $xy^2-x^2y-x^3=C$).

【1210】 求微分方程 $\frac{dy}{dx}=\frac{y-\sqrt{x^2+y^2}}{x}$的通解.

解　令 $z=\frac{y}{x}$，则 $\frac{dy}{dx}=z+x\frac{dz}{dx}$.

当 $x>0$ 时，原方程化为

$$z+x\frac{dz}{dx}=z-\sqrt{1+z^2}, \quad 即 \quad \frac{dz}{\sqrt{1+z^2}}=-\frac{dx}{x},$$

其通解为

$$\ln(z+\sqrt{1+z^2})=-\ln x+C_1 \quad 或 \quad z+\sqrt{1+z^2}=\frac{C}{x}.$$

代回原变量，得通解 $y+\sqrt{x^2+y^2}=C \quad (x>0)$.

当 $x<0$ 时，原方程的解与 $x>0$ 时相同.

点评　本题涉及 $\sqrt{x^2+y^2}$，需对 x 的正负号分别进行讨论.

【1211】 求方程 $x(\ln x-\ln y)dy-ydx=0$ 的通解.

解　将原方程改写为 $\ln\frac{x}{y}\cdot\frac{dy}{dx}-\frac{y}{x}=0$，此为齐次方程.

令 $u=\frac{y}{x}$，则 $\frac{dy}{dx}=u+x\cdot\frac{du}{dx}$，方程化为 $-\ln u(u+x\frac{du}{dx})-u=0$.

分离变量得　$-\frac{\ln u}{u(1+\ln u)}du=\frac{1}{x}dx$，

即　$\left[1-\frac{1}{1+\ln u}\right]d(\ln u)=-\frac{dx}{x}$，等式两端积分得 $\ln u-\ln(1+\ln u)+\ln C=-\ln x$，

从而 $\frac{1+\ln u}{u}=Cx$.

故所求通解为 $1+\ln y-\ln x=Cy$.

【1212】 求微分方程 $\frac{dy}{dx}=\frac{y}{x}+\tan\frac{y}{x}$ 的通解.

解　设 $\frac{y}{x}=u$，则 $\frac{dy}{dx}=x\frac{du}{dx}+u$. 原方程变为

$$x\frac{du}{dx}+u=u+\tan u, \quad 即 \quad \frac{du}{dx}=\frac{\tan u}{x}.$$

分离变量得 $\cot u du=\frac{dx}{x}$，积分得 $\sin u=Cx$，故方程通解为 $\sin\frac{y}{x}=Cx$.

求齐次微分方程的特解

【1213】 求齐次方程 $y'=\frac{x}{y}+\frac{y}{x}$ 满足 $y\Big|_{x=1}=2$ 的特解.

解　令 $\frac{y}{x}=u$，则原方程变为 $u+x\frac{du}{dx}=\frac{1}{u}+u$，即 $udu=\frac{dx}{x}$，积分得

$$\frac{1}{2}u^2=\ln x+C,$$

将 $u=\frac{y}{x}$ 代入上式，得通解 $y^2=2x^2(\ln x+C)$.

由 $y\Big|_{x=1}=2$ 知 $C=2$. 故特解为 $y^2=2x^2(\ln x+2)$.

【1214】 求微分方程 $(x^2+2xy-y^2)dx+(y^2+2xy-x^2)dy=0$ 满足 $y\Big|_{x=1}=1$ 的特解.

解 原方程化为$\dfrac{\mathrm{d}y}{\mathrm{d}x}=\dfrac{\left(\dfrac{y}{x}\right)^2-2\left(\dfrac{y}{x}\right)-1}{\left(\dfrac{y}{x}\right)^2+2\left(\dfrac{y}{x}\right)-1}$.

令 $u=\dfrac{y}{x}$，得 $u+x\dfrac{\mathrm{d}u}{\mathrm{d}x}=\dfrac{u^2-2u-1}{u^2+2u-1}$，即 $\dfrac{\mathrm{d}x}{x}=-\dfrac{u^2+2u-1}{u^3+u^2+u+1}\mathrm{d}u$，亦即

$$\frac{\mathrm{d}x}{x}=\left(\frac{1}{u+1}-\frac{2u}{u^2+1}\right)\mathrm{d}u.$$

积分得 $\ln|x|+\ln|C|=\ln\left|\dfrac{u+1}{u^2+1}\right|$，即 $u+1=Cx(u^2+1)$.

代入 $u=\dfrac{y}{x}$,得通解 $x+y=C(x^2+y^2)$.

由初始条件 $y\Big|_{x=1}$知 $C=1$,故特解为 $x+y=x^2+y^2$.

【1215】 求初值问题$\begin{cases}(y+\sqrt{x^2+y^2})\mathrm{d}x-x\mathrm{d}y=0\\ y\Big|_{x=1}=0\end{cases}$ $(x>0)$的解.

解 原方程可化为$\dfrac{\mathrm{d}y}{\mathrm{d}x}=\dfrac{y+\sqrt{x^2+y^2}}{x}$.令 $y=xu$,得

$$u+x\frac{\mathrm{d}u}{\mathrm{d}x}=u+\sqrt{1+u^2},\quad 即\quad \frac{\mathrm{d}u}{\sqrt{1+u^2}}=\frac{\mathrm{d}x}{x},$$

解得 $\ln(u+\sqrt{1+u^2})=\ln(Cx)$,其中 $C>0$ 为任意常数,从而

$$u+\sqrt{1+u^2}=Cx,\quad 即\quad \frac{y}{x}+\sqrt{1+\frac{y^2}{x^2}}=Cx,$$

亦即 $y+\sqrt{x^2+y^2}=Cx^2$.

将 $y|_{x=1}=0$ 代入,得 $C=1$,故初值问题的解为 $y+\sqrt{x^2+y^2}=x^2$.

化简得 $y=\dfrac{1}{2}x^2-\dfrac{1}{2}$.

【1216】 求微分方程 $x^2y'+xy=y^2$ 满足初始条件 $y\Big|_{x=1}=1$ 的特解.

解法一 $y'=\dfrac{y^2-xy}{x^2}$，令 $y=xu$，有

$$xu'+u=u^2-u,\quad 即\quad xu'=u^2-2u.$$

分离变量得 $\dfrac{\mathrm{d}u}{u^2-2u}=\dfrac{\mathrm{d}x}{x}$,积分得 $\dfrac{1}{2}[\ln(u-2)-\ln u]=\ln x+C_1$,即 $\dfrac{u-2}{u}=Cx^2$. 也即

$$\frac{y-2x}{y}=Cx^2.$$

由 $y\Big|_{x=1}=1$ 得 $C=-1$,即得所求的特解为

$$\frac{y-2x}{y}=-x^2,\quad 即\quad y=\frac{2x}{1+x^2}.$$

解法二 $\dfrac{x^2}{y^2}y'+\dfrac{x}{y}=1$,令 $\dfrac{1}{y}=z$,有

$$-x^2z'+xz=1,\quad 即\quad z'-\frac{1}{x}z=-\frac{1}{x^2},$$

解得

$$z=x\left[\int\left(-\frac{1}{x^3}\right)dx+C\right]=\frac{1}{2x}+Cx, \quad 即 \quad y=\frac{2x}{1+2Cx^2},$$

由 $y\Big|_{x=1}=1$ 得 $C=\dfrac{1}{2}$，于是得 $y=\dfrac{2x}{1+x^2}$.

作代换化为齐次微分方程求解

【1217】 求微分方程$(2x+y-4)dx+(x+y-1)dy=0$ 的通解.

解 所给方程属可化为齐次微分方程的类型. 令 $x=X+h$, $y=Y+k$，则 $dx=dX$, $dy=dY$，代入原方程得

$$(2X+Y+2h+k-4)dX+(X+Y+h+k-1)dY=0.$$

解方程组$\begin{cases}2h+k-4=0,\\ h+k-1=0\end{cases}$ 得 $h=3$, $k=-2$. 令 $x=X+3$, $y=Y-2$，原方程成为

$$(2X+Y)dX+(X+Y)dY=0, \quad 或 \quad \frac{dY}{dX}=-\frac{2X+Y}{X+Y}=-\frac{2+\dfrac{Y}{X}}{1+\dfrac{Y}{X}},$$

这是齐次方程.

令$\dfrac{Y}{X}=u$，则 $Y=uX$, $\dfrac{dY}{dX}=u+X\dfrac{du}{dX}$，于是方程变为

$$u+X\frac{du}{dX}=-\frac{2+u}{1+u}, \quad 或 \quad X\frac{du}{dX}=-\frac{2+2u+u^2}{1+u}.$$

分离变量得$-\dfrac{u+1}{u^2+2u+2}du=\dfrac{dX}{X}$. 积分得 $\ln C_1-\dfrac{1}{2}\ln(u^2+2u+2)=\ln X$，于是

$$\frac{C_1}{\sqrt{u^2+2u+2}}=X, \quad 或 \quad C_2=X^2(u^2+2u+2)\ (C_2=C_1^2),$$

即 $Y^2+2XY+2X^2=C_2$.

以 $X=x-3$, $Y=y+2$ 代入上式并化简，得

$$2x^2+2xy+y^2-8x-2y=C \quad (C=C_2-10).$$

【1218】 求微分方程$(x+y)dx+(3x+3y-4)dy=0$ 的通解.

解 原方程变形为$\dfrac{dy}{dx}=\dfrac{-(x+y)}{3(x+y)-4}$. 令 $x+y=u$，则 $y=u-x$, $\dfrac{dy}{dx}=\dfrac{du}{dx}-1$，原方程化为

$$\frac{du}{dx}-1=\frac{-u}{3u-4}, \quad 即 \quad \frac{3u-4}{2u-4}du=dx,$$

积分得$\displaystyle\int 3du+\int\frac{2}{u-2}du=2\int dx$，从而

$$3u+2\ln|u-2|=2x+C.$$

将 $u=x+y$ 代入上式，得原方程的通解为

$$x+3y+2\ln|2-x-y|=C.$$

【1219】 求微分方程 $y^3dx+2(x^2-xy^2)dy=0$ 的通解.

解 令 $x=u^2$, $dx=2udu$，原方程化为齐次方程

$$y^3udu+(u^4-u^2y^2)dy=0 \quad 即 \quad \left(\frac{y}{u}\right)^3du+\left[1-\left(\frac{y}{u}\right)^2\right]dy=0.$$

令 $y=zu$, $dy=zdu+udz$，原方程化为 $z^3du+(1-z^2)(zdu+udz)=0$.

分离变量得 $\frac{z^2-1}{z}\mathrm{d}z=\frac{\mathrm{d}u}{u}$,积分得

$$\frac{1}{2}z^2-\ln z=\ln u+C_1,\quad 即\quad z^2=\ln(zu)^2+2C_1.$$

代入 $y=zu$, $u^2=x$. 得原方程通解 $y^2=x(\ln y^2+C)$.

【1220】 求微分方程$(y^4-3x^2)\mathrm{d}y+xy\mathrm{d}x=0$的通解.

解 令 $x=u^2$, $\mathrm{d}x=2u\mathrm{d}u$,方程化为齐次方程

$$(y^4-3u^4)\mathrm{d}y+2u^3y\mathrm{d}u=0,\quad 即\quad \left[\left(\frac{y}{u}\right)^4-3\right]\mathrm{d}y+2\frac{y}{u}\mathrm{d}u=0.$$

令 $\frac{y}{u}=z$,即 $y=zu$,则 $\mathrm{d}y=z\mathrm{d}u+u\mathrm{d}z$,方程化为$(z^4-3)(z\mathrm{d}u+u\mathrm{d}z)+2z\mathrm{d}u=0$.

分离变量得 $\frac{3-z^4}{z^5-z}\mathrm{d}z=\frac{\mathrm{d}u}{u}$, 即 $\left(\frac{2z^3}{z^4-1}-\frac{3}{z}\right)\mathrm{d}z=\frac{\mathrm{d}u}{u}$,

积分得 $\frac{1}{2}\ln|z^4-1|-3\ln|z|=\ln|u|+\ln C_1$,即

$$\ln|z^4-1|=2\ln|C_1z^3u|,\quad 也即\ z^4-1=Cz^6u^2.$$

代入 $y=zu$, $u^2=x$ 得原方程通解为 $y^4-x^2=Cy^6$.

求解齐次微分方程的应用题

【1221】 设有连结点 $O(0,0)$和 $A(1,1)$的一段凸的曲线弧$\overset{\frown}{OA}$,对于$\overset{\frown}{OA}$上任一点 $P(x,y)$,曲线弧$\overset{\frown}{OP}$与直线段$\overline{OP}$所围图形的面积为 x^2,求曲线弧$\overset{\frown}{OA}$的方程.

解 设曲线弧$\overset{\frown}{OA}$的方程为 $y=f(x)$,由题意得 $\int_0^x f(x)\mathrm{d}x-\frac{1}{2}xf(x)=x^2$, 等式两端求导得

$$f(x)-\frac{1}{2}f(x)-\frac{1}{2}f'(x)x=2x,\quad 即\quad y'=\frac{y}{x}-4.$$

令 $\frac{y}{x}=u$,上式化为 $x\frac{\mathrm{d}u}{\mathrm{d}x}=-4$,即 $\mathrm{d}u=-4\frac{\mathrm{d}x}{x}$.

积分得 $u=-4\ln x+C$,把 $u=\frac{y}{x}$代入上式得通解 $y=-4x\ln x+Cx$.

由于 $A(1,1)$在曲线上,即 $y\Big|_{x=1}=1$,

因而 $C=1$,从而$\overset{\frown}{OA}$的方程为 $y=x(1-4\ln x)$.

【1222】 设 L 是一条平面曲线,其上任意一点 $P(x,y)$ $(x>0)$到坐标原点的距离,恒等于该点处的切线在 y 轴上的截距,且 L 经过点$(\frac{1}{2},0)$.

(1)试求曲线 L 的方程;

(2)求 L 位于第一象限部分的一条切线,使该切线与 L 以及两坐标轴所围图形的面积最小.

解 设曲线 L 过点 $P(x,y)$的切线方程为 $Y-y=y'(X-x)$,

令 $X=0$,则得该切线在 y 轴上的截距为 $y-xy'$.

由题设知 $\sqrt{x^2+y^2}=y-xy'$,令 $u=\frac{y}{x}$,则此方程可化为 $\frac{\mathrm{d}u}{\sqrt{1+u^2}}=-\frac{\mathrm{d}x}{x}$,解之得

$$y+\sqrt{x^2+y^2}=C.$$

由 L 经过点$(\frac{1}{2},0)$，知 $C=\frac{1}{2}$. 于是 L 方程为

$$y+\sqrt{x^2+y^2}=\frac{1}{2},\quad 即\quad y=\frac{1}{4}-x^2.$$

(2)设第一象限内曲线 $y=\frac{1}{4}-x^2$ 在点 $P(x,y)$处的切线方程为

$$Y-(\frac{1}{4}-x^2)=-2x(X-x),\quad 即\quad Y=-2xX+x^2+\frac{1}{4}\ (0<x\leqslant\frac{1}{2}),$$

它与 x 轴及 y 轴交点分别为$\left(\frac{x^2+\frac{1}{4}}{2x},0\right)$与$(0,x^2+\frac{1}{4})$. 所求面积为

$$S(x)=\frac{1}{2}\cdot\frac{\left(x^2+\frac{1}{4}\right)^2}{2x}-\int_0^{\frac{1}{2}}\left(\frac{1}{4}-x^2\right)\mathrm{d}x,$$

对 x 求导得

$$S'(x)=\frac{1}{4}\cdot\frac{4x^2\left(x^2+\frac{1}{4}\right)-\left(x^2+\frac{1}{4}\right)^2}{x^2}=\frac{1}{4x^2}\left(x^2+\frac{1}{4}\right)\left(3x^2-\frac{1}{4}\right),$$

令 $S'(x)=0$，解得 $x=\frac{\sqrt{3}}{6}$.

当 $0<x<\frac{\sqrt{3}}{6}$ 时，$S'(x)<0$；$x>\frac{\sqrt{3}}{6}$ 时，$S'(x)>0$，因而 $x=\frac{\sqrt{3}}{6}$ 是 $S(x)$在$(0,\frac{1}{2})$内的唯一极小值点，即最小值点. 于是所求切线为

$$Y=-2\cdot\frac{\sqrt{3}}{6}X+\frac{3}{36}+\frac{1}{4},\quad 即\quad Y=-\frac{\sqrt{3}}{3}X+\frac{1}{3}.$$

【1223】设函数 $f(x)$在$[1,+\infty)$上连续，若由曲线 $y=f(x)$，直线 $x=1$，$x=t(t>1)$与 x 轴所围成的平面图形绕 x 轴旋转一周所成的旋转体体积为

$$V(t)=\frac{\pi}{3}[t^2f(t)-f(1)].$$

试求 $y=f(x)$所满足的微分方程，并求该微分方程满足条件 $y\Big|_{x=2}=\frac{2}{9}$ 的解.

解 依题意得 $V(t)=\pi\int_1^t f^2(x)\mathrm{d}x=\frac{\pi}{3}[t^2f(t)-f(1)]$，即

$$3\int_1^t f^2(x)\mathrm{d}x=t^2f(t)-f(1).$$

两边对 t 求导，得

$$3f^2(t)=2tf(t)+t^2f'(t).$$

将上式改写为 $x^2y'=3y^2-2xy$，即

$$\frac{\mathrm{d}y}{\mathrm{d}x}=3\left(\frac{y}{x}\right)^2-2\cdot\frac{y}{x} \qquad ①$$

令 $\frac{y}{x}=u$，则有 $x\frac{\mathrm{d}u}{\mathrm{d}x}=3u(u-1)$.

当 $u\neq0$，$u\neq1$ 时，由$\frac{\mathrm{d}u}{u(u-1)}=\frac{3\mathrm{d}x}{x}$. 两边积分得 $\frac{u-1}{u}=Cx^3$. 从而①式的通解为

$$y-x=Cx^3y\ \ (C 为任意常数).$$

由已知条件，求得 $C=-1$. 从而所求的解为

$$y-x=-x^3y.\text{（或 }y=\frac{x}{1+x^3}\text{）}.$$

点评　本题关键在于使用旋转体的体积公式根据题意建立积分方程，然后求导化为微分方程并解之.

§4. 一阶线性微分方程

1. 一阶线性微分方程

形如

$$\frac{\mathrm{d}y}{\mathrm{d}x}+P(x)y=Q(x)$$

的一阶微分方程称为一阶线性微分方程.

(1) $\frac{\mathrm{d}y}{\mathrm{d}x}+P(x)y=0$，称为一阶线性齐次方程，直接积分，可得其通解

$$y=C\mathrm{e}^{-\int P(x)\mathrm{d}x}.$$

(2) $\frac{\mathrm{d}y}{\mathrm{d}x}+P(x)y=Q(x)$，称为一阶线性非齐次方程，用常数变易法，可得其通解

$$y=\mathrm{e}^{-\int P(x)\mathrm{d}x}\left[\int Q(x)\mathrm{e}^{\int P(x)\mathrm{d}x}\mathrm{d}x+C\right].$$

2. 贝努里(Bernoulli)方程

一阶微分方程 $\frac{\mathrm{d}y}{\mathrm{d}x}+P(x)y=Q(x)y^n(n\neq 0,1)$，称为贝努里方程，用变量代换 $z=y^{1-n}$，可化为 z 的一阶线性方程.

$$\frac{\mathrm{d}z}{\mathrm{d}x}+(1-n)P(x)z=(1-n)Q(x).$$

基本题型

求一阶线性微分方程的通解

【1224】 微分方程 $y'+y\tan x=\cos x$ 的通解为________.

分析　求一阶线性非齐次微分方程的通解，一般可直接应用通解公式. 当然也可以先求出对应的齐次线性方程的通解，再用常数变易法求其通解.

解　由通解公式得

$$y=\mathrm{e}^{-\int\tan x\mathrm{d}x}\left[\int\cos x\mathrm{e}^{\int\tan x\mathrm{d}x}\mathrm{d}x+C\right]=\cos x\left[\int\cos x\cdot\frac{1}{\cos x}\mathrm{d}x+C\right]=\cos x(x+C).$$

故应填 $y=(x+C)\cos x$.

【1225】 已知 $\int_0^1 f(\alpha x)\mathrm{d}\alpha=\frac{1}{2}f(x)+1$，且 $f'(x)$ 存在，求 $f(x)$.

解　$\int_0^1 f(\alpha x)\mathrm{d}\alpha \xlongequal[x\mathrm{d}\alpha=\mathrm{d}t]{\text{令 }\alpha x=t} \int_0^x f(t)\cdot\frac{1}{x}\mathrm{d}t=\frac{1}{x}\int_0^x f(t)\mathrm{d}t.$

由题设 $f(x)$ 应满足 $\frac{1}{x}\int_0^x f(t)\mathrm{d}t=\frac{1}{2}f(x)+1$，即

$$\int_0^x f(t)\mathrm{d}t=\frac{1}{2}x\cdot f(x)+x.$$

两边对 x 求导得微分方程

$$f'(x)-\frac{1}{x}f(x)=-\frac{2}{x}.$$

解此线性微分方程得 $f(x)=Cx+2$.

【1226】 已知连续函数 $f(x)$ 满足条件 $f(x)=\int_0^{3x}f(\frac{t}{3})\mathrm{d}t+\mathrm{e}^{2x}$，求 $f(x)$.

解 两端同时对 x 求导数，得一阶线性微分方程 $f'(x)=3f(x)+2\mathrm{e}^{2x}$，即

$$f'(x)-3f(x)=2\mathrm{e}^{2x}.$$

解此方程，有

$$\begin{aligned}f(x)&=\left(\int Q(x)\mathrm{e}^{\int P(x)\mathrm{d}x}\mathrm{d}x+C\right)\mathrm{e}^{-\int P(x)\mathrm{d}x}=\left(\int 2\mathrm{e}^{2x}\cdot\mathrm{e}^{-3x}\mathrm{d}x+C\right)\mathrm{e}^{3x}\\&=\left(2\int\mathrm{e}^{-x}\mathrm{d}x+C\right)\mathrm{e}^{3x}=(-2\mathrm{e}^{-x}+C)\mathrm{e}^{3x}=C\mathrm{e}^{3x}-2\mathrm{e}^{2x}.\end{aligned}$$

由于 $f(0)=1$，可得 $C=3$. 于是 $f(x)=3\mathrm{e}^{3x}-2\mathrm{e}^{2x}$.

【1227】 设 $f(u,v)$ 具有连续偏导数，且满足 $f'_u(u,v)+f'_v(u,v)=uv$，求 $y(x)=\mathrm{e}^{-2x}f(x,x)$ 所满足的一阶微分方程，并求其通解.

解 $y'=-2\mathrm{e}^{-2x}f(x,x)+\mathrm{e}^{-2x}f'_u(x,x)+\mathrm{e}^{-2x}f'_v(x,x)=-2y+x^2\mathrm{e}^{-2x}$，

因此，所求的一阶微分方程为 $y'+2y=x^2\mathrm{e}^{-2x}$.

解得

$$y=\mathrm{e}^{-\int 2\mathrm{d}x}\left(\int x^2\mathrm{e}^{-2x}\mathrm{e}^{\int 2\mathrm{d}x}\mathrm{d}x+C\right)=\left(\frac{x^3}{3}+C\right)\mathrm{e}^{-2x}\quad(C\text{为任意常数}).$$

【1228】 设函数 $f(t)$ 在 $[0,+\infty)$ 上连续，且满足方程

$$f(t)=\mathrm{e}^{4\pi t^2}+\iint\limits_{x^2+y^2\leqslant 4t^2}f\left(\frac{1}{2}\sqrt{x^2+y^2}\right)\mathrm{d}x\mathrm{d}y$$

求 $f(t)$.

解 显然 $f(0)=1$，由于

$$\iint\limits_{x^2+y^2\leqslant 4t^2}f\left(\frac{1}{2}\sqrt{x^2+y^2}\right)\mathrm{d}x\mathrm{d}y=\int_0^{2\pi}\mathrm{d}\theta\int_0^{2t}f\left(\frac{1}{2}r\right)r\mathrm{d}r=2\pi\int_0^{2t}rf\left(\frac{1}{2}r\right)\mathrm{d}r.$$

可见

$$f(t)=\mathrm{e}^{4\pi t^2}+2\pi\int_0^{2t}rf\left(\frac{1}{2}r\right)\mathrm{d}r,$$

$$f'(t)=8\pi t\mathrm{e}^{4\pi t^2}+8\pi tf(t).$$

解上述关于 $f(t)$ 的一阶线性非齐次微分方程，得

$$f(t)=\left(\int 8\pi t\mathrm{e}^{4\pi t^2}\mathrm{e}^{-\int 8\pi t\mathrm{d}t}\mathrm{d}t+C\right)\mathrm{e}^{\int 8\pi t\mathrm{d}t}=\left(8\pi\int t\mathrm{d}t+C\right)\mathrm{e}^{4\pi t^2}=(4\pi t^2+C)\mathrm{e}^{4\pi t^2}.$$

代入 $f(0)=1$，得 $C=1$. 因此 $f(t)=(4\pi t^2+1)\mathrm{e}^{4\pi t^2}$.

求解以 x 为函数的一阶线性微分方程

【1229】 求微分方程 $(x-2xy-y^2)\frac{\mathrm{d}y}{\mathrm{d}x}+y^2=0$ 的通解.

分析 表面上看此方程不属于标准的一阶线性方程，但如果交换 x 和 y 的地位，即把 x 看

作未知函数，把 y 看作自变量，这时对变量 x 来说，原方程是一阶线性微分方程.

解 把 x 看作未知函数，把 y 看作自变量，原方程变为关于函数 x 的线性方程

$$\frac{dx}{dy}+\frac{1-2y}{y^2}x=1,$$

其解为

$$x=e^{-\int P(y)dy}\left(\int Q(y)e^{\int P(y)dy}dy+C\right)=e^{-\int\frac{1-2y}{y^2}dy}\left(\int e^{\int\frac{1-2y}{y^2}dy}dy+C\right)$$

$$=e^{\frac{1}{y}+2\ln y}\left(\int e^{-\frac{1}{y}-2\ln y}dy+C\right)=y^2e^{\frac{1}{y}}(e^{-\frac{1}{y}}+C)=y^2+Cy^2e^{\frac{1}{y}}.$$

即原方程的通解为 $x=y^2+Cy^2e^{\frac{1}{y}}$.

【1230】 求微分方程 $y\ln y dx+(x-\ln y)dy=0$ 的通解.

解 变形为 $\frac{dx}{dy}+\frac{1}{y\ln y}x=\frac{1}{y}$，$P(y)=\frac{1}{y\ln y}$，$Q(y)=\frac{1}{y}$. 代入通解公式得

$$x=e^{-\int\frac{1}{y\ln y}dy}\left[\int\frac{1}{y}e^{\int\frac{1}{y\ln y}dy}dy+C_1\right]=\frac{1}{\ln y}\left[\frac{1}{2}\ln^2y+C_1\right].$$

即 $2x\ln y=\ln^2y+C$ $(C=\frac{1}{2}C_1)$.

求一阶线性微分方程的特解

【1231】 求微分方程 $xy'+y-e^x=0$ 满足条件 $y\big|_{x=1}=e$ 的特解.

解 原方程可写成

$$y'+\frac{1}{x}y=\frac{e^x}{x}$$

这是一阶线性非齐次方程，代入公式得

$$y=e^{-\int\frac{1}{x}dx}\left[\int\frac{e^x}{x}\cdot e^{\int\frac{1}{x}dx}dx+C\right]=e^{-\ln x}\left[\int\frac{e^x}{x}\cdot e^{\ln x}dx+C\right]$$

$$=\frac{1}{x}\left[\int e^xdx+C\right]=\frac{1}{x}(e^x+C).$$

所以原方程的通解是

$$y=\frac{1}{x}(e^x+C).$$

再由条件 $y\big|_{x=1}=e$，有 $e=e+C$，即 $C=0$. 因此，所求的特解是 $y=\frac{e^x}{x}$.

【1232】 微分方程 $(y+x^3)dx-2xdy=0$ 满足 $y\big|_{x=1}=\frac{6}{5}$ 的特解为________.

解 把原微分方程整理得

$$y'-\frac{1}{2x}y=\frac{x^2}{2},$$

此方程为一阶线性微分方程，通解为

$$y=e^{\int\frac{1}{2x}dx}\left[\int\frac{x^2}{2}e^{-\int\frac{1}{2x}dx}dx+C\right]=\sqrt{x}\left[\int\frac{x^2}{2}x^{-\frac{1}{2}}dx+C\right]=\frac{1}{5}x^3+C\sqrt{x}$$

把 $y\big|_{x=1}=\frac{6}{5}$ 代入通解得 $C=1$. 所以特解为

$$y=\frac{1}{5}x^3+\sqrt{x}.$$

故应填 $y=\frac{1}{5}x^3+\sqrt{x}$.

【1233】求微分方程$(x^2-1)\mathrm{d}y+(2xy-\cos x)\mathrm{d}x=0$ 满足初始条件 $y\Big|_{x=0}=1$ 的特解.

解 原方程可化为 $\frac{\mathrm{d}y}{\mathrm{d}x}+\frac{2x}{x^2-1}y=\frac{\cos x}{x^2-1}$.

此一阶线性微分方程的通解为$y=\mathrm{e}^{-\int\frac{2x}{x^2-1}\mathrm{d}x}\left(\int\mathrm{e}^{\int\frac{2x}{x^2-1}\mathrm{d}x}\frac{\cos x}{x^2-1}\mathrm{d}x+C\right)$，即

$$y=\frac{\sin x+C}{x^2-1}.$$

由 $y\Big|_{x=0}=1$ 得 $1=\frac{C}{-1}$，$C=-1$，故满足初始条件的特解是

$$y=\frac{\sin x-1}{x^2-1}.$$

点评 在使用一阶线性微分方程的通解公式之前，一定要把方程化为标准形式，否则会出现错误结果.

【1234】微分方程 $xy'+2y=x\ln x$ 满足 $y(1)=-\frac{1}{9}$的解为________.

解 直接用一阶线性微分方程 $y'+P(x)y=Q(x)$的通解公式

$$y=\mathrm{e}^{-\int P(x)\mathrm{d}x}\left[\int Q(x)\mathrm{e}^{\int P(x)\mathrm{d}x}\mathrm{d}x+C\right],$$

再由初始条件确定任意常数即可. 即原方程等价为 $y'+\frac{2}{x}y=\ln x$，于是通解为

$$y=\mathrm{e}^{-\int\frac{2}{x}\mathrm{d}x}\left[\int\ln x\cdot\mathrm{e}^{\int\frac{2}{x}\mathrm{d}x}\mathrm{d}x+C\right]=\frac{1}{x^2}\cdot\left[\int x^2\ln x\mathrm{d}x+C\right]=\frac{1}{3}x\ln x-\frac{1}{9}x+C\frac{1}{x^2},$$

由 $y(1)=-\frac{1}{9}$得 $C=0$，故所求解为 $y=\frac{1}{3}x\ln x-\frac{1}{9}x$.

【1235】微分方程 $xy'+y=x\mathrm{e}^x$ 满足 $y(1)=1$ 的特解是________.

分析 显然，所给方程是一阶线性方程，因此可按求解一阶线性微分方程的方法求出通解，再由给定的初始条件确定特解.

解法一 $y=\mathrm{e}^{-\int P(x)\mathrm{d}x}\left[\int Q(x)\mathrm{e}^{\int P(x)\mathrm{d}x}\mathrm{d}x+C\right]=\mathrm{e}^{-\int\frac{1}{x}\mathrm{d}x}\left[\int\mathrm{e}^x\mathrm{e}^{\int\frac{1}{x}\mathrm{d}x}\mathrm{d}x+C\right]$

$=\frac{1}{x}[(x-1)\mathrm{e}^x+C]$，

将 $x=1,y=1$ 代入，得 $C=1$，所以特解

$$y=\frac{x-1}{x}\mathrm{e}^x+\frac{1}{x}.$$

解法二 本题更简便的方法是利用 $xy'+y=(xy)'$.

把原方程化为$\frac{\mathrm{d}}{\mathrm{d}x}(xy)=x\mathrm{e}^x$，积分后得 $xy=(x-1)\mathrm{e}^x+C$，当 $x=1,y=1$ 时，$C=1$.

故所求特解为 $y=\frac{(x-1)\mathrm{e}^x+1}{x}$.

故应填 $y=\frac{(x-1)\mathrm{e}^x+1}{x}$.

【1236】求解以下问题：$\begin{cases} xy'+(1-x)y=e^{2x} \\ \lim\limits_{x\to 0^+} y(x)=1 \end{cases}$，$(0<x<+\infty)$.

解 原方程化为 $y'+\dfrac{1-x}{x}y=\dfrac{e^{2x}}{x}$.

利用一阶线性非齐次方程的通解公式得

$$y=e^{-\int\frac{1-x}{x}dx}\left[\int\frac{e^{2x}}{x}e^{\int\frac{1-x}{x}dx}dx+C\right]=e^{x-\ln x}\left[\int\frac{e^{2x}}{x}e^{-x+\ln x}dx+C\right]=\frac{e^x}{x}(e^x+C),$$

因为 $1=\lim\limits_{x\to 0^+}y=\lim\limits_{x\to 0^+}\dfrac{e^{2x}+Ce^x}{x}$，所以 $C=-1$.

故所求方程的特解为 $y=\dfrac{e^x}{x}(e^x-1)$.

求解贝努里方程

【1237】求微分方程 $x^2y'+xy=y^2$ 满足初始条件 $y\Big|_{x=1}=1$ 的特解.

解 把原式整理得 $x^2y^{-2}y'+xy^{-1}=1$,此方程为贝努里方程.

令 $y^{-1}=z$ 得一阶线性微分方程：$z'-\dfrac{1}{x}z=-\dfrac{1}{x^2}$，故

$$z=e^{\int\frac{1}{x}dx}\left[\int-\frac{1}{x^2}e^{-\int\frac{1}{x}dx}dx+C\right]=x\left(\frac{1}{2x^2}+C\right)=\frac{1}{2x}+Cx,$$

该微分方程的通解为 $y=\dfrac{2x}{1+2Cx^2}$. 把 $y\Big|_{x=1}=1$ 代入得 $C=\dfrac{1}{2}$.

故特解为 $y=\dfrac{2x}{1+x^2}$.

【1238】求微分方程 $3(1+x^2)y'+2xy=2xy^4$ 满足初始条件 $y\Big|_{x=0}=\dfrac{1}{2}$的特解.

解 将方程改写为

$$y^{-4}\frac{dy}{dx}+\frac{2x}{3(1+x^2)}y^{-3}=\frac{2x}{3(1+x^2)},$$

这是贝努里方程,令 $z=y^{-3}$,则$\dfrac{dz}{dx}=-3y^{-4}\dfrac{dy}{dx}$,代入上述方程得

$$-\frac{1}{3}\frac{dz}{dx}+\frac{2x}{3(1+x^2)}z=\frac{2x}{3(1+x^2)},$$

即

$$\frac{dz}{dx}-\frac{2x}{1+x^2}z=-\frac{2x}{1+x^2}. \qquad ①$$

这是一阶线性非齐次方程,它对应的齐次方程为

$$\frac{dz}{dx}-\frac{2x}{1+x^2}z=0. \qquad ②$$

积分得其通解为 $z=C(1+x^2)$.

令 $z=(1+x^2)u(x)$是方程①的解,则

$$\frac{dz}{dx}=(1+x^2)\frac{du}{dx}+2xu,$$

代入方程①中,得

$$(1+x^2)\frac{du}{dx}+2xu-\frac{2x}{1+x^2}(1+x^2)u=-\frac{2x}{1+x^2},\quad 即\quad \frac{du}{dx}=-\frac{2x}{(1+x^2)^2},$$

积分得 $u=\frac{1}{1+x^2}+C$，所以方程①的通解为 $z=1+C(1+x^2)$，于是原方程的通解为

$$\frac{1}{y^3}=1+C(1+x^2).$$

由初始条件 $y\Big|_{x=0}=\frac{1}{2}$，有 $8=1+C$，即 $C=7$，因此所求的特解是 $y^3=(7x^2+8)^{-1}$.

【1239】 求方程 $y'+\frac{y}{x}=y^2-\frac{1}{x^2}$ 的通解.

解 将原方程改写为 $xy'+y=x(y^2-\frac{1}{x^2})$. 令 $u=xy$，则方程变为

$$\frac{du}{dx}=\frac{u^2-1}{x}.$$

此为变量可分离的方程，解之得通解

$$\frac{u-1}{u+1}=Cx^2,\quad 即\quad \frac{xy-1}{xy+1}=Cx^2.$$

有关一阶线性微分方程的应用题

【1240】 设 $F(x)=f(x)g(x)$，其中函数 $f(x)$，$g(x)$ 在 $(-\infty,+\infty)$ 内满足以下条件：

$$f'(x)=g(x),\quad g'(x)=f(x),\quad 且\ f(0)=0,\quad f(x)+g(x)=2e^x.$$

(1)求 $F(x)$ 所满足的一阶微分方程；

(2)求出 $F(x)$ 的表达式.

解 (1)由

$$\begin{aligned}F'(x)&=f'(x)g(x)+f(x)g'(x)=g^2(x)+f^2(x)\\&=[f(x)+g(x)]^2-2f(x)g(x)=(2e^x)^2-2F(x),\end{aligned}$$

可见 $F(x)$ 所满足的一阶微分方程为

$$F'(x)+2F(x)=4e^{2x}.$$

(2) $F(x)=e^{-\int 2dx}\left[\int 4e^{2x}\cdot e^{\int 2dx}dx+C\right]=e^{-2x}\left[\int 4e^{4x}dx+C\right]=e^{2x}+Ce^{-2x}$.

将 $F(0)=f(0)g(0)=0$ 代入上式，得 $C=-1$.

于是 $F(x)=e^{2x}-e^{-2x}$.

【1241】 过点 $(\frac{1}{2},0)$ 且满足关系式 $y'\arcsin x+\frac{y}{\sqrt{1-x^2}}=1$ 的曲线方程为______.

解 整理方程得 $y'+\frac{1}{\sqrt{1-x^2}\arcsin x}y=\frac{1}{\arcsin x}$，此为一阶线性微分方程，求其通解

$$y=e^{-\int\frac{1}{\sqrt{1-x^2}\arcsin x}dx}\left[\int\frac{1}{\arcsin x}e^{\int\frac{1}{\sqrt{1-x^2}\arcsin x}dx}dx+C\right]=\frac{1}{\arcsin x}(x+C).$$

把 $x=\frac{1}{2}$，$y=0$ 代入上式得 $C=-\frac{1}{2}$，特解为 $y=\frac{1}{\arcsin x}(x-\frac{1}{2})$.

故应填 $y\arcsin x=x-\frac{1}{2}$.

【1242】 求微分方程 $xdy+(x-2y)dx=0$ 的一个解 $y=y(x)$，使得由曲线 $y=y(x)$ 与直线 $x=1$，$x=2$ 以及 x 轴所围成的平面图形绕 x 轴旋转一周的旋转体体积最小.

解 原方程可化为 $\frac{dy}{dx}-\frac{2}{x}y=-1$. 则

$$y=e^{\int\frac{2}{x}dx}\left[-\int e^{-\int\frac{2}{x}dx}dx+C\right]=x^2\left(\frac{1}{x}+C\right)=x+Cx^2.$$

由曲线 $y=x+Cx^2$ 与直线 $x=1,x=2$ 及 x 轴所围成的平面图形绕 x 轴旋转一周的旋转体体积为

$$V(C)=\int_1^2\pi(x+Cx^2)^2\,\mathrm{d}x=\pi\left(\frac{31}{5}C^2+\frac{15}{2}C+\frac{7}{3}\right).$$

令 $V'(C)=\pi\left(\frac{62}{5}C+\frac{15}{2}\right)=0$，得 $C=-\frac{75}{124}$.

又 $V''(C)=\frac{62}{5}\pi>0$，故 $C=-\frac{75}{124}$为唯一极小值点，也是最小值点，于是得

$$y=y(x)=x-\frac{75}{124}x^2.$$

【1243】在 xOy 坐标平面上，连续曲线 L 过点 $M(1,0)$，其上任意点 $P(x,y)$ $(x\neq0)$处的切线斜率与直线 OP 的斜率之差等于 ax（常数 $a>0$）.

(1)求 L 的方程；

(2)当 L 与直线 $y=ax$ 所围成平面图形的面积为$\frac{8}{3}$时，确定 a 的值.

解　(1)依题意得 $y'-\frac{1}{x}y=ax$，求得其通解为

$$y=\mathrm{e}^{\int\frac{1}{x}\mathrm{d}x}\left(\int ax\,\mathrm{e}^{-\int\frac{1}{x}\mathrm{d}x}\mathrm{d}x+C\right)=ax^2+Cx,$$

将 $x=1,y=0$ 代入上式得 $C=-a$. 从而 L 的方程为 $y=ax^2-ax$.

(2)L 与直线 $y=ax$ 的交点坐标为(0,0)和$(2,2a)$，那么 L 与直线 $y=ax$ 围成平面图形的面积

$$S(a)=\int_0^2(ax-ax^2+ax)\mathrm{d}x=\int_0^2(2ax-ax^2)\mathrm{d}x=\frac{4}{3}a,$$

于是由题设知$\frac{4}{3}a=\frac{8}{3}$，从而 $a=2$.

【1244】假设：(1)函数 $y=f(x)(0\leqslant x<\infty)$满足条件 $f(0)=0$ 和 $0\leqslant f(x)\leqslant \mathrm{e}^x-1$；(2)平行于 y 轴的动直线 MN 与曲线 $y=f(x)$和 $y=\mathrm{e}^x-1$ 分别相交于点 P_1 和 P_2；(3)曲线 $y=f(x)$、直线 MN 与 x 轴所围封闭图形的面积 S 恒等于线段 P_1P_2 的长度. 求函数 $y=f(x)$的表达式.

解　如图 1244 所示可知

$$\int_0^x f(x)\mathrm{d}x=\mathrm{e}^x-1-f(x) \qquad ①$$

两端求导，得

$$f(x)=\mathrm{e}^x-f'(x),\quad 即\quad f'(x)+f(x)=\mathrm{e}^x$$

由一阶线性方程求解公式，得

$$f(x)=\left(\int Q(x)\mathrm{e}^{\int P(x)\mathrm{d}x}\mathrm{d}x+C\right)\mathrm{e}^{-\int P(x)\mathrm{d}x}$$

$$=\left(\int \mathrm{e}^x\mathrm{e}^x\mathrm{d}x+C\right)\mathrm{e}^{-x}=C\mathrm{e}^{-x}+\frac{1}{2}\mathrm{e}^x$$

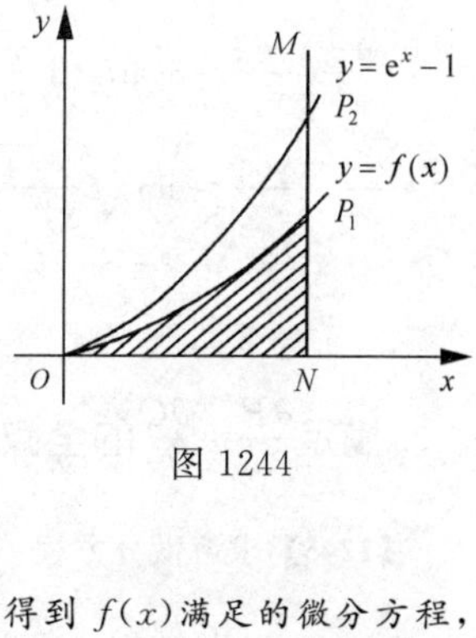

图 1244

由 $f(0)=0$，得 $C=-\frac{1}{2}$，因此所求函数为

$$f(x)=\frac{1}{2}(\mathrm{e}^x-\mathrm{e}^{-x}).$$

点评　本题关键在于利用已知条件建立方程①，然后对①求导得到 $f(x)$满足的微分方程，最后求解带初值 $f(0)=0$ 的微分方程.

§5. 全微分方程

1. 全微分方程

若方程

$$P(x,y)dx+Q(x,y)dy=0 \qquad ①$$

的左端恰好是某一个二元函数 $u(x,y)$ 的全微分，即：

$$du=P(x,y)dx+Q(x,y)dy=\frac{\partial u}{\partial x}dx+\frac{\partial u}{\partial y}dy$$

则称方程①为全微分方程(或称为恰当方程)，全微分方程通解是 $u(x,y)=C$(C 是任意常数)，$u(x,y)$ 也称为 $Pdx+Qdy$ 的原函数.

2. 方程①为全微分方程的充要条件及原函数 $u(x,y)$ 的求法

若 $P(x,y)$，$Q(x,y)$ 在某一单连通域上连续，且有连续的一阶偏导数，则方程①为全微分方程的充要条件是 $\frac{\partial P}{\partial y}=\frac{\partial Q}{\partial x}$，这时有

$$u(x,y)=\int_{x_0}^{x}P(x,y_0)dx+\int_{y_0}^{y}Q(x,y)dy$$

或

$$u(x,y)=\int_{x_0}^{x}P(x,y)dx+\int_{y_0}^{y}Q(x_0,y)dy$$

3. 积分因子

若方程①不是全微分方程，但存在一个函数 $\mu(x,y)$ 使

$$\mu(x,y)P(x,y)dx+\mu(x,y)Q(x,y)dy=0$$

为全微分方程，则称 $\mu(x,y)$ 为方程①的积分因子.

4. 某些已知的二元函数的全微分公式

$xdy+ydx=d(xy)$

$\frac{xdy-ydx}{x^2}=d(\frac{y}{x})$

$\frac{-xdy+ydx}{y^2}=d(\frac{x}{y})$

$\frac{ydy+xdx}{\sqrt{y^2+x^2}}=d(\sqrt{y^2+x^2})$

$\frac{-xdy+ydx}{xy}=d(\ln\frac{x}{y})$

$\frac{xdy-ydx}{x^2+y^2}=d(\arctan\frac{y}{x})$

$\frac{ydx-xdy}{x^2+y^2}=d(\arctan\frac{x}{y})$

$\frac{ydy+xdx}{x^2+y^2}=\frac{1}{2}d\ln(y^2+x^2)$

$\frac{xdy-ydx}{y^2-x^2}=d\ln\sqrt{\frac{y-x}{y+x}}$

基本题型

满足$\frac{\partial P}{\partial y}=\frac{\partial Q}{\partial x}$的全微分方程

【1245】求解微分方程：$\frac{2x}{y^3}dx+\frac{y^2-3x^2}{y^4}dy=0$.

解 由于$\frac{\partial}{\partial y}\left(\frac{2x}{y^3}\right)=-\frac{6x}{y^4}=\frac{\partial}{\partial x}\left(\frac{y^2-3x^2}{y^4}\right)$，所以此方程为全微分方程.

代入公式得

$$u(x,y)=\int_0^x \frac{2x}{y^3}\mathrm{d}x+\int_1^y \frac{1}{y^2}\mathrm{d}y=\frac{x^2}{y^3}+1-\frac{1}{y}.$$

故通解为 $\dfrac{x^2-y^2}{y^3}=C.$

【1246】 求方程$[\sin(xy)+xy\cos(xy)]\mathrm{d}x+x^2\cos(xy)\mathrm{d}y=0$ 的通解.

解 设 $P(x,y)=\sin(xy)+xy\cos(xy)$，$Q(x,y)=x^2\cos(xy)$，因为

$$\frac{\partial P}{\partial y}=2x\cos(xy)-x^2 y\sin(xy)=\frac{\partial Q}{\partial x},$$

故该方程为全微分方程，解之得通解

$$\int_0^x 0\cdot \mathrm{d}x+\int_0^y x^2\cos(xy)\mathrm{d}y=C.$$

即 $x\sin(xy)=C.$

【1247】 求解微分方程$(1+\mathrm{e}^{\frac{x}{y}})\mathrm{d}x+\mathrm{e}^{\frac{x}{y}}\left(1-\dfrac{x}{y}\right)\mathrm{d}y=0.$

解 $P(x,y)=1+\mathrm{e}^{\frac{x}{y}}$，$Q(x,y)=\mathrm{e}^{\frac{x}{y}}\left(1-\dfrac{x}{y}\right)$，由于

$$\frac{\partial P}{\partial y}=-\frac{x}{y^2}\mathrm{e}^{\frac{x}{y}}=\frac{\partial Q}{\partial x},$$

所以方程是全微分方程，取$(x_0,y_0)=(0,1)$，有

$$u(x,y)=\int_1^y \mathrm{d}y+\int_0^x (1+\mathrm{e}^{\frac{x}{y}})\mathrm{d}x=y-1+x+y\mathrm{e}^{\frac{x}{y}}-y=x+y\mathrm{e}^{\frac{x}{y}}-1,$$

故 $x+y\mathrm{e}^{\frac{x}{y}}=C.$

【1248】 求解$(5x^4+3xy^2-y^3)\mathrm{d}x+(3x^2y-3xy^2+y^2)\mathrm{d}y=0.$

解 这里

$$\frac{\partial P}{\partial y}=6xy-3y^2=\frac{\partial Q}{\partial x},$$

所以这是全微分方程. 可取 $x_0=0$，$y_0=0$，则有

$$u(x,y)=\int_0^x (5x^4+3xy^2-y^3)\mathrm{d}x+\int_0^y y^2\mathrm{d}y=x^5+\frac{3}{2}x^2y^2-xy^3+\frac{1}{3}y^3.$$

于是方程的通解为 $x^5+\dfrac{3}{2}x^2y^2-xy^3+\dfrac{1}{3}y^3=C.$

利用积分因子求解

【1249】 试求微分方程 $y\mathrm{d}x+(y-x)\mathrm{d}y=0$ 的通解.

解法一 显然，题给的微分方程不是全微分方程. 但根据我们熟知的微分公式可知，它乘以 y^{-2} 后是一全微分方程，且有

$$\frac{y\mathrm{d}x-x\mathrm{d}y}{y^2}+\frac{\mathrm{d}y}{y}=\mathrm{d}\left(\frac{x}{y}+\ln|y|\right)=0.$$

于是，原微分方程的通解是 $\dfrac{x}{y}+\ln|y|=C$. 另外，$y=0$ 也是它的解.

解法二 把原微分方程改写为$\dfrac{\mathrm{d}y}{\mathrm{d}x}=\dfrac{y}{x-y}$. 显然，它是齐次方程.

令 $u=\dfrac{y}{x}$，有 $y=xu$，$\dfrac{\mathrm{d}y}{\mathrm{d}x}=u+x\dfrac{\mathrm{d}u}{\mathrm{d}x}$，把它们代入原微分方程有

$$\frac{1}{u^2}\mathrm{d}u-\frac{1}{u}\mathrm{d}u=\frac{\mathrm{d}x}{x}.$$

积分后得 $\ln|x|+\ln|u|+\frac{1}{u}=C$，于是原方程的通解为

$$\frac{x}{y}+\ln|y|=C, \quad 及 \quad y=0.$$

解法三 显然，$y=0$ 是原方程的解.若把 x 看作因变量，y 看作自变量，原微分方程可写为非齐次线性微分方程

$$\frac{\mathrm{d}x}{\mathrm{d}y}-\frac{1}{y}x=-1.$$

由其通解公式得它的通解为

$$x=\mathrm{e}^{-\int(-\frac{1}{y})\mathrm{d}y}\left[\int(-1)\mathrm{e}^{\int(-\frac{1}{y})\mathrm{d}y}\mathrm{d}y+C\right]=y(C-\ln|y|).$$

点评 若存在函数 $\mu(x,y)\neq0$，使得

$$\mu(x,y)P(x,y)\mathrm{d}x+\mu(x,y)Q(x,y)\mathrm{d}y=0$$

为全微分方程，则称 $\mu(x,y)$ 为微分方程 $P(x,y)\mathrm{d}x+Q(x,y)\mathrm{d}y=0$ 的一个积分因子.一般地，积分因子并不是唯一的.例如，方程 $x\mathrm{d}y-y\mathrm{d}x=0$ 可以分别取积分因子为 $\mu_1=\frac{1}{y^2}$，$\mu_2=\frac{1}{x^2}$，$\mu_3=\frac{1}{x^2+y^2}$，$\mu_4=\frac{1}{x^2-y^2}$ 等，它们分别有

$$\frac{x\mathrm{d}y-y\mathrm{d}x}{y^2}=\mathrm{d}\left(-\frac{x}{y}\right)=0, \qquad \frac{x\mathrm{d}y-y\mathrm{d}x}{x^2}=\mathrm{d}\left(\frac{y}{x}\right)=0,$$

$$\frac{x\mathrm{d}y-y\mathrm{d}x}{x^2+y^2}=\mathrm{d}\left(\arctan\frac{y}{x}\right)=0, \qquad \frac{x\mathrm{d}y-y\mathrm{d}x}{x^2-y^2}=\mathrm{d}\left(-\frac{1}{2}\ln\frac{x-y}{x+y}\right)=0.$$

只要微分方程 $P(x,y)\mathrm{d}x+Q(x,y)\mathrm{d}y=0$ 存在解，则其积分因子必定存在.但是寻找其积分因子 $\mu(x,y)$ 却没有固定的方法.

【1250】 求 $(x^2-y^2-2y)\mathrm{d}x+(x^2+2x-y^2)\mathrm{d}y=0$ 的通解.

分析 原方程有因子 $(x^2-y^2)(\mathrm{d}x+\mathrm{d}y)$ 及 $2(x\mathrm{d}y-y\mathrm{d}x)$，因此方程可用积分因子 $\frac{1}{x^2-y^2}$.

解 $P(x,y)=x^2-y^2-2y, \qquad Q(x,y)=x^2+2x-y^2,$

$$\frac{\partial P(x,y)}{\partial y}=-2y-2, \qquad \frac{\partial Q(x,y)}{\partial x}=2x+2,$$

故 $\frac{\partial P}{\partial y}\neq\frac{\partial Q}{\partial x}$，原方程不属于全微分方程.将原方程改为

$$(x^2-y^2)\mathrm{d}(x+y)+2(x\mathrm{d}y-y\mathrm{d}x)=0,$$

故可令 $\mu(x,y)=\frac{1}{x^2-y^2}$，则方程变为

$$\mathrm{d}(x+y)+2\,\frac{x\mathrm{d}y-y\mathrm{d}x}{x^2-y^2}=0,$$

即为

$$\mathrm{d}(x+y)-2\mathrm{d}\left(\frac{1}{2}\ln\frac{x-y}{x+y}\right)=0.$$

故 $x+y=\ln\frac{x-y}{x+y}+C$.

点评 当然此题亦可用分离变量法，将

$$(x^2-y^2)(\mathrm{d}x+\mathrm{d}y)+2(x\mathrm{d}y-y\mathrm{d}x)=0$$

两边同时除以 x^2 得

$$\left[1-\left(\frac{y}{x}\right)^2\right]\mathrm{d}(x+y)+2\mathrm{d}\left(\frac{y}{x}\right)=0.$$

令 $x+y=u,\frac{y}{x}=v$，则方程化为 $(1-v^2)\mathrm{d}u+2\mathrm{d}v=0$，这是一个简单的可分离变量型方程.

【1251】 求微分方程 $(x^2+y^2+y)\mathrm{d}x-x\mathrm{d}y=0$ 的通解.

解 此方程不是全微分方程，故考虑用积分因子将其化为全微分方程，原方程可写为

$$(x^2+y^2)\mathrm{d}x+(y\mathrm{d}x-x\mathrm{d}y)=0,$$

而由 $\mathrm{d}\left(\arctan\frac{x}{y}\right)=\frac{y\mathrm{d}x-x\mathrm{d}y}{x^2+y^2}$ 知应取积分因子 $\mu(x,y)=\frac{1}{x^2+y^2}$，即把方程化为

$$\mathrm{d}x+\mathrm{d}\arctan\frac{x}{y}=0.$$

故得方程通解为 $x+\arctan\frac{x}{y}=C$.

【1252】 求 $(x^2+y)\mathrm{d}x-x\mathrm{d}y=0$ 的通解.

解 此方程不是全微分方程. 原方程可写为

$$x^2\mathrm{d}x+(y\mathrm{d}x-x\mathrm{d}y)=0$$

而由 $\mathrm{d}\left(\frac{y}{x}\right)=\frac{x\mathrm{d}y-y\mathrm{d}x}{x^2}$ 知应取积分因子 $\mu(x,y)=\frac{1}{x^2}$，即把原方程化为

$$\mathrm{d}x+\frac{y\mathrm{d}x-x\mathrm{d}y}{x^2}=0,$$

从而 $\mathrm{d}x+\mathrm{d}\left(-\frac{y}{x}\right)=0$，即得原方程通解为 $x-\frac{y}{x}=C$.

通过适当分组求解

【1253】 求解：$(xy+y^4)\mathrm{d}x+(x^2-xy^3)\mathrm{d}y=0$.

解 对方程各项分组如下：

$$x(y\mathrm{d}x+x\mathrm{d}y)+y^3(y\mathrm{d}x-x\mathrm{d}y)=0,$$

$$x\mathrm{d}(xy)+y^5\mathrm{d}\left(\frac{x}{y}\right)=0.$$

除以 x，并且作代换 $xy=u,\ \frac{x}{y}=v$. 则原方程可化为

$$\mathrm{d}u+\frac{u^2}{v^3}\mathrm{d}v=0.$$

通解为 $\frac{1}{u}+\frac{1}{2v^2}=C$，从而方程通解为 $\frac{1}{xy}+\frac{y^2}{2x^2}=C$.

【1254】 求 $x\mathrm{d}y=y(xy-1)\mathrm{d}x$ 的通解.

解 原方程可写成 $x\mathrm{d}y+y\mathrm{d}x-xy^2\mathrm{d}x=0$，于是有 $\mathrm{d}(xy)-xy^2\mathrm{d}x=0$.

令 $z=xy$，则 $y=\frac{z}{x}$，代入上式有

$$\mathrm{d}z-\frac{z^2}{x}\mathrm{d}x=0,$$

通解为 $x=C\cdot e^{-\frac{1}{z}}(C\neq 0)$.

故原方程通解为 $x=Ce^{-\frac{1}{xy}}$，$(C\neq 0)$.

点评 如果由方程中可分出某个函数 $\varphi(x,y)$ 的全微分方程，则有时当把变量 (x,y) 变到 (x,z) 或 (y,z) 时方程可以化简，其中 $z=\varphi(x,y)$.

§6. 可降阶的高阶微分方程

1. $y^{(n)}=f(x)$

方程特点是右端为自变量 x 的函数，且不含有函数 y 及其导数 $y',y'',\cdots,y^{(n-1)}$，将方程两边对 x 逐次积分即得其通解

$$y=\int dx\cdots\int f(x)dx+\frac{C_1}{(n-1)!}x^{n-1}+\frac{C_2}{(n-2)!}x^{n-2}+\cdots+C_{n-1}x+C_n.$$

2. $y''=f(x,y')$

方程特点是右端不显含函数 y，令 $y'=p$，$y''=\frac{dp}{dx}=p'$，代入原方程即可化为一阶方程 $p'=f(x,p)$，若其解为 $p=\varphi(x,C_1)$，则原方程的通解为

$$y=\int\varphi(x,C_1)dx+C_2.$$

3. $y''=f(y,y')$

方程特点是右端不显含自变量 x，令 $y'=p$，并利用复合函数的求导法则，把 y'' 化为对 y 的导数，即

$$y''=\frac{dp}{dx}=\frac{dp}{dy}\cdot\frac{dy}{dx}=p\cdot\frac{dp}{dy},$$

代入原方程即可化为一阶方程

$$p\cdot\frac{dp}{dy}=f(y,p).$$

若其解为 $p=\varphi(y,C_1)$，即 $\frac{dy}{dx}=\varphi(y,C_1)$，则原方程的通解为

$$\int\frac{dy}{\varphi(y,C_1)}=x+C_2.$$

基本题型

求 $y^{(n)}=f(x)$ 的通解

【1255】 $y^{(4)}=\sin x+x$.

解 积分一次得 $y^{(3)}=-\cos x+\frac{x^2}{2}+C_1$，

再积分一次 $y''=-\sin x+\frac{x^3}{6}+C_1x+C_2$，

$$y'=\cos x+\frac{x^4}{24}+\frac{C_1}{2}x^2+C_2x+C_3,$$

$$y=\sin x+\frac{x^5}{120}+\frac{C_1}{6}x^3+\frac{C_2}{2}x^2+C_3x+C_4$$

所以 $y=\sin x+\frac{x^5}{5!}+b_1x^3+b_2x^2+b_3x+b_4$.

【1256】 求微分方程 $y'''=\ln x$ 的通解.

解 对所给方程接连积分三次：

$$y''=\int \ln x\mathrm{d}x=x\ln x-x+C,$$

$$y'=\int (x\ln x-x+C)\mathrm{d}x=\frac{1}{2}x^2\ln x-\frac{3}{4}x^2+Cx+C_2,$$

$$y=\int (\frac{1}{2}x^2\ln x-\frac{3}{4}x^2+Cx+C_2)\mathrm{d}x$$

$$=\frac{1}{6}x^3\ln x-\frac{11}{36}x^3+C_1x^2+C_2x+C_3 \quad (C_1=\frac{1}{2}C).$$

【1257】 求微分方程 $y^{(n)}=\mathrm{e}^{ax}+x^b$ 的通解.

解 由于 $\int \mathrm{e}^{ax}\mathrm{d}x=\frac{1}{a}\mathrm{e}^{ax}$， $\int x^t\mathrm{d}x=\frac{1}{t+1}x^{t+1}$.

故方程的通解为

$$y=\frac{1}{a^n}\mathrm{e}^{ax}+[(b+n)(b+n-1)\cdots(b+1)]^{-1}x^{b+n}+C_1x^{n-1}+C_2x^{n-2}+\cdots+C_{n-1}x+C_n.$$

【1258】 求微分方程 $\frac{\mathrm{d}^5x}{\mathrm{d}t^5}-\frac{1}{t}\frac{\mathrm{d}^4x}{\mathrm{d}t^4}=0$ 的通解.

解 令 $\frac{\mathrm{d}^4x}{\mathrm{d}t^4}=y$,则方程化为 $\frac{\mathrm{d}y}{\mathrm{d}t}-\frac{1}{t}y=0$，积分后得

$$y=Ct, \quad 即 \quad \frac{\mathrm{d}^4x}{\mathrm{d}t^4}=Ct,$$

故原方程的通解为 $x=C_1t^5+C_2t^3+C_3t^2+C_4t+C_5$.

求 $y''=f(x,y')$ 型微分方程的通解

【1259】 微分方程 $xy''+3y'=0$ 的通解为________.

解 令 $y'=p$,则 $y''=\frac{\mathrm{d}p}{\mathrm{d}x}$.

代入原方程得 $x\frac{\mathrm{d}p}{\mathrm{d}x}+3p=0$,分离变量得 $\frac{\mathrm{d}p}{p}=-\frac{3}{x}\mathrm{d}x$,

两边积分得 $\ln p=-3\ln x+\ln C'_2$，即 $p=C'_2x^{-3}$，也即 $y'=C'_2x^{-3}$,解得 $y=C_1+\frac{C_2}{x^2}$.

故应填 $y=C_1+\frac{C_2}{x^2}$.

【1260】 求方程 $2xy'y''=(y')^2+1$ 的通解.

解 令 $y'=p$,则 $y''=\frac{\mathrm{d}p}{\mathrm{d}x}$,原方程可化为 $2xp\frac{\mathrm{d}p}{\mathrm{d}x}=p^2+1$,分离变量得

$$\frac{2p}{p^2+1}\mathrm{d}p=\frac{1}{x}\mathrm{d}x,$$

等式两端同时积分并化简得

$$p=\pm\sqrt{C_1x-1}, \quad 即 \quad y'=\pm\sqrt{C_1x-1},$$

积分得微分方程通解为：$y=\pm\frac{2}{3C_1}(C_1x-1)^{\frac{3}{2}}+C_2$.

【1261】求解下列方程：$xy''=y'+x\sin\dfrac{y'}{x}$.

解 因为此方程不显含 y，所以令 $y'=p$，则原方程化为 p 的一阶方程

$$xp'=p+x\sin\frac{p}{x}.$$

这是一个齐次方程，令 $\dfrac{p}{x}=u$，则上面的方程成为 $xu'=\sin u$，从而求得通解 $\tan\dfrac{u}{2}=C_1x$，C_1 为任意常数. 即有通解

$$\frac{p}{x}=2\arctan C_1x,$$

而上式即为 $\dfrac{dy}{dx}=2x\arctan C_1x$，积分，即得原方程的通解

$$\begin{cases}y=x^2\arctan C_1x-\dfrac{x}{C_1}+\dfrac{1}{C_1^2}\arctan C_1x+C_2, & (C_1\neq 0)\\ y=C_2, & (C_1=0)\end{cases}$$

其中 C_2 为任意常数.

【1262】求微分方程 $xy''=y'\ln y'$ 的通解.

解 设 $y'=p$，则 $y''=\dfrac{dp}{dx}=p'$，代入方程中可得

$$x\frac{dp}{dx}=p\ln p,$$

分离变量 $\dfrac{dp}{p\ln p}=\dfrac{1}{x}dx$，两端积分可得

$$p=e^{C_1x},\quad 即\quad y'=e^{C_1x},$$

故原方程的通解为 $y=\dfrac{1}{C_1}e^{C_1x}+C_2$.

【1263】求微分方程 $y''=y'+x$ 的通解.

解 令 $y'=p$，则 $y''=p'$，得线性方程

$$p'=p+x\quad 即\quad p'-p=x.$$

解得

$$p=e^{\int dx}\left[\int xe^{-\int dx}dx+C_1\right]=e^x\left[\int xe^{-x}dx+C_1\right]=C_1e^x-x-1,$$

则

$$y=\int(C_1e^x-x-1)dx=C_1e^x-\frac{1}{2}x^2-x+C_2.$$

求 $y''=f(x,y')$ 型微分方程的特解

【1264】求微分方程 $(1+x^2)y''=2xy'$ 满足初始条件 $y\big|_{x=0}=1$，$y'\big|_{x=0}=3$ 的特解.

解 设 $y'=p$，则 $y''=\dfrac{dp}{dx}=p'$，代入方程 $(1+x^2)y''=2xy'$ 中可得

$$(1+x^2)\frac{dp}{dx}=2xp.$$

分离变量并两端积分可得

$$\int \frac{1}{p}\mathrm{d}p = \int \frac{2x}{1+x^2}\mathrm{d}x + C,\quad 即\quad \ln p = \ln(1+x^2)+C,$$

也即 $y'=p=C_1(1+x^2)$，其中 $C_1=\mathrm{e}^C$. 代入 $y'\Big|_{x=0}=3$，则得 $C_1=3$，从而 $y'=p=3(1+x^2)$.

两端再积分 $y=3\int(1+x^2)\mathrm{d}x = x^3+3x+C_2$，代入 $y\Big|_{x=0}=1$，则得 $C_2=1$.

故原方程的特解为 $y=x^3+3x+1$.

【1265】 求微分方程 $y''-a(y')^2=0$ 满足 $y\Big|_{x=0}=0$，$y'\Big|_{x=0}=-1$ 的特解.

解 令 $p=y'$，则 $y''=\dfrac{\mathrm{d}p}{\mathrm{d}x}$，原方程变为

$$\frac{\mathrm{d}p}{\mathrm{d}x}-ap^2=0,\quad 即\quad \frac{\mathrm{d}p}{p^2}=a\mathrm{d}x.$$

积分得

$$-\frac{1}{p}=ax+C_1.$$

因为 $p\Big|_{x=0}=y'\Big|_{x=0}=-1$，所以 $C_1=1$，从而 $-\dfrac{1}{y'}=ax+1$，即

$$\mathrm{d}y=-\frac{\mathrm{d}x}{ax+1},\quad 故\quad y=-\frac{1}{a}\ln(ax+1)+C_2.$$

又因为 $y\Big|_{x=0}=0$，故 $C_2=0$. 因此所求的特解为 $y=-\dfrac{1}{a}\ln(ax+1)\ (a\neq 0)$.

求 $y''=f(y,y')$ 型微分方程的通解

【1266】 解方程 $yy''=(y')^2$.

解 令 $y'=p$，$y''=p\dfrac{\mathrm{d}p}{\mathrm{d}y}$，得 $yp\dfrac{\mathrm{d}p}{\mathrm{d}y}=p^2$.

当 $p\neq 0$，有 $y\dfrac{\mathrm{d}p}{\mathrm{d}y}=p$，分离变量得 $\dfrac{\mathrm{d}p}{p}=\dfrac{\mathrm{d}y}{y}$，两边积分，得

$$\ln|p|=\ln|y|+\ln C_1，整理得\ p=C_1y,\quad 即\quad \frac{\mathrm{d}y}{\mathrm{d}x}=C_1y,$$

分离变量并两端积分可得 $\ln|y|=C_1x+\ln C_2$，故通解为 $y=C_2\mathrm{e}^{C_1x}$.

【1267】 求微分方程 $y''(1-y)+2(y')^2=0$ 的通解.

解 此微分方程为 $y''=f(y,y')$ 型，设

$$y'=p,\quad y''=\frac{\mathrm{d}p}{\mathrm{d}x}=\frac{\mathrm{d}p}{\mathrm{d}y}\cdot\frac{\mathrm{d}y}{\mathrm{d}x}=p\frac{\mathrm{d}p}{\mathrm{d}y},$$

代入原方程化为

$$p\frac{\mathrm{d}p}{\mathrm{d}y}(1-y)=-2p^2,$$

分离变量并积分得

$$\int\frac{\mathrm{d}p}{p}=\int\frac{-2\mathrm{d}y}{1-y}+C,\quad 即\quad \ln p=2\ln(1-y)+C,$$

整理得

$$y'=p=C_1(1-y)^2,\quad (C_1=\mathrm{e}^C).$$

再次分离变量并积分得 $\int\dfrac{\mathrm{d}y}{(1-y)^2}=C_1\int\mathrm{d}x+C_2$，故原方程的解为 $\dfrac{1}{1-y}=C_1x+C_2$.

【1268】求微分方程 $y''=(y')^2+1$ 的通解.

解 此方程的特点是不显含 x,y,看作 $y''=f(x,y')$ 或 $y''=f(y,y')$ 皆可.

设 $y'=p$,则 $y''=\frac{dp}{dx}=p'$,代入原方程可得

$$\frac{dp}{dx}=p^2+1,$$

分离变量 $\frac{dp}{p^2+1}=dx$,两端积分并整理得

$$p=\tan(x+C_1),\quad 即\quad y'=\tan(x+C_1),$$

从而再积分得

$$y=\int\tan(x+C_1)dx=-\ln|\cos(x+C_1)|+C_2.$$

故原方程的通解为 $y=-\ln|\cos(x+C_1)|+C_2$.

【1269】求方程 $y''=(y')^3+y'$ 的通解.

解 令 $y'=p$,则 $y''=p\frac{dp}{dy}$,得

$$p\frac{dp}{dy}=p^3+p.$$

当 $p=0$ 时,$y=C$ 为原方程的解;当 $p\neq0$ 时

$$\frac{dp}{dy}=1+p^2\quad 即\quad \frac{dp}{1+p^2}=dy,$$

积分得

$$\arctan p=y-C_1\quad 即\quad y'=p=\tan(y-C_1).$$

分离变量得 $\frac{dy}{\tan(y-C_1)}=dx$,积分得

$$\ln\sin(y-C_1)=x+\ln C_2,$$

故 $\sin(y-C_1)=C_2e^x$,即 $y=\arcsin C_2e^x+C_1$.

【1270】求微分方程 $y''+\frac{(y')^2}{1-y}=0$ 的通解.

解 作代换 $p=y'$,则 $y''=p\frac{dp}{dy}$,原方程化为

$$p\frac{dp}{dy}+\frac{p^2}{1-y}=0.$$

其中 $p=0$ 是上述方程的特解,即 $y=C\ (C\neq1)$是解.

又由 $\frac{dp}{dy}=-\frac{p}{1-y}$ 得 $p=C_1(y-1)$,故由 $\frac{dy}{dx}=C_1(y-1)$,得解 $y=1+C_2e^{C_1x}$,其中 $C_2\neq0$. 注意 $C_1=0$ 时即包含了 $y=C\ (C\neq1)$的解,故原方程的全部解是

$$y=1+C_2e^{C_1x}\quad (C_2\neq0).$$

求 $y''=f(y,y')$ 型微分方程的特解

【1271】微分方程 $yy''+(y')^2=0$ 满足初始条件 $y\big|_{x=0}=1,\ y'\big|_{x=0}=\frac{1}{2}$ 的特解是______.

解　令 $y'=p,y''=p\dfrac{dp}{dy}$，则原方程化为 $p(y\dfrac{dp}{dy}+p)=0$.

1° $p=0$ 得 $y'=0$,与已知矛盾；

2° $p\neq0$ 时,有 $y\dfrac{dp}{dy}+p=0$，解得 $p=\dfrac{C_1}{y}$.

把 $\begin{cases}y'\Big|_{x=0}=\dfrac{1}{2}\\ y\Big|_{x=0}=1\end{cases}$ 代入得 $C_1=\dfrac{1}{2}$. 即微分方程为 $y'=\dfrac{1}{2y}$.

解得 $y^2=x+C_2$,把 $y\Big|_{x=0}=1$ 代入得 $C_2=1$.

所以应填 $y=\sqrt{x+1}$ 或 $y^2=x+1$.

【1272】 求解微分方程 $y^3y''+1=0$, $y\Big|_{x=1}=1$, $y'\Big|_{x=1}=0$.

解　$y'=p$, $y''=p\dfrac{dp}{dy}$,则 $y^3p\dfrac{dp}{dy}+1=0$,

即 $pdp=-\dfrac{1}{y^3}dy$，等式两端积分得 $\dfrac{1}{2}p^2=\dfrac{1}{2}y^{-2}+C_1$，整理得 $p^2=\dfrac{1}{y^2}+2C_1$.

由 $x=1,y=1,y'=0$ 得 $0=1+2C_1$, $2C_1=-1$,所以 $p^2=\dfrac{1}{y^2}-1$,

即 $p=\pm\sqrt{y^{-2}-1}$，分离变量得 $\dfrac{dy}{\sqrt{y^{-2}-1}}=\pm dx$，即 $\dfrac{ydy}{\sqrt{1-y^2}}=\pm dx$,

所以 $-\sqrt{1-y^2}=\pm x+C_2$.

代入 $x=1,y=1$ 得 $C_2=\mp1$ 从而 $y^2=2x-x^2$,故特解为 $y=\sqrt{2x-x^2}$.

【1273】 求方程 $yy''=2[(y')^2-y']$满足 $y(0)=1,y'(0)=2$ 的特解.

解　令 $y'=p$,则 $y''=p\dfrac{dp}{dy}$,原方程可化为 $yp\dfrac{dp}{dy}=2(p^2-p)$,即 $y\dfrac{dp}{dy}=2(p-1)$（因为 $p\neq0$,否则与已知条件矛盾）. 分离变量得

$$\frac{1}{p-1}dp=\frac{2}{y}dy,$$

等式两端同时积分并化简得

$$p-1=C_1y^2,\quad 即\quad y'=C_1y^2+1,$$

把初始条件 $y=1$ 时,$y'=2$ 代入上式得 $C_1=1$.

则方程化为 $\dfrac{dy}{dx}=y^2+1$,分离变量得 $\dfrac{dy}{y^2+1}=dx$,积分得 $\arctan y=x+C_2$

即　$y=\tan(x+C_2)$.　由 $y(0)=1$ 得 $C_2=\dfrac{\pi}{4}$,

故微分方程的特解为 $y=\tan(x+\dfrac{\pi}{4})$.

可降阶微分方程的应用题

【1274】 已知某曲线在第一象限内且过原点,其上任一点 M 的切线 MT,M 的纵坐标 MP,x 轴所围成的三角形 MPT 的面积与曲边三角形 OMP 的面积之比恒为常数 $k(k>\dfrac{1}{2})$,又知道点

M处的导数总为正，试求该曲线方程.

解 如图1274所示，设所求曲线为$y(x)$，在其上任取一点$M(x,y)$ $(x>0,y>0)$，显见

$$\frac{MP}{PT}=\tan\theta=y', \quad 则 \quad TP=\frac{MP}{y'}=\frac{y}{y'}.$$

按题设条件知

$$\frac{\frac{1}{2}MP\cdot TP}{\int_0^x y(t)\mathrm{d}t}=k,$$

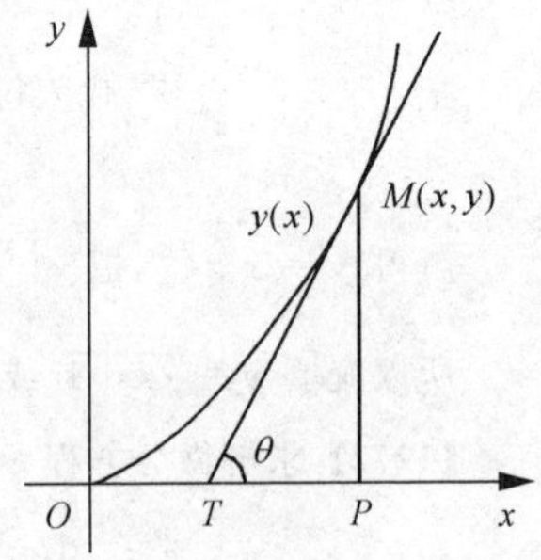

图 1274

即

$$\frac{y^2}{y'}=2k\int_0^x y(t)\mathrm{d}t.$$

两边对x求导得

$$\frac{2y(y')^2-y^2y''}{(y')^2}=2ky,$$

即

$$yy''+2(k-1)(y')^2=0.$$

令$y'=p$，则

$$y''=p'=\frac{\mathrm{d}p}{\mathrm{d}x}=\frac{\mathrm{d}p}{\mathrm{d}y}\cdot\frac{\mathrm{d}y}{\mathrm{d}x}=p\frac{\mathrm{d}p}{\mathrm{d}y},$$

原方程可化为

$$yp\frac{\mathrm{d}p}{\mathrm{d}y}=2(1-k)p^2, \quad 即 \quad y\frac{\mathrm{d}p}{\mathrm{d}y}=2(1-k)p \quad (p\neq0,否则与已知条件矛盾).$$

分离变量得

$$\frac{1}{p}\mathrm{d}p=\frac{2(1-k)}{y}\mathrm{d}y,$$

等式两端同时积分并化简得

$$p=C_1y^{2(1-k)}, \quad 即 \quad \frac{\mathrm{d}y}{\mathrm{d}x}=C_1y^{2(1-k)},$$

再分离变量并积分得 $\frac{1}{2k-1}y^{2k-1}=C_1x+C_2$. 因曲线过原点，即$y(0)=0$，得：$C_2=0$.

故所求曲线为 $y=C_1x^{\frac{1}{2k-1}}$.

【1275】 设函数$y(x)(x\geqslant0)$二阶可导且$y'(x)>0$，$y(0)=1$. 过曲线$y=y(x)$上任意一点$P(x,y)$作该曲线的切线及x轴的垂线，上述两直线与x轴所围成的三角形的面积记为S_1，区间$[0,x]$上以$y=y(x)$为曲边的曲边梯形面积记为S_2，并设$2S_1-S_2$恒为1，求此曲线$y=y(x)$的方程.

解 曲线$y=y(x)$上点$P(x,y)$处的切线方程为

$$Y-y=y'(x)(X-x),$$

它与x轴的交点为$(x-\frac{y}{y'},0)$. 由于$y'(x)>0$，$y(0)=1$，于是

$$S_1=\frac{1}{2}y\left|x-(x-\frac{y}{y'})\right|=\frac{y^2}{2y'},$$

又 $S_2=\int_0^x y(t)\mathrm{d}t$，由条件$2S_1-S_2=1$知

$$\frac{y^2}{y'}-\int_0^x y(t)\mathrm{d}t=1\,, \quad ①$$

两边对 x 求导并化简得 $yy''=(y')^2$.

令 $p=y'$,则上述方程可化为 $yp\frac{\mathrm{d}p}{\mathrm{d}y}=p^2$,从而$\frac{\mathrm{d}p}{p}=\frac{\mathrm{d}y}{y}$,解得 $p=C_1y$,即 $\frac{\mathrm{d}y}{\mathrm{d}x}=C_1y$,于是,

$$y=\mathrm{e}^{C_1x+C_2}.$$

注意到 $y(0)=1$,并由①式得 $y'(0)=1$. 由此可得 $C_1=1,C_2=0$.

故所求曲线的方程是 $y=\mathrm{e}^x$.

点评 这类题目总是只需写出等式,即成为由变上限函数描述的方程,通过求导得微分方程进行求解. 特别地,其初始条件可由变上限函数描述的方程中取上限等于下限获得.

§7. 高阶线性微分方程解的结构

n 阶线性微分方程的一般形式为

$$y^{(n)}+P_1(x)y^{(n-1)}+P_2(x)y^{(n-2)}+\cdots+P_{n-1}(x)y'+P_n(x)y=f(x) \quad ①$$

其中 $n\geqslant 2$, $P_1(x),P_2(x),\cdots,P_n(x),f(x)$为已知连续函数.

当 $f(x)\equiv 0$ 时,方程①称为 n 阶线性齐次微分方程;当 $f(x)\neq 0$ 时,方程称为 n 阶线性非齐次微分方程.

现以二阶线性微分方程

$$y''+P(x)y'+Q(x)y=0 \quad ②$$

$$y''+P(x)y'+Q(x)y=f(x) \quad ③$$

为例,讨论其解的性质及其解法. 这些性质及解法均可推广到任意高阶的线性微分方程.

(1)若函数 $y_1(x),y_2(x)$是线性齐次方程②的两个解,则 $C_1y_1(x)+C_2y_2(x)$也是方程②的解,其中 C_1,C_2 为任意常数.

(2)若 $y_1(x),y_2(x)$是方程②的两个线性无关的解,则 $C_1y_1(x)+C_2y_2(x)$是②的通解,其中 C_1,C_2 为任意常数.

(3)设 y^* 是线性非齐次方程③的一个特解,$Y=C_1y_1(x)+C_2y_2(x)$是对应的齐次方程②的通解,则 $y=Y+y^*$ 是非齐次方程③的通解.

(4)设线性非齐次方程③的右端 $f(x)$是两个函数之和,如

$$y''+P(x)y'+Q(x)y=f_1(x)+f_2(x)$$

而 $y_1(x)$与 $y_2(x)$分别是方程

$$y''+P(x)y'+Q(x)y=f_1(x),\quad 与\quad y''+P(x)y'+Q(x)y=f_2(x)$$

的解,则 $y_1(x)+y_2(x)$是方程

$$y''+P(x)y'+Q(x)y=f_1(x)+f_2(x)$$

的解.

基本题型

利用线性微分方程解的结构求通解

【1276】 设非齐次线性微分方程 $y'+P(x)y=Q(x)$有两个不同的解 $y_1(x),y_2(x),C$ 为任

意常数，则该方程的通解是________.

(A)$C[y_1(x)-y_2(x)]$　　(B)$y_1(x)+C[y_1(x)-y_2(x)]$

(C)$C[y_1(x)+y_2(x)]$　　(D)$y_1(x)+C[y_1(x)+y_2(x)]$

解　由线性微分方程解的性质及结构知，$C[y_1(x)-y_2(x)]$必为原方程对应齐次线性微分方程的通解. 所以，原微分方程的通解为 $y_1(x)+C[y_1(x)-y_2(x)]$.

故应选(B).

【1277】 设线性无关函数 $y_1(x)$，$y_2(x)$，$y_3(x)$都是二阶非齐次线性方程

$$y''+P(x)y'+Q(x)y=f(x)$$

的解，C_1，C_2 是任意常数，则该非齐次方程的通解是________

(A)$C_1y_1+C_2y_2+y_3$　　(B)$C_1y_1+C_2y_2-(C_1+C_2)y_3$

(C)$C_1y_1+C_2y_2-(1-C_1-C_2)y_3$　　(D)$C_1y_1+C_2y_2+(1-C_1-C_2)y_3$

解　因为 y_1，y_2，y_3 都是非齐次方程的解，所以其差 y_1-y_3，y_2-y_3 是对应齐次方程的解，又由于 y_1，y_2，y_3 线性无关，所以 y_1-y_3 与 y_2-y_3 也线性无关. 故由线性方程组解的结构定理，对应齐次方程的通解 $C_1(y_1-y_3)+C_2(y_2-y_3)$再加上非齐次方程的一个特解就是非齐次方程的通解.

故应选(D).

【1278】 设 y_1、y_2 是二阶常系数线性齐次方程 $y''+p(x)y'+q(x)y=0$ 的两个特解，则由 $y_1(x)$与 $y_2(x)$能构成该方程的通解，其充分条件为________.

(A)$y_1(x)y_2'(x)-y_2(x)y_1'(x)=0$　　(B)$y_1(x)y_2'(x)-y_2(x)y_1'(x)\neq0$

(C)$y_1(x)y_2'(x)+y_2(x)y_1'(x)=0$　　(D)$y_1(x)y_2'(x)+y_2(x)y_1'(x)\neq0$

解　由题意知 $y_1(x)$与 $y_2(x)$线性无关，即$\dfrac{y_2(x)}{y_1(x)}\neq C$.

求导得，

$$\frac{y_2'(x)y_1(x)-y_2(x)y_1'(x)}{y_1^2(x)}\neq0,\quad 即\quad y_1(x)y_2'(x)-y_2(x)y_1'(x)\neq0.$$

故应选(B).

【1279】 证明下列函数

$$y=\frac{1}{x}(C_1e^x+C_2e^{-x})+\frac{e^x}{2}\quad (C_1,C_2 为任意常数)$$

是方程 $xy''+2y'-xy=e^x$ 的通解.

证　记 $y_1=\dfrac{1}{x}e^x$，$y_2=\dfrac{1}{x}e^{-x}$，$y^*=\dfrac{e^x}{2}$，则

$$y_1'=x^{-1}e^x-x^{-2}e^x,\qquad y_1''=x^{-1}e^x-2x^{-2}e^x+2x^{-3}e^x,$$

$$y_2'=e^{-x}(-x^{-1}-x^{-2}),\qquad y_2''=e^{-x}(x^{-1}+2x^{-2}+2x^{-3}),$$

代入后 y_1，y_2 满足 $xy''+2y'-xy=0$，且$\dfrac{y_1}{y_2}$不为常数，故 $C_1y_1+C_2y_2$ 是齐次方程的通解.

而 $y^*=y^{*\prime}=y^{*\prime\prime}=\dfrac{1}{2}e^x$，有

$$xy^{*\prime\prime}+2y^{*\prime}-xy^*=\frac{e^x}{2}(x+2-x)=e^x,$$

即 $y^*=\dfrac{e^x}{2}$是非齐次方程的特解，从而由线性微分方程解的结构定理知

$$y=\frac{C_1e^x+C_2e^{-x}}{x}+\frac{e^x}{2}$$

是非齐次线性方程的通解.

【1280】 验证 $y=C_1x^5+\frac{C_2}{x}-\frac{x^2}{9}\ln x$（$C_1$、$C_2$ 是任意常数）是方程 $x^2y''-3xy'-5y=x^2\ln x$ 的通解.

解 令 $y_1=x^5$，$y_2=\frac{1}{x}$，$y^*=-\frac{x^2}{9}\ln x$.

因为

$$x^2y_1''-3xy_1'-5y_1=x^2\cdot 20x^3-3x\cdot 5x^4-5\cdot x^5=0,$$

$$x^2y_2''-3xy_2'-5y_2=x^2\cdot\frac{2}{x^3}-3x\cdot\left(-\frac{1}{x^2}\right)-5\cdot\frac{1}{x}=0,$$

$$\frac{y_1}{y_2}=x^6\neq 常数,$$

所以 $y_1=x^5$ 和 $y_2=\frac{1}{x}$ 是齐次方程 $x^2y''-3xy'-5y=0$ 的两个线性无关解，从而

$$y=C_1x^5+C_2\frac{1}{x}$$

是齐次方程 $x^2y''-3xy'-5y=0$ 的通解.

又由于

$$x^2y^{*\prime\prime}-3xy^{*\prime}-5y^*=x^2\left(-\frac{2}{9}\ln x-\frac{1}{3}\right)-3x\left(-\frac{2x}{9}\ln x-\frac{x}{9}\right)-5\left(-\frac{x^2}{9}\ln x\right)=x^2\ln x,$$

所以 y^* 是非齐次方程 $x^2y''-3xy'-5y=x^2\ln x$ 的一个特解.

因此 $y=C_1x^5+\frac{C_2}{x}-\frac{x^2}{9}\ln x$ 是 $x^2y''-3xy'-5y=x^2\ln x$ 的通解.

【1281】 设 $y=e^x$ 是微分方程 $xy'+p(x)y=x$ 的一个解，求此微分方程满足条件 $y\big|_{x=\ln 2}=0$ 的特解.

解 以 $y=e^x$ 代入原方程，得 $xe^x+p(x)e^x=x$，解出 $p(x)=xe^{-x}-x$.

代入原方程得 $y'+(e^{-x}-1)y=1$. 解其对应的齐次方程 $y'+(e^{-x}-1)y=0$ 得

$$\frac{dy}{y}=(-e^{-x}+1)dx,\quad \ln y-\ln C=e^{-x}+x.$$

得齐次方程的通解 $y=Ce^{x+e^{-x}}$. 所以原方程的通解为 $y=e^x+Ce^{x+e^{-x}}$.

由 $y\big|_{x=\ln 2}=0$，得

$$2+2e^{\frac{1}{2}}C=0,\quad 即\quad C=-e^{-\frac{1}{2}}.$$

故所求特解为 $y=e^x-e^{x+e^{-x}-\frac{1}{2}}$.

利用特解求微分方程

【1282】 已知 $y_1=xe^x+e^{2x}$，$y_2=xe^x+e^{-x}$，$y_3=xe^x+e^{2x}-e^{-x}$ 是某二阶线性非齐次微分方程的三个解，求此微分方程.

解法一 由题设知，e^{2x} 与 e^{-x} 是相应齐次方程两个线性无关的解，且 xe^x 是非齐次方程的一个特解，故此方程是

$$y''-y'-2y=f(x).$$

将 $y=xe^x$ 代入上式，得

$$f(x)=(xe^x)''-(xe^x)'-2xe^x=2e^x+xe^x-e^x-xe^x-2xe^x=e^x-2xe^x.$$

因此所求方程为 $y''-y'-2y=e^x-2xe^x$.

解法二 由题设知，e^{2x} 与 e^{-x} 是相应齐次方程两个线性无关的解，且 xe^x 是非齐次方程的一个特解，故 $y=xe^x+C_1e^{2x}+C_2e^{-x}$ 是所求方程的解，由

$$y'=e^x+xe^x+2C_1e^{2x}-C_2e^{-x},\qquad y''=2e^x+xe^x+4C_1e^{2x}+C_2e^{-x}$$

消去 C_1,C_2 得所求方程为 $y''-y'-2y=e^x-2xe^x$.

点评 对于二阶线性微分方程 $y''+P(x)y'+Q(x)y=f(x)$ 而言，根据解的结构定理，它的通解是齐次方程的通解 $C_1y_1(x)+C_2y_2(x)$ 和非齐次方程的特解之和，且根据性质知非齐次方程的两个特解之差是齐次方程的解. 另外知道齐次方程的一特解，可以用常数变易法求出它的另一个与之线性无关的特解，从而得到齐次通解；如果知道齐次方程的通解，则用常数变易法可以求出非齐次特解.

有关解的结构的证明题

【1283】 设 $y_1(x),y_2(x),y_3(x)$ 是一阶微分方程 $y'=P(x)y+Q(x)$ 的三个相异的特解，证明：$\dfrac{y_3(x)-y_1(x)}{y_2(x)-y_1(x)}$ 为一定值.

分析 一阶线性微分方程的通解，是任意常数的一次函数，即 $y(x)=Cf(x)+\varphi(x)$，取 $C=C_i(i=1,2,3)$，可得三个相异的特解为

$$y_i(x)=C_if(x)+\varphi(x),\quad i=1,2,3$$

即可得证.

证 一阶微分方程 $y'=P(x)y+Q(x)$ 的通解为

$$y(x)=Cf(x)+\varphi(x)$$

已知 $y_1(x),y_2(x),y_3(x)$ 是一阶微分方程的三个相异的特解，故

$$y_1(x)=C_1f(x)+\varphi(x),\quad y_2(x)=C_2f(x)+\varphi(x),\quad y_3(x)=C_3f(x)+\varphi(x)$$

因此

$$y_3(x)-y_1(x)=(C_3-C_1)f(x)$$
$$y_2(x)-y_1(x)=(C_2-C_1)f(x)$$

上面两式相除，得 $\dfrac{y_3(x)-y_1(x)}{y_2(x)-y_1(x)}=\dfrac{C_3-C_1}{C_2-C_1}$ 为一定值.

§8. 常系数齐次线性微分方程

1. 二阶常系数线性齐次微分方程的通解

设
$$y''+py'+qy=0 \qquad ①$$

(1)特征方程有两个相异根 $r_1\neq r_2$，则方程①的通解为 $Y=C_1e^{r_1x}+C_2e^{r_2x}$；

(2)特征方程有两个相等实根 $r_1=r_2=r$，则方程①的通解为 $Y=(C_1+C_2x)e^{rx}$；

(3)特征方程有一对共轭复根 $r_{1,2}=\alpha\pm i\beta$，则方程①的通解为 $Y=e^{\alpha x}(C_1\cos\beta x+C_2\sin\beta x)$.

2. n 阶常系数线性齐次微分方程

设 n 阶常系数线性齐次微分方程是

$$y^{(n)}+p_1y^{(n-1)}+p_2y^{(n-2)}+\cdots+p_{n-1}y'+p_ny=0 \quad ②$$

其中 $p_1,p_2,\cdots,p_n$ 是常数,代数方程

$$r^n+p_1r^{n-1}+p_2r^{n-2}+\cdots+p_{n-1}r+p_n=0$$

称为微分方程②的特征方程,特征方程的根叫作微分方程②的特征根.

(1)如果 r_1 是特征方程的单根,则

$$y=Ce^{r_1x}$$

是微分方程②的解.

(2)如果特征方程有一对共轭复根 $r_1=\alpha+i\beta$, $r_2=\alpha-i\beta$,则

$$y=e^{\alpha x}(C_1\cos\beta x+C_2\sin\beta x)$$

是微分方程②的解.

(3)如果 r_1 是特征方程的 k 重根,则

$$y=(C_1+C_2x+\cdots+C_kx^{k-1})e^{r_1x}$$

是微分方程②的解.

(4)如果 $r_1=\alpha+i\beta,r_2=\alpha-i\beta$ 都是特征方程的 k 重根,则

$$y=e^{\alpha x}[(C_1+C_2x+\cdots+C_kx^{k-1})\cos\beta x+(D_1+D_2x+\cdots+D_kx^{k-1})\sin\beta x]$$

是微分方程②的解.

基本题型

求二阶常系数齐次线性微分方程的解

【1284】 求微分方程 $y''-12y'+35y=0$ 的通解.

解 特征方程为 $r^2-12r+35=0$,解得 $r_1=5,r_2=7$.

故微分方程的通解为 $y=C_1e^{5x}+C_2e^{7x}$.

【1285】 设函数 $y=f(x)$满足条件 $\begin{cases}y''+4y'+4y=0\\y(0)=2,y'(0)=-4\end{cases}$,求广义积分 $\int_0^{+\infty}y(x)dx$.

解 解特征方程 $r^2+4r+4=0$,得 $r_1=r_2=-2$.原方程的通解为

$$y=(C_1+C_2x)e^{-2x}.$$

由初始条件得 $C_1=2,C_2=0$.因此,微分方程的特解为 $y=2e^{-2x}$,

$$\int_0^{+\infty}y(x)dx=\int_0^{+\infty}2e^{-2x}dx=\int_0^{+\infty}e^{-2x}d(2x)=1.$$

【1286】 微分方程 $y''+2y'+5y=0$ 的通解为________.

解 特征方程为 $r^2+2r+5=0$, 特征根为 $r=-1\pm2i$.

所以通解为 $y=e^{-x}(C_1\cos2x+C_2\sin2x)$.

故应填 $y=e^{-x}(C_1\cos2x+C_2\sin2x)$.

求解高阶常系数齐次线性方程

【1287】 求下列微分方程的通解:

(1) $y'''-6y''+3y'+10y=0$;

(2) $y^{(4)}-2y'''+2y''-2y'+y=0$.

解 (1)特征方程为 $r^3-6r^2+3r+10=0$.解得 $r_1=-1$, $r_2=2$, $r_3=5$,均为单重根.故原方程通解为

$$y=C_1e^{-x}+C_2e^{2x}+C_3e^{5x}.$$

(2)特征方程为 $r^4-2r^3+2r^2-2r+1=0$，即 $(r-1)^2(r^2+1)=0$ 得二重实根 1，单重共轭复根 $\pm i$，故方程通解为

$$y=(C_1+C_2x)e^x+C_3\cos x+C_4\sin x.$$

已知特解或通解反求微分方程

【1288】 设 $y=(C_1+C_2x)e^{2x}$ 是某二阶常系数线性微分方程的通解，求对应的方程.

解 利用通解表达式可知，特征根为 $\lambda_{1,2}=2$（二重根），特征方程为 $\lambda^2-4\lambda+4=0$，故所求方程为

$$y''-4y'+4y=0.$$

【1289】 设 $y=e^x(C_1\sin x+C_2\cos x)$（$C_1$，$C_2$ 为任意常数）为某二阶常系数线性齐次微分方程的通解，则该方程为________.

解 由通解形式知该微分方程的特征根为 $r=1\pm i$，从而特征方程为 $r^2-2r+2=0$，微分方程应为 $y''-2y'+2y=0$.

故应填 $y''-2y'+2y=0$.

§9. 常系数非齐次线性微分方程

设二阶常系数非齐次线性微分方程为

$$y''+py'+qy=f(x) \qquad ①$$

其中 p,q 为常数.

(1)如果方程①的右端 $f(x)$ 是 x 的 n 次多项式 $P_n(x)$，即 $f(x)=P_n(x)$ 时，而常数 0 是特征方程的 k 重根时，可设特解为

$$y^*=x^kQ_n(x)$$

其中 $Q_n(x)$ 也是 x 的 n 次多项式，但其系数是待定的常数，如果常数 0 不是特征根，则取 $k=0$.

(2)如果方程①的右端 $f(x)=e^{\alpha x}P_n(x)$，可设特解为

$$y^*=x^kQ_n(x)e^{\alpha x}$$

其中 $Q_n(x)$（待定）是与 $P_n(x)$ 同次的多项式，

$$k=\begin{cases}0, & \alpha\text{ 不是特征方程的根}\\ 1, & \alpha\text{ 是特征方程的单根}\\ 2, & \alpha\text{ 是特征方程的二重根}\end{cases}$$

(3)如果方程①的右端 $f(x)=e^{\alpha x}[P_l(x)\cos\beta x+P_n(x)\sin\beta x]$，其中 $P_l(x)$，$P_n(x)$ 分别是 x 的 l 次和 n 次的多项式，α,β 是已知常数，设特解形式为

$$y^*=x^ke^{\alpha x}[R_m^{(1)}(x)\cos\beta x+R_m^{(2)}(x)\sin\beta x]$$

其中，$R_m^{(1)}(x)$，$R_m^{(2)}$ 是两个 m 次多项式，

$$m=\max\{l,n\},\qquad k=\begin{cases}0, & \alpha+i\beta\text{ 不是特征方程的根}\\ 1, & \alpha+i\beta\text{ 是特征方程的单复根}\end{cases}$$

基本题型

确定特解形式

【1290】 微分方程 $y''-y=e^x+1$ 的一个特解应具有形式(式中 a,b 为常数)________.

(A)ae^x+b　　(B)axe^x+b　　(C)ae^x+bx　　(D)axe^x+bx

解　将(A)、(B)、(C)、(D)各选项表示的函数直接代入方程知(B)为正确选项.

当然也可以用下面的方法来选择:

方程 $y''-y=e^x+1$ 对应的齐次方程的特征方程是

$$r^2-1=0$$

因此 1 是特征方程的根,而 0 不是特征方程的根,从而由线性微分方程解的结构和求特解的待定系数法知(B)是正确选项.

【1291】 微分方程 $y''+y=x^2+1+\sin x$ 的特解形式可设为________.

(A) $y^*=ax^2+bx+c+x(A\sin x+B\cos x)$

(B) $y^*=x(ax^2+bx+c+A\sin x+B\cos x)$

(C) $y^*=ax^2+bx+c+A\sin x$

(D) $y^*=ax^2+bx+c+A\cos x$

解　微分方程的特征方程为 $r^2+1=0$,特征根为 $r=\pm i$. $y''+y=x^2+1$ 的特解形式为

$$y_1^*=ax^2+bx+c,$$

$y''+y=\sin x$ 的特解形式为

$$y_2^*=x(A\sin x+B\cos x),$$

故所求微分方程的特解形式为

$$y^*=y_1^*+y_2^*=ax^2+bx+c+x(A\sin x+B\cos x).$$

故应选(A).

求二阶常系数非齐次线性微分方程的通解

【1292】 $y''-4y=e^{2x}$ 的通解为________.

解　对应齐次方程的特征方程为 $r^2-4=0$,特征根为 $r=\pm 2$,故齐次方程通解为

$$Y=C_1e^{-2x}+C_2e^{2x}.$$

设原方程特解为 $y^*=Axe^{2x}$,代入原方程可得 $A=\frac{1}{4}$.因此,原方程的通解为

$$y=C_1e^{-2x}+C_2e^{2x}+\frac{1}{4}xe^{2x},\quad 即\quad y=C_1e^{-2x}+(C_2+\frac{1}{4}x)e^{2x},$$

其中 C_1, C_2 为任意常数.

故应填 $y=C_1e^{-2x}+\left(C_2+\frac{1}{4}x\right)e^{2x}$.

【1293】 微分方程 $y''-2y'+2y=e^x$ 的通解为________.

解　对应齐次方程的特征方程为 $r^2-2r+2=0$,特征根为 $r=1\pm i$,故齐次方程通解为

$$Y=e^x(C_1\cos x+C_2\sin x).$$

设原方程特解为 $y^*=Ae^x$,代入原方程可得 $A=1$,则 $y^*=e^x$.故原方程通解为

$$y=Y+y^*=e^x(C_1\cos x+C_2\sin x+1).$$

故应填 $e^x(C_1\cos x+C_2\sin x+1)$.

点评 本题为求二阶常数非齐次线性微分方程通解的常规题，按公式求解即可.

【1294】微分方程 $y''+y=-2x$ 的通解为________.

解 对应齐次方程的特征方程为 $r^2+1=0$，其特征根为 $r=\pm i$，故齐次方程通解为

$$Y=C_1\cos x+C_2\sin x.$$

设原方程特解为 $y^*=ax+b$，代入原方程可得

$$a=-2,\quad b=0,\quad 即\quad y^*=-2x,$$

故原方程通解为

$$y=Y+y^*=C_1\cos x+C_2\sin x-2x.$$

故应填 $C_1\cos x+C_2\sin x-2x$.

【1295】求微分方程 $y''+y'=x^2$ 的通解.

解法一 对应齐次方程的特征方程为 $\lambda^2+\lambda=0$，解之得 $\lambda=0,\lambda=-1$. 故齐次方程的通解为

$$y=C_1+C_2\mathrm{e}^{-x}.$$

设非齐次方程的特解为 $y^*=x(ax^2+bx+c)$，代入原方程得 $a=\frac{1}{3},b=-1,C=2$. 因此，原方程的通解为

$$y=\frac{1}{3}x^3-x^2+2x+C_1+C_2\mathrm{e}^{-x}.$$

解法二 令 $p=y'$，代入原方程得 $p'+p=x^2$，故

$$p=\mathrm{e}^{-x}\left(\int x^2\mathrm{e}^x\mathrm{d}x+C_0\right)=\mathrm{e}^{-x}(x^2\mathrm{e}^x-2x\mathrm{e}^x+2\mathrm{e}^x+C_0).$$

再积分得到 $y=\int(x^2-2x+2+C_0\mathrm{e}^{-x})\mathrm{d}x=\frac{1}{3}x^3-x^2+2x+C_1+C_2\mathrm{e}^{-x}$.

点评 本题既可用二阶常系数非齐次线性微分方程的方法求解，也可用降阶法求微分方程的解.

【1296】求微分方程 $y''+a^2y=\sin x$ 的通解，其中常数 $a>0$.

解 对应的齐次方程的通解为 $y=C_1\cos ax+C_2\sin ax$.

(1)当 $a\neq1$ 时，设原方程的特解为 $y^*=A\sin x+B\cos x$，代入原方程得

$$A(a^2-1)\sin x+B(a^2-1)\cos x=\sin x,$$

比较等式两端对应项的系数得 $A=\frac{1}{a^2-1}$，$B=0$. 所以 $y^*=\frac{1}{a^2-1}\sin x$.

(2)当 $a=1$ 时，设原方程的特解为 $y^*=x(A\sin x+B\cos x)$，代入原方程得

$$2A\cos x-2B\sin x=\sin x,$$

比较等式两端对应项的系数得 $A=0$，$B=-\frac{1}{2}$. 所以 $y^*=-\frac{1}{2}x\cos x$.

综合上述讨论：

当 $a\neq1$ 时，通解为 $y=C_1\cos ax+C_2\sin ax+\frac{1}{a^2-1}\sin x$.

当 $a=1$ 时，通解为 $y=C_1\cos x+C_2\sin x-\frac{1}{2}x\cos x$.

求二阶常系数非齐次线性微分方程的特解

【1297】求微分方程 $y''-2y'-\mathrm{e}^{2x}=0$ 满足条件 $y(0)=1,y'(0)=1$ 的解.

解 齐次方程 $y''-2y'=0$ 的特征方程为 $\lambda^2-2\lambda=0$.

由此求得特征根 $\lambda_1=0$，$\lambda_2=2$. 对应齐次方程的通解为 $\bar{y}=C_1+C_2e^{2x}$.

设非齐次方程的特解为 $y^*=Axe^{2x}$，则

$$(y^*)'=(A+2Ax)e^{2x},\quad (y^*)''=4A(1+x)e^{2x},$$

代入原方程，求得 $A=\frac{1}{2}$. 从而 $y^*=\frac{1}{2}xe^{2x}$.

于是，原方程的通解为

$$y=\bar{y}+y^*=C_1+(C_2+\frac{1}{2}x)e^{2x}.$$

将 $y(0)=1$ 和 $y'(0)=1$ 代入通解，求得

$$C_1=\frac{3}{4},\quad C_2=\frac{1}{4},$$

从而所求解为 $y=\frac{3}{4}+\frac{1}{4}(1+2x)e^{2x}$.

点评 求二阶常系数非齐次微分方程的特解时，应先求出其通解，再根据初始条件确定任意常数 C_1,C_2.

【1298】假设对于一切实数 x，函数 $f(x)$满足等式 $f'(x)=x^2+\int_0^x f(t)dt$，且 $f(0)=2$，则 $f(x)=$________.

解 由题设条件可知 $f'(x)$存在，从而积分 $\int_0^x f(t)dt$ 对上限 x 可导，故 $f'(x)$可导.

在所给等式两端同时求导，得微分方程

$$f''(x)=2x+f(x),$$

即

$$f''(x)-f(x)=2x. \quad ①$$

该方程之相应齐次方程的通解为

$$f(x)=C_1e^x+C_2e^{-x},$$

易见 $-2x$ 是微分方程①的一个特解，因此其通解为

$$f(x)=C_1e^x+C_2e^{-x}-2x.$$

由于 $f'(0)=0,f(0)=2$，得关于常数 C_1 和 C_2 的方程组

$$\begin{cases}C_1-C_2=2\\C_1+C_2=2\end{cases}$$

其解为 $C_1=2$，$C_2=0$，于是得 $f(x)=2(e^x-x)$.

故应填 $2(e^x-x)$.

【1299】设 $\varphi(x)=e^x-\int_0^x(x-u)\varphi(u)du$，其中 $\varphi(x)$为连续函数，求 $\varphi(x)$.

解 原方程化简得 $\varphi(x)=e^x-x\int_0^x\varphi(u)du+\int_0^x u\varphi(u)du$，两端关于 x 求导数

$$\varphi'(x)=e^x-\int_0^x\varphi(u)du,\quad 即\quad \varphi''(x)+\varphi(x)=e^x,$$

该微分方程所对应齐次方程的特征方程为 $r^2+1=0$，其特征根为 $r=\pm i$.
所以齐次方程的通解为 $y=C_1\cos x+C_2\sin x$.

设 $\varphi''(x)+\varphi(x)=e^x$ 的特解为 $y^*=Ae^x$，代入方程求得 $A=\frac{1}{2}$，故知

$$\varphi(x)=C_1\cos x+C_2\sin x+\frac{1}{2}e^x.$$

又 $\varphi(0)=1,\varphi'(0)=1$，于是 $C_1=C_2=\dfrac{1}{2}$，所以 $\varphi(x)=\dfrac{1}{2}\cos x+\dfrac{1}{2}\sin x+\dfrac{1}{2}e^x$.

【1300】设 $f(x)=\sin x-\int_0^x(x-t)f(t)dt$，其中 f 为连续函数，求 $f(x)$.

分析 关系式两边对 x 求导数后化为二阶常系数非齐次线性微分方程，注意初始条件的确定.

解 由 $f(x)=\sin x-x\int_0^x f(t)dt+\int_0^x tf(t)dt$ 的两边对 x 求导得

$$f'(x)=\cos x-\int_0^x f(t)dt.$$

两边再对 x 求导得

$$f''(x)=-\sin x-f(x),\quad 即\quad f''(x)+f(x)=-\sin x,$$

这是二阶常系数非齐次线性微分方程，初始条件

$$y\Big|_{x=0}=f(0)=0,\quad y'\Big|_{x=0}=f'(0)=1,$$

对应齐次方程通解为 $Y=C_1\sin x+C_2\cos x$. 非齐次方程的特解可设为

$$y^*=x(a\sin x+b\cos x).$$

用待定系数法求得：$a=0$，$b=\dfrac{1}{2}$；于是 $y^*=\dfrac{x}{2}\cos x$，非齐次方程的通解为

$$y=Y+y^*=C_1\sin x+C_2\cos x+\frac{x}{2}\cos x.$$

由初始条件定出 $C_1=\dfrac{1}{2}$，$C_2=0$. 从而

$$f(x)=\frac{1}{2}\sin x+\frac{x}{2}\cos x.$$

【1301】设函数 $f(x)$，$g(x)$满足 $f'(x)=g(x)$，$g'(x)=2e^x-f(x)$且 $f(0)=0$，$g(0)=2$，求 $\int_0^\pi\left[\dfrac{g(x)}{1+x}-\dfrac{f(x)}{(1+x)^2}\right]dx$.

解 由 $f'(x)=g(x)$得 $f''(x)=g'(x)=2e^x-f(x)$. 于是有

$$\begin{cases}f''(x)+f(x)=2e^x\\ f(0)=0\\ f'(0)=2\end{cases}$$

解之得 $f(x)=\sin x-\cos x+e^x$. 又

$$\begin{aligned}\int_0^\pi\left[\frac{g(x)}{1+x}-\frac{f(x)}{(1+x)^2}\right]dx&=\int_0^\pi\frac{g(x)(1+x)-f(x)}{(1+x)^2}dx\\&=\int_0^\pi\frac{f'(x)(1+x)-f(x)}{(1+x)^2}dx=\int_0^\pi d\,\frac{f(x)}{1+x}\\&=\frac{f(x)}{1+x}\Big|_0^\pi=\frac{f(\pi)}{1+\pi}-f(0)=\frac{1+e^\pi}{1+\pi}.\end{aligned}$$

点评 本题考查了二阶常系数非齐次微分方程的求解方法和运用定积分计算的技巧. 在求积分时，先利用题设条件对被积函数整理化简，最后代入 $f(x)$的式子进行计算.

【1302】设函数 $y=y(x)$在$(-\infty,+\infty)$内具有二阶导数，且 $y'\neq0$，$x=x(y)$是 $y=y(x)$的反函数.

(1)试将 $x=x(y)$ 所满足的微分方程 $\frac{\mathrm{d}^2x}{\mathrm{d}y^2}+(y+\sin x)\left(\frac{\mathrm{d}x}{\mathrm{d}y}\right)^3=0$ 变换为 $y=y(x)$ 满足的微分方程；

(2)求变换后的微分方程满足初始条件 $y(0)=0, y'(0)=\frac{3}{2}$ 的解.

解　(1)由反函数导数公式知 $\frac{\mathrm{d}x}{\mathrm{d}y}=\frac{1}{y'}$，即 $y'\frac{\mathrm{d}x}{\mathrm{d}y}=1$.

上式两端关于 x 求导，得 $y''\frac{\mathrm{d}x}{\mathrm{d}y}+\frac{\mathrm{d}^2x}{\mathrm{d}y^2}\cdot(y')^2=0$,

所以 $\frac{\mathrm{d}^2x}{\mathrm{d}y^2}=-\frac{\frac{\mathrm{d}x}{\mathrm{d}y}y''}{(y')^2}=-\frac{y''}{(y')^3}$. 代入原微分方程得

$$y''-y=\sin x. \qquad ①$$

(2)方程①所对应的齐次方程 $y''-y=0$ 的通解为

$$Y=C_1\mathrm{e}^x+C_2\mathrm{e}^{-x}.$$

设方程①的特解为

$$y^*=A\cos x+B\sin x,$$

代入方程①求得 $A=0, B=-\frac{1}{2}$，故 $y^*=-\frac{1}{2}\sin x$，从而 $y''-y=\sin x$ 的通解是

$$y(x)=C_1\mathrm{e}^x+C_2\mathrm{e}^{-x}-\frac{1}{2}\sin x.$$

由 $y(0)=0$, $y'(0)=\frac{3}{2}$，得 $C_1=1, C_2=-1$，故所求初值问题的解为

$$y(x)=\mathrm{e}^x-\mathrm{e}^{-x}-\frac{1}{2}\sin x.$$

点评　*在反函数求导过程中，用到了以下公式：*

(1) $\frac{\mathrm{d}x}{\mathrm{d}y}=\frac{1}{\frac{\mathrm{d}y}{\mathrm{d}x}}=\frac{1}{y'}$；

(2) $\frac{\mathrm{d}^2x}{\mathrm{d}y^2}=\frac{\mathrm{d}\left(\frac{\mathrm{d}x}{\mathrm{d}y}\right)}{\mathrm{d}y}=\frac{\mathrm{d}\left(\frac{1}{y'}\right)}{\mathrm{d}y}=-\frac{y''}{(y')^2}\cdot\frac{1}{y'}=-\frac{y''}{(y')^3}$.

【1303】 设有级数 $2+\sum\limits_{n=1}^{\infty}\frac{x^{2n}}{(2n)!}$.

(1)求此级数的收敛域；

(2)证明此级数的和函数 $y(x)$ 满足微分方程 $y''-y=-1$；

(3)求微分方程 $y''-y=-1$ 的通解，并由此确定该级数的和函数 $y(x)$.

解　(1)对于任意 x 有

$$\lim_{n\to\infty}\left|\frac{\frac{x^{2(n+1)}}{[2(n+1)]!}}{\frac{x^{2n}}{(2n)!}}\right|=\lim_{n\to\infty}\frac{|x|^2}{(2n+1)(2n+2)}=0,$$

收敛域为 $(-\infty,+\infty)$.

(2)应用幂级数和函数的性质证明

$$y'=\sum_{n=1}^{\infty}\frac{x^{2n-1}}{(2n-1)!},$$

$$y''=1+\sum_{n=2}^{\infty}\frac{x^{2n-2}}{(2n-2)!}=1+\sum_{n=1}^{\infty}\frac{x^{2n}}{(2n)!},$$

所以

$$y''-y=1+\left[\sum_{n=1}^{\infty}\frac{x^{2n}}{(2n)!}\right]-\left[2+\sum_{n=1}^{\infty}\frac{x^{2n}}{(2n)!}\right]=-1.$$

(3)由 $r^2-1=0$ 得特征根 $r=\pm1$，于是对应齐次方程的通解为 $Y=C_1e^x+C_2e^{-x}$，又 $y^*=1$，所以微分方程 $y''-y=-1$ 的通解为

$$y=C_1e^x+C_2e^{-x}+1,$$

由初始条件 $y\Big|_{x=0}=2, y'\Big|_{x=0}=0$，定出

$$C_1=C_2=\frac{1}{2}.$$

所以 $y(x)=\dfrac{e^x+e^{-x}}{2}+1=\mathrm{ch}x+1.$

已知通解反求微分方程

【1304】 函数 $y=C_1e^x+C_2e^{-2x}+xe^x$ 满足的一个微分方程是________.

(A) $y''-y'-2y=3xe^x$　　(B) $y''-y'-2y=3e^x$

(C) $y''+y'-2y=3xe^x$　　(D) $y''+y'-2y=3e^x$

解　特征方程两根为 $r_1=1, r_2=-2$，特征方程为 $(r-1)(r+2)=0$，$r^2+r-2=0$ 排除选项(A)、(B).

由 $y=xe^x$，$y'=(1+x)e^x$，$y''=(2+x)e^x$ 代入方程

$$y''+y'-2y=(2+x)e^x+(1+x)e^x-2xe^x=3e^x.$$

故应选(D).

【1305】 设二阶常系数线性微分方程 $y''+\alpha y'+\beta y=\gamma e^x$ 的一个特解为 $y=e^{2x}+(1+x)e^x$. 试确定常数 α,β,γ，并求该方程的通解.

解法一　由题设特解知原方程的特征根为 1 和 2，所以特征方程为

$$(r-1)(r-2)=0, \quad \text{即} \quad r^2-3r+2=0,$$

于是 $\alpha=-3, \beta=2$.

为确定 γ，只需将 $y_1=xe^x$ 代入方程，得

$$(x+2)e^x-3(x+1)e^x+2xe^x=\gamma e^x, \quad \text{解得 } \gamma=-1.$$

从而原方程的通解为 $y=C_1e^x+C_2e^{2x}+xe^x$.

解法二　将 $y=e^{2x}+(1+x)e^x$ 代入原方程，得

$$(4+2\alpha+\beta)e^{2x}+(3+2\alpha+\beta)e^x+(1+\alpha+\beta)xe^x=\gamma e^x.$$

比较同类项的系数，有 $\begin{cases}4+2\alpha+\beta=0,\\ 3+2\alpha+\beta=\gamma,\\ 1+\alpha+\beta=0.\end{cases}$ 解方程组得 $\alpha=-3, \beta=2, \gamma=-1$.

即原方程为 $y''-3y'+2y=-e^x$. 它对应的齐次方程的特征方程为 $r^2-3r+2=0$，解之得特征根 $r_1=1, r_2=2$，故齐次方程的通解为

$$Y=C_1e^x+C_2e^{2x}.$$

由题设特解知，原方程的通解为

$$y=C_1e^x+C_2e^{2x}+[e^{2x}+(1+x)e^x],$$

即 $y=C_3e^x+C_4e^{2x}+xe^x$.

高阶微分方程解的讨论

【1306】 具有特解 $y_1=e^{-x}$，$y_2=2xe^{-x}$，$y_3=3e^x$ 的3阶常系数齐次线性微分方程是______.

(A) $y'''-y''-y'+y=0$　　(B) $y'''+y''-y'-y=0$

(C) $y'''-6y''+11y'-6y=0$　　(D) $y'''-2y''-y'+2y=0$

解　由三个特解形式知此微分方程特征根为 $r_1=r_2=-1$，$r_3=1$ 故特征方程应为：

$$(r+1)^2(r-1)=0,\quad 即\quad r^3+r^2-r-1=0,$$

所以微分方程应为 $y'''+y''-y'-y=0$.

故应选(B).

常系数微分方程的有关应用题

【1307】 设 $y=y(x)$ 是二阶常系数微分方程 $y''+py'+qy=e^{3x}$ 满足初始条件 $y(0)=y'(0)=0$ 的特解，则当 $x\to 0$ 时，函数 $\dfrac{\ln(1+x^2)}{y(x)}$ 的极限________.

(A) 不存在　　(B) 等于1　　(C) 等于2　　(D) 等于3

解　由 $y=y(x)$ 为微分方程特解知 $y''(x)=e^{3x}-py'(x)-qy(x)$.

由洛必达法则，

$$\lim_{x\to 0}\frac{\ln(1+x^2)}{y(x)}=\lim_{x\to 0}\frac{x^2}{y(x)}\overset{\frac{0}{0}}{=\!=}\lim_{x\to 0}\frac{2x}{y'(x)}\overset{\frac{0}{0}}{=\!=}\lim_{x\to 0}\frac{2}{y''(x)}$$

$$=\lim_{x\to 0}\frac{2}{e^{3x}-py'(x)-qy(x)}=\frac{2}{1-0-0}=2.$$

故应选(C).

点评　$y(x)$ 是二阶常系数微分方程的解，故 $y(x)$，$y'(x)$ 均连续. 又由方程知 $y''(x)$ 也是连续的.

【1308】 长为6米的链条自桌上无摩擦地向下滑动，假设运动开始时，链条自桌上垂下部分已有1米长，试问，需要多长时间，链条才全部滑离桌面？

解　取桌面为 x 轴的原点，x 轴的方向垂直向下，设在时刻 t 时链条在桌面下端的长度为 x，则 $x=x(t)$，再设链条的线密度为 ρ(ρ 为常数)，于是在时刻 t，作用在链条上的力是重力 ρxg (g 为重力加速度)，因此有

$$6\rho\frac{d^2x}{dt^2}=\rho xg\quad 即\quad \frac{d^2x}{dt^2}-\frac{g}{6}x=0,$$

且满足 $x(0)=1$，$x'(0)=0$.

由特征方程 $r^2-\dfrac{g}{6}=0$，得特征根 $r=\pm\sqrt{\dfrac{g}{6}}$，于是方程的通解是

$$x=C_1e^{\sqrt{\frac{g}{6}}t}+C_2e^{-\sqrt{\frac{g}{6}}t},$$

再由 $x(0)=1$，$x'(0)=0$，可得 $C_1=C_2=\dfrac{1}{2}$，所以

$$x=\frac{1}{2}(e^{\sqrt{\frac{g}{6}}t}+e^{-\sqrt{\frac{g}{6}}t}).$$

当 $x=6$ 时,可得 $e^{\sqrt{\frac{g}{6}}t}=6+\sqrt{35}$.所以,链条全部滑离桌面所需的时间为

$$t=\sqrt{\frac{g}{6}}\ln(6+\sqrt{35}).$$

§10. 欧拉方程

微分方程

$$x^n y^{(n)}+p_1 x^{n-1} y^{(n-1)}+\cdots+p_{n-1} x y'+p_n y=f(x)$$

其中 $p_1,p_2,\cdots,p_n$ 是常数,称为欧拉方程,它的解法是

设 $x=e^t$,即 $t=\ln x$,则

$$\frac{dy}{dx}=\frac{dy}{dt}\cdot\frac{dt}{dx}=\frac{1}{x}\cdot\frac{dy}{dt},$$

$$\frac{d^2y}{dx^2}=\frac{1}{x^2}\left(\frac{d^2y}{dt^2}-\frac{dy}{dt}\right),$$

$$\frac{d^3y}{dx^3}=\frac{1}{x^3}\left(\frac{d^3y}{dt^3}-3\frac{d^2y}{dt^2}+2\frac{dy}{dt}\right),\cdots,$$

将它们代入原方程,则可将欧拉方程化为常系数线性微分方程.

基本题型

【1309】 欧拉方程 $x^2\frac{d^2y}{dx^2}+4x\frac{dy}{dx}+2y=0\ (x>0)$的通解为________.

解 令 $x=e^t$,则

$$\frac{dy}{dx}=\frac{dy}{dt}\cdot\frac{dt}{dx}=e^{-t}\frac{dy}{dt}=\frac{1}{x}\frac{dy}{dt},$$

$$\frac{d^2y}{dx^2}=-\frac{1}{x^2}\frac{dy}{dt}+\frac{1}{x}\frac{d^2y}{dt^2}\cdot\frac{dt}{dx}=\frac{1}{x^2}\left(\frac{d^2y}{dt^2}-\frac{dy}{dt}\right),$$

代入原方程,整理得 $\frac{d^2y}{dt^2}+3\frac{dy}{dt}+2y=0$,解此方程得通解为

$$y=C_1e^{-t}+C_2e^{-2t}=\frac{C_1}{x}+\frac{C_2}{x^2}.$$

故应填 $y=\frac{C_1}{x}+\frac{C_2}{x^2}$.

【1310】 求方程 $4xy''+2(1-\sqrt{x})y'-6y=e^{3\sqrt{x}}$ 的通解.

解 令$\sqrt{x}=u$,则

$$\frac{dy}{dx}=\frac{dy}{du}\cdot\frac{du}{dx}=\frac{1}{2u}\frac{dy}{du},$$

$$\frac{d^2y}{dx^2}=\frac{d}{du}\left(\frac{dy}{dx}\right)\frac{du}{dx}=\frac{1}{4u^2}\frac{d^2y}{du^2}-\frac{1}{4u^3}\frac{dy}{du},$$

代入原方程可得$\frac{d^2y}{du^2}-\frac{dy}{du}-6y=e^{3u}$,其通解为:

$$y=C_1e^{3u}+C_2e^{-2u}+\frac{1}{5}ue^{3u}.$$

将 $u=\sqrt{x}$ 代回得：$y=C_1e^{3\sqrt{x}}+C_2e^{-2\sqrt{x}}+\frac{1}{5}\sqrt{x}e^{3\sqrt{x}}$.

【1311】 设函数 $y=y(x)$ 由方程

$$(1+x)y=\int_0^x[2y+(1+t)^2y''(t)]dt-\ln(1+x)$$

所确定，其中 $x\geqslant 0$，且 $y'\Big|_{x=0}=0$，试求 $y(x)$.

解 将方程两边求导，得

$$y+(1+x)y'=2y+(1+x)^2y''-\frac{1}{1+x}.$$

有初值问题

$$\begin{cases}(1+x)^2y''-(1+x)y'+y=\dfrac{1}{1+x},\\ y\Big|_{x=0}=0,\ y'\Big|_{x=0}=0\end{cases}.$$

令 $1+x=e^t$，记 $D=\frac{d}{dt}$，有 $D(D-1)y-Dy+y=e^{-t}$，即为 $y''_t-2y'_t+y=e^{-t}$，特征方程为

$$\lambda^2-2\lambda+1=0 \text{ 得 } \lambda_{1,2}=1,$$

齐次方程通解为

$$y=(C_1+C_2t)e^t.$$

由 $f(t)=e^{-t}$，$\lambda=-1$ 不是特征根，故可设一特解 $y^*=Ae^{-t}$，代入得 $A=\frac{1}{4}$. 故通解为

$$y=[C_1+C_2\ln(1+x)](1+x)+\frac{1}{4(1+x)}.$$

把 $y\Big|_{x=0}=0$，$y'\Big|_{x=0}=0$ 代入得

$$C_1=-\frac{1}{4}\qquad C_2=\frac{1}{2}.$$

故原方程的解为

$$y=\left[-\frac{1}{4}+\frac{1}{2}\ln(1+x)\right](1+x)+\frac{1}{4(1+x)}.$$

§11. 微分方程的幂级数解法

对于二阶齐次线性微分方程 $y''+P(x)y'+Q(x)y=0$ 用幂级数求解有下述定理：

若方程中的系数 $P(x)$ 与 $Q(x)$ 可在 $-R<x<R$ 内展开成 x 的幂级数，那么在 $-R<x<R$ 内该微分方程必有形如 $y=\sum\limits_{n=0}^{\infty}a_nx^n$ 的解.

基本题型

【1312】用幂级数求微分方程 $(1-x)y'=x^2-y$ 的解.

解 设方程解为 $y=a_0+\sum\limits_{n=1}^{\infty}a_nx^n$,则 $y'=\sum\limits_{n=1}^{\infty}a_n\cdot n\cdot x^{n-1}$. 代入原方程得

$$(1-x)\cdot\sum_{n=1}^{\infty}a_n\cdot n\cdot x^{n-1}=x^2-a_0-\sum_{n=1}^{\infty}a_nx^n.$$

比较两端系数,求出原方程通解为

$$y=C(1-x)+x^3\left[\frac{1}{3}+\frac{1}{6}x+\cdots+\frac{2}{(n+2)(n+3)}x^n+\cdots\right].$$

【1313】用幂级数求微分方程$(x+1)y'=x^2-2x+y$ 的解.

解 设方程解为 $y=a_0+\sum\limits_{n=1}^{\infty}a_nx^n$, 则 $y'=\sum\limits_{n=1}^{\infty}a_n\cdot n\cdot x^{n-1}$. 代入原方程得

$$(x+1)\cdot\sum_{n=1}^{\infty}na_nx^{n-1}=x^2-2x+a_0+\sum_{n=1}^{\infty}a_nx^n.$$

比较两端系数,求出原方程通解为

$$y=C(1+x)-x^2+\frac{2}{3}x^3-\frac{1}{3}x^4+\frac{1}{5}x^5-\frac{2}{15}x^6+\cdots$$

用幂级数求解初值问题

【1314】用幂级数求 $y'=y^2+x^3$ 满足初始条件 $y\Big|_{x=0}=\frac{1}{2}$的特解.

解 由 $y\Big|_{x=0}=\frac{1}{2}$,设方程的解为

$$y=\frac{1}{2}+\sum_{n=1}^{\infty}a_nx^n,\quad y'=a_1+\sum_{n=2}^{\infty}na_nx^{n-1}.$$

代入方程,比较两端同次幂的系数,得

$$y=\frac{1}{2}+\frac{1}{4}x+\frac{1}{8}x^2+\frac{1}{16}x^3+\frac{9}{32}x^4+\cdots.$$

【1315】用幂级数求$(1-x)y'+y=1+x$ 满足 $y\Big|_{x=0}=0$ 的特解.

解 设方程的解为 $y=\sum\limits_{n=1}^{\infty}a_nx^n$, 由初始条件 $y\Big|_{x=0}=0$ 可知 $a_0=0$, 把 $y=\sum\limits_{n=1}^{\infty}a_nx^n$ 代入原方程得

$$(1-x)\sum_{n=1}^{\infty}na_nx^{n-1}+\sum_{n=1}^{\infty}a_nx^n=1+x.$$

比较同次幂的系数,得

$$y=x+\frac{1}{1\cdot 2}x^2+\frac{1}{2\cdot 3}x^3+\frac{1}{3\cdot 4}x^4+\cdots.$$

§12. 综合提高题型

利用微分方程的定义求解

【1316】已知 $y=\frac{x}{\ln x}$是微分方程 $y'=\frac{y}{x}+\varphi(\frac{x}{y})$的解，则 $\varphi(\frac{x}{y})$的表达式为________.

(A) $-\frac{y^2}{x^2}$　　(B) $\frac{y^2}{x^2}$　　(C) $-\frac{x^2}{y^2}$　　(D) $\frac{x^2}{y^2}$

解 将 $y=\frac{x}{\ln x}$ 代入微分方程 $y'=\frac{y}{x}+\varphi(\frac{x}{y})$，得

$$\frac{\ln x-1}{\ln^2 x}=\frac{1}{\ln x}+\varphi(\ln x),\quad 即\quad \varphi(\ln x)=-\frac{1}{\ln^2 x}.$$

令 $\ln x=u$，有 $\varphi(u)=-\frac{1}{u^2}$，所以 $\varphi(\frac{x}{y})=-\frac{y^2}{x^2}$.

故应选(A).

点评 本题是一道计算形式的选择题.要求解函数表达式，直接按照计算题的解题思路求解，最后与选择题的选项对照，得到正确答案.

利用不定积分运算求解微分方程

【1317】微分方程 $xy'+y=0$ 满足初始条件 $y(1)=2$ 的特解为________.

解 原方程可化为$(xy)'=0$，积分得 $xy=C$，代入初始条件得 $C=2$，从而所求特解为

$$xy=2.$$

故应填 $xy=2$.

点评 应熟记公式 $(xy)'=xy'+y$.

【1318】已知 $f^2(x)=\int_0^x f(t)\frac{\sin t}{2+\cos t}dt+1$，且 $f(x)$为可导正值函数，则 $f(x)=$______.

解 对已知等式两端关于 x 求导，得

$$2f(x)f'(x)=f(x)\frac{\sin x}{2+\cos x},$$

整理得 $f'(x)=\frac{1}{2}\cdot\frac{\sin x}{2+\cos x}$，则

$$f(x)=\int\frac{1}{2}\cdot\frac{\sin x}{2+\cos x}dx=-\frac{1}{2}\ln|2+\cos x|+C.$$

又由已知 $f(0)=1$，代入得 $C=\frac{1}{2}\ln 3+1$.

故应填 $f(x)=-\frac{1}{2}\ln|2+\cos x|+\frac{1}{2}\ln 3+1$.

【1319】设函数 $f(x)$在$[0,+\infty)$上可导，$f(0)=0$，且其反函数为 $g(x)$. 若$\int_0^{f(x)}g(t)dt=x^2e^x$，求 $f(x)$.

解 等式两边对 x 求导得 $g[f(x)]f'(x)=2xe^x+x^2e^x$，而 $g[f(x)]=x$，故

$$xf'(x)=2xe^x+x^2e^x.$$

当 $x\neq 0$ 时，$f'(x)=2e^x+xe^x$，积分得

$$f(x)=(x+1)\mathrm{e}^x+C.$$

由于 $f(x)$ 在 $x=0$ 处连续,故由

$$f(0)=\lim_{x\to0^+}f(x)=\lim_{x\to0^+}[(x+1)\mathrm{e}^x+C]=0$$

得 $C=-1$,因此 $f(x)=(x+1)\mathrm{e}^x-1$.

点评 本题考查求解函数表达式,把函数方程化为微分方程是求解方程常用方法.解题时应注意到 $f(x)$ 的反函数为 $g(x)$,所以 $g[f(x)]=x$.

【1320】 设函数 $f(x)$ 在 $(0,+\infty)$ 内连续,$f(1)=\dfrac{5}{2}$,且对所有 $x,t\in(0,+\infty)$,满足条件

$$\int_1^{xt}f(u)\mathrm{d}u=t\int_1^x f(u)\mathrm{d}u+x\int_1^t f(u)\mathrm{d}u,$$

求 $f(x)$.

解 由题意可知,等式的每一项都是 x 的可导函数,于是等式两边对 x 求导,得

$$tf(xt)=tf(x)+\int_1^t f(u)\mathrm{d}u \qquad ①$$

在①式中,令 $x=1$,由 $f(1)=\dfrac{5}{2}$,得

$$tf(t)=\frac{5}{2}t+\int_1^t f(u)\mathrm{d}u, \qquad ②$$

则 $f(t)$ 是 $(0,+\infty)$ 内的可导函数. ②式两边对 t 求导,得

$$f(t)+tf'(t)=\frac{5}{2}+f(t),\quad 即\quad f'(t)=\frac{5}{2t}.$$

上式两边求积分,得

$$f(t)=\frac{5}{2}\ln t+C,$$

由 $f(1)=\dfrac{5}{2}$,得 $C=\dfrac{5}{2}$,于是 $f(x)=\dfrac{5}{2}(\ln x+1)$.

【1321】 设 $F(x)$ 为 $f(x)$ 的原函数,且当 $x\geqslant0$ 时,

$$f(x)F(x)=\frac{x\mathrm{e}^x}{2(1+x)^2},$$

已知 $F(0)=1$,$F(x)>0$,试求 $f(x)$.

解 由 $F'(x)=f(x)$,有

$$2F(x)F'(x)=\frac{x\mathrm{e}^x}{(1+x)^2}.$$

于是,由

$$\int 2F(x)F'(x)\mathrm{d}x=\int\frac{x\mathrm{e}^x}{(1+x)^2}\mathrm{d}x\quad 得\quad F^2(x)=\frac{\mathrm{e}^x}{1+x}+C.$$

由 $F(0)=1$ 和 $F^2(0)=1+C$,得 $C=0$.从而

$$F(x)=\sqrt{\frac{\mathrm{e}^x}{1+x}}\ (F(x)>0),\quad f(x)=\frac{x\mathrm{e}^{\frac{x}{2}}}{2(1+x)^{\frac{3}{2}}}.$$

【1322】 若 $F(x)$ 是 $f(x)$ 的一个原函数,$G(x)$ 是 $\dfrac{1}{f(x)}$ 的一个原函数,又 $F(x)G(x)=-1$,$f(0)=1$,求 $f(x)$.

解 将方程 $F(x)G(x)=-1$,两端对 x 求导,得

$$F'(x)G(x)+F(x)G'(x)=0.$$

由题设 $G(x)=\dfrac{-1}{F(x)},G'(x)=\dfrac{1}{f(x)}=\dfrac{1}{F'(x)}$，从而有

$$-\frac{F'(x)}{F(x)}+\frac{F(x)}{F'(x)}=0,\quad [F'(x)]^2=[F(x)]^2,\quad 即\quad \frac{dF}{dx}=\pm F(x).$$

积分得 $F(x)=Ce^x$ 或 $F(x)=Ce^{-x}$.

所以 $f(x)=F'(x)=Ce^x$ 或 $f(x)=-Ce^{-x}$.

由 $f(0)=1$ 得 $C=1$ 或 $C=-1$，

从而 $f(x)=e^x$ 或 $f(x)=e^{-x}$.

作代换化为可计算的微分方程

【1323】 求方程 $\dfrac{dy}{dx}=\dfrac{1}{x^2+y^2+2xy}$ 的通解.

解 把原式整理为：$\dfrac{dy}{dx}=\dfrac{1}{(x+y)^2}$.

令 $u=x+y$，得 $\dfrac{du}{dx}-1=\dfrac{1}{u^2}$，分离变量得 $\dfrac{u^2}{u^2+1}du=dx$，等式两端同时积分得

$$u-\arctan u=x+C.$$

故该微分方程的通解为：$y=\arctan(x+y)+C$.

【1324】 利用代换 $y=\dfrac{u}{\cos x}$ 将方程 $y''\cos x-2y'\sin x+3y\cos x=e^x$ 化简，并求出原方程的通解.

解 由 $u=y\cos x$ 两端对 x 求导，得

$$u'=y'\cos x-y\sin x,\quad u''=y''\cos x-2y'\sin x-y\cos x.$$

于是原方程化为 $u''+4u=e^x$. 其通解为

$$u=C_1\cos 2x+C_2\sin 2x+\frac{e^x}{5}\quad (C_1,C_2 \text{ 为任意常数}).$$

从而原方程的通解为 $y=C_1\dfrac{\cos 2x}{\cos x}+2C_2\sin x+\dfrac{e^x}{5\cos x}$.

【1325】 用变量代换 $x=\cos t\ (0<t<\pi)$ 化简微分方程 $(1-x^2)y''-xy'+y=0$，并求其满足 $y\Big|_{x=0}=1,y'\Big|_{x=0}=2$ 的特解.

解 $y'=\dfrac{dy}{dx}=\dfrac{dy}{dt}\cdot\dfrac{1}{\frac{dx}{dt}}=-\dfrac{1}{\sin t}\dfrac{dy}{dt}$，

$$y''=\frac{d^2y}{dx^2}=\frac{d}{dt}\left(\frac{dy}{dx}\right)\cdot\frac{1}{\frac{dx}{dt}}=\left[\frac{\cos t}{\sin^2 t}\frac{dy}{dt}-\frac{1}{\sin t}\frac{d^2y}{dt^2}\right]\left(-\frac{1}{\sin t}\right)=\frac{1}{\sin^2 t}\frac{d^2y}{dt^2}-\frac{\cos t}{\sin^3 t}\frac{dy}{dt}.$$

将 y',y'' 代入原方程，得

$$(1-\cos^2 t)\left(\frac{1}{\sin^2 t}\frac{d^2y}{dt^2}-\frac{\cos t}{\sin^3 t}\frac{dy}{dt}\right)+\frac{\cos t}{\sin t}\frac{dy}{dt}+y=0,$$

即 $\dfrac{d^2y}{dt^2}+y=0$.

其特征方程为 $\lambda^2+1=0$，解得 $\lambda=\pm i$，于是此方程的通解为

$$y=C_1\cos t+C_2\sin t,$$

从而原方程的通解

$$y=C_1x+C_2\sqrt{1-x^2}.$$

由 $y\Big|_{x=0}=1,y'\Big|_{x=0}=2$,得 $C_1=2$, $C_2=1$,故所求方程的特解为

$$y=2x+\sqrt{1-x^2}.$$

点评 本题为二阶线性变系数方程,一般情况下很难求解.这里给出了变量替换后便把变系数方程化为常系数方程,从而可求得通解,做题时应注意通解应为自变量 x 的函数.由初始条件代入可得特解.

用分离变量法求解的综合题

【1326】 从船上向海中沉放某种探测仪器,按探测要求,需确定仪器的下沉深度 y(从海平面算起)与下沉速度 v 之间的函数关系.设仪器在重力作用下,从海平面由静止开始铅直下沉,在下沉过程中还受到阻力和浮力的作用.设仪器的质量为 m,体积为 B,海水比重为 ρ,仪器所受的阻力与下沉速度成正比,比例系数为 $k(k>0)$.试建立 y 与 v 所满足的微分方程,并求出函数关系式 $y=y(v)$.

解 取沉放点为原点 O,Oy 轴正向铅直向下,则由牛顿第二定律得

$$m\frac{\mathrm{d}^2y}{\mathrm{d}t^2}=mg-B\rho-kv,$$

将$\frac{\mathrm{d}^2y}{\mathrm{d}t^2}=v\frac{\mathrm{d}v}{\mathrm{d}y}$代入以消去 t,得 v 与 y 之间的微分方程:

$$mv\frac{\mathrm{d}v}{\mathrm{d}y}=mg-B\rho-kv.$$

分离变量得 $\mathrm{d}y=\frac{mv}{mg-B\rho-kv}\mathrm{d}v$.积分后得

$$y=-\frac{m}{k}v-\frac{m(mg-B\rho)}{k^2}\ln(mg-B\rho-kv)+C.$$

由初始条件 $y\Big|_{v=0}=0$ 定出 $C=\frac{m(mg-B\rho)}{k^2}\ln(mg-B\rho)$,故所求的函数关系式

$$y=-\frac{m}{k}v-\frac{m(mg-B\rho)}{k^2}\ln\frac{mg-B\rho-kv}{mg-B\rho}.$$

点评 按题意列出微分方程,然后通过降阶及分离变量得通解,最后根据初始条件定出任意常数得所求的函数关系式.应注意的是本题含有多个字母参数,在运算中极易出错.

【1327】 函数 $f(x)$在$[0,+\infty)$上可导,$f(0)=1$,且满足等式

$$f'(x)+f(x)-\frac{1}{x+1}\int_0^x f(t)\mathrm{d}t=0.$$

(1)求导数 $f'(x)$;

(2)证明当 $x\geqslant0$ 时,不等式 $\mathrm{e}^{-x}\leqslant f(x)\leqslant1$ 成立.

解 由题设知

$$(x+1)f'(x)+(x+1)f(x)-\int_0^x f(t)\mathrm{d}t=0,$$

上式两边对 x 求导,得

$$(x+1)f''(x)=-(x+2)f'(x).$$

设 $u=f'(x)$,则有 $\frac{\mathrm{d}u}{\mathrm{d}x}=-\frac{x+2}{x+1}u$,解之得

$$f'(x)=u=\frac{Ce^{-x}}{x+1}.$$

由 $f(0)=1$ 及 $f'(0)+f(0)=0$，知 $f'(0)=-1$，从而 $C=-1$. 因此

$$f'(x)=-\frac{e^{-x}}{x+1}.$$

(2)**证法一** 当 $x\geqslant0$ 时，$f'(x)<0$，即 $f(x)$单调减少，又 $f(0)=1$，所以 $f(x)\leqslant f(0)=1$.

设 $\varphi(x)=f(x)-e^{-x}$，则

$$\varphi(0)=0,\quad \varphi'(x)=f'(x)+e^{-x}=\frac{x}{x+1}e^{-x}.$$

当 $x\geqslant0$ 时，$\varphi'(x)\geqslant0$，即 $\varphi(x)$单调增加，因而 $\varphi(x)\geqslant\varphi(0)$，即有

$$f(x)\geqslant e^{-x}.$$

综上所述，当 $x\geqslant0$ 时，不等式 $e^{-x}\leqslant f(x)\leqslant1$ 成立.

证法二 由于 $\int_0^x f'(t)dt=f(x)-f(0)=f(x)-1$，所以

$$f(x)-1=-\int_0^x\frac{e^{-t}}{t+1}dt.$$

注意到当 $x\geqslant0$ 时，

$$0\leqslant\int_0^x\frac{e^{-t}}{t+1}dt\leqslant\int_0^x e^{-t}dt=1-e^{-x}.$$

因而 $e^{-x}\leqslant f(x)\leqslant1$.

点评 本题考查了微分方程的求解与证明不等式. 应用变上限定积分的求导公式导出微分方程，这是关于 $f(x)$的二阶方程，用降阶法得到关于 $f'(x)$的一阶方程，解此可分离变量的微分方程得结果. 不等式可应用单调性和定积分的性质两种方法出证明.

有关一阶线性微分方程的综合题

【1328】 求微分方程 $y'-y\ln2=2^{\sin x}(\cos x-1)$满足 $x\to+\infty$时，y 有界的特解.

解 解此一阶线性微分方程得：

$$y=e^{\int\ln2dx}\left[\int2^{\sin x}(\cos x-1)e^{\int-\ln2dx}dx+C\right]=\frac{1}{\ln2}2^{\sin x-x}+C2^x,$$

由 $x\to+\infty$时，y 有界，得 $C=0$.

故微分方程的特解为 $y=\frac{1}{\ln2}2^{\sin x-x}$.

【1329】 设 $f(x)$为连续函数.

(1)求初值问题 $\begin{cases}y'+ay=f(x)\\ y\big|_{x=0}=0\end{cases}$ 的解 $y(x)$，其中 a 是正常数；

(2)若 $|f(x)|\leqslant k$ (k 为常数)，证明：当 $x\geqslant0$ 时，有 $|y(x)|\leqslant\frac{k}{a}(1-e^{-ax})$.

证 (1)原方程的通解为

$$y(x)=e^{-ax}\left[\int f(x)e^{ax}dx+C\right]=e^{-ax}[F(x)+C],$$

其中 $F(x)$是 $f(x)e^{ax}$的任一原函数. 由 $y(0)=0$，得 $C=-F(0)$，故

$$y(x)=e^{-ax}[F(x)-F(0)]=e^{-ax}\int_0^x f(t)e^{at}dt.$$

(2) $|y(x)| \leqslant e^{-ax}\int_0^x |f(t)| e^{at}\,dt \leqslant k e^{-ax}\int_0^x e^{at}\,dt = \dfrac{k}{a} e^{-ax}(e^{ax}-1)$

$$=\frac{k}{a}(1-e^{-ax}),\quad x\geqslant 0.$$

【1330】 设 $f(x)$在区间$(0,+\infty)$上连续，且 $\lim\limits_{x\to+\infty} f(x)=k$ ($k>0$,常数)，试证：$\dfrac{dy}{dx}+y=f(x)$的所有解，当 $x\to+\infty$时都趋于 k.

解 $\dfrac{dy}{dx}+y=f(x)$是一阶线性方程，其通解为

$$y = e^{-x}\left[\int_0^x e^x f(x)\,dx + C\right].$$

故此题变为只需证

$$\lim_{x\to+\infty} y = \lim_{x\to+\infty}\frac{\int_0^x e^x f(x)\,dx + C}{e^x} = k$$

就行了. 而欲求上式的极限，应先证明 $\lim\limits_{x\to+\infty}\int_0^x e^x f(x)\,dx=+\infty$，再运用洛必达法则求 $\lim\limits_{x\to+\infty} y$.

事实上，由 $\lim\limits_{x\to+\infty} f(x)=k$ 知，取 $\varepsilon_0=\dfrac{k}{2}$，则存在 $X>0$，使当 $x>X$ 时恒有

$$k-\frac{k}{2}<f(x)<k+\frac{k}{2},$$

从而有 $\dfrac{k}{2}e^x<f(x)e^x$，但 $\lim\limits_{x\to+\infty}\int_0^x \dfrac{k}{2}e^x\,dx=\lim\limits_{x\to+\infty}\dfrac{k}{2}e^x\Big|_0^x=+\infty$，故知

$$\lim_{x\to+\infty}\int_0^x e^x f(x)\,dx = +\infty.$$

于是由洛必达法则就有

$$\lim_{x\to+\infty} y = \lim_{x\to+\infty}\frac{\int_0^x e^x f(x)\,dx + C}{e^x} = \lim_{x\to+\infty}\frac{e^x f(x)}{e^x} = \lim_{x\to+\infty} f(x) = k.$$

【1331】 设有微分方程 $y'-2y=\varphi(x)$，其中

$$\varphi(x)=\begin{cases}2, & 若\ x<1,\\ 0, & 若\ x>1.\end{cases}$$

试求在$(-\infty,+\infty)$内的连续函数 $y=y(x)$，使之在$(-\infty,1)$和$(1,+\infty)$内都满足所给方程，且满足条件 $y(0)=0$.

解 当 $x<1$ 时，有 $y'-2y=2$，其通解为

$$y = e^{\int 2dx}\left[\int 2e^{-\int 2dx}\,dx + C_1\right] = e^{2x}\left[\int 2e^{-2x}\,dx + C_1\right] = C_1 e^{2x} - 1\quad (x<1).$$

由 $y(0)=0$，得 $C_1=1$，所以

$$y=e^{2x}-1\quad (x<1).$$

当 $x>1$ 时，有 $y'-2y=0$，其通解为

$$y = C_2 e^{\int 2dx} = C_2 e^{2x}\quad (x>1).$$

由 $\lim\limits_{x\to1^+} C_2 e^{2x}=\lim\limits_{x\to1^-}(e^{2x}-1)=e^2-1$ 得

$$C_2 e^2 = e^2-1,\quad 即\quad C_2=1-e^{-2},$$

所以

$$y=(1-\mathrm{e}^{-2})\mathrm{e}^{2x}\quad(x>1).$$

于是,若补充定义函数值 $y\Big|_{x=1}=\mathrm{e}^2-1$,则得在 $(-\infty,+\infty)$ 上的连续函数

$$y(x)=\begin{cases}\mathrm{e}^{2x}-1, & 若\ x\leqslant 1,\\ (1-\mathrm{e}^{-2})\mathrm{e}^{2x}, & 若\ x>1.\end{cases}$$

显然,$y(x)$ 满足题中所要求的全部条件.

点评 本题 $\varphi(x)$ 为分段函数,相当于求解两个一阶线性微分方程,然后利用连续性和初始条件确定任意常数.应该注意的是,求解 $(-\infty,1)$ 和 $(1,+\infty)$ 内的微分方程应对应不同的任意常数 C_1,C_2,而不能用同一个任意常数 C 表示.

【1332】 设 $y=f(x)$ 是第一象限内连接点 $A(0,1)$,$B(1,0)$ 的一段连续曲线,$M(x,y)$ 为该曲线上任意一点,点 C 为 M 在 x 轴上的投影,O 为坐标原点.若梯形 $OCMA$ 的面积与曲边三角形 CBM 的面积之和为 $\dfrac{x^3}{6}+\dfrac{1}{3}$,求 $f(x)$ 的表达式.

解 根据题意,有

$$\frac{x}{2}[1+f(x)]+\int_x^1 f(t)\mathrm{d}t=\frac{x^3}{6}+\frac{1}{3}.$$

两边关于 x 求导,得

$$\frac{1}{2}[1+f(x)]+\frac{1}{2}xf'(x)-f(x)=\frac{1}{2}x^2.$$

当 $x\neq 0$ 时,得

$$f'(x)-\frac{1}{x}f(x)=\frac{x^2-1}{x}.$$

故

$$f(x)=\mathrm{e}^{-\int-\frac{1}{x}\mathrm{d}x}\left[\int\frac{x^2-1}{x}\mathrm{e}^{\int-\frac{1}{x}\mathrm{d}x}+C\right]=\mathrm{e}^{\ln x}\left[\int\frac{x^2-1}{x}\mathrm{e}^{-\ln x}\mathrm{d}x+C\right]$$

$$=x\left(\int\frac{x^2-1}{x^2}\mathrm{d}x+C\right)=x\left(x+\frac{1}{x}+C\right)=x^2+1+Cx.$$

当 $x=0$ 时,$f(0)=1$.由于 $x=1$ 时,$f(1)=0$,故有 $2+C=0$.从而 $C=-2$.所以

$$f(x)=x^2-2x+1=(x-1)^2.$$

点评 本题作为几何应用题,应先画出草图,根据题意把变区间上的平面图形面积用变积分表示,由已知条件得到含 $f(x)$ 的函数方程,两边求导得对应的微分方程.应用题中还应特别注意初始条件的确定.本题题型常考,应重点掌握.

【1333】 设级数 $\dfrac{x^4}{2\cdot 4}+\dfrac{x^6}{2\cdot 4\cdot 6}+\dfrac{x^8}{2\cdot 4\cdot 6\cdot 8}+\cdots\ (-\infty<x<+\infty)$ 的和函数为 $S(x)$.求

(1) $S(x)$ 所满足的一阶微分方程;

(2) $S(x)$ 的表达式.

解 (1) $S(x)=\dfrac{x^4}{2\cdot 4}+\dfrac{x^6}{2\cdot 4\cdot 6}+\dfrac{x^8}{2\cdot 4\cdot 6\cdot 8}+\cdots$,

易见 $S(0)=0$,

$$S'(x)=\frac{x^3}{2}+\frac{x^5}{2\cdot 4}+\frac{x^7}{2\cdot 4\cdot 6}+\cdots=x\left(\frac{x^2}{2}+\frac{x^4}{2\cdot 4}+\frac{x^6}{2\cdot 4\cdot 6}+\cdots\right)=x\left[\frac{x^2}{2}+S(x)\right].$$

因此 $S(x)$ 是初值问题 $y'=xy+\dfrac{x^3}{2}$,$y(0)=0$ 的解.

(2)方程 $y'=xy+\frac{x^3}{2}$ 的通解为

$$y=\mathrm{e}^{\int x\mathrm{d}x}\left[\int\frac{x^3}{2}\mathrm{e}^{-\int x\mathrm{d}x}\mathrm{d}x+C\right]=-\frac{x^2}{2}-1+C\mathrm{e}^{\frac{x^2}{2}},$$

由初始条件 $y(0)=0$，求得 $C=1$.

故 $y=-\frac{x^2}{2}+\mathrm{e}^{\frac{x^2}{2}}-1$，因此和函数

$$S(x)=-\frac{x^2}{2}+\mathrm{e}^{\frac{x^2}{2}}-1.$$

有关贝努里方程的综合题

【1334】 已知 $f(x)$ 可微，且满足 $\int_1^x\frac{f(t)}{t^3f(t)+t}\mathrm{d}t=f(x)-1$，求 $f(x)$.

解

$$\int_1^x\frac{f(t)}{t^3f(t)+t}\mathrm{d}t=f(x)-1. \qquad ①$$

①式中令 $x=1$ 得：$f(1)=1$.

①式两端求导得 $\frac{f(x)}{x^3f(x)+x}=f'(x)$，即：$\frac{\mathrm{d}x}{\mathrm{d}y}=\frac{x^3y+x}{y}$，也即

$$\frac{\mathrm{d}x}{\mathrm{d}y}-\frac{1}{y}x=x^3. \qquad ②$$

此方程为贝努里方程，令 $z=x^{-2}$，则 $\frac{\mathrm{d}z}{\mathrm{d}y}=-2x^{-3}\frac{\mathrm{d}x}{\mathrm{d}y}$，代入②式整理得 $\frac{\mathrm{d}z}{\mathrm{d}y}+\frac{2}{y}z=-2$，解此一阶线性微分方程得

$$z=\mathrm{e}^{-\int\frac{2}{y}\mathrm{d}y}\left[\int-2\mathrm{e}^{\int\frac{2}{y}\mathrm{d}y}\mathrm{d}y+C\right]=y^{-2}\left[-\frac{2}{3}y^3+C\right]=-\frac{2}{3}y+Cy^{-2}.$$

即 $\frac{1}{x^2}=-\frac{2}{3}f(x)+C[f(x)]^{-2}$，把 $f(1)=1$ 代入得 $C=\frac{5}{3}$.

故整理得所求 $f(x)$ 是 $\frac{f^2(x)}{x^2}+\frac{2}{3}f^3(x)=\frac{5}{3}$ 确定的隐函数.

【1335】 设 $u=f(r)$，其中 $r=\sqrt{x^2+y^2+z^2}$，f 二次可微，且满足

$$\frac{\partial^2u}{\partial x^2}+\frac{\partial^2u}{\partial y^2}+\frac{\partial^2u}{\partial z^2}=\left(\frac{\partial u}{\partial x}\right)^2+\left(\frac{\partial u}{\partial y}\right)^2+\left(\frac{\partial u}{\partial z}\right)^2.$$

求函数 u.

解 $\frac{\partial u}{\partial x}=\frac{\mathrm{d}u}{\mathrm{d}r}\cdot\frac{\partial r}{\partial x}=\frac{x}{r}\cdot\frac{\mathrm{d}u}{\mathrm{d}r},\frac{\partial u}{\partial y}=\frac{y}{r}\cdot\frac{\mathrm{d}u}{\mathrm{d}r},\frac{\partial u}{\partial z}=\frac{z}{r}\cdot\frac{\mathrm{d}u}{\mathrm{d}r}$,

$$\frac{\partial^2u}{\partial x^2}=\frac{\partial}{\partial x}\left(\frac{x}{r}\cdot\frac{\mathrm{d}u}{\mathrm{d}r}\right)=\frac{r-x\cdot\frac{x}{r}}{r^2}\frac{\mathrm{d}u}{\mathrm{d}r}+\left(\frac{x}{r}\right)^2\frac{\mathrm{d}^2u}{\mathrm{d}r^2}=\frac{r^2-x^2}{r^3}\frac{\mathrm{d}u}{\mathrm{d}r}+\left(\frac{x}{r}\right)^2\frac{\mathrm{d}^2u}{\mathrm{d}r^2},$$

同理

$$\frac{\partial^2u}{\partial y^2}=\frac{r^2-y^2}{r^3}\frac{\mathrm{d}u}{\mathrm{d}r}+\left(\frac{y}{r}\right)^2\frac{\mathrm{d}^2u}{\mathrm{d}r^2},\quad\frac{\partial^2u}{\partial z^2}=\frac{r^2-z^2}{r^3}\frac{\mathrm{d}u}{\mathrm{d}r}+\left(\frac{z}{r}\right)^2\frac{\mathrm{d}^2u}{\mathrm{d}r^2}.$$

把上述各式代入原方程并整理得

$$\frac{\mathrm{d}^2u}{\mathrm{d}r^2}-\frac{2}{r}\frac{\mathrm{d}u}{\mathrm{d}r}-\left(\frac{\mathrm{d}u}{\mathrm{d}r}\right)^2=0. \qquad ①$$

令$\frac{du}{dr}=p$，则$\frac{d^2u}{dr^2}=\frac{dp}{dr}$，代入①式得

$$\frac{dp}{dr}-\frac{2}{r}p-p^2=0, \qquad ②$$

②代为贝努里方程，令 $z=p^{-1}$，则$\frac{dz}{dr}=-p^{-2}\frac{dp}{dr}$.

代入②式可化为$\frac{dz}{dr}+\frac{2}{r}z=-1$. 故

$$p^{-1}=z=e^{-\int\frac{2}{r}dr}\left[\int(-1)\cdot e^{\int\frac{2}{r}dr}dr+C_1\right]=\frac{3C_1-r^3}{3r^2}.$$

所以 $\frac{du}{dr}=p=\frac{3r^2}{3C_1-r^3}$. 从而

$$u=\int\frac{3r^2}{3C_1-r^3}dr=-\ln(3C_1-r^3)+C_2=-\ln[3C_1-(x^2+y^2+z^2)^{\frac{3}{2}}]+C_2.$$

有关可降阶高阶微分方程的综合题

【1336】 设对任意 $x>0$，曲线 $y=f(x)$ 上点 $(x,f(x))$ 处的切线在 y 轴上的截距等于 $\frac{1}{x}\int_0^x f(t)dt$，求 $f(x)$ 的一般表达式.

解 曲线 $y=f(x)$ 上点 $(x,f(x))$ 处的切线方程为

$$Y-f(x)=f'(x)(X-x).$$

令 $X=0$，得截距 $Y=f(x)-xf'(x)$. 由题意，知

$$\frac{1}{x}\int_0^x f(t)dt=f(x)-xf'(x), \quad 即 \quad \int_0^x f(t)dt=x[f(x)-xf'(x)].$$

上式对 x 求导，化简得 $xf''(x)+f'(x)=0$. 即 $\frac{d}{dx}(xf'(x))=0$.

积分得 $xf'(x)=C_1$. 因此

$$f(x)=C_1\ln x+C_2 \quad (其中 C_1,C_2 为任意常数).$$

点评 当 $f(x)$ 满足带上、下限积分的方程时，为了求解 $f(x)$，一般通过两边求导，去掉变上、下限积分，获得关于 $f(x)$ 的微分方程，然后通过微分方程的方法求 $f(x)$. 这种方程一般情况下都可获得初始条件，只要在变上、下限积分中取上、下限一致即可. 另外结合导数的应用或定积分的应用，这种带变上、下限积分的方程可能要先根据题意自己建立.

【1337】 一只船 A 从原点出发，以固定的速度 v_0 沿 y 轴的正向行驶；另一小船 B 从负 x 轴上的一点 $(x_0,0)$ 同时出发，以始终指向 A 点的固定速度 v_1 朝 A 追去，试求船 B 行驶的路线. 并回答下列问题：

(1) 如果 $v_1>v_0$，问 B 需多长时间才能追上 A；

(2) 如果 $v_1=v_0$，问 B 和 A 可以接近到怎样的程度.

解 船 B 行驶的路线与速度 v_1 的方向相切，当时间为 t 时，船 B 的位置是 (x,y)，船 A 的位置是 $(0,y_t)$，如图 1337 所示，再设船 B 的行驶路线为 $y=f(x)$，则有

$$\frac{dy}{dx}=\frac{y_t-y}{0-x}=\frac{y_t-y}{-x}$$

且有 $y_t=v_0t$. 代入上式得

$$y-v_0t=x\frac{dy}{dx},$$

两端对 x 求导得

$$\frac{dy}{dx}-v_0\frac{dt}{dx}=\frac{dy}{dx}+x\frac{d^2y}{dx^2},$$

即 $x\frac{d^2y}{dx^2}=-v_0\frac{dt}{dx}$.

由于 $v_1=\frac{ds}{dt}=\sqrt{1+\left(\frac{dy}{dx}\right)^2}\frac{dx}{dt}$,故得

$$\frac{dt}{dx}=\frac{\sqrt{1+\left(\frac{dy}{dx}\right)^2}}{v_1},$$

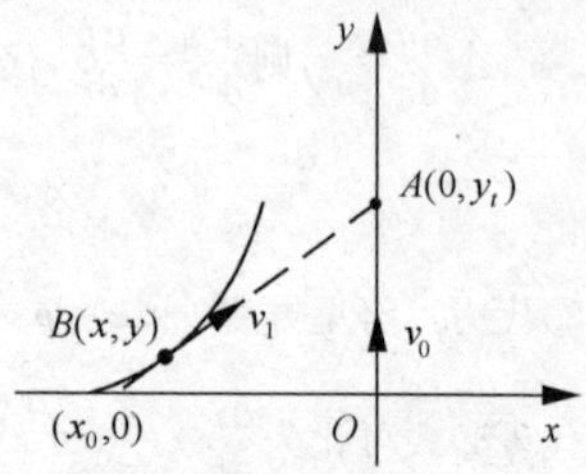

图 1337

所以有

$$x\cdot\frac{d^2y}{dx^2}=-\frac{v_0}{v_1}\sqrt{1+\left(\frac{dy}{dx}\right)^2},$$

其初始条件为

$$y(x_0)=0,\quad y'(x_0)=0.$$

令 $p=\frac{dy}{dx}$,则$\frac{d^2y}{dx^2}=\frac{dp}{dx}$,$x\frac{dp}{dx}=-\frac{v_0}{v_1}\sqrt{1+p^2}$,得 $\frac{dp}{\sqrt{1+p^2}}=-\frac{v_0}{v_1}\cdot\frac{dx}{x}$,两边积分得

$$\ln(p+\sqrt{1+p^2})=\ln x^{-\frac{v_0}{v_1}}+\ln C_1\quad 或\quad p+\sqrt{1+p^2}=C_1x^{-\frac{v_0}{v_1}}.$$

由 $y'(x_0)=0$,(即 $p\Big|_{x=x_0}=0$)得 $C_1=x_0^{\frac{v_0}{v_1}}$,于是 $p+\sqrt{1+p^2}=x_0^{\frac{v_0}{v_1}}x^{-\frac{v_0}{v_1}}$,而

$$-p+\sqrt{1+p^2}=\frac{1}{p+\sqrt{1+p^2}}=x_0^{-\frac{v_0}{v_1}}x^{\frac{v_0}{v_1}},$$

上面两式相减得 $2p=x_0^{\frac{v_0}{v_1}}x^{-\frac{v_0}{v_1}}-x^{-\frac{v_0}{v_1}}x^{\frac{v_0}{v_1}}$,由此可得

$$y=\frac{1}{2}\left[x_0^{\frac{v_0}{v_1}}\frac{1}{1-\frac{v_0}{v_1}}x^{1-\frac{v_0}{v_1}}-x_0^{-\frac{v_0}{v_1}}\frac{1}{1+\frac{v_0}{v_1}}x^{1+\frac{v_0}{v_1}}\right]+C.$$

又由 $y(x_0)=0$,得

$$C=-\frac{v_1v_0}{v_1^2-v_0^2}x_0.$$

所以船 B 行驶的路线为

$$y=\frac{1}{2}\left[x_0^{\frac{v_0}{v_1}}\frac{v_1}{v_1-v_0}x^{1-\frac{v_0}{v_1}}-x_0^{-\frac{v_0}{v_1}}\frac{v_1}{v_1+v_0}x^{1+\frac{v_0}{v_1}}\right]-\frac{v_1v_0}{v_1^2-v_0^2}x_0\quad(v_1>v_0).$$

(1)当 B 追上 A 时,$x=0$,$y=y_t=v_0t$,所以 B 追上 A 的时间为

$$t=\frac{y}{v_0}=\frac{1}{v_0}\frac{-v_1v_0}{v_1^2-v_0^2}x_0=\frac{v_1}{v_0^2-v_1^2}x_0.$$

(2)当 $v_1=v_0$ 时,船 B 的行驶路线所满足的微分方程为

$$\begin{cases}x\frac{d^2y}{dx^2}=-\sqrt{1+\left(\frac{dy}{dx}\right)^2}\\ y(x_0)=0,y'(x_0)=0\end{cases}$$

令$\frac{dy}{dx}=p$ 与前面过程类似,可以得到

$$2p=\frac{x_0}{x}-\frac{x}{x_0} \quad 即 \quad \frac{dy}{dx}=\frac{1}{2}(\frac{x_0}{x}-\frac{x}{x_0}),$$

解得 $y=\frac{1}{2}(x_0\ln|x|-\frac{x^2}{2x_0})+C.$

用 $y(x_0)=0$ 代入上式得到 $C=\frac{1}{4}x_0-\frac{1}{2}x_0\ln|x_0|$,所以

$$y=\frac{1}{2}x_0\ln\frac{x}{x_0}-\frac{x^2}{4x_0}+\frac{x_0}{4} \quad (x_0<x<0),$$

可见当 $x\to 0$ 时,$y\to+\infty$.

这说明船 B 经过的路线是以船 A 经过的路线 $x=0$ 为渐近线.

有关全微分方程的综合题

【1338】 设 $f(x)$ 具有二阶连续导数,$f(0)=0$,$f'(0)=1$,且

$$[xy(x+y)-f(x)y]dx+[f'(x)+x^2y]dy=0$$

为一全微分方程,求 $f(x)$ 及此全微分方程的通解.

解 由全微分方程的充要条件 $\frac{\partial P}{\partial y}=\frac{\partial Q}{\partial x}$ 知

$$x^2+2xy-f(x)=f''(x)+2xy.$$

即 $f''(x)+f(x)=x^2$. 解得 $f(x)=C_1\cos x+C_2\sin x+x^2-2.$

由 $f(0)=0$,$f'(0)=1$ 求得 $C_1=2$,$C_2=1$,从而得

$$f(x)=2\cos x+\sin x+x^2-2.$$

于是原方程为

$$[xy^2-(2\cos x+\sin x)y+2y]dx+(-2\sin x+\cos x+2x+x^2y)dy=0.$$

其通解是 $-2y\sin x+y\cos x+\frac{x^2y^2}{2}+2xy=C.$

【1339】 设函数 $Q(x,y)$ 在 xOy 平面上具有一阶连续偏导数,曲线积分

$$\int_L 2xydx+Q(x,y)dy$$

与路径无关,并且对任意 t 恒有

$$\int_{(0,0)}^{(t,1)} 2xydx+Q(x,y)dy=\int_{(0,0)}^{(1,t)} 2xydx+Q(x,y)dy.$$

求 $Q(x,y)$.

解 由曲线积分与路径无关的条件知

$$\frac{\partial Q}{\partial x}=\frac{\partial(2xy)}{\partial y}=2x.$$

于是,$Q(x,y)=x^2+C(y)$,其中 $C(y)$ 为待定函数. 又

$$\int_{(0,0)}^{(t,1)} 2xydx+Q(x,y)dy=\int_0^1[t^2+C(y)]dy=t^2+\int_0^1 C(y)dy,$$

$$\int_{(0,0)}^{(1,t)} 2xydx+Q(x,y)dy=\int_0^t[1^2+C(y)]dy=t+\int_0^t C(y)dy.$$

由题设知

$$t^2+\int_0^1 C(y)dy=t+\int_0^t C(y)dy.$$

两边对 t 求导得 $2t=1+C(t)$,即 $C(t)=2t-1$,从而 $C(y)=2y-1$,所以

$$Q(x,y)=x^2+2y-1.$$

有关二阶常系数线性微分方程的综合题

【1340】 某种飞机在机场降落时，为了减少滑行距离，在触地的瞬间，飞机尾部张开减速伞，以增大阻力，使飞机迅速减速并停下. 现有一质量为 9000kg 的飞机，着陆时的水平速度为 700km/h，经测试，减速伞打开后，飞机所受的总阻力与飞机的速度成正比(比例系数为 $k=6.0\times10^6$). 问从着陆点算起，飞机滑行的最长距离是多少？
(注：kg 表示千克，km/h 表示千米/小时).

解 由题设，飞机的质量 $m=9000\text{kg}$，着陆时的水平速度 $v_0=700\text{km/h}$，从飞机接触跑道开始计时，设 t 时刻飞机的滑行距离为 $x(t)$，速度为 $v(t)$.

根据牛顿第二定律，得 $m\dfrac{\mathrm{d}v}{\mathrm{d}t}=-kv$. 又 $\dfrac{\mathrm{d}v}{\mathrm{d}t}=\dfrac{\mathrm{d}v}{\mathrm{d}x}\cdot\dfrac{\mathrm{d}x}{\mathrm{d}t}=v\dfrac{\mathrm{d}v}{\mathrm{d}x}$，由以上二式得 $\mathrm{d}x=-\dfrac{m}{k}\mathrm{d}v$，积分得 $x(t)=-\dfrac{m}{k}v+C$.

由于 $v(0)=v_0$，$x(0)=0$，故得 $C=\dfrac{m}{k}v_0$，从而 $x(t)=\dfrac{m}{k}(v_0-v(t))$.

当 $v(t)\to0$ 时，

$$x(t)\to\frac{mv_0}{k}=\frac{9000\times700}{6.0\times10^6}=1.05(\text{km}).$$

所以，飞机滑行的最长距离为 1.05km.

【1341】 设函数 $\varphi(x)$ 有连续的二阶导数，并使曲线积分

$$\int_L[3\varphi'(x)-2\varphi(x)+x\mathrm{e}^{2x}]y\mathrm{d}x+\varphi'(x)\mathrm{d}y$$

与路径无关，求 $\varphi(x)$.

解 由 $\dfrac{\partial P}{\partial y}=\dfrac{\partial Q}{\partial x}$，得

$$\varphi''(x)-3\varphi'(x)+2\varphi(x)=x\mathrm{e}^{2x},$$

该微分方程为二阶线性非齐次微分方程，其所对应的齐次微分方程的特征根为 $r_1=1,r_2=2$. 从而对应齐次微分方程的通解为 $\varphi(x)=C_1\mathrm{e}^x+C_2\mathrm{e}^{2x}$.

设一个特解为 $\varphi^*(x)=x(ax+b)\mathrm{e}^{2x}$，解得 $a=\dfrac{1}{2}$，$b=-1$.

故微分方程的通解为：$\varphi(x)=C_1\mathrm{e}^x+C_2\mathrm{e}^{2x}+x(\dfrac{x}{2}-1)\mathrm{e}^{2x}$.